Handbibliothek für Bauingenieure

Ein Hand- und Nachschlagebuch für Studium und Praxis

Begründet von

Robert Otzen

II. Teil. Eisenbahnwesen und Städtebau. 10. Band:

Der neuzeitliche Straßenbau

von

Erwin Neumann

Dritte, umgearbeitete und verbesserte Auflage

Springer-Verlag Berlin Heidelberg GmbH

1951

Der neuzeitliche Straßenbau

Aufgaben und Technik

Von

Dr.-Ing. **Erwin Neumann**
Professor an der Technischen Hochschule Stuttgart

Dritte, umgearbeitete und verbesserte Auflage

Mit 330 Abbildungen

Springer-Verlag Berlin Heidelberg GmbH
1951

ISBN 978-3-662-24303-9 ISBN 978-3-662-26417-1 (eBook)
DOI 10.1007/978-3-662-26417-1

Ursprünglich erschienen bei Springer-Verlag OHG. in Berlin/Göttingen/Heidelberg.
Softcover reprint of the hardcover 3rd edition 1951

Vorwort zur dritten Auflage.

Die Entwicklung des Straßenverkehres ist das auffallende Kennzeichen der letzten 50 Jahre. Das gesamte Wirtschaftsleben wird von ihm beherrscht und keiner kann sich seinem Einflusse entziehen, er nimmt daran aktiv teil oder wird passiv davon betroffen. Den Anforderungen des Straßenverkehres muß der Straßenbau gerecht werden. Von den drei Hauptgebieten, die man in den Vereinigten Staaten von Amerika, denen die Welt diese Entwicklung verdankt, mit den drei großen E gekennzeichnet hat: Engineering, Education, Enforcement, kann sich dieses Buch nur mit dem ersten Gebiet befassen, der baulichen Anlage. Der Straßenbau befindet sich hierbei in einer schwierigen Lage. Die Anforderungen, die der Verkehr ihm stellt und die ihm die Richtung und Form geben sollen, sind noch keineswegs geklärt. Sie sind auch schwer zu erfassen, da der Straßenverkehr, wenn man ihn mit einem Begriff aus der Strömungslehre kennzeichnen will, turbulent ist mit der Besonderheit, daß diese Turbulenz oder Flechtströmung nicht wie bei Gasen und Flüssigkeiten den Anstoß zur Bewegung von außen erhält und geregelt werden kann, sondern daß jedes Verkehrsglied seine Antriebskraft in sich trägt, die ihm die Wucht erteilt. Da aber diese Verkehrsglieder große Unterschiede in ihrer Bewegungsenergie aufweisen — sie liegt zwischen der Wucht eines Fußgängers und der eines mit 70 km/h fahrenden Lastkraftwagens —, so entsteht eine schwer entwirrbare Flechtströmung, die durch bauliche Maßnahmen allein nicht bewältigt werden kann. Man hofft daher durch die beiden anderen E — Erziehen und Erzwingen — den Verkehrsstrom in den Ufern zu halten, wozu die baulichen Anordnungen ihren Beitrag leisten müssen.

Soweit hierüber Erkenntnisse vorliegen und anerkannt sind, habe ich sie in die dritte Auflage des „Neuzeitlichen Straßenbaues" eingearbeitet. Die krassen Unterschiede in den Kräfteverhältnissen der einzelnen Verkehrsteilnehmer hofft man dadurch entflechten zu können, daß die gleichartigen möglichst in gemeinsamer Bahn gefaßt werden. Unter diesem Leitgedanken hat der Straßenbau der letzten 20 Jahre gestanden, gekennzeichnet durch den Bau der Autobahnen. Darum ist dieser Gestaltungsaufgabe ein größerer Umfang als in der früheren Auflage gewidmet.

Da die Straßenverkehrsmittel auch sonst noch erdgebunden sind, so müssen die Fahrbahn und der Straßenoberbau im Widerspiel der Kräfte zwischen Wucht des Wagens und Anziehungskraft der Erde unter ganz neuen Gesichtspunkten behandelt werden. Es gilt, sich Rechenschaft über die Größe der hierbei auftretenden Kräfte zu geben und danach den Oberbau zu bemessen unter Berücksichtigung der Wandelhaftigkeit des Untergrundes, auf dem die Straße ruht. Da auf dem Gebiet der Bodenkunde gleichfalls in den letzten 20 Jahren eine sehr fruchtbare Forschung auch hinsichtlich der Tragfähigkeit des Untergrundes bei Straßen betrieben worden ist, mußten Bodenkunde und Erdbaumechanik ausführlich behandelt werden, zumal der „Neuzeitliche Straßenbau" für sich in Anspruch nehmen kann, schon in der ersten Auflage auf die Bedeutung und den Einfluß des Bodens im Straßenbau hingewiesen zu haben.

Wenn nunmehr der Umfang des Buches den Rahmen der früheren Auflagen nicht überschreiten sollte, war das nur möglich, wenn einzelne Abschnitte der früheren Auflagen fortblieben. Das ließ sich verantworten, weil sie entweder gegenwärtig von geringerer Bedeutung sind oder solche Ausweitung erfahren haben, wie z. B. der Straßenverkehr, daß sie für sich behandelt werden müssen. Dadurch war es möglich, den Oberbau der Straßen etwa in dem früheren Umfange zu bringen. Hierbei habe ich mehr Wert darauf gelegt, auf die inneren Beziehungen zwischen Baustoff, Verarbeitung, Ausführung, Bewährung und ihre wissenschaftliche Begründung einzugehen als alle jemals vorgeschlagenen Straßenbauverfahren aufzuführen, von denen viele die Probe nur unzulänglich bestanden haben. Dafür habe ich mich bemüht, die Erfahrung des Auslandes heranzuziehen. Auch kam es nicht in Frage, alle Normen, Richtlinien, Merkblätter wörtlich abzudrucken. Es muß erwartet werden, daß derjenige, der den richtigen Gebrauch von diesem Lehrbuch macht, die genannten Hilfsmittel, auf die an den entscheidenden Stellen hingewiesen ist und deren wesentlicher Inhalt kurz behandelt wird, selbst zu Rate zieht.

Während im Landstraßen- und Autobahnbau vieles bereits durch Richtlinien und Anweisungen geregelt ist, gilt das für den Stadtstraßenbau noch nicht. Deshalb sind für seine Bedürfnisse und Anforderungen Lösungen und Beispiele gegeben.

In dem Bestreben, die dritte Auflage auf den höchsten Stand zu bringen, habe ich Unterstützung bei einigen Herren gefunden, auf deren Mitarbeit hinzuweisen ich besonders verpflichtet bin. Herr Dr. Ing. Freysing, Architekt in Göppingen, hat den Abschnitt „Die Bildwirkung der Straßen“ bearbeitet. Herr Dr. techn. Jelinek in München, Leiter des Institutes für Grundbau und Bodenmechanik der Technischen Hochschule, hat den Beitrag „Tragfähigkeit des Untergrundes“ beigesteuert, Herr Dr. Krenkler, Lehrbeauftragter für Chemie der Baustoffe an der Technischen Hochschule Stuttgart, hat den Abschnitt über den Aufbau der Bitumen durchgesehen und Herr Dipl.-Ing. Kurt Kreß, Stuttgart, sich angelegentlich der Korrektur gewidmet. Diesen vier Herren gilt mein besonderer Dank. Ebenso danke ich denen, die mir nach Erscheinen der zweiten Auflage wertvolle Vorschläge gemacht haben, und den Firmen, die mich für diese Auflage mit Unterlagen versehen haben.

Der Springer-Verlag hat trotz der Ungunst der Verhältnisse die neue Auflage wieder in der ansprechenden Form und Ausstattung der früheren herausgebracht, wofür ihm der Dank des Verfassers gebührt.

Stuttgart, im November 1950.

E. Neumann.

Inhaltsverzeichnis.

Seite

Einleitung 1

Erster Abschnitt.

Die Straßenverkehrsmittel.

A. Spannfahrzeuge 2
B. Selbstfahrer 5
I. Fahrrad 5
II. Motorrad 6
III. Personen- und Lastkraftwagen 6
a) Statistische Angaben 6
b) Verbrauch an Betriebsstoff 7
IV. Bauart und Wirkungsweise des Kraftwagens 7
a) Die Abmessungen der Kraftwagen 7
b) Gewichte 8
c) Achsstand 10
d) Bereifung und Laufflächen 10
e) Fahrgeschwindigkeit 15
C. Fahrzeug und Straße in ihrer Wechselwirkung 16
I. Kraftübertragung zwischen Reifen und Fahrbahn 17
a) Rollen, Schlüpfen, Gleiten 17
b) Die meßtechnische Erfassung des Beiwertes des Rollreibungs- und des Gleitwiderstandes 19
An Schleppachse mit Bremsung nach Weil 20
An Schleppachse mit Messung der Zugkraft nach Schindler . . . 22
Versuche der Shell-Gesellschaft mit Dynamometer 23
Gleitwiderstandsuntersuchungen der Technischen Hochschule in Darmstadt 25
Messung des Seitenreibungsbeiwertes der englischen Straßenbauanstalt 26
Reibungskennziffer 26
c) Kreis des Kraftschlußbeiwertes 28
d) Zusammenfassung 29
II. Rollwiderstand 29
III. Luftwiderstand 32
IV. Beschleunigte und verzögerte Bewegung 32
V. Kraftschlüssigkeit und Zwangslauf 35
VI. Rauhigkeit 36
VII. Griffigkeit 37
VIII. Unebenheit der Fahrbahnflächen 37
a) Profilographen 38
b) Schwingungsmesser 38

Zweiter Abschnitt.

Linienführung.

A. Wirtschaftliche Linienführung 40
I. Allgemeines 40
II. Verkehrsschätzungen 40
III. Verkehrszählungen 41

Seite

B. Kosten der Beförderung 42

I. Allgemeines 42

II. Ermittlung der Fahrzeiten und des Treibstoffverbrauches 43

C. Technische Linienführung 47

I. Die Straße in ihrer Beziehung zum Gelände 47

II. Linie im Aufriß 48

a) Wahl der Steigungen 49

b) Das Aufsuchen der Linie im Lageplan 51

c) Fahrzeitermittlung nach dem Δt-Verfahren 55

d) Fahrdynamische Linienführung von Kraftfahrbahnen 60

e) Ausrundung der Gefällwechsel 65

III. Linienführung im Grundriß 72

a) Straßenbreite 74

1. Gehbahnen 74

2. Radwege 74

3. Fahrbahnen 75

4. Reitwege 76

5. Straßenbahnen 76

b) Einteilung der Land- und Stadtstraßen 78

1. Landstraßen 78

2. Autobahnen 80

3. Stadtstraßen 80

4. Radwegführung 84

c) Ausbildung der Krümmungen 85

1. Lauf des Wagens durch eine Krümmung 85

2. Mindesthalbmesser, Wendekreis 85

3. Verbreiterung 86

4. Übergangsbogen mit Überhöhung 91

α) Für langsamfahrende Fahrzeuge 91

β) Für schnellfahrende Fahrzeuge 91

5. Seitenführungskraft 92

6. Fliehkraft und Überhöhung 94

7. Fliehbeschleunigung 99

8. Tangentenabrückung 100

9. Winkelbildverfahren 103

10. Gestaltung der Krümmung 105

11. Gleichgerichtete und Gegenkrümmungen 111

d) Übersichtlichkeit auf der Straße 113

e) Wendeplatte 119

f) Krümmungen und Kreuzungen der Stadtstraßen 119

D. Längs- und Quergefälle 125

a) Längsgefälle 125

b) Quergefälle 126

c) Straßenkreuzungen 132

d) Gefälle der Gehbahnen 133

e) Plätze 134

E. Linienführung von Autobahnen 135

a) Linienführung im Grundriß 136

1. Querneigung in der Krümmung 136

2. Sichtfreilegung in der Krümmung 138

b) Linienführung im Aufriß 138

1. Neigungswechsel 139

2. Staffelung der Fahrbahnen 139

c) Gebote für die richtige Linienführung 141

1. Gesetz der Stetigkeit 142

2. Winkelbildverfahren 142

Seite
d) Die Ermittlung der Bildwirkung von Straßen 143
1. Untersuchung einer Trasse mit Hilfe von Gradientenmodellen . . 143
2. Untersuchung einer Trasse durch Ermittlung des perspektiven Bildes 143
3. Untersuchung einer Trasse durch „generelle" Bilder 145
F. Ausbildung der Anschlußstellen, Abzweigstellen und Knotenpunkte der Autobahnen 148
a) Anschlußstellen 149
b) Abzweigungen von Autobahnen 150
c) Kreuzungen 152
α) Kleeblatt 152
β) Verteilerkreis 153
γ) Linienlösung 154
δ) Knotenpunkte im Stadtverkehr 155
G. Mittel zur landschaftlichen Ausgestaltung der Straßen 158
1. Erdbau 158
2. Freilegung des Baugrundes 159
3. Begrünung der Böschungen 160
4. Baumpflanzung 160

Dritter Abschnitt.

Der Straßenkörper.

A. Der Untergrund des Straßenkörpers 163
I. Bodenuntersuchung 163
a) Geologische Untersuchung 165
b) Erdstoffphysikalische Untersuchung 165
1. Raumgewicht 166
2. Bestimmung des Wassergehaltes 166
3. Bestimmung der Wichte 166
4. Bestimmung des Porenvolumens, Porenziffer 166
5. Korngrößenzusammensetzung des Bodens 167
6. Gleichförmigkeits- und Ungleichförmigkeitsgrad 168
7. Atterbergsche Konsistenzgrenzen 168
α) Fließgrenze 168
β) Ausrollgrenze 168
γ) Bildsamkeitswert 169
δ) Schwind- und Schrumpfgrenze 169
8. Hydrodynamische Eigenschaften 169
α) Kapillarität 169
β) Wasserdurchlässigkeit 170
c) Erdstoffmechanische Untersuchungen 170
1. Zusammendrückbarkeit 170
2. Haftfestigkeit (Kohäsion) und innere Reibung 170
II. Bodenverdichtung 171
a) Einschlämmen oder Einsumpfen 172
b) Walzen 172
c) Rammen und Schlagen 174
d) Erschüttern und Einrütteln 174
e) Nachprüfung der Verdichtung an Dämmen 175
f) Messung der Verdichtung durch mechanische Vorrichtungen 176
III. Einwirkung des Frostes auf den Boden 177
a) Frostschäden 177
b) Tauschäden 178
c) Maßnahmen zur Verhinderung von Frosthebungen und Tauschäden 179
α) An bestehenden Straßen 179
β) An bestehenden und neuen Straßen 179
1. Absenkung des Grundwasserspiegels 179
2. Einbau von Trennschichten 179

Seite

3. Auskoffern des frostgefährlichen Bodens 180
4. Keilschichten am Übergang 180
5. Grabenverfüllung 181
6. Verlegen von Leitungen im frostgefährlichen Boden 181
7. Bodenprofil einer Straßenlinie 181

IV. Entwässerung des Straßenkörpers 182
a) Entwässerung des Untergrundes 182
b) Entwässerung der Oberfläche 184

V. Tragfähigkeit des Bodens als Untergrund 185

B. Erdstraßen 192
I. Erdstraßen aus dem anstehenden Boden aufgebaut 192
a) Allgemeines 192
b) Bodenklassifizierung 193
c) Bodenaufbau für Erdstraßen 196
1. Korngrößenaufbau 196
α) Sieblinien 196
β) Dreifeldsystem 197
2. Ausführung 198

II. Bodenverfestigung durch Zement, Bitumen und Teer 201
a) Bodenverfestigung mit Zement 202
α) Baustoffprüfung 202
β) Ausführung der Vermörtelung 204
b) Bodenverfestigung mit Bitumen und Teer 205
α) Baustoffe und ihre Prüfung 206
β) Ausführung der Vermörtelung 206
c) Sinterung des Bodens 207

C. Oberbau der Straßen 207
a) Vorbemerkung 207
1. Gebrauchswert einer Straßenbefestigung 207
α) Fahreigenschaften 207
β) Wirtschaftlichkeit 207
2. Die hygienischen Eigenschaften 208
3. Leichter Aufbruch und Wiederherstellung 208
4. Anpassungsfähigkeit 208
5. Beziehung zwischen Straßenbelag und Verkehr 208
b) Steinschlagbelag 210
c) Mörtelschotterbelag 214
1. Zementschotterbelag 214
α) Baustoffe 214
β) Bauverfahren 215
2. Traßmörteldecke 216
d) Steinpflaster 217
1. Gesteinsmaterial 217
2. Kleinpflaster 218
α) Tragkörper 218
β) Baustoff 219
γ) Verlegung 219
3. Großpflaster 223
α) Tragkörper 223
β) Baustoff 223
γ) Verlegung 225
δ) Unterhaltung 226
4. Bordschwellen und Gehbahnplatten 228
e) Pflasterung aus künstlichen Steinen 228
1. Mannsfelder Schlackensteine 228
2. Klinkerpflaster 228

Seite
α) Baustoff . . . 229
β) Tragkörper . . . 229
γ) Verlegung . . . 229
δ) Verband in der Graden und im Bogen . . . 230
f) Holzpflaster . . . 231
1. Baustoff . . . 231
2. Tragkörper . . . 233
3. Verlegung . . . 233
4. Unterhaltung . . . 234
g) Gummipflaster . . . 234
h) Betonstraßen . . . 236
1. Allgemeines . . . 236
2. Grundlagen der Gestaltung . . . 238
α) Längs- und Quergefälle . . . 238
β) Querschnittsform . . . 238
aa) Die äußeren Kräfte . . . 238
bb) Einflüsse der Temperatur . . . 238
cc) Einflüsse des Schwindens und Quellens . . . 239
dd) Größe der inneren Spannungen . . . 239
ee) Geforderte Festigkeitswerte . . . 240
ff) Plattenquerschnitt und Dicke . . . 241
gg) Stahleinlagen . . . 242
hh) Querschnitt in ein oder zwei Schichten . . . 243
ii) Verschleißfestigkeit . . . 244
kk) Untergrundbeschaffenheit . . . 245
γ) Fugen . . . 245
aa) Querfugen . . . 245
1. Abstand . . . 246
2. Breite der Öffnung . . . 248
3. Technische Gestaltung . . . 249
bb) Längsfugen . . . 250
cc) Flächenaufteilung . . . 252
3. Die Baustoffe . . . 253
α) Der Zement . . . 253
β) Die Zuschläge . . . 254
γ) Der Wasserzusatz . . . 257
δ) Zielsicherer Aufbau des Straßenbetons . . . 259
ε) Überwachung der Betonzusammensetzung auf der Baustelle . . 261
ζ) Besondere Maßnahmen zur Erzielung eines hochwertigen und leicht verarbeitbaren Straßenbetons . . . 261
η) Luftporenbeton . . . 261
ϑ) Fertigbeton . . . 262
4. Bauausführung der Betonstraßen . . . 262
α) Vorbereitung des Untergrundes . . . 262
β) Einfassung der Fahrbahntafeln . . . 262
γ) Deckeneinbau . . . 264
δ) Mischer und Mischvorgänge . . . 266
ε) Bearbeitung der Betonoberfläche . . . 270
aa) Handarbeit . . . 270
bb) Bearbeitung mit Maschinen . . . 272
ζ) Einlegen der Bewehrungseisen . . . 277
η) Herstellung der Fugen . . . 278
aa) Ausführung der Fugen . . . 278
bb) Füllung der Fugen . . . 280
ϑ) Nachbehandlung . . . 282
5. Unterhaltung der Betonstraßen . . . 282
6. Lebensdauer der Betonbeläge . . . 284

Seite

7. Gefärbte Betonstraßen 285
8. Holterbeton 286
9. Concrelith (Pflaster in Beton) 287
10. Bordschwellen und Gehbahnplatten aus Beton 287

i) Fahrbahnbeläge unter Verwendung von Bitumen und Teer 288

1. Vorbemerkung 288
2. Die Bindemittel 289
3. Naturasphalte 291

α) In selbständiger Form 291
β) Asphaltgestein 293
γ) Mastix 294
δ) Stampfasphaltplatten 295
ε) Kentuckyrock 295
ζ) Boeton-Asphalt 296

4. Straßenbaubitumen 296

α) Eigenschaften 296
β) Temperaturspanne 299
γ) Paraffingehalt 300
δ) Gehalt an Asche 301
ε) Geblasenes Bitumen 301
ζ) Verschnittbitumen 301
η) Emulsionen von Bitumen (Kaltasphalt) 302
ϑ) Maßnahmen zur Verbesserung der Haftfestigkeit des Bitumens. 305
ι) Farbiges Bitumen 306

5. Straßenteer 306

α) Zusammensetzung und Eigenschaften der Teere 308
β) Beurteilung der Eigenschaften der Teere 308
aa) Viskosität (Zähflüssigkeit) 308
bb) Temperaturspanne 310
cc) Bestimmung des Pechgehaltes 310
dd) Gleichförmigkeit der Straßenteere 311
ee) Veränderung der Straßenteere 311

γ) Straßenteer mit Zusätzen 312
δ) Kaltteer 312
ε) Mischungen von Straßenteer mit Bitumen 313
ζ) Anweisung für die Auswahl der Teersorten 315

6. Fahrbahnbeläge unter Verwendung von Bitumen und Teer. Ausführung 315

α) Auswahl des Gesteins 315
β) Oberflächenbehandlung 319
aa) Allgemeines 319
bb) Aufgabe der Oberflächenbehandlung 320
cc) Vorbereitung der Decke 320
dd) Ausführung im Heißverfahren 321
ee) Ausführung im Kaltverfahren 321

a) mit Verschnittbitumen 321
b) mit Kaltteer 321
c) mit Emulsion 321

ff) Die Abdeckung 322
gg) Die Abdeckung mit bituminiertem Splitt 323

γ) Teppichbeläge 324
δ) Makadam-Beläge 325

aa) Einstreudecke 325
bb) Decken im Tränkverfahren 326

Tragkörper 327
Deckenaufbau 327

Seite

Ausführung der Tränkung 328
Güteprüfung der Tränkdecken 329
Tränkverfahren mit Mischung an Ort und Stelle 329
Tränkung mit Emulsion. 330

cc) Walzschottergußasphalt 331
dd) Mischmakadam 331
Zusammensetzung 331
Bauausführung 332
Gebrauchswert. 333
Unterhaltung 333

ee) Beziehung zwischen Verkehrsbeanspruchung und Deckenaufbau 334

ε) Verfahren der Betonbauweise 338

aa) Gesteinstoffe. 338
bb) Körnungsaufbau 339
cc) Kornumbildung unter mechanischem Einfluß 342
dd) Füllmasse — Füller 344
ee) Beziehungen zwischen Bindemittel und Füller 345
ff) Bindemittel 348

a) Zähflüssigkeit 348
b) Bindemittelmenge 348

ζ) Die hohlraumarmen Beläge 350

aa) Sandasphalt 350

Gesteinsstoffe 350
Bitumenbedarf. 351
Gebrauchswert. 355
Tragkörper 355
Hohlraumarme Beläge mit bituminiertem Füller 356

bb) Asphaltbeton 356

Gesteinsmasse 356
Bitumenbedarf. 357

cc) Teerasphaltfeinbeton 359
dd) Untersuchungen an verdichtungsfähigen Belägen 359
ee) Asphaltgrobbeton 360
ff) Teerasphaltgrobbeton 362
gg) Asphaltbeton im Kalteinbau 363
hh) Teerbeton 365
ii) Teergrobbeton 368

η) Ausführung der bituminösen Decken, Mischen und Verlegen. . 368

ϑ) Prüfung und Bewertung der bituminösen Massen 376

aa) Geräte und Verfahren 376
bb) Mechanische Prüfung während der Ausführung. 381

ι) Gußasphalt 381

Gesteinsstoffe 381
Gebrauchswert. 383
Aufbereitung 384
Tragkörper 384
Verlegung 385
Bildung von Blasen 385

κ) Behandlung der Oberfläche. Anrauhen 386
λ) Unterhaltung 388
μ) Höchst- und Tieftemperaturen in Belägen aus Bitumen und Teer 388
ν) Ebenflächigkeit der Beläge 389

Seite

7. Ausbildung der Straßenbefestigung mit Rücksicht auf die Straßenbahngleise . . . 390
   a) Straßenbahngleise im Steinpflaster . . . 390
   b) Straßenbahngleise in Asphaltdecken . . . 391
   c) Straßenbahngleise in Betondecken . . . 392
8. Ausgestaltung der Fahrbahnränder . . . 392

Vierter Abschnitt.

Geräte und Maschinen zur Herstellung der Straßenbefestigungen.

A. Geräte zum Aufbereiten der Baustoffe . . . 395
1. Zerkleinerung . . . 395
   a) Backenbrecher . . . 395
   b) Kreiselbrecher . . . 397
2. Siebanlagen . . . 399
3. Walzwerke . . . 400
4. Mahlmühlen . . . 402
5. Waschmaschinen für Kies und Sand . . . 403

B. Maschinen für die Verlegung und Befestigung der Decken . . . 404
1. Straßenwalzen . . . 404
   a) Dampfstraßenwalzen . . . 405
   b) Motorwalzen . . . 407
2. Tank- und Sprengwagen . . . 409
3. Splittstreumaschinen . . . 412
4. Aufreißer . . . 413

Fünfter Abschnitt.

Straßentunnel und ihre Ausrüstung.

A. Aufgabe . . . 414
B. Fahrbahn und Tunnelbreiten . . . 415
C. Gefälle . . . 417
D. Tunnelform . . . 417
E. Tunnelausrüstung . . . 420
I. Fahrbahnausbildung . . . 420
II. Tunnellüftung . . . 421
1. Zusammensetzung und Menge der Abgase . . . 421
2. Zulässige Konzentration der Gase . . . 422
3. Arten der künstlichen Lüftung . . . 423
   a) Längslüftung ohne und mit Schächten . . . 423
   b) Halbquerlüftung . . . 424
   c) Querlüftung . . . 424
III. Tunnelbeleuchtung . . . 425

Zusammenstellung der für den Bau und die Unterhaltung der Land-, Stadtstraßen und Autobahnen wichtigen Merkblätter . . . 427

Zusammenstellung der für den Straßenbau maßgebenden Deutschen Normen . 429

Die gebräuchlichsten Siebsysteme und ihre wichtigsten Daten . . . 431

Schrifttumsverzeichnis . . . 432

Sachverzeichnis . . . 438

Abkürzungen.

AASS	Azienda Autonoma delle Strade Statale
AB	Autobahn
A und B	Auskunft- und Beratungsstelle für Teerstraßenbau Essen
ABB	Anweisung für den Bau von Betonfahrbahndecken
BPR	Bureau of Public Roads
B.T.	Bautechnik
BVG	Berliner Verkehrs-Gesellschaft
Eng. News Rec.	Engineering News Record
F. G.	Forschungsgesellschaft für das Straßenwesen
G. I.	Generalinspektor für das Straßenwesen
I.Str.K.	Internationale Straßenkongresse Berichte
KVO	Kraftfahrzeugverkehrsordnung
LKW	Lastkraftwagen
Mitt. F. G.	Mitteilungen der Forschungsgesellschaft für das Straßenwesen
MR	Motorrad
PKW	Personenkraftwagen
StrVO	Straßenverkehrsordnung
StrVZO	Straßenverkehrszulassungsordnung
Str.V.St.	Straßenbauversuchsanstalt Stuttgart
V.	Fahrgeschwindigkeit in km/stdl.
v	Fahrgeschwindigkeit in m/sec
VStA	Vereinigte Staaten von Nordamerika
V.Str.B.	Versuchsstraße des Deutschen Straßenbauverbandes Braunschweig
Z.f.A.T.	Zentrale für Asphalt- und Teerforschung

Berichtigung.

S. 40, Z. 13 v. u.: Jahreskosten $= \frac{A \cdot z}{100} + P_1 \left[\frac{q-1}{q^n-1} + \frac{q-1}{q^{m-n} - q^n - q^m + 1}\right] + U + T$

statt Jahreskosten $= \frac{A \cdot z}{100} + P_1 \; \frac{q-1}{q^n-1} + \frac{q-1}{q^{m-n} - q^n - q^m - 1} + U + T$

S. 243, Z. 5 v. u.: *[144]* statt *[114]*.

Einleitung.

Die Straße dient dem Verkehr, der von Fußgängern, Viehherden, Radfahrern und Fahrzeugen sehr verschiedener Art, die der Personen- oder Güterbeförderung dienen, gebildet wird. Streifen der Straßen werden auch von Fahrzeugen benutzt, die an Schienen gebunden sind. Die Fahrzeuge werden zum Teil von Zugtieren bewegt, teils sind sie Selbstfahrer. Die Selbstfahrer sind Fahrräder, Motorräder (MR.), Personenkraftwagen (PKW.), Lastkraftwagen (LKW.), Zugmaschinen (ZM.) und Sonderfahrzeuge wie z. B. landwirtschaftliche Geräte. Diese Mischung sehr verschiedener Verkehrsglieder auf den Fahrbahnen der Straßen hat mindestens ebensosehr dem Straßenbau neue Aufgaben gestellt, wie die besonderen Eigenschaften der Selbstfahrer (Kraftwagen) im Vergleich zu dem früheren Spannverkehr, die durch das höhere Gewicht, das angetriebene Rad an Stelle des gezogenen und durch die wesentlich höhere Fahrgeschwindigkeit gekennzeichnet sind.

Aber diese Merkmale beschreiben den tatsächlichen Zustand nur angenähert. Die in den letzten Jahren durchgeführten Untersuchungen am Kraftwagen haben gezeigt, daß die großen lebendigen Kräfte, die vom Kraftwagenmotor ausgehen und durch die Antriebsräder auf die Straße übertragen werden, weiterhin die großen Massenkräfte, die im Kraftwagen, besonders im LKW., aufgespeichert sind und außerdem das Kräftespiel, zufolge äußerer Einwirkungen auf den Lauf des Wagens, wie Luftwiderstand, Wind, Fahrbahnunebenheiten, die seinen Lauf beeinflussen, einen Kraftschluß zwischen Rad und Fahrbahn erfordern, den man früher nicht genügend beachtet hatte, der aber unter allen Bedingungen vorhanden sein muß, da er in erster Linie die Sicherheit des Verkehrs gewährleistet. Alle bei der Fahrt eines Kraftwagens auftretenden Kräfte können aber durch die Fahrbahn nur aufgenommen werden, wenn außerdem die Fahrzeuge durch die Anlage der Straße möglichst zwangsläufig geführt werden, Anforderungen, die den Straßenbau vor ganz neue Aufgaben gestellt haben, die nur mit außergewöhnlichen Mitteln gemeistert werden können.

Konnte die größere Beanspruchung der Straße durch technische Mittel ausgeglichen werden, die in der Verbreiterung der Fahrbahnen, Verbesserung der Linienführung und Herstellung einer mehr widerstandsfähigen Befestigung bestehen, so werden die Schwierigkeiten, die sich aus der Mischung des Verkehrs ergeben, nur durch eine scharfe Trennung der Verkehrsarten zu lösen sein, in der Weise, daß auf bestimmten Straßen nur die Selbstfahrer wie MR., PKW., LKW. zugelassen sind, und die so angelegt werden, daß jede Fahrrichtung eine eigene Bahn hat und alle anderen Verkehrswege — Straßen-, Eisenbahnen — straßenfrei, das sind die Autobahnen, gekreuzt werden. Der Bau dieser Autobahnen hat für die letzten zehn Jahre, ausgehend von Deutschland, dem Straßenbau das Gepräge gegeben. Abgesehen von den italienischen Autobahnen, die aber kein größeres zusammenhängendes Netz bilden und in ihrer Breite noch beschränkt sind, hat die Form der Autobahnen, als die dem Kraftwagen gemäße Straße, erst nach dem Vorbilde Deutschlands auch in andern Ländern und Erdteilen Fuß gefaßt und zur Nachahmung angeregt.

Der Straßenbau der letzten fünfundzwanzig Jahre ist demnach durch alle die Maßnahmen gekennzeichnet, die erdacht, erfunden, erforscht und erprobt sind, um die vorhandenen Straßen — das Landstraßennetz und die Stadtstraßen — dem Kraftverkehr anzupassen. Diese Aufgabe drängte zu neuen Gedanken in der Linienführung auch im Hinblick auf die Einfühlung der Straßen in die Landschaft; sie verlangte neue Mittel bei der technischen Durchbildung und Ausgestaltung des Straßenkörpers und in der Anwendung neuer Bauverfahren, besonders mit Maschinen jeder Art. Durch Einsatz aller erdenklichen Hilfsmittel, nicht zuletzt der wissenschaftlichen Forschung auf dem Gebiete des Kraftfahrzeugs, der Bau- und Betriebsstoffe, des Verkehrswesens und der Naturwissenschaften wie Bodenkunde, Pflanzensoziologie, Ingenieurbiologie sind in kurzer Zeit sehr viele Fragen, die bei Beginn noch nicht beantwortet werden konnten, geklärt und durch Zusammenfassung in Bauvorschriften und Anweisungen die Leistung, was Güte und Schnelligkeit der Ausführung anbelangt, auf eine beachtliche Höhe gebracht worden. Die Ergebnisse werden in den folgenden Abschnitten dargestellt mit dem Ziel, auf jede etwa auftretende Frage im Straßen- und Autobahnbau eine möglichst vollständige Antwort zu geben.

Erster Abschnitt.

Die Straßenverkehrsmittel.

A. Spannfahrzeuge.

Die Spannfahrzeuge, die im städtischen Verkehr nur noch beschränkt benutzt werden, dagegen in der Landwirtschaft noch Bedeutung haben, auch wenn die tierische Zugkraft immer mehr durch die Zugmaschine ersetzt werden soll, haben sich in den letzten 100 Jahren in ihren Abmessungen und Bauweise nicht geändert. Nur die Stahlfelge wird allmählich durch die nachgiebige Bereifung ersetzt, wodurch die aufzuwendende Zugkraft auf die Hälfte bis ein Drittel ermäßigt und die Straßenzerstörung erheblich gemildert wird. Über das Spannfuhrwerk sollen daher nur die notwendigsten Angaben hinsichtlich der Abmessungen und Gewichte gemacht werden.

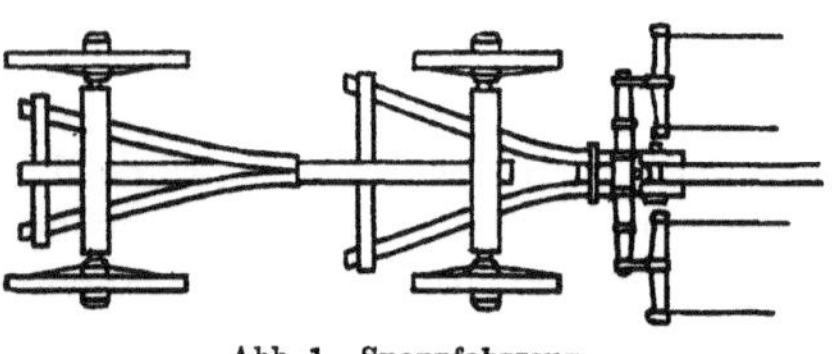

Abb. 1. Spannfahrzeug.

Die Wagen sind ein- und zweiachsig. Bei diesen erfolgt die Lenkung durch Drehung der Vorderachse um einen durch Achse, Langbaum und Drehschemel gehenden lotrechten Bolzen (Abb. 1). Die Länge des Fahrzeuges, der Abstand der Achsen und die Größe des Einschlagwinkels, den die Vorderachse zuläßt, bestimmen die Abmessungen und Anlage der Krümmungen. Um sehr langen Fahrzeugen, die Langholz oder lange Leitern befördern, das Durchfahren auch kleinerer Krümmungen zu ermöglichen, erhalten sie auch eine Lenkung der Hinterachse (Schwingachse, Zweiter Abschn. C. III, c. 3), so daß die Räder der Vorder- und Hinterachse spuren können. Der übliche Einschlagwinkel der Vorderachse beträgt 30—40°. Bei Fahrzeugen zur Beförderung von Personen und Rollgütern schlagen die Vorderräder auch unter den Wagenkasten, so daß sie auf der Stelle wenden können. Die Tabelle 1 gibt die Abmessungen einiger gebräuchlicher Fahrzeuge.

Tabelle 1.

Fahrzeugart	Länge ohne Deichsel m	Breite über alles m	Größter Achsstand m	Nutzlast kg	Eigengewicht kg	Kleinster Wendekreis m
Spannfahrzeuge:						
Personenfuhrwerk. .	2,5—4,0	1,5—2,0	1,5—2,25	—	600—1000	
Lastfuhrwerk. . . .	2,5—6,0	1,7—2,0	2,0—4,0	5000	1000—1500	
Langholzwagen . .	20—30	—2,20	⅔ Stammlänge	—10000	800—1200	
Möbelwagen	5—9,0	—2,50	2,0—4,0	—6000	2000—2500	
Ernte- u. Heuwagen.	5,0—6,5	2,5—3,8 (d.Ladg.)	3,5—5,2	—3500	800—1200	
Pritschenwagen, zweispännig . . .	4,5	2,0	2,75	7500	1000	
Kraftfahrzeuge:						
Personenkraftwagen						
Kleinstwerte . .	3,61	1,375	2,25	350	700	10,0
Größtwerte . . .	5,57	1,930	3,75	700	2700	14,8
Omnibus						
Kleinstwerte . . .	6,31	2,000	4,00	1550	3580	14,0
zweiachs. Größtwerte	10,22	2,50	6,000	—	7380	21,0
dreiachs. Größtwerte	11,97	2,50	6,000	6400	10900	25,0
Abstand der zwei Antriebsachsen . . .			—1,450			
Lastkraftwagen:						
zweiachsig	3,85	1,55	2,67	600	450	11,0
1,5 t	5,54	1,91	3,50	1500	1850	
3,0 t	6,71	2,25	4,25	3000	2650	
4,5 t	7,81	2,35	4,60	4500	4200	15,00

Spurweite: Sie ist für Spannfuhrwerke in den einzelnen Ländern geregelt worden, in Preußen durch das Gesetz vom Jahre 1839 auf 1,52 m als Höchstmaß festgelegt. Die Standsicherheit erfordert besonders bei hohen Wagen eine breite Spur. Personenwagen und solche für Leichtverkehr haben kleinere Spur. Abweichungen in der Spur sind günstig für die Fahrbahnen, da sie durch Spurfahren stark abgenützt würden. Aus der Spurweite hat sich mit Rücksicht auf die Zugkraft der Pferde und das richtige Verhältnis von Wagengewicht zu Nutzlast eine Regelform für landwirtschaftliche Wagen und solche für andere Massengüter und Frachtverkehr entwickelt, die in ihren Abmessungen nur noch aus den örtlichen Gegebenheiten heraus — Flachland, Hügel oder Gebirge — voneinander abweichen.

Felgenbreite: Die Radfelge überträgt die Wagenlast auf die Straße. Ihre Breite richtet sich daher nach der Tragfähigkeit der Straße und dem Wagengewicht. Sie ist in allen Staaten zur Schonung der Straßen gesetzlich geregelt. Für die üblichen schwersten Fahrwerke z. B. in Norddeutschland mit 10 cm (4″) breiten Felgen ist die Höchstbelastung eines Rades mit 1250 kg festgelegt, wozu noch das Eigengewicht des Wagens — rd. 1000 kg — hinzukommt, im ganzen 1500 kg. Nach der Straßenverkehrszulassungsordnung (StrVZO.) vom 13. November 1937 RGB. 1179 sind eiserne Reifen mit einem Auflagedruck bis zu 125 kg je cm Reifenbreite zugelassen:

1. a) für Zugmaschinen in land- und forstwirtschaftlichen Betrieben,
   b) für Arbeitsmaschinen, deren Höchstgeschwindigkeit 8 km je Stunde nicht übersteigt,
   c) hinter Zugmaschinen mit einer Geschwindigkeit bis zu 8 km je Stunde;
2. für Möbelwagen;
3. für land- und forstwirtschaftliche Arbeitsgeräte und für Fahrzeuge zur Beförderung von land- und forstwirtschaftlichen Bedarfsgütern, Arbeitsgeräten oder Erzeugnissen.

Die Berührung zwischen Rad und Straße erfolgt auch bei dem Stahlreifen nicht in einer Mantellinie des zylinderförmigen Reifens, sondern wegen Formänderung des Reifens und Nachgiebigkeit der Straßendecke in einer Fläche. Es entsteht ein Berührungsbogen. Eine nachgiebige Fahrbahn wird sich unter der Felge eindrücken und damit eine Lastenverteilung entstehen, die der Tragfähigkeit des Belages entspricht. Nach den Beziehungen der Abb. 2 verhält sich

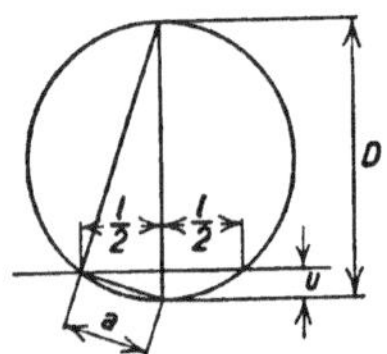

Abb. 2. Beziehung zwischen Berührungsbogen und Raddurchmesser.

$$u : \frac{l}{2} = \frac{l}{2} : (D - u).$$

$$\frac{l}{2} = \sqrt{uD - u^2}.$$

Da u^2 gegen D sehr klein ist und da bei der Flachheit des Bogens $\frac{1}{2} = a$ gesetzt werden kann, wird

$$a = \sqrt{u\,D}\,(D \text{ in cm}). \tag{1}$$

Bei gleicher Einsenkung und gleicher Tragfähigkeit des Straßenbelages verhalten sich die Berührungsbogen wie die Wurzel der Raddurchmesser (Abb. 2). Der II. I. Str. K. hat daher für die zulässige Belastung für den Zentimeter Felgenbreite die Formel vorgeschlagen:

$$p = c\sqrt{D} \text{ Durchmesser in m}$$

$$c = 125.$$

Bei Durchmessern über 1 m würde p über 125 kg, bei solchen unter 1 m unter 125 kg liegen. Bei einem Berührungsbogen von 1 cm Breite würde statt a p gesetzt werden können.

Dann würde nach den Annahmen des II. I. Str. K. $\sqrt{u} = 125$ zu setzen sein, wenn D in Meter eingesetzt wird.

Wird eine größere Berührungslänge angenommen, dann wird die Bodenpressung der Eindrückungsform und die Belastung P dem Inhalt des Druckdiagramms

$$P = \frac{2}{3}\,l\,p$$

entsprechen.

Für den Wert p werde die aus dem Gleisbau bekannte Bettungsziffer C eingeführt, das ist diejenige Belastung, unter der sich die Fahrbahn um 1 cm zusammendrückt (kg/cm³). Bei u cm Einsenktiefe würde die Gleichung den Wert annehmen

$$P = \frac{2}{3} l u C$$

$$= \frac{4}{3} a u C \text{ mit Gleichung 1}$$

$$= \frac{4}{3} C \sqrt{u^3 D}$$

$$p_{max} = u C$$

$$p_{max} = \sqrt[3]{\frac{9 P^2 C}{16 D}} \tag{2}$$

Für den Lastwagen mit 150 kg Belastung auf den Zentimeter Felgenbreite, 100 cm Raddurchmesser und verschiedene Bettungsziffern ergeben sich dann die folgenden Drücke:

1. Erdbahn . . . . $C = 2$ kg/cm³
   $p = 6{,}22$ kg/cm²;
2. Kiesbahn . . . . $C = 4$ kg/cm³
   $p = 8$ kg/cm²;
3. Frisch beschotterte Steinschlagbahn . . . . $C = 8$ kg/cm³
   $p = 10$ kg/cm²;
4. Festgefahrene Schotterdecke nach Dr.-Ing. Bloß (1) . . . $C = \sim 30$ kg/cm³
   $p = 15{,}6$ kg/cm²;
5. Betondecke nach Dr.-Ing. Bloß . . . . $C = \sim 120$ kg/cm³
   $p = 25$ kg/cm²

Auf der nachgiebigen Steinschlagdecke drücken sich die Reifen auf eine größere Bogenlänge in die Decke. Bei den starren Belägen, z. B. Beton, vor allem auch auf Steinpflaster ist mit einem solchen Vorgang nicht zu rechnen. Bei abgefahrenen eisernen Reifen wird die Berührungsbreite auf starren Decken wesentlich geringer sein und in der Regel höchstens einige Zentimeter betragen. Dann aber wird die Bodenpressung, z. B. bei Beton für die höchste Radlast $P = 1500$ kg verteilt auf 2 cm Felgenbreite, $C = 120$, $p = 72{,}4$ kg/cm². Diese starke Beanspruchung durch Stahlreifen erklärt die starke Abnutzung der Betonstraße (Dritter Abschn. C. h. 2. β. ii). Beim Stahlreifen ist der Flächendruck abhängig von der Deckenart. Untersuchungen von Bendel[1] über physikalische und dynamische Eigenschaften des Untergrundes von Straßen, Flugplätzen und Straßenbahnen geben dieselben Werte an, für chemisch verfestigte Erdstraßen 80—120 kg/cm³.

B. Selbstfahrer.

I. Fahrrad.

Als erstes Massenverkehrsmittel in Form des Selbstfahrers ist das Fahrrad anzusehen. Die Zahl der Räder in sieben europäischen Ländern soll 1937 (2) betragen haben:

Tabelle 2.

Land	Einwohner auf ein Rad	Land	Einwohner auf ein Rad
Niederlande	2,39	Deutschland	3,88
Schweiz	2,5	England	5,11
Dänemark	2,67	Frankreich	6,0
Belgien	3,86	Italien	9,55

[1] Straße und Verkehr 34 (1948) S. 7.

Da die Radfahrer den übrigen Verkehr stark stören, wird angestrebt, die öffentlichen Verkehrsmittel — Straßenbahn, Omnibus, Vorortbahn — so leistungsfähig zu machen und ihnen so niedrige Tarife zu geben, daß das Fahrrad in der Stadt aus dem Berufsverkehr, in den es in den Zeiten wirtschaftlichen Tiefstandes eingedrungen ist, verschwindet und damit die Straßen der Innenstädte entlastet werden.

II. Motorrad.

Vom leichten mit Hilfsmotor angetriebenen Fahrrad bis zum schwersten Kraftrad gibt es eine ganze Reihe von Zwischenstufen, die, je nach dem Zweck, den sie erfüllen sollen, Verwendung finden. Nach der Verordnung über das Kraftwesen vom 5. Dezember 1925 werden mit Krafträdern solche Kraftfahrzeuge bezeichnet, die auf nicht mehr als drei Rädern laufen und nicht mehr als 200 kg Gewicht im betriebsfähigen Zustande haben. Bezüglich des Einflusses auf die Straßen wird man das leichte Kraftrad mehr dem Fahrrad zurechnen, das schwere dagegen dem leichten Personenkraftwagen gleichsetzen müssen. Das Kraftrad bietet aber den Vorteil, daß es auch auf Wegen fahren kann, die für einen vierrädrigen Kraftwagen unbenutzbar sind.

III. Personen- und Lastkraftwagen.

a) Statistische Angaben.

Die Zahlen der Tabelle 3 geben die Entwicklung des Kraftfahrzeugbestandes als MR., PKW. und LKW. in Deutschland und anderen Ländern Europas seit 1926 bis 1948 an.

Tabelle 3. *Entwicklung des Kraftfahrzeugbestandes in Deutschland, England, Frankreich und Italien seit 1925.*

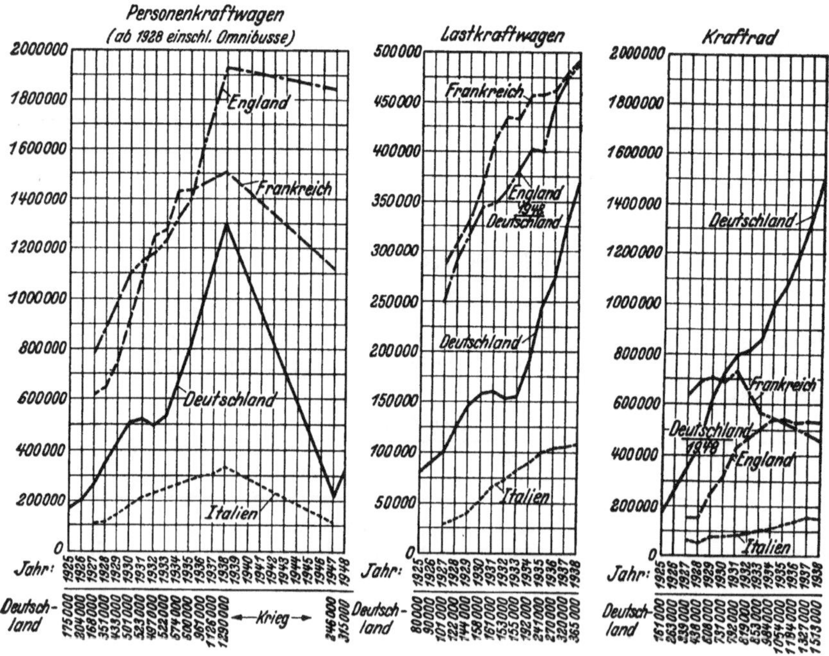

b) Verbrauch an Betriebsstoff.

Die Zahl der Fahrzeuge ist aber an sich nicht ausschlaggebend zur Beurteilung, in welchem Ausmaß die Motorisierung sich durchgesetzt hat, sondern ihre Verkehrsleistung, die bei den PKW. als Personenkilometer gemessen werden müßten. Für diese Leistungen liegen aber keine Angaben vor. Man kann sie nur aus dem Betriebsstoffverbrauch vermuten. Darum sollen darüber Angaben gemacht werden.

Tabelle 4. *Verbrauch an Betriebsstoff im Jahre 1935.*

Ver. Staaten von Nordamerika *[3]*	47000000 m^3
Deutschland *[4]*	1600000 t
Vereinigte Staaten von Amerika	1938 $90{,}10^6$ 1944 $118{,}10^6$ m^3

Der Verbrauch von Treibstoff hängt stark von der Wirtschaftslage ab. Selbst bei einer Zunahme des Bestandes an Kraftfahrzeugen kann ein Rückgang des Verbrauches an Treibstoff eintreten, weil zufolge des Darniederliegens der Wirtschaft die Ausnutzung der Fahrzeuge zurückgeht. Ein solcher Vorgang ist in den Jahren nach 1930 im Reich, aber auch in den VStA. beobachtet worden. Die Treibstoffpreise, beeinflußt z. B. durch Besteuerung, können gleichfalls den Verbrauch hemmen oder fördern. Den Treibstoff zu besteuern hat sehr nahe gelegen, weil mit einer solchen Steuer am einfachsten die Inanspruchnahme der Straße durch den Kraftwagen erfaßt wurde. Dieser Weg ist daher auch beschritten worden, besonders in Ländern, in denen Benzin gewonnen wird und billig abgegeben werden kann. Die Einnahmen, die aus der Steuer erzielt wurden, sind dann meistens dem Straßenbau zugeführt worden.

IV. Bauart und Wirkungsweise des Kraftwagens.

a) Die Abmessungen der Kraftwagen.

Durch eine sehr weitgehende Bereinigung sind die zahlreichen Typen der PKW. und LKW. auf wenige beschränkt worden, um die Reihenherstellung zu fördern und damit die Erzeugungskosten herabzusetzen. Auch die Lagerhaltung und Beschaffung von Ersatzteilen wird dadurch vereinfacht. An Stelle von 113 LKW.-Typen werden in Zukunft nur noch 20 bestehen.

Nach der Verordnung über das Verhalten im Straßenverkehr (Straßenverkehrsordnung — StrVO. — vom 13. Nov. 1937), § 19, darf die Breite der Fahrzeuge und der Ladung aller Art von Fahrzeugen 2,5 m nicht überschreiten. § 32 der StVZO., daß Fahrzeuge bis zu 7 t Gesamtgewicht nur eine Breite von 2,35 m haben dürfen, ist aufgehoben. Damit sind die Grundmaße für die Breite der Fahrbahnen festgelegt, über die im Zweiten Abschn. C. III, 3a weitere Angaben gemacht werden. Die Länge der Fahrzeuge darf 22 m nicht überschreiten. Wagen von dieser Länge werden, mit Ausnahme der Langholzwagen, kaum im Verkehr auftreten. Es wird sich in diesem Falle um Züge miteinander verbundener Fahrzeuge, bestehend in Triebwagen oder Sattelschlepper mit mehreren Anhängern handeln, deren Länge dieses Maß nicht überschreiten soll.

Die Höhe der Fahrzeuge ist auf 4 m begrenzt. Damit ist die Durchfahrthöhe unter Brücken festgelegt.

Die Landwirtschaft verwendet eine ganze Anzahl von Geräten, die entsprechend ihrem Verwendungszweck größere Breiten aufweisen, z. B. Düngerstreu- und Sämaschine bis 4,5 m. Das sind Sondergeräte, denen man die Benutzung der Straße wird gestatten müssen, denn es liegt im öffentlichen Belange, die Ertragsfähigkeit und Wirtschaftlichkeit der Landwirtschaft durch Einführung von

Maschinen zu erhöhen. Dennoch darf man nicht verkennen, daß ein breites Gerät den Verkehr stark behindert. Diese Maschinen fahren aber zur Zeit der Bestellung und der Ernte auf den Straßen, also in verhältnismäßig kurzen Zeitabschnitten, auf kurzen Strecken und in geringer Zahl. Durch solche Fahrzeuge wird der übrige Verkehr eine Behinderung erfahren, die zugunsten der Volksernährung wird in Kauf genommen werden müssen.

Die Länge der Fahrzeuge wird auf die Abmessung in den Krümmungen von Einfluß sein. Als dasjenige Fahrzeug, das in letzter Linie die Abmessungen der Krümmungen von Straßen bestimmt, ist der Langholzwagen anzusehen. Die Art des in der Holzabfuhr jetzt schon vielfach eingeführten Kraftwagens geht aus der Abb. 3 hervor.

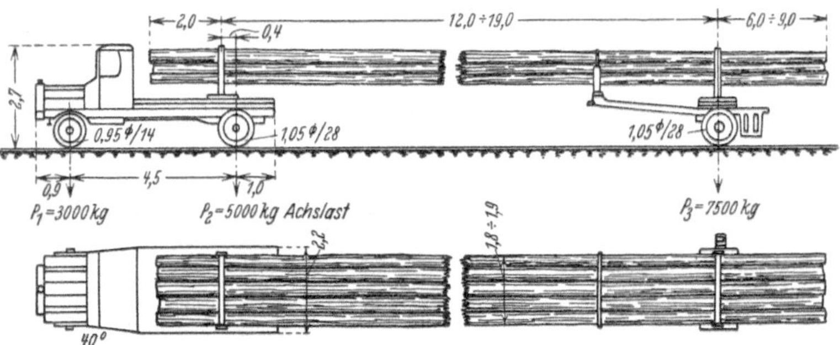

Abb. 3. Kraftfahrzeug für Langholzbeförderung.

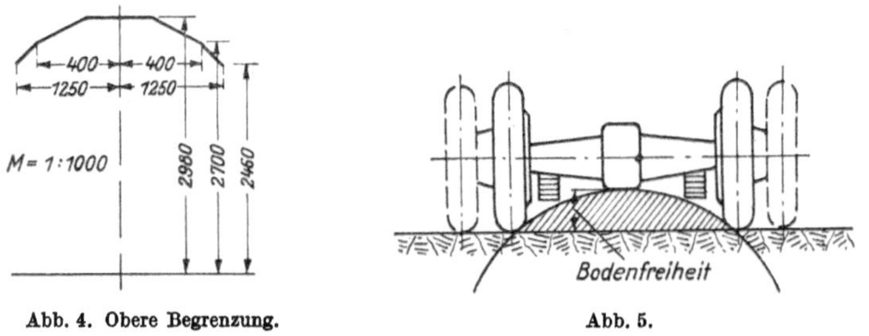

Abb. 4. Obere Begrenzung.

Abb. 5.

Wie im Eisenbahnwesen, ist auch für den Kraftwagen ein Umriß festgelegt, der nicht überschritten werden darf. (Abb. 4.) StrVZO. § 32.

Bodenfreiheit. 1. Die Bodenfreiheit voll belasteter Kraftfahrzeuge muß mindestens betragen (Abb. 5):

a) bei Personenkraftwagen über 900 Kubikzentimeter bis 1500 Kubikzentimeter Hubraum 190 Millimeter;
b) bei Personenkraftwagen über 1500 Kubikzentimeter bis 3000 Kubikzentimeter Hubraum 200 Millimeter;
c) bei Lastkraftwagen über 1 Tonne bis 2,5 Tonnen Nutzlast 230 Millimeter;
d) bei Lastkraftwagen über 2,5 Tonnen bis 3,5 Tonnen Nutzlast 250 Millimeter.

b) Gewichte.

Für Kraftwagen mit Luftreifen oder besonders zugelassenen Gummireifen begrenzt die StrVZO. (1937) § 34 die Achsdrücke und Gesamtgewichte wie folgt.

1. Der Druck einer Achse auf die ebene Fahrbahn (Achsdruck) ist die Summe der von den Rädern dieser Achse ausgeübten Raddrücke.

Tabelle 5.

Fahrzeugart	Achslast in Tonnen	Gesamtgewicht in Tonnen
1. Zweiachsige Kraftfahrzeuge . . .	10,5	16
2. Dreiachsige Fahrzeuge einschl. Sattelkraftfahrzeuge.	8	22,5
3. Vier- u. mehrachsige Fahrzeuge einschl. Sattelkraftfahrzeuge. . .	14,5 für die Doppelachse	6 mal Achszahl
4. Züge	8	40

Das Gesamtgewicht darf bei einem Achsstand von 1 bis 2 m 14,5 t, bei einem Achsstand von 2 bis 3 m 15 t nicht übersteigen.

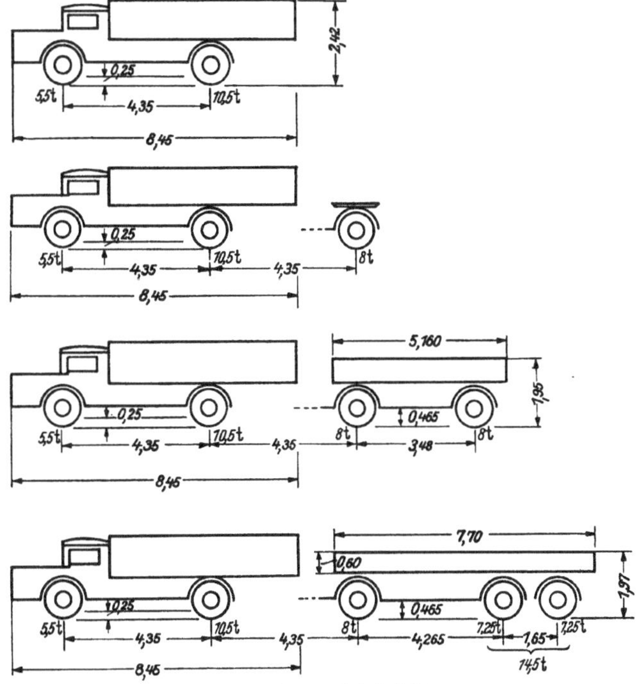

Abb. 6. Lastzüge mit Achsdrücken.

Sind Kraftfahrzeuge oder Anhänger mit andern Reifen versehen, so darf der Achsdruck höchstens 4 Tonnen betragen. Die daraus sich ergebenden Lastenzüge werden durch die Abb. 6 erläutert.

2. Bei Fahrzeugen, die ganz oder teilweise auf endlosen Ketten oder Bändern laufen (Gleiskettenfahrzeugen), darf der Druck einer Laufrolle auf ebener Fahrbahn 1,5 Tonnen nicht übersteigen. Laufrollen müssen bei Fahrzeugen mit einem Gesamtgewicht von mehr als 8 Tonnen so angebracht sein, daß der Druck einer um 6 Zentimeter angehobenen Laufrolle bei stehendem Fahrzeug nicht mehr als doppelt so groß ist wie der auf ebener Fahrbahn zulässige Laufrollendruck. Das Gesamtgewicht von Gleiskettenfahrzeugen darf 18 Tonnen nicht übersteigen.

Es spricht für die starke Umwälzung im Kraftverkehr und Straßenbau, daß die Gesamtgewichte und Achslasten der Kraftfahrzeuge als Folge ihrer Vervollkommnung zufolge Einführung der Luftreifen auch für LKW. und durch die Verbesserung der Straßenbefestigungen in immer kürzeren Abständen erhöht werden konnten. KVO. 1909 begrenzte das zulässige Gesamtgewicht für zweiachsige Kraftwagen auf 9 t, Höchstbelastung für eine Achse 6 t, KVO. 1930 ließ 10,5 t, für Sonderfahrzeuge 11,5 t zu, für dreiachsige 16 t. Höchstbelastung eine Achse 7,5, 8 und 5,5 t. Auf Grund des internationalen „Abkommen über Straßenverkehr" (Genf) sind die Gewichte der Kraftfahrzeuge und Anhänger weiter erhöht worden (10. 3. 1950). Jede Gewichtssteigerung wird aber mit Verbesserungen am Fahrzeug verbunden sein, so daß der Straßenbau von solchen Maßnahmen nicht berührt wird. Denn bei dem jetzigen Stande der Befestigung werden die Straßen auch noch eine Gewichtszunahme der Verkehrsmittel ertragen können, wenn durch gute Abfederung der Wagen und nachgiebige Bereifung die auf die Straße ausgeübten Massenkräfte sich in den bisherigen Grenzen halten.

c) Achsstand.

Nach der StrVZO. § 35 ist auch der Achsstand der Wagen geregelt. Es soll verhindert werden, daß durch einen zu geringen Abstand der Wagenachsen oder

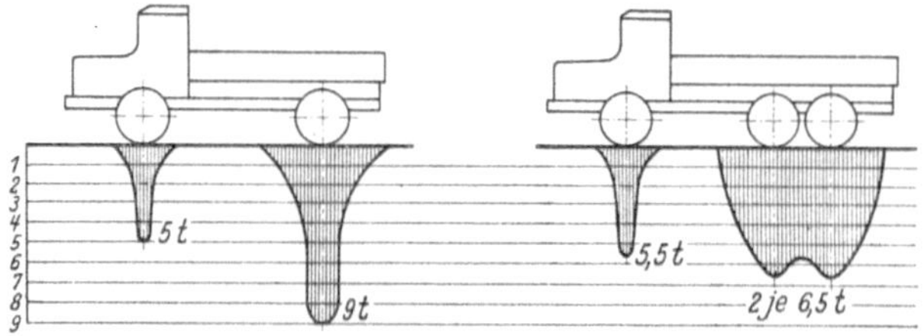

Abb. 7. Unterschied in dem Achsdruck bei zwei und drei Achsen.

zweier gekoppelter Fahrzeuge, deren Achsdruck bis an die zulässige Grenze ausgenützt ist, die Straße zu stark belastet wird. An sich gestattet eine Vermehrung der Achsen eine höhere Belastung der Kraftwagen bei einer Minderbeanspruchung der Straße, wenn ein genügender Abstand der Achsen eingehalten wird, wie die Abb. 7 erkennen läßt.

Entsprechend der Verringerung des Bodendrucks ermäßigen sich auch die Zusatzwirkungen z. B. infolge von Stößen. Da die beiden Hinterachsen durch eine besondere Wagenbalkenanordnung auf alle vier Hinterräder gleichmäßig verteilt sind, wird der Wagen, wenn er über ein Hindernis fährt, nur über die halbe Höhe des Hindernisses gehoben, dafür allerdings zweimal. Die Folge davon ist ein ruhiges Fahren. Solche Doppelachsen machen den Wagen geländegängig. Beide Hinterachsen werden durch eine besondere Gelenkwelle angetrieben.

d) Bereifung und Laufflächen.

Die Erhöhung der Achsdrücke und Gesamtgewichte der Kraftwagen war nur möglich, weil fortlaufend die nachgiebigen Reifen verbessert worden sind und auch die LKW. Luftbereifung erhalten konnten. Durch die Ausrüstung auch der schweren LKW. mit Luftbereifung konnten unbedenklich die Achsdrücke vermehrt werden, weil damit die Straßendecken vor den schwersten Angriffen geschützt werden, wie durch Versuche auf der Versuchsstraße des Deutschen Straßenbauverbandes bei Braunschweig und in den Forschungsinstituten für Kraftfahrwesen nachgewiesen worden war. Die StrVZO. schreibt daher vor (§ 36):

Bereifung und Laufflächen.

1. Maße und Bauart der Reifen müssen den Betriebsbedingungen, besonders der Belastung und Geschwindigkeit, entsprechen. Reifen oder andere Laufflächen dürfen keine Unebenheiten haben, die eine feste Fahrbahn beschädigen können; eiserne Reifen müssen abgerundete Kanten haben. Nägel müssen eingelassen sein; sogenannte Bodengreifer müssen abnehmbar sein oder durch andere Mittel (z. B. durch Schutzreifen) unschädlich gemacht werden können.

2. Die Räder der Kraftfahrzeuge und Anhänger müssen mit Luftreifen versehen sein, soweit nicht nachstehend andere Bereifungen zugelassen sind. Als Luftreifen gelten Reifen, deren Arbeitsvermögen überwiegend durch den in einem Schlauche unter Überdruck eingeschlossenen Luftinhalt bestimmt wird.

3. Statt Luftreifen sind für Fahrzeuge mit Geschwindigkeiten bis zu 25 km je Stunde (für Kraftfahrzeuge ohne gefederte Triebachse jedoch nur bei Höchstgeschwindigkeiten bis 16 km je Stunde) Gummireifen zulässig, die folgenden Anforderungen genügen: Auf beiden Seiten des Reifens muß eine 10 mm breite, hervorstehende und deutlich erkennbare Rippe die Grenze angeben, bis zu welcher der Reifen abgefahren werden darf; die Rippe darf nur durch Angaben über den Hersteller, die Größe und dergleichen sowie durch Aussparungen des Reifens unterbrochen sein. Der Reifen muß an der Abfahrgrenze noch ein Arbeitsvermögen von mindestens 6 mkg haben. Die Flächenpressung des Reifens darf unter der höchstzulässigen statischen Belastung 8 kg je Quadratzentimeter nicht übersteigen. Der Reifen muß zwischen Rippe und Stahlband beiderseits die Aufschrift tragen: „6 mkg". Das Arbeitsvermögen von 6 mkg ist noch vorhanden, wenn die Eindrückung der Gummibereifung eines Rades mit Einzel- oder Doppelreifen beim Aufbringen einer Mehrlast von 1000 kg auf die bereits mit der höchstzulässigen statischen Belastung beschwerte Bereifung um einen Mindestbetrag zunimmt, der sich nach folgender Formel errechnet:

$$f = \frac{6000}{P + 500};$$

dabei bedeutet f den Mindestbetrag der Zunahme des Eindrucks in Millimeter und P die höchstzulässige statische Belastung in Kilogramm. Die höchstzulässige statische Belastung darf 100 kg je Zentimeter der Grundflächenbreite des Reifens nicht übersteigen. Die Flächenpressung ist unter der höchstzulässigen statischen Belastung ohne Berücksichtigung der Aussparung auf der Lauffläche zu ermitteln.

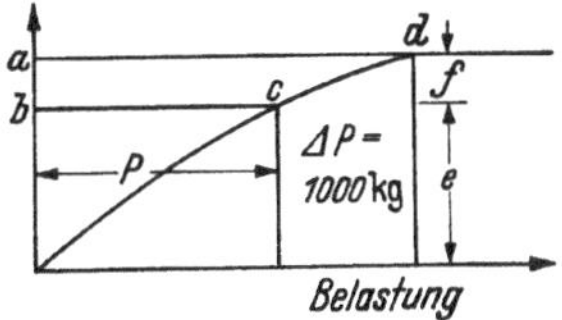

Abb. 8. Schaulinie zur Ermittlung des Arbeitsvermögens.

Während als übliche Bereifung auch für LKW. die Luftbereifung zu gelten hat, wird für gewisse Fahrzeuge, meistens Kommunalfahrzeuge, Feuerwehr-, Müll- und Straßenreinigungsfahrzeuge ein Vollgummireifen zugelassen, der aber bestimmte Eigenschaften besitzen muß. Für in dieser Weise bereifte Kraftwagen wird die Fahrgeschwindigkeit auf 25 km/h beschränkt.

Unter Arbeitsvermögen versteht man das Produkt des im Reifen eingebetteten Hindernisses, mal der Bodenpressung. Der Reifen verzehrt in diesem Falle Arbeit, da das Rad keine Vertikalbewegung macht. Je größer das Arbeitsvermögen, desto besser ist die Federwirkung des Reifens. Es wird wie folgt gemessen: Wenn ein Reifen unter der Belastung P, die seiner zulässigen Höchstbelastung entspricht, die Eindrückung e angenommen hat, und eine Steigerung der Radbelastung ΔP die Eindrückung um f vermehrt, so ist das nach Abb. 8 die am

Reifen aufgespeicherte Gesamtarbeit und die Zunahme der im Reifen aufgespeicherten Arbeit zufolge der Reifenmehrbelastung

$$abcd \cdot = F$$

$$F = \frac{f \cdot \Delta P}{2} + P \cdot f$$

$$= f \cdot \left(P + \frac{\Delta P}{2}\right)$$

$$f = \frac{6000 \text{ kgm}}{P + 500} \tag{3}$$

Zur Messung von f wird der Reifen in eine Druckpresse eingespannt und mit $\Delta P = 1000$ kg über die zulässige Tragfähigkeit P belastet. Die zusätzlich eintretende Eindrückung f muß gleich oder größer sein als der Wert, der sich aus Gleichung (3) errechnet.

Die Abmessungen der Reifen und ihre höchste Tragfähigkeit sowie der zulässige Luftdruck sind durch DIN Kr. 4641 für Kraftwagen und Anhänger, DIN Kr. 4681 Bl. 1—4 für Riesenluftreifen für Kraftwagen und Anhänger festgelegt.

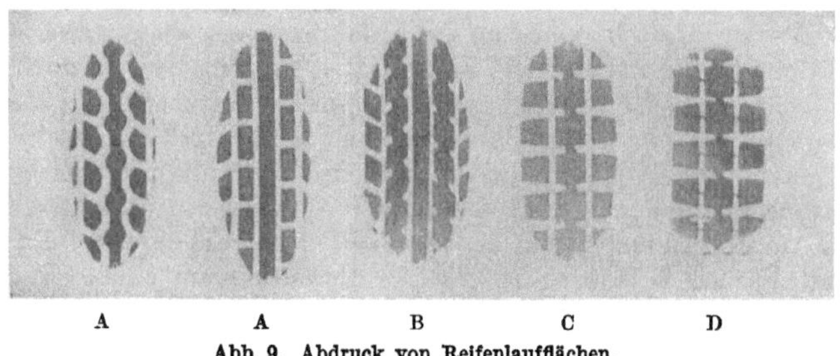

A A B C D

Abb. 9. Abdruck von Reifenlaufflächen.

Überträgt ein federnder Reifen eine Radlast P bei einem Innendruck gleich 2,5 atü, so müßte die Berührungsfläche $F = \frac{P}{2,5}$ sein. Da aber der Reifen durch Gewebeeinlagen zugunsten einer geringeren Abnutzung und längeren Lebensdauer ausgesteift ist, so wird seine Nachgiebigkeit dadurch vermindert und ein größerer Einheitsdruck erreicht bei entsprechender Verringerung der Berührungsfläche. Ihre Größe wird durch Abdruck der Reifenfläche unter der Belastung P auf der Fahrbahn gemessen. Das ergibt Auflagerflächen, z. B. für PKW.-Reifen, wie sie durch Abb. 9 und Tabelle 6 erläutert sind *[5]*.

Tabelle 6.

Bezeichnung der Reifen	Benennung der Reifen	Tragfähigkeit in kg bei einem Luftdruck im Reifen von 2,25 atü	2,5 atü	2,75 atü
A B	Dunlop-Gürtelpanzer Dunlop-Fortuna	550	625	700
C D	Continental-Standard Excelsior	600	650	700

Die Berührungsflächen nehmen deshalb auch nicht mit der Steigerung der Last gleichmäßig zu und damit auch nicht der Einheitsflächendruck, sondern je nach der Reifenart, seiner zulässigen Tragfähigkeit und seinem Luftinnendruck ungleichmäßig, wie aus der Tabelle 6 zu ersehen ist.

Aus dem an sich geringen Flächendruck, der nicht erheblich über dem Reifeninnendruck liegt, ist zu folgern, daß der auf die Fahrbahn ausgeübte mittlere Flächendruck p_m nur gering ist. Aber dieser Druck verteilt sich nicht gleichmäßig über die ganze Fläche. Beim Vollgummireifen nimmt der Druck von der Außenkante der Berührungsfläche, an der er die Größe 0 hat, bis zur Mitte auf $p_{max} = 1{,}5\, p_m$ zu. Bei Luftreifen sind die Verhältnisse wegen des Zusammenwirkens vom Reifeninnendruck p_0 und Manteldeckendruck verwickelter. Nur für die Längenachse der Reifenabdruckellipsen, wie sie in Abb. 9 gekennzeichnet sind, erreicht der senkrechte Druckverlauf die aus dem Innendruck errechnete Linie p_{max}. Dagegen bilden sich an den Rändern des Abdruckes auf Grund der Manteldeckenkraft hohe Stauchungen und Druckgebirge aus, was zu Reifenverschleiß führt. Es treten Waagerechtspannungen in der Berührungsfläche auf, die als Schrumpfungsspannungen sich äußern *[6]*. Für Luftreifen betragen die folgenden höchsten statischen Drücke nach „Bradbury" Proc. Highway Res. Board I, 1935, S. 225 6,5 kg, während Road Research Laboratory Harmondsworth Report 1938 mit dem 1,5fachen des Luftinnendruckes und bei überlastetem Reifen mit dem Zweifachen rechnet.

Die statischen Drucke werden bei der Fahrt noch durch Stöße vermehrt, die je nach den federnden Eigenschaften größer und geringer sind. Durch Untersuchung an verschiedenen Forschungsstellen war nachgewiesen worden, daß beim Vollgummireifen, wenn er über ein Hindernis von 25 mm mit 20 km/h fuhr, der Raddruck bis auf das Vierfache der statischen Last gesteigert wurde. Bei hohen Fahrgeschwindigkeiten ging dieser Wert etwas zurück. Darin mußte in erster Linie die straßenzerstörende Eigenschaft des inzwischen nicht mehr zugelassenen Vollgummireifens gesehen werden[1]. Es fehlte ihm fast jedes Arbeitsvermögen, besonders wenn er abgenutzt war. Bei den Kissenreifen, die aus weicherem Gummi hergestellt werden, ist bei Stößen die statische Radlast weniger erhöht als beim Vollgummireifen. Bei einem Hochdruckluftreifen wird der statische Raddruck nur noch um 15 v. H. durch Stoßkräfte im Fahrbetrieb erhöht. Bei hoher Fahrgeschwindigkeit werden durch die Fliehkräfte Masseteile des Reifens an den Umfang geworfen, so daß der wirksame Durchmesser anwächst. Nach Untersuchungen am Prüfstand ist die Zunahme des Rollkreishalbmessers bei niedrigem Reifendruck größer als bei hohem. Damit verringert sich aber auch die Auflagerfläche und die Einheitsbelastung nimmt zu (Abb. 10) *[7]*. Zufolge dieses unterschiedlichen Verhaltens des Reifens mit niedrigem Innendruck bei hoher Fahrgeschwindigkeit wird der Rollwiderstand größer als bei dem mit hohem Innendruck. Das hat für den erstgenannten Reifen den Nachteil, daß er sich bei hohen Geschwindigkeiten stärker erwärmt und demgemäß abnutzt und auch einen höheren Rollwiderstand erzeugt, wie aus der Abb. 11 zu ersehen ist *[7, 8]*. Das zwingt dazu, bei den auf den Autobahnen möglichen Fahrgeschwindigkeiten mit hohem, bei den übrigen Straßen, deren Fahrbahn zugleich nicht die hohen Anforderungen an Ebenheit und Stoßfreiheit erfüllen wie die der Autobahnen, bei geringerer Fahrgeschwindigkeit mit niedrigem Innendruck zu fahren, weil weiche

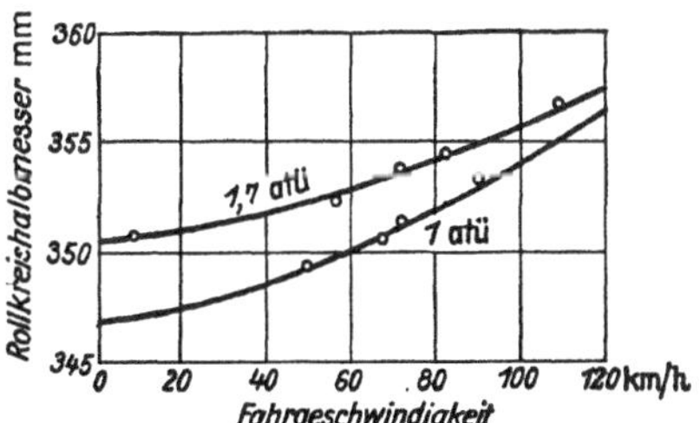

Abb. 10. Abhängigkeit des Rollkreishalbmessers von Fahrgeschwindigkeit und Reifeninnendruck.

[1] Neuzeitlicher Straßenbau II. Aufl. 1932, S. 38.

Reifen durch Verschlucken der Unebenheiten gegenüber einem harten Reifen den Rollwiderstand verringern *[8, 9]*.

Die Oberfläche der Luftreifen erhält Einkerbungen und Querrillen, auch Feinprofilierung genannt, die eine bessere Haftung des Reifens auf der Fahrbahn bewirken sollen, weil dadurch leicht- oder zähflüssige Stoffe, die zwischen Radreifen und Straßenoberfläche lagern — sogenannte Zwischenmittel — und die als Schmiermittel wirken können, in die Reifenrillen gequetscht werden, so daß eine unmittelbare Berührung zwischen Fahrbahn und Reifen eintritt. Das in die Rille eingedrückte Schmiermittel wird beim Ablösen des Reifens von der Bahn durch die Fliehkraft fortgeschleudert. Diese Wirkung wird bestätigt durch das Aussehen der nassen oder glibbrigen Fahrbahn, auf der sich das Reifenprofil abzeichnet. Abgefahrene Reifen, die eine Profilierung nicht mehr besitzen, sind daher nicht mehr genügend fahrsicher und sollten neu nachprofiliert werden, wenn noch genügend Gummiauflage vorhanden ist, oder ausgemustert werden. Die Reifenfabriken schreiben vor, daß für eine bestimmte Geschwindigkeit und Tragfähigkeit der Luftdruck eine vorgeschriebene Höhe

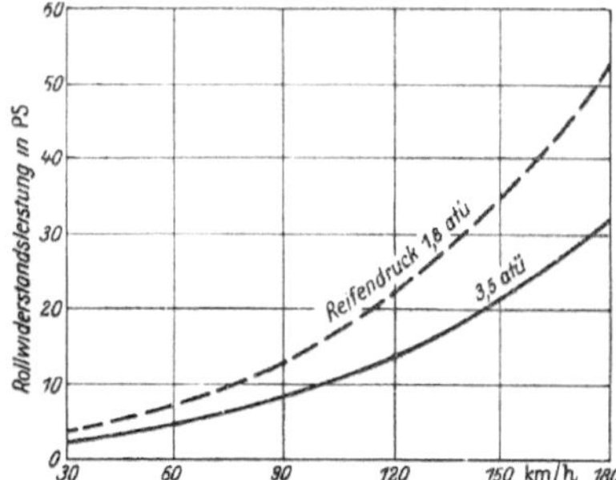

Abb. 11. Abhängigkeit des Rollwiderstandes vom Innendruck.

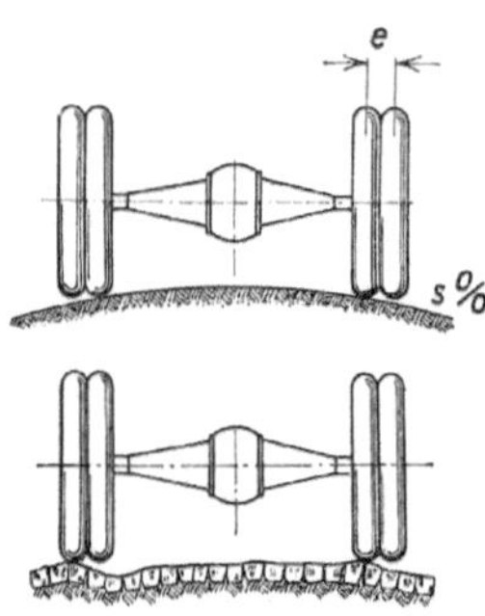

Abb. 12. Lastverteilung bei Doppelreifen.

haben muß. Dann ist auch der Rollwiderstand am geringsten. Die wirtschaftliche Betriebsführung des Kraftwagens verlangt daher genau den vorgeschriebenen Luftdruck einzuhalten und ihn, entsprechend den Lasten und Fahrgeschwindigkeiten, fortlaufend zu regeln.

Bei LKW. mit Doppelreifen werden von den beiden Reifen, zufolge der Straßenwölbung, der innere stärker beansprucht als der äußere. Eine gleichmäßige Lastverteilung auf beide Reifen ist daher nicht immer gewährleistet. Das hängt mit der Straßenwölbung zusammen. Der ungünstigste Fall ist der, daß der Wagen in Straßenmitte fährt, dann steht das Rad auf einer geneigten Fläche (Abb. 12). Infolgedessen wird der innere Reifen stärker zusammengepreßt als der äußere. Das Maß der verschiedenen Gewichtsverteilung hängt von der Querneigung der Fahrbahn ab. Für einen Abstand e der beiden zusammengehörenden Reifenmitten und ein Quergefälle q in v. H. ist der Höhenunterschied $\frac{e \cdot q}{100}$. Die Eindrucktiefe des äußeren Reifens sei zu a angenommen, dann ist die Eindrucktiefe des inneren Reifens $a + \frac{e \cdot q}{100}$. Da die Eindrucktiefen, wie schon erwähnt (Tabelle 6), mit der Belastung nicht gleichmäßig wachsen, wird der innere Reifen stets einen höheren Druck übertragen. Diese ungleiche Belastung ist ebenso nachteilig für die Reifen wie für die Straße. Die Reifenfabriken schreiben daher vor, daß der Luftdruck des inneren Reifens 0,3 atü unter dem der Tragfähigkeit entsprechenden bleiben muß. Zwischen den beiden Reifen muß ein Mindestabstand von 20 mm sein, damit die beiden Reifen sich an den Innenkanten durch die Wulstbildung bei der Abplattung auf der Fahrbahn nicht reiben. Bei Schneeketten muß der Abstand auf 40—44 mm vergrößert werden. Infolge der Verschiedenheit der Belastung werden die Reifen auch verschieden zusammengedrückt und ihre Durchmesser dadurch ungleich. Am Umfang der beiden Reifen wirken daher Geschwindigkeiten von verschiedener Größe, die ein Radieren der Fahrbahn verursachen. Durch die Ermäßigung des Luftdruckes im inneren Reifen um 0,3 Atm. soll erreicht werden, daß die Rolldurchmesser trotz der ungleichen Belastung möglichst gleich groß sind und die Reifen gleichförmig beansprucht werden.

e) Fahrgeschwindigkeit.

Obwohl die Möglichkeit, hohe Fahrgeschwindigkeiten zu entwickeln, eine besondere Eigenschaft des Kraftwagens ist, so sind ihr doch praktisch Grenzen gesetzt. Sie liegen auf verschiedenen Gebieten. Eine großzügige Freigabe der Geschwindigkeit, um dem Autofahrer die volle Ausnutzung seines Wagens zu gestatten, hat sich bisher im öffentlichen Verkehr in keinem Lande durchführen lassen. Je dichter der Verkehr auf den Straßen ist, desto geringer ist die Geschwindigkeit, die der Kraftfahrer entwickeln kann, wenn der Verkehr nicht gestört oder gefährdet und die Verkehrsleistung zu voller Höhe gebracht werden soll. Die Sicherheit des Verkehrs erfordert daher, daß der Kraftfahrer sich mit seiner Fahrgeschwindigkeit der jeweiligen Verkehrslage anpaßt. Wollte man die Straßen in solchen Ausmaßen anlegen, daß auch bei Spitzenbelastung die höchste Geschwindigkeit ausgefahren werden kann, würden die Anlagen unverhältnismäßig große Abmessungen erhalten müssen. Die StrVO. schreibt vor:

Grundregel für das Verhalten im Straßenverkehr.

§ 1. Jeder Teilnehmer am öffentlichen Straßenverkehr hat sich so zu verhalten, daß der Verkehr nicht gefährdet werden kann; er muß ferner sein Verhalten so einrichten, daß kein anderer geschädigt oder mehr als nach den Umständen unvermeidbar behindert oder belästigt wird.

Zu dem Einrichten des Verhaltens wird in erster Linie gehören, daß er seine Geschwindigkeit so regelt, daß er seinen Wagen in der Gewalt hat und ihn so lenken oder so rechtzeitig zum Stehen bringen kann, daß keine nachteiligen Folgen für ihn oder andere Verkehrsteilnehmer entstehen. Aus Gründen der Sicherheit wird daher jeweils eine durch die Umstände — Straßenlage, Oberflächenbeschaffenheit, Verkehr und Witterung — gegebene begrenzte Geschwindigkeit einzuhalten sein. Da der Luftwiderstand mit dem Quadrate der Geschwindigkeit wächst (Erster Abschn. C. III) überwiegt bei hohen Geschwindigkeiten der Kraftaufwand für seine Überwindung und führt zu hohem Verbrauch an Betriebsstoff. Wenn dieser auch durch die windschlüpfige Form des Wagens ermäßigt werden kann, so darf doch mit Rücksicht auf die Bremsung hierbei nicht zu weit gegangen werden (Erster Abschn. C. V. e).

Wenn auch der Fortschritt nicht durch behördliche Maßnahmen gehemmt werden soll, so setzt doch die Sicherheit des Verkehrs, die nationale Wirtschaft, die einen hemmungslosen Verbrauch an Kraftstoff und Reifenverschleiß nicht zulassen kann, und die Grenzen, die auch für den Straßenbau bestehen, Grenzen auch der zulässigen Fahrgeschwindigkeit. Denn eine hohe Fahrgeschwindigkeit stellt auch hohe Ansprüche an die Ausgestaltung der Straßen. Verkehrssicherheit und Wirtschaftlichkeit im weitesten Sinne bestimmen also diejenigen Geschwindigkeiten, die zugelassen werden können, und für die man die einzelnen Straßen je nach ihrer Bedeutung ausbauen muß. Man hat daher den Ausdruck — Ausbaugeschwindigkeit — geprägt und versteht darunter die höchste Geschwindigkeit, mit der auf einer Straße unter Beachtung der Sicherheitsbedingungen (Kraftschlußbeiwert,

Sichtweite) und bei günstiger Ausnutzung der Motorleistung des regelmäßig auf der Straße verkehrenden Kraftfahrzeuges gefahren werden kann.

Für die Autobahnen sind Geschwindigkeiten von 160 km/h, 140 km/h und 120 km/h zugrunde gelegt. Für die erste Autobahn in V. St. A. sind die Sichtweiten für eine Geschwindigkeit von 112,5 km/h bemessen. Aber aus den oben angegebenen Gründen hat man in Deutschland die Geschwindigkeit auf den Autobahnen auf 80 km/h für PKW. und 60 km/h für LKW. festgesetzt. Auf den amerikanischen Landstraßen sind Geschwindigkeiten zwischen 80—88 km/h zugelassen aber in acht Staaten auf 40—72 km/h beschränkt, in neun Staaten sogar sind 96 km/h ausnutzbar.

Nach der Ausbaugeschwindigkeit richten sich die Größe der Halbmesser in Krümmungen und die Gestaltung der Krümmungen, die Ausrundung der Kuppen und alle die Vorkehrungen, die erforderlich sind, um auf und längs der Bahn dem Fahrer eine so ausreichende Sicht zu geben, daß er möglichst ohne Ermäßigung seiner Geschwindigkeit alle Signale erkennen und die Fahrtanweisungen befolgen kann, oder bei plötzlich auftretenden Hindernissen eine so große Bremsstrecke vorfindet, daß er aus der Höchstgeschwindigkeit abbremsen kann.

In den bebauten Städten und geschlossenen Ortschaften kann nur eine niedrige Geschwindigkeit zugelassen werden, die z. Zt. auf 40 km/h für PKW., MR. und Omnibusse festgesetzt ist. (In V. St. A. 24—56 km/h.)

Gesetzlich ist eine Beschränkung der Fahrgeschwindigkeit vorgesehen, wenn die Kraftwagen statt der Luftbereifung eine andere nachgiebige Bereifung haben, die aber ein bestimmtes Arbeitsvermögen besitzen muß. In diesem Falle ist die Geschwindigkeit auf 25 km/h begrenzt. (Erster Abschn. B. IV. d.)

C. Fahrzeug und Straße in ihrer Wechselwirkung.

Am Berührungspunkt von Rad und Straßenoberfläche werden die Bewegungskräfte auf die Straße übertragen, infolgedessen trifft die Technik der Kraftwagengestalter und der Straßenbauingenieure an diesem Punkt zusammen. Wie der Erstgenannte nicht verlangen kann, daß die Straße so widerstandsfähig ausgebildet wird, daß sie alle vom Kraftwagen ausgeübten Kräfte ungemindert aufnehmen kann, wird der Straßengestalter nicht fordern dürfen, daß der in Bewegung befindliche Kraftwagen so durchgebildet wird, daß keine Kräfte ausgeübt werden, die über die reinen Achslasten hinausgehen, und daß diese in zu engen Grenzen gehalten werden. Die gegenseitige Abstimmung, was jeder von beiden leisten und vom andern fordern kann, ist schon sehr weit gediehen. Würden an die Gestaltung des Wagens zugunsten sehr straßenschonender Eigenschaften sehr hohe Anforderungen gestellt, würde seine Herstellung und sein Betrieb sehr verteuert und damit sein Verkehrswert und Wirkungsgrad vermindert, während dafür die Anlage- und Unterhaltungskosten der Straße niedrig gehalten werden können. Umgekehrt würde es einen sehr aufwendigen Straßenbau erfordern, wenn man keine hohen Anforderungen an straßenschonende Eigenschaften des Wagens stellen würde. Hier muß also ein Ausgleich erzielt werden.

Ertragsrechnungen sind angestellt worden, die sich aber nur auf einzelne Posten erstreckt haben, z. B. Betriebsstoffverbrauch und Reifenabnutzung auf schlechten und guten Straßen unter Verwendung von Reifen mit geringerer oder höherer Nachgiebigkeit. Sie haben nur Näherungswert, weil verschiedene Vorteile oder Nachteile auf beiden Seiten nur gefühlsmäßig geschätzt werden können[1]. Nur hinsichtlich des Unterschiedes zwischen der Benutzung der Landstraße und der Autobahn haben Vergleichsfahrten mit einem PKW. und LKW. mit Beiwagen

[1] II. Aufl., S. 391.

ergeben, daß bei demselben Verbrauch an Treibstoff auf der Autobahn eine wesentlich höhere Reisegeschwindigkeit bei geringerer Beanspruchung von Fahrzeug und Fahrer erreicht werden kann.

Die Beurteilung der Straßenbeanspruchung geht aus von dem vom Rad auf die Straße ausgeübten Druck, der in seiner statischen Höhe durch die StrZVo. an sich begrenzt ist (S. 9). Seine Erhöhung durch Massenkräfte, hervorgerufen durch Stöße, kann durch Einschalten nachgiebiger Zwischenglieder wie Federn, Schwingachsen und federnde Bereifung ermäßigt werden.

I. Kraftübertragung zwischen Reifen und Fahrbahn.

a) Rollen, Schlüpfen, Gleiten[1].

Damit das angetriebene Rad den Kraftwagen in Fahrt setzen und halten kann, muß am Berührungspunkt zwischen Rad und Fahrbahn ein Widerstand in entgegengesetzter Richtung hervorgerufen werden. Die vom Motor geleistete Arbeit wird an der Berührungsstelle zwischen Straße und Triebrad aufgezehrt, sobald die Bewegung auftritt. Diese Kraft soll als Haftwiderstand bezeichnet werden. Sie setzt sich zusammen aus der Normalkraft Q und dem Beiwert des Haft-

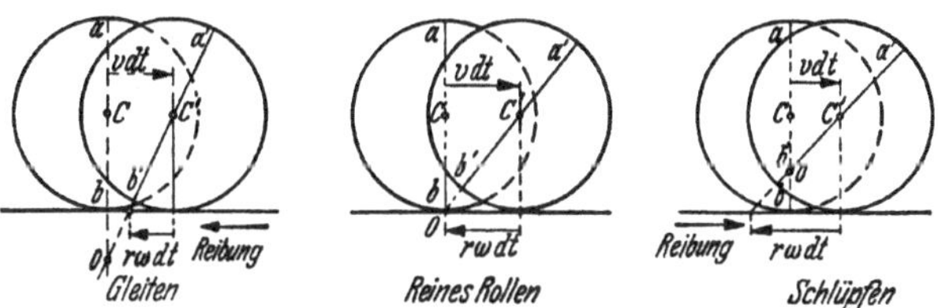

Abb. 13. Rollen, Schlüpfen, Gleiten.

reibungswiderstandes μ_0, der auch als Beiwert der Reibung der Ruhe bezeichnet wird. Denn beim Abrollen bleiben die Berührungspunkte zwischen Radumfang und Bahn zueinander in Ruhe, sie erleiden keine gegenseitige Verschiebung (Abb. 13).

$$v = \omega \cdot r$$

v = Fahrgeschwindigkeit

ω = Winkelgeschwindigkeit, die sich aus der Umdrehungszahl n des Rades in der Minute errechnet

$$\omega = \frac{2\,\pi\,n}{60}\,\mathrm{sec}^{-1}$$

r = Halbmesser des Rades.

Der Fall des reinen Abrollens wird im allgemeinen nicht eintreten. Denn infolge Formänderung der Fahrbahn, des Stahlreifens, vor allem aber des nachgiebigen Luftreifens ist anzunehmen, daß sich das Rad mit einer anderen Winkelgeschwindigkeit drehen wird, als es der tatsächlichen Fahrgeschwindigkeit und dem unverformten Halbmesser r entsprechen würde. Das gezogene und gebremste Rad eilen dabei der Fahrgeschwindigkeit nach, während das angetriebene voreilt. Dieser Vorgang wird mit Kriechen bezeichnet. Werden höhere Umfangskräfte übertragen und die Grenzen des Haftreibungsbeiwertes μ_0 zwischen Reifen und

[1] VIII. I. Str. K. 1938, Bericht 68. Die dort gewählten Begriffsbestimmungen sind übernommen worden.

Fahrbahn überschritten, so beginnt das Rad an zu gleiten. In einer Formel ausgedrückt, ist bei dem angetriebenen Rad, das voreilt:

$$v < \omega r.$$

Der Umfang des Rades legt einen größeren Weg zurück als der Wagen selbst, ein Vorgang, der auch mit Schlüpfen bezeichnet wird.
Das Maß für das Schlüpfen wird ausgedrückt durch die Beziehung:

$$\alpha\% = \frac{\omega \cdot r - v}{\omega r} \cdot 100.$$

Wenn $v = 0$ ist, liegt der Grenzfall vor, daß sich das Rad auf der Stelle dreht oder mahlt,

$$\alpha = 100\%.$$

Das Gleiten kann aber auch in der Weise vor sich gehen, daß der vom Rad zurückgelegte Weg kleiner ist als die Fahrgeschwindigkeit (Nacheilen)

$$v > \omega \cdot r.$$

Das Maß des Nacheilens ist dann

$$\beta\% = \frac{v - \omega r}{v} \cdot 100.$$

Diese Bewegung macht das gebremste und gezogene Rad. Der Grenzfall ist für $r \cdot \omega = 0$, $\beta = 100\%$, der beim Bremsen auftritt, das Rad ist blockiert. Die Bewegungsenergie des Motors, der abgestellt ist, fällt aus, aber die Massenkräfte üben einen Bewegungsvorgang aus, der allmählich durch den Luftwiderstand und die an der Fahrbahn geleistete Bremsarbeit verzehrt wird. Der Beiwert des jetzt auftretenden Gleitwiderstandes sei $= \mu_g$. Bei Schlüpfen wird die Zahl der Umdrehungen vergrößert:

$$u_1 = \frac{l}{2 r \pi \cdot \left(1 - \frac{\alpha}{100}\right)}$$

l = Fahrstrecke,
beim Gleiten herabgemindert:

$$u_2 = \frac{l \cdot \left(1 - \frac{\beta}{100}\right)}{2 r \pi}.$$

Hierbei ist zu beachten, daß das Voreilen auf die Umfangsgeschwindigkeit, das Nacheilen auf die Fahrgeschwindigkeit bezogen wird.
Außer dem Gleitwiderstand in Richtung der Bewegung, der das Bremsen eines Fahrzeuges ermöglicht, wirkt noch ein Gleitwiderstand dem seitlichen Abweichen des Rades aus der Spur senkrecht zur Fahrtrichtung entgegen, der besonders in Krümmungen zur Aufnahme der Fliehkräfte in Anspruch genommen wird. (Zweiter Abschnitt, C. III. c. 6.)
Während bei dem Gleiten des Reifens zufolge der Blockierung und bei dem Mahlen eindeutige Bewegungsvorgänge vorliegen, ist das beim Abrollen nicht der Fall. Denn hier handelt es sich um das Auftreten eines Haft- und eines Gleitwiderstandes an den verschiedenen Flächenelementen des Reifens, hervorgerufen durch die Formänderungen. Der Vorgang kann so betrachtet werden, daß auf die Dauer der Berührung zwischen Fahrbahn und Reifen für ein Flächenteilchen Haftwiderstand gilt, andere anschließende Teile sich in verschiedener Richtung zur Fahrbahn bewegen, wobei Gleitwiderstand erzeugt wird. Da, wie später noch

nachgewiesen wird, der Beiwert des Gleitwiderstandes von der Fahrgeschwindigkeit abhängt, während der Beiwert des Haftwiderstandes als Reibung der Ruhe davon unabhängig ist, so steht auch der Rollreibungsbeiwert in Beziehung zur Fahrgeschwindigkeit. Die Rollreibung ist gleich dem Produkt

$$R = Q\mu_r,$$

μ_r = Beiwert der Rollreibung.

Für die Sicherheit des Straßenverkehrs und für die Beurteilung des Gebrauchswertes einer Straßenbefestigung kommt diesem Beiwert der Rollreibung eine große Bedeutung zu. Er steht allerdings nicht nur in Abhängigkeit von der Fahrgeschwindigkeit, sondern wird vor allem von der Art der Straßenbefestigung und ihrem Zustand, ob sie trocken, naß oder mit Glibber bedeckt ist, andrerseits aber auch von der Beschaffenheit des Reifens beeinflußt.

b) Die meßtechnische Erfassung des Beiwertes des Haftwiderstandes und des Gleitwiderstandes.

Die meßtechnische Erfassung dieser Beiwerte ist nach verschiedenen Verfahren versucht worden. Zuerst aus Bremsversuchen und Messung der Bremsstrecke für eine festgestellte Geschwindigkeit, solange das Rad noch rollte und nicht blockiert war. Bei einer Belastung des Rades N ist die Kraft im Augenblick des Eintrittes der Bremsbewegung $N \cdot \mu_0$ (Haftreibung). Nach Eintritt der Bewegung, solange das Rad noch rollt (Nacheilen), aber bereits gleitet, müssen Haft- und Gleitwiderstände angenommen werden, d. h. auch Rollreibung $= N\mu_r$. Im Augenblick, in dem das Rad blockiert wird, beginnt reine Gleitreibung $= N \cdot \mu_g$. Aber diese aus Bremsversuchen mit Fahrzeugen errechneten Reibungsbeiwerte haben zur Voraussetzung, daß bei Betätigung der Bremse die Reibung zwischen Rad und Fahrbahn auch voll ausgenutzt ist, und Bremstrommelmoment und Reifenreibungsmoment müssen einander gleich sein, was nicht nachzuweisen ist.

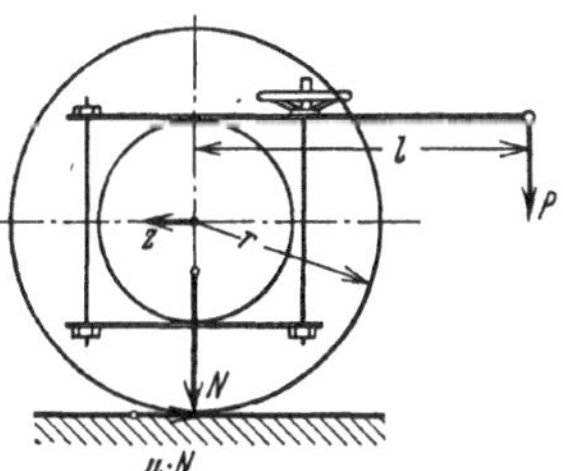

Abb. 14. Messung der Haftreibung am Bremsrad.

Die aus Bremsversuchen mit Fahrzeugen errechneten Beiwerte sind nicht ohne weiteres Kennzeichen für die äußerst mögliche Griffigkeit zwischen Reifen und Fahrbahn. Besseren Einblick gewähren die Versuche an Fahrzeugen, an denen alle Kräfte und Bewegungen gemessen werden, in der Form von Schleppversuchen.

Bevor diese beschrieben werden, muß noch geklärt werden, welcher Art der Beiwert ist, der durch sie gefunden wird. Beim Bremsen treten Haftreibung, Gleitreibung, Roll- und Walkreibung auf, die sich gegenseitig überlagern und deren Einzelgröße festzustellen nicht möglich ist. Für dieses Zusammenwirken von Rad und Fahrbahn ist der Begriff „Kraftschluß" geprägt worden, und das Verhältnis der Kraft (Z), die beim angetriebenenen Rad zwischen Rad und Fahrbahn übertragen wird, zur Radlast (N), wird als Kraftschlußbeiwert bezeichnet:

$$\mu_K = \frac{Z}{N},$$

der im folgenden eingeführt werden soll *[10]*.

Die Kraftschlußbeiwerte lassen sich ermitteln, wenn die Momentengleichung an einem gebremsten Rad aufgestellt wird (Abb. 14).

$$\begin{aligned} Z &= N\mu_r; \\ Pl &= Nr\mu_r; \qquad\qquad (4) \\ P &= \text{Bremskraft am bekannten Hebelarm } l \text{ in kg}; \\ Z &= \text{Zugkraft, die von dem Schleppfahrzeug aufzubringen ist in kg}; \\ N &= \text{der Raddruck in kg}; \\ \mu_r &= \text{der Beiwert des Kraftschlusses zwischen Rad und Fahrbahn.} \end{aligned}$$

Wird die Gleichung (4) nach μ_r aufgelöst, so ergibt sich

$$\mu_r = \frac{Pl}{Nr}.$$

Vorausgesetzt wird, daß die Schleppachse mit gleichmäßiger Geschwindigkeit gefahren wird. Der Beiwert läßt sich aber auch aus der Zugkraft bei der Bremswirkung berechnen. Σ der waagerechten Kräfte $= 0$ ergibt

$$Z' + Z = \mu_r Q.$$

Z' ist die Erhöhung der Zugkraft, die beim Bremsen eintritt.

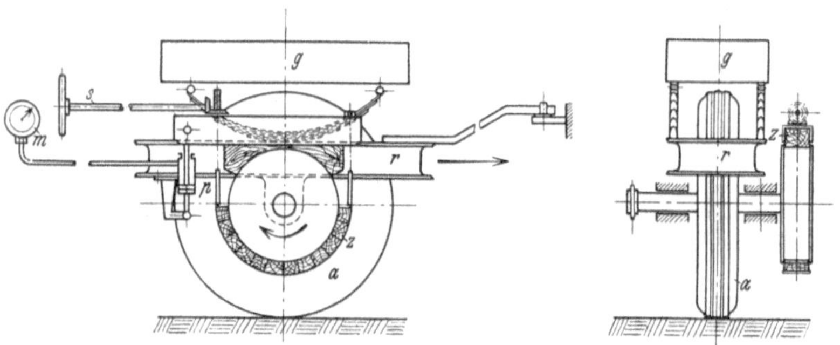

Abb. 15. Bremsrad zur Messung derHaftreibung.
a Rad, *r* Rahmen, *g* Auflast, *m* Manometer, *p* Bremsstand, *z* Bremsbelag, *s* Bremsspindel.

α) Versuche zur Ermittlung von μ_r sind auf einer kreisförmigen Prüfbahn vorgenommen worden, auf der ein Fahrgestell lief, an das die Schleppachse angehängt wurde *[5]*. Die Meßvorrichtung besteht aus der Schleppachse mit einer Bremstrommel (Abb. 15). Die Bremsbacken werden bei gleichbleibender Fahrgeschwindigkeit langsam angezogen. Der Bremsdruck wird mittels eines Preßzylinders und Kraftmessers nach der Form des Pronyschen Zaumes selbsttätig aufgetragen. Die Umlaufzahl des Bremsrades wird durch eine besondere Schreibvorrichtung aufgenommen, die tatsächliche Fahrgeschwindigkeit aus der Umdrehungszahl eines besonderen mitlaufenden Rades oder eines Tachymeters gemessen. Daß Maß des Nacheilens (Gleitens) während des Bremsvorganges ergab sich aus dem Unterschied zwischen der Drehzahl des Bremsrades und der Fahrgeschwindigkeit des Wagens.

Nachdem der Prüfwagen auf gleichbleibende Fahrgeschwindigkeit gebracht war, wurde die Bremse des Meßwagens langsam und gleichmäßig bis zum Blockieren des Rades angezogen. Während des Bremsens wurde der Verlauf der Bremskraft vom Druckschreiber aufgezeichnet und gleichzeitig die Fahrgeschwindigkeit des Prüfwagens am Zeigerinstrument nach der Drehzahl des Meßrades verfolgt. Um die Diagramme, auf denen diese Werte selbsttätig aufgetragen werden, in Übereinstimmung zu bringen, war in jedem Schreibgerät ein Zeichengeber angebracht, der von einem Druckknopf elektromagnetisch betätigt werden konnte. Wie aus der in Abb. 16 wiedergegebenen Schaulinie, die einen Ausschnitt aus der Prüfung von drei verschiedenen Belägen darstellt, zu entnehmen ist, fiel mit der Zunahme der Bremskraft die Drehzahl des Bremsrades. Es fand also ein Übergang von Haftreibung in Gleitreibung statt. Die Beziehungen zwischen der Bremskraft oder, was gleichbedeutend ist, dem Reibungswiderstand und der Gleitung, können aus den Schaubildern entnommen werden.

Ausgewertet wurde nur die Höchstreibung bei noch rollendem Rad, weil die Ermittlung der Gleitreibung nur beim blockierten Rad hätte vorgenommen werden müssen; das damit bedingte Schleifen des Rades hätte den Reifen schnell abgenutzt. Die Untersuchung wurde an verschiedenen Belägen in trockenem Zustand, angenäßt und mit Glibber bedeckt, der von öffentlichen Straßen stammte

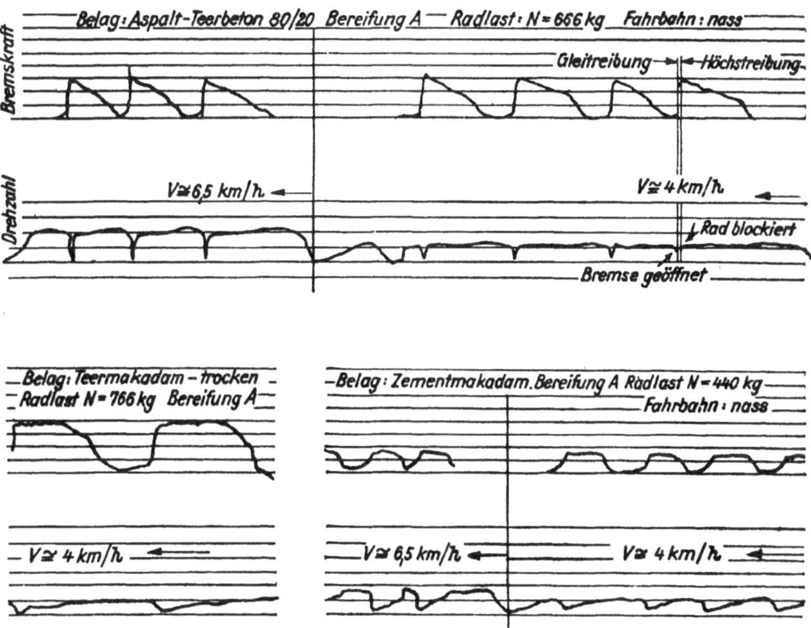

Abb. 16. Aufnahme der Bremsdrücke zur Berechnung der Beiwerte der Haft- und Gleitreibung für Asphalt-Teerbeton, Teermakadam, Zementmakadam.

und leicht angefeuchtet wurde, vorgenommen. Die Radlast wurde im Laufe der Prüfung gesteigert, aber eine Abhängigkeit der Beiwerte von der Radlast ist nicht festgestellt. Da unter dem Verkehr mit der Zeit die Beläge sich verändern, ist auch untersucht worden, ob die Abnutzung der Fahrbahn einen Einfluß auf den Reibungsbeiwert hat. Eine Ermittlung des Beiwertes, nachdem ein größerer Verkehr über die Prüfbahn geleitet worden war, ergab eine geringe Ermäßigung bei nasser, eine Zunahme bei trockener Fahrbahn, bei schlüpfriger Oberfläche zeigte sich kein Unterschied. Anschließend an die Versuche auf der Prüfbahn ist die Schleppachse auch an ein Auto angehängt worden und dieselben Messungen auf Straßenfahrbahnen mit höheren Geschwindigkeiten vorgenommen worden. Unter Berücksichtigung aller dieser Einflüsse haben sich nach den hier beschriebenen Verfahren Mittelwerte der Beiwerte für die verschiedenen Zustände der Fahrbahn ergeben, wie die Abb. 17 wiedergibt. Diese Reihenfolge gilt nur für die Voraussetzungen, unter denen diese Versuche durchgeführt sind. Man darf sie jetzt noch nicht verallgemeinern. Wichtig ist vor allem die Abnahme des Kraftschlußbeiwertes mit der Nässe. Die Ergebnisse werden in vielerlei Hinsicht durch andere Untersuchungen, die nachfolgend beschrieben werden, zum Teil bestätigt, zum Teil ergänzt.

Beim Bremsen fällt die Drehzahl des Rades ab. An Stelle der Reibung der Ruhe tritt die der Bewegung. Aus den aufgenommenen Diagrammen (Abb. 16) ist zu

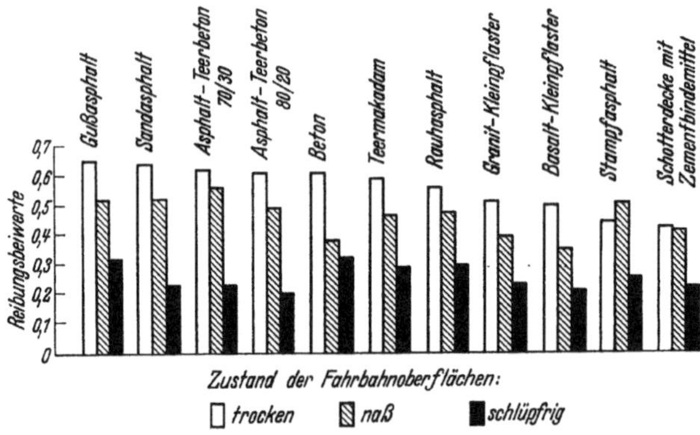

Abb. 17. Haftreibungsbeiwerte für verschiedene Fahrbahnbelage im trockenen, nassen und schlüpfrigen Zustande.

entnehmen, daß bei einem Nacheilen bis zu 15—25% die Haftreibung den Höchstwert erreicht. Unter 5 v. H. Gleitung werden nur sehr geringe Reibungskräfte übertragen. Dementsprechend liegt in dieser Strecke — 15—25% — der Haftbereich, der Kraftschluß zwischen Fahrbahn und Rad bleibt noch unterhalb des Haftvermögens.

β) Gleichfalls unter Verwendung einer Schleppachse ist in der Schweiz eine Vorrichtung zur Messung der Kraftschlußbeiwerte entwickelt worden, bei der das beim Bremsvorgang aufzunehmende Bremsmoment nicht auf den Fahrzeugrahmen, sondern mittels einer außermittig beanspruchten Zugstange Z über die Ankoppelungsstelle auf das Schleppfahrzeug übertragen wird. Gemessen wird die an der außenmittig angebrachten Zugstange Z beim Bremsen entstehende Formänderung, aus der mit einer Glasritzeinrichtung die Zugkraft H_2 errechnet wird *[11]*.

Die Wirkungsweise geht aus der Zeichnung Abb. 18 hervor.

Tabelle 7.

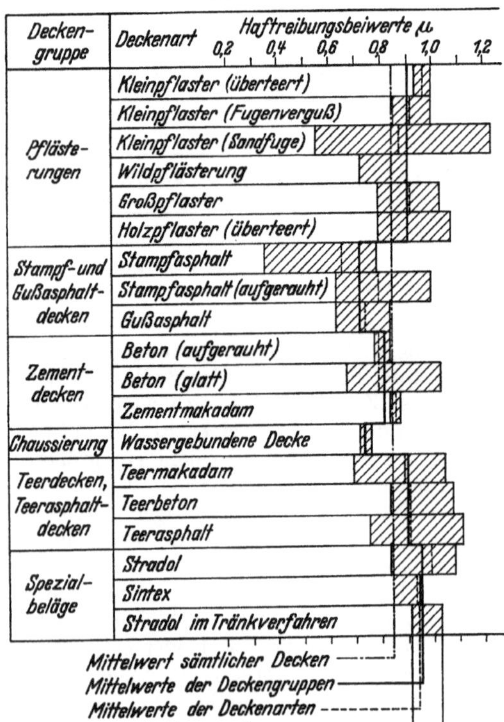

Die Meßergebnisse in ihren oberen und unteren Grenzen und als Mittelwert aller Beläge oder als Mittelwert der betreffenden Deckenart sind in der Tabelle 7 zusammengefaßt. Drei als Spezialbeläge bezeichnete Deckenarten, die Bitumen als Bindemittel und einen besonderen Gesteinsaufbau haben, zeigen die besten Werte. Weist man ihnen den Wert $\mu = 1$ zu, so stufen sich die anderen Beläge in der folgenden Reihenfolge ab:

Teerdecken	0,95	Steinschlagdecken	0,77
Pflaster	0,95	Stampf- und Gußasphalt . .	0,76
Zementbeton	0,86		

Das Bremsmoment wird sowohl für die Rollstrecke wie für die mit blockiertem Rad gefahrene gemessen. Die gefundenen Werte der Beiwerte und Gleitziffern beim Befahren verschiedener Beläge und mit verschiedenen Reifen liegen wesentlich höher als die von anderen Stellen gemessenen. Nur hat auch bei diesem Verfahren sich ergeben, daß die Werte auf nassen Belägen geringer sind.

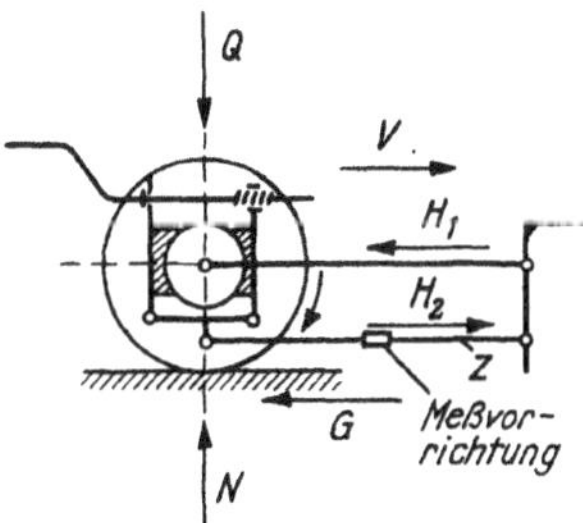

Abb. 18. Bremsrad nach Schindler.

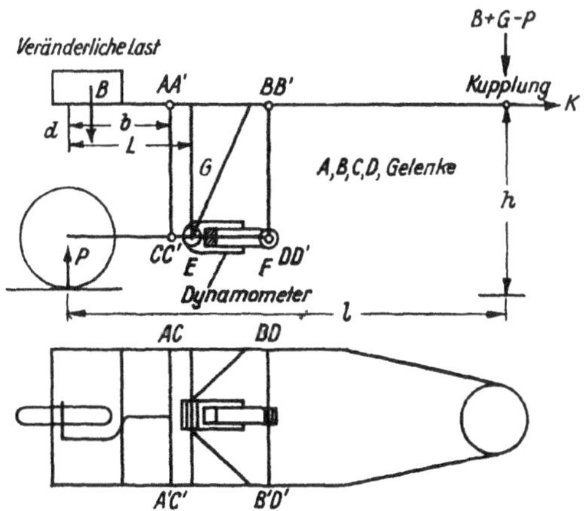

Abb. 19. Messung der Haftreibung durch Bremsrad und Dynamometer.

γ) Bei einem dritten Verfahren *[12]*, gleichfalls mit einer Schleppachse, wird die Zugkraft unmittelbar beim Bremsen durch einen Zugkraftmesser aufgenommen, $Z = \mu N$. An dem an den Zugwagen angehängten Gestänge ist das Rad beweglich aufgehängt. Der beim Bremsen entstehende Widerstand wird auf den hydraulischen Zugkraftmesser übertragen und aufgezeichnet (Abb. 19). Der Zugwagen hatte noch eine besondere Vorrichtung um die Fahrbahn vor dem Meßrad zu nässen. Die Menge des Sprengwassers wurde dabei verändert, leichte Sprühung bis starke Besprengung.

Das Moment am Berührungspunkt des Rades mit der Fahrbahn ist (Abb. 19):

$$K \cdot h + B \cdot b + GL - (G + B - P)\, l = 0$$

$$\frac{P}{K} = \frac{1}{\mu} = \frac{1}{K} \cdot \left(G \frac{l - L}{l} + B \frac{l - b}{l}\right) - \frac{h}{l}.$$

B ist die jeweilige Auflast,
P das Gewicht des Meßrades mit Fassung $= 470$ kg,
G Gewicht des unbelasteten Anhängers $= 664$ „
K die Reibungskraft,
$\mu = \frac{K}{P}$ Beiwert der Reibung.

Versuchsfahrten auf zahlreichen Straßen Hollands bei verschiedenen Witterungszuständen, die auch wiederholt worden sind, und bei verschiedenen Geschwindigkeiten von 20, 40, 60, 80 km/h, haben die Ergebnisse gehabt, die aus der Abb. 20 zu entnehmen sind.

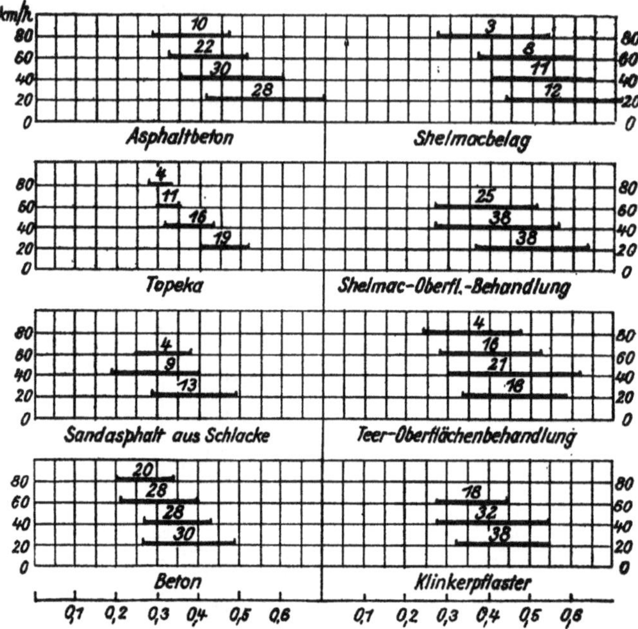

Abb. 20. Zahlen über den Linien geben die Anzahl der Messungen an. Haftreibungsbeiwerte für verschiedene Beläge und Fahrgeschwindigkeiten.

Besonderer Wert ist auf die Prüfung auf nassen Straßen gelegt. Die Schlüpfrigkeit auf nassen Belägen ist ein Reibungsvorgang zwischen zwei Oberflächen und einem dazwischenliegenden Flüssigkeitsfilm (Zwischenmittel). Wenn der Straßenbelag rauh und der Reifen profiliert ist, ist das Fortdrücken des Filmes zwischen den beiden Oberflächen unter dem Einfluß des Reifendruckes als ausschlaggebend für den Reibungsvorgang anzusehen. Zufolge Zunahme der Fahrgeschwindigkeit oder einer größeren Zähflüssigkeit des Flüssigkeitsfilmes nimmt der Reibungsbeiwert ab. Sehr zähflüssig ist z. B. Glibberfilm, der zu Beginn eines Regens auf einem Belag liegt, der aber nach längerer Regendauer abgespült ist, so daß günstigere Haftverhältnisse dann vorliegen. Selbstverständlich ist, daß mit einem glatten Reifen ein niedrigerer Beiwert erzielt wird als mit einem profilierten.

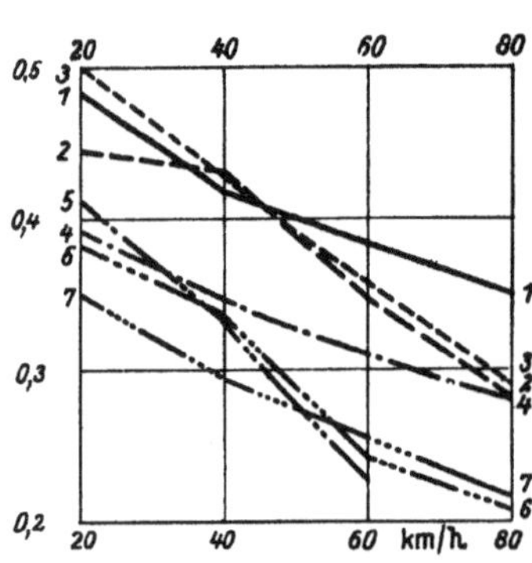

Abb. 21. Abnahme der Haftreibung mit Zunahme der Fahrgeschwindigkeit.

1 Asphaltbeton mit 6 kg; *2* mit 8 kg Splittbewurf; *3* Hartgußasphalt rauh; *4* Teerasphaltgrobbeton; *5* Teerasphaltfeinbeton; *6* Asphaltfeinbeton mit 4 kg; *7* ohne Splittbewurf.

Versuchsfahrten mit derselben Schleppachse haben ferner erkennen lassen, daß mit zunehmender Geschwindigkeit die Reibungsbeiwerte abnehmen, eine Erscheinung, die auch von anderen Stellen beobachtet worden ist. (Erster Abschn. C. IV. Gl. 11.) Zugleich ist der Einfluß der Rauhgestaltung der Bitumenbeläge durch Splittbewurf dabei nachgeprüft worden, worüber im Dritten Abschn., C. i. 6 x, S. 386 weitere Angaben gemacht werden. Die Abb. 21 gibt Auskunft darüber.

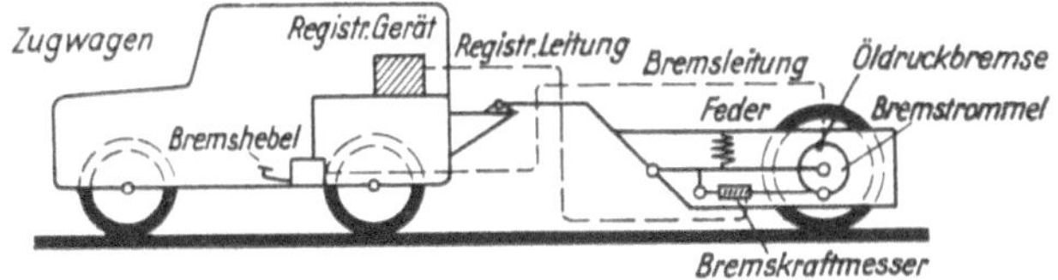

Abb. 22. Schleppachse zur Messung des Gleitwiderstandes.

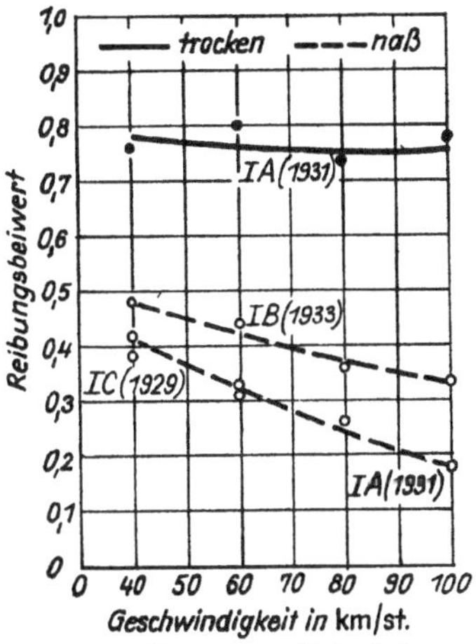

Abb. 23. Zementbetondecke

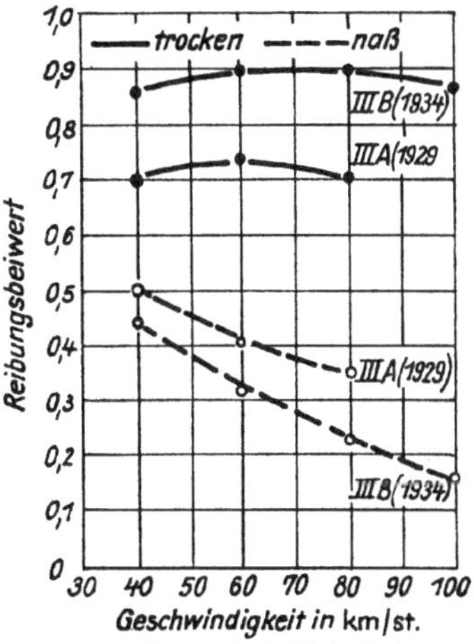

Abb. 24. Asphaltbetondecke.

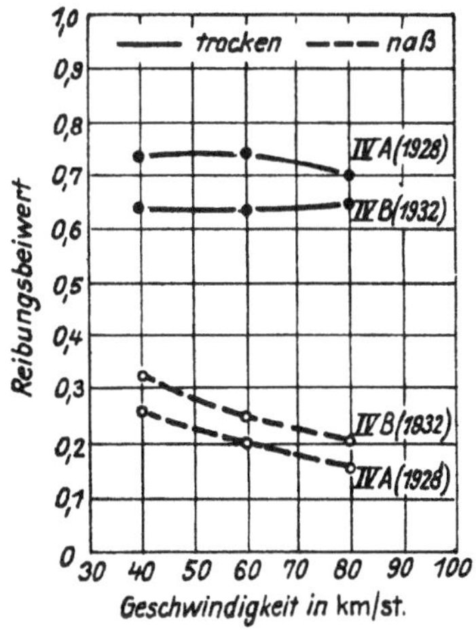

Abb. 25. Teermakadambelag.

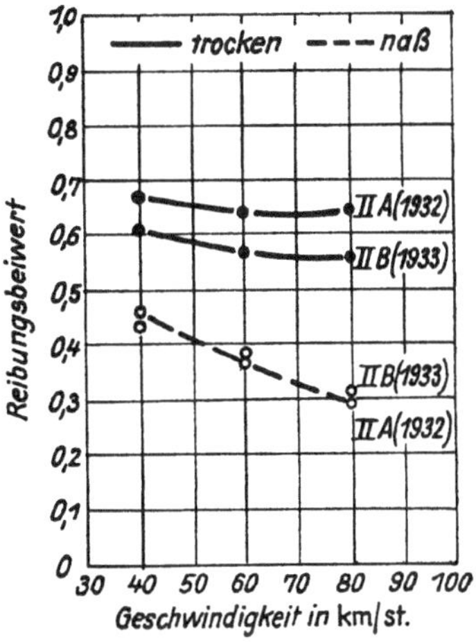

Abb. 26. Zementschotterdecke.

δ) Eine Schleppachse (Abb. 22) ist auch benutzt worden, um den Gleitwiderstand bei dem blockierten Rad zu ermitteln von der Straßenbauversuchsanstalt Darmstadt *[13]*. Die Ergebnisse sind aus den Kurven zu entnehmen, die für trockene und nasse Beläge von Zementbeton, Asphaltbeton, Teermakadam und Zementschotterdecke in den Abb. 23—26 eingetragen sind. Die Beiwerte der gleitenden Reibung nehmen mit der Fahrgeschwindigkeit ab und fallen bei nassen Belägen auf einen sehr niedrigen Wert. Bei älteren Decken steigt der Beiwert etwas an, wenn sie naß sind, fällt etwas ab, wenn sie trocken sind. Eine Erklärung konnte aber dafür noch nicht gegeben werden.

ε) In England hat man ähnliche Versuche unter Verwendung eines Motorrades mit Beiwagen auf Verkehrsstraßen durchgeführt. Das Beiwagenrad ist in einem Winkel von 18° gegen die Längsachse des Kraftrades gestellt und so beweglich gelagert, daß der Fahrbahnseitendruck es in die Fahrtrichtung drehen kann. Der Winkel von 18° ist auf Grund besonderer Voruntersuchungen gewählt worden. Erst bei einer Winkelstellung von mehr als 6° bei Stampfasphalt, 15° bei Beton und etwa 20° bei trockenem Asphaltbeton wurde der Höchstreibungsbeiwert ermittelt. Demnach hätte das Beiwagenrad mindestens in dieser Neigung angeordnet werden müssen. Aber da bei einem so starken Ausschlag die Maschine nur schwer zu beherrschen und die Sicherheit gefährdet war, wurde der Winkel von 18° gewählt *[14]*. Abb. 27. Die Reifenart beeinflußt den Reibungsbeiwert. Da außerdem bei diesen Versuchen eine starke Abnutzung eintritt, ist eine besondere Reifenform mit weichem Gewebe und mit einer möglichst großen Gummiauflage gewählt worden, die sich allerdings schnell abgenutzt hat.

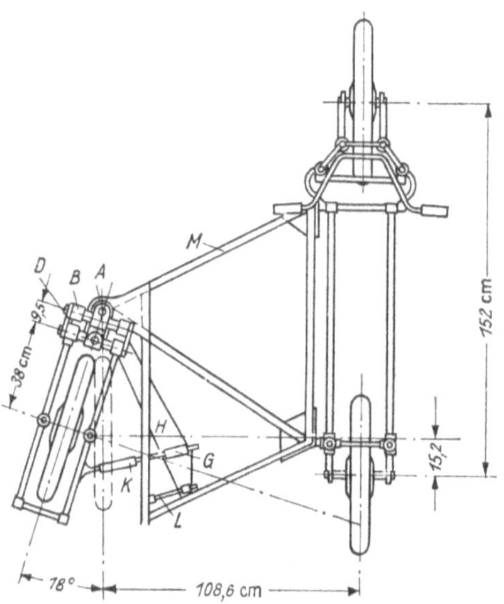

Abb. 27. **Motorrad mit Seitenrad zur Messung des Seitenkraftbeiwertes.**

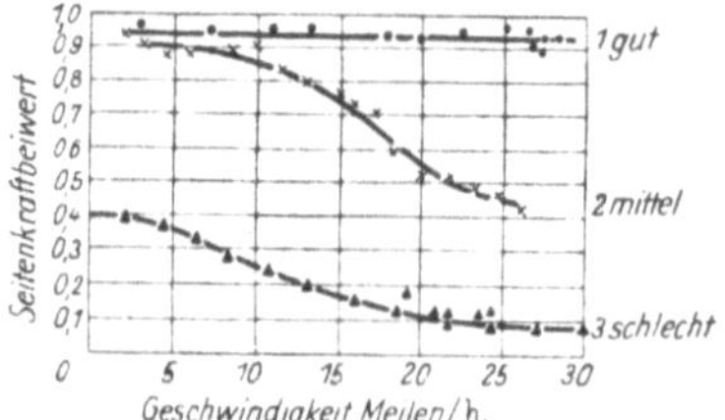

Abb. 28 a. **Gradmesser für die Güte des Seitenkraftbeiwertes auf nasser Asphaltfahrbahn.**

Gemessen wird bei diesen Versuchen der Bahndruck des Seitenwagenrades und die Kraft, die bei der Fahrt das mit 18° Ausschlag stehende Rad in die Fahrebene zu drehen sucht, bei 8, 16, 24, 32 und 40 km/h. Diese beiden Kräfte werden mit Öldynamometern gemessen, die ihre Bewegung auf ein Gestänge übertragen, das die Mittelkraft aus beiden auf eine Walze überträgt, auf der auch zugleich der Zeitverlauf in halben Sekunden und die Fahrgeschwindigkeit aufgezeichnet werden. Der englische Bericht spricht von Messungen von Eigenschaften (non skid properties), die die größere oder geringere Schlüpfrigkeit der Beläge kennzeichnen sollen, und bezeichnet die gemessenen Werte als Seitenkraftbeiwerte (sideway force coefficients). Sie unterscheiden sich nicht wesentlich von denjenigen, die durch Bremsversuche mit derselben Einrichtung gewonnen worden sind.

Der Seitenkraftbeiwert nimmt mit der Fahrgeschwindigkeit ab. Daß Maß der Abnahme ist ein Kennzeichen für die Belagsart und ermöglicht einen Vergleich unter ihnen.

Ein Gradmesser für die Güte der Fahrdammbefestigung hinsichtlich des Seitenkraftbeiwertes ist das Kurvenbild des Bildes 28 a, das von der englischen Versuchsanstalt entworfen ist (bei Nässe). Die Kurve *1* zeigt nur einen geringen Abfall und wird als gut bezeichnet. Die Kurve *2* ist kennzeichnend für eine große Zahl von Belägen und wird als mittelmäßig angesprochen. Die Kurve *3* stellt sehr schlechte Verhältnisse dar. Für trockene, saubere Oberflächen, die frei von losen Stoffen sind, ist der Seitenkraftbeiwert hoch bei allen Geschwindigkeiten, und solche Beläge bieten keine Gefahren infolge Schlüpfrigkeit. Deshalb sind die Messungen auch nur noch auf nassen Belägen vorgenommen worden. Auf ihnen nimmt der Beiwert mit wachsender Geschwindigkeit ab. Der Wert 0,5 soll bei einer Geschwindigkeit von 48 km/h als genügend Sicherheit gewährend angesehen werden. Ein Absinken auf 0,2 weist darauf hin, daß der Belag Aufmerksamkeit erfordert.

Der auf dem Versuchswege erhaltene Seitenkraftbeiwert hängt in einem gewissen Umfange von dem Meßverfahren ab. Vor allen Dingen ist er starken Schwankungen unterworfen bei Regenbeginn und während des Regenverlaufes, die durch

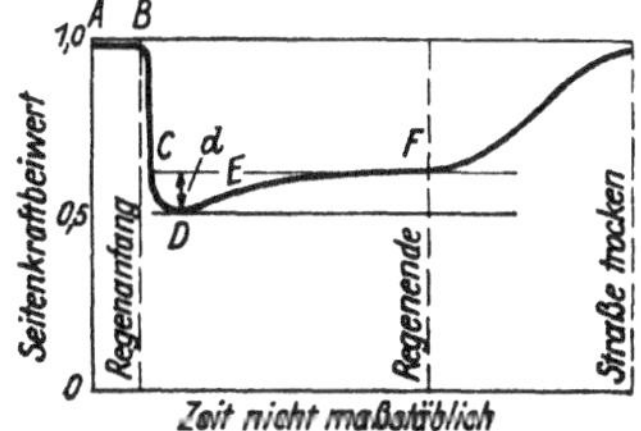

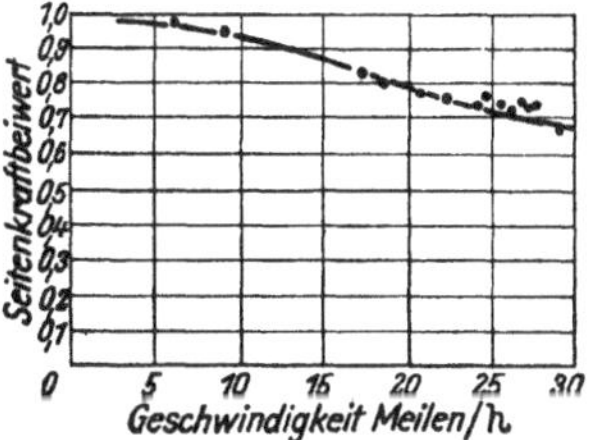

Abb. 28. Seitenkraftbeiwerte auf Asphaltbelägen.

b) bei Beginn und während des Regens. c) mit eingewalztem Splitt für verschiedene Geschwindigkeiten.

Abb. 28b—c erläutert sind. Der Wert *d*, also die stärkste Verminderung der Reibung, hängt von den Witterungsverhältnissen vor dem Regenfall ab. Nach langer Trockenheit steigt der Wert *d* erheblich (fällt demnach der Reibungswert), während nach einer Anzahl kurz hintereinander niedergehender Regen *d* mit jedem Regen immer kleiner wird.

Als eigentliche Vergleichsgrundlage kann nur die Strecke *E—F* angesehen werden. Bisweilen fällt aber diese Strecke sehr kurz aus, bisweilen schwankt sie stark, selbst bei Versuchen, die in kurzen Abständen vorgenommen sind. Unterschiede zeigen sich auch, je nachdem, ob die Nässe durch künstliche Besprengung oder Regen erzeugt worden ist. Im ersten Falle sinkt der Seitenkraftbeiwert stets stärker als im zweiten. Bei Bitumenbelägen ist auch ein jahreszeitlicher Einfluß beobachtet worden, und zwar fallen die Werte im Sommer wesentlich stärker als im Winter, ohne daß man äußerlich irgendwelche Veränderungen beobachten konnte.

ζ) Als Maß für die Leistungsfähigkeit eines Straßenbelages kann das Verhältnis zwischen dem Beiwert der rollenden Reibung und dem der gleitenden angesehen werden: μ_r/μ_g. Beide Vorgänge stellen die äußersten Belastungsfälle des Belages dar und kennzeichnen seine Griffigkeit. Da die bisherigen Schätzungen über die Abnahme von μ_g gegen μ_r unsicher waren, sind unter Verwendung der Meßvorrichtung von Schindler (Erster Abschn. C. I. b, β) beide gemessen worden unter besonderer Berücksichtigung des Umstandes, daß die beim Bremsen entstehende Wärme auf den Reifengummi wie auf die bituminösen Bindemittel des Straßenbelages verflüssigend wirkt, wodurch der Gleitbeiwert erheblich ermäßigt wird. Die entstehenden Temperaturen mußten gemessen werden. Dies geschah durch Thermoelemente, die in die Reifen eingebaut worden waren.

Ein Straßenbelag, der unter den sehr verschiedenen Einflüssen, vor allem Witterung, ein Verhältnis μ_g zu μ_r aufweist, das gleich bleibt und möglichst hoch liegt, muß als besonders günstig angesehen werden. Dieser Wert als Reibungskennziffer (RBK.) bezeichnet, ist für Asphaltbeton zu 0,84 bis 0,67 gemessen worden *[15]*.

c) Kreis des Kraftschlußbeiwertes.

Der größte Wert, den die Reibung aufnehmen kann

$$= \mu_r \cdot N.$$

Diese Reibung tritt in der Richtung auf, in der die Bewegungsenergie ausgeübt wird, bei einem vorwärts angetriebenen Rad in der Radlängsachse. In Abb. 29a ist der Reibungskreis für den theoretischen Berührungspunkt B mit dem Halbmesser $\varrho = \mu \cdot N$ gezeichnet, weil die Reibung auch in jeder Richtung in diesem Kreise auftreten kann.

Mit drei Fällen ist hier zu rechnen:

1. Bei Fahrt auf einer quergeneigten Fahrbahn muß die Tangentialkomponente des vom Rad übertragenen Anteiles der Schwere von einer quergerichteten

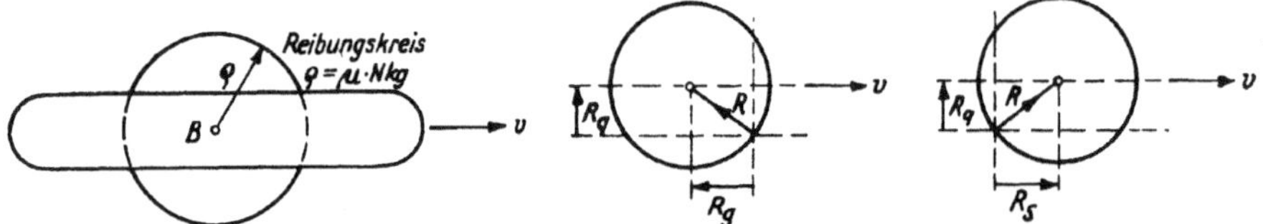

Abb. 29 a. Reibungskreis.

Abb. 29 b. Verminderung des Kraftschlußbeiwertes in Fahrtrichtung bei Aufnahme von Seitenkräften.

Reibungskomponente R_q aufgenommen werden. Es wird also ein Teil der Rollreibung in dieser Richtung aufgezehrt, und für die Fahrtrichtung steht nur bei latentem Gleiten noch der Betrag R_g zur Verfügung, bei latentem Schlüpfen R_s in entgegengesetzter Richtung (Abb. 29b).
Ist aber die Rollreibung in der Fahrtrichtung überschritten und tritt tatsächliches Gleiten (Blockierung beim Bremsen) oder Schlüpfen ein, ist also μ des Reibungskreises in der Fahrtrichtung voll aufgezehrt, dann ist in der Richtung der Querbeschleunigung keine Reibung mehr vorhanden, so daß sie unbehindert eintreten kann. Das Rad rutscht quer zur Straßenachse ab.
Da N ein Festwert ist, wird es von der Größe von μ abhängen, ob solche Vorgänge eintreten.

2. Der zweite Fall ist der nach diesen Gesetzen zu betrachtende Kraftschluß bei der Fahrt durch eine Krümmung; er wird im Zweiten Abschnitt C. III. c behandelt werden.

3. Der dritte Fall betrifft die Wirkung des Seitenwindes auf das Fahrzeug in der Fahrt. Wenn durch den Motorantrieb (z. B. Beschleunigung) die volle Haftreibung aufgezehrt ist und der Wagen wird z. B. beim Austritt aus einem Einschnitt von Seitenwind erfaßt, dann wird er aus der Bahn geworfen, weil für die Aufnahme dieser von der Seite kommenden äußeren Kraft es an Stützkraft an der Fahrbahn fehlt.

Reibungsbeiwert $\mu = \sqrt{\mu_1^2 + \mu_2^2}$, der nicht überschritten werden darf. (5)

μ_1 = Reibungsbeiwert in Fahrtrichtung,
μ_2 = Reibungsbeiwert senkrecht zur Fahrtrichtung

d) Zusammenfassung.

Aus der großen Zahl der Messungen und daran gestellten Überlegungen konnte bisher weder eine zutreffende Beurteilung über die Größe des Kraftschlußbeiwertes, noch Hinweise, worauf er beruht, gewonnen werden. Er wird beeinflußt von dem Übergang von Haftreibung zu Gleitreibung, von der Rollreibungs- und Walkarbeit, aber auch von der besonderen Eigenschaft der Oberfläche. Die Annahme, daß die Radlast über die ganze Bremsstrecke gleich bleibt, trifft dann nicht zu, wenn infolge Unebenheiten des Pflasters der Wagen springt und zeitweise der statische Druck der Räder auf der Fahrbahn vermindert oder ganz aufgehoben wird.

Bei den Belägen ist zu unterscheiden zwischen den mineralischen, Pflaster und Beton, und den warmbildsamen — Teer, Bitumen, Asphalt —. Werden Pflaster und Beton von der Temperatur nicht beeinflußt, so ist das in hohem Grade bei den warmbildsamen der Fall. Wärme braucht nicht allein durch Sonnenbestrahlung den Belag zu verändern, auch die Wärme, die beim Blockieren in der Bremsspur entsteht, kann sich bemerkbar machen. Das Bindemittel wird erweicht und dient als Schmiermittel. Wieweit die mit Rauhigkeit bezeichneten meßbaren Eigenschaften des Belages sich günstig oder ungünstig auswirken, kann auch von der Fahrgeschwindigkeit abhängen.

Werden die Beläge nach ihrer Oberflächenbeschaffenheit beurteilt, so ist festzustellen, daß die mäßig rauhen, aber ebenen Beläge, auf denen die Reifen durch den Schmutz hindurchdringen, ohne durch größere Unebenheiten zum springen veranlaßt zu sein, den Belägen überlegen sind, bei denen die Rauhigkeit durch grobe Unebenheiten an der Oberfläche erzeugt werden. Beläge, die eine sandpapierartig feinkörnige Oberfläche und außerdem ein Höchstmaß von Ebenheit aufweisen, sind die gleitsichersten.

Bei der Radbereifung besteht eine Abhängigkeit von der Größe des Innendruckes, von der Temperatur des Reifens, der bekanntlich beim Fahren sich warmläuft. Wenn das Rad nacheilt oder blockiert wird, reibt der Gummi auf der Fahrbahn. Er erwärmt sich und erleidet einen geringen Abschliff, der als Schmiermittel wirken kann. Der Einfluß der Witterung besteht nicht nur in Trockenheit und Regen, sondern in verschiedenen Zwischenzuständen mit dem Übergang zu Glatteis, das sich besonders leicht bei den mineralischen Belägen wegen ihrer geringen spezifischen Wärme bildet.

II. Rollwiderstand.

Damit ein gezogenes Rad rollt, muß ein äußerer Widerstand vorhanden sein, wie der Ansatz der Momentengleichung für die Radachse (Kräftebild Abb. 30) erkennen läßt.

$$W = \frac{\mu_r \cdot N r}{R} = Z.$$

μ_r ist der Reibungsbeiwert des Radnabenwiderstandes. Je geringer er durch technische Mittel gemacht wird, z. B. durch Anwendung von Kugellagern oder Wälzlagern und gute Schmierung, desto geringer ist die zur Bewegung des Fahrzeuges erforderliche Zugkraft Z.

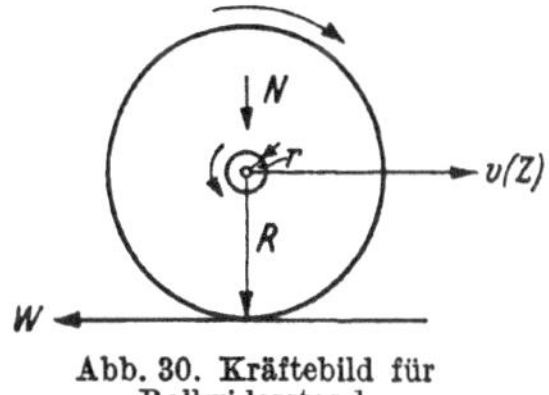

Abb. 30. Kräftebild für Rollwiderstand.

Aber Rollwiderstand muß vorhanden sein, um die Reibung in der Radnabe zu überwinden. Fällt er ganz aus, wie z. B. bei Glatteis, weil der Haftwiderstand und ebenso der Gleitwiderstand sehr gering sind, dann gleitet das Rad. Da zur Überwindung des Rollwiderstandes Zugkraft aufgewandt werden muß, ist die technische Aufgabe, Fahrbahnbeläge zu schaffen, deren Befahrung an sich wenig Rollwiderstand erfordert, während andererseits der Haftwiderstand möglichst groß sein soll, um stets die nötige Kraftschlüssigkeit zwischen Fahrbahn und Rad zu haben. An die Beschaffenheit der Fahrbahn werden also Anforderungen gestellt, die sich offenbar entgegenstehen und miteinander ausgeglichen werden müssen. Bei dem gezogenen Rad kann z. B. ein Belag, der nur geringen Rollwiderstand hat, so wenig Haftreibung besitzen, daß er dem Zugtier nicht genügend Widerstand an den Hufen bietet, um selbst geringe Lasten fortzubewegen.

Auf unebenen Fahrbahnoberflächen ist der Rollwiderstand groß, weil stets besondere Arbeit geleistet werden muß, die nicht zurückgewonnen wird, um das Rad aus einem Wellental über einen Wellenberg zu heben. Zu dieser Arbeit tritt dann noch die der Formänderung in den Reifen, in den stählernen wie den nachgiebigen. Besonders bei den Luftreifen macht die beim Abrollen auftretende Walkarbeit, die auch Zugkraft erfordert, sich in einer Erwärmung der Reifen bemerkbar, die bei Hochdruckreifen natürlich geringer ist als bei Niedrigdruckreifen und sogar mit der Fahrgeschwindigkeit wächst. (Vgl. Angaben Erster Abschn. B. IV.)

Man kann die beim Abrollen eintretenden Reibungskräfte folgendermaßen unterteilen *[7]*:

1. Rollreibung infolge des sich bei Verformung des Reifens und der Fahrbahn einstellenden Rollwiderstandes;
2. Walkarbeit infolge Formänderung des Reifeninnenbaues. Wieweit die Kräfte (1) und (2) in sich zusammenhängen, bedarf noch der Klärung;
3. Saugreibung (keine Reibung in engerem Sinne) infolge Festsaugens und Wiederlösens des mit Gleitschutzwirkung gebauten Gummireifens am Boden, ein Vorgang, der sich auf glatter Bahn durch ein Geräusch äußert;
4. Gleiten an den Berührungsflächen des Reifens durch das Anplatten an die Fahrbahn. Auch dieser Vorgang ist mit Geräuschbildung verbunden.

Bei langsamer Fahrt treten keine Luftwiderstände auf, auch die Luftwiderstände der Räder sind gering. Die für solche Fälle ermittelten Werte der rollenden Reibung enthalten dann nur noch Lagerreibung. Sie werden nach früheren Versuchen für die einzelnen Fahrbahnbeläge angegeben als unbenannte Zahl w oder in Kilogramm f. d. t.

Tabelle 8.

Deckenart	w kg/t
Beton	= 12,7
Asphalttränkmakadam, etwa	= 30,0
Stampfasphalt — Sandasphalt	= 12,5
Beton mit 1 cm Asphaltbelag	= 22,5
Steinschlagstraße, gut	= 30,0
Teermakadam, angenommen zu	= 25,0

Der Rollwiderstand der Luftreifen wird für gute Asphalt- und Betonstraßen zu 12—13 kg f. d. t. geschätzt. Hieraus kann man auch ableiten, daß Luftgummireifen am Ackerwagen den Fahrwiderstand ein Drittel bis zur Hälfte herabsetzen und daß auf dem weichen Ackerboden nur geringe Hubarbeit zu leisten ist, weil sie sich nur wenig eindrücken. (BVG. nach Müller *[16]* auf Steinpflaster 13 kg f. d. t, Asphalt 9 kg/t.) Bei hohen Geschwindigkeiten ist es sehr schwer, den Rollwiderstand von den Luftwiderständen und den Lüfterwiderständen zu trennen. Unter Einbezug dieser Widerstände haben Fahrversuche auf der Braunschweiger Versuchsstraße höhere Werte des Rollwiderstandes ergeben. Er ist als Drehmoment an den Triebrädern mit Kondensatormikrometern gemessen und für einen Büssing-10,5-t-Lastwagen mit Hochdruckbereifung bei 30 km/h Fahrgeschwindigkeit ermittelt worden:

für Kleinpflaster . . . . 52,6 kg/t
„ Beton . . . . 54,0 „
„ Oberflächenbehandlung mit Asphaltbitumen und Teer und Steinschlagasphalt . . . . 57,9 kg/t
„ Teerdecken . . . . 58,3 „

Aus dem geringen Unterschied kann man erkennen, wie der eigentliche Rollwiderstand von den andern überlagert wird. Auf die Höhe dieser Werte war auch von Einfluß, daß eine Kreisbahn befahren worden ist. Auf einer geraden Strecke mit Basaltkleinpflaster ist ein Rollwiderstand von 43,2 kg/t gemessen worden (vgl. Denkschrift über die Versuchsstraße des DStrBV. bei Braunschweig Nr. VIII, die eine reichhaltige Zusammenstellung der zur Messung von Rollwiderständen ausgeführten Versuche enthält).

Der Einfluß des Reifeninnendruckes auf die vom Motor zu leistende Arbeit, d. h. also auf die Größe des Rollwiderstandes ist schon im Ersten Abschnitt, B. IV. behandelt worden. Daß bei höheren Geschwindigkeiten die Walkarbeit auch zunehmen muß, kann aus den zuvor gemachten Ausführungen abgeleitet werden und ist auch durch den Versuch bestätigt worden, wie aus der Abb. 11 (S. 14) zu entnehmen ist *[7]*.

Bei der Fahrt auf der Straße üben die Außentemperatur, die Feuchtigkeit und die durch die Fahrgeschwindigkeit bewirkte Kühlung Einfluß auf die Temperatur des Reifens und seinen Innendruck aus. Ein Wechsel dieser Zustände sowie auch der Fahrbahnart kann demnach auch den Rollwiderstand ändern, nur auf den Autobahnen können bei gleichmäßiger Fahrgeschwindigkeit Temperatur und Innendruck des Reifens sich mit der Zeit auf einen Beharrungszustand einstellen. Da das Abrollen mit Haften und Gleiten verbunden ist, ist mit Schlupf zu rechnen, der bei Lauf- und Triebrädern verschieden und an sich nur gering ist. Bei starkem Schlupf leidet aber die Fahrsicherheit.

Verschiedene nicht aufzuklärende Widersprüche, die bei der Untersuchung von Luftwiderständen festgestellt wurden, ließen darauf schließen, daß die Annahmen über den Rollwiderstand, die auf dem Versuchsstande mit der Trommel oder dem Band gemacht worden waren, nicht zutreffen. Nachprüfungen auf der AB. haben dann erkennen lassen, daß für die praktisch fahrbaren Geschwindigkeiten und die dafür erforderlichen Reifendrücke der Rollwiderstand linear abhängig ist von der Geschwindigkeit

$$w = c_0 + c_1 \cdot v.$$

Hierbei muß der Beiwert c_0 als der unvermeidbare Unebenheitswiderstand bezeichnet werden, der vornehmlich auf die Rauhigkeit der Fahrbahnoberfläche zurückzuführen ist und auch als Schutz gegen Schleudern notwendig ist, während der Beiwert c_1 als vermeidbar zu betrachten ist. Er wird durch die Unebenheiten der Fahrbahn verursacht, die z. B. bei Betondecken der AB., auf der die Versuche durchgeführt sind, in den Stößen an den Fugen beruhen.

Die Größe der Werte c_0 und c_1 können ganz allgemein nicht angegeben werden, denn sie hängen von der Art des Wagens und Bereifung ab (Laufunruhewiderstand). Für den Volks-Wagen ist bei $v = 100$ km/h

$$W = G \cdot c_1 \cdot v = 850 \cdot 0{,}15 \cdot 10^{-3} \cdot v \text{ zu } 3{,}54 \text{ kg}$$

Zugkraft ermittelt, woraus sich ein Mehrverbrauch an Treibstoff bei zwei Personen zu 0,514 l auf 100 km und bei vier Personen zu 0,605 l auf 100 km errechnet *[17]*.

III. Luftwiderstand.

Bei der Fahrt eines Wagens übt die dabei durchfahrene Luftmasse einen Gegendruck auf die Stirnwand, deren Größe abhängig ist von dem von der Luft getroffenen Querschnitt F des Wagens. Die aus ihrer Ruhelage gebrachten Luftmassen streifen an den Flächen des Wagens entlang und erzeugen dort Reibungskräfte, und schließen sich hinter dem Wagen, wobei ein Sog entsteht. Die Größe des Luftwiderstandes errechnet sich nach der Formel

$$W = \frac{\varrho}{2} \cdot c v^2 F.$$

v = Luftgeschwindigkeit bei Windstille gleich der Fahrgeschwindigkeit $\mathrm{m/sec^{-1}}$,
ϱ = Massendichte der Luft,
c = der dem Fahrzeug zugehörende Widerstandsbeiwert.

Wenn statt v m/sec V km/h eingesetzt wird und die Festwerte zusammengefaßt werden, nimmt die Formel die in der Fahrdynamik eingeführte Form an *[16]*.

$$= 0{,}5\, c\, F \frac{V^2}{10} \,\mathrm{kg/m^2} \qquad (6)$$

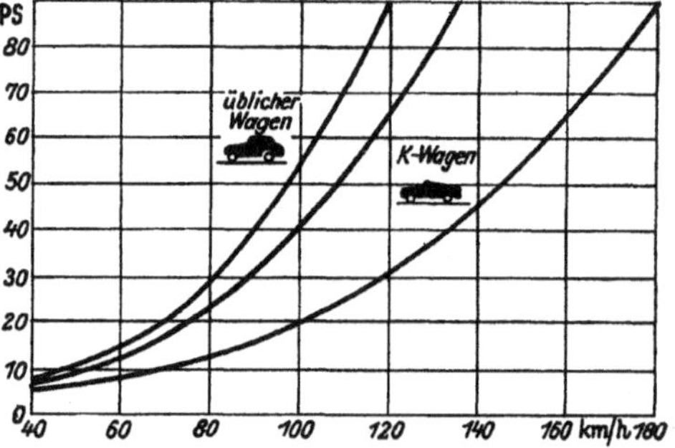

Abb. 31. Luftwiderstand bei steigender Fahrgeschwindigkeit. K-Wagen windschlüpfig.

Der Wert c kann durch die Bauart des Fahrzeuges beeinflußt werden, indem der Wagenkörper strömungsgünstig ausgebildet wird. Der übliche Wert von c liegt etwa bei 0,5 (PKW.), LKW. und Omnibusse 0,8—1,8, er kann aber bis auf 0,2 ermäßigt werden, wodurch der Kraftaufwand zur Bewegung des Wagens erheblich herabgesetzt wird.

Werden von der gesamten Motorleistung die besonders ermittelten Widerstandswerte die Schlupfleistung, Roll- und Walkwiderstände, Lüfterwiderstand der Räder und die inneren Triebwerkswiderstände abgezogen, so erhält man den Wert des Luftwiderstandes. Für einen nach allen Regeln einer windschlüpfigen Form gebauten PKW. ist die Leistung nach Abb. 31 ermittelt *[18]*. Der Luftwiderstand wirkt mit bei der Bremsung des Wagens. Bei guter windschlüpfiger Form fällt die Bremsstrecke länger aus.

IV. Beschleunigte und verzögerte Bewegung.

Wenn ein stehender Kraftwagen in Fahrt gesetzt werden soll, springt der Motor mit einer Drehzahl an, die selbst im niedrigsten Gang einer Fahrgeschwindigkeit entspricht, die der Wagen erst nach Durchlaufen einer längeren Strecke erreicht. Selbst wenn die Kuppelung nachgiebig eingeschaltet wird, findet anfangs kein vollkommenes Abrollen am Boden statt — das Rad schlüpft — und den Umfangskräften, die vom Reifen auf die Fahrbahn übertragen werden, und die ihn beschleunigen, entsprechen Reibungswiderstände, die von dem Reibungs- bzw. Kraftschlußbeiwert abhängen. Da bei der Beschleunigung das Rad schlüpft, so tritt der Reibungswiderstand von der Art und Größe, wie er für die Haftreibung der Ruhe abgenommen wird, nicht auf. Die Reibungskraft hängt vom Rollwiderstand und einem Reibungsbeiwert ab, von dem anzunehmen ist, daß er mit zunehmender Gleitgeschwindigkeit abnimmt. Werden die Umfangskräfte zufolge eines nicht ausreichenden Beiwertes nicht aufgenommen, so dreht das Rad durch.

Derselbe Vorgang spielt sich ab, wenn bei einem in Fahrt befindlichen Wagen der Motor zur Erhöhung der Fahrgeschwindigkeit auf einem höheren Gang umgeschaltet wird, und dadurch die Geschwindigkeit v_1 auf der Strecke l auf v_2 gebracht werden soll ($v_2 > v_1$). Dann errechnet sich die zu leistende Arbeit

$$K_b \cdot l = \frac{Q}{2g} \, (v_2^2 - v_1^2). \tag{7}$$

K_b ist die Schubkraft, die auf der Strecke l auf die Fahrbahn ausgeübt wird, und die sich zusammensetzt aus dem Raddruck und dem Beiwert der gleitenden Reibung, der auch als ein Kraftschlußbeiwert zu bezeichnen sein wird. Je kürzer diese Strecke ist, desto größer ist K_b. Demnach wird die Fahrbahn durch Wagen mit hohem Anzugsmoment, bei denen die volle gleitende Reibung zur Anwendung kommt, besonders stark in Mitleidenschaft gezogen. Bei Steigungen findet an hohlen Gefällbrechpunkten, bei denen ein niederer Gang eingeschaltet werden muß, eine merkbare Beanspruchung der Fahrbahn statt. Wenn die Räder beim Sprung über ein Hindernis die Berühregg mit der Fahrbahn verlieren, fällt für kurze Zeit der Widerstand der Fahrbahn fort, die Triebräder erhalten infolge dessen eine Beschleunigung. Wenn sie wieder auf die Fahrbahn aufsetzen, haben sie eine Umdrehungsgeschwindigkeit, die größer ist als die Wagengeschwindigkeit. Sie werden dem Wagen nur eine geringe Beschleunigung erteilen können, der größte Teil der Energie wird durch Reibungsarbeit an der Fahrbahn vernichtet werden. Die Räder werden stark auf der Decke schleifen, wie durch Beobachtungen hinlänglich bestätigt ist.

Bei der Bremsung muß die Bewegungsenergie des Wagens auf die Bremsstrecke b_r vernichtet werden. Wie durch Beobachtung des Bremsvorganges die Haft- und Gleitbeiwerte ermittel werden, ist schon im ersten Abschnitt C. I. b behandelt worden. Die Bremseinrichtungen des Kraftwagens sollen so ausgebildet sein, daß sie den vollen Kraftschlußbeiwert der Fahrbahn ausnützen. Zwischen der Bremsverzögerung und diesem Beiwert der Rollreibung besteht die folgende Beziehung:

$$\mu = \frac{p_b}{g} \tag{8}$$

p_b = Bremsverzögerung m/sec².

Bei einem Beiwert gleich 1 würde die höchste Bremsverzögerugg sich zu 9,81 m/sec² ergeben. Da aber mit so hohen Kraftschlußbeiwerten nicht gerechnet werden kann, wird die Bremsverzögerung geringer ausfallen. Die im Verlauf der Bremsung erzielte Verzögerung hat über den ganzen Bremsweg nicht die gleiche Größe, sondern bei höheren Anfangsgeschwindigkeiten ist sie geringer und nimmt mit der Abnahme der Geschwindigkeit zu. Ausgegangen wird von einer mittleren Verzögerung p_b m/sec², die für Allradbremsung auf trockener griffiger Fahrbahn in Abhängigkeit vom Zustand der Bremsen angenommen werden kann, zu:

= 6 m/sec² bei tadellosem Bremszustand
= 5 „ „ gutem
= 4 „ „ mäßigem
= 3 „ „ schlechtem.

Die StrVZO. (§ 41) schreibt vor, daß mit einer der zwei unabhängigen Bremsen, die ein Kraftfahrzeug haben muß, mindestens die folgende mittlere Verzögerung erreicht werden muß:

a) 1,5 m/sec², wenn die Höchstgeschwindigkeit 20 km/stdl. nicht übersteigt;
b) 2,5 „ wenn die Höchstgeschwindigkeit 100 km/stdl. nicht übersteigt;
c) 3,5 „ wenn die Höchstgeschwindigkeit 100 km/stdl. übersteigt.

Die mittlere Verzögerung wird nach der Formel $p_b = \frac{v^2}{2\,b_r}$ errechnet und durch polizeiliche Prüfung an den Kraftfahrzeugen überwacht.

Je größer die Bremsverzögerung ist, desto nachteiliger wirkt sie sich auf das Fahrzeug und Ladung aus. Im üblichen Fahrbetrieb soll nicht über 3 m/sec² hinausgegangen werden. Nur bei Notbremsung kann eine höhere Bremsverzögerung notwendig sein, vorausgesetzt, daß die Bremsen auch in Ordnung sind. Aus der Arbeitsgleichung ergibt sich die Länge der Bremsstrecke

$$b_r = \frac{V^2}{2g \cdot 3{,}6^2\,(\mu \pm s)} \tag{9}$$

$+\,s\,^0/_{00}$ Steigung, $-\,s\,^0/_{00}$ Gefälle.

Dieser Wert hat besondere Bedeutung für die Gestaltung der Straßenanlage und wird im zweiten Abschnitt oft angewendet werden.

Die Ungleichartigkeit des Widerstandes bei der Bremsung, der mit der Abnahme der Fahrgeschwindigkeit zunimmt, wird nach amerikanischen Erfahrungen in der Weise berücksichtigt, daß in der Formel für den Bremsweg der Exponent der Fahrgeschwindigkeit V auf 2,2 erhöht wird:

$$b_r = \frac{V^{2,2}}{2g \cdot 3{,}6^{2,2}\,(\mu \pm s)} \tag{10}$$

Eine mittlere Bremsverzögerung in Abhängigkeit von der Fahrgeschwindigkeit ist von Michelfelder auf dem Versuchswege gefunden worden. Es ist

$$p_b = 0{,}334 \cdot \sqrt[3]{900 \cdot - v^2} \tag{11}$$

Diese Formel gilt aber nur für Geschwindigkeiten $V <$ rd. 100 km/stdl. Der Kraftschlußbeiwert

$$\mu = \frac{p_b}{g}$$

würde bei einer Fahrgeschwindigkeit von 36 km/stdl. = 0,495 und bei 90 km/stdl. = 0,22 sein, die beim Bremsen aufgenommen werden kann. Eine besondere Verordnung über den Betrieb von Kraftfahrunternehmungen im Personenverkehr vom 12. Febr. 1939 schreibt im § 43 für Omnibusse eine Mindestverzögerung von 3 m/sec² für 100 km/stdl. vor. Das Verhältnis der Höchstverzögerung zur mittleren soll den Wert von 1,5 : 1 nicht übersteigen.

Die vereinfachte Annahme, daß beim Bremsen die gesamte lebendige Kraft an der Berührung zwischen Rad und Fahrbahn vernichtet wird, trifft nicht zu. Wie schon im ersten Abschnitt C. I. a und b ausführlich behandelt, treten eine ganze Anzahl von verwickelten Arbeitsvorgängen auf, die sich, wenn der Luftwiderstand nicht berücksichtigt wird, erstrecken auf: Arbeit des Gleit- und Rollwiderstandes zwischen Reifen und Fahrbahn, Formänderungsarbeit, die in Wärme umgesetzt wird, Bremswiderstandsarbeit, die in den Bremstrommeln und -belägen gleichfalls in Wärme umgesetzt wird. Auch bei der Vernichtung der Getriebewiderstandsarbeit und der Luftwiderstände sowie Lüfterwiderstandsarbeit der drehenden Räder entstehen Wärmevorgänge, die aber nicht von großem Einfluß sind und vernachlässigt werden können. Die einfache Arbeitsgleichung

$$G\mu b_r = \frac{m v^2}{2}$$

setzt ein Blockieren der Räder voraus, μ ist dann der mittlere Gleitreibungsbeiwert und die Gleitwiderstandsarbeit wird in Wärme umgesetzt. Diese Form der Bremsung ist aber wegen der geringen Größe des Gleitreibungsbeiwertes, und weil dann das Rad die seitliche Führungskraft verliert, falsch.

Bei einem richtigen Abbremsen rollen die Reifen weiter (mit Gleiten) und die Arbeitsaufteilung setzt sich zusammen *[10]*:

Rollwiderstandsarbeit + Formwiderstandsarbeit, die sich im Reifen und an der Straße in Wärme umsetzen + Bremswiderstandsarbeit, die in Bremstrommeln und Belägen in Wärme umgesetzt wird.

Die Fahrbahn sowohl wie die Reifen werden am geringsten bei dem Bremsen mit Abrollen der Räder beansprucht, der Anteil der Energie, der in Wärne umgesetzt wird, ist am geringsten. Am stärksten wird die Fahrbahn bei der harten Bremsung mit Blockieren der Räder mitgenommen.

V. Kraftschlüssigkeit und Zwangslauf.

Mit dem ausreichenden Kraftschluß zwischen Reifen und Fahrbahn ist noch keineswegs der Zwangslauf gewährleistet. Auch wenn der Kraftschlußbeiwert groß genug ist, um auch Stützkraft gegen seitliche äußere Kräfte abzugeben, muß noch berücksichtigt werden, daß der Luftreifen des Kraftfahrzeuges gegenüber Seitenkräften federnd nachgiebig ist, so daß nach Modellversuchen das auf der Bahn gerade geführte Rad schon bei kleiner Seitenkraft seitlich ausweicht. Der im Fahrzeug verwendete federnde Reifen hat beim Abrollen längs der Fahrbahn keine feste Seitenführung und weicht mit zunehmenden Seitendruck, abhängig von diesem zunächst, mit gleichförmiger Geschwindigkeit aus. Da das rollende Fahrzeug auch auf gerader Fahrbahn stets Seitenkräften ausgesetzt ist, die durch Ungleichmäßigkeiten im Antrieb, in den Widerständen, durch Querneigung der Fahrbahn, durch Windkräfte oder durch die bei der fortwährenden Lenkbetätigung auftretenden Fliehkräfte entstehen, so daß das bei gerader Fahrtrichtung eingestellte Fahrzeug aus der Fahrbahn getragen werden würde, muß durch dauernde Lenkeingriffe das Fahrzeug in der Fahrtrichtung gehalten werden. Die bei den Vorderrädern vorhandene Vorspur dient bis zu einem gewissen Grade als Gegenwirkung. Die gerade geführten Hinterräder können Seitenkräfte nur dadurch aufnehmen, daß sie und damit das ganze Fahrzeug einen der augenblicklichen Seitenkraft entsprechenden Winkel zur Fahrtrichtung einnehmen. Beim Durchgang durch die Nullage aber schwimmt das Fahrzeug. Das gibt bei seitenweichen Reifen und bei Seitenwind, der z. B. auch durch ein schnell vorbeifahrendes Fahrzeug erzeugt werden kann, erhöhte Fahrunsicherheit. Erst nach Überschreiten des Schwimmwinkels treten die für den starren Reifen geltenden Beziehungen zwischen Gesamthaftung, Seitenführung, Antrieb oder Bremsung auf. Daraus folgt, daß das Fahrzeug sich im Bereiche des Schwimmwinkels und bei schlüpfriger Fahrbahn oder bei einer Größe der Antrieb- oder Bremskraft, die der Gesamtreibungskraft an der Fahrbahn nahe kommt, auch außerhalb des Schwimmwinkels an der Grenze der Führung befindet, was mit Gefahr des Nichtausfahrens der gewollten Bahn und des Schleuderns verbunden ist *[19]*. Etwas übertrieben ausgedrückt, kann man sagen, daß der Schwerpunkt des Fahrzeuges in der waagerechten Ebene eine Wellenlinie läuft, die allerdings auf der Fahrbahn wegen der Nachgiebigkeit der weichen Reifen selbst nicht erkennbar ist.

Das Einhalten einer bestimmten Fahrbahn liegt daher nicht immer in der Macht des Fahrers, und aus diesem Grunde muß die Fahrspur mit genügend Spielraum verbunden sein, da ein Zwanglauf des Fahrzeuges genau niemals eingehalten werden kann.

Auf diese Erscheinung ist es auch zurückzuführen, wenn bei schmaleren Fahrbahnen und dementsprechend geringerem Spielraum für die Fahrspur die Leistungsfähigkeit der Straßen sehr erheblich absinkt. (Vgl. zweiter Abschnitt C. III. a. 3.) Je größer die Geschwindigkeit, um so größer der Spielraum.

VI. Rauhigkeit.

Bei der Bedeutung, die einem ausreichenden Haft- und Gleitwiderstand, zusammengefaßt als Kraftschlußbeiwert, zukommt, ist versucht worden, zu klären, worauf diese Eigenschaft des Straßenbelages beruht und durch welche Maßnahmen sie gefördert werden kann. Die naheliegende ursprüngliche Annahme, daß eine „rauhe" Oberfläche größere Haftreibung aufweist als eine glatte, ist nur begrenzt zutreffend. Das hängt auch davon ab, was unter dem Begriff „rauh" zu verstehen ist. Rauhigkeit ist als eine geometrische Eigenschaft anzusehen; an Stelle einer ebenen Fläche weist eine rauhe Fahrbahn große und kleine Spitzen und Höcker auf, zwischen denen sich zusammenhängende Rillen befinden. Der nachgiebige Reifen reitet auf diesen Spitzen, die sich in ihn eindrücken können. Da die ganze Radlast auf eine beschränkte Anzahl von Spitzen übertragen wird, müssen diese eine größere Einheitslast aufnehmen, als wenn die Berührungsfläche des Reifens in ihrer ganzen Ausdehnung auf einer ebenen Oberfläche aufruht. Der Reifen verzahnt sich gewissermaßen in der Fahrbahn. Durch die große Einheitsbelastung kann Nässe oder Straßenschlamm auf dem Belag weggedrückt und dadurch ihre Schmierwirkung aufgehoben werden. Das ist aber ein Sonderfall. Wenn das Rad mit großer Geschwindigkeit über eine so rauh gestaltete Oberfläche rollt, ist die Einwirkungszeit zu kurz, als daß der zudem durch die Fliehkraft am Rande sich hartlaufende Reifen die Formänderung vollzieht. Er springt von Spitze zu Spitze, ohne richtig zu haften. Solche Rauhigkeit ist demnach nur bedingt geeignet, einen starken Kraftschluß zu erzeugen. In dieser Form wird man Fahrbahnen in Steigungen ausbilden, die mit geringer Fahrgeschwindigkeit befahren werden. Die Unebenheiten bilden in diesem Falle eine Abstützung gegen die abwärts gerichtete Teilkraft der Schwere; die Unebenheiten nehmen die Schubkräfte auf. Steile Straßen erhalten daher Groß- oder Kleinpflaster mit schmalen Steinen, also vielen Fugen senkrecht zur Straßenachse, Betonbeläge, in deren Oberfläche Querriefen eingearbeitet (Dritter Abschn. C. h 4. ε), oder Bitumen- und Teerdecken, die mit einem groben Splitt abgedeckt werden (Dritter Abschn. C. i. 6 ϰ). Bei Straßen mit Spannverkehr ist dies die einzige Möglichkeit, um den Zugtieren einen Halt zu bieten.

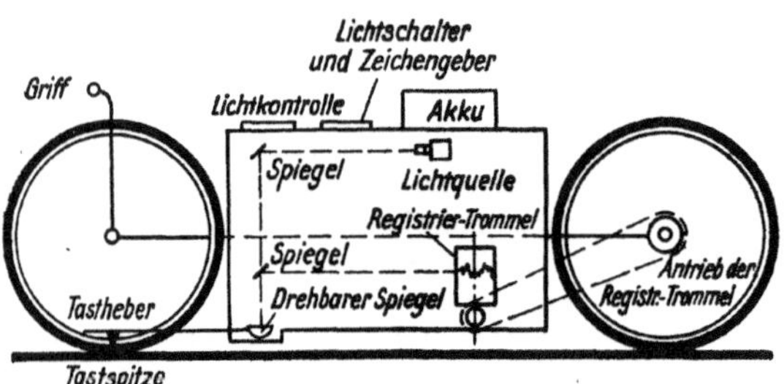

Abb. 32. Messung der Fahrbahnrauhigkeit.

Über das Ausmaß der Rauhigkeit wird angegeben, daß der Unterschied zwischen Tal und Berg 4—8 mm Rauhigkeitshöhe haben müsse (VIII. I. StrK., Generalbericht). Um die Rauhigkeit zu messen, ist ein Meßgerät in Form eines dreirädrigen Wagens angewendet worden, der einen Fühlhebel hat und den Rauhigkeitsverlauf sowohl bei Längs- wie Querprofilen in überhöhtem Maßstab auf ein Papierband aufzeichnet (Abb. 32) *[13]*.

Gefügeabdrücke erhält man, um die vom Reifen berührten Teile der Straßenoberfläche zu erkennen, indem schwarze Druckfarbe auf eine begrenzte Fläche aufgetragen wird und eine Gummiwalze von der Härte eines Luftreifens darüberrollen läßt, die dann auf Papier abgerollt die Berührungsflächen abzeichnet. Oberflächen mit hohem Rutschwiderstand zeigen zwischen Spitzen und Graten weiße Flächen. Eine mittlere Gefügetiefe wird in der Weise ermittelt, daß feiner Sand bis zur Höhe der Spitzen aufgebracht und sein Rauminhalt gemessen wird. Dieser geteilt durch die Oberfläche ergibt die Gefügetiefe. Guter Rutschwiderstand soll bei einer mittleren Gefügetiefe von 0,5 bis 0,635 mm vorhanden sein. Das entspricht Schmirgelpapier. Aber solche Versuche haben noch keine befriedigende Bemessungsunterlage für die Rutschsicherheit der Straßenoberflächen gegeben.

VII. Griffigkeit.

Diese muß von Rauhigkeit unterschieden werden. Denn sie bezieht sich sowohl auf den Belag wie auf den Reifen; sie kann dem Reibungsbeiwert gleichgesetzt werden. Der Gegensatz zur Griffigkeit ist die Schlüpfrigkeit, die auch auf die Beschaffenheit der Fahrbahn oder der Reifen oder beider gemeinsam zurückgeführt werden kann. Die Griffigkeit des Reifens wird durch eine Feinprofilierung verbessert, die darin besteht, daß nachträglich Querrillen mit Messern eingefräst werden. Die Griffigkeit umfaßt das Zusammenwirken von Fahrbahn und Reifen, das den Kraftschluß ausmacht.

Die Bezeichnung „Griffigkeit“ ist die umfassendere, denn sie beruht auf einer ganzen Zahl von Deckeneigenschaften, dazu gehören neben der Rauhigkeit, der Verformungswiderstand des Belages, die Ebenheit der Deckenoberfläche, der Oberflächenzustand und die durch Adhäsion bewirkte Kräfteaufnahme und die Einflüsse der Witterung, d. h. die Summe aller für die Aufnahme der Schubkräfte wirksamen Eigenschaften, für die Zahlenunterlagen bisher nicht zu erlangen waren. Man ist auf Gefühl und Augenschein angewiesen, da die Griffigkeit technisch daher schwer verwertbar ist.

Alle Bestrebungen, durch Aufmessung der Unebenheiten der Fahrbahnoberfläche oder der Fahrbahnrauhigkeit Unterlagen für die Kraftschlüssigkeit zu gewinnen, sind bisher fehlgeschlagen. Vor allem ist es noch nicht gelungen, eine zahlenmäßige Beurteilung abzuleiten.

Bei der Befestigung von Flugplätzen, für die die im Straßenbau entwickelten Beläge gleichfalls angewendet werden, sind der Fahrwiderstand und der Kraftschlußbeiwert beim Bremsen für die Beurteilung der Geeignetheit maßgebend. Denn beim Starten soll ein möglichst geringer Fahrwiderstand, beim Landen zum Abbremsen der Geschwindigkeit ein hoher Bremsreibungsbeiwert vorhanden sein. Beiden Anforderungen kann durch denselben Belag nur in begrenztem Ausmaß entsprochen werden. Da die Bremsverzögerung mit Rücksicht auf die Flugzeuginsassen nicht mehr als 5 m/sec^2 betragen soll, genügt ein Kraftschlußbeiwert von 0,5, der auf allen trockenen Belägen vorhanden ist.

VIII. Unebenheiten der Fahrbahnflächen.

Während Rauhigkeit durch Unebenheiten von sehr geringem Ausmaß in der Oberfläche der Fahrbahn gekennzeichnet ist, die im Verhältnis zur Größe der Berührungsfläche von Reifen und Fahrbahn klein sind und die der Reifen schluckt, sind noch größere Unebenheiten in der Fahrbahnoberfläche — parallel zur Straßenachse und quer dazu —, als Wellen bezeichnet, vorhanden, die dem Fahrzeug Stöße versetzen. Diese Unebenheiten beeinflussen die Fahrsicherheit, besonders wenn die Stöße Schwingungen des Wagens erzwingen, die die Eigenschwingungen aufschaukeln. Die Stöße nehmen die ungefederten Massen des Fahrzeuges stark mit, aber auch die abgefederten leiden darunter. Am meisten wird aber die Fahrbahn selbst dadurch angegriffen, weil der statische Raddruck durch die Stöße vergrößert wird. Die sehr schwierige Aufgabe ist daher, die Oberfläche der Fahrbahnbeläge so herzustellen, daß sie möglichst eben sind, vor allem keine Wellen aufweisen.

a) Profilgraphen.

Es liegt daher ein Bedürfnis vor, solche Unebenheiten schon bei der Bauausführung zu messen, um sie noch beseitigen und um die Deckenarten nach dem Maß ihrer Ebenflächigkeit beurteilen zu können. Die einfachste Meßvorrichtung besteht in einer steifen Latte von 4 m Länge, von der aus die Vertiefungen gemessen werden. Die mechanische Messung verwendet für Querprofile eine biegungsfeste Latte, von der aus durch Taster oder ein Laufgerät die Höhe der Oberfläche zur Latte gemessen und bei dem letztgegannten Gerät in verzerrtem Maßstabe aufgetragen wird. Notwendig ist hierbei, daß die Auflagerpunkte genau gelegt sind, besonders wenn wiederholte Messungen vorgegommen werden sollen. Auch für die Messungen in Straßenachse können solche Geräte verwendet werden. Hier fehlt aber die sichere Bezuglinie, da die Auflagerpunkte auf dem Belag selbst liegen und die Profilform nur zwischen ihnen aufgenommen werden kann.

Je länger die Strecke ist, auf die die Messung bezogen wird, desto geringeren Einfluß werden die Unebenheiten an den Enden der Latte sich auf die Messung selbst auswirken. Um keine Durchbiegungen zu erhalten, werden die Lattenenden auf Waagebalken abgestützt, die von Rädergruppen getragen werden. Der in Frankreich entwickelte „Viagraphe" hat 10 m Länge und ruht auf acht Räderpaaren.

b) Schwingungsmesser.

Man kann einer Bezuglinie nahekommen, die auch immer wieder herstellbar ist, wenn ein auf der Fahrbahn bewegter Körper größerer Trägheit, z. B. ein geeigneter Wagenkörper, benutzt wird. Wagenfederung und Stoßdämpfer halten den Fahrkörper in einer solchen Ruhe, daß er sich auf einer Nullinie bewegt. Ihr gegenüber geben die Schwingungen der Wagenfedern ein Abbild, die Unebenheiten der Fahrbahn. Diese werden jetzt durch Federausschläge gemessen, d. h. die gegenseitige Bewegung von gefedertem und ungefedertem Fahrzeugteil. Gewählt wurde eine elektrische Übertragung in Form eines zweiteiligen Teleskopes, das aus einer Isolierstoffhülse besteht, die am Kotflügelträger, also am abgefederten Wagenteil eines Vorderrades befestigt ist. In ihr ist ein Metallstab geführt, der an der unteren Parallelfeder der Vorberachse kugelig und einstellbar angebracht ist. In der Isolierstoffhülse sind in Zentimeterabständen von der Nullage Kugelkontakte eingelassen, so daß je nach Stärke der Unebenheit eine oder mehrere Kontaktstufen vom Metallstab kurz geschlossen werden. Gemessen werden Federausschläge von + 1, + 2 und + 3 cm nach oben und — 1 cm nach unten. Die Ausschläge werden von einem Zählerwerk aufgenommen, mit dem Kontrollampen geschaltet sind: Es ist dadurch einem Beifahrer möglich, die Stelle, an der das Zählwerk die Unebenheiten angezeigt hat, festzulegen. Gefahren wird mit 70 km/stdl. und immer mit dem gleichen Wagen und Gewicht, um möglichst alle Einflüsse auf die Bewegung des Wagens konstant zu halten. Die Strecke wird in beiden Richtungen abgefahren und ein Streckenmeßblatt angelegt. Ebenheitsmessungen haben beachtliche Unterlagen für die Beurteilung der Oberflächenbeschaffenheit von Autobahnen gebracht, die einen Vergleichsmaßstab der Strecken untereinander sowie die Änderung ihrer Unebenheit im Laufe der Zeit, aber auch Rückschlüsse auf die Ursache gestatten *[20, 21]*.

Da Unebenheiten Stöße auf das Fahrzeug bewirken, sind dynamische und statische Beschleunigungsmesser angewendet worden, um die Zahl und das Maß der Unebenheit zu messen. Die statischen Beschleunigungsmesser sind so ausgebildet, daß Massen gegen Anschläge vorgespannt sind und der Augenblick festgehalten wird, in dem die Massen unter Einfluß der Beschleunigungen, hervorgerufen durch Stöße, sich von ihren Anschlägen lösen. Die Anschläge werden durch Stromschluß oder Stromunterbrechung für jeden einzelnen Beschleunigungsmesser durch elektrische Schreibeinrichtung aufgezeichnet. Die Meßeinrichtung nach Langer-Thomä ist mit einer großen Zahl von Beschleunigungsmessern versehen, die untereinander abgestuft sind. Sie werden auf der Achse eines besonderen Meßwagens, dessen Gewicht bekannt ist, starr aufgebracht. Relais und Schreibeinrichtung in einem abgefederten Beobachtungssitz. Bei den Meßfahrten werden die Stöße verschiedener Stärke auf einem Registrierstreifen, der sich während der Fahrt abrollt, aufgezeichnet. Werden die Stöße für eine bestimmte Wegstrecke nach ihrer Größe zusammengezählt und in einem Koordinatenblatt aufgetragen, in dem die Ordinate die Stoßstärke, die Abszisse die Zahl der Stöße der einzelnen Stoßstärken angibt, so erhält man ein kennzeichnendes Bild über die Unebenheit der Fahrbahn, das an Anschaulichkeit gewinnt, wenn man die Spitzen der Ordinaten durch eine Linie verbindet — die Straßenzustandlinie —. Mit Kennzahl der dynamischen Straßenwertung (Stoßgrad) wird die Größe bezeichnet, die mit der Häufigkeit von 10 auf 100 m Fahrstrecke auftritt. Alle Stoßgrade beziehen sich auf eine Fahrgeschwindigkeit von 30 km/stdl. und auf eine bestimmte Bereifungsart. Man kann mit dieser Vorrichtung aber auch die Nachgiebigkeit der Bereifung bewerten und die senkrechten Bahnkräfte messen *[22, 23, 24, 25]*.
Wünschenswert ist, daß die Messungen von dem Gerät auch gleich ausgewertet werden und in Verbindung mit der Strecke selbst stehen. Unter diesem Gesichtspunkt ist für die AB. ein Fahrbahnprüfschreiber entwickelt, bei dem der Registrierstreifen aus selbstschreibendem Papier (Wachspapier) durch Kopplung mit den Fahrzeugrädern in einer Übersetzung abläuft, daß seine Aufzeichnungen im Maßstabe der üblichen Karten 1 : 100000, oder 1 : 25000, oder 1 : 10000 vorliegen, die zusammen mit den Streckenplänen im gleichen Maßstabe gepaust werden können. Der Fahrbahnprüfschreiber nimmt auf:

1. Wegmarkenschreiber, der gemäß der eingeschalteten Untersetzung die Kilometerabstände festlegt.
2. Geschwindigkeitsschreiber (Kienzle Tachometer). Die Meßfahrgeschwindigkeit soll 20 km/stdl. betragen.
3. und 4. Nach dem oben beschriebenen Teleskopmeßverfahren werden die Wege der Federn der linken und rechten Radspur aufgezeichnet (Unebenheiten).
5. Die Höhenlage des Wagens wird von einem Barographen aus übertragen.
6. Unebenheiten der Straße werden sich in Nickschwingungen um die Querachse des Wagens bemerkbar machen, die durch einen gefesselten Kreisel aufgenommen werden.
7. Ein Steigungs- und Gefällschreiber, gleichfalls unter Verwendung eines Kreisels, dessen Achse sich stets nach dem Erdmittelpunkt einstellt.
8. Kurvenschreiber, ein gefesselter Kreisel, dessen wirksamer Freiheitsgrad gegenüber dem Nickschwingkreisel um 90° versetzt ist, also die Ausschläge um die Hochachse aufgezeichnet werden.
9. Querneigungsschreiber, ein Kreisel wie der beim Steigungsschreiber, aber um 90° gegenüber jenem versetzt.

Durch die Verbindung der aufgenommenen Messungen mit dem Streckenplan können sofort die Ursachen der Ausschläge festgestellt werden *[26]*.

Zweiter Abschnitt.

Linienführung.

A. Wirtschaftliche Linienführung.

I. Allgemeines.

Straßen haben die Aufgabe, neue Verkehrsbeziehungen zwischen menschlichen Siedlungen zu schaffen und den Austausch von Gütern und Personen zu erleichtern. Je niedriger die Baukosten für die Straße und die Transportkosten auf ihr sind, um so größer ist der Nutzen der Straße für die Allgemeinheit. Bau-, Betriebs- und verkehrstechnische Untersuchungen müssen demnach angestellt werden, um die Bauwürdigkeit einer Straße zu ermitteln, worunter nicht nur zu verstehen ist, ob die Straße überhaupt gebaut werden kann, sondern welche Ausmaße bei der Anlegung der Straße wirtschaftlich gerechtfertigt sind. Man bezeichnet diese Arbeit als die wirtschaftliche Linienführung. Der Nutzen einer Straße wird am größten sein, wenn die Baukosten und die laufenden Unterhaltungskosten niedrig sind bei entsprechend geringen Beförderungskosten. Eine solche Untersuchung auf Wirtschaftlichkeit würde beim Vergleich verschiedener Linien einen Maßstab abgeben, der beruhen würde auf der Höhe der Jahreskosten für 1 km Straße, die in der folgenden Formel zusammengefaßt werden können[1]:

$$\text{Jahreskosten f. d. km.} = \frac{A \cdot z}{100} + R + U + T. \tag{12}$$

A = Anlagekosten der Straße f. d. km.
z = üblicher Zinsfuß in v. H.
U = die jährlichen Unterhaltungskosten f. d. km aus Erfahrung.
T = die Beförderungskosten in DM. f. d. km.
R = jährliche Rücklage für die Erneuerung nach Ablauf der Lebensdauer des Fahrbahnbelages, die nach n Jahren die Ansammlung eines Kapitals P_1 bewirkt hat, und die so groß ist, daß nach m Jahren ein weiterer Neubau möglich ist.

$$\text{Jahreskosten} = \frac{A \cdot z}{100} + P_1 \frac{q-1}{q^n-1} + \frac{q-1}{q^{m-n} - q^n - q^m - 1} + U + T$$

$$q = \frac{z}{100} + 1.$$

Die Beförderungskosten setzen sich zusammen aus der Gütermenge in t und dem Beförderungssatz in DM./km.

II. Verkehrsschätzungen.

Die Durchführung einer solchen Aufgabe setzt die folgenden Kenntnisse voraus:

---

[1] Bei Übertragung von Straßenunterhaltungskosten von einer Verwaltung auf eine andere wird ein Ablösungskapital errechnet, das die abgebende an die übernehmende Verwaltung zahlt. Dieses ist $X_1 = \frac{A \cdot q^{m-n}}{q^n - 1}$, wenn nach n Jahren ein völliger Neubau und dann nach m Jahren ein weiterer erfolgen soll. Die Kapitalisierung der Unterhaltungskosten erfolgt nach der Formel:

$$X_2 = \frac{U \cdot 100}{z}.$$

1. Die Lage der Straße im Gelände und ihre Baukosten.
2. Die zu erwartenden Unterhaltungskosten.
3. Die Lebensdauer der technischen Anlage.
4. Die zukünftig zu befördernde Gütermenge.
5. Die Beförderungskosten für 1 t/km auf dieser Straße.

Für eine neue Straße, die den Verkehr zwischen zwei Punkten vermitteln soll, ist die Gerade die kürzeste Verbindung, solange nicht natürliche Hindernisse zu Umwegen zwingen. Aus den örtlichen Gegebenheiten wird die vorerst geeignete Linie gefunden, für die die Bau- und Unterhaltungskosten veranschlagt werden. Im Zweifelsfalle werden mehrere Vergleichslinien aufgestellt. Dies ist besonders dann notwendig, wenn die beiden Punkte verschieden hoch liegen oder sich zwischen ihnen einen Höhenzug oder ein Tal befindet, weil dann mannigfache Überlegungen für die richtige Linienführung anzustellen sind. Die wirtschaftliche Linienführung ist daher von der rein technischen keineswegs unabhängig und nicht zu trennen. Durch diese Vorarbeit werden Ziff. 1, 2 und 3 festgelegt. Die Aufgabe wird noch vielseitiger, wenn statt zwei Punkten mehrere untereinander verbunden werden sollen, wenn ein Straßennetz geschaffen werden muß.

Für alle in Aussicht genommenen Linien sind dann die Punkte 4 und 5 zu klären. Diese Aufgabe ist auch mathematisch behandelt worden, um den vom wirtschaftlichen Standpunkt aus richtigen Anschluß von mehreren Orten untereinander oder Anschluß weiterer Orte an eine bestehende Linie zu errechnen. Aber solche Berechnungen fußen auf Annahmen über Baukosten, Gütermengen oder Fahrgastzahlen und Beförderungskosten, die genau nicht erfaßt werden können und, was besonders zu beachten ist, der zukünftige Verkehrszuwachs, mit dem jede neue Verkehrsmöglichkeit rechnen muß, wird schwer vorauszusagen sein.

Für die wirtschaftliche Untersuchung ist notwendig, die Kenntnis der Gütermengen in Tonnen, die für die Straße anfallen werden, auch die Art der Güter, ob Massengut oder Frachtgut. Bestehen schon Verkehrsbeziehungen in dem Gebiet, in dem die Straße angelegt werden soll, dann kann man daraus ableiten, welchen Anteil daran die neue Straße übernehmen wird. An sich ist der Verkehr freizügig und unterliegt keiner Lenkung. Es ist in das Belieben jedes einzelnen gesetzt, ob er ein Gut auf der Straße befördern will und auf welcher Straße. Er wird den Weg wählen, den er für den günstigsten hält, wobei nicht nur die reinen Beförderungskosten, sondern auch der Zustand der Straße, die Schnelligkeit, Sicherheit, Ersparnis an Umladung, Vereinfachung der Verpackung entscheiden werden, wenn noch andere Verkehrsmöglichkeiten wie Eisenbahn, Wasserstraße, Luftverkehr bestehen. Von den Vorteilen also, die die Straße und die Beförderung auf ihr bieten, wird es abhängen, wie weit sie in Anspruch genommen wird.

Da eine neue Straße auch den Raum erschließt, durch den sie geführt wird, schafft sie in ihm neue Verkehrsmöglichkeiten, und es entsteht die Frage, auf welche Tiefe links und rechts von ihr sich ihr Einfluß erstrecken wird. Man spricht von einer Einflußzone.

Da in der Regel mit der Landstraße überhaupt erst Verkehr eingeleitet wird, so ist anzunehmen, daß sie Neuland erschließt, wo vor ihr nur sehr dürftige Verkehrsbeziehungen bestanden haben, die keine Rückschlüsse gestatten. Dann muß der Ingenieur aus seiner inneren Schau an die Aufgabe herantreten, bei deren Lösung ihm die Beschäftigung mit der Verkehrsgeographie, der Verkehrswirtschaft, der Verkehrspolitik und vor allem der Verkehrsstatistik zu Hilfe kommt,

III. Verkehrszählungen.

In beschränkten Gebieten ist es möglich, allerdings nur mit einem hohen Aufwand an Erfassungskosten, Zahl und Lauf der einzelnen Wagen zu verfolgen, indem nicht nur die Zahl der Wagen, ihre Art (LKW., PKW., MR.) ihre Belastung und Zeit der Durchfahrt an der Zählstelle aufgeschrieben wird, sondern die Nummer. Dann kann man genau den Weg jedes einzelnen Wagens verfolgen und z. B. entnehmen, welche Wagen das Gebiet nur durchfahren haben und auf welchem Wege, welche Wagen dort ihren Lauf vollendet haben oder von dort ausgegangen sind. Für jeden Straßenzug des ganzen Gebietes kann man dann für die gewählten Zeitabschnitte den Durchgangsverkehr und den Ortsverkehr ermitteln.

Diese Form der Verkehrszählung ist zweimal in Zürich angewendet worden. Einmal um für die richtige Wahl für eine Entlastungsstraße Unterlagen zu gewinnen, das andere Mal am Hauptbahnhof Zürich, um danach Hinweise für die zweckmäßigste Verkehrsregelung zu erhalten *[27]*.

Die Zählungen des Verkehrs werden ergänzt durch die Unfallstatistik, die zum Verkehr und den Mängeln der Straßenanlage in Beziehung stehen. Werden durch den Bauaufwand von Verbesserungen der Verkehr erleichtert und die Unfälle verringert, ergibt sich kapitalmäßig und volkswirtschaftlich ein Gewinn. Aber solche Verkehrsgrößen lassen sich nur in kleinen übersehbaren Gebieten erfassen. In größeren Gebieten kann nur der Verkehr nach Zahl der Fahrzeuge und Tonnen innerhalb gewisser Streckenabschnitte der Straßen gezählt werden, wie in den letzten Jahrzehnten in fast allen Kulturstaaten geschehen. Aus diesen Zählungen wird ein „mittlerer Verkehr des Gebietes" errechnet, indem man die in 24 Stunden auf einer Strecke zwischen zwei Zählbezirken erfaßte Zahl der Fahrzeuge oder beförderte Tonnen mit der Länge der Strecke multipliziert, die einzelnen Produkte, die jetzt die Dimension Tonnenkilometer haben, summiert und dann durch die Länge aller erfaßten Strecken dividiert. Die auf diese Weise entstandene Verkehrsgröße ist kennzeichnend für das betreffende Gebiet.

Verkehrszählungen, aus denen solch „mittlerer Verkehr des Gebietes" errechnet werden kann, sind wiederholt im Deutschen Reich vorgenommen und bekanntgegeben worden, die letzte Zählung ist vom Jahre 1936/37 *[28]*.

Die Aufgabe ist dann gestellt, die zuvor genannten Bestandsmassen 1 bis 5 mit den Bewegungsgrößen mit Hilfe der Verfahren der Häufigkeits- und Korrelationsrechnung in Beziehung zueinander zu bringen und durch Zahlenwerte auszudrücken. In welcher Weise das geschieht und wie dann die erhaltenen Ergebnisse auf das Gebiet zu übertragen sind, für das zwar die Bestandsmasse bekannt ist oder angenommen werden kann, ist von Professor Dr.-Ing. Schlums entwickelt und zur Abschätzung der Stärke des Verkehrs ohne besondere Verkehrszählungen mehrfach angewandt worden. Die theoretischen Grundlagen und die Durchführung des Verfahrens können aus dem angeführten Schrifttum entnommen werden *[16, 29, 30, 31, 32]*.

B. Kosten der Beförderung.

I. Allgemeines.

Die Schätzung der Verkehrsgrößen für die wirtschaftliche Linienführung ist mehr eine Aufgabe der Verkehrswissenschaft als der Straßenbautechnik. Darum soll diese Frage hier nicht weiter behandelt werden. Anders liegt der Fall bei der Ermittlung der Beförderungskosten. Diese stehen in unmittelbarem Zusammenhang mit der Linienführung der Straße und ihrem Ausbau. Durch eine zweckmäßige Führung der Straße können sie niedrig gehalten, durch ungünstige zum Nachteil der Allgemeinheit verteuert werden. Als Maßstab für die richtige Linienführung werden daher auch die Kosten der Güterbeförderung heranzuziehen sein und die Verfahren, sie zutreffend zu ermitteln, entwickelt werden müssen (vgl. Zweiter Abschnitt A. I).

Die Betriebskosten jedes Beförderungsmittels setzen sich aus zwei Größen zusammen:

1. Feste Kosten, die unabhängig sind von der Beförderungsleistung. Sie bestehen in Verzinsung des Anlagekapitals, Abschreibung und Rücklagen für die Erneuerung, Lohn des Fahrers, Kosten des Einstellraums, Versicherung und Steuern.
2. Aufwendungen, die von der Beförderungsleistung abhängig sind, wie Treibstoffverbrauch, Schmier- und Putzmittel, Reifenabnutzung, Instandhaltung.

Eine Umrechnung beider Kostenanteile für die Beförderungseinheit Tonnenkilometer setzt die Kenntnis voraus, wieviel Kilometer das Fahrzeug im Jahr zurücklegt, damit die Kosten zu 1. auf die zurückgelegte Wegstrecke in Kilometern verteilt werden können und der Einheitswert für den Kilometer errechnet werden kann. Je größer die Zahl der im Jahre gefahrenen Kilometer, desto geringer fällt der Anteil der Kosten zu 1. für den Tonnenkilometer aus. Jeder Verkehrsbetrieb muß daher das Bestreben haben, aus dem Fahrzeug möglichst viele Nutzkilometer im Jahre herauszuholen. Es ist Sache der wirtschaftlichen Betriebsführung, kann aber auch mit der Konjunktur zusammenhängen, ob es gelingt, in der Ausnutzung des Wagens einen Höchstwert zu erzielen. Die Anlage der Straße selbst hat hierbei keinen oder nur unter ganz besonderen Umständen einen fühlbaren Einfluß. Für die Beurteilung der Linienführung einer Straße ist in der Regel, gemessen an den Betriebskosten, der Verbrauch an Treibstoff ausschlaggebend. Seine Größe entspricht der vom Motor abgegebenen Leistung. Der Treibstoffaufwand beeinflußt auch den Verbrauch an Schmiermittel und zu ihm steht auch die Reifenabnutzung und der Umfang der Unterhaltung des Wagens in Beziehung. Er ist also ein eindeutiger Maßstab für die Kosten der Beförderung. Je stärker ein Fahrzeug im Betriebe hinsichtlich der gefahrenen Nutzkilometer ausgenutzt wird, desto geringer ist der Anteil der Kosten zu 1. für den Tonnenkilometer, desto mehr schlagen aber dann auch die Betriebskosten zu 2. zu Buch, woraus nunmehr gefolgert werden muß, daß am Treibstoffverbrauch am besten die Wirtschaftlichkeit einer Straße bemessen werden kann, wenn mehrere Straßen miteinander verglichen werden sollen.
Ein besonderer Fall liegt vor, wenn bei öffentlichen oder privaten Fracht- oder Personenbetrieben Pendelverkehr besteht. In diesem Falle spielt auch die Fahrzeit eine Rolle. Beim Vergleich mehrerer Straßenlinien wäre denkbar, daß die eine bei geringerem Treibstoffverbrauch eine längere Fahrzeit beansprucht als die kürzere, deren Benutzung bei höherem Treibstoffaufwand aber eine geringere Umlaufzeit erfordert und infolgedessen sich eine höhere Nutzleistung ergibt, z. B. in der Weise, daß für die gleiche Beförderungsleistung Tonnen oder Personen ein ganzes Fahrzeug auf der kürzeren Strecke täglich eingespart werden kann. Außer dem Treibstoffverbrauch muß daher noch die Fahrzeit genau ermittelt werden, zumal für öffentliche Verkehrsbetriebe Fahrpläne aufgestellt werden müssen, die unter allen Umständen einzuhalten sind.

II. Ermittlung der Fahrzeiten und Treibstoffverbrauch.

Um die Betriebskosten zu ermitteln, muß von einem bestimmten Fahrzeug ausgegangen werden. Hier liegt eine gewisse Schwierigkeit. Denn die Straßen werden von Fahrzeugen recht unterschiedlicher Größe und Art benutzt. Neben dem Spannverkehr, der unberücksichtigt gelassen werden soll, ist mit PKW. und LKW. zu rechnen, deren Tragfähigkeit sich innerhalb sehr großer Grenzen bewegen, besonders wenn mit Beiwagen gefahren wird. Es muß daher eine Auswahl getroffen werden. Hierbei scheidet der PKW. aus. Dagegen wird ein LKW. mit der größten zulässigen Tragfähigkeit zugrunde gelegt werden müssen, und wenn mit starkem Personenverkehr zu rechnen ist, wird auch der Omnibus mit zu berücksichtigen sein. Denn die Benutzung eines PKW. kommt stets nur einer Einzelperson oder kleinen Gruppe zugute, während die Leistungen des LKW. und eines öffentlichen Verkehrsmittels — Omnibus — auch volkswirtschaftlich sich auswirken. Durch die Vereinheitlichung der LKW.-Formen (s. S. 3 Tabelle 1) ist die Entscheidung wesentlich vereinfacht.

Die Betriebskosten sind abhängig von der aufgewandten Zugkraft, denn sie bestimmt den Treibstoffverbrauch. Ihre Größe wird für die verschiedenen Fahrgeschwindigkeiten aus den Motorkennlinien errechnet. Beim Entwurf neuer Straßen oder dem Umbau vorhandener, muß also von der Motorleistung eines LKW. ausgegangen werden, der in erster Linie für die neue Straße in Frage kommt.

Zugkraft:

Zur Überwindung der Bewegungswiderstände (W_o), des Luftwiderstandes (W_l) und des Steigungswiderstandes (W_s) muß Zugkraft (Z) aufgewendet werden. Die Werte für W_o werden aus der Tabelle 8 entnommen, der Luftwiderstand nach der Formel (6) errechnet.

$$Q\mu \geqq Z \geqq W_o + W_l \pm W_s \cdot \quad (13)$$

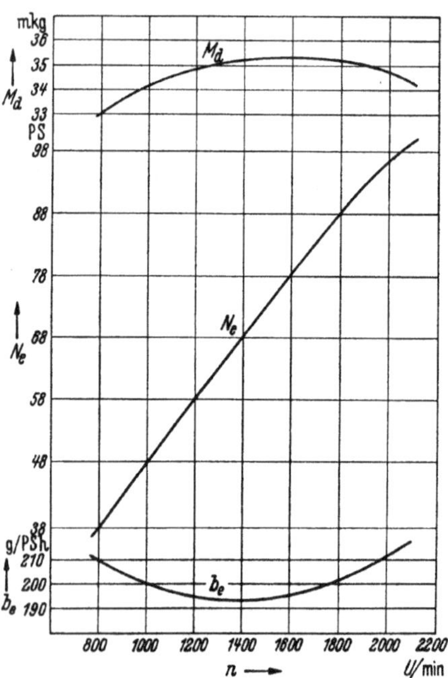

Abb. 33. Motordiagramm. Leistung in PS N_e. Drehmoment M_d, Treibstoffverbrauch b_e.

Die Zugkräfte werden aus den Motorkennlinien berechnet, die auf dem Prüfstand gemessen werden. Auch der Treibstoffverbrauch wird bei dieser Untersuchung ermittelt. In der Motorkennlinie wird auf der Ordinatenachse die Leistung in PS, auf der Abszissenachse die Zahl der Umdrehungen (n/min) des Motors abgelesen (Abb. 33). Aus der Umdrehungszahl ergibt sich die Fahrgeschwindigkeit, wenn der Triebraddurchmesser (D) und die Getriebeumsetzung u_1 und die Umsetzung der Hinterachse u_2 bekannt sind. Die Getriebeumsetzung ist für jeden Gang eine andere, für die Hinterachse bleibt sie für alle Gänge die gleiche.

$$V = \frac{60 \cdot u_1 \cdot u_2 D \cdot \pi}{1000} \text{ km/stdl.} \quad (14)$$

$$Z = \frac{N_{mo} \cdot 3{,}6 \cdot 75\,\eta}{V} = \frac{N_{mo}\,\eta}{V} \cdot 270 \text{ kg.} \quad (15)$$

Theoretisch müßte die Kennlinie eine Gerade sein. Sie ist aber gekrümmt, weil bei niedriger Drehzahl der Motor weniger leistet, weil die Gemischbildung im Vergaser noch mangelhaft ist. Bei großen Drehzahlen treten Drosselverluste auf, so daß die Verbrennung infolge der Verkürzung der Verbrennungszeit sich verschlechtert.

Da die Motorleistung nicht voll am Umfang des Triebrades abgegeben wird, sondern Verluste im Motor und im mechanischen Triebwerk eintreten, ist die Motorleistung um den Wirkungsgrad η zu verringern. Der Wirkungsgrad ist im direkten Gang am günstigsten und mit etwa 0,8 anzusetzen. Bei Einschaltung niederer Gänge verringert er sich bei jedem Gang um etwa 1,5—2%. Alle Vergasermotoren haben einen erheblichen Leistungsüberschuß, wenn sie ungedrosselt laufen, der für die Beschleunigung und für die Steigung verwendet werden kann. Zieht man von der Volleistung des Motors oder von der daraus errechneten Zugkraft (Gl. 15) den Teil der Zugkraft ab, der für die Überwindung der Bewegungswiderstände und des Luftwiderstandes aufgewendet werden muß, erhält man den Zugkraftüberschuß, aus dem die Steigung errechnet wird, die der Kraftwagen in diesem Falle noch überwinden kann.

$$\frac{Z-(W_o+W_l)}{Q}=s\,^0/_{00}=\frac{\eta\cdot 270\,N_{mo}}{V\cdot Q}-(w_o+w_l) \qquad (16)$$

Die Beziehungen zwischen Motordrehzahl oder Geschwindigkeit und Steigung in einem Koordinatennetz aufgetragen, in dem die Geschwindigkeiten die Abszissen, die Ordinaten die Steigungen sind, ergeben das Steigungsdiagramm, aus dem zu entnehmen ist, bis zu welchen Steigungen mit den einzelnen Gängen gefahren werden kann (Abb. 34). Diese Steigungen werden noch um einen geringen Betrag ermäßigt werden müssen, damit auch bei Gegenwind und schlechtem Straßenzustand die Steigung ohne Herunterschaltung auf einen höheren Gang genommen werden kann. Das Steigungsdiagramm bietet für die Linienführung der Straßen die Unterlage, welche Steigungen zweckmäßigerweise angewendet werden müssen, wenn die Motorleistung voll und günstig ausgenutzt werden soll. Sie ist die wirtschaftlichste Steigung, weil die Fahrzeit und der Treibstoffverbrauch den Geringstwert annehmen.

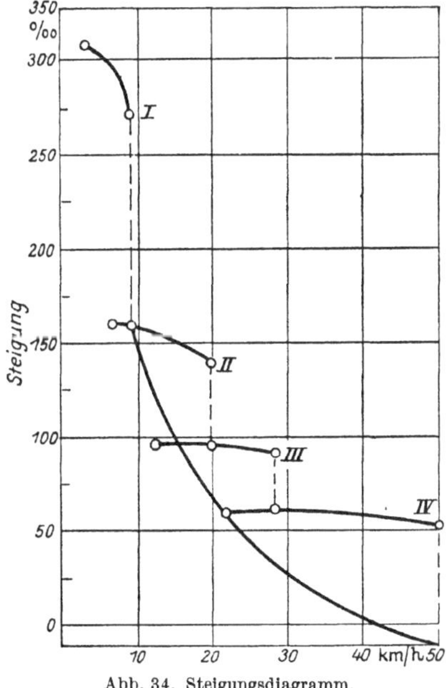

Abb. 34. Steigungsdiagramm. *I* bis *IV* Getriebegänge.

Aus dem Steigungsdiagramm wird dann das Betriebsdiagramm entwickelt (nach Professor Dr. Müller *[16]* Abb. 35), aus dem die Fahrzeit und der Treibstoffverbrauch errechnet werden. Das Koordinatensystem hat drei Quadranten. Im ersten wird aus einem Strahlenbündel die Zugkraft abgelesen, die für das gegebene Wagengewicht (Eigengewicht) und Nutzlast für Triebwagen und g. F. auch für den Anhänger aufgewendet werden muß, bei dem für den gegebenen Fahrbahnbelag geltenden Bewegungswiderstand und die gegebene Steigung $(s+w_o)$.

Im zweiten Quadranten werden auf der Abszissenachse die Fahrgeschwindigkeiten aufgetragen, und zwar $V:60=\text{km/min}$ und auf der Ordinatenachse für die verschiedenen Gänge die Zugkräfte nach Abzug des Anteiles des Luftwiderstandes.

$$Z-W_l=Q\cdot(W_o\pm s),$$
$+\,s$ für Steigung,
$-\,s$ für Gefälle.

Die linke Seite der Gleichung ist der Wert im zweiten, die rechte im ersten Quadranten.

Überträgt man für einen gegebenen Grundwiderstand und Gefälle und das gegebene Wagengewicht den im ersten Qudranten gefundenen Wert waagerecht auf die Ordinatenachse, so ist im zweiten Quadranten abzulesen, mit welchem Gang und mit welcher Geschwindigkeit gefahren wird. Der dritte Quadrant enthält die Kurven für den Treibstoffverbrauch g/min entsprechend der Fahrgeschwindigkeit für die einzelnen Gänge. Die Werte im zweiten und dritten

Quadranten sind der Motorkennlinie entnommen, für den Treibstoffverbrauch b/N_{mo} stdl.

Die Ordinaten im dritten Quadranten sind dann

$$b_1 = b \cdot N_{mo}/60 \text{ g/min}.$$

Die Verlängerung der Treibstoffverbrauchslinie im I. Gang bis zum Schnitt mit der Ordinatenachse gibt den Verbrauch im Leergang an.

Die Schaulinien der einzelnen Gänge gelten nur für die volle Motorbelastung und hierfür auch die Linien für den Treibstoffverbrauch. Bei Vollbelastung des Motors (Vollgas) ist die Drosselklappe ganz geöffnet und die Boschpumpe beim Dieselmotor arbeitet mit voller Füllung. Die Fahrweise erfordert aber nicht immer volle Motorbelastung, z. B. auf waagerechter Strecke, auf der mit der höchsten Fahrgeschwindigkeit auch bei Teilbelastung des Motors gefahren wird. Daher ist es notwendig, auch noch die Kennlinien für $^3/_4$, $^1/_2$ und $^1/_4$ Motorbelastung zu be-

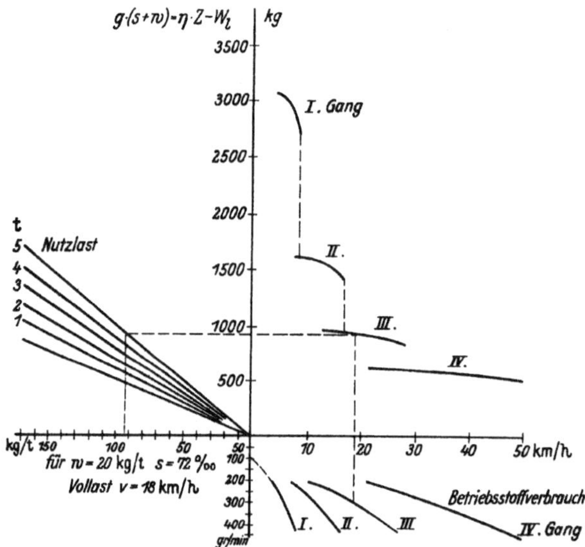

Abb. 35. Betriebsdiagramm. Bei einem Fahrwiderstand $w = 20$ kg/t und einer Steigung 72 ‰ und 5 t Nutzlast entwickelt der Motor im III. Gang eine Geschwindigkeit von 18 km/h Betriebsstoffverbrauch 300 g/min.

sitzen und auch die entsprechenden Verbrauchsgrößen des Treibstoffes. Es zeigt sich hierbei für den Ottomotor der Nachteil, daß der Einheitsverbrauch an Treibstoff (für N_{mo}/stdl.) bei Teillast größer ist als bei Vollast, woraus sich ergibt, daß die wirtschaftlichste Betriebsweise diejenige ist, bei der der Motor vollbelastet ist. Das kann z. B. bei dem Entwurf der Linie dadurch erreicht werden, daß die Steigungen dem Steigungsdiagramm (Abb. 34) angepaßt werden.

Aus diesem Betriebsdiagramm kann demnach die Fahrzeit und der Treibstoffbedarf für jede Straße ermittelt werden. In dem Beispiel im Zweiten Abschnitt C II c wird diese Aufgabe noch ausführlicher behandelt werden.

C. Technische Linienführung.

I. Die Straße in ihrer Beziehung zum Gelände.

Jede Straßenlinie wird sich dem Gelände anpassen müssen, damit die Baukosten möglichst gering werden und damit das Landschaftsbild nicht verunstaltet wird. Da bisher in der Regel nur die rein technischen und wirtschaftlichen Anforderungen bei der Anlage von Straßen maßgebend gewesen sind, ohne Rücksicht auf die umgebende Landschaft, sind viele neue Straßen gekennzeichnet durch tiefe Einschnitte, hohe Dämme, Zerschneidung des Bodens und des Geländeaufbaues durch die Straßenführung, durch Böschungsformen, die nicht im Einklang mit der natürlichen Neigung des Geländes stehen und abstoßend wirken und durch andere technische Anordnungen, die durch die Härte ihrer Formen den Anblick stören. Gleichzeitig werden die biologischen Grundlagen des betroffenen Geländes vernichtet, z. B. durch Bodenauswaschung. Durch diese Eingriffe wird die belebte Natur aus dem Gleichgewicht gebracht: Der Boden, die Luft, das Wasser, Licht und Wärme, Klima, Pflanzen und Tier werden in ihren Lebensgrundlagen und in ihrem Zusammenspiel gestört, das natürliche Antlitz entstellt. Man spricht von einer Versteppung. Nicht nur gilt es, den natürlichen Einklang zu erhalten, sondern da, wo er vernichtet war, durch Beachtung der Naturgesetze in Verbindung mit dem Bau ihn wieder herzustellen, alte Wunden zu heilen. Wie das im einzelnen zu geschehen hat, hängt von der Örtlichkeit ab.

Je nach der Oberflächengestalt des Geländes, in der die Straße ausgeführt werden soll, wird die Einfühlung in die landschaftlichen Gegebenheiten leichter oder schwieriger sein. Straßen im Flachland wird man den geringen Bodenwellen des Geländes anpassen, und auf die ländlichen Wirtschaftsformen, auf die Schonung des Waldes, von Hecken, Erhaltung der Vorflut u. a. m. Rücksicht nehmen und landschaftlich beachtenswerten Flächen, das sind Gehölze, Naturschutzgebiete, Wiesengründe — aus dem Wege gehen. Daraus sich ergebende Wegverlängerungen sind ohne Bedeutung, im Gegenteil wird eine geschwungene Führung, die durch abwechslungsreiche Ausblicke am Rande belebt ist, vom Kraftfahrer angenehmer empfunden als eine gestreckte, besonders bei erheblicher Länge. Das gilt vornehmlich für Autobahnen (S. 158).

Bei Straßen im Hügellande wird es schon schwerer fallen, alle Wünsche des Landschaftsgestalters bei der Linienführung der Straße oder Autobahn zu beachten. Das hängt von dem Verkehrswert der Straße ab, ob es sich nur um eine untergeordnete oder eine verkehrsreiche Bundesstraße oder sogar eine Autobahn handelt. Die in solchen Fällen gestellten Anforderungen an die Mindestmaße der Steigung und die Größe der Krümmungshalbmesser lassen sich schwer mit der natürlichen Geländeform vereinigen. Nicht zu vermeidende Eingriffe können durch ausgleichende Maßnahmen in der Landschaft selbst gemildert werden. An sich bietet aber gerade das bewegte Gelände viele Möglichkeiten, die Straße abwechslungsreich zu gestalten.

Technisch schwierig wird die Aufgabe für Bergstraßen im Gebirge. Wenn bei ihnen auch kleinere Halbmesser zugelassen sind, um sich einigermaßen dem Gelände anzupassen, so bedarf es sehr eingehender Untersuchungen, um mit der Linie der Straße und Form der Bauwerke die natürliche Erscheinung der Gebirgslandschaft zu schonen und ihre Wirkung zu erhöhen.

Die Linienführung soll das Spiegelbild der Landschaft sein, durch die die Straße zieht. Nur wer bei dem Entwurf einer Straßenlinie stets das räumliche Bild vor Augen hat, wird eine Lage finden, die mit den natürlichen Gegebenheiten in Einklang steht. Daher soll sobald als möglich die entworfene Linie in das Gelände übertragen werden, und auch perspektive Bilder angefertigt werden, um ihre Wirkung im Landschaftsbild nachzuprüfen (Zweiter Abschn. E. d) und um festzustellen, an welche Zwangspunkte die Linie gebunden ist, die sich aus den vorgefundenen örtlichen Verhältnissen ergeben, über die man sich nicht ohne weiteres hinwegsetzen kann, z. B.:

1. durch die geognostischen Verhältnisse, ob tragfähiger Untergrund vorhanden ist, oder wegen ungünstigem Einfallen oder Streichen der Gebirgsschichten, wegen rutschgefährlichen Hängen oder Schutthalden und Lehnen die Linie verlegt werden muß.
Schon im Flachlande müssen Moore und Flächen mit frostgefährdetem Boden und hohem Grundwasserstand möglichst vermieden werden (s. S. 177).

2. Grundbesitzgrenzen, Fassungen von Wasserversorgungen, Bebauung müssen soweit als angängig geschont werden, vor allem auch landwirtschaftlich hochwertige Flächen, die dräniert sind oder bewässert werden. Das gilt z. B. bei Anlage von Straßentunnel.

3. Für geringen Unterhaltungsaufwand sollten die südlichen Hänge und trockenen Lagen bevorzugt werden. Für Brückenbauwerke muß die günstige Lage vor allem für die Gründung der Widerlager und Pfeiler aufgesucht werden. Gefahren, die aus Murgängen, Schneeverwehungen, Lawinen oder Steinschlag zu erwarten sind, muß soweit als möglich durch die Lage der Linie aus dem Wege gegangen werden.

4. Jede Straße erfordert einen hohen Aufwand an Baustoffen. Daher müssen besondere Baustoffgewinnungsstellen und Steinbrüche erschlossen werden, die günstig zur Linie selbst liegen, möglichst so, daß die Baustoffe talwärts auf kürzestem Wege angeliefert werden können. Bei der Anlage der Steinbrüche ist das Landschaftsbild zu schonen; das gleiche gilt von Abraum- und Aussetzkippen, deren Einfügung in die Landschaft und Begrünung besonderer Maßnahmen bedarf.

Die technisch einwandfreie Lösung ist am besten aus der Übertragung in das Gelände selbst abzulesen und das Zusammenspiel mit den landschaftlichen Gegebenheiten zu überprüfen; die Lösung kann nur im Ausgleich gefunden werden. Die Mittel, die zur Ausgestaltung der Straße mit Rücksicht auf die umgebende Landschaft angewendet werden können, werden im zweiten Abschn. E. c und G. behandelt.

II. Linie im Aufriß.

Bei der Linienführung im Aufriß ist bei allen Straßengattungen von den zulässigen Steigungen auszugehen.
Man unterscheidet folgende Steigungsarten:

a) Maßgebende Steigung, bei der das Höchstgewicht der auf dieser Straße zu fördernden Last ohne Vorspann und ohne Überlastung der Zugtiere befördert werden kann. Bei Berücksichtigung der Kraftfahrzeuge würden darunter Steigungen zu verstehen sein, die sich aus dem Steigungsdiagramm als Grenzsteigungen ergeben (Zweiter Abschnitt B. II) (Abb. 34).

b) Schädliche Steigungen sind diejenigen, in denen die zu a) genannte Höchstlast nicht mehr befördert werden kann. Wenn indessen das Grenzgefälle gleich oder flacher als das Bremsgefälle ist, dann ist die Steigung unschädlich, weil durch Einlegen von Gegensteigungen in diesem Falle kein Mehraufwand an mechanischer Arbeit entsteht.

c) Verlorene Steigungen, bei denen durch eine Gefällstrecke in der Steigungsrichtung eine einmal gewonnene Höhe wieder aufgegeben wird, und bei der Talfahrt gebremst werden muß, so daß Bewegungsenergie verlorengeht. Erhöhung der Betriebskosten.

Diese für das Spannfahrzeug geltende Beurteilung der Steigungsarten hat für das Kraftfahrzeug keine Bedeutung, weil dieses jede Steigung ausgelastet nehmen kann. Für Kraftwagen ist die Begriffsbestimmung allgemeiner zu fassen. Für sie gilt als verlorene Steigung die, von der maßgebenden abweichende, die mit einer Erhöhung der mechanischen Arbeit oder mit einer Fahrzeitverlängerung, d. h. der Betriebskosten verbunden ist.

Wo Spann- und Kraftfahrzeugverkehr nebeneinander bestehen, muß sich die Steigung nach dem Spannverkehr richten. Es wird nur anzustreben sein, solche Steigungen zu bevorzugen, die für das Spannfahrzeug noch zugelassen werden können, die zugleich aber dem Kraftfahrzeug gestatten, mit vollbelastetem Motor zu fahren.

a) Wahl der Steigungen.

Wenn auch die Kraftwagen sehr erhebliche Steigungen nehmen können und zur Überwindung einer gegebenen Höhe die steilste Steigung die wirtschaftlichste ist, weil sie mit niedriger Fahrgeschwindigkeit befahren wird, bei der der Kraftaufwand für die Überwindung des Luftwiderstandes geringer ist als auf einer flachen Steigung, die mit höherer Geschwindigkeit befahren wird, so werden übermäßig steile Steigungen nicht zugelassen werden dürfen. Denn die Fahrt auf steilen Steigungen setzt eine genügende Griffigkeit der Fahrbahn unter allen Witterungsverhältnissen voraus, sowohl für die Bergfahrt, aber ganz besonders für die Talfahrt. Beim Abwärtsfahren werden die Bremsen sehr stark beansprucht und das ganze Fahrwerk des Wagens mitgenommen. Starke Steigungen auf langer Strecke müssen besonders im Gebirge wegen der Luftverdünnung durch flache Ruhestellen unterbrochen werden, damit das im Kühler erhitzte Wasser sich wieder abkühlen kann. Auch sind die klimatischen Verhältnisse zu berücksichtigen. In Gegenden, wo viel mit Nebel, Tau, Glatteis zu rechnen ist, werden die Straßen zeitweilig so glatt, daß längere Zeit der Verkehr völlig lahmgelegt ist, wenn nicht durch Streuen mit abstumpfenden Stoffen die Glätte behoben wird.

Mit Rücksicht auf die Leistungsfähigkeit des Spannverkehrs sind die folgenden Steigungen einzuhalten:

Nach den Normalien 1938 der schweizerischen Bergstraßen:

Haupt- und wichtige Straßen	von	8%
ausnahmsweise	„	10%
Nebenstraßen.	„	10%
ausnahmsweise auf kurze Strecken	„	12%
Flachland	„	2,5%
Hügelland	„	6%
Gebirge	„	8%

Wo eine gleichförmige Längsneigung auf größeren Strecken vorgesehen werden kann, soll sie sich nach den RAL.-Vorschriften 1937 nach der Ausbaugeschwindigkeit richten[1] (Erster Abschn. B. IV. e). Mit Rücksicht auf die Erwärmung im Motor bei Steigungsarbeit sollte die Steigung auf je 500 m Höhe um 0,5% verringert und mit Rücksicht auf die Wärmespeicherung beim Bremsen das Gefälle in Fahrtrichtung allmählich abnehmen. Dann müssen aber beide Fahrtrichtungen getrennt geführt werden. Ein Beispiel über die Beziehungen zwischen Geschwindigkeit und Gefälle der Straße für einen PKW. gibt Abb. 36. Für die Talfahrt kann die Geschwindigkeit um 25 v. H. höher angenommen werden. Für LKW. und Omnibusse gilt das Steigungsdiagramm (Abb. 34). Die Geschwindigkeit des vollausgelasteten LKW. fällt auf starken Steigungen ganz erheblich ab. Der an flottes Fahren gewohnte Lenker empfindet solche Langsamstrecken als eine Belastung und als Zeitverlust. Auch die Talfahrt mit schweren LKW. auf langen Gefällsstrecken nötigt zu langsamer Fahrt und kräftiger Bremsung. Das Versagen der Bremsen führt zu folgenschweren Unfällen. Diese Nachteile können nur durch flachere Steigungen behoben werden. Der Motorkonstrukteur hat vorgeschlagen, durch Verbesserung des Motors, damit er überlastet werden kann, dem Übelstand, der auch Bergfaulheit der LKW. bezeichnet wird, abzuhelfen. Der Straßenbau-

[1] Vorläufige Richtlinien für den Ausbau der Landstraßen RAL. 1937, 4. Aufl.

ingenieur wird nur beschränkt in der Lage sein, durch richtige Auswahl der Steigung den Besonderheiten in der Motorleistung zu entsprechen. Angaben darüber folgen noch (S. 60).

Paßt sich die Linienführung einer Straße dem welligen Gelände an und schließt sich Kuppe an Wanne, so werden solche Straßen als bergige bezeichnet. Der Straßenzug setzt sich also aus einer Anzahl von Steigungen und Gefällen zusammen. Summiert man die Gefälle und bringt sie in ein Verhältnis zu einer Längeneinheit, z. B. 100 km, so wird dieser Wert als „spezifische Bergigkeit" bezeichnet. Er kann zur Beurteilung und zum Vergleich von Straßenlinien herangezogen werden. Die Linie mit der größeren Bergigkeit wird nur dann als eine ungünstige zu betrachten sein, wenn bei dem Befahren mit LKW. auf ihr viel Schaltarbeit geleistet werden muß. Soweit die Steigungen ohne Herunterschalten auf einen niederen Gang mit vollausgelastetem Motor und die Gefälle ohne Abbremsen befahren werden können, ist die Linienführung betrieblich

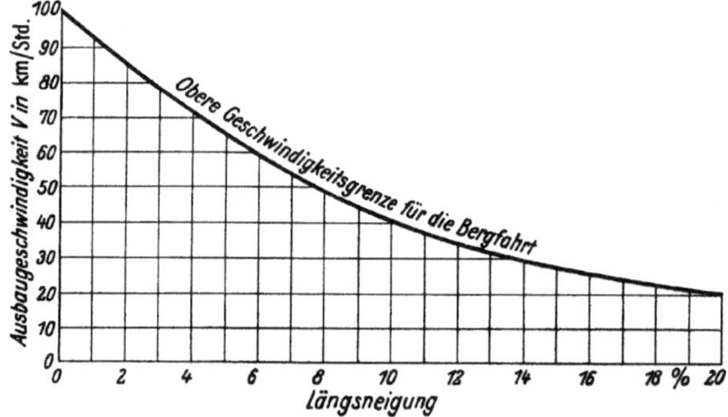

Abb. 36. Verkehrsgeschwindigkeit für die Bergfahrt eines PKW.

günstig. Sind die Wellen indessen kurz und folgen sie dicht aufeinander, so flattert das Straßenbild, eine Erscheinung, die der Insasse als lästig empfindet und die vermieden werden soll.

Im Hochgebirge werden stärkere Steigungen nicht zu vermeiden sein. So hat die Gaisbergstraße bei Salzburg im unteren Teil bis 8, im oberen bis 12,7 v. H. Steigung, die Großglocknerstraße zwischen 10 und 12 v. H. *[33]*, 13 v. H. wird wohl als die höchste zulässige Neigung angesehen, wenn die mittlere 10 v. H. beträgt. Der Nürburgring hat eine Prüfungsstrecke von 27 v. H. auf 150 m Länge.

Bei den Autobahnen hat die Rampe zum Aufstieg auf die Schwäbische Alb 6 v. H. und 7 v. H., und auf der Strecke Gießen—Göttingen haben einzelne Strecken 6, 7,14 und 7,69 v. H. Wenn die Richtungen wie bei den AB. getrennt sind, können die Steigungen und Gefälle verschieden gewählt werden, die Gefälle höher als die Steigungen (Zweiter Abschn. E). Für Städte gelten gleichfalls die oben angegebenen Grenzen. Unter Berücksichtigung der örtlichen Verhältnisse ist in Stuttgart für Verkehrsstraßen 6 v. H. festgesetzt worden, mit der ausdrücklichen Begründung, daß bei dem starken Anteil des Kraftwagens im städtischen Verkehr solche Steigungen unbedenklich sind.

Schädliche Steigungen machen dem Kraftwagen nichts aus; wenn sie nicht zu lang sind, kann er sie unter Abfall der Fahrgeschwindigkeit ohne Schaltung überwinden. Ist die Steigung mit $s = \frac{h}{L}$ gegeben und kommt der Wagen mit der

Geschwindigkeit V_I km/h am Fuß der Rampe an, so ist die Arbeitsleistung

$$Q \cdot h = \frac{m\,V^2}{2 \cdot 3{,}6^2}$$

$$h = \frac{V_I^2 - V_{II}^2}{2g \cdot 3{,}6^2} \tag{17}$$

Aus dem Fahrdiagramm ist zu entnehmen, bis auf welche Geschwindigkeit V_{II} die Fahrt ohne Umschaltung abfallen kann, daraus ergibt sich h und dann auch die Länge der höheren Steigung $l_x = h/s_x$.

b) Das Aufsuchen der Linie im Lageplan.

Ist für einen Straßenentwurf die maßgebende Steigung auf Grund der Ausbaugeschwindigkeit oder anderer durch den Verkehr gebotener Rücksichten fest-

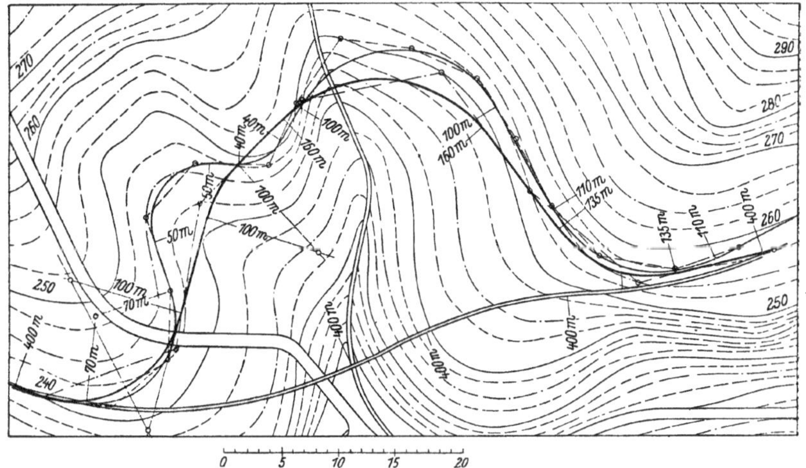

Abb. 37. Aufsuchen der Linie im Lageplan und Anwendung der Nullinie für L. II. O. (dünne Linie). Reichsstraße (starke Linie), Autobahn (Doppellinie).

gelegt, erfolgt ihr Entwurf nach Lage und Höhe im Gelände vorerst unter Benutzung geeigneter Karten mit Höhenschichtenlinien. Gegeben ist die Höhenlage der beiden Orte, die durch die Straße verbunden werden sollen $= H$ in Meter und die maßgebende Steigung s_m v. H. Dann ergibt sich rechnungsmäßig die Länge der Straße zu

$$L = \frac{H \cdot 100}{s_m}\,\text{m}. \tag{18}$$

Ist diese Strecke L länger als die geradlinige Verbindung beider Orte, so muß die Linie am Hang entwickelt werden. Das geschieht durch die Nullinie. Sie wird gefunden, indem die Straßenachse von Schichtlinie zu Schichtlinie mit Zirkelschlag in dem Abstand $l = \frac{h \cdot 100}{s_m}$ festgelegt wird, h ist der Höhenunterschied der Schichtenlinien. Es kann so aufwärts vom Aufstiegspunkt oder abwärts vom Endpunkt verfahren werden. Der hierdurch entstandene Vieleckzug paßt sich vollkommen dem Gelände an (Abb. 37). Zum mindesten liegt die Straßenachse an den Schnittpunkten der Nullinie mit den Höhenschichtenlinien im Gelände, ob auch zwischen den Höhenschichtenlinien, hängt von der Geländeform ab. Wenn die Schichtenlinien untereinander verschieden große Abstände haben, wird die Nullinie zickzackförmig. Will man die Nullinie strecken, kann man eine oder mehrere Schichtenlinien überschlagen, wenn man mit dem doppelten oder mehrfachen Zirkelschlag die zweite oder weitere erreicht. Sind die Schichtenlinien so weit auseinandergezogen, daß ihr Abstand größer als l wird, muß die Steigung auf die Querneigung des Geländes ermäßigt werden, denn die Nullinie schneidet die Schichtenlinie unter 90°. Sind die Höhenschichtenlinien erhaben, d. h. das Gelände aufgewölbt, so schneidet die Linie ein, sind sie hohl, bei muldenförmiger Oberflächenbeschaffenheit, so liegt sie über dem Gelände. Je geringer der Höhenabstand der Schichtenlinie in Metern ist, desto genauer schmiegt sich die Nullinie an die Geländeform an. Im Vieleckzug der Nullinie müssen die Ecken durch Ausrundungen ersetzt werden. Da die Tangenten stets länger sind als die zugehörenden Bögen, verkürzt sich die Linie um ein Maß, das von der Zahl der eingelegten Bögen und ihrer Halbmessergröße abhängt und von sonstigen Maßnahmen, die dazu dienen, die Linie zügiger zu gestalten, um den Verkehr auf ihr zu erleichtern. Je zügiger und gestreckter die Nullinie ausgerichtet wird, desto mehr wird sie im Vergleich zur ursprünglichen verkürzt, um so mehr fällt sie durch Einschnitte oder Aufträge aus der Geländefläche heraus. Wieweit man in jedem Falle zu gehen hat, hängt von dem Verkehrswert der Straße ab. Wo große Ausbaugeschwindigkeiten verlangt werden, ist eine möglichst gestreckte Linienführung mit großen Halbmessern und guten Sichtweiten gegeben. Bei Straßen untergeordneter Bedeutung ist eine engere Anpassung an das Gelände mit vielen und geringeren Halbmessern zugelassen. Wieweit auch Rücksicht hierbei auf die Schonung des Landschaftsbildes genommen werden muß, wird von Fall zu Fall entschieden, indem die wirtschaftlichen, d. h. die Bau-, Unterhaltungs- und Betriebskosten gegen die Anforderung der Landschaftsgestaltung abgestimmt werden (vgl. S. 47).

Unter Umständen kann die stark bewegte Form des Geländes bewirken, daß die ursprünglich angenommene Ausbaugeschwindigkeit ermäßigt werden muß, um sich besser dem Gelände anzupassen. Auf jeden Fall wird durch die Verkürzung der Linie die ursprünglich angenommene maßgebende Steigung erhöht.

Die Steigung s_m wird nicht immer durchzuhalten sein, sie muß in scharfen Bögen in den in Abständen anzulegenden Ruhestrecken für Spannverkehr und bei größeren Kunstbauten vermindert werden. Aus H wird $H + \Sigma h$, wo h die einzelnen Steigungsermäßigungen bedeutet.

$$s_{mittel} = s_{max} \cdot \frac{H}{H + \Sigma h}.$$

Im Vieleckzug der Nullinie müssen die Ecken ausgerundet werden. Da die Tangenten stets länger sind als die zugehörenden Bogen, verkürzt sich die Linie weiter. Aus L wird L' — Länge der gestreckten und ausgerichteten Straßenachse $L' < L$.

Soll die maßgebende Steigung eingehalten werden, wird eine flachere s_m anzuwenden sein.

$$s'_m = \frac{H \cdot \frac{H}{H + \Sigma H}}{L \frac{L}{L'}} = \frac{H}{L} \cdot \alpha.$$

Da das Maß der Verkürzung sowohl von der Oberflächengestalt des Geländes, ob sie mehr gleichmäßig oder mehr bewegt ist, abhängt, aber auch von der Ausrichtung der Nullinie, ob sie mehr gestreckt ist oder sich anschmiegt, so ist das

Maß ihrer Verkürzung, das als Gradientenbeiwert bezeichnet wird, als Mittelwert nach der Tabelle 9 geschätzt *[34]*:

Tabelle 9.
Verkürzung der Achse in %.

Oberflächenbeschaffenheit des Hanges	Linie		
	gestreckt	halbsteif	angepaßt
eben	4	2	1
wellig	8	4	2
sehr bewegt	12	6	3

$$s_m\% = \frac{H}{L \cdot (1 + 0{,}01 \cdot x)} \cdot 100 \qquad (19)$$

x-Werte der Tabelle 9.

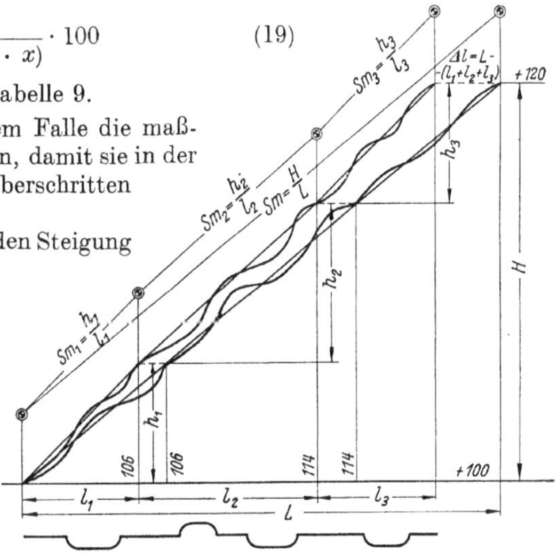

Um diesen Betrag wäre in jedem Falle die maßgebende Steigung s_m zu ermäßigen, damit sie in der endgültigen Straßenachse nicht überschritten wird.

Das Steilerwerden der maßgebenden Steigung infolge Verkürzung der Linie hat zur Folge, daß je mehr sich die endgültige Linie von ihrem Ausgangspunkt entfernt, sie sich um so mehr von dem Gelände ablöst. Ist von unten nach oben abgezirkelt worden, hebt sie sich aus dem Gelände heraus, ist von oben nach unten gearbeitet worden, drückt sie sich in das Gelände hinein. Dem kann durch zwei Maßnahmen begegnet werden.

Abb. 38. Ermittlung der wirklichen Steigungen nach Ausrichten der Linie.

Die erste ist, daß die ursprüngliche Nullinie durch eine zweite, nunmehr ausgerichtete ersetzt wird, die um den Ausgangspunkt soweit geschwenkt wird, daß sie sich wieder mit dem Gelände deckt. Der andere Weg besteht darin, daß die erste Linie möglichst in ihrer ursprünglichen Lage belassen wird, aber innerhalb kurzer Abschnitte die tatsächliche Steigung aus dem Höhenunterschied eines oberen und unteren Zwangspunktes und der gemessenen Strecke errechnet wird. Diese Zwangspunkte sind im wesentlichen Schnittpunkte der Nullinie mit den Höhenschichtenlinien, die beim Ausrichten der Linie gegenüber dem ersten Entwurf keine Änderung erfahren haben und an ihrer ursprünglichen Lage belassen worden sind (Abb. 38).

Die Unterschiede in der Linienführung soll Abb. 37 erkennen lassen. Die dünne Linie stellt eine Landstraße II. Ordnung dar, die bei einer Steigung von 2% und kleinstem Halbmesser von 40 m, die dickere Linie eine Reichstraße mit 2% und 100 m Halbmesser, die doppelte Linie eine Autobahn, die in demselben Gelände die gleiche Höhe bei einem Mindesthalbmesser von 400 m überwindet. Ihre Steigung beträgt zufolge der gestreckten Führung 2,63%.

Solche Zwangspunkte können auch die Mittelpunkte von Wendeplatten, Bauwerke u. a. m. sein. Je nachdem, ob in den einzelnen Abschnitten durch viele Krümmungen mit großem Halbmesser und zügige Gestaltung stark von der

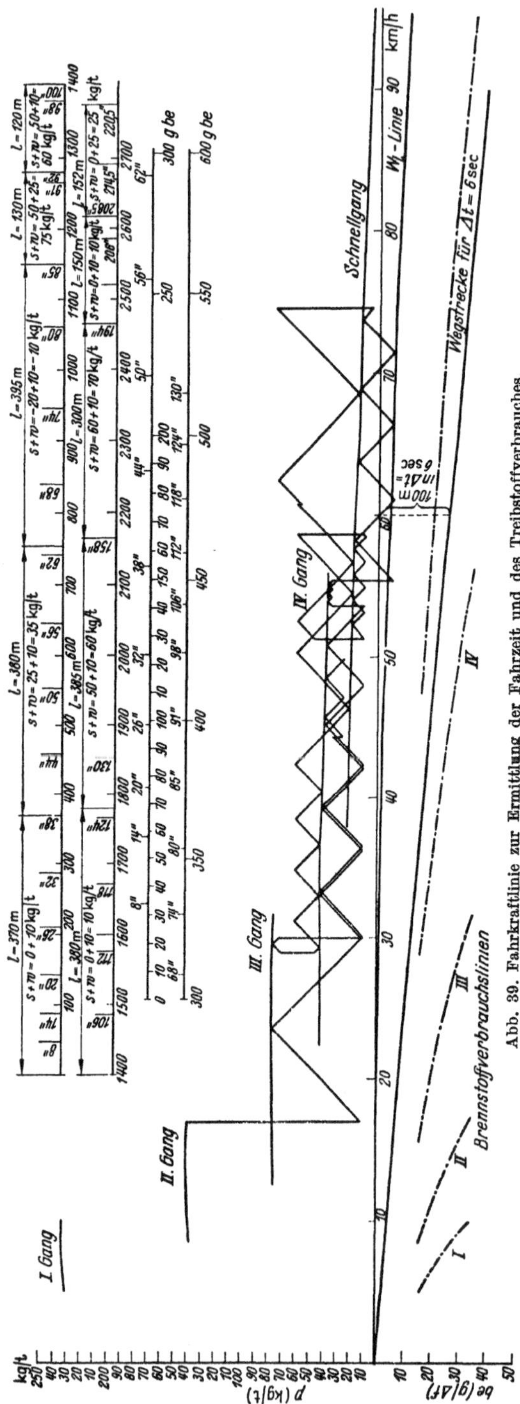

Abb. 39. Fahrkraftlinie zur Ermittlung der Fahrzeit und des Treibstoffverbrauches.

Nullinie abgewichen oder durch starke Geländeanpassung ihre Lage beibehalten ist, weicht die tatsächliche Steigung von der Ausgangssteigung mehr oder weniger ab, ausgedrückt durch den Gradientenbeiwert.

Bei der hier vorgeschlagenen Aufteilung der Linie ist die Steigung keine stetige mehr, sondern gebrochen, aber die Unterschiede sind außerordentlich gering, so daß sie äußerlich nicht in Erscheinung treten, und der Verkehr sie überhaupt nicht empfindet. Dies Verfahren dient nur dem Ziel, Ungenauigkeiten in den Gefällangaben, die beim Abstecken im Gelände zu verhängnisvollen Fehlern führen, auszuschließen.

Ergeben sich besonders bei gestreckter Linienführung starke Bodenbewegungen mit großen Förderweiten, so können diese vermieden werden, indem die ursprünglich gleichmäßig geneigte Linie an solchen Stellen aus flacheren und steileren Ästen zusammengesetzt wird, um sich mehr dem Gelände anzupassen. In den Steilstrecken wird die maßgebende Steigung überschritten. Sind sie nicht zu lang (< 500 m) und bleibt die Steigungszunahme in gewissen Grenzen (das Doppelte), kann auch der Spannverkehr sie nehmen, da auf kurze Strecken die Zugtiere höhere Leistungen aufwenden können, zumal sie auf der anschließenden flacheren Strecke entlastet sind und sich ausruhen können. Wieweit der Kraftwagen sie überwinden kann, ergibt sich aus der Berechnung (Gl. 16) auf S. 45.

Allen solchen Untersuchungen müssen ein bestimmter Motor und Fahrzeug zugrunde gelegt werden. Diese Wahl mag im Zeitpunkt der Entwurfsbearbeitung nicht schwer fallen, weil das Kraftfahrgewerbe oder die Industrie Vorschläge für LKW. machen können. Mit dem sicherlich anzunehmenden Fortschritt im Bau der Kraftfahrzeuge können aber solche Annahmen bald überholt sein. Ohne Rücksicht auf solche Möglichkeiten soll indessen die motortechnische Linienführung von Autostraßen hier nach dem von Professor Dr. Müller (Aachen) und Dr.-Ing. Warning entwickelte Verfahren für die Anwendung behandelt werden.

c) Fahrzeitermittlung nach dem Δt Verfahren *[16]*.

Gegeben ist die Fahrkraftlinie eines LKW. oder Omnibus (Abb. 39), errechnet aus der Motorkennlinie Abb. 33.

$$\text{Die Zugkraft } Z = \frac{N_{mo} \cdot 270}{V} \cdot \eta \qquad (15, \text{S. } 44)$$

dient zur Überwindung der Fahrwiderstände, bestehend in Rollwiderstand W, Luftwiderstand W_l und Steigungswiderstand W_s. Bei Fahrt mit gleicher Geschwindigkeit auf waagerechter Strecke ist nach Gl. 13

$$Z - (W + W_l) = 0.$$

Ist $Z > (W + W_l)$, so ist ein Kraftüberschuß vorhanden, der zur Steigung oder Beschleunigung ausgenutzt werden kann. Die Z-Werte der Fahrkraftlinie sind nicht von der Abszissenachse, sondern von der unter der Abszissenachse aufgetragenen Linie des Luftwiderstandes (W_l) nach oben abgesetzt worden, so daß W_l ausscheidet *[16]*.

Die Waagerechte im Abstand $w + s$ zur Abszissenachse zeigt im Schnittpunkt mit der Fahrkraftlinie die gleichmäßige Fahrgeschwindigkeit an, weil in diesem Falle die Motorzugkraft voll ausgenutzt ist. Diese Geschwindigkeit wird nach Kamm *[35]* als Gleichgewichtsgeschwindigkeit bezeichnet. Fährt der Wagen mit einer geringeren Geschwindigkeit, so stände Zugkraft zur Beschleunigung zur Verfügung. Wie groß diese ist und nach welcher Fahrzeit die Höchstgeschwindigkeit erreicht wird, ergibt sich aus der folgenden Überlegung.

Die Beschleunigungskraft $p = m \cdot b =$ Masse · Beschleunigung.

Die Masse

$$m = \frac{1000 \cdot 1{,}06}{g},$$

wenn die Motorzugkraft auf eine Tonne bezogen wird. 1,06 ist der Massenfaktor unter Berücksichtigung der drehenden Räder.

Die Beschleunigung $b = \frac{dv}{dt}$ m/sec².

Die dynamische Grundgleichung lautet

$$p = m \frac{dv}{dt} = \frac{1000 \cdot 1{,}06\, \Delta V}{9{,}81 \cdot \Delta t\, 3{,}6} \text{ kg/t.} \qquad (20)$$

Die Integration wird durch ein zeichnerisches Verfahren ersetzt, indem für das unendlich kleine Δt ein kleiner Zeitschritt genommen wird, der für fahrdynamische Untersuchungen von Kraftwagen = 6 sec gesetzt wird. Dann wird

$$p = \frac{1000 \cdot 1{,}06 \cdot \Delta V}{9{,}81 \cdot 6 \cdot 3{,}6} = 5 \Delta V.$$

Wird ein Maßstab gewählt, in dem ΔV das Zehnfache desjenigen von p ist, dann ist

$$p = \frac{\Delta V}{2}$$

$$\Delta V = V_2 - V_1.$$

In der Fahrkraftlinie wird die Beschleunigungskraft p zeichnerisch ermittelt durch die von der Waagerechten im Asbtand $s + w$ an der Stelle V_1 unter 45° gezogenen Geraden zum Schnitt mit der Fahrkraftlinie (Abb. 39).
Die Grundlinien im gleichschenkligen rechtwinkligen, unten offenen Dreieck ist die Geschwindigkeitszunahme in 6 sec. Das Lot ist $p_m = \frac{\Delta V}{2}$.
Steht noch weitere Zugkraft zur Verfügung, so werden weitere gleichschenklige Dreiecke angeschlossen bis zum Schnitt der Waagerechten $(s + w)$ mit der Fahrkraftlinie. Jedes Dreieck entspricht 6 sec Fahrzeit. Die Summe aller Dreiecke gibt die gesamte Fahrzeit an, innerhalb der die Geschwindigkeit von V_1 auf V_e = Endgeschwindigkeit gesteigert worden ist.
Um die in dieser Zeit zurückgelegte Fahrstrecke auf zeichnerischem Wege zu ermitteln, wird unter der Abszissenachse der Wegstrahl für $\Delta t = 6''$ angetragen. Bei 60 km/h beträgt die Wegstrecke in 6″ 100 m. Diese Strecke in einem geeigneten Maßstab unter der Geschwindigkeit von 60 km/stdl. angelegt und ihr Endpunkt mit dem Nullpunkt verbunden, ergibt lotrecht unter jeder anderen Geschwindigkeit die in 6 sec zurückgelegte Strecke (m). Die unter p_m abgeriffene Wegstrecke ist also diejenige, die bei der Beschleunigung von V_1 auf V_2 in 6 sec zurückgelegt worden ist.
Legt man diese Strecken in ihrer zeitlichen Folge waagerecht nebeneinander, dann ergibt sich die gesamte zurückgelegte Strecke und Fahrzeit in der Beschleunigungsperiode. Ändert sich nichts an dem Fahrwiderstand und der Steigung, dann wird die Fahrt mit der zuletzt erreichten Fahrgeschwindigkeit V_e fortgesetzt.
Ändern sich Fahrwiderstand und Steigung in solchem Ausmaß, daß die $s + w$-Linie über der Fahrkraftlinie liegt, dann kann die Geschwindigkeit nicht beibehalten werden. Sie muß sich auf diejenige vermindern, bei der die $s + w$-Linie die Fahrkraftlinie schneidet. Auch diese Verzögerung wird in Zeitschritten von 6″ durch das Zeichnen der gleichschenkligen Dreiecke mit 45° Basiswinkel gefunden, die in diesem Falle von rechts nach links aneinandergesetzt werden.
Die Wegstrecken der Straßenachse mit gleichem Fahrwiderstand und gleicher Steigung $(s + w)$ gehen nicht immer in der Summe der in jeweils 6″ zurückgelegten Abschnitten auf, die aus dem Fahrdiagramm abgegriffen sind. Vielmehr bleibt in der Regel ein Rest, auf dem auch weiter beschleunigt oder verzögert wird mit einer Fahrzeit $\Delta t < 6''$. Für diesen Rest wird die Fahrzeit wie folgt ermittelt. Es wird die für den nächsten Abschnitt von 6″ sich ergebende Endgeschwindigkeit V_e abgelesen, die im Falle der Beschleunigung größer, im Falle der Verzögerung geringer ist.
Diese Geschwindigkeit wird aber nicht erreicht, weil die Reststrecke zu kurz ist. Der für diesen Zeitschritt von 6″ zurückgelegte Weg wird unter der Abszisse $\frac{V_{n-1} + V_n}{2}$ abgegriffen. Diese Strecke ist größer, als die noch zur Verfügung stehende Reststrecke.
Es wird angenommen, daß bei Beschleunigung die Geschwindigkeitszunahme für die ganze Strecke gleichmäßig anwächst, bei Verzögerung gleichmäßig abnimmt, worauf auch das ganze Verfahren des Zeitschrittes von 6″ beruht. Dann ist die Geschwindigkeitszunahme für die Reststrecke

$$\Delta V_x = \frac{\Delta V_e \cdot \text{Reststrecke}}{\text{durch gesamte Strecke}},$$

was zeichnerisch dargestellt werden kann (Abb. 40). Von ihr muß die Hälfte genommen werden $\frac{\Delta V_x}{2}$, die zu der Geschwindigkeit des letzten 6″ Zeitschrittes hinzugefügt wird, $V_e \pm \frac{\Delta V_x}{2} = V'_e$ ist dann die mittlere Geschwindigkeit auf der Reststrecke und die gesuchte Fahrzeit $\Delta t = \frac{l_r \cdot 3{,}6}{V'_e}$.

Strecke im Gefälle. In der Gleichung (13) $Z = (w_l + w - s_0)$ für 1 t wird $Z = o$, wenn $s_0 = w_l + w$ wird. In diesem Falle fährt der Wagen mit gleichförmiger Geschwindigkeit abwärts. Der Motor ist unbelastet. Da zur Überwindung der Motorreibung und des Getriebes des Wagens Arbeit geleistet werden muß, so würde das Gefälle noch etwas steiler sein müssen, um eine gleichförmige Geschwindigkeit zu erzeugen. Wenn der Wirkungsgrad η ist, so wird $s' = \frac{s_0}{\eta} \cdot \%$.
Bei $s > \omega_l + w$ wird die Fahrt beschleunigt. Dies kann zugelassen werden und ist möglich nur bis zur höchsten Drehzahl des Motors in dem der Steigung entsprechenden Gang. Bei Zunahme der Drehzahlen bremst der Motor mit. Auch für diesen Fall kann die Fahrzeit nach dem beschriebenen Verfahren des Zeitschrittes von 6″ ermittelt werden. Die Zugkraftlinie liegt dann unter der Abszissenachse. Das Gefälle wird demnach mit der höchsten Geschwindigkeit abwärts gefahren. Danach richtet sich die Fahrzeit. Schließt an ein Gefälle eine Steigung an, bei der $s < w_l + w$ ist, dann würde die Bewegungsenergie des Wagens diese Steigung in demselben Gang noch überwinden, wenn die Arbeitshöhe (Gl. 17)

$$h = \frac{V_I^2 - V_{II}^2}{2g \cdot 3{,}6^2},$$

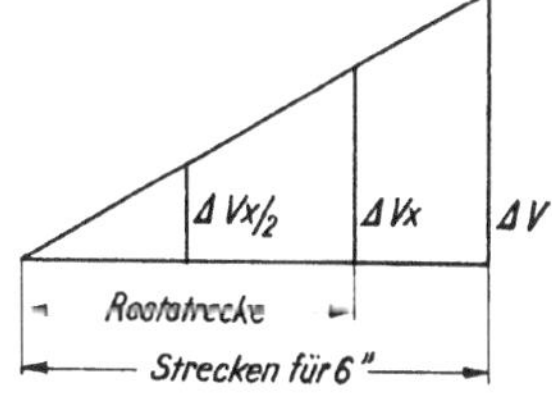

Abb. 40. Ermittlung der Fahrgeschwindigkeit bei Reststrecken.

wobei V_I die Geschwindigkeit am Ende der Gefällstrecke vor der Steigung, V_{II} die geringste Geschwindigkeit in dem Gang ist. Diese Steigung kann also ohne Betriebsstoffaufwand allerdings mit Geschwindigkeitsermäßigung zurückgelegt werden, wenn ihre Strecke l bei dem gegebenen Gefälle s

$$l = \frac{h}{s} \cdot 100.$$

Ist sie kürzer und der Höhenunterschied nur h', wobei $h' < h$ ist, dann ist die Geschwindigkeit am Ende der Strecke:

$$h' = \frac{V_I^2 - V_x^2}{2g \cdot 3{,}6^2}$$

$$V_x = \sqrt{V_I^2 - h' \cdot 2g \cdot 3{,}6^2} \tag{21}$$

Ist die Strecke länger als l, so würde der Motor durch Treibstoffzuführung angetrieben werden müssen, wenn V_{II} nicht unterschritten werden soll, wobei das zuvor beschriebene zeichnerische Verfahren mit Zeitabschnitt von 6″ wieder angewendet wird.

Treibstoffverbrauch. Dieser wird in Verbindung mit der Fahrkraftlinie entnommen, wenn er für die einzelnen Gänge unter der Abszissenachse nach den im Motordiagramm ermittelten Werte aufgetragen wird. Für den Zeitschritt von 6″ wird der durchschnittliche Verbrauch unter der jeweilig geltenden Lotrechten der Beschleunigungs- oder Verzögerungskraft zwischen der Abszissenachse und der Verbrauchslinie abgegriffen. Das ist der Verbrauch in 6 sec. Auch diese einzelnen Verbrauchsmengen, dargestellt in Strecken, werden waagerecht nebeneinander angetragen, bei jeder Strecke die Sekundenzahl angeschrieben. Bei den

Reststrecken, für die zuvor die Fahrzeit besonders ermittelt werden mußte, wird auch der Treibstoff besonders errechnet. Da die Fahrzeit selbst bekannt ist, wird der Verbrauch an Treibstoff für die im Abschnitt geltende Geschwindigkeit verhältnisgleich

$$b_x = \frac{b\,t_x}{6}$$

sein.

In der Gefällstrecke, in der

$$s > w_l + w$$

ist, läuft der Motor ohne Belastung. Der Treisbtoffverbrauch ergibt sich aus dem Leerlauf und wird auf der lotrechten Achse im III. Quadranten dort abgegriffen, wo die Treibstoffverbrauchslinie im I. Gang diese schneidet (vgl. S. 46 und Abb. 39).

Durchrechnung eines Beispieles. Setzt sich eine Straßensteigung aus einer größeren Zahl von Steigungen und Gefällen zusammen, für die jeweils nach dem Zeit-

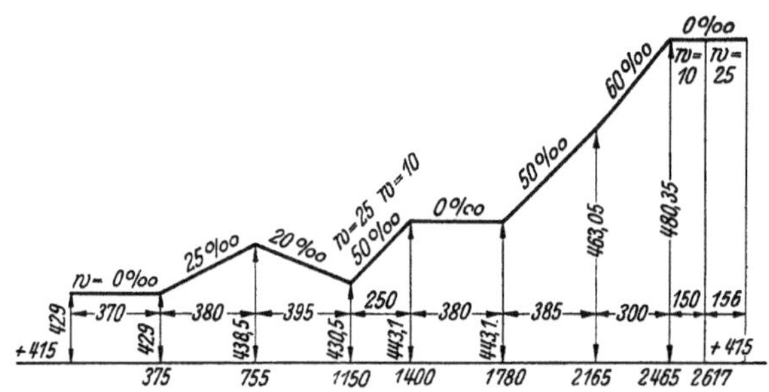

Abb. 41. Höhenplan einer Autobahn für Fahrzeitermittlung.

schrittverfahren die Fahrzeiten zufolge der Beschleunigungen und Verzögerungen errechnet worden sind, so kann in einem Betriebsdiagramm nur eine beschränkte Strecke von etwa 2 km behandelt werden, weil sonst die Zickzacklinien so ineinander übergehen, daß sie nicht mehr deutlich unterschieden werden können. Es empfiehlt sich daher, wenn eine Fahrzeit- und Treibstoffberechnung vorgenommen werden soll, das Betriebsdiagramm auf durchsichtigem Millimeterpapier aufzutragen und die aus der Länge der Strecke sich ergebende Anzahl von Lichtpausen anfertigen zu lassen. Zweckmäßig sind die Maßstäbe: Geschwindigkeiten 1 cm = 1 km/stdl. und die Zugkräfte 1 kg/t = 1 mm (1 : 10).

Für den Höhenplan einer Autobahn (Abb. 41) sollen Fahrzeit und Betriebsstoffverbrauch nach dem Betriebsdiagramm für einen Omnibus, dessen Motordiagramm in der Abb. 33 gegeben ist, als Beispiel ermittelt werden. Die Zeit der Anfahrbeschleunigung im I. und II. Gang wird nach Gl. 20 errechnet:

$$\Delta t = \frac{1000 \cdot 1{,}06\,\Delta V}{9{,}81 \cdot 3{,}6\,p} = \frac{30\,\Delta V}{p}$$

$$\Delta V = V_{II} - V_I$$

$$V_I = 0$$

V_{II} ist die höchste Geschwindigkeit im I. Gang, die erreicht wird, ehe auf den II. Gang umgeschaltet wird

$$p = Z - w.$$

I. Gang p_{m_0} $= 232$ kg/t nach Abb. 39.

Die Beschleunigungskraft $p_m = p_{m_0} \pm s - w_0$, w_0 für Betonstraße $= 10$ kg/t $s = o$.

$V_I = o$, $V_{II} = 10$ km/h. An Stelle der vollen Kraft wird nur 0,9 Teil angenommen.

$$p_{m_0} = 0{,}9 \cdot 232 = 204 \text{ kg/t}$$

$$p_m = 204 + 0 - 10 = 194 \text{ kg/t}$$

$$\Delta t_1 = \frac{30 \cdot \Delta V_2}{p_m} \text{sec} = \frac{30 \cdot 10}{194} = \qquad 1{,}55''$$

$$\Delta l_1 = \frac{\Delta t \cdot (V_I + V_{II})}{2 \cdot 3{,}6} = \frac{6 \cdot (0 + 10)}{7{,}2} = 8{,}35 \text{ m}$$

II. Gang $V_{II} = 10$ km/h, $V_{III} = 17$ km/h

$$p_{m_0} = 139 \text{ kg/t}$$

$$= 0{,}9 \cdot 139 = 125 \text{ kg/t}$$

$$p_m = 125 + 0 - 10 = 115 \text{ ,,}$$

$$\Delta t_2 = \frac{30 \cdot (17 - 10)}{115} = \qquad 1{,}82''$$

$$\Delta l_2 = \frac{6 \cdot (17 + 10)}{2 \cdot 3{,}6} = \qquad 22{,}4 \text{ m}$$

Gesamte Anfahrzeit $= 1{,}55 + 1{,}82 =$ 3,37″

2 × Schalten $= 2 \cdot 2'' =$ 4,00″

7,37″ = ∾ 8″

$$\Delta l_s = \frac{2 \cdot (10 + 17)}{3{,}6} = \qquad 15{,}0 \text{ m}$$

Gesamter Anfahrweg $= 8{,}35 + 22{,}4 + 15 = 45{,}75$ m $=$ ∾ 46,0 m.

Die weitere Berechnung der Fahrzeit ist zeichnerisch am Fahrdiagramm (Abb. 39) vorgenommen (S. 54), indem die Strecken waagerecht aneinandergereiht werden und die Fahrzeiten zugleich angeschrieben und zusammengezählt werden (Abb. 39 rechts oben).

Die Fahrzeit auf der weiteren Strecke ist ermittelt zu . . . . . 212,5″
Gesamte Fahrzeit für den Hinweg . . . . 220,5″
Bei der Talfahrt dauert die Anfahrt im I. bis IV. Gang wie zuvor 20,0″
Wenn die Geschwindigkeit von 82 km/h nicht überschritten werden soll, nimmt die Talfahrt in Anspruch . . . . 123,0″
Bremsstrecke

$$b_r = \frac{v^2}{2 g \mu} \qquad V = 82 \text{ km/h} = 22{,}8 \text{ m/sec}$$

$$= \frac{22{,}8^2}{19{,}6 \cdot 0{,}25} = \frac{519}{19{,}6 \cdot 0{,}25} = 105 \text{ m}$$

Bremszeit $= \dfrac{2 \cdot 105}{22{,}8} =$ 10,0″

Gesamte Fahrzeit für die Talfahrt . . . . 153,0″

Berechnung des Treibstoffbedarfes. Hierzu wird die aus dem Motordiagramm entnommene Brennstoffverbrauchslinie unter der Fahrkraftlinie für jeden Gang aufgetragen. Unter jeder p_m-Linie wird diejenige Menge Treibstoff abgelesen, die für 1 t in g in 6″ verbraucht wird.

Beispiel:	I. Gang: unter p_{m_0}-Linie werden abgelesen:	
	22 g in 6″	
	Fahrzeit 1,55″ + 2″ Schalten = 3,55″	
	$\frac{22}{6} \cdot 3{,}55 =$	13 g
	II. Gang: unter p_{m_0}-Linie 22 g in 6″	
	Fahrzeit 1,82 + 2″ Schalten = 3,82″	
	$\frac{22 \cdot 3{,}82}{6} =$	14,5 g
		27,5 g
		∾ 30 g
	III. Gang unter p_m-Linie	24 g
	IV. Gang unter p_m 19+23+28+30 =	100 g
		154 g
	370 m in 38″	
Steigung	380 m mit = 2,5%	
	unter p_m = jeweils 32,5 + 33 + 33,5 + 39 =	138 g
	in 62″	292 g

Diese Summierung kann auch auf zeichnerischem Wege erfolgen, indem die unter p_m abgegriffenen Brennstoffverbrauchsmengen für je 6″ aneinandergereiht werden, wie in Abb. 39 geschehen. Wenn die Fahrzeit weniger als 6″ beträgt, d. h. an den Stellen, bei denen die Fahrzeit durch Interpolation gefunden ist, muß der Verbrauch auf die tatsächliche Fahrzeit umgerechnet werden.
Bei der Talfahrt ist zu beachten, daß überall dort Brennstoffverbrauch nicht auftritt, wo die Zugkraft $Z \leqq o$ ist. Da ein Gefälle nicht mit abgestelltem Motor gefahren werden darf, ist nur mit Verbrauch im Leerlauf zu rechnen, der durch Verlängerung der Brennstoffverbrauchslinie bis zur lotrechten Achse gefunden wird (S. 46).

d) Fahrdynamische Linienführung von Kraftfahrbahnen.

Das zuvor beschriebene Verfahren der Fahrzeit- und Treibstoffberechnung geht von einer gegebenen Linie und ihren Steigungen und Gefällen aus. Bei Steigungen ist es aber notwendig, eine Grundlage für die zu wählende maßgebende Steigung zu haben und zu wissen, in welchem Verhältnis von ihm nach oben und unten abgewichen werden kann, ohne daß die Fahrgeschwindigkeit und der Fahrbetrieb dadurch beeinträchtigt werden. Für die Autobahnen sind die höchstzulässigen Steigungen durch die Ausbaugrundsätze festgelegt (Zweiter Abschn. E, S. 135). Vom fahrdynamischen Standpunkt aus betrachtet gibt das Steigungs- oder Betriebsdiagramm des Motors eines geeigneten Kraftwagens (LKW.) den ersten Hinweis insofern, als aus ihm zu entnehmen ist, welche Steigung bei gegebenem Fahrwiderstand und voll ausgenutztem Motor für die einzelnen Gänge überwunden werden kann. Wie aus dem Steigungsdiagramm Abb. 34 zu entnehmen, fällt die Fahrgeschwindigkeit mit zunehmender Steigung sehr stark und ohne Übergänge ab. Deshalb wird der Fahrwiderstand nicht zu gering anzunehmen sein, weil mit gelegentlich verschmutzter Straße, aber auch mit Gegenwind zu rechnen ist. Wird die volle Motorleistung nicht ganz für die Steigung und Fahrwiderstand ausgenutzt, ist immer genügend Leistungsreserve für solche außergewöhnlichen Widerstände vorhanden, ohne daß auf einen niederen Gang heruntergeschaltet werden muß, wodurch die Fahrgeschwindigkeit stark vermindert wird. Damit ist die maßgebende Steigung festgelegt. Ob sie im gegebenen Gelände ohne tiefe Einschnitte und hohe Erddämme eingehalten werden kann, hängt von der gestreckten Form der Linie und der Oberflächenbeschaffenheit des Geländes ab (S. 54). Da Autobahnen nach den schon früher gegebenen Hinweisen sehr zügig angelegt werden, ist mit solchen Erdbewegungen von vornherein zu rechnen und daher die Überlegung am Platze, wieweit durch Anpassung an das Gelände durch flachere und steilere Strecken diese ermäßigt werden können, ohne daß die für die maßgebende Steigung geltende Fahrgeschwindigkeit beeinträchtigt wird, d. h. ohne Umschaltung auf einen anderen Gang. An Stelle einer geleichmäßig ansteigenden Linie entsteht eine zickzack- oder wellenförmige Linie, wenn die Ausrundungen an den Gefällbrechpunkten (S. 65) mit betrachtet werden.

Wird zur Anpassung an das Gelände die Neigung ermäßigt, kann dadurch freigewordene Zugkraft zur Beschleunigung benutzt werden. Die Fahrgeschwindigkeit erhöht sich auf den Wert $V + \Delta V$. Wird die Steigung erhöht, wird ein Abfallen der Geschwindigkeit eintreten $V - \Delta V$. Tritt an Stelle der maßgebenden Steigung s_m die flachere $s_1\,^0/_{00}$, so ist die Beschleunigungskraft

$$p_1 = Z_t - s_1 - w_o - w_l \text{ kg/t}$$

und auf der stärker geneigten die Verzögerungskraft

$$p_2 = s_1 + w_o + w_l - Z_t \text{ kg/t}.$$

Da die Kraft p (nach Gleichung 20) innerhalb eines Ganges ziemlich gleichbleibt

$$p = \frac{m \Delta V}{t \cdot 3{,}6} = \frac{1000 \cdot 1{,}06 \Delta V}{g \cdot t \cdot 3{,}6} = \frac{30 \Delta V}{t} \text{ kg/t},$$

wird die Fahrzeit $t = \dfrac{30 \Delta V}{p}$ sec.

Da die Geschwindigkeit in demselben Gang nur innerhalb beschränkter Grenzen sich ändern kann, ist der Unterschied des Luftwiderstandes auf beiden Steigungen gering und darf ebenfalls als gleich groß angenommen werden. V_a sei die Geschwindigkeit am Fuß der Anlauframpe und V_e die an ihrem Ende. Die mittlere Geschwindigkeit auf der Beschleunigungsstrecke ist

$$V_m = \frac{V_a + V_e}{2} = V_a + \frac{\Delta V}{2},$$

auf der Verzögerungsstrecke

$$V_m = \frac{V'_a - V'_e}{2} = V'_a - \frac{\Delta V}{2}.$$

Die Fahrzeit ist bei einer Beschleunigungsstrecke (aus Gl. 20)

$$t_1 = \frac{30 \cdot \Delta V}{Z_t - s_1 - w_o} \text{ sec.},$$

auf einer Verzögerungsstrecke

$$t_2 = \frac{30 \cdot \Delta V}{s_2 + w_o - Z_t} \text{ sec.}$$

Die in der Zeit t_1 zurückgelegten Wege sind:

$$l_1 = V_m t_1 = \frac{\left(V_a + \frac{\Delta V}{2}\right) \cdot 30 \Delta V}{Z_t - s_1 - w_o} \tag{22}$$

$$l_2 = V_m t_2 = \frac{\left(V'_a - \frac{\Delta V}{2}\right) 30 \Delta V}{s_2 + w_o - Z_t}. \tag{23}$$

Für die Beschleunigungsstrecke wird die Höhe

$$h_b = s_1 \cdot l_1,$$

für die Verzögerungsstrecke $h_v = s_2 \cdot l_2$.
Es muß aber sein

$$s_m = \frac{s_1 \cdot l_1 + s_2 \cdot l_2}{l_1 + l_2} \, ^0/_{00}$$

$$s_m = \frac{\dfrac{s_1 \cdot \left(V_a + \frac{\Delta V}{2}\right) \cdot 30 \cdot \Delta V}{(Z_t - s_1 - w_o)} + \dfrac{s_2 \cdot \left(V'_a - \frac{\Delta V}{2}\right) \cdot 30 \cdot \Delta V}{(s_2 + w_o - Z_t)}}{\dfrac{\left(V_a + \frac{\Delta V}{2}\right) 30 \cdot \Delta V}{(Z_t - s_1 - w_o)} + \dfrac{\left(V'_a - \frac{\Delta V}{2}\right) \cdot 30 \Delta V}{(s_2 + w_o - Z)}}$$

Da

$$\left(V_a + \frac{\Delta V}{2}\right) = \left(V'_a - \frac{\Delta V}{2}\right) = V_m$$

ist, vereinfacht sich die obige Gleichung auf:

$$s_m = \frac{\dfrac{s_1}{(Z_t - s_1 - w_o)} + \dfrac{s_2}{s_2 + w_o - Z_t}}{\dfrac{1}{Z_t - s_1 - w_o} + \dfrac{1}{s_2 + w_o - Z_t}}$$

$$s_m = Z_t - w_o \, ^0/_{00}.$$

Sind die abweichenden Steigungen als flachere und steilere s_1, s_2 aus der Geländeform gegeben, so gehören zu jeder von ihnen bestimmte Längen l_1, l_2. Die gesamte Fahrzeit ist:

$$T = t_1 + t_2 = \frac{3{,}6\,(l_1 + l_2)}{V} = \frac{3{,}6 \cdot (l_1 + l_2)}{V'_a - \frac{\Delta V}{2}} \text{ sec.}$$

Kurz erläutert: Das, was an Fahrzeit auf der Beschleunigungsstrecke gewonnen wird, kann auf der Verzögerungsstrecke wieder geopfert werden. Da der Wagen mit der Geschwindigkeit V_m auf der gleichmäßigen Steigung s_m ankommt, darf die erste Strecke, die eine Beschleunigungs- oder Verzögerungsstrecke sein kann, nur $\frac{l_1}{2}$ lang sein. Das gilt auch für die letzte Strecke, an deren Ende $V = V_m$ erreicht sein muß. Bei allen zwischenliegenden Strecken liegt V_m in ihrer Mitte.

Es muß eine Wahl für ΔV getroffen werden, wodurch die Längen der einzelnen von s_m abweichenden Steigungen bestimmt sind *[36]*.
Gleichung kann auch so geschrieben werden

$$l \cdot p = \left(V_a + \frac{\Delta V}{2}\right) \frac{\Delta V \; 30}{3{,}6} = \text{const.}$$

p ist abhängig von der Steigung. l und p ändern sich in hyperbolischer Form. Die Zeichnung einer solchen Hyperbel für ein angenommenes ΔV läßt erkennen, ob mit den Steigungen, die sich aus der Geländeform ergeben, solche Längen l anfallen, daß die Wellenform sich dem Gelände anpaßt, oder ob ΔV verändert werden muß (Abb. 42). Denn es liegt kein Zwang vor, auf der ganzen Strecke ein gleich großes ΔV anzunehmen. Ein kleines ΔV gibt kurze Wellen, die Schwierigkeiten in der Ausrundung der Kuppen und Wannen machen. Solche kurzwelligen Zickzackstraßenaufrisse sind nicht erwünscht, da das Straßenbild beim Befahren flattert (vgl. S. 50). Mit großem ΔV erhält man längere Anlauf- und Beschleunigungsstrecken, allerdings mit stärkerer Ab- und Zunahme der Fahrgeschwindigkeit. Wie groß ΔV zu nehmen ist, ergibt sich aus dem Wunsch, soweit als möglich sich dem Gelände anzupassen. Eine Grenze für ΔV ist insofern gesetzt, als die gesamte Fahrbewegung sich in einem einzigen Schaltgang vollziehen muß. Nur

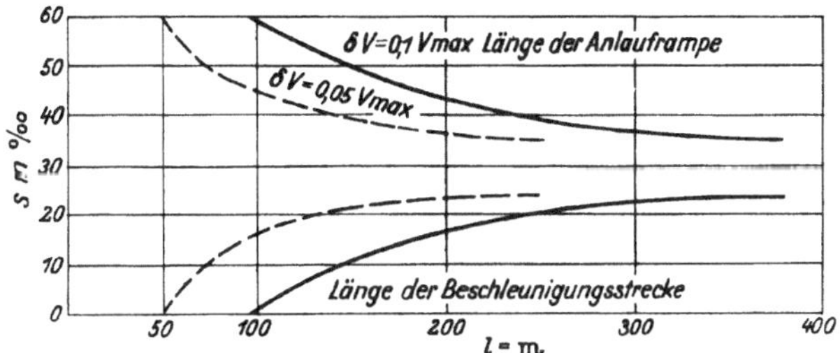

Abb. 42. Länge der Beschleunigungsstrecken und Anlauframpen für verschiedene ΔV.

muß ΔV innerhalb einer durchlaufenden Wellenstrecke, die oben und unten durch Anlauf- und Beschleunigungsstrecke oder umgekehrt von halber Länge begrenzt wird, das gleiche bleiben. Sobald V wieder erreicht ist (beim Durchgang der Wellenlinie durch die maßgebende Steigung s_m), kann ΔV verändert werden.
Bisher ist davon ausgegangen, daß die von s_m abweichenden Steigungen der Form des Geländes angepaßt werden. Da sie und ihre Länge so bemessen sind, daß sie in demselben Gang befahren werden können, wird auch den Eigenschaften genügt, die sich aus der sogenannten Bergfaulheit der LKW. ergeben.
Beispiel: Die Steigung $s_m = 30\,^0/_{00}$ und der Fahrwiderstand 10 kg/t. Aus der Fahrkraftlinie für den Omnibus (Abb. 39) ist zu entnehmen, daß bei diesem Widerstand (der Luftwiderstand ist schon vorher abgezogen) 40 km/h gleichmäßig gefahren werden können. $Z_t = 40$ kg/t. $\Delta V = 0{,}1\, V_{max}$.
Die Höchstgeschwindigkeit des Omnibus ist 95 km/h, die aber nur zu 90 v. H. angesetzt werden soll, aus der sich dann

$$\begin{aligned} \Delta V &= 0{,}1 \cdot 0{,}9 \cdot 95 \\ &= 8{,}6 \text{ km/h errechnet.} \end{aligned}$$

$$\Delta \frac{V}{2} = 4{,}3 \text{ km/h}$$

$$V_a = 40 + 4{,}3 = 44{,}3 \text{ km/h}$$

$$V_e = 40 - 4{,}3 = 35{,}7 \text{ km/h.}$$

An Stelle der gleichmäßigen Steigung s_m soll versucht werden, durch geringere oder stärkere Steigungen sich dem Gelände anzupassen. Die Länge dieser Steigungen ergibt sich dann aus den Gleichungen 22 und 23, wie in Zeile 6 der nachfolgenden Tabelle angegeben.

Tabelle 10.

	Beschleunigungs- und Verzögerungsstrecke						
$^0/_{00}$ =	0	10	20	30	40	50	60
V =	10	10	10	10	10	10	10
$s + w$ =	10	20	30	40	50	60	70
$Z_l - w + s$ =	30	20	10	0	− 10	− 20	− 30
t sec. =	8,6	12,9	25,8	—	25,8	12,9	8,6
l m =	95,6	143	287	—	287	143	95,6

Ein Abschnitt aus einer Kraftwagenstraße, die eine Steigung von $30^0/_{00}$ zur Überwindung des Höhenunterschiedes erhalten (Abb. 43), führt durch ein wellenförmiges Gelände. Durch eine Zickzackform mit Steigung von 10 und $50^0/_{00}$ mit Längen, die der Tabelle 10 entsprechen, paßt sich die Linie gut dem Gelände

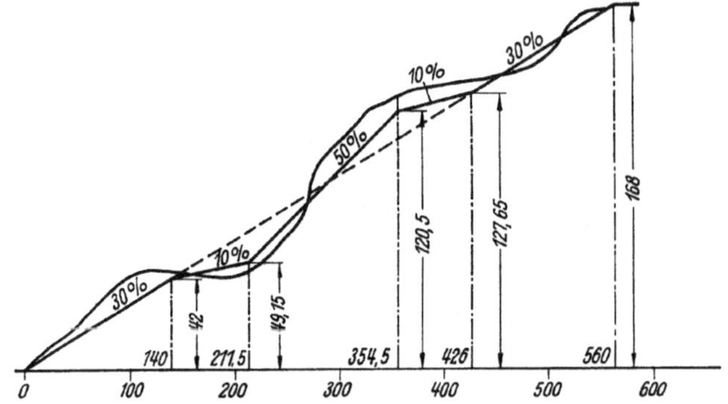

Abb. 43. Höhenplan einer Autobahn in Zickzackform.

an und verringert die Erdarbeiten zugunsten eines Massenausgleiches. Die Fahrzeit und Betriebsstoffaufwand sind die gleichen, als wenn die Linie $30^0/_{00}$ hätte. Hinsichtlich der Länge der Verzögerungs- oder Beschleunigungsstrecken ist zu beachten, daß die Gefällbrechpunkte ausgerundet werden müssen, sowohl als Kuppen wie als Wannen (Zweiter Abschn. C. II. e). Für diese Ausrundungen sind die Halbmesser aus Abb. 49 zu entnehmen. Jedem Ausrundungsbogen entsprechen Tangenten. Die Strecken der Zickzacklinien müssen mindestens so lang sein wie die beiden Tangenten der am Beginn und Ende der Strecken vorhandenen Ausrundungsbögen. Für das Beispiel Abb. 43 genügt bei $V = 40$ km/h ein Halbmesser = 1000 m. Die Tangentenlängen sind für den Gefällbruch (Abb. 43)

1 und 4 = 10 m (30%/10%)
2 „ 3 = 20 m (10%/50%).

In den Strecken lassen sich die Tangenten bequem unterbringen. Bei Autobahnen werden aber viel größere Ausrundungshalbmesser verlangt, z. B. für Ausbauklasse 1 zwischen 10000 bis 20000 m (S. 135). Demgemäß ergeben sich bei starken Gefällbrüchen sehr erhebliche zugehörige Tangentenlängen, für das vorliegende Beispiel (Abb. 43)

für Brechpunkt 1 und 4 = 160 m
„ „ 2 „ 3 = 320 m.

In diesem Falle würden die Strecken gar nicht lang genug sein, um die Ausrundung vorzunehmen. Wenn auch durch Anwendung schwächerer Neigungen die Tangentenlängen verkürzt werden können, so hat diese Gestaltung den Nachteil, daß solche flachen Wellen sich unangenehm befahren lassen, weil das Straßenbild im Auge des Kraftfahrers flattert (S. 50). Die Anpassung der AB.-Höhenpläne an das Gelände nach dem zuvor behandelten Verfahren ist nur möglich, wenn es lange Wellen hat, deren Höhenunterschiede nicht zu groß sind. Gegenüber einer mehr willkürlichen Festlegung der Steigungen gemäß den Geländeformen gibt das zuvor entwickelte Verfahren Anhaltspunkte, in welchen Grenzen die Steigungen höchstens schwanken dürfen, wenn die Fahrgeschwindigkeit die gleiche bleiben soll.

Da die Motorleistungen bei den verschiedenen Kraftwagen, PKW. wie LKW., verschieden sind, ist es nicht möglich, eine für alle Fahrzeugarten passende

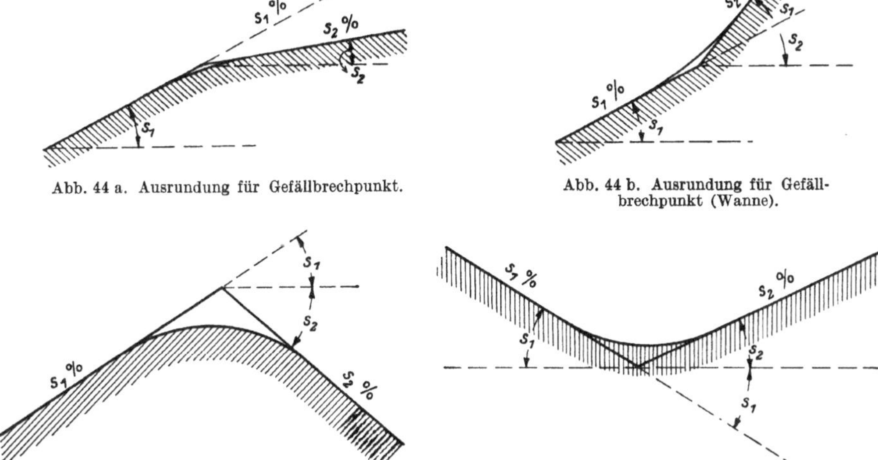

Abb. 44 a. Ausrundung für Gefällbrechpunkt.

Abb. 44 b. Ausrundung für Gefällbrechpunkt (Wanne).

a) Kuppe. Abb. 45. Ausrundung bei Gegengefälle. b) Wanne.

Linienführung zu gestalten. Man wird sich dabei nur an solche Wagenformen halten können, die vorwiegend die Straße benutzen werden, und an diejenigen, deren Triebwerk besonders empfindlich gegen Steigungen ist.

e) Ausrundung der Gefällwechsel.

Der Übergang von einer Steigung in eine andere (Gefällbruch) kann verschiedene Formen haben. Bei dem einfachen Wechsel verlaufen die Neigungen in der gleichen Richtung, nur das Neigungsverhältnis ändert sich (Abb. 44a erhabene Form, Abb. 44b hohle Form). In beiden Fällen muß ein Übergang durch eine Ausrundung erfolgen. Eine besondere Behandlung erfordern die Wechsel, bei denen die Neigungen entgegengesetzte Richtung haben, d. h. ein Übergang von einer Steigung in ein Gefälle oder umgekehrt erfolgt. Erhaben als Kuppe (Abb. 45a) oder hohl als Wanne (Abb. 45b). In allen Fällen muß für eine störungsfreie Fahrt ein Übergang geschaffen werden, indem die Gefällwechsel ausgerundet werden, so daß die Fahrzeuge allmählich von der einen Steigung in die andere überführt werden, möglichst so, daß bei dem Durchfahren der Bögen entstehende Fliehkräfte keine unzulässige Belastung oder Beschleunigungen im Fahrzeug hervorrufen. Je größer der Ausrundungshalbmesser ist, desto geschmeidiger vollzieht sich der Neigungswechsel.

Die Größe der Ausrundungshalbmesser bei den Kuppen wird noch durch eine weitere Forderung für die Verkehrssicherheit bestimmt. Denn bei der Fahrt über eine Kuppe ist dem Fahrer der vor ihm liegende absteigende Ast seiner Fahrspur durch die Kuppe verdeckt. Die Aufgabe ist daher gestellt, die Kuppe so flach auszurunden, daß der Fahrer ein ausreichendes Stück so weit übersieht, daß er einem Hindernis ausweichen oder rechtzeitig vor ihm bremsen kann. Diese Möglichkeit ist gegeben, wenn der Sehstrahl vom Auge eines Fahrers, das $f = 1{,}20$ m über der Fahrbahn liegt, bis zu einem $h = 0{,}2$ m hohen Hindernis in der Fahrlinie des Wagens den Kuppenscheitel höchstens berührt, und wenn er eine Länge hat, die der Bremsstrecke entspricht, zuzüglich der Fahrstrecke, die in der Überlegungssekunde zurückgelegt wird. Auszugehen ist daher bei der Lösung dieser Aufgabe von der Ausbaugeschwindigkeit und der für sie geltenden Bremsstrecke nach Gl. 9:

$$b_r \cdot = \frac{V}{3{,}6} + \frac{V^2}{3{,}6^2 \cdot 2\,g\,(\mu \pm s/100)}.$$

Der Kraftschlußbeiwert wird zweckmäßig nach der Formel (Gl. 11) S. 34 errechnet. Befindet sich der Wagen in der Steigung, so wird dadurch die Bremsung unterstützt und der Bremsweg verkürzt, $s/100$ ist daher mit dem Pluszeichen, im Gefälle mit dem Minuszeichen einzusetzen.

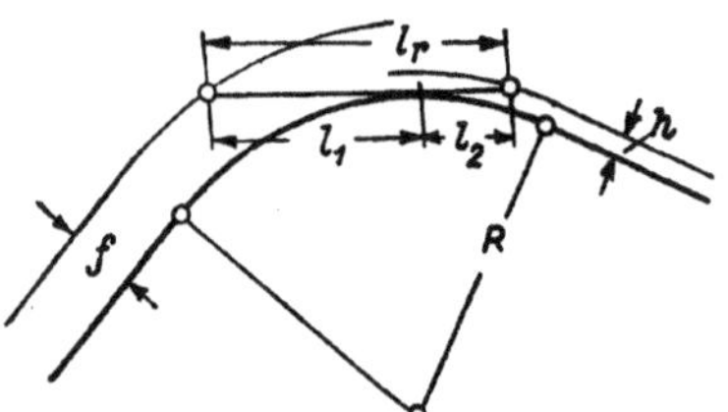

Abb. 46. Ermittlung der Kuppenausrundung. Fahrzeug und Hindernis auf dem Bogen.

Die Berechnung des Ausrundungshalbmessers der Kuppe muß sich auf drei Fälle erstrecken:

1. Der erforderliche Halbmesser R wird aus der geometrischen Beziehung der Abb. 46 bestimmt:

$$b_r = \sqrt{2\,fR} + \sqrt{2hR} = l_r \text{ in Abb. 46}$$

$$R = \frac{b_r}{2\,(f + 2 \cdot \sqrt{fh} + h)}$$

angenähert, indem Glieder von sehr kleinem Wert fortgelassen sind.

Dieser Lösung liegt die Annahme zugrunde, daß das Auge des Fahrers und das Hindernis noch auf dem Ausrundungsbogen liegen. Das wird nicht immer zutreffen, vielmehr sind zwei weitere Fälle noch zu berücksichtigen:

2. Das Fahrzeug befindet sich in der Tangente und das Hindernis liegt im Bogen.

Die Bremsstrecke setzt sich aus den beiden Strecken l_1 und l_2 zusammen, nach Abb. 47 ist *[37]*

$$l_1 = \frac{200\,f}{m} + \frac{Rm}{400}, \quad m = s_1 - s_2$$

$$l_2 = \sqrt{2\,h\,R} \quad \text{wie im Falle 1}$$

$$l_1 = b_r - l_2$$

$$R = \frac{400}{m} \cdot \left(l_1 - \frac{200\,f}{m}\right)$$

$$R = \frac{l_2^{\,2}}{2\,h}$$

(wenn s_2 entgegengesetzt gerichtet ist wie s_1, muß $-s_2$ eingesetzt werden).

Aus diesen Gleichungen wird l_2 berechnet:

$$\left(l_2 + \frac{400 \cdot h}{m}\right) = \pm \sqrt{\left(\frac{400\,h}{m}\right)^2 - \frac{400\,h\,2}{m}\left(b_r - \frac{200\,f}{m}\right)} = \frac{400\,h}{m} \cdot \sqrt{1 - \frac{f}{h} + \frac{m\,b_r}{200\,h}} - 1.$$

Der Grenzfall für Fall 1 und Fall 2 ist vorhanden, wenn gleichgesetzt werden:

Fall 1. $$b_r = \sqrt{2fR} + \sqrt{2hR}$$

Fall 2. $$b_r = \frac{R\,m}{200} + \sqrt{2hR}$$

$$R = 2f\frac{40000}{m^2} = \frac{96000}{m^2}.$$

3. Das Fahrzeug und das Hindernis befinden sich außerhalb des Ausrundungsbogens ($h = 0{,}20$ m) auf den Tangenten. In diesem Falle kann nach Abb. 48 gesetzt werden

$$b_r = \frac{2\,R\,m}{400} + \frac{200\,f}{m} + \frac{200\,h}{m}$$

$$R = \frac{200}{m}\left[b\,r - \frac{200}{m}(f + h)\right].$$

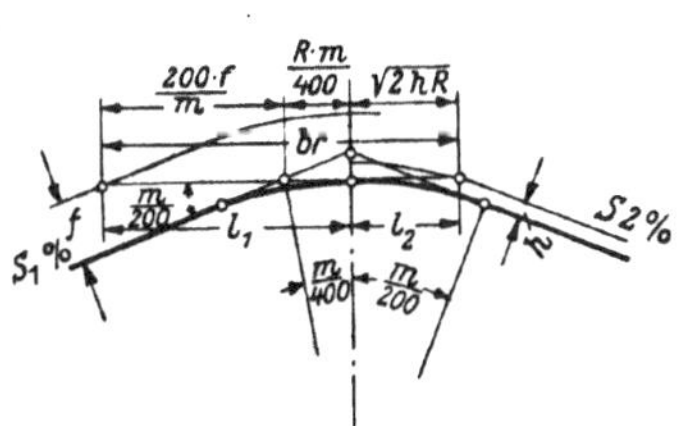

Abb. 47. Kuppenausrundung. Fahrzeuge auf Tangente. Hindernis auf Bogen.

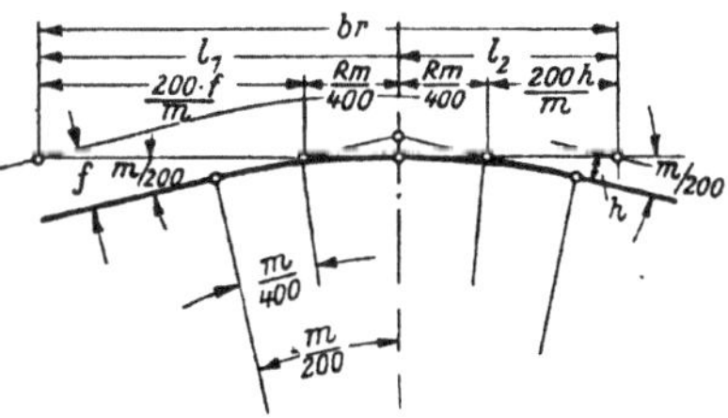

Abb. 48. Kuppenausrundung. Fahrzeug und Hindernis auf der Tangente.

Grenzfall zwischen Fall 2 und 3 $$l_2 = \sqrt{2hR} = \frac{m}{200} \cdot R$$

$$R = 2\,h \cdot \frac{40000}{m^2} = \frac{16000}{m^2}$$

Welcher von den drei Fällen bei einem gegebenen Gefällbruch vorliegt, kann nicht sofort vorausgesehen werden, sondern es müssen alle drei Fälle nachgeprüft werden und dann der jeweils geringste Ausrundungshalbmesser gewählt werden. Eine gewisse Erleichterung bietet die zeichnerische Behandlung der Beziehungen zwischen Geschwindigkeit V km/h, der sich daraus ergebenden Bremsstrecke, des Straßengefälles, der Größe des Gefällbruches und des daraus sich ergebenden Ausrundungshalbmessers (Abb. 49). In der Gleichung nach Fall 1 wird der Ausrundungshalbmesser ohne Rücksicht auf den Zentriwinkel des Gefällbruches berechnet, während in den anderen beiden Fällen der Ausrundungshalbmesser vom Gefällbruch abhängig ist. In der Tafel Abb. 49 ist eine Linie eingetragen, die die Grenzen zwischen den drei Fällen angibt. Die Ausrundung durch einen Kreisbogen hat aber den Nachteil, daß unvermittelt die Fliehkraft beim Übergang aus der Graden in den Ausrundungsbogen einsetzt. Es müßte hier ein Übergangsbogen eingelegt werden, so daß die Fliehbeschleunigung nur langsam anwächst, wie das bei den Straßenkrümmungen erfolgt, wie später im zweiten Abschn. C. III. c behandelt wird. Bei der Linienführung im Aufriß kann

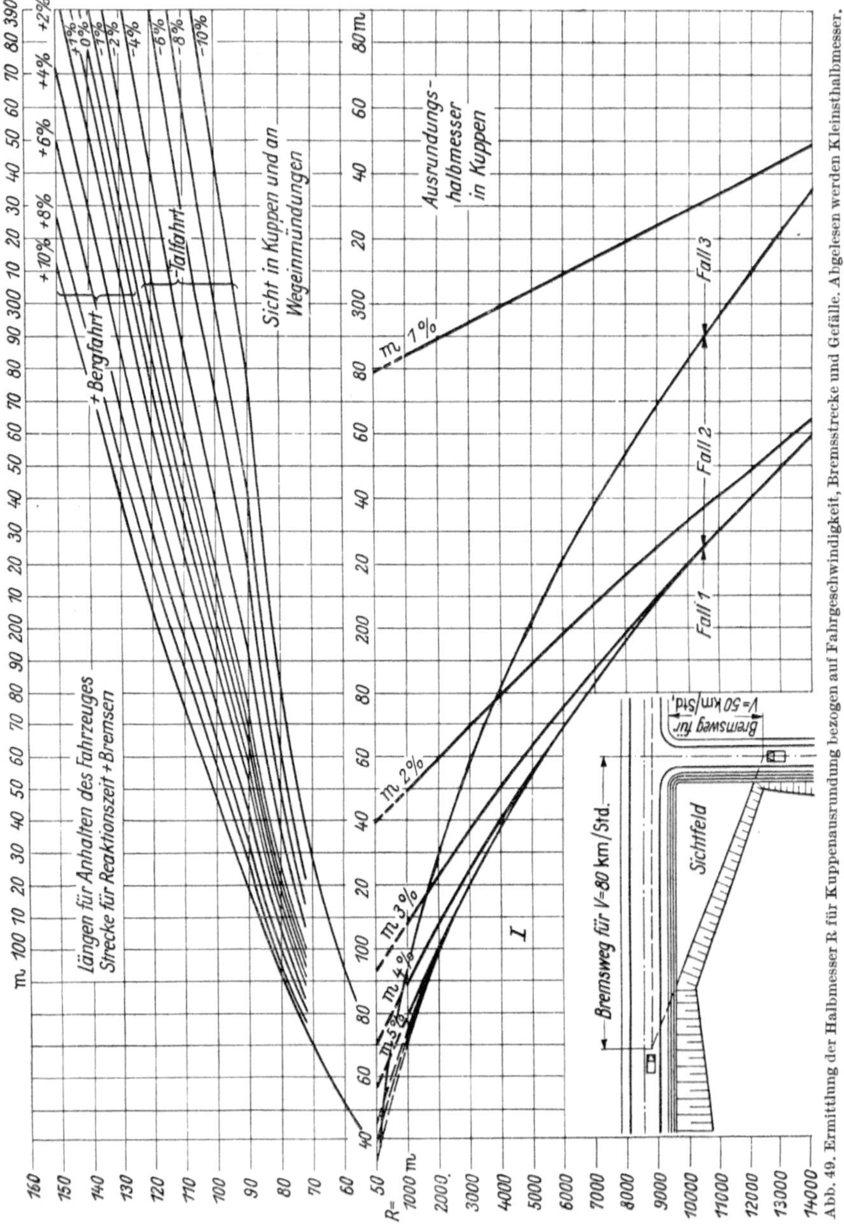

Abb. 49. Ermittlung der Halbmesser R für Kuppenausrundung bezogen auf Fahrgeschwindigkeit, Bremsstrecke und Gefälle. Abgelesen werden Kleinsthalbmesser.

darauf verzichtet werden, weil die Halbmesser der Ausrundung so groß angenommen werden, daß nur geringe Fliehkräfte in lotrechter Richtung auftreten, deren Beschleunigung durch Formänderung in dem Reifen, Federn und Sitzpolstern aufgefangen werden. Außerdem werden diese Kreisbögen als Parabeln abgesteckt und dadurch der Anstieg der Fliehbeschleunigung gemildert.

Um bei der Entwurfsbearbeitung solche Ausrundungen vergleichen und abschätzen zu können, wie Unterschiede in der Größe der Ausrundungshalbmesser sich auf die baulichen Maßnahmen auswirken, führt hierbei die Annahme am schnellsten zum Ziel, daß der Ausrundungsbogen kein Kreisbogen, sondern ein Parabelbogen ist.

Zuerst ist in allen Fällen notwendig, die Höhenlage des Scheitels der Ausrundung zu kennen, der bei Kuppen die Tiefe des Einschnittes und bei Wannen, die z. B. bei der Durchfahrt unter Brücken angelegt sind, die Durchfahrtshöhe bestimmt. Haben beide Schenkel des Gefällbruches die gleiche Neigung gegen die Waagerechte, so liegen der Tangentenschnittpunkt und der Mittelpunkt des Ausrundungskreises in einer Lotrechten. Im anderen Falle sind Koordinaten zu berechnen.

Nach Abb. 50 ist

$$t = \frac{R}{2} \cdot (s_1 - s_2). \tag{24}$$

(Die Neigungen haben ein positives Vorzeichen, wenn sie in der gleichen Richtung, ein negatives, wenn sie in entgegengesetzter Richtung verlaufen.) Da der

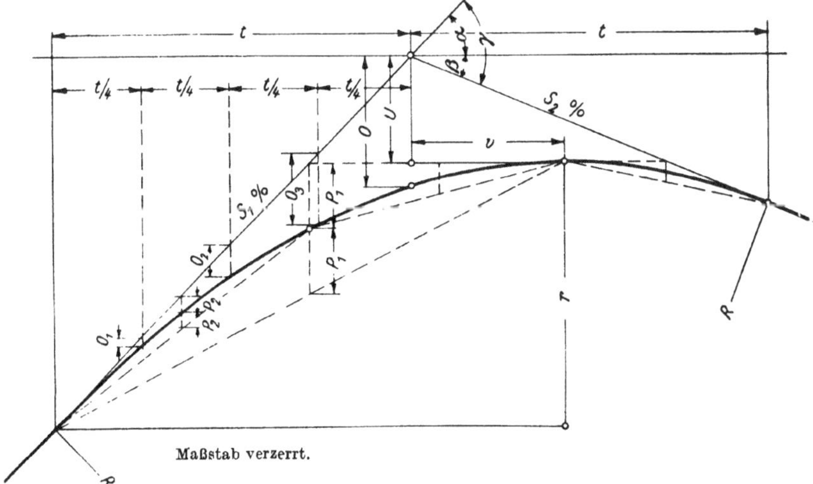

Abb. 50. Berechnung der Koordinaten von Ausrundungsbögen.

Mittelpunkt bei der Größe der Ausrundungshalbmesser niemals in der Zeichenebene liegen wird, ist der einzige Bezugspunkt für die Einmessung des Scheitelpunktes der Tangentenschnittpunkt, der immer im Entwurf festgelegt werden kann. Für diesen Fall sind die Koordinaten des lotrechten Abstandes des Scheitels vom Tangentenschnittpunkt (Abb. 50: Maßstab verzerrt)

$$u = \frac{R}{2} \cdot s_1 \cdot s_2 \tag{25}$$

des waagerechten

$$v = \frac{R}{2} (s_1 - s_2) \tag{26}$$

$$\operatorname{tg} \alpha = s_1 \,\% \qquad \operatorname{tg} \beta = s_2 \,\%.$$

Mit diesen beiden Formeln ist es möglich, in Höhenplänen, die in verzerrtem Maßstab gezeichnet werden, den Scheitelpunkt in waagerechter und lotrechter Lage zu bestimmen, wenn R und die Neigungen s_1 und s_2 gegeben sind. Im ganzen wird in diesem Falle mit fünf Größen gerechnet, von denen immer drei gegeben sein müssen. Um die gegenseitigen Abhängigkeiten der fünf Konstruktionselemente schnell übersehen zu können, hat Professor Dr.-Ing. Schlums ein Nomogramm für die Konstruktionselemente *[38]*

$$R_1\ s_1\ s_2\ u \text{ und } v$$

entworfen.

Die Division

$$\frac{u}{v} = \frac{s_1 \cdot s_2}{s_1 - s_2} = \frac{1}{\frac{1}{s_2} - \frac{1}{s_1}} \tag{27}$$

wird in der Abb. 50 dargestellt durch eine Gerade, die durch den Scheitelpunkt (S) und den Tangentenschnittpunkt (T) geht und mit der Scheiteltangente die Neigung u/v bildet. Diese Gerade kann dazu dienen, auf einfache Weise Veränderungen an den Neigungen vorzunehmen, solange ihr Quotient sich nicht ändert. In diesem Falle wandert T auf dieser Geraden ST. Der Ausrundungshalbmesser bleibt der gleiche. Das ist das Ausschlaggebende. Denn seine Größe ist durch frühere Untersuchungen bestimmt. Auch die Lage des Scheitels S ist meist festgelegt.

Bei einer Veränderung des Ausrundungshalbmessers und gleichbleibenden Neigungen s_1 und s_2 bewirkt eine Parallelverschiebung der Geraden TS nach oben, wenn R vergrößert, nach unten, wenn R verkleinert wird. Im ersten Falle hebt sich der Scheitel, im zweiten Falle senkt er sich.

Sollen außer dem Scheitel auch noch andere Punkte der Ausrundung errechnet werden, so wird diese Aufgabe vereinfacht, wenn der Kreisbogen durch eine Parabel ersetzt wird. Die sich dabei ergebenden Maßunterschiede zwischen den Punkten des Kreisbogens und einer Parabel sind außerordentlich gering. Die Punkte der Parabel, die für die Ausführung der Ausrundung erforderlich sind, können auf zeichnerischem Wege nach bekannten Verfahren gefunden werden. Für die Ausführung wird die Ermittlung der Parabelpunkte auf rechnerischem Wege mehr zu empfehlen sein. Der lotrechte Abstand zwischen Tangentenschnittpunkt und Parabel ist (Abb. 50)

$$o = \frac{R}{2} \cdot \left(\frac{s_1 - s_2}{2}\right)^2 \tag{28}$$

Zu beachten ist, daß s_2 ein positives Vorzeichen hat, wenn es in gleicher Richtung, ein negatives, wenn es in entgegengesetzter Richtung zu s_1 fällt. Teilt man die Tangenten in gleiche Abschnitte (Anzahl der Abschnitte a), dann verhalten sich die Ordinaten zwischen der Tangente und Parabel wie die Quadrate ihrer Abstände vom Tangentenberührungspunkt, z. B. am ersten Punkt nach dem Tangentenberührungspunkt

$$o_1 = o \cdot \left(\frac{1}{a}\right)^2 \qquad o_2 = o\left(\frac{2}{a}\right)^2 \text{ usf.}$$

Bei der Bauausführung werden die Höhen des Ausrundungsbogens in größeren Abständen errechnet und eingemessen, dazwischen der Bogen mit dem Auge ausgeglichen, soweit nicht überhaupt statt der Bogenabschnitte die Sehnen ausgeführt werden. Wenn es also nur darauf ankommt, einzelne Punkte festzulegen, führt auch ein sehr einfaches zeichnerisches Verfahren zum Ziel, bei dem der Bogen durch Sehnen ersetzt wird, und die Richtung jeder Sehne um den gleichen Winkel wie der vorhergehende sich ändert. Zu diesem Zwecke wird die Projektion der beiden Tangenten, deren Längen durch den gewählten Halbmesser festgelegt ist, in eine Anzahl ungerader gleich großer Abschnitte geteilt. Die Zahl der

Abschnitte wird so groß gewählt, daß der Neigungsunterschied der Sehne bei Hauptstraßen von nicht mehr als

$$\frac{s_1 \pm s_2}{Z} \leqq 2{,}5 \text{ v. T., bei Nebenstraßen } \frac{s_1 + s_2}{Z} \leqq 5 \text{ v. T.}$$

sich ändert (Abb. 51).

Für die Ermittlung aller derjenigen Höhen, die für die Bauausführung notwendig sind, genügt das Verfahren, wenn ein unverzerrter Maßstab für die Bauzeichnungen angewendet wird, was die Regel ist, besonders bei Stadtstraßen[1].

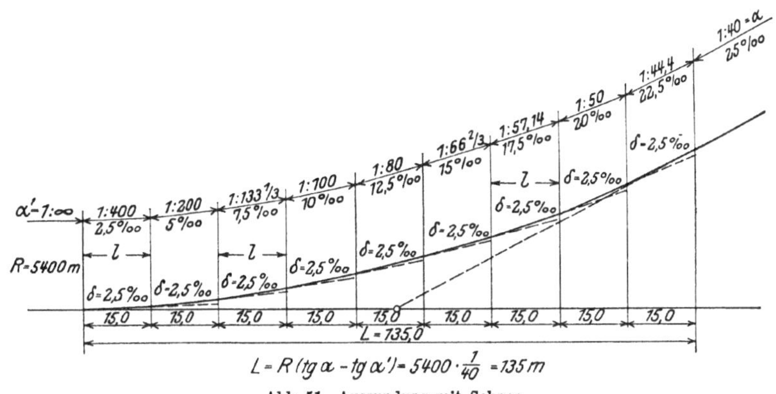

Abb. 51. Ausrundung mit Sehnen.

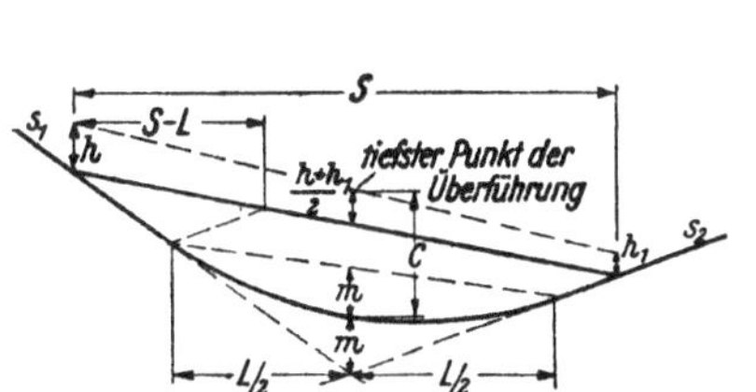

Abb. 52. Ausbildung der Wanne für gegebene Durchfahrthöhe, Fahrzeug auf Tangente.

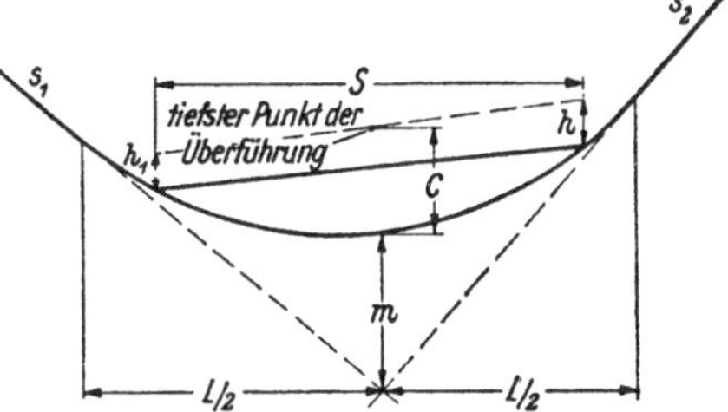

Abb. 53. Ausbildung der Wanne für gegebene Durchfahrthöhe, Fahrzeug auf dem Ausrundungsbogen.

Beispiel für die Ausrundung einer Wanne und einer Kuppe bei einer Stadtstraße im Gefälle, die zwei Hauptstraßen verbindet, wird im Abschnitt „Quer- und Längsgefälle" gebracht (S. 131).

Der obere Teil der Abb. 49, der die Bremsstrecken enthält, ermöglicht, an Straßeneinmündungen das Sichtfeld zu bestimmen, wenn die Straßen im Einschnitt liegen, und dadurch die Sicht behindert ist, und durch Abgrabung so freigelegt werden muß, daß jeder Wagen so weit die andere Straße übersieht, daß er vor der Straßenkreuzung halten kann. Maßgebend für die Freilegung sind dann auch die Bremsstrecken, wie aus dem Lageplan der Abb. 49 zu entnehmen ist.

Bei Wannen ist ausreichende Sicht vorhanden, so daß der Ausrundungshalbmesser abhängt von der Ausbaugeschwindigkeit, der so zu bestimmen ist, daß der lotrechte Ruck nach unten in den Grenzen bleibt. Nur wenn die Wanne unter einer Unterführung liegt, werden die Sichtverhältnisse von der Durchfahrtshöhe

[1] V. T. 1935, S. 218. Pickl. Für die im Landstraßen- und Autobahnbau übliche Verzerrung der Höhenpläne sind Schablonen für die Ausrundungsbögen vorgeschlagen worden.

bestimmt. Wenn diese (C) gegeben ist, ebenso die Gefälle der Rampen (s_1 und s_2), h die Höhe des Auges des Kraftfahrers und h_1 des Hindernisses und S die Bremsstrecke einschließlich der Überlegungssekunde, dann sind wieder zwei Fälle denkbar. Die Strecke S liegt auf den Tangenten, dann ist (Abb. 52)

$$L = 2S - \frac{8}{s_1 - s_2} \cdot \left(C - \frac{h + h_1}{2}\right).$$

Wenn $S < L$ ist, S also auf dem Ausrundungsbogen liegt, wird L (Abb. 53)

$$L = \frac{S^2 (s_1 - s_2)}{8 \left(C - \frac{h + h_1}{2}\right)}$$

Der Ausrundungshalbmesser wird aus L und C errechnet:

$$R = \frac{(L/2)^2}{2C}.$$

Man kann auch die Halbmesser der Wannen nach dem gleichen Verfahren berechnen, wie bei den Kuppen mit dem Unterschied, daß Augen und Hindernis im Bogeninnern liegen, die bei der Kuppe auf der Bogenaußenseite sich befinden. Man wird dann auch wieder drei Fälle auseinanderhalten müssen.

III. Linienführung im Grundriß.

Die möglichst weitgehende Anpassung der Nullinie an das Gelände, wie im zweiten Abschnitt C. II. b behandelt, hält die Erdarbeiten und Bodenbeförderungsweiten niedrig. Solche Straßen können aber wegen der geringen Halbmesser nur mit geringer Geschwindigkeit befahren werden, und die Sicht ist schlecht. Nachteile, die nur dadurch vermieden werden können, daß die Linie gestreckt wird. Die verlangte Ausbaugeschwindigkeit, die nach den Überlegungen im zweiten Abschn. C. II. auch von dem Maß der Steigung abhängt, schreibt demnach vor, wie weit die Ausrichtung zu gehen hat.

Im Flachlande mit geringen Steigungen würde an sich die geradlinige Führung sich von selbst ergeben, soweit nicht Rücksichten auf Zwangspunkte und auf die Landschaft Abweichungen verlangen. Aber auch fahrtechnische Bedenken bestehen, Straßen auf größere Länge in der Geraden zu führen. Der Kraftfahrer, der auf einer langen Geraden sein Ziel in großer Ferne sieht, wird verführt, die Geschwindigkeit immer mehr zu steigern. Zugleich aber ermüdet er mangels Ablenkungen und Abwechslung, zusammen mit der einschläfernden Wirkung des gleichmäßigen Motorgeräusches nimmt die Aufmerksamkeit ab, die Unfallgefahr steigt. Im Grundriß sollen daher die Straßenlinien möglichst nicht auf lange Strecken eine Gerade sein, sondern soweit nicht schon das Gelände oder die Einfühlung in die Landschaft die gekrümmte Form verlangt, soll sie auch ohne diese Anlässe die Regel sein. Das gilt ganz besonders für die Autobahnen. In welchen Grenzen solche Geraden einzuschränken sind, ist noch nicht festgelegt. Die längste Gerade auf der Autobahn Harrisburg—Pittsburg mit 20 km geht über das zulässige Maß hinaus. Das ist aber eine Ausnahme, da sonst die Bahn bewegt gelegt ist, wie schon aus der Tatsache hervorgeht, daß 31 v. H. der Länge Krümmungen sind. Lange Geraden werden in kurzen Abständen durch Knicke von 30′ gebrochen. Für die BAB. ist die Länge der Geraden auf 3—4 km beschränkt. Aber diese Festlegung genügt noch keineswegs einer anspruchsvollen Fahrtechnik. Unter Berücksichtigung ausreichender Sicht, fahrtechnisch richtiger

Überholungsmöglichkeit und guter Entwässerung bei einem Quergefälle, bei dem alle vier Räder mit gleichem Druck auf der Fahrbahn abrollen, auch zugunsten gleichmäßiger Bremswirkung wird man auf eine Linie gelenkt, die sich nur aus Krümmungen von großen Halbmessern, abwechselnd als Links- und Rechtskurven, zusammensetzt. Damit wäre man dem Ziel der Zwangsläufigkeit sehr nahegekommen *[39]*, weil bei einem Einschlag der Vorderräder die Seitensteifigkeit zunimmt, so daß es nicht notwendig ist, durch Lenkeingriffe das Fahrzeug in der Fahrrichtung zu halten (Erster Abschn. C. V). (Freihandgeschwindigkeit.)
Im amerikanischen Straßenbau ist eine Formel für den zulässigen Halbmesser eingeführt, die von der Größe des Zentriwinkels bezogen auf $100' = 30{,}5$ m Bogenlänge ausgeht. Der Krümmungsgrad soll $D = 6°$ nicht übersteigen. Wenn R der Halbmesser ist, lautet die Gleichung hierfür:

$$30{,}5 = \frac{R\,\pi\,D}{180}$$

$$R = \frac{30{,}5 \cdot 180}{D\pi}$$

$$= \frac{1750}{D}.$$

Das gibt allerdings sehr große Halbmesser, deshalb wird für gebirgiges Gelände $D = 10°$ zugelassen. Aber diese Formel angewendet auf die Vergleichslinien in Abb. 37 würde für die Landstraße II O — mit einem geringsten $R = 40$ m $D = 44°$, für die Reichsstraße mit $R_{min} = 100$ m $D = 17{,}5°$ und erst für die Autobahn mit $R_{min} = 400$ m ein $D = 4{,}48°$ ergeben. Über die Autobahn Harrisburg—Pittsburg wird angegeben, daß die Krümmungsgrade betragen: 8 Krümmungen zwischen $D = 4$ bis $6°$, die übrigen 138 Krümmungen auf der ganzen Strecke von 258 km unter $4°$.
Der Wert $D = 6°$ bis höchstens $10°$ läßt erkennen, daß in den VStA. mit sehr hohen Ausbaugeschwindigkeiten gerechnet wird. Diese Norm erfährt aber noch eine Berichtigung mit Bezug auf die Größe des Zentriwinkels. Denn bei Zentriwinkeln $> 45°$ soll der Krümmungsgrad zwischen $D = 5°$ bis $11°$ liegen, bei geringeren unter $D = 5°$.
In Krümmungen von solchem Halbmesser, daß durch die Querneigung die erforderliche Seitenführungskraft entsteht, werden alle vier Räder gleich belastet. Infolge des Einschlages der Vorderräder — bei 3000 m Halbmesser — und einem Achsstand von 3 m, beträgt der Einschlagwinkel allerdings nur $1'$, wird die Seitensteifigkeit verbessert und das Einschlagen erfolgt im Drehsinne der Krümmung, was dem natürlichen Empfinden des Fahrers entspricht. Die stetig gekrümmte Straße hat ferner den Vorzug, daß beim Überholen der vorfahrende Wagen stets eine günstige Querneigung, besonders in der Linkskrümmung vorfindet, daß die Übersicht eine bessere ist, weil der Fahrer die vor ihm liegenden Wagen immer etwas in der Seitenansicht sieht und entgegenkommende Wagen nicht verdeckt sind, besonders vorteilhaft für Überholungen. Die Blendung durch Scheinwerfer ist abgeschwächt. Für diese Linienführung werden dann auch noch künstlerische Gesichtspunkte angeführt, weil sie sich dem doch meist bewegten Gelände besser anpaßt als die starre Gerade und auch dem Fahrer mehr abwechslungsreichen Ausblick gewährt. Die technische Durchbildung ist aus der Linienführung für die Autobahn in der Abb. 37 zu entnehmen.
Um das Wesen einer solchen Linienführung zu erfassen, müssen verschiedene Voraussetzungen für die Anlage im Grundriß geklärt werden, z. B. die Straßenbreite, vor allem aber die Ausbildung der Krümmungen. Diese beherrschen das ganze Gebiet und ihre Gestaltung stellt sehr weitgehende Anforderungen.

a) Straßenbreite.

An allgemeingültigen oder verbindlichen Grundmaßen für die Bemessung der Straßenbreite hat es lange Zeit gefehlt. Für Landstraßen bestand in Preußen die Zirkularverfügung des Preußischen Handelsministeriums vom 17. Mai 1871, nach der die besteinte Fahrbahn der Chausseen 5,6 m Breite und 5,0 m bei Vorhandensein eines Sommerweges haben sollte. Die andern deutschen Länder hatten abweichende Bestimmungen. Eine Breite von 5,5 m und darüber hatten im Jahre 1938 erst 18% der gesamten Länge der Bundesstraßen, Landstraßen I. O. und II. O. Da die Fahrzeuge im ganzen Bund in ihren Abmessungen keineswegs abweichen, sucht man bei den neuen Straßen sich an feste Maße zu halten, die sich aus der Bedeutung der Straße ableiten, in welchem Betriebsrahmen sich der Verkehr abspielt. Die gesamte Straßenbreite setzt sich zusammen aus den Breiten der einzelnen Verkehrsstreifen, die auf ihr untergebracht werden sollen. Als Verkehrsart kommen in Frage: die Fußgänger für die Gehbahnen, Radfahrer für die Radwege, Fahrzeuge für die Fahrbahnen, Straßenbahnen unter Umständen auf besonderem Straßenbahnkörper, und Reiter, für die Reitwege angelegt werden.

1. Gehbahnen.

In Gebieten dichter Siedlung mit kleinbäuerlichem Einschlag werden noch viele Wege zu Fuß zurückgelegt, besonders in gebirgiger Gegend, wo das Fahrrad nicht benutzt werden kann. Man findet daher in solchen Gegenden noch sehr viele Landstraßen mit Gehbahnen.

Eine Breite von 1,5 m wird hier genügen. Auf den Landstraßen I. O. und den Bundesstraßen werden Gehbahnen nicht mehr am Platze sein, wenigstens nicht außerhalb der bebauten Ortslage. Eine Gehbahn, die Raum für zwei sich begegnende Menschen bieten soll, muß mindestens 1,5 m breit sein. Diese Breite gilt auch für die städtischen Straßen, die geringen Verkehr haben und nur als Wohnstraßen angesprochen werden können. Je mehr Fußgänger auf der Gehbahn Platz haben sollen, um so breiter muß sie angelegt werden, wobei für jede Person 0,75 m gerechnet werden (nach RAL. = 0,8 m). Soweit die Breite der Gehbahnen sich aus anderen Bedürfnissen heraus bestimmt, wird sie im Zweiten Abschn. C. III. b. 3 behandelt werden.

2. Radwege.

Die folgenden Mindestgrundmaße gelten als erwünscht *[40]*:

Zweispuriger Radweg, der das Überholen gestattet	1,50 m
Dreispuriger „	2,50 m
Zweispuriger Radweg, der in beiden Richtungen befahren werden soll	1,50 bis 1,80 m
Dreispuriger Radweg in beiden Richtungen, bei dem die mittlere als Überholungsspur für beide Richtungen anzusehen ist	2,50 bis 2,80 m

Die Mindestmaße 1,50 und 2,50 m gelten nur für solche Radwege, die nicht fest durch einen Bordstein begrenzt sind, sondern durch einen Randstreifen oder Baumreihen, die meist außerhalb des Straßenprofiles bei Landstraßen oder ganz für sich geführt sind.

Als Behelfslösung an schmalen Straßen kann der Radweg, der dann zwischen der Gehbahn und dem Fahrdamm angelegt wird, auf 0,80 m eingeschränkt werden (RAL. 1937).

Das lichte Breitenmaß für einen Radfahrer wird zu 0,8 m angenommen. Die Führung der Radwege in Beziehung zu den anderen Verkehrsarten und seinen besonderen Zweckbestimmungen wird im Zweiten Abschnitt C. III. b. 4 behandelt.

3. Fahrbahnen.

Wenn nach der STVZO. § 32 zuläßt, daß Fahrzeuge eine Breite von 2,50 m haben dürfen, leitet sich davon die Breite der Fahrspur ab, indem zu der eigentlichen Fahrzeugbreite Spielräume zugeschlagen werden müssen. Der Abstand, der von dem Fahrspurrand eingehalten werden muß, und der Spielraum zwischen sich begegnenden oder überholenden Fahrzeugen werden um so größer sein, je höher die Geschwindigkeit ist. Die jeweilige Straßenbreite wird diese Maße insofern beeinflussen, als Abstand und Spielraum bei einer breiten Fahrspur größer sein werden als bei einer schmalen. Wenn aber die Ausbaugeschwindigkeit z. B. beim Überholen nicht gehemmt werden soll, werden bestimmte Grundmaße nicht unterschritten werden dürfen. Daraus ergibt sich, daß die Fahrspuren, die jeder Fahrrichtung zugewiesen werden, wegen der Zunahme der Abstände und Spielräume mit der Fahrgeschwindigkeit anwachsen müssen und eine gewisse Fahrbahnbreite eingehalten werden muß. Als Mindestmaß gilt 3,0 m, wenn die Ausbaugeschwindigkeit 40 km/stdl. nicht überschreitet, darüber 3,75 m. Die Mindestfahrbahnbreite ist dann 6,0 m.

Zum Studium der im Verkehr üblichen Abstände und Spielräume hat man in VStA. den Fahrverkehr besonders bei der Überholung mit Filmapparaten aufgenommen, die an einem Wagen angebracht waren, der dem überholenden folgte. Die Auswertung der Aufnahmen hat das folgende Ergebnis gehabt *[41]*:

Die Fahrer der überholten Fahrzeuge halten sich beim Überholen und Begegnen nahe der Mittellinie ihrer Fahrspur ohne dem Überholenden durch Annähern an die rechte Bahnkante Raum zu geben.

Wenn bei zweispurigen Fahrbahnen PKW. sich beim Überholen nahe dem linken Fahrbahnrand halten, so ist das auf die Gewohnheit und den Zwang zurückzuführen, den das überholte Fahrzeug ausübt.

Fahrbahnbreiten von 6 m genügen für leichten Kraftwagenverkehr bei geringem Anteil von Lastwagen. 6,6 m sind ausreichend für den gegenwärtigen Personen- und Lastwagenverkehr.

Da in Deutschland die breiten und schweren LKW. vorherrschen, wird eine Fahrbahnbreite von 7,0 m für notwendig gehalten. Die Gestaltung und Bemessung der Fahrbahnen hat grundsätzlich für den Kraftverkehr zu erfolgen.

Geringere Fahrbahnbreite als 6 m, bei der also der Spielraum zwischen den Wagen knapper ist, beeinträchtigt sofort die Leistungsfähigkeit, weil wegen des geringeren Spielraumes vorsichtiger gefahren werden muß. Die niedrigere Fahrgeschwindigkeit hat zur Folge, daß nach Beobachtungen die Leistungsfähigkeit, die man für 6 m Fahrbahnbreite mit 700 Fahrzeugen = 100 v. H. ansetzen kann, bei 5,5 m auf 90 v. H., bei 4,90 auf 75% und bei 4,2 m auf 50 v. H. zurückgeht, d. h. eine Verschmälerung um rund 25 cm entspricht einem Verkehrsrückgang um 10% *[42]*. Bei Reichsstraßen und Landstraßen I. O. kann daher eine Fahrbahnbreite unter 6 m nicht mehr zugelassen werden und wo noch geringere Breiten vorhanden sind, sollte sie auf 6 m gebracht werden.

Erfahrungsgemäß reicht aber die Breite von 6 m nicht mehr aus, wenn zeitweilig ein Spitzenverkehr auf der Straße stattfindet, der 50 v. H. oder mehr der Höchstleistung erreicht, die sich rechnungsmäßig ergibt. Dann soll die Breite auf 7,50 m vergrößert werden, wodurch für Fahrzeuge geringerer Breite (PKW.) eine dreispurige Fahrbahn geschaffen wird.

Hierfür bietet die Entwicklung des Straßenbaues in den VStA. ein beachtliches Beispiel. Die anfangs auf 5,4 m bemessene Fahrbahnbreite der Landstraßen wurde sehr bald auf 6 m, dann auf 6,6 m vergrößert und neuerdings werden 7,2 m für notwendig gehalten. Als auf den Ausfallstraßen aus den Städten und großen Durchgangsstraßen zeitweilig der LKW.-Verkehr auf beiden Hauptspuren den schnelleren Verkehr der PKW. blockierte, wurde eine Überholungsspur in der

Mitte vorgesehen, die aber nicht genügte, so daß zu einer vierspurigen Bahn übergegangen werden mußte, deren vier Spuren unmittelbar nebeneinander lagen. Um die dabei sich ergebenden Unfallgefahren auszuschließen, wurden die beiden Richtungen durch Grünstreifen oder eine schmale Zunge getrennt. Denn inzwischen hatte die Erfahrung gelehrt, daß mit der Zahl der Fahrspuren die Leistungsfähigkeit nicht in gleichem Verhältnis zunimmt, sondern abnimmt, etwa in der folgenden Abstufung:

Spuren je Richtung	Leistungsfähigkeit in v. H.	
	je Spur	für alle Spuren
1	100	100
2	89	178
3	78	234
4	65	260

Wenn daher in einer Richtung mehr als zwei Fahrspuren sich als notwendig erweisen, sollten je zwei zusammengefaßt und durch eine Insel untereinander getrennt werden.

Die Verkehrssicherheit erfordert, daß die Breite der einzelnen Fahrspur überall die gleiche ist, weil der Fahrer durch die Gewohnheit sich auf eine solche eingestellt hat, und jede Verschmälerung ihn ungünstig beeinflußt, jede Verbreiterung, die nicht gleich das Maß einer vollen Spur einhält, die Leistungsfähigkeit gar nicht erhöht, sondern nur zu regelloser Fahrt verleitet, und daher eine unwirtschaftliche Maßnahme ist.

Ein Zwang, mit der Breite unterhalb dieser Maße zu bleiben, kann nur unter ganz bestimmten Umständen gegeben sein, z. B. Gebirgsstraßen, auf denen die volle Breite von 6 m die Baukosten erheblich verteuern würde. Da hier mit geringen Geschwindigkeiten gefahren wird, ist eine Breite von 5,5 m z. B., wie sie die Großglocknerstraße aufweist, zulässig, während die schweizerischen Normalien für Bergstraßen 6 m Breite zwischen den Bordkanten vorschreiben.

4. Reitwege

werden gegenwärtig kaum noch Bestandteile der Land- und Stadtstraßen sein. Die preußischen Chausseen hatten einen Sommerweg, der nicht befestigt war und aus einem weichen Boden bestand, von 2,5 bis 3 m Breite. Er diente vor allem dem Reiten und Viehtreiben. Reitwege werden nur noch in Parkanlagen, wo das Reiten als Sport betrieben wird, angelegt. Sie erhalten dann eine Breite von 4 m.

5. Straßenbahnen.

Auf den Fahrbahnen der Straßen wickelt sich ein freizügiger und freibeweglicher Verkehr ab, der in keiner Weise an die Einhaltung bestimmter Spuren gebunden ist. Bei richtiger Fahrdisziplin ist das unbedenklich, bietet sogar gewisse Vorteile, weil Hemmnisse oder Sperrungen umfahren werden, schnelle sich an langsamen Fahrzeugen vorbeibewegen können und der Straßenraum dadurch völlig ausgenutzt wird. Vorteile, die es dem Autobus ermöglichen, verhältnismäßig große Reisegeschwindigkeiten auch in Stadtstraßen zu entwickeln.

Von diesem Standpunkte aus gesehen, ist die an feste Gleise gebundene Straßenbahn ein Fremdkörper in der Straße und kann als verkehrshemmend betrachtet werden. Da aber die Straßenbahn ein öffentliches Verkehrsmittel von hoher Leistungsfähigkeit und Wirtschaftlichkeit ist, kann sie in Städten nicht entbehrt werden und ist in dichtbesiedelten Räumen ein wertvolles Mittel zur Auflockerung der Wohnweise. Auf ihre Anforderungen bei der Gestaltung der Straßen muß daher im Stadtbereich und in der Nähe der Städte Rücksicht genommen werden. Den Raumbedarf bestimmen die Abmessungen der Verkehrsmittel:

Wagenbreite	2,20,	angestrebt werden	2,50 m
Gleismittenabstand	2,60,	„ „	3,00 m

Schutzstreifen beiderseits nach Bau- und Betriebsordnung 0,4 m
Gesamtbreite der Doppelgleisanlage 5,60 bis 6,00 m (Abb. 61).

Nur in Straßen mit geringem Verkehr kann der Verkehrsstreifen der Straßenbahn vom übrigen Verkehr mit benutzt werden. Bei starkem Verkehr wird auch der übrige Verkehr durch die Bahnanlage behindert und die Leistungsfähigkeit um 20 v. H. verringert.
Vor allem wird auch der fließende Verkehr an den Haltestellen der Straßenbahn gestoppt und behindert. Allen diesen Übelständen hilft in gewissenm Maße die Verlegung der Straßenbahn in einen eigenen Bahnkörper ab, der die folgenden Vorteile bietet.

1. Vom Gesichtspunkt des Straßenverkehrs.

Er braucht keine Rücksicht mehr auf die Straßenbahn zu nehmen. Das gilt auch für Haltestellen, wenn der Straßenbahnkörper so breit angelegt ist, daß die Fahrgäste auf besonderen Schutzinseln Platz finden, was die Regel ist.

2. Vom Standpunkte der Straßenbahn.

a) Keine Verkehrshemmungen durch den übrigen Verkehr.
b) Erhöhung der Fahr- und Reisegeschwindigkeit und damit der Leistungsfähigkeit.
c) Ersparnisse an Betriebs- und Bahnunterhaltungskosten.
d) Herabminderung der Anlagekosten.
e) Ermäßigung der Geräusche und Erschütterungen.

Der Nachteil besteht nur in der größeren Breite, die ein eigener Bahnkörper in Anspruch nimmt. Die Maße sind die folgenden:
Zu dem lichten Maß von 5,60 m muß beiderseits noch ein Spielraum zugeschlagen werden, weil unmittelbar an der Bordschwelle der Wagenkasten von andern Fahrzeugen hineinragen kann (Abb. 63, S. 82). Schutzmaß 0,65 m.

Breite ohne Maste und ohne Haltesteileninseln auf freier Strecke	6,20 m
Maste einseitig	7,00 „
mit Mittelmast	7,10 „
Maste beiderseitig	7,60 „
mit beiderseitig liegenden Haltestellenflächen (RASt.)	8,30 „
mit Mittelmast	8,90 „

Die ausnutzbare Breite der Fläche für die Fahrgäste beträgt in diesem Falle 1,5 m. In engen Straßen mußte dieses Maß bis auf 1,0 m ermäßigt werden. Bei 3,00 m Gleisabstand erhält der besondere Bahnkörper 8,60 m Breite.
Wenn die Straßenbahn als verkehrshemmend angesehen wird, müßte sie überhaupt aus den Straßen beseitigt und durch den Autobus ersetzt werden. Wenn in den VStA. diese Maßnahme in großem Umfange durchgeführt worden ist, so ist das auf viele dort gegebenen Umstände zurückzuführen. Die Nachahmung in Europa ist nur teilweise begründet gewesen, wie z. B. in der Innenstadt von Rom wegen der engen und winkeligen Straßen. An anderen Stellen hat es sich als nachteilig erwiesen. Für europäische Verhältnisse ist eher eine Lösung durch den Omnibus mit Oberleitung in solchen Fällen gegeben.
Bei langen Überlandstrecken gehört die Straßenbahn gänzlich abgetrennt außerhalb der Baufluchtlinien auf eigenen Bahnkörper.

b) Einteilung der Land- und Stadtstraßen.

1. Landstraßen.

Allgemein gilt der Grundsatz, den schnellen Verkehr in die Fahrbahnmitte zu legen, und nach den Seiten die Verkehrsarten nach ihrer Geschwindigkeit abzustufen. Für Landstraßen ist die gegebene Anordnung eine 6 m breite Fahrbahn, an die sich Streifen anschließen, auf der einen Seite eine Gehbahn ohne Randabschluß von 1,5 m Breite und auf der anderen Seite eine Berme als Materiallagerplatz, für die die folgenden Abmessungen vorgeschrieben sind (Abb. 54):

Tabelle 11. *Breite der Bermen.*

Ausbaugeschwindigkeit	Flachland	Hügelland	Gebirge
bis 69 km/stdl. . .	1,00	0,70	0,70 m
70 „ 100 „ ,	1,50	1,50	1,0 m

Für drei- und mehrspurige Fahrbahnen beträgt die Mindestbreite der Bermen 2,0 m. Wird der Gehweg erhöht und erhält er einen Abschluß durch einen Bord-

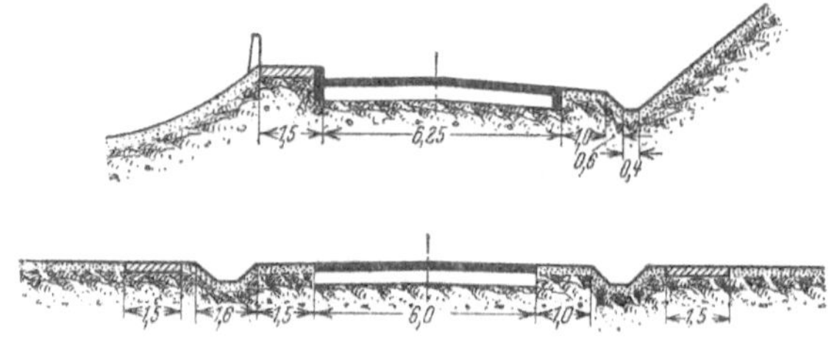

Abb. 54. Einteilung einer Landstraße ohne und mit Radweg.

stein, so muß die Fahrbahn um 0,25 m verbreitert werden (6,25 m). Wird der Straßenkörper an den Rändern mit Bäumen besetzt, so werden die Randstreifen 2,0 m breit gemacht. Zwischen Fahrbahn und Gehbahn kann ein besonderer Radweg eingeschoben werden.

Bei dieser Anordnung ist der Radverkehr durch den Fahrverkehr in starkem Maße gefährdet. Darum sollte er von dem eigentlichen Landstraßenkörper ganz abgetrennt werden, wie das im Abschnitt Radwege näher beschrieben ist.

Wird die Landstraße im Einflußgebiet einer Stadt mit stärkerem Verkehr belastet, so kommt eine Verbreiterung z. B. mit 9 m Fahrbahn mit Ausbaugeschwindigkeiten, die bis 100 km/h anzunehmen sind, in Frage. Dient sie dem zwischengemeindlichen Verkehr oder als Zubringer zu einer Autobahn, so kann die straßenmäßige Einteilung sehr verschiedene Formen annehmen, wie die Querschnitte der Verbandsstraßen des Ruhrsiedlungsverbandes zeigen (Abb. 55a, b, c). Die Form *c* wird dort angewendet, wo beschränkte Raumverhältnisse vorherrschen. Damit solche Straßen uneingeschränkt dem Durchgangsverkehr zur Verfügung stehen und dieser nicht durch Ortsverkehr, Querverkehr und parkende Fahrzeuge gestört wird, sollen die Reichsstraßen und Landstraßen I. O. und II. O. vom Anbau frei bleiben, indem längs der Straßen ein Geländestreifen von der Bebauung frei zu halten ist *[43]*. Die Tiefe soll betragen

a) bei Bundesstraßen und Landstraßen I. O. 25 m, gemessen von der Straßenachse,

b) bei Landstraßen II. O. 18 m, gemessen von der Straßenachse.

Als Straßenachse gilt die Mittellinie des gesamten Straßenkörpers der Verkehrsstraße. Solche Straßen stellen den Übergang von der Landstraße zur Stadtstraße dar und werden als zwischengemeindliche Verkehrsstraße bezeichnet. Das Gelände längs einer Ausfallstraße, soll von besonderen Ortsfahrbahnen aus zugänglich gemacht werden. Das Baugelände bleibt dann vom Durchgangsverkehr unberührt. Verbindungen mit der Verkehrsstraße sind auf das Notwendigste zu beschränken. Die Einteilung der Verbandsstraßen des Ruhrsiedlungsverbandes läßt die hier entwickelten Grundsätze deutlich erkennen (Abb. 55a). Obwohl sie vor dem genannten Erlaß gebaut worden sind, ist bereits eine Trennung von Schnell- und Ortsverkehr vorgenommen[1].

Die bei ihnen am Rande vorgesehene Möglichkeit der Bebauung gilt nur dort, wo durch die örtlichen Bebauungspläne eine solche schon zugelassen oder sogar

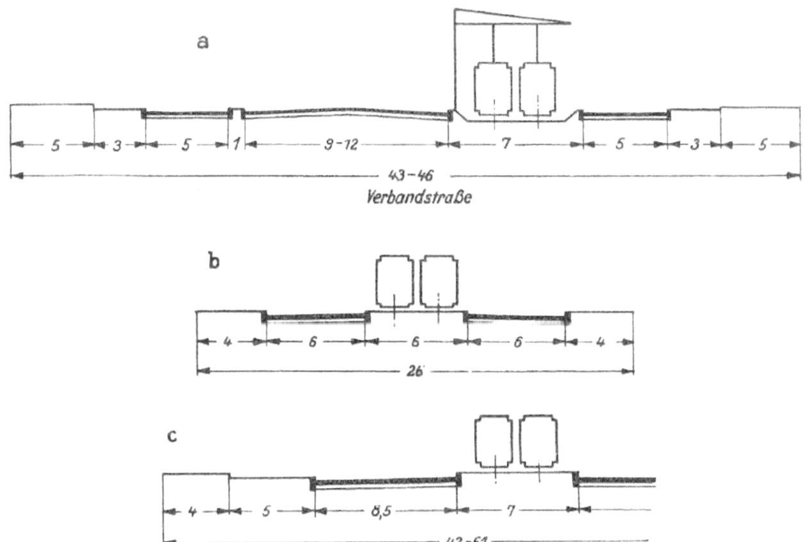

Abb. 55 a, b, c. Regelformen der Durchgangsstraßen des Ruhrsiedlungsverbandes.

schon ausgeführt ist. Im andern Fall hätte die Bebauung in Zukunft um die zuvor angegebenen Maße von der Straßenachse zurückzubleiben. Die Vorgärten würden in diesem Falle sehr tief werden. Die Ortsfahrdämme würden nur Sammelstraßen für die seitlichen Wohnstraßen sein. Darum ist eine andere Lösung vorgeschlagen, bei der auf die Ortsfahrdämme neben dem Durchgangsfahrdamm verzichtet wird und sich zwischen die Durchgangsstraßen und die parallel laufende Wohnstraße ein Wohnblock einschiebt, dessen Straßenflucht nach der Verkehrsstraße keine Ausgänge hat. An dieser Seite liegen die Gärten. Erst hinter dem vorgeschriebenen Abstand (25 oder 18 m) beginnt die Bebauung (Abb. 56).

Nach dem Vorbilde dieser anbaufreien Straßen wären auch die Zubringer von den Städten nach den BAB. anzulegen. Sie werden Fahrbahnen von 9—12 m Breite erfordern. Querverkehr ist möglichst von ihnen fernzuhalten und nur in großen Abständen auf wenige Kreuzungen zu beschränken. Schon aus diesem Grunde werden Straßenbahnen auf ihnen nicht angebracht sein. Diese werden auf Radialstraßen innerhalb der bebauten Ortslage geführt, die in dem Sektor zwischen zwei Ausfallstraßen liegen und deren Einzugsgebiet an diese grenzt.

[1] Vorläufige Richtlinien für Durchgangsstraßen in Ortschaften.

2. Autobahnen.

Die hohen Geschwindigkeiten auf Autobahnen verlangen große Spurbreiten nach den Angaben auf S. 75 von 3,75 m. Da jede Fahrrichtung zwei Spuren hat, ergibt sich die Breite zu 7,50 m. Zu beiden Seiten liegen Randstreifen, die sich in der Farbe von der eigentlichen Fahrbahn unterscheiden und der Führung des Verkehrs dienen. Zugleich sollen sie den Bestand der Fahrbahn sichern, indem sie verhindern, daß das von den Fahrflächen ablaufende Niederschlagswasser neben dem Straßenbelag versickert und dadurch den Untergrund aufweicht oder auswäscht. Ursprünglich war der rechte Randstreifen 1,0 m, der linke 0,4 m breit. Um aber Aufstellgelegenheit für beschädigte Fahrzeuge außerhalb des Verkehrsraumes zu schaffen, ist neben der rechten Fahrspur noch eine Standspur von 2,25 m eingeschoben worden. Zwischen den beiden Richtungsbahnen liegt ein Mittelstreifen von mindestens 4 m Breite. Wo durch die Geländeverhältnisse gegeben oder landschaftliche Anreize bestehen, kann er auch verbreitert werden (Abb. 57) (Zweiter Abschn. E).

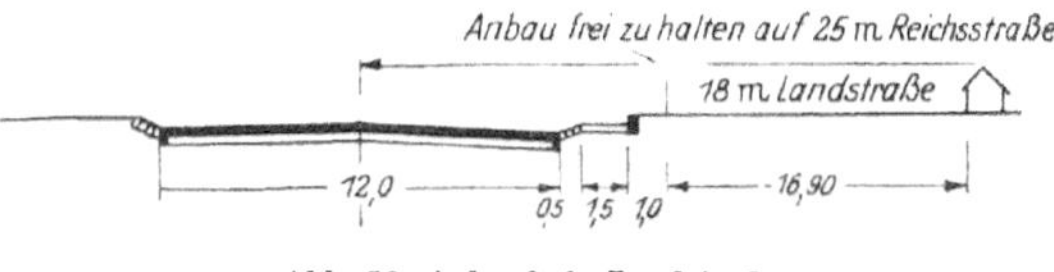

Abb. 56. Anbaufreie Landstraßen.

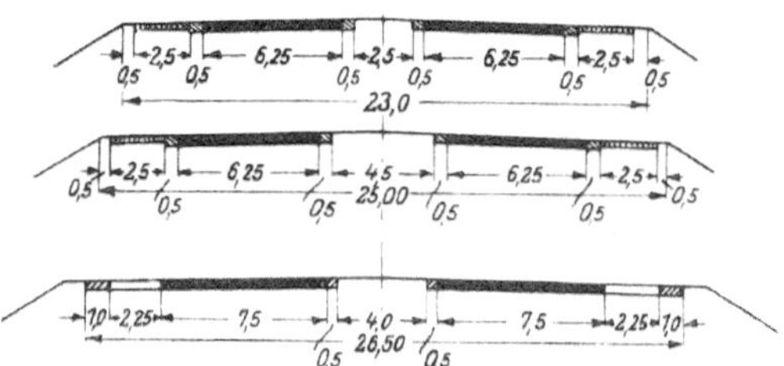

Abb. 57. Autobahnen — holländische mit schmalem und breitem Mittelstreifen — deutsche mit Standspur.

Die holländischen Autobahnen haben 6,25 m Breite für eine Fahrrichtung, die amerikanischen 7,30 m *[44, 45]*.

3. Stadtstraßen.

Die Stadtstraßen dienen in erster Linie dem Anbau, dann dem Verkehr. Danach regelt sich ihre Anlage, Breite und Einteilung. Jedes Haus muß einen Zugang von einer öffentlichen Straße haben. An Straßen und Wegen darf nur gebaut werden, wenn sie in ihrer Breite und Befestigung den Vorschriften des Ortsbauplanes und denen der Sicherheitspolizei entsprechen. Es werden also an die Beschaffenheit der städtischen Straßen gewisse Mindestanforderungen gestellt. Da nach geltendem Recht[1] die Anlieger bei Neuanlage von Straßen und Plätzen das Gelände für die öffentlichen Straßen freizulegen und unentgeltlich abzutreten und die Kosten der ersten Anlage, Beleuchtung und Entwässerung zu tragen haben, werden die Grundeigentümer diese Aufwendungen auf den Preis des verbleibenden Baulandes schlagen, so daß der Bodenpreis und damit die spätere Ausnützung beeinflußt werden. Hohe Leistungen für die Erschließung eines Baugebietes treiben den Bodenpreis hoch und nötigen, wenn das Gelände überhaupt der Bebauung zugeführt werden soll, eine starke Ausnutzung des reinen Baulandes sowohl in der Fläche, wie in der Höhe und Häuser mit mehreren Geschossen zuzulassen. Die Höhe der Anliegerleistung ist daher von großem Einfluß auf die Wirtschaftlichkeit der Erschließung und noch immer Gegenstand von Meinungsverschiedenheiten zwischen den städtischen Körperschaften und den Grundstückseigentümern. Diese beschuldigen jene durch einen Straßenbau, der in der beanspruchten Fläche und der Befestigung viel zu aufwendig ist, die Grundstückspreise in die Höhe getrieben zu haben, so daß eine Rente nur

[1] Preußisches Fluchtliniengesetz § 15, Baugesetze s. Hütte, 26. Aufl., III. Bd., S. 709.

durch eine starke Ausnutzung aus dem Bauland herausgewirtschaftet werden kann.

Andererseits stellen Besonnung und Belichtung der Häuser bestimmte Anforderungen, die nur durch Einhalten eines genügenden Abstandes der Hausfronten voneinander an der Straße und im Blockinnern zu erfüllen sind. Diese Verflechtung zwischen den Anforderungen einer gesunden Wohnweise, der Verkehrsleistung und der Wirtschaftlichkeit nötigt in der Gestaltung der städtischen Straßen ganz besonders Maß zu halten, indem man ihre Breite und Befestigung entsprechend den Baustaffeln der Bauordnung abstuft. Daher werden die städtischen Straßen in Siedlungs- oder Wohnwege, Wohnstraßen und Verkehrsstraßen unterschieden, die unter sich weiter abgestaffelt sein können. Der Abstand der Baufronten sollte 12 m niemals unterschreiten. Dabei anfallende Straßenflächen, die der Verkehr nicht oder vorerst nicht beansprucht, werden als Grünstreifen — am besten als Vorgärten vor den Baufronten — angelegt, die aber auch nur wirken und in ihrem Bestand erhalten werden können, wenn sie genügend breit sind, nicht unter 3 m. Das Preußische Fluchtliniengesetz unterscheidet Baufluchtlinien und Straßenfluchtlinien, diese begrenzen die Straßenfläche zwischen den Vorgärten.

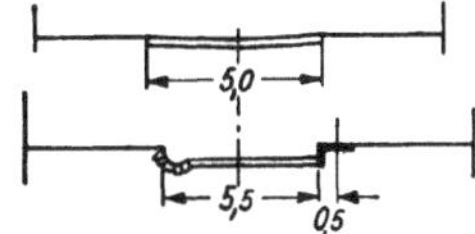

Abb. 58. Siedlungsstraßen.

In dem Bestreben, die Erschließungskosten der Siedlungen niedrig zu halten, sind einspurige Straßen von 3 m Fahrbahnbreite angewendet, die in beiden Richtungen befahren werden oder als Stichstraßen angelegt, am Ende einen Wendeplatz haben in den Abmessungen 12 × 16 m. Ihre Länge soll 60 m nicht überschreiten. Aber auch in diesem Falle ist diese Sparsamkeit unangebracht. Sie entspricht nicht dem Verkehrsbedürfnis, mit dem man im Zeitalter des Kraftwagens zu rechnen hat. Ebenso sind einspurige Straßen, die nur in einer Richtung befahren werden, also Einbahnstraßen, bei denen die Blöcke umfahren werden, unzweckmäßig, weil an den Straßenkreuzungen größere Fahrzeuge, wie Müllabfuhrwagen oder der Feuerwehr, nicht einschwenken können. Hierzu sind Fahrdämme von mindestens 4,5 m notwendig, wie im Zweiten Abschn. C. III. c nachgewiesen wird. Fahrdämme von Siedlungswegen sollten daher mindestens 4,5 m breit angelegt werden *[46]*.

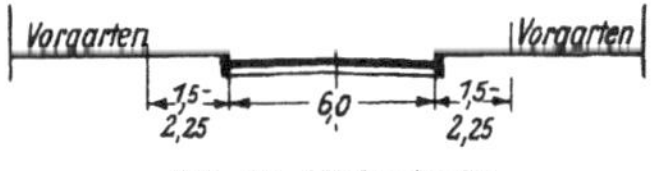

Abb. 59. Wohnstraße.

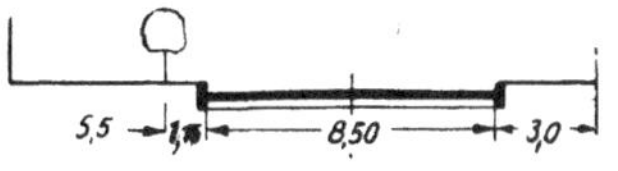

Abb. 60. Sammelstraße.

Ersparnisse im Straßenbau können in der Weise vorgenommen werden, daß bei Wohnwegen beide Gehbahnen fortfallen. Dann muß allerdings der Streifen für Fahr- und Gehverkehr zwischen den Vorgartenfluchten 5 bis 5,5 m Breite erhalten, mit einer Rinne in der Mitte oder an der Seite (Abb. 58). Mit der Entwicklung der Motorisierung wird auch der Kraftwagen in die Wohnsiedlungen eindringen. Auch für den Fall, daß keine Garagen an den Wohnwegen selbst eingebaut werden, sondern an anderen Stellen Sammelgaragen angelegt werden, so werden doch die Wagen unter Tags an den Baufronten aufgestellt und dann bei einspurigen Straßen die Fahrbahn sperren, auch läßt sich auf so schmalen Straßen nicht in die Grundstücke ein- und ausfahren.

Mit zunehmender Ausnutzung der Grundstücke bei höheren Baustaffeln verdichtet sich der Anliegerverkehr, die Straßen, die als Wohnstraßen anzusehen sind, müssen Gehbahnen erhalten, die Fahrbahnbreite kann vorerst mit 5,0 m belassen werden, bis die höhere Baudichte 6 m Breite verlangt (Abb. 59). Diese Straßen münden in der Regel in Sammelstraßen, in denen bereits ein Durchgangsverkehr stattfindet und die infolgedessen breiter angelegt werden müssen.

Zwei Fahrspuren und eine Standspur für Personen- und Lieferwagen ergeben eine Fahrbahnbreite von 8,5 m (Abb. 60). Die Gehbahnen werden jetzt breiter angelegt, besonders dort, wo Läden vorgesehen sind, auf Vorgärten an einer oder beiden Fronten wird verzichtet. An solchen Straßen wird die Bauordnung dreigeschossige Häuser mit rund 10 m Höhe zulassen, so daß das Verhältnis Straßenbreite zu Haushöhe 1,45 beträgt, womit eine ausreichende Belüftung und Belichtung gewahrt ist. Die Anlage eines Vorgartens an einer Front, z. B. bei Ost-West-Straßen an der nach Norden liegenden Bauflucht, würde dieses Verhältnis noch verbessern.

Um hinsichtlich der Straßenanlage und der Bebauungsdichte von vornherein klare und übersichtliche Verhältnisse zu schaffen, wird empfohlen, im Bebauungsplan die Straßeneinteilungen zugleich mit den Baustaffeln der Ortsbausatzung (Baupolizeiverordnung) festzulegen, weil dann auch die wirtschaftlichen Einflüsse der Erschließungskosten auf die Grundstückspreise erkennbar sind. Noch besser ist es, wenn die Gemeinden gleich die Anliegerleistungen, bezogen auf den laufenden Meter Baufront für die einzelnen Straßenstaffeln, festlegen, weil dann die Bauherren die Kosten der Erschließung für die Gebäude genauer schätzen können.

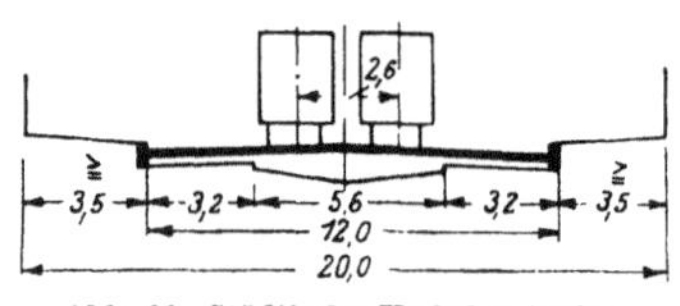

Abb. 61. Städtische Verkehrsstraße. Fahrdamm 12 m breit.

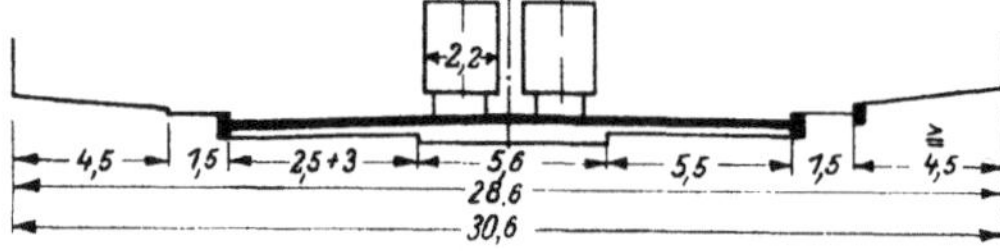

Abb. 62. Städtische Verkehrsstraße. Fahrdamm 16,6 m breit.

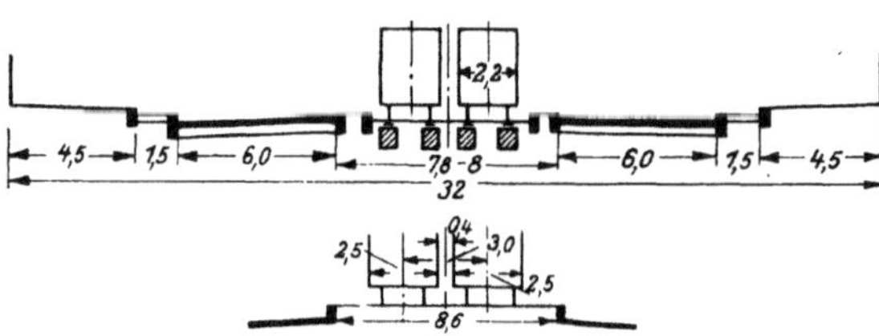

Abb. 63. Städtische Verkehrsstraße mit eigenem Straßenbahnkörper.

Verkehrsstraßen werden entsprechend ihrer Bedeutung gestaffelt. Da sie meistens Straßenbahnen aufnehmen, ist die geringste Breite 12 m (Abb. 61). Die Vermehrung um je einen Fahrstreifen in jeder Richtung läßt sich mit 16,6 m verwirklichen, bei besonderem Straßenbahnkörper nicht unter 20 m (Abb. 62 und 63). Daraus ergeben sich Gesamtbreiten zwischen den Baufluchten von 20 m, 24 m mit Radwegen und 30,6 m. Die Abb. 62 zeigt Übereinstimmung mit den Verbandstraßen (Abb. 55), weil es sich in beiden Fällen um Verkehrsstraßen am Stadtaußenrand handelt.

In solchen Straßen ist die Breite der Gehbahnen, über die bereits Angaben auf S. 74 gemacht sind, nicht mehr nach dem zu erwartenden Verkehr, sondern nach Zahl und Umfang der Versorgungsleitungen, die untergebracht werden müssen, zu bemessen. Durch die DIN 1998 ist die wünschenswerte Gruppierung je nach Breite der Gehbahnen festgelegt, die möglichst eingehalten werden sollte[1] (Abb. 64).

Die Entwässerungsleitungen, die früher soweit als möglich in die Gehbahnen verlegt wurden, müssen jetzt in der Fahrbahn untergebracht werden. Da sie die

[1] Wiedergabe erfolgt mit Genehmigung des Deutschen Normenausschusses. Verbindlich ist die jeweils neueste Ausgabe des Normenblattes im Dinformat A 4, das durch den Beuth-Verlag G. m. b. H., Krefeld-Ürdingen, zu beziehen ist.

größte Tiefenlage und Einsteigschächte haben, beeinträchtigen sie dort die anderen Leitungen weniger, zumal auch die Anschlußleitungen tief liegen. Da in Wohnstraßen die Zahl der Leitungen sich verringert, in schmalen nicht vor jeder Baufront Gas- und Wasserleitungen erforderlich sind, so nimmt auch der erforderliche Raum ab. Indessen sind Mindestbreiten einzuhalten, die sich aus der Zahl der Leitungen ableiten.

Trennung der beiden Fahrrichtungen durch Schutzstreifen hat den Nachteil, daß damit die höchste Verkehrsmenge, die in einer Richtung die Straße benutzen kann, begrenzt ist. Auf Ausfallstraßen und im städtischen Verkehr gibt es aber sehr starke Spitzen in einer Richtung, während die Gegenrichtung nur unbedeutend in Anspruch genommen wird. In einem solchen Falle kann man zu gewissen Tagesstunden bei einer vierspurigen Fahrbahn ohne Trennung der Richtungen drei Spuren für die stark belastete befahren lassen. Allerdings erhält man dann vierspurige Fahrbahnen, die verkehrsgefährlich sind. Einwandfreier läßt sich der

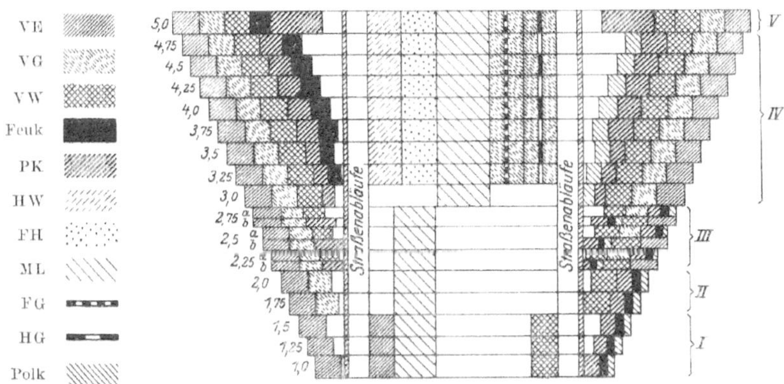

Abb. 64. Einordnung von Versorgungsleitungen in den Gehbahnen (DIN 1998) entsprechend ihrer Breite.

VE	Stromleitungen	FH	Fernheizleitungen
VG	Gasleitungen für die Hausversorgung	ML	Mischwasserleitungen
VW	Wasserleitung für die Hausversorgung	FG	Ferngasleitung
Feuk	Kabel für die Feuerwehr	HG	Hauptspeiseleitung für Gas
PK	Postkabel und Postkabelkanalanlagen	Polk	Kabel für Polizei
HW	Hauptspeiseleitung für Wasser		

Verkehr verteilen, wenn bei sechs Fahrbahnen je zwei zu einem Streifen zusammengefaßt und die drei Streifen durch Schutzinseln voneinander getrennt werden. Dann kann der mittlere Streifen mit zwei Fahrspuren einmal für die eine, dann für die andere Richtung je nach den Anforderungen des Verkehrs freigegeben werden.

In Zeiten gleichmäßig verteilten Verkehrs würden die äußeren Streifen und je eine Fahrspur in der mittleren Zone zur Benützung stehen. Die Regelung solcher wechselnden Inanspruchnahme erfordert aber Aufsichtspersonal und eine erkennbare Trennung der Verkehrsrichtungen. Eine solche Verkehrsverteilung ließe sich aber selbsttätig vornehmen, wenn die Streifen, die die jeweilige Verkehrstrennung andeuten sollen und in breiten Bordschwellen bestehen, aus Gründen der Raum- und Kostenersparnis beweglich angeordnet werden. Eine solche Einrichtung ist mit versenkbaren Schwellen auf einer achtspurigen Ausfallstraße in Chicago auf 3,6 km Länge getroffen worden. Zwischen je zwei Fahrspuren ist eine 48,3 cm breite Schwelle versenkbar eingebaut, im ganzen also drei Schwellen, die hydraulisch angehoben und auf Fahrbahnhöhe gesenkt werden. Die Schwellen ruhen in Kanälen auf Stühlen mit hydraulischen Pressen und

werden von einem Ende beginnend in Abschnitten gehoben, wobei die Geschwindigkeit der sich fortpflanzenden Hebung oder Senkung 32 km/stdl. beträgt.
Große Schlagadern des Verkehrs erfordern erhebliche Fahrbahnbreiten, die noch über die bisher gebrauchten hinausgehen. So hat eine hauptstädtische Ausfallstraße — Ostwestachse in Berlin — die folgende Einteilung (Abb. 65), d. h. für jede Spur 3,625 m Breite. Beide Richtungen sind durch einen Schutzstreifen von 4 m getrennt. Die Massierung des Verkehrs sollte eigentlich vermieden und durch Umgehungsstraßen jeder Durchgangsverkehr von den Radialstraßen, die die Außenbezirke mit der Stadtmitte verbinden, ferngehalten werden. Die Anlage großer Achsen übt aber immer eine große Anziehung aus, so daß man dann genötigt ist, außergewöhnliche Breiten und Einteilungen anzuwenden.
Durch solche Umgehungs- und Durchbruchsstraßen ist der Umbruch gekennzeichnet, von dem jetzt die Pläne unserer Städte erfaßt sind, deren Führung sowohl durch die Schwerlinien, die der Kraftwagenverkehr neu geschaffen hat, wie durch die Lage der RAB. zu den Städten mit ihren Zubringern ausgerichtet wird.

4. Radwegführung.

Die Radwege nehmen eine Sonderstellung ein. Entweder sind sie Streifen der Verkehrsstraße oder sie werden getrennt von dieser geführt. Da das Fahrrad und die anderen Verkehrsarten, besonders der Kraftwagen, eine ständige gegenseitige Gefahr bilden, sollen die Radwege für sich geführt werden. In Verbindung und als Band neben einer Verkehrsstraße wird der Radverkehr stets beeinträchtigt sein. Wenn auch auf dem Lande das Rad ein wichtiges Beförderungsmittel zwischen Acker und Hof geworden ist, so genügt die Landstraße dem Verkehrsbedürfnis, indem der Fußweg oder Berme zur Mitbenutzung zugelassen werden. In Industriegegenden mit ihren Ballungen verlangt der Radverkehr eigene Streifen, die möglichst abgeschlossen sind, und bei allen Straßenentwürfen muß geprüft werden, wie dem genügt werden kann, zumal die Herausnahme dieser Verkehrsart den anderen zum Vorteil gereicht. Größere Umwege sollten indessen vermieden und der Anschluß an die Verkehrsknotenpunkte stets gewahrt werden.

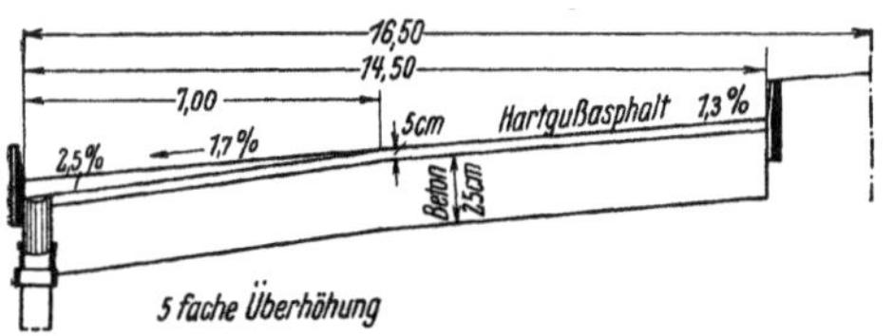

Abb. 65. Hauptstädtische Ausfallstraße. Gesamtbreite 33 m.

Nach den Breitenangaben auf S. 74 ist in der Abb. 54 und 55a, 62 und 63 für jede Fahrrichtung eine Spur aufgenommen. Bei Landstraßen wird der Radweg jenseits des Grabens verlegt, soweit landwirtschaftliches Gelände bereitgestellt werden kann (Abb. 54).
Wenn der Radverkehr andere Verkehrsspuren kreuzen muß, entstehen Gefahrpunkte erster Ordnung. Darum sollen solche Kreuzungen mit den anderen Straßenkreuzungen zusammengelegt oder Unterführungen gebaut werden.
Abseits der Straßen werden die Radwege besonders für den Erholungs- und Ausflugsverkehr angelegt, daß ihre Benutzung durch die Umgebung, durch Ausblicke und abwechslungsreiche Gestaltung entspannt. Wer für die Unterhaltung dieser Radwege aufkommt, ist eine noch ungelöste Frage.
Steigungen sollten flach gehalten werden, besonders wenn sie lang sind. Neigungen von 5% im Hügelland und 4% im Flachland können nicht überschritten werden. Auf längere Strecken muß die Steigung auf 3% beschränkt bleiben. Dann kann noch eine Fahrgeschwindigkeit von 10 km eingehalten werden.
Die Technischen Richtlinien für den Radwegbau der F. G. sind für die weitere Ausgestaltung der Radwege maßgebend. Sie enthalten auch den Vorschlag für eine Radwegunterführung.

c) Ausbildung der Krümmungen.

1. Der Lauf des Wagens durch eine Krümmung.

Damit ein zwei- oder mehrachsiger Wagen durch eine Krümmung fahren kann, müssen die parallel zueinander liegenden Achsen sich gegeneinander verschieben, daß sie einen Winkel bilden und ihre Verlängerungen sich in einem Punkte schneiden. Diese Bewegung wird durch Einschlagen der Vorderachse allein oder auch beider Achsen bewirkt. Je nach der Größe des Einschlagwinkels richtet sich die Größe des Wendekreishalbmessers. Je größer der Winkel ist, den die Lenkeinrichtung des Wagens zuläßt, desto kleiner der Halbmesser, eine Eigenschaft, die auch mit Wendigkeit bezeichnet wird.
Beim Einlauf eines zweiachsigen Wagens in eine Krümmung wird nicht plötzlich eingeschlagen, sondern mit fortschreitender Fahrt der Drehwinkel gleichmäßig vergrößert. Während beim Einlauf der Krümmungshalbmesser unendlich groß

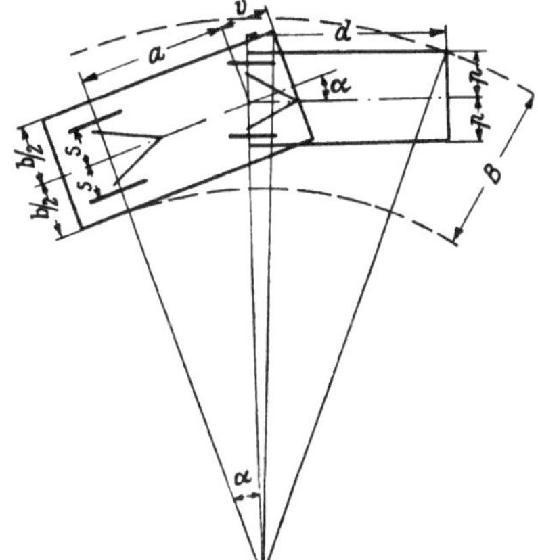

Abb. 66. Fahrbahnverbreiterung für Spannfuhrwerk.

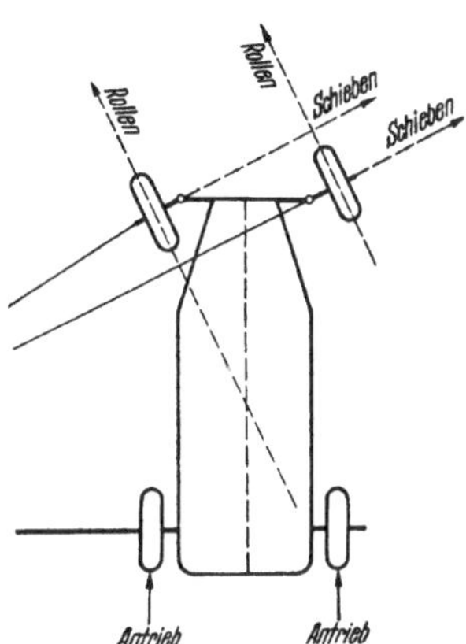

Abb. 67. Krümmungslauf eines Kraftwagens.

ist, nimmt er ab, bis der Wagen sich im Kreislauf befindet. Der Wagen fährt einen Übergangsbogen, dessen Eigenschaften im Zweiten Abschn. C. III. c. 4 ausführlich behandelt wird. Beim Spannfuhrwerk hat man sich darauf beschränkt, die aus dem Kurvenverlauf sich ergebende Inanspruchnahme der Fahrspur geometrisch zu ermitteln und danach die Fahrbahn zu bemessen — Verbreiterung.

2. Mindesthalbmesser — Wendekreis.

Der geringste Halbmesser, den ein Wagen durchfahren kann, hängt von der Größe des Einschlagwinkels und dem Achsstand ab. Aus den Maßen der Abb. 66 ist zu entnehmen, daß

$$R_{i_{min}} = a \cdot \operatorname{ctg} \alpha - \frac{b}{2} \tag{29}$$

ist. Bei Kraftwagen wird nicht die Vorderachse gedreht, sondern die Vorderräder sind an Achsschenkeln befestigt, die vom Steuerrad so gedreht werden, daß die Verlängerung ihrer Achsen sich im gemeinsamen Mittelpunkt, der zugleich Mittelpunkt der Krümmung ist, treffen (Abb. 67).

Geringster Wendekreisdurchmesser für die gängigen Fahrzeuggattungen

PKW.	9—15 m
Omnibus, 2-achsig	21 „
Omnibus, 3-achsig	25 „
LKW.	20 „

3. Verbreiterung.

Beim Durchfahren einer Krümmung beschreiben die Hinterräder eine andere Bahn als die Vorderräder, die Schleppkurve genannt wird. Deshalb wird eine größere Breite der Fahrbahn gegenüber der Geraden in Anspruch genommen. Die Verbreiterung hängt ab vom Halbmesser der Krümmung, der Spurweite des Wagens, dem Achsstand und bei Lastzügen von der Zahl der Anhänger, die nicht spuren. Nach der Abb. 66 ist:

$$R_a = \frac{a}{\sin \alpha} + \frac{b}{2} \tag{30}$$

und die Fahrspurbreite:

$$B = R_a - R_i = a \cdot \operatorname{tg} \frac{\alpha}{2} + b.$$

Auf einer zweispurigen Fahrbahn würde auch der außen fahrende Wagen eine breitere Spur in Anspruch nehmen, die etwas geringer ist als die des inneren Wagens, weil der Halbmesser größer ist, und die Spur mit einem kleineren Einschlagwinkel befahren werden kann. Sie soll aber der inneren gleichgesetzt werden. Außerdem muß noch ein Spielraum zwischen den beiden Wagen und auch an den Außenseiten (c) hinzugefügt werden, so daß die gesamte Fahrbahnbreite wird

$$B' = 2B + 3c.$$

Die Bemessung der Verbreiterung hängt von der Bauart des Fahrzeuges ab und von der Größe des Halbmessers. Auf Landstraßen und Autobahnen werden Mindesthalbmesser niemals angewendet. Nur nach dem Mindesthalbmesser und der aus ihm sich ergebenden Verbreiterung richten sich die Formen der Einmündungen von Straßen, besonders bei Stadtstraßen, die Einfahrten in Grundstücke und Garagen, Autobahnhöfe, in Fabrikgebäude, bei öffentlichen Waagen, Omnibushaltestellen, Tankstellen, Güterumschlagstellen und Parkplätzen, d. h. bei den Betriebsanlagen des Kraftfahrwesens. Bei Garagen, Parkplätzen und Tankstellen für PKW. werden die Abmessungen dieser Wagen für die Anlagen maßgebend sein, auch für kleinere Lieferwagen bis 1,5 t Tragfähigkeit und kleine Omnibusse bis zu 5,6 m Länge genügen diese Grundmaße. Bei allen anderen Anlagen werden die Maße der größten LKW. oder Omnibusse, die an den betreffenden Stellen verkehren werden, zugrunde zu legen sein.

Wenn nach der StVZO. (§ 22) die Länge eines Zuges miteinander verbundener Fahrzeuge 22 m erreichen darf, so bedeutet das, daß dieser Zug aus einem Triebwagen und zwei Anhängern zusammengesetzt sein kann. Für solche Verkehrsmittel müssen dann die Mindesthalbmesser und die Verbreiterungen ermittelt werden, eine Aufgabe, die rechnerisch und durch Fahrversuche gelöst werden kann.

Wenn der Triebwagen aus der Geraden in die Krümmung läuft, wird die Zugkraft auf den Anhänger nicht mehr in der Richtung der Längsachse des Triebwagens ausgeübt, sondern die Zugrichtung bildet einen Winkel mit ihr.

Der Anhänger spurt nicht mehr mit dem Vorderwagen, er schert aus. Seine Spurabweichung wird um so größer, je größer der Winkel zwischen Zugrichtung und Anhängerachse ist und je länger die Kurve ist, auf der er wirkt. Wenn der Triebwagen einen Kreis mit seinem größten Einschlagwinkel durchläuft, wird die Spurabweichung des Anhängers also am größten. Die vom Anhänger durchlaufene Kurve ist auch eine Schleppkurve.

Schaar hat versucht, eine mathematische Ableitung dieser Schleppkurve für mehrere Anhänger zu geben und daraus eine Annäherungsformel entwickelt *[47] [48]*.

Gleichfalls angenähert kann die Verbreiterung nach Abb. 68 berechnet werden. Für die Innenspur ist:

$$R_1^i = \sqrt{(R_4^i)^2 - \Sigma l^2}$$

$$R_4^i = R_0 - \left(c + \frac{w}{2}\right)$$

$$R_i = R_1^i - \left(c + \frac{w}{2}\right)$$

$$R_4^a = \sqrt{(R_1^a)^2 + \Sigma l^2}$$

$$R_1^a = R_0 + \left(c + \frac{w}{2}\right)$$

$$R_a = R_4^a + \left(c + \frac{w}{2}\right)$$

$$B_i = R_0 - R_i$$

$$B_a = R_a - R_0.$$

Die gesamte Erbreiterung

$$\varDelta B_i = B_i - B_0$$

$$\varDelta B_a = B_a - B_0.$$

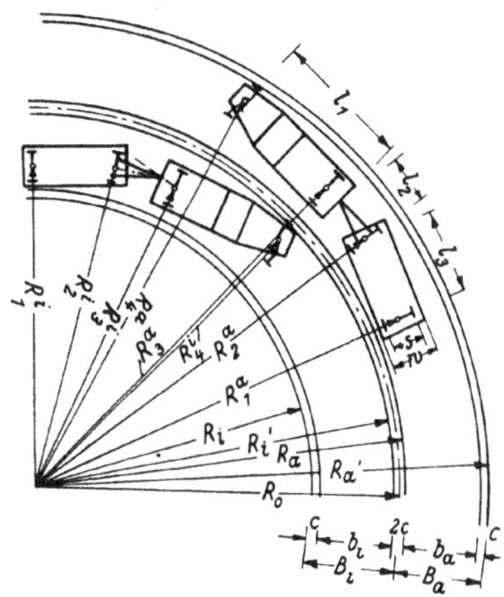

Abb. 68. Fahrbahnverbreiterung für LkW mit Anhänger.

Der Fehler liegt hier in der Annahme des Abstandes von Hinterachse des Vorder- und Vorderachse des folgenden Wagens als eine Gerade, obwohl Überhang und Deichsel den $\sphericalangle\, \beta$ bilden. Sind Überhang und Deichsel gleich lang, dann spurt der Anhänger und es gilt die Gleichung:

$$R_i = \sqrt{(l_1 \cdot \operatorname{ctg} \alpha)^2 - l_3^2}$$

$$R_a = \frac{l_1}{\sin \alpha} + \frac{w}{2}$$

$$B = R_a - R_i.$$

Für den Wert c als Sicherheitsabstand bedient man sich in den VStA. der Beziehung

$$c = \frac{10{,}5}{\sqrt{R}} \text{ in m.}$$

Angaben über die notwendige Verbreiterung in Krümmungen müssen von bestimmten Fahrzeugarten ausgehen, wobei zu berücksichtigen ist, ob die Straßen nur von PKW. oder ob sie von Omnibussen, LKW. ohne oder mit Anhängern befahren werden. Zu entscheiden ist, ob in der Krümmung die Begegnung der Fahrzeuge, die die größte Verbreiterung beanspruchen, zugelassen werden soll, z. B. zwei Lastzüge mit je zwei Anhängern, oder ob nur in der einen Fahrrichtung mit einem Lastzug, in der andern mit LKW., Omnibussen oder PKW. zu rechnen ist. Bei Begegnung wird auch noch auf die Spielräume zwischen den Wagen und an ihrer Außenseite zu achten sein, die bei großen Fahrgeschwindigkeiten größer anzunehmen sind als bei geringeren (vgl. Zweiten Abschn. C. III. a. 3). Da die Verbreiterung mit der Zunahme des Halbmessers abnimmt, andrerseits die Geschwindigkeit, mit der die Kurve befahren werden kann, zunimmt, und demgemäß auch die Spielräume, die vorzusehen sind, größer werden, so entsteht hier ein Ausgleich. Nach den Unterlagen der RAL. sind die erforderlichen Fahrbahnbreiten für Begegnung verschiedener Fahrzeuggattungen berechnet und in Abb. 69 dargestellt, in der zugleich auch die Abmessungen eingetragen sind, die nach den Schweizerischen Straßenbaunormalien vom Jahre 1941 festgelegt sind für Fahrbahnbreiten = 6 m. Um allen Anforderungen an die Breite gerecht zu werden, soll bei $R \leqq 130$ die größten Fahrzeugbreiten und von $R \geqq 250$ die häufigsten Fahrzeugbreiten zugrunde gelegt werden (*[37]*, S. 51). Der Spielraum ist ausreichend auch für die größten Wagenbreiten.

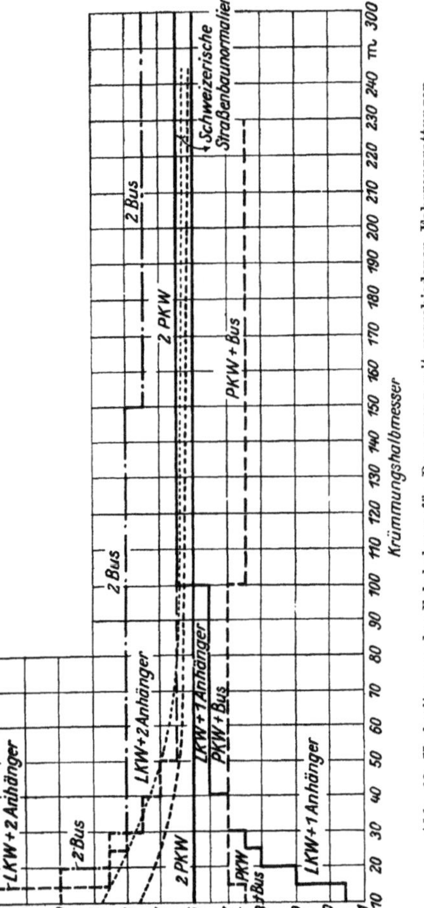

Abb. 69. Verbreiterung der Fahrbahnen für Begegnung mit verschiedenen Fahrzeuggattungen.

Damit lange Fahrzeuge mit großem Achsstand Krümmungen durchfahren können, wird auch die Hinterachse gedreht. Die Schleppkurve der Hinterachse paßt sich mehr dem Lauf der Vorderachse an. Mit solcher Einrichtung sind die Langholzwagen als Spannfahrzeug und als Kraftwagen ausgerüstet. Die geringsten Halbmesser werden von der Größe der Einschlagwinkel abhängig sein, die etwa 35°—40° betragen. Zu unterscheiden ist zwischen der Abmessung der Fahrbahn, auf der die Räder geführt werden, und der Zone außerhalb der Fahrbahn, die von den über die Hinterachse hinausragenden Stammenden bestrichen werden. Diese dürfen, wenn die Krümmung im Anschnitt liegt, über die Straßenkrone hinausragen, etwa bis zur Mitte des Straßengrabens, während auf dem Damm ein Spielraum von 40 cm zwischen den Stammenden und dem Geländer oder Abweissteinen vorhanden sein soll. An der Innenseite der Krümmung muß Spielraum belassen werden, daß die Stämme, falls sie über den Innenrand der Fahrbahn hinaustreten, dort nicht Einbauten berühren.

Haben Vorder- und Hinterachse den gleichen Einschlagwinkel, dann spuren die Räder und es wird nur eine Fahrbahnbreite entsprechend der Spurbreite des Fahrzeuges beansprucht. Derart schmale Fahrdämme kommen nur für die Holzabfuhrwege in der Forstwirtschaft in Frage, auf denen sonst kein Verkehr stattfindet. Nach Abb. 70 ist

$$R_{i_I} = \frac{a \cdot \cos \alpha}{\sin (\alpha + \beta)} \tag{31}$$

$$R_{a_I} = \frac{a \cdot \cos \beta}{\sin (\alpha + \beta)}. \tag{32}$$

Zu beiden Werten wird man noch einen Zuschlag von 0,5 m machen müssen, da die Räder nicht auf dem Rande der Fahrbahn fahren können.

$$B = R_{a_I} - R_{i_I} + 1{,}0\,\text{m} \cdot + s.$$

Auf Landstraßen, die schon für den übrigen Verkehr eine bestimmte Fahrbahnbreite haben, die mindestens zwei Spuren aufweist $= 6$ m, zu der noch die Verbreiterung hinzutritt, wird man zulassen können, daß der Langholzwagen die ganze Straßenbreite einnimmt, indem für die Gegenfahrrichtung vorübergehend der Verkehr gesperrt wird. In diesem Falle läuft das äußere Vorderrad an der Außenkante, das innere Hinterrad an der Innenkante entlang. Die Hinterachse beschreibt dann wieder eine Schleppkurve, infolgedessen ist der Schwiggwinkel β geringer als der Einschlagwinkel der Vorderachse. Die Grenze wäre in diesem Falle, daß die Hinterachse überhaupt nicht geschwiggt wird; in diesem Falle wird $\beta = o$.

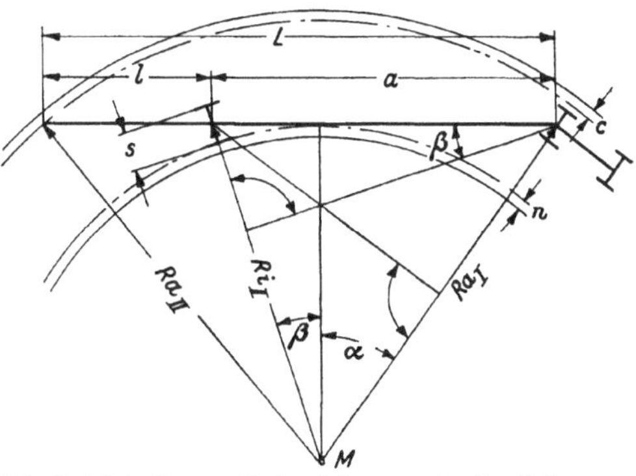

Abb. 70. Verbreiterung für Langholzwagen. Im Regelfall $n = c$.

R_i und R_a würden erfüllt sein durch die Beziehungen für das Fahrwerk mit fester Hinterachse nach Gleichung 29 und 30.

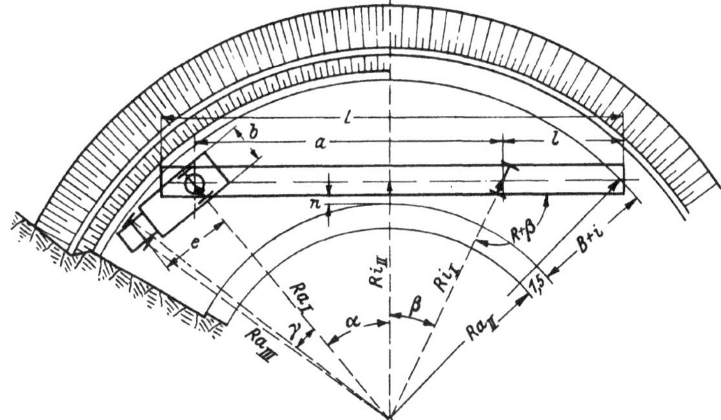

Abb. 71. Ausbildung der Krümmung für Durchfahrt von Langholzwagen.

Reicht die Breite der Fahrbahn für diesen Krümmungsverlauf nicht aus, so muß die Hinterachse auch geschwiggt werden. Sollen der geringste Außenhalbmesser und der geringste Innenhalbmesser errechnet werden, so gelten die Gleichungen, in die die Größtwerte von $\sphericalangle\,\alpha$ und $\sphericalangle\,\beta$ einzusetzen sind für ein Langholzauto (Abb. 3, S. 8) nach Abb. 71. Erbreiterung liegt in der Innenspur.

$$R_{i_{II}} = a\,\frac{\cos\alpha \cdot \cos\beta}{\sin(\alpha + \beta)} \tag{33}$$

$$R_{a_{II}} = \sqrt{\frac{a^2 \cdot \cos^2\alpha}{\sin^2(\alpha + \beta)} + \frac{a \cdot \cos\alpha}{\sin(\alpha + \beta)} \cdot 2 \cdot l \cdot \sin\beta + l^2}.$$

Bei dem Kraftfahrzeug entspricht in dieser Berechnung der Einschlagwinkel der Vorderachse dem Drehwinkel des Drehschemels, auf dem die Stämme gelagert sind. Die Vorderräder beschreiben einen etwas größeren Halbmesser.

Nach der „Vorläufigen Anweisung für die Durchführung der Bauarbeiten an den Autobahnen“ Nr. 8 soll die Fahrbahnverbreiterung in zweispurig befahrenen Krümmungen folgende Maße erhalten (Tabelle 12):

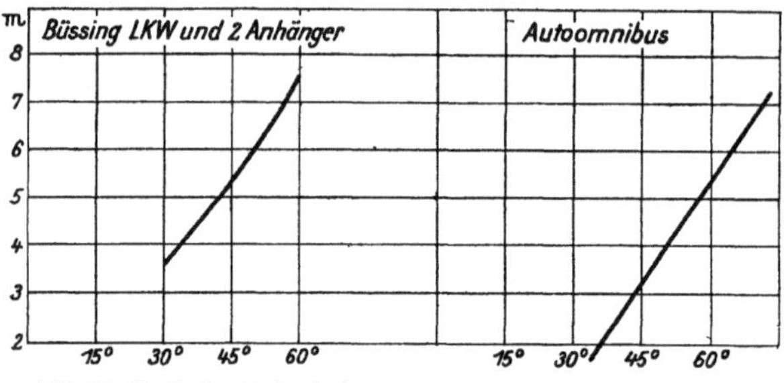

Abb. 72. Breite der Zufahrtsstraßen für verschiedene Aufstellwinkel.

Tabelle 12.

R in m	*i* in m
20— 24	4,0
25— 29	3,0
30— 39	2,5
40— 59	2,0
60— 99	1,5
100—199	1,0
200—299	0,5

Diese Erbreiterungen gelten für die Anschluß-, Abzweig- und Kreuzungsstellen der AB. (Zweiter Abschn. E.) Bei diesen selbst, die weit größere Halbmesser erhalten, kann von Erbreiterungen abgesehen werden. Die geringeren Maße gegenüber der Tabelle 12 sind darauf zurückzuführen, daß auf den Anschlußstellen der BAB. niemals so hohe Geschwindigkeiten gefahren werden können, wie in Krümmungen, die in der freien Strecke liegen, in denen soweit als möglich die Ausbau-

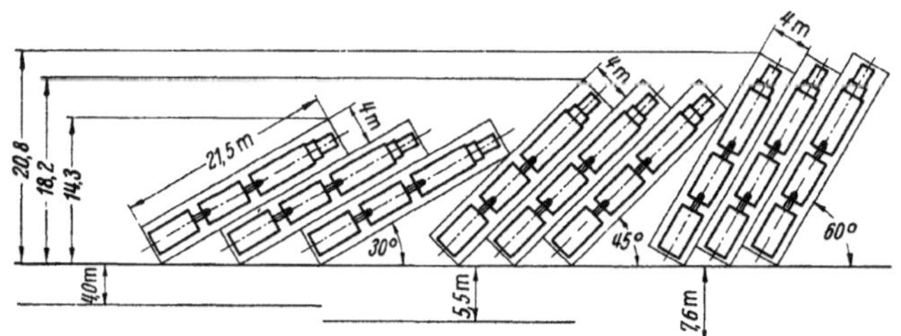

Abb. 73. Tiefe der Parkplätze für Aufstellwinkel von 30°, 45° und 60°.

geschwindigkeit eingehalten werden soll. Dagegen könnten diese Maße für Krümmungen in Steigungen gelten, die mit geringerer Geschwindigkeit befahren werden.

Um einer zu starken Verflachung der Schleppkurve entgegenzuwirken, ist das Mittel anwendbar, vor Einfahrt in der Krümmung stark in die entgegengesetzte Richtung auszuschwenken, wenn hierfür die Fahrbahn auf der Ausfahrseite die genügende Breite bietet. Dies ist die einzige Möglichkeit, um in Gebäude, Tankstellen, Garagen und Parkplätze einzufahren, vorausgesetzt, daß die Fahrbahn die nötige Breite hat. Hierbei werden S-Kurven gefahren.

Diese Bewegungsvorgänge und ihre Auswirkung auf die Breite der Fahrspuren und die dabei entstehenden Verbreiterungen sind durch Aufmessung ermittelt worden (Abb. 72). Sie dienen als Unterlagen für die Bemessung von Parkplätzen, unter besonderer Berücksichtigung der Umstände, daß für die vorn und vor allem hinten weit über die Achsen herausragenden Wagenkästen der nötige Raum vorhanden ist.

Die Breite der Zufahrtspur, von der es abhängt, in welchem Maße eine S-Kurve gefahren werden kann, beeinflußt die Breite der Parkspur. Aus Gründen der Raumersparnis wird die Breite der Parkspur ein bestimmtes Maß nicht überschreiten und aus betrieblichen Gründen nicht unterschreiten dürfen, damit neben den Wagen noch Platz zu Verrichtungen vorhanden ist. Diese Breite soll mit 4 m bemessen werden. Dagegen wird schon aus anderen Gründen, z. B. Begegnung von Fahrzeugen, Aufstellung von Hilfs- und Gerätewagen die Zufahrtstraße eine größere Breite erhalten müssen. Nach der Abb. 72 ist zu erkennen, daß in diesem Falle Zufahrtstraßen von 7,6 m Breite ausreichen bis zur Aufstellung von 60°. Bei größeren Winkeln muß die Zufahrtstraße unverhältnismäßig breit werden, so daß von einem Aufstellwinkel von über 60° abgesehen werden und ein Winkel von 45° die Regel sein sollte. Aus der Abb. 73 ist auch die Tiefe der Parkplätze für die Aufstellwinkel 30°, 45° und 60° zu entnehmen *[49]*.

4. Übergangsbogen mit Überhöhung.

aa) Für langsamfahrende Fahrzeuge.

Bewegt sich der Drehpunkt der Vorderachse p auf einem Kreis vom Halbmesser R, so daß die Verlängerung der Vorderachse stets durch den Mittelpunkt läuft, und ist der Einschlag der Vorderachse von o bis zu dem Grenzwerte allmählich angewachsen, dann beschreibt der Mittelpunkt O der Hinterachse eine eigene Kurve, die als Ekkykloide bezeichnet wird *[50]*. Sie kann auf einfache Weise zeichnerisch nach dem folgenden Verfahren entwickelt werden (Abb. 74).

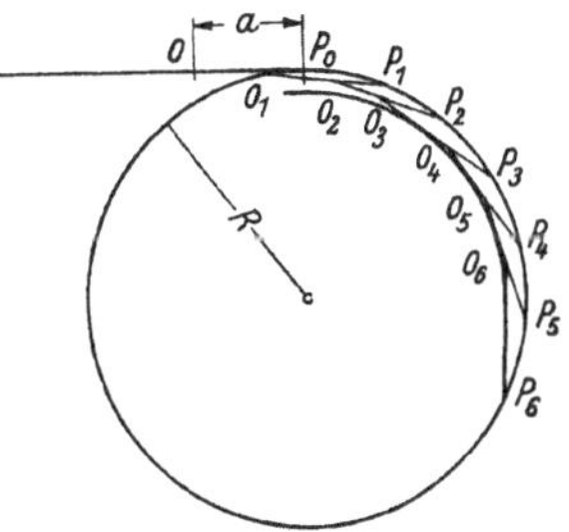

Abb. 74. Ekkykloide.

Gegeben ist der Halbmesser R. Vom Bogenanfang wird auf der Tangente der Achsstand des Wagens a, für den die Schleppkurve gesucht werden soll, abgetragen. Auf dem Kreis selbst werden kleine, gleich große Abschnitte abgesetzt, die durch die Punkte $p_1, p_2, p_3 \ldots p_n$ bezeichnet sind. Von diesen Punkten $p_1, p_2 \ldots p_n$ wird die Achslänge a auf der vorangehenden Tangente abgestochen, und damit die Punkte o, bis o_n gefunden. Die Verbindungslinien $o_1, p_1, o_2\, p_2 \ldots o_n\, p_n$ sind die Umhüllende der Kurve. Die Winkel zwischen den aufeinanderfolgenden Tangenten sind die Einschlagwinkel der Vorderachse.

Nach diesem Verfahren sind die Außen- und Innenbegrenzung einer Kehre für zwei sich begegnende Kraftwagen entworfen und die der Krümmungsfahrt entsprechenden Einschlagwinkel aufgetragen (Abb. 75). Die Regelform der Kehren der Glocknerstraße sind nach dem gleichen Verfahren daraufhin geprüft worden, ob ihre Abmessungen für die Begegnung zweier Steyr-Personenomnibusse mit 22 Sitzen genügen. Wie Abb. 76 erkennen läßt, müßten innere und äußere Begrenzung anders geführt werden *[51]*.

bb) Übergangsbogen für schnellfahrende Fahrzeuge.

Die Form des Übergangsbogens für schnellfahrende Fahrzeuge verlangt eine besondere Betrachtung, weil die Wirkung der Seitenführungskraft beim Durchfahren der Krümmung mit berücksichtigt werden muß, ein Vorgang, der beim langsam fahrenden Wagen vernachlässigt werden kann. War bisher die Ein-, Durch- und Ausfahrt einer Krümmung nur vom Standpunkt der Zwangsläufigkeit aus behandelt worden, so ist jetzt die Dynamik mit in Rechnung zu stellen und zugleich die geodätische Form der Fahrbahn den Anforderungen der Fahrt durch die Krümmung anzupassen.

5. Seitenführungskraft.

Durch das Einschlagen der Vorderräder wird eine Führungskraft wirksam, die nach dem Krümmungsmittelpunkt gerichtet ist, und die den Wagen im Krümmungsverlauf bewegt, wenn die Reibung zwischen Bahn und Laufrädern aus-

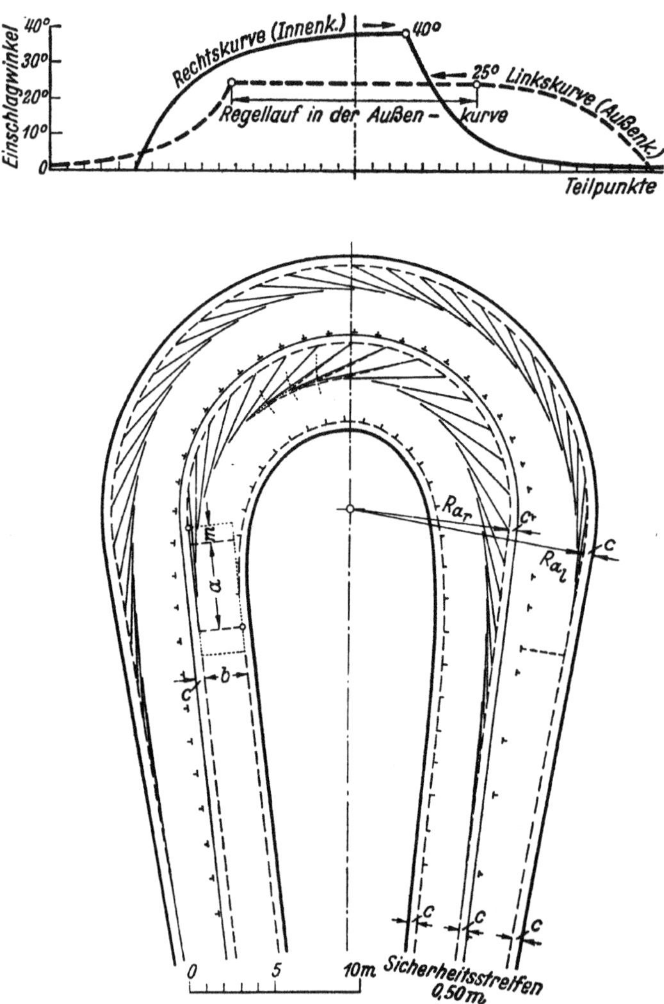

Abb. 75. Zeichnerische Ermittlung der Fahrbahnbreiten für Begegnung von zwei Omnibussen.

reicht. In diesem Falle rollen sie in der eigenen schiefgestellten Bahn weiter und ziehen die Hinterachse nach.

Nur wenn die Reibung nicht genügt, werden sie rechtwinklig zu der von ihnen angenommenen Ebene verschoben (vgl. Abb. 67). Der Wagen gehorcht nicht mehr dem Steuer, er kommt ins Schwimmen. Die Drehung der Vorderräder durch die Lenkung während der Fahrt erzeugt eine bohrende Reibung, die geringer ist als diejenige, die auftritt, wenn bei stehendem Wagen die Lenkung betätigt werden soll. Die Führungskraft selbst ist eine Zentripetalkraft von der Größe

$$F = \frac{m v^2}{R} \tag{34}$$

m die Masse des Wagens $= \frac{G}{g}$

v $^m/_{sec}$ die tangentiale Fahrgeschwindigkeit

R = Halbmesser der Krümmung.

Krümmungswiderstand. Da zu den Bewegungswiderständen der Fahrt noch die zur Überwindung der Führungskraft hinzutreten, sind sie insgesamt größer in der Krümmung als in der Geraden. Ihre Größe ist noch nicht ermittelt worden, weil sie von sehr vielen schwer meßbaren Einflüssen abhängt. Sie wird sich besonders in den Halbmessern mit großem Einschlagwinkel bemerkbar machen, die zumeist mit verminderter Geschwindigkeit befahren werden. In Straßen mit Steigungen, z. B. Wendeplatten, kann ein Ausgleich in der Weise erfolgen, daß die Steigung in der Krümmung ermäßigt wird (Zweiter Abschn. C. III. e). Dann kann ein Teil der sonst für die Steigung zur Verfügung stehenden Kraft für die Überwindung des Widerstandes in der Krümmung ausgenutzt werden, ohne daß eine Verminderung der Geschwindigkeit einzutreten braucht. Bei den Wendeplatten wird dieser Fall noch besonders behandelt.

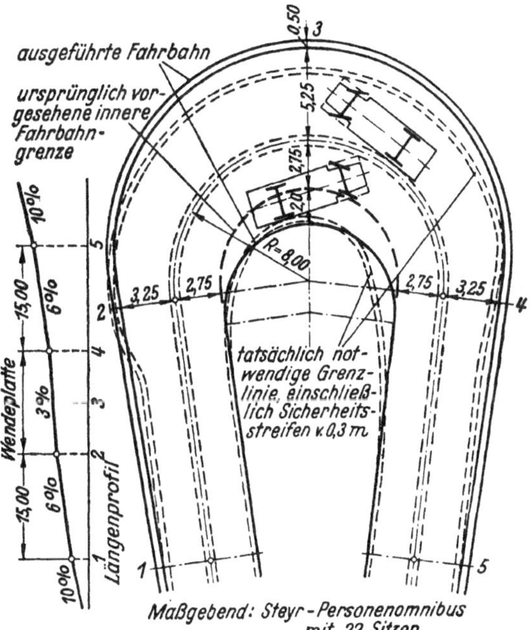

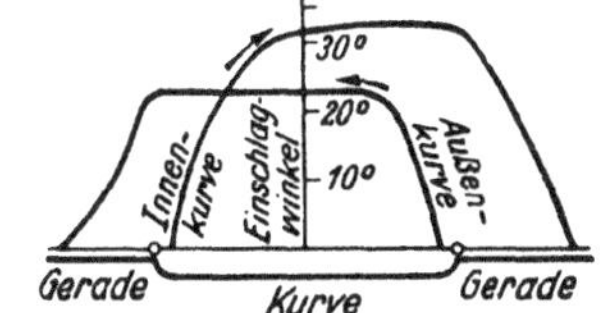

Abb. 76. Umgestaltung der Kehren nach Abb. 75.

Die Führungskraft als Gegenkraft am Schwerpunkt des Wagens angebracht, gibt die Fliehkraft. Bei gleichbleibender Geschwindigkeit nimmt die Fliehkraft mit wachsendem Halbmesser ab. Demnach ist ein Mittel, ihren Einfluß auf die Bewegung des Wagens zu ermäßigen, die Wahl eines genügend großen Halbmessers. Die am Schwerpunkt des Wagens angreifend gedachte Fliehkraft belastet den Wagen auf der Außenseite, entlastet ihn auf der Innenseite (Abb. 77).

$$P_c = \frac{F \cdot h}{p} = \frac{m v^2 \cdot h}{R \cdot p}.$$

Wenn außerdem keine der Fliehkraft entgegengesetzte und gleich große Kraft in der Fahrbahnebene an den Rädern aufgenommen wird, verliert der Wagen die Führungskraft, er wird tangential in der Richtung der Fahrgeschwindigkeit hinausgetragen. Die Führungskraft wird durch das Gewicht des Wagens und die Reibung zwischen Rad und Fahrbahn ausgeübt $= G\,\mu$, über deren Größe Angaben auf S. 28 gemacht sind.

Da bei hoch beladenem Wagen der Schwerpunkt entsprechend hoch liegt, tritt eine starke Schiefstellung bei der Fahrt durch die Krümmung ein. Diese ungleichmäßige Verteilung ist schon vorhanden in der Geraden auf der quergeneigten Fahrbahn. Die Schiefstellung bewirkt, daß die äußeren Federn und Gummireifen sich stärker zusammendrücken als die inneren, der Wagen also nach außen überhängt. Durch die Verschiebung der Mittelkraft aus Gewicht und Fliehkraft wird dieser Vorgang in der Krümmung erheblich verstärkt, der noch durch die einseitige Federdurchbiegung und stärkere Zusammendrückung des Luftreifens vermehrt wird. Das kann zu einer Überbeanspruchung des Luftreifens führen und so weit gehen, daß bei der Fahrt durch die Krümmung die Adhäsion auf der Gegenseite des Reifens aufhört. Beim Bremsen wird die ungleichmäßige Belastung der beiden Seiten ein gefährliches Drehmoment auf den Wagen ausüben.

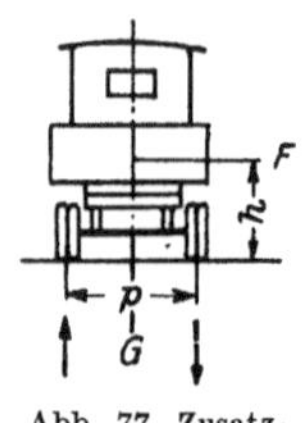

Abb. 77. Zusatzbelastung infolge Fliehkraft.

6. Fliehkraft und Überhöhung.

Die Sicherheit eines Wagens, der eine Krümmung durchfährt, kann dadurch erhöht werden, daß in der Krümmung die Fahrbahn außen höher als innen angelegt wird. Da bei der Eisenbahn die innenliegenden Spurkränze der Räder durch Anlaufen gegen die äußere Schiene den Zug vor dem Herausschleudern bewahren, ist der Zug nur gegen die Gefahr des Umkippens zu sichern. Beim Kraftwagen fehlt es an den besonderen Einrichtungen, die den Wagen zwangsläufig in der Spur halten, er wird daher von beiden Wirkungen erfaßt, und es handelt sich nur zu entscheiden, welche unter sonst gleichen Umständen die größere, gefährlichere ist. Es sei angenommen, daß die Fahrbahn bereits eine einseitige Neigung erhalten hat, deren Neigung $\operatorname{tg}\alpha$ sei. Für die Abmessungen des Wagens nach der Abb. 78 erhält man die Grenzgeschwindigkeit, damit der Wagen nicht umkippt, wenn man die Momentengleichung durch den linken Radauflagerpunkt ansetzt und nach v auflöst.

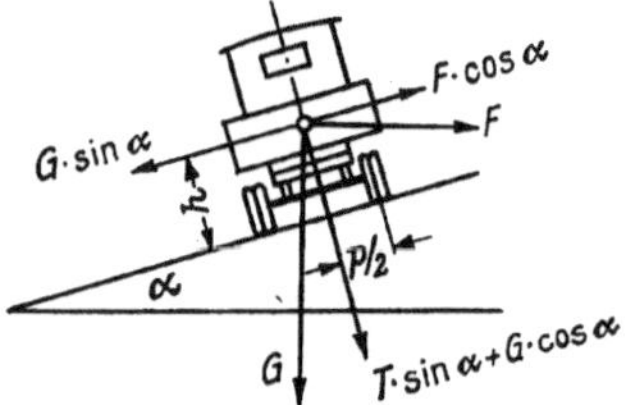

Abb. 78. Kräftebild bei der Fahrt durch die Krümmung.

$$v \leqq \sqrt{\frac{g \cdot R \cdot \left(h \operatorname{tg}\alpha + \frac{b}{2}\right)}{h - \frac{b}{2} \cdot \operatorname{tg}\alpha}}\ \text{m/sec.}$$

Bei Straßen, die noch keine einseitige Neigung in den Krümmungen haben, sondern eine dachförmige, würde die Grenzgeschwindigkeit des Wagens, der an der Außenseite die Krümmung durchfährt, den Wert annehmen

$$v \leqq \sqrt{\frac{g \cdot R \cdot \left(h \cdot \operatorname{tg}\alpha + \frac{b}{2}\right)}{h + \frac{b}{2} \operatorname{tg}\alpha}}$$

und bei Auflösung der Gleichung nach R

$$R \geqq \frac{v^2 \cdot \left(h + \frac{h}{2} \cdot \operatorname{tg} \alpha\right)}{g\left(h \cdot \operatorname{tg} \alpha + \frac{b}{2}\right)}.$$

$\operatorname{tg} \alpha$ ist die übliche Querneigung der Fahrbahn mit Satteldach. Die Gleichgewichtsbedingung gegen Heraustragen des Wagens aus der Krümmung führt zu der Gleichung (μ Kraftschlußbeiwert):

$$v = \sqrt{\frac{g\,R \cdot (\mu - \operatorname{tg} \alpha)}{1 - \mu \operatorname{tg} \alpha}} \tag{35}$$

und bei Auflösung der Gleichung nach R

$$R = \frac{v^2 \cdot (1 - \mu \operatorname{tg} \alpha)}{g \cdot (\mu - \operatorname{tg} \alpha)}.$$

Da in diesen Gleichungen vier Abhängige vorhanden sind, R, v, $\operatorname{tg} \alpha$, und μ, muß für zwei von ihnen eine Annahme gemacht werden, wenn die Beziehungen der beiden anderen zueinander verfolgt werden.

Für $\operatorname{tg} \alpha = 0$, also auf einer Fahrbahn, die waagerecht liegt, nimmt die Gleichung (35) die Form an:

$$v = \sqrt{R\,g\,\mu}. \tag{36}$$

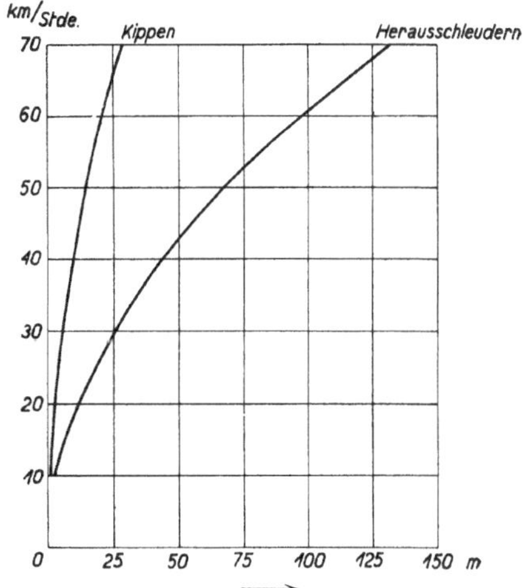

Abb. 79. Beziehung zwischen Halbmesser, Fahrgeschwindigkeit, Gefahr des Kippens und Herausschleuderns.

Über die Wechselbeziehungen zwischen Halbmesser und Geschwindigkeit gibtdie Abb. 79 für eine Querneigung von 6 v. H. und einen Kraftschlußbeiwertanteil $\mu = 0{,}2$ einen Einblick (Gesamtkraftschlußbeiwert nach Gl. 5 $\mu' = 0{,}3$). Zugleich ist auch die Beziehung zwischen Geschwindigkeit und Halbmesser für das Kippmoment des Kraftwagens, dessen Schwerpunkt 0,7 m über der Fahrbahn liegt, und der eine Spurweite von 1,8 m hat, dargestellt. Aus dem Vergleich beider Fälle ist zu entnehmen, daß bei demselben Halbmesser die Gefahr des Kippens bei weitem nicht so groß ist wie die des Herausgetragenwerdens.

Das Kippmoment ist nur insoweit zu berücksichtigen, als durch die Gewichtsverlagerung bei der Fahrt durch die Krümmung die äußeren Räder stärker belastet werden (S. 94) und dadurch das Fahrzeug durch Gegensteuern daran gehindert werden muß, aus der Krümmung zu laufen.

Um die gesamte Fliehkraft durch die Querneigung $\operatorname{tg} \alpha$ aufzunehmen, müßte diese nach dem Kräfteplan (Bild 78) sein:

$$\operatorname{tg} \alpha = \frac{F}{G} = \frac{m\,v^2}{G\,R} = \frac{v^2}{g\,R} = \frac{V^2}{127\,R} \tag{37}$$

oder für einen gegebenen Halbmesser und die Querneigung $\operatorname{tg} \alpha$ darf die Geschwindigkeit höchstens den Wert annehmen

$$v = \sqrt{\operatorname{tg} \alpha \cdot g\,R} \quad \text{(vgl. Gl. 36).}$$

Begrenzt man die Querneigung auf $\operatorname{tg}\varphi$, dann wird nach Gl. 35

$$\operatorname{tg}\varphi = \frac{v^2}{g \cdot R} - \mu - \mu \frac{v^2}{g \cdot R} \cdot \operatorname{tg}\varphi.$$

Das dritte Glied ist sehr klein und kann vernachlässigt werden:

$$\operatorname{tg}\varphi = \frac{v^2}{g \cdot R} - \mu$$

$$\mu = \operatorname{tg}\varrho$$

$$\operatorname{tg}\varphi + \operatorname{tg}\varrho = \frac{v^2}{g \cdot R} = \operatorname{tg}\alpha. \tag{38}$$

Die Umformung der Gleichung 38 ergibt

$$v^2 = g \cdot R \cdot (\operatorname{tg}\varphi + \operatorname{tg}\varrho)$$

$$\max v = 3{,}13 \cdot \sqrt{\mu + q} \cdot \sqrt{R}$$

$$\max V = 11{,}3 \cdot \sqrt{\mu + q} \cdot \sqrt{R}.$$

Zu dem Kraftschlußbeiwert μ in Fahrtrichtung kommt jetzt noch ein Anteil in radialer Richtung.

Der Vorteil starker Querneigungen, bei denen keine Fliehkraft auftritt, ist, daß alle vier Räder gleichmäßig belastet werden und die Insassen wie Ladung keine Radialbeschleunigung erhalten. In diesem Falle rollen die Wagen mit gleichem Druck auf allen vier Rädern durch die Krümmung und er nimmt sie ohne Lenkeingriffe und die Geschwindigkeit, bei der dieser Grenzfall auftritt, wird mit Freihandgeschwindigkeit bezeichnet. Die Fahrbahn wird gleichmäßig beansprucht.

Starke Querneigungen sind aber kein Allheilmittel, um die Wirkung der Fliehkraft in der Krümmung aufzuheben. Denn Halbmesser und Querneigung sind auf die Ausbaugeschwindigkeit zugeschnitten (Gl. 37). Fährt aber ein Wagen mit geringerer Geschwindigkeit durch die Krümmung, so muß eine Gegenkraft vorhanden sein, die das Abrutschen des Wagens nach innen verhindert. Der äußerste Grenzfall ist, daß der Wagen in der Krümmung hält. Dann ist die am Rad angreifende Gegenkraft genau so groß wie die Fliehkraft für die Ausbaugeschwindigkeit; sie wirkt nur in entgegengesetzter Richtung

$$F_i = G\,\mu_g,$$

wobei es sich jetzt um den reinen Gleitbeiwert handelt, der geringer ist als der Haftreibungs- oder Kraftschlußbeiwert. Der Wagen rutscht nicht ab, wenn beim Bremsen

$$g \cdot \sin\alpha = \mu_g$$

ist. Das gleiche gilt, wenn bei der Fahrt durch die Krümmung die vier Räder blockiert werden. Dann wird der volle Gleitreibungsbeiwert in der Fahrtrichtung verbraucht und für die Abstützung nach innen steht kein Anteil mehr zur Verfügung, der Wagen rutscht auch in diesem Falle nach innen ab und, wenn ein in der Krümmung stehender Wagen in Bewegung gesetzt werden soll, muß mit der vollen Inanspruchnahme des Kraftschlußbeiwertes für die ersten Sekunden des Anfahrens gerechnet werden, so daß auch hier die Antriebräder nach innen abrutschen werden. Sobald sie aber nicht mehr schlüpfen, ist eine solche Gefahr behoben. Hier liegen die Nachteile, wenn die Querneigung zu stark gemacht wird. Je größer der Halbmesser gewählt wird, um so günstiger gestaltet sich der Bewegungsvorgang in der Krümmung.

Da aber auch hier Grenzen gesetzt sind, muß ein Mittelweg eingeschlagen werden, daß ein Teil der Fliehkraft durch die Querneigung, der andere durch den Kraftschluß in radialer Richtung aufgenommen werden. Die RAL. hat die Fliehkraft je zur Hälfte auf beide verteilt: Die Querneigung wird dann

$$q = \frac{50\, v^2}{g \cdot R}\,\% \tag{39}$$

$$g = \sim 10 \text{ m/sec}^2$$

$$q = \frac{5\, v^2}{R}$$

veranschaulicht durch Abb. 80.

Keine Fliehkraft tritt auf, wenn die Geschwindigkeit auf $v_q = \sqrt{0{,}5\, v^2} = 0{,}707\; v$ abfällt. Dann steht der volle Kraftschluß für die Fahrtrichtung zur Verfügung. Werden die Beziehungen zwischen Querneigung und Geschwindigkeit für den gleichen Halbmesser R gegenübergestellt, so ist der Abstand zwischen den beiden Linien der nicht durch die Querneigung aufgehobene Teil der Fliehkraft,

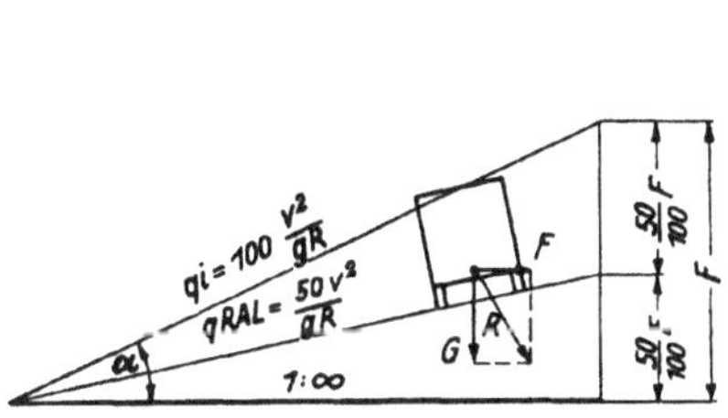

Abb. 80. Verteilung der Fliehkraft je zur Hälfte auf Querneigung und Kraftschlußradial.

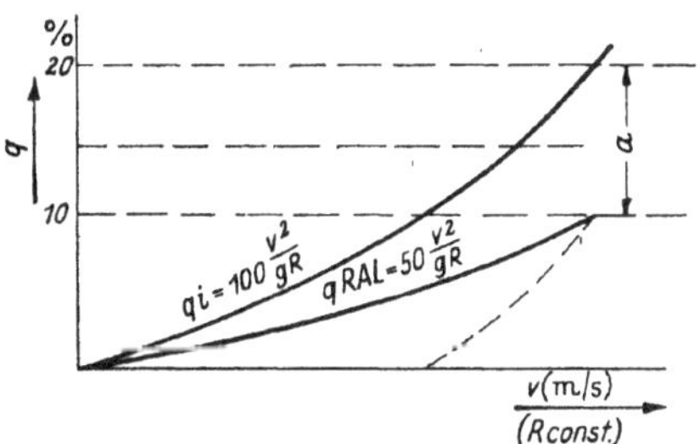

Abb. 81. Querneigung für verschiedene Fahrgeschwindigkeiten bei gegebenem Halbmesser nach RAL.

wenn $q = 10\%$ als die größte zulässige Querneigung nach der RAL. angesehen wird (die Parallele zu q_i im Abstand a) — Abb. 81.

Bei allen Querneigungen, die innerhalb der q_i-Linie und der Parallelen im Abstande a liegen, übt die Fliehkraft keine ungünstigen Wirkungen auf Insassen und Wageninhalt aus. Wo die Parallele die Abszissenachse schneidet, ist die Querneigung $= 0$ und die gesamte Fliehkraft, hervorgerufen durch die am Schnittpunkt auftretende Geschwindigkeit, wird von der Haftreibung aufgenommen. Für geringe Geschwindigkeiten ergibt sich ein negativer Wert für die Querneigung, d. h. die Straße kann je nach Geschwindigkeit den üblichen satteldachförmigen Querschnitt behalten.

Dieser Aufteilung nach der RAL. liegt ein bestimmter Kraftschlußbeiwert zugrunde. Wie schon im ersten Abschn. C. I. c behandelt, ist die Reibungskraft an der Grenze zwischen Rad und quergeneigter Fahrbahn nach zwei Komponenten zu zerlegen, eine in der Längsachse des Rades μ_1, die andere normal dazu, die nach dem Krümmungsmittelpunkt gerichtet ist μ_2. Der Kraftschlußbeiwert, der in diesem Falle nicht überschritten werden darf, ist nach Gl. 5

$$\mu = \sqrt{\mu_1^2 + \mu_2^2}.$$

Um die Sicherheit bei der Durchfahrt durch die Krümmung jeweils übersehen zu können, ist es notwendig, die Mittelkraft aus den beiden Komponenten des Beiwertes μ zu berechnen und daraufhin zu prüfen, ob der zur Verfügung stehende Beiwert nicht überschritten wird.

$$\mu_2 = \frac{0{,}5\, v^2}{g\, R} = \frac{v^2}{19{,}62\, R}.$$

Der Wert für μ_2 kann für die verschiedenen Geschwindigkeiten und Halbmesser aus dem Nomogramm (Abb. 82) entnommen werden. Je nach der Größe des gesamten Kraftschlußbeiwertes steht für die Aufnahme der Schubkraft der Anteil μ_1 zur Verfügung. Ist μ_1 aus der Querneigung gegeben, kann der Gesamtkraftschlußbeiwert aus der Gleichung 5 nach dem angefügten Nomogramm abgegriffen werden.

Bei den Kraftschlußbeiwerten, die im Mittel zu 0,4 gemessen worden sind (Erster Abschn. C. I), verbleibt bei Querneigungen bis zu 10% ein ausreichender Anteil für die Schubkraft $\mu_1 = 0{,}38$ und bei 15% Querneigung immerhin noch 0,37.

Wenn im Flachland mit $\mu = 0{,}4$, im Hügelland mit $\mu = 0{,}45$ und Gebirge mit $\mu = 0{,}5$ gerechnet werden kann und Querneigungen bis zu 15% in den Krüm-

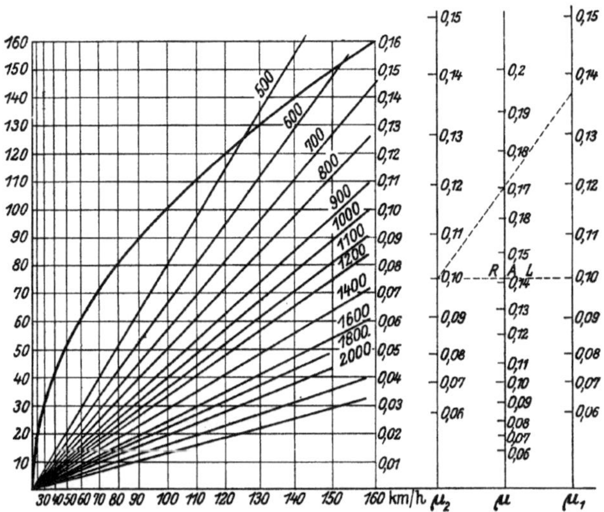

Abb. 82. Beziehungen zwischen Halbmesser, Fahrgeschwindigkeit und Haftreibungsbeiwert.

mungen zugelassen werden, bestehen zwischen μ, μ_1 und μ_2 die folgenden Beziehungen:

Abnahme von μ

μ_2	μ	μ_1	%	μ_2	μ_1	%
0,15	0,40	0,37	7,5	0,10	0,387	3,25
0,15	0,45	0,425	5,5	0,10	0,44	2,2
0,15	0,5	0,476	4,8	0,10	0,49	2

Nach RAL. soll die Querneigung bis 10% betragen für Landstraßen bei geringem, bis 15% bei starkem Längsgefälle, für Autobahnen ist das Mindestmaß 1,5%, das Höchstmaß 6%. Kehren auf Gebirgsstraßen haben beispielsweise in der Schweiz (Klausenpaß) bis 14% Querneigung erhalten, die mit Spannfahrzeugen sicher befahren werden *[52]*. Die Kehren des Stilfser Joches haben sogar 16% Querneigung, die des Sustenpasses bei $R = 17\ m$ 12%.

Unter Beachtung der Angaben auf S. 96, daß unter bestimmten Voraussetzungen bei starker Überhöhung die Wagen nach innen abrutschen können, soll indessen die Querneigung nicht über 7 v. H. hinausgehen (vgl. Abb. 86).

Um das Schneiden der Krümmung zu verhindern, ist eine Trennung beider Fahrbahnen vorgeschlagen worden. Dann kann jede Fahrspur die für sie geeignete Überhöhung erhalten. Bei der außenliegenden Fahrbahnhälfte entsteht eine Linienverlängerung, die eine Steigungsermäßigung ermöglicht, die für Berg- wie Talfahrt erwünscht ist *[53]*.

7. Fliehbeschleunigung.

Soweit die Fliehkraft nicht durch die Querneigung aufgenommen wird, sondern durch die Reibung an der Fahrbahnoberfläche, wirkt sie auf die Insassen und Ladung und äußert sich bei der Einfahrt in die Krümmung als eine Fliehbeschleunigung von der Größe:

$$p = g \cdot \mu_1 \text{ m/sec}^2.$$

Wenn nach RAL. die Fliehkraft je zur Hälfte auf die Querneigung und den Kraftschluß an der Fahrbahn übertragen und

$$q_{max} = 0{,}1 \text{ zugelassen wird, ist } \mu \text{ auch} = 0{,}1 \text{ und}$$

$$p = g \cdot 0{,}1$$

$$= 0{,}981 \text{ m/sec}^2.$$

Anstieg der Fliehbeschleunigung. Diese Radialbeschleunigung ist unabhängig vom Halbmesser. Sie wächst bei der Einfahrt in die Krümmung in der Geraden von 0 bis zum Höchstwert. Je schneller oder unvermittelter aber dieser Anstieg ist, um so unangenehmer macht er sich als „Querruck" auf die Fahrgäste und Wagenladung bemerkbar. Die Sicherheit und Annehmlichkeit des Fahrens verlangen, daß der Beschleunigungsanstieg bei der Einfahrt und der Abklang bei der Ausfahrt gleichmäßig und stetig vor sich gehen und ein gewisses Maß nicht überschreiten. Bei unverändertem Halbmesser R und unveränderter Geschwindigkeit nimmt mit abnehmendem q p zu, der Querruck steigt demnach.

Im Eisenbahnbetrieb ist ein Ruck $K = 0{,}5$ m/sec³ zugelassen. In USA. rechnet man mit $K = 0{,}6$ m/sec³. Nach Untersuchungen von Kratz *[54]* wird er im Kraftverkehr bis 1 m/sec³ nicht störend empfunden. Daß der Querruck in den Grenzen bleibt, kann nur durch einen Übergangsbogen erreicht werden, der bei der Einfahrt und Ausfahrt, wie schon nach früheren Ausführungen (S. 91) aus Gründen des Zwangslaufes notwendig ist. Er muß eine bestimmte Länge haben.

Die Fahrzeit ist gegeben durch die Division

$$\frac{p}{K} = t \text{ sec.}$$

(nach Gl. 8)
$$\frac{g \cdot \mu}{K} = t \text{ sec.}$$

Die Fahrzeit ist unabhängig von dem Halbmesser. Ist v m/sec die Fahrgeschwindigkeit, dann wird die Länge des Übergangsbogen

$$l = t \cdot v.$$

Je größer der Halbmesser ist, desto größer ist die Geschwindigkeit, mit der die Krümmung genommen wird. Gleichung für v eingesetzt, ergibt mit Gleichung 36

$$l = t\sqrt{q + \mu} \cdot \sqrt{R\,g} \tag{40}$$

$$= \frac{g\,\mu}{K} \cdot \sqrt{q + \mu} \cdot \sqrt{R\,g} = \frac{30{,}7\,\mu}{K} \cdot \sqrt{q + \mu} \cdot \sqrt{R}.$$

Für die Form eines Übergangsbogens ist neben dem fahrdynamischen steuerungstechnisch zu berücksichtigen, daß das Steuerrad bis zu dem Einschlagwinkel gedreht werden muß, mit dem der volle Kreisbogen gefahren werden soll. Dieser Vorgang kann sich nur allmählich vollziehen. Es soll angenommen werden, daß das Steuerrad vollkommen gleichmäßig gedreht wird. In diesem Falle wird die Krümmung $\frac{1}{\varrho}$ verhältnisgleich der Länge des Übergangsbogens sich ändern. Diese Forderung ist erfüllt, wenn der Wagen einen Übergangsbogen fährt nach dem Krümmungsgesetz:

$$\varrho_x = \frac{c}{l_x}$$

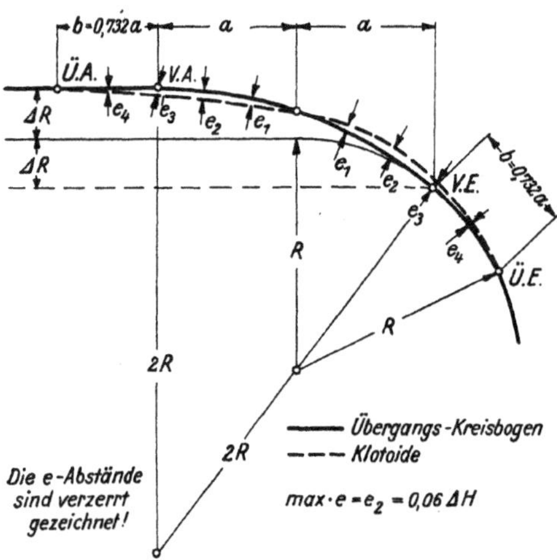

Abb. 83. Übergangsbogen in der Form der Klotoide.

ϱ_x ist der Krümmungshalbmesser, l_x die Streckenlänge. Das Produkt aus der Bogenlänge bis zu einem Punkt der Kurve und dem in diesem Punkt vorhandenen Halbmesser ist ein Festwert.

Die Kurve nach diesem Krümmungsgesetz ist die Klotoide; sie ist als Übergangsbogen jetzt für die Krümmungen im Straßenbau zugrunde gelegt worden *[55]* (Abb. 83).

Sie ist eine Spirale, von der aber nur ein kurzes Stück für den Übergangsbogen verwendet wird, das noch ziemlich gestreckt ist. Sie beginnt mit $R = \infty$, d. h. mit der Krümmung $\frac{1}{R} = 0$ und kann daher an eine vorausgehende Tangente angeschlossen werden. Die Klotoide, kann nach rechtwinkligen oder Polarkoordinaten r und $\sphericalangle\, \varphi$ abgesteckt werden, für die Absteckungstafeln von Schürba *[56]* berechnet sind. Sie enthalten die Werte für den Halbmesser, Tangentenabrückung, Tangentenwinkel, rechtwinklige und Polarkoordinaten.

8. Tangentenabrückung.

An Stelle der Klotoide kann zur Vereinfachung angenommen werden, daß im flachen Anfangsbereich mit genügender Genauigkeit die Beziehung $\triangle R_0 = \frac{y_0}{4}$ besteht. $\triangle R_0$ ist die Tangentenabrückung, d. h. der Abstand von der Tangente und dem Punkt, an dem der Übergangsbogen an den Krümmungskreis R_0 anschließt. Für das zu y_0 gehörende x_0 kann angenähert l_0 gesetzt werden. In diesem Bereich kann für die Krümmungsgleichung der Klotoide auch die der kubischen Parabel angenommen werden. Diese lautet (Abb. 84)

$$y = \frac{x^3}{6\, R \cdot l} \qquad \text{für } x = l \qquad \triangle R_0 = \frac{l^3}{24\, R_0 \cdot l}$$

$$\triangle R_0 = \frac{x^3}{4 \cdot 6\, R_0 \cdot l} \qquad e = \triangle R_0 = \frac{l^2}{24\, R_0}. \tag{41}$$

Überträgt man jetzt für l den Wert der Gleichung 40 in diese Ableitung, ergibt sich für die Tangentenabrückung

$$\triangle R_0 = \left(\frac{6{,}3\,\mu}{K}\right)^2 \cdot (\mu + q). \tag{42}$$

Die Tangentenabrückung ist also abhängig vom Kraftschlußbeiwert, der Fahrbahnüberhöhung und dem angenommenen Maß der Fliehbeschleunigung K bei der Ein- und Ausfahrt aus der Krümmung.

Fällt $\triangle R$ unter den Wert von 0,3 m, wird ein Übergangsbogen nicht mehr notwendig sein, weil der Spielraum in der Fahrbahn dem Fahrer ermöglicht, den Übergangsbogen in der vorhandenen Fahrbahn auszufahren.

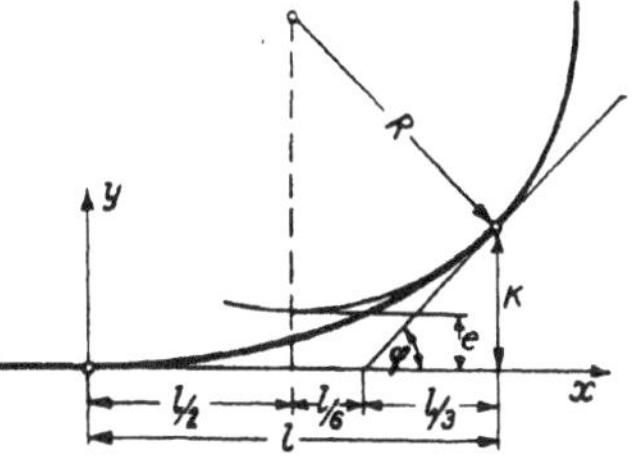

Abb. 84. Kubische Parabel.

Aus den Schaulinien der Abb. 85 können für die Werte $\mu = 0{,}08$, 0,1, 0,12, 0,16 und entsprechende Werte von q bei Annahme eines Wertes $K = 0{,}5$ m/sec³ die Tangentenabrückungen für die verschiedenen Werte von V km/h und R entnommen werden.

Die Beziehungen zwischen der Ausbaugeschwindigkeit, dem Halbmesser, dem Quergefälle für Auto- und gemischtem Verkehr und Seitenbeschleunigung sind aus der Abb. 86 zu entnehmen (Schweizer Normalien).

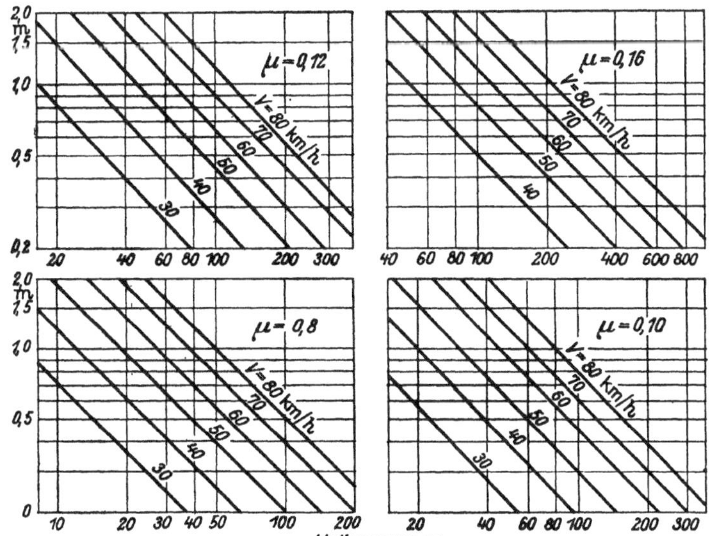

Abb. 85. Maße der Tangentenabrückung für verschiedene Halbmesser R, Fahrgeschwindigkeit V, Querneigung und Haftreibung μ.

Wenn eine Verbreiterung der Krümmung nach innen aus kinematischen Gründen notwendig ist $= i$ (Zweiter Abschn. C. III. c. 1—3), wird

$$\triangle R = i + \triangle R_0.$$

Da der Spielraum, der jedem Wagen in seiner Fahrspur gegeben ist, ausreichend ist, liegt kein Zwang vor, den Übergangsbogen, der nur am Innen- und Außenrand angelegt werden kann, genau nach der Klotoide zu gestalten, vielmehr kann diese durch einen Übergangsbogen von dem doppelten Krümmungshalbmesser ersetzt werden, der die Kurve der Klotoide in der Ordinate des Tangentenberührungspunktes an den Kreis schneidet. Die Abweichung von der

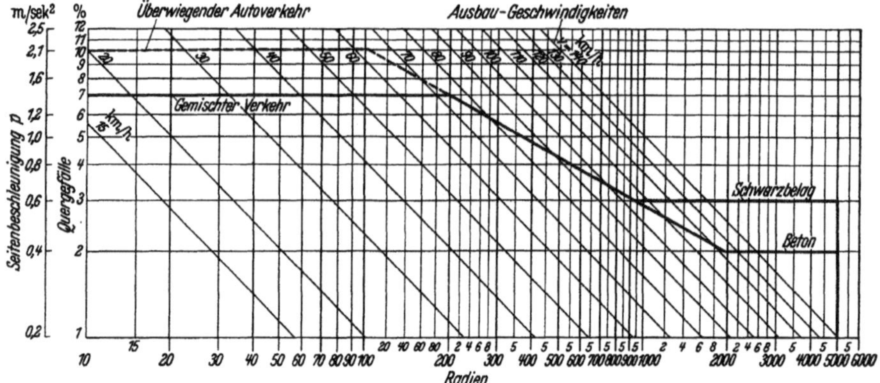

Abb. 86. Beziehung der Ausbaugeschwindigkeit zum Radius, Quergefälle und Seitenbeschleunigung.

mathematischen Linie ist unbedeutend. Der Tangentenabschnitt a vor dem Bogenanfang und nach dem Bogenanfang ist, wie aus Abb. 83 hervorgeht,

$$a = \sqrt{(2\,R - \triangle\,R)\,\triangle\,R}\,. \tag{43}$$

Sein Beginn wird mit VA (Vorbogenanfang), sein Ende mit VE (Vorbogenende) bezeichnet. Die Klotoide selbst ist länger, und zwar je um

$$b = 0{,}732\,a$$

vor VA und hinter VE. Diese Punkte werden mit Übergangsbogenanfang ($\ddot{U}A$) und Übergangsbogenende ($\ddot{U}E$) bezeichnet.

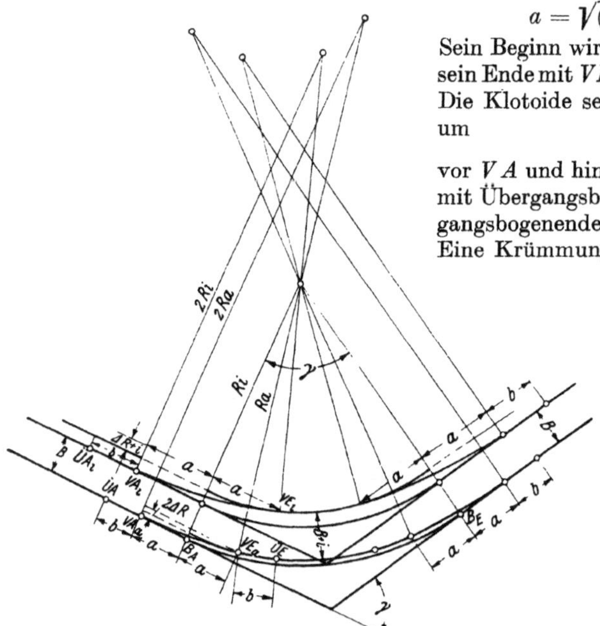

Abb. 87. Krümmung mit Übergangsbogen und Innenverbreiterung.

Eine Krümmung mit Übergangsbogen und Verbreiterung nach der Innenkante um das Maß i wird nach dem Muster der Abb. 87 gestaltet.

Zusammengefaßt sind die Anforderungen an den Übergangsbogen die folgenden:

1. Die Änderung des Einschlagwinkels beim Befahren des Bogens bedingt eine Änderung der **Fliehkraft**. Der Übergangsbogen muß so gestaltet sein, daß die daraus folgende Zunahme der Fliehkraftbeschleunigung, der **Ruck**, nicht unangenehm empfunden wird.
2. Der Übergangsbogen muß so lang sein, daß beim Hindurchfahren genügend Zeit zum Erreichen des notwendigen Einschlagwinkels vorhanden ist, nur dann kann die Fahrspur eingehalten werden. Das wirkt sich besonders bei kleinem R aus.
3. Die aus Gründen des Zwangslaufes erforderliche Verbreiterung des Innenhalbmessers muß durch den Übergangsbogen mit vermittelt werden.

4. Die am Beginn des Übergangsbogens bereits aus dem satteldachförmigen Querschnitt entwickelte einseitige Querneigung vom üblichen Ausmaß q_d % muß mit genügend Stetigkeit in die überhöhte Querneigung q % des Vollbogens überführt werden.

Damit ein Übergangsbogen zwischen Bogenanfang und Bogenende eingelegt werden kann, und damit diese beiden sich nicht überschneiden, muß der Zentriwinkel φ mindestens sein:

$$\text{arc}\,\varphi \cdot R = l = 2\,(a + b)$$

$$\min \varphi = \sqrt{\frac{24 \bigtriangleup R}{R}}.$$

Empfohlen wird

$$\varphi = \sqrt{\frac{32 \bigtriangleup R}{R}}.$$

Zu entscheiden ist noch, von welcher Halbmessergröße auf einen Übergangsbogen verzichtet werden kann.

Setzt man in die Gleichung 38 für $\mu + q$ den Wert 0,2 ein, so wird

$$R_0 = \frac{1}{0{,}2} \cdot \left[\frac{V_{max}}{11{,}3}\right]^2$$

Aus fahrtechnischen Gründen kann man von Halbmessergrößen an, die über das doppelte des R min (Gl. 37) hinausgehen, auf den Übergangsbogen verzichten. Nur aus Gründen der Ästhetik kann es erwünscht sein, auch bei wesentlichen größeren Halbmessern Übergangsbögen einzulegen.

Da die Fliehbeschleunigung umgekehrt verhältnisgleich dem Halbmesser und verhältnisgleich dem Krümmungsmaß $1/R$ ist, veranschaulichen Krümmungsbilder von Kurven die Vorgänge beim Übergang von der Tangente in den Kreis. Denn ohne Übergangsbogen tritt der Ruck unvermittelt voll auf (Abb. 88a). Ist der Übergangsbogen ein Kreisbogen vom doppelten Halbmesser des Vollbogen, wird der Ruck gehälftet (Abb. 88b). Die Klotoide bildet einen stetigen Übergang (Abb. 88c). Eine weitere Milderung des Ruckes tritt bei der Lenkradkurve auf, die Brauer-Ostwald aufgestellt haben (Abb. 88d).

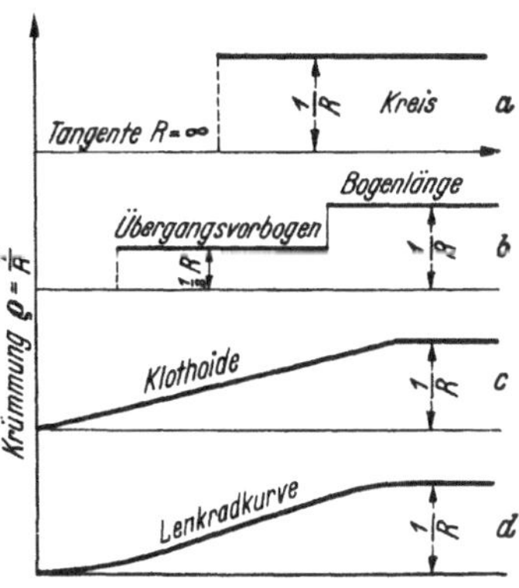

Abb. 88 *a—d*. Schaulinien für die Form des Ruckes bei verschiedenen Arten des Übergangsbogens.

9. Winkelbildverfahren.

Um einen Maßstab zur Beurteilung der Stetigkeit der Linie im Grund- und Aufriß zu erhalten und das auch bildlich darzustellen, ist das folgende Verfahren auf mathematischer Grundlage geeignet *[57]*.

Trägt man in einem Achsenkreuz die Bogenlängen b als Abzsissen und die Winkel φ als Ordinaten auf, so erhält man das Winkelbild des Bogens, d. h. die Abweichung eines Bogenstückes gemessen im Tangentenwinkel zu einer angenommenen Richtung. Das Winkelbild ist erklärt mit der Gleichung

$$X = c_x \cdot b, \quad Y = c\,y \cdot \varphi \quad \text{(Abb. 89)}.$$

Für ein sehr kleines Bogenstück, dem man den Halbmesser r zuordnen kann, wird

$$dx = c_x \cdot d\,b \quad \text{und} \quad dy = c_y \cdot d\,\varphi,$$

für $d\,\varphi = \frac{d\,b}{r}$ eingesetzt, ergibt die Neigung des Winkelbildes gegen die Waagerechte

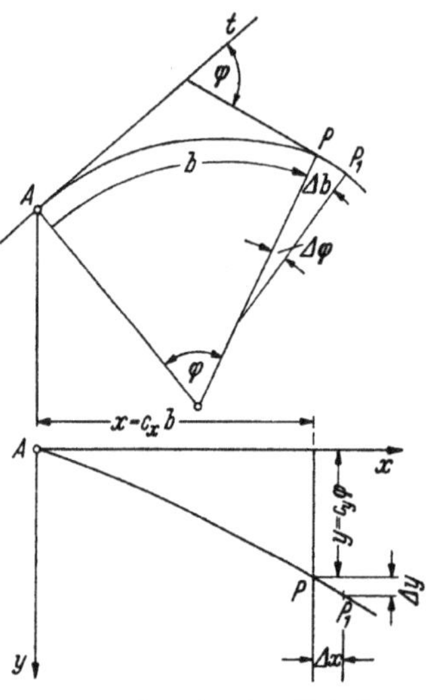

Abb. 89. Grundlage des Winkelbildes.

$$\frac{dy}{dx} = \frac{c_y}{c_x} \cdot \frac{1}{r}.$$

Bezeichnet man $c_r = \frac{c_y}{c_x}$ das Krümmungsmaß, so ist

$$\frac{dy}{dx} = \frac{c_r}{r}$$

$$y = c_r \int \frac{1}{r} \cdot dx,$$

d. h. das Winkelbild ist die Integrallinie zur Krümmungslinie. Das Winkelbild des Kreisbogens ist

$$\frac{dy}{dx} = \frac{1}{r}.$$

Dies wird dargestellt durch eine zur Abszissenachse geneigte Gerade, die die Endpunkte der Tangentenanschlußpunkte an die Krümmung verbindet. Die Linie im Grundriß bestehend aus Geraden und Kreisbogen ist also eine gebrochener Zug von Parallelen zur Abszissenachse und verbindenden Schrägen.

Die zweite Ableitung y'' — der Einschlagwinkel — ist eine Parallele zur Abszissen-

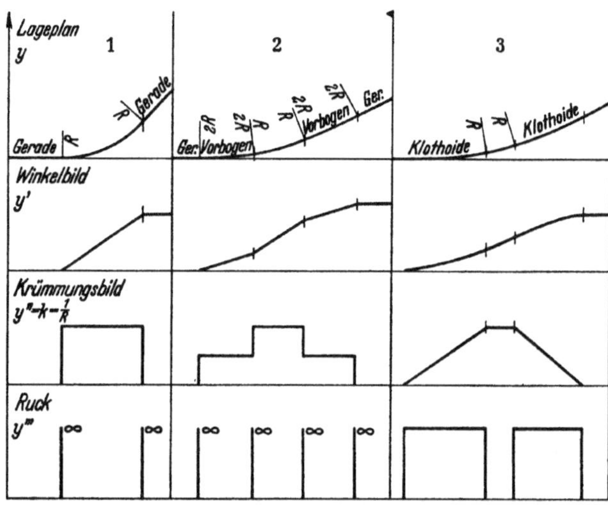

Abb. 90. Winkelbild in drei Ableitungen.

achse. Die dritte Ableitung — der Ruck — ist unendlich groß. Die erste Spalte der Abb. 90 ist das Winkelbild der Krümmung, die zweite das mit dem Übergangsbogen 2 R und die dritte das mit der Klotoide als Übergangsbogen, das Krümmungsbild wegen des gleichmäßigen Anstieges des Ruckes eine zur Abszissenachse geneigte Gerade und die Darstellung des Ruckes eine Parallele zur Abszissenachse. Im Zweiten Abschn. E. c 2 wird für eine Autobahnstrecke das Winkelbild, Krümmungsbild und der Ruck im Grund- und Aufriß dargestellt (Abb. 129).

An Stelle der kubischen Parabel ist auch die Lemniskate angewendet worden, eine Kurve mit stetig abnehmendem Krümmungshalbmesser nach dem Gesetz (Abb. 91).

$$r = a \cdot \sqrt{\cos 2\varphi}.$$

Hierbei ist

r = Länge des Leitstrahles
a = Halbachse der Kurven (Parameter)
φ = Winkel zwischen Tangente im Bogenanfang und dem Leitstrahl.

Das Krümmungsgesetz ist

$$\varrho = \frac{a^2}{3r}$$

$$a = \sqrt{3\,r\,R}.$$

Die Krümmung besteht hier aus zwei symmetrischen Ästen, die den Vollbogen mit Übergangsbogen ersetzen. Für die Ausführung einer Krümmung nach dieser Form ist der

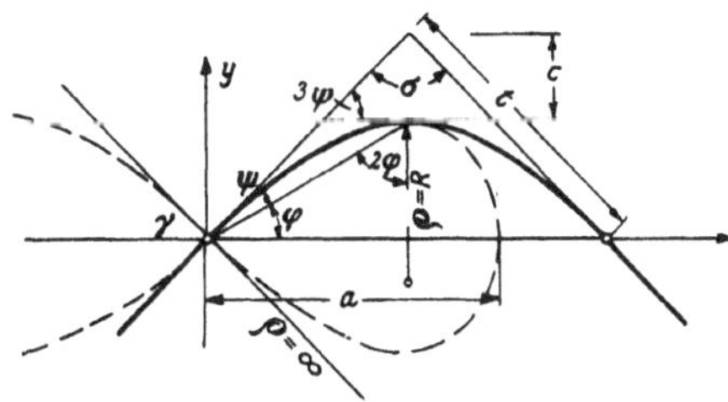

Abb. 91. Lemniskate.

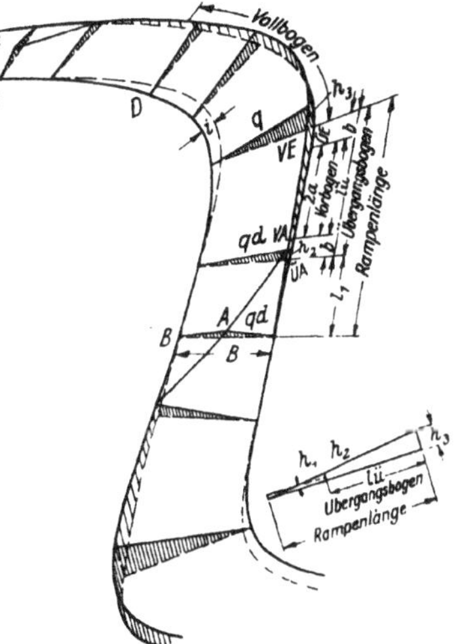

Abb. 92. Gestaltung der Krümmung, Anrampung und Verwindungsstrecke.

kleinste Krümmungshalbmesser und der Tangentenwinkel gegeben. Dann ist r und die Länge von c zu berechnen

$$c = \frac{3\,\varrho \cdot \cos\left(30^\circ + \frac{\sigma}{3}\right) \cdot \sin\left(30^\circ - \frac{\sigma}{6}\right)}{\sin\frac{\sigma}{2}}$$

$$r = \frac{c \cdot \sin\frac{\sigma}{2}}{\sin\left(30^\circ - \frac{\sigma}{6}\right)}.$$

Die Berechnung ist verwickelt und muß für die Innen- und Außenkante der Straßenkrümmung unter der Berücksichtigung der Verbreiterung getrennt durchgeführt werden, eine umständliche Arbeit, wie das Beispiel auf S. 50 in der II. Aufl. beweist

10. Gestaltung der Krümmung.

Die zu 4. genannte Anrampung (S. 103) besteht aus zwei Teilen. Mit dem ersten wird der satteldachförmige Querschnitt in einen einseitig nach innen quergeneigten verwandelt, dessen Quergefälle dem des satteldachförmigen entspricht (Abb. 92).

Der Außenrand steigt hierbei an. Das Steigungsverhältnis darf nicht zu groß sein, damit die Verwindung in den Grenzen bleibt. Dieser Teil der Anrampung endet am Punkte $\ddot{U}A$. Daran schließt der zweite Teil an, auf dem die Verwindung bis zur höchsten Querneigung vollzogen wird, die am Punkte $\ddot{U}E$, d. h. am theoretischen Beginn des Vollbogens erreicht werden soll, indem auch hier der äußere Fahrbahnrand gleichmäßig höher gelegt wird. Das zwangsläufig auf diesem Teil entstehende Steigungsverhältnis soll auch für den Dachformübergang maßgebend sein. Seine Länge l_1 ist dann, wenn die Strecke $\ddot{U}A$ bis $\ddot{U}E$ mit $l_{\ddot{u}}$ bezeichnet wird,

$$l_1 = \frac{q_d}{q - q_d} \cdot l_{\ddot{u}} = \frac{2\, q_d \cdot (a + b)}{q - q_d}. \tag{44}$$

Wenn die Krümmung um das Maß i nach innen verbreitert wird, ändert sich diese Gleichung wie folgt

$$l_1 = \frac{2 q_d\, B\, (a + b)}{(B + i) \cdot q - B \cdot q_d}. \tag{45}$$

Bei sehr flachem Anrampungsverhältnis würde der Dachformübergang sehr lang ausfallen. Dann legt man ihn steiler an, nicht unter 0,6 v. H. Da die Fahrbahn auf dem Übergang eine verwundene Fläche ist, die vier Räder jedes Wagens demnach auf keiner Ebene stehen, wird es sich darum handeln, die Verwindung möglichst allmählich und stetig vorzunehmen. Von den Möglichkeiten, den Übergang durch Drehen um die Mittelachse oder um den inneren Fahrbahnrand herzustellen, ist die letztgenannte Regel geworden.

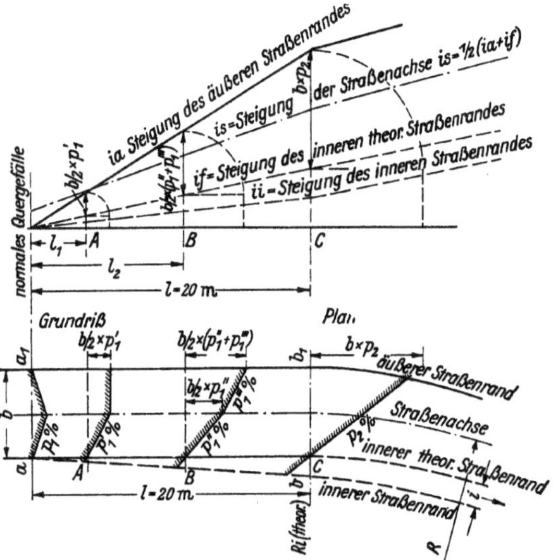

Abb. 93. Anrampung nach den schweizer Normalien.

Wenn die Fahrbahn um die Innenkante gedreht und verbreitert wird, steigt der Außenrand nicht stetig an, wenn die Querneigung auf dieser Strecke gleichmäßig steigt, weil die Verbreiterung am Innenrand nicht geradlinig, sondern in einer Bogenfunktion zunimmt. Der Außenrand ist hohl geformt. Das Anrampungsmaß nach Gleichung 45 ist also nur eine gedachte Linie. Bei einem stetig ansteigenden Außenrand würde die Zunahme der Verwindung in der Querneigung ungleichförmig werden, anfangs stärker, am Ende geringer, eine für den Verkehr nicht zu empfehlende Form. Bei Wendeplatten macht sich diese Verwindung besonders stark bemerkbar. Bei einer Drehung um die Mittelachse würde bei einer waagerechten Lage oder nur schwachen Steigung der Innenrand absinken, der Wagen der Innenspur also in einer Mulde fahren.

Nach den Normalien für Bergstraßen, die die Vereinigung der schweizerischen Straßenfachmänner herausgegeben hat (Teil I, 1936), wird die Fahrbahn um den inneren Rand (ohne Verbreiterung) gedreht.

Der Übergang von dem satteldachförmigen Querschnitt zu dem einseitig überhöhten ist für den Aufriß und den Grundriß in seiner Form und in den Maßen durch Abb. 93 festgelegt. Bei waagerechter Lage der Krümmung ($s = 0\%$) würde der innere Straßenrand der Verbreiterung auf der Rampenstrecke fallen müssen, und zwar um so mehr, je stärker die Fahrbahn nach innen verbreitert wird. Da aber bei Bergstraßen die Straßenachse auch in der Wendeplatte ansteigt, so wird nur die Steigung des inneren Straßenrandes ermäßigt, allerdings nur dann, wenn die Steigung der Straßenachse das Gefälle des inneren Randes ausgleicht.

$$\frac{i \cdot p_2}{2\,(a + b)} \leqq s\ \%.$$

Der Übergang vom einseitigen Querschnitt zum dachförmigen wird an dem anderen Schenkel der Krümmung in der gleichen Weise vorgenommen.

In den VStA. wird um die Mittelachse gedreht, wenn die Steigung größer als 2% ist, im andern Falle, um auf der Innsenseite einen Sack zu vermeiden, um die Innenkante.

Da bei diesem Verfahren die Mittelachse als Bezugslinie verschwindet, soll nach RAL. im Aufriß der Innenrand der Krümmung als Bezugslinie genommen werden (Abb. 92: Linie A, B, D, E, F), die sich auf die beiden Übergangsbögen und den dazwischenliegenden Vollbogen erstreckt. Da der Innenrand kürzer ist als die Mittelachse, hat er eine stärkere Steigung als die Achse. Auf diese Weise kann nachgeprüft werden, ob diese Steigung ein unzulässiges Maß angenommen hat. Allerdings ist zu beachten, daß im Aufriß die Straßenlänge in der Krümmung mit der tatsächlichen gemessen in der Achse nicht übereinstimmt.

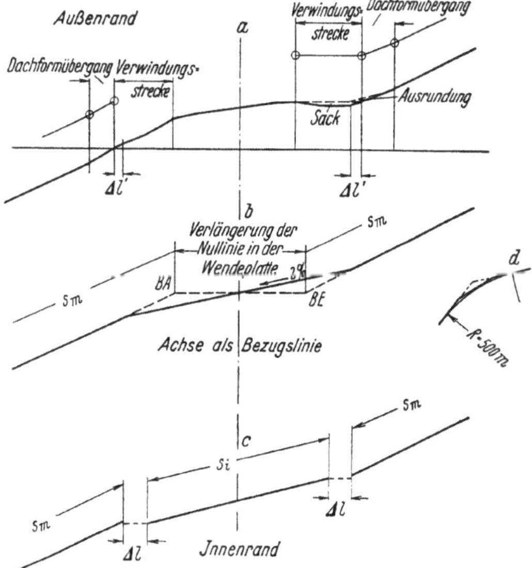

Abb. 94. Höhenplan einer Krümmung (Wendeplatte) gezeichnet für Außenrand (a). Bezugslinie (b), Innenrand (c) und Ausrundung (d).

Der Höhenplan (Aufriß) der Straße, der zusammen mit dem Entwurf der Nullinie (Abb. 37) gezeichnet ist, die zugleich die Fahrbahnachse ist, für die nach den „Vorläufigen Richtlinien für einheitliche Entwurfsgestaltung im Landstraßenbau (REE.)" die Höhenlage der Straßenoberkante angegeben wird, stimmt nicht mehr. Auch die Länge der Straße, die für die Massenberechnung und Kostenanschlag zugrunde zu legen ist, ist um den Betrag verringert, um den die Innenkante kürzer ist als die Achse. Es wird daher vorgeschlagen, entweder die Länge der Straßenachse auf jeden Fall beizubehalten und die Höhenlage des Innenrandes im verzerrten Maßstabe aufzutragen oder aber zusätzlich unter dem Längsschnitt, für den die Achse als Bezugslinie beibehalten wird, die Abwicklung des Innenrandes mit seinen Anschlüssen aufzutragen. Das gleiche kann auch für den Außenrand erfolgen. Da in diesem Falle die Höhen und Längen die wirklichen sind, erhält man das Bild der Gefällverhältnisse und kann nachprüfen, ob diese in den Grenzen bleiben und wie weit z. B. der Außenrand stetig oder unstetig verläuft (Abb. 94).

Die Drehung um den Innenrand hat aber am Auslauf einer Krümmung eine Unebenheit in der Fahrbahnfläche zur Folge, die bisher nicht genügend beachtet worden ist. Bei einer waagerechten Straße sind die beiden Krümmungshälften ein Spiegelbild. Mit Flacherwerden der Querneigung fällt der Außenrand bis *ÜA* und dann folgt der Übergang von der einseitigen Querneigung in die Satteldachform. Bei starken Krümmungen in der Steigung entsteht aber in der Gegend von *ÜA* am Außenrand eine Mulde.

Der Abstieg von dem stark überhöhten Außenrand über Verwindungsstrecke und Anrampung genau unter den gleichen Abmessungen und Gefällverhältnissen wie im Bogeneinlauf kann an dem Querschnitt bei *ÜA*, bei dem die einseitige Querneigung der Dachform der Fahrbahn erreicht ist und nunmehr die Rampe beginnt, ein Neigungsverhältnis annehmen, daß ein Sack entsteht, in den der bergwärts fahrende Wagen hineinsinkt, um dann gleich in die Tangente einzufahren, die in der maßgebenden Steigung liegt. Eine solche Form der Fahrbahn, die zugleich eine starke Verwindung hat, muß dazu führen, daß der Wagen einen Stoß erhält und ins Wippen gerät. Ob die Fahrbahn an dieser Stelle eine solche höchst unerwünschte Gestalt annimmt, hängt von vielen Umständen ab, z. B. von dem Maß der Innenverbreiterung, von der Querneigung des Dachformquerschnitts, von der Länge der Verwindungsstrecke und damit auch vom Halbmesser der Krümmung. Diese Einflüsse summen sich auf und bewirken dann den geschilderten Mangel in der Fahrbahn.

Kann an den genannten Abmessungen und Maßverhältnissen nichts geändert werden, dann empfiehlt es sich, den Abstieg von der höchsten Stelle des überhöhten Außenrandes mindestens waagerecht zu legen (Abb. 94). An die Verwindungsfläche schließt sich dann der Übergang vom Querschnitt mit der einseitigen Querneigung bis zu dem mit Dachform an. Erst am Ende des letzteren beginnt die Fortsetzung der Linie mit der maßgebenden Steigung. Würde man die Neigung des Außenrandes auf der Verwindungsstrecke auch für den Außenrand der Rampe beibehalten, dann würde diese sehr kurz ausfallen, und am Ende der Rampe würde ein scharfer Knick entstehen, der als Wanne ausgerundet werden müßte, wie auch im Zuge der Dammkrone und des Innenrandes die dort sich ergebenden Knicke abgeflacht werden sollten. Wegen der Unterschiede der Gefälle am Außenrand, an der Dammkrone und am Innenrand ergeben sich bei demselben Ausrundungshalbmesser verschiedene Tangentenlängen, auch liegen die Knickpunkte nicht in dem gleichen Querschnitt, d. h. der dachförmige Querschnitt weicht im Quergefälle von dem Regelquerschnitt etwas ab, was an sich unbedenklich wäre, da wegen des Längsgefälles das Wasser abfließen kann. Dies würde dann einen Übergang zwischen der nahezu waagerecht liegenden Verwindungsstrecke und der maßgebenden Steigung bedeuten und die Verwindung in der Rampe etwas abflachen. An Stelle der Ausrundung der Knicke, die sehr flach sind (Abb. 50), genügt es, an den Scheitel der Kuppe (oder Wanne) eine Tangente zu legen (Abb. 94 *d*).

Um die geodätische Form der Fahrbahn, auf die es ankommt, auf der Rampe, den Verwindungsflächen und den überhöhten Flächen anschaulich darzustellen, ist es zweckmäßig, die Höhenlinien von 5 zu 5 cm auszumitteln und einzuzeichnen. An den Verwindungsstrecken werden die Höhenlinien auseinanderlaufen, im Bereich der gleichmäßig geneigten Querneigung werden sie in gleichem Abstand liegen. An ihrem unstetigen oder nicht gesetzmäßigen Verlauf kann man ablesen, daß Mängel in der Fahrdammfläche vorhanden sind, wie z. B. Buckel oder Wassersäcke, die beseitigt werden müssen. Durch Formung an den Höhenlinien kann man dann rückwärts zur Ausmerzung der Mängel neue Höhen errechnen und die vorhandenen ungünstigen berichtigen.

So sehr man bemüht ist, durch die Maßnahmen die Fahrt des Kraftwagens durch die Krümmung so sicher und gesetzmäßig als nur irgend möglich zu gestalten, so muß man sich doch darüber klar sein, daß die geometrische Behandlung in Grundriß, Aufriß und Querneigung, d. h. die Gestaltung in einer technisch ausführbaren Form, und die Bewegungsvorgänge und Kräfte des die Krümmung durchlaufenden Fahrzeugs sich nur angenähert in Übereinstimmung bringen lassen.

Nach P. Brauer *[58]*, der die Beziehungen der Krümmung nach den kinematischen, dynamischen Vorgängen und der geodätischen Form untersucht hat, sind die Abweichungen von den mathematischen Beziehungen bei großen Krümmungen und schwach geneigten Straßen sehr klein und verlieren an Wichtigkeit. Das gilt also vornehmlich für AB. Dagegen für Landstraßen treten, wie zuvor auseinandergesetzt, bei dem Bemühen Zwangslauf, Bewegungsvorgänge und die geodätische Form in eine stetige Abhängigkeit zu bringen, an verschiedenen Stellen Unebenheiten auf, die nur gestalterisch gelöst werden können. Das trifft besonders für Wendeplatten zu (Zweiter Abschn. C. III. e). Auch die Trennung der beiden Fahrbahnen in der Krümmung durch einen Mittelstreifen bietet keine befriedigende Lösung (nach Professor Findeis). Ausschlaggebend wird hier die

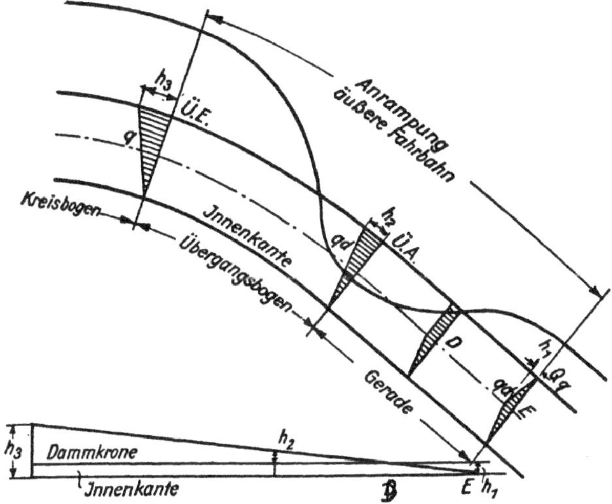

Abb. 95. Seitenkräfte beim Befahren der Rampe der Krümmung.

technische Durchführung sein, daß z. B. solche verwundenen Fahrbahnen überhaupt ausgeführt, etwa gewalzt werden können oder daß mit den üblichen Meßgeräten, z. B. mit Lehren, die verwundene und quergeneigte Fahrbahn in nicht zu kurzen Abständen in eine dem Entwurf entsprechende Form gebracht werden kann.

Die Lösung dieser Aufgabe vom rein mathematischen Standpunkt aus beachtet außerdem nicht, daß ein Kraftfahrzeug wegen der geringen Seitensteifigkeit der nachgiebigen Bereifung nicht der durch die Lenkgeometrie vorgeschriebenen Bahn folgt, daß vielmehr die Fahrtrichtung bei Seitenkräften, die durch die Fahrbahnquerneigung und Fliehkraft hervorgerufen werden, nur durch Gegensteuern gehalten werden kann. Eine solche am Steuerrad zu leistende Arbeit tritt aber nicht selbsttätig in Wirkung, sondern muß vom Kraftfahrer eingeleitet werden, der aber an der Straßenfahrbahn selbst die Notwendigkeit der Gegensteuerung nicht ablesen kann, sondern erst durch unerwartete Änderung im Wagenlauf darauf hingewiesen wird, dann aber die bekannte Überlegungssekunde braucht, um die Gegenmaßnahmen zu treffen, die ihrerseits auch wieder Zeit in Anspruch nehmen. In dieser Zeit ist der Wagen schon aus der ihm theoretisch zugewiesenen Bahn gelaufen.

Dies soll an einem Beispiel nachgewiesen und ein Vorschlag gemacht werden, wie der Gefahr abgeholfen werden kann. Die Krümmung Abb. 95 ist nach der RAL.-Vorschrift gestaltet. Die volle Querneigung mit q ist am Punkte $\ddot{U}A$ erreicht.

Auf der Geraden ED (Abb. 95) fällt die Querneigung nach außen, der Wagen muß nach links gesteuert werden. In der Mitte der Rampe läuft der Wagen durch einen Querschnitt, der waagerecht liegt, eine Seitenkraft tritt nicht auf; anschließend fällt die Querneigung nach innen, der dadurch nach innen gerichteten Seitenkraft muß nach außen gegengesteuert werden. Eine nach rechts gerichtete Fliehkraft, die den Wagen in der Spur halten würde, ist noch nicht vorhanden, da man sich in der Tangente befindet. Der Fahrer muß nach rechts, also in einer beim Einlauf in eine Linkskrümmung ganz unerwarteten Richtung gegensteuern. Da diese kleine Strecke in ziemlich kurzer Zeit durchfahren wird, die wesentlich kürzer ist als die dem Kraftfahrer zugestandene Überlegungszeit auf unerwartete Vorgänge (1 sec.), wird der Wagen nach innen laufen und kann in Berührung mit Wagen auf der Gegenspur kommen. Die Seitenkräfte sind längs der Straße aufgetragen Qq (Abb. 95). Die nach links gerichtete, die Gegensteuern nach rechts verlangt, beginnt am Punkte D [59].

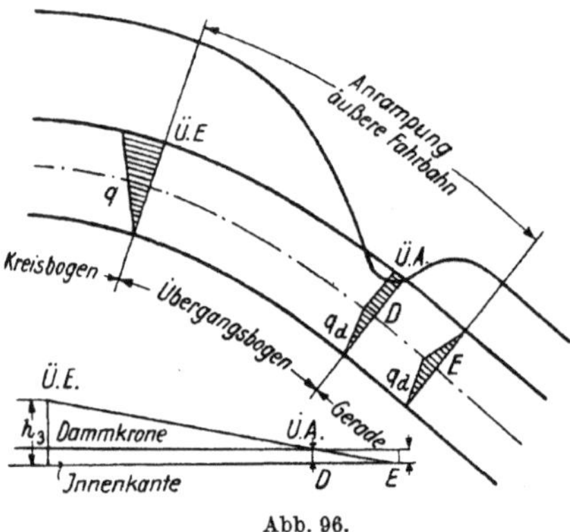

Abb. 96.

Die aus diesem Widerspruch zwischen Straßengestalt und Fahrvorgang sich ergebende Gefahr kann gemildert werden, wenn die Hebung der äußeren Fahrbahnhälfte so erfolgt, daß erst am Übergangsbogenanfang ($\ddot{U}A$) $q = o$ ist, an der Stelle an der bereits der Kraftfahrer beginnt die Lenkung herumzulegen. Die Strecke zwischen $\ddot{U}A$ und VA ist zwar noch eine Gerade, aber nach der theoretischen Annahme, die auch der Beobachtung entspricht, setzt der Wagen auf ihr schon zum Kurvenlauf an. Es beginnt sich schon Fliehkraft bemerkbar zu machen, die der nach links gerichteten Seitenkraft zufolge der beginnenden Querneigung nach innen das Gleichgewicht hält. Diese Form und die hierbei auftretenden Seitenkräfte sind aus Abb. 96 zu entnehmen. Sie fallen günstiger aus. Es würde sich daher empfehlen, den waagerechten Übergang bei $\ddot{U}A$ anzuordnen.

In der Innenfahrbahn liegen die Verhältnisse günstiger. Wenn kein Übergangsbogen vorgesehen ist, weil eine Tangentenabrückung sich nicht als notwendig erweist, tritt der Seitenkraftwechsel noch viel unvermittelter auf. Ein Übergangsbogen ist stets günstig. Dem Vorschlage, dieses zwangläufig ungünstige Kräftespiel in der Weise zu vermeiden, daß der Übergang von der Rechtsquerneigung der Fahrbahn in die Linksquerneigung soweit in den Übergangsbogen hineingeschoben wird, daß die Seitenkraft auf den Wagen ständig nach rechts mindestens in der Größe wie auf der Geraden wirkt, wird hierbei in begrenztem Umfang entsprochen, ganz wird es nicht möglich sein. Mit einer solchen Anordnung wird auch eine gleichmäßige Verwindung erreicht, wenn in der Krümmung nur eine schwache Querneigung angewendet wird. Denn für eine Querneigung $q = q_d$ im Vollbogen, die erst beim Punkte $\ddot{U}E$ erreicht sein muß, genügt es, wenn beim $\ddot{U}A$ die Fahrbahn mit $q = 0\%$ angelegt wird, da die volle Querneigung q_d an dieser Stelle keineswegs erforderlich ist und höchstens die zuvor behandelten Lenkungserschwernisse bewirken würde.

Gemäß Abb. 95 würde die Steigung des Außenrandes nach der Formel erfolgen

$$s = 2 \cdot (a + b) \frac{h_1}{h_3 - h_1}.$$

Alle baulichen Maßnahmen, die in den Vorschriften vorgeschlagen sind, gehen von der Annahme einer bestimmten Ausbaugeschwindigkeit aus, wie überhaupt die ganze hier beschriebene Anordnung einer genau begrenzten Geschwindigkeit angepaßt ist. Es ist aber nicht zu erwarten, daß jeder Kraftfahrer eine solche Geschwindigkeit auch einhalten wird. Damit ändern sich die dynamischen Grundlagen gegenüber der Annahme, und der Wagen findet eine geodätische Anordnung vor, die seiner Bewegung nur noch angenähert entspricht.

Es muß daher die Frage gestellt werden, ob die der Aufgabe gewidmeten mathematischen Überlegungen und die daraus abgeleiteten baulichen Vorschläge bis in jede Einzelheit befolgt werden müssen oder ob nicht mit Rücksicht auf die bautechnische Gestaltung Vereinfachungen am Platze sind, die sich schon mit Rücksicht auf die Bauausführung als erwünscht ergeben.

11. Gleichgerichtete Krümmungen und Gegenkrümmungen.

Ausrundungen des Vieleckzuges (Nullinie) durch Krümmungen, die aneinander anschließen und in gleicher Richtung verlaufen, sollten nicht mehr vorgenommen werden, weil der Kraftfahrer, der in eine Krümmung einfährt, den Wechsel in der Halbmessergröße nicht erkennen kann. Hat er in der ersten Krümmung mit großem Halbmesser sich auf die Fahrgeschwindigkeit eingestellt, die ihn sicher durch die Krümmung bringt, so könnte der Übergang in eine Krümmung mit kleinerem Halbmesser und Beibehalten derselben Fahrgeschwindigkeit gefährlich werden. Darum sollen solche Krümmungen, die die Form von Korbbogen haben, nicht angewendet, sondern durch eine Krümmung von entsprechend großem Halbmesser ersetzt werden. Das Aufeinanderfolgen von gleichgerichteten Krümmungen ist nur dann zulässig, wenn Zwischengeraden eingeschaltet werden, die den Krümmungsverlauf unterbrechen und den Fahrer zwingen, in jeder Krümmung erneut seine Aufmerksamkeit auf die zulässige Fahrgeschwindigkeit zu richten. Sind die Krümmungen überhöht, dann soll diese Überhöhung auch in der Geraden beibehalten werden, sofern die angelegte Gerade kürzer als 300 m ist.

Besonders bei den Gegenkrümmungen wird es darauf ankommen, eine ausreichende Zwischengerade zwischen die beiden Krümmungen einzulegen, damit die Fahrbewegung ungezwungen verläuft. Die Länge der Zwischengerade ist bei Krümmungen mit Übergangsbogen und Querneigung in ihren Maßen festgelegt. Zwischen Bogenende der ersten und Bogenanfang der anderen Krümmung muß die Zwischengerade mindestens so lang sein, daß für jede Krümmung der Dachformübergang und der Übergangsbogen entwickelt werden können, wenn die Krümmungen überhöht sind. Das Mindestmaß einer solchen Strecke würde zulassen, daß an dem Zusammentreffen der beiden Fußpunkte der Dachübergänge gerade noch der übliche Satteldachquerschnitt entsteht. Die Länge der Zwischengeraden ist abhängig von der Ausbaugeschwindigkeit, dem Halbmesser und der angewendeten Tangentenabrückung.

Unter diesen Voraussetzungen kann man die Länge der Zwischengerade genau berechnen. Sie setzt sich aus zwei Ästen zusammen. Der eine entspricht dem Dachformübergang und der Länge des halben Übergangsbogens der einen Krümmung und der andere aus denselben Werten für den anderen Krümmungshalbmesser. Die Länge des Dachformüberganges hängt von der Neigung der Rampe (p_a) des Übergangsbogens ab. Diese ist, wenn L die Länge und h_1 und h_2 die Höhen des Übergangsbogens über der Dammkrone sind, an den Stellen $ÜA$ und $ÜE$ und B die Fahrdammbreite:

$$L\, p_a = (q - q_d) \cdot B$$

$$p_a = (q - q_d)\frac{B}{L} \qquad\qquad p_a = (q - q_d)\frac{B}{2\,(a + b)}.$$

Die Länge des Dachformüberganges ist nach Gl. 44

$$l = \frac{q_d}{q - q_d} 2\,(a + b).$$

Im Fall einer Verbreiterung in der Krümmung ist zu dem Wert ΔR nach der Abb. 87 noch diese hinzuzufügen (i).

$$\text{Verbreiterung} = (B + i) = B'.$$

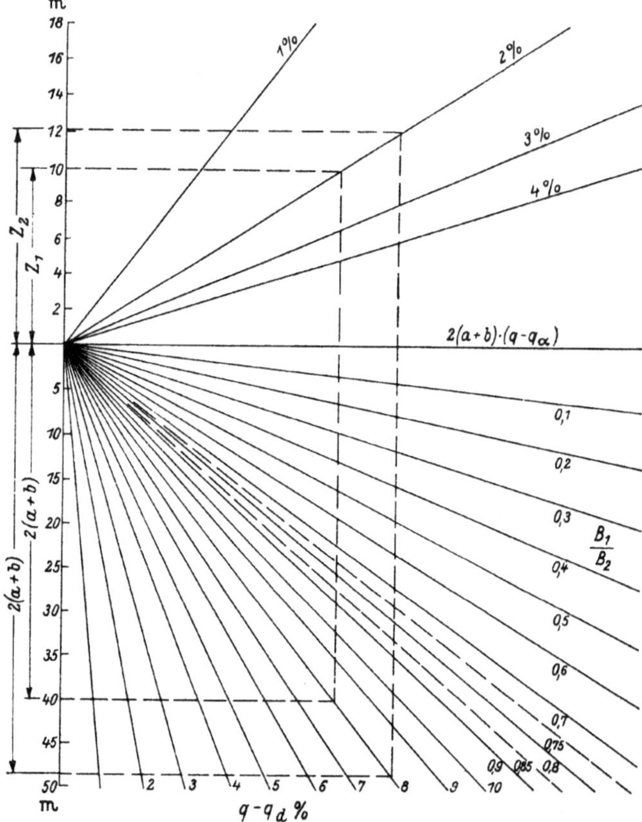

Abb. 97. Zeichnerische Ermittlung der Zwischengraden zwischen zwei Krümmungen mit Überhöhung und Übergangsbogen.

Die Gleichung lautet dann folgendermaßen:

$$= \frac{q_d\, B\, 2\,(a + b)}{(q - q_d)\, B'}.$$

Wenn die Werte a und b für den Übergangsbogen nach der Klotoide gelten, kann die Größe der Zwischengeraden aus dem Nomogramm (Abb. 97) entnommen werden. In diesem Nomogramm ist die Zwischengerade für die Halbmesser $R_1 = 40$ m und $R_2 = 50$ m als Beispiel ermittelt.

Im Falle der Verbreiterung in dem Hauptbogen, muß der gefundene Wert l noch nach dem Verhältnis $\frac{B}{B'}$ berichtigt werden, wofür im Nomogramm (Abb. 97) ein entsprechender Verhältnismaßstab vorgesehen ist.

Um geometrisch für die Zwischengerade die richtige Lage zu finden, wird folgende Konstruktion ausgeführt (Abb. 98):

Gegeben ist die Tangente, an die R_2 anschließt, und der Mittelpunkt des Kreises mit dem Halbmesser R_1. Gesucht ist der Übergang von der Tangente mit dem Halbmesser R_2 in die Krümmung von R_1 mit der abgegriffenen Zwischengeraden (z). Um M_1 wird ein Kreis geschlagen mit R_1 und mit (z). Zu der Tangente wird eine Parallele im Abstande von R_2 gezogen. Mit der Strecke $a = \sqrt{(R_1 + R_2)^2 + z^2}$ wird ein Kreis um M_1 geschlagen, der die Parallele zur Tangente im Punkte M_2 schneidet. Von diesem Punkt wird die Tangente an den Kreis um M_1 mit z gelegt (Punkt T). Die Parallele zu $M_1 T$ im Abstande R_1 gibt im Schnitt mit der Strecke $M_2 T$ den Punkt, der dem Bogenende der Krümmung mit dem Halbmesser R_2 entspricht. Beweis:

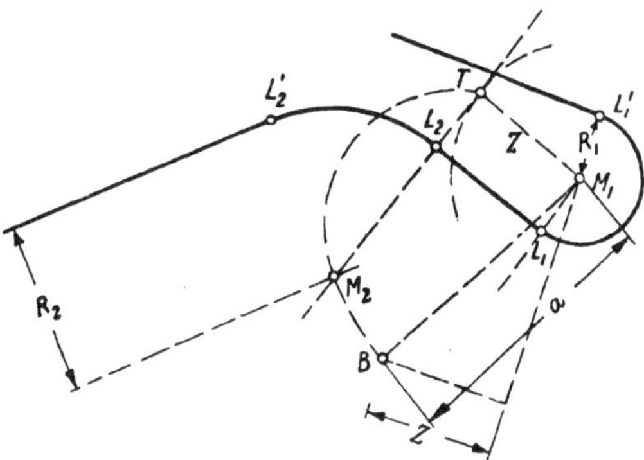

Abb. 98. Geometrische Ermittlung der Lage der Zwischengeraden zwischen zwei Gegenkrümmungen mit R_1 und R_2.

$$L_1 L_2 \parallel M_1 T$$

$$a^2 = (R_1 + R_2)^2 + z^2 = (M_2 L_2 + L_2 T)^2 + z^2.$$

Reicht die Zwischengerade zur Entwicklung der Rampen vor *ÜA* bzw. hinter *ÜE* nicht aus, so verzichtet man auf die Ausbildung des Dachformüberganges und läßt die einseitig geneigte Fahrbahn von einer Neigung in die entgegengesetzte übergehen (Schraubenfläche Abb. 99a). Die Rampen der beiden Fahrbahnränder übergreifen sich dann (Abb. 99b).

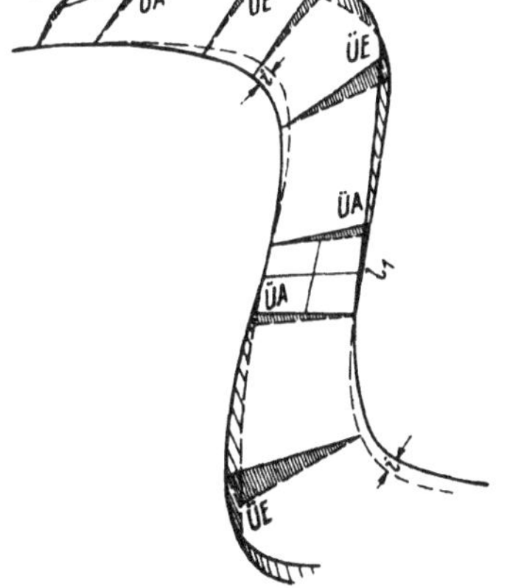

Abb. 99a. Gegenkrümmung mit verkürzter Zwischengeraden.

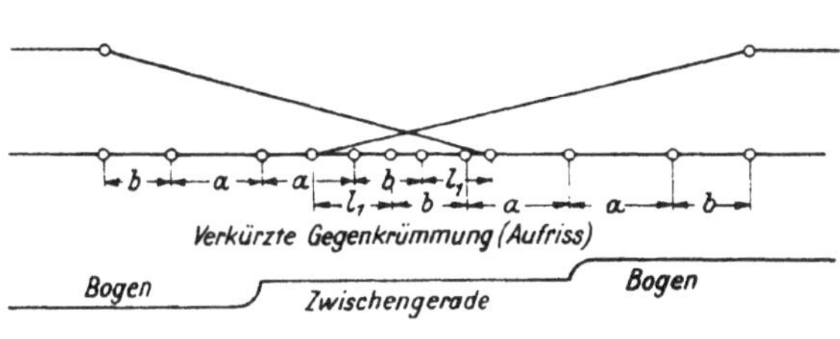

Abb. 99b. Aufriß.

d) Übersichtlichkeit auf der Straße.

Straßen, auf denen Kraftwagen verkehren, verlangen eine ausreichende Übersicht, so daß selbst bei höchster Geschwindigkeit der Fahrer in der Lage ist, Hindernissen auszuweichen oder rechtzeitig seinen Wagen zum Stehen zu bringen. Das muß bei der Linienführung der Straßen von vornherein beachtet werden und erfordert an den Krümmungen besondere Maßnahmen. Die technische Durchbildung verlangt, daß die für die Straße maßgebende Ausbaugeschwindigkeit auch in der Krümmung eingehalten werden kann. Das ist aber nur der Fall, wenn eine ausreichende Sicht vorhanden ist. Die Sichtlänge ergibt sich aus dem ungünstigsten Falle, daß zwei mit voller Geschwindigkeit einander entgegenkommende Wagen, von denen der eine auf der falschen Spur fährt, sich ausweichen oder rechtzeitig anhalten können, ehe ein Zusammenstoß erfolgt. Es muß dabei für verschiedene Möglichkeiten der ungünstigste Fall ermittelt werden, der dann bei der Ausführung zu berücksichtigen ist. In jedem Falle ist zu der eigentlichen Strecke, auf der die Ausweichmaßnahmen getroffen werden, noch die Strecke hinzuzufügen, die in der Sekunde von dem Wagen zurückgelegt wird, in der der Fahrer die neue Lage erkennt und sich auf sie einstellt, die sogenannte Überlegungszeit.

Zuerst soll die Möglichkeit des Ausweichens auf gerader Strecke untersucht werden. Der Kraftwagen, der auf der falschen Seite fährt, muß rechtzeitig in die richtige Spur einschwenken, ehe ein Zusammenstoß eintritt. Hierzu muß der Wagen eine S-förmige Krümmung durchfahren, deren Halbmesser nicht zu gering sein darf, damit der Wagen nicht aus der Krümmung getragen wird.

Die Größe des Halbmessers wird mit der Fahrgeschwindigkeit anwachsen müssen. Die Ausweichstrecke des falsch fahrenden Wagens setzt sich aus den beiden Bögen zusammen, deren Zentriwinkel α aus der Beziehung Abb. 100

$$\cos\alpha = \frac{R - \frac{a}{2}}{R}$$

berechnet werden kann. Wenn statt der Bögen aber die Sehnen genommen werden, wird die Größe $b_1 = v_1 + 2\sqrt{aR - \frac{a^2}{4}}$. Aus der Beziehung zwischen R und v für die Fahrbahn ohne Überhöhung (Gl. 36) soll $R = v^2$ gewählt werden[1]. Die sich hierbei ergebenden Halbmesser und Sichtwegstrecken sind aus der Tabelle 14, Spalte 1 und 2 zu entnehmen, wenn derselbe Bewegungsvorgang auf die Krümmung übertragen wird. Bedenklich ist die Annahme, daß der Wagen eine S-Kurve fährt und ohne Übergang aus einer Krümmung in die andere eingefahren wird. Nur bei sehr flachen Bögen wird das möglich sein.

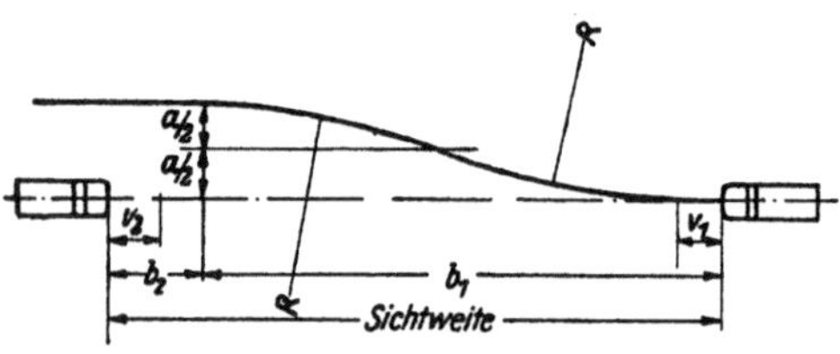

Abb. 100. Ermittlung des Abstandes, der notwendig ist, damit die Wagen ausweichen können.

Für alle Geschwindigkeiten ist die Zeit, in der die S-Krümmung gefahren wird, die gleiche = 3,5′ sec für die gemachten Annahmen.

Der andere entgegenkommende Wagen wird seinerseits, um einen Zusammenstoß zu vermeiden, in dieser Zeit seine Geschwindigkeit ermäßigen, um, wenn möglich, rechtzeitig anzuhalten. Das Maß des Abfalles der Geschwindigkeit wird abhängen von der möglichen Verzögerung bei der Bremsung.

Erster Fall. Die Verzögerung ist nach STVZO. 2,5 m/sec² für Geschwindigkeiten zwischen 20 und 100 km/h; sie entspricht einem Kraftschlußbeiwert

[1] Zur Berechnung des Ausbiegeweges und des dabei anzuwendenden Halbmessers bei Überholung wird in den VSTA. angenommen, daß $R = v^{1,5}$ ist. Die Radien nehmen mit der Fahrgeschwindigkeit ab.

= rd. 0,25. Da sich der Wagen in der Krümmung befindet, wird ein Teil des Kraftschlußbeiwertes durch die Kraft zur Aufnahme der Stützkräfte verbraucht.

Der unter Verzögerung zurückgelegte Weg ist:

$$b_r = 3{,}5 \frac{v + x}{2}$$

x = die Geschwindigkeit am Ende der Strecke nach Gl. 9:

$$b_r = \frac{v^2 - x^2}{2\,g\,(\mu_g \mp s)}$$

$$3{,}5 = \frac{2}{v + x} \cdot \frac{v^2 - x^2}{2g\,(\mu_g \mp s)}$$

$$x = v - 3{,}5\,g \cdot (\mu_g \mp s)$$

$$b_r = 3{,}5\,v - 6{,}125\,g \cdot (\mu_g \mp s).$$

Gefälle der Straße = s v. H.

Das Vorzeichen — muß bei Talfahrt,
„ „ + „ „ Bergfahrt eingesetzt werden.

Zu der eigentlichen Bremsstrecke ist noch die in der Überlegungssekunde zurücklegende Weglänge hinzuzufügen:

$$b_r = 4{,}5\,v - 6{,}125\,g\,(\mu_g \mp s).$$

Zweiter Fall. Die Länge der Sichtwerte steht in Beziehung zu dem Kraftschlußbeiwert der Bremsstrecke, der nach Gl. 11 auch von der Geschwindigkeit abhängig ist. Legt man diesen Wert zugrunde, ergeben sich für die niedrigeren Geschwindigkeiten größere Beiwerte und damit kürzere Sichtweiten. Da gerade an den Krümmungen mit kleinem Halbmesser, die mit geringeren Geschwindigkeiten befahren werden, die Freilegung der Sichtweite meist mit den größeren Schwierigkeiten verbunden ist, wird bei diesen Annahmen ein Ausgleich zwischen den Anforderungen an die Sicherheit des Verkehrs und den bautechnischen Möglichkeiten geschaffen. Der Kraftschlußbeiwert μ nach Gl. 11 ist für die verschiedenen Geschwindigkeiten:

Tabelle 13.

V km/h	20	30	40	50	60	70	80
μ	0,34	0,325	0,318	0,308	0,296	0,28	0,257
μ_1	0,325	0,310	0,302	0,291	0,279	0,262	0,237

Diese Werte gelten für die gerade Strecke. Da die Bremsung in der Krümmung ganz oder teilweise erfolgt, stehen sie nicht voll zur Verfügung, sie müssen noch um den Anteil ermäßigt werden, der für die radiale Stützkraft benötigt wird (vgl. S. 98). Bei einer üblichen Überhöhung von 10 v. H. in der Krümmung werden $\mu_2 = 0{,}10$ dafür angesetzt. Die Bremsung kann mit einem Beiwert rechnen:

$$\mu_1 = \sqrt{\mu^2 - \mu_2^2} \text{ (siehe zweite Zeile in der Tabelle 13).}$$

Tabelle 14.

1	2	3	4	5	6	7	8
V km/h	R abgerundet m	b_1 m $= 2 \cdot \sqrt{aR - \frac{a^2}{4}} + v$	t sec	$+ b_r$ m für $\mu = 0{,}25$	$b_1 + b_r$ m	b'_r m für $\mu = \frac{w}{g}$	$b_1 + b'_r$ m
20	30,9	19 + 5,55		10	34,55	5,1	29,65
30	70	28,8 + 8,35		22,6	59,75	18,7	55,85
40	123	37,8 + 11,1	3,5″	35	84,0	31,4	80,0
50	193	48,0 + 13,9		47,50	109,40	44,7	106,6
60	279	57,50 + 16,7		60	134,20	58,3	132,5
70	376	67 + 19,4		72,3	158,70	71,2	157,6
80	493	76 + 22,2		85	183,2	84,9	183,1

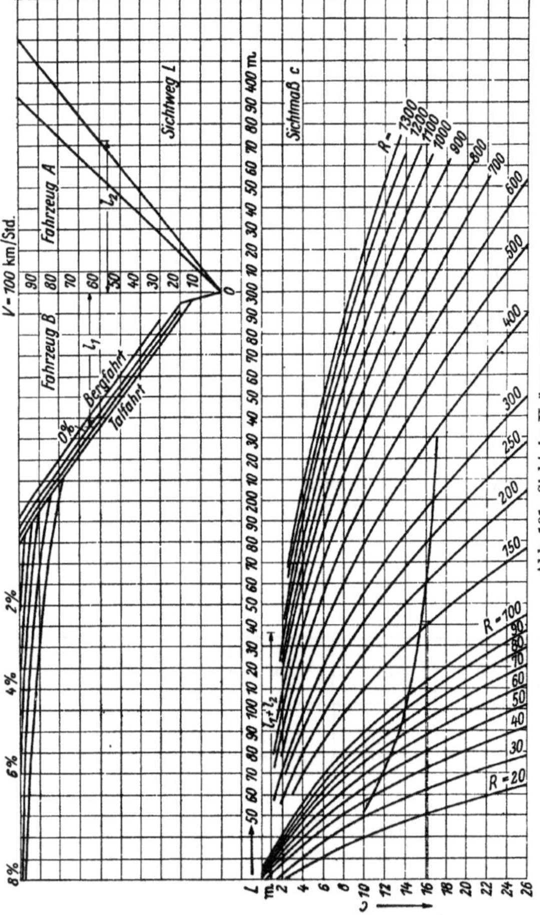

Abb. 101. Sicht in Krümmungen.

Spalte 6 enthält die Höchstwerte für die Sichtweiten, die auftreten können, wenn keine stärkeren Verzögerungen angenommen werden, als nach der StVZO. verlangt werden kann, Spalte 8 für die Verzögerungen nach Tabelle 13. Für diese sind dann die Schaulinien Abbildung 101 aufgetragen. Außer der Begegnung mit einem entgegenkommenden Fahrzeug kann auch noch ein in der Krümmung liegendes unbewegliches Hindernis Anlaß zum Abstoppen sein. Es ist zu untersuchen, ob in solchem Falle die zuvor berechneten Sichtweiten genügen, oder ob die Bremsstrecke bis zum völligen Halt nicht größere Werte ergibt. Auch hier wird der Bremsreibungsbeiwert ausschlaggebend sein. Er soll nach der StrVZO. zu 0,25 angenommen werden. Bei der Talfahrt ist noch der abwärts gerichtete Anteil der Schwerkraft hinzuzufügen (Gl. 9):

$$b_r = \frac{v^2}{2g \cdot (\mu + s)} + v.$$

Aus der Abbremsung ergeben sich größere Sichtweiten erst bei Geschwindigkeiten über 80 km/h und Gefällen von 10% an. In allen anderen Fällen ist die Sichtweite aus der Begegnung zugrunde zu legen.

Ein anderer Vorschlag für die Berechnung der Sichtweite geht von der Annahme aus, die den Gegebenheiten der Fahrtechnik mehr entspricht, daß der Kraftwagen, der aus der falschen Spur ausschwenkt, erst in der Tangente weiterfährt und dann in eine Krümmung übergeht, die an die Krümmung der ihm zustehenden Spur einmündet. Der Halbmesser dieser Krümmung ist zwar kleiner als der des Hauptbogens. Wenn dieser das Grenzmaß nach der Gl. (39) erreicht, bei der $q = 0{,}1$ angenommen ist, würde in dem kleineren Übergangsbogen ein höherer Kraftschlußbeiwert eintreten. Bleibt dieser aber unter dem Gesamtwert von $\mu = 0{,}25$, dann ist das unbedenklich.

Berechnet wird wieder die Fahrzeit, die der aus der falschen Spur ausscherende Wagen benötigt. Die Länge der Strecke beträgt (Abb. 102):

a = Abstand der beiden Fahrspuren

$$L_1 = v_1 + l_{a_2} + l_{a_3}$$

$$l_{a_2} = \sqrt{2a \cdot (R - R_1)}$$

$$l_{a_3} = R_1 \frac{\pi \cdot \varphi_2}{180}$$

$$t = \frac{l_{a_2} + l_{a_3}}{v_1}$$

$$L_2 = v_2 + t\left(v_2 - \frac{\operatorname{tg}(\mu_1 \pm s)}{2}\right)$$

$$\operatorname{tg}\varphi_2 = \frac{l_{a_2}}{R - R_1 - \frac{a}{2}},$$

damit $\varphi_2 = \ldots{}^\circ$

$$\varphi_1 = \frac{v_1 \cdot 180}{\left(R - \frac{a}{2}\right) \cdot \pi}$$

$$\varphi_3 = \frac{L_2 \cdot 180}{\left(R - \frac{a}{2}\right)\pi}.$$

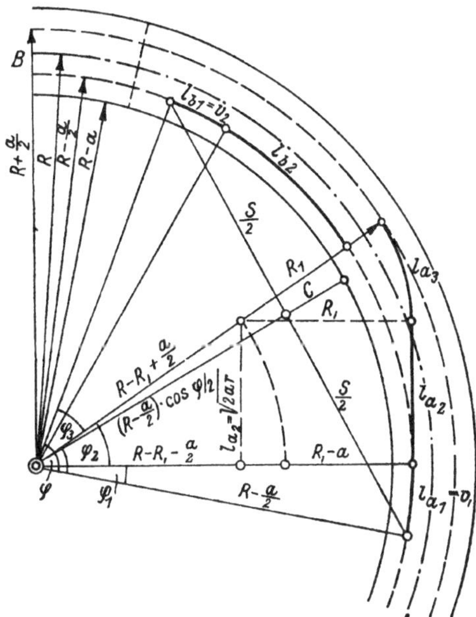

Abb. 102. Ermittlung des Abstandes der notwendig ist, damit die Wagen ausweichen können.

$$\varphi = \varphi_1 + \varphi_2 + \varphi_3$$

$$S = (2R - a)\sin\frac{\varphi}{2}$$

$$C = (R - a) - \left(R - \frac{a}{2}\right)\cos\frac{\varphi}{2}.$$

Für diesen Fall ist die Sichtweite berechnet und in derselben Form wie die Abb. 101 aufgetragen, aber hier nicht wiedergegeben. Der Unterschied ist nicht erheblich.

Der Abstand der Freilegung für die Abb. 101 ist berechnet nach der Formel

$$C = \frac{\left(\frac{L}{2}\right)^2}{2R}.$$

Erwünscht ist, die Halbmesser so groß zu nehmen, daß die Verbindungslinie der Endpunkte für die innere Spur höchstens den Innenrand berührt.

Zur Vermeidung größerer Sichtfreilegungen empfiehlt es sich, möglichst große Halbmesser oder kleine Zentriwinkel anzuwenden. Wenn die Sehne die Innen kante schneidet, muß eine Sichtberme freigelegt werden.

Da die Sichtweite abhängig ist von der Fahrgeschwindigkeit und diese wieder die Halbmessergröße bestimmt (Gl. 36), so ergibt es für jeden Halbmesser ein zugehöriges größtes Sichtmaß und daraus einen maximalen Zentriwinkel. Die Verbindungslinie der höchsten Sichtmaße ist in Schaulinien Abb. 101 eingetragen. Es ergeben sich dabei recht große Werte, denen entsprechend große Zentriwinkel gegenüberstehen. Bei kleineren Zentriwinkeln liegen die Endpunkte der Sichtstrecken außerhalb der Bögen, auf den beiderseitigen Tangenten. Wenn das Sichtmaß größer ist als der Abstand der inneren Fahrlinie vom Innenrand der Straße, muß die seitliche Begrenzung des Sichtfeldes zeichnerisch gefunden werden, indem die aus der Abb. 101 entnommene Sichtweite L auf der 1,5 m vom Innenrand entfernt angenommenen Fahrlinie beliebig oft aufgetragen wird. Man beginnt zweckmäßig damit im Abstand mit L von $\ddot{U}A$, weil die Sichtweite am Einlauf und am Auslauf vorhanden sein muß. Die eingetragenen Sehnen umhüllen einen Kreisbogen mit anschließenden Tangenten, die das Sichtfeld abgrenzen.

Darf ein bestimmtes Maß c nicht überschritten werden, weil Baulichkeiten, Stützmauern, Brückenwiderlager oder andere die Sicht verdeckende Hindernisse nicht beseitigt werden können, kann der größtmögliche Halbmesser aus den Schaulinien der Abb. 101 entnommen werden. Gegeben sind das Sichtmaß c und die Sichtweite L.

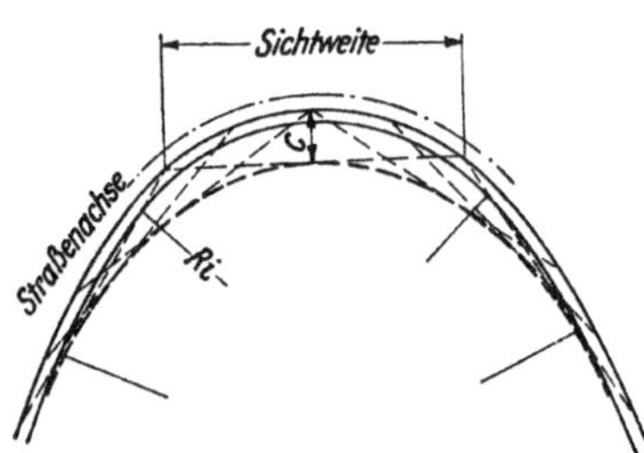

Abb. 103. Freilegung von Sichtbermen.

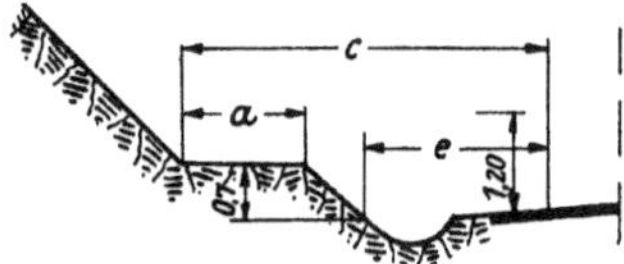

Abb. 104. Sichtberme mit Abgrabung.

Es ist nicht erforderlich, in Einschnitten und Berglehnen die Berme bis auf die Höhe der Straßenkrone freizulegen, denn das Auge des Fahrers liegt etwa 1,2 m über der Straßenkrone, auch die Straßenquerneigung erhöht noch die Lage des Gesichtsfeldes. Die Oberfläche der Berme kann daher etwa 1,0 m höher liegen, als die innere Straßenrinne (Abb. 104). Der Abstand des Fußpunktes der Böschung von der inneren Fahrlinie ist dann $a = c - e - 1{,}0$ m. (m Böschungsneigung 1,5.) Für Aufwuchs, der die Sicht behindern kann, sind noch 0,2 m abzuziehen. Bei Krümmungen im Gefälle werden die Sehstrahlen nach Abb. 103 auch im Aufriß gezeichnet werden müssen, um die Durchdringung mit dem Erdkörper und die Sichtberme festzulegen.

Der Abstand C für eine bestimmte Geschwindigkeit erreicht seinen Höchstwert bei dem Halbmesser, der gerade noch mit dieser Geschwindigkeit befahren werden kann. Die schweizerischen Straßenbaunormalien 1941 bringen dafür ein Schaubild, dessen C-Werte allerdings etwas geringer sind, als die der RAL.-Vorschrift. Die Ermittlung der Sichtweite auf solche Halbmesser und Geschwindigkeit, die durch die Halbmessergröße bestimmt wird, hat etwas für sich. Es wird verhindert, daß Sichtweiten angeordnet werden, die gar nicht erforderlich sind, weil die Halbmesser nur mit einer äußersten Geschwindigkeit befahren werden können.

e) Wendeplatten.

Kehren oder Wendeplatten sind dort anzuwenden, wo bei der Entwicklung der Linie am Hang die Nullinie in einem Punkte die Richtung um angenähert 180° wechselt. Sie werden zweckmäßig dort angelegt, wo das Gelände flach ist, damit die Erdarbeiten gering bleiben und gute Sichtverhältnisse vorhanden sind. Da ein Wagen nicht um einen Punkt drehen kann, muß die Richtungsänderung mit einer Krümmung von ausreichendem Halbmesser vorgenommen werden, wodurch eine erhebliche Verlängerung der Strecke eintritt, die zu einer Steigungsermäßigung benutzt werden kann. Die Mittelachse als Bezugslinie entspricht der Abb. 94 b. Die Horizontale zwischen den Punkten *BA* (Bogenanfang) und *BE* (Bogenende) entspricht der Verlängerung der Linie und wird aus dem Lageplan abgegriffen. An Stelle der Horizontalen wird eine Neigung eingelegt, die eine Steigung erhält $= \frac{1}{2}\, s_m$, aber nicht mehr als 2,5%. Das ist vorteilhaft für die Entwässerung, für die Verkehrsführung und erspart Erdarbeiten. Sonst wird die Wendeplatte wie jede andere Krümmung mit Übergangsbögen, Verbreiterung, die hier stets erforderlich wird, mit Anrampung nach den gegebenen Richtlinien ausgeführt und hat dann die Form der Abb. 105. Die gestrichelte Linie deutet

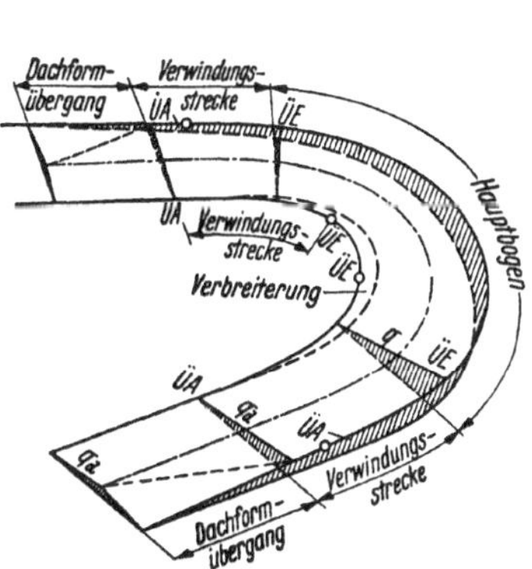

Abb. 105. Gestaltung der Wendeplatte.

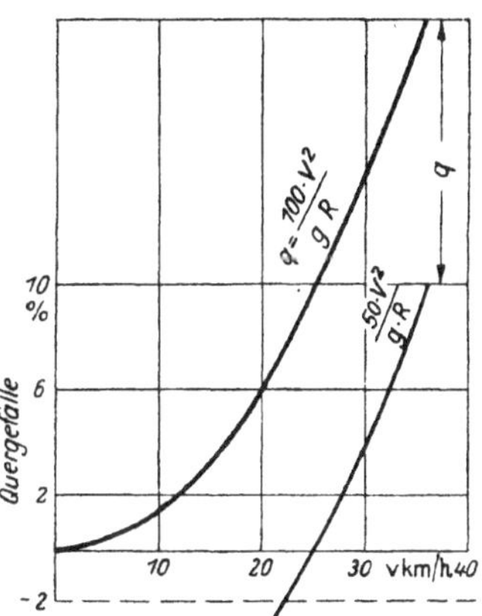

Abb. 106. Quergefälle bei gegebenem Halbmesser und verschiedenen Geschwindigkeiten.

die Verlagerung der Dammkrone von der Achse nach der Außenseite an. Da es sich bei Wendeplatten stets um Krümmungen mit sehr geringem Halbmesser handelt, bereitet die Ausgestaltung in fahrgesetzlicher Form — kinematisch, dynamisch und geodätisch — erhebliche Schwierigkeiten, wie schon auf S. 107 bemerkt worden ist. Für Wendeplatten ist es daher besonders wichtig, durch Eintragen der Höhenschichtenlinien der Fahrbahn in Abständen von 5 cm, höchstens 10 cm die geodätische Fläche festzulegen und etwaige Unebenheiten gestalterisch auszugleichen.

f) Krümmungen und Kreuzungen der Stadtstraßen.

Auch für die Stadtstraßen besteht die Notwendigkeit in Krümmungen zu überhöhen, weil auf den Verkehrsstraßen mit hohen Geschwindigkeiten gefahren wird, z. B. auch auf Plätzen, die umfahren werden. Auch für diese Straßen sollte die Annahme der RAL. gelten, daß die Hälfte der Fliehkraft auf die Querneigung, die andere auf den Kraftschluß übernommen wird, damit die Fliehbeschleunigung nicht zu groß wird. Die städtischen Straßen erhalten zur Entwässerung, auf die besonderer Wert gelegt wird, reichlich Quergefälle entsprechend der Art der Befestigung. Ist das Quergefälle der Krümmung in der Richtung der Fliehkraft geneigt, so wird zu untersuchen sein, mit welcher Geschwindigkeit sie befahren werden kann. Hierzu dienen die Schaulinien der Abb. 106, die für jeden Halbmesser entworfen werden müssen. Die Schaulinie $q = \frac{100 \cdot v^2}{g \cdot R}$ gibt die Querneigung an, bei der diese die Fliehkraft voll aufnimmt. Die im lotrechten Abstand $q = \mu = 0{,}1$ gezeichnete zweite Schaulinie entspricht den Annahmen der RAL. Wird die Fliehkraftaufnahme gleich groß gehalten und nimmt die

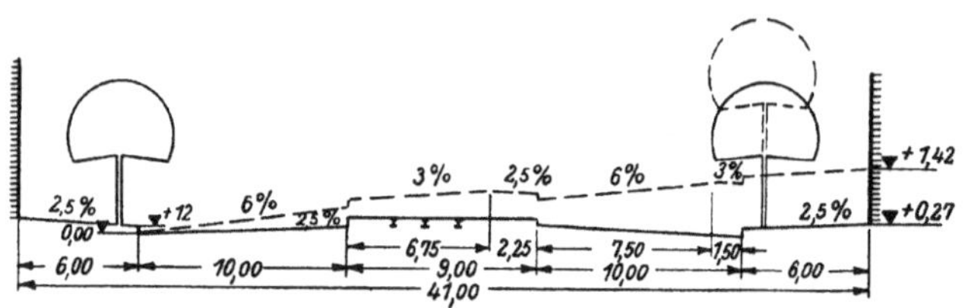

Abb. 107. Städtische Verkehrsstraße mit Überhöhung.

Querneigung ab, muß die Geschwindigkeit auch geringer werden. Für das angenommene Beispiel $R = 50$ m wird bei $q = o$ $V = 25$ km/h. Bei weiterer Abnahme der Geschwindigkeit kann die Querneigung negativ werden. Diese Beziehungen sind aus Abb. 106 zu entnehmen.

Bisher sind die Anforderungen der Entwässerung denen des Verkehrs vorangestellt worden. Das hat zur Gefährdung des Verkehrs geführt. Es muß daher nach einem Ausgleich gesucht werden. Bei Krümmungen muß daher aus einem satteldachförmigen Quergefälle eine einseitige Querneigung geschaffen werden und bei zwei Fahrdämmen mit Mittelstreifen muß die Dammkrone der äußeren Fahrbahn, die in der Bordkante des Mittelstreifens liegt, an die äußere Bordkante abgeschwenkt werden, damit sie die richtige Querneigung zur Aufnahme der Fliehkräfte erhält.

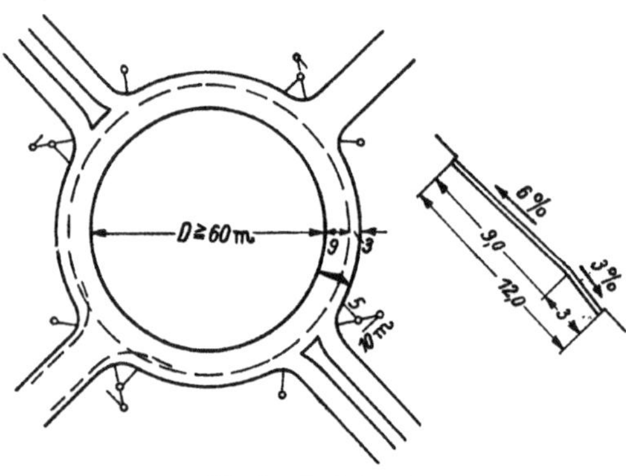

Abb. 108. Verteilerkreis.

Die Querneigung wird zu höchstens 6% anzunehmen sein *[54]*. Für diesen Fall nimmt der Querschnitt einer Verkehrsstraße mit zwei Fahrdämmen die Form der Abb. 107 an.

Wenn auch gekrümmte Straßen in den heutigen Stadtbauplänen seltener zu finden sind, weil der Verkehr geradlinig geführte Straßen verlangt, die besonders, wenn sie auf Abschlüsse und Blickpunkte gerichtet sind, wirkungsvolle Stadtbilder abgeben, muß andrerseits auf den Verteilerkreis hingewiesen werden, durch den der Verkehr an Straßenkreuzungen übersichtlich geregelt wird. Alle Straßen des Knotenpunktes münden hier in eine kreisförmige Fahrbahn und die Fahrzeuge gehen aus einer Straße in die andere durch Linksumfahren über (entgegengesetzt dem Sinne des Uhrzeigers) mit nachfolgendem Rechtseinbiegen. Solche Verteilerkreise müssen einen ausreichenden Durchmesser erhalten, wenn die Fahrzeuge eine große Geschwindigkeit beibehalten sollen. Je mehr Straßen einmünden,

um so größer muß der Außendurchmesser sein, weil zwischen den einzelnen Mündungsstraßen genügend lange Ausgleichstrecken vorhanden sein sollen.
Bei der Fahrt in der Krümmung muß ein Teil der Fliehkraft durch eine Querneigung der Fahrbahnfläche nach innen aufgenommen werden, die bis zu 6% betragen kann. Bei Regen strömen dann erhebliche Wassermengen, besonders bei breiten Dämmen zur Platzmitte. Die Einzugsfläche kann verringert werden, wenn die äußere Fahrspur, die als Standspur zu betrachten ist, oder mindestens ein Streifen von 1,5 m mit Gefälle nach außen gelegt wird. Das hat zudem den Vorteil, daß die Gehbahnen in die äußere Rinne entwässern und daß die Fahrzeuge bei der Einfahrt in den Verteilerkreis auf eine kurze Strecke eine der Fliehkraft entsprechend geneigte Fahrbahn vorfinden, ehe sie in die nach innen geneigte übergehen (Abb. 108).
Über die Gestaltung des Verteilerkreises gelten die folgenden Regeln. Sie müssen einen großen Durchmesser erhalten, wenn die Fahrzeuge mit großer Geschwindigkeit, wie sie der Stadtverkehr verlangt, fahren sollen, und er muß um so größer sein, je mehr Straßen einmünden, weil zwischen den einzelnen einmündenden Straßen reichlich Ausgleichstrecken zum Ein- und Ausfädeln vorhanden sein müssen. Die folgenden Abmessungen werden anzustreben sein:

1. Ausbaugeschwindigkeit km/h	25	30	40	48	64
2. Durchmesser der Mittelinsel *m*					
a) nach den Richtlinien der AASHO[1] *[60]*	45	45	45	75	116
b) nach RAL	60	120	200	300	550
c) nach den Normalien der schweizer Straßenfachmänner	53	75	130	200	360

Diesen Maßen liegen die folgenden Kraftschlußbeiwerte zugrunde:

zu a) 0,5 bis 0,3, zu b) 0,06, zu c) vgl. Abb. 86.

3. Kleinste Einfädelungslängen nach den Richtlinien der AASHO *m*	45	45	45	54	72

Die Fahrdammbreite wird zu der Anzahl der einmündenden Straßen und ihrer Fahrdammbreiten in Beziehung stehen. Die Richtlinien der AASHO geben an:

Tabelle 15.

Anzahl der einmündenden Straßen	Gesamtbreite aller einmündenden Straßen mit geringster Zahl der Fahrspuren	Gesamtbreite aller einmündenden Straßen mit Höchstzahl der Fahrspuren	Fahrbahnbreite im Rundverkehr in m
3	6	12	7,20 bis 10,80
4	8	14	7,20 „ 10,80
5	10	16	9,00 „ 14,40
6	12	18	9,00 „ 14,40

Übergangsbogen. Da nach den Annahmen der RAL. die Tangentenabrückung erst bei 8% den Wert 0,3 m erreicht, von dem ab der Übergangsbogen eingelegt werden soll, so käme für Stadtstraßen mit einer stärksten Querneigung von 6% ein Übergangsbogen nicht in Frage, soweit nicht eine Fahrbahnverbreiterung vorgenommen werden muß, wenn mit Mindesthalbmessern entworfen wird, was aus Gründen des Zwangslaufes nötig ist.
Indessen wird bei starker Querneigung das Fehlen eines Überganges zwischen Tangente und Bogen — ebenso wie bei den AB. bei allerdings weit größeren

[1] AASHO American Association of State Highway Officials.

Abmessungen (S. 135) — auf der Seite der hohlen Krümmung hart wirken, so daß es sich zugunsten eines gefälligen Anblickes empfiehlt, einen Übergangsbogen anzulegen, auf dem dann auch die Rampe zu entwickeln wäre, die sonst auf die Tangente zu legen ist. Aber eine solche Maßnahme wird nur Erfolg versprechen, wenn die Rampensteigung möglichst flach genommen wird. Sie steht in Beziehung zur Fahrbahnbreite. Die Rampenlänge L, wenn das Gefälle der Rampe Pa, die Straßenbreite b, das Quergefälle qd in der Geraden und in der Krümmung q gegeben sind, kann aus den Schaulinien der Abb. 109 abgelesen werden *[54]*, die denjenigen für die Zwischengerade (Abb. 97) entspricht. Die Rampenneigung sollte unter 2% bleiben.

Es würde noch nachzuweisen sein, daß der Übergangsbogen lang genug ist, damit der Beschleunigungsanstieg K m/sec³ in den zulässigen Grenzen bleibt. Hierzu wird die folgende Nachrechnung anzusetzen sein:

$$K = \frac{\frac{v^2}{R} \cdot (q - qd)}{\frac{l}{v}} \text{ m/sec}^3.$$

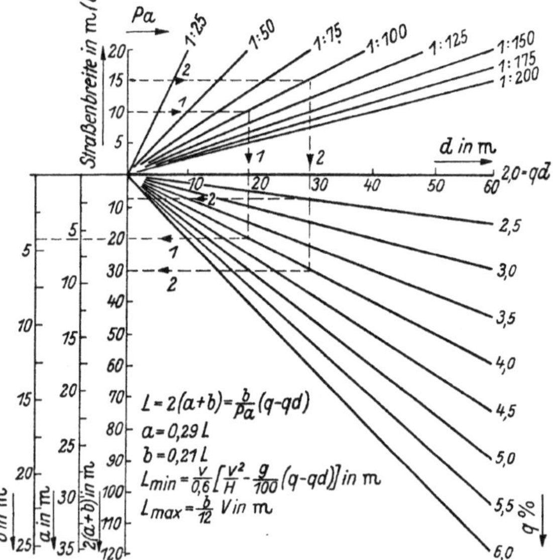

Abb. 109. Maßstab zur Ermittlung der Länge der Rampen.

Ist die Bordkante an der Straßeneinmündung mit einem Halbmesser abgerundet, der kleiner ist als der Wendekreishalbmesser, so kann die Kurvenfahrt überhaupt nur durchgeführt werden, wenn die Fahrdämme der Straßen eine entsprechende Breite haben, es sei denn, daß man zuläßt, daß auch die Fahrspur der Gegenrichtung mit in Anspruch genommen wird. Deshalb sind in Siedlungsstraßen Breiten unter 4,5 m unzulässig (S. 81).

Der geringste Halbmesser wird beim Rechtseinbiegen ausgefahren, für Linkseinbiegen steht bei zweispurigen Fahrbahnen, die jetzt die Regel bilden werden, ein größerer Halbmesser und Spielraum zur Verfügung. Da theoretisch betrachtet, der Kurvenlauf erst beginnen kann, wenn die Hinterache am Bogenanfang steht, so wird bei großem Achstand und entsprechender Länge des Wagens die Wagenspitze erheblich in die Fahrbahn der Einmündungsstraße hineinreichen, wenn nicht durch die Anlage eines Übergangsbogens der Kurvenlauf vorher ansetzen kann. Die Bordkante wird so zu führen sein, daß die Fahrzeuge bei der Bogenfahrt nicht breitere Fahrspuren belegen als unbedingt erforderlich ist. Halbmesser von 10 m (Wendekreishalbmesser eines LKW.) sind als Ausrundungsbogen von Bordkanten zu groß, weil die Fußgänger beim Überschreiten der Fahrdämme dann an der Einmündung zu große Fahrdammflächen zu überqueren haben, auf denen sie gefährdet sind. Andererseits wird man von dem geringsten Wendekreis ausgehen müssen, den ein Wagen mit gegebenem Achsabstand durchfahren kann. Es ist daher nicht möglich, wenn der Abrundungshalbmesser der Bordkante klein bleiben soll, durch Übergangsbögen zu erreichen, daß der Bogenlauf des Fahrzeuges mit Vorder- und Hinterachse sich scharf an die Bordkante anlegt. Man kann nur auf der Auslaufseite durch einen Übergangsbogen bewirken, daß das Fahrzeug nicht zu weit in die Fahrbahn der anschließenden Straße hineinragt. Die Aufgabe ist daher gestellt, die Form eines zweckmäßigen Übergangsbogens an der Auslaufseite zu finden, durch den die Bordkantenabrundung nicht zu stark abgeflacht wird. Bei breiten Fahrdämmen geht das ohne Schwierigkeit, bei schmalen muß die Bordkantenausrundung immer größer oder der Übergangsbogen tiefer in die Ausfahrtstraße verlegt werden *[60]*.

Gewählt ist ein Omnibus mit einem Achsstand von 4,8 m; ein solcher Unterbau wird auch für schwere Lastkraftwagen und Feuerwehrwagen benutzt. Bei einem vollen Kreislauf mit dem kleinsten Halbmesser (Einschlagwinkel etwa 40°) beansprucht die Spurabweichung $3{,}8 - 2{,}1 = 1{,}7$ m nach innen (Abb. 110 und Abb. 111). Bei Wohnstraßen müßte die Fahrbahn mindestens 4,5 m breit sein, dann würde der Wagen auch die gegenläufige Spur bei der Bogenfahrt mitbenützen.

Wird ein Übergangsbogen vorgesehen in der Form, daß der Kurvenlauf der Hinterachse beginnen kann, wenn die Mitte des Achsstandes am Bogenanfang steht, kann man für diesen Fall die Tangentenabrückung berechnen, und der Übergangsbogen beträgt dann 2 R (Abb. 110). Für den vorliegenden Fall errechnet sie sich zu

$$\Delta R = R - \sqrt{R^2 - \frac{a^2}{4}}.$$

Die Tangentenabrückung für $\frac{a}{2} = 2{,}4$ m ist aus Tabelle 16 zu entnehmen.

Tabelle 16.

R	ΔR
5	0,61
6	0,50
7	0,42

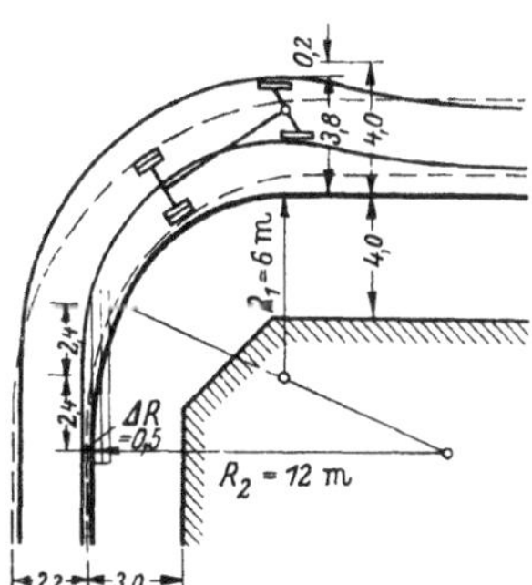

Abb. 110. Ausrundnng mit Übergangsbogen.

Für $R = 6$ m schmiegt sich die Schleppkurve des Innenrades der Hinterachse entsprechend der aufgemessenen Fahrspur an die mit dem Übergangsbogen angelegte Bordkantenausrundung an. Die Vorderachse beansprucht indessen auf der Einfahrtseite noch einen Raum von 4 m Breite (Abb. 110). Die nach dieser Form ausgebildete Straßenkreuzung mit Übergangsbogen beim Rechtseinbiegen zeigt Abb. 111. Der Fahrdamm müßte dann 8 m Breite erhalten.

In den RAST. *[46]*[1] D. IV. 2 wird vorgeschlagen, die Ausrundung an Straßenkreuzungen mit Korbbogen vorzunehmen, die aus drei Halbmessern zusammengesetzt sind, und bei denen die Halbmesser im Verhältnis 8 : 5 : 3 oder 4 : 2 : 1 auf je 30° Zentriwinkel stehen. Die sich daraus ergebenden Ausrundungen weichen nur unbedeutend von der Form der Abb. 111 ab. Es muß aber ausdrücklich darauf aufmerksam gemacht werden, daß die Fahrdämme eine genügende Breite haben müssen (mindestens 4,5 m), wenn die Wendung leicht und schnell erfolgen soll. Bei den sehr schmalen Fahrbahnen nach den RAST. ist diese Möglichkeit nicht immer vorhanden. In solchen Fällen z. B. Einfahrten zu Parkplätzen, Garagen, Höfen, Waagen wird es sich immer empfehlen, solche Fahrspuren aufzunehmen. Das gilt auch für die Aufteilung von Plätzen und geschieht in der Weise, daß Schneefall abgewartet wird und dann die Fahrspuren aufgemessen werden. Auch wenn die Zufahrtstraßen stark angenäßt werden, hinterlassen die Räder auf der

[1] F. G. Richtlinien für die Ausgestaltung der Stadtstraßen.

Fahrbahn des trockenen Platzes die Fahrspuren. Auch die Verkehrsbelastung einzelner Richtungen kann an ihnen abgeschätzt werden. Auf Autobahnen lassen

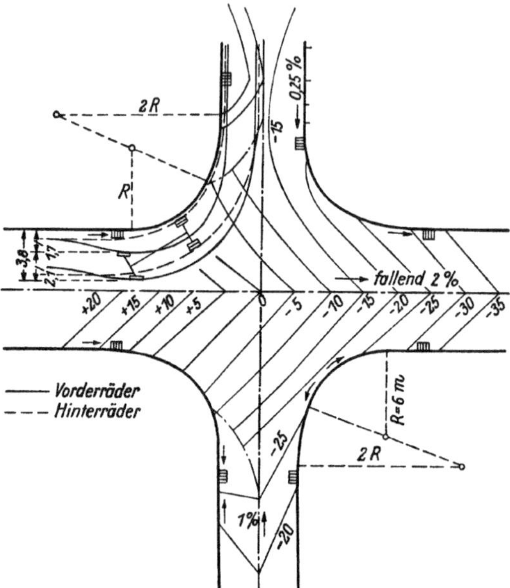

Abb. 111. Entwurf einer Straßenkreuzung mit Übergangsbögen.

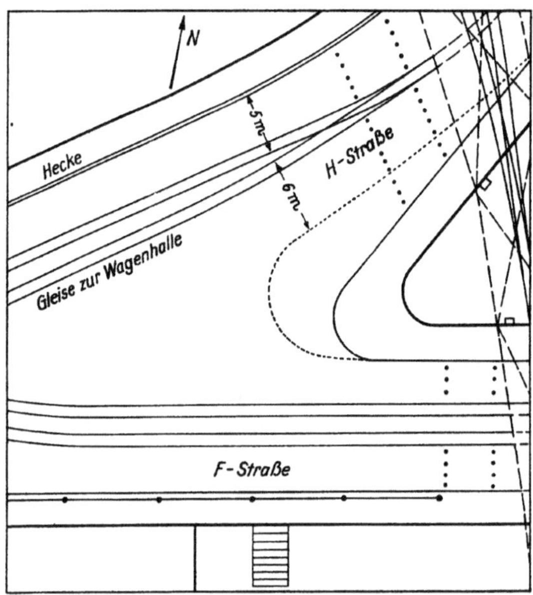

Abb. 112. Form der Ausrundung bei spitzwinkligen Ecken.

die Tropfölspuren die von den Wagen eingehaltenen Fahrspuren erkennen. Solche Fahrspuren haben gezeigt, wie die Übergangsbögen in Krümmungen wirklich gefahren werden und wie die Kraftfahrer bei Gegenschwingungen oder anderen

Unregelmäßigkeiten in der Linienführung die Lenkung betätigen. Die Fahrspurenkunde gibt daher wertvolle Fingerzeige für die Gestaltung der Bahnen *[61]*. Bei der Umfahrung von spitzwinkligen Straßenecken mit Kehrwinkeln bis annähernd 180° würde für die Führung der Bordkante die Form des vollständigen Wendekreises gegeben sein. Ausrundungen mit kleinerem Halbmesser sind zwecklos, vermehren unnötig die Fahrdammflächen und bringen Unsicherheit in den Verkehr vornehmlich für die Fußgänger an den Übergängen, wie das Beispiel (Abb. 112) erkennen läßt. Die bei Schnee mit Lichtbild (Abb. 113) aufgenommenen Fahrspuren entsprechen dem kleinsten Wendekreis der Kraftwagen. Der durchgehende Verkehr legt sich eng an die ihm die Richtung weisenden Straßenbahngleise. Es ist zwecklos gewesen, die Einmündung der Straße *H* trompetenartig zu verbreitern, der Verkehr kann die Fläche gar nicht ausnützen, damit wird nur den Fußgängern der Übergang erschwert und die Fahrdammfläche unnötig vergrößert. Die gestrichelte Abrundung (Abb. 112) hätte allen Anforderungen entsprochen.

Abb. 113. Fahrspuren an einer zu spitz ausgerundeten Ecke.

D. Längs- und Quergefälle.

Jede ordnungsgemäß gebaute Straße muß zum Abführen des Wassers Quer- und Längsgefälle erhalten. Das Ausmaß wird durch sehr verschiedene Umstände bestimmt. Es bestehen zudem Beziehungen zwischen dem Quer- und Längsgefälle.

a) Längsgefälle.

Die Grundlagen für die Bemessung des Längsgefälles in Beziehung zur Linienführung der Straße finden sich im Zweiten Abschnitt C. II. a. Die Grenze des Längsgefälles, die durch die Eigenart der Fahrbahndecke bestimmt ist, wird bei den einzelnen Fahrbahnarten (Dritter Abschnitt) angegeben. Jede Straße soll ein wenn auch geringes Längsgefälle erhalten (mindestens 0,5 v. H.). Bei Landstraßen, die keinen seitlichen Abschluß haben, läuft das Wasser über die Bermen zu den Gräben oder Abflußleitungen (vgl. S. 78). Bei Landstraßen mit erhöhten Fußsteigen wird das Wasser in der Rinne nach Tiefpunkten geführt, wo es mit Dolen unter dem Gehweg abgeleitet wird. Die Doleneinläufe werden, damit das Wasser nicht an ihnen vorbeiläuft, muldenförmig nach Abb. 114 angelegt. Hier ist zu beachten, daß die Mulde möglichst flach hergestellt wird, damit die Fahrzeuge, vor allem die Kraftwagen, schon bei geringer Geschwindigkeit keine Stöße erleiden, die zu Federbrüchen führen können.

Im Gebirge haben die Straßen Steigungen bis zu 13 v. H. Sie erhalten zum Teil eine einseitige Querneigung nach dem Anschnitt hin. Früher pflegte man an solchen Straßen in kurzen Abständen Querrinnen anzulegen, um das herabstürzende Wasser abzufangen und in die seitlichen Gräben zu führen. Bei Kraftwagenstraßen dürfen solche Querrinnen nicht angelegt werden. Gerade im Hochgebirge wird bei den dort üblichen dichten Niederschlägen der Wasserstrom einen gefährlichen Umfang annehmen können und die Straßendecke auswaschen und beschädigen. Besonders auf wasserundurchlässigen mit Bitumen oder Teer gedichteten Decken wird mit einem starken Wasserabfluß zu rechnen sein. Aus diesem Grunde sollte der Fahrdamm in Abständen einen ausgemauerten Schlitz erhalten, der mit Eisenrosten abgedeckt wird, in dem das Wasser sich unschädlich ansammeln und abgeführt werden kann.

b) Quergefälle.

Die Form des Quergefälles kann satteldachförmig von der Straßenkrone nach der Rinne abfallen oder parabelförmig ausgebildet sein. Die letztere Form ist

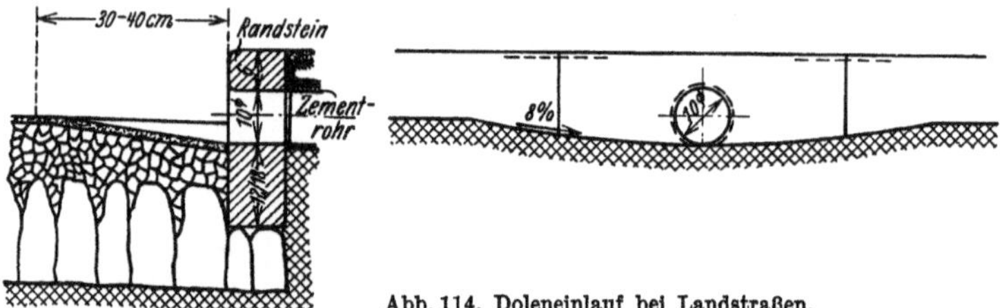

Abb. 114. Doleneinlauf bei Landstraßen.

früher üblich gewesen, weil die Hinterräder der Pferdewagen einen Sturz haben und die gewölbte Form sich der geneigten Stellung der Räder am besten anpaßt. Auf ebenen Straßenflächen würden die Wagenräder nur auf der Kante fahren und die Decke stark abnützen. Bei einem parabelförmigen Quergefälle nimmt die Neigung des Quergefälles von der Mitte nach der Rinne stark zu; das ist für die Wasserabführung günstig. Für den Kraftwagenverkehr aber ist eine starke Querneigung ungünstig, und besonders bei doppeltbereiften Rädern werden die beiden zusammenliegenden Reifen sehr unterschiedlich belastet (vgl. Abb. 5). Der Kraftwagenverkehr verlangt daher Quergefälle, die nicht zu stark geneigt und nicht gewölbt sind. Dementsprechend werden die Fahrdämme jetzt auch mit dachförmigem Quergefälle angelegt und nur in der Dammkrone auf etwa 1—2 m Breite ausgerundet. Die Größe des Quergefälles hängt von der Rauheit des Deckenbelages ab. Je ebener eine Decke ist, je weniger Widerstand ihre Oberfläche dem Wasserabfluß entgegensetzt, desto flacher kann das Quergefälle gehalten werden.

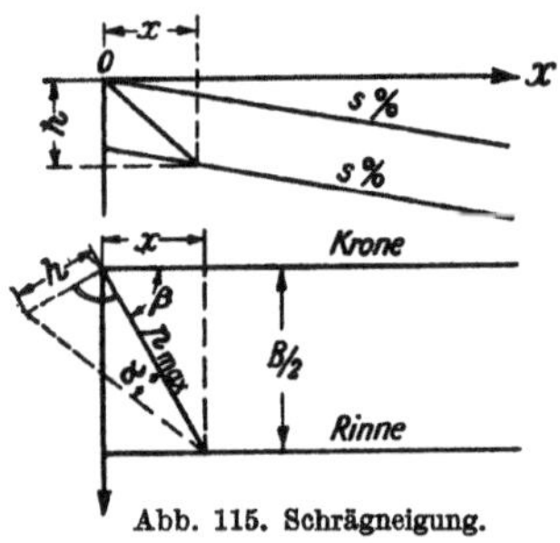

Abb. 115. Schrägneigung.

Da bei Straßen im Gefälle das Wasser nicht normal zur Straßenachse abläuft, sondern sich den Weg des größten Gefälles sucht, so kann bei Straßen mit starkem Längsgefälle das Quergefälle, gemessen in der Linie normal zur Straßenachse, flacher angelegt werden. Für dieses maßgebende Gefälle ist die Bezeichnung „Schrägneigung" (Schräggefälle) geprägt worden. Das größte Gefälle steht in Beziehung zum Längs- und Quergefälle.

Formelmäßig errechnet sich die höchste Schrägneigung, wenn das Längsgefälle der Fahrdammkrone und der Rinne das gleiche ist (s %) und das Quergefälle für den Fahrdamm q % nach Abb. 115 zu

$$\operatorname{tg}\alpha = \frac{\frac{B}{2}\cdot q + x\cdot s}{\sqrt{\frac{B^2}{4} + x^2}}.$$

Das Maximum entsteht für

$$x = \frac{B \cdot s}{2q}$$

$$\max p \text{ wird } = \sqrt{s^2 + q^2}.$$

Die Beziehungen zwischen Längs-, Quergefälle und Schrägneigung können aus den beiden Nomogrammen abgelesen werden (Abb. 116a, b). Nomogramm Abb. 116b dient vornehmlich für städtische Straßen.
Für die Richtung des Höchstgefälles im Grundriß gilt die Gleichung

$$\operatorname{tg} \beta = \frac{B}{2x} = \frac{q}{s}.$$

Der Ermittlung der höchsten Schrägneigung kommt bei der Gestaltung der Querneigung in Krümmungen besondere Bedeutung zu, wie im Zweiten Abschnitt

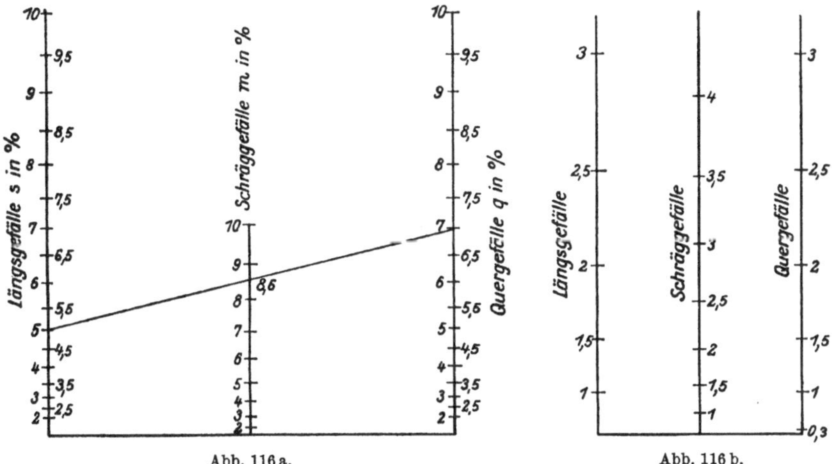

Abb. 116 a. Abb. 116 b.
Schrägneigung für gegebene Längs- und Quergefälle.

C. III. c behandelt ist. Für AB. sollen die Schrägneigungen 7% (8%) nicht übersteigen. Bei einem Längsgefälle der Krone, das gleich dem höchsten Quergefälle für die betreffende Belagsart ist, würde rechnerisch ein Quergefälle nicht mehr erforderlich sein, weil das Wasser in der Richtung der Straßenachse abläuft. Um eine Überschwemmung am Fuß der Gefällstrecke zu verhindern, muß auch auf solchen Strecken ein Quergefälle vorhanden sein, das mit 1% ausreichen wird.
Die Abhängigkeit des Quergefälles vom Längsgefälle kann aus der Abb. 117 abgelesen werden. Die Kurven gelten jeweils für bestimmte Deckenarten, z. B. für Asphalt,- Zementbetondecken, Steinpflaster und Schotter. Die beiden oberen Linien sind den Schweizerischen Straßenbaunormalien entnommen und beziehen sich auf die Gefällsanlagen in Krümmungen a) für reinen Auto-, b) für gemischten Verkehr.
Die Deckenbefestigungen der Stadtstraßen sind nahezu undurchlässig, so daß auf ihnen der gesamte Niederschlag, abgesehen von der nur zeitweilig auftretenden Verdunstung, abfließt. Daher muß für leistungsfähige Entwässerungsanlagen gesorgt werden. Aber auch die Durchbildung der Straßenflächen muß sehr sorgsam erfolgen. Bei Straßenkreuzungen, beim Vorhandensein von Straßenbahngleisen, Schutzinseln u. a. m. muß der Regulierungsplan, der die Höhen der Dammkrone, der Rinne, der Gehbahnen mit den vorhandenen Gefällangaben

enthält, sehr eingehend durchgearbeitet werden. Das Längsgefälle der Rinne darf nicht flacher als 4 v. T. (ausnahmsweise 3 v. T.) sein. Ist kein Längsgefälle oder nur sehr flaches vorhanden, dann erhält die Rinne stärkeres Gefälle zu Tiefpunkten, wo sich die Regeneinfälle befinden, hinter denen ein kurzes Gegengefälle eingeschaltet wird. Der Unterschied zwischen der Steigung der Fahrbahnkrone und der Rinne muß dann durch verschiedene Neigung des Quergefälles ausgeglichen werden, das nach DIN 1991 bei Asphaltstraßen an dem Brechpunkt der Rinne 1 : 55 (1,8 v. H.) (Abb. 118), am Regeneinlauf 1 : 35 (2,86 v. H.) betragen soll. An jedem Gefällbrechpunkt ist ein unmerklicher Knick und bei jedem Regeneinlauf eine Mulde in der Fahrbahnfläche. Bei der Fahrt über die Rücken und durch die Mulden kann ein schnellfahrender Kraftwagen in Schwingungen geraten. Eine völlig horizontale Führung der Stadtstraßen ist daher ungünstig und möglichst zu vermeiden. Auch wird bei breiten Fahrdämmen der Höhenunterschied (Auftritt) zwischen Fahrbahnrinne und Bordkante der Gehbahn, die parallel mit der Dammkrone geführt wird, dann zu groß. Der geringst zulässige Auftritt an der Bordkante soll nicht weniger als 8 cm und höchstens 20 cm betragen. Für die Bezeichnungen der Abb. 118 ergibt sich die Lage des Knickpunktes des Rinnengefälles (wenn $s_1 = s_1'$) aus dem Verhältnis

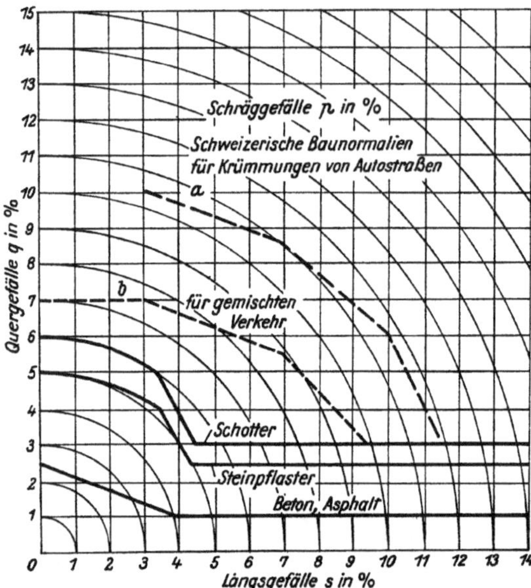

Abb. 117. Beziehungen zwischen Längs- und Quergefälle mit Berücksichtigung der Art des Belages.

$$\frac{L_1}{L_2} = \frac{s_1 + s}{s_1 - s}.$$

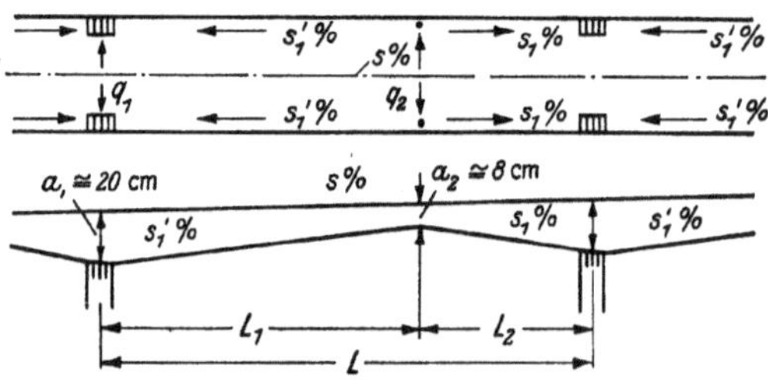

Abb. 118. Ausbildung der Rinne bei Längsgefälle der Straße < 4 ‰.

Das Gefälle der Rinne hat dann eine sägeförmige Form. Der Abstand der Rinnenschächte beträgt

$$L = B \cdot (q_1 - q_2) \frac{s_1}{s_1^2 - s^2}.$$

B = Fahrbahnbreite.

Geht man von der Auftrittshöhe aus,

$$a_1 = 0{,}2 \text{ m}, \quad a_2 = 0{,}08 \text{ m}, \quad \Delta a = a_1 - a_2 = 0{,}12 \text{ m}$$

wird

$$L = \frac{2 \Delta a \cdot s_1}{s_1^2 - s^2}.$$

Bei breiten Fahrbahnen und waagerechter Lage der Straße ist ein Ausweg in der Weise möglich, daß der dem Schnellverkehr zugewiesene mittlere Fahrbahnstreifen eine gleichmäßige Querneigung erhält, an die sich dann die gebrochene anschließt für den Fahrstreifen, der den langsamen Verkehr aufnimmt (Abb. 65). Auf die volle Breite läßt sich eine ebene Fahrbahn durchführen, wenn die Rinne hinter die Bordkante verlegt wird, die in kurzen Abständen mit Einlauföffnungen versehen wird, durch die das Wasch- oder Niederschlagswasser der verdeckten Rinne zugeführt wird, und die das Wasser zu Tiefpunkten führt, wo sich aufnahmefähige Einlaufschächte befinden. Bei genügender Breite der Rinne hat sie ein starkes Speichervermögen und bewirkt, daß auch bei starkem Schlagregen keine Anstauungen an der Bordkante der Fahrbahnen auftreten, sondern alles Wasser sofort abgeführt wird. Bordkante und Rinne können zu trogartigen Baukörpern vereinigt werden, die fabrikmäßig hergestellt und fertig versetzt werden (Abb. 119) (Baulänge 1 m, Fugen mit Falzen wie DIN 1201 — Betonrohre —). Diese keineswegs aufwendige Bauweise, da sie die Kosten der Bordschwelle erspart, bringt noch den wesentlichen Vorteil mit sich, daß Anstauungen in der Rinne vermieden

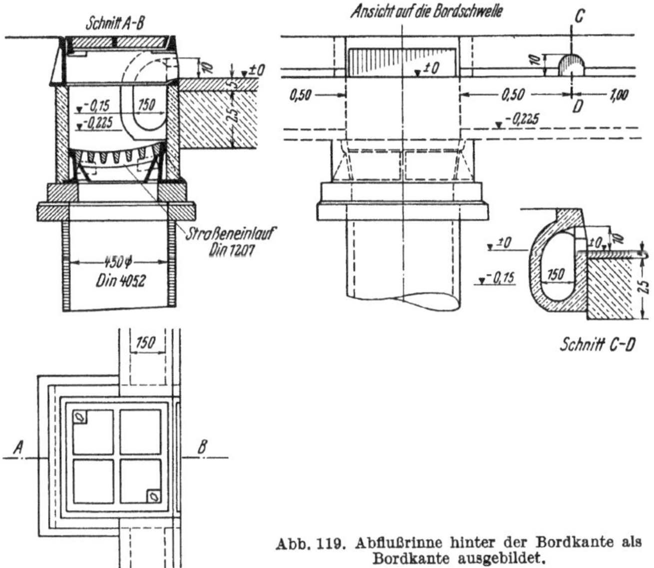

Abb. 119. Abflußrinne hinter der Bordkante als Bordkante ausgebildet.

werden und demzufolge die Fahrbahndecke, besonders wenn sie aus Walz- oder Gußasphalt besteht, die an der Bordkante nicht so stark verdichtet werden, weil es an Verkehr fehlt, gesund erhalten bleibt und keine Unterhaltungskosten erfordert. Um die Rinne für das Wasser recht aufnahmefähig zu gestalten und ihr ein gutes Abflußvermögen zu geben, wird der Streifen an der Bordkante auf etwa $B/8$ (B = Fahrbahnbreite) in ein noch stärkeres Quergefälle gelegt. Diese Ausführung mag bei Steinschlagstraßen, die eine ausgepflasterte Rinne erhalten, oder bei Groß- und Kleinpflaster ohne größere Schwierigkeiten durchführbar sein. Dagegen bei Straßen, die gewalzt oder mit Straßenfertigern bearbeitet werden, bietet ein solch gebrochenes Quergefälle allerhand Erschwernisse. Bei einer ausgesprochenen Standspur wäre die starke Querneigung zwar unbedenklich, dagegen würde sie, wenn sie zur Fahrspur gehört, für Kraftfahrzeuge störend, wenn nicht sogar gefährlich sein. Darum wird diese Form nicht empfohlen.

Bereitet die richtige Anlage der Quergefälle auch bei Straßen mit Längsgefälle keine Schwierigkeiten, so erfordert die Zusammenführung mehrerer Straßen eine sehr eingehende Durcharbeitung, besonders wenn sie in Gefällen liegen, weil bei der Einmündung Wannen oder Buckel auszurunden sind und die Durchdringungen der Fahrdämme zu geodätischen Formen führt, die zu besonderen technischen Maßnahmen und Vorkehrungen nötigen, um für Verkehr und Wasserabfluß günstige Formen zu schaffen. Die einzige Möglichkeit, zwanglos eine Nebenstraße in eine andere, die im Gefälle liegt, einzuführen, besteht darin, das satteldachförmige Quergefälle der eingeführten Straße in ein einseitiges pultdachförmiges umzuändern, das im gleichen Sinne fällt wie das der Hauptstraße, indem die Dammkrone der einmündenden Straße aus der Fahrbahnmitte nach der Richtung abgebogen wird, in der die andere steigt (Abb. 120). Diese Fälle sind an zwei Beispielen erläutert. Zwei Verkehrsstraßen in verschiedener Höhe werden von einer Straße, die in die untere unter 60°, in die obere unter 70° einmündet, verbunden, die untere hat 1%, die obere 2% Gefälle. Die Beispiele Abb. 121 und 122 sind kennzeichnend für die Erschließung von Hängen, auf denen die Hauptstraßen in Richtung der Höhenschichtenlinien laufen und durch Straßen miteinander verbunden werden, die im spitzen Winkel geführt werden müssen, damit ihre Steigung in den Grenzen bleibt. Die Ausrundung ist in Abb. 122 als Wanne, in Abb. 121 als Kuppe nach den Richtlinien im Zweiten Abschnitt C. II. e gestaltet. Der Ausrundungshalbmesser ist zu $R = 500$ m angenommen. Da im Bebauungsplan nur die Straßenhöhen in der Straßenachse gegeben werden, muß das Längsgefälle der Verbindungsstraße mit Rücksicht auf die Ausrundung oben und unten berechnet werden (Abb. 123). Hierbei wird angenommen, daß die Achse der Verbindungsstraße die Fahrbahnen der beiden Parallelstraßen auf $B/4$ (B = Fahrdammbreite) durchdringt, und daß die Tangentenberührungspunkte der Ausrundungshalbmesser im Schnittpunkt der Achse mit den Fahrbahnen liegen. Wenn H der Höhenunterschied zwischen den Tangentenberührungspunkten oben und unten ist und L die Entfernung beider Punkte in der Projektion, R der Ausrundungshalbmesser und q die Schrägneigung der Fahrbahnen oben und unten in der Achse der Nebenstraße, dann wird die Steigung der Verbindungsstraße

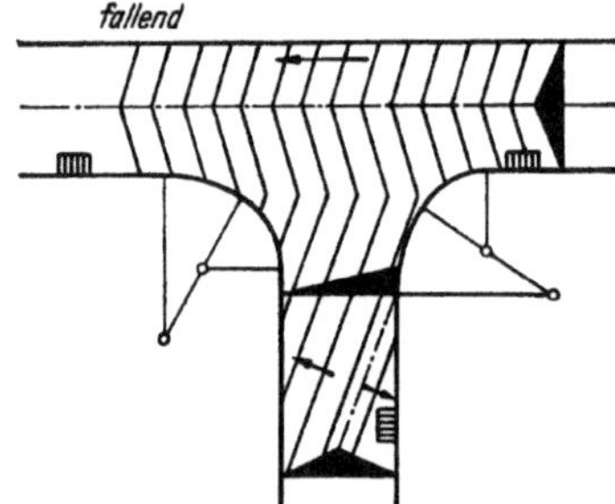

Abb. 120. Einführung einer Nebenstraße in eine Hauptstraße im Gefälle.

$$s = \frac{1}{2R} \cdot \left(L \pm \sqrt{L^2 - 4R \cdot \left[H + q\left(Rq + \frac{B_1}{4} - \frac{B_2}{4}\right)\right]}\right) \qquad (46)$$

$$\text{Für } B_1 = B_2 \qquad s = \frac{1}{2R}\left(L \pm \sqrt{L^2 - 4RH - 4R^2 q^2}\right).$$

Bei der Durchbildung solcher Straßenzusammenführungen entstehen verwundene Flächen, deren Form am besten dadurch veranschaulicht wird, daß in die Fahrdämme Höhenschichtenlinien von 2 oder 5 cm Abstand eingezeichnet werden, an deren Lage zueinander erkannt werden kann, ob das Gefälle ausreichend, zu stark oder zu flach ist, ob unerwünschte Buckel oder Wassersäcke entstanden sind, die durch Veränderungen der Gefälle beseitigt werden müssen, und wie durch Formung an den Höhenschichtenlinien Härten, d. h. zu starke Verwindungen in der Gefällslage bereinigt werden können. Um die Gefälle leicht ablesen zu können, bedient man sich eines Gefällmessers, der im Maßstabe der Zeichnung hergestellt ist (Abb. 124).

In einem gewissen Ausmaß werden die Fahrdammausläufe der Verbindungsstraße die Fahrdämme der Hauptstraße durchdringen und dadurch am Fuß ein Grat und am Kopf eine Senke entstehen. Diese wird sich besonders unangenehm nicht nur für den Verkehr, sondern auch für den Anblick bemerkbar machen. Um daher

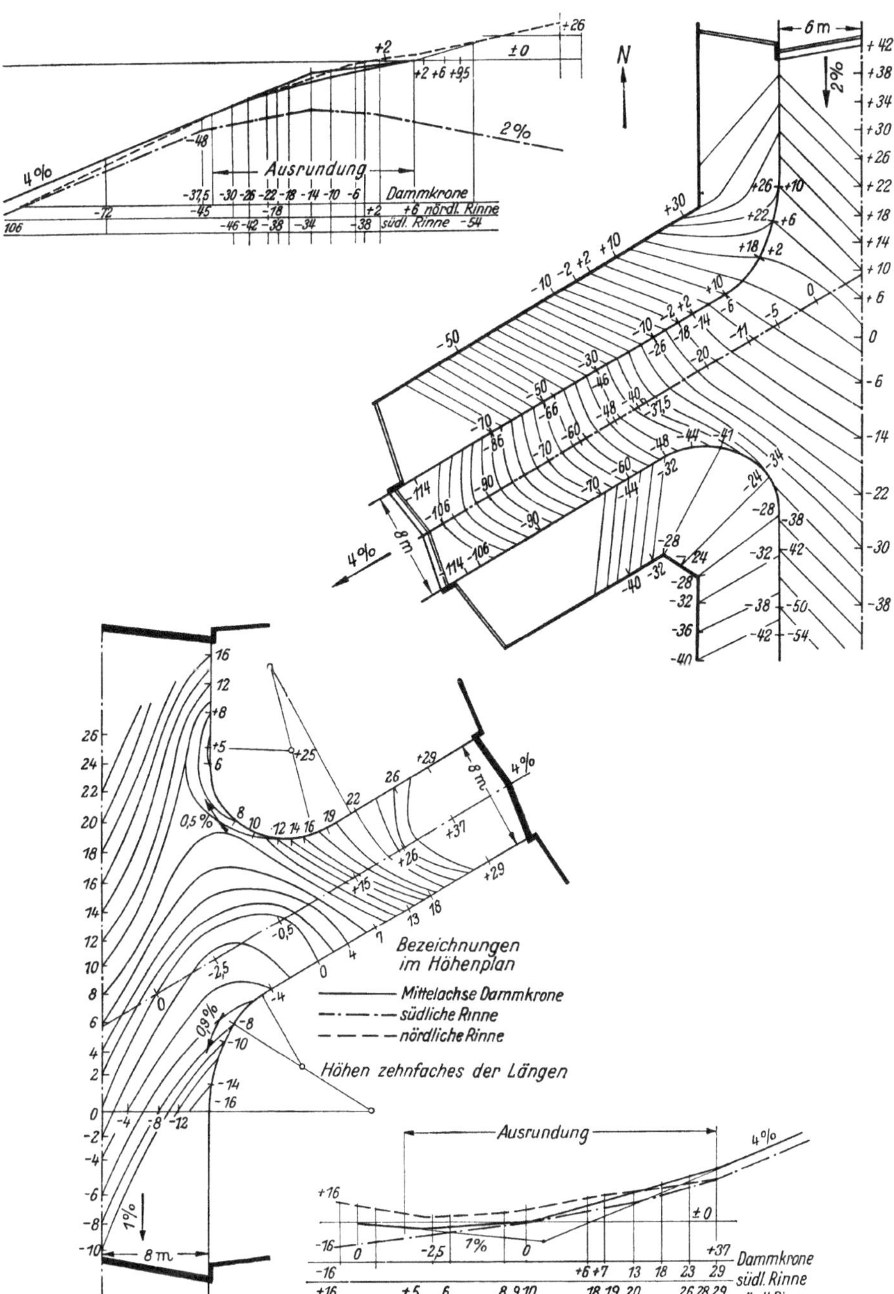

Abb. 121 (oben) und 122 (unten) Verbindung zweier parallel laufender Hauptstraßen durch eine Nebenstraße im Gefälle.

den Übergang aus dem Quergefälle des oberen Fahrdammes in das Längsgefälle der Verbindungsstraße möglichst auszugleichen, muß jenes recht flach gestaltet werden und der Tangentenberührungspunkt der Kuppenausrundung hinter die Flucht der Bordkante gelegt werden.

Wenn das Längsgefälle der Verbindungsstraße zu unvermittelt an das Quergefälle der Hauptstraße anschließt, hat das auch ungünstige Rückwirkungen auf die Gefälle der Gehbahnen, die dem Längsgefälle folgend schon vor der Flucht der Baufronten sich senken und damit für den längsgerichteten Verkehr gefährlich werden. Denn ein kritischer Punkt an solchen Straßeneinmündungen ist die

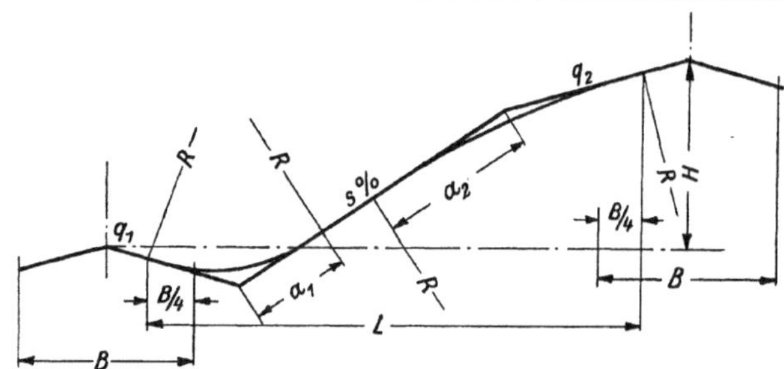

Abb. 123. Ermittlung des Gefälles der Nebenstraße aus Abb. 121 u. 122.

Gehbahnfläche unmittelbar an der Ecke des Baublocks, von deren Höhenlage das Quergefälle der Gehbahn nach der Hauptstraße und nach der Nebenstraße abhängt; das gilt besonders für die Abb. 121 bei fallender Nebenstraße. Ein Ausgleich kann hier nur in der Weise erfolgen, daß größere Unterschiede in den Auftrittshöhen der Bordkante angewendet werden: Geringe Auftrittshöhe (10 cm) und flaches Quergefälle auf der einen Seite und großer Auftritt (20 cm am Rinnenschacht) in der anderen Richtung bewirken, daß das Gefälle der Gehbahn nicht über 3,5% hinausgeht.

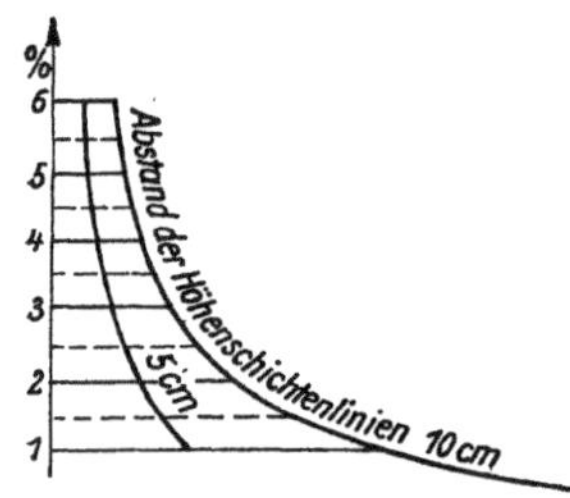

Abb. 124. Der Abstand der Höhenschichtenlinien parallel zur Abszissenachse eingetragen gestattet an der Ordinatenachse das Quergefälle abzulesen.

c) Straßenkreuzungen.

Ganz besondere Aufgaben stellt die Durchbildung von Straßenkreuzungen, vornehmlich, wenn auch hier die Straßen im Gefälle liegen und außerdem noch mit Straßenbahngleisen versehen sind, auf die Rücksicht zu nehmen ist, weil sie möglichst gestreckt durchgeführt werden müssen und nur flache Quergefälle zulassen. Auf das Beispiel Abb. 111 sei verwiesen. Abb. 125 erläutert, wie eine solche Aufgabe zu lösen ist, wobei auch vermittels der Höhenschichtenlinien von 5 zu 5 cm die richtige Anordnung der Gefällsverhältnisse und der Entwässerung der Fahrbahnflächen nachgeprüft werden kann. Die richtige Lage der Regeneinfallschächte ist hierbei leicht zu finden. Da das Wasser senkrecht zu den Höhenschichtenlinien abfließt, ist ohne weiteres zu erkennen, wohin es in größeren Massen zusammenfließt, wo also Schächte unbedingt eingebaut werden müssen. Bei der Ausarbeitung solcher Pläne ist vor allem auch darauf zu sehen, daß die Bauausführung möglich ist und alle notwendigen Maße und Höhen hierfür gegeben werden. Für solche Fälle muß die Entwurfsbearbeitung so gründlich wie nur irgend möglich sein, damit die Gefälle aller Flächen, die befahren oder begangen werden, derart sind, daß die notwendigen Quergefälle nicht unter-, aber auch nicht überschritten werden, eindeutig festliegen und aus der Zeichnung entnommen werden können.

d) Gefälle der Gehbahnen.

Bei Regulierung schon angebauter Straßen, bei denen die Eingänge zu den Häusern und Ladengeschäften festliegen, bereitet die Abstimmung der Gefälle der Geh- und Fahrbahnen besondere Schwierigkeiten. In solchem Falle muß von der Höhenlage an der Baufront ausgegangen und nunmehr durch Wahl geeigneter Gehbahngefälle und Wechsel der Auftrittshöhen an den Bordkanten versucht werden, bei der gegebenen Höhenlage der Dammkronen, die meist bei solchen Regulierungsarbeiten höher gelegt werden, weil die Straßenlängsgefälle abgeflacht

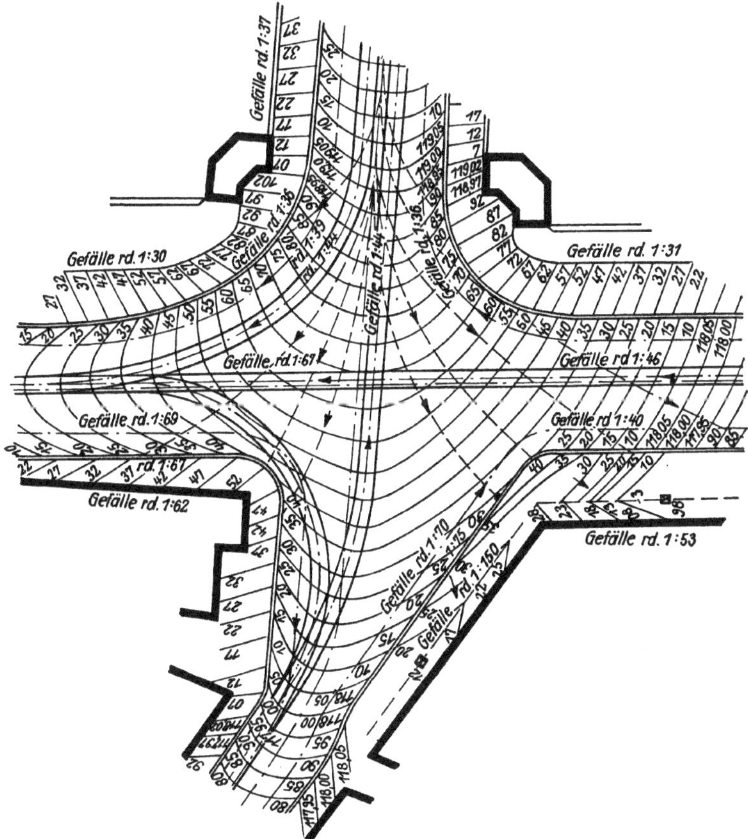

Abb. 125. Ausbildung der Fahr- und Gehbahngefälle bei einer Straßenkreuzung.

oder bei Neubau von Brücken die Rampen erhöht werden, Gefälle für die Fahrbahnen herauszuholen, die nicht zu steil sind. Bei tiefer Lage der Baufronten im Vergleich zu den Dammhöhen können Einschüttungen und Lichtschächte bisweilen vermieden werden, wenn die Gehbahn eine Kniffrinne erhält und die Fahrbahn ein einseitiges Quergefälle. Solche Kniffrinnen sind reiner Notbehelf, sie erhalten einen besonderen Entwässerungsschacht. Trotzdem sind sie der Anlaß für Unfälle besonders bei Glatteis und daher nur ausnahmsweise zugelassen. Im Beispiel (Abb. 125) hat die südliche Baublockecke eine tiefe Lage, deren Einschüttung nur dadurch vermieden ist, daß die Fahrbahn der Ost-West-Straße ein einseitiges Gefälle erhalten hat und die Gehbahn vor der tiefliegenden Ecke mit einer Kniffrinne versehen worden ist *[62]*.

Die Sicherheit des Verkehrs der Fußgänger wird in zwei Richtungen hin zu betrachten sein, einmal für den, der in gerader Richtung die Verbindungsstrecke kreuzt und für den, der in diese einschwenkt. Es wird anzustreben sein, daß in beiden Fällen die Schräggefälle der Gehbahnen möglichst in keinem zu großen Winkel zu jeder der beiden Gehrichtungen verlaufen. Denn bei schlüpfriger oder glatter Oberfläche bilden solche Schräggefälle Rutschflächen, weil dem Fußgänger die nötige Seitenabstützung fehlt; das gilt besonders für den einschwenkenden Fußgänger, der seine Gehgeschwindigkeit abbremst und beim Umschwenken einer Abstützung am Boden gegen die Fliehkraft bedarf. Es besteht die Gefahr, daß der Kraftschlußbeiwert zur Aufnahme solcher Seitenkraft nicht ausreicht, weil er schon in der Gehrichtung voll verbraucht ist.

Gefahrstellen dieser Arrt entstehen auch bei Einfahrten zu Grundstücken oder Garagen, die über die Gehbahnen hinweggeführt werden. Bei ihnen läuft die Bordkante durch, die Fahrzeuge müssen sie kreuzen. Der übliche Auftritt an der Bordkante von 12—20 cm ist für die Überfahrt zu hoch, sie muß gesenkt, ebenso das Gefälle der Gehbahn und die Befestigung den hohen Gewichten angepaßt werden. Bei einer Auftrittshöhe von 6 cm wird das Auffahren, selbst wenn die Bordkante abgerundet ist, unter spitzem Winkel nicht möglich sein. Der Wagen muß eine Richtung haben, die unter 90° nicht betragen darf, schon mit Rücksicht auf die Schleppkurve der Hinterachse. Solche Einfahrt verlangt sehr breite Fahrbahnen (vgl. S. 90, Abb. 73). Die Senkung der Bordschwelle hat eine Verstärkung des Quergefälles der Gehbahn zur Folge. Der Übergang vom üblichen Gehbahnquergefälle zu dem der Einfahrtspur muß entweder sehr allmählich vollzogen werden oder aber die ganze Einfahrt wird gesenkt, und in der Gehbahn eine Mulde gebildet, die mit einem Gefälle von höchstens 5% den Übergang zur üblichen Gehbahnhöhenlage vermittelt. Eine Ausbildung nach Abb. 126 wird am ehesten allen Anforderungen gerecht, unter der Voraussetzung, daß die Toreinfahrt von vornherein tief genug gelegt worden ist, ein Fall, der nur eintreten wird, wenn Straße und Gebäude gleichzeitig angelegt werden *[63]*.

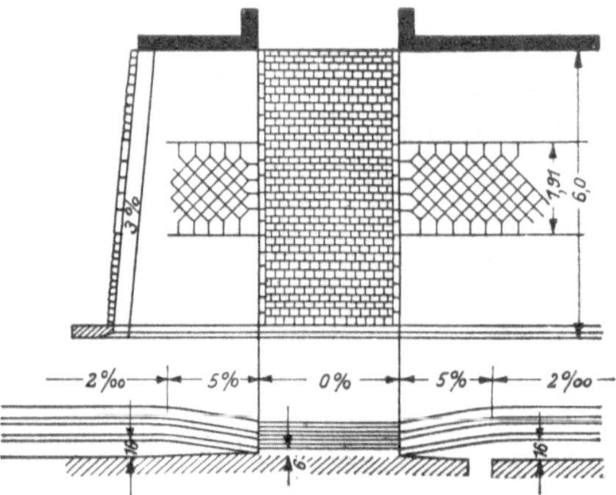

Abb. 126. Gestaltung einer Gehbahn mit Hauseinfahrt im Grundriß und Aufriß.

Bei Einfahrten zu Garagen, die mit einer Rampe nach dem Gebäude fallen, soweit sie im Vorgarten liegt (Kellerrampe), darf eine Senkung der Gehbahn nach der Vorgartenflucht, um die Auffahrtrampe flacher zu gestalten, in keinem Fall zugelassen werden. Eine solche Forderung würde den Anforderungen der Sicherheit auf den öffentlichen Verkehrsflächen widersprechen und nach § 15 der Reichsgaragen-Ordnung abzulehnen sein.

e) Plätze.

Ganz neue Aufgaben stellen im Städtebau die großflächigen Plätze hinsichtlich Pflasterung und Entwässerung, z. B. Parkplätze. An dieser Stelle soll nur die Gefällsanlage zum Abführen des Niederschlags behandelt werden, der mit den

Abmessungen des Platzes stark anwächst und dessen Bewältigung in Verbindung mit einer ästhetisch befriedigenden Ausbildung der Platzfläche nicht ganz leicht ist. Zwei Möglichkeiten bestehen, entweder den Platzmittelpunkt hochzulegen, damit das Wasser von der Mitte nach den Seiten abläuft, wo meist die Entwässerungsleitungen liegen, oder umgekehrt die Platzmitte tiefzulegen und das Niederschlagswasser dorthin zu führen. Die erste Form wäre für die Entwässerung die einfachste, wird aber wegen der Verunstaltung des Platzbildes abgelehnt. Denn es gilt als anerkannter Grundsatz, daß die Platzfläche nach der Mitte zu fallen muß, weil diese Form den Platz größer macht, die Bildwirkung der Platzwände für den Beschauer erhöht und die Übersicht verbessert. Dann muß der Platz aber in der Mitte einen Ruhepunkt haben, z. B. einen Brunnen oder ein Denkmal, wie das Mittelalter, die Renaissance, das Barock ihre Plätze ausgebildet haben. Daß bei Plätzen mit großen Abmessungen die Entwässerung sorgfältig behandelt werden muß, beweist der Platz vor der Peterskirche in Rom[1]. Da die Platzmitten bei Versammlungsplätzen freibleiben müssen, kann die Entwässerung nur so gelöst werden, soweit der Platz nicht ein starkes Quergefälle oder Längsgefälle hat und dadurch das Wasser in einer Richtung abgeführt werden kann, daß er in der Längsrichtung in mehrere gleichlaufende Rinnen und Rücken aufgeteilt wird, wobei die Rinnen zur Schaffung von Tiefpunkten mit Einfallschächten noch gebrochen werden. Diese Form ist bei großen Plätzen angewendet worden.

E. Linienführung von Autobahnen.

Für die deutschen AB. sind vier Entwurfsklassen aufgestellt, die den Unterschieden der Geländeverhältnisse angepaßt sind, indem die Ausbaugeschwindigkeiten vermindert werden, je höher die Straße in die Berge steigt. Daraus ergeben sich dann auch geringere Mindesthalbmesser für die Krümmungen und für die Ausrundung, so daß die Schwierigkeiten der Linienführung in dem stark gegliederten Gelände in den höheren Lagen ermäßigt werden *[64]*.

Tabelle 17.

Trassierungsgrenzwerte für die Entwurfsklassen 1 bis 4.

	Klasse 1 Flachland $V_1 =$ 160 km/h[1]	Klasse 2 Hügelland $V_2 =$ 140 km/h[1]	Klasse 3 Bergland $V_3 =$ 120 km/h[1]	Klasse 4 Hochgebirge $V_4 =$ 100 km/h[1]
Krümmungshalbmesser $R \geqq$	2000 m (1000)[2]	1200 m (600)[2]	800 m (400)[2]	500 m (250)[2]
Kuppenausrundung $R_k \geqq$	20000 m	12000 m	8000 m	8000 m (5000)[2]
Wannenausrundung $R_w \geqq$	10000 m	8000 m	6000 m	6000 m (4000)[2]
Zulässige Steigung $p \leqq$	4%	5%	6%	6,5%
Sichtlänge $L \geqq$	300 m	250 m	200 m	150 m

[1] Berechnungsgeschwindigkeit.

[2] Klammerwerte werden in Ausnahmefällen zugelassen.

[1] Ausgestaltung des Platzes vor der Peterskirche nach Aufmaß des Verfassers und andere Plätze vgl. Bautechnik 21. Jg. (1943), S. 130.

Da es sich um Mindestwerte handelt, wird es Aufgabe einer überlegenen Gestaltung sein, soweit als möglich über sie hinauszugehen. Wenn für jede Klasse die Ausbaugeschwindigkeit maßgebend ist, muß der Bahnbenutzer aus den Geländeformen erkennen, in welchem Bereich er sich befindet und mit welcher Geschwindigkeit er fahren kann.

a) Linienführung im Grundriß.

Die zügige Form der Linie wird mehr durch die Anwendung großer Halbmesser als langer Geraden in Erscheinung treten. Ein dem Gelände angepaßter Richtungswechsel ist sogar erwünscht und soll mit möglichst großen Bögen vorgenommen werden (vgl. Bemerkung Zweiter Abschn. C. III). Übergangsbögen haben sich nicht nur fahrtechnisch, sondern aus Gründen einer für das Auge befriedigenden Gestaltung auch für sehr große Halbmesser als notwendig erwiesen, weil die perspektivische Verkürzung, wenn kein Übergangsbogen vorhanden ist, im Auge des Fahrers am Ansatz von Tangente und Bogen den Wechsel viel schärfer zum Ausdruck bringt, als die Zeichnung vermuten läßt, so daß auch der Fahrer dadurch ungünstig beeinflußt wird. Die aus diesem Anlaß angewendeten Übergangsbögen sollen im Gegensatz zu den fahrtechnisch bedingten „ästhetische Übergangsbögen" genannt werden (vgl. Zweiter Abschnitt E. d).

Übergangsbögen, die nach der Klotoide (Zweiter Abschn. C. III. c) ausgebildet werden, sind bis zu Halbmessern von 3000 m anzuwenden, darüber hinaus empfohlen. Auch soll der Übergangsbogen, um eine große Stetigkeit in der Linienführung zu erreichen, möglichst lang sein. Seine Länge ergibt sich aus der fahrtechnisch bedingten Tangentenabrückung, die aber größer gewählt werden kann, je größer der Halbmesser und die Bogenlänge ist, um den Übergangsbogen zu strecken. Seine Form soll auch in Übereinstimmung mit dem Aufriß der Linie gewählt werden.

1. Querneigung in der Krümmung.

Alle Krümmungen werden überhöht, Mindestmaß $q = 1{,}5$ v. H., Höchstmaß $q = 6$ v. H. Bei langen Übergangsbögen ist der Fliehbeschleunigungsanstieg sehr gering, die Fahrt durch die Krümmung daher frei von jeder unangenehmen Einwirkung. In den Entwurfsklassen 3 und 4 werden bei den Mindesthalbmessern höhere Kraftschlußbeiwerte bis zu 0,25 für die Seitenführungskraft in Anspruch genommen, darum sind die Fahrbahnen dieser Krümmungen mit besonders griffigen Decken zu versehen.

Die Anrampung vom einseitig nach außen geneigten Regelquerschnitt zum überhöhten — das gilt für die äußere Fahrbahn — erfolgt ganz nach den Vorschriften für die Landstraßen durch Heben des äußeren Fahrbahnrandes und auf der Verwindungsstrecke innerhalb des Übergangsbogens durch Drehen um die Innenkante. Wenn bei sehr großen Halbmessern von einem Übergangsbogen abgesehen ist, wird die Anrampung in die Tangente verlegt. Auf jeden Fall muß die volle Querneigung bei Beginn des Hauptbogens erreicht sein. Das Steigungsverhältnis richtet sich nach dem Maß der Überhöhung und der Länge des Übergangsbogens. Es soll aber nicht steiler als 0,5 v. H. sein. Der Beginn der Anrampung als Wanne und das Ende als Kuppe sind auszurunden. Halbmesser von 500 m dürften ausreichen.

Bei der inneren Fahrbahn, die bereits schon im Sinne der Überhöhung geneigt ist, verläuft die Anrampung zwangloser. Bei der Drehung um die dem Mittelpunkt zugewandte Kante sind zwei Grenzfälle möglich, die beiden Querschnitte sind sägeförmig gestaffelt (Abb. 127a, b) oder liegen in einer Ebene (c). Die erste Anordnung kommt bereits einer Staffelung der beiden Fahrbahnen gleich, die noch besonders behandelt werden (Zweiter Abschn. E. b. 2). Wenn die Form des Geländes

z. B. seine Querneigung darauf hinweist, sind zwischen diesen beiden Grenzfällen viele andere möglich und zur Ersparung an Erdarbeiten, zur Verbesserung der Entwässerung und des Aussehens zu empfehlen[1].

Bei waagerechter Lage der Achse ist in dem Bereich der Anrampung, der kurz vor und kurz hinter dem Durchgang durch den waagerechten Querschnitt liegt, kein genügendes Quergefälle zur Entwässerung vorhanden. Darum soll angestrebt werden, daß auf der Strecke, deren Querneigung $< 0{,}5$ v. H. ist, ein Mindestlängsgefälle von 0,5 v. H. vorhanden ist. Das wird in der Regel der Fall sein, denn die Achse wird meist im Gefälle liegen.

Als Sonderfall ist außerdem vorgesehen, daß die Drehung um die Mittelachse jeder Fahrbahn vorgenommen wird, wenn es sich um den Übergang zwischen zwei

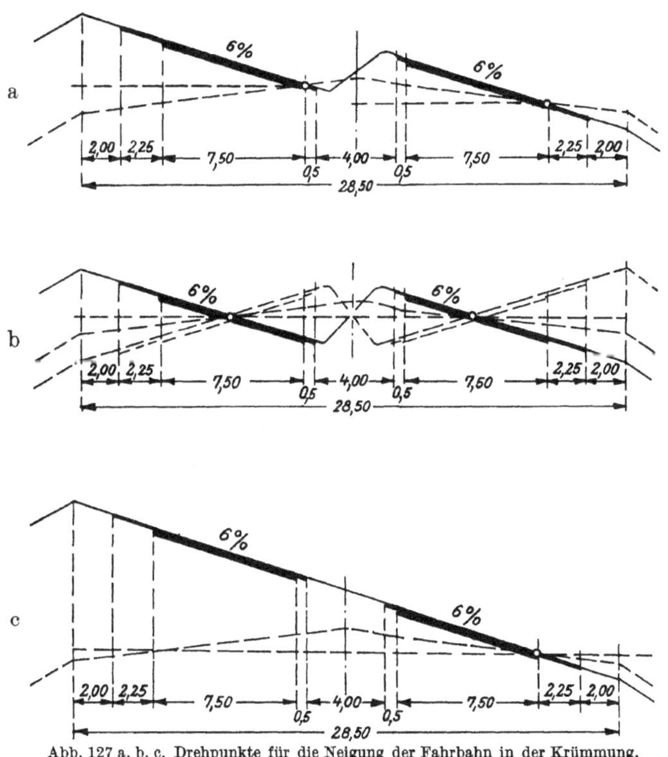

Abb. 127 a, b, c. Drehpunkte für die Neigung der Fahrbahn in der Krümmung.

Gegenkrümmungen handelt. Dadurch werden die Anrampungen in die Übergangsbögen hineingelegt und damit der an sich notwendige Abstand zwischen den beiden Gegenkrümmungen verkürzt (Abb. 127b). Besondere Beachtung ist den Fällen zu widmen, wenn Krümmungen oder Teile von ihnen mit Kuppen und Wannen im Aufriß der Linie zusammenfallen. Auf Unstetigkeiten, in Form von Wellen, die dabei entstehen, wenn sich die Ausrundung mit der gleichmäßig ansteigenden Anrampung überschneidet, ist schon im Abschnitt Wendeplatten hingewiesen (Zweiter Abschn. C. III. e). In solchen Fällen ist auch die Anrampung der Ausrundung (in der Wanne oder Kuppe) anzuschmiegen, eine Maßnahme, die nur auf zeichnerischem Wege zu lösen ist, indem das Längsprofil der anzurampen-

---

[1] Vorläufige Anweisung für die Durchführung der Bauarbeiten an den Reichsautobahnen. Nr. 7 Staffelung der Fahrbahnen.

den bogenäußeren Fahrbahnkante in möglichst überhöhtem Maßstabe aufgetragen wird und die sich etwa zeigenden Unstetigkeiten ausgeglichen werden. Der Verwindungsanstieg ist dann ungleichmäßig. Im Gegensatz zu der im Abschnitt „Landstraßen" gegebenen Regel können Korbbögen bei Krümmungen zugelassen werden. Bei großen Unterschieden zwischen den Abmessungen der Halbmesser sind bei ihrem Zusammentreffen Übergangsbögen nach der Klotoidenform vorzusehen, die sich zum Teil aus fahrtechnischen, zum Teil aber aus Gründen des Aussehens empfehlen. Größere Abweichungen im Halbmesser bedingen auch Unterschiede in der Querneigung, die durch Anrampungen auszugleichen sind, die in die Übergangsbogen verlegt werden. Wo diese nicht vorhanden sind, verteilt sich die Anrampung auf die anschließenden Kreisbögen. In der Regel werden aber Korbbögen, die so geringe Unterschiede im Halbmesser haben, daß von Übergangsbögen abgesehen werden kann, auch mit einer gleichmäßigen Überhöhung auskommen. Wenn der Unterschied in der Querneigung nicht mehr als 1,5 v. H. beträgt, werden beide Bögen mit einem Mittelwert überhöht.

2. Sichtfreilegung in Krümmungen.

Da die Fahrbahnen der AB. nur in einer Richtung befahren werden, kann für die Sichtweite im Grundriß nur die Bremsstrecke maßgebend sein, die nach den Angaben im Zweiten Abschn. C. III. d zu berechnen ist. Als Kraftschlußbeiwerte können die dort angegebenen benutzt werden.

Die Länge der Bremsstrecke wird in die Mitte der rechten Fahrspur als Bogenlänge hineingelegt, genau nach Abb. 103, und die Endpunkte miteinander verbunden. Die Sehne begrenzt die Sichtberme nach außen. Bei großen Halbmessern ist das Sichtmaß c so gering, daß die Sehne aus dem Straßenplanum nicht herausfällt. Wenn der Abstand der inneren Fahrlinie vom Böschungsfuß zu 6 m angenommen wird, gilt das für die vier Entwurfsklassen von Halbmessern

in Klasse 1 $R >$ 1800 m
„ „ 2 $>$ 1200 „
„ „ 3 800 „
„ „ 4 500 „

für die in Tabelle 17 gegebenen Sichtlängen.

b) Linienführung im Aufriß.

Die Erfahrungen an den Steilstrecken der ersten AB.-Linien mit 7 v. H. und mehr haben dazu geführt, die Steigungen zu ermäßigen (Tabelle 17, S. 135, vgl. Zweiten Abschn. C. II. a) und ihre Länge zu begrenzen und längere Steigungen ($>$ 1,5 km Länge) durch flacher geneigte Erholungsstrecken, die nur 1—1,5 v. H. geneigt und mindestens 400 m lang sind, zu unterbrechen. Demnach können nur immer durch eine Steigung an Höhe gewonnen werden:

in Entwurfsklasse 1—60 m
„ „ 2—75 „
„ „ 3—90 „
„ „ 4—97,5 „

dann muß eine Erholungsstrecke eingelegt werden. Diese Anweisung, die im ersten Augenblick als eine Erschwernis in der Auslegung der Linie erscheint, wird doch leicht durchzuführen sein. Vor allem bieten die Bauwerke, wie Brücken und Dämme, eine günstige Gelegenheit, die flachen Unterbrechungen einzuschalten. Solche Strecken sollen mit Rastplätzen verbunden werden, an denen auch Kühlwasser ergänzt werden kann.

Das Längsprofil wird dann auch zickzack-(säge-)förmig, aber eine Anpassung an das Betriebsdiagramm, wie im Zweiten Abschn. C. II. d beschrieben und durchgerechnet worden ist, wird damit nicht erreicht. Denn die dortige Entwicklung geht von der Voraussetzung aus, daß die flache und die geneigte Strecke in einem Gang befahren werden können. Das ist aber bei einem Längenunterschied von 400 m Flachstrecke gegen 1,5 km Steilstrecke bei dem starken Unterschied in den Steigungen nicht möglich. Nur bei der Steilstrecke für sich könnte das dort angegebene Verfahren angewendet werden. Ohne Schalten können solche Strecken nicht genommen werden.

1. Neigungswechsel.

Die Mindesthalbmesser zur Ausrundung der Kuppen berücksichtigen die genügende Sichtweite und bei den Wannen die fahrtechnischen Vorgänge beim Durchfahren hohlgekrümmter Linien (Zusammendrücken der Federn). Die Grenzwerte sollten indessen nur ausnahmsweise angewendet werden, weil die Zügigkeit der Linie mit größerem Halbmesser sehr verbessert werden kann.

Im Aufriß besteht kein Bedenken, die Bögen von Kuppen und Wannen ohne Zwischengeraden aneinanderzulegen. Übergangsbögen wie im Grundriß sind überflüssig, weil bei der Fahrt störende Beschleunigungskräfte nicht auftreten.

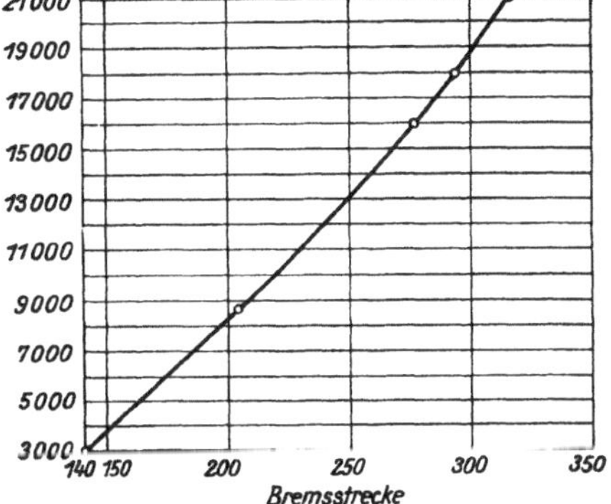

Abb. 128. Halbmesser in m für Kuppenausrundung bei gegebener Bremsstrecke.

Die angegebenen Kuppenausrundungen entsprechen der Ausbaugeschwindigkeit. Zwischenwerte lassen sich aus der Abb. 128 entnehmen. Sie sind berechnet nach der Formel für die Bremsstrecke (Gl. 9)

$$b_r = \frac{v^2}{2\,g\,(\mu \pm s)} + v \text{ und } R = \frac{b_r^2}{2\,(f + 2\cdot\sqrt{f\cdot h} + h)}.$$

μ ist nach der Gl. 11 berechnet. Da aber für Ausbaugeschwindigkeiten über 100 km/h die Formel nicht mehr gilt, weil bei $v = 30$ m/sec $=$ (110 km/h) $\mu = o$ wird, ist für μ der Wert 0,252 angenommen. Nach der vorläufigen Anweisung für die Durchführung der Bauarbeiten bei den AB. Nr. 3 Trassierungsgrundsätze ist mit Werten für $\mu = 0{,}40$ m Entwurfsgruppe 1, $\mu = 0{,}45$ m Entwurfsgruppe 2 und $\mu = 0{,}50$ in Entwurfsgruppe 3 gerechnet. Diese Werte dürften zu hoch sein, da nach der StrVZO. nur eine Bremsverzögerung von $p = 3{,}5$ m/sec² gefordert werden kann.

2. Staffelung der Fahrbahnen.

Unter Staffelung der Fahrbahnen wird die Anordnung der beiden Richtungsfahrbahnen in verschiedener Höhenlage verstanden.

Bei einer Gesamtbreite des Straßenplanums (S. 80, Abb. 57) von 28,5 m mit Zuschlag von 0,5 m zur Ausbildung eines Grabens an der Bergseite $B = 29$ m entstehen schon bei geringer Querneigung eines Hanges, auch wenn die Achse im Gelände liegt, Anschnitte und Aufträge von erheblichem Ausmaß und umfangreiche Erdbewegungen im Querausgleich.

Die Wirtschaftlichkeit, die Sicherheit des Straßenkörpers besonders in rutschgefährlichem Hang und die Einpassung der Bahn im Gelände lassen es angezeigt, die beiden Fahrbahnen in verschiedener Höhenlage anzuordnen, die bergseitige über der talseitigen. Für den Verkehr bringt das noch den Vorteil, daß die Blendwirkung der Scheinwerfer, die jetzt in verschiedener Höhe liegen, verringert und der Ausblick der inneren Fahrbahn durch die äußere nicht behindert wird. Stütz- und Futtermauern erfordern geringere Maße. Anordnung einer gestaffelten Fahrbahn gibt Abb. 129 für eine Geländequerneigung von rd. 26% *[65]*.

Der Höhenunterschied der beiden bogeninneren Fahrbahnkanten wird als Staffelmaß bezeichnet. Es ist um so größer, je stärker der Hang geneigt ist.

Da bei der Staffelung sich die Höhen und Abstände der beiden Fahrbahnen verschieben, müssen Übergänge hergestellt werden, die sich am leichtesten und am wenigsten auffällig vornehmen lassen, wenn im Aufriß und Grundriß die Staffelung nicht aus einer Geraden, sondern aus Krümmungen entwickelt wird, weil dann am ehesten scharfe Gegenkrümmungen vermieden werden.

Diese Forderung wird sich leicht erfüllen lassen, weil Staffelung nur in bewegtem Gelände in Frage kommt, in dem eine gewundene Linienführung mit Steigungen oder Gefälle sich von selbst ergeben. Krümmungen, aus denen sich die Staffelung dann entwickeln läßt, indem im Aufriß die Fahrbahnen gegeneinander überhöht werden, sind zwanglos vorhanden.

An steilen Hängen wird der lotrechte Abstand der gestaffelten Fahrbahnen groß sein und die beiden Fahrbahnen unter Verzicht auf den mittleren Grünstreifen

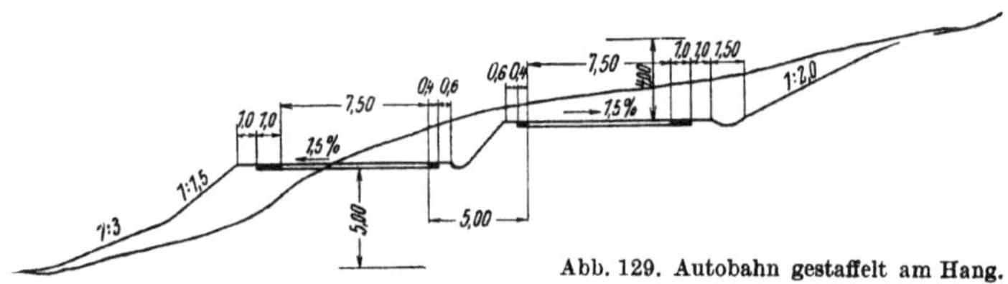

Abb. 129. Autobahn gestaffelt am Hang.

nicht auseinandergezogen, sondern zusammengerückt und an Stelle einer platzbeanspruchenden Böschung der Körper der oberen Fahrbahn durch eine Stützmauer abgefangen. Wenn ausnahmsweise die Fahrbahnen aus einer Geraden gestaffelt werden müssen, soll die bergseitige angehoben werden, die talseitige durchlaufen.

In sehr steilem Gelände kommt die getrennte Linienführung für die beiden Fahrbahnen in Frage, daß die eine in einem Tal, die andere in einem anderen geführt wird, daß also der Abstieg und Aufstieg getrennt werden, z. B. auch an den gegenüberliegenden Hängen. In diesem Falle kann der Aufstieg steiler als das Gefälle gewählt werden (vgl. Fußnote auf S. 137).

S c h r ä g n e i g u n g e n. Für AB. wird die Schrägneigung, die sich aus Längs- und Quergefälle ergibt, auf 7 v. H. festgelegt (Zweiter Abschn. D. b, S. 126). Sobald sie überschritten wird, ist zu versuchen, durch die Verflachung der Steigung oder Wahl größerer Halbmesser zur Ermäßigung des Quergefälles, die Schrägneigung in diese Grenze zu bringen, die höchstens bis 8 v.H. steigen darf.

Die Regelform muß für die Staffelung noch an verschiedenen Stellen abgeändert werden, z. B. hinsichtlich der Entwässerung. Auszugehen ist von einer lichten Fahrbahnweite (LFW.) von 10 m, die sich zusammensetzt aus der eigentlichen Fahrbahn von 7,50 m, je zwei befestigten Randstreifen von 1,0 und 0,4 und den unbefestigten von 0,5 und 0,6 m Breite. Soweit nicht das Quergefälle durch das Ausmaß der Krümmung vorgeschrieben ist, sollen beide Fahrbahnen nach der Talseite entwässern. Das Quergefälle soll indessen dann nach der Bergseite hin gerichtet sein an steilen Hängen, hohen Böschungen und, wo mit Glatteisbildung zu rechnen ist, damit abgleitende Wagen gegen den Hang und nicht gegen die Talböschung gelenkt werden.

Das Niederschlagswasser von den Hängen, Böschungen und der innenliegenden Fahrbahn wird in Gräben, Mulden oder Spitzgräben aufgenommen, die an der Bergseite an den befestigten Randstreifen von 0,4 m Breite anschließen, in denen sich auch Boden zufolge Böschungsauswaschung ablagern kann, damit er nicht die Fahrbahn verschlammt. Da die dränierende Wirkungsweise unsicher ist und auch von der Unterhaltung abhängt, muß in der Regel ein Spitzgraben angewendet werden, aus dem das Wasser in Abständen durch Einlaufschächte und Dolen abgeführt wird, die sich nach der Größe des Einzugsgebietes richten. Da die Beläge der Fahrbahnen völlig undurchlässig sind, demnach mit einem hohen Abflußbeiwert gerechnet werden muß, der nahe bei 1 liegt und gestaffelte Fahrbahnen sich in den höheren Lagen befinden, in denen hohe Regendichten anfallen, so muß für eine schnelle Abführung durch Einfallschächte gesorgt werden. Auf einen Schacht sollen nicht mehr als 600 qm Einzugsgebiet entfallen (Zweiter Abschn. D. b).

c) Gebote für die richtige Linienführung.

1. In dem Bestreben, die Straßen und Autobahnen nicht nur als technisches, sondern auch als Kunstwerk zu gestalten, hat man versucht, für die geometrische Anordnung im Grund- und Aufriß Gesetzmäßigkeiten aufzufinden, die die innere Harmonie der Bahn für den Benützer begründen, und für die formvollendete Einpassung der Bahn in die umgebende Landschaft Gesichts- und Anhaltspunkte zu gewinnen, die die äußere Harmonie des Bauwerkes gewährleisten. Alle Überlegungen und vor allem die Beobachtungen an den fertigen Teilen haben erkennen lassen, daß über allen das Gesetz der Stetigkeit waltet, dem man alle Maßnahmen anpassen muß. Diese Stetigkeit ist schon gegeben durch die betriebstechnische Forderung, Geschwindigkeitswechsel möglichst zu vermeiden. Psychologisch wird jede Unstetigkeit als Schock empfunden, durch den die Fahrsicherheit gemindert wird. Wenn man dieses Gesetz auf die geometrische Anordnung übertragen will, werden die folgenden zehn Gebote zu beachten sein *[66]*:

1. Zusammenpassen von Höhen- und Lageplan, weil die AB. ein räumliches Gebilde ist. Jedes Abweichen von der notwendigen Stetigkeit des Linienflusses im Grund- und Aufriß macht sich durch die perspektivische Verkürzung noch in gesteigerter Form bemerkbar und stört das Bild der fertigen Strecke. Übereinstimmung der Wendepunkte im Lageplan zu denen im Höhenplan ist anzustreben.

2. Zu kurze Bogenlängen zwischen langen Geraden machen sich als unschöne Knicke bemerkbar. Bei Richtungsänderungen sollen die Winkel nicht zu klein sein. Diese Ansicht steht im Gegensatz zu der in den VStA., daß der Krümmungsgrad (vgl. S. 73) 6° nicht überschreiten soll.

3. Lange Geraden sollen vermieden werden, es sei denn, daß sie auf Blickpunkte ausgerichtet werden. Im flachen Gelände ist Schlängelung weniger angebracht. Lange Geraden im Grundriß sollen auch im Aufriß nicht waagerecht oder geradegelegt, sondern hohlgeknickt werden, wenn das Gelände dazu geeignet ist (Regel aus dem Städtebau).

4. Bei Linienführung im Waldgelände Ein- und Austritt in Krümmung legen.

5. In bewegtem Gelände soll die Linienführung sich diesem anschmiegen.

6. Zwischen langen Krümmungen keine kurzen Geraden legen. Bei Gegenkrümmungen unmittelbarer Anschluß der Übergangsbögen aneinander (vgl. Abb. 92 und 96). Korbbögen sind zuzulassen, aber statt einer Geraden zwischen zwei gleichgerichtete Krümmungen eine Ausgleichkrümmung legen.

7. Übergangsbögen auch bei großen Halbmessern zu empfehlen mit großen Längen, um die Unstetigkeit, die in der perspektivischen Verkürzung stark zum Ausdruck kommt, zu beseitigen.

8. Die Verbreiterung des Mittelstreifens zur Belebung der Bahn kommt nur in Krümmungen in Frage.

9. Die Ausrundung der Kuppen und Wannen darf nicht zu klein genommen werden, da zu kleine Wannenausrundung sich als Knicke abzeichnen. Wechsel von Kuppen und Wannen in zu geringem Abstand bewirkt Flattern der Bahn. Das gilt besonders in Krümmungen. Höhenbewegung so stetig als möglich.

10. Kurze Zwischengeraden zwischen gleichgerichteten Bögen auch im Aufriß möglichst vermeiden. Korbbögen sind zugelassen. Bei Kuppen wird eine waagerechte Zwischengerade angebracht sein, wenn Bahn auf dem Damm liegt. Übergangsbögen sind bei Wannen und Kuppen nicht notwendig. Bei kleinen Ausrundungshalbmessern und großen Bogenlängen ist Zwischengerade einzuschalten.

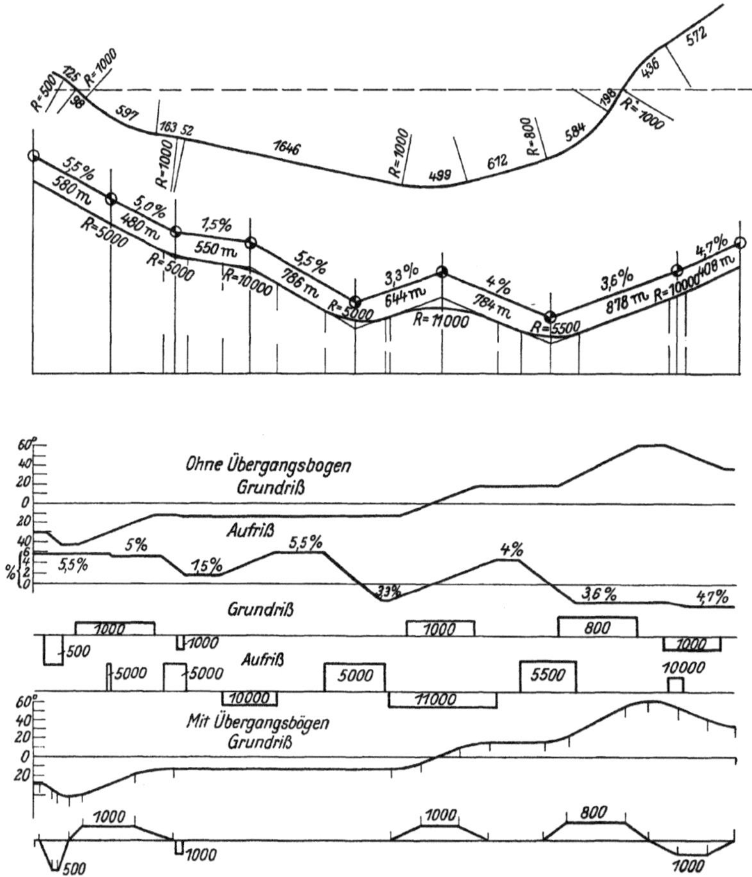

Abb. 130. Grundriß und Höhenplan einer Autobahn mit dazugehörendem Winkelbild ohne und mit Übergangsbogen.

2. Zur Beurteilung der Stetigkeit der Linie im Grund- und Aufriß kann das schon im Zweiten Abschn. C. III. c. 9 (S. 103) entwickelte Winkelbildverfahren gelten. Für eine Autobahnlinie ist an Abb. 130 im Grund- und Aufriß das Winkelbild und das Krümmungsbild aufgetragen, und zwar im Grundriß zuerst ohne Übergangsbogen[1]. Das Winkelbild wie Krümmungsbild erhalten eine zügigere Form, wenn die Übergangsbögen bei den Krümmungen angewendet werden.

[1] Dieser Autobahnabschnitt entspricht etwa demjenigen, der in Straße 1938, S. 15 abgebildet ist.

Dadurch verliert das Winkelbild seine Form als Polygonzug, da alle Richtungsänderungen durch Parabeln ausgeglichen werden und im Krümmungsbild die Rechtecke des Kurvenbandes durch Trapeze ersetzt werden.

d) Die Ermittlung der Bildwirkung von Straßen.

Das übliche Verfahren, die Linien von Straßen zu entwerfen, nahm lediglich auf eine einigermaßen günstige Lage im Gelände, auf das Einhalten der Mindestforderungen der Abmessungen und auf ein einfaches Abstecken Bedacht. Welches Bild eine solche Straße dann bot, war von Zufälligkeiten abhängig und ihre Wirkung daher oft wenig befriedigend. Die ersten Bauabschnitte der deutschen Autobahnen führen infolge der ungewohnten Abmessungen bei sorgfältiger Austragung der Trassierungselemente alle Mängel auffällig vor Augen. Um der Forderung des Landschaftschutzes zu genügen, die Straße der Umgebung harmonisch einzufügen und gleichzeitig dem Kraftfahrer stets ein klares Bild von ihr zu vermitteln, das keine Trugschlüsse über Kurvigkeit, Gefäll- und Sichtverhältnisse bietet und jede ermüdende, eintönige Bildwirkung vermeidet, gerecht zu werden, wurden in Ergänzung von Begehung der abgesteckten Linie verschiedene Verfahren zur Erlangung zutreffender Ergebnisse solcher Voruntersuchungen ausgearbeitet, von denen die folgenden sich als erfolgreich erwiesen.

1. Untersuchung einer Trasse mit Hilfe von Gradientenmodellen.

Als Hilfsmittel zur besseren räumlichen Vorstellung einer Trasse können vorteilhaft Gradientenmodelle herangezogen werden. Aus Holzbrettchen wird der Linienzug des Lageplans ausgesägt, der unverzerrte Höhenplan auf Wellpappe gezeichnet, ausgeschnitten und an der Kante der Holzbrettchen befestigt. Schließlich wird das Straßenband maßstabgerecht aus weißer dünner Pappe gefertigt und auf den oberen Schnittsaum der Wellpappe geklebt.

Diese rasch und mühelos herzustellenden Modelle ermöglichen eine Betrachtung der Straße von verschiedensten Standpunkten aus, gegebenenfalls mit Modellspiegel, haben aber den Nachteil, daß die für die Beurteilung einer Straße notwendige Umgebung nicht mit einbezogen werden kann *[67]*.

2. Untersuchung einer Trasse durch Ermittlung des perspektiven Bildes.

Mit dem üblichen, für Architekturen angewandten perspektiven Verfahren mit starrer Lage der Bildebene, Sehstrahlen, Flucht- und Teilungspunkten lassen sich Straßenlinien, die vielfältiger zusammengesetzt sind als die ebenflächigen, räumlich begrenzten Baukörper, nur mit großer Schwierigkeit darstellen, weil ein perspektives Bild einer mehrere Kilometer langen Straße mit Hilfe von Sehstrahlen infolge der großen Zeichenfläche und dem Mangel an geeigneten Geräten derart ungenau wird, daß der Wert des Bildes sehr in Frage gestellt ist.

Ein geeignetes rechnerisches Verfahren zur Ermittlung perspektiver Bilder ist das folgende:

Es wird ein Standpunkt g. F. nach örtlicher Geländebegehung im Plan der Lage und Höhe nach festgelegt, von dem der abzubildende Straßenabschnitt geprüft werden soll. Auf die Horizontebene in Höhe des Standpunktes (des Auges) und eine zu ihr senkrechte Ebene, die durch die Halbierende des Blickwinkels räumlich bestimmt ist, werden die für die Abbildung in Frage kommenden Punkte durch zwei Koordinaten (x und y) festgelegt. Eine weitere Ordinate E ergibt die entsprechende Entfernung des Punktes auf der Sehachse bis zum Standpunkt. Die Ordinaten x und y durch die Ordinate E geteilt ergeben Verhältniszahlen. Werden diese mit einem bestimmten Längenwert, der Bildkonstanten a multipliziert, so erhält man die perspektiven Ordinaten x' und y'. Diese sind sodann vom Achsenkreuz (Horizont und Sehachsenebene) aufzutragen, und man erhält das perspektive Bild der gefragten Punkte (Abb. 131). Auf diese Weise kann eine Linie, in unserem Falle eine Straßenachse, in den charakteristischen Punkten festgehalten und ihr perspektives Bild genau bestimmt werden. In gleicher Weise lassen sich natürlich auch beliebige Geländepunkte, Einschnitte und Dämme, wie auch die

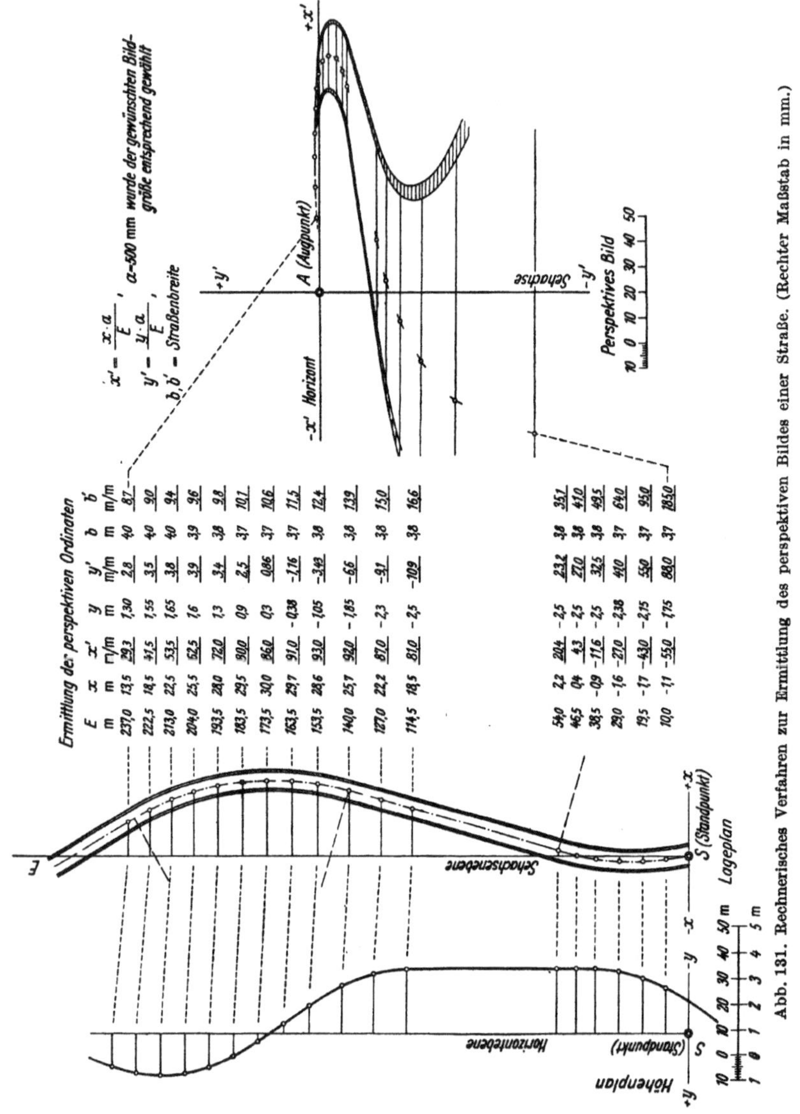

Ermittlung der perspektiven Ordinaten

E m	x m	x' m/m	y m	y' m/m	b m	b' m/m
237,0	13,5	29,3	1,30	2,8	4,0	8,7
222,5	18,5	41,5	1,55	3,5	4,0	9,0
213,0	22,5	53,5	1,65	3,8	4,0	9,4
204,0	25,5	62,5	1,6	3,9	3,9	9,6
193,5	28,0	72,0	1,3	3,4	3,8	9,8
183,5	29,5	80,0	0,9	2,5	3,7	10,1
173,5	30,0	86,0	0,3	0,86	3,7	10,6
163,5	29,7	91,0	−0,38	−1,16	3,7	11,5
153,5	28,6	93,0	−1,05	−3,43	3,8	12,4
140,0	25,7	92,0	−1,85	−6,6	3,8	13,9
127,0	22,2	87,0	−2,3	−9,1	3,8	15,0
114,5	18,5	81,0	−2,5	−10,9	3,8	16,6
54,0	2,2	20,4	−2,5	23,2	3,8	35,1
46,5	0,4	4,3	−2,5	27,0	3,8	41,0
38,5	−0,9	−11,6	−2,5	32,5	3,8	49,5
29,0	−1,6	−27,0	−2,38	41,0	3,7	64,0
19,5	−1,7	−43,0	−2,15	55,0	3,7	95,0
10,0	−1,1	−55,0	−1,75	88,0	3,7	185,0

Abb. 131. Rechnerisches Verfahren zur Ermittlung des perspektiven Bildes einer Straße. (Rechter Maßstab in mm.)

Breitenmaße eines Straßenbandes ermitteln. Zur genauen Bestimmung von x und y können bei Kurven bestimmter Funktion geodätische Tabellen herangezogen werden. x, y und E können aus Plänen verschiedenen Maßstabes entnommen werden, ein Umstand, der sich bei der Konstruktion raumtiefer Bilder sehr vorteilhaft auswirkt.

Sollen in Lichtbilder Straßen eingezeichnet werden (Photomontage), so ist darauf zu achten, daß der Standpunkt in Lage und Höhe mit dem bei der Konstruktion angenommenen genau übereinstimmt, daß die Mattscheibe genau lotrecht und senkrecht zur Sehachse steht. Die Richtung der Sehachse kann auch aus dem Lichtbild mit Hilfe bekannter Punkte aus Bild und Lageplan graphisch ermittelt werden. Die Bildkonstante ist aus der Formel $a = \frac{x' E}{x}$ bzw. $\frac{y' E}{y}$ zu ermitteln.

Statt einer photographischen Kamera kann auch zum Festhalten der Umgebung ein „Perspektograph", der wesentlich aus einer durchsichtigen Bildebene und einem dazu festgelegten Augpunkt besteht, verwendet werden. Die Umgebung für das perspektive Bild der Straße wird auf die Bildebene mit einem entsprechenden Stift gezeichnet, wie von V. I. Ch. von Ranke ausgebildet und mit Erfolg angewendet.

Nach diesem Verfahren gewonnene Bilder ergeben anschaulich und genau, wie die künftige Straße sich ins Gelände einfügt und in welchen Linien sie sich dem Betrachter bieten wird. Sollen Unstimmigkeiten des Linienflusses beseitigt werden, so kann eine in der Perspektive gezeichnete verbesserte Linie in den Lage- und Höhenplan entsprechend rückgeführt werden, wobei allerdings beachtet werden muß, daß entweder die x -oder y-Werte zunächst als unveränderlich zu betrachten sind *[68]*.

3. Untersuchung der Trasse durch „generelle Bilder".

Das oben beschriebene Verfahren weist als Nachteile auf, daß die Bildwirkung stets nur von einem Punkte jeweils betrachtet wird, daß eine gekrümmte Linie nur durch das Verbinden einzelner Punkte zu bestimmen ist und daß sich die Anfertigung eines Bildes meist als zeitraubend, vor allem beim raschen Vortrassieren einer längeren Strecke erweist. Um für die möglichen geometrischen Formen einer Trasse ihre perspektiven Bilder darzustellen und diese aneinanderzufügen und um in einer Faustskizze ein generelles Bild des Linienzuges zu ermitteln, sind Regelfälle aufgestellt, die die möglichen räumlichen geometrischen Grundformen, in die sich ein jeder Linienzug gliedern läßt, erfassen und die kurz als Linienelemente bezeichnet werden sollen (Abb. 134 bis 139).

Bei den Linienelementen, die als Raumkurven anzusehen sind (steigender bzw. fallender Bogen, Ausrundung im Bogen) zeigt sich, daß obwohl der Grundriß in einer Kurve ohne Wendepunkt verläuft, das perspektive Bild aber Wendepunkte aufweisen kann, die sich je nach Standpunkt örtlich verändern und als optisch bewegliche Wendepunkte bezeichnet werden. Zwischen zwei solchen Wendepunkten kann ein Bild festgestellt werden, das entweder den gleichen oder einen entgegengesetzten Krümmungssinn wie der Grundriß aufweist. Während beim Bogen im Gefälle am Wendepunkt die Draufsicht mit der Druntersicht wechselt, also der Wendepunkt nicht sonderlich in Erscheinung tritt, sind die optisch beweglichen Wendepunkte bei der Ausrundung im Bogen leicht die Ursache von Unstimmigkeiten im Linienfluß. Dieses Linienelement weist im perspektiven Bild teils den gleichen, teils den entgegengesetzten Krümmungssinn als der Grundriß auf.

Solche das Bild verwirrende Unstimmigkeiten werden vermieden, wenn statt der üblichen Ausrundung im Bogen (eine Aufwicklung eines Kreises auf einen Zylinder), ein ebener Zylinderschnitt als neues Linienelement verwendet wird. Mit Rücksicht auf die Eigenschaft dieses Linienelements in einer Ebene — Flucht — zu liegen, wurde die Bezeichnung Fluchtbogen bzw. Fluchtbogenebene (Abb. 137 und 138) gewählt. Oberhalb der Fluchtbogenebene ergeben sich Bilder mit gleichem Krümmungssinn wie der Grundriß und unterhalb der Fluchtbogenebene Bilder mit entgegengesetztem Krümmungssinn als der Grundriß. Nach dieser Regel kann bei einer Trasse, die weitgehend Fluchtbögen oder sonstige Linienelemente, durch die eine Ebene gelegt werden kann, enthält, sehr leicht von

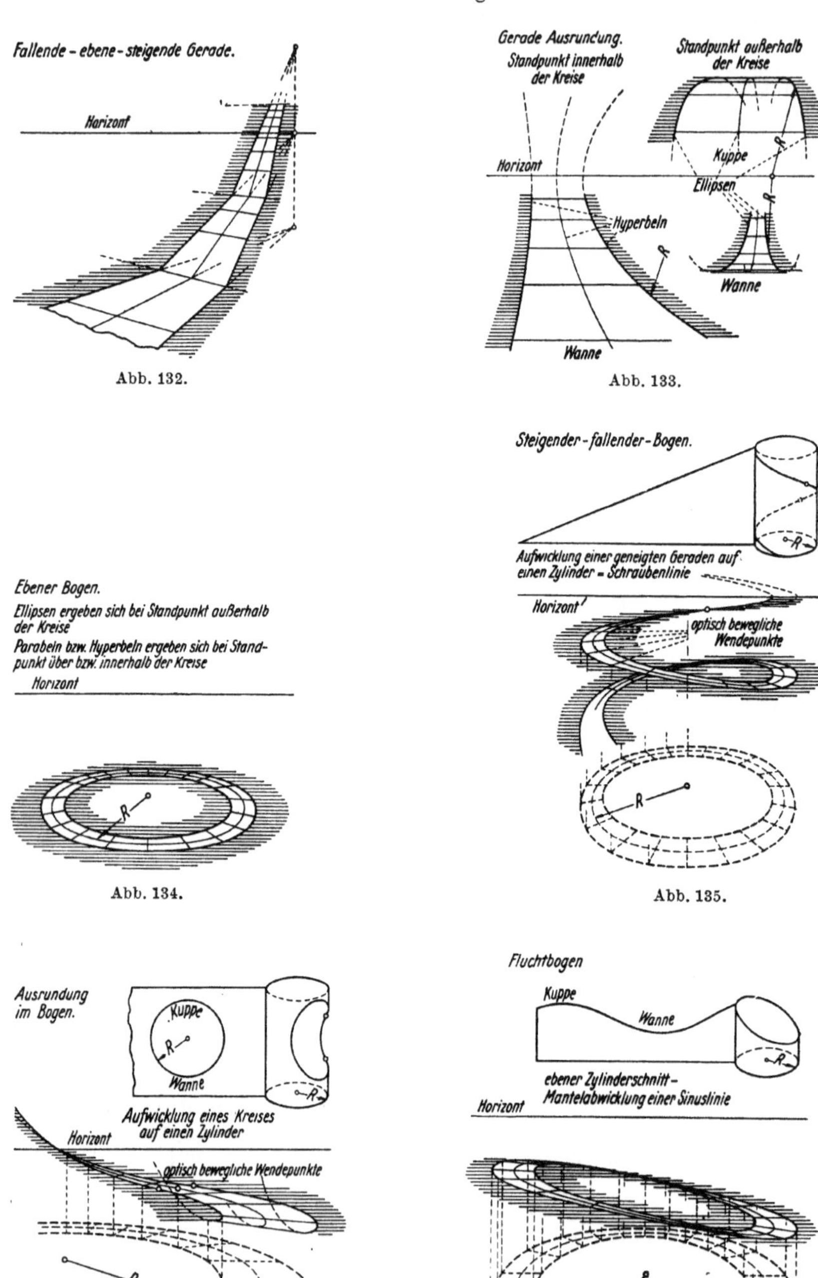

Abb. 132. Abb. 133. Abb. 134. Abb. 135. Abb. 136. Abb. 137.

Abb. 132—137. **Kennzeichnende, perspektive Bilder von Linienelementen einer Straße. Fallen diese Linienelemente in Raumkurven — steigender oder fallender Bogen und Ausrundung im Bogen —, so können optisch bewegliche Wendepunkte auftreten, die bei letzterem Linienelement unter Umständen zu optischen Trugschlüssen führen können. Beim Fluchtbogen ist das anders.**

jedem beliebigen Standpunkt aus festgestellt werden, welcher Abschnitt den gleichen und welcher Abschnitt den entgegengesetzten Krümmungssinn als der Grundriß aufweist. Danach kann in einer Faustskizze das perspektive Bild des zur Betrachtung stehenden Straßenabschnittes dem Krümmungssinn nach richtig und den Verhältnissen nach beiläufig entsprechend gezeichnet werden. Auf diese Weise läßt sich die Trasse durch „generelle Bilder“ von allen Punkten auf ihr selbst, wie auch aus der Umgebung ohne besondere zeichnerische Fertigkeit prüfen, wodurch dem Planenden eine gute räumliche Betrachtung seines Entwurfes ermöglicht wird. Von Punkten, für die die Bildbetrachtung besonders wichtig erscheint, sind die generellen Bilder vorteilhaft durch genaue perspektive Konstruktionen zu ergänzen.

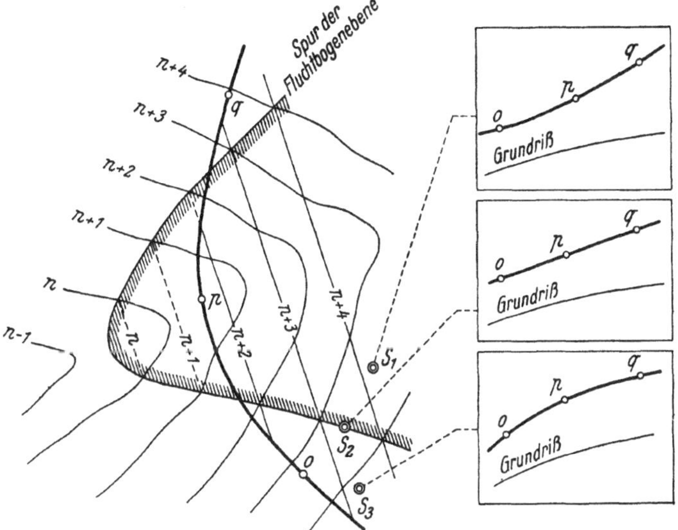

Abb. 138. Beispiel eines Fluchtbogens. Die gekrümmte Straßentrasse liegt in einer geneigten Ebene. Ihre „generellen Bilder“ von unterhalb (S_1), auf (S_2) und über (S_3) der Fluchtbogenebene weisen entweder den gleichen oder entgegengesetzten Krümmungssinn als der Grundriß auf. Im Sonderfall erscheint er als Gerade (S_2).

Anschließend wären folgende Regeln für eine günstige Bildwirkung einer Straßentrasse zu nennen *[69]*.

1. Die Zahl der zu verwendenden Linienelemente ist möglichst niedrig zu halten, ohne aber daß die Gegebenheiten des Geländes vernachlässigt werden. Der Verlauf eines Linienzuges im perspektiven Bild soll den häufigen Wechsel von Grundrißbild zu Aufrißbild und umgekehrt vermeiden.

2. Lange Gerade, namentlich im Gefälle, ergeben ästhetisch wie fahrpsychologisch ungünstige Bilder, deren Wirkung noch gesteigert wird, wenn der weitere Verlauf der Straße nachher nicht zu übersehen ist.

3. Übliche Ausrundungen im Bogen großer Abmessung sollten besser durch entsprechende Fluchtbögen ersetzt werden, die unter allen Umständen die ruhigere Bildwirkung gewährleisten.

4. Das Bild der Straße soll stets den weiteren noch unsichtbaren Verlauf ahnen lassen (Zielstrebigkeit).

F. Ausbildung der Anschlußstellen, Abzweigstellen und Knotenpunkte der Autobahnen.

Bei Autobahnen sind plangleiche Kreuzungen nicht zugelassen, es herrscht Richtungsverkehr, dem die Ab- und Zufahrten und die Übergänge von einer zu einer anderen Richtung so angepaßt werden müssen, daß die Leistungsfähigkeit der Bahn dadurch nicht beeinträchtigt wird. Grundsätzlich geschieht das in der Weise, daß bei dem üblichen Rechtsverkehr ein Abbiegen nur nach rechts und ein Einmünden nur von rechts zugelassen wird. Damit die Wagen vor der Abzweigung in der Fahrspur der Autobahn schon die Geschwindigkeit ermäßigen können und den anderen Verkehr nicht aufhalten, wird am Trennungspunkt die abzweigende Spur ganz spitz (∢ 5°) aus der Fahrspur abgelenkt und auf größere

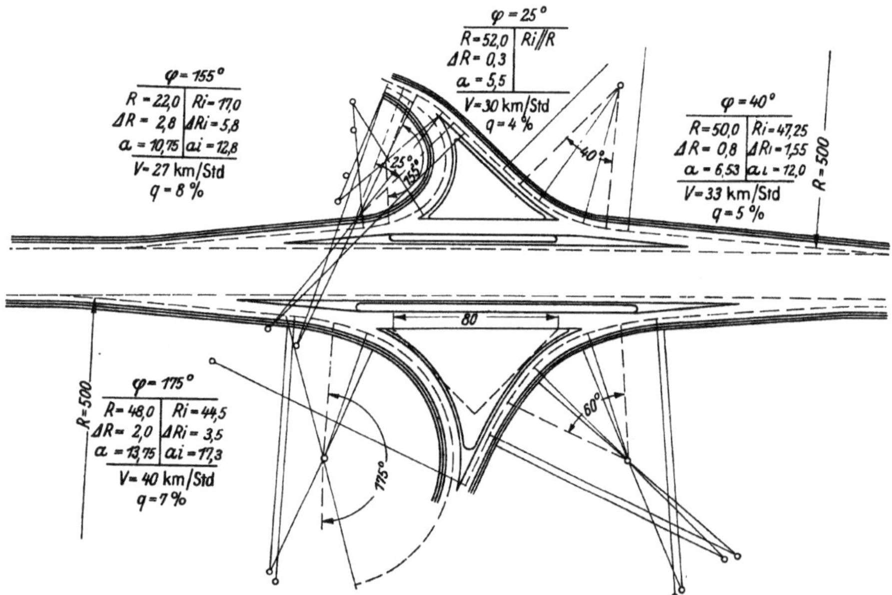

Abb. 139. Regelform der Ein- und Ausmündung von Autobahnen.

Länge dicht neben der Autobahn und in gleicher Höhe mit ihr weitergeführt. Zwischen ihnen liegt die am Trennungspunkt spitz zulaufende Schutzinsel, die begrünt ist. Nach Ausfädelung aus der Autobahnspur hat der Wagen noch genügend Gerade vor sich, um seine Geschwindigkeit so zu ermäßigen, daß er in die jeweils anschließenden Abzweigkrümmungen gefahrlos übergehen kann.

An der Einmündungsseite ist die gleiche Anordnung im Spiegelbild. Der aus der Auffahrt mit geringerer Geschwindigkeit ankommende Wagen hat auf der parallel geführten Spur reichlich Strecke zur Verfügung, um seine Geschwindigkeit auf die auf der Autobahn übliche zu bringen und sich am Vereinigungspunkt in schlanker Fahrt in den Verkehr einzufädeln. Diese Anordnung, die in der Abb. 139 zu erkennen ist, findet sich an allen Auf- und Abfahrtstellen in der Form, daß die beiden Rampen, die abzweigende und die einmündende, unter sich verbunden sind, damit ein Wagen, der irrtümlich ausgeschert ist, wieder auf die Bahn zurückgelangen oder die an dem Punkte liegende Tankstelle anfahren kann. Diese Bahn ist gewissermaßen eine dritte Spur. An sie schließen sich die weiteren Straßenanlagen für den Eckverkehr an, die unterschiedlich, je nach Zweck und Örtlichkeit, ausgebildet sind.

Damit der Kraftfahrer an solchen Stellen stets die gleiche Anordnung vorfindet und keine Überraschung erlebt, die ihn unsicher machen, werden die Übergänge, was Fahrbahnbreite, Krümmungshalbmesser, Steigungen anbelangt, möglichst gleichartig gestaltet. Die Abzweig- und Einmündungsspur ist nur für ein Fahrzeug bemessen und hat daher nur 4 m Breite, zuzüglich der Verbreiterungen nach S. 90. Der geringste Halbmesser ist auf 50 m für Anschlußstellen I. Klasse, 25 m für solche II. Klasse festgelegt. Die Steigung beträgt im ersten Falle höchstens 4%, im andern bis 7%. Mit diesen Maßen soll erreicht werden, daß solche Anlagen möglichst gedrungen ausfallen und nicht zuviel Fläche beanspruchen. Da Krümmungen mit solchen Halbmessern nur mit verminderter Geschwindigkeit befahren werden können, müssen an den Abzweig- und Einmündungsstellen,

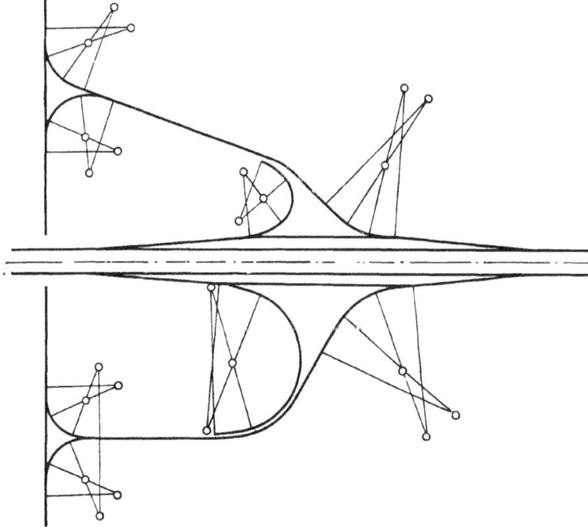

Abb. 140. Übergang von der Autobahn zur Landstraße.

die in Abb. 92 beschriebenen Anschlußrampen in ausreichender Länge vorhanden sein, damit die Wagen sich auf die verschiedenen Geschwindigkeiten einstellen können. Bei einer Querneigung von 7% in der Krümmung kann die Geschwindigkeit 30 km betragen. Bei einem mittleren Kraftschlußbeiwert von 0,3 müßte eine Strecke von

$$b_r = \frac{v_2^2 - v_1^2}{2g \cdot \mu}$$

= 80 m zur Verfügung stehen, wenn die Geschwindigkeit von 80 auf 30 km/h herabgesetzt werden soll. Das ist der Fall.

a) Anschlußstellen.

Wenn auch die Autobahnen den Durchgangsverkehr auf weite Strecken fördern sollen, so werden sie den Anforderungen des Autos als Flächenverkehrsmittel nur gerecht werden, wenn sie ihm den Zu- und Abgang an recht vielen Stellen ermöglichen, dadurch daß ausreichend Anschlußstellen an das übrige Straßennetz hergestellt werden. Gegenwärtig liegen diese im Abstand von etwa 5—20 km, im Mittel 8 km, in der Nähe größerer Siedlungsdichte in geringerem Abstand, auf dem flachen Lande in größerem. Bundesstraßen und Landstraßen I. Ordnung, die von den Autobahnen gekreuzt werden oder diese berühren, erhalten in der

Regel einen Anschluß, als zweiseitigen nach Abb. 140, bei dem die beiden Anschlußrampen zu beiden Seiten der Autobahn gelegt werden, oder einseitig als Trompetenlösung (Abb. 141), wenn die Landstraße die Autobahn nicht kreuzt, bei der zusätzlich noch ein Übergang von links vorgesehen und auf der Landstraße eine Plankreuzung zugelassen ist. Nur ausnahmsweise, wenn auch die Landstraße aus zwei getrennten Fahrbahnen besteht und eine Kreuzung damit ausgeschlossen ist, muß die gleiche Anordnung der Abb. 140 auch auf die andere Seite der Straße gelegt, also zweiseitig ausgebildet werden.

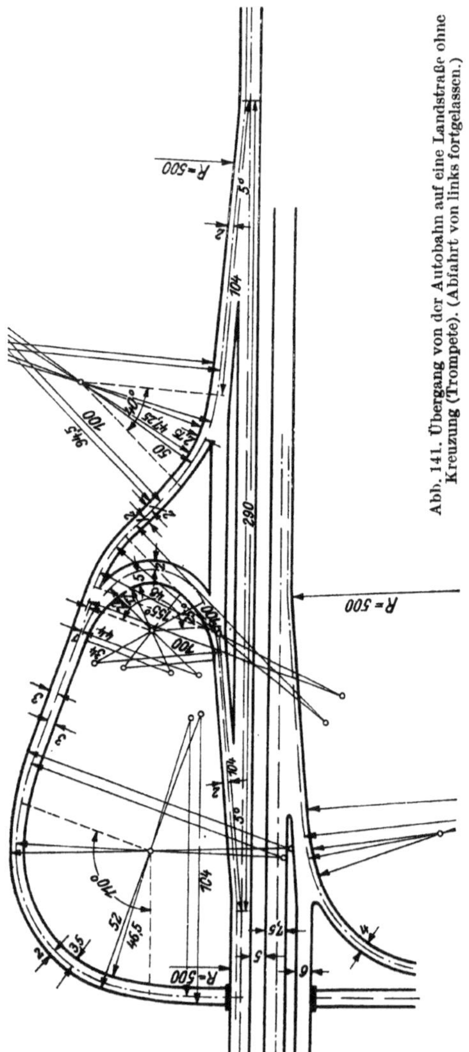

Abb. 141. Übergang von der Autobahn auf eine Landstraße ohne Kreuzung (Trompete). (Abfahrt von links fortgelassen.)

Wenn mehr als eine Straße anzuschließen sind, eignet sich der Verteilerkreis (vgl. Abb. 108) für einen zusammengefaßten Anschluß, unter dem die Autobahn durchgeführt wird. Dann liegt die Zufahrtrampe als Beschleunigung im Gefälle und die Abfahrtrampe als Verzögerungsrampe in Steigung. Die Abb. 142 gibt eine solche Ausführung wieder. Die Zahlen geben die Verkehrsbelastung der einzelnen Punkte an. Die stärkste Belastung ist bei der Siedlung, wo schleifende Kreuzungen (vgl. Abb. 142 und die dazugehörenden Erläuterungen) auftreten.

b) Abzweigungen von Autobahnen.

Für Gabelung einer Autobahn in zwei Strecken sind zwei Lösungen vorgeschlagen, die eine in Trompetenform nach Abb. 143 mit der Ergänzung, daß die beiden Fahrtrichtungen streng getrennt bleiben und auch die Übergangsfahrlinien große Halbmesser haben, die andere in Dreieckform (Abb. 144). In diesem Falle bleiben die Straßenkörper auf der ganzen Strecke doppelspurig. Die Trompete hat nur ein Kreuzungsbauwerk, die Dreieckform dagegen drei. Die Entwicklung der Gefälle bei der Dreiecklösung zwingt zu großen Ausmaßen und Inanspruchnahme von Gelände, auch gilt das Dreieck als wenig übersichtlich, während die Halbmesser wesentlich größer sind als bei der Trompete. Mit einer größeren Verkehrsleistung wäre zu rechnen, wenn die Geschwindigkeit auf der Übergangsstrecke eingehalten werden könnte. Voraussetzung ist eine bestimmte Fahrdisziplin, indem auf der rechten Fahrspur nur die nach rechts ausscherenden Wagen fahren. Wenn die Strecke selbst so stark belastet ist, daß auch auf der Überholungsspur geschlossen gefahren wird, ergeben sich Schwierigkeiten, falls auch aus dieser Spur noch Wagen nach rechts abbiegen wollen. Das trifft für den Fall zu, daß mehr als die Hälfte des

Verkehrsstromes abzweigen will. Auf der Einfahrtsseite ist mit einer Stauung zu rechnen, wenn die Durchgangsspur selbst stark belastet ist, weil dann die Wagen, die sich einfädeln wollen, sämtlich erst in die äußere Spur einschwenken müssen, ehe sie in die Überholungsspur übergehen können, d. h. die auch beim Übergang auf zwei Spuren verteilten Wagen müssen sich in eine einordnen, ein Vorgang, der zu

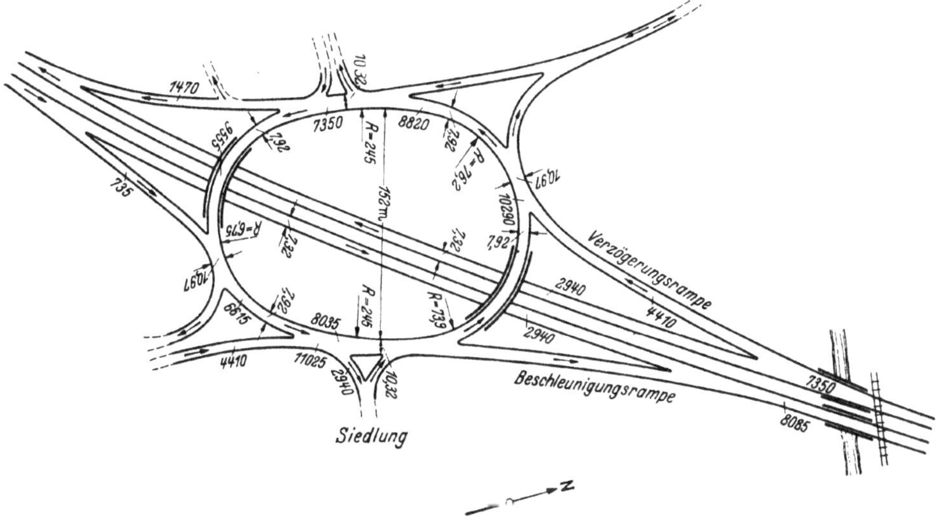

Abb. 142. Verteilerkreis als Anschluß mehrerer Straßen an Autobahn. Eingeschriebene Zahlen geben gezählte Wagen an.

Aufenthalten nötigt und zurückstauen wird. Vermutlich werden die Wagen auf der Durchgangsstrecke in die Überholungsspur drängen, um rechts Luft zu machen, wenn sie die von rechts kommenden Kolonnen rechtzeitig erkennen

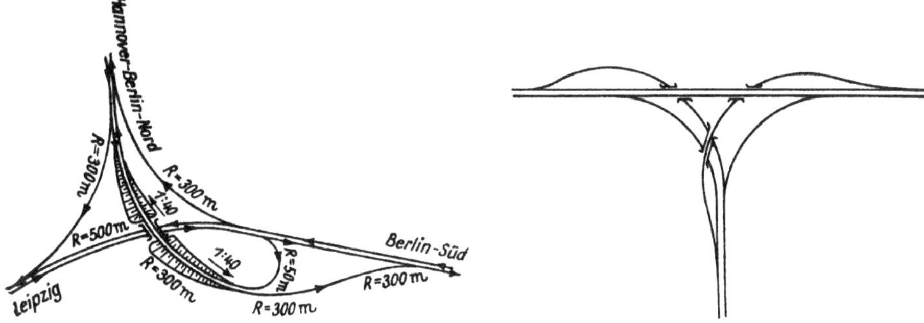

Abb. 143. Gabelung einer Autobahn in Trompetenform.

Abb. 144. Abzweig einer Autobahn aus einer anderen Dreiecksform.

sollten. Dieses Einschwenken bedingt aber Ermäßigung der Geschwindigkeit und muß den Verkehrsfluß drosseln.

Die Dreieckslösung verlangt daher ein hohes Maß von gegenseitiger Anpassung, wenn ihre Leistung durch die Vorgänge an den Trenn- und Vereinigungspunkten nicht beeinträchtigt werden soll. Mit ungehindertem Verkehrsfluß wird bei einer Belastung, die die Hälfte der Leistungsfähigkeit übersteigt, nicht zu rechnen sein.

Als dritte Abzweigform ist die Birnenlösung vorgeschlagen (Abb. 145). Sie nimmt viel Raum in Anspruch und ist durch die Örtlichkeit bedingt, z. B. wenn die Stammstrecke eine Kuppe durchschneidet, dann lassen sich die Ausschwenkungen auf den Hängen gut entwickeln.

Eine sehr leistungsfähige Anlage einer Abzweigung in Birnenform ist in Neuyork bei der Triboroughbrücke geschaffen worden (Abb. 146), mit einem Zubringer, der sich zwischen die Übergangsfahrlinien legt und die Verbindung mit dem tiefgelegenen Parkgelände herstellt. Da es sich um eine städtische Anlage handelt, ist die Ausbaugeschwindigkeit geringer als auf AB. und daher die ganze Anlage gedrungen ausgefallen.

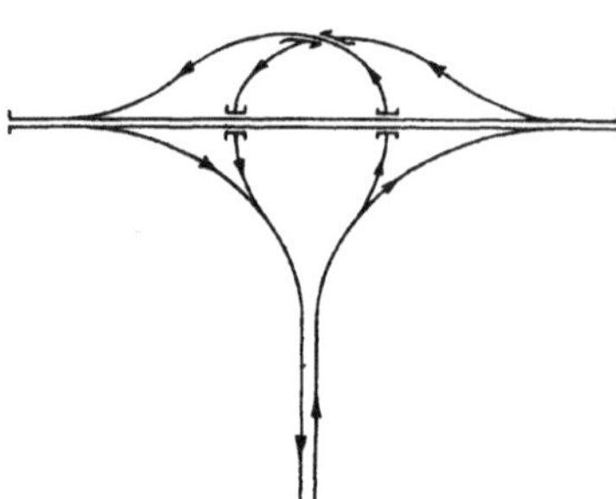

Abb. 145. Abzweig einer Autobahn aus einer anderen, Birnenform.

c) Kreuzungen.

Auch für Kreuzungen von Autobahnen, die auch als Knotenpunkte bezeichnet werden, sind mehrere Lösungen vorgeschlagen *[45, 70, 71, 72]*.

α) Kleeblatt.

Kleeblattform (Abb. 147). Der Rechtsverkehr findet große Halbmesser ($R = 100$ m) und geringe Gefälle vor, kann also von der dritten Spur mit großer Geschwindigkeit abzweigen. Er löst sich auch leicht von dem mit ihm aus dem Trennungspunkt abzweigenden Linkseckverkehr. Dieser kann nicht unbelästigt aus der dritten Spur ausscheren und die Trudelung auf der Übergangskrümmung vollziehen, denn er trifft auf der dritten Spur mit dem von der anderen Bahn ausgescherten Linkseckverkehr zusammen, der zwar auch die gleiche Richtung hat, aber nach links einfahren will. Beide kreuzen sich daher unter einem sehr spitzen Winkel; der Vorgang wird als schleifende Kreuzung bezeichnet — bei Punkt 7. Jeder Knotenpunkt hat vier solche Stellen, an denen die Spurleistungen jeder Fahrtrichtung herabgesetzt werden. Wird jeder Trennungs- und Vereinigungspunkt als Drosselpunkt angesehen, so weist das Kleeblatt 24 solcher Punkte auf, jeweils 12 von jeder Art. Jeder Rechtsverkehr geht durch vier, jeder Linkseckverkehr durch acht Drosselpunkte.

Abb. 146. Triboroughbridge New York.

Bemißt man die Leistungsfähigkeit einer Spur nach der Formel

$$C \text{ Anzahl der Wagen/stdl.} = \frac{V \cdot 1000}{p} \qquad (47)$$

worin V die Fahrgeschwindigkeit km/stdl. und $p\,(m)$ der Abstand der Wagen ist, der sich zusammensetzt aus der Überlegungszeit, der Bremsstrecke und Wagenlänge mit einem Sicherheitszuschlag, so würde an der schleifenden Kreuzung die eine Richtung keine Leistungseinbuße erleiden, wenn der Verkehr auf der anderen Linkseckschwenkung $= 0$ ist. Die Leistung jeder Richtung würde auf die Hälfte herabsinken, wenn die gleiche Zahl Wagen sich aus jeder Richtung kreuzen und hierbei auch der gleiche Abstand p eingehalten werden soll. Dazwischen liegen Abstufungen in der Weise, daß die Leistung der einen Richtung zunimmt in dem Maße, wie die der andern abnimmt. Aus Verkehrsbeobachtungen ist aber zu entnehmen, daß bei schleifenden Kreuzungen die Leistungsabnahme etwas geringer sein wird, als sich rechnungsmäßig ergibt, weil die Fahrzeuge der einen Spur nicht die volle Räumungszeit der anderen abzuwarten brauchen. Nach Lübke steht die Leistung auch in Beziehung zum Winkel der miteinander laufenden Richtungen.

In dieser Strecke, in der die schleifende Kreuzung *[71]* vor sich geht, ist noch

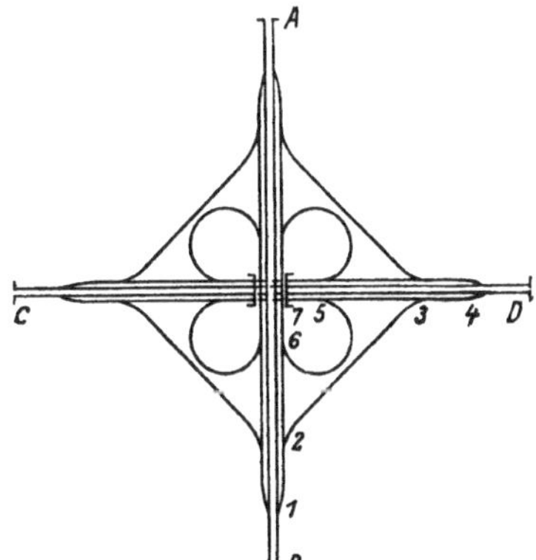

Abb. 147. Autobahnkreuzung als Kleeblatt.

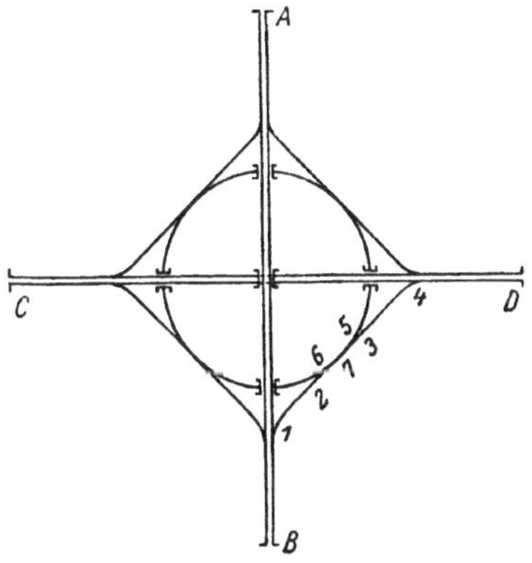

Abb. 148. Autobahnkreuzung: Verteilerkreis.

mit einem Begleitvorgang zu rechnen, wenn ein Wagen durch zwei Kleeblätter fährt, um umzukehren. Bei dieser Form ist das möglich.

Das Kleeblatt gilt als praktische Lösung soweit der Linksverkehr kein größeres Ausmaß annimmt, zumal nur das Kreuzungsbauwerk notwendig ist.

β) Verteilerkreis.

Bei dieser schon in Abb. 108 und 142 behandelten Form stehen dem Rechtsverkehr Übergangsspuren mit großem Halbmesser zur Verfügung wie beim Kleeblatt (Abb. 148). Der Linkseckverkehr fädelt sich zusammen mit dem Rechtseckverkehr am Trennungspunkt (*1*) aus, schwenkt dann an dem nächsten Trennpunkt ab. Es gibt bei *7* eine Kreuzung, die aber unter größerem Winkel aus einer besonderen Spur sich entwickelt und daher als eine Plankreuzung angesprochen werden muß. An dieser Stelle häufen sich zudem vier Drosselpunkte. Auch diese Lösung hat im ganzen 24 Drosselpunkte neben den vier genannten Kreuzungen. Der Rechtseckverkehr wird zudem von dem Linkseckverkehr auf derselben Fahrbahn begleitet (Begleitverkehr), wodurch sich Reibungen ergeben, indem beide aus der Autobahn nur in einer Spur sich ausfädeln und in eine Spur einfädeln können. Auf den Übergangsfahrlinien muß vorher aus einer zweispurigen in eine einspurige Fahrbahn umgeschaltet werden. So einfach die Lösung im Grundriß sich vorstellt, so verzwickt ist sie im Aufriß, weil beide Zweige, aus denen der Kreisquadrant sich zusammensetzt, gegenläufiges Gefälle haben, das wiederum ein anderes ist als das der Übergangslinie des Rechtseckverkehrs. Der Linkseckverkehr hat weite Wege zurückzulegen, bei allerdings größerem Halbmesser ($R = 100$ m). Der Verteilerkreis muß aus den vorerwähnten Gründen als weniger leistungsfähig als das Kleeblatt angesehen werden. Außerdem hat er fünf Unter- oder Überführungsbauwerke; die gesamte Anlage gilt als wenig übersichtlich. Umkehr ist möglich. Der Knotenpunkt nimmt etwa den gleichen Raum ein wie das Kleeblatt.

Es sind eine Anzahl Verbesserungen zum Verteilerkreis vorgeschlagen worden, wie z. B. Abb. 149 Turbinenform und Abb. 150 Hakenform, deren Ausführung aber an den baulichen Schwierigkeiten scheitern.

γ) Linienlösung.

Bei der Entscheidung für einen der Vorschläge werden die örtlichen Siedlungs- und Geländeverhältnisse eine Rolle spielen, sie würde leichter fallen, wenn man jeweils im voraus wüßte, mit welcher Art von Verkehr beim Übergang — Eck-

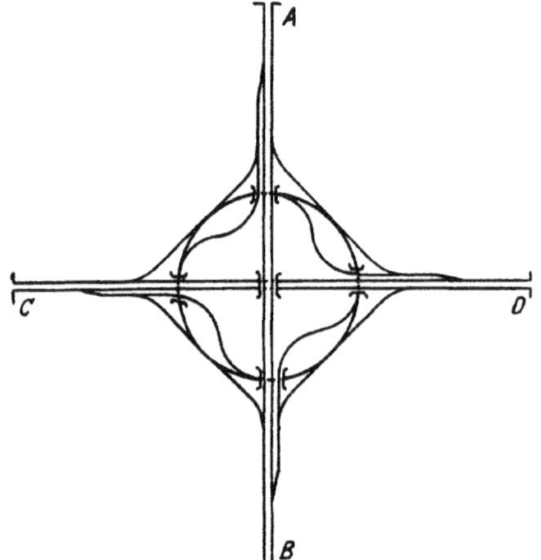

Abb. 149. Autobahnkreuzung in Turbinenform.

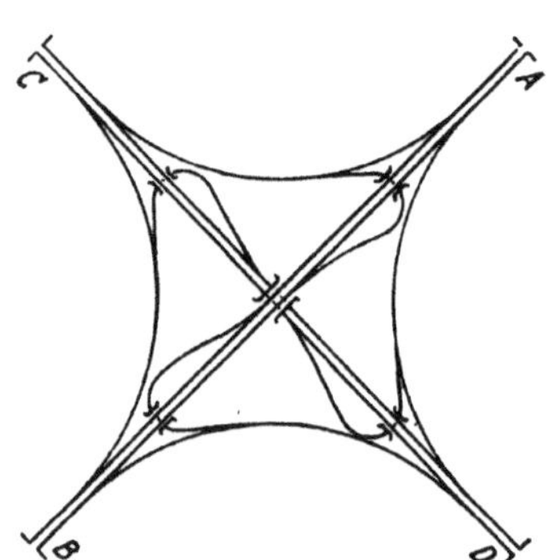

Abb. 150. Autobahnkreuzung in Hakenform.

verkehr — am Knotenpunkt man zu rechnen hat. Darüber werden Schätzungen zwar möglich sein unter Berücksichtigung der vorhandenen Verkehrsschwerpunkte an den beiden Bahnstrecken. Da die behandelten Formen symmetrisch angelegt sind und eine gleichmäßige Verteilung des Verkehrs zur Voraussetzung haben, so ergeben sich abweichende Knotenpunktsformen, sowie der Eckverkehr ein größeres Ausmaß annimmt und für gewisse Zeiten an die Aufnahmefähigkeit der Geradeausstrecken heranreicht. An symmetrischen Anlagen müssen sich dann Stauungen ergeben. In solchem Falle kommen Sonderlösungen in Frage, z. B. wenn sich die beiden Autobahnen nicht unter einem annähernd rechten, sondern unter einem spitzen Winkel kreuzen. Wenn außerdem der Verkehr in den beiden durchgehenden Fahrrichtungen gleich groß mit dem Eckverkehr im stumpfen Winkel zu erwarten ist; für diesen Fall ist die Linienlösung entwickelt (Abb. 151). Bei ihr findet der Verkehr von A nach B die günstigste Führung, er hat nur vier Drosselpunkte (zwei Trennungspunkte und zwei Vereinigungspunkte). Der von C nach D, von A nach D und C nach B wird geringer eingeschätzt. Denn die zwei schleifenden Kreuzungen bei Punkt 7 und 8 beeinträchtigen die Leistung, besonders weil an dieser Stelle der Fahrer sich zu entscheiden hat, welchen Weg er einschlagen muß, eine Aufgabe für einen ortsfremden Fahrer, die unter Umständen Überlegung erfordert, auch wenn die nötigen Hinweise angebracht sind, die am besten auf den Fahrspuren selbst angeschrieben werden. Der Eckverkehr von A nach D und umgekehrt kann durch eine einzige Schleife bewirkt werden, von 8 nach 7 punktiert, die für beide Verkehrsrichtungen benützt werden kann. Diese und ein Übergang von 7 nach 8 (punktiert) würden in jeder Richtung das Umkehren ermöglichen, ohne daß weitere Bauwerke notwendig sind.

In den VStA. werden die Knotenpunkte freier entwickelt, allerdings meist in der Nähe der Städte, also für den Stadtverkehr, in dem mit geringerer Geschwindigkeit gefahren wird. Die beiden Richtungen sind daher auch nicht immer durch einen Mittelstreifen getrennt. Vielfach haben die Geländeverhältnisse die Linie und die Trennungen und Vereinigungen vorgeschrieben, wobei auf Strecken geringerer Bedeutung Kreuzungen zugelassen werden. Die Zufahrtstraßen zum Weltausstellungsgelände von Neuyork sind an zwei Stellen zu solchen Gebilden zusammengefaßt worden: das eine Brezel genannt *[72]* und das andere wiedergegeben mit Abb. 152.

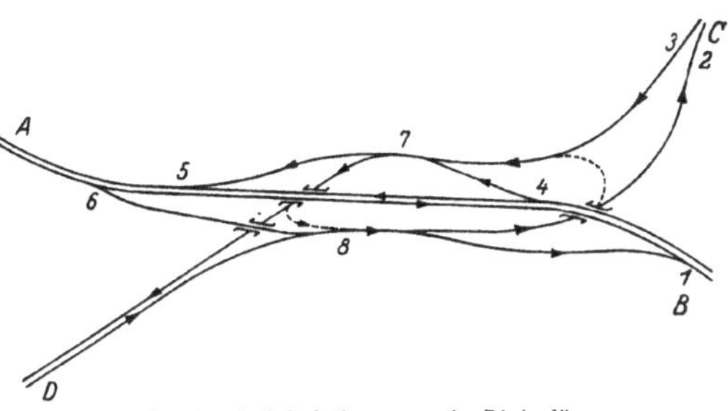

Abb. 151. Autobahnkreuzung in Linienlösung.

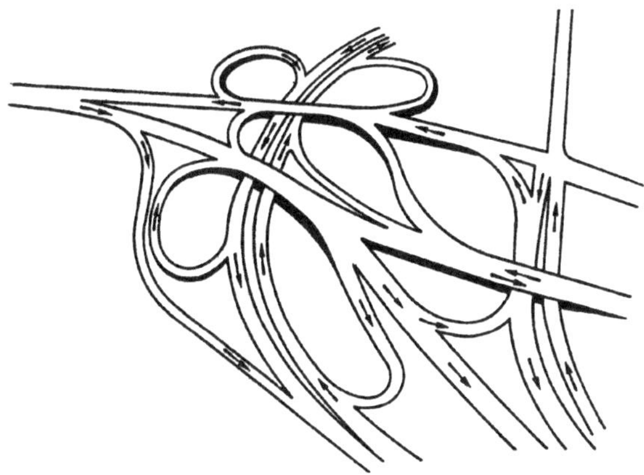
Abb. 152. Freientwickelte Straßenschleifen bei Neuyork.

δ) Knotenpunkte im Stadtverkehr.

Knotenpunktbereich ist vor allem der Stadtverkehr. Um ihn flüssig zu halten, wären überschneidungsfreie Kreuzungen und Übergänge ganz besonders am Platze. Den nötigen Raum für ihre Anlage zu gewinnen, bereitet aber große Schwierigkeiten. Ansätze dazu, zur Vermeidung von Plankreuzungen, sind schon in Verbindung mit Stadterneuerungen entwickelt worden, z. B. in London am Holborn Viadukt, in Neuyork bei der Überbrückung der Park Avenue über die 42. Straße am Zentralbahnhof. Auf der von Süden kommenden Park Avenue entwickelt sich eine Rampe, die mit einer Brücke über die 42. Straße, die von Osten nach Westen läuft, setzt. Der Verkehr wird in Höhe des ersten Stockes um das Empfangsgebäude der Great Central Railway, deren Bahnsteige in zwei Stockwerken liegen, auf beiden Seiten herumgeführt. Es besteht eine große Anzahl von Entwürfen für ähnliche Lösungen für Großstädte in den VStA., über die der Reisebericht des Verfassers *[73]* Mitteilungen macht. Bei Schaffung solcher überschneidungsfreien Kreuzungen in schon bebauten Gebieten fehlt es meist an Raum für die Rampen. Hierzu müssen in einschneidender Weise Gebäude niedergelegt und Straßen durchgebrochen werden. Auch durch Tunnel kann eine Kreuzung überschneidungsfrei gemacht werden.

In San Franzisko ist an der Landestelle der Hafenfähren ein Fußgängersteg über den sehr belebten Straßenvorplatz angelegt worden, der stark benützt wird, weil die Fahrgäste der Fähren, die auf dem geräumigen Oberdeck befördert werden — das untere Deck dient dem Wagenverkehr — in der Höhe des Fußsteiges, etwa 5 m über Platzhöhe, an Land gesetzt werden. Der Uferverkehr auf der Straße, die am Fährgebäude entlang geht und den dichten, von den Fähren abstrahlenden Verkehr vor allem von Straßenbahnwagen schneidet, wird in einen Tunnel geführt (Abb. 143). Eine ähnliche Anlage ist auch für den neuen Bahnhof in Duisburg vorgesehen.

Sollen auch die Übergänge überschneidungsfrei sein, so stehen die gleichen Mittel wie bei den AB. zur Verfügung. Nach der Kleeblattform ist z. B. in Stockholm an einem Brennpunkt die Verkehrsentflechtung gelöst, allerdings als dreiblättriges (Abb. 154). Der eine Übergang von der SW- in die SO-Richtung muß wie bei dem Verteilerkreis einen Dreiviertelbogen mit Plankreuzung zurücklegen und die Gegenrichtung kann den Übergang in der Nordwestecke benutzen,

Abb. 153. San Franzisko (VStA.). Führung des Verkehrs in 3 Stockwerken.

muß aber dann die Durchgangsstrecke NO bis SW plankreuzen. Das ist zulässig, weil nach Verkehrszählungen der Verkehr in dieser Richtung unbedeutend ist. Durch die Straßenbahnlinien und weitere besondere Verkehrsanschlüsse ist die Anordnung sehr unübersichtlich geworden, deshalb ist der Knotenpunkt für den Wagenverkehr als Sinnbild in der Abb. 154 besonders herausgezeichnet. Die Halbmesser sind klein, da im Stadtverkehr nur mit geringer Geschwindigkeit gefahren wird.

An den Straßenkreuzungen ist, wenn rechtsgefahren wird, der Linkseinbiegeverkehr sehr störend. In den amerikanischen Innenstädten ist er daher verboten. Der Fahrer muß in diesem Falle nach rechts ausbiegen und im Bogen den Bannkreis umfahren, bis er durch Linkseinbiegen in hierfür freigegebenen Randstraßen seine Richtung findet. Er muß einen Dreiviertelkreis zurücklegen. Hierfür ist ein überschneidungsfreier Verteilerkreis vorgeschlagen worden.

Im bebauten Stadtgebiet werden die Verteilerkreise unterirdisch geführt werden müssen. Ein Beispiel dafür ist die überschneidungsfreie Kreuzung der NS- mit der WO-Achse in Berlin (Abb. 155). Da aber hier die NS-Richtung versetzt ist, hat sich eine besondere Lösung ergeben, indem im Zuge der Straße am Brandenburger Tor nach links ein- und abgebogen wird. Da angenommen wird, daß die einzelnen Verkehrsströme ganz verschiedene Verkehrsstärke haben werden, erhalten die Fahrbahnen zwei bis fünf Fahrspuren in einer Richtung. Die Rampensteigung ist 5%. Da die Tunnel sich in mehreren Stockwerken kreuzen, liegt die

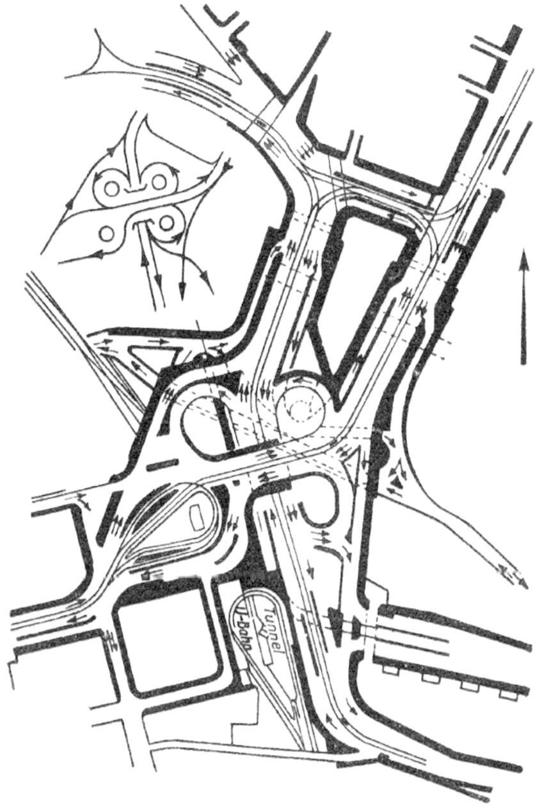

Abb. 154. Stockholm. Kleeblattform zur kreuzungsfreien Führung der Straßen.

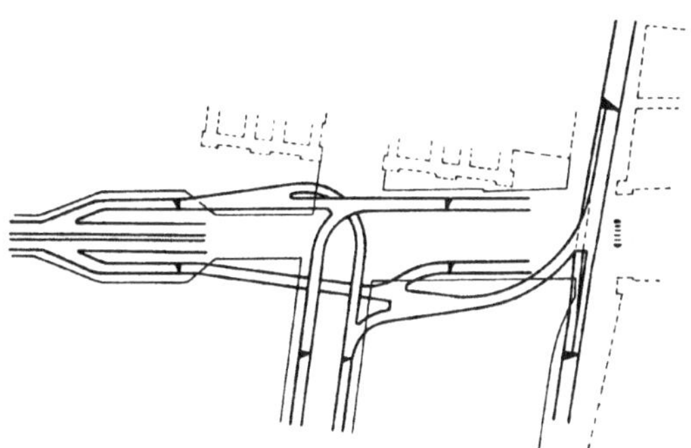

Abb. 155. Straßenuntertunnelung an der Westostachse Berlin am Brandenburger Tor.

Fahrbahn des tiefsten Tunnels 13 m unter Straßenhöhe. Die Tunnel werden entlüftet *[74]*.

An den überschneidungsfreien Kreuzungen der Umgehungsstraße in Buenos Aires (Avenue General Paz) vermitteln zwei gegenüberliegende Schleifen den Übergang, die zwischen die weit auseinandergezogenen Fahrbahnen der einen Richtung gelegt werden (Abb. 156). Diese Leierform kann als eine umgeklappte entzerrte Kleeblattlösung betrachtet werden. Bei ihr treten an den Ausbauchungen, die Trenn- und Vereinigungspunkte sind, schleifende Kreuzungen auf. Völliges Umkehren ist möglich. Auf der einen Bahn wird nach links aus- und von rechts eingefahren, auf der anderen nach rechts aus- und von links eingefahren, die gleichen Fahrweisen liegen sich diagonal gegenüber. Eine Ausbaugeschwindigkeit von 120 km/stdl. *[75]* ist zugrunde gelegt.

G. Mittel zur landschaftlichen Ausgestaltung der Straßen.

Die Straßen als Landstraßen und Autobahnen sollen als Bestandteil der Landschaft betrachtet werden. Darauf ist schon bei der Linienführung zu achten (Zweiter Abschn. C. I). Es ist möglich, durch raumperspektivische Zeichnungen den Einfluß der Straße auf das Gelände abzuschätzen; es gilt aber auch als Regel, sobald als möglich die ausgewählte Linie auf das Gelände zu übertragen und danach zu beurteilen, wieweit durch den Bau in die Natur eingegriffen wird und welche Maßnahmen zu treffen sind, an der Linienführung selbst oder an der Straßenanlage oder am umgebenden Gelände, um Beeinträchtigungen soweit als möglich zu unterbinden. In dieser Hinsicht wird jede Aufgabe eine eigene Lösung verlangen, denn die Wechselbeziehungen von Straße und Landschaft sind recht mannigfach. Auch die Landschaft von der Straße aus gesehen erfordert Aufmerksamkeit. Darum wird auch der Landschaftsgestalter mitzuwirken haben. In der belebten Natur wird die Straßenfläche, die als technisches Bauwerk nach starren Gesetzen ausgeführt wird, sich nur einfügen, wenn sie eine zusätzliche Ausgestaltung erfährt, die einen Übergang zur Landschaft schafft. Hierfür gibt es eine ganze Anzahl von Regeln, die ganz allgemein gelten und vielfach angewendet werden können, und deren Kenntnis wertvolle Hinweise geben, wie vorzugehen ist. Auch rein technische Maßnahmen gehören dazu, wenn es gilt, die Erscheinung im Landschaftsbild richtig einzugliedern.

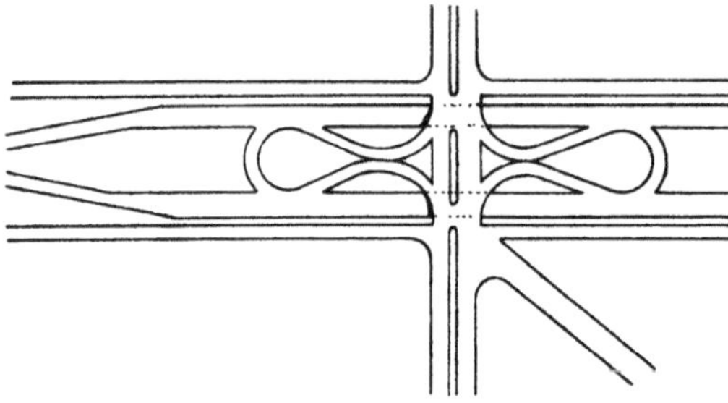
Abb. 156. Buenos Aires. Straßenübergang in Leierform.

Angenommen sei, daß die richtige Linienführung gefunden ist, dann ist schon beim Erdbau folgendes zu beachten.

1. Erdbau: Die Böschungsanlage im Damm und Einschnitt. Die Neigung der Böschung richtet sich nach dem Winkel der inneren Reibung, sie wurde bisher bei Dämmen 1 : 1,5, im Einschnitt je nach Bodenart flacher oder steiler angelegt. Diese starre Durchdringung mit dem Gelände wirkt unnatürlich. Um den Straßenkörper ungezwungener in die Umgebung einzubinden, soll die Böschung beim Damm wesentlich flacher geformt werden und sanfter in das Gelände übergehen. Dies soll durch die Formen der Böschungen (Abb. 157) erreicht werden, für die der Grundsatz gilt, daß je niedriger der Damm, desto flacher die Böschung ausfallen muß. Zwar erfordert das mehr Grunderwerb, aber ermöglicht, die Böschungen ganz anders landwirtschaftlich auszunutzen.

Im Anschnitt sprechen Gründe, die auf technischem und landschaftlichem Gebiet liegen, dafür, die Straßenachse aus dem Gelände herauszulegen. Auf abgeflachten

Böschungen tritt dann die Straße nicht mehr als Fremdkörper im Gelände in Erscheinung.

Tiefe Einschnitte mit steilen Böschungen wirken nüchtern und abstoßend. Die

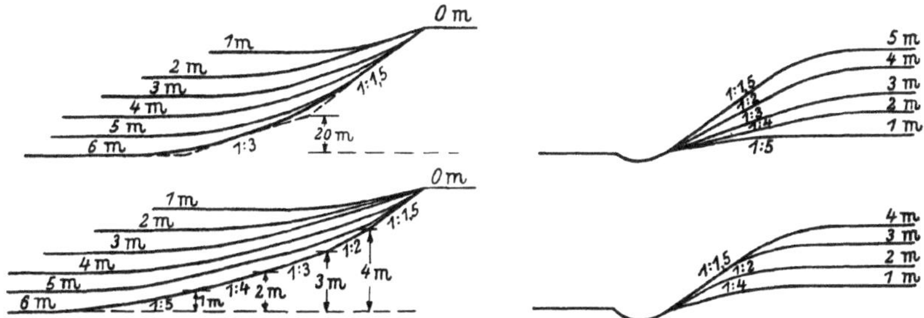

Abb. 157. Ausrundung der Dammböschungen; oben hoher, unten niedriger Damm.

Abb. 158. Abrundung der Böschungskanten.

Verbindung der Straße mit der umgebenden Landschaft geht bei ihnen verloren, sie sind kalt und feucht. Deshalb sollen auch bei ihnen die Böschungen abgeflacht und die obere Böschungskante abgerundet werden (Abb. 158).

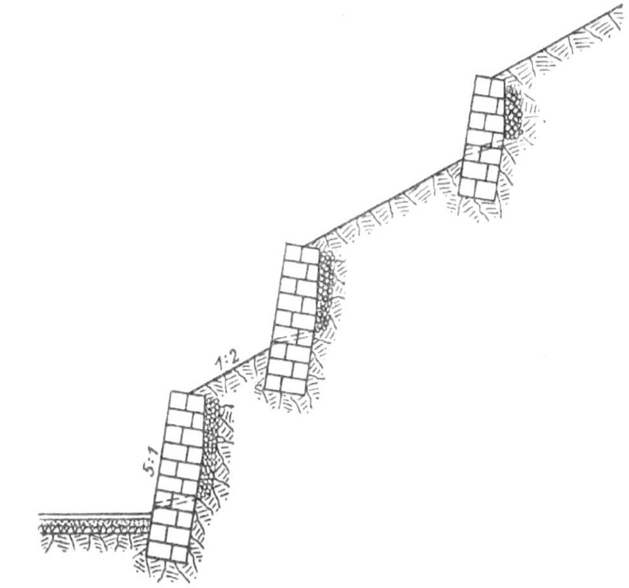

Abb. 159. Einschnittsböschung abgetreppt.

2. Zum Erdbau gehört das Abräumen des Aufwuchses zur Freilegung des Baugrundes. Diese Arbeiten mit belebtem Boden sollen unter fachmännischer Anleitung vor sich gehen. Der nährstoffreiche Waldboden wird mit Rechen abgezogen und aufgesetzt. Die zu späterer Anpflanzung geeigneten Pflanzen werden eingeschlagen und Rasen von 10—12 cm Stärke abgehoben und gestapelt. Das gilt auch für den Mutterboden, der sorgfältig abgehoben, pfleglich behandelt und später wieder verwendet werden soll. Hierüber sind besondere Anweisungen erlassen worden. (T. V. E. AB.)

3. Ob der Straßenkörper bepflanzt und flächenbegrünt wird, hängt von vielen Umständen ab. Damit soll nicht nur das mechanische Gleichgewicht — Schutz des Dammes gegen die Einflüsse der Schwerkraft, des Wassers und des Windes —, sondern auch das lebensgesetzliche so schnell als möglich wieder hergestellt werden. Begrünung der Böschungsflächen wird wohl die Regel sein. Welche Pflanzen dabei verwendet werden, bestimmen in erster Linie die Bodenart, Lage zur Sonne, Klima, Wasserhaltungskraft des Bodens und die Gegend, in der die Straße liegt und die Pflanzen, die dort ihren Standort haben. Steile Einschnittsböschungen im felsigen Gelände (Gipsmergel) werden mit Gebüschen und niedrigen Holzarten bepflanzt. Solche Einschnitte können auch abgestuft werden, indem Trockenmauern in Absätzen angelegt werden, durch die ebene Bänder gewonnen werden, die gärtnerisch genützt werden können (Abb. 159), z. B. im Weinbaugebiet bei Südlage zur Anpflanzung von Reben oder für Obstbau.

4. Baumpflanzungen an und auf der Straße üben einen sehr starken Einfluß auf das Verhältnis der Landstraße zur umgebenden Landschaft aus. Schon bei der Bearbeitung der Linie sind etwaige Bäume, die die Landschaft kennzeichnen oder für die Belebung des Straßenbildes von Wert sind, aufzunehmen, und wenn irgend möglich zu schonen und in günstige Lage zur Straßenlage zu bringen. Das gilt in besonderem Maße auch für städtische Straßen, Parkanlagen und Parkstraßen, die nach wertvollen Baumgruppen ausgerichtet werden sollen.
Bei Landstraßen wird bisweilen zu überlegen sein, ob überhaupt Bäume angepflanzt werden sollen, welche Art, in welchem Abstande vom Straßenrand und untereinander. Da die Entscheidung auch stark durch verkehrstechnische Rücksichten beeinflußt wird, sollen Vor- und Nachteile der Baumpflanzungen unter Anlehnung an eine Denkschrift der dänischen Wegebauverwaltung gegenübergestellt werden *[76]*.

1. Vorteile.

a) In verkehrstechnischer Hinsicht:

1. Baumpflanzungen zeichnen den Weg ab nach Anbruch der Dunkelheit, bei Nebel und Schneedecke, besonders wertvoll in Krümmungen, aber nur auf der hohlen Seite.

2. Ferner bei Kreuzungen mit anderen Wegen und mit Wasserläufen.

3. Einfassung mit Bäumen bietet Schutz auf Dämmen.

4. Bäume können, wo besondere Bahnen für Radfahrer und Fußgänger vorgesehen sind, diese abtrennen.

5. Sie machen das Verkehrsbild angenehm und abwechselnd und wirken dem Nachlassen der Aufmerksamkeit entgegen.

6. Sie geben Schatten an sonnigen Tagen und bilden Schutz in Gegenden mit rauhen Witterungsverhältnissen.

b) In wegebautechnischer Hinsicht:

1. Bei Fahrdämmen mit Steinschlagdecke verhindert die Bepflanzung ein zu starkes Austrocknen (Staubbekämpfung) und

2. trägt bei zur Austrocknung des Untergrundes.

c) In landschaftlicher Hinsicht:

1. Bäume betonen das Vorhandensein der Wege im Falle, wo es aus landschaftlichen Gründen erwünscht ist,

2. und vermitteln den Übergang zwischen Wegekörper und Umgebung,

3. geben der reizlosen Landschaft Charakter.

d) Bäume dienen der Erhaltung einer nützlichen Vogelwelt und der Erhaltung der Bodenkohlensäure, Schutz gegen Windverwehungen.

e) Obstbäume liefern Ertrag.

2. Nachteile.

a) In verkehrstechnischer Hinsicht:

1. Bäume bringen Gefahr beim Anfahren.
2. Sie nehmen die Übersicht weg zum Nachteil der Verkehrssicherheit.
3. Laubfall, abgefallene Zweige oder umgefallene Stämme gefährden den Verkehr.
4. Bepflanzung in Form von Hecken längs der Wege begünstigt Schneeverwehungen.
5. Große Bäume können die Fahrbahnbelichtung erschweren und die Übersicht für die Verkehrszeichen behindern.

b) In wegebautechnischer Hinsicht:

1. Bäume erschweren die Auftrocknung der Fahrbahn in feuchten Lagen, schaffen die Voraussetzung für Glatteis.
2. Wurzeln verstopfen die unterirdischen Abflußleitungen. Wurzeln abgestorbener Bäume rufen Untergrundversackungen hervor.

c) Die Bepflanzung kann das längs der Wege liegende Grundeigentum ungünstig beeinflussen:

1. Durch Verwurzelung in das benachbarte Privatgrundstück,
2. mit den Kronen die Bodenfläche beschatten.

Die Nachteile können zu einem erheblichen Teil durch eine richtige Bepflanzung ausgeglichen werden.
Für die Neupflanzung werden die folgenden Regeln gegeben: Die Bepflanzung mit Baumreihen an neuen Wegeanlagen ist in verkehrlicher Hinsicht namentlich auch dann angebracht, wenn eine starke Betonung des Weges aus landschaftlichen Gründen erwünscht ist. Folgende Regeln gelten:

1. Abstand im Querschnitt 4 m mehr als Fahrbahnbreite; bei 8 m Breite also mindestens 12 m.
2. Abstand der Bäume untereinander mindestens 10 m.
3. Baumarten kommen nur in Frage, deren Kronen sich erst 4,5 m über der Fahrbahn entwickeln.
4. An der Grenze von Privateigentum soll die Baummitte 0,5 m von der Grenze abbleiben.

Die Baumpflanzung als Allee ist im Flachlande angebracht, z. B. in Dänemark, das nur 9% Wald hat, sie gehört hier von altersher zur Straße.
Reihenbepflanzung versperrt bei einem zu dichten Abstand dem Kraftfahrer den Blick in das an der Straße liegende Land, desgleichen dem Wageninsassen. Der Mann am Steuer kann nur seinen Blick in einem kleinen Winkel von der Fahrtrichtung ablenken. Bei Gruppenbepflanzung, die aber nur in bewegtes Gelände paßt, behält der Wageninsasse den vollen Überblick über das längs der Straße liegende Gelände (Abb. 160).
Infolge der im Laufe der Jahre an den Pflanzungen vor sich gehenden natürlichen Veränderungen zeigen sie nur für einen gemessenen Zeitraum das gewünschte einheitliche Bild. Wenn es erhalten werden soll, wird man das bei der ersten Anlage schon berücksichtigen müssen und mit Ausholzen und rechtzeitigem Nachpflanzen nicht ängstlich sein dürfen.
Manche der zuvor genannten Nachteile lassen sich vermeiden, wenn die Bäume außerhalb des Grabens auf dem Acker oder der Wiese stehen. Der Wegebaupflichtige setzt sie, die Anlieger haben sie zu pflegen und genießen den Ertrag. In Württemberg stehen im Obstbaugebiet die Bäume 3 m vom Grabenrand entfernt. Viele Bauern sehen darin eine Minderung ihres Bodenertrages, da unter dem Baum nichts wächst. Aber der Nutzen, den der Baum als Nist- und Lebensraum für Vögel und andere Kleinlebewelt, als Windbrecher, Erhalter der Bodenkohlensäure, des Boden- und Oberflächentaues bietet, soll nach Seifert den Schaden reichlich ausgleichen.
Unangebracht sind Baumpflanzungen beispielsweise auf einem Damm, der ein Wiesental überquert, auch im Anschnitt, wenn die Umgebung niedrigen Auf-

wuchs hat. Falsch ist es auch im Wald selbst etwa den Straßenrand mit Bäumen zu bepflanzen, die keine Beziehung zum Wald haben. Gerade die Straße im Wald wirft schwerwiegende Fragen auf, die eine Mitwirkung des Forstmannes erfordern. Der für die Straßen, besonders Autobahn erforderliche breite Durchhieb, der bei Einschnitten durch die Böschungen noch besonders stark ausgeweitet wird, schlägt dem Wald erhebliche Wunden. Die bisher in gegenseitigem Schutz stehenden Bäume werden am Rand den Einflüssen des Windes, der Kälte und der Sonne ausgesetzt, Einwirkungen, denen sie nicht gewachsen sind. An diesen Wundrändern entsteht Windbruch, Rindenbrand und andere Schäden. Die ungeschützten Flanken müssen mit einem Windmantel abgedeckt werden, der in Neupflanzungen widerstandsfähiger Holzarten besteht, die zufolge ihrer freien Lage nach der Bahn hin stärker wurzeln und bis unten beastet bleiben, die aber auch erst langsam heranwachsen. Da solche Maßnahmen nur ihren Zweck erfüllen, wenn sie genügend tief in den Wald einbinden, ist durch das Schutzwaldgesetz vom 14. Mai 1936 (RGBl. 1936, I, S. 440) vorgesehen, daß ein Streifen bis zu einer Entfernunge von 40 m von dem befestigten Rand der Autobahn dafür in Anspruch genommen werden darf. Diese und etwaige Zwischenmaßnahmen müssen in Kauf genommen werden, wenn auch im ersten Jahrzehnt nach der Bauausführung die Straßenwand noch keinen erfreulichen Anblick gewährt.

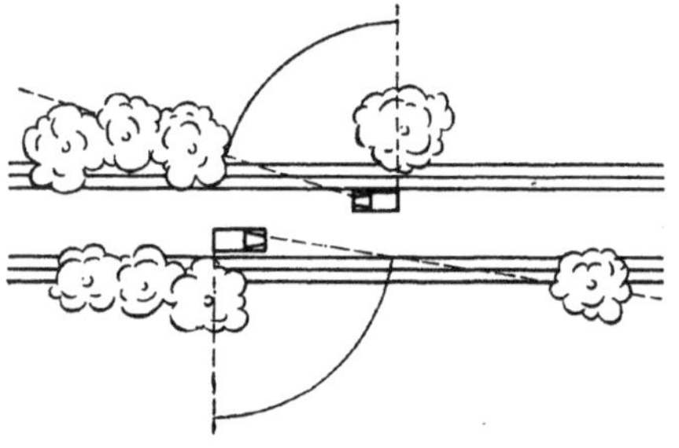

Abb. 160. Gruppenbepflanzung am Straßenrand statt Reihen.

Einzelbäume jeder Art sind ein geeignetes Mittel, landschaftliche Wirkungen zu erzielen, z. B. bei Kuppen — Sattel —, die ohne Hintergrund abstoßend wirken. Wenn die Rampen in der Krümmung geführt werden, kann ihre Erscheinung verdeckt werden, wenn die Straße seitlich begrenzt ist, also durch Baumpflanzungen oder im Wald. Auf Kuppen im freien Gelände sollten Einzelbäume oder Baumgruppen angepflanzt werden, ein schon seit altersher im Straßenbau bewährtes Verfahren. Solche Zielpunkte beleben auch die umgebende Landschaft. Welche Baumart hier gewählt wird, hängt ganz von den örtlichen Verhältnissen ab. Ebenso die pflanzlichen Standortbedingungen, wie die Wirkung der Stämme in der Landschaft und im Straßenraum werden zu berücksichtigen sein.

Gerade die krümmungsreiche Führung im Walde ist vornehmlich geeignet, geschlossene Räume zu schaffen, die sich auch gut befahren lassen, weil der bei schneller Fahrt gefährliche Seitenwind den Wagen nicht fassen kann. Die Richtungsänderung bewirkt auch einen Wechsel in der Belichtung. Auf jeden Fall wird anzustreben sein, bei der Einfahrt und Ausfahrt aus Waldungen die Linie in eine Krümmung zu legen, um die Nüchternheit und Gleichförmigkeit einer geradlinigen Durchquerung zu vermeiden.

Die Bepflanzung der Straßenränder in der Kultursteppe für sich allein, würde an dem trostlosen Zustand nicht viel ändern, wenn nicht zugleich die Umgebung mit in die Maßnahmen einbezogen wird. Man darf nicht an der Straßengrenze halt machen. Durch Hecken und Knicks, durch Bepflanzung der Bach- und Grabenufer muß unter Anpassung an das Gelände das natürliche Landschaftsbild wieder neu erstehen. Die Verunstaltung durch Telegraphenmasten Verkehrszeichen und Reklame muß auf das Geringste eingeschränkt werden.

Die Anpflanzung von Hecken längs der Straße kann nur da erfolgen, wo nicht die Gefahr besteht, daß sie Schneeverwehungen hervorrufen. An der Krone tiefer Einschnitte schützen solche Hecken, wenn sie quer zur Windrichtung stehen, den Einschnitt vor Verwehung.

Baumpflanzungen als Alleen werden im Flachlande und im Gebirge bei Talstraßen stets ihre Aufgabe erfüllen. In bewegtem Gelände an Hangstraßen und Steigen werden Baumgruppen, die meist schon vorhanden sind und für die Straße ausgenützt werden können, völlig genügen.

Weitere Bepflanzung der Seitenstreifen wird für europäische Verhältnisse nicht in Frage kommen, weil die Verkehrsstraßen stets von Gehbahnen, Radwegen und Bermen, die für die Unterhaltung notwendig sind, eingefaßt werden. Da diese Verkehrsstreifen in den VStA. fehlen, wendet man dort viel auf, um den Straßen einen durch Bepflanzung der Straßenränder mehr parkartigen Charakter zu geben. Ihrer gärtnerischen Behandlung wird besondere Aufmerksamkeit geschenkt und von Staats wegen gefördert *[77]*. Um so mehr sticht das dahinterliegende Steppenland hiervon ab.

Im Gegensatz zu dieser mehr staffageartigen Ausgestaltung stehen die Ziele, die man bei Kraftfahrbahnen verfolgen muß. Da der Straßenrand bei der hohen Geschwindigkeit zu schnell vorbeifliegt, kann eine Wirkung nur erreicht werden, wenn die Großräume der Landschaft erschlossen werden, auf denen der Blick des Fahrers ruhen, die er auch bei seiner großen Fahrgeschwindigkeit überschauen kann. Damit wird die Eintönigkeit der nur baumbepflanzten Straßen vermieden, dafür das Bild einer bewegten Landschaft ausgemünzt, um mit Durch-, Weit- und Ausblicken, aber auch mit Lichtungen Abwechslung zu schaffen.

Für die AB. ist ein Merkblatt über Bepflanzung (G. J. Nr. 24) erlassen, in dem alle Maßnahmen berücksichtigt werden, die für die spätere landschaftliche Ausgestaltung von Wert sind, wie z. B. Verwertung des Rasens, Bewirtschaftung der Muttererde, Pflanzung von Gehölzen, Ansaat von Gehölzen, Wildstauden und Wildgräsern *[78]*.

Dritter Abschnitt.

Der Straßenkörper.

A. Der Untergrund des Straßenkörpers.

I. Bodenuntersuchung.

Straßen brauchen, wie alle Bauwerke, einen tragfesten Untergrund. Der Grundsatz in unserem Klima, bis auf die frostfreie Tiefe zu gründen, auf die Straße angewendet, würde bedeuten, daß der Straßenkörper (Ober- und Unterbau) mindestens 0,8—1,25 m in den Erdboden hineingelegt werden müßte. Die Decken der heutigen Straßen sind wesentlich schwächer. Nach der preußischen Zirkularverfügung vom 17. Mai 1871 schwankt die Stärke der Steinbahnen aus Packlage und Schotter zwischen 21—28 cm. Sehr viele Straßen in Deutschland von Bedeutung haben oder hatten bis vor kurzem überhaupt keinen Unterbau. Der Bestand solcher Straßen hängt dann völlig von der Beschaffenheit des Untergrundes ab. Trockener Untergrund, der aus Felsen, aus Kies- oder Sandboden besteht, wird bei tiefem Grundwasserstand durch den Frost nicht beeinflußt, solange das Niederschlagswasser ferngehalten wird. Auf solche Böden können daher Straßen ohne weiteres gebaut werden.

Bedenklicher sind Böden, die zufolge ihrer Kapillarität das Wasser ansaugen und zufolge ihrer Wasserbindefähigkeit auch festhalten. Sie quellen bei Wasseraufnahme infolge ihrer Bodenkolloide und schwinden bei Beseitigung der Nässe, bewegen sich also, und können sogar weich werden. Bei solchen unsicheren Böden ist durch Schaffung einer kräftigen Entwässerung mittels Dränröhren oder Sickerschlitzen und durch Auskoffern auf größere Tiefe und Einbringen einer Kiesschicht von entsprechender Stärke der Unterbau festzulegen.

Die übliche Befestigungsart der Landstraßen, Steinschlagdecken auf Packlage oder Pflasterstraßen — Groß- wie Kleinpflaster — können bis zu einem gewissen Grade als nachgiebig angesprochen werden. Sie folgen etwaigen Bewegungen des Bodens, wenn er durch Wasseraufnahme oder Frost sich aufbläht. Bei starken Bewegungen allerdings werden sie schnell zerstört. Aber die neuzeitlichen fugenlosen Decken mit Asphalt, Teer oder aus Beton sind wesentlich empfindlicher. Geringe ungleichartige Bodenbewegungen können den völligen Bruch hervorrufen. Das recht verschiedene Verhalten von Teer- und Asphaltdecken, die auf vorhandenen Schotterdecken verlegt worden sind, und manche Fehlschläge müssen darauf zurückgeführt werden, daß durch äußerlich kaum merkbare Bodenbewegungen Risse entstanden sind, durch die die Feuchtigkeit hat eindringen und ihr Zerstörungswerk beginnen können. Der Einfluß der Bodenbeschaffenheit macht sich besonders bemerkbar bei den Betondecken, die, wie später ausgeführt werden wird, nur in geringer Stärke auf dem Boden aufliegen, so daß die Bodenbewegung Formänderungen hervorruft. Darunter müssen sie unter Umständen zu Bruch gehen. Der Beschaffenheit des Untergrundes muß daher im heutigen Straßenbau eine eingehendere Beachtung geschenkt werden, als bisher üblich gewesen ist.

Bildete früher im Winter die Schneelage einen Schutz gegen das Eindringen von Frost, so wird durch die Schneeräumung, die jetzt auf den Landstraßen mit stärkerem Verkehr eingeführt ist, der Untergrund ungeschützt der Frostwirkung ausgesetzt und dadurch die Frostgefahr erheblich gesteigert.

Auf schon bestehenden Straßen wird man an die gegebenen Verhältnisse gebunden sein und lediglich festzustellen haben, ob die vorhandenen Zustände die Verlegung einer neuzeitlichen Decke gestatten und wieweit durch besondere Maßnahmen wie Entwässerung, Einbringen einer Frostschutzschicht oder Höherlegen der Krone, die schädlichen Eigenschaften des Untergrundes wirkungslos gemacht werden können. Bei neu anzulegenden Straßen wird aber eine eingehende Untersuchung des Bodens vorzunehmen und zu bestimmen sein, ob der Untergrund überhaupt für eine Straße geeignet ist und welche Art von Befestigung der Straßenkörper unbedenklich wird tragen können, oder welche Maßnahmen am Boden selbst zu treffen sind, um seine Mängel zu beheben. Eine solche Untersuchung wird sich nicht allein darauf erstrecken, ob der Untergrund tragfest ist, sondern auch darauf, welche Zusammensetzung der Boden hat, wie er sich bei Wasseraufnahme und Frost verhält.

Solche Überlegungen und Untersuchungen sind anzustellen, soweit der Straßenkörper auf den gewachsenen Boden verlegt wird. Ebenso notwendig sind sie für Dämme. Im Hügelland wird die Straße an den Hang gelegt und ruht im Anschnitt mit der bergseitigen Hälfte auf dem gewachsenen, mit der talseitigen auf aufgefülltem Boden. Die Bodenarten selbst können in geringeren Abständen wechseln. Damit werden die Annahmen über die Tragfähigkeit und die Standfestigkeit des Straßenuntergrundes immer unsicherer, weil jede Bodenart sich gegen Belastung, Wasser- und Witterungseinflüsse anders verhält. Straßen auf Dämmen hängen von der Standsicherheit des Dammes und den im Dammkörper sich vollziehenden Vorgängen, vor allem von der Verdichtung ab. Die Eigenschaften des Bodens als Straßenuntergrund müssen demnach vor Baubeginn untersucht und geprüft werden, ob sie in ihrer Zusammensetzung und ihrem wechselnden Zustand, trocken, durchnäßt und gefroren, sich standfest erweisen und den späteren Straßenkörper und die durch ihn bewirkten Belastungen tragen können. Bevor daher eine Straße gebaut wird, muß eine eingehende Untersuchung vorausgehen, die sich zu erstrecken hat auf den Boden als Baugrund und als Baustoff, soweit er zum Schütten von Anschnitten und Dämmen benutzt wird, ob er nachgiebig ist, frostgefährdet oder sogar zu Rutschungen neigt. Die für diese Maßnahmen notwendigen Schürfungen und Bodenuntersuchungen am Ort und in der Bodenprüfstelle müssen dann auch gleich für den Straßenbau ausgewertet werden.

Dem Straßenbau in unerschlossenen Gebieten ist die Aufgabe gestellt, den anstehenden Boden auch als Baustoff für den Unterbau und für die als Abnutzungsschicht dienende Oberfläche zu verwerten. Das ist auch nur möglich, wenn eine genaue Bodenuntersuchung vorgenommen wird, um festzustellen, ob der Boden als Untergrund und Decke verwendet werden kann und welche Maßnahmen getroffen werden müssen, um ihn für diesen Zweck herzurichten und zu verbessern (vgl. Dritter Abschnitt B. 1).

Die Untersuchungsverfahren und Bewertungsmaßstäbe sind für alle diese Zwecke die gleichen, so daß sie zusammengefaßt behandelt werden können. Die Notwendigkeit, rechtzeitig vor der Entwurfsbearbeitung und vor Baubeginn die erforderlichen Bodenuntersuchungen vorzunehmen, ist eine anerkannte Regel der Technik, die sich von selbst versteht, deren Unterlassung gegen den dafür Verantwortlichen zu Schadenersatzansprüchen führen kann.

Für die Bodenuntersuchung werden Schürfgruben angelegt, die z. B. in Einschnitten noch unter das spätere Planum geführt werden müssen, oder es werden Bohrungen vorgenommen nach DIN 4021 (April 1938). Zahl der Bodenaufschlüsse, ihr Abstand in der Straßenachse sowie beiderseits der Straßenachse müssen aus den örtlichen Verhältnissen heraus bestimmt werden. Wenn die ersten Ergebnisse auf einen starken Wechsel der Bodenart in den Schichten schließen lassen, ist die Zahl der Aufschlüsse zu vermehren. Bohrverzeichnisse sind aufzustellen, für die DIN 4022 (April 1938) maßgebend ist. Die vorgefundenen Schichten werden im Längenschnitt der Achse eingetragen zusammen mit dem Grundwasserstand. Da dieser schwanken kann, muß er längere Zeit, mindestens ein Jahr, beobachtet werden, damit die höchsten und tiefsten Stände bekannt sind.

a) Geologische Untersuchung.

Die Untersuchung und Beurteilung der Bodenarten erfolgt

geologisch, auf Grund der geologischen Karten 1 : 25000 und ihren Erläuterungen.

Die meisten Erd- und Straßenbauten liegen an der Erdoberfläche, die selten — auch im Gebirge — von den festen Gesteinen gebildet wird, sondern aus Verwitterungsböden besteht, in der die Gesteine nicht mehr in ihrem ursprünglichen Zustand sich befinden, sondern durch Verwitterung — Frost und Temperaturwechsel — zerkleinert, verlagert und auch chemisch umgesetzt worden sind. Als unverkittete Sedimente treten sie als lose oder bindige Böden in jeder nur möglichen Zusammensetzung und Verbindung auf, je nach ihrer Entstehung. Die geologische Bezeichnung genügt daher in der Regel zu ihrer Kennzeichnung nicht, vielmehr müssen noch andere Merkmale festgestellt werden. Diese werden durch

erdstoffphysikalische und
erdstoffmechanische Untersuchungen und Beurteilungen

gefunden *[79]*.

b) Erdstoffphysikalische Untersuchung.

Die erdstoffphysikalische Untersuchung hat zum Ziele, die Bodeneigenschaften ziffernmäßig zu beschreiben, um die Bodenart eindeutig zu bezeichnen, damit an jeder Baustelle alle Bodenarten nicht nur gleich benannt werden, sondern auch auf ihre Gleichwertigkeit beurteilt werden können. Nur in diesem Falle ist es möglich, Erfahrungen, die man auf einem Bau mit den Bodenarten gemacht hat, als Baugrund oder als Baustoff auch auf andere Stellen zu übertragen und Mißerfolge durch geeignete technische Maßnahmen rechtzeitig zu vermeiden. Hierzu ist es aber notwendig, die Probe im ungestörten Zustande dem Boden zu entnehmen, d. h. im Zustande als gewachsener Boden. Zu diesem Zwecke wird der Boden, der untersucht werden soll, freigelegt und in Stahlzylinder eingetrieben. (Maße z. B. 96 mm Ø, 120 mm Höhe, Inhalt = 868 cm³). Nur die Schürfgruben gestatten ungestörte Bodenproben zu entnehmen. Beim Bohren mit dem Spiralbohrer und Löffelbohrer (Schappe) geraten die einzelnen Schichten leicht durcheinander. Um Schichten in größerer Tiefe zu erkunden, dient die Bodenstanze nach Ehrenberg. Der Boden setzt sich aus drei Bestandteilen zusammen, festes Korn, Wasser, Luft. Ziffernmäßig sollen diese drei Bestandteile in ihrem Mengenverhältnis zueinander ermittelt und die sich dabei ergebenden Eigenschaften gekennzeichnet werden. Das feste Korn wird dann noch für sich untersucht[1].

Die Mineralböden, d. h. die zuvor genannten unverkitteten Sedimente werden unterteilt nach dem Grade ihrer Bindigkeiten *[80]*:

nicht bindige — lose — Böden: Stein-, Kies und Sandböden;

schwach bindige Böden: Staub- und Schluffböden, tonige lehmige oder mergelige Sande, stark sandige Lehme, Tone, Mergel;

gut bindige Böden, Ton, Lehm, Mergel.

Die folgenden Prüfverfahren werden angewendet[2]:

Bestimmung des

1. Raumgewicht r_g.

2. Bestimmung des Wassergehaltes

in v. H. bezogen auf das Trockengewicht.

3. Bestimmung der Wichte.

Da sie bei Bodenkörnern nur unwesentlich schwankt, kann sie auch angenommen werden zu $\gamma = 2{,}65$.

4. Bestimmung des Porenvolumens

an losen nicht bindigen Böden

$$n\% = \left(1 - \frac{r_g}{\gamma}\right) \cdot 100 \tag{48}$$

auch Hohlraum genannt.

Die Porenziffer

$$\varepsilon = \frac{n}{1-n} \tag{49}$$

gibt an das Verhältnis des Hohlraumes zu den festen Teilen und ist ein Hinweis auf die relative Dichte.

Bei $n = 50\%$ ist $\varepsilon = 1$. Wenn weniger Hohlräume sind als feste Masse, ist $\varepsilon < 1$. Wenn mehr Hohlräume als feste Masse vorhanden sind, wird $\varepsilon > 1$. Aus Veränderungen des Porenraumes oder der Porenziffer kann auf Veränderungen in der Lagerungsdichte und damit auf das Maß von etwa eingetretener Verdichtung

[1] Angaben über verschiedene Geräte zur Entnahme ungestörter Bodenproben s. B. T. 9 (1932) H. 24 u. 11 (1934) H. 40, Möhlmann B. T. 17 (1939) Nr. 46, S. 585 bis 588. Eng. New. Rec. 123 (1939) S. 58—60.

[2] F. G. Vorläufiges Merkblatt für bodenphysikalische Prüfverfahren.

geschlossen werden. Wenn V das Volumen der ungestörten Bodenprobe ist, gelten die folgenden Bezeichnungen:

natürliche Lagerung	n	ε	V
lockerste Lagerung.	n_o	ε_o	V_o
dichteste Lagerung	n_d	ε_d	V_1

$$\text{Lagerungsdichte} \quad D = \frac{\varepsilon_o - \varepsilon}{\varepsilon_o - \varepsilon_d} = \frac{V_o - V}{V_o - V_1}. \tag{50}$$

Bei $D = 0$ würde die loseste, bei $D = 1$ die dichteste Lagerung vorhanden sein. Damit wird ausgedrückt: Das Verhältnis der tatsächlichen zu der größtmöglichen Verringerung des Raumgehaltes gegenüber dem Raumgehalt der lockersten Lagerung. Nach Terzaghi ist eine Lagerung

$$0 < D < {}^1/_3 \text{ locker}$$
$${}^1/_3 < D < {}^2/_3 \text{ mitteldicht}$$
$${}^2/_3 < D < 1 \text{ dicht.}$$

Die Fähigkeit zur Verdichtung eines Bodens wird ausgedrückt durch

$$F = \frac{\varepsilon_o - \varepsilon_d}{\varepsilon_d}.$$

Bindige Böden: Wenn der bindige Boden wassergesättigt ist, wird der Hohlraumgehalt = Wassergehalt.
Gemessen wird: V = Rauminhalt, das Gewicht der wassergesättigten Probe $= G_w$ und der getrockneten G_t, die Wichte γ und γ_w = Wichte des Wassers = 1

$$n = \frac{G_w - G_t}{V \cdot \gamma_w} \quad \text{oder}$$

Wassergehalt in v. H. der Trockensubstanz

$$w = \frac{n \cdot \gamma_w}{(1 - n)\gamma} \cdot 100 = \varepsilon \frac{\gamma_w}{\gamma}$$

$$w = \frac{\varepsilon}{\gamma}$$

$$\varepsilon = w \cdot \gamma. \tag{51}$$

Bei nicht wassergesättigtem Boden wird der Wassergehalt durch den Feuchtigkeitsgrad n_w bezeichnet, d. i. Verhältnis des Wassers in den Hohlräumen zum Gesamthohlraum

$$w = \frac{n_w \cdot n \cdot \gamma_w}{(1 - n)\gamma}$$

$$n_w = \frac{w \cdot \gamma (1 - n)}{n \cdot \gamma_w} = \frac{w \cdot \gamma}{\varepsilon}. \tag{52}$$

5. Korngrößenzusammensetzung des Bodens (mechanische Bodenanalyse).

a) Aussiebung für Körner bis 0,06 mm.
Verwendet werden Siebsätze, die abgestuft sind nach DIN 1170 und 1171. Die gröberen Korngrößen werden in Rundlochsieben abgetrennt, die feineren in Maschensieben in den Maßen

6,0 mm — 0,06 mm.

Für die feinen und allerfeinsten Stoffe werden Schlämmverfahren angewendet.

b) In diesem Falle wird das getrocknete Gut bis zum Rückstand auf dem 0,2-mm-Sieb abgesiebt, der gesamte Durchgang durch Schlämmverfahren aufgeteilt. Das gilt besonders für die bindigen Böden.
In der Bodenkunde ist das Schlämmverfahren mittels Aräometers nach Bouyoucos — A. Casagrande eingeführt worden *[79]*.
Die Ergebnisse aus der Sieb- und Schlämmanalyse werden in Form einer Summenkurve aufgetragen. Die Abb. 161 stellt die Korngrößen, Zusammensetzung verschiedener Böden, von zwei Sanden, von zwei schwachbindigen und zwei gut bindigen Böden dar. (Ergebnisse der Straßenbauversuchsanstalt Stuttgart.)

6. Gleichförmigkeits- und Ungleichförmigkeitsgrad.

Jede Kornverteilungskurve ist durch ihre Neigung zur Waagerechten gekennzeichnet, die auch ziffernmäßig dadurch ausgedrückt wird, das man das Ver-

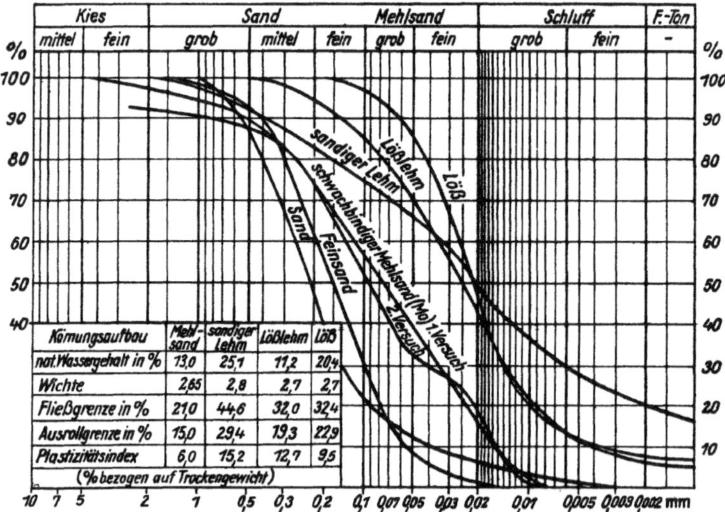

Körnungsaufbau	Mehlsand	sandiger Lehm	Lößlehm	Löß
nat. Wassergehalt in %	13,0	25,1	11,2	20,4
Wichte	2,65	2,8	2,7	2,7
Fließgrenze in %	21,0	44,6	32,0	32,4
Ausrollgrenze in %	15,0	29,4	19,3	22,9
Plastizitätsindex	6,0	15,2	12,7	9,5
(% bezogen auf Trockengewicht)				

Abb. 161. Siebsummenkurven von bindigen Böden (St.-V. Stuttgart).

hältnis des Korndurchmessers bei 60% und bei 10% der Verteilungskurve bildet

$$U = \frac{\text{Korndurchmesser } 60\%}{\text{Korndurchmesser } 10\%}$$

U = Ungleichförmigkeitsgrad
U für Sand etwa 1—15
U für Ton 10—100.
Die Korngröße bei 10% wird als die wirksame bezeichnet.

7. Atterbergsche Konsistenzgrenzen.

α) Fließgrenze.

Sie kennzeichnet den Übergang von dem flüssigen zum bildsamen Zustand. Die Angaben beziehen sich auf den Wassergehalt bezogen auf das Trockengewicht bei der Prüfung. Das Gerät zur Bestimmung der Fließgrenze ist beschrieben in *[79]*.

β) Die Ausrollgrenze.

15 g des mit Wasser aufbereiteten Bodens wird mit der Hand zu einem Stab geformt und dann auf einer glatten Unterlage bis 3 mm Dicke ausgerollt, solange, bis er durch den Wasserentzug zerbröckelt. Die Angaben beziehen sich auf den Wassergehalt bezogen auf das Trockengewicht des Bodens *[79]*.

γ) Bildsamkeitswert.

Mit Bildsamkeit (Plastizität) wird der Unterschied im Wassergehalt bei der Fließgrenze und der Ausrollgrenze bezeichnet.

Schon diese Feststellungen geben brauchbare Aufschlüsse, wenn man sie mit dem Wassergehalt der ungestörten Bodenprobe vergleicht. Liegt ihr Wassergehalt nahe der Fließgrenze, wird er in einem weichen, liegt er näher der Ausrollgrenze, wird er in einem steifen Zustand sich befinden. Der Unterschied zwischen der Ausrollgrenze und Fließgrenze wird daher als Plastizitätsindex (Bildsamkeit) bezeichnet. Mit Zunahme des Wassergehaltes wird die Stärke des Wasserfilms, der die einzelnen Bodenteilchen trennt, vergrößert, bis beim Fließzustand die Haftfestigkeit zwischen ihnen auf Null gebracht ist. Auf diese Weise kann der Plastizitätsindex als ein Maß der Kohäsion des Bodens angesehen werden.

Bildet man die Verhältniszahl $q = \frac{\text{Fließgrenze} - \text{Wassergehalt}}{\text{Fließgrenze} - \text{Plastizitätsindex}}$, so wird damit ein Ausdruck gewonnen, um die Rutschgefahr zu erkennen. Denn an den Stellen, bei denen der Wassergehalt der Fließgrenze am nächsten kommt, wird der Wert q am kleinsten sein. Man kann q daher als Rutschungsbeiwert bezeichnen.

δ) Schwind- und Schrumpfgrenze.

Wenn ein nasser bindiger Boden austrocknet, schwindet er mit der Wasserabgabe bis zu einem bestimmten Wassergehalt. Ist dieser erreicht, so tritt keine weitere Raumabnahme mehr ein. Dieser Zustand ist erkennbar am Farbumschlag von dunkel auf hell. Der Wassergehalt dieses Grenzzustandes wird als Schwind- oder Schrumpfgrenze bezeichnet.

$$W \cdot G_t - S G_t = V - V_0$$

$$S = W - \frac{V - V_0}{G_t} \tag{53}$$

W Wassergehalt in % des Trockengewichtes
G_t Trockengewicht
V Rauminhalt vor der Trocknung
V_0 nach der Wasserabgabe.

Zwischen der räumlichen und linearen Schrumpfung besteht nach dem Ergebnis des Bureau of Public Roads eine Gesetzmäßigkeit *[81]*. Nach amerikanischen Beobachtungen gelten als raumveränderlich solche bindigen Böden, deren lineare Schrumpfung 5% (d. h. 5% Wassergehalt bezogen auf die Trockensubstanz) beträgt. Bei leichtbindigen Böden liegt sie zwischen der Fließgrenze und 50%. Bei bindigen Boden bei einem Wassergehalt von 10—20%.

Die drei Atterbergschen Kennzeichen sind ein Maß für die innere Beweglichkeit eines Erdstoffes, die von anderen bodenphysikalischen Einflüssen, wie Kornverteilung, innere Reibung, aber auch vom Mineralaufbau und Gehalt an Beimengungen, z. B. $CaCO_3$ und $MgCO_3$ abhängig ist.

8. Hydrodynamische Eigenschaften.

α) Kapillarität.

Sie ist abhängig von der Feinheit des Bodenkornes, des Gefüges und der Lagerungsdichte. Der Unterdruck erhöht die Reibung und die Haftung zwischen den Bodenkörnern. In den feinen Kapillaren treten, wenn sie mit Wasser gefüllt sind, Kapillarkräfte in Form eines Zuges nach innen auf, die bestrebt sind, die benachbarten Bodenteilchen näher aneinanderzubringen, eine Kraftäußerung, die mit Kapillardruck bezeichnet wird.

Kapillare Steighöhe für

Kies	3 cm	Lehm der verschiedenen Art
Mittelsand . .	20—40 cm	und Lös mehrere Meter, Ton
Feinsand . . .	40—80 cm	bis über 100 m.

β) Wasserdurchlässigkeit.

Bei losen Böden ist die Entnahme ungestörter Bodenproben unsicher, auch die Untersuchung in der Versuchsanstalt mit Fehlern behaftet. Den Wasserdurchlässigkeitswert, der dem wirklichen durchschnittlichen mehr entspricht, wird am zweckmäßigsten durch Grundwasserabsenkung mit Pumpbrunnen und Ermittlung der Durchlässigkeitsziffer K (nach Hütte 26. Aufl., III. Bd., S. 127) gefunden. Bei bindigen Böden ist die Durchlässigkeit sehr niedrig, der Versuch muß daher mit hohen Gefällen durchgeführt werden.

c) Erdstoffmechanische Untersuchungen.

1. Zusammendrückbarkeit.

In diesen Geräten, die die Form von Zylindern haben, oben und unten mit Filtersteinen abgeschlossen, durch die das Wasser bei Belastung austreten, bei Entlastung wieder zuströmen kann, wird die Verdichtung des Bodens unter Belastung untersucht und aus den Beobachtungen der ,,Druckporenzifferschaulinie", d. h. der Beziehungen zwischen der Auflast und dem sich danach einstellenden Porenvolumen, die ,,Zeitsetzungsschaulinie" ermittelt, durch die auf die Setzungsvorgänge der Bauwerke, z. B. auch Dämmen geschlossen werden kann.

2. Haftfestigkeit (Kohäsion) und innere Reibung.

Mit Haftfestigkeit wird das Aneinanderhaften von Bodenteilchen bezeichnet, das nur bei sehr kleinen Korngrößen auftritt. Terzaghi unterscheidet eine ,,scheinbare" und eine ,,echte" Kohäsion bei bindigen Böden. Die scheinbare beruht auf der molekularen Anziehung des Wassers auf der Oberfläche der Bodenkörner im Falle der Durchfeuchtung, die die Bodenteilchen zusammenhält, und die zum Beispiel unterhalb der Schrumpfgrenze (Nr. 7 δ) ein erhebliches Maß annehmen kann. Wenn eine solche Bodenprobe aber unter Wasser gebracht wird, geht der auf Grund der Oberflächenspannung vorhandene Kapillardruck auf 0 zurück und es verbleibt nur ein Zusammenkleben der Bodenteilchen. Diese Erscheinung wird als die ,,echte" Kohäsion angesehen. Sie ist abhängig von der Kornform und der Korngröße und eine Eigenschaft sämtlicher aus Einzelkörnern bestehenden Massen, so daß, genau betrachtet, eine scharfe Grenze zwischen losem (kohäsionslosem) und bindigem Boden nicht besteht. Die unechte Kohäsion nimmt mit der Zunahme des Wassergehaltes des Bodens ab und ist unabhängig von der Belastung. Hier liegt die Gefahr der bindigen Böden, daß sie ihre bei trockener Lagerung vorhandene Scherkraft, die es z. B. gestattet, solche Böden lotrecht anzuschneiden, bei Aufnahme von Wasser verlieren und rutschen.

Neben der Kohäsion tritt in allen Bodenarten, den losen wie bindigen, innere Reibung auf, d. h. der Widerstand gegen Gleiten, zufolge Reibung der Bodenkörner untereinander, bei Formänderung hervorgerufen durch äußere Kräfte. Die Größe der inneren Reibung steht in Beziehung zum Böschungswinkel eines Bodens. Sie wird daher mit $\operatorname{tg}\varphi$ angegeben, φ Winkel der inneren Reibung. Die Reibung ist nach Coulomb abhängig von der Belastung (ν). Der Scher- oder Schubwiderstand eines Bodens setzt sich daher zusammen aus der Kohäsion (c) und der inneren Reibung.

$$\tau = c + \nu \operatorname{tg}\varphi. \tag{54}$$

Man kann annehmen, daß die Scherfestigkeit zunimmt, je feiner die Bodenteilchen sind, infolge Ansteigen der Kohäsion, und die innere Reibung abnimmt. Nach Terzaghi ist bei lehmfreien, völlig trockenen oder völlig wassergesättigten Sanden und Schottern die Kohäsion gleich Null und die Ziffer der inneren Reibung gleich 0,60 bis 0,65. Für feinkörnige Bodenarten kann die Kohäsion Werte bis 100 kg/cm² annehmen und die Ziffer der inneren Reibung bis auf 0,2 heruntersinken. Beide Werte können sich aber für ein und denselben Boden innerhalb weiter Grenzen und in verhältnismäßig kurzen Zeiten ändern. Wenn Werte angegeben werden, sind die geologischen und physikalischen Umstände zu erläutern, unter denen die Werte ermittelt wurden *[82]*.

Die erdstoffphysikalischen Eigenschaften sowie die Zusammendrückbarkeit, Wasserdurchlässigkeit und Scherfestigkeit stellen technisch wichtige Eigenschaften der Böden dar, deren Kenntnis eine Grundlage abgeben, um danach ihr Verhalten bei Bauten zu beurteilen und Erfahrungen zu sammeln, aus denen das Verhalten der Böden unter bestimmten Bedingungen vorausgesagt werden kann und demgemäß auch entsprechende bautechnische Maßnahmen zur Vermeidung von Mißerfolgen getroffen werden können.

II. Bodenverdichtung.

Durch Verdichtung der Böden kann die Scherfestigkeit erhöht werden. Damit bei geschüttetem Boden möglichst geringe oder gar keine Setzungen eintreten und zugleich eine möglichst große Scherfestigkeit erzielt wird, müssen alle Bodenschüttungen verdichtet werden. Früher war es üblich, um solchen Setzungen und Rutschungen aus dem Wege zu gehen, die schwach bindigen Böden überhaupt zum Dammbau nicht zuzulassen und beim Erdbau auszusetzen *[83]*.

Wenn bei der Auswahl der Linie auch auf die Untergrund- und Bodenverhältnisse geachtet und durch Verlegung der Linie ihnen aus dem Wege gegangen werden soll, so ist doch eine Leistungssteigerung darin gesucht worden, durch Bauverfahren und technische Maßnahmen möglichst alle Bodenarten zum Dammbau auszunutzen, mit Ausnahme der organischen Böden Torf, Faulschlamm, Darg. Bindige Böden können aber nur in trockenem Zustande und im Sommer eingebaut werden *[84]*.

Weitere Voraussetzung für ihren Bestand ist, daß der Untergrund, der vom Aufwuchs und Mutterboden befreit ist, trocken ist, gegebenenfalls muß er vorher entwässert werden, damit die bindigen Bodenarten keine Gelegenheit haben, zufolge ihrer großen kapillaren Steighöhe aus dem Grundwasser Wasser aufzunehmen und dadurch zerfließen oder zerfrieren können. Um diese Bodenarten möglichst trocken zu gewinnen und einzubauen, sollen sie im Schlitzbetrieb gebaggert werden, weil auch bei Regen die steil stehende Baggerwand am wenigsten Nässe aufnimmt. Da sie eine große vorübergehende Auflockerung aufweisen, die nach dem Einbau erst langsam auf die bleibende zurückgeht, war es früher üblich, Dämme ein bis zwei Winter liegenzulassen, damit sie sich durch ihr Eigengewicht und die Witterungswechsel langsam verdichten. Aber daß hiermit nicht viel erreicht wurde und die spätere Verkehrsbelastung noch weitere erhebliche Setzung bewirkt hat, konnte an Eisenbahn- und Straßendämmen, die ein großes Alter hatten, nachgewiesen werden *[85]*. Es sind relative Dichte $D = 0{,}6 - 0{,}8$ gemessen. (Gleichung 50.)

Bei den Bauten der Gegenwart muß das höchste Maß an Verdichtung gleich nach der Schüttung durch technische Maßnahmen bewirkt werden, die bestehen in:

a) Einschlämmen oder Einsumpfen,
b) Walzen (Druck),
c) Rammen (Schlag),
d) Erschüttern (Schwingung).

a) Einschlämmen oder Einsumpfen.

Durch Wasserzugabe wird die Reibung an den Bodenkörnern vermindert. Feinere Teile werden durch die Spülwirkung in tiefere Zonen abgesetzt. Trotzdem ist die Wirkung gering. Anwendbar nur bei Sanden unter Mitwirkung von Walzen. Sand befindet sich in der lockersten Lagerung bei einem Wassergehalt von 3—4%. Ihn in diesem Zustand durch Stampfen zu verdichten, hat keinen Erfolg. Dagegen trockener und ganz nasser Sand lagern sich dicht. Bei Anwendung des Spülverfahrens wird eine dichte Lagerung erreicht.

b) Walzen.

Auch Glattwalzen erzielen nur geringe Verdichtung, da sie im wesentlichen nur Druck ausüben, der auf sehr geringe Tiefe wirkt. Außerdem schieben sie den Boden. Sie sollen bei schwachbindigen Böden oder gemischtkörnigem Kiessand anwendbar sein. In bindigen Böden bleiben Glattwalzen stecken, wenn er zu bildsam ist. An ihrer Stelle werden Schaffußwalzen benutzt, die von Raupenschleppern gezogen werden, die ihrerseits eine geringe Vorverdichtung vornehmen.

Abb. 162. Schaffußwalze.

Auf einem Glattwalzenkern sind Reihen von Stempeln radial angebracht, die die Form von Schaffüßen haben. Die Reihen sind gegeneinander versetzt und haben nach Abb. 162 in der einen Reihe 8, in der nächsten 7 Stempel. Die Walze läuft in einem Zugrahmen, der mit Deichseln versehen ist. Am hinteren Riegel des Rahmens sitzen Zähne als Abstreifvorrichtung, die in die Zwischenräume zwischen den Stempeln greifen und sie von anhaftendem Boden säubern. Die Leistung der Walze wird beeinflußt durch ihr Gewicht, Flächengröße und Art der Füße, Abstand der Füße, ihre Höhe und Durchmesser der Trommel. Dazu kommen dann die Unterschiede der Bodenarten, die verdichtet werden sollen, dazu die zu erreichende Verdichtung und die Zahl der Walzengänge. Damit ist der Erfolg der Walzung von so vielen Einflüssen abhängig, die nicht voneinander abgegrenzt werden können, daß es unmöglich ist, eindeutige Anweisungen zu geben. Die Tragfähigkeit des Bodens vor allem wird die Flächenbelastung des Fußes (Stempels) bestimmen. Bei leichten Böden genügen 72 cm^2 Fußfläche mit einem bezogenen Druck von 3,5—7 kg/cm^2, bei mittelschwerem 48 cm^2 und 7 bis 14 kg/cm^2, bei schwerem 35 cm^2 und 14—28 kg/cm^2. Durchmesser der Trommel 0,75 m. Bisweilen werden 2 Walzen hintereinander gekoppelt, in Deutschland ist die zweite eine Glattwalze.

Die nacheinander zum Eingriff kommenden gegeneinander versetzten Stempel kneten den Boden durch und beseitigen damit die Hohlräume aus der Schüttung. Der Walzenkern selbst darf nicht aufsitzen. Nach amerikanischen Angaben sind mindestens 16—25 Gänge notwendig *[79,85]*. Leistung bei 4,5 km/h Fahr-

Abb. 163. Anfeuchtung des Bodens zur Verdichtung am Bau eines Erddammes am Oberlauf des Ohio.

geschwindigkeit 250 m² Fläche = 75 m³ Boden bei 0,3 m Schütthöhe. Werden 2 Walzen geschleppt, steigt die Leistung auf 400 m²/stündl.

Die Schaffußwalze kann auch sehr feuchten Boden verdichten, indem andere

Abb. 164. Bodenverdichtung mit Delmagfrosch.

Geräte nicht mehr arbeiten können. Aber bei einem bestimmten Wassergehalt des Bodens verdichtet er am besten, etwa 10 bis 35 % des Trockengewichtes. Ist der Boden zu trocken, wird er sogar angefeuchtet (Abb. 163).

Nach Untersuchungen soll die Höhe der Schüttlage 40 cm betragen. Mit 3 Rollgängen ist die größtmögliche Verdichtung bereits erreicht.

Tagesleistungen bis zu 4500 m² können erreicht werden.

c) Rammen, Schlagen.

Delmagfrosch (Abb. 164) von 500 kg verdichtet Schütthöhen von 0,3—0,35 m gut, bei 1000 kg kann in Lagen bis zu 0,6 m geschüttet werden.

Die Demag-Stampfplatte von 2 bis 3 t Gewicht (Abb. 165) wird von einer Winde angehoben und fällt aus 2 m Höhe auf die Schüttung bei 15 bis 20 Schlägen minutlich. Bei 4 Schlägen auf dieselbe Stelle wird die beste Verdichtung erzielt, die bis auf 1,0 m Tiefe dringt — Leistung 150 bis 200 m²/h. Da die 2-t-Platte zum Verkanten neigt, wird die 3-t-Platte empfohlen. Der Boden ist in Lagen von 1 m zu schütten.

Auch steiniger Boden läßt sich mit der Rammplatte gut verdichten, weil sie durch die Wucht ihres Aufschlages die Steine zertrümmert. Der Delmagfrosch von 2,5 t ist der Stampfplatte gleichwertig.

Bindiger Boden bildet beim Schütten Schollen mit Hohlräumen, er hat daher eine große vorübergehende Auflockerung, die auch durch Rammung beseitigt werden kann. Dagegen verträgt ein zu weicher Boden keine Rammung. Soweit ein solcher Boden überhaupt die auf Raupen laufende Windvorrichtung trägt, kann die Platte bei geringer Fallhöhe von 0,3—0,4 m zum Abglätten des Schüttbodens benutzt werden, um Wasseransammlung auf unebener Oberfläche zu verhindern und einer weiteren Durchnässung vorzubeugen. Bei nasser Witterung muß bei bindigen Böden Schütten und Rammen eingestellt werden. Denn die Nässe ist später nur sehr schwer aus dem Boden herauszubringen[1] *[86]*.

Abb. 165. Demagrammplatte zur Bodenverdichtung.

d) Erschüttern und Einrütteln.

Ein Schwinger aus rotierenden, schwingenden Massen, die gegenläufig angeordnet sind, so daß die Fliehkräfte in der Waagerechten sich gegenseitig aufheben, übt lotrechte Kräfte auf den Untergrund aus, die im Verlaufe einer Umdrehung sinusartig von Null bis zu einem Größtwert steigen und dann wieder auf Null abfallen. Dadurch werden Schwingungen dem Boden aufgezwungen. Mit diesem Gerät, das auch eingesetzt ist, um damit Kennziffern über die technischen Eigenschaften von Boden zu erhalten, kann auch Boden verdichtet werden. Fällt die Frequenz mit der Eigenschwingung des Systems der Maschine zusammen, so treten außerordentlich starke Setzungen auf. Durch die Schwingungen wird die Reibung zwischen den einzelnen Körnern und die Schwerkraft aufgehoben. Das kleine Korn geht dann in die bestehenden Räume zwischen den größeren und damit wird die dichteste Lagerung erreicht. Besonders für Sand, Kies, steinige Böden ist dies Gerät geeignet, für bindige nicht. Die Leistung bleibt aber hinter den anderen Geräten zurück und, da es aufwendig ist, kommt es nur für Sonderfälle, z. B. Verdichtung hinter Bauwerken, in Frage.

[1] Einstellen der Erdarbeiten im Winter bei bindigem Boden und anderweitige Beschäftigung der Arbeiter ermäßigt die Baukosten.

e) Nachprüfung der Verdichtung an Dämmen.

Die Verdichtung des Bodens wird durch die Ermittlung des Porenvolumens an ungestörten Bodenproben vor und nach der Einrüttlung oder Abstampfung bei losem Boden festgestellt, indem Proben aus verschiedenen Tiefen entnommen werden. Unter Bezug auf die Bezeichnungen (Dritter Abschn. A. I. b. 4) ist die Verdichtung

$$p_v = \frac{n_0 - n}{n_0 - n_d} \cdot 100$$

Beispiel:

$$n_o = 45\% \quad n = 33\% \quad n_d = 20\%$$

$$p_v = \frac{45 - 33}{45 - 20}$$

$$= 48\%.$$

Die Verdichtung wird in der ganzen Schüttlage nicht die gleiche sein, sie wird nach unten abnehmen, je nach Art des verwendeten Gerätes zur Verdichtung etwa in dem Verhältnis der Schaulinie (Abb. 166).

Bei bindigen Böden ist der Wassergehalt in den Poren zu berücksichtigen, der sich durch die Verdichtungsarbeit nicht verringert, weil der Durchlässigkeitsbeiwert (S. 170) zu niedrig ist, um in der kurzen Zeit der Verdichtungsarbeit Porenwasser auszupressen. Eine Verminderung des Porenvolumens kann daher nur soweit eintreten, als die mit Luft gefüllten Poren beseitigt werden. Daran kann der Erfolg der Verdichtung erkannt werden.

Aus dem Volumen der ungestörten Bodenprobe, ihrer Wichte und dem Wassergehalt wird der Anteil der Bodenmasse, des Wassers und der Luft in den Poren vor und nach der Rammung errechnet.

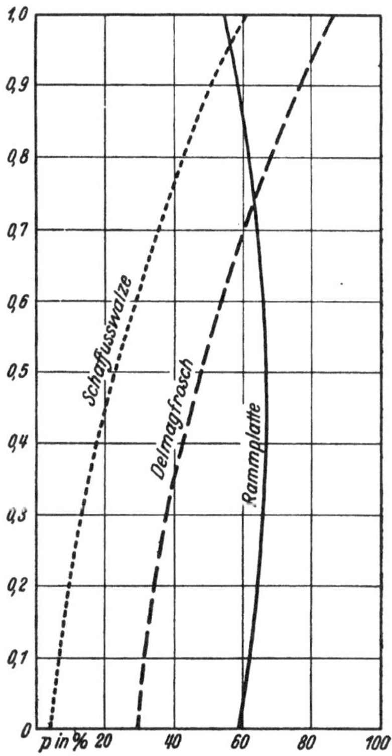

Abb. 166. Maß der Verdichtung auf 1 m Bodenschicht bei Verwendung von Schaffußwalze, Delmagfrosch und Rammplatte.

Beispiel — vor der Rammung —:

Raumgewicht der ungestörten Probe im Stahlzylinder

$$r_g = 1{,}65, \text{ Wichte } \gamma = 2{,}65$$

$$\text{Porenvolumen} \quad n = \left(1 - \frac{1{,}65}{2{,}65}\right) \cdot 100$$

$$= 0{,}378$$

$$\varepsilon = 0{,}605.$$

Wassergehalt 13 v.H. bezogen auf Trockengewicht.

Auf 1 l entfallen: 622 ccm Masse

$$n_w\, n = \frac{w \cdot \gamma}{\varepsilon}\, n = \frac{0{,}13 \cdot 2{,}65}{0{,}605} \cdot 0{,}378 = 216 \text{ ccm Wasser}$$

162 „ Luft

1000

Nach der Rammung:

Raumgewicht	$= 1{,}84$
Wassergehalt	$= 11{,}4\%$
Porenvolumen	$= n_2 = 0{,}307$

Auf 1 l entfallen 693 ccm Masse

$$n_w \cdot n = \frac{11{,}4 \cdot 2{,}65}{0{,}44} \cdot 0{,}307 = 211 \text{ ccm Wasser}$$

96 ccm Luft

$$\varepsilon_2 = \frac{0{,}307}{0{,}693} = 0{,}44$$

$$\varepsilon_1 - \varepsilon_2 = 0{,}17$$

Verdichtungszunahme in % auf lose Lagerung bezogen

$$p_v = \frac{0{,}17}{0{,}61} = 28\%.$$

Damit ist aber die Grenze der Verdichtbarkeit noch nicht erreicht, denn in diesem Falle müßten alle Luftporen verschwinden und nur die mit Wasser ausgefüllten verbleiben. Die dichteste Lagerung ohne Poren würde eine Porenziffer geben, die liegt zwischen:

$$\varepsilon_{d_1} = \frac{216}{622} = 0{,}347$$

$$\varepsilon_{d_2} = \frac{211}{693} = 0{,}305$$

$$0{,}652$$

im Mittel $\varepsilon_d = 0{,}33.$

In diesem Falle müßte das Raumgewicht zunehmen auf den Wert

$$r_g = \frac{\gamma}{1 + \varepsilon} = 1{,}98.$$

f) Messung der Verdichtung durch mechanische Vorrichtungen.

Die Entnahme von Bodenproben und ihre Auswertung in der Prüfstelle ist umständlich und erfordert einige Zeit. Für die Entwicklung eines mechanischen Prüfgerätes wird man davon ausgehen müssen, daß ein verdichteter Boden ein hohes Raumgewicht hat, wie aus dem zuvor behandelten Beispiel zu erkennen ist und dem Eindringen eines Prüfgerätes einen stärkeren Widerstand entgegensetzt als ein unverdichteter. Darin kommt die Zunahme der Scherkraft zum Ausdruck. Nach Abb. 167 ist die größte Verdichtung bei einem Wassergehalt von 15% vorhanden. Bei zu trockenem Boden kann diese durch Anfeuchten erreicht werden, damit volle Verdichtung möglich ist (Abb. 163). Wird mit einem Dynamometer die Kraft gemessen, die der Boden in diesem Zustande einem Stempel entgegensetzt, so kann an der Baustelle mit einem solchen Gerät die Verdichtung nachgeprüft werden (Proctor-Verfahren).

Diese beiden Erscheinungen sind in dem Prüfgerät von Proctor ausgenützt worden *[87]*.

In der Versuchsanstalt wird das Raumgewicht des Bodens unter Anwendung einer abgemessenen Stampfarbeit in einem Zylinder von 10 cm Ø und 11,25 cm Höhe für verschiedene Wassergehalte festgestellt und in einem Koordinatennetz aufgetragen. Die Kurve hat einen Höchstpunkt. Abb. 167 stellt eine solche Schaulinie dar. Bei geringem Wassergehalt ist an sich ein hoher Scherwiderstand vorhanden. Aber das große Porenvolumen erleichtert dem Wasser den Zugang zum Boden und begünstigt eine Wasseraufnahme, die derjenigen entspricht auf dem absteigenden Ast der Schaulinie mit einem Wassergehalt, die das gleiche Raumgewicht hat. Je dichter der Boden ist, desto größer ist der Anteil des Erdstoffes auf einen Kubikmeter, desto geringer ist sein Porenvolumen, desto geringer die Gefahr, durch Wasseraufnahme in einen nachgiebigen Zustand zu geraten.

III. Einwirkungen des Frostes auf den Boden.

a) Frostschäden.

Loser Boden, Sand und Kies, wenn er trocken ist, wird durch Frost nicht beeinflußt. Frost kann sich nur dort bemerkbar machen, wo sich Wasser in der Frostzone befindet. Da Wasser, wenn es in Eis übergeht, seinen Raum um 9. v. H. vermehrt, wäre dieser Vorgang geeignet, den Rauminhalt des Bodens um ein entsprechendes Maß zu vergrößern, wenn kein Porenvolumen mehr vorhanden ist, in den das neu gebildete Eis sich verlagern kann. Solange also das mineralische Haufenwerk selbst noch Poren hat, die außerhalb der Kapillargröße liegen, bleibt der Gefriervorgang ohne Einfluß auf die Raummaße des Bodens. (Massiver Bodenfrost.) Anders verhalten sich die feinkörnigen Böden mit Kapillaren, wenn sie Wasser anziehen können. Dieses Wasser gefriert nicht bei der gewöhnlichen Ge-

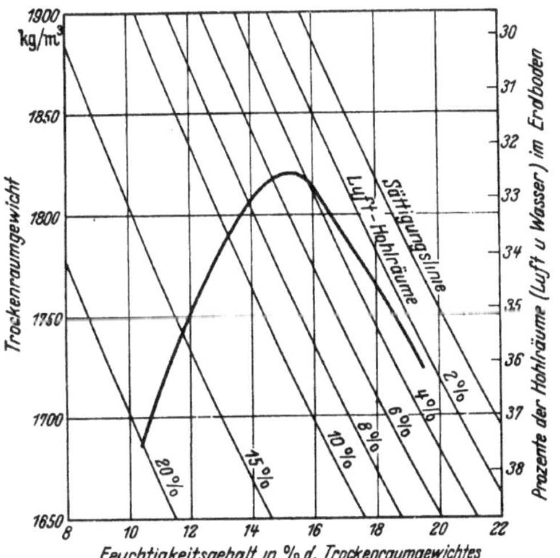

Abb. 167. Beziehung zwischen Raumgewicht, Wassergehalt und Verdichtung bei einem bindigen Boden.

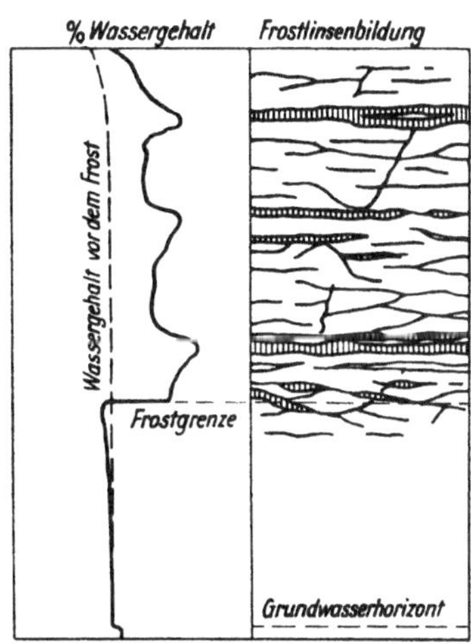

Abb. 168. Querschnitt durch den Boden mit Frostlinsen (schraffiert), links Wassergehalt in den einzelnen Schichten.

friertemperatur, sondern erst mehrere Grade darunter. Der Boden gefriert von oben nach unten. Bilden sich die ersten Eiskristalle in den Kapillaren, so üben sie auf das noch nicht gefrorene Wasser im Untergrund eine starke Anziehungskraft aus. Es bewegt sich zu den höher liegenden Eiskristallen hin, verbindet sich mit ihnen und gefriert. Dadurch werden die Eiskristalle vergrößert, und bei der großen Kraft, die der Gefriervorgang auslöst, wird der Boden angehoben. Dem aufgestiegenen gefrorenen Wasser strömt weiteres von unten nach und das Spiel setzt sich fort, solange Frost wirkt. Der Boden friert dabei nicht gleichmäßig durch, sondern es bilden sich Linsen schichtenweis aus reinem Eis *[88, 89]*, die durch dichtere Bodenlagen getrennt sind (Abb. 168). Solche Frosthebungen, die sich bei Betondecken als Absätze an den Fugen oder bei plastischen als Wellen äußern können, werden beeinflußt durch das Gefüge und die Zusammensetzung des Bodens, die Wasserzufuhr, den Frostanstieg, Grad der Kälte und etwaige Auflast auf dem Boden. Im allgemeinen verlaufen die Eislinsen horizontal. In Mehl- und Schluffsanden sind es dünne Eislagen, Teile eines Millimeters, in sehr geringem Abstand (einige Millimeter). In geschichteten Böden, Lehm und Ton, werden sie mehrere Zentimeter dick und haben mehrere Zentimeter Abstand. Diese Frosthebungen des Bodens vergrößern den Raum wesentlich mehr, als durch das Gefrieren des ursprünglich im Boden befindlichen Wassers allein bedingt ist. Voraussetzung ist hierfür ein Bodengefüge, in dem der Kapillaraufstieg möglich ist, und in dem Grund- und Sickerwasser vorhanden sind und sich bewegen. Hierbei vermehrt sich der Wassergehalt auf das Vielfache des ungefrorenen Bodens (10- bis 20fache).

Bodengefüge, das solche Frosthebungen begünstigt, ist durch Kornzusammensetzung bestimmt, bei dem nach L. Casagrande, wenn der Boden sehr gleichförmig ist (vgl. Bezeichnung Dritter Abschn. A. I. b. 6), der Anteil an Korngrößen unter 0,02 mm mehr als 10 v. H. beträgt. Bei ungleichförmigem Boden ($U > 5$) genügen bereits mehr als 3 v. H. dieser Korngröße. Böden dieser Zusammensetzung werden als frostgefährlich oder frostschiebend bezeichnet. Zu diesen Böden gehören viele Lehme, Lößböden, Feinsande, Schluffböden, die etwa zwischen dem Lößlehm und Sand in Abb. 161 liegen. Tonboden braucht nicht frostgefährlich zu sein, weil er ein sehr geringes Wasserdurchlässigkeitsvermögen hat. Der Wassernachschub geht demnach nur sehr langsam vor sich. Da beim Gefrieren 80 kcal/kg frei werden, so wird dadurch die Frostwirkung aufgehalten. Je wasserreicher, feinkörniger und wasseraufsaugender der Boden ist, um so langsamer ist der Frostfortschritt.

Die Schluffböden sind unter den frostgefährlichen Böden diejenigen, die am schnellsten Wasser aufnehmen und ebenso schnell wieder abgeben. Unter Frosteinwirkung hat die Wasseraufnahme betragen

bei Tonschiefer natürlicher Wassergehalt 18% auf 220%,
„ Lößlehmeinschnitt natürlicher Wassergehalt 28,7% auf 145%.

Aus der mechanischen Bodenanalyse kann man also schon darauf schließen, ob ein Boden frostschiebend ist. Aber nach Untersuchungen von Dücker ist eine scharfe Grenzziehung zwischen frostgefährlichen und frostsicheren Böden nicht durchzuführen, da die eislinsenbildenden Körnungen je nach Gefrierbedingungen zwischen Kornbereichen von 0,1 bis 0,5 schwanken.

Auch nach schwedischen Feststellungen ist es unmöglich, eine scharfe Linie zwischen frostschiebenden und nicht durch Frost gefährdeten Bodenarten zu ziehen. Selbst wenn alle Vorbedingungen mit Ausnahme des Kornaufbaues des Bodens nicht verändert werden, kann eine solche Grenzziehung nicht vorgenommen werden.

Aber auch die Durchlässigkeitsziffer der Böden muß von Einfluß sein. Als frostgefährdet werden daher solche Böden betrachtet, deren K-Wert zwischen 10^{-4} bis 10^{-7} cm/sec beträgt. Wenn in den letzten Jahren sehr erhebliche Frostschäden in dem Untergrund schwer belasteter Straßen aufgetreten sind, so wäre es denkbar, daß der in diesen Fällen bildsame Boden im Laufe der Zeit so stark verdichtet worden ist, daß seine Durchlässigkeit zurückgegangen ist und damit der K-Wert in den obengenannten Bereich gelangt ist. Der Wasserzudrang braucht dann nicht immer von unten zu kommen, wenn die Entwässerung der Straße zu wünschen übrig läßt oder die Decke nicht fugenlos ist, z. B. Kleinpflaster, ist die Bildung von Frostlinsen aus Sickerwasser durchaus gegeben.

b) Tauschäden.

Da beim Frostaufgang die oberen Bodenschichten schneller auftauen als die unteren, so versperren diese dem Wasser aus der schon aufgetauten Zone den Weg nach unten. Die übersättigten oberen Bodenschichten werden so weich, daß sie ihre Tragfähigkeit verlieren und die Straßendecken, wenn sie belastet werden, durchbrechen. Erst wenn die ganze Frostschicht aufgetaut ist und das Wasser nach unten hat abziehen können, nimmt der Boden seinen früheren Zustand und Tragfähigkeit wieder an. Bei geringem Durchlässigkeitsbeiwert des Bodens kann das lange dauern. Durch die Schneeräumung im Winter werden diese Tauschäden noch begünstigt, weil das Auftauen in den oberen Lagen dadurch beschleunigt wird. Tauschäden sind um so schlimmer, je plötzlicher das Tauwetter einsetzt, je höher die auftretenden Wärmegrade sind und je tiefer der Frostbereich war.

c) Maßnahmen zur Verhinderung von Frosthebungen und Tauschäden[1].

Frostschäden können verhütet werden, wenn das Zusammentreffen von frostgefährlichen Bodenarten, Frost und Wasser, unterbunden wird. Das setzt aber eine genaue Kenntnis der Untergrundverhältnisse voraus, die durch Schürfgruben oder Bohrungen erschlossen werden müssen (s. S. 165).

α) An bestehenden Straßen.

1. Bei Schäden, die sich nur auf einige Quadratmeter erstrecken, wird der frostgefährliche Boden bis auf die Frosttiefe ausgebaut und durch Kies oder grobkörnigen Sand ersetzt. Solche örtlichen Frostschäden lassen aber sehr oft darauf schließen, daß auch die Umgebung frostgefährdet ist, so daß eine umfassendere Verbesserung des Untergrundes angezeigt ist.
2. Bei ausgedehnten Schäden, die von einem Grundwasserstrom hervorgerufen werden, der sich auf einer höchstens 1,5 m unter der Straßenoberfläche liegenden

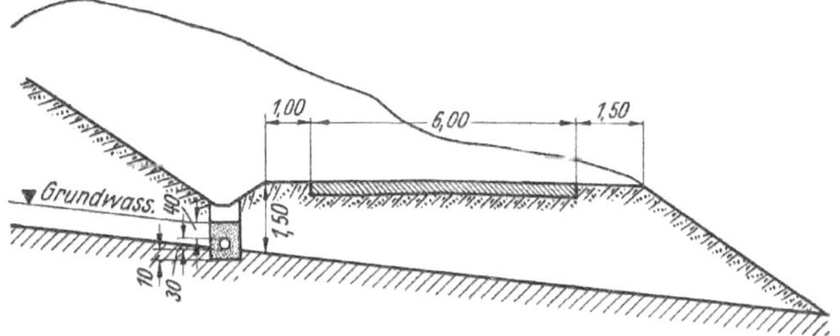

Abb. 169. Sickerung zur Ableitung des bergseitig zufließenden Grundwassers.

undurchlässigen Bodenschicht hinzieht, wird dieser durch eine Entwässerungsanlage, die sich an der Straße entlang zieht, abgefangen und abgeleitet. Die geringe Stärke des Grundwasserstromes wird das ermöglichen, wenn sein Gefälle auf die Straßenachse hin gerichtet ist. Die Ableitungsleitung selbst muß mindestens 1 v. H. Gefälle, ausreichendes Abführungsvermögen und Vorflut haben (Abb. 169).

β) An bestehenden und neuen Straßen.

Wenn das Grundwasser unterhalb der Frosttiefe bleibt, kann Grundwasser nur durch die kapillare Steighöhe des Bodens in die Frostzone gelangen. Um das zu verhindern, stehen zwei Wege offen:
1. Absenkung des Grundwasserspiegels durch Entwässerungsmaßnahmen, die allerdings je nach der Gefällsrichtung und der Stärke des Wasserandranges leichter oder gar nicht zu bewirken ist, und die auch von der Möglichkeit abhängen, Vorflut zu schaffen. Alle diese Maßnahmen müssen bei der Linienführung der Straße gleich mit beachtet werden (vgl. S. 57).
2. Durch Einbau von grobkörnigen Schichten, die wegen Fehlens jeder Kapillarität den Wasseraufstieg unterbrechen — Trennschichten — von 20—25 cm Dicke, die den gesamten Straßenkörper von seinem Untergrund absondern. Sie müssen bis unter die Frostzone hinunterreichen, damit der darunterliegende Boden keine Bewegungen ausführen kann, aber auch der darüberliegende frostgefährdete

[1] Unter Benutzung der Richtlinien für die Verhütung von Frostschäden der F. G.

Boden muß vor der Aufnahme von Tagewasser durch eine wasserundurchlässige Fahrbahndecke geschützt werden. Im Flachlande muß deshalb der Straßenkörper aus dem Gelände herausgehoben werden, eine übliche Bauweise. Am Hang ist der Abschluß der Trennschicht schwierig. Außer dem Grundwasser ist aber auch das vom Hang und von der Straße kommende Tagewasser fernzuhalten, indem es im abgedichteten Hanggraben gesammelt und abgeleitet wird (Abb. 170) (vgl. Abb. 179). Solche grobkörnigen Trennschichten sollen an ihren Grenzflächen eine Filterschicht erhalten, die so aufgebaut ist, daß die Korngröße unter 3 mm mindestens 50% beträgt oder daß die Korngröße der einzelnen Lagen von außen nach innen zunimmt, d. h. daß der Durchmesser der Korngröße bei 15% der Sieblinie mit vier multipliziert gleich dem Durchmesser der Korngröße bei 85% ist. Diese teure Bauweise soll nur noch ausnahmsweise angewendet werden.

3. Die erfolgreichste Maßnahme besteht im Auskoffern des frostgefährdeten Bodens auf die volle Straßenbreite und Ersatz durch einen frostsicheren Boden bis zu 1,0 m Dicke. Das gilt für Straßenkörper, die im Gelände liegen, auf Dämmen und in Einschnitten nicht nur wenn es sich um Frostschäden handelt, sondern auch wenn der gewachsene Boden nicht wetterbeständig und im Laufe der Zeit mit seiner Verwitterung zu rechnen ist, z. B. Tonschiefer und Grauwacken. Diese Auskofferung des Frostbodens, zu der bei Einschnitten auch noch Sickerungen gehören, die tiefer als die Frostschutzschicht liegen, wenn sie Vorflut haben, ist aber mit so hohen Kosten verbunden, besonders wenn der Ersatzboden von sehr weit herangeschafft werden muß, daß man behelfsmäßig im Landstraßenbau nur auf 0,40—0,6 m, bei den AB. höchstens bis auf 0,8 m Tiefe den Boden ersetzt hat. Auch hier sind Filterschichten angebracht, 5—7 cm dick, damit kein Lehmaufstieg eintritt. Sehr wesentliche Verbesserungen können auch durch Aufwalzen neuer Steinbahnen und Höherlegen der Fahrbahnen erreicht werden.

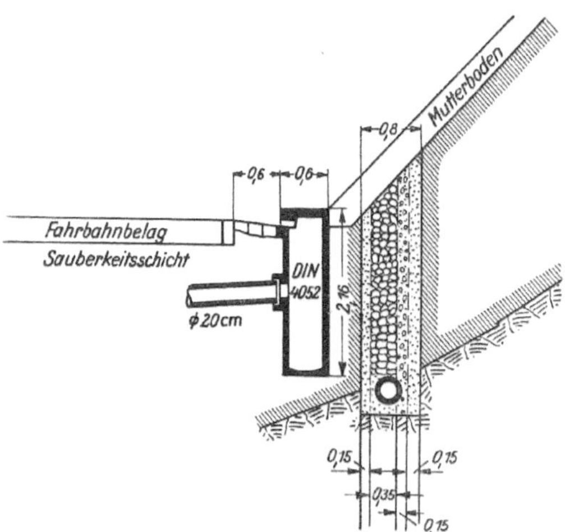

Abb. 170. Entwässerung des Hanges und der Fahrbahn.

Tauschäden lassen sich vermeiden, wenn bei Frostaufgang die Straßen gesperrt werden (Norwegen zwei Monate). In einzelnen Staaten der V.ST.A., deren Straßen besonders gefährdet sind, wird die Radlast im Frühjahr auf 2 t beschränkt, eine Maßnahme, die streng überwacht wird, und Schulbusse dürfen nur 42 Sitze haben oder müssen dreiachsig sein. Die auf den Zentimeter Reifenbreite bezogene Last darf bei Betonstraßen 100 kg, bei anderen Belagarten 80 kg nicht überschreiten. Bis zu 60% Abnahme der Tragfähigkeit sind gemessen worden.

4. Der Bestand der Straßen und ihrer Beläge sind weniger gefährdet durch die Frosthebung selbst, als durch die Ungleichmäßigkeit der Hebung infolge von Unterschieden in dem Kornaufbau und dem Stand des Grundwassers. Die daraus sich ergebenden Abweichungen in der Frosthebung, z. B. durch Ausbildung von Absätzen im Unterbau, bewirken die Abbrüche und Risse in den Belägen. Das würde auch eintreten, wenn die Frostschutzschicht scharf abschneidet, deshalb muß die eingebaute Schutzschicht keilförmig im Straßenlängsschnitt auslaufen (Abb. 171).

Sehr frostgefährliche Stellen sind die Durchlässe, weil sich neben dem offenen Wasserlauf auch noch ein Grundwasserstrom bewegt, der den frostgefährlichen Boden speist. Wenn auch der Durchlaßgraben eine Grundwasserabsenkung bewirkt, kann über ihm keine Frosterhebung entstehen, dagegen in den anschließenden Strecken. Die Folge solcher Fälle sind Fahrbahnabbrüche. An Durchlässen sollte daher die Hinterfüllung und Überdeckung aus frostsicheren Bodenschichten bestehen, die beiderseits keilförmig in den Straßenkörper übergehen (Abb. 172).

5. Wenn bei der Verlegung von Leitungen im Straßenkörper der Graben mit anderem weniger frostgefährdetem Boden ausgefüllt wird oder mit dem Leitungsgraben zugleich eine bessere Wasserableitung des Untergrundes entsteht, wird die Grabenverfüllung sich ungleichmäßig bewegen, weil die Voraussetzungen für die gleiche Frosthebung nicht mehr vorliegen. Auch für diesen Fall muß die Grabenverfüllung keilförmig auslaufen und eine flache Mulde im Winter in Kauf genommen werden. Bei Leitungsverlegungen sind daher hinsichtlich Lage der Leitungen, ihrer Verfüllung, Bodenverdichtung und Oberflächenbefestigung besondere Überlegungen anzustellen, um die Gleichartigkeit mit dem übrigen Straßenkörper zu erhalten.

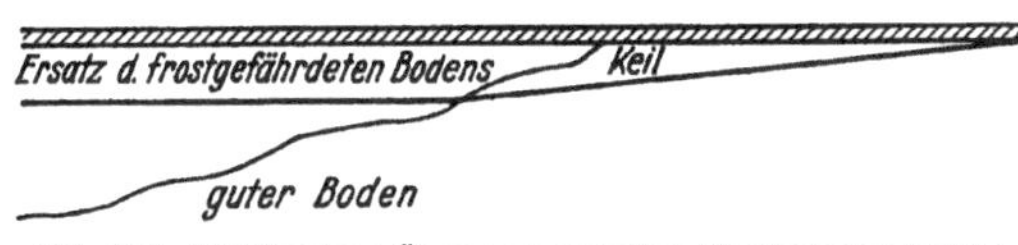

Abb. 171. Keilförmiger Übergang zwischen Frostschutzschicht in gutem Boden.

6. In städtischen Straßen sind in den letzten sehr strengen Wintern sehr viele Versorgungsleitungen (Wasser, Gas) eingefroren und geborsten, an anderen Stellen sind durch die Verkehrserschutterungen die Leitungen in dem gefrorenen Boden gebrochen. Undichtigkeiten in den Leitungen führen dann dem Boden das Wasser zur Frosthebung zu. Auch in diesem Bereich ist daher die Bodenuntersuchung auf Wasseraufnahme und Frostbildung eine unabweisbare Forderung geworden.

7. Um jederzeit bei Veränderungen und Schäden an einer Straße die Ursache richtig ergründen zu können, sollen genaue Untergrundbeschreibungen angefertigt und der Bauvorgang zeitlich und örtlich genau festgelegt und in übersichtliche Zeichnungen eingetragen werden. An bestehenden Straßenstrecken sind die Zustände genau aufzudecken, besonders an solchen, die starke Zerstörungen erlitten haben, durch Beschreibung der Bodenbeschaffenheit, der Grundwasserverhältnisse und der Art der Schäden, um durch langjährige Beobachtungen die Ursachen für das Verhalten der Beläge zu ergründen und daraus Schlüsse für die Formgebung der Beläge und die Maßnahmen zu ihrer Sicherung zu ziehen.

Abb. 172. Keilförmige Hinterfüllung eines Durchlasses mit Frostschutzschicht.

In dem Längenprofil werden die Orte der Schürfgruben und Bohrungen eingezeichnet und nach den Schichtenverzeichnissen ein Längenprofil der Bodenschichten mit Lage des Grundwasserstandes aufgetragen (Abb. 173). Bei den bindigen Bodenarten, die im Planum des Einschnittes und im Damm als frostschiebend verdächtig sind, werden die Konsistenzgrenzen dargestellt, der Zustand in dem sie angetroffen sind und daraus abgeleitet, welche von den zuvor behandelten Maßnahmen zu ihrer Unschädlichmachung notwendig sind *[90]*.

An fertigen Dämmen, die aus bindigem Boden bestehen und über 5 m Höhe haben, ebenso bei Dämmen, die auf weichem, nachgiebigem Untergrund liegen, sollen fortlaufend die Setzungen beobachtet werden, für deren Ausführung DIN 4107 gilt.

IV. Entwässerung des Straßenkörpers.

a) Entwässerung des Untergrundes.

Beim Untergrund einer Straße muß erreicht werden, daß der Boden auf die übliche Frosttiefe überhaupt keine Feuchtigkeit mehr aufweist und daß alles

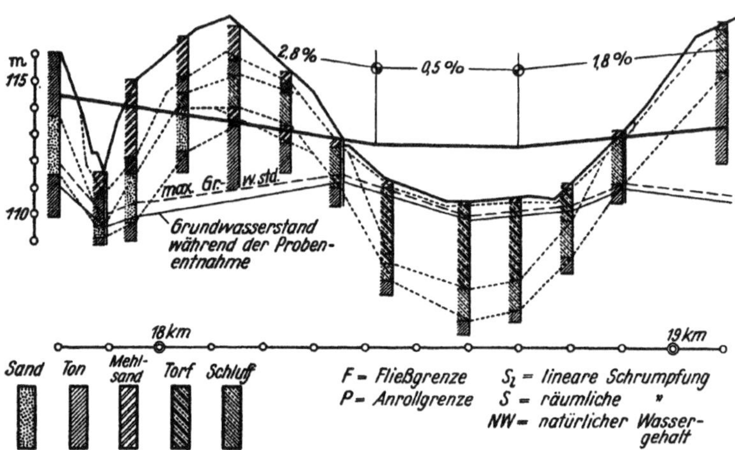

Niederschlagswasser so schnell als möglich abgeführt wird. Es ist daher unzureichend, die in der Kulturtechnik für Tiefenlage und Entfernung der Dräns geltenden Grundsätze auch auf den Untergrund für Straßen anzuwenden. Vielmehr muß der Wasserspiegel bei Straßen bis auf 2 m Tiefe abgesenkt werden, damit auch zwischen den Entwässerungsleitungen der Wasserstand möglichst tief bleibt.

Für die Lage der Dräns wird empfohlen, sie zu beiden Seiten der Pflasterung anzulegen, damit die ungeschützten Planumstellen am stärksten entwässert werden. Das gilt besonders für Dämme, die aus einem lehm- oder tonhaltigen Boden lagenweis geschüttet und die einzelnen Lagen verdichtet worden sind. Da Baumwurzeln in die Dränröhren hineinwachsen und diese verstopfen, müssen Bäume möglichst weit von den Leitungen entfernt sein. In der Kulturtechnik wird ein Abstand von 15 m empfohlen.

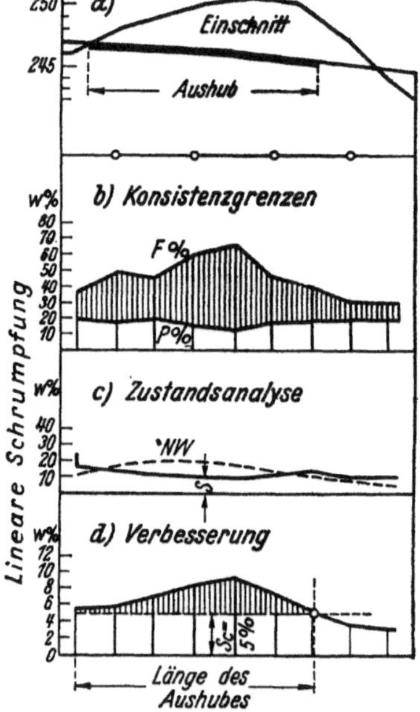

Abb. 178. Längenschnitt einer Straße mit den Schürfgruben, Bodenschichten und Grundwasserstand. Unten die Konsistenzgrenzen der Bodenproben, ihr natürlicher Wassergehalt und die Verbesserung im Einschnitt.

Die Dräns, die sowohl aus Tonröhren wie aus Holz-, Faschinen- und Steindräns oder Rigolen bestehen können, müssen in ausreichendem Gefälle, > 1%, verlegt werden. Soweit die Straße selbst kein ausreichendes Gefälle besitzt, müssen die Dräns zu Tiefpunkten geführt werden, wo sie in die Vorflut entwässern können. Es wird sich überhaupt empfehlen, diese Ausmündungen in kurzen Abständen anzulegen, damit Dräns, die sich verstopft haben, schnell aufgefunden und mit geringen Kosten aufgegraben und neu verlegt werden können.

Wenn Wasser von unten oder oben in bindige Böden eindringt, weicht er auf und schiebt sich in die Packlage und Decklage ein. Abb. 174 zeigt eine Aufgrabung,

Abb. 174. Steinschlagdecke auf festem Untergrund. Packlage gut verkeilt.

bei der die neue auf einer ehemaligen Straßendecke liegt. Die Packlage ist unverrückt und lehmfrei, während aus der Abb. 175 als Gegenbeispiel zu erkennen ist, wie der Lehm sich in die Packlage hineingedrückt und sie verschoben hat.

Abb. 175. Steinschlagdecke auf lehmigem Untergrund, Lehm durchsetzt die Packlage.

Soweit nicht besondere Maßnahmen ergriffen werden müssen, um solche meist frostgefährdeten Lehmböden zu verbessern (S. 179), muß eine Trennschicht zwischen Untergrund und Packlage aus Sand, Kies oder Schlacke, auch Sauberkeitsschicht genannt, in mindestens 10 cm Dicke eingebaut werden (Korngröße < 3 mm mehr als 50 v. H.), die zugleich zur Entwässerung dient. Dann muß aber am Straßenrand durch den Graben das Wasser abgeleitet werden. Auch Längsdräns am Straßenrand eignen sich zur Wasserabführung, in die die Kiesschicht entwässert.

b) Entwässerung der Oberfläche.

Damit in Verbindung steht die schnelle und gründliche Ableitung des Oberflächenwassers. Hierzu dienen das Längs- und Quergefälle der Fahr- und Gehbahnen (S. 125) und die Gräben oder Leitungen (Dolen). Ein offener Graben beansprucht je nach Form (Sohlenbreite, Tiefe und Böschungsneigung) 2—4 m (Abb. 176). Hat er genügend Gefälle und wird er laufend geräumt, kann das Wasser abfließen. Bleibt es aber stehen und kann nicht versickern, durchnäßt es den Untergrund, der dann weich wird. Durch Ermittlung der Untergrundverhältnisse sollte klargestellt werden, ob ein Graben zweckmäßig ist und nicht besser durch eine Leitung mit Einfallsschächten ersetzt wird. Im Industriegebiet ist ermittelt worden, daß die Mehrkosten einer Rohrleitung mit Rinne aufgewogen werden durch die Ersparnisse in der Grabenunterhaltung. Diese hat sich zu 0,9 DM. für den Meter gestellt, während die Rinne mit Einlaufschächten und Leitung einschließlich einer Umlegung der Rinne nach 20 Jahren nur 0,46 DM. gekostet hat. Eine Leitung mit Rinne gewährleistet eine viel bessere Entwässerung des Straßenkörpers als Quer- und Längsgefälle der Fahr- und Gehbahnen und die Abführung in Gräben oder Leitungen (Dolen).

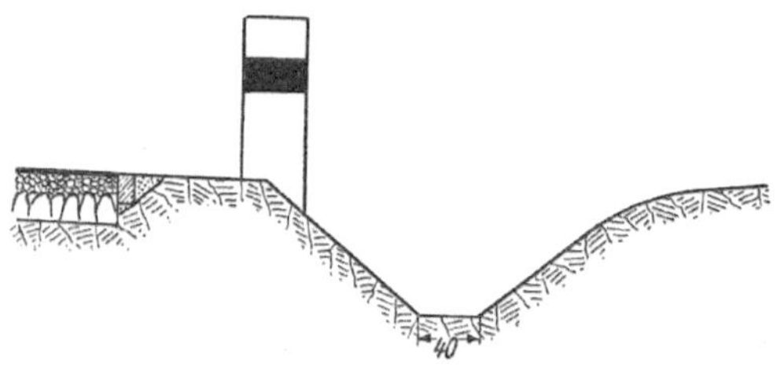

Abb. 176. Offener Graben.

Durchlässiger Boden kann das vom Straßenkörper zugeführte Wasser aufnehmen, es dient sogar zur Bewässerung des Rasens an den Rändern. Bei neuzeitlichen Belägen ist aber mit einer Grabenverschlammung weniger zu rechnen. In diesem Falle genügt eine Mulde, deren weiche Linien im Gegensatz zu den scharfen geometrischen Kanten des trapezförmigen Grabens den Übergang von der Bahnform der Straße in die umgebende Landschaft herstellen sollen (Abb. 177).

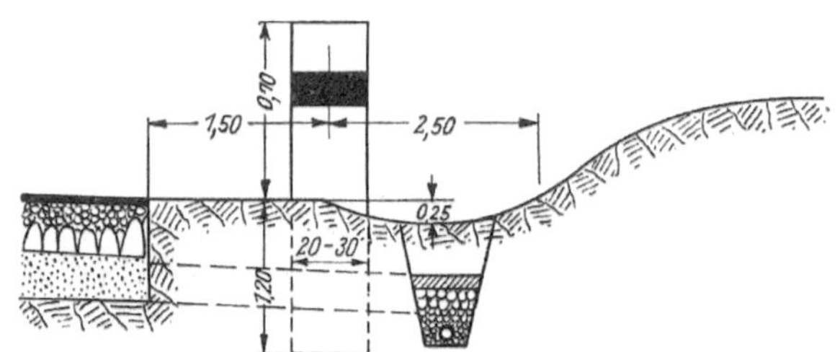

Abb. 177. Entwässerung durch Mulde mit Sickerleitung.

Hat die Mulde kein oder nur ungenügendes Gefälle, dann dient sie nur zur Stapelung des Niederschlagswassers. Auf so kleinen Flächen, wie sie fugenlose Straßenfahrbahnen darstellen, müssen Sturzregen wie bei der Stadtwässerung mit mindestens 120 l/ha und 15 min Dauer zugrunde gelegt werden.

Für den Kraftwagenverkehr ist der Graben gefährlich, weil jedes Abweichen vom Wege sich beim Sturz in den Graben verhängnisvoller auswirkt, als ein Anprall an eine Böschung. Deshalb soll der Graben bei Straßen, deren Breite an sich beschränkt ist, mit zur Fahrbahn hinzugenommen werden, ganz wie bei Stadtstraßen mit Einfallschächten, die in solchem Abstande angeordnet werden, daß sie höchstens etwa 600 qm Einzugsgebiet haben.

Für Bergland und hochwertiges Land sieht die RAL. einen Spitzgraben vor (Abb. 178). Beim Anschnitt wird nach der Talseite entwässert. Zur Ersparung an gußeisernen Rosten an den Einfallschächten ist der Einlauf seitlich angeordnet, Beispiel Regelform des Einlaufs an der Glocknerstraße (Abb. 179). Um bei starkem Wasseranfall am Auslauf der Böschung Auswaschungen zu verhindern, wird durch einen halbkreisförmigen Flechtzaun, der innen mit Geröll ausgepackt ist, die Wassermenge verteilt.

V. Tragfähigkeit des Bodens als Untergrund.

Die Aufgabe des Kunststraßenbaues besteht nicht nur darin, einen Straßenbelag als Abnützungs- und Verschleißschicht zu schaffen, sondern wegen der geringen Tragfähigkeit des Untergrundes durch Zwischenschaltung einer Tragschicht die Last der Fahrzeuge auf den Unterbau oder Untergrund so zu verteilen, daß seine Tragfähigkeit weder überschritten wird noch unzulässige Formänderungen auftreten. Ein Unterbau zwischen Tragschicht und Untergrund ist z. B. dort vorhanden, wo die Linienführung der Straße einen Damm verlangt. Aber auch die Frostschutzschichten, die im Dritten Abschnitt A III c behandelt sind, sind als Unterbau anzusehen. Wo besonders ungünstige Untergrundverhältnisse bestehen, reicht die Stärke der Frostschutzschicht nicht aus, und statische Gesichtspunkte verlangen eine Verstärkung.

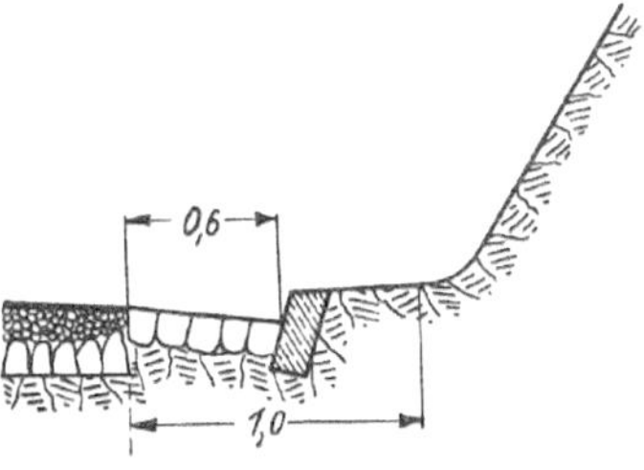

Abb. 178. Spitzgraben.

Mit der sprunghaften Zunahme der Verkehrslasten ergab sich sowohl aus wirtschaftlichen Gründen bei Neuplanungen, wie um den Bestand der vorhandenen Straßen zu sichern, die Notwendigkeit, die Festigkeitseigenschaften der den Straßenkörper aufbauenden Schichten, einschließlich Untergrund, eingehend zu studieren und die Verteilung der Spannungen infolge der Radlasten rechnerisch zu erfassen.

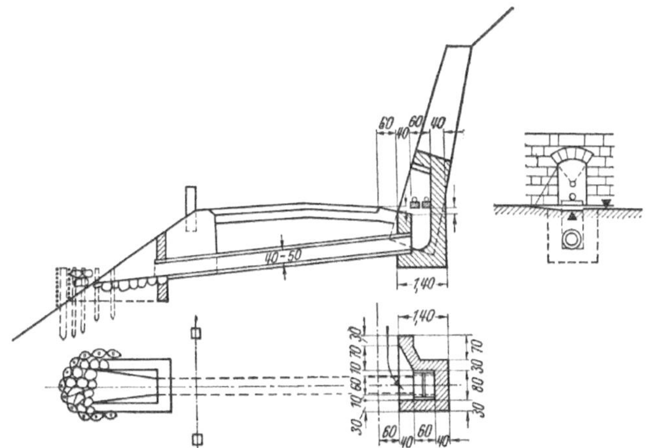

Abb. 179. Einfallschacht und Dole Regelform der Glocknerstraße.

Die erste Aufgabe verlangt die Heranziehung der Bodenkunde und der Bodenmechanik. Die Festigkeitseigenschaften der Böden müssen, genau so wie jene der festen Gesteine und Kunststoffe im Materialprüfungswesen, durch einheitliche objektive Verfahren ermittelt werden.

Die zweite Aufgabe, den Spannungszustand im Straßenkörper zu ermitteln, ist mit Hilfe der in der Bodenmechanik weitgehend herangezogenen Elastizitäts- und Plastizitätstheorie und in einfacheren Fällen mittels der technischen Festigkeitslehre einer Lösung zugänglich.

Eine wesentliche Aufgabe ist, die Tragfähigkeit eines gegebenen Straßenkörpers zu ermitteln und die einzelnen Schichten bei Neuplanungen zu bemessen unter Festlegen einer bestimmten zulässigen elastischen oder plastischen Verformung, je nach Anforderungen der Verkehrssicherheit und Ebenheit des Belages. Diese Arbeit ist natürlich bedeutend schwieriger als die beiden ersten, weil der Untergrund selten über größere Flächen gleichförmig ist (Abb. 173, S. 182).

Verfahren zur Ermittlung der Tragfähigkeit des Untergrundes.

1. Bodenklassifikation.

Dieses rein empirische Verfahren ist im folgenden Abschnitt Erdstraßen behandelt, und die auf dem Wege der Erfahrung gewonnenen Belagsstärken sind dort angegeben (Tabelle 19, S. 195).

2. Stempel- bzw. Plattendruckversuche.

Die Tragfähigkeit des Bodens durch eine Probebelastung zu prüfen gehört zu den ältesten Verfahren. Da zwischen der auf die Prüfplatte oder Stempel aufgebrachten Last und der gemessenen Einsenkung eine Beziehung besteht, die vom Boden und der Lastplattenabmessung abhängig ist, wird bei diesen Versuchen nur ein Vergleichswert ermittelt, mit dessen Hilfe es möglich ist, aus früheren Erfahrungen Bemessungsunterlagen zu gewinnen. Bei kleinen Drücken zwischen Stempel und Boden wird der Scherwiderstand des Bodens nicht überschritten und die gemessenen Einsenkungen sind elastischer Natur. Erst bei Überschreiten der Scherfestigkeit in einem geschlossenen plastischen Gebiet kommt es zu plastischen Einsenkungen. Der Übergang ist allmählich, und um Störungseinflüsse durch die Ungleichförmigkeit des Untergrundes möglichst auszuschalten, sollen die Stempelflächen nicht zu klein sein. In der Regel werden kreisförmige Querschnitte für die Stempel verwendet, denen aber der Nachteil anhaftet, daß der plastische Fließvorgang beim Einsinken wesentlich schwieriger als bei rechteckigen oder quadratischen Querschnitten rechnerisch verfolgt werden kann. Trotz zahlreicher Einwände gegen zu kleine Querschnittsflächen hat sich in den letzten Jahren ein vom amerikanischen Ingenieurkorps entwickeltes Verfahren mit einem Stempeldurchmesser von 4,98 cm ($F = 3$ Quadratzoll) weitgehend durchgesetzt, welches als CBR-Verfahren (Californian Bearing Ratio) bezeichnet wird *[91]*.

Die Versuchsergebnisse werden mit einer Bezugskurve ausgewertet, die als Beziehung zwischen Einsenkung und Flächenpressung bei einem aus Makadam hergestellten Bezugsboden gewonnen wird und als Standardkurve folgende Werte hat:

Tabelle 18. *CBR-Standardkurve.*

Eindringungstiefe mm	Flächenpressung kg/cm²
2,5	70,4
5,1	105,6
7,6	133,7
10,2	162
12,6	183

Man unterscheidet Feld- und Laboratorium-CBR-Versuche. Der Belastungs- und Auswertungsvorgang ist bei beiden derselbe. Der Stempel wird mit einem Anfangsdruck von 0,235 kg/cm² auf den zu prüfenden Boden aufgesetzt und bei einer Belastungsgeschwindigkeit von 1,25 mm/Min. die Drücke in kg/cm² bei Einsenkungen von 2,5; 5,1; 7,6; 10,2 und 12,6 mm abgelesen. Wird der Druck in kg/cm² bei einer bestimmten Einsenkung beim Vergleichsboden mit a und beim zu untersuchenden Boden mit b bezeichnet, dann ist das Verhältnis $\frac{b}{a}$ gleich dem CBR-Wert. Unregelmäßigkeiten in der erhaltenen Versuchskurve werden mittels der bei 2,5 und 5,1 mm Einsenkung erhaltenen Drücke ausgeglichen. In der Regel wird nur der bei 2,5 mm Eindringungstiefe erhaltene Verhältniswert als CBR bezeichnet und weiter benutzt.

Beim Feldversuch wird die Bodenoberfläche eben abgeglichen, bevor der Laststempel aufgesetzt wird, und dann eine kreisringförmige Stahlplatte mit 25,4 cm Außen- und 5,08 cm Innendurchmesser aufgelegt und soweit belastet, daß der Flächendruck gleich dem Druck ist, der dem Eigengewicht des Straßenkörpers entspricht.

Der Feldversuch wird immer mehr durch den Laborversuch ersetzt, der aber nur mit dem Material, welches durch ein Sieb mit 19,06 mm Lochweite hindurchgeht, gemacht wird. Mittels eines Proctor-Versuches (S. 176) wird der Wassergehalt vorher ermittelt, der die dichteste Lagerung des Versuchsbodens verbürgt. Mit diesem optimalen Wassergehalt wird in ein zylindrisches Gefäß von 15,2 cm Innendurchmesser der Versuchsboden in 5 Lagen, die nach jeder Verdichtung 2,54 cm dick sein sollen, eingerammt, und zwar so, wie es dem in der Natur durch Walzen, Rammen oder Rütteln erzielten Verdichtungszustand am ehesten entspricht. Eine so vorbereitete Probe wird, genau so wie beim Feldversuch, in ihrer Lagerung im Versuchszylinder mittels des Druckstempels untersucht. Eine weitere Probe wird unter einer Belastung, die der späteren Auflast durch das Eigengewicht des Straßenkörpers entspricht, 4 Tage lang in einen Wassereimer gestellt und einer Wassersättigung bzw. Anschwellung überlassen. Diese wird mittels einer Meßuhr beobachtet. Nach 4 Tagen wird die Probe samt Zylinder aus dem Wasser genommen und nach 15 Minuten Ruhezeit dem Druckversuch, wie bereits beschrieben, unterzogen, jedoch unter Belastung der Probenoberfläche mit einer Ringplatte von 15,0 cm Außen- und 5,08 cm Innendurchmesser, deren Flächendruck wieder dem Eigengewicht des Straßenkörpers entspricht.

In einem weiteren Diagramm, dessen Ordinaten die Dicke der Tragschicht und dessen Abszissen die CBR-Werte angeben, sind mit den Radlasten als Parameter Bezugskurven angegeben, die auf Erfahrungswerten beruhen. Auf diese Weise können für jede zu erwartende Verkehrslast die erforderlichen Stärken der Tragschichte abgelesen werden. Diese Tafeln eignen sich besonders für sehr gleichartigen Verkehr und haben bei der Bemessung von Start- und Landebahnen von Flugplätzen bei Radlasten bis zu 70 t gute Dienste geleistet.

Andere Prüfverfahren, die von der Eindringung eines Kegels ausgehen oder unmittelbar die Schubfestigkeit des Bodens durch Verdrehung eines Flügelstabes bestimmen, haben lediglich regionale Bedeutung gefunden.

Mit dem erwähnten Plattendruckversuch soll, bevor ein plastischer Zustand erreicht ist, das elastische Verhalten des Untergrundes bzw. des Unterbaues ermittelt werden. Da dieses elastische Verhalten bei der Bemessung elastischer Decken, insbesondere Betondecken, von Einfluß ist, werden Plattendruckversuche mit in der Regel 76,2 cm Plattendurchmesser ausgeführt, wenn von vornherein eine Betondecke in Aussicht genommen ist. Bei kleineren Plattendurchmessern kommt ihr Einfluß auf das elastische Verhalten des Bodens zu stark zum Ausdruck. Wie im Eisenbahnbau bei der Berechnung des Oberbaues wird auch im

Straßenbau häufig das elastische Verhalten des Bodens durch eine Bettungsziffer C ausgedrückt, die ein Verhältniswert von Flächenpressung p und Einsenkung s in der Form $s = \frac{P}{C}$ ist (S. 4). Entgegen der Bettungsziffertheorie, die nur den unmittelbaren Lasteinfluß berücksichtigt und die Einsenkung vernachlässigt, die durch Lasten, die außerhalb des Bezugspunktes liegen, entstehen, ergibt die Theorie des elastisch isotropen Halbraumes für die Einsenkung einer starren Kreisplatte vom Radius a und der mittleren Flächenpressung p

$$s = \frac{m^2 - 1}{m^2} \cdot \frac{\pi}{2} \cdot \frac{a\,p}{E},$$

wenn m die Poissonziffer und E den Elastizitätsmodul bedeutet *[92]*. Ausgedehnte Versuche, von denen insbesonders jene von Teller und Sutherland *[93]* zu nennen sind, haben gezeigt, daß der Boden sich nur bei kleinen Einflußbereichen, etwa bei Lastplattendurchmesser von 66 cm, wie ein elastisch isotropes Medium verhält, bei größeren Plattendurchmessern aber die Annahmen der Bettungsziffertheorie sehr gut erfüllt sind, weil mit der Tiefe in der Regel die Bodengüte zunimmt.

Da bis heute ein einheitliches Verfahren zur Ermittlung der Bodenelastizität in der Natur fehlt, wäre die Festlegung eines Lastplattendurchmessers von 76,2 cm (30 engl. Zoll) erstrebenswert. Die Auswertung des Versuches geschieht auf diese Weise, daß die elastische Einsenkung bei einem Flächendruck von 5 kg/cm² bestimmt wird. Mit diesem Versuchswert $s_{5,0}$ wird die Bettungsziffer aus $C = \frac{5,0}{s_{5,0}}$ in kg/cm² und der Elastizitätsmodul E für eine mittlere Poissonziffer $m = 3,3$ und $a = 38,1$ cm aus der Beziehung

$$E = \frac{271,5}{s_{5,0}} \text{ in kg/cm}^2 \text{ errechnet.}$$

Die so erhaltenen Werte C bzw. E dienen als Bodenkonstante für die weiteren Untersuchungen.

Berechnung der Tragschichte.

Die Tragschichte erfüllt ihren Zweck, den Druck aufzunehmen und zu verteilen, um so mehr, je größer ihre Zugfestigkeit ist und je besser ihr Verhalten dem eines elastischen Körpers nahe kommt. Bei Betonstraßen ist Verschleißschicht und Tragschicht, auch bei zweischichtiger Herstellung, als ein Körper anzusehen. Die besondere Ausbildung eines Verschleißbetons in der Oberschicht führt zu unübersehbaren Nebenspannungen (S. 243). Von der zweischichtigen Ausführung wurde daher abgesehen, und auch die schweren, bis 80 cm starken Betondecken amerikanischer Flugplatz-, Start- und Landebahnen wurden nur einschichtig ausgeführt.

Beläge aus bituminösen Bindemitteln ergeben Körper, die nur bei kurzfristiger Belastung oder bei niederen Temperaturen als elastisch anzusehen sind, während wassergebundene Schichten und Packlagen überhaupt keine Zugfestigkeit haben.

Mit der Untersuchung sollen die Spannungen in der Tragschichte und im Untergrund sowie die Durchbiegung der Belagsoberfläche nachgewiesen werden. Da zur mathematischen Erfassung des Spannungs- und Verformungszustandes die elastischen Festwerte bekannt sein müssen, besteht auch hier die erste Aufgabe darin, die Zugfestigkeit der Belags- und Tragschichtbaustoffe und das elastische Verhalten versuchstechnisch zu ermitteln. Für Beton ist die Zugfestigkeit vom Kornaufbau, Bindemittelgehalt und Verdichtungswert abhängig. Von denselben Faktoren ist auch der Elastizitätsmodul E und die Poissonziffer abhängig, jedoch in weit geringerem Maße, so daß in der Regel für alle elastischen Untersuchungen der Elastizitätsmodul mit 210000 bis 280000 kg/cm² (S. 241) und die Poissonsche Konstante mit $m = 6{,}67$ festgelegt werden kann. Mit Rücksicht auf die schwankenden Untergrundverhältnisse sind genauere Angaben nicht nötig.

Schichtbeläge mit Teer oder Bitumen als Bindemittel können als plastische Stoffe angesehen werden, die keine Zugfestigkeit haben.

Im einfachsten Fall, wenn von der besonderen Beanspruchung an den Rändern und Ecken einer in Felder aufgeteilten Tragschichte vorerst abgesehen wird, liegt mathematisch gesehen eine elastische Schichte mit elastischer Lagerung vor, die durch eine angenähert kreisförmig verteilte Gleichlast lotrecht beansprucht wird. Diese Gleichlast entspricht etwa dem 1,1fachen Reifeninnendruck bei Luftreifen, wenn nicht besondere Stoß- und Fliehkraftzuschläge bei unebener Straßenoberfläche in Rechnung zu stellen sind. Die Aufstandsfläche vom Rad auf dem Belag entspricht auch mehr einer Ellipse als einem Kreis (S. 12), aber die Annahme eines zentralsymmetrischen Spannungszustandes vereinfacht die Aufgabe. Für die rechnerische Untersuchung können folgende Wege eingeschlagen werden:

1. Die Tragschichte ist eine „dünne" Platte im Sinne der Plattentheorie, d. h. die Querverformungen werden vernachlässigt, und die Verformung der Plattenmittelebene ist maßgebend für die Durchbiegung der ganzen Platte. Lotrechte Querschnitte zur Plattenmittelebene bleiben auch nach der Verformung lotrecht zur verformten Mittelebene.
   a) Die Lagerung dieser „dünnen" Platte ist derart, daß die jeweilige Durchbiegung proportional der an der betreffenden Stelle herrschenden Spannung zwischen Platte und Unterlage ist. Ein Abheben der Platte ist nicht möglich, und es können daher auch Zugspannungen übertragen werden. Diese Annahmen entsprechen der Bettungsziffertheorie.
   b) Die Lagerung der dünnen Platte entspricht dem Verhalten der Oberfläche des elastisch isotropen Halbraumes. Auch hier ist ein Abheben ausgeschlossen, und Zugspannungen müssen übertragen werden können.
2. Die Tragschichte wird als „dicke" Platte angenommen. Der Spannungszustand in der Platte wird streng nach der Elastizitätstheorie untersucht.
   a) Die Lagerung der „dicken" Platte erfolgt wie unter 1 a) im Sinne der Bettungsziffertheorie.
   b) Die Lagerung ist entsprechend 1 b) auf den Halbraum, und wie bei der „dünnen" Platte werden nur die lotrechten Spannungen zwischen Platte und Unterlage berücksichtigt.
   c) Platte und Untergrund sind fest miteinander verbunden, und die Untersuchung erfolgt als Zweischichtenproblem.
3. Tragschichte, Unterbau und Untergrund sind drei elastisch isotrope Schichten mit jeweils verschiedenen Elastizitätskonstanten, die an den Berührungsflächen aneinanderhaften, d. h. dort nicht nur Zug- und Druckspannungen übertragen, sondern auch Schubspannungen und gleiche Verschiebungen aufweisen. Ein derartiges System wird in der Elastizitätstheorie Dreischichtensystem bezeichnet.

Die Untersuchung einer dünnen Platte mit Einzellastbeanspruchung bei Lagerung nach der Bettungsziffertheorie, die sogenannte „schwimmende" Platte, wurde erstmalig von H. Hertz *[94]* vorgenommen.

Bezeichnet h die Plattendicke, E_1 und m_1 die elastischen Konstanten der Platte, dann wird $D = \frac{m_1^2}{m_1^2 - 1} \cdot \frac{E_1 \cdot h^3}{12}$ die Biegesteifigkeit der Platte genannt. Bei Achsialsymmetrie lautet die Plattenbiegungsgleichung

$$D \nabla^4 w + p = 0,$$

wenn mit w die lotrechte Verschiebung der Plattenmittelebene im Abstand r vom Lastangriffspunkt verstanden wird und die Abkürzung

$$\nabla^4 = \left(\frac{d^2}{dr^2} + \frac{1}{r} \cdot \frac{d}{dr}\right)^2$$

bedeutet. Führt man die Bettungsziffer C ein, so ist $p = C \cdot w$, und die Biegegleichung wird homogen:

$$D \nabla^4 w + C \cdot w = l_1^4 \nabla^4 w + w = 0.$$

Hier ist zur Abkürzung $l_1 = \sqrt[4]{\frac{D}{C}}$ der Steifigkeitsradius eingeführt.

Die Lösung dieser Differentialgleichung ergibt die Gleichung der durchgebogenen Plattenmittelfläche infolge der Einzellast P.

$$w = \frac{P l_1^2}{4 D} \cdot Z_3\left(\frac{r}{l_1}\right) = \frac{P}{4 C l_1^2} \cdot Z_3\left(\frac{r}{l_1}\right).$$

Die Funktion $Z_3\left(\frac{r}{l_1}\right)$ ist der reelle Bestandteil der Hankelschen Zylinderfunktion nullter Ordnung vom Argument $\left(\frac{r}{l_1} \cdot \sqrt{i}\right)$, welches aus Tabellenwerken (z. B. Schleicher) *[95]* entnommen werden kann. Wenn an Stelle einer punktförmigen Einzellast eine auf eine kreisförmige Fläche vom Radius a verteilte Last wirkt, dann liefert die Integration von $r = 0$ bis $r = a$ die Gleichung für die Plattenbiegefläche:

$$w = \frac{P}{2 C \cdot l_1^2} \cdot \left[\frac{l_1}{a \sqrt{2}} (Re + Im)\, H_1\left(\frac{a \sqrt{i}}{l_1}\right) + \frac{2}{\pi}\left(\frac{l_1}{a}\right)^2\right].$$

Die Bezeichnung Re und Im bedeuten die reellen und imaginären Bestandteile der Hankelschen Zylinderfunktion erster Ordnung H_1. Aus der Gleichung der Biegefläche können die Momente und Spannungen leicht berechnet werden. Von besonderem Interesse ist nur die auf der Plattenunterseite unter dem Lastmittelpunkt wirkende Zugspannung. Es genügt von den in der Gleichung auftretenden Hankelschen Zylinderfunktionen nur die beiden ersten Glieder zu berücksichtigen und erhält die von Westergaard *[96]* angegebene Beziehung:

$$\sigma = \frac{3 (m_1 + 1) \cdot P}{2 \pi m_1 h^2} \cdot \left[ln \frac{2 l_1}{\gamma \cdot a} + \frac{1}{2} + \frac{\pi}{32}\left(\frac{a}{l_1}\right)^2\right].$$

Die Eulersche Konstante $ln\, \gamma = 0{,}5772$ tritt infolge eines Restgliedes hinzu. Der Radius der Lastfläche muß dabei $a > 1{,}724 \cdot h$ sein; für kleinere Lastflächen ist ein reduzierter Radius a' an Stelle von a zu setzen:

$$a' = \sqrt{1{,}6 \cdot a^2 + h^2} - 0{,}675 \cdot h.$$

Für die Plattenlagerung auf dem Halbraum ist die Untersuchung von Westergaard *[96]* nach einem Näherungsverfahren durchgeführt worden. Die rechnungsmäßig auftretenden Zugspannungen sind etwas kleiner als bei der Lagerung nach der Bettungsziffertheorie. Nach Woinowsky-Krieger *[97]* ist die größte Zugspannung bei Halbraumlagerung

$$\sigma = \frac{3 P (m_1 + 1)}{2 \pi m_1 h^2} ln \frac{2 l}{\gamma a},$$

worin $l = \sqrt[3]{\frac{D}{E_2} \cdot \frac{2 (m_2^2 - 1)}{m_2^2}}$ ebenfalls eine Bezugslänge bedeutet.

Folgende Tabelle enthält Angaben über einige Hauptbodenarten:

Bodenart	E_2 kg/cm²	m_2	$\frac{E_2 m_2^2}{2(m_2^2-1)}$ kg/cm²
Nasser Ton	1210	2,00	807
Mittelkies	1720	2,13	1104
Mittelsand	1200	2,23	752
Löß, trocken	3260	2,28	2021
Mehlsand	570	2,38	346
Kies + Sand, dicht gelagert	2790	3,23	1543

[Elastizitätswerte natürlicher Böden (nach Versuchen von A. Ramspeck, Veröffentlichung der Degebo, Heft 4 (1936), S. 37.]

Von größerer Bedeutung sind die genaueren Rechnungsverfahren, die von der dicken Platte ausgehen. Aus der Elastizitätstheorie ist bekannt, daß die Spannungs- und Verschiebungsgleichungen für den achsensymmetrischen Fall durch eine einzige Spannungsfunktion Φ ausgedrückt werden können. Diese Spannungsfunktion muß der Bedingung $\nabla^4 = 0$ genügen, wobei hier das Symbol ∇^4 wegen der Berücksichtigung der Querverformung auf die Veränderliche z ausgedehnt werden muß und zur Abkürzung von

$$\nabla^4 = \left(\frac{\partial^2}{\partial r^2} + \frac{1}{r} \cdot \frac{\partial}{\partial r} + \frac{\partial^2}{\partial z^2}\right)^2 \text{ geschrieben wird.}$$

Der Gleichung $\nabla^4 = 0$ genügt jede Funktion von der Form $e^{\pm kz} J_0(kr)$ bzw. $e^{\pm kz} \cdot z \cdot J_0(kr)$ *[98]*, so daß als allgemeinster Lösungsansatz die Summe der vier Glieder, jeweils mit konstanten Faktoren multipliziert, die aus den Randbedingungen zu ermitteln sind, anzusehen ist:

$$\Phi = J_0(kr)\,[A\,e^{kz} - Be^{-kz} + Cze^{kz} - Dze^{-kz}].$$

k ist hier ein Parameter, der auch in der die Belastung darstellenden Funktion erscheint. Die Belastung ist ebenfalls achsensymmetrisch und kann daher als Fourier-Reihe mit den Gliedern $p \cdot k \cdot J_0(kr)$ angesetzt werden. Nach der Integration und Einsetzen der Grenzen $k = 0$ bis ∞ fällt der Parameter k aus sämtlichen Gleichungen heraus.

Für die Lösung des Schichtproblems auf starrer Unterlage bei vernachlässigter Reibung an der Grenze hat E. Melan *[99]* nach obigem Ansatz die Konstanten bestimmt. Für volle Haftung in der Grenzschichte gab Passer *[100]* und für elastische Lagerung auf dem Halbraum bzw. nach der Bettungsziffertheorie Marguerre *[101]* Lösungen für den Einzellastangriff an. Die Erweiterung auf die kreisförmige Last wurde von Hogg *[102]*, Burmister *[103]*, Fox *[104]* und Hank und Scrivner *[105]* vorgenommen. Die mathematisch sehr anspruchsvollen Lösungen können im Rahmen dieses Buches nicht gebracht werden. Da ihre Auswertung auch für die Praxis zu umständlich ist, wurden die Ergebnisse durch Kurventafeln und Tabellenwerken leichter zugänglich gemacht. Bei gegebenen zulässigen Setzungen können z. B. aus Kurventafeln für jede Last und gegebenen Elastizitätskonstanten von Tragschicht und Unterbau bzw. Untergrund die Stärke der Tragschicht abgelesen werden (Tafeln von Burmister, Odemark). Ebenso bestehen Tafelwerke, aus denen bei vorgeschriebener zulässiger Spannung in der Tragschicht und bei Kenntnis der Last und Elastizitätskonstanten ebenfalls die erforderliche Tragschichtstärke abgelesen werden kann (Tafeln von Fox, Hank und Scrivner). Die umfangreiche Literatur dem deutschen Leser zugänglich zu machen und dem Praktiker zu erschließen, ist heute ein Gebot der Zeit.

Die an den Rändern und Ecken bei feldweise unterteilten Tragschichten, insbesonders Betondecken, auftretenden Spannungen sind wegen der komplizierten Randbedingungen nur durch Näherungsrechnungen zu ermitteln. Da aber die Feldmitten durch Nebenspannungen, wie Temperatur und Schwindspannungen, durch die Reibungseinflüsse auf dem Unterbau usw. mehr als die Randbereiche beansprucht sind, ist der Spannungszustand in den Feldmitten, der angenähert dem einer unendlich ausgedehnten Platte entspricht, maßgebend.

Ist der Straßenkörper aus Materialien ohne Zugfestigkeit aufgebaut, dann geht die Aufgabe auf die Berechnung der Tragfähigkeit des Baugrundes über, die von der Erdbaumechanik behandelt wird. Lösungen für das sogenannte Grenztragfähigkeitsproblem sind bisher nur für den ebenen Fall bekannt. Die Aufgabe besteht im Aufsuchen der plastischen Fließbereiche, d. h. jener Gebiete, in denen die Schubfestigkeit überwunden ist. Der Schluß vom ebenen Fließzustand auf den achsensymmetrischen bei kreisförmiger Belastung ist nur durch Näherungsverfahren, wie z. B. von Terzaghi *[106]* entwickelt, möglich. Wegen dieser Schwierigkeiten ist es vorläufig sicherer, den Beginn des plastischen Fließens, d. h. die Grenztragfähigkeit mit Hilfe der Lastplattenversuche von Fall zu Fall festzustellen.

B. Erdstraßen.

I. Erdstraßen aus anstehendem Boden aufgebaut.

a) Allgemeines.

Ursprünglich sind die Straßen aus dem am Ort anstehenden Boden aufgebaut worden. Nach Einführung des Kunststraßenbaues im Ausgang des 18. Jahrhunderts sind aus diesen Erdwegen dann die heutigen Landstraßen mit besonderen Deckenbefestigungen entstanden.

Aber in schwach besiedelten Gebieten und in Gegenden mit Mangel an Gesteinen sind die Erdstraßen noch üblich und die Erschließung neuer Landstriche hat sie wieder aufleben lassen. Diese Bauweise war mit die Veranlassung, daß die im Dritten Abschn. I. behandelte Bodenkunde besondere Antriebe in den V.St.A. erhalten hat.

Denn nur mit behelfsmäßigen Wegen können die weit zerstreut liegenden Farmen dieses maßlosen Kontinents außerhalb der großen Durchgangsstraßen an diese angeschlossen werden. Diese Straßen mit geringem Aufwand (low cost road) bilden den größten Teil der nordamerikanischen Landstraßen. Sie haben eine schnelle Verbreitung auch in anderen Ländern gefunden, z. B. in Norwegen *[107]*, das trotz seines reichen Gesteinsvorkommens schwerlich die Mittel und Arbeitskräfte in dem sehr dünn besiedelten Land für ein weit verzweigtes Straßennetz in hochwertiger Bauweise hätte aufbringen können. Auch Schweden, Rußland, China, Indien und die Kolonialländer haben diese Bauweise nach ihren besonderen örtlichen Verhältnissen entwickelt. Sie sollen sich für Siedlungswege eignen.

Für den Aufbau der Erdstraßen sind die folgenden Feststellungen maßgebend:

Böden sind tragfähig und verschleißfest, wenn ihre Scherfestigkeit durch äußere Kräfte nicht überwunden wird. Die Scherfestigkeit folgt aus der inneren Reibung der Kies- oder Sandbestandteile und der Haftfestigkeit (Kohäsion) der bindigen Anteile. Feiner Sand gibt nach, wenn er trocken ist, bindige Böden, wenn sie durch Nässe aufgeweicht sind, weil sie in diesem Zustand keine Scherfestigkeit besitzen. Diese sind zwar in trockenem Zustand fest, werden aber vom Verkehr stark abgenutzt. Wenn lose und bindige Bodenarten gemischt werden, nehmen sie Scherfestigkeit und Widerstandsfestigkeit an. Sand kann rd. 0,15 kg/cm² tragen, ein steifer Ton 2,50 kg/cm², beide gemischt aber 8,30 kg/cm² *[107]*. So groß ist gerade der Druck einer Stahlfelge auf Kiesbahnen (vgl. S. 5).

Die Bettungsziffer für chemisch verfestigte Erdstraßen von 80—120 kg/cm³ entspricht der von Beton *[8]*. Die Hohlräume des losen Bodens werden ausgefüllt und die Körner miteinander verkittet und den bindigen Böden werden lose Böden zugesetzt, die ihnen ein inneres Stützgerüst gegen Verschiebung verleihen und sie widerstandsfähig gegen Abnutzung machen. Der bindige Anteil seinerseits soll bei Nässe nur so weit quellen, daß er die Poren der Oberfläche schließt und das weitere Eindringen von Wasser verhindert, während andrerseits ein feiner Wasserfilm auf den Bodenkörnern eine dauernde Haftung bewirkt.

Aus einem Boden, der von Natur aus schon aus losen und bindigen Arten in günstigem Verhältnis zusammengesetzt ist, lassen sich widerstandsfähige Allwetterstraßen herstellen. Solche Böden sind entweder Sand-, Ton- oder Kies-Sand-Tongemische.

Erhöhung der Scherkraft.

Die Kohäsion kann durch den Bildsamkeitswert (Plastizitätsindex) — Dritter Abschn. A I. b. 7 — erkannt werden. Aber er darf nur gering sein, denn ein hoher Wert weist auf einen großen Anteil Rohton hin, der aus den oben angegebenen Gründen unerwünscht ist. Verdichtungsfähigkeit setzt einen dauernden Feuchtigkeitsgehalt voraus, der als Schmiermittel wirkt, so daß unter dem Verkehr die Poren immer mehr verschwinden. Kapillarität ist nur insofern erwünscht, als sie für die Menge Feuchtigkeit sorgt, daß die Verdichtung vor sich geht, aber sie darf nicht so groß sein, daß sie Frosthebungen bewirkt und der Kapillardruck aufgehoben wird. Die erforderlichen Eigenschaften werden nach dem im Dritten Abschnitt A. I. gegebenen Verfahren in der Versuchsanstalt festgestellt.

Erfahrungsgemäß genügt ein Bildsamkeitswert von 3 oder weniger für ungewöhnlich feuchte Verhältnisse, 4 bis 8 für mittleren Feuchtigkeitsgehalt und 9 bis 15 nur für trockene und kalte Gegenden. Je nachdem, welche Bestandteile in dem natürlich anstehenden Boden vorhanden sind, ob Sand oder Staub oder Ton vorherrschen, zeigt der Boden für die Verwendung als Straßenkörper günstige oder ungünstige Eigenschaften.

Man bezeichnet diese Form des Straßenkörpers als nachgiebig (flexible) und versteht darunter einen Belag von ausgewähltem, künstlich aufgebautem Material, dessen Hauptaufgabe ist, die Verkehrslast auf die Unterlage so zu verteilen, daß die verringerte bezogene Belastung die Tragfähigkeit des Bodens nicht überschreitet, weil durch die seitliche Verteilung mit der Tiefe die Last abnimmt. Dies gilt im Gegensatz zu den starren Belägen (rigid pavement), bei denen eine Überbrückung über schwache Stellen durch Aufnahme von Biegungsspannungen erfolgt (siehe Betonstraße). Je nach der Bodenart genügt es 1. nur eine Verschleißschicht aufzubringen, 2. bei mittlerer Beschaffenheit mit einem Unterbau und 3. bei sehr schlechtem Boden durch Verbesserung auch des Untergrundes. Hierzu hat man die Bodenarten klassifiziert.

b) Bodenklassifizierung.

Gruppe A 1: Gut abgestufte Masse, Kies, grober oder feiner Sand mit einem schwach bildsamen Binder. Sehr standfest unter Radlast ohne Rücksicht auf seinen Feuchtigkeitsgehalt. Ausgezeichnete Fahrfläche, ausgezeichneter Unterbau, hohe innnere Reibung und hohe Kohäsion.

Kornzusammensetzung in Gew-%:

Rohton	0,002	5—10
Staub	0,002—0,09	10—20
Feinsand	0,1—0,2	23—27
Sand	0,2—2,0	45—60

Wirksame Korngröße 0,01 mm, Ungleichförmigkeitsgrad > 15, die lineare Schrumpfgrenze des Bodenmörtels weniger als 5 %. Fließgrenze zwischen 14 bis 25, Bildsamkeitsgrad < 8.

Gruppe A 2: Grobes und feines Material, ungünstige Kornabstufung oder unzulänglicher Bindestoff. Das lose Material liegt an den Grenzen der Gruppen A 1 und A 3. Es enthält 35 v. H. oder weniger von der Korngröße, Durchgang durch Sieb 200 (0,075), sehr standfest in feuchtem Zustand, lose und staubig bei anhaltendem trockenem Wetter, mit der Neigung weich zu werden bei hohem Wassergehalt, hervorgerufen entweder bei Regen oder kapillarem Aufstieg aus wassergesättigtem Untergrund, wenn ein undurchlässiger Abschluß an der Oberfläche die Verdunstung verhindert. Zureichender Untergrund für nachgiebige und starre Beläge bei guter Entwässerung.

Gruppe A. 3: Feiner Küstensand oder Wüstensand, ohne bindige Bestandteile, höchstens Anteile an Staubsand. Dazu gehören auch Flußablagerungen gemischt mit Sand von ungünstigem Kornaufbau und beschränktem Anteil an grobem Sand oder Kies. Gibt ausgezeichneten Untergrund für nachgiebige Beläge von mäßiger Dicke und für verhältnismäßig dünne und starre (Kies).

Gruppe 4: Staubböden ohne grobe Masse und ohne merklichen Anteil von steifem kolloidalem Ton mit nicht mehr als 75 v. H. Durchgang durch Sieb 200 (0,075 mm). Hat die Neigung, Wasser aufzunehmen, wodurch ein schneller Verlust der Standfestigkeit selbst im ungestörten Zustande hervorgerufen wird. Wenn trocken oder feucht, gibt es eine feste Fahrfläche ab, welche wenig federt. Als Untergrund ist er Anlaß für Risse in starren Belägen als eine Folge von Frosthebungen und für Schäden in nachgiebigen Decken wegen der geringen Tragfähigkeit. Ungeeignet für Fahrfläche und Unterbau. Schwankende innere Reibung, keine merkliche Kohäsion und Elastizität, Kapillarität bedeutend. Fließgrenze zwischen 20—45.

Gruppe A 5: Ähnlich wie Gruppe A 4, ist aber gewöhnlich Diatomäenerde oder glimmerhaltig, zeigt stark federnde Eigenschaften, gekennzeichnet durch hohe Fließgrenze, gewöhnlich über 20, bisweilen steigt sie bis 35. Bildsamkeitsgrad geringer als 20.

Gruppe A 6: Plastischer Tonboden mit gewöhnlich mehr als 75% Durchgang durch Sieb 200 (0,075 mm). Umfaßt aber auch Mischungen von feinerem Tonboden bis zu 64 v. H. Rückstand auf dem Sieb 200. Kann sich in einen flüssigen Zustand verwandeln, in die Hohlräume darüberliegender Makadambeläge eindringen oder Schäden zufolge Rutschen in hohen Auffüllungen verursachen. Schrumpfeigenschaften in Verbindung mit abwechselndem Naß- und Trockenwerden sind die Ursache von Rissen des Untergrundes bei starren Belägen.

Gruppe A 7: Ähnlich wie Gruppe A 6, verändert die Form bei bestimmtem Feuchtigkeitsgehalt schnell unter Belastung und federt beträchtlich zurück bei Fortnahme der Last, wie der Boden A 5 als Untergrund. Abwechselndes Naß- und Trockenwerden im Gelände führt zu sehr viel schädlicheren Raumänderungen wie die Gruppe A 6.

Gruppe A 8: Sehr weicher Torf und Schlamm, unfähig eine Straßendecke zu tragen, ohne vorher verdichtet zu sein. Die Bodenarten A 5 bis A 8 sind für Straßendecken oder Unterbau ungeeignet, wie sich schon aus der Kennzeichnung ergibt.

Nach dem Muster dieser Bodengruppen sind in der Schweiz zu den acht amerikanischen noch drei weitere angeschlossen worden *[108]*.

Gruppe A 9: Ungleichmäßig zusammengesetzter Untergrund, sprunghafte Änderung des Grundwasserspiegels.

Gruppe A 10: Aufschüttung, die ungleichmäßiges Material enthält.

Gruppe A 11: Übergang von Einschnitt zu Auftrag.

Für jede Klasse ist zugleich auch mit die entsprechende Bodenart, gegebenenfalls nach ihrer geologischen Entstehung, bezeichnet worden.

Tabelle 19.

Allgemeine Klassifikation	Lose Böden Durchgang durch Sieb 200 < 35 % in Gew.-%							Schluffiger Boden Durchgang durch Sieb 200 > 35 %			
Gruppeneinteilung	A–1		A 3	A–2				A 4	A 5	A 6	A 7
	A–1–a	A–1–b		A–2–4	A–2–5	A–2–6	A–2–7				
Durchgang durch Sieb:											
Nr. 10 (2 mm)	max 50										
Nr. 40 (0,42 mm)	max 30	max 50	min 51								
Nr. 200 (0,075 mm)	max 15	max 25	max 10	max 35	max 35	max 35	max 35	min 36	min 36	min 36	min 36
Kennzeichen der Anteile des Durchganges durch Sieb 40:											
Fließgrenze		max 6		max 40	min 41	max 40	min 41	max 40	min 41	max 40	min 41
Plastizitätsindex				max 10	max 10	min 11	min 11	max 10	min 10	min 11	min 11
Übliche Art bezeichnender Bestandteile	Steine, Trümmer, Kies, Sand		Feinsand	schluffig, oder toniger Kies und Sand				schluffige Böden		tonige Böden	
Allgemeine Beurteilung als Untergrund	sehr gut bis gut					brauchbar bis schlecht					
Dicke der Verschleißschicht cm	5	5	5	5	5	5	5	5	5	5	5
Dicke des Unterbaues cm	0	13	13	13	18	18	18	20	20	20	20
Tiefe der Untergrundverbesserungen cm	0	0–18	0	0–18	0–20	0–25	5–35	10–35	0–35	0–35	0–35
Gesamtdicke cm	5	18–33	18	18–33	20–40	20–45	20–45	30–60	33–60	25–60	25–60

Die Kennzeichen des Bodenmörtels — Durchgang durch das Sieb 40 (< 0,42 mm) — werden durch das Schaubild Abb. 180 gegeneinander abgegrenzt. Die Tabelle 19 gibt eine Übersicht über die Kennzeichen der einzelnen Bodenklassen, ihre Beurteilung für den Bau von Erdstraßen der nachgiebigen Form und der Dicke, die für die Verschleißschicht, den Unterbau und für die Tiefe, bis zu der der Untergrund verbessert werden muß, bei einer Achslast von 8,5 t *[109]*.

c) Bodenaufbau für Erdstraßen.

Man unterscheidet:

Erdstraßen, die nur aus dem anstehenden Boden gebaut werden,
Sand-Tonstraßen nach drei Arten:

1. Top-Soil eine dünne Lage Boden, deren natürliche Zusammensetzung eine brauchbare Fahrbahn für leichten Verkehr ermöglicht,
2. Sand, dem Ton zugesetzt wird,
3. Ton, dem Sand beigemischt wird.

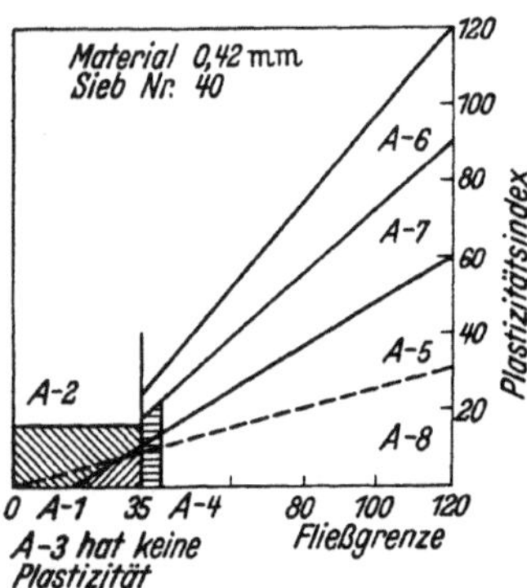

Abb. 180. Sinnbild für die Bodenklassifikation für den Mörtelanteil (Durchgang durch Sieb Nr. 40) nach Public Roads Administration.

Man geht dabei von der ursprünglichen Beschaffenheit aus und sucht den Boden in einen Zustand zu bringen, der dem Muster A 1 etwa entspricht, der Boden wird stabilisiert.

1. Körnungsaufbau.

α) Sieblinien.

Nach den amerikanischen Erfahrungen sind Sieblinien für Sand-Ton- und Ton-Sand-Kiesmischungen zusammengestellt, die einen Spielraum gewähren. Sie sind in der Abb. 181 wiedergegeben *[110]*. Der Anteil von 0 bis Korngröße 0,42 (Sieb 40) soll die gröberen Körner binden und sein Anteil nach Gewicht etwa 20—40 Hundertteile betragen. Seine Fließgrenze nach Atterberg soll nicht über 35 (Wassergehalt) und die Bildsamkeit (Plastizitätszahl) zwischen 4 und 9 liegen. Der Durchgang durch das 200-Maschinensieb (0,075 mm) sollte weniger als $^2/_3$ des Gesamtdurchganges durch das 40-Sieb ausmachen. Der Wassergehalt bei der Schrumpfgrenze und der natürliche Wassergehalt sollen ungefähr die gleichen sein (gemessen in Hundertteilen des Trockengewichtes). Diese Sieblinien gelten für die obere Deckenlage. Die Unterlage ist gröber und kann Kornanteile bis zu 50 mm aufweisen. Der Durchgang durch das 200-Maschensieb soll höchstens $^1/_2$ desjenigen durch das 40-Sieb betragen. Die Fließgrenze des Anteils (Mörtel) soll nicht über 25 liegen und der Bildsamkeitswert < 6 sein.

Notwendig ist eine gute Verdichtung, um möglichst alle Poren auszufüllen, denn unter dem Gesichtspunkt der dichtesten Raumausfüllung sind die Siebkurven aufgebaut, wie eine Nachprüfung an den mathematischen Siebkurven ergibt, die von Bolomay (gestrichelte Linie in Abb. 181) und Andreasen aufgestellt sind. Die Verdichtung ist aber abhängig vom Wassergehalt, der nach dem Prüfverfahren von Proctor ermittelt wird (S. 176). In diesem Zustande ist die höchste Scherfestigkeit anzunehmen und bei der großen Dichte dem Eindringen von Wasser vorgebeugt.

Die Nachprüfung der Bedingungen für die Zusammensetzung der Böden für Erdstraßen in Deutschland hat die Auffassung in den V.St.A. bestätigt.

Die Richtlinien für den Bau und die Unterhaltung von Erdstraßen, herausgegeben von der F. G. vom April 1943, geben für die Zusammensetzung des Baustoffes der Sand-Lehm- und Kies-Sand-Lehmdecken Sieblinien an unter Begrenzung

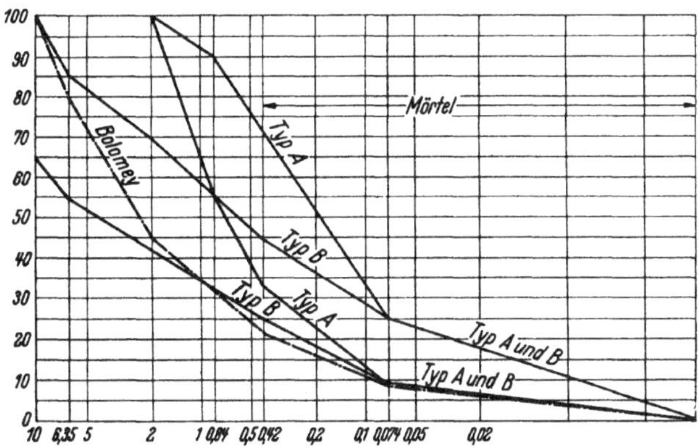

Abb. 181. Körnungsaufbau für Erdstraßen soll zwischen den Sieblinien A und B liegen.

auf drei Gruppen; Rohton, Staub, Sand, letzterer unterteilt nach den Korngrößen 0,6—0,09, 1—0,6, 2—1 mm.

β) Dreifeldsystem.

An Stelle von Sieblinien ist das zeichnerische Verfahren des Dreifeldsystemes benutzt worden, das schon in den früheren Auflagen des „Neuzeitlichen Straßenbaues" für die Zusammensetzung verschiedener Sande zur Erzielung einer Mischung mit bestimmtem Kornaufbau vorgeschlagen worden ist (Neuzeitl. Straßenbau I. Aufl. 1927, S. 112, II. Aufl. 1932, S. 288). In dem gleichseitigen Dreieck sind die Felder umgrenzt, die nach ihren Anteilen an Ton, Feinsand und Sand eine bestimmte Bodenart kennzeichnen. Die horizontalen Linien in der Abb. 182 grenzen den Tongehalt ab, die von links oben nach rechts unten verlaufenden den Sandgehalt und die von links unten nach rechts oben den Feinsand. In dem von dem Parallelogramm begrenzten Feld (in Abbildung 182 gestrichelt) liegen die Mischungen, die nach den oben genannten Richtlinien aus den drei Bestandteilen, Sand, Staub, Ton zusammengesetzt sein sollen.

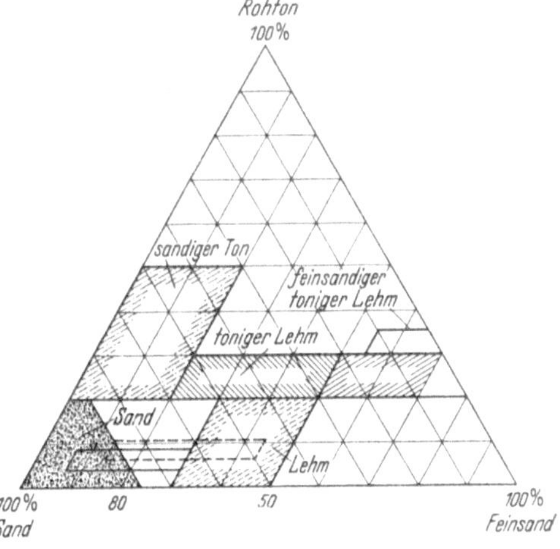

Abb. 182.
Lage der verschiedenen Bodenarten im Dreifeldsystem.

Wird nach den drei Hauptbestandteilen Kies, Sand, Binder unterschieden, so liegen die Mischungen in dem Feld der Abb. 183 im Parallelogramm.

Die Form des Dreifeldsystems kann auch benutzt werden, um die Anteile aus zwei oder drei Bodenarten, von denen jede die vorgeschriebene Zusammensetzung nicht hat, zu ermitteln, die zusammengemischt den vorgeschriebenen Kornaufbau ergeben, z. B. stehen folgende Bodenarten zur Verfügung:

I.	Kies bestehend aus. . .	80% Kies, 15% Sand, 5% Binder
II.	Sand „ „ . . .	90% Sand, 10% Binder
III.	Binder „ „ . . .	23% Sand, 77% Binder

Eine Mischung der Kiesmasse mit dem Binder im Verhältnis 87 Anteile Kies auf 13 Binder — Linie III—I = 100 — liegt zwar noch außerhalb des Feldes der richtigen Zusammensetzung. Wird der Teilpunkt der Strecke III—I mit II verbunden und ein Punkt im Parallelogramm gewählt, so ergibt sich eine Zusammensetzung, die aus 82 Anteilen der ersten Mischung und 18 Teilen Sand besteht. Die endgültige Zusammensetzung ist dann die folgende:

			Kies	Sand	Binder
I. Kies	0,87 · 0,82 = 71%	. . . . .	56,8	10,65	3,55
II. Sand	18%	. . . . .	—	16,2	1,8
III. Binder	0,13 · 0,82 = 11%	. . . . .	—	2,5	8,5
			56,8	29,35	13,85 = 100%

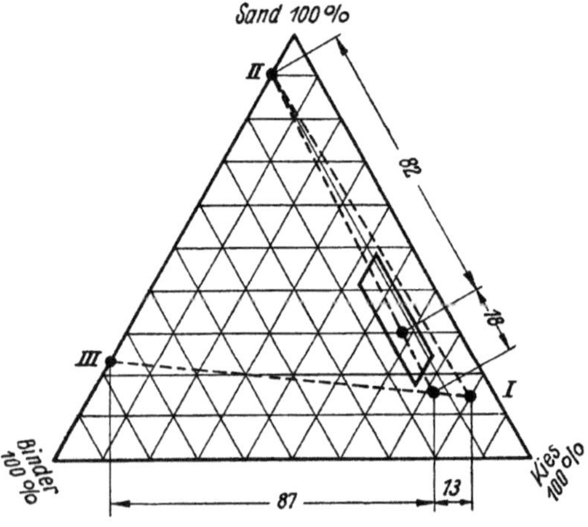

Abb. 183. Dreifeldsystem zur zeichnerischen Ermittlung von Mischungen von Binder, Sand, Kies.

2. Ausführung.

Der Ton wird abgebaut in Schwaden aufgesetzt, daß er austrocknen kann, und dann durch Walzen zerkleinert. Ihm wird dann die körnige Masse Kies und Sand zugesetzt, das Ganze in Zwangsmischern gemischt, zur Baustelle gefahren und dort eingebaut, angefeuchtet, eingeebnet und festgewalzt *[110]*.

Der Hauptvorteil dieser Bauweise liegt in der guten Durchmischung der Bestandteile. Nach deutschen Erfahrungen ist sandiger Lehm als bindiger Bodenzusatz am geeignetsten. Die Mischung erfolgt nach Raumteilen. Da aber die Zusammensetzung nach Gewichtsteilen berechnet ist, müssen die Raumgewichte der Einzelbestandteile vorher ermittelt und danach die Raumteile abgestimmt werden. Auch etwaiger Wassergehalt, z. B. des bindigen Bodens, ist zu bestimmen und das Gewicht des feuchten Bodens auf Trockengewicht umzurechnen.

Zu unterscheiden ist hierbei, ob im Gelände eine neue Straße geschaffen oder ob nur eine vorhandene verbessert werden soll.

Beim Neubau muß erst der Straßenkörper mit Entwässerungsgraben und Planum hergerichtet werden. Das geschieht mit der Grabmaschine, die aus einer 2,1 bis 4,2 m langen Pflugschar besteht, die an einem vierrädrigen Wagen zwischen den beiden Achsen verstellbar aufgehängt ist (Abb. 184). Die Pflugschar oder Schneidzeug ist in einem am Wagengestell aufgehängten Drehkreis mit einem Zahnkranz gelagert, so daß sie in verschiedenem Winkel zur Längsachse eingestellt und auch ihre Höhenlage durch Heben und Senken sowie der Winkel der Schneide zum Boden verändert und die Schnittiefe den Erfordernissen angepaßt werden kann. Die einzelnen zur Verstellung der Schar notwendigen Bewegungen werden von dem Führerstand, der über der Hinterachse im Maschinenhauptrahmen liegt, unter Zwischenschaltung von Schneckengetrieben, Gestängen und mit Kugelgelenken entsprechend ausgebildeten Lenkern und Armen auf den Schneidscharrahmen durch hydrauliche Steuerung bewirkt. Bei dem Grabenaushub liegt das Gestell schief. Um ein Abrutschen des Fahrganges aus seiner Arbeitsrichtung zu verhindern und das Schneidewerkzeug kräftig auszudrücken, stellen sich die an

Abb. 184. Amerikanische Grabmaschine — Straßenhobel.

Achsschenkeln befestigten Räder in eine Richtung ein, die nach der Straßenachse gerichtet ist (Abb. 185) und der Mittelkraft aus dem Wagengewicht und aus dem Seitenschub der Grabkraft entspricht. Mit fünf Schnitten wird der Graben ausgehoben und der Boden am Straßenrand gestapelt (Abb. 186) und nach jedem dieser Schnitte der Haufen verschoben und eingeebnet. Die Schnitte 1 bis 3, 4 bis 6, 7 bis 9 und 10 bis 12 der Abb. 186 stellen jeweils zusammengehörende Arbeitsgänge dar. Die Pflugschar kann auch ganz aus dem Gestell herausgeschwenkt werden und eine Böschung bis 60° schneiden oder abgleichen. Die Hinterachse ist seitlich verschiebbar. Die Grabmaschine wird von einer Zugmaschine geschleppt oder hat eigenen Antrieb.

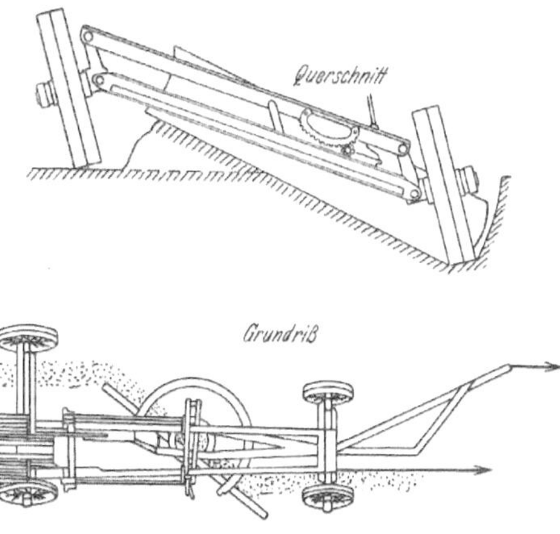

Abb. 185. Arbeit der Grabmaschine im ersten Arbeitsgang.

Entspricht der Boden den Anforderungen, so wird die Straßenoberfläche mit entsprechender Querneigung, etwa 6%, durch den Wegehobel abgeglichen und verdichtet. Muß aber noch Boden zugeführt werden, z. B. bindiger Boden zu sandigem, so wird erst das Profil hergestellt und dann die Fläche aufgerissen, entweder durch besondere Bodentiefaufreißer mit kräftigen Zähnen bei schwerem Boden, die von einem Traktor gezogen werden (Abb. 187), oder mit dem an einer Walze angehängten Aufreißer bekannter Bauart. Auch mehrscharige Pflüge werden verwendet. Lehmiger Boden erleichtert diese Arbeit, wenn er sich in feuchtem Zustand befindet. Die Bodenmasse muß vollständig zerkleinert werden, was durch Einsatz von Scheibeneggen erzielt wird. Wenn eine vorgesehene Tiefe beim Aufreißen nicht überschritten werden soll, wird ein Gerät nach der Art der in der Landwirtschaft zum Ausreißen von Unkraut eingeführten Federzahneggen angewendet (Abb. 188). Große Steine werden durch besondere Harken beiseite geschoben. Der Zusatzboden wird dann in Schichten bis zu 15 cm Dicke (größere

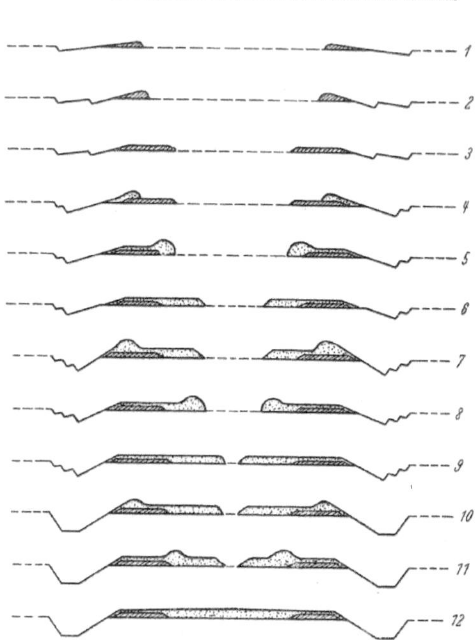

Abb. 186. Aufbau des Straßenplanums mit der Grabmaschine.

Abb. 187. Bodentiefenaufreißer.

Abb. 188. Federzahnegge zum Auflockern des Bodens.

Mengen lassen sich nur schwer durchmischen) aufgebracht, mit Eggen mit dem anstehenden gut durchmischt und mit Straßenhobeln, deren Schneide in einem spitzen Winkel zur Straßenachse steht, die lose Masse mehrmals bis zu 15 Arbeitsgängen hin- und hergetrimmt, wodurch eine weitere Mischung erzielt wird. Dann wird mit dem im rechten Winkel zur Straßenachse eingestellten Hobel das Straßenprofil hergestellt und mit Planierschleppen (vgl. Abb. 189) eingeebnet. Die Verdichtung wird dem Verkehr überlassen, aber durch laufende Unterhaltung mit den Hobeln und Eggen die Gleise, wenn sie 4 cm Tiefe angenommen haben, und sonstige Unebenheiten beseitigt. Zur Beschleunigung der Verdichtung werden

Abb. 189. Planierschleppe.

Schaffußwalzen (Abb. 162) und Luftreifenwalzen (Abb. 190) erfolgreich bei feuchtem Zustand angewendet. Verwiesen sei hier auf die Richtlinien der F. G. für den Bau und die Unterhaltung von Erdstraßen, April 1943.

Der Straßenhobel beim Bau der Straßen wird geschleppt, wie der für den Grabenaushub. Er ist mit seinem Schlepper durch eine Zugdeichsel oder ein Zugseil verbunden, so daß durch entsprechende Lenkeinstellung des Straßenhobels erreicht werden kann, daß beide nicht spuren, sondern gegeneinander versetzt fahren, wie es beim Schneiden der Gräben notwendig ist, damit der Schlepper nicht auf der frisch geschnittenen Grabenkante fahren muß.

Abb. 190. Walzen mit belasteten Luftreifen.

Bei bestehenden Straßen, die verbessert werden sollen, beginnt die Arbeit mit dem Aufreißen der Fahrbahn, wie beschrieben. Boden vorgeschriebenen Kornaufbaues wird dann in Mengen, die sich nach der festgestellten Abnutzung richten. aufgebracht und in dem erläuterten Vorgang vermischt und eingeebnet.

II. Bodenverfestigung durch Zement, Bitumen und Teer.

Wenn nur feine, bindige oder ungünstig zusammengesetzte Bodenarten anstehen und körnige Zuschläge nicht zu beschaffen sind, ist die Verfestigung des Bodens durch unlösliche Zusätze wie Zement, Bitumen und Teer angebracht, gegebenenfalls als Unterlage für eine Oberflächenbehandlung.

a) Bodenverfestigung mit Zement.

Bei kiesigen und sandigen Böden ist von vornherein anzunehmen, daß durch Zementzusatz ihre Scherkraft erhöht wird, und nur vom Zement- und richtigem Wasserzusatz und Güte der Durchmischung hängt es ab, welche Festigkeit erreicht wird. Verwickelter liegen die Verhältnisse, wenn der Boden Tongehalt hat, weil nach den anerkannten Regeln der Betonbauweise Lehm- und Tongehalt in großen Mengen sich als schädlich erwiesen haben.

Zu beachten ist, daß durch den Zementzusatz in erster Linie die Wasserbeständigkeit des Bodens erreicht werden soll, während die Erzielung der sonst im Betonbau üblichen Druck- und Biegzugfestigkeiten zurücktreten. Gerade die Böden, die für die Verfestigung mit Zement in Frage kommen, haben aber höhere Tongehalte. Da die Erfahrungen mit Bodenvermörtelung nach Faustregeln Ergebnisse hatten, die keine klaren Deutungen zuließen, wurden die Fragen erforscht, die sich beziehen auf *[111]*

1. Feuchtigkeitsgehalt und Bestwert der Verdichtung;
2. Zementanteil, der notwendig ist, um eine Vermörtelung zu erzielen, die die größte Dichte hat und eine befriedigende Dauerhaftigkeit und Standfestigkeit aufweist;
3. Beziehung zwischen dem besten Feuchtigkeitsgehalt der Zementbodenmischungen zu der Wassermenge, die notwendig ist zur Hydration des Zementes;
4. Prüfverfahren auszumitteln, die gestatten, die Erkenntnisse der Versuche in der Anstalt auf der Baustelle anzuwenden.

α) Baustoffprüfung.

Für die Forschungsarbeiten an Boden, die verschiedenen Gruppen angehörten, wurde das Verhalten nach drei Verfahren mit Boden Zementmischungen von 2, 4, 6 und 10 Gew.-% Zementanteil geprüft:

1. Nach dem Proctorverfahren, hinsichtlich der Dichte (S. 176).
2. Auf Verhalten bei Wechsellagerung — trocken und naß —.
3. Frostprobe — 20 Stunden bis auf —15° und Wiederauftauen in 24 Stunden mindestens 12mal.

Die Probemuster wurden 7 Tage feucht gelagert für die Wechsellagerung zu 2. 42 Stunden lang bei 70° getrocknet, gewogen und ausgemessen. Zur Prüfung jeweils 5 Stunden unter Wasser gelegt, dann 42 Stunden getrocknet, gewogen und ausgemessen. Das wurde zwölfmal wiederholt. Aus den auf diese Weise gefundenen Ergebnissen ist gefolgert worden, daß für die Bodenvermörtelung mit Zement sich nur solche Böden eignen, die

a) eine Fließgrenze haben, die unter 50% liegt;
b) deren Plastizitätszahl unter 25 beträgt;
c) die nicht mehr als 35 v. H. Tongehalt haben;
d) der Anteil der festen Bestandteile muß bei der größten Dichte 60 v. H. und mehr betragen;
e) der Boden muß eine ausgeprägte regelmäßig verlaufende Dichte-Feuchtigkeitskurve nach Proctor besitzen.

Hinsichtlich des erforderlichen Zementgehaltes hat sich eine Unterteilung der Böden nach drei Gruppen ergeben. Die erste Gruppe weist die Böden nach *A* 2, *A* 3 und *A* 4 auf, die sandartige Merkmale haben und mit geringen Zementzusätzen schon befriedigende Festigkeiten aufweisen. Die zweite Gruppe erfaßt im wesentlichen die Böden der Gruppe *A* 4, die zwischen 6 bis 10 Gew.-% Zement, bezogen auf den trockenen Boden, erfordern. Zur Gruppe III gehören die noch übrigen Bodenarten *A* 5, *A* 6, *A* 7, die einen sehr hohen Tongehalt haben, die aber auch mit 10% Zement verfestigt werden können. Das Verhalten ist aber nicht einheitlich, infolgedessen der Erfolg nicht verbürgt.

Der Zementgehalt wird in der Versuchsanstalt festgestellt, indem nach dem Proctorverfahren diejenige Zementmenge ermittelt wird, bei der die Bodenvermörtelung die größte Dichte bei entsprechendem Feuchtigkeitsgehalt annimmt. Die Menge des Anmachwassers muß aus der Feuchtigkeit nach der Dichtekurve der Untersuchung nach Proctor vorgenommen werden unter Berücksichtigung der natürlichen Feuchtigkeit des Bodens.

Als grundsätzliches Ergebnis der Untersuchungen kann gelten, daß die normale Hydration des Zementes eine große Rolle spielt und daß der nötige Wassergehalt dafür vorhanden sein muß, daß aber Feuchtigkeit darüber hinaus zu Schrumpfrissen führt, die vermieden werden müssen. Der Wasserzementfaktor ist also in gewisser Beziehung ausschlaggebend. Aber auch die Wassermenge, die die Bodenkolloide adsorbieren und die bei einer gut verdichteten Masse nicht verdunsten können, werden das Verhalten beeinflussen. Bei dem angewandten Prüfverfahren wird in erster Linie die Widerstandsfähigkeit der mit Zement vermörtelten Böden gegen Witterungseinflüsse verfolgt. Druckfestigkeitsuntersuchungen werden nur einmal erwähnt, die von den Straßenbaubehörden in Illinois vorgenommen worden sind.

In Deutschland ist man hinsichtlich der Eignungsprüfung des Bodens für die Zementverfestigung andere Wege gegangen, indem man Druckfestigkeitsprüfungen an Bodenmischungen mit Zement vornimmt[1]. Folgende Mörtelmischungen mit Boden, dessen Kornaufbau untersucht ist, werden angefertigt, um die geeignete Menge zu finden:

200 g	Zement,	1500 g	trockene Bodenmischung	1 : 7,5 nach Gew.
250 g	„	1500 g	„ „	1 : 6 „ „
300 g	„	1500 g	„ „	1 : 5 „ „

Der Mischung wird so viel Wasser zugesetzt, daß eine gute erdfeuchte Masse entsteht, die nach dem Verdichten eine gleichmäßig geschlossene Oberfläche zeigt. Der Wasserzusatz ist durch Probieren zu bestimmen. Boden und Zement werden trocken vorgemischt und dann mit dem geeigneten Wasserzusatz in dem Michaelis-Mörtelmischer durchgearbeitet (DIN 1164). Aus dem Frischmörtel werden Würfel von 7 cm Kantenlänge geformt, mit 150 Schlägen in dem Hammergerät verdichtet und das Raumgewicht in kg/m³ durch Abwiegen ermittelt (R). Der Zementanteil Z je m³ fertig verdichteten Mörtels mit dem Raumgewicht R kann durch die folgende Formel gefunden werden

$$Z\,(1 + n + w) = R$$

$$Z = \frac{R}{1 + n + w},$$

worin n der Bodenanteil und w der Wassergehalt sind (in Gewicht).

Die Proben werden einen Tag an feuchter Luft und sechs Tage unter Wasser gelagert und dann auf Druckfestigkeit geprüft. Bestimmte Festigkeiten kg/cm² können noch nicht verlangt werden. Bei 40 kg/m² Zement kann mit einer Druckfestigkeit nach sieben Tagen von etwa 100 kg/cm² gerechnet werden. Nach dem Merkblatt sind für eine Verfestigungsstärke von 15 cm der Zementbedarf auf 30 kg/m², 40 kg/m² und höchstens 50 kg/m² festgesetzt. Der Wasserbedarf kann zu 30 l/m² bei Verdichtung mit Walzen, 40 l/m² bei Verdichten mit Rüttlern geschätzt werden. Das würde im Höchstfalle rd. 350 kg Zement für den m³ Boden bedeuten, also soviel wie beim Zementbeton (Dritter Abschn. C. h. 2. β. e e).

---

[1] F. G. Vorläufiges Merkblatt für den Bau von zementverfestigten Erdstraßen. Auf Versuche von Prof. Dr. Reinhold, Straßen- und Tiefbau H. 4, 1950, sei verwiesen.

β) Ausführung der Vermörtelung.

Für die Vermörtelung wird der Boden in derselben Weise vorbereitet, wie schon im Dritten Abschnitt B. I. beschrieben, indem er durch Pflüge, Fräser oder Scheibeneggen aufgelockert und zerkleinert wird. Der Zement wird dann im Ausmaß der als notwendig erkannten Mengen in Säcken auf dem Planum verteilt, die Säcke aufgeschnitten und wiederum mit Pflügen eine nachhaltige Durchmischung durch mehrmaliges Umwälzen und dann die Einplanierung vorgenommen und zuletzt das erforderliche Wasser zugesetzt.

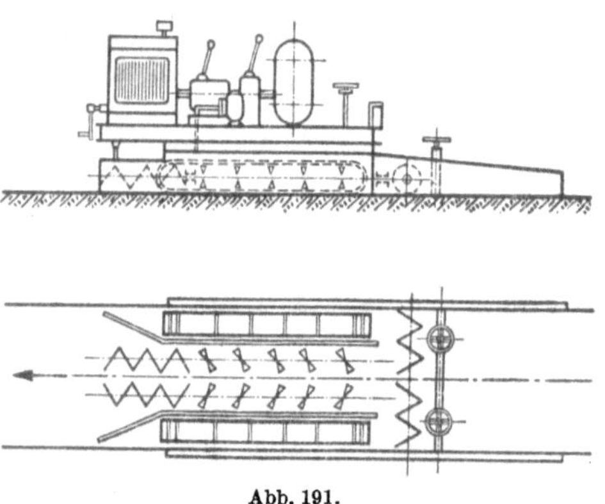
Abb. 191.
Zementvermörtelungen durch Aufnahme und Mischung.

Zur Steigerung der Leistung und Vergütung des Gemisches sind dann Maschinen eingesetzt worden. Die eine arbeitet in der Weise, daß sie mit Einzugsschaufeln versehen ist, die den aufgelockerten Boden in eine Schnecke hineindrücken, von der er in einen auf Bodenhöhe liegenden Zwangsmischer mit zwei Wellen, die in der Längsachse des Fahrzeuges liegen, abgegeben wird, dem Zement und Wasser zugesetzt werden. Das Mischgut wird durch Schnecken ausgebreitet und durch eine Absteifbohle eingeebnet (Abb. 191). Die andere Maschine nimmt den Boden mit einem Becherwerk auf und führt ihn dem fortlaufend arbeitenden Mischer zu, aus dem er durch eine Schurre einer Ausbreitschnecke übergeben wird (Abb. 192, 193). Die Einplanierung schließt sich an *[112]*.

Der Wasserbedarf für die Zementvermörtelung ist groß. Er kann aus dem Mischungsverhältnis berechnet werden. Um eine Unterbrechung der Arbeiten zu vermeiden, muß die Wasserversorgung reichlich bemessen werden. Um den Wasserzusatz genau zu regeln, sind die Wassertanks der Geräte mit Meßeinrichtungen versehen.

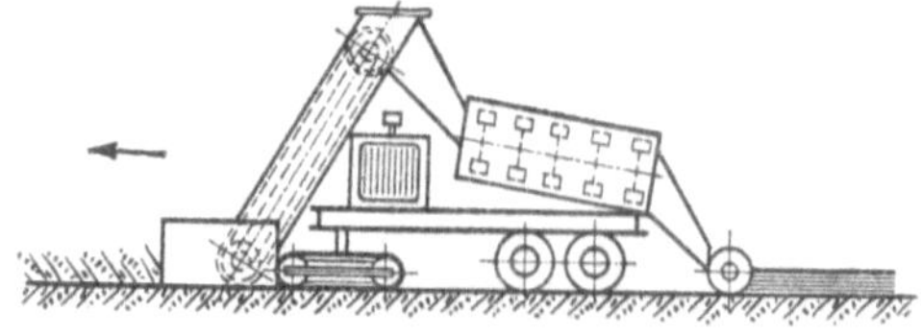
Abb. 192.
Aufnahme des Bodens mit Becherwerk und Mischung.

Da die Zementbodenmischung gegen Wasserverlust geschützt werden muß, bis der Zement abgebunden hat, wird die Oberfläche mit Verschnittbitumen (Dritter Abschnitt C. i. 4. ζ) oder mit Bitumenemulsionen behandelt (Dritter Abschnitt C. i. 4. η). Wenn der Überzug sofort nach der Fertigstellung der Vermörtelung aufgebracht wird, kann nach Erfahrungen in den V.St.A. die Feuchtigkeit für sieben Tage zurückgehalten werden. Aber das Bitumen darf nicht in die Mörtelschicht eindringen. Darum muß diese wassergesättigt sein und eine fest geschlossene Oberfläche haben. Verbrauch 0,6—0,8 kg für den Quadratmeter. Wenn die Fahrbahn dem Verkehr freigegeben wird, ehe die leichten Öle verdunstet sind, muß Splitt aufgebracht werden, um zu verhindern, daß das Bitumen abgelöst wird (Highway Research Board Report No. 8 F, 1949).

b) Bodenverfestigung mit Bitumen und Teer.

Die Bodenverfestigung mit Bitumen kann mit Rücksicht auf die Bodenarten nach drei Verfahren erfolgen:

1. Innere Verfestigung, welches nur die Einverleibung einer ausreichenden Menge passenden Bindemittels mit dem natürlichen Boden, wie er im Straßenland ansteht, einschließt, seien es vorherrschend Sande, Feinsande oder Ton ohne Rücksicht auf ihre Kornstufung, wobei der Zweck ist, eine Bodenasphaltmischung herbeizuführen, welche ausreichende Tragfähigkeit für alle vorhergesehenen Straßenzustände haben soll.
2. Mechanische Verfestigung, wobei die nötigen Mengen von Zuschlägen und vielleicht Boden von passender Korngröße mit dem Straßenboden vermischt werden, so daß eine vorgesehene endgültige Kornabstufung erreicht wird.

Abb. 193. Ansicht der Maschine nach Abb. 192 (Maschinenfabrik Reiser).

3. Eine Vereinigung von 1 und 2, wobei zuerst eine vorgesehene Kornabstufung mit Boden und Zuschlägen erreicht wird, worauf eine ausreichende Menge Bindemittel mit den Bodenzuschlägen einverleibt wird.

Die Voraussetzung für dieses Verfahren ist eine gründliche Erdstoffuntersuchung, wie sie im Erdstraßenbau schon beschrieben ist. Der Boden ist um so geeigneter, je gemischtkörniger er ist (vgl. amerikanische Bodenklassifikation). Mit Sandboden läßt sich eine Decke nach Art des Sandasphalts (Dritter Abschn. C. i. 6. ζ aa) herstellen. Aber auch die bindigen Böden, für die die Anwendung ganz besonders vonnöten ist, wie z. B. Lößboden, lassen sich vermörteln.
Bei der Zusammensetzung des Bodens wird wieder der stetige Kornaufbau angestrebt, der ganz allgemein für Erdstraßen (Abb. 181) gilt. Die Fließgrenze des Mörtels, d. h. der Korngröße 0—0,42 mm, soll nicht über 25 (Wassergehalt Gew.-%) und der Bildsamkeitswert nicht mehr als 6 aufweisen. Soweit der Boden diesen Anforderungen nicht entspricht, kann er durch die fehlenden Zusätze verbessert werden. Aber wenn das nicht möglich ist, bietet gerade die Vermörtelung mit Bitumen ein Mittel, um auch die Böden mit hohem Rohtongehalt wirkungsvoll zu verfestigen.

α) Baustoffe und ihre Prüfung.

Verwendet werden Straßenöle, schnell erhärtendes Verschnittbitumen und stabile Bitumenemulsion (vgl. Dritten Abschn. C. i. 4. ζ u. η). Das Bitumen hat hier die Aufgabe, als Schutzkolloid die wasserempfindlichen Bodenteilchen zu umhüllen und sie damit der Einwirkung des Wassers zu entziehen, also Quellen und Schrumpfen zu verhindern und bei der Verdichtung als Schmiermittel zu wirken, um möglichst alle Hohlräume verschwinden zu lassen, damit der Boden kein Wasser aufnehmen kann. Um diese Aufgabe zu erfüllen, wird es auf Einhaltung des richtigen Bitumenzusatzes ankommen. Es ist der Versuch gemacht worden, theoretisch aus der Oberflächengröße der Bodenteilchen, die das Bitumen umhüllen soll, die erforderliche Bitumenmenge zu ermitteln *[113]*.

Bei der Anwendung von Verschnittbitumen zur Vermörtelung ist unter Anlehnung an die praktischen Verhältnisse in der Straße ein besonderes Prüfverfahren entwickelt worden *[114]*.

Man rechnet mit 6 bis 10 Gew.-% Bitumen, je nach der Bodenart, also Mengen, wie sie auch sonst im Straßenbau verwendet werden (Dritter Abschn. C. i. 6.), hält es aber für vorteilhafter, an der unteren Grenze zu bleiben, weil magere Mischungen nicht so leicht versagen wie überfettete. Zu unterscheiden ist noch, ob ein Unterbau oder eine Abnutzungsschicht vermörtelt werden soll.

β) Ausführung der Vermörtelung.

Die Ausführung beginnt wieder mit der schon im Bau von Erdstraßen besprochenen Auflockerung und Zerkleinerung des Bodens. An Stelle des Zementes wird nunmehr das bituminöse Bindemittel dem Boden einverleibt. Soll der Untergrund vermörtelt werden, so wird mit dem Wegehobel oder Planierpflug die obere Bodenschicht in Schwaden an den Straßenrand getrimmt, dann der Untergrund aufgerissen, vermörtelt, dann folgt die obere Schicht.

Das Bitumen (auch Teer) wird mit Sprengwagen aus Düsenrohren ausgespritzt, oder, um ein möglichst tiefes Eindringen des Öles zu gewährleisten, durch Eggen, deren Zähne mit Ölzuleitungen versehen sind, denen das Öl durch Schläuche zuläuft, die von einem neben der Egge fahrenden Tankwagen gespeist werden. Mit Scheibeneggen und Straßenhobeln wird Boden und Bitumen kräftig durchmischt und dann verdichtet, z. B. mit Schaffußwalzen (Abb. 162), dann mit Schleppen eingeebnet, wie sie beim Bau von Erdwegen verwendet werden. Die weitere Verdichtung besorgt der Verkehr, oder es wird leicht mit einer Achse aus fünf oder mehr Luftreifen gewalzt (Abb. 190), da die Mischung anfangs noch weich ist und erst durch den Verkehr verdichtet werden soll, können Straßenwalzen nicht eingesetzt werden. Die Mischung kann auch in ortsfesten Anlagen vor sich gehen, wenn der Boden durch Zusätze aus Ton- oder Sandgruben verbessert werden soll. Der getrocknete und gemahlene Ton oder Sand und das Bindemittel werden in Zwangsmischern gemischt, das Gut auf das Straßenplanum gebracht.

Dieselben Maschinen, die auch bei der Zementvermörtelung eingesetzt worden sind, können auch für bituminöse Bindemittel verwendet werden. Sie erhalten dann Kessel für das Bindemittel und Spritzeinrichtungen.

Die in Deutschland entwickelten Geräte, wie sie zuvor beschrieben sind, sind vor allem bei der Flugplatzbefestigung angewendet worden *[115]*. Für noch unerschlossene Gebiete wie Kolonien ist diese Bauweise besonders geeignet und auch schon viel erprobt worden.

Die Vermörtelung mit Teer kann unter den gleichen Voraussetzungen und Verfahren erfolgen, wenn die Teerart ihnen angepaßt wird. Daß reine Sandböden nicht mit Teer vermörtelt werden können, ist aus dem Teerstraßenbau bekannt. Denn zufolge der schlechten Haftung des Teeres am Quarz kann eine größere

Scherkraft nicht erzielt werden. Dagegen trägt die Anwesenheit von Lehm- und Tonbestandteilen zur Verfestigung bei und eine Verbesserung des Bodens mit Splitt erhöht die innere Reibung. Es kommen nach deutschen Erfahrungen nur leichtflüssige Teere in Frage, z. B. T 10/17 oder sogar noch stärker verflüssigt, die bei der 10-mm-Düse nur 5'' Ausflußzeit haben *[116, 117]*.
Hinsichtlich der Bedeutung dieser Eigenschaften der Teere wird auf den Dritten Abschn. C. i. 5 und Tabelle 30 und 33 verwiesen.

c) Sinterung des Bodens.

In Australien werden durch Sintern des Bodens und damit verbunden durch Entzug des Wassers auf eine geringe Tiefe widerstandsfähige Decken geschaffen, wenn der Boden einen genügenden Lehmanteil hat. Die Bearbeitung erfolgt mit einer etwa 20 t schweren Walze, die eine Feuerbüchse trägt, die von oben mit Holz geheizt wird. Die Heizgase werden durch einen Rost aus Schamottesteinen vermittels eines Gebläses in eine Glocke von 1,8 m Breite und 6 m Länge gesaugt, die über die Fahrbahn gestülpt ist, an den Seiten dicht am Boden geführt wird, während die Heizgase nach vorn abgesaugt werden. Die Arbeitsgeschwindigkeit beträgt 12 m/stdl. Die Verfestigung erstreckt sich etwa auf 6 cm Tiefe. Mit 1 t Holz (vermutlich von Eukalyptusarten) werden etwa 1,5 m³ Bodenmasse = 25 m² verfestigt. Zur Verringerung der Abnutzung werden bituminöse Oberflächenbehandlung angewendet. Die Herstellung solcher Erdstraßen kommt nur für verkehrsarme Gegenden in Frage, die keinem Bodenfrost unterliegen, da der Kornaufbau auf frostgefährdeten Boden schließen läßt *[118]*.

C. Oberbau der Straßen.

a) Vorbemerkung.

Da die Anforderungen an die Straßenbefestigung außerordentlich verschieden sind, so gibt es keine Straßenbefestigung, die etwa als die „Standard"-Befestigung oder Befestigung der Zukunft angesehen werden kann. Vor allen Dingen wird man zwischen Kraftfahrbahnen, Land- und Stadtstraßen zu unterscheiden haben und bei diesen wieder zwischen Verkehrs- und Wohnstraßen.
Für die Beurteilung der zahlreichen Fahrbahnbeläge aus den verschiedenen Grundstoffen stehen dem Fachmann einige Merkmale zur Verfügung:

1. Gebrauchswert einer Straßenbefestigung.

α) Fahreigenschaften.

Darunter sind die Fahreigenschaften zu verstehen, die gekennzeichnet sind durch geringen Fahrwiderstand (Erster Abschn. C. II) bei gleichzeitig genügender Griffigkeit der Oberfläche für Spannverkehr und Kraftwagen, d. h. einen günstigen Kraftschlußbeiwert (Erster Abschn. C. V), der auch bei feuchter Witterung und Nässe sich nicht vermindert und keine Schlüpfrigkeit aufkommen läßt, durch Ebenflächigkeit und möglichste Fugenlosigkeit, so daß Stöße und Erschütterungen vermieden werden.
Durch die Farbe soll sich die Straßenfläche von der Umgebung abheben, damit sie auch bei Nacht und Nebel deutlich zu erkennen ist. Sie soll ein genügendes Reflexionsvermögen besitzen, aber nicht blenden.

β) Wirtschaftlichkeit.

Diese steht in Beziehung zu den Anlagekosten und der Lebensdauer des Belages, die von dem Widerstand gegen die Angriffe des Verkehrs und der Witterung — Nässe und Frost — abhängig ist. Sie wird aber auch von den Kosten der Beförderung beeinflußt, die bei geringem Fahrwiderstand (s. o.) niedrig bleiben. Im Abschnitt „Wirtschaftliche Linienführung" (Zweiter Abschn. B) ist diese Frage schon behandelt worden. Es gibt Belagarten, die bei geringem Verkehr schneller durch den Einfluß der Witterung leiden, als unter dem Verkehr abgenutzt werden, weil sie Verkehr benötigen, um genügend zu verdichten und damit wasserabweisend werden.

2. Die hygienischen Eigenschaften.

Die Straßendecke soll geräuscharm und staubarm sein, sich leicht reinigen lassen und schnell abtrocknen. Fugenlosigkeit oder dichter Abschluß aller Fugen ist eine Vorbedingung hierfür.

3. Leichter Aufbruch und Wiederherstellung.

Für Stadtstraßen gilt besonders, daß die Beläge sich leicht aufbrechen und wiederherstellen lassen. Denn die Unterhaltung der zahlreichen Versorgungsleitungen in der Straße (Zweiter Abschn. C. III. b. 3) nötigen mehr, als gemeinhin angenommen wird, zu Straßenaufbrüchen.

4. Anpassungsfähigkeit an Art und Stärke.

Die Anpassungsfähigkeit an Art und Stärke des Verkehrs und die Verkehrsentwicklung, an den Untergrund, an das Klima, an die örtlich vorhandenen Baustoffe, hinsichtlich der Beschäftigung gelernter oder ungelernter Kräfte, an die Benutzung von Maschinen leichter und schwerer Bauart bei der Herstellung, an Gefälle, Reinigungs- und Unterhaltungsmöglichkeiten und schließlich auch an die zur Verfügung stehenden Mittel dient zur Beurteilung der verschiedenen Belagsarten. Anpassungsfähig vor allem auch insofern, als sich aus der wiederholten Anwendung einer leichten Deckenart mit der Zeit eine widerstandsfähigere bildet, und daß die schwere Deckenart sich aufbringen läßt, ohne daß die leichtere beseitigt zu werden braucht, vielmehr diese als Vorbereitung für jene noch ausgenutzt und auch bei Verbreiterung der Fahrbahn ein guter Anschluß an die frühere Decke erreicht werden kann.
Einfluß des Klimas auf die Befestigung (Flachland oder Gebirge).
Unabhängigkeit der Bauausführung von der Witterung.

5. Beziehung zwischen Straßenbelag und Verkehr.

Straßenbau ist ein Handwerk, das vor allem vom Steinsetzgewerbe ausgeübt wird. Die handwerkliche Technik kann keine besonderen Fortschritte aufweisen. Nur zwei Erfindungen haben dem Straßenbau weitergeholfen: die Dampfwalze und das Kleinpflaster. Erst der neuzeitliche Straßenbau mit Bitumen und Teer, mit Beton und mit Maschineneinsatz hat die wissenschaftliche Behandlung und Durchdringung der Aufgaben eingeleitet:

1. Richtiger Baustoff, Materialausnutzung, Untersuchung und Bewertung.
2. Bauverfahren: Herstellung völlig ebener Decken und Maschineneinsatz, hohe Leistung, Güte.
3. Erforschung der Beziehungen zwischen Verkehr und Belagart, Lebensdauer und Haltbarkeit der Decken, Betriebsstoffverbrauch und Reifenabnutzung, Wirtschaftlichkeit, Auswahl der für jeden Fall geeigneten Deckenart.

Hier kommt es vor allem auf die Anpassungsfähigkeit der verschiedenen Belagarten an die Anforderungen des Verkehrs, Untergrund, Klima, Steigungsverhältnisse an.

Hinsichtlich einer Einteilung der Befestigungsarten gilt die folgende Abstufung:

1. Schwere Decken, Dauerbeläge:
   a) Großpflaster, Kleinpflaster, Schlackensteinpflaster auf fester Unterbettung.
   b) Beton.
   c) Stampf-, Guß- und Hartgußasphalt auf fester Unterbettung.
   d) Bitumendecken nach dem Mischverfahren mit einer Mindeststärke von 6 cm auf fester Unterbettung, wie Asphaltbeton, Teerbeton, Sandasphalt mit und ohne Binder. Mischmakadam.
   e) Holzpflaster.
2. Mittelschwere Decken:
   a) Klinker auf neuem oder altem, festem Unterbau.
   b) Zement- und Traßmörteldecken mit und ohne Oberflächenbehandlung.
   c) Beton von geringer Plattendicke.
   d) Bitumen- und Teerdecken jeder Art nach dem Mischverfahren von weniger als 6 cm Stärke.
   e) Bitumen- und Teerdecken nach dem Tränkverfahren in jeder Stärke.
3. Leichter Decken:
   a) Wassergebundene Steinschlagdecken ohne oder mit Oberflächenbehandlung mit Teer oder Bitumen.
   b) Teppichbeläge.
   c) Klinkerpflaster ohne festen Unterbau.

Die Abstufung: Schwere, mittelschwere und leichte Decken steht in Beziehung zu dem Verkehr, für den sie geeignet sind. Anhaltspunkte, welche Verkehrsart und Verkehrsdichte die einzelnen Deckenarten aufnehmen können, wenn ihre Verwendung noch wirtschaftlich ist, gibt die folgende Tabelle, wobei die Lastmenge in Tonnen (t) zugrunde gelegt ist. Stattdessen kann auch die Anzahl der Wagen, die im Durchschnitt täglich die Straße befahren, gezählt werden.

Tabelle 20. *Beziehung zwischen Straßenbelag und Verkehrsbelastung.*

Bauweise	Bespannte Fuhrwerke t/Tag	Lastkraftwagen t/Tag	Motorräder und Personenkraftwagen t/Tag	Gesamtverkehr t/Tag	Höchstverkehr t/Tag
Sandgebundene Steinschlagdecke	300	25	75	400	400
Desgl. mit Oberflächenbehandlung oder Teppich	75	175	350	600	700
Tränkmakadam, Streumakadam, Traßmakadam, Zementschotter . . .	100	400	700	1200	1350
Mischmakadam	150	750	1600	2500	3000
Asphalt- und Teerbeton	250	950	1800	3000	3500
Dammannasphalt . . .	250	950	1800	3000	3500
Hartgußasphalt	300	1200	2000	3500	4000
Zementbeton	300	2000	2700	5000	6000
Kleinpflaster	600	3400	keine Begrenzung	—	—
Großpflaster	für schwersten und stärksten Verkehr aller Art				

b) Steinschlagbelag.

Die Steinschlagstraße, auch Schotterbahn, Kleinschlagdecke und Chaussierung genannt, ist im Zeitalter des Kraftwagens nicht als überlebt anzusehen. Auf den Landstraßen in Deutschland überwiegen die Steinschlagdecken. Aber auch in den städtischen Wohnstraßen sind sie noch viel zu finden. Vornehmlich die Städte in hügeligem Gelände und mit flacher Wohnweise sind auf die Steinschlagdecke angewiesen. Es war ganz ausgeschlossen, sie in größerem Umfange zu beseitigen, dazu hätten die Mittel gefehlt; es wäre auch technisch nicht zu begründen gewesen. Die Aufgabe ist ganz richtig erfaßt worden, die in den Steinschlagstraßen steckenden Werte durch entsprechende Maßnahmen zu erhalten. Da sie griffig ist, kommt sie daher für sehr steile Straßen mit mehr als 10 v. H. Steigung fast allein in Frage. Zur schnelleren Abführung des Niederschlagswassers muß die Steinschlagbahn ein starkes Quergefälle erhalten, etwa 3—5 v. H. (Abb. 117, S. 128) je nach der Längsneigung. Das Quergefälle wird dachförmig angelegt, nur in der Mitte wird auf eine kurze Strecke (2 m) die Dammkrone ausgerundet.

Die für die Verbesserung des Untergrundes notwendigen Maßnahmen sind bereits im Dritten Abschn. A. III und IV behandelt. Auf dem guten oder verbesserten und entwässerten Untergrund wird nunmehr der Tragkörper, Packlage, errichtet. Er überträgt die Lasten der Straßendecke auf den Untergrund. Je stärker diese Decke ist, um so geringer ist der Einheitsdruck auf den Boden. Das trifft aber nur zu, wenn die Decke selbst so gut in sich verspannt ist, daß die innere Reibung eine Druckverteilung bewirkt. Die Packlagesteine sind die Widerlager von Bögen, die sich gewissermaßen von einer Steinpyramide zur anderen spannen. Es hängt also die Lastübertragung davon ab, ob die vom Steinschlag zu übernehmende Gewölbewirkung auch erreicht ist. Wie jedes Gewölbe bei Belastungen Durchbiegungen erleidet, so wird auch das Deckengewölbe der Steinschlagdecke, wenn es gut verspannt ist, nachgiebig sein. Den Steinschlagbahnen können daher federnde Eigenschaften zugesprochen werden. Die gute Verspannung der Steinschlaglage wird erreicht durch Verwendung eines harten und zähen Gesteines mit Stücken von möglichst würfeliger Form und durch kräftige Abwalzung in der Decklage. Der Vorteil harter Gesteine besteht darin, daß sie beim Walzen nicht zerdrückt werden, sondern höchstens Stücke absplittern, die sich in die vorhandenen Hohlräume legen und die größeren Stücke durch Vermehrung der Zahl der Berührungspunkte gegeneinander abstützen.

Nach Abwalzung mit einer 10 t schweren Walze werden die Hohlräume mit trockenem Natur- oder Brechsand verfüllt und dann nochmals mit einer 18 t schweren Walze nachgewalzt.

Um die Packlage formsteifer zu machen, wird zur besseren Druckverteilung anstatt der Schotterausgleichschicht ein Zementmörtel von 20—22 kg/m^2 aufgebracht und eingewalzt, die die Köpfe der Packlagesteine bedeckt. Der Mörtel soll 300 kg Zement auf den Kubikmeter erhalten. Er verlangt eine sechstägige Abbindezeit. Trotz aller dieser Maßnahmen erweist sich die Packlage, besonders bei bindigem Untergrund, wenn Nässe nicht ferngehalten werden kann (S. 77), als nachgiebig. Wie sich in solchem Falle die lehmige Schicht in die Packlage hineinschiebt, zeigt Abb. 175, S. 183 *[119]*.

Dient die Steinschlagdecke als Unterbau für andere Beläge, z. B. Asphalt- und Teerbeläge, so werden diese leicht wellig. Damit ist das Anwendungsgebiet der Packlage als Unterbau für hochwertige Decken auf solche Straßen begrenzt, die einen einwandfreien, jederzeit tragfähigen Untergrund besitzen. Auf die Packlage wird eine Steinschlagschicht von 6—7 cm Höhe (100—140 kg/m^2) aufgebracht.

Die Korngröße von 5—7 cm wird für Steinschlag empfohlen, weil Steinschlag von kleinerem Korn vor der Walze hergeschoben wird und vor dem Lenkrad

Wulste bildet, die dann von der Walze übersprungen werden, so daß die verdichtende Wirkung ausbleibt, außerdem Wellen in der Fahrbahn entstehen, an denen der Angriff der Verkehrslasten später ansetzen kann. Je gröber der Steinschlag ist, desto geringer ist die Gefahr ungleichmäßiger Zusammenpressung, desto geringer die Gefahr der Lockerung des Gefüges durch die Abnutzung der Kanten unter dem Verkehr. Schon MacAdam hat die Bedeutung der richtigen Größe und Gleichförmigkeit der Körnung erkannt und zur Nachprüfung einen Ring von 7,5 cm Durchmesser als Lehre verwendet. Bei härteren Gesteinen kann die Korngröße geringer sein als bei weicheren. Die Forderung der würfelförmigen Gestalt wird bei Steinschlag, der maschinell gebrochen wird, nur unzureichend erfüllt. Der Anteil der flachen und schalenförmigen Stücke ist bei Maschinenschotter immer größer als bei Handschlag. Die schalenförmigen Stücke brechen leicht beim Walzen und schwächen dann die wünschenswerte Verkeilung. Vorgeschlagen wird, den Überlauf aus den Siebtrommeln zu nehmen und ihn von Steinschlägern mit der Hand nachschlagen zu lassen.

Um die Verspannung zu unterstützen, wird Splitt 15/25 und Kies unter kräftiger Anfeuchtung der Decke zugesetzt, aber erst nachdem sie durch Walzung eine gewisse innere Festigkeit erreicht hat. Ein zu frühes und reichliches Geben von Kies hat ein Schieben der Decke unter der Walze zur Folge. Der lose gelagerte Steinschlag hat etwa 40—50 v.H. Hohlräume. Durch die Arbeit der Walze sollen diese erheblich vermindert werden. Je geringer der Hohlraum nach der Walzung ist, um so fester ist die Decke geworden[1].

Die Walzung kann durch Pferdewalzen, die nur noch wenig gebraucht werden, oder Dampfwalzen (Motorwalzen) erfolgen. Die Dampfwalze kann auf steilen Straßen (bis zu 15%) verwendet werden, sie walzt vorwärts und rückwärts ohne zu wenden, ist leicht lenkbar. Daher verbilligt sie die Walzarbeit und erzielt eine vollkommenere Dichtung der Decke. Über die Bauart der Dampfwalzen werden nähere Angaben im Vierten Abschnitt gemacht. Die Arbeitsgeschwindigkeit der Dampfwalze beträgt etwa 0,5 m/sec. Die Länge der Walzstraße kann kurz und lang sein. Eine Steinschlagdecke ist fertig gewalzt, wenn sie so fest geworden ist, daß ein vor die Walze geworfenes Steinstück von etwa 4 cm Seitenlänge nicht mehr in die Oberfläche eingedrückt, sondern zerquetscht wird. Eine solche Festigkeit ist etwa nach 80 Walzengängen erreicht. Die Zahl der Walzengänge hängt aber von der Art des Gesteines ab und schwankt zwischen 60 und 150. Die auf einmal von der Walze anzudrückende Steinschlaglage darf nicht stärker als 12 cm sein, weil sonst die Decke nicht fest wird. Stärkere Lagen müssen in zwei Schichten abgewalzt werden. Es empfiehlt sich, bei Lohnarbeit nach der Menge des eingewalzten Steinschlages abzurechnen.

Verschlußdecke. Nicht die Steine mit der größten Härte und Druckfestigkeit geben die besten Straßen ab, sondern auch noch andere Eigenschaften wirken mit. Das vielfach festgestellte gute Verhalten des Diabas, obwohl er nicht zu den härtesten Gesteinen gehört, kann z. B. auf seinen Chloritgehalt zurückgeführt werden, der den Stein zäh macht und ein kittfähiges Gesteinsmehl bildet. Bevorzugt werden: Basalt, Porphyr, Granit, Diorit als Hartgesteine, brauchbar sind von den mittelharten Gesteinen: Diabas, manche Porphyre, von den Weichgesteinen für Straßen mit geringem Verkehr bessere Kalksteine und feste Sandsteine. Die Prüfung der Gesteine erfolgt nach DIN 52101 bis 52108.

Die Steinschlagbahn erhält an der Oberfläche eine Verschlußdecke, die den Eintritt des Wassers in das Innere verhüten soll. Der Abschluß wird erreicht,

[1] Wie sich Steinschlag aus Diabas, Basalt und Gabbro mit Bezug auf ihre Eigenschaften, untersucht nach DIN 52104 bis 52108, in der gewalzten Decke vor und nach dem Verkehr verhalten haben, ist auf der Versuchsstraße in Braunschweig ermittelt worden *[120]*.

indem nach Festwalzung der Steinschlaglage nacheinander erst Splitt aufgebracht wird, der die großen Öffnungen ausfüllt, dann Kies bis Sand, die eingeschlämmt werden, wodurch dann auch die feineren Fugen geschlossen werden. Durch Abwalzen wird die Decke noch verdichtet. Zum völligen Schluß der Decke wird lehmhaltiger Kies oder abgelagerter Chausseeschlick empfohlen. Da diese Bindestoffe durch Wasser der Erweichung ausgesetzt sind, bilden sie Schlamm, der ein schnelles Austrocknen der Decke verhindert, oder bei Trockenheit Staub erzeugt. Das gilt besonders für schattige Stellen, während frei dem Wind ausgesetzte Strecken eher bindige Deckstoffe vertragen können. Durch den Verkehr werden die Kieskörner zermahlen und die dadurch entstehende Zerkleinerungsmasse übernimmt die Fugendichtung. Auszuschließen sind lehmige und schlickige Bindestoffe, wenn die Steinschlagdecke später eine Oberflächenbehandlung mit Bitumen oder Teer erhalten soll. Splitt, Sand und Kies werden auch eingewalzt. Sollte der am Ort oder in der näheren Umgebung vorhandene Kies ungeeignet sein, dann kann auch Steinsplitt zur Schlußdecke allein verwendet werden.

Ebenso wichtig für die Dauerhaftigkeit einer Steinschlagbahn, wie die technisch richtige Herstellung, ist die ordnungsgemäße Unterhaltung. Da der Druck der Verkehrslasten größer ist als der der Walze, so bilden sich auf einer frischen Decke Gleise aus, bis sie durch den Verkehr eine weitere Verdichtung erhalten hat. Die einzige Maßnahme zur Beseitigung der Gleise besteht in dem rechtzeitigen Einkehren der Gleise durch den Wegewärter. Es bilden sich selbst in guten Steinschlagbahnen bisweilen alsbald nach der Herstellung weiche Stellen, die sofort mit Steinschlag, Splitt und Kies eingedeckt und festgerammt werden müssen. Rollsteine müssen sorgsam abgesucht werden, weil sie die Decke wund machen; die Decke ist feucht zu halten, alles Maßnahmen, die sofort nach Herstellung zur Erhaltung der Decke aufzunehmen sind. Bei Herstellung der Steinschlagbahn durch Unternehmer ist es angebracht, die fortlaufende Unterhaltung der Bahn noch auf mindestens zwei Monate ihnen aufzuerlegen und erst nach dieser Frist die Straße abzunehmen.

Durch das Eintreten von Wasser wird der Zusammenhang gelockert. Die jetzt notwendigen Arbeiten zur Erhaltung der Decke sind seit vielen Jahrzehnten nach zwei verschiedenen Verfahren vorgenommen worden, nach dem Flick- und dem Deckverfahren. Beim Flickverfahren werden fortlaufend die Schäden beseitigt. Vertiefungen, Mulden, Schlaglöcher werden mit der Picke aufgerauht, von Schmutz gereinigt, der gewonnene Steinschlag ausgegabelt, mit Zusatzsteinen wieder eingebaut und gerammt, dann mit Kies abgedeckt, nochmals abgerammt und dabei für eine ausreichende Wölbung gesorgt. Bisweilen sind die Flickstellen bei größeren Platten mit der Pferde- oder Dampfwalze abgewalzt worden. Die weitere Verdichtung wird dem Verkehr überlassen. Zu beachten ist, daß stets das gleiche Steinmaterial genommen wird, und daß die Nacharbeiten am besten bei feuchter Decke im Frühjahr oder Herbst vorgenommen werden, also entweder nach dem Regen oder nach vorheriger gründlicher Annässung. Bei Frost oder Trockenheit bindet der Steinschlag in der Flickstelle nicht an; er kann sich nicht in die Decke eindrücken. Die Ausbesserungsstellen werden in größeren Zwischenräumen und in solchen Breiten angelegt, daß es den Fuhrwerken ohne Erschwerung der Fahrt möglich ist, die Flickstellen am Rande zu überfahren und die Neuschüttung nach der Mitte hin anzudrücken, so daß die Fahrzeuge selbst die Verdichtung vornehmen. Gleichmäßig abgefahrene Decken erhalten bisweilen eine Kiesüberdeckung, um den Steinschlag zu schützen. In dieser Weise wurden fortlaufend die Decken durch Flicken auf längere Zeit in fahrbarem Zustande erhalten. Indessen kann man mit der Unterhaltung durch Flicken nicht mehr nachkommen. Auch die Arbeit des Andrückens der Flickstellen wird von Kraftwagen nicht zu erwarten sein, weil diese Stellen wieder aufgerissen, Steine und Deckstoffe herausgeschleudert werden. Vor allem wird das Flickverfahren schon durch den Stoffverlust kostspieliger als das andere, das Deckverfahren.

Bei dieser Betriebsweise läßt man die Steinschlagbahn bis auf einen Zustand abfahren, der gerade noch zulässig ist. Die Instandsetzung erfolgt dann durch Neuschüttung auf der ganzen Länge, mindestens auf größeren Strecken, und zwar entweder als Profilschüttung, die sich nicht auf die ganze Breite der Bahn erstreckt, sondern nur so weit, als sie abgefahren ist, und es an genügendem Quergefälle fehlt, oder als Breitschüttung über die ganze Straßenbreite.

Bei der Profilschüttung muß das gleiche Gestein genommen werden, das sich schon in der Decke befindet. Bei Breitschüttungen kann auf eine vorhandene Decke von Weichgestein sehr wohl Hartgestein aufgebracht werden. Die Deckenstärke darf nicht unter 8 cm betragen, weil es sonst dem Steinschlag an der Möglichkeit fehlt, sich zu verspannen. Damit er auf der alten Decke haftet, werden in diese Querrillen mit der Picke gehackt, oder, was besser ist, die vorhandene, mit vielen Unebenheiten versehene Decke wird mit dem Aufreißer aufgerissen. Dieses Gerät wird im Vierten Abschnitt besonders beschrieben. Der losgelöste Steinschlag wird aufgenommen, ausgegabelt oder gesiebt und dadurch von den Schmutzstoffen befreit und kann mit dem Zusatz wieder verwendet werden. Soweit durch den Aufreißer die Unterlage nicht schon ausgeglichen worden ist, muß das vor dem Aufbringen der neuen Decke geschehen und alle Mulden und Unebenheiten ausgefüllt, Erhebungen abgepickt werden. Es muß die Unterlage schon im Profil der späteren Straße hergestellt werden, damit die neue Decke profilmäßig in gleichmäßiger Stärke aufgebracht werden kann. Im anderen Falle würde sich bei ungleichmäßiger Stärke die neue Decke unter dem Verkehr ungleichmäßig zusammendrücken und damit in Kürze ein Profil nicht mehr vorhanden sein. Die neue Decke wird dann abgewalzt. Beim Walzen ist stets von den Seiten nach der Mitte zu walzen.

Die deckweise Instandhaltung bietet dem Verkehr auf Straßen mittelstarker und starker Abnutzung Vorteile, die die Mehrkosten der Unterhaltungsweise rechtfertigen.

Zur Erhöhung der Lebensdauer werden, abgesehen von besonderen Schutzdecken, die in den folgenden Abschnitten beschrieben werden, einige Maßnahmen zur Erhaltung der Steinschlagbahnen vorzuschlagen sein:

1. Gründliche Entwässerung des Untergrundes, besonders bei bindigen Böden.
2. Einbau von Packlage, wo sie fehlt.
3. Schnelle Abführung des Tagewassers.
4. Bau der Decke aus grobem, gebrochenem Hartgestein möglichst gleicher Körnung und reinem Sand und Kies.
5. Unterhaltung der Decken in einem Verbundverfahren, das besteht in einer sorgsamen Unterhaltung und rechtzeitigen Beseitigung aller Unebenheiten, also Flicken in kleinem Umfange, unter Umständen unter Benützung von Bindestoffen, Teer oder Emulsionen von Teer oder Bitumen und zeitweisen Neudeckungen.

Der Verbrauch an Kubikmeter Steinschlag bezogen auf den Kilometer Straße, der allerdings auch von der Breite der Straße abhängig ist, gibt vielleicht noch den besten Vergleichsmaßstab ab, ob die Steinschlagdecke noch beibehalten werden kann. Er liegt etwa bei 40 m^3 für den Kilometer.

Die Beobachtungen auf der Versuchsstraße in Braunschweig haben ergeben, daß Steinschlagbahnen ohne besonderen Schutz nur noch auf Straßen mit geringem Verkehr gehalten werden können, höchstens 400 t in 24 Stunden. Für höhere Verkehrsbelastungen muß die Steinschlagbahn durch Oberflächenbehandlung mit Teer oder Bitumen geschützt werden, die dann für einen Verkehr bis zu 2000 t genügen, Bauweisen, denen der Dritte Abschnitt gewidmet ist.

c) Mörtelschotterbelag.

1. Zementschotterbelag.

Zementgebundener Makadam ist schon seit 1872 bekannt.

Aus Ersparnisgründen hat man im Jahre 1932 auf diese Bauweise wieder zurückgegriffen, und 1933 ist sogar eine besondere Versuchsstraße durch den Portlandzementverband bei Elmhurst (Ill.) angelegt worden, um an ihr die richtige Wahl der Zuschläge, Sandkörnung, Mörtelmenge und die Bauform zu studieren.

In Europa ist sie als Ausweichform gegenüber der anspruchsvolleren Betondecke entstanden, in Frankreich 1920, in England und Irland 1925, in Österreich 1926. Um diese Zeit hat man sich auch in Deutschland ihr zugewandt. Sie ist eine Fortentwicklung der Steinschlagstraße, die durch den Zementmörtel gebunden wird. Sie kommt daher nur für mittleren und leichten Verkehr in Frage, auch für gemischten Verkehr. In feuchten, schattigen Lagen ist sie besonders angebracht. Ihre Griffigkeit ermöglicht, sie auch in Steigungen bis zu 18% anzuwenden *[121]*.

Für die Vereinigung des Schotters mit dem Zementmörtel auf der Straße sind sieben verschiedene Verfahren benutzt worden, von denen aber das Verfahren mit bildsamem Mörtel sich durchgesetzt hat, das im folgenden beschrieben werden soll.

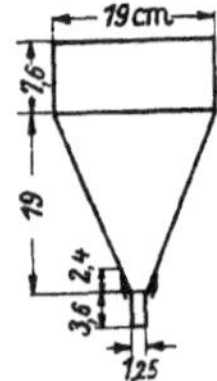

Abb. 194. Trichter zur Messung der Ausflußzeit von Mörtel.

α) Baustoffe.

Normalbindender Portlandzement, für den Mörtel wird Gruben- oder Flußsand verwendet mit rundlichem Korn bis 7 mm, der Anteil der Körnung bis 1 mm (Maschensieb) soll nicht mehr als 30 v. H., die Körnung 0—3 mm 60—70% betragen, also ein grober Sand verwendet werden. Die abschlämmbaren Bestandteile sollen unter 6% bleiben. Für den Kornaufbau des Sandes kann die Sieblinie zugrunde gelegt werden, die im Abschnitt „Betondecken" gebracht wird (Abb. 218, S. 256). Zusatz von Basaltsplitt 3—8 mm zu $^1/_6$ bis $^1/_5$ ist bei feinem Sand empfehlenswert. Der Schotter oder Steinschlag soll aus gleichmäßigem, würfelförmigem Gestein von 30—50 oder 40—60 mm Korn bestehen, das gewaschen ist. Als Mörtelmischung nach Raumteilen wird vorgeschrieben: 1 RT Zement, 2—3 RT Sand, das sind 600 bis 450 kg Zement auf 1 m³ lose Mörtelmasse. Im Durchschnitt werden für 1 m² verwendet 160 kg Schotter, 80 kg Sand und 25—28 kg Zement.

Der Wasserzusatz wird sehr sorgsam ermittelt werden müssen, weil er für die Mörtelfestigkeit maßgebend ist, ein Teil des Wassers aber für die Benetzung des Sandes und Schotters verbraucht wird. Das Merkblatt des amerikanischen Zementverbandes bringt ein Prüfungsverfahren für den richtigen Wassergehalt mit einem Ausflußtrichter. Der Fließzustand des Mörtels soll durch die Ausflußzeit aus einem genormten Trichter in Sekunden gemessen werden, über dessen Abmessungen Abb. 194 Auskunft gibt. Je feiner der Schotter ist, desto weicher muß der Mörtel angemacht werden, desto geringer ist seine Fließzeit. Folgende Fließzeiten werden daher mit Bezug auf die Schotterkörnung empfohlen *[122]*.

Korngröße cm	6,25 bis 8,75	5 bis 7,5	3,75 bis 6,25	2,5 bis 5	1,88 bis 3,75
Fließzeit sec.	23—25	23—25	21—23	20—22	19—21

Der Trichter faßt 34,6 l Mörtel. Um die richtige Menge Wasser zu finden, wird der an der Luft vollkommen getrocknete Sand mit der beabsichtigten Zementmenge gemischt, dann Wasser in steigender Menge zugesetzt und die jeweilige Ausflußzeit gemessen und der Mörtel auch darauf geprüft, ob nicht eine Trennung des Sandes stattfindet. Für verschiedene Sandkörnungen und Wasserzusätze, bezogen auf den Zementanteil (Sack = 42,6 kg), liegen Beobachtungen über die Fließ-

zeit vor, die durch Abb. 195 erläutert sind. Die Mörtelmischung ist 1 : 2 nach Gewichtsteilen, d. s. etwa 1 : 1 in RT. Bei Wasserüberschuß bilden sich Wasserlachen. Die Fließzeit hängt aber nicht nur von dem Körnungsaufbau des Sandes ab, sondern auch von seiner Benetzungsfähigkeit, eine Tatsache, die immer noch nicht genügend beachtet wird, obwohl sie durch wissenschaftliche Untersuchung aufgehellt ist *[123]*. Die richtige Wassermenge liegt zwischen 310—370 l/m^3 Masse. (Wasserzementfaktor 0,62 bis 0,83, vgl. S. 257.)
Die Deckendicke schwankt zwischen 8, 10 und 12 cm nach der Fertigstellung. Das amerikanische Merkblatt gibt an 15 cm für leichte Fahrbahnen und Parkplätze, 10—12,5 für Gehbahnen, Radwege, Tennisplätze und Flächen ohne Fahrverkehr. Aber dies gilt für Beläge ohne Unterbau. Bei einer mittleren Dicke von 10 cm setzt sich der Belag zusammen aus

5 bis 6 cm Schotter
4 „ 5 „ Mörtelschicht
5 „ Schotter.

Die Mörtelmenge richtet sich nach dem Hohlraumgehalt des fertig gewalzten Schotters, der zu 30 v. H. geschätzt werden kann, den er ausfüllen soll. Die

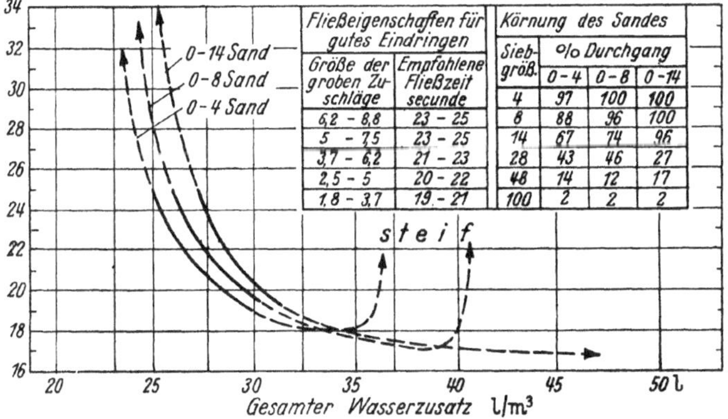

Fließeigenschaften für gutes Eindringen	
Größe der groben Zuschläge	Empfohlene Fließzeit secunde
6,2 - 8,8	23 - 25
5 - 7,5	23 - 25
3,7 - 6,2	21 - 23
2,5 - 5	20 - 22
1,8 - 3,7	19 - 21

Körnung des Sandes			
Siebgröß.	% Durchgang		
	0-4	0-8	0-14
4	97	100	100
8	88	96	100
14	67	74	96
28	43	46	27
48	14	12	17
100	2	2	2

Abb. 195. Kennzeichnende Schaulinien für die Fließkurven von Mörtel. Die stark ausgezogenen Linien geben die gebräuchlichen Wasserzusätze an. Der gesamte Wasserzusatz in *L* ist bezogen auf den Sack Zement = 42,6 kg.

Schütthöhen für 8, 10 und 12 cm Deckendicke sind etwa zu 10, 12 und 15 cm anzunehmen.

β) Bauverfahren.

Der Rand muß seitlich durch eiserne oder hölzerne Schalung eingefaßt sein. Die untere Schotterschicht wird dann ausgebreitet, abgewalzt und angenäßt, dann der in Mischmaschinen gemischte Mörtel ausgebreitet, die obere Schotterlage so aufgebracht, daß die Steine dicht an dicht liegen und dann die ganze Lage mit leichten Walzen von 6—9 t Dienstgewicht abgewalzt. Die Walze arbeitet von den Rändern nach der Mitte, bis der Mörtel gut im Schottergerüst verteilt ist und nach oben steigt. Es genügen zwei bis acht Walzengänge. Die untere Lage soll nur so weit vorgestreckt werden — etwa 150—180 m — als die Walzung erfordert, damit sie nicht zu lange frei liegt und Schmutz aufnimmt. Wenn der Mörtel die obere Zone nicht ganz ausgefüllt hat, wird noch bildsamer Zementmörtel 1 : 2,5 bis 1 : 1,5 aufgebracht und eingewalzt, um die Oberschicht möglichst eben zu gestalten. Dem Mörtel kann noch, um die Oberfläche griffig zu machen, 50 v. H. Splitt zugefügt werden.

Die Zementschotterdecke verlangt Dehnungsfugen als Quer- und Längsfugen, weil sich sonst unregelmäßige Risse bei tieferen Temperaturen bilden, die sich mit Schmutz füllen, und bei Wärme zu Hebung der Platten und Beschädigungen führen können. Die Querfugen werden als Raumfugen ausgebildet, indem ein eingeöltes keilförmiges Fugeneisen an der Dehnungsfuge eingelegt wird, das am Rande durch die Schalung und in der Mitte durch das Längsfugeneisen gehalten wird. Nach dem „Merkblatt" wird das Eisen auf der dem zuletzt gewalzten Felde abgewandten Seite durch eine nach dem Profil gewölbte Hartholzbohle 10—20 cm breit abgestützt und festgehalten. Über diese wird hinweggewalzt. Die Hartholzbohle wird dann fortgenommen, bevor der Mörtel begonnen hat abzubinden, wenn der Belag weiter vorgestreckt wird. Das Eisen bleibt in der Decke. Der freie Raum wird mit Schotter und Mörtel ausgefüllt und abgestampft. Das Fugeneisen wird erst herausgenommen, wenn die Masse abgebunden hat. Abstand der Fugen 10—15 m und 12 mm Fugenöffnung.

Eine Längsfuge ist bei Straßenbreiten über 5 m erforderlich. Sie entsteht von selbst, wenn halbseitig gebaut wird, was bei Zementschotterstraßen die Regel ist, um den Verkehr nicht zu unterbinden, oder wird durch eine Holzleiste als Scheinfuge (Dritter Abschn. C. h. 2. γ) gebildet, die in die untere Schotterschicht eingelegt wird und dort verbleibt. Der Fugenspalt der Querfuge und der sich an der Längsfuge bildende Riß werden mit der für Betonstraßen üblichen Fugenvergußmasse (Dritter Abschn. C. h. 4. η. bb) ausgefüllt, wenn die Decke völlig abgebunden hat. Die Verdichtung der Decke muß beendet sein, ehe der Mörtel abgebunden hat. Damit die Decke richtig erhärten kann, muß das fertiggestellte Stück sofort gegen zu starke Austrocknung durch Wind oder Sonnenbestrahlung geschützt werden. 24 Stunden danach ist die Oberfläche mit Sand, Tüchern od. dgl. zu bedecken und die Bedeckung mindestens 8 Tage feucht zu halten. Eine Verkehrsbehinderung ist damit nicht verbunden, da es möglich ist, die Zementschotterstraßen halbseitig auszuführen.

Ein hochwertiger Zementschotter, dessen Ausführung mehr der Betonbauweise angelehnt ist und der auch halbseitig ausgeführt wird, ist die Holterbetonbauweise, die im Dritten Abschn. C. h. 8 beschrieben wird.

2. Traßmörteldecke.

Der Traßmörtel bindet nur langsam ab, so daß bei Straßenbauten der Verkehr über eine frisch hergestellte Traßdecke geleitet werden kann, ohne den Abbindevorgang zu stören, im Gegenteil werden die Verkehrslasten, besonders wenn es Wagen mit elastischer Bereifung sind, die Verdichtung und damit die Festigkeit der Decke erhöhen.

Traßmörtelstraßen werden dort am Platze sein, wo Traß frachtgünstig zu haben ist, das ist der Westen Deutschlands. Hinsichtlich ihrer sonstigen Eigenschaften ist diese Bauart in feuchten und schattigen Lagen (Waldstrecken) und in Gegenden mit nassem Untergrund angebracht, wo sie sich auch bewährt hat *[124]*.

Baustoff. Der Traß wird in gemahlenem Zustand mit Ätzkalkpulver trocken gemischt und in Säcken fertig geliefert. Der Traß muß den Bestimmungen der DIN 51034 entsprechen. Das Mischungsverhältnis Traß zu Kalk ist: 2 Gew.-Tl. Kalkpulver und 3 Gew.-Tl. Traß. Der zur Herstellung des Traßkalkmörtel notwendige Sand soll frei von Lehm und Ton, grobkörnig und scharf sein, also gutem Mauersand entsprechen. Die abschlämmbaren Bestandteile dürfen 3 v. H. nicht übersteigen, was bei Grubensand nachzuprüfen ist.

Tragkörper. Die Traßmörteldecke erfordert einen geschlossenen tragfesten Tragkörper, der aus einer ehemaligen Steinschlagdecke bestehen kann, die vorher gut ausgebessert oder neu gewalzt worden ist und etwa ein Quergefälle von 3 v. H. erhält.

Ausführung. Da es sich bei der Traßmörteldecke nur um eine Abnutzungsschicht handelt, wird sie nur etwa 6—8 cm stark angelegt. Die lose Schüttung des Mörtels und des Steinschlages von 4—6 cm Körnung hat etwa 9 cm Höhe. Der Mörtel, bestehend aus 12 Sack auf 1 m³ Sand, je nach der Verkehrsbeanspruchung der Decke, wird in Mörtelmischmaschinen oder durch Hand trocken hergestellt, in 3,5—4 cm Stärke auf der Unterbettung aufgebracht, der Steinschlag nach Profil eingebaut und die Lage trocken etwas eingewalzt. Alsdann wird die Decke mit einem Sprengwagen angenäßt. Es soll nur so viel Wasser gegeben werden, daß sich der Mörtel bildet und er so bildsam wird, daß er sich beim weiteren Walzen in das Steinschlaggemisch hineinarbeiten kann. Die Walze soll 15—18 t Gewicht haben. Dringt er nicht bis an die Oberfläche durch, so wird von oben Traßkalkmörtel zugesetzt, der vorsichtig eingefegt und eingeschlämmt wird.

Um eine Abnutzung des Mörtels besonders in der ersten Zeit an der Oberfläche zu verhindern, verlangt sie einen bituminösen Anstrich, der fest haften muß. Hier liegt eine Schwierigkeit der Bauweise, die nicht befriedigend gelöst worden ist. An Stelle einer einfachen Oberflächenbehandlung mit Straßenteer oder Kaltasphalt wird der Oberfläche eine Schicht Teersplitt einverleibt. Bei dieser Bauweise soll die Mörtelschicht beim Walzen nicht bis in die Oberfläche dringen. Es genügt hierzu nur eine 2 cm dicke Trockenmörtellage. Die oberen 1,5 cm bleiben dann in der Schotterlage unausgefüllt. In diese Fugen wird der Teersplitt 5/15 mm 40 kg/m² in zwei Lagen eingewalzt, der noch einen Abschluß aus Teergrus 0 bis 5 mm erhält (10 kg/m²). Diese Deckenart wird als Verbunddecke bezeichnet. Da die langsame Erhärtung des Traßmörtels sich indessen als nachteilig erwiesen hat, wird dem trockenen Mörtel Wasserglas zugesetzt, durch das dies Abbinden beschleunigt wird *[125]*.

Traßkalkbeton (200 kg auf den Kubikmeter fertigen Beton unter Verwendung von Grubenkies und Sand) ist in Holland als Unterbau für bituminöse Decken in 15, 10 und 8 cm Dicke, je nach Verkehrsbedeutung, verwendet worden. Auch Klinkerschotter ist als Zuschlag benützt worden.

d) Steinpflaster.

Beim Steinpflaster muß der Gesteinsart, die verwendet werden soll, die größte Aufmerksamkeit gewidmet werden. Die Gesteine sind die Eruptivgesteine Granit, Syenit, Diorit, Gabbro und Granitporphyr. Von den Ergußgesteinen eignen sich Quarzporphyr, Diabas, Melaphyr, Basalt. Diese ganze Gruppe von Gesteinen werden im Straßenbau auch als Hartgesteine bezeichnet. Von den Sedimenten finden harte Kalksteine, festere Sandsteine und Grauwacken als Pflastersteine Verwendung.

1. Gesteinsmaterial.

Das Gesteinsmaterial muß für Pflasterzwecke bestimmte physikalische Eigenschaften besitzen. Damit es sich gut bearbeiten läßt, muß es leicht spalten und ebenen Bruch haben. Mit Rücksicht auf sein Verhalten in der Fahrbahn muß es von frischer petrographischer Beschaffenheit, wetterbeständig, hart und zäh sein und hinreichende Druckfestigkeit besitzen. Das Gefüge kann gleichmäßig körnig oder porphyrisch sein. Das Gestein soll sich nur gering und gleichmäßig abnutzen und darf nicht glatt werden. Es muß also große Dauerhaftigkeit verbürgen.

Grobkörnige, feinkörnige, porphyrische, dichte oder auch parallel geschichtete Gesteine wie manche Granite oder Gneise, Grauwacken u. a. verhalten sich in der Straße sehr verschieden. Bei der Wahl der Pflasterart und des Pflastersteins müssen also die Anforderungen, die die Straßenstrecke stellt, berücksichtigt werden, wie namentlich Steigung, Wölbung, Geräuschbildung, Belastung durch

Kraftwagen und Pferdefuhrwerk usw. Von Wichtigkeit ist die Feststellung des Grades der Wasseraufnahme des zu wählenden Gesteins, weil wassersüffige, körnige Gesteine der Frostwirkung unterliegen, rasch abgenützt werden oder zerfallen und Löcher verursachen. Ebenso dürfen keine von Haarrissen begleiteten Quetschzonen vorhanden sein. Dichte Gesteine, die also keine Körnung erkennen lassen, sind oft spröde und glätten sich stark. Im Reihenpflaster werden an ihnen die Kanten splittern und die Kopffläche sich abrunden (Katzenköpfe). Blasen, die mit Kalkspat oder Zeolith ausgefüllt sind, sollen möglichst fehlen.

Um eine Gesteinsart nach ihren technischen und physikalischen Eigenschaften beurteilen zu können, läßt man die petrographische Untersuchung durch einen technisch erfahrenen Geologen und die technische Prüfung in einer Materialprüfungsanstalt nach DIN 52100—52105 und 52107—52110 vornehmen. Welchen Wert eine solche Untersuchung mit Bezug auf das tatsächliche Verhalten des Pflastersteins in der Fahrbahn hat, dafür werden im Dritten Abschn. C. d. 3. β Beispiele gebracht. Für die abgekürzte Untersuchung genügen die folgenden Arbeiten: petrographische Untersuchung nach Zusammensetzung, Art und gegenseitiges Mengenverhältnis der Gemengteile, Gefüge usw. mit Hilfe von Dünnschliffen und dazu bei Basalten Untersuchung auf Sonnenbrand, ferner Prüfung auf Druckfestigkeit nach mehreren Richtungen, Abnutzung auf der Schleifscheibe, Wasseraufnahme und Frostwirkung. Bei großen Lieferungen empfiehlt sich Besichtigung des anstehenden Gesteins im Steinbruch. Umfrage bei anderen Behörden über Bewährung eines bestimmten Materials kann von Nutzen sein, jedoch muß man dabei stets auch die oben erwähnten besonderen Verhältnisse der Straßenstrecke feststellen, auf der es eingebaut worden ist oder werden soll. Bei der Auswahl ist noch zu beachten, ob das Gestein für Großpflaster, Kleinpflaster, Bordsteine oder andere Zwecke verwendet werden soll.

2. Das Kleinpflaster[1].

Das Kleinpflaster wird man zu den neuzeitlichen Decken rechnen müssen, wenn es auch schon 1887 durch Gravenhorst eingeführt worden ist, als der Kraftwagenverkehr noch unbekannt war.

Das Kleinpflaster ist im Auslande wenig angewendet worden; denn es fehlt am Hartgestein, auch an der handwerklichen Ausbildung. Das Kleinpflaster bietet indessen Möglichkeiten zu künstlerischer Gestaltung der Pflasterflächen, besonders wenn Steine verschiedener Färbung — Kalkstein und Basalt — verwendet werden.

a) Tragkörper.

Als Tragkörper dienen in erster Linie Steinschlagdecken, da das Kleinpflaster in der Mehrzahl der Fälle zur Verbesserung solcher Decken verwendet wird. Die abgenutzten, mit Schlaglöchern versehenen Decken müssen durch Aufreißen und Abwalzen eingeebnet werden. Besteht die Abgleichung nur im Ausfüllen der Schlaglöcher, dann sind die folgenden Grundsätze zu beachten *[126, 127]*.

1. Der Tragkörper für das Kleinpflaster muß so vorbereitet werden, daß er der zukünftigen Pflasteroberfläche genau entspricht, und muß eine gleichmäßig feste, unwandelbare Masse darstellen, je härter, desto besser.

2. Der Ausgleich der Unebenheiten darf keinesfalls nur mit Pflastersand geschehen.

3. Den ausgebesserten Tragkörper kann man vor dem Einbau des Pflasters dem Verkehr aussetzen, bis er gleichmäßig fest ist. Vorher sind die Schlaglöcher auszubessern. Unmittelbar vor dem Pflastern sind neugebildete Unebenheiten

---

[1] Merkblatt für den Bau von Fahrbahndecken aus Steinpflaster F. G. 1940.

nochmals sorgfältig auszugleichen. Soll die neue Pflasterdecke seitlich durch Bordschwellen begrenzt werden, dann darf damit erst nach der Abwalzung begonnen werden.

Für neue Straßen besteht der Unterbau entweder aus Packlage, auf der eine Schüttlage aufgewalzt wird, oder aus Beton. In städtischen Straßen ist Beton in 15 cm Höhe vielfach verwendet worden. In besonderen Fällen ist die Betondecke auch stärker, wenn es der Verkehr erfordert. Die Betonplatte muß aber in Abständen von 8—10 m Dehnungsfugen erhalten, die durch Einlegen von Dachpappe gebildet werden. Beton empfiehlt sich bei ungleichförmigem Untergrund. Im übrigen gelten die für Betonstraßen aufgestellten Bauregeln (Dritter Abschn. C. h). Zur Verbesserung des Tragkörpers können alle die Bauweisen angewendet werden, die für die Steinschlagdecke eingeführt sind, z. B. Packlage mit Mörtelausgleichschicht (Dritter Abschn. C. b) und Streumakadam bei lehmigem Untergrund (Dritter Abschn. C. i. 6. δ). Bei Verguß des Pflasters mit Zementmörtel kann an Tragkörperstärke gespart werden.

β) Baustoff.

Für Kleinpflaster haben sich alle gesunden Hartgesteine bewährt. Trotzdem muß für bestimmte Zwecke eine besondere Auswahl getroffen werden. Basalt, ein an sich sehr geeignetes Gestein, wird unter dem Verkehr glatt, bei Feuchtigkeit für Zugtiere sowohl wie für Kraftwagen unsicher und kann daher in Steigungen nur bis höchstens 4 v. H. verlegt werden. Granit ist rauher und geeignet bis zu 6 v. H. Feinkörniger Granit gibt ein ausgezeichnetes ebenes, dabei griffiges Pflaster. Grobkörniger Granit ebenso wie Gabbro liefern wegen ihres muscheligen oder pockennarbigen Bruches ein holperiges Pflaster, das bei Granit eher wie bei Gabbro mit der Zeit je nach der Stärke und Art des Verkehrs eben wird. Quarzporphyr soll bis zu 8 v. H. Steigungen verwendbar sein. Die gute Spaltbarkeit des Quarzporphyrs ist bisweilen auch die Ursache, daß er durch Frost und stärkeren Verkehr in schmale Platten zerfällt. Diabas hat sich in der Gegend des Harzes und in Sachsen zu einem sehr brauchbaren Kleinpflaster verarbeiten lassen. Nach Beobachtungen des Verfassers ist auch Grauwacke ein rauhes, haltbares Gestein für Kleinpflaster. Die Gesteine, die zu Kleinpflaster verwendet werden, sollen folgenden Prüfungsansprüchen genügen.

Druckfestigkeit mehr als 2500 kg/cm^2 (DIN 52105).

Abnutzung bei 608 m Schleifweg weniger als 18 g (DIN 52108).

Dichtigkeitsgrad mehr als 0,990.

Schlagfestigkeit mehr als 600 cm kg/cm^3 (DIN 52107).

Nur Gesteine, die sich gut spalten lassen, sind für Kleinpflaster geeignet.

Für das Schlagen der Kleinpflastersteine wird eine Steinspaltmaschine verwendet. Ein geschickter Arbeiter kann 2 m^3 in 8 Stunden herstellen.

Für die Abmessung der Kleinpflastersteine ist der Verkehr maßgebend, für leichten Verkehr 7—9 cm Kopfgröße und Höhe, für schweren 8—10 cm (DIN 481). Die Kopffläche soll nicht größer als 120 cm^2 sein. Ob sich aber die Anforderungen nach der Dinorm stets werden erfüllen lassen, hängt von der Art des Gesteines und seiner Spaltbarkeit ab. Verlangt muß aber werden, daß die Steine derselben Lieferung nur innerhalb gewisser Grenzen voneinander abweichen.

γ) Verlegung.

Kleinpflaster wird auf ein flaches Sandbett von 6—8 cm gesetzt, das abgerammt auf 3—4 cm sich verdichtet. Es hat sich erwiesen, daß die früher angewandte Stärke von 2 cm unter Verkehrsstößen nicht genügend elastisch ist. Die württembergische Anleitung gibt an, daß das Sandbett $^1/_3$ der Höhe der Steine betragen soll. Der Sand soll nicht zu fein und frei von Ton und Lehm sein. Als seitlichen

Abschluß für Landstraßen genügen hammerrecht bearbeitete Randsteine nach DIN 482. In Stadtstraßen werden neben den Bordstein erst noch zwei Reihen Großpflaster gesetzt. Die Großpflastersteine können aus Altmaterial stammen, sofern sie noch genügend hoch sind und gute Setzfläche haben. Sie erleichtern dann mit ihrer glatten Oberfläche als Rinnenpflaster den Wasserablauf. Dieses Pflaster wird in Kies gesetzt und so hoch angelegt, daß es mit dem späteren abgerammten Kleinpflaster bündig liegt. Eine Reihe Großpflaster in Beton versetzt wird auch auf Landstraßen als Randbegrenzung verwendet. Die Einfassung kann zur Abgleichung des Sandbettes benutzt werden, indem eine Lehre, die auf der Einfassung reitet, über den Sand gezogen wird. Kleinpflaster wird in folgenden Formen gesetzt:

1. Als Mosaikpflaster,
2. in Segmentform (Abb. 196),
3. in Kreisbogen (Abb. 197),
4. in Sägeform,
5. als Reihenpflaster.

Granite geben ein gutes Reihenpflaster, das Verfasser auf Betonunterbettung als Ersatz für Holzpflaster in Groß-Berlin eingeführt hat.
Für die Wahl der verschiedenen Einpflasterformen ist maßgebend die Gesteinsgröße. Kleine Steine, wie z. B. beim Basalt, müssen mosaikartig versetzt werden.

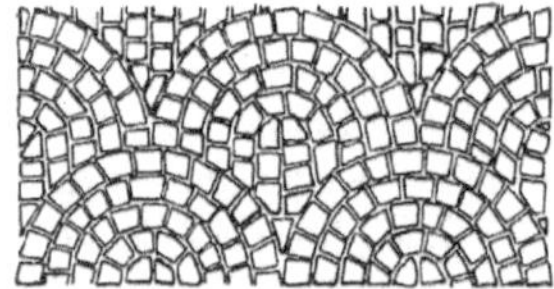
Abb. 196.
Kleinpflaster in Segmentform verlegt.

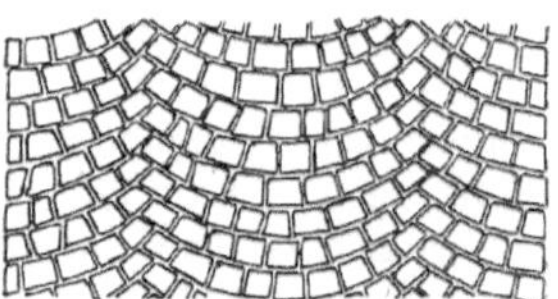
Abb. 197.
Kleinpflaster bogenförmig verlegt.

Bei Steinen mit größeren und regelmäßigeren Kopfflächen können die zuvor aufgeführten Formen 2—4 angewendet werden. Als Nachteil der Segmentform wird angesehen, daß der Zwickel im Ansatz zweier Bogen schlecht ausgefüllt werden kann. Kreisbogen werden bevorzugt. Der Winkel zweier Kreisbogen am Kämpfer soll ein rechter sein. In Steigungen werden Segment und Kreisbogen so angelegt, daß die Scheitel stets höher liegen als die Kämpfer. Das entspricht auch der Beanspruchung durch den Verkehr und erleichtert den Wasserabfluß. Die Abmessung der Bogen soll sich den folgenden Vorschlägen anpassen *[127]*:

Steingröße in cm	Bogenlänge in m	Bogenhöhe in cm	Bogenradius in m
6—8	0,80—1,10	22/24	0,65
8—10	1,10—1,35	24/27	0,90
10—12	1,35—1,70	27/32	1,25

Die Zahl der Bogen richtet sich nach der Straßenbreite, über die die Bogen gleichmäßig verteilt werden. Die württembergische Verwaltung schreibt für verschiedene Straßenbreiten die Bogensehne $2s = 1{,}0 - 1{,}5$ m, den Bogenhalbmesser $r = s \cdot \sqrt{2}$ vor.

Straßenbreite	$B = 5{,}0$	5,5	6,0	m
	$2s = 1{,}25$	1,38	1,20	m
Bogenhalbmesser.	$r = 0{,}88$	0,93	0,85	m

An der Bordkante setzen die Bogenscheitel an. Die Stichhöhe der Bogen soll mit der Größe der Steigung abnehmen, weil das den Verkehr erleichtert.

Nach dem Merkblatt soll Bogenpflaster vermieden werden, weil sich hierbei zu enge Fugen (s. Fußnote S. 218) ergeben. Das kann aber nur nachteilig sein, wenn Fugenguß angewendet wird, denn sonst soll Kleinpflaster mit möglichst engen Fugen verlegt werden, wenn sie nur eingeschlämmt werden.

Die Kleinpflasterdecke wird zwei- bis dreimal abgerammt und dann wie üblich eingeschlämmt. Die gesamte Pflasterfläche soll auch nach der Freigabe für den Verkehr noch reichlich mit Sand überdeckt werden, der auf etwa vier Wochen eingekehrt werden muß, damit die Pflasterfugen sich dicht füllen. Die Sandfugen werden trotzdem durch die saugende Wirkung der Reifen freigelegt. Hiergegen kann man eine Oberflächenbehandlung mit Bitumenemulsion anwenden. Die Decke wird staubarmer und trocknet auch schneller auf. Auch werden die Kanten der Steine vor Absplitterung geschützt. Das Vergießen mit Heißbitumen würde noch wirksamer sein. Es ist aber zu kostspielig, da es etwa den fünften Teil der gesamten Kosten der Neupflasterung ausmacht.

An Einbauten im Pflaster, besonders an runden Einsteigeschächten, ist schwer ein Anschluß mit Kleinpflaster herzustellen. Es wird deshalb der Einbau mit Großpflaster umgeben, das eine rechteckige Form erhält, an das sich das Kleinpflaster anschließen kann. Das gleiche gilt auch vom Anschluß an Straßenbahnschienen.

Fugenverguß mit Zementmörtel.

Zur Verbesserung der Festigkeit, der Wasserundurchlässigkeit, Ebenflächigkeit, zur Geräuschminderung, Verbesserung des Aussehens, der Reinigungsmöglichkeiten u. a. m. werden die Fugen mit Zementmörtel vergossen. Dann müssen sie aber 5—8 mm breit gehalten werden[1]. Die Steine werden hierbei erst in ein Kiesbett gesetzt, das locker 5 cm, abgerammt 2 cm dick ist, so daß die Fuge auf 8 bis 9 cm tief offen ist, in die dann Zementtraßmörtel 1 Z + 0,3 Traß + 1,5 Sand (Gew.-Teile) eingegossen wird, der die Fugen in voller Höhe ausfüllen soll. Mörtelverbrauch für 10 m² Deckenfläche wird zu 250 l angegeben. Die Nachbehandlung durch Feuchthalten der Kleinpflasterdecke mit einer 3 cm dicken feuchten Sanddecke ist auf 10—14 Tage zu erstrecken.

Kleinpflaster in Beton.

Bei Betonunterbau genügen Pflastersteine von geringer Höhe, z. B. 7 cm, die dann unmittelbar in den frischen Betonunterbau versetzt werden. Dieser darf dann nicht mehr als etwa 1,5 m dem Steinpflaster vorauseilen, und am Ende der Tagesarbeit muß der Beton vollständig überpflastert sein. In einer anderen Ausführung wird ein trockenes Betongemisch über dem Betonunterbau ausgebreitet, die Steine eingesetzt und sofort zum Zwecke des Abrammens stark angenäßt. Die 5 mm weiten Fugen werden sogleich mit Zementmörtel 1 : 2 voll ausgegossen. Nach dem ersten Verguß wird abgerammt, der zweite Verguß nach zwei Stunden. Das Pflaster muß 2 bis 3 Wochen feucht gehalten werden, ehe es dem Verkehr übergeben wird *[128]*. Die Fugen im Unterbeton übertragen sich auch in die Oberschicht, so daß auch hier Fugen anzulegen sind, die aus Raumfugen wie bei Betondecken mit Fugenausgußmasse zu dichten sind. Die Annahme, daß das Kleinpflaster die Fugen im Unterbeton überbrückt und die in ihm entstehenden sehr zahlreichen, aber sehr feinen Risse in den Mörtelfugen die Bewegungen ausgleicht, hat sich nicht immer als zutreffend erwiesen, besonders wenn der Verguß in kalter Jahreszeit ausgeführt ist. Das im Zementmörtel versetzte Kleinpflaster wirkt wie eine starre Platte, die fast die gleichen Bewegungen bei Temperaturänderungen macht, wie Beton und daher auch Fugen verlangt, deren Abstände aber größer sein können, zweckmäßig 20—30 m.

---

[1] Merkblatt zur Ausführung von Zementmörtelfugenverguß bei Steinpflasterdecke. F. G. 1941.

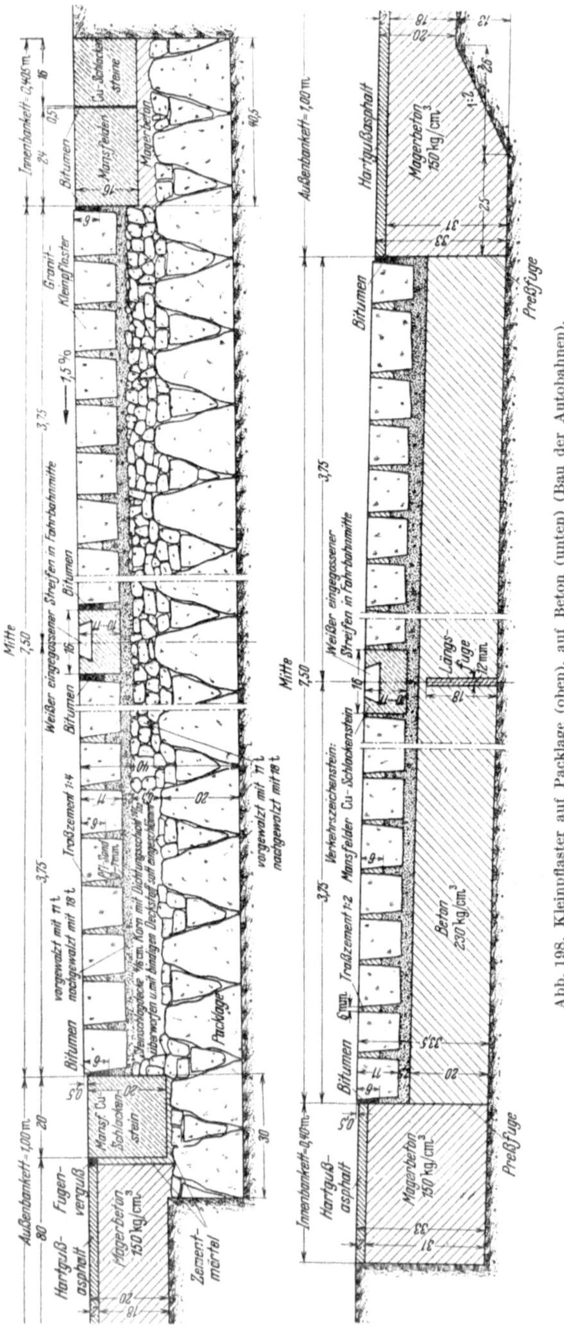

Abb. 198. Kleinpflaster auf Packlage (oben), auf Beton (unten) (Bau der Autobahnen).

Die Pflasterung soll möglichst in voller Breite der Straße erfolgen, um die Verspannung der Decke zu erreichen. Wo der Verkehr aufrechterhalten werden muß, wie das vielfach auf Landstraßen nicht zu umgehen ist, und erst eine, dann die andere Straßenhälfte gepflastert werden kann, ist für die erste Hälfte als Seitenabschluß nach der Fahrdammitte eine eiserne Schiene oder kräftige Bohle mit Schnurnägeln am Untergrund zu befestigen, gegen die sich die Pflasterung legt. Beim Anschluß der anderen Hälfte ist eine Verzahnung mit der ersten vorzusehen.

Der Baufortschritt bei Kleinpflaster ist gering, da ein Pflasterer kaum mehr als 13 m² am Tage verlegt. Der geringe Arbeitsfortschritt bei Kleinpflaster ist ein wesentlicher Nachteil, der besonders in der Gegenwart, weil es darauf ankommt, unsere Straßen schnell in Ordnung zu bringen, ins Gewicht fällt. Die maschinelle Herstellung des Pflasters läßt eine größere Förderung erwarten. Die hierfür bisher gemachten Vorschläge haben ihre Brauchbarkeit noch nicht erwiesen.

Das Quergefälle beträgt je nach der Steigung der Straße 2—3 v. H. Betonunterbau ist nur am Platze, wenn das Kleinpflaster in Verkehrsstraßen mit starker Steigung verwendet werden soll, weil andere Beläge nicht griffig genug sind. Für Einfahrten in Gehbahnen hat Verfasser eine Betonunterbettung aus einzelnen Betonplatten von 30 cm Seitenlänge und 15 cm Stärke verwendet, die mit dichten Fugen, in die feinkörniger Sand eingeschlämmt wird, verlegt werden. Da Gehbahnen aus Anlaß von Leitungsverlegungen oft aufgebrochen werden, ist eine durchlaufende Betonunterlage auf ihnen nicht angebracht. Die Betonplatten lassen sich leicht aufnehmen und wieder verlegen, haben zudem genügende Auflagerfläche, um größere Lasten auf den Untergrund zu übertragen.

Einzelne Strecken der Autobahnen sind mit Kleinpflaster dort befestigt worden, wo der Rohstoff in der Nähe war, z. B. in Schlesien und Sachsen. Der Tragkörper ist teilweise in Beton, teilweise in Packlage hergestellt, die Ausführung selbst durch die Abb. 198 näher beschrieben. Höhe der Kleinpflastersteine 9,5—10,5 cm; Reihenpflaster und Diagonalpflaster sind angeordnet. Die Fugen sind im Mittel 6 mm breit. Sie wurden 6 cm tief mit Zementmörtel ausgegossen. Auch Traßzementmörtel 1 : 1,5 und 1 : 2 ist gewählt worden. Nach dem ersten Verguß, der die Fugen zur Hälfte füllt, wird die Decke nochmals nachgerammt. Anschließend wurden nach 2 Stunden die Fugen mittels Fugeneisen nachgezogen und nachvergossen und überschüssiger Mörtel fortgenommen.

3. Großpflaster.

α) Tragkörper.

Die neuzeitliche Entwicklung am Großpflaster ist gekennzeichnet durch Anordnung eines kräftigen Tragkörpers und Maßnahmen zur Ausfüllung der Fugen durch dauerhaften Stoff. Der Anstoß dazu ist von den Städten ausgegangen, deren starker Verkehr ein widerstandsfähiges Pflaster, aber zugleich ein staub- und geräuscharmes erfordert hat.

Das Reihenpflaster besteht aus fester Unterbettung, aus Pack- und Schüttlage oder 20 cm starker Betonlage. Beton als Unterbettung hat den Nachteil, daß er längere Zeit zum Abbinden braucht, den Aufbruch und die Wiederherstellung der Decke erschwert und zugleich die bei Pflaster unvermeidlichen Geräusche als Resonanzboden verstärkt und fortpflanzt. Dagegen ist der Anschluß an Einbauten im Fahrdamm besser herzustellen. Wo die Rücksicht auf die Versorgungsleitungen Abwalzen nicht zuläßt, muß Beton gewählt werden.

β) Baustoff.

Da Großpflastersteine für Straßen verschiedener Inanspruchnahme verwendet und aus Gesteinsarten hergestellt werden, die sich in ihrer petrographischen Beschaffenheit, Gefüge und Spaltfähigkeit stark unterscheiden, so ist es nicht möglich, einheitliche Abmessungen für das ganze Gebiet festzusetzen. Man hat sich darauf beschränkt, für die verschiedenen Bruchgebiete in Deutschland und die dort bodenständigen Gesteinsarten, auf Grund der praktischen Erfahrung, die in Herstellung und für Gebrauch wirtschaftlichen Größen festzulegen und zusammenzustellen, und die annähernd 100 Maße, nach denen früher Großpflastersteine hergestellt wurden, auf die notwendigen und zweckmäßigen zu beschränken. Die neuen Abmessungen sind nach Bruchgebieten oder Lagerstätten und Gesteinsarten in der DIN 4300 zusammengestellt — Musterbuch über Großpflastersteine für Reihenpflaster — 8 Blätter.

Anzustreben ist eine Verringerung der Steinhöhe aus wirtschaftlichen Gründen. Außerdem kann der Belag bei Betontragkörper und Zementfugenverguß in seiner vollen Höhe als tragend angesehen werden. Die ebene Oberfläche vermindert die Stöße und damit die Beanspruchung der Decke *[129]*.

Die Steine werden in verschiedenen Klassen geliefert, die sich nach der Höhe und vor allem nach dem Verhältnis der Fuß- zur Kopffläche unterscheiden. Die hochwertigen Pflastersteine erhalten das Verhältnis 4 : 5, andere Klassen weisen ein Verhältnis 3 : 4 oder 2 : 3 auf. Die Güte kommt auch in der steinmetzmäßigen

Bearbeitung zum Ausdruck, die zur Gesteinsart in Beziehung steht. Großpflaster wird jetzt nur noch in Straßen mit besonders schwerem Verkehr, z. B. zu Güterbahnhöfen, Hafenstraßen und in Steigungen, verwendet, und dort wo Straßenbahngleise liegen. Die Höhe der Steine muß sich nach diesen richten, worüber im Dritten Abschn. C. i. 7 weitere Ausführungen gemacht werden. Die Breite der Steine ist auch abhängig von der Spaltbarkeit. Breite Steine sind wirtschaftlicher. Schmale Steine (12—14 cm) werden aber für zweckmäßiger gehalten, obwohl dann die Fugen vermehrt werden; in Steigungen werden sie noch schmäler gewählt, 8—12 cm, um den Pferdehufen guten Halt zu bieten.

Auf die für Pflastersteine geeigneten Hartgesteine, die Anforderungen, denen sie genügen müssen, und die genormten Prüfungsverfahren ist schon (S. 218) hingewiesen. Wieweit diese den richtigen Einblick in das Verhalten des Gesteins im Pflaster gewähren, konnte durch einige Versuche aufgeklärt werden. Wertvoll ist vor allem den Widerstand des Gesteins gegen Abnutzung zu kennen. Als Gebrauchsprüfung kommt in Frage DIN 52108. Als Stoffprüfung sind die Prüfung auf Druckfestigkeit (DIN 52105) und auf Schlagfestigkeit (DIN 52107) vorgenommen. Bei diesen Versuchen sind Pflastersteine in Pflasterfahrbahnen so eingepflastert, daß alle Steine (Reihenpflaster) gleich beansprucht werden. Die Flächen und Steine sind genau bezeichnet. Nach Verlauf von 4 Jahren und 5 Monaten ist die Abnutzung an den herausgenommenen Steinen gemessen worden[1]. Die Werte für jeden einzelnen Stein sind natürlich verschieden, weil die Steinoberflächen nicht völlig gleichartig sind. Darum sind Mittelwerte gebildet worden, die die folgende Größe gehabt haben:

Steinsorte	Abnutzung	Verhältniszahl
Granit I	0,11 cm^3/cm^2	1
„ II	0,07 „	0,6
„ III	0,13 „	1,2

Die an den gleichen Gesteinen vorgenommene Prüfung nach DIN 52108 hat die folgende Abnutzung ergeben (cm^3/cm^2).

Granitsorte	trocken	Verhältniszahl	unter Zufuhr von Wasser	Verhältniszahl
I	0,14	1	0,24	1
II	0,10	0,7	0,15	0,6
III	0,18	1,3	0,34	1,4

Die Abnutzung auf der Straße steht demnach in Beziehung zu dem Ergebnis der Prüfung. Die Steine waren in einer städtischen Ausfallstraße mit mittlerem Verkehr eingepflastert.

Drei Großpflastersteinsorten, die in Hamburg in demselben Straßenzug verlegt und nach einer Liegezeit von 23 Jahren aufgenommen und deren Verlust an Höhe bekannt waren, sind nachträglich auf ihre Eigenschaften geprüft worden, so daß auch der Einfluß eines längeren Zeitraumes erfaßt werden konnte. Die Ergebnisse sind in der folgenden Übersicht zusammengestellt *[130]*.

---

[1] Im Pflaster selbst wird die Abnutzung durch Einbau von Meßplatten ermittelt, die im Tragkörper verlegt werden und deren Höhe bis zur Steinoberfläche mit Meßuhren festgestellt wird *[129]*. Nach Straßenbau 1930, S. 222, Abnutzung des Granitpflasters bei allerbestem Material 1,8—3,3 mm im Jahr.

Tabelle 21.

Steinsorte	Abnutzung der Straße cm	Raumgewicht g/cm³	Wasseraufnahme %	Schlagfestigkeit cm-kg/cm³	Druckfestigkeit kg/cm²	Abnutzung trocken cm³/cm²	Abnutzung Zuschuß von Wasser cm³/cm²
Sächsischer Granit . .	4	2,69	0,3	140	2140	0,16	0,22
Schlesischer Granit . .	2	2,61	0,4	221	2720	0,16	0,18
Schwedischer Granit . .	1	2,66	0,1	275	3050	0,11	0,14

Je geringer auf Grund der Prüfverfahren die Abnutzung, je höher die Druckfestigkeit und Schlagfestigkeit sind, desto geringer ist auch die Abnutzung gegenüber der Verkehrsbeanspruchung. Das Verhältnis ist aber nicht linear. Das läßt darauf schließen, daß noch andere Eigenschaften des Gesteins Einfluß auf die Abnutzung haben, z. B. die petrographische Beschaffenheit, die Korngröße der Einzelmineralien, ob die Granite fein- oder grobkörnig sind und das Größenverhältnis der einzelnen mineralischen Bestandteile zueinander. Nach Untersuchungen von Zelter *[131]* ist die Abnutzung um so geringer, je geringer die Korngröße der Einzelmineralien sind und je weniger die Größen der einzelnen Mineralien bei einer körnigen Struktur voneinander abweichen. Immerhin geben die Prüfverfahren über die Eigenschaften der Gesteine ein mit der Wirklichkeit übereinstimmendes Bild. Nach den Richtlinien für Fahrbahndecken der Autobahn sollen die Gesteine den folgenden Anforderungen genügen: Druckfestigkeit (DIN DVM. 52105) mindestens 2000 kg/cm², Schlagfestigkeit (DIN DVM. 52107) mindestens 100 cm kg/cm³, Abnutzung (DIN DVM. 52108) höchstens 9 cm³, das sind bei einer Fläche der Prüfkörper von 50 cm² 0,18 cm auf den Quadratzentimeter. Auch nach einer Forschungsarbeit des schwedischen Wegebauinstitutes *[132]* hat sich gezeigt, daß mit hoher Druck- und Schlagfestigkeit eine geringe Abnutzung verbunden ist, so daß diese Prüfung in Verbindung mit der auf Wasseraufnahme schon einen guten Einblick in die Beschaffenheit des Steines gibt.

γ) Verlegung.

Bei Reihenpflaster verlaufen die Fugen rechtwinklig zur Straßenachse, bei Diagonalpflaster unter 45°. Die Annahme, daß beim Diagonalpflaster das Kanten der Steine unter den Pferdehufen verhindert würde und die Räder ruhiger über die Fugen geführt würden, hat sich nicht bestätigt. Auch der Anschluß an die Straßenbahngleise läßt sich mit Reihenpflaster besser herstellen als mit Diagonalpflaster. Bei Kreuzdämmen und Straßeneinmündungen werden die Reihen ineinander verzahnt oder die Reihen der einen — Hauptstraße — laufen durch, die der anderen — Nebenstraße — schließen rechtwinklig an.

Zum Ausgleich der Höhenunterschiede der Steine und Unregelmäßigkeiten des Unterbaues dient eine Kiesschicht lose von 10—12 cm, die nach dem Abrammen auf 6—8 cm zurückgeht. Das Quergefälle richtet sich nach dem Längsgefälle, kann aber bei Fugenverguß flacher gehalten werden (Abb. 117, S. 128).

In starken Verkehrsstraßen mit ihrem Staub und Schmutz ist ein geschlossenes Pflaster besonders erwünscht, dessen Fugen weder selbst Staub erzeugen, noch Schmutz und Feuchtigkeit aufnehmen können. Da die Fugenausfüllung nachgiebig sein soll, muß eine bildsame Fugenfüllung angewendet werden aus fein-

gemahlenen Mineralstoffen (Füller) oder Faserstoffen (z. B. Mikroasbest) oder einem Gemisch aus beiden und dem Bindemittel Bitumen oder Teer. Sie ermöglicht auch einen leichten Aufbruch und Wiederherstellung, so daß besonders im Gleiskörper der Straßenbahn diese Art des Vergusses zu empfehlen ist.
Die Prüfung erstreckt sich bei Bitumenpflastervergußmassen auf:

1. Erweichungspunkt nach Ring- und Kugelverfahren über 55°. (Dritter Abschnitt C. i. 2.)
2. Fließlänge höchstens 10 mm. Din 1996 U 70.
3. Die Masse muß sich bei 150° in eine 5 mm breite Pflasterfuge glatt eingießen lassen. Sie darf sich bei dieser Temperatur innerhalb 30 Minuten nicht entmischen. Die auf 0° abgekühlte Masse darf nicht verspröden, sondern soll bei dieser Temperatur noch hinreichend zäh und schlagfest sein. Din 1996 U 71.
4. Frostbeständigkeit: Fallhöhe der auf 0° abgekühlten Kugel größer als 120 cm. Din 1996 U 72.

Der Bindemittelgehalt soll mindestens 50 bis 60 Gew.-% betragen.
Das als Zuschlagstoff verwendete Gesteinsmehl darf auf dem 0,2 mm-Maschensieb höchstens 1%, auf dem 0,09 mm-Maschensieb höchstens 20% Rückstand haben.

Bei teerhaltigen Pflastervergußmassen soll der Erweichungspunkt nach Ring- und Kugelverfahren bei faserstoffreien Massen bis 58° betragen, die Fließlänge höchstens 50 mm.
Die Masse muß sich bei 100—120° in eine 5 mm breite Pflasterfuge glatt eingießen lassen und darf sich bei dieser Temperatur innerhalb 30 Minuten nicht entmischen.
Das Bindemittel soll aus Teerweichpech oder aus einem Teer-Bitumen-Gemisch bestehen.

Die Massen werden in Kesseln aufgeschmolzen und bei Bitumen auf 180°, bei Teer auf 150° erwärmt. Damit die Mineralstoffe sich nicht absetzen, muß gerührt werden. Die Fugenvergußmasse aus Bitumen wird bei mindestens 150°, die aus Teer bei 100 bis 120° in die Fugen eingegossen. Sie müssen an den Gesteinsflächen fest anhaften. Diese Arbeit kann nur an völlig trockenem Pflaster bei guter Witterung ausgeführt werden. Fugenverguß mit Emulsion wird auf S. 324 behandelt.
Da beim bituminösen Fugenverguß die Steine etwas beweglich bleiben, kann die Absplitterung der Kanten bei sprödem Gestein nicht ganz unterbunden werden, auch läßt die Ebenflächigkeit zu wünschen übrig. Verguß mit Zementmörtel bietet einen kräftigeren Kantenschutz, ermöglicht Herstellung einer sehr ebenen Oberfläche und soll die Lasten gleichmäßiger auf den Tragkörper verteilen. Aber nur mit sehr fetten Mörteln (1 Teil Zement + 1,5 Teile Sand bis 1 Teil Zement + 2 Teile Sand) läßt sich das erreichen. Vergossen wird in zwei Arbeitsgängen. In die zu zwei Drittel offengebliebenen Pflasterfugen wird der steife Mörtel bis 2 cm unter Steinoberfläche eingegossen. Anschließend werden die Steine mit der Hand leicht gerammt, damit der Mörtel die Fugen satt ausfüllt. Der zweite Verguß ist je nach der Witterung nach ein bis zwei Stunden vorzunehmen. Der dickflüssige Mörtel, der 1 cm über der Kopffläche steht, wird bei beginnendem Abbinden mit einem Fugeneisen verfugt und überflüssiger Mörtel fortgenommen. Mörtelmenge für 10 m² Deckenfläche rd. 250 l. Je nach den Witterungsverhältnissen ist die Decke 8—12 Tage feucht zu halten, bei Trockenheit durch eine 3 cm hohe Sandschicht, die ständig angenäßt wird.
In Stadtstraßen wird die Pflasterbahn durch Bordschwellen meist aus Granit eingefaßt, für deren Abmessung DIN 482 maßgebend ist. Die Schwellen werden auf Beton verlegt (Abb. 199).

δ) Unterhaltung.

Die besondere Eigenart des Großpflasters ist, daß es nur geringe laufende Unterhaltung erfordert. Einmal gut verlegt, bedarf es jahrzehntelang nur geringer Pflege. Die Decke nützt sich gleichmäßig ab. Der Verschleiß ist allerdings unter dem Verkehr mit Gummireifen sehr stark zurückgegangen. Einzelne Steine, die gesprungen oder versackt sind, werden durch eine Zange herausgenommen und durch neue ersetzt. Bei bituminösem Fugenverguß kommt ein Nachfüllen der Fugen in Frage. Erst im Laufe längerer Zeit zeigt das Großpflaster Verfallserscheinungen je nach der Stärke des Verkehrs, den es hat aufnehmen müssen, die sich in einer S-förmigen Verschiebung der Reihenfuge, in Schlaglöchern und in Abrundung der Kanten am Kopf bemerkbar machen. Alsdann ist die Zeit gekommen, daß das Großpflaster unter Zusatz neuer Steine völlig umgepflastert werden muß. Zeitweilig ist auch bei diesem Pflaster das Flickverfahren angewendet worden, indem nur die schadhaften Stellen ausgebessert werden. Zweckmäßiger ist es aber, wenn erst verkehrsgefährliche Schäden vorhanden sind, größere zusammenhängende Flächen umzulegen.

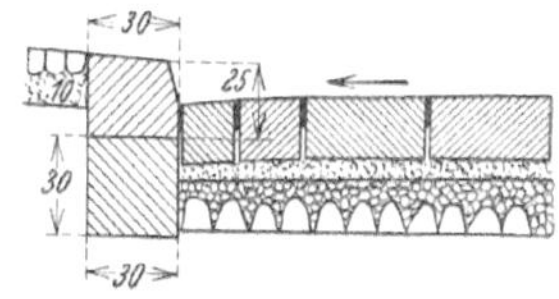

Abb. 199. Großpflaster als Reihenpflaster auf Packlage mit Anschluß an die Bordschwelle.

Beim Aufnehmen der Steine zeigt sich in vielen Fällen, daß das Pflaster gekippt ist und der lotrechte Schnitt durch die Steine an der Fahrfläche keinen rechten Winkel mehr aufweist. Das ist darauf zurückzuführen, daß das Rad vom Sprung über die Fuge von einem Stein zum anderen einen Schlag auf die der Fahrtrichtung zunächst liegende Kante ausübt und der Stein langsam sich entgegen der Fahrtrichtung neigt und entsprechend abgeschliffen wird. Beim Kraftwagenverkehr ist es das angetriebene Rad, das in der gleichen Richtung auf den Stein einwirkt (Abb. 200). Bei Umpflasterungen sollen die Steine so eingepflastert werden, daß die Reihenfuge in der Fahrtrichtung geneigt ist, also entgegengesetzt der Lage,

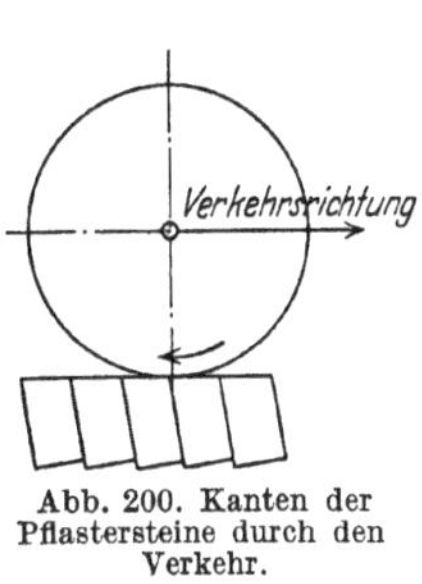

Abb. 200. Kanten der Pflastersteine durch den Verkehr.

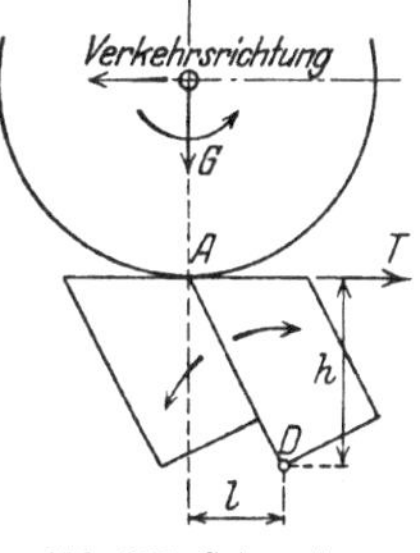

Abb. 201. Setzen der Pflastersteine beim Umpflastern.

aus der die Steine aufgenommen worden sind (Abb. 201). Wird das nicht beachtet, so wird das Pflaster sehr bald eine sägeförmige Oberfläche erhalten. Im anderen Falle werden dieselben Kräfte, die in der ursprünglichen Lage den Stein gekippt haben, sie in der neuen Lage aufzurichten suchen und sie gleichmäßig abnutzen *[133]*. Um das Umkippen der Steine etwas zu erschweren, käme in Frage, beim Abrammen des neuen Pflasters den ersten Schlag auf den Stein gegen die Verkehrsrichtung zu führen. Die vorgeschlagene Maßnahme hat zur Folge, daß bei Fahrbahnen mit zwei Verkehrsrichtungen in zwei Hälften gepflastert werden muß und bei Aufbruch in ganzer Straßenbreite die beiden Pflasterkolonnen in entgegengesetzter Richtung arbeiten.

Reihenpflaster, das wegen Abnutzung aus einer Straße mit schwerem Verkehr herausgenommen werden muß, kann in einer Straße mit geringerem Verkehr noch als Reihenpflaster verwendet werden, oder auf untergeordneten Wegen oder in Straßen mit nachgiebigem Untergrunde noch als Kopfsteinpflaster eingebaut.

Später können die Steine noch zu Kleinpflaster oder Schotter verarbeitet werden oder als Zuschlag zu Betondecken dienen, wie sie im Dritten Abschn. C. h. 9 beschrieben sind. Heute wird mit Erfolg unebenes Großpflaster mit Teer- oder Bitumendecken (Dritter Abschn. C. i. 6. β) überzogen und kann dann als Unterbau für einen Kunstbelag ein Lebensalter erreichen, mit dem es alle anderen Pflasterarten übertrifft. Die Notwendigkeit hierzu hat sich in den Großstädten ergeben, da die unebenen Großpflasterflächen wegen ihrer Erschütterungen eine Gefahr für die Häuser geworden sind.

4. Bordschwellen und Gehbahnplatten aus Natursteinen.

Für die Einfassung der Fahrbahnen von städtischen Straßen müssen zur Abtrennung des Gehverkehrs Bordschwellen oder Bordsteine verwendet werden, jene für Verkehrsstraßen, diese für Wohnstraßen. Die Abmessungen und Bearbeitungsform sind geregelt durch DIN 482 (Granit). Sie haben eine solche Höhe, daß ihre Fußfläche unter der Fahrbahngründung liegt. Wo diese sehr stark ist, müssen die Bordschwellen auf Betonfundamente gelegt werden.

Auf größere Länge gerät infolge der Dehnung bei Sonnenbestrahlung die Bordschwellenkante in starke Spannung, die sich in sägeblattförmigem Ausknicken der einzelnen Schwellen an den Fugen und Absplitterung an den Ecken äußert. Um dies zu verhindern, sollen die etwa 10 mm weiten Fugen mit Zementmörtel verfüllt werden, der aber mit dem Fugeneisen auf etwa 1 cm ausgekratzt wird, damit der Preßdruck von der Ecke fortgenommen, auf die innere Fläche übertragen und durch Vergrößerung der Abscherfläche der Einheitsdruck verringert wird.

Gehplatten aus Natursteinen werden in der quadratischen Abmessung 40/40 und rechteckigen 1,0 m breit und rd. 0,65 lang geliefert. Ihre Beschaffenheit und Bearbeitungsform kann aus DIN 484 Bürgersteigplatten (Natursteine) entnommen werden.

e) Pflasterung aus künstlichen Steinen.

1. Mansfelder Schlackensteine.

Die Mansfelder AG. für Bergbau und Hüttenbetrieb[1] fertigt Steine aus den Schlacken der Erzverhüttung der Kupferschiefer an, die in eiserne Formen gegossen werden, in denen sie langsam unter Luftabschluß erstarren. Sie haben eine hohe Druckfestigkeit und große Härte. Ihre Sprödigkeit, gemessen an der Schlagfestigkeit (DIN 5 2108) liegt etwa zwischen der von Basalt und Granit (192 cmkg/cm^3). Die Steine zeichnen sich durch regelmäßige Formen, scharfe Kanten und Ecken aus. Sie haben Würfelform 16 × 16 und 10, 12, 14 und 16 cm Höhe, 36 Stück kommen auf 1 m^2. Es werden aber auch Gehbahnplatten und Bordschwellen angefertigt, ebenso Kleinpflaster in Würfeln von 9,5 cm Kantenlänge. Die Fahrbahnoberfläche wird bei der Herstellung besonders rauh gestaltet. Die Schlackensteine werden wie andere Pflastersteine versetzt. Wegen ihrer regelmäßigen Form sind sie besonders geeignet für Rinnenpflaster, Überwege in Steinschlagstraßen, Radwegstreifen neben den Bordkanten, Auspflastern von Gleiskörpern und Einfahrten, Einfassung von Einbauten in den Fahrbahnen u. ä. Wegen ihrer scharfen Kanten können die Fugen enger ausfallen, die auch mit Pflasterausgußmasse vergossen werden.

2. Klinkerpflaster.

Klinkerpflaster ist in Norddeutschland auf etwa 5000 km in den Provinzen Hannover, Schleswig-Holstein und in Oldenburg verwendet worden. In Nordamerika kann es zu den üblichen Pflasterarten gerechnet werden. Nach dem Be-

[1] F. G. Merkblatt über Pflastersteine aus Kupferhochofenschlacke.

richt zum VI. I.-Str.-K. liegen in Holland 1200 km Staatsstraßen mit Klinker, 52 v. H. der Stadtstraßen in Amsterdam und 42 v. H. im Haag sind mit Klinker befestigt. Seine Anwendung hat sich überall dort als zweckmäßig und wirtschaftlich erwiesen, wo Hartgestein oder überhaupt Naturgestein schwer zu beschaffen ist. Nach den Berichten zum VI. I.-Str.-K. ist Klinkerpflaster in Frankreich und England neu eingeführt und in Polen ist diese Bauweise unter Verbesserung der Klinker wieder aufgenommen worden.

α) Baustoff.

Die Abmessungen der Klinker sind etwas geringer als die des üblichen Ziegels.

Bockhorner Klinker	220—105—52 mm
Hamburger Klinker	220—105—65 mm
Kieler Klinker	230—110—55 mm
Holland-Klinker	228—108—52 mm
Normalgröße der Vereinigten Klinkerfabriken V.St.A.	212—106—76 mm
Reichsformat	250—120—65 mm

Der Straßenklinker ist ein aus Ton oder Lehm bis zur Sinterung gebrannter Kunststein von besonders großer Dichte, Festigkeit und Zähigkeit, von besonders geringer Wasseraufnahme und unbedingter Frostsicherheit.
Prüfung nach DIN 105.
Wasseraufnahme 4 Gew.-%, höchstens 5,5%.
Frostbeständigkeit nach DIN 2104 an mindestens 10 Klinkern.
Druckfestigkeit an Würfeln nicht unter 600 kg/cm². Bockhorner Klinker sollen 1700—2000 kg/cm², die holländischen zwischen 600—750 kg/cm² aufweisen, diese bei nur 1—2% Wasseraufnahme.
Für die Prüfung auf Zähigkeit ist die Kugeldruckprüfung vorgeschlagen. Von 10 Probemustern sollen mindestens 8 Stück die Prüfung bis zu 2500 kg bestehen.
Verschleißfestigkeit im Abschleifversuch nach DIN 5 2108 Höchstverlust i. M. 0,30 cm³/cm².
In den Vereinigten Staaten wird die Abnutzung in einer Trommelmühle, Talbot Jones Abschleifgerät (A. S. T. M. 6—7—15) vorgenommen.

β) Tragkörper.

An den Tragkörper werden sehr verschiedenartige Anforderungen gestellt, je nachdem ob die Klinker hochkant oder flach verlegt werden und je nach der Verkehrsstärke, die die Fahrbahn auf Straßen oder Flugplatzvorfeldern aufzunehmen hat. Tragkörper und Art der Verlegung können daher nicht getrennt werden und sollen daher gemeinsam behandelt werden.

γ) Verlegung.

1. Hochkant auf einer Sandunterbettung von 25—50 cm, Ausführungsweise in Holland und Norddeutschland. Bei größerer Tragfähigkeit des Untergrundes und guter Verspannung der Klinker ist es möglich, die Klinker flach zu verlegen und dadurch an Baustoff einzusparen.

Wenn die Unterbettung eine Packlage oder Steinschlagdecke ist, sind die folgenden Ausführungsformen eingeführt.

2. Ausgleichsschicht nur ein Sandbett von 3—5 cm (Abb. 202). Die Klinker werden entweder mit knirschen Fugen verlegt und abgewalzt, oder die Fugen mit bituminöser Masse vergossen.
3. Die Ausgleichsschicht besteht aus Beton 6—8 cm dick mit 250—300 kg Zement m³. Auf den noch frischen Beton kommt eine 2—3 cm dicke Mörtelschicht (300 bis 360 kg/m³), in die die angenäßten Klinker verlegt werden. Nach früheren Erfahrungen an Holzpflasterstraßen hat diese Mörtelschicht nicht gehalten. Aller-

dings bestand der städtische Verkehr noch überwiegend aus Stahl- oder Vollgummireifen mit starker Stoßwirkung. Auf ein gutes Anbinden zwischen Unterbeton und Mörtelschicht wird besonders zu achten sein.

4. Der Tragkörper ist eine Betonplatte von allerdings nur 10—16 cm Dicke, auf die wieder mit einer Mörtelzwischenlage die Klinker verlegt werden. In diesen Fällen werden die Fugen mit Zementmörtel ausgefüllt. Wie bei Betonbelägen sind die Querfugen als Dehnungsfugen im Abstand von 50—100 m vorzusehen *[134]*. Ausführung geeignet für Straßen mit starkem Verkehr.

5. Statt des Betonunterbaues ist auch eine etwa 12 cm dicke Schicht nach Art des Zementschotters zur Ersparnis an Zement angewendet worden. Als Zuschläge hat man Ziegel- oder Betonbrocken, Abraumschotter benutzt, die wie bei der Zementschotterdecke abgewalzt, auf die dann eine Kalkmörtelschicht eingewalzt ist, darauf sind die Klinker flach verlegt.

Bei allen diesen Ausführungen kann auf seitliche Abgrenzung in Form von Bordschwellen oder Bordkanten (DIN 482), die noch durch eine Abstützung in ihrer Lage festgehalten werden, um den Seitenschub der Klinkerreihen aufzunehmen, nicht verzichtet werden. Die Bauarten Ziff. 2 und 4 sind für Straßen starken Verkehrs bestimmt (Bundesstraßen), die nach Ziff. 1 und 3 für mittleren Verkehr und städtische Nebenstraßen, die nach Ziff. 4 mit schwächerer Betonunterbettung und nach Ziff. 5 für Siedlungsstraßen und Wohnwege.

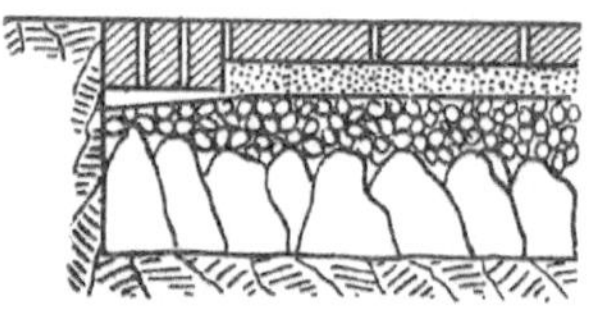

Abb. 202. Klinkerpflaster auf Packlagetragkörper flach verlegt.

Für die Herstellung der Betonunterbettung gelten die Vorschriften des Merkblattes für Betonstraßen einschließlich der Fugenherstellung und ihrer Vergußmasse.

6. Die besondere Bauweise für Flugplatzvorfelder hat nur eine Sandunterbettung von 4—6 cm, auf die die Klinker engfugig und knirsch verlegt werden. Die Reihen stützen sich gegen hochkant verlegte Streckschichten ab, die in etwa 5 m Abstand normal zu den Vorfeldlängsseiten angeordnet werden. Da diese flach gelegten Klinkerflächen schon zur Abführung des Wassers mit Überhöhung und Quergefälle nach den Streckschichten hin vorverlegt werden, üben sie eine Gewölbewirkung aus. Durch diese Verspannung entsteht auch soviel Reibung in den Fugen, daß die an den Fahrzeugrädern ausgeübten Einzellasten auf mehrere Klinker verteilt werden und daher der Einheitsflächendruck die Tragfähigkeit des Untergrundes nicht überschreitet. Das Planum muß kräftig verdichtet (Dritter Abschn. A. II) und auf genaue Höhe abgeglichen werden. In dieses werden die Streckschichten gut ausgerichtet hochkant verlegt, dann das Sandbett eingebracht, die Klinkerreihen flach, möglichst engfügig, verlegt und abgewalzt. Die Fugen sind durch Aufbringen von Feinsand zu schließen *[135]*.

δ) Verband in der Geraden und im Bogen.

Die Stoßfugen der Längsreihen werden gegeneinander versetzt, entweder je um eine halbe Ziegellänge (Halbverband) oder dreiviertel Ziegellänge (Dreiviertelverband). Wenn im Bogen die Fugen radial angelegt werden, würden sie zum Außenrand hin eine zu große Breite annehmen, oder die Klinker müssen keilförmig zugehauen werden. Beides ist nachteilig für den Bestand und erschwert die Arbeit. Darum wird die Richtung der Längsfuge, die am Bogenanfang senkrecht zur Straßenachse steht, von beiden Tangenten aus beibehalten. Ist der Zentriwinkel $< 90°$, so treffen in der Bogenhälfte die Längsfugen unter einem Winkel zusammen, der dem Zentriwinkel entspricht (Abb. 203). Der verbleibende Keil wird spitzwinklig mit zugehauenen Steinen ausgeklinkert. Ist der Zentriwinkel $> 90°$, wird die Richtung der Längsfuge so lange beibehalten, bis sie mit dem zugehörigen Halbmesser einen Winkel von 45° bildet. An dieser Stelle wird die Längsfuge an der Innenkante um 90° gedreht, der dadurch entstehende Keil kann im Diagonalverband ohne Verhau ausgelegt werden. In dieser Weise wird von beiden Bogenschenkeln nach der Mitte zu gearbeitet, der dann am Zusammentreffen in Bogenhälfte entstehende Keil durch Verhau ausgefüllt. Die Punkte, an denen die Längsreihen um 90° gedreht werden, liegen vom Bogenanfang oder Ende ab $2\,t = \frac{R\pi}{4}$, wenn die Tangentenlängen an Stelle der Bögen genommen werden.

f) Holzpflaster.

Die geschichtliche Entwicklung des Holzpflasters ist sehr anschaulich in der Schrift „Das Holzpflaster in London" von Dr.-Ing. e. h. Heinrich Freese, der sich um die technische Durchbildung des Holzpflasters in Deutschland sehr verdient gemacht hat, behandelt. Es sei auf diese Schrift verwiesen. Holzpflaster wurde 1872 in England eingeführt. Die Bewertung, die das Holzpflaster in den verschiedenen Zeitläuften gefunden hat, ist schwankend gewesen. Die heutige Auffassung ist wohl die, daß das Tropföl von den Kraftwagen die Holzpflasterflächen so glatt gemacht hat, daß es neuerdings als ungeeignet bezeichnet und daher trotz mancher Vorzüge nicht mehr verwendet wird. Für gedeckte Räume, Durchfahrten, Fußböden in Fabriken hat Holzpflaster indessen seinen Wert behalten.

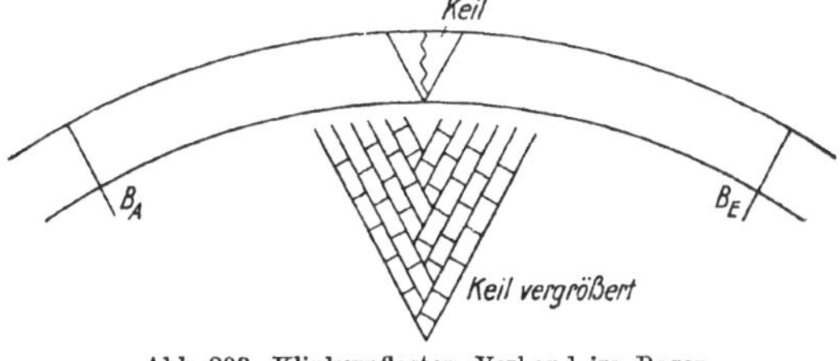

Abb. 203. Klinkerpflaster, Verband im Bogen.

1. Baustoff.

Nur sehr dicht gewachsene Hölzer können für Zwecke der Straßenpflasterung verwendet werden. Erfahrungen liegen in europäischen Ländern — Deutschland, England, Frankreich, Österreich — mit der schwedischen oder nordischen Kiefer, die als Weichholz bezeichnet wird, mit der steyrischen Lärche und den australischen Harthölzern vor. In den V.St.A. werden außerdem Yellow pine (pinus ponderosa) Douglas-Föhre und Tamarack (Larix laricina) für Pflasterzwecke zugelassen. Verwendet werden auch: europäische Lärche, kanadische Kiefer. Das australische Hartholzpflaster wird aus verschiedenen Baumarten gewonnen, die aber alle zu den Eukalyptusarten gehören, z. B. Red Gum (Eucalyptus saligna), Blackbutt (E. pilularis), Blue Gum (E. botroides), weißer Buchsbaum (E. albeus), Tallowwood (E. microcorys), Jarrah (E. marginata), Karri (E. diversicolor). Das australische Holz ist so fest gewachsen, daß es z. T. ein Raumgewicht hat, das über 1 liegt. Eine Tränkung ist unmöglich, da es Tränkmasse nicht aufnimmt. Die Druckfestigkeit ist hoch und die Abnutzung gering. Wegen seiner Dichte nimmt es Wasser, solange es noch jung ist, nicht an, treibt also nicht, wie es sonst bei Holz und beim Pflaster aus Weichholz der Fall ist. Dagegen hat es die nachteilige Eigenschaft, daß es im Laufe der Zeiten sehr schwindet. In diesem Zustand nimmt es dann auch Wasser auf und arbeitet stark, weil das räumlich schwere Holz, d. h. dasjenige, das die größte Menge an Holzmasse auf die Raumeinheit besitzt am stärksten quillt und schwindet.

Weichholz, vor allem aus der schwedischen Kiefer zeigt in dieser Hinsicht bessere Eigenschaften und wird daher vorgezogen. Dieses Holz wächst auf dem steinigen Boden sehr langsam, Stämme von 30—35 cm Durchmesser haben ein Alter von

150—200 Jahren. Die Jahresringe liegen demnach sehr dicht beieinander. Die Bohlen von 3 Zoll aus Stämmen hohen Alters haben etwa 9 Zoll = 23 cm Breite. Sie sind die wertvollsten. Aus den Bohlen werden die Klötze geschnitten. Die Bohlenbreite bestimmt daher die Klotzlänge. Um daher stets Klötze aus dichtem, hochwertigem Holz zu erhalten, ist es zweckmäßig, vorzuschreiben, daß die Klötze nicht kürzer als 20 cm sein sollen und nur dicht gewachsenes Holz geliefert wird.

Die Höhe der Klötze beträgt 10—13 cm. Aus Ersparnisgründen wird die geringere Höhe von 10 cm bevorzugt, nachdem es gelungen ist, durch Tränkung der Klötze die Widerstandsfähigkeit des Holzes gegen die Einflüsse der Witterung und des Verkehrs zu erhöhen. Als Tränkungsmasse ist in den letzten Jahrzehnten nur noch Teeröl verwendet worden, das nicht so leicht wie Salze, die außerdem das Holz zerstören, aus dem Holz ausgewaschen wird. Die früher nur im Eintauchverfahren getränkten Klötze werden jetzt entweder im Bethell- oder im Rüpingverfahren durch und durch getränkt. Die richtige Tränkung muß so erfolgen, daß 1 fm Holz nur etwa 140—160 kg Teeröl (nach Freese bis 190 kg) aufnimmt. In Deutschland wird das Rüpingverfahren bevorzugt, bei dem die Klötze im Kessel erst unter Druck von 2—3 kg/cm² gesetzt werden, dann wird mit Drucksteigerung auf 5—6 kg/cm² heißes Teeröl in die Klötze gepreßt und darauf Unterdruck von 50—60 mm Quecksilbersäule hergestellt, so daß die in den Zellen zusammengepreßte Luft das überflüssige Teeröl wieder herausdrückt. Durch Regelung von Luftdruck und Unterdruck kann beliebig die Teeraufnahme beeinflußt werden. Die Teerölaufnahme beträgt gewöhnlich nur etwa 110 kg auf den Festmeter. Es werden nur die Zellwände mit Teeröl getränkt und damit gegen die Angriffe des organischen Lebens, d. h. vor Fäulnis geschützt. Die Teersäuren sollen die Eiweißstoffe der Holzmasse zum Gerinnen bringen, so daß Fäulnispilze auf ihnen keinen Nährboden mehr finden.

Das Arbeiten des Holzpflasters, d. h. die Ausdehnung bei Wasseraufnahme und das Schwinden bei Austrocknung, ist ein Nachteil des Holzpflasters, der durch die Tränkung zwar gemäßigt ist, aber nicht ganz beseitigt werden kann, weil nur eine Fasersättigung eintritt. Die Quellung hängt auch von der Dichte des Holzes ab. So zeigt z. B. die steyrische Lärche (Larex europea) ein sehr dicht gewachsenes Holz, das bei der Tränkung nur etwa 80 kg/m³ Teeröl aufnimmt, in den ersten Lebensjahren keine Bewegung, sobald aber die oberen Schichten abgefahren sind und die Oberfläche sich dem Kern nähert, an den bei der Tränkung weniger Teeröl herangekommen ist, fängt auch dieses Holz stark an zu arbeiten, so daß die Lebensdauer dieser an sich sehr brauchbaren Holzart dadurch frühzeitig zu Ende geht, ehe die Klötze selbst weit abgenutzt sind. Um eine Gewähr für dichtes Holz zu haben, wird bisweilen vorgeschrieben, daß auf eine gegebene Länge eine bestimmte Anzahl von Jahresringen entfallen müssen, z. B. nach englischer Vorschrift auf 1 Zoll mindestens fünfzehn Jahresringe.

Wie sonst im Bauwesen muß auch das Holz für Pflasterklötze wenigstens 6 Wochen abgelagert werden. Selbst das dichteste Holz zeigt noch Ungleichheiten in der Masse, z. B. Äste, so daß man eine Aussonderung der Klötze nach drei Arten vornimmt. Das dichte Holz — Klasse I — wird für die Fahrdammitte bestimmt, die Klasse II für die Fahrdammseiten und Klasse III, das am wenigsten dichte Holz, für die Längsreihen an der Bordschwelle. Damit die Längsfugen glatt durchlaufen können, muß die Breite von 8 cm genau eingehalten werden.

Die Bestrebungen gehen dahin, die Höhe der Pflasterklötze einzuschränken, die in erster Linie von der Abnutzung abhängen wird. Diese wird bei Kraftwagenverkehr nur noch gering sein und daher die Höhe der Pflasterklötze eingeschränkt werden können, soweit überhaupt Holzpflaster z. B. als Fahrbahnbelag auf Brücken wegen seines geringen Eigengewichtes noch angewendet werden kann.

2. Tragkörper.

Für Holzpflaster wird nur Beton als Tragkörper verwendet, der an der Oberfläche nach dem Deckenprofil genau abgeglichen wird, damit die Klötze völlig eben liegen. Es wird zumeist die Betonoberfläche mit einem haltbaren Glattstrich (1 : 2) versehen, um eine unbedingt ebene Fläche zu erzielen. Da diese 2—3 cm starke Schicht an dem unteren Beton schlecht anbindet und sich in großen Schalen abtrennt und dann leicht zerbröckelt, setzt an dieser Stelle dann die Zerstörung der Decke ein. Es erscheint daher zweckmäßiger, die Zementmenge der Glätteschicht der ganzen Betondecke zuzugeben und die Oberfläche gut abzuziehen. Das Holzpflaster verlangt aus dem Grunde einen 30 cm starken Unterbau, weil infolge der Fugen und der Unebenheiten, die leicht durch weiche oder angefaulte Klötze entstehen können, starke Stöße bewirkt werden, die nur von sehr kräftigen Betondecken aufgenommen werden können. Holzpflaster kann daher nur auf völlig sicherem Untergrund verlegt werden. In weichen Bodenarten und im Bergbausenkungsgebiet ist Holzpflaster ausgeschlossen.

3. Verlegung.

Von den beiden Verlegungsarten — Längsfugen normal oder diagonal zur Straßenachse — hat sich die erstere überall durchgesetzt.

Hartholzpflaster ist im allgemeinen mit engen Fugen verlegt worden. Die Klötze werden in heiße Ausgußmasse getaucht und dann dicht an dicht gesetzt. Die Längsfugen müssen glatt durchgehen; die Stoßfugen werden um eine halbe Klotzlänge versetzt. Es bleiben dünne Fugen zwischen den Klötzen, die mit heißer Ausgußmasse ausgefüllt werden. Auch Weichholz wird heute so verlegt, daß entweder die getränkten Klötze trocken gegeneinander gestellt werden, oder daß sie nur durch Eintauchen in heiße Ausgußmasse an einer Schmal- und einer Längsseite mit Kittmasse benetzt werden, das sind die beiden Flächen, mit denen der Klotz gegen die schon verlegten Reihen gedrückt wird, oder daß die untere Hälfte des Klotzes in Ausgußmasse getaucht wird. In allen Fällen wird nach dem Verlegen die Oberfläche angestrichen, damit die Fugen noch von oben gedichtet werden. Als Ausgußmasse soll eine Mischung von Anthrazenöl und Pech verwendet werden (S. 306). Sie wird durch Zusatz von Bitumen noch verbessert. Die Verlegung der Holzklötze kann wegen der Empfindlichkeit der Teermasse gegen Feuchtigkeit nur bei trockenem Wetter erfolgen. An der Bordkante werden zwei oder drei Reihen Klötze parallel mit ihr verlegt. Beim Weichholz muß von vornherein auf die Ausdehnung des Holzes beim Verlegen Rücksicht genommen werden. Sonst besteht die Gefahr, daß beim ersten Regen das Holzpflaster, wenn es an allen Seiten eingespannt ist, sich nach oben wirft und Buckel bildet, die höchst verkehrsgefährlich sind. Um solche Bewegungen von vornherein auszuschalten, läßt man beim Verlegen am Bordstein einen größeren Abstand und spart in der Decke in geringerer Entfernung Reihen aus. In diese Räume drängt das Holzpflaster, das angefeuchtet wird. Sobald es zum Stillstand gekommen ist, werden erst die dann noch verbliebenen Lücken geschlossen, gegebenenfalls durch Rollschichten, d. h. Klotzreihen, deren Längsfugen parallel mit der Straßenachse verlaufen. Am Bordstein verbleibt eine Dehnungsfuge von 3—5 cm Dicke, die unten mit Sand, oben mit Ton gefüllt wird (Abb. 204). Sie soll dem Holzpflaster seitliche Ausdehnung gestatten und ein Umwerfen oder Verschieben der Bordkanten unter dem Druck des sich infolge Feuchtigkeitsaufnahme ausdehnenden Holzpflasters verhindern. Die der Bordkante zunächstliegende Längsreihe wird unter Umständen erst 2 Wochen nach Verlegung des Pflasters geschlossen und die Tonfuge hergerichtet.

Wasser gelangt durch die Fugen unter die Holzdecke und kann von dort sein Zerstörungswerk beginnen. Auf Straßen mit Gefällen wird das Wasser nach dem

Rande zu abzufließen suchen. Es kann dort in die Rinnenschächte abgeführt werden. Diesem Zweck dient eine Abflußmöglichkeit nach dem Rinnenschacht, die mit einem kleinen Schachtdeckel versehen ist (Abb. 205), um das Rohr reinigen zu können.

An Rampen fließt das unter die Decke gelangte Wasser an den Fuß der Rampen, staut sich dort, wenn die anschließende Befestigung, z. B. Stampfasphalt, wegen der höheren Lage der Betonunterbettung den Abfluß verhindert. Um das Wasser abzuführen und den Druck des Holzpflasters aufzuhalten, ist eine Rinne aus U-Eisen oder eine Klinkermauerung, deren obere Lage nach innen auskragt, angewendet. Das Wasser, das sich in der Rinne ansammelt, wird nach einem Rinnenschacht abgeführt.

Die Nachgiebigkeit der Tonfuge ist schwer aufrechtzuerhalten, weil leicht Fremdkörper hineingeraten. In England wird die Fuge nur mit Sand ausgefüllt. Um ihre Nachgiebigkeit zu erhalten, wird eine verzinkte Metallfeder nach Abb. 204 ein-

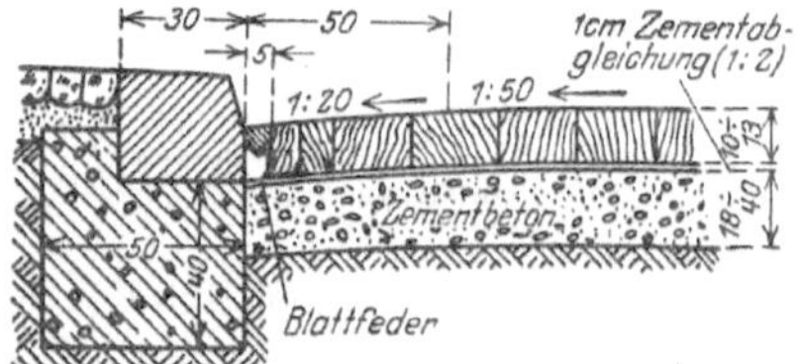

Abb. 204. Holzpflaster mit Dehnungsfuge an der Bordschwelle.

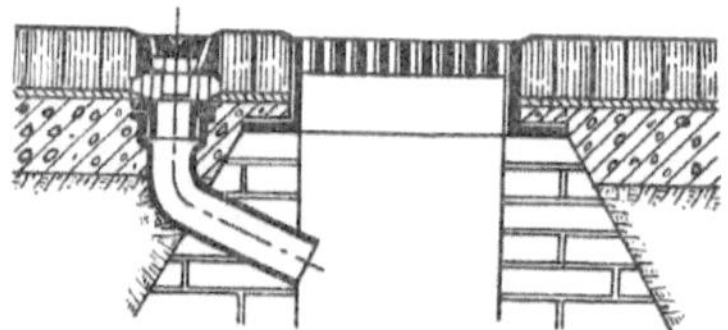

Abb. 205. Entwässerung des Holzpflasters in einen Rinnenschacht.

gelegt, die unten einen Hohlraum läßt und nur oben mit Sand, Ton oder Asphalt ausgefüllt wird.

4. Unterhaltung.

Sobald das Holzpflaster älter wird, und seine Unterhaltung umfangreiche Erneuerung erfordert, suchen die Unternehmer die zur Unterhaltung verpflichtet sind, besondere Gründe für die Schäden am Pflaster festzustellen, deren Beseitigung nicht unter ihren Vertrag fällt. Zweckmäßiger ist es, die unentgeltliche Unterhaltung für einige Jahre abzumachen, dann aber nur einen bestimmten Umfang dem Unternehmer gegen Pauschgebühr zu übergeben. Darunter rechnet: Dauernde Unterhaltung der Tonfuge, damit das Holzpflaster sich bewegen kann, ohne die Bordschwellen zu verdrücken oder umzukanten. Ferner die Beseitigung einzelner fauler Klötze, etwa bis zu sieben an einer Stelle. Trotz größter Vorsicht bei der Auswahl gelangen schwache Klötze in die Decke, die bald zu faulen beginnen. Größere Umlegungen sollen gegen Entschädigung erfolgen. In die Unterhaltung ist auch noch der jährlich vorzunehmende Bewurf mit Grus und das Teeren der Oberfläche einzuschließen. Glattgewordene Holzpflasterdecken werden geteert und abgestreut.

Die Lebensdauer, die von der Sorgfalt der Unterhaltung abhängt, wird zu zwölf Jahren angegeben. In London hat das zwischen 1900 und 1913 verlegte Holzpflaster 20 Jahre gehalten.

Das Arbeiten des Holzes kann dadurch eingeschränkt werden, daß es dauernd feucht gehalten wird, im Sommer durch Besprengen. Gute Reinigung erhält das Holzpflaster.

g) Gummipflaster.

Anzeichen sind vorhanden, daß Pflasterungen aus Gummi einige Bedeutung erlangen werden, nachdem es gelungen ist, die sehr hohen Kosten infolge des Fallens der Gummipreise zu ermäßigen und die anfangs bestehenden technischen

Schwierigkeiten zu lösen. Gummipflaster fängt wegen seiner Elastizität Stöße und Erschütterungen auf oder schwächt sie ab; es ist geräusch- und staubfrei und hat geringe Abnutzung und auch sonst gute Fahreigenschaften, z. B. gute Haftung, Schnee und Eis bleiben nicht darauf haften; es ist als Pflasterung geeignet und vielleicht berufen, das Holzpflaster, dessen Preis in den letzten Jahren stark gestiegen ist, und das wegen seiner Schlüpfrigkeit unbeliebt geworden ist, abzulösen.

Beim Gummipflaster ist die Aufgabe gestellt, die unter Verkehr und bei Temperaturschwankungen sich räumlich verändernde Masse mit einer starren Unterlage zu verbinden, die von den in der Fahrebene wirkenden Kräften nicht abgeschoben wird. Der lineare Ausdehnungsbeiwert für Hartgummi ist $77 \cdot 10^{-6}$, für die Gummikappe $87 \cdot 10^{-6}$, für Beton $1 \cdot 10^{-6}$. Dies ist in der Weise geschehen, daß ein Klotz als Unterlage dient, der denselben Dehnungsbeiwert hat wie Beton, und daß zwischen Gummi und Klotz noch eine Hartgummilage angeordnet ist, auf der der Gummi aufvulkanisiert ist. Dadurch wird er festgehalten. (Ber. 10 und 16 zum VIII. I.-Str.-K. Haag 1938.)

Das englische Pflaster wird aus einzelnen Klötzen zusammengesetzt, deren Maße für die einzelnen Erzeugnisse wie folgt angegeben werden.

Tabelle 22.

Fabrikat	Länge cm	Breite cm	Höhe cm	Dicke der Gummischicht cm	Bemerkungen
1. North British Block	23	11,5	10	3,5	Befestigt auf Betonblock von 6,5 cm Höhe, Hartgummi mit Stahlplatte
2. Gaismannblock . .	26,5	21,25	11,5	1,6	Auf Klinker oder schmiedeeiserne Platten aufvulkanisiert
Neue Form	22,8	11,4	8,9		

Der Cowper Vollgummiblock hat verschränkte Form (Abb. 206) und besteht aus drei verschiedenen Schichten, Mischung aus Sand, Splitt mit Gummi und einer 1 cm starken Gummihaube als Oberschicht.

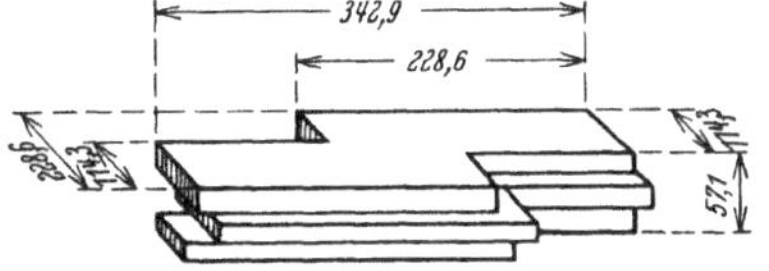

Abb. 206. Cowper Vollgummiblock.

Der Unterbau für die Gummipflasterung muß eine kräftige Betonplatte sein. Als Zwischenschicht dient bei Nr. 1 ein Sandmörtel im Mischungsverhältnis 1 : 3 und 2,5 cm Höhe, der leicht angefeuchtet wird. Hierauf werden die Klötze, die mit schwalbenschwanzförmigen Nuten versehen sind, gesetzt, leicht abgerammt und die Fugen mit Pech vergossen. Die Klötze von Nr. 2 werden nur auf ein leicht angewalztes Sandbett verlegt und dicht aneinandergesetzt, die Bodenfläche, eine lange und eine kurze Seitenfläche mit einer Bitumenlösung gestrichen, zum Anschluß an die verlegte Reihe. Die Klötze nach Abb. 206 werden unmittelbar auf die 20 cm starke mit einer 5 cm Abgleichschicht versehenen Betonplatte verlegt. Die Fugen werden mit einer dünnflüssigen Emulsion gestrichen. Cresson Block: Splitt mit Latex zu einem Stein gepreßt und Gummi aufvulkanisiert. Gaismannblock: mit Teer getränkte Ziegel und Gummi aufvulkanisiert.

Etwa 1600 m² Gummipflaster sind im Mersey-Tunnel in Liverpool verlegt worden, um etwaige schädliche Schwingungen an dieser Stelle zu unterbinden. Der Gummibelag ist auf dünnen schmiedeeisernen Platten aufvulkanisiert, um an Höhe zu sparen. Da bei nebligem und feuchtem Wetter die Oberfläche glänzend und schlüpfrig erscheint, werden die Motorfahrer ängstlich in der irrtümlichen Annahme, daß die Oberfläche schlüpfrig ist. Um dies zu verhindern, hat man die einzelnen Gummiblöcke auf ihrer Oberfläche mit einer feinen Körnung versehen, wodurch die Lichtspiegelung verringert und Schlüpfrigkeit vorgebeugt wird. Gummipflaster kann als rutschfest angesehen werden. Da die Lebensdauer auf 40 Jahre geschätzt wird, werden die sehr hohen Anlagekosten wieder ausgeglichen. Die Gummipflasterung wird sich deshalb wohl nur bei stark beanspruchten Großstadtstraßen, auf Brücken, in Tunneln und in der Nähe wissenschaftlicher Institute und Krankenanstalten, wo besonderer Wert auf dauerhafte, geräusch- und erschütterungsfreie Decke gelegt wird, durchsetzen können.
Die Verwendung von Gummi als Füllstoff zu Teer und Bitumen wird im Dritten Abschnitt C. h. 4. η. bb und C. i. 5. γ und 6. ε. dd behandelt.

h) Betonstraßen.

1. Allgemeines.

Zu den Deckenbelägen, die den Anforderungen des Kraftverkehrs weitgehend entsprechen, gehört die Betonstraße, da sie eben, fast stoßfrei ist und auch bei Nässe einen ausreichenden Kraftschlußbeiwert gewährt (S. 22ff.). Beton hat sich als Baustoff im Straßenbau schon um die Mitte des 19. Jahrhunderts als Tragkörper für Stampfasphalt, Reihen- und Holzpflaster bewährt.
Bei Betonstraßen bildet der Beton die Fahr- und Tragschicht in einem Stück. Darin unterscheidet sich die Betonstraße von allen andern bisher im Straßenbau üblichen Deckenbelägen, bei denen die Fahrschicht von der Tragschicht, sowohl stofflich wie in der Bauweise, eine andere ist. Auf Grund der Erfahrung, daß die Fahrschicht eine höhere Abnutzung erfährt, die ihre Erneuerung nach längerer oder kürzerer Zeit notwendig macht, hatte man im Kunststraßenbau grundsätzlich Tragkörper und Verschleißschicht getrennt. Ersterem wurde dabei eine längere fast unbegrenzte Lebensdauer zugemessen, eine Annahme, die durch die Erfahrung auch bestätigt worden ist.
Der Gestaltungsgrundsatz, Verschleißschicht und Tragkörper zu trennen, ist allerdings bei den Betondecken in gewissem Sinne beibehalten worden, denn auch hier ist bisher die zweischichtige Decke bevorzugt worden, bei der die obere Verschleißschicht aus besonders widerstandsfähigen Baustoffen zusammengesetzt und besonders sorgfältig ausgeführt wird. Da indessen Verschleißschicht und Tragkörper so hergestellt werden, daß sie eine innige Verbindung eingehen, würde die Erneuerung der oberen Schicht infolge Abnutzung auch eine Beseitigung des Tragkörpers erfordern, eine Maßnahme, die eben durch die Güte der oberen Schicht unbedingt vermieden werden soll.
Die Betonstraße bricht daher in gewisser Weise mit der Überlieferung im Straßenbau, die zum Teil auch dadurch gekennzeichnet ist, daß eine fortlaufende Erneuerung der Verschleißschicht eine stetige Verstärkung des gesamten Straßenkörpers bewirkt hat, ebensosehr der Masse wie der Güte nach und damit der Zunahme der Verkehrsbeanspruchung entsprochen hat. Die Betonstraße wird gleich in einer solchen Beschaffenheit und in solchen Abmessungen hergestellt, daß angenommen wird, daß sie auch noch eine Zunahme der Verkehrslasten wird aufnehmen können, und daß ihre Lebensdauer eine recht lange sein wird.
Es hat sich gezeigt, daß ein solches Verhalten nicht nur von Form und Zusammensetzung der Betondecke allein abhängt, sondern daß weitere Einflüsse mitsprechen, wie z. B. Art des Untergrundes und die Temperatur und Witterung, so daß der

Bau der Betonstraßen ganz neue Fragen aufgeworfen hat, die erst eingehender Untersuchungen bedurften, ehe ein gewisser Sicherheitsgrad in der Bauweise der Betonstraßen erreicht worden ist. Neben den Fragen, die der Kraftwagenverkehr gestellt hat, haben demnach die aus der Gestaltung der Betondecke entstandenen Fragen der gesamten Straßenbauwissenschaft einen neuen Auftrieb gegeben, der dann auch dem übrigen Straßenbau zugute gekommen ist.

Die Eigenart der Betondecke, daß Abnutzungsschicht und Tragkörper vereinigt sind, weist ihr einen bestimmten Anwendungsbereich zu, insofern sie dort am vorteilhaftesten ist, wo völlig neue Straßen angelegt werden müssen. Denn wo schon Straßen mit Unterbau bestehen, die lediglich eine widerstandsfähigere Verschleißschicht benötigen, ist der Aufwand bei Beton an Baustoff und Arbeit zu groß, weil die Festigkeits- und Verformungseigenschaften des Betons Mindestmaße der Deckenstärke verlangen, die gut dreiviertel von derjenigen betragen, die der Belag mit Tragkörper erfordert. In Ländern, in denen schon ein ausgebautes Landstraßennetz besteht, dessen Fahrbahnen in der Regel auch festen Tragkörper besitzen, kam daher zur Anpassung der Straßen an den Kraftwagenverkehr Beton weniger in Frage. Darum hat die Betondecke in Europa nur langsam Boden gewinnen können, sowohl im Stadt- wie Landstraßenbau. In anderen Erdteilen, wie in den V.St.A., hat der Betonbelag auf den Landstraßen, die nur einfache Kieslehmwege waren, als der Kraftwagen auch den Überlandverkehr auf den großen Durchgangsstraßen eroberte, sich sehr schnell durchgesetzt und ist daher auch dort zuerst besonders gut durchgebildet worden und die dortigen Erkenntnisse sind dem Straßenbau in andern Ländern zugute gekommen, bis diese selbst eigene Erfahrungen gesammelt hatten. Für den Bau reiner Autobahnen außerhalb der durch Straßen erschlossenen Gebiete, vor allem in Italien, Deutschland, Holland, war nunmehr Beton der gegebene Baustoff. Der Betonstraßenbau hat dann auch in Deutschland die Entwicklung genommen, die Verfasser ihm im Jahre 1923 vorausgesagt hat, als die ersten Nachrichten über seine Entwicklung in den V.St.A. auf dem IV. I.-Str.-K. in Sevilla 1923 bekannt wurden *[136]*. Gefördert wurde der Betonstraßenbau vornehmlich noch durch die großen Vorteile, die in seiner Herstellung unter Einsatz von Maschinen liegen, die sich auf die Ermäßigung der Baukosten, Erhöhung der Güte und Leistung erstrecken.

Die in Deutschland mit Beginn des Baues der AB. sofort einsetzende und tatkräftig geförderte wissenschaftliche Forschung hat bewirkt, daß die Ausführung von Betonstraßen bald einen hohen Grad an Güte erreichte, der sich mit dem des Auslandes durchaus messen kann. Alle Erfahrungen haben ihren Niederschlag gefunden in dem „Merkblatt für Betonstraßen (Landstraßen)“, aufgestellt von der F.G. 1940 und in der „Anweisung für den Bau von Betonfahrbahndecken (ABB.) für AB.“ vom 1. Febr. 1939, auf die in den folgenden Abschnitten Bezug genommen wird. Zugleich wird auch auf meinen Beitrag „Betonstraßen“ im Handbuch für Eisenbeton, IV. Aufl., 12. Bd., Verlag Wilhelm Ernst & Sohn 1936, hingewiesen.

Beton kommt für die folgenden Ausführungen in Frage:

1. Tragkörper für andere Straßenbeläge einschließlich der Straßenbahnschienen;
2. für Landstraßen, Stadtstraßen, besonders für Siedlungsstraßen und Autobahnen;
3. für Radwege und Gehbahnen in Form von Plattenbelag;
4. Einfassung von Fahrdämmen in Form von Bordschwellen mit und ohne Rinne;
5. Start- und Landebahnen von Flugplätzen.

Unter besonderen Verhältnissen erhalten die Beläge auch Stahleinlagen.

Die Betonstraßen sind, nachdem die Unternehmer die nötigen Erfahrungen gesammelt haben und auch über reichlich Gerät verfügen, preiswert stets dann,

wenn eine völlig neue Straße gebaut werden soll. Ist aber ein Tragkörper noch vorhanden, der nur nachzuarbeiten ist, kann die Betonstraße in der Regel den Wettbewerb mit den Bitumen- und Teerdecken nicht aufnehmen. Sie ist in dieser Hinsicht nicht so anpassungsfähig an die Bedürfnisse des Verkehrs. In solchem Falle hat man versucht durch einfache Bauweise, wie Zementschotter oder Concrelith sich den örtlichen Bedingungen, wie Vorhandensein eines Unterbaues, geringer Verkehr, Ausnutzung abgängiger Baustoffe u. a. m. anzupassen.
In der Unterhaltung stellen die Betonstraßen doch etwas höhere Anforderungen, als ursprünglich angenommen ist. Darüber sowie auch über Lebensdauer werden weitere Angaben im Dritten Abschn. C. h. 6 gemacht.

2. Die Grundlagen der Gestaltung.

α) Längs- und Quergefälle.

Die Oberfläche der Betondecke ist griffig, so daß sie in Gefällen bis zu 7% angewendet werden kann. Bei stärkeren Gefällen muß die Fahrfläche besonders angerauht werden, was durch Riffelung geschehen ist. Die sehr ebene Oberfläche gestattet recht flache Quergefälle, die bei geringer Längsneigung 2,5%, bei starker mindestens 1% betragen sollen. Für die AB. ist sie auf 1,6% festgelegt (vgl. Abb. 57, S. 80). Das Quergefälle ist satteldachförmig und erhält nur dann in der Fahrbahnmitte eine Ausrundung, wenn keine Mittelfuge angeordnet ist, andernfalls bildet diese den First.

β) Die Querschnittsform.

Die ersten Querschnittsformen sind aus praktischen Überlegungen hervorgegangen. Versuche sind aber auch unternommen worden, für die Bemessung der Plattendicke rechnerische Grundlagen aus der Festigkeitslehre abzuleiten und aus Formänderungen ausgeführter Beläge, die Belastungen unterworfen sind, die Anstrengungen zu berechnen und mit den erzielten Festigkeiten in Beziehung zu setzen. Außer den Spannungen aus Verkehrslasten haben aber die Schwindvorgänge, Temperaturänderungen, Feuchtigkeitsaufnahme und das Verhalten des Untergrundes Einfluß auf die Beanspruchungen, die sehr schwer erfaßt werden können.

aa) Die äußeren Kräfte, statische und dynamische Beanspruchung.

Die ruhenden Lasten entsprechen dem Raddruck, dessen Größe bei Luftreifen nicht erheblich über dem Innendruck liegt (S. 13). Da alle Anstrengungen gemacht werden, die Fahrfläche möglichst eben zu gestalten, werden auch Stöße des bewegten Verkehrs nur in geringem Maße auftreten, einmal werden sie vom Luftreifen geschluckt und bei hohen Geschwindigkeiten ist die Belastungszeit zu kurz, um Formänderungen hervorzurufen. Nur die Stahlreifen von Spannfahrzeugen üben einen hohen Einzeldruck aus (Erster Abschn. B. IV. d). Dieser sowohl wie ganz besonders die schleifende Wirkung nutzen Betondecken wegen ihrer Starrheit besonders ab. Die einzige Stelle, die an den Betondecken zufolge von Höhenunterschieden und Formänderungen Stöße verursachen kann, sind die Querfugen. Damit diese auf ein Mindestmaß beschränkt bleiben, wird bei der Ausführung besonders darauf geachtet, daß die Fugen schmal sind, keinen Absatz bilden und eine widerstandsfähige Füllmasse erhalten.

bb) Einflüsse der Temperatur.

Der Sonnenbestrahlung ausgesetzter Beton erwärmt sich und nimmt eine Wärme an, die noch über derjenigen der Lufttemperatur liegt. Zwar ist die Oberfläche einer Betonstraße anfangs hell, und durch Zurückwerfen der Strahlen wird die Wärmeaufnahme gering. Mit zunehmendem Alter überzieht sich aber die Decke mit einer Schicht aus Tropföl und Schmutz und erhält eine dunkle Färbung, so daß sie schließlich in den Hauptfahrspuren wie eine Asphaltstraße aussieht. In diesem Falle wird die Betondecke eine noch höhere Temperatur annehmen. Diese Temperatur ist aber nur in der Oberfläche vorhanden. Die Erwärmung schreitet langsam in die Tiefe der Decke fort in der Weise, daß nach mehreren Stunden auch die Unterfläche eine Temperaturspitze aufweist. Je nach Stärke der Decke und Wärmebestrahlung kann dieser Unterschied in der Oberfläche und Unterfläche bis zu 20° betragen. Daraus ergeben sich Formänderungen in der Weise, daß sich bei Erwärmung die Oberfläche hebt, erhabene Wölbung, bei Abkühlung sich die Ränder heben, hohle Wölbung. Solche Bewegungen sind auch gemessen worden, sie haben bei einer 15 cm starken Betondecke im ganzen 2,9 mm betragen[1]. Schnelle Abkühlung an der Oberfläche kann auch Zugspannungen in der oberen Schicht hervorrufen. Derartige Spannungen treten nicht oder nicht in dem gleichen Maße auf, wenn der Beton nur als Tragkörper dient, weil dann durch die darüberliegende Abnutzungsschicht die Wärmeeinflüsse von dem Beton ferngehalten werden, besonders wenn die Abnutzungsschicht aus Asphalt oder Holz besteht, die eine große spezifische Wärme haben. Nur sehr große Wärmeunterschiede machen sich hier bemerkbar, die aber wegen ihres langsamen Fortschreitens durch die Betonunterlage mehr gleichmäßig hindurchgehen und dann auch nur gleichmäßige Bewegungen erzeugen, die z. B. erst unter dem Einfluß lang anhaltender Kälte zu einer Zusammenziehung des Betons führen, die sich in durchgehenden Rissen normal zur Längsachse äußert.

Die Temperatur bewirkt außerdem noch Längenänderungen. Der Ausdehnungsbeiwert ist $\beta = 0{,}00001$ ermittelt worden, d. h. für 1°. Da zufolge der Einstrahlung die Platten eine höhere Temperatur als die Luft annehmen können, die + 35° betragen kann und mit tiefsten Temperaturen von — 25° zu rechnen ist, die bei klaren Nächten durch Ausstrahlung noch tiefer sinkt, unterliegen sie einem Wärmebereich von 60° und mehr. Das bedeutet für 1 m Plattenlänge eine Längenänderung von 0,6 mm zwischen den Temperaturgrenzen, und diese Bewegung zwingt dazu, die Betonbeläge mit Dehnungsfugen zu versehen. Ihre Anordnung und Gestaltung wird im Dritten Abschn. C. h. 2. γ und die Ausführung C. h. 4. η behandelt.

cc) Einflüsse des Schwindens und Quellens.

Da der Zement beim Abbinden schwindet, überträgt sich dieser Vorgang auch auf den Mörtel im Zementbeton. Um die durch Schwinden entstehenden Formänderungen gering zu halten, dürfen für den Straßenbau nur solche Zemente verwendet werden, die eine möglichst geringe Schwindung aufweisen. Sie werden nach diesem Gesichtspunkt ausgewählt. Bei Feuchtigkeitsaufnahme kann andrerseits Quellung des Betons auftreten. Es sind aber weniger diese Bewegungen, die besondere Maßnahmen veranlassen, als die Beeinflussung der Biegezugfestigkeit des Betons durch die Schwindung. Denn bei der Feuchtigkeitsabgabe und demgemäß eintretenden Schwinden, treten Zugspannungen in der Oberfläche auf, die von vornherein Anfangsspannungen in ihm bewirken und damit die Biegezugfestigkeit zur Aufnahme der durch Belastung oder Temperatur entstandenen inneren Kräfte herabsetzen. Um also möglichst Verluste an Biegezugfestigkeit einzuschränken, sollen Straßenbauzemente mit geringem Schwindmaß hergestellt und bevorzugt werden.

dd) Größe der inneren Spannungen.

Beton muß als ein spröder Baustoff angesehen werden, dessen Formänderungen nicht verhältnisgleich mit den Spannungen, sondern stärker als diese anwachsen. Dies gilt besonders für den Bereich der Zugspannungen. Außerdem treten beim Beton beim Rückgang der Belastung bleibende Formänderungen auf; er hat keine

[1] H. f. E. B. IV. Aufl. 12. Bd. S. 6.

rein federnden Eigenschaften. Er bleibt in einem verformten Zustand, wenn die Last fortgenommen ist. Wenn eine Radlast über eine Betonplatte fährt, werden Zug- und Druckspannungen erzeugt. Mit Fortschreiten des Rades werden die Spannungen umgekehrt und klingen aus. Dieser Wechsel in den Spannungen vollzieht sich auf einer verkehrsreichen Betonstraße, die vor allem mit LKW. befahren wird, in kurzen Abständen in ununterbrochener Folge. Die Betonplatte ist demnach Dauerbeanspruchungen ausgesetzt, die zwischen Zug und Druck wechseln und mit der Zeit Ermüdungserscheinungen hervorrufen müssen, durch die die Höhe der zulässigen Beanspruchungen vermindert wird. Die Aufgabe des Betons als Straßenbaubelag sollte daher eigentlich darin bestehen, die hohen Einzellasten des Verkehrs so auf den weniger tragfesten Untergrund zu verteilen, daß dieser sie übernehmen kann, ohne selbst Formänderungen zu erleiden. In diesem Falle würden die federnden und bildsamen Eigenschaften des Betons überhaupt gar nicht in Erscheinung treten und seine Starrheit würde hierbei ausgenutzt werden. Das läßt sich indessen nicht erreichen. Die Betonplatte würde sehr dick ausfallen, also viel Masse erfordern, deren gleichmäßige Herstellung mit Schwierigkeiten verknüpft ist, und bei dicken Platten würden starke Temperaturunterschiede zwischen Ober- und Unterfläche auftreten. Nur wenn die Betonplatte auf sehr tragfestem Untergrund, z. B. auf schon bestehende Straßen gelegt wird, könnte mit geringen Formänderungen gerechnet werden und hier Platten von geringerer Dicke genügen. Die Nachgiebigkeit des Untergrundes, die in weiten Grenzen schwanken kann, bewirkt, daß die Betonplatte durch äußere Lasten Formänderungen erleidet, und daher innere Spannungen auftreten, die von der Betonfestigkeit aufgenommen werden müssen, vor allem die Biegezugfestigkeit. Es wird sich demnach darum handeln, Beton mit hoher Biegezugfestigkeit herzustellen, weil dann die Querschnittsabmessungen geringer ausfallen können.

Über die Verfahren, die Betonplatte nach den Gesetzen der Elastizitätslehre zu berechnen, wird auf den Dritten Abschnitt A.V hingewiesen.

ee) Geforderte Festigkeitswerte

für Landstraßen.

Der Beton muß im Alter von 28 Tagen, an Probewürfeln beziehungsweise Probebalken ermittelt, folgende Mindestfestigkeiten aufweisen:

Tabelle 23.

Straßengruppe		Biegezugfestigkeit kg/cm²	Druckfestigkeit kg/cm²
Gruppe 1: Stark beanspruchte Straßen mit Durchgangsverkehr, besonders Reichsstraßen	im Ober- und Unterbeton	370	45
Gruppe 2: Straßen mit mittlerem Verkehr	im Oberbeton oder bei einschichtiger Bauweise	300	35
	im Unterbeton . . .	250	30
Gruppe 3: Wohn- und Siedlungsstraßen ohne Durchgangsverkehr; Parkplätze und Einstellhöfe mit Lastwagenverkehr Gruppe 4: Parkplätze und Einstellhöfe ohne Lastwagenverkehr	im Oberbeton oder bei einschichtiger Bauweise	250	30
	im Unterbeton . . .	200	25

Im Alter von sieben Tagen müssen bei Handelszement mindestens 70%, bei hochwertigem Zement mindestens 80% dieser Werte erreicht werden.

Zementgehalt. Der Zementgehalt in 1 m³ fertigem Beton muß mindestens betragen:

Tabelle 24.

Straßengruppe	Im Oberbeton und bei einschichtiger Bauweise kg/m³	Im Unterbeton kg/m³
Gruppe 1: Stark beanspruchte Straßen mit Durchgangsverkehr, besonders Bundesstraßen . . .	350	300
Gruppe 2: Straßen mit mittlerem Verkehr . . .	350	270
Gruppe 3: Wohn- und Siedlungsstraßen ohne Durchgangsverkehr, Parkplätze und Einstellhöfe mit Lastwagenverkehr . . . . Gruppe 4: Parkplätze und Einstellhöfe ohne Lastwagenverkehr	350	250

Wie schon erwähnt, kommt es auf die Biegezugfestigkeit in erster Linie an. Alle Maßnahmen zur Leistungssteigerung werden sich auf ihre Erhöhung zu erstrecken haben. Sie wird nicht voll ausgenützt werden können, denn abgesehen davon, daß stets ein Sicherheitsgrad vorhanden sein soll, hat man es mit Dauerbeanspruchungen zu tun, wodurch Ermüdungserscheinungen auftreten, die die Festigkeit herabsetzen. Nach Teller und Pauls haben Untersuchungen an trockenem Beton ergeben, daß „die Ermüdungserscheinungen offenbar werden, wenn die Spannungen 54% der Bruchlast überschreiten, und daß bei feuchtem Beton dieser kritische Wert noch niedriger liegt" *[137]*. Mehr als 50 v. H. der geforderten Biegezugfestigkeit = 22,5 kg/cm² dürfen also durch die statische und dynamische Verkehrsbelastung, Einflüsse der Temperatur und der Schwindvorgänge nicht in Anspruch genommen werden. Wie Versuche der F. G. ergeben haben, muß mit solchen Beanspruchungen gerechnet werden, so daß kaum noch ein Sicherheitsgrad vorhanden ist *[138]*.

Nach schwedischen Erfahrungen sind die folgenden Ergebnisse erzielt worden: Der Zementgehalt soll nicht geringer als 275 kg/m³ sein, wenn nach 28 Tagen Biegezugfestigkeiten von 40—45 kg/cm² vorhanden sein sollen. Bei derselben Festigkeit haben gerüttelter Beton, Holterbeton (s. S. 286) und normaler Beton denselben Elastizitätsmodul. Bei 30 kg/cm² Biegezugfestigkeit kann man mit 300000—350000 kg/cm² für gerüttelten und Holterbeton, 300000—400000 kg/cm² für normalen Beton rechnen *[139]*.

ff) Plattenquerschnitt und Dicke.

Da die rechnerischen Untersuchungen nur Anhaltspunkte für die Querschnittsbemessung gegeben haben, mußte die Erfahrung herangezogen werden. Aus der großen Zahl der angewandten Querschnitte[1] haben sich nur zwei erhalten:

1. Der Querschnitt mit der Seitenverstärkung (Abb. 207). Er ist schon auf der Versuchsstraße bei Bates (VStA.) 1922 erprobt worden und die Nachprüfung auf der Versuchsanstalt in Arlington an einer Versuchsstrecke durch Ermittlung der Formänderungen und Errechnung der Spannungen hat ergeben, daß er sich als Querschnitt von gleicher Festigkeit über die ganze Breite erweist *[140]*.

[1] Neuzeitlicher Straßenbau. II. Aufl., S. 138ff. Handbuch für Eisenbeton. IV. Aufl., 12. Bd., S. 16.

2. Der rechteckige Querschnitt ohne und mit Stahlbewehrung als Maschengewebe oder nur als Rand- oder Eckverstärkung mit den folgenden Plattendicken:

Straßengruppe	Mindestdicke
1. Stark beanspruchte Straßen mit Durchgangsverkehr, besonders Bundesstraßen	22 cm
2. Straßen mit mittlerem Verkehr	20 cm
3. Wohn- und Siedlungsstraßen ohne Durchgangsverkehr; Parkplätze und Einstellhöfe mit Lastwagenverkehr	20 cm
4. Parkplätze und Einstellhöfe ohne Lastwagenverkehr.	15 cm

Muß die Decke mit Rücksicht auf die Beschaffenheit des Untergrundes eine größere Dicke erhalten, so soll das Maß von 25 cm nicht überschritten werden. Im übrigen kann die Tragfähigkeit der Decke durch Steigerung der Betonfestigkeit erhöht werden. Auf vorhandenem unnachgiebigem Unterbau kann die Mindestdicke der Betondecke für die Straßengruppe 1 15 cm, bei den übrigen Gruppen 12 cm betragen unter der Voraussetzung, daß einschichtig gearbeitet wird.

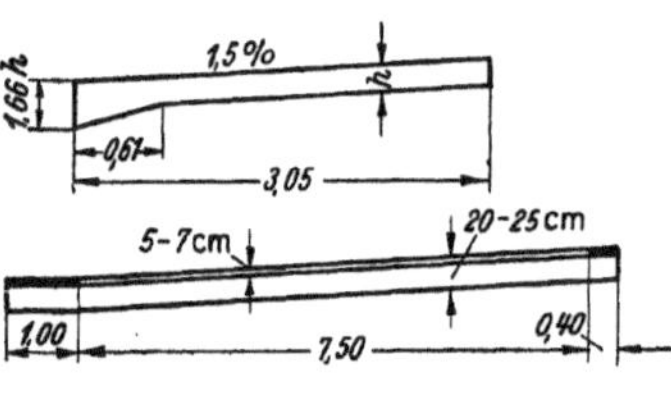

Abb. 207.
Plattenquerschnitt, oben Halbseite mit Randverstärkung, unten Querschnitt Autobahn.

Bei den AB. beträgt die Plattendicke über den ganzen Querschnitt 22 cm (Abb. 207). Bei Bauwerksanschlüssen, bei besonders hohen Dämmen, verschiedenem Schüttmaterial, Übergängen von Einschnitt zu Dämmen ist die Deckendicke auf höchstens 25 cm zu verstärken.

Bei einem Untergrund von guter Tragfähigkeit schlägt Statens Väginstitut den Querschnitt Abb. 208 vor, Dicke mindestens 10 cm, Verstärkung am Rand auf 15 cm, an den Fugen auf 12 cm, Bewehrung durchschnittlich 2,5 kg/qm Stahlgewebe.

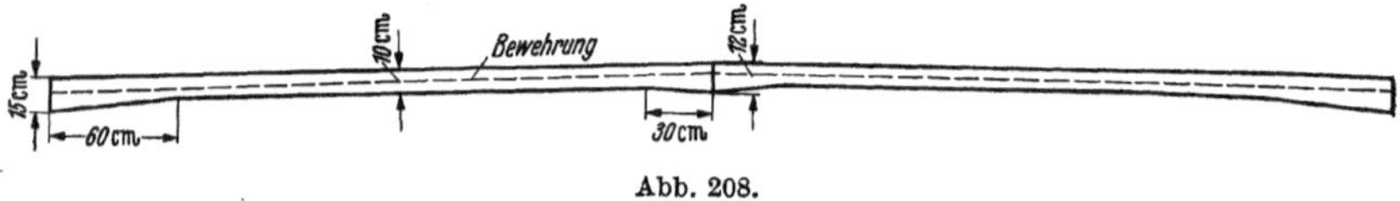

Abb. 208.

Da in Kürze mit einer Vergrößerung der Radlasten der Kraftfahrzeuge zu rechnen ist (vgl. S. 9), wird es notwendig werden, die Dicke der Betonbeläge weit über die bisher üblichen Maße, die an sich schon an der Grenze der zulässigen Belastung liegen, zu verstärken. Bei Flugplätzen sind bereits Dicken bis zu 80 cm angewendet worden (S. 188).

gg) Stahleinlagen.

Sie bestehen in einzelnen Stäben und in Flecht- oder Maschenwerk, die über die ganze Platte oder nur flächen- oder streifenweis verlegt werden. Da eine Bemessung auf Grund statischer Berechnung bisher nicht möglich war, konnten nur Überlegungen und Erfahrungen gewisse Fingerzeige geben. Wo infolge ungleichmäßiger Bodenbeschaffenheit erhöhte Rißgefahr besteht, wie z. B. über Bauwerkshinterfüllung auf höheren Dämmen (bei AB. über 2 m Höhe) oder unzuverlässigem Untergrund von ungleichmäßiger Tragfähigkeit sollen Eiseneinlagen angeordnet werden.

Eiseneinlagen dienen dazu, dem weiteren Öffnen von Rissen entgegenzuwirken und den Zusammenhalt der Platte zu wahren und, soweit die Reibung an den

Rißflächen nicht ausreicht, auch Querkräfte am Riß zu übertragen wie bei der Verdübelung der Querfugen (Dritter Abschn. C. h. 2. γ. 3). Zu diesem Zwecke wird Stahlgewebe, kaltgezogene Stahldrähte von hoher Streckgrenze mindestens 5 cm, höchstens 7 cm unter Deckenoberfläche verlegt, bei dem alle Kreuzungsstellen elektrisch verschweißt werden. Zugfestigkeit des Stahles 60 kg/mm². Spannung an der Streckgrenze 55 kg/mm² bei 6—8% Bruchdehnung. Das Maschengewebe ist entweder rechteckig oder quadratisch. Abstand der Längsdrähte 75—100 bis 150 mm, das der Querdrähte 300(—400)—100, 300—150 mm bei einer Drahtstärke zwischen 3,4—4,2—5, 5,5—6 bis 6,5 und 7 mm, Gewicht in kg/m², zwischen 1,4 und 3,9 kg/m². An den Querfugen werden die Maschen unterbrochen. Da das gerollte Maschenwerk zu unebener Lage im Beton neigt und beim Verdichten sich verlagert, sind Matratzen zweckmäßiger. Eisenbewehrungen an den Rändern sind am wirkungsvollsten und daher als Randverstärkung oder Eckaussteifung angebracht (Abb. 209). — Anordnung der Eisen nach Abb. 210 zur Aussteifung der Ecken.

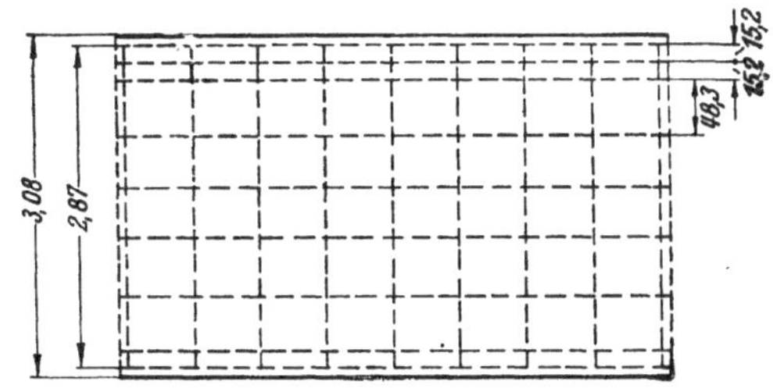

Abb. 209. Stahlgewebeeinlagen mit Randverstärkung.

hh) Querschnitt in ein oder zwei Schichten.

Wie schon im Dritten Abschn. C. h. 2 erwähnt, wird die Betonplatte bei Stärken über 15 cm in zwei Schichten hergestellt, weil dickere Betonschichten schwer verdichten. Die untere Tragschicht erhält eine magere Mischung, die obere wird durch Zusatz ausgesuchter harter Zuschläge besonders verschleißfest hergestellt. Eine Baustoffersparnis bis zu 20 v. H. konnte dadurch erreicht werden. Die obere Schicht muß möglichst schnell auf die untere gebracht werden, ehe diese abgebunden hat und dadurch die Verbindung beider Schichten erschwert wird.

Innerhalb einer Stunde nach Einbau der unteren Schicht sollte die obere verlegt sein. Diese Forderung konnte im Baubetrieb selten erfüllt werden. Weitere Nachteile ergeben sich bei zweischichtigen Decken in dem Aufwand doppelter Mischmaschinen, Verteilergeräte und Verdichteinrichtungen und dadurch geringerer Leistung als bei der einschichtigen Decke. Auch hat sich die Annahme, daß bei zweischichtigem Beton die untere Lage trockener eingebracht werden kann und dadurch eine höhere Druckfestigkeit erhält, insofern als abwegig erwiesen, weil sie trocken nicht genügend verdichtet wird und bei zwar guter Druckfestigkeit keine ausreichende Biegezugfestigkeit aufweist. Alle Erfahrungen sprechen daher für die einlagige Decke unter der Voraussetzung, daß sie auch bei der größeren Deckenstärke durch und durch verdichtet wird *[114]*.

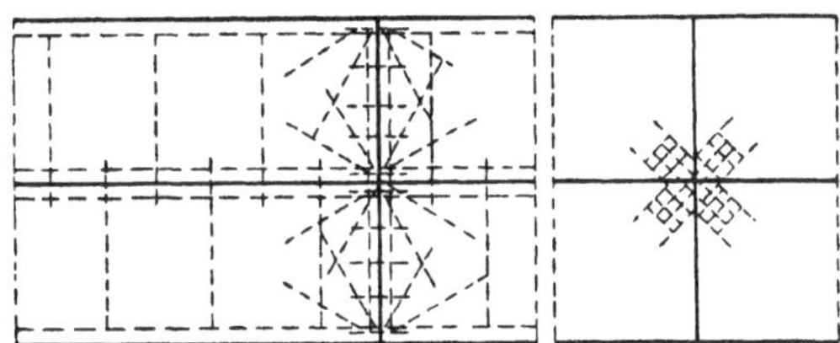
Abb. 210. Stahleinlagen zur Eckversteifung.

Schwierigkeiten bestehen bei der einschichtigen Decke in der Verlegung der Stahlbewehrung. Bei der zweischichtigen Platte wird diese auf der schon verdichteten Tragschicht ausgebreitet und dann die obere Schicht aufgebracht. Dadurch ist ihre Höhenlage gesichert. Bei der einschichtigen Platte kann sich die

Stahlbewehrung bei der Verdichtungsarbeit verlagern, vor allem besteht die Gefahr des Kippens des Verdübelungsgerüstes an den Querfugen.

Eine Lösung wird darin gesehen, einen weich gemachten Beton (mit einem Wasserzementfaktor etwa 0,5 — S. 258), dessen Biegezugfestigkeit höher liegt bei allerdings etwas verminderter Druckfestigkeit zu verwenden, der sich auch bei einschichtiger Lage, bei entsprechender Verbesserung der Geräte, gut verdichten läßt und bei dem sich auch die noch beobachteten Schwierigkeiten werden überwinden lassen, so daß die einschichtige Platte dann die zweischichtige ablösen wird.

Bei zwei Lagen genügt eine geringe Verdichtungsarbeit, bei einer Lage muß stark verdichtet werden. Die unterschiedliche Behandlung hat zur Folge, daß bei der einlagigen Platte mehr Mörtel an die Oberfläche gelangt, der später unter dem Verkehr abblättert.

ii) Verschleißfestigkeit.

Auf Straßen mit Spannverkehr mit Stahlreifen und Hufschlag werden die Betondecken mechanisch angegriffen, besonders an den Fugen durch die Stoßwirkung. Der Betonbelag, auf dem gemischter Verkehr herrscht, ist daher starker Abnutzung ausgesetzt. Es gilt daher eine Oberschicht, die gegen Abnutzung möglichst widerstandsfähig ist, herzustellen. Auf Autostraßen mit Gummireifenverkehr ist die Abnutzung nicht von der gleichen Bedeutung. Die Untersuchungen von Abrams (VStA.) über die Beziehungen der Verschleißfestigkeit zum Wasserzementfaktor, zur Druckfestigkeit, zum Zementgehalt haben die folgenden Ergebnisse gehabt[1]:

1. Im allgemeinen gewährleisten die Bestandteile im Beton, die eine hohe Druckfestigkeit erzeugen, auch eine hohe Verschleißfestigkeit.
2. Zementzunahme setzt die Verschleißfestigkeit herab.
3. Höhere Wasserzusätze, die notwendig sind, um einen verarbeitungsfähigen Beton zu erhalten, setzen den Widerstand gegen Abnutzung herab.
4. Je größer die Korngrößen der Zuschläge bis zum Feinheitsmodul 5,5–6,0, desto geringer die Abnutzung.
5. Die Feuchthaltung des Betons bei der Nachbehandlung übt einen wirksamen Einfluß auf die Verschleißfestigkeit aus (S. 282).
6. Die Verschleißfestigkeit wird durch längeres Mischen verbessert.
7. Mit dem Alter nimmt die Verschleißfestigkeit zu.

Großversuche des italienischen AASS. auf der Versuchsstraße Binasco, auf der Betonbeläge sehr verschiedener Mischungen verlegt und dann mit Spannfuhrwerken befahren worden sind, haben durch die Abnutzungsmessungen gleichfalls ergeben, daß die Zunahme des Wasserzusatzes eine Zunahme der Abnutzung bewirkt, daß die Silikatgesteine zwei Drittel der Abnutzung wie die besten Kalksteine aufweisen, daß ein höherer Zementgehalt keine Vorteile bietet. Ein Zusammenhang zwischen Druckfestigkeit und Verschleiß hat sich nicht feststellen lassen. Das muß aber auf die hohen Zementanteile des bei der Versuchsstraße Binasco verwendeten Beton zurückgeführt werden, die 400, 500 und 600 kg/m^3 betragen haben. Denn Zement erhöht wohl die Druckfestigkeit, aber nicht den Widerstand gegen Abnutzung. Die Ergebnisse werden hier auch überlagert durch die Unterschiede im Gestein.

Nach deutschen Versuchen hat die Beschaffenheit des Gesteins unter sonst gleichen Verhältnissen einen großen Einfluß auf die Abnutzung, indem diese bei Hartgestein geringer ist als bei Weichgestein, festgestellt an Abschleifversuch DIN 2108 an Würfeln von 7 cm Kantenlänge auf der Böhmeschen Schleifscheibe. Die Prüfung im nassen Zustand gibt höhere Abnutzungswerte als im trockenen. Es wird

---

[1] Neuzeitlicher Straßenbau. II. Aufl., S. 155.

als Mindestanforderung eine Abnutzung von 32 cm³ auf 50 cm² bei nasser Prüfung vorgeschlagen *[142]*.

kk) Untergrundbeschaffenheit.

Die Betonstraße ist ohne weiteres angebracht bei Felsboden, festgelagertem Kies und Sandboden und auch bei gleichförmigen bindigen Bodenarten mit einem so tief liegenden Grundwasserstand, daß eine Gefährdung des Untergrundes durch Frost, wie im Dritten Abschn. A. III. a. beschrieben, nicht eintreten kann. Dagegen ist die Betondecke sehr empfindlich gegen ungleichförmige Bewegungen des Untergrundes, z. B. durch Frosthebungen, und die Schäden an ihnen sind in sehr vielen Fällen darauf zurückzuführen.

Andrerseits hat sich der Betonbelag als besonders angebracht da erwiesen, wo der Untergrund an sich von geringer Tragfähigkeit ist, aber gleichförmig. Die großen Platten verteilen die Verkehrslasten auf eine größere Fläche, entsprechend der geringen Bettungsziffer des Untergrundes, wobei die Biegungsfestigkeit der Platten in hohem Maße in Anspruch genommen wird. In Fällen, bei denen Straßenwalzen im Untergrund einsanken und Packlage nicht zu halten war, hat die Betondecke einen standfesten Straßenbelag abgegeben. Wenn infolge Wasserzutritt der bindige Boden über die ganze Fläche gleichmäßig anschwillt oder durch Frost sich hebt, sind keine Zerstörungen zu erwarten. Die Betondecke macht die Bewegung mit. So sind Betondecken auch im Überschwemmungsgebiet von Flüssen bei Hochwasser völlig unbeschädigt geblieben. An solchen Stellen erweisen sich Betonstraßen allein als geeignet. Ihre technische Durchbildung verlangt in solchem Falle Stahleinlagen und Fugen in geringem Abstand, worüber in den folgenden Abschnitten noch Angaben gemacht werden. Selbst für Böden der amerikanischen Gruppen 6 und 7 (Dritter Abschn. B. 1. b. S. 193) würde die Betondecke geeignet sein, wo alle anderen Befestigungen versagen.

Um die Reibung zwischen Untergrund und Beton zu verringern, die für Sand als geringste festgestellt ist, wird bei allen bindigen Bodenarten eine Sandschicht, die als Sauberkeitsschicht bezeichnet wird, von etwa 5 cm Höhe eingebracht. Damit der Sand dem Beton nicht das Wasser entzieht und mit seiner Unterfläche keine Verbindung eingeht, wird noch Papier zwischen gelegt.

Durch undichte Fugen in der Fahrbahn kann Regenwasser in den bindigen Untergrund eintreten, der im Einwirkungsbereich der Fuge stark anschwillt und damit eine Hebung der Plattenenden bewirkt, die bis zu 4 mm auf Betonstraßen in den VStA. gemessen worden sind. Bei diesen Ausmaßen ruft der Verkehr starke Erschütterungen hervor. Zur Vermeidung solcher Bewegungen in den Plattenenden, die auch zu Rissen führen müssen, genügt nicht nur, die Fugen so wasserdicht als möglich zu machen, wie im Dritten Abschn. C. h. 4. η beschrieben wird, sondern eine wirkungsvolle Abdichtung, die nach Erfahrung in Kalifornien (VStA.) durch eine Bitumenlage von 3,5 kg/m² erfolgt. Der Untergrund wird hierbei, wie bei der Bodenvermörtelung, mit Bitumen getränkt.

γ) Fugen.

aa) Querfugen.

Wenn die Betonplatte infolge der Temperatureinflüsse und der Schwind- und Quellvorgänge sich bewegt, treten Spannungen auf, die zur Bildung von Rissen im Beton führen, denen durch Anordnung von Dehnungsfugen begegnet werden kann. Solche Dehnfugen als Querfugen erschweren und verteuern die Ausführung, an ihnen treten besonders starke Beanspruchungen der Platte durch Stöße auf. Da Wasser durch den Fugenspalt in den Untergrund gelangen kann, der dadurch aufweicht und seine Tragfähigkeit einbüßt, müssen die Fugen mit einer Masse vergossen werden, die so nachgiebig und dehnfähig ist, daß sie die Bewegungen der Platten, Ausdehnung bei Wärme, Zusammenziehung bei Kälte mitmacht und der Fugenspalt dadurch überbrückt wird. Drei Aufgaben sind daher zu lösen:

1. der richtige Abstand der Fugen, der wegen der erwähnten Nachteile recht groß sein sollte, damit möglichst wenig Fugen notwendig sind;
2. die zweckmäßige Breite des Fugenspaltes, die recht eng sein sollte, aber mit dem Fugenabstand wächst, und
3. die technische Durchbildung der Fugen,

alle drei Maßnahmen mit dem Ziel, einen dauerhaften Belag zu erhalten, der auch möglichst wenig Unterhaltungsaufwand erfordert.

1. Abstand.

Berechnungsunterlagen:

Wenn die Betonplatte sich bewegt, entsteht Reibung auf der Unterlage, die der Bewegung entgegengesetzt gerichtet ist. Die Größe dieser Kraft hängt von dem Beiwert der gleitenden Reibung und dem Gewicht der Platte ab. Wo diese Reibungskraft größer ist als die Zugfestigkeit des Beton entstehen Risse. Durch Fugen sollen diese verhindert werden.

Der Reibungsbeiwert schwankt zwischen 0,5 bis 2,0.

Da auf rechnerischem Wege die Stellen, wo Risse zu erwarten sind, nicht sicher zu bestimmen sind, ist man darauf angewiesen, die Fugenentfernung auf Grund von Beobachtungen festzulegen[1]. Die Rißbildung quer zur Längsachse hatte man schon früh an Betonplatten beobachtet, die als Tragkörper für Stampfasphalt oder Holzpflaster dienten. Für einen recht mageren und mäßig ausgeführten Beton (Klatschbeton) lagen sie zwischen 8—10 m. Schon damals hat man Fugen im Unterbeton in einer solchen Entfernung angelegt *[136]*. Bei dem hochwertigen Straßenbeton mit seiner hohen Zugfestigkeit kann die Entfernung größer angenommen werden. In dem Wunsche, möglichst wenig Fugen zu haben, ist man, trotz der Warnungen von sachkundiger Seite, in dem Abstand, z. B. bei Strecken der AB., zu weit gegangen (bis 25 m) und hat dann unerwünschte Zwischenrisse in Kauf nehmen müssen. Nachdem man reichlich Lehrgeld gezahlt hatte, hat man sich bei Betonbelag von Landstraßen zu einem Abstand von 6—15 m bekannt, bei Plattendicken von 15 cm und weniger soll der Querfugenabstand 10 m nicht überschreiten. Verfasser hat in der II. Aufl. (1932) den Abstand auf 7,50 bis 12 m begrenzt und sich gegen größere Abstände ausgesprochen. Daß damit das Richtige getroffen worden ist, beweist die folgende Feststellung über die Beziehung zwischen Deckenfeldlänge und Rißbildung. Auf einer Strecke der AB. bildeten sich nach dreijähriger Liegedauer Querrisse in größerem Umfange, die nicht auf die Untergrundverhältnisse zurückzuführen waren:

Tabelle 25.

Feldlänge	Anzahl der Deckenfelder		v. H.-Anteil
	Insgesamt	davon haben Risse	
7,5 m	120	0	0,0%
10,0 m	80	9	11,2%
12,5 m	520	172	33,3%
15,0 m	484	197	41,0%
17,5 m	448	198	44,4%

Daraus wird gefolgert, daß die Feldlängen von 10—12 m immer noch die günstigsten sind, um die Rißbildung wesentlich einzuschränken. Bei zweifelhaftem Unter-

[1] Rechnerische Durchführung vgl. II. Aufl. S. 142.

grund sind die Abstände noch zu groß, worauf schon im Dritten Abschn. C. h. 2. β. kk (S. 245) hingewiesen ist *[143]*.

In der Anweisung für Betonstraßen vom Jahre 1939 der RAB. wird eine Fugenentfernung von 10—15 m empfohlen. Es macht aber den Eindruck, als ob das untere Maß bevorzugt worden ist. Größere Fugenabstände können in Gegenden mit mildem, ausgeglichenem Klima, bei guten Untergrundverhältnissen und bei Deckenherstellung in kalter Jahreszeit zugelassen werden, kleinere sind zu wählen bei rauhem, stark wechselndem Klima, auf höheren Dämmen, bei Deckenherstellung in wärmerer Jahreszeit und bei Krümmungen mit einem Halbmesser unter 1000 m.

Eine Verringerung der Zahl der Raumfugen durch Vergrößerung ihres Abstandes ist möglich, wenn zwischen die Raumfugen Scheinfugen gelegt werden, die einen Anteil der Bewegung übernehmen, um den dann die Bewegung in den Raumfugen sich verringert. Scheinfugen entstehen durch eine Schwächung des Querschnittes in der Weise, daß an der Unterfläche eine 50 mm hohe Holzleiste eingelegt wird und an der Oberseite ein 8 mm dickes, 50 mm tiefes Fugeneisen, über das hinweg betoniert wird, das aber später gezogen wird. Der entstehende Spalt wird mit Bitumenausgußmasse vergossen. Diese Schwächung des Querschnittes läßt eine

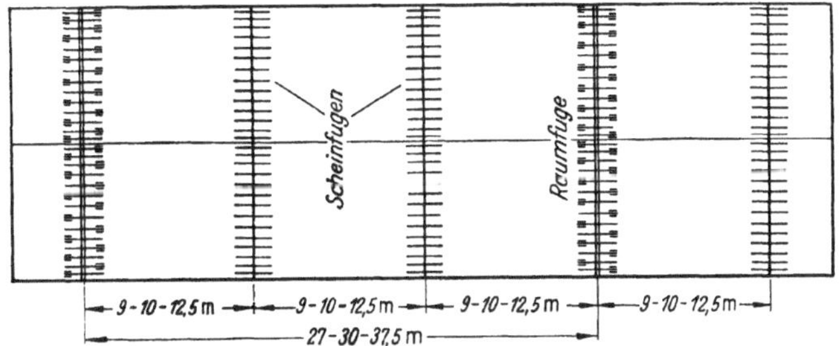

Abb. 211. Aufteilung der Betonplatten durch Raumfugen in größerem Abstand und dazwischengelegte zwei Scheinfugen.

Fuge entstehen. Auch sie wird verdübelt. Der Abstand der Raumfugen war anfangs auf 18 m bemessen mit zwei Scheinfugen in je 6 m Abstand. Inzwischen sind die Abstände in den VStA. auf 27 m und 9 vergrößert (Abb. 211). Nach den Berichten zum VII. I.-Str.-K. München waren auch Polen, Schweden, Schweiz und Österreich zu dieser Fugenanordnung übergegangen. Erst in der Anweisung für die RAB. vom Jahre 1939, in der sogar Abstände von 3 mal 10 bis 3 mal 12,50 m vorgeschlagen werden, hat man sich in Deutschland zu dieser Bauweise entschlossen. 5 Jahre lang ist man hinsichtlich der richtigen Fugenabstände demnach in die Irre gegangen *[144]*. Feldweiten bis zu 37 m zwischen den Raumfugen sollen sich bewährt haben.

Querfugen sind außerdem überall dort vorzusehen, wo mit Bewegungen im Untergrund zu rechnen ist, z. B. am Übergang vom Einschnitt zum Damm, beim Wechsel von Bodenarten. An Hand des Bodenprofiles der Straßenstrecke ist daher ein genauer Fugenplan aufzustellen, der alle solche Besonderheiten berücksichtigt, die ungleichmäßige Bewegungen im Betonbelag verursachen können.

Wenn bei starker Erwärmung die Platte wegen der Reibung sich nicht ausdehnen kann oder sich an den Fugen preßt, staucht sie und wölbt sich bei Belastung, an den Enden beult sie dann aus und durch einen Knickvorgang entsteht ein Riß, etwa 5 m von der Fuge entfernt, woraus auch gefolgert wird, daß der Abstand der Fugen höchstens 10 m betragen sollte *[145]*.

In welcher Weise der Chemismus und die Mahlfeinheit des Zement die Rißbildung und damit auch den von vornherein einzuhaltenden Fugenabstand beeinflußt, wird auf Grund neuester Untersuchungen im Dritten Abschnitt C. h 3 behandelt. Hier sei nur erwähnt, daß die Rißbildung bei Belägen auf Dämmen geringer ist als bei solchen im Gelände und im Einschnitt. Das kann auf die Feuchtigkeit in den beiden letztgenannten Lagen zurückgeführt werden, die ein Schwinden bewirkt. Man kann danach dann die Fugenabstände regeln.

Aber die Tatsache, daß bei einem Zement von ganz bestimmtem chemischen Aufbau und Mahlfeinheit bei 50 m langen Platten kein Riß aufgetreten ist, wird noch nicht dazu führen, nur noch diesen Zement anzuwenden und dann 50 m lange Platten zuzulassen. Man wird auch anderen normengemäßen Zement verwenden müssen und dann einen Fugenabstand nach der örtlichen und klimatischen Lage, Untergrund u. a. m. wählen müssen (Schrifttum siehe S. 254).

Im Gegensatz zu dieser Bauweise mit Fugen stehen die neuesten Ausführungen in den VStA., bei denen auf Längen von 6 m an bis 400 m die Betondecken ohne Dehnungsfugen, nur mit Arbeitsfugen verlegt sind. Die Platten haben 0,15 und 0,2 m Dicke und eine Stahlgewebeeinlage von 0,5 bis zu 1% des Plattenquerschnittes, d. s. bis 15—20 kg/qm erhalten. Die Stahleinlagen sollen ein Klaffen der Risse, mit denen von vornherein gerechnet ist, verhindern. Solche sind zwar in 4—6 m Abstand entstanden, haben sich aber nur 0,2—0,8 mm geöffnet. Ihre Ränder sind unbeschädigt geblieben. Nach zehnjähriger Erfahrung an einer Versuchsstraße in Indiana sind keine Absplitterungen aufgetreten, keine Längsrisse über den Eiseneinlagen, kein Pumpen an den Rissen. Dennoch ist man mit dem Urteil, ob dieser Versuch sich bewährt hat, zurückhaltend *[146]*.

Die Verwendung von Spannbeton würde die Bildung von Rissen ausschließen. Die Platten würden Längen von 150—200 m erhalten. Die hierbei vorzusehenden Raumfugen müßten aber große Spaltbreiten haben, ihre Gestaltung daher besondere Aufgaben stellen.

Für die Landstraße werden solche in Konstruktion und Ausführung schwierige und daher auch aufwendige Betonbeläge nicht in Frage kommen. Für solche Straßen werden Betonplatten von 13—15 cm Dicke mit Verstärkungseisen und Fugen in geringem Abstand, abwechselnd Raum und Scheinfugen, passen, wie sie schon in den Anfangszeiten des Betonstraßenbaues gebaut worden sind und bis jetzt gehalten haben.

2. Breite der Öffnung.

Die Dehnfugen sind Raumfugen, die also eine Bewegung der Plattenenden gestatten. Wenn unter virtueller Volumenänderung der gesamte Betrag der Volumenänderung verstanden wird, den eine gewichtlos gedachte frei aufgehängte Betonplatte erfährt, so ist zu beachten, daß die wirkliche Volumenänderung der Straßenplatte geringer ist, weil infolge Reibung der Platte auf ihrer Unterlage ein Teil in Spannung umgesetzt wird. Infolgedessen sind die Verlängerungen in der Mitte der Platten geringer als an den Plattenenden. Diese Spannungen summieren sich mit denjenigen aus der Verkehrsbeanspruchung, die gemeinsam dann eine Höhe annehmen, die an die vorhandene der Betonzugfestigkeit heranreichen (vgl. Dritter Abschnitt C. h. 2. β ee).

Infolgedessen tritt die rechnungsmäßig sich ergebende virtuelle Volumenänderung von 0,6 mm für 1 m Plattenlänge nicht ein, so daß der Fugenspalt etwas geringer gehalten werden könnte. Das entspricht auch den Beobachtungen. Wenn die Platten aber so verlegt werden — auf Sand mit Papierzwischenlage —, daß nur eine geringe Reibung entsteht, werden die Längenänderungen denjenigen bei ungehinderter Temperaturausdehnung nahekommen.

Würde die Betonplatte von 15 m Länge bei einer Lufttemperatur von 5° hergestellt, dann würde sie sich bei —25° um 5 mm verkürzen, bei +35° um 5 mm verlängern. Nach dem zuvor Erwähnten hinsichtlich des Einflusses der Reibung auf die Plattenmitte würde die Längenänderung an jedem Plattenende im Temperaturbereich von 60° von 5 mm betragen, der Fugenspalt also mindestens 10 mm groß sein müssen. Die Rücksicht auf die Ausführung nötigt, sie 15 mm breit zu machen. Für AB. werden in der oberen Lage nicht mehr als 18 mm, unten nicht mehr als 14 mm verlangt.

3. Technische Gestaltung.

Nach Mißerfolgen mit Preßfugen hatte man bald eingesehen, daß die Fugen Raumfugen sein müssen *[147]*. Die Preßfuge, bei der die Platte nur durch eine Arbeitsunterbrechung getrennt ist und keine Lücke für Dehnungen gelassen wird, kommt nur für Längsfugen in Frage.

Durch die Temperaturlücken werden die Plattenenden freibeweglich und voneinander unabhängig. Sie werden durch eine Verkehrslast, die über die Plattenenden rollt, auf Biegung wie an einem Kragträger beansprucht, so daß ein Absatz entsteht, dessen Ausmaß von der Art des Untergrundes, seinen Elastizitäts- und Plastizitätseigenschaften abhängt. Beim Überrollen über den Fugenspalt wird das Rad das andere höher liegende Plattenende zudem schlagartig beanspruchen und dementsprechend eine stärkere Biegungsspannung als die statische Last in dem Querschnitt erzeugt, die über der zulässigen liegen kann. Nach Beobachtungen reißen die Platten etwa 1,5—2 m hinter der Fuge nach etwa 2 Jahren. Um dem vorzubeugen, müssen beide Fugenenden eine biegungssteife Verbindung erhalten, damit von vornherein kein Absatz entsteht; die Beanspruchung an der Fuge soll sich nicht von der in Plattenmitte unterscheiden. Dabei darf aber die freie Beweglichkeit der Platten an der Fuge in der Längsrichtung nicht unterbunden werden.

Am einfachsten läßt sich die Lastübertragung durch Rundstahldübel vornehmen, die in der einen Platte fest einbetoniert werden und in der gegenüberliegenden längsbeweglich gelagert sind, indem das freie Ende in eine Hülse gesteckt oder mit geöltem Papier umwickelt oder mit Bitumen angestrichen wird. Sie liegen in mittlerer Plattenhöhe. Auf die Notwendigkeit der Verdübelung hat Verfasser wiederholt hingewiesen *[148, 149]*. Obwohl sie in anderen Ländern nach Berichten vom VII. I.-Str.-K. 1934 eingeführt worden waren, hat man sich in Deutschland nicht dazu entschließen können, weil man annahm, daß durch die Dübeleisen Risse im Beton und Betonabsprengungen entstehen könnten. Tatsächlich war der Grund wohl mehr, daß durch eine sehr sorgfältige Ausführung, unter Beachtung aller technischen Anforderungen, wie sie nun einmal die Fugen erfordern, die die Achillesferse der Betonstraße sind, die Baukosten erhöht wurden und die Betonstraße dann den Wettbewerb mit den andern Decken nicht hätte aufnehmen können. Das geht aus einer Äußerung in „Beton und Eisen" 1936, H. 1, S. 6 deutlich hervor.

Die Dübel müssen so stark sein und in einem solchen Abstand liegen, daß sie die an der Fuge auftretenden Querkräfte ohne Formänderung übertragen und daß auch der Beton über und unter dem Dübel nicht im Laufe der Zeit zermürbt wird.

Der Durchmesser des Dübelstahles soll 22 mm und der Abstand mindestens 30 cm betragen, am Rande noch geringer sein. Die Länge der Dübel soll mindestens 1,0 m betragen, damit die zulässige Betondruckspannung nicht an der Einspannung überschritten wird. Daraus ist die Dübelanordnung entwickelt, die für die AB. vorgeschrieben ist (Abb. 212) *[150, 151]*.

Um das Verlegen der Dübel in den Beton und ihre Lage in jeder Beziehung zu sichern, werden sie gegen das Planum auf 3,65 m langen Baustahlgewebekörben abgestützt. Da zur Schaffung der Raumfuge im unteren Teil ein Holzbrett eingelegt wird, muß dieses, durch das die Rundstahldübel hindurchgesteckt werden, mit ihnen und den Baustahlgewebebügeln auf dem Werkplatz zusammen abgebunden und dann für je eine Plattenhälfte an der Fugenstelle von zwei Mann abgesetzt werden. Dieses Stahlgerüst ist so widerstandsfähig, daß es durch die Betonschüttung und anschließende Verdichtung, die über die Fuge ohne Unterbrechung hinweggeht, nicht aus seiner Lage gerückt werden kann.

Über andersartige Formen der gegenseitigen Abstützung der Plattenenden an der Raumfuge unterrichtet H. f. E. B. IV. Aufl., Bd. 12, S. 32ff. Um das Eindringen von Wasser in den Fugenspalt auf jede Weise zu verhindern, damit der aus bindigem Boden bestehende Untergrund nicht aufgelöst wird, sind an Stelle

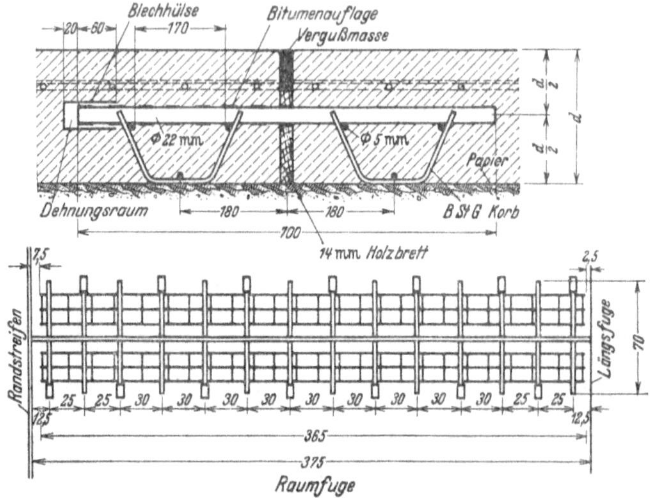

Abb. 212. Ausbildung der Raumfugen. Maße nach der Anweisung für den Bau von Betonfahrbahndecken (ABB).

von Rundeisen Stahlbalken in ∩-Form von 200 mm Höhe — 12 Stück auf eine Fugenlänge von 3,05 m, d. h. in 23 cm Abstand — eingelegt worden, die auf 25 cm in jede Platte einbinden (Abb. 213). Das eine Ende wird in heißes Bitumen getaucht und bleibt daher beweglich. Die Stahlbalken ruhen am Ende in kastenförmigen Auflagerplatten, die zugleich den Abstand der Balken unter sich sichern sollen. Die Fuge selbst wird durch einen ∩-förmig gebildeten Streifen aus Stahlblech, das auf den Balken ruht und mit seinen horizontalen Flanschen beiderseits in die Plattenenden einbindet und den Fugenfüllstoff übergreift, wasserdicht abgeschlossen. Das Stahlblech federt und folgt den Bewegungen der Betonplatten. Sein ∩-förmiger Bogen liegt etwas unterhalb der Plattenoberkante, der Zwischenraum wird mit Fugenfüllmasse ausgefüllt.

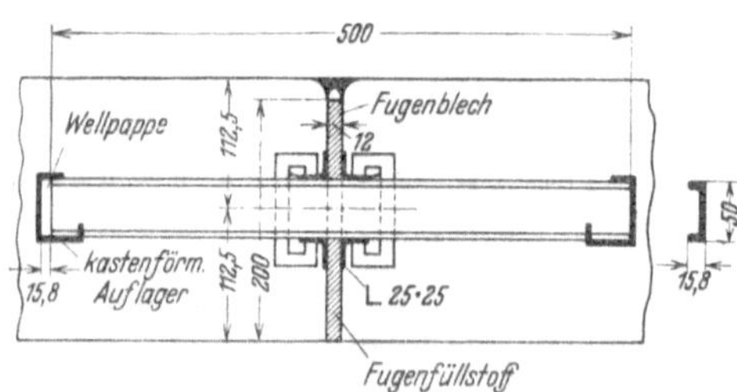

Abb. 213. Verdübelung der Fuge mit Stahlträgern. Abschluß der Fuge oben mit einem Fugenblech.

Auch die Querscheinfugen werden verdübelt, wenn auch angenommen werden kann, daß die gegenseitige starke Reibung der Plattenenden, wenn sich ein Riß gebildet haben sollte, lotrechte Verschiebungen nicht zulassen wird.

bb) Längsfugen.

Wenn bei Breiten über 5 m Längsrisse in der Mitte der Platten entstehen, so sind diese auf Überbeanspruchung infolge der Aufwölbung der Plattenmitte oder Plattenenden infolge Temperaturunterschieden auf der oberen und unteren Seite zurückzuführen, worüber nähere Angaben im Dritten Abschn. C. h. 2. β. bb gemacht worden sind. Durch Eigengewicht und Verkehrslast kann eine Biegespannung erzeugt werden, die zum Bruch führt. Risse können aber auch durch ungleichartigen Untergrund bei Straßen, die im Anschnitt halb auf gewachsenem, halb auf aufgeschüttetem Boden liegen, vor allem durch Frosteinwirkungen entstehen. Deshalb ist zur Regel geworden, bei Breiten über 5 m eine Längsfuge in der Mitte anzuordnen (VII. I.-Str.-K. 1934). Sie kann als Preßfuge ausgebildet werden, weil der Beton die Möglichkeit hat, sich nach den Fahrbahnkanten auszudehnen. In diesem Falle werden die beiden Plattenhälften knirsch aneinandergelegt und das Anbinden der Fugenfläche durch einen Anstrich verhindert. Eine Längsfuge entsteht dann schon von selbst, wenn die Straßenfahrbahn in zwei Hälften hergestellt wird. Sie dient dann zugleich als sichtbare Trennungslinie zwischen den Verkehrsrichtungen und Verkehrsspuren. Wenn die Betonplatte über die volle Breite hergestellt wird, bildet man die Längsfuge auch als Scheinfuge aus. Aber auch bei diesen Fugen hat man Bewegungen beobachtet. Bei Raumzunahme infolge Erwärmung oder Feuchtigkeitsaufnahme dehnen sich beide Plattenhälften von der Mitte nach den Seiten hin aus. Beim Zusammenziehen werden die beiden Plattenränder (an der Längsfuge und an der Außenkante) das Bestreben haben, sich nach der Plattenmitte hin zu bewegen, so daß der Fugenspalt sich am Ende

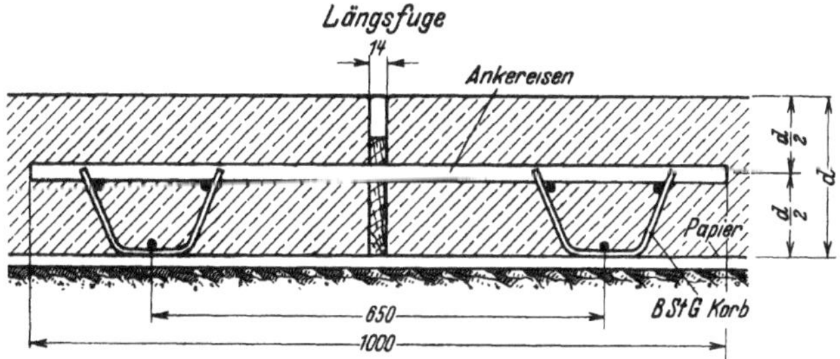

Abb. 214. Längsfuge verdübelt mit Ankereisen.

der Bewegung anfangs unbedeutend öffnet. Wenn Sand- und Schmutzteile in die Fugen eindringen, kann sich eine weitere Plattendehnung nicht in Richtung nach der Längsfuge vollziehen, weil die in den Spalt eingetragenen Stoffe das verhindern. Jede Wiederholung der Bewegung bewirkt, daß die Platten sich immer mehr von der Längsfuge fortbewegen und der Fugenspalt immer größer wird. Man hat auch die Verstärkungen der Betonplatten am Außenrand nach Abb. 207 dafür verantwortlich gemacht, weil sie in den Boden eingreifen und verhindern, daß die einmal nach der Seite abgerutschte Platte sich wieder nach der Straßenmitte bewegt. Ein Klaffen der Fugen zeigt sich auch bei Untergrundbewegungen infolge Frost.

Auch um eine Lastübertragung von einer Plattenhälfte auf die andere zu schaffen, damit nicht schädliche Formänderungen auftreten können, werden auch die Längsfugen wie die Querfugen mit Rundeisen verdübelt, die aber auf beiden Seiten einbetoniert werden, denn sie sollen die Öffnung der Längsfuge verhindern. Diese Dübel werden zutreffend als Ankereisen bezeichnet[1] (Abb. 214).

Die gegenseitige Abstützung der beiden Plattenhälften wird nach amerikanischen Erfahrungen am besten durch Ausbildung der Längsfuge mit Nut und Feder erreicht. Hierzu wird ein verkröpftes Stahlblech zur Formung der Fuge eingelegt (Abb. 215). Es sollen bis zu 90% aller Längsfugen in Nordamerika in dieser Weise hergestellt worden sein. Durch diese Stahlbleche werden die Ankereisen hindurchgesteckt. Es entsteht ein Gelenk, durch das sich etwaige unterschiedliche Be-

[1] Über ihre Berechnung vgl. H. f. E. B. IV. Aufl., 12. Bd., S. 37.

wegungen der beiden Plattenhälften ohne Rißbildung ausgleichen können. Um diese Fugen gegen Durchbiegungen zu sichern und die beiden Platten in gleicher Höhe zu halten, werden im Abstand von 1,5 m durch die Federn des Stahlbleches lotrechte Stahlbolzen gesteckt, die 12 mm Ø haben und 0,38 m lang sind. Sie stützen die Fugen auf dem Untergrund ab. Die Köpfe dieser Stahlbolzen werden einbetoniert. Die Gefahr, daß sie die Längsbeweglichkeit der Platten aufhalten, dürfte nicht sehr groß sein, weil diese Bolzen genügend nachgiebig sind, um der nur einige Millimeter betragenden Bewegung in Straßenachse nachzugeben.

Nach dem „Merkblatt" soll die Breite der ungeteilten Fahrbahnstreifen 4,5 m, bei einseitiger Querneigung und gleichmäßiger Deckendicke 6 m nicht überschreiten.

Nach der „Anweisung für AB." sind die Längsfugen als Scheinfugen in der

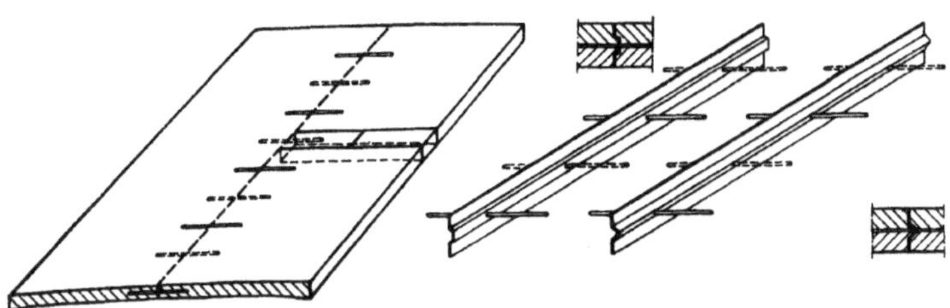

Abb. 215. Verdübelung der Längsfuge mit Stahlblech nach Nut und Feder geformt. Ankereisen in 1,5 bis 3 m Abstand.

Geraden und bei Halbmessern über 600 m auszubilden mit Ankereisen in 1,5 m Abstand. Fugenspalt möglichst schmal, nicht unter 8 mm. In Krümmungen von 600 m und darunter sind die Ankereisen nur im mittleren Drittel in Abständen von 0,75 m in der mittleren Höhe der Plattendicke einzubauen, um Längsbewegungen der Plattenenden gegeneinander zu ermöglichen. Die Längsfuge als Raumfuge wird entsprechend der Querfuge ausgebildet und verdübelt.

cc) Flächenaufteilung.

Bei großen Breiten, z. B. vierspurigen Fahrbahnen, können die Längsfugen dieselbe Aufgabe erhalten wie die Querfugen, d. h. Temperaturdehnungen auszu-

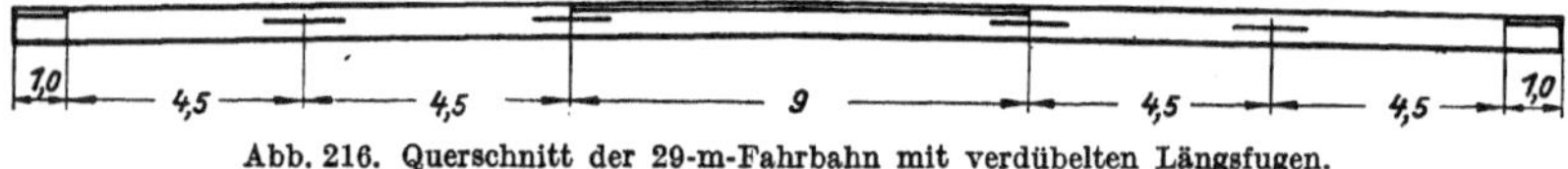

Abb. 216. Querschnitt der 29-m-Fahrbahn mit verdübelten Längsfugen.

gleichen. Dann sind einzelne auch als Raumfugen ohne Verdübelung auszubilden, z. B. bei vier Spuren die mittlere Längsfuge. Überhaupt wird die Längs- und Querbeweglichkeit der Betonplatten zu erhalten sein. Das gilt besonders in Stadtstraßen. Hier dürfen die Platten an den seitlichen Bordschwellen nicht anbinden, sondern eine Raumfuge muß vorhanden sein, die mit Füllmasse ausgegossen wird. Auch an den Einsteigschächten der Versorgungsanlagen, überhaupt an allen Einbauten, dürfen die Betonplatten nicht unmittelbar angeschlossen werden, sondern es müssen Fugen angeordnet werden. Zweckmäßig werden an solchen Stellen die Quer- oder g. F. auch Längsfugen gleich mit vereinigt. Zu diesem Zwecke wird ein Fugenplan entworfen, damit alle Platten ausreichende Abmessungen haben und nicht kleine, schwer herzustellende Stücke oder Zwickel entstehen. Zur Trennung der Einbauten von den Betonplatten genügt das Einlegen von Dachpappestreifen.

Verdübelte Längsfugen als Raumfugen nach Abb. 214 hat die 29 m breite Fahrbahnplatte der Rennstrecke der AB. erhalten. Sie besteht aus drei Fahrbahnen von je 9 m Breite und je ein Randstreifen von 1,0 m (Abb. 216). Die seitlichen

Richtungsfahrbahnen haben im Abstand von 20 m Querfugen als Raumfugen, dazwischen eine Scheinfuge, die mittlere Fahrbahn als Rennstrecke nur die Raumfugen. Die Bauausführung wird im Dritten Abschn. C. h. 4. η beschrieben.

3. Die Baustoffe.

α) Zement.

Für den Betonstraßenbau dürfen nur solche Zemente genommen werden, die die Zementnormen erfüllen und darüber hinaus noch besonderen Anforderungen auch hinsichtlich der leichten Verarbeitbarkeit genügen. (DIN 1164 Portlandzement, Eisenportlandzement, Hochofenzement vom Juli 1942.) Die Prüfung erfolgt nach DIN 1165 und 1166. Bevorzugt werden langsam bindende Zemente, die neben ausreichender Druckfestigkeit hohe Biegezugfestigkeit und geringe Neigung zum Schwinden aufweisen.

Die Mahlung ist Gegenstand von Betrachtungen geworden, wieweit Zemente feinerer oder gröberer Mahlung als Straßenbauzemente geeignet sind. Höhere Feinmahlung setzt die Anfangsfestigkeit herauf, die gröber gemahlenen Zemente haben eine geringere Schwindung, eine größere Nachhärtung und lassen sich besser verarbeiten, ihre Biegezug- und Druckfestigkeit ist aber etwas geringer *[152]*. Die Eigenschaft „Verarbeitbarkeit" läßt sich zahlenmäßig nicht erfassen, man beurteilt sie nach dem Augenschein danach, ob der Beton beim Befördern und Einbauen sich nicht entmischt, ob er sich gut verdichten läßt und wieviel Arbeit notwendig ist, um einen dichten Deckenschluß zu erreichen. Diese Vorgänge stehen in Beziehung zu den Eigenschaften des Zementbreies und können von einem geschulten Auge zuverlässig beurteilt werden.

Verschiedene Verfahren sind eingeführt worden, um die Verarbeitbarkeit beurteilen zu können, z. B. die Ausbreiteprobe. Gemessen wird der Durchmesser der Ausbreitung. (Vgl. DIN 1164.)

Das Eindringverfahren, bei dem die Tiefe gemessen wird, bis zu der ein zylindrischer Fallkörper von 100 mm Durchmesser und 6 kg Gewicht, der an seinem unteren Ende kugelförmig abgedreht ist, eindringt, wenn er aus einer Höhe von 20 cm über dem mit Beton gefüllten 30 cm-Formkasten herabfällt.

Da bei diesen Prüfungen die Eigenschaften des Zementes und der einzelnen Zuschläge sich überlagern, verfolgen neuere Verfahren die einzelnen Komponenten zu untersuchen, vor allem den Zementbrei, z. B. mit dem Vibrations-Ausfluß-Viskosimeter, bei dem die in bestimmter Zeit ausfließende Menge aus einem Gefäß mit gegebener Ausflußöffnung und das Ausbreitemaß unter Vibrationswirkung bestimmt wird *[153]*.

Da an erster Stelle aller Forderungen steht, daß der Zement die Rißbildung verhindern oder einschränken soll, sind Probestrecken mit verschiedenen Zementen unter sonst gleichen Bedingungen ausgeführt worden, die laufend auf ihr Verhalten, insbesondere die Rißbildung, untersucht werden sollten. Nach einer Bestandzeit von 14 Jahren hat man die Risse sowohl in den Probestrecken wie auch auf den übrigen Betondecken aufgenommen und ihre Zahl und Lage versucht in Beziehungen zu den technologischen Zement- und Betonprüfungen zu bringen, aber feststellen müssen, daß damit keine Anhaltspunkte für das bessere oder schlechtere Verhalten der Betonplatten gewährt werden. Dagegen aber scheint der Chemismus und die Mahlfeinheit von Einfluß zu sein. Aus den Beobachtungen heraus ist eine Faustformel für die Reißneigung der Zemente aufgestellt worden, in der der MgO-Gehalt, der Al_2O-Gehalt und die Mahlfeinheit, gemessen in v. H. des Rückstandes auf dem 4900-Maschensieb (R_{4900}) so zusammengestellt sind, daß ein Kennwert entsteht. Die Formel lautet

$$k = \frac{\text{MgO}\ \% \cdot \text{Al}_2\text{O}\ \%}{\sqrt[3]{R_{4900}\ \%}}$$

Wenn der Wert k unter 5 liegt, dann soll die Gefahr der Rißbildung gering sein. Mit steigendem k nimmt die Rißbildung zu. Aber die Zeit ist hier auch von Einfluß, ebenso wie die Tatsache, daß nach Eintreten eines Risses die Bildung weiterer zeitlich sich hinausschiebt, bis die inneren Zugspannungen die Betonfestigkeit wieder überschreiten.

Nicht einbezogen sind die Betondecken, die mit Scheinfugen hergestellt worden sind, da diese erst nach 1939 angelegt sind. In der Formel sind nicht die klimatischen Einflüsse der Gegend berücksichtigt, in der die Betonbeläge ausgeführt sind[1].

β) Zuschläge.

Die Zuschläge bestehen aus natürlich vorkommenden Sand- und Kiesgemischen und aus gebrochenem Gestein (z. B. auch Brechsand). Sie werden je nach Körnung wie folgt bezeichnet:

Rückstand auf dem Sieb	Durchgang durch das Sieb	Natürliches Vorkommen		Zerkleinerte Stoffe	
mit mm Lochdurchmesser					
—	1	Betonfeinsand	Betonsand	Betonfeinsand	Betonbrechsand
1	3	Betongrobsand	Betonsand	Betongrobsand	Betonbrechsand
3	7	Betongrobsand	Betonsand	Betongrobsand	Betonbrechsand
7	30	Betonfeinkies	Betonkies	Betonsplitt	
30	70	Betongrobkies	Betonkies	Betonsteinschlag	

Betonkiessand ist das Gemenge von Betonsand und Betonkies.

Brechsand ist für Straßenbeton weniger geeignet und sollte deshalb nur ausnahmsweise bei Mangel an Natursand und nur in Korngrößen über 3 mm verwendet werden.

Im Oberbeton (Verschleißschicht) darf neben dem Sand nur Gestein verwendet werden, das große Druckfestigkeit (mindestens 1500 kg/cm²) und hohen Abnutzwiderstand (Abnutzung nach DIN 52108 höchstens 0,2 cm) aufweist und wetterbeständig ist. Der Splitt muß möglichst gedrungene Kornform besitzen, da flache und langsplittrige Körner den Beton sperrig machen. Die Bruchflächen sollen rauh sein. Besonders geeignete Gesteine sind: Granit, Basalt, Diabas, Quarzporphyr, Felsquarzit, Grauwacke und Gesteine ähnlicher Eigenschaften.

Für den Unterbeton darf neben dem Sand auch Kies und Splitt oder Steinschlag aus Sedimentgestein verwendet werden, falls die Druckfestigkeit des Gesteins mindestens 800 kg/cm² beträgt.

Lehmige und tonige und ähnliche pulverförmige Beimischungen dürfen höchstens bis 2 Gew.-% des gesamten Zuschlaggewichtes vorhanden sein, andernfalls müssen die Zuschläge gewaschen werden. Hierbei werden aber die ganz feinen Kornstufen entfernt, auf die es, wie später nachgewiesen wird, ankommt. Organische Stoffe, Torf, Humus, Kohlen- und Braunkohlenteile dürfen als schädlich überhaupt nicht den Zuschlägen beigemengt sein.

Der Gehalt an abschlämmbaren Bestandteilen wird durch den Schlämmversuch festgestellt, der Anteil an organischen Anteilen durch die Behandlung mit Natronlauge. Ist die Sand- oder Kiesprobe dunkler gefärbt, als die Vergleichslösung, so sind unzulässig viele organische Bestandteile vorhanden.

---

[1] Rißbildung in Betonfahrbahndecken in Abhängigkeit vom Zement von Professor Dr.-Ing. habil. R. Dittrich, Fortschrittsberichte aus dem Straßen- und Tiefbau, Bd. 5, Berlin 1950.

Damit der Beton die im Dritten Abschn. C. h. 2. β. ee geforderten Festigkeiten auch aufweist, muß der Kornaufbau ein ganz bestimmter sein und eine entsprechende Menge Zement zugefügt werden. Für den besten Kornaufbau, der sämtliche Zuschläge umfaßt, müssen Sand und Kies und die sonstigen gebrochenen Zuschläge in einem solchen Verhältnis zusammengesetzt werden, daß ihre Aussiebung mit den Sieben DIN 1171 Maschensieb 0,2 mm und Rundlochsieb 1, 3, 7, 15, 30, 40 und 50 mm als Summenlinie aufgetragen in die Grenzsieblinien fällt, wie sie in Abb. 217 angegeben sind. Der Aufbau eines solchen Korngemenges setzt daher eine richtige Auswahl des Sandes, Kieses und des gebrochenen Gesteins voraus und die Vornahme von Siebversuchen, durch die die Anteile jeder Zuschlagart festgestellt werden, bis die gewünschte Sieblinie erreicht ist. Darüber, wie das zweckmäßig geschieht, wird im nachfolgenden Abschnitt eine Anleitung gegeben.

Bei einschichtigen Decken und bei zweischichtigen ist für den Oberbeton sowie bei Straßen der Gruppe 1 (Dritter Abschn. C. h. 2. β. ee) auch für den Unterbeton

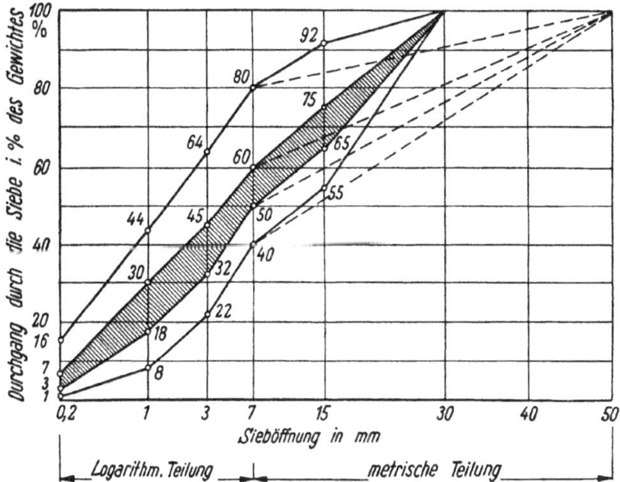

Abb. 217. Sieblinien für das Gesamtgemenge der Zuschlagstoffe mit Größtkorn bis 30 und 50 mm. Die Sieblinien für den Oberbeton und den von einschichtigen Querschnitten sollen in dem schraffierten Bereich liegen.

eine Sieblinie vorgeschrieben, die in den schraffierten Bereich fällt. Sie darf unter diesem Bereich liegen, wenn festgestellt ist, daß der Beton mit den verwendeten Maschinen und Geräten zuverlässig und gut verdichtet. Für den Unterbau von Straßen der Gruppe 2 bis 4 darf die Sieblinie über dem schraffierten Bereich liegen.

Bei der Zusammensetzung des Betons kommt den Kornanteilen von 0—7 mm eine besondere Bedeutung zu, die als Betonsand bezeichnet werden. Dieser zusammen mit dem Zement geben den Mörtel ab, der die Hohlräume der groben Zuschläge ausfüllt und sie verkittet. Von der Güte dieses Mörtels und seinem ausreichenden Anteil hängen die Festigkeitseigenschaften des Betons ab. Deshalb wird noch besonders auch der Kornaufbau des Betonsandes 0—7 mm vorgeschrieben. Seine Sieblinie soll sich den Grenzen der Abb. 218 anpassen.

Liegen die Gemenge in der schraffierten Fläche der Abb. 217 für Beton, so wird ein Beton erzeugt, der mit dem üblichen Arbeitsaufwand gute Festigkeiten aufweist. Eine Sieblinie, die darunter liegt, wäre durch einen größeren Anteil an Splitt gekennzeichnet und würde einen sperrigen Beton liefern, der erhöhten Arbeitsaufwand erfordert, mit entsprechend höheren Festigkeiten. Solche Sieblinien kommen für Kiesbeton in Frage.

Der Anteil der feinen Körnung 0—0,2 mm beeinflußt die Eigenschaft des Betons, die als Geschmeidigkeit bezeichnet wird, und die einen guten Schluß der Oberfläche der Decke bewirkt. Er muß in ausreichendem Maße vorhanden sein, kann aber durch Zusätze von feingemahlenem Kalksteinmehl und Traß verbessert werden. Die groben Zuschläge sind in der Oberschicht auf 30 mm zu begrenzen. Dann sind maßgebend die ausgezogenen Sieblinien der Abb. 217. Gröbere Körnung bis 50 mm ist sonst zugelassen, soweit die Schichtdicke überhaupt solche Körnungen aufnehmen kann. Dann gelten die gestrichelten Sieblinien, die zwischen 7 mm und 50 mm geradlinig verlaufen.

Zusatz der Körnung 0—0,2 mm ist auch für diesen Beton zur Erhöhung der Geschmeidigkeit, aber nur bis 2% des Gesamtgewichtes der Zuschlagstoffe zugelassen. Als Größtkorn kann bei einschichtigen Decken bis 70 mm verwendet werden.

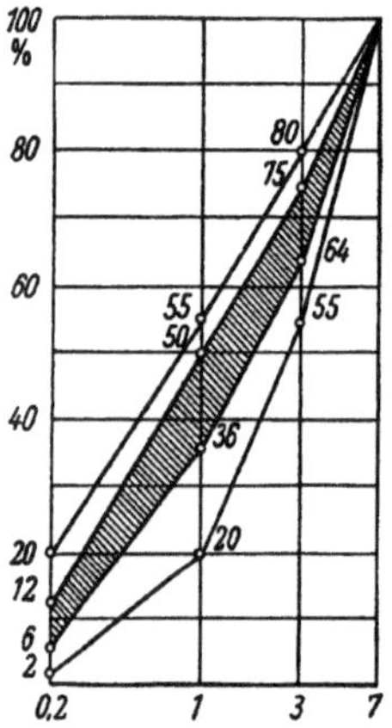

Beispiel für die Ermittlung des zweckmäßigen Betonaufbaues aus gegebenen Baustoffen:

Für den Siebversuch werden am Gewinnungsort 50 kg entnommen, gut durchmischt und dann bei Sand drei Proben zu 3000 g und bei den Körnungen > 7 mm 5000 g abgetrennt und getrocknet. Diese werden mittels Siebsatz mit den Sieben 0,2 mm Maschensieb und 1 mm, 3, 7, 15, 30 und 50 mm Rundlochsieb getrennt und der Anteil jeder Siebgröße ermittelt. Der Verlust an Siebgut darf dabei nicht mehr als 1% betragen.

Abb. 218. Verlangte Sieblinie für den Betonsand.

Aus dem gewichtsmäßigen Aufbau der Sieblinien ergibt sich von selbst, daß die Mischungen nach Gewichtsteilen und nicht mehr nach Raumteilen festgelegt werden. Da durch Feuchtigkeitsaufnahme vor allem die Sande und Kiese einen erheblichen Raumzuwachs erleiden, z. B. entsprechen 5% Feuchtigkeit bei Kies einer Raumzunahme von 14%, so würden Veränderungen im Feuchtigkeitsgehalt der Zuschläge die einmal festgesetzte Zusammensetzung des Betons unzulässig beeinflussen.

Beispiel[1]:

Tabelle 26.

Rückstand auf dem Sieb als Durchschnitt von 3 Siebungen von je 3000 g.

	Rückstand auf den Sieben					
	0,2 mm	1 mm	3 mm	7 mm	15 mm	30 mm
Feinsand 0/3	2793	1608	119	—	—	—
Grobsand 3/7	2976	2787	2181	294	—	—
in v. H. Feinsand . . .	93	53,6	4	—	—	—
in v. H. Grobsand . . .	99	92,5	73	10	—	—
Durchgang durch die Siebgrößen als Summenlinie in v. H.						
Feinsand 0/3	7	46,4	96	100	—	—
Grobsand 3/7	1	7,5	27	90	100	—
Die groben Zuschläge. *Rückstand auf dem Sieb als Durchschnitt aus 3 Siebungen zu je 5000 g.*						
Kies 7/18	5000	4970	4950	4885	1385	—
Splitt 15/30	5000	5000	4995	4956	4710	—
Durchgang durch die Siebgrößen als Summenlinie in v. H.						
Kies 7/18	—	0,6	1,0	2,3	72,3	100
Splitt 15/30	—	—	—	0,1	5,8	100

[1] In Anlehnung an die Zusammensetzung eines Betons für AB. in Forschungsarbeiten aus dem Straßenbauwesen, Bd. 23, S. 21.

Um eine Zusammensetzung zu erhalten, die eine günstige Sieblinie ergibt, können mit Rücksicht auf den Spielraum, der in der Sieblinie gegeben ist, die Anteile geschätzt und danach zusammengesetzt werden. Zweckmäßig geht man hierbei vom Sand 0—3 aus. Nach den obigen Siebkurven ergibt sich in diesem Falle die folgende Zusammensetzung:

Tabelle 27.

Durchgang durch die Siebe in Gew.-%.

	0,2 mm	1 mm	3 mm	7 mm	15 mm	30 mm
34% Sand 0/3	2,4	15,8	32,7	34	34	34
19% Sand 3/7	0,2	1,4	5,2	17,2	19	19
15% Kies 7/18	—	0,1	0,2	0,4	11	15
32% Splitt 15/30 . . .	—	—	—	—	1,8	32
	2,6	17,3	38,1	51,6	65,8	100

Die Anteile können auch errechnet werden, wenn die angestrebten Sollwerte der Sieblinie der Gemengeteile vorher bestimmt werden, z. B. soll der Durchgang bei 3 mm = A, bei 7 mm = B, bei 15 mm = C und bei 30 mm = D (= 100) betragen. Aus der Tabelle 26 ergeben sich dann folgende vier Gleichungen für die vier Unbekannten: a, b, c, d. a = Anteil des Feinsandes 0/3, b = des Grobsandes, c = des Kieses und d = des Splittes.

Spalte 3 mm I.	$0{,}96\,a + 0{,}27\,b + 0{,}01\,c = A$	Gew.-T.
Spalte 7 mm II.	$a + 0{,}90\,b + 0{,}023\,c + 0{,}001\,d = B$	„
Spalte 15 mm III.	$a + b + 0{,}723\,c + 0{,}058\,d = C$	„
Spalte 30 mm IV.	$a + b + c + d = 100$	„

Aus den vier Gleichungen können die Gew.-Teile der einzelnen Zuschläge, Sand, Kies, Splitt errechnet werden. Nach diesem Verfahren haben sich die Anteile der Kornarten ergeben, wie in Tabelle 27 aufgeführt. Der Kornaufbau dieser Mischung deckt sich nahezu mit der unteren Begrenzung des schraffierten Bereiches Abb. 217, würde also für einen Oberbeton geeignet sein.
Zementzusatz wird in Kilogramm auf den Kubikmeter fertigen Beton bezogen und ist bereits in der Tabelle 24 angegeben.

γ) Wasserzusatz.

Vom Wasserzusatz ist die Festigkeit des Betons und seine Verarbeitbarkeit abhängig. Über die Beziehungen zwischen Wassergehalt und Festigkeit gibt die Abb. 219 Auskunft, die von Abrams aufgestellt ist, aber auch von anderer Seite bestätigt. Der Wasserzusatz muß mit großer Sorgfalt festgelegt werden, damit bei der gewählten Verdichtungsweise der Beton ein dichtes Gefüge erhält und die Decke bei der verlangten Querneigung gut geschlossen wird. Der Beton muß nach der Bearbeitung stehen. Da er beeinflußt wird von den mineralischen Eigenschaften der Zuschläge, ihrer Wasserbindung, die durchaus verschieden ist (nutzbarer Wassergehalt), von ihrem Feuchtigkeitsgehalt und vor allem von der Eigenart des Zementes, so können keine Vorschriften darüber gegeben werden, sondern der Wasserzusatz muß an den Mischungen erprobt werden. Nach dem ABB. soll der Wasserzusatz so bemessen werden, daß mit der jeweiligen Verarbeitungs- bzw. Verdichtungsweise ein mäßig weicher, schwach beweglicher Beton mit Deckenschluß erzielt werden muß, ohne daß an der Oberfläche sich eine stärkere Mörtel- oder gar Wasserschicht bildet und ohne daß zur Erreichung des Deckenschlusses Wasser oder Mörtel zusätzlich aufgebracht werden muß.

Man bezieht den Wassergehalt auf den Zementanteil und bildet den

$$\text{Wasserzementfaktor} = \frac{\text{Wassergewicht}}{\text{Zementgewicht}},$$

der je nach den Verhältnissen zwischen 0,3 bis 0,6 liegen kann, aber möglichst gering sein sollte. Zur genauen Bestimmung des Wasserzusatzes müssen die Feuchtigkeitsgehalte der Zuschläge vorher festgestellt werden. Das muß sowohl für die Ermittlung der richtigen Mischung, wie auch laufend im Baubetriebe erfolgen und danach der eigentliche Wasserzusatz jeweilig der Baustelle vorgeschrieben werden.

Stampfbeton mit etwa 6% Wassergehalt verlangt eine große Verdichtungsarbeit. Bei höherem Wasserzusatz entsteht Weichbeton, der den Vorteil hat, daß er selbst verdichtet und deshalb nur leicht gerüttelt wird, um einen Deckenschluß zu erreichen. Es genügen etwa 7% Wasserzusatz, bis 8% sind aber schon zugesetzt worden. Die Grenze für die Weichheit ist die Forderung, daß der Beton

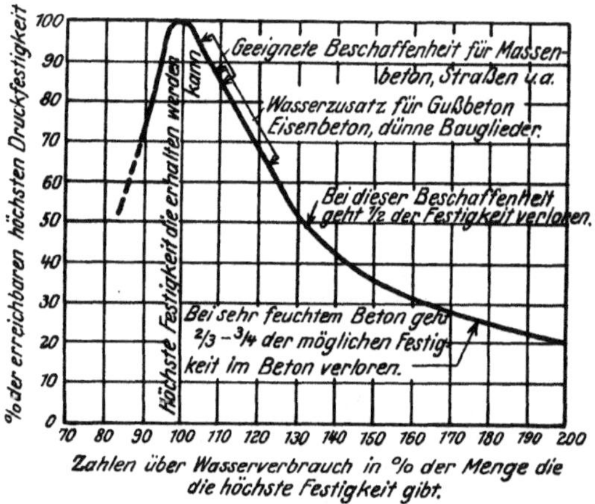

Abb. 219. Schaulinie für den Einfluß des Wasserzusatzes auf die Festigkeit des Betons.

steht, z. B. bei Gefällstrecken, und sich eine Querneigung herstellen läßt und der Beton nicht abfließt. Das Ausbreitemaß liegt zwischen 34—40 cm, die Eindringungstiefe des Gewichtes von 15 kg 14 cm. Mit Weichbeton ist die Leistung 20% höher, die Festigkeiten bleiben unter denen des Stampfbetons. Zur besseren Verarbeitbarkeit und zur Wasserbindung muß dem Zuschlagstoff Feinstsand (Korngröße 0 bis 0,4 mm) zugesetzt werden, damit die Siebsummenkurve des Zementes ohne Knick in die des Zuschlages übergeht. Als Feinstsand ist auch Traß genommen worden. Das Setzmaß beträgt etwa 1,8 cm. Die Menge des Feinsandes hängt von der Art des verwendeten Zementes ab. Sie kann zwischen 3 bis 6% liegen. Bei zunehmendem Feinheitsgrad des Zementes und Vergrößerung des Anteiles an Feinsand steigt die Beweglichkeit des Beton.

Um die Bewährung des Weichbetons zu erkunden, sind Versuchsstrecken auf den Autobahnen bei München, Rheda und Königswusterhausen (Südtangente der Autobahn bei Berlin) angelegt worden, auf denen die Verarbeitbarkeit, die Fließneigung, Anforderungen an das Verdichtgerät und die Auswahl geeigneter Zemente untersucht werden sollten, über die jetzt Berichte vorliegen, aus denen folgendes zu entnehmen ist.

Wesentliche Unterschiede im Vergleich zu Stampfbeton sind nicht festgestellt worden. Die Zugaben an feinstkörnigen Zuschlägen sind zur Erhöhung der Beweglichkeit des Frischbetons zur Vermeidung eines zu großen Feinmörtelüberschusses möglichst gering zu halten, weil sonst Abblätterungen eintreten. Zweilagige Schüttung mit schwacher Verdichtung setzt Feinmörtelgehalt an der Deckenoberfläche herab[1].

δ) Zielsicherer Aufbau des Straßenbetons.

Ist der Zementgehalt auf 1 m³ Beton festgelegt, so kann das Verhältnis des Zementes zum Anteil der Zuschläge nur errechnet werden, wenn man vom Raumgewicht des Betons ausgeht, das angenommen und dessen wirkliche Größe an Probemischungen nachgeprüft werden muß.

Die Raumgewichte der Zuschläge werden in 10 l-Gefäßen nach DIN 52110 ermittelt.

Aus den vorliegenden Forschungsberichten ist zu entnehmen, daß das Raumgewicht nicht unter 2400 kg/m³ liegt, und mit 2450 einen guten Durchschnitt gibt. Raumgewichte von 2500 und mehr werden oft erzielt, Weichbeton bis 2520 kg.

Angenommen sei ein Raumgewicht von 2450 bei 6% Wassergehalt. Bei 330 kg Zement verbleiben für Zuschläge:

Zement	330
Zuschläge (2450—(330 + 147) . .	1973
Wasser	147
	2450 kg

Wasserzementfaktor $\frac{147}{330} = 0{,}445$.

Auf 1 Gewichtsteil Zement kommen 5,98 Zuschläge, das sind:

Sand 0/3	2,03 Gew.-T.
Sand 3/7	1,14 „
Kies 7/18	0,90 „
Splitt 15/30	1,91 „
	5,98 Gew.-T.

Ob diese Mischung die erforderliche Festigkeit ergibt, kann mit guter Annäherung geprüft werden, wenn von der bekannten Formel ausgegangen wird

$$W_{b_{28}} = \frac{K_n}{A\,w^2}.$$

$W_{b_{28}}$ = Druckfestigkeit nach 28 Tagen kg/cm²
K_n = Normendruckfestigkeit des Zementes kg/cm²
A = 6 (Erfahrungswert)
w = Wasserzementfaktor

$$W_{b_{28}} = \frac{520}{6 \cdot 0{,}445^2} = 437 \text{ kg/cm}^2.$$

Die Annahmen für das Raumgewicht und den Wasserzusatz müssen nunmehr durch eine Probemischung nachgeprüft und berichtigt werden. Die Masse der Probemischung richtet sich nach der Zahl der Probemuster, die hergestellt werden, und an denen die Festigkeiten nachgeprüft werden sollen.

Verlangt werden 2 Würfel 30 cm = 54 l zur Ermittlung des Raumgewichtes, 3 Würfel 20 cm = 24 l zur Ermittlung der Druckfestigkeit und 3 Balken = 70/15/10 cm = 31,5 l zur Ermittlung der Biegezugfestigkeit. Insgesamt 109,5 l Beton. Angesetzt werden 120 l Beton.

[1] Forschungsgesellschaft für das Straßenwesen, Arbeitsgruppe Betonstraßen, 1950. Straßendecken aus Weichbeton, Professor Dr.-Ing. habil. R. Dittrich, Fortschrittsberichte aus dem Straßen- und Tiefbau. Bd. 6. Berlin 1950.

Mischungsverhältnis 1 : 5,98	Zement	Fein-sand 0/3	Grob-sand 0/7	Kies 7/18	Hart-gestein 15/30	Summen
Anteile der einzelnen Zuschlagstoffe:						
1. Tabelle 23	—	0,34	0,19	0,15	0,32	100
2. Gewichtsteile (trokken) . . . . . . T	1	2,03	1,14	0,90	1,91	6,98
3. Eigenfeuchtigkeit %	—	3,5	3	1	0	—
4. Gewichtsteile(feucht)	—	2,10	1,172	0,909	1,91	—
5. Mischung (feucht) kg	39,6	83,1	46,4	36,0	75,6	280,7
6. Wasserzusatz . kg	—	—	—	—	—	14
7. Gesamtgewicht der Probemischung . kg						294,7
8. Wasser im Zuschlagstoff		3	0,85	0,164	—	
9. Gesamtwassergehalt		—	—	—	—	18,1
10. Gesamtwassergehalt in % des Betongewichtes $\frac{18,1}{280,7} \cdot 100$						6,46
11. Wasserzementfaktor $= \frac{\text{Wassergewicht}}{\text{Zementgewicht}} = \frac{18,1}{39,6}$						0,457

12. Angaben über Steife und Verarbeitbarkeit ....

13. Ermittlung des zugesetzten Wassergewichtes nach Zeile 6 ....

14. Anzahl der Würfel:
Kantenlänge der Würfel 30 cm; Raumgewicht der Würfel 54 l

15. Gewicht der 2 Würfelformen gefüllt ....

leer ....

Gewicht 54 l fertigen Betons .... 135,2 kg

16. Gewicht von 1 m³ fertigen Beton 2502 kg

Wenn sich bei den Probemischungen ergibt, daß das gefundene Raumgewicht ein anderes ist und auch der angenommene Wasserzusatz mit demjenigen, der zur richtigen Verarbeitbarkeit sich als notwendig erwiesen hat, nicht übereinstimmt, so muß die Probemischung nach den neuen Größen noch einmal durchgerechnet und angesetzt werden, bis die Unterschiede ganz oder nahezu ausgeglichen sind. Aus den Ergebnissen der Probemischungen werden dann die Anordnungen für die Baustellen, d. h. die Gewichtsmengen festgesetzt, die in jeder Mischerfüllung entsprechend der Mischergröße aufgegeben werden müssen. Da der Mischerinhalt in Liter auf lose Masse bezogen ist, muß noch ermittelt werden, wieviel Liter fertig verdichteten Beton sich aus einer Mischerfüllung herstellen lassen. Außerdem ist es zweckmäßig, um die Baustoffzumessung und Aufgabe zu vereinfachen, die Zusammensetzung der Zuschläge und den Wasserzusatz auf volle Zementsäcke abzustimmen. Der Sack Zement wiegt 50 kg. Bei dem Maß des Wasserzusatzes wird die Eigenfeuchtigkeit der Zuschläge berücksichtigt, dagegen nicht auf das Gewicht beim Abwiegen der Zuschläge angerechnet.

ε) Überwachung der Betonzusammensetzung auf der Baustelle.

Die laufende Überwachung der Betonzusammensetzung erstreckt sich auf:

1. Untersuchung des Frischbetons:

a) Bestimmung des Gesamtgewichtes g_f des feuchten Zuschlagstoffgemenges einer Mischung.
b) Bestimmung der Feuchtigkeit im Zuschlagstoffgemenge f in %.
c) Bestimmung des Gesamtgewichtes G des trockenen Zuschlagstoffgemeines, $G = G_f \cdot (1-0{,}01\, f)$.
d) Bestimmung des Mischungsverhältnisses $1 : x$ in Gewichtsteilen aus dem zugegebenen Zementgewicht und dem Gewicht zu

$$\frac{Z}{G} = 1 : x.$$

e) Raumgewicht des frischen, verdichteten Betons, an 30 cm-Formen (r).
f) Steife der Betonmischung durch Augenschein und unter Kellenschlägen und Reiben.
g) Wassergehalt des frischen Betons an 5000 g Proben durch scharfes Austrocknen (f_B).
h) Zusammensetzung von 1 m³ frisch verarbeiteten Betons aus den zuvor gemachten Ermittlungen:

$$\text{Wasser} = r \cdot 0{,}01 \cdot f_B\,(\text{kg})$$

$$\text{Zement} = r \cdot \left(\frac{1-0{,}01\, f_B}{1+x}\right)$$

$$\text{Zuschlag} = r \cdot \frac{1-0{,}01\, f_B}{1+x} \cdot x.$$

i) Kornzusammensetzung der Zuschlagstoffgemenge durch Auswaschversuch (AWB). In einem Siebsatz mit 7-mm- und 1-mm-Lochsieb wird eine Probe frischen Betons von 5 kg erst auf dem 7-mm-Sieb, dann auf dem 1-mm- Sieb ausgewaschen, bis Wasser klar abläuft, und die Siebrückstände zusammengeworfen, getrocknet und gewogen, und darauf auf dem Siebsatz nach Durchgang durch 0,2 mm, 1 mm, 3 mm, 7 mm, 15 mm und 30 mm getrennt.
   Die danach sich ergebende Sieblinie wird mit der Sollsieblinie, Tabelle 27, verglichen. Sämtliche Ergebnisse sind in einem Vordruck eingetragen.
k) Herstellung von Probekörpern.
   Diese erfolgt nach den Normen in Form von Würfeln 20 cm Kantenlänge zur Ermittlung der Druckfestigkeit und an Probebalken 70/15/10 cm zur Ermittlung der Biegezugfestigkeit bei vorgeschriebener Behandlung.

ζ) Besondere Maßnahmen zur Erzielung eines hochwertigen, leicht verarbeitbaren Straßenbetons.

Wenn auch erhebliche Fortschritte in der Aufbereitung von Straßenbeton erzielt sind, so darf man dieses Gebiet noch keineswegs als abgeschlossen betrachten. Es gilt, einmal die Zemente noch zu verbessern, daß sie weniger schwinden, was durch eine übertriebene Feinmahlung nicht erreicht wird. Bei der Zusammensetzung der Zuschläge soll der Anteil an den gröberen erhöht, der Mörtelanteil verringert werden, ohne daß die Verarbeitbarkeit darunter leidet. Eine Ermäßigung des Anteiles an Feinsand setzt den Wasserzusatz herab, bei geringer Einbuße an der Festigkeit.

η) Luftporenbeton.

Für den Aufbau des Betons ist zu berücksichtigen, daß die Fahrfläche im Winter gegen Glatteisbildung mit Salzen abgestreut wird. Die Salze bewirken, daß die obere Mörtelschicht abschalt und schrittweis eine Zerstörung des Betons beginnt. Als Streusalze werden verwendet NaCl, MgCl, NaMgCl und CaCl. Diese Streusalze bieten so große Vorteile, daß es näher liegt, den Beton gegen die Angriffe dieser Salze widerstandsfähiger zu machen als darauf zu verzichten. Dies kann erreicht werden, wenn in dem Beton Luftporen erzeugt werden. Vermehrung des Luftporenraumes um 3% (um etwa 200—400 ccm f. d. m^3 mehr) genügen. Solche Luftporen entstehen, wenn dem Beton Chemikalien, z. B. Harze, zugesetzt werden, die entweder mit dem Zement zusammengemahlen oder beim Mischen zugesetzt werden. Die erste Maßnahme wird bevorzugt. Der Vorteil liegt darin, daß das Abscherbeln der Betonoberfläche unterbleibt, daß der Beton frostbeständiger ist und sich leichter mit weniger Wasserzusatz verarbeiten läßt. Allerdings setzt die Vermehrung des Luftporenraumes das Raumgewicht herab und damit auch die Festigkeit, auf 1% Porenraum etwa um 3—5%. Wenn auch auf den deutschen Betonfahrbahnen wegen der sorgfältigen Herstellung solche Schäden an der Oberfläche noch nicht aufgetreten sind wie in VStA., so sprechen manche Umstände dafür, daß der Luftporenbeton auch im Straßenbau eingeführt wird.

ϑ) Fertigbeton.

Fertigbeton, d. h. Beton, der in einer Betonfabrik hergestellt und als Transportbeton zur Baustelle gefahren wird, auch in der Form, daß die trockene Mischung in Trommelwagen befördert, erst unterwegs Wasser zugesetzt und noch einmal gemischt wird, bietet viele Vorteile auch für den Straßenbau *[154]*.

4. Bauausführung der Betonstraßen.

a) Vorbereitung des Untergrundes.

Es sei vorausgesetzt, daß am Untergrund an sich die zur Aufnahme einer Straßendecke notwendigen Verbesserungen vorgenommen sind, wie im Dritten Abschn. A. III und C. h. 2. *β*. kk besprochen. Es genügt, wenn das Planum bei den Erdarbeiten mit einem Spielraum von 5 cm hergestellt wird. Um es dann mit der verlangten Genauigkeit von 1 cm herzurichten, müssen seitliche Schalungen, Laufschienen und Laufträger verwendet werden, die auch für die Fertigung der Betondecke selbst erforderlich sind.

β) Einfassung der Fahrbahntafeln, Laufschienen und Laufträger.

Bei Landstraßen erhält die Betondecke seitlich in der Regel Schalung, die auch die Laufschienen für das Arbeitsgerät trägt, sie ist versetzbar und steht nur so lange, bis der Beton abgebunden hat und keines Schutzes mehr bedarf. Durch die Schalung soll die genaue Höhenlage der Betondecke und ihre Breite unverrückbar festgelegt werden, da über diese Schalung Geräte von großem Gewicht sich bewegen, die außerdem die von den Kraftmaschinen ausgehenden Erschütterungen auf die Schalung übertragen. Die Einfassungen müssen so kräftige Abmessungen, Auflagerung und Befestigung mit dem Untergrund haben, daß die Decke eine ebene Oberfläche erhält. Die im amerikanischen Straßenbau entwickelten Schalungsformen, auf denen nur die leichten Fertiger laufen, haben sich im deutschen Straßenbau als zu schwach erwiesen[1]. Die Höhenlage der Schienenoberkante soll derjenigen der späteren Straßenoberkante entsprechen. Die Schiene dient in diesem Falle gleich als Schalung wie z. B. bei der Einfassung, die die Maschinenfabrik Linnhoff-Berlin ausgebildet hat, oder an den Schienenstuhl wird ein besonderes Schalblech angebracht[1]). Dann kann die Schiene ein sehr schweres Profil sein. In Steigungen wird an der Schiene noch eine Zahnstange angeschlossen, in die ein Triebstockrad eingreift, das von dem Gerätmischer oder -fertiger angetrieben wird (Abb. 220), die Kruppschalungsschiene, die in 4 m Länge geliefert wird, ist aber sehr schwer, so daß man bereits Kräne für Verlegen und Vorstrecken eingesetzt hat.

---

[1] Neuzeitlicher Straßenbau. II. Aufl. S. 159.

Einfacher gestaltet sich die Deckenbetonierung, wenn vor Beginn des Baues seitliche Randstreifen aus Beton, die genau nach den geforderten Höhen betoniert sind, als Unterlage für die Laufschienen verlegt werden, die zwischen Schalungen aus Holz oder Eisen (H. f. E. B. IV, 12, S. 56) mit gewöhnlichem oder schnell erhärtendem Zement in den Betonmischungen der Decke mit Raum- und Scheinfugen und Verdübelung aus ortsfesten oder fahrenden Mischern hergestellt und mit Preßluftstampfern verdichtet werden. Abstand der Querfugen 5—7,50 m, so daß die Randstreifenfugen sich mit denen des Belages decken.

Die Schienen werden befestigt:

1. Durch Einbetonieren von Hartholzdübeln, in die Schienennägel zur Schienen-

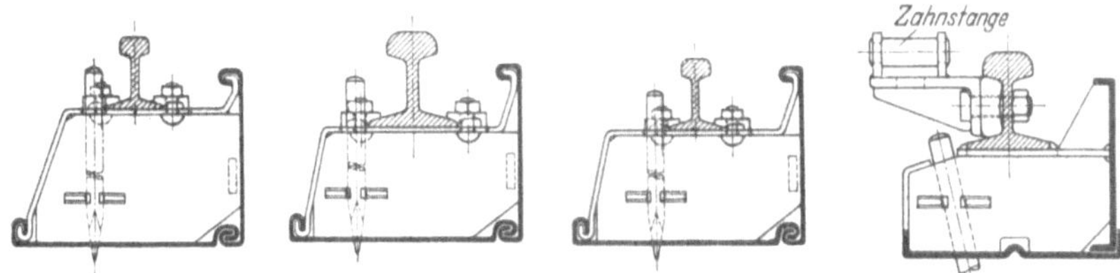

Abb. 220. Schalungsschiene nach Krupp für verschiedene Schienenprofile.

befestigung eingeschlagen werden. Diese Dübel werden nachher herausgestemmt und ihre Löcher mit Beton gefüllt.

2. Gut eingefettete Schwellenschrauben werden mit aufgedrehten Drahtspiralen in Abständen von 3 m in den frischen Randstreifenbeton einbetoniert (Abb. 221). Die Schrauben werden am Tage nach der Betonierung herausgedreht; die Spiralen bleiben im Beton und sichern das Gewinde, bis der Beton so erhärtet ist, daß die

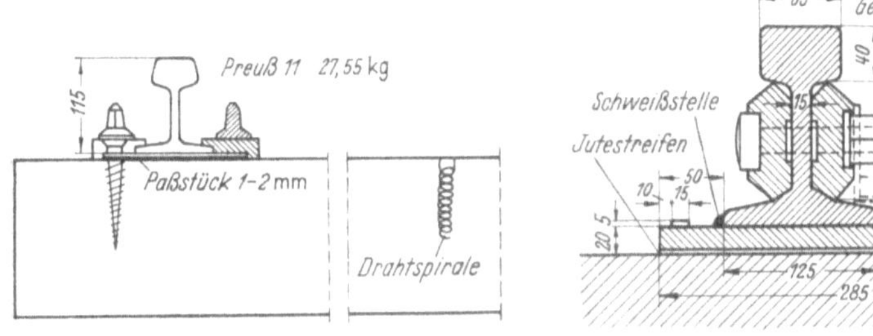

Abb. 221. Schiene auf Randstreifen mit Schwellenschraube befestigt.

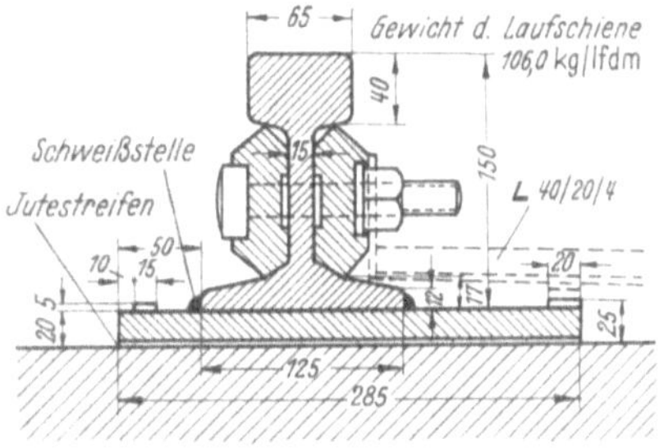

Abb. 222.

Schienen verlegt und die Schrauben wieder eingedreht werden. Später werden die Löcher vergossen.

3. Die Schwellenschrauben werden in den frischen Beton halb eingeschlagen und dann weiter eingedreht. Beim Abbinden werden sie um einen halben Gang gelöst und können später zur Schienenbefestigung heraus- und wiedereingedreht werden.

Bei den Verfahren zu 2. und 3. müssen die Schrauben sehr genau ausgerichtet sein, damit die Schiene in der richtigen Flucht liegt. Einfacher gestaltet sich die Sicherung der Lage der Laufschiene, wenn die schwere Bundesbahnschiene S 49, auf Unterlagsplatten aufgeschweißt, verwendet wird. Durch das hohe Gewicht und die Reibung wird sie festgehalten (Abb. 222). Wenn halbseitig gebaut wird, dient die fertige Deckenhälfte als Unterlage für die Laufschienen. Für diesen Fall ist die Reichsbahnschiene besonders geeignet, da sie keiner Befestigung be-

darf. Im Gefälle und bei einseitiger Querneigung werden Haken an den Schienenstoßlaschen angebracht, die über die Kante des Seitenstreifens greifen.
Die inneren Schalungsflächen sind einzuölen und die der Betonrandstreifen zu bituminieren, damit Beton nicht anbinden kann. Zur Entwässerung des Planums sind unter den Randstreifen Dränrohre mit Vorflut anzulegen.
Bei bindigen Böden erhält das Planum eine Sauberkeitsschicht von Sand (vgl. S. 245). Die genaue Höhenlage wird durch einen Fertiger mit Abgleichbohle hergerichtet, der auf den Laufschienen fährt und mit einer besonderen Schlagbohle den Boden abstampft. Dann wird eine Unterlage von knitterfestem Papier (150 g/m^2) ausgebreitet, das von Rollen abläuft, die auf einem Gestell aufgebaut sind, das auf den Randstreifen läuft, Überdeckung der Bahnen seitlich 5 cm, an den Stößen 20 cm. Diese Lagen dürfen nicht betreten werden.

γ) Deckeneinbau.

Die Fließfertigung beim Deckeneinbau geht in der folgenden Reihenfolge vor sich:

1. Mischen des Betons mit Mischern, die auf den seitlichen Einfassungen oder auf Rädern oder Raupen in oder neben dem Planum laufen.
2. Ausbreiten des Unterbetons aus einem Kübel, der unter dem Mischer angebracht ist, oder von einer besonderen Arbeitsbühne aus, die auf den Einfassungsschienen läuft.
3. Einebnen des Unterbetons und Abstampfen mit dem Straßenfertiger oder Rüttelgerät. Verlegen etwaiger Stahleinlagen.
4. Mischen des Oberbetons wie bei 1.
5. Ausbreiten des Oberbetons wie bei 2.
6. Abgleichen und Abstampfen oder Verdichten des Oberbetons mit einem oder zwei Straßenfertigern.
7. Einschneiden der Fugen, soweit diese nicht schon bei der Betonierung durch besondere Maßnahmen angelegt sind.
8. Bearbeiten der Fugenkanten und der Betonoberfläche von einer Arbeitsbühne aus.
9. Schutz des frischen Betons mit Dächern gegen schnelles Austrocknen.
10. Nach Beendigung des Abbindens Nachbehandlung durch Bedecken und Feuchthalten für mindestens 7 Tage.
11. Zwei Wochen ständig feucht halten.
12. Einschneiden der Scheinfugen, soweit sie nicht schon bei der Betonierung hergestellt sind, Nachschleifen etwaiger Unebenheiten.
13. Vergießen der Raum- und Scheinfugen mit Vergußmasse.

Wenn die Decke einschichtig hergestellt wird, fallen die Arbeitsvorgänge 4, 5 und 6 heraus.
Diese Arbeitsvorgänge werden im folgenden mit Beschreibung der dabei angewendeten Arbeitsverfahren, Geräte und Maschinen im einzelnen behandelt werden, wobei nur solche berücksichtigt werden, die wiederholt angewendet worden sind und als bewährt angesehen werden können. Da bei den Vorgängen 1 und 4 — Mischen des Betons —, 2 und 5 — Ausbreiten des Betons —, 3 und 6 die gleichen Einrichtungen benutzt werden, sollen sie gemeinsam behandelt werden.

Anfuhr, Übernahme und Stapelung der Baustoffe.

Zuschläge. Da es sich um Massengüter handelt, die selten unmittelbar an der Baustelle gewonnen werden, müssen sie angefahren und umgeladen werden. Mit Greifern werden Feinsand, Grobsand und Splitt, nach den Korngrößen getrennt, in Vorratsbunker abgelegt, von denen sie in Meßsilos mit Greifern und auch Förderbändern übergeladen werden.

Die Aufteilung des Baustofflagers hängt auch davon ab, ob die Massen mit Rollbahn oder LKW weiterbefördert werden. Als Muster für den ersten Fall kann die Gleis- und Bunkeranordnung der Abb. 223, für den zweiten Fall Abb. 224 dienen. Die Größe der Bunker ist nach der verlangten täglichen Leistung in Kubikmeter Beton so zu bemessen, daß stets ein Vorrat für mindestens 8 Arbeitstage vorhanden ist, um durch Störungen in der Zufuhr nicht im Bau aufgehalten zu werden. Die Meßsilos sollen den Bedarf für einen halben Tag aufnehmen. Sie müssen solche Abmessungen haben und so gestaltet sein, daß die Abfuhrwagen unter die Ablauftaschen fahren und mittels der automatischen Waagen beladen werden können. Zur Einsparung von Arbeitskräften ist die Baustoffaufgabe automatisch gestaltet worden. Durch eine mechanische Abmeßanlage, durch Schubaufgaben und ein Sammelband werden die Zuschläge in der vorgeschriebenen Mischung einem Silo zugeführt, von dem aus die Kipploren beladen werden.

Zement. Er muß vor Feuchtigkeit, Zugluft und übermäßiger Erwärmung geschützt werden. Hier gelten: Merkblatt 42 der Fachgruppe Zementindustrie und die Leitsätze für die Bauüberwachung im Eisenbetonbau.

Der Zementschuppen, der den Verbrauch von zwei Tagen mindestens aufnehmen

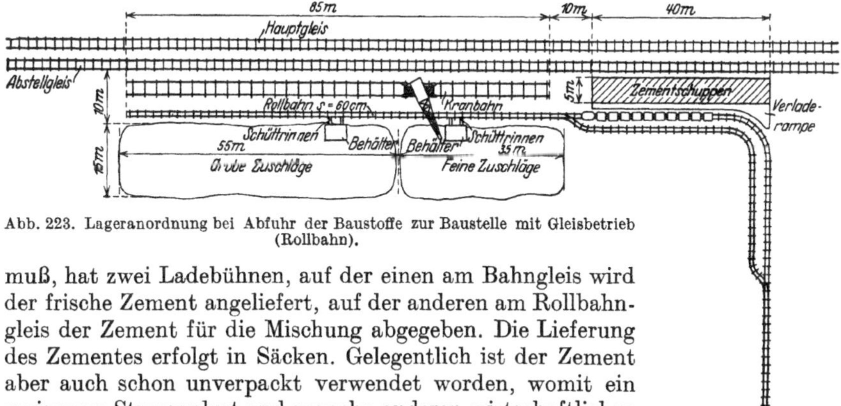

Abb. 223. Lageranordnung bei Abfuhr der Baustoffe zur Baustelle mit Gleisbetrieb (Rollbahn).

muß, hat zwei Ladebühnen, auf der einen am Bahngleis wird der frische Zement angeliefert, auf der anderen am Rollbahngleis der Zement für die Mischung abgegeben. Die Lieferung des Zementes erfolgt in Säcken. Gelegentlich ist der Zement aber auch schon unverpackt verwendet worden, womit ein geringerer Streuverlust und manche anderen wirtschaftlichen Vorteile verbunden sind. Der Zement wird in diesem Falle in geschlossenen Eisenbahnwagen angeliefert und in Silos übergeladen mittels einer pneumatischen Förderanlage, die beweglich ist und von einem Mann bedient werden kann. Sie leistet etwa 11—12 m³ je Stunde. Zur Aufbewahrung und Abgabe des Zementes werden Silos verwendet, die an ihrem Auslaß eine Waage haben, da die Zementmengen nur nach Gewicht zugemessen werden sollen. Die Abfüll- und Wiegeeinrichtungen sind sehr vollkommen ausgestaltet, um mit geringem Zeitaufwand die Beladung vornehmen zu können.

Fördereinrichtung. Bei der Förderparkbemessung ist von der Mischerleistung auszugehen. Ihr ist die Größe der Förderwagen anzupassen, d. h. Fassungsvermögen einer Kipplore gleich einer Mischerfüllung. Die Zahl der Wagen hängt von der Zugkraft der Loks ab und etwaigen Steigungsverhältnissen in der Strecke. Da die Mischzeit nur 90″ betragen soll, für Füllen und Entleeren weitere 30″ zugeschlagen werden, kann stündlich mit 30 Mischerfüllungen gerechnet werden. Auf diese Höchstleistung ist der Förderpark zu bemessen, wenn auch durch unvermeidliche Aufenthalte eine solche Leistung nicht immer durchgehalten werden kann und die Durchschnittsleistung geringer ist. Ein zügiger Betrieb läßt sich wirtschaftlicher durchführen, wenn die Zugfolgezeit gleich der Abladezeit am Mischer oder einem Vielfachen davon gemacht wird. Die Zeit von der letzten Ausweiche vor dem Lagerplatz bis dorthin, die Beladezeit an den Silos und die Zeit wieder bis zur Ausweiche müssen mit der Aufenthaltszeit am Mischer in Übereinstimmung stehen, dann erhält man eine Betriebsführung ohne jede Verlustquellen. Mit dem Vorrücken der Bauspitze nimmt die Fahrzeit zu. Wenn sie die Abladezeit am Mischer erreicht, muß ein weiterer Zug eingelegt werden. An Stelle eines eingleisigen Betriebes mit Ausweichen empfiehlt sich wenigstens im weiteren Bereiche der Baustelle eine doppelgleisige Anlage mit festen Weichen. Bei Einhalten eines festen Fahrplanes, der der Abladezeit am Mischer angepaßt ist, bleiben die Ausweichen stets an der gleichen Stelle. An der Bauspitze sollte auch die Gleisanlage recht weit doppelgleisig vorgestreckt werden, daß das Umsetzen reibungslos vor sich gehen kann. Auch kann das Gleis zur Beförderung des Betons für die Seitenstreifen oder Schwellen für die Laufschienen und der Sandmengen für die Sauberkeitsschicht mitbenützt werden.

Anfuhr mit LKW. Der Betrieb ist nicht so starr und trotz der Empfindlichkeit der LKW. wirtschaftlicher, schon wegen der größeren Fahrgeschwindigkeit der Wagen. Bei T Stunden täglicher Arbeitszeit, der Umlaufzeit eines Wagens T_n in min und $m_1 \cdot m^3$, die bei einer Fahrt beförderte Baustoffmenge, ist die tägliche Leistung

$$= \frac{T \cdot m_1 \cdot 60}{T_n} \cdot m^3.$$

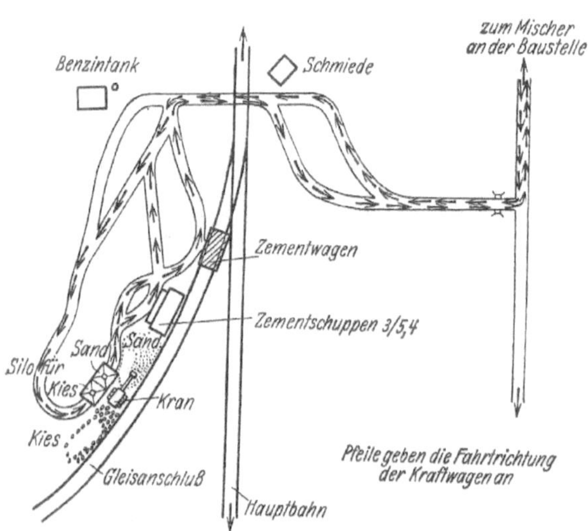

Abb. 224. Abfuhr der Baustoffe mit Kraftwagen (LKW).

In dem Werte T_n ist enthalten: die Beladezeit am Lagerplatz, die Lastfahrt, das Entladen am Mischer und die Leerfahrt. Die günstigste Ausnützung aller Betriebsmittel ist wieder, wenn es so eingerichtet wird, daß T_n gleich der Entladezeit am Mischer oder ein Vielfaches dieser Zeit ist. Die Zahl der erforderlichen LKW ist dann gegeben aus der Umlaufzeit eines Wagens, geteilt durch die Entladezeit am Mischer

$$n = \frac{T_n}{T_M} + 1 \text{ Reservewagen.}$$

Die LKW sind Hinterkipper, ihre Pritsche ist bis zu vier Fächern unterteilt, die jeweils die Masse für eine Mischung aufnehmen. Ist die Strecke kurz und nehmen die Aufenthalte am Mischer und am Beladeplatz einen großen Teil der Zeit ein, dann ist ein Schlepperbetrieb wirtschaftlicher. Müller gibt an, daß dies der Fall ist, wenn die kilometrische Tagesleistung kleiner als 80—100 km ist. Für einen Pendelbetrieb mit Schlepper findet sich in W. Müller, Fahrdynamik der Verkehrsmittel, S. 373 *[16]*, die Leistung und Aufstellung eines Betriebsplanes für einen 50-PS-Deutz-Straßenschlepper an mit 6 Linder-Anhänger, der auch für die Mischerbeschickung einer Betonbahnherstellung benutzt werden kann.

δ) Mischer und Mischvorgänge.

Nach dem „Merkblatt" soll der Mischer so groß sein, daß er in einer Stunde mindestens den Beton für 8 lfd. m Fahrbahndecke liefert. Das wird bei einer einschichtigen Decke von 16 cm Dicke und 6 m Fahrbahnbreite eine stündliche Leistung von rd. 8 m³ fest eingebauten Beton geben. Da das Verhältnis des Nenninhaltes des Mischers zum festen Beton etwa 0,65 beträgt, müßte die stündliche Raumleistung = 12,5 m³ betragen; ein 500-l-Mischer würde hierzu genügen bei 25 Mischspielen stdl. Für die AB. werden größere Leistungen verlangt. Hier werden Mischer mit 1000 und 1500 l eingesetzt, getrennt für Unterbeton und Oberbeton. Da die Massen für die untere und obere Lage sich verhalten wie die Deckendicke 15 : 7 oder 2,15 : 1, so müßte der Mischer für Unterbeton mindestens das 2,15fache leisten wie der für Oberbeton bei gleichem Fortschritt. Unterschiede in den Mischergrößen verlangen aber entsprechende Unterschiede in der Ladefähigkeit der Fördergefäße; das beeinflußt wieder die Zugzusammenstellung und den Zugumlauf, besonders wenn die Mischungsverhältnisse verschieden sind, kurz, Erschwernisse auf der Baustelle und Anlässe zu Zeitverlusten. Richtiger ist es daher für Unter- und Oberbeton dieselbe Mischergröße zu verwenden, am besten 1500 l. Lassen sich damit beim Unterbeton im Durchschnitt 25 Spiele erreichen, dann müßte gleichzeitig der Mischer für Oberbeton $\frac{25}{2,15}$ = rd. 12 Füllungen durchsetzen und für die Anfuhr sind 37 Wagen stdl. erforderlich. Die Mehrkosten für einen größeren Mischer, der nicht voll ausgenützt ist, werden reichlich durch Vereinfachung in der Anfuhr aufgewogen.

Die Mischer sind Freifall- oder Zwangsmischer. Im ersten Falle bestehen sie aus einer um ihre Längsachse sich drehenden Trommel, die Mischschaufeln enthält. Die Mischer werden unterschieden nach DIN 459.

a) Freifallmischer mit Umkehraustragung, d. h. die Entleerung erfolgt durch Umkehr der Drehrichtung beim Mischen.
b) Kipptrommelmischer, d. h. durch Umkippen der Trommel wird der Mischer entleert.
c) Freifallmischer mit Gleichlaufaustragung. Die Entleerung erfolgt durch Einschwenken einer Schurre oder Umkippen aus der horizontalen Lage[1].

Alle drei Arten mischen absatzweise. Der Zwangsmischer besteht aus einem Trog, in dem sich zwei parallel liegende Wellen mit Rührarmen gegeneinander drehen. Die Mischer werden durch Aufzugkübel beschickt, die seitlich am Gleis in Gruben abgesenkt werden, um die nötige Schütthöhe aus den Kippern zu gewinnen. Am höchsten Punkt der Aufzugvorrichtung verstürzen die Kübel die nach dem vorgeschriebenen Mischungsverhältnis zusammengesetzte Masse, bei einzelnen Bauweisen unter Zwischenschaltung eines Silos in den Mischtrog. Beide Mischarten erzeugen Beton von gleicher Güte, wenn die Mischzeit mindestens 90″ beträgt. Um sie einzuhalten, sind Chargenzähler und Mischzeitregler angebracht, die die Entleerung sperren, bis die vorgeschriebene Mischzeit erfüllt. Damit die vorgeschriebene Wassermenge eingehalten wird, hat das Wassergefäß eine Meßeinrichtung mit 2% Genauigkeit. Das gesamte Mischerspiel von einer Füllung bis zur nächsten wird im günstigsten 120″ betragen, so daß 30 Füllungen in der Stunde im Bestbetrieb geleistet werden können. 25 Füllungen werden im Durchschnitt erreicht werden müssen. In USA. rechnet man mit 75″ Mischerspiel.

Die Mischer sind Selbstfahrer oder sie stehen auf Brücken, die sich auf den Seitenstreifen oder Schalungen bewegen. Damit sie durch Krümmungen fahren können, hat das Fahrwerk ein Ausgleichgetriebe. Zur Überwindung starker Steigungen ein Zahnrad, das in eine Zahnstange an der Schiene eingreift (vgl. Abb. 220). Die möglichst gleichmäßige Verteilung des Beton wird auf verschiedenen Wegen angestrebt. Die auf Raupen fahrenden Mischer verteilen den fertigen Beton aus einem Kübel, der an einem beweglichen Schwenkarm läuft (Abb. 225).

[1] Anordnung für die Vereinheitlichung von Betonmischern vom 29. 5. 1941.

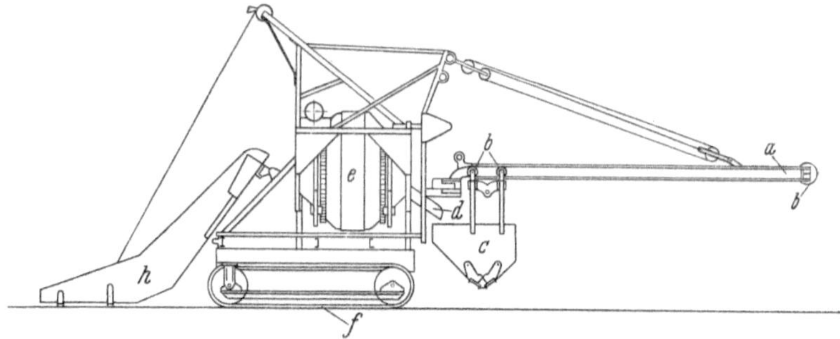

Abb. 225. Betonmischer mit Kübel am Schwenkarm.
a Schwenkarm, *b* Rollen, *c* Kübel, *d* Schüttrinne, *e* Mischer, *f* Raupe, *h* Materialaufzug.

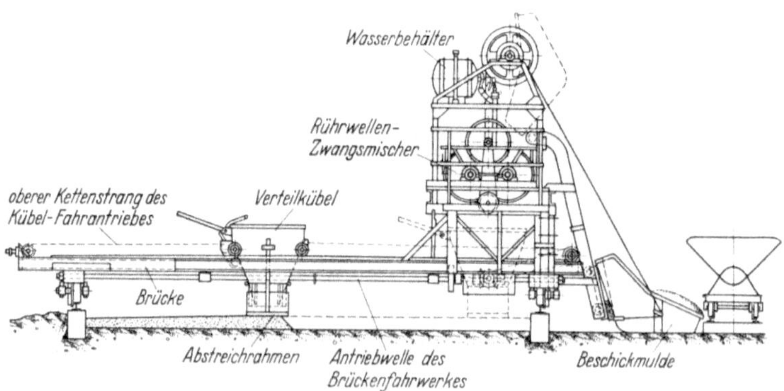

Abb. 226. Brückenmischer mit Verteilkübel an der Brücke.

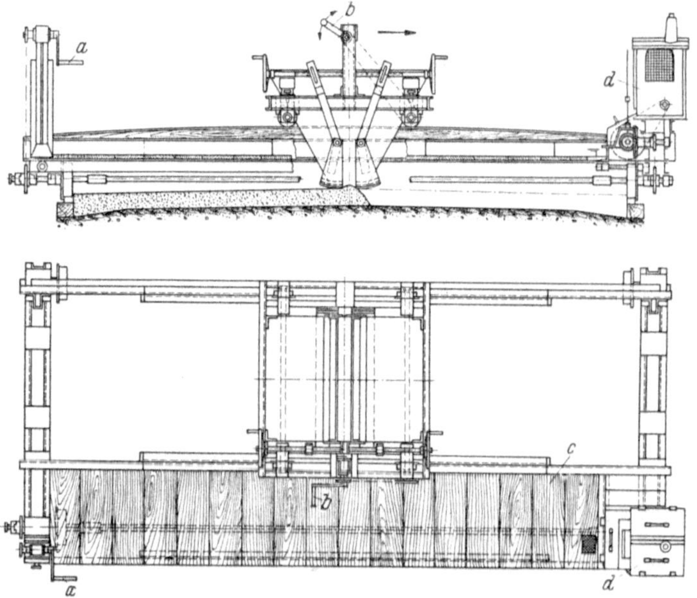

Abb. 227. Verteilergerät, oben Längenschnitt, unten Grundriß.

Der deutsche Brückenmischer benötigt ein Verteilergerät, das entweder mit dem Mischeraufbau vereinigt unter ihm sich normal zur Straßenachse bewegt (Abb. 226) oder das getrennt vom Mischer auf eigenem Fahrgestell auf den Schalungsschienen läuft (Abb. 227). Während im ersten Falle der Mischer mit dem Baufortgang fortschreitet, beharrt der andere längere Zeit an einem Ort, die Verteilerbühne fährt am Mischer vor, der Kübel, dessen Größe der Mischerleistung entspricht, wird gefüllt, verfahren und schüttet den Beton quer zur Straßenachse in etwa 1 m Breite. Die Höhe ist einstellbar nach der Plattendicke.

Der zuerst aus dem Kübel ausfließende Beton steht durch das Gewicht der darüber liegenden Masse unter Vorverdichtung, während bei weiterer Entleerung der Druck abnimmt. Die Befürchtung, daß dadurch Ungleichmäßigkeiten in der Betonzusammensetzung entstehen, soll nicht stichhaltig gewesen sein, vermutlich weil beim Ausfließen eine Auflockerung wieder eintritt. Dagegen kann beim Ausfließen des Beton aus der Mischmaschine über eine Schurre eine Entmischung eintreten, besonders bei Weichbeton. Bei Stadtstraßen werden ortsfeste Mischer bevorzugt, weil die herzustellenden Längen nicht sehr ausgedehnt sind. Die Massezufuhr mit Loren ist so kurz, daß der Beton beim Einbau noch frisch ist. Wie eine solche Baustelle eingerichtet ist, zeigt Abb. 228. Für solche Bauten ist Transport- oder Fertigbeton (Abschn. IV. C. h. 3. ϑ) besonders geeignet. In dieser Weise sind auch die Baustellen einzurichten, auf denen der Unterbeton für andere Belagarten eingebracht wird.

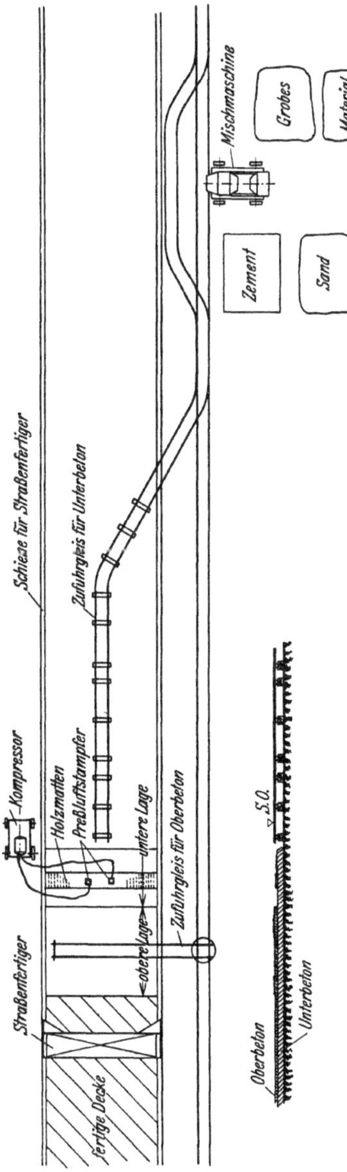

Abb. 228. Deckenbaustelle mit stehendem Mischer und Anfuhr des fertigen Beton zur Baustelle in Kippwagen.

Um eine ununterbrochene Deckenbetonierung zu ermöglichen, ist ein Brückenwagen entwickelt, der eine Scheibe von 2,5 m Durchmesser hat, auf die die Baustoffe aufgegeben werden und die sie einem Mischer zuführt. Aus ihm wird in ununterbrochenem Betriebe der Beton auf das Planum ausgebreitet. Arbeitsbreite 3 m und Leistung 15 m³ stündlich *[155]*.

Die Seitenstreifen der Betonbahnen werden auch von ortsfesten Mischern oder durch bewegliche hergestellt, die den Beton mit Förderbändern oder Gußrinnen in die Schalungen schütten.

ε) Bearbeitung der Betonoberfläche.

Der geschüttete Beton muß verdichtet werden, um ihn zu vergüten, zweitens muß die Oberfläche gut geschlossen und drittens eine möglichst ebene Oberfläche geschaffen werden. Die hierfür notwendigen Maßnahmen hängen von der Beschaffenheit des Betons ab. Denn erdfeuchter Beton, der auch als Stampfbeton bezeichnet wird, muß verdichtet werden, dagegen Weichbeton, wie er in den VStA. üblich ist und auch bei den AB. ausgeprobt ist (vgl. S. 258) hat keine Hohlräume mehr, so daß er sich nicht stampfen läßt. Das würde nur Entmischung zur Folge haben. Für diese drei Arbeiten sind Maschinen verschiedener Art ein-

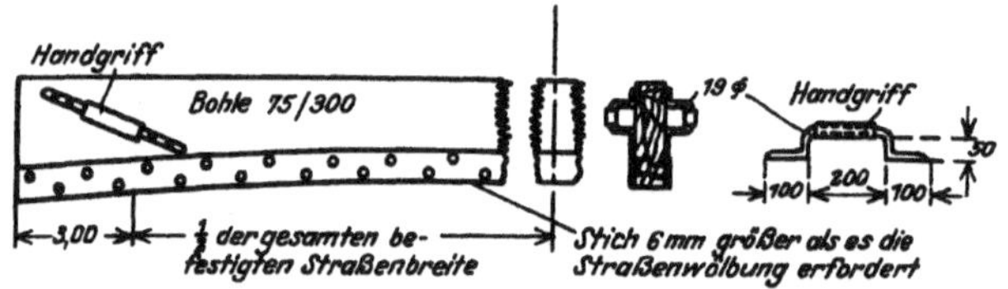

Abb. 229. Abziehbohle für Betondecke.

geführt. Aber auch die Handarbeit ist hier noch immer am Platze. Nach Beobachtungen des Verfassers im Jahre 1936 in den VStA. ist im Vergleich zu denjenigen zu früheren Zeitpunkten die Handarbeit wieder stark angewendet worden, besonders wenn es sich um Notstandsarbeiten handelte.

aa) Handarbeit.

Hier wird vor allem Weichbeton bevorzugt, so daß die Arbeiten an der Oberfläche sich auf den Deckenschluß und die Einebnung beschränken. Zuerst wird mit einer

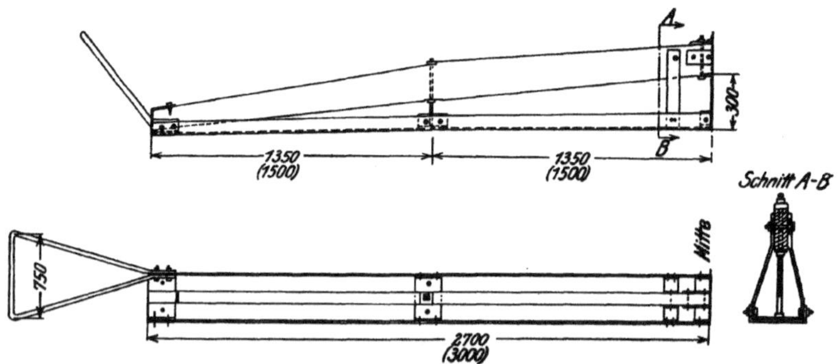

Abb. 230. Handlehre zum Abziehen der Betonoberfläche.

Abziehbohle das Profil hergestellt. Der Beton muß so steif sein, daß er nach dieser Behandlung steht.

Die Bohle wird nicht nur in der Längsrichtung bewegt, wobei sie an den Formschienen die Führung findet, sondern auch durch Hinundherschieben in seitlicher Richtung (Abb. 229). Vor der Abziehbohle soll sich immer ein geringer Überschuß an Beton befinden. Zuviel Beton ist allerdings schädlich, weil dann die Abziehbohle auf den Massen reitet und Buckel entstehen. Mangel an Masse bewirkt, daß sich an der Oberfläche Mulden bilden. Daran schließt sich die Bearbeitung der Oberfläche mit einer Handlehre (Abb. 230), deren untere Wölbung genau der Deckenwölbung entspricht. Diese Arbeit wird von den seitlichen Einfassungsschienen aus vorgenommen. Mit der Handlehre werden kurze und schnelle Schläge auf die Oberfläche ausgeübt. Die beste Art der Anwendung ist, daß die Lehre auf der einen Schalungsschiene festgehalten und das andere Ende einen halben bis ganzen Meter vorwärts bewegt wird gleichzeitig mit Stampfen. Dann wird derselbe Arbeitsgang auf der anderen Seite fortgesetzt. Es folgt ein Abwalzen der Decke mit einer Walze nach Abb. 231. Diese Arbeit muß so schnell als möglich sich der Stampfarbeit anschließen, ehe die Oberfläche hat abbinden können. Die Walze hat zwei lange Stiele oder Ketten, an denen sie von einer Seite zur anderen mit einer Geschwindigkeit von etwa 1 m/sec gezogen werden kann. Die Walzenbahnen sollen sich um die halbe Walzenbreite überdecken. Das Walzengewicht soll 1 kg auf 1 cm Walzenlänge betragen. Die Walze hat die Aufgabe, leichte Unebenheiten an der Oberfläche zu beseitigen und das überschüssige Wasser auszutreiben. Nach der Abwalzung wird die Oberfläche mit einer 3 m langen Lehre nachgeprüft, ob sich nicht Mulden oder Buckel gebildet haben. Diese werden angezeichnet und sofort von einer Brücke aus, die auf den seitlichen Schienen liegt, mit Hand und mit Reiben nachgebessert. Zum Schluß wird die Oberfläche mit einem Gummigewebe oder mit einem Lederriemen von 25—30 cm Breite abgeglättet. Der Riemen soll 0,6 m länger sein, als die Decke breit ist, und mit Handgriffen versehen sein. Er kann auch nach Abb. 232 durch einen Bügel gespannt sein. Er wird zweimal angewendet, zuerst mit langen Querstrichen bei langsamem Fortschritt, darauf ein nochmaliges Abgleichen mit kurzen Querstrichen und

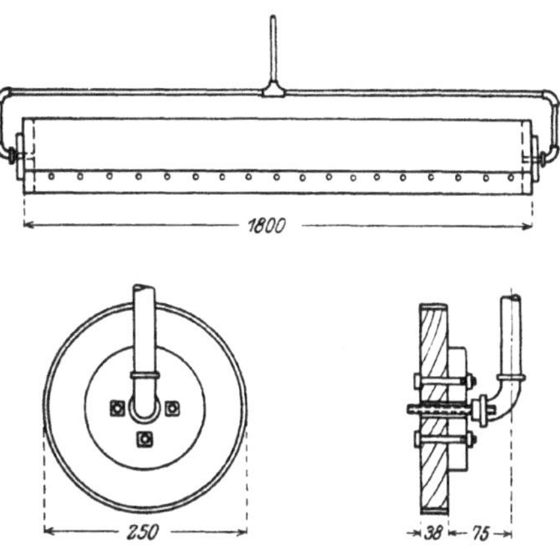

Abb. 231. Walze. Abwalzen der Betonoberfläche.

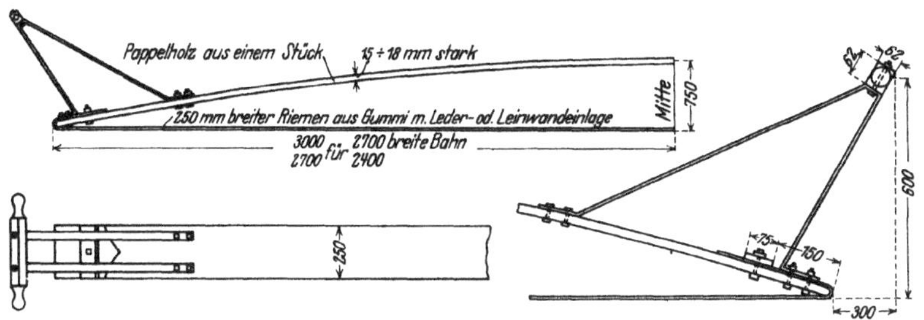

Abb. 232. Riemen zum Abglätten der Betonoberfläche.

schnellem Fortschritt. Der Riemen soll feucht oder geölt und stets sauber sein. Er darf nicht so schwer sein, daß er Eindrücke in dem Beton hinterläßt. Die letzte Arbeit sollte erst vorgenommen werden, wenn der Wasserglanz von der Decke verschwunden ist und ihre Oberfläche ein stumpfes Aussehen angenommen hat. Außerdem wird mit einem Reibebrett die Kante an der Schalung abgerundet und dort hängengebliebener Beton beseitigt. Von der Brücke aus werden auch die Kanten der Fugen nachgebessert und abgerundet und eingedrungener Beton ausgekratzt. Die Handbearbeitung der Decke ist noch allgemein gebräuchlich bei Straßen in starken Steigungen, weil bei maschineller Behandlung der Beton bergab drängt und die Decke dann wellig wird und die Fertiger ohne Zahntrieb starke Steigungen nicht nehmen können. Die Ausführung muß von unten nach oben erfolgen.

Handarbeit ist sogar bei AB. wieder eingeführt worden, als es sich darum handelte, auf der Rennstrecke der RAB. eine besonders ebene Fahrbahn zu schaffen. Sie ist nach dem Verfahren Pittel und Brausewetter in Lagen von 9 + 9 + 5 + 2 cm hergestellt. Die unteren drei Lagen sind mit Preßluftstampfern verdichtet, die obere mit dem Deprag-Vibrationsrüttler (Abb. 239). Die besonders geforderte Ebenheit (höchstens 4 mm auf 4 m Länge) ist durch Abziehen in der Längsrichtung mit Richtscheit und in der Querrichtung mit eisernen Handstampfbohlen, Abwalzen mit einer leichten Holzwalze und Abziehen mit Segeltuchstreifen für je 4,5 m Breite erreicht worden.

bb) Bearbeitung mit Maschinen.

Zuerst sind mit Erfolg die üblichen Preßluftstampfer benutzt worden, z. B. bei der Solidititbauweise unter Verwendung eines erdfeuchten Betons, der im übrigen in Handarbeit ausgeführt wurde. Die Wirkung der Maschinen, die als Fertiger bezeichnet werden, und die die drei zuvor genannten Arbeiten zu leisten haben, besteht in

I. Abgleichen.
II. Verdichten, das bewirkt werden kann durch
  a) Stampfen oder Schlagen,
  b) Einrütteln,
  c) Einkneten.
III. Deckenschluß.

Wie schon erwähnt, hängt der Erfolg aller dieser Arbeiten von der unverrückbaren Lage der seitlichen Schalungsschienen ab, auf denen die Fertiger geführt werden. In den Maschinen sind meist mehrere Arbeitsvorgänge vereinigt, z. B. Abstreifen, Stampfen, Einrütteln und Deckenschluß. Ein Unterschied der einzelnen zum Einsatz kommenden Maschinen besteht nur darin, daß die eine durch Stampfen, die andere durch Rütteln verdichtet. Allen gemeinsam ist eine Abziehbohle an der Front jeder Maschine, die, angetrieben von einer Scheibenkurbel, durch eine hin- und hergehende Bewegung die Masse, die über die jeweilige vorgeschriebene Deckenhöhe aufgebracht ist (etwa 3—5 cm) in der Form des verlangten Profiles (satteldach- oder pultdachartig) abzieht, indem sie dabei Beton vor sich herschiebt. Sie hängt an dem Fahrgestell und ist in der Höhe einstellbar. Danach folgen dann die anderen Vorrichtungen zur Verdichtung, als letzte meist eine Glättvorrichtung. In einer Übersicht sollen die einzelnen Fertiger mit ihren hervorstechenden Kennzeichen mit Darstellung ihrer Wirkungsweise in Sinnbildern behandelt werden.

1. Vereinigung von Stampfbohlen und Hammerfertigern der Dinglerwerke Zweibrücken (Pfalz), (Konstruktionszeichnung im H. f. E. B., 4. Aufl., 12. Bd.), Abb. 233.

Die Arbeitselemente sind:

A. die Abziehbohle,
B. die Stampfhämmer,
C. die Stampfbohle,
D. die Glättbohle.

Die Abziehbohle A macht 100 waagerechte Doppelhübe/min von 40 mm Länge. Die 30 Stampfhämmer (bei einer Fahrbahnbreite von 7,5 m), die eine rhombische Grundfläche von 240 mm Länge und 70 mm Breite haben bei 36 kg Gewicht, werden von einer Nockenwelle angehoben und machen 60 Schläge in der Minute bei rd. 170 mm Hubhöhe. Bei einer Fahrgeschwindigkeit des Fertigers von 1,85 m/min erhält jede Stelle der Betondecke bei einem Stampfgang 2,2 Schläge.

Die hölzerne Stampfbohle von 220 kg Gewicht (C) übt 160 Schläge/min bei rd. 50—70 mm Hubhöhe aus, so daß bei einer Breite von 65 mm jede Stelle 5,2 Schläge erhält. Die Schlagkraft ist durch Federspannklammern regelbar. Den Deckenschluß bewirkt der Vibrationsschleifbalken, ein genieteter Stahlblechträger mit einem an den Rändern leicht aufgebördelten Auflageblech von 200 mm Breite und 320 kg Gewicht, mit 600 senkrechten Schwingungen minutlich von rd. 4 mm Höhe, im ganzen etwa 58 Rüttelstöße auf jede Stelle der Betonfläche. Die Bohle ist mittels Federn an Spindeln aufgehängt. Stampfhämmer und Stampfbohle können im Vor- und Rückgang arbeiten, die Glättbohle nur im Vorwärtsgang. Üblicherweise soll die Arbeit mit drei Gängen bewältigt werden. Der Hammerfertiger ist durch Schaltung entweder ganz oder einseitig heb- und senkbar eingerichtet, und zwar für einen senkrechten Abstand von 15 cm. Er kann daher auch den Unterbeton abstampfen. Diese Vertikalverstellung gestattet übersichtlich und bequem das Übereinanderbetonieren von zwei oder mehreren Schichten sowie auch das Abgleichen und Abrammen des Straßenuntergrundes vor der Aufbringung des Betons. Dieses Gerät liefert für 20 cm Deckenstärke und einschichtiger Bauweise für nicht zu trockenen Beton gute Verdichtungsarbeit. Bei Weichbeton müssen

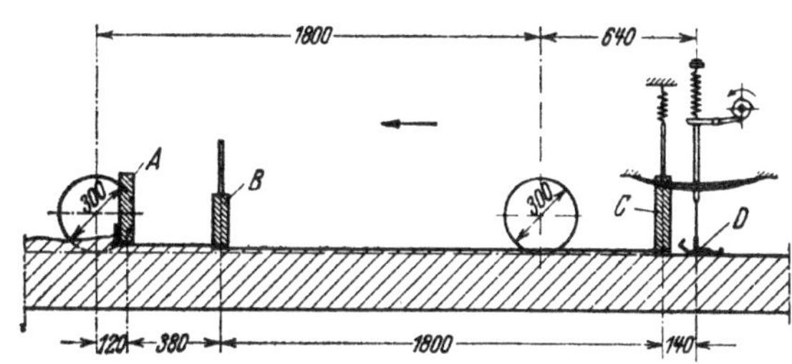

Abb. 233. Hammerfertiger der Dinglerwerke Zweibrücken (Pfalz). *A* Abziehbohle, *B* Stampfhämmer, *C* Stampfbohle, *D* Glättebohle.

Abb. 234. Ansicht des Hammerfertiger von Dingler.

die Stampfhämmer ausgeschaltet werden. Die Abziehbohle erhält eine schräg anlaufende Unterfläche (1 : 4) bei 12 cm Breite zum Einkneten. Ansicht des Hammerfertigers Abb. 234.

2. Die anderen Geräte sind Rüttler, die selbst steifen, grobkörnigen Beton wirksam verdichten können, der nur niedrigen Wasserzementfaktor hat (etwa 0,45), beurteilt nach dem Eintauchmaß etwa 4—5 cm. Die Wuchtmassen werden elektrisch oder durch Preßluft angetrieben.

Hochfrequenzfertiger von Vögele (Abb. 235).

Die Abziehbohle (*A*), die kastenförmig nach vorn um 10 mm angehoben ist, um zugleich durch Kneten beim Vortrieb vorzuverdichten, macht 40 waagerechte Doppelhübe von 150 mm Länge. Die Hochfrequenz-Schwingbohle von 400 mm Breite mit 3600 senkrechten Schwingungen/min von 3—4 mm Höhe gibt bei einer Fahrgeschwindigkeit des Fertigers von 1,4 min etwa 1000 Rüttelstöße auf jede Stelle ab. Die Glättebohle, die gleichzeitig als Schlichtabstreifer wirken soll, arbeitet mit 40 waagerechten Doppelhüben/min von 150 mm Länge. Sie liegt auf den Fahrschienen auf, um die Oberfläche genau einzuebnen.

3. Vibrationsfertiger von Thiele (Abb. 236). Er besteht aus einer Abziehbohle (*A*), die 60 waagerechte Doppelhübe von 50 mm Länge macht, einer Vibrationswalze (*B*) zum Vorverdichten und Schlichtabziehen, die in 3200 Schwingungen/min

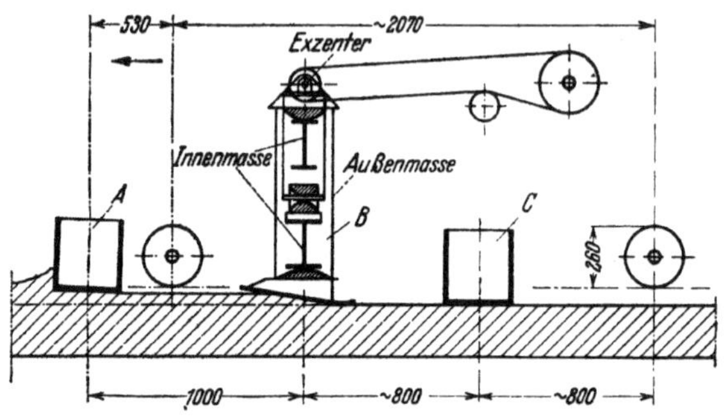

Abb. 235. Hochfrequenzfertiger von Vögele.
A Abziehbohle, *B* Hochfrequenzschwingbohle, *C* Glättebohle.

versetzt wird bei 30 Umdrehungen/min und in einer Vibrations- und Glättbohle (*C*) von rd. 3200 senkrechten Schwingungen und 60 waagerechten Doppelhüben/min von 25 mm Länge.

Die andere Bauart (Abb. 237) hat eine Abziehbohle (*A*), die 18 waagerechte Doppelhübe/min von 45 mm Länge macht, eine 8 cm breite Stampfbohle (*B*), die in der Form eines schmiedeeisernen Kastens 42 kg für 1 lfd. m wiegt und 150 Schläge/min bei 80 mm Hubhöhe ausführt. Sie ist an ihren Enden an je einer federnden Kurbelstange aufgehängt, die die Schlagwirkung und damit die Ver-

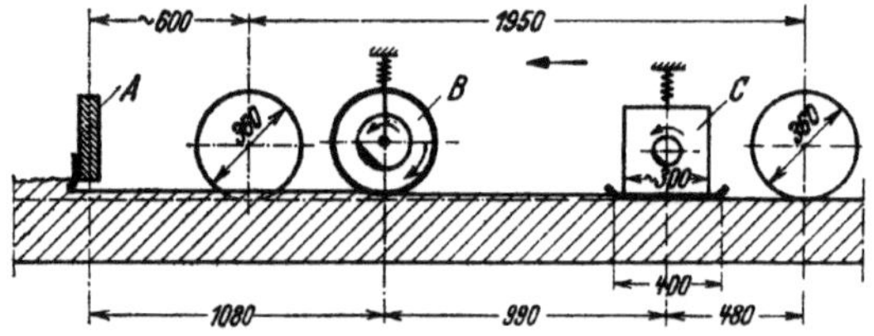

Abb. 236. Vibrationsfertiger von Thiele.
A Abziehbohle, *B* Vibrationswalze, *C* Glättebohle.

dichtung des Betons erhöhen soll. Da der Fertiger mit 1,8 m/min vorrückt, wird jede Stelle sechsmal geschlagen. Eine Glättebohle mit 18 waagerechten Hüben/min von 90 mm Länge bewirkt den Deckenschluß. In Abweichung von der Bauart der anderen Fertiger kann das Fahrgestell leicht auf verschiedene Breiten eingestellt werden, da es aus Mannesmannrohren gebildet ist, die teleskopartig mittels innen angeordneter Spindeln verkürzt oder verlängert werden können. Die Änderung ist möglich zwischen den Breiten 5—8 m oder 3,75—6 m Breite. Zu jeder Breite müssen allerdings besondere Verteilerbohle, Brücke, Stampfbalken und Glättevorrichtung beschafft werden. Bei den anderen Fertigern müssen Paßstücke eingesetzt werden. Die einfache Veränderung der Breite ist vor allem dadurch möglich, daß in Abweichung von der sonst üblichen Bauweise der Fertiger der gesamte Antrieb und die Maschinenteile seitlich über den Fahrschienen angeordnet sind, so daß alle Gewichte unmittelbar auf die Schiene übertragen werden und damit die Schwingungen, die bei den andern Fertigern durch die Antriebe in den Fahrgestellen entstehen, hier fortfallen.

Zur Verdichtung des Betons sind auch Kleingeräte entwickelt worden, die nach dem Rüttelverfahren mit Hochfrequenzschwingungen arbeiten und mit Preßluft, Benzinmotor oder elektrisch angetrieben werden. Ein Oberflächenschluß läßt sich mit ihnen nicht herstellen, ebensowenig eine ebene Fahrfläche, sie kommen daher nur in zweischichtiger Bauweise für den Unterbeton in Frage.

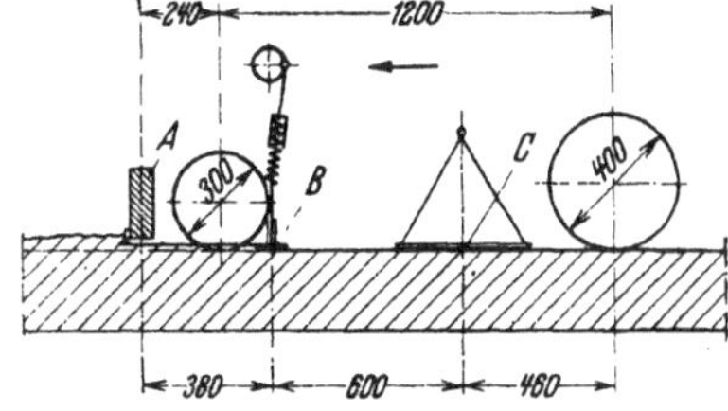

Abb. 237. Vibrationsfertiger von Thiele. *A* Abziehbohle, *B* Vibrationsbalken, *C* Glättebohle.

Deprag-Betonrüttelstampfer (Abb. 238), Gewicht 34,5 kg, hat eine kreisrunde eingewölbte tellerförmige Bodenplatte, damit die aufsteigenden Luftblasen beim Verdichten außen und innen austreten können. Bei einem Luftüberdruck von 6 atü wird eine Schlagzahl von 1700/min erzeugt. Ein Mann kann ihn bedienen, der den Rüttler mit einer Marschgeschwindigkeit von 12 m/min schwach geneigt vor sich herschiebt. Die Bahnen quer zur Straßenachse müssen sich etwa 15 cm übergreifen. Es ge-

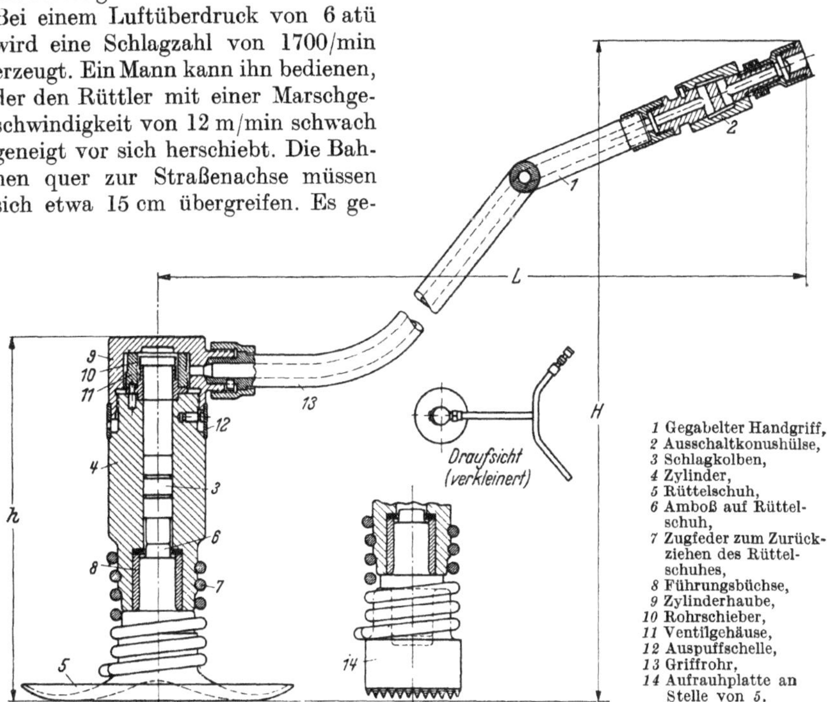

Abb. 238. Deprag-Betonrüttelstampfer mit Preßluft.

nügen zwei oder drei Übergänge, der letzte stets parallel mit der Straßenachse. In einer Stunde können etwa 48 m² geleistet werden. Um mit der Arbeitsgeschwindigkeit der anderen Geräte mitzukommen, müssen stets mehrere Rüttler eingesetzt werden.

3. Einkneten.

Nachprüfungen über die Wirksamkeit der Geräte haben ergeben, daß sie in der Lage sind, Betonplatten von 20 cm Dicke zu verdichten, wenn der Beton die passende Steife hat, d. h. ein Eindringmaß 2—6 cm, und die Einwirkzeit auf mindestens 1,5 min auf 1 m² Fläche erstreckt wird. Bei Weichbeton, der von selbst verdichtet, genügt ein Abziehen der Oberfläche und leichtes Rütteln. Bei ihm hat sich eine Nachbehandlung der Oberfläche nach 3 Stunden mit leichtem Gerät zur Verhinderung von Schrumpfrissen als zweckmäßig erwiesen.

Da bei Weichbeton das Schlagen und Stampfen immer zur Entmischung führt und dadurch Wasser und Mörtel an die Oberfläche gebracht werden, ist zur Vermeidung dieser Mängel knetende Bewegung eingeführt worden. Da Beton bildsam ist, können Schlagen und Stampfen nur geringe Wirkung ausüben. Kleine Kräfte auf lange Zeit ausgeübt haben auf die Verdichtung einen viel nachhaltigeren Einfluß. Das geschieht in der Weise, daß die vorn liegende Abgleichbohle gleich auch die Betonverdichtung mit übernimmt. Sie besteht aus einem Kastenprofil von großem Gewicht, unter dem die Lehre für das Deckenprofil verstellbar angebracht wird. Die hin- und hergehende Bewegung der Bohle senkrecht zur Straßenachse von 30 Hüben min mit 15—20 cm Ausschlag knetet, indem die Kastenbohle schräg mit Anlauf nach vorn eingestellt ist. Beim Vorgehen wird die Bohle etwas angehoben und zieht den Beton ein, wodurch die Luft herausgepreßt wird und alle Hohlräume des Grobzuschlages mit Mörtel satt ausgefüllt werden. Vor der Bohle muß aber immer reichlich Betonmasse liegen. Beim Stampfen des Betons kann an Stellen, die schon eine Vorverdichtung erhalten haben, die Stampfbohle auf solchen Spitzenpunkten reiten, wodurch die Verdichtung der benachbarten Flächen in Frage gestellt ist. Dadurch entstehen dann Unebenheiten an der Oberfläche. Beim Einkneten besteht diese Gefahr nicht. Zur Erhöhung der Verdichtung folgt der vorderen Bohle eine zweite in 2 m Abstand. Der Fertiger macht zwei bis drei Arbeitsgänge. Bei dieser Arbeitsweise kann auch ein erdfeuchter Beton mit geringerem Zementgehalt verarbeitet werden. Man rechnet in den VStA. mit einer Ersparnis von 12—15%. Die Oberfläche fällt eben und griffig aus. Um dieser Knetwirkung noch eine größere Tiefenwirkung zu geben, sind auf die Bohlen Erschütterungsgeräte gesetzt, von denen bei 6 m Breite die vordere Bohle 3, die hintere 2 haben, die den Bohlen 3600 Schwingungen minutlich in Richtung der Straßenachse erteilen. Die Bohle hat eine Auflagefläche von 45 cm und vorn eine Nase, um das Einziehen des Betons unter die Knetfläche zu fördern (nach Abb. 239, Ordfertiger nach Muster der Maschinenfabrik Jäger).

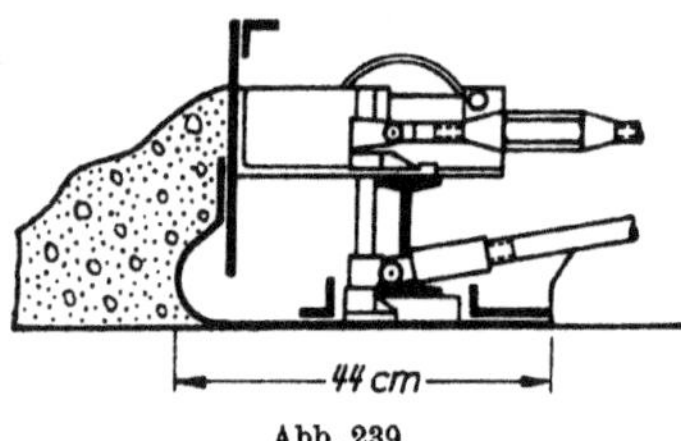

Abb. 239.
Abgleich-Knetbohle des Ordfertigers.

Zusammenfassend ist über die Leistungen der Fertiger folgendes durch Versuchsreihen ermittelt worden *[156, 157, 158]*.

Es muß angestrebt werden, daß der Fertiger in einem Arbeitsgang abgleicht, verdichtet, einebnet und die Decke schließt. Mit der höheren Fertigergeschwindigkeit steigt die Leistung. Indessen nehmen die Biegezugfestigkeiten des Beton mit wachsender Geschwindigkeit ab, mit steigenden Fertigerfrequenzen zu. In diesem Falle ist ein Wasserzementfaktor von 0,45 am Platze. Bei ungenügender Rüttelwirkung ist deshalb zur Erzielung hoher Festigkeiten vorteilhaft nässeres, bei starker Rüttelwirkung ein trockeneres Mischgut zu verwenden.

Der Grad der Verdichtung, d. h. die Tiefenwirkung des Gerätes nimmt mit steigender Fertigergeschwindigkeit ab, während steigende Frequenzen unter sonst gleichen Verhältnissen eine bessere Verdichtung geben, wie zu erwarten ist.

Die Tiefenwirkung der Rüttelbohle nimmt mit steigendem Wasserzementfaktor zu, wobei die Schwankung aber nur in geringen Grenzen liegen darf. Bei höheren Frequenzen hat der Wasserzementfaktor keinen Einfluß auf die Verdichtung. Der Beton soll schmierig naß sein, Eintauchtiefe etwa 4—5 cm.

Die Versuche mit dem Stampffertiger haben keine deutlichen Unterschiede im Grad der Verdichtung im Vergleich mit den Rüttlern ergeben.
Güte des Deckenschlusses nimmt mit steigender Fertigergeschwindigkeit ab. Höhere Frequenzen bewirken stärkeres Ansammeln von Zementschlempe an der Oberfläche. Fertigergeschwindigkeit, Frequenz der Rüttelung und Wasserzementfaktor müssen also gegeneinander abgestimmt werden. Deshalb wird nach den Ergebnissen der angezogenen Forschungsarbeit *[157]* vorgeschlagen:

1. Bei Rüttelbeton eine Frequenz von 55 bis 75 Hz, eine Fahrgeschwindigkeit von 0,4—1 m/min und einen WZF = 0,43 anzuwenden.
2. Bei gestampftem Beton mit möglichst zwei Bohlen mit einer Frequenz von 35 Hz, einer Geschwindigkeit von 0,5—2,0 m/min und WZF = 0,45 zu arbeiten.
3. Beim Abgleichen von Naßbeton wird empfohlen:
   a) durch Rüttelbohle Frequenz = 35, Fahrgeschwindigkeit 1—2 m/min und WZF = 0,49,
   b) durch Glättbohle, Fahrgeschwindigkeit 1—2 m/min, WZF = 0,525.

   Die Amplituden sollen 0,3 mm möglichst nicht überschreiten, um einen guten Deckenschluß zu erhalten.

   Feuchter Beton weist eine gute, gleichmäßige Verdichtung auf, er unterliegt aber der Gefahr, daß sich an der Oberfläche Schlempe ansammelt und die Decke dann beweglich wird und bei Quer- oder Längsgefälle abfließt.

Um die Oberfläche griffig zu gestalten, wird sie am Schluß aller Arbeiten mit einem Besen senkrecht zur Straßenachse abgefegt, der entlang der Kante einer Arbeitsbühne geführt wird, um den feinen Wasser- und Mörtelfilm zu beseitigen, weil er später ein Abblättern dünner Betonschichten verursachen kann. In steilen Straßen werden im Abstand von etwa 6—8 cm Rillen in den frischen Beton eingedrückt. Auf der Steilstrecke des Nürburgringes (27%) sind Platten mit Quernuten verlegt worden. (Handbuch für Eisenbeton Band XII, 4. Auflage, Seite 75.) Ob es gelungen ist, mit den Fertigern die geforderte Ebenheit der Decke zu schaffen, wird an Richtscheiten von 4 m Länge nachgemessen. Verlangt wird, daß in der Straßenlängsrichtung auf 4 m Länge keine Unebenheit von mehr als 4 mm vorhanden sein darf. Wo sie festgestellt wird, muß Beton nachgefüllt und die Oberfläche noch einmal nachgearbeitet werden. Die Nachprüfungen haben ergeben, daß mit Weichbeton hergestellte Betonbeläge eine bessere Ebenheit aufweisen als die aus Stampfbeton. Die gegenüberliegenden Fugenkanten sollen möglichst in gleicher Höhe liegen. Der Unterschied in der Höhe darf höchstens 2 mm betragen. Größere Absätze sind durch Abschleifen der Flächen an den Kanten zu beseitigen.

ζ) Einlegen des Bewehrungsstahls.

Randverstärkungen, die mit den Bügeln ein räumliches Geflecht darstellen, werden vor der Betonierung verlegt, im Unterbeton bei zweischichtiger und bei einschichtiger Decke. Bewehrungsmatten werden bei zweischichtiger Bauweise nach dem Abstampfen des Unterbetons auf diesem ausgebreitet, ehe der Oberbeton darauf kommt. Die Aufgabe ist, die Eisen so einzubetten, daß sie an ihrer Stelle liegen bleiben, sowohl in der Höhe wie in der Ebene und daß sie durch die Stampfarbeit nicht verschoben werden. Baustahlgewebe aus Rollen läßt sich schwer einlegen und arbeitet sich beim Stampfen hoch. Besser sind Matten. Auch sollen die Stahleinlagen durch Bearbeiten des Betons allseitig vom Beton umkleidet werden. Wieweit das erreicht ist, kann als ein Maß für die Güte der Verdichtung angesehen werden. An ausgebohrten zylinderförmigen Kernen ist das nachzuprüfen.

η) Herstellung der Fugen.

aa) Die Ausführung der Fugen geht Hand in Hand mit der Ausführung der Decke und richtet sich nach der Art der Fugen, ob Raum-, Schein- oder Preßfuge. Nachdem für die Verdübelung der Raumfugen, eine bestimmte Bauweise entwickelt ist (Abb. 212), ist damit auch ihrer Ausführung die Richtung gewiesen. Im Unterbeton oder bei einschichtiger Bauweise im unteren Teil des Betons wird ein Holzbrett eingelegt, das durch die Rundeisendübel gehalten wird, dessen Oberkante 4—6 cm unter der Deckenoberfläche liegt. Die Aussparung im oberen Teil, die später mit Vergußmasse ausgefüllt wird, soll nach der ABB. nach dem Verfahren Wieland geschaffen werden, indem auf die Holzeinlage ein hohles Fugeneisen, das vorher in Bitumen getaucht worden ist, aufgesetzt wird (Abb. 241)

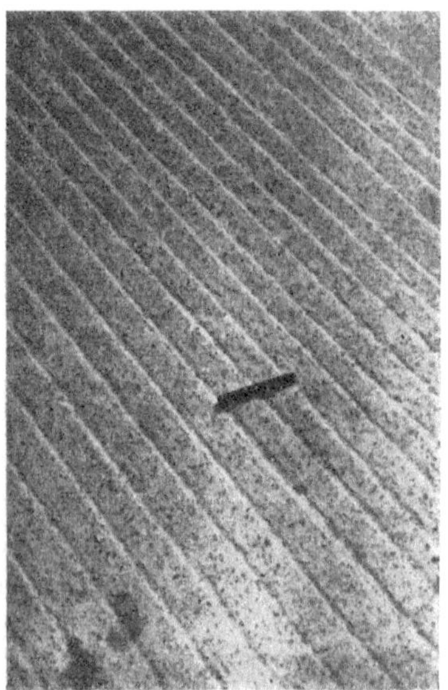

Abb. 240.
Mit Riller angerauhte Betonoberfläche.

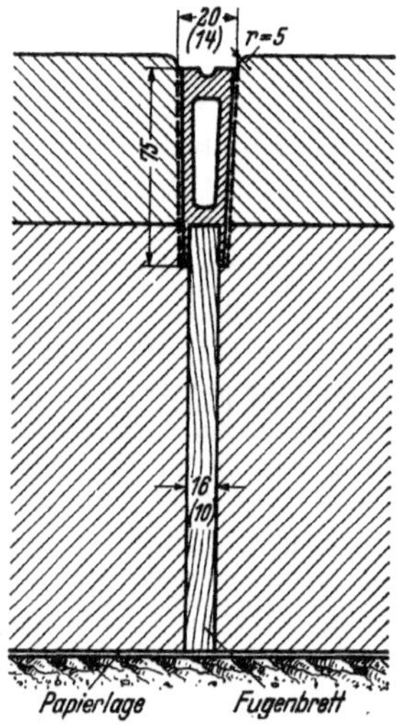

Abb. 241. Fugeneisen für die Herstellung der Raumfuge nach Wieland.

Beim Ausbreiten des Betons mit Verteilerbühnen wird erst der Beton längs der Schalungen und der Fugeneinlagen geschüttet. Wenn zwei Mischer eingesetzt sind, übernimmt der erste diese Arbeit, der zweite die Ausfüllung der Zwischenräume. Über die Fugeneinlagen, deren Oberkante etwas unter der endgültigen Höhe der Decke liegt, arbeiten die Fertiger hinweg. Der dadurch entstehende Spalt wird dabei mit Beton ausgefüllt, der sofort beseitigt werden muß, ehe er anbindet. Die genaue Lage der Fuge muß an der Schalung bezeichnet werden. Denn sobald die Arbeit des Fertigers beendet ist, muß das Fugeneisen freigelegt und die Fugenkante gesäubert und abgerundet werden. Das geschieht von einer Arbeitsbühne aus, die überdacht ist, um den Beton vor Sonnenbestrahlung und Verdunstung zu schützen. Diese Arbeit muß so rechtzeitig und so sorgfältig als nur irgend möglich vorgenommen werden und innerhalb 3 Stunden nach der Betonmischung beendet sein. Wenn sie sich aus irgendwelchen Gründen verzögert, muß der Baufortschritt abgestoppt werden. Die Fugennacharbeit bestimmt letzten Endes das Bautempo.

Nach genügender Erhärtung des Betons (nach zwei bis drei Tagen) wird durch den Hohlraum des Eisens eine Minute lang warme Luft oder Dampf durchgeleitet.

Das Bitumen erweicht dadurch und das Eisen löst sich vom Beton und kann an Ösen herausgezogen werden. Die Hohleisen haben für die Querfugen 20 mm, für die Längsfugen 14 mm Breite. Diese Bauweise erfordert das Vorhalten von reichlich Fugeneisen, demnach hohe Anschaffungskosten, vermeidet aber viele Mißstände, die sich bei den früher üblichen ergeben haben, die in ungleicher Höhenlage der sich gegenüberliegenden Kanten und in der Verringerung der Betongüte an der Kante bestanden haben.

Nach dem Verfahren Moll werden zwei Bleche, die mit Stehbolzen verbunden sind, auf die Holzeinlage gesetzt und der Zwischenraum mit einem Abschlußeisenstab voll ausgefüllt. Sobald der Fertiger über die Fuge hinweggearbeitet hat, wird dieser Eisenstab gezogen und mit Hebeln, die unter die Stehbolzen fassen, die eingeölten Bleche angehoben, so daß sie ein bestimmtes Maß über die Betonoberfläche hinausragen, das mit einer besonderen Lehre nachgemessen wird. Entlang an dem Blech kann jetzt die Fugenkante nachgearbeitet und abgerundet werden. Wenn der Beton abgebunden hat, wird die ganze Einlage gezogen (Abb. 242) *[159, 160]*.

Es sind auch Versuche unternommen worden, die Fuge in den frischen Beton einzuschneiden[1] oder durch hochfrequente Schwingungen einzurütteln. Auch

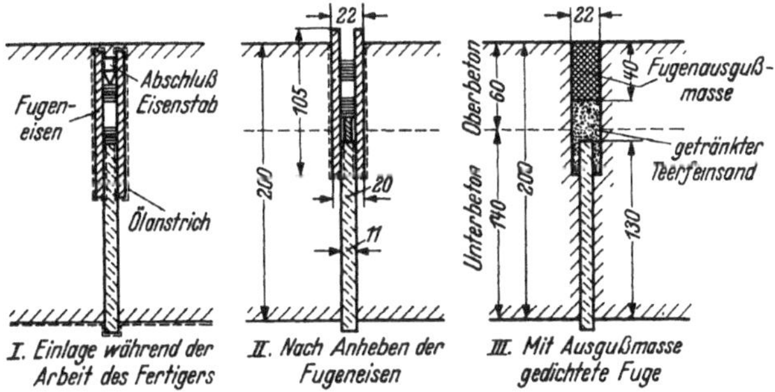

Abb. 242. Fugeneisen zur Herstellung der Raumfuge nach Moll.

das Einschneiden der Fuge in den erhärteten Beton mit einer Karborundumscheibe ist mit Erfolg angewendet worden. Das Fahrgestell muß auch für die Kurvenfahrt eingerichtet sein. Der Verschleiß der Scheibe ist sehr groß.

Aber diese Verfahren eignen sich weniger für Raumfugen, besonders dann nicht, wenn sie verdübelt sind, als für Scheinfugen. Die Scheinfugen von 5 cm Tiefe und 8 mm Breite können durch Einschlagen eines keilförmigen Schneideisens in den Frischbeton, oder Einschneiden in den Frischbeton mit Hilfe einer sich drehenden Schneidscheibe in Verbindung mit der vibrierenden Walze hergerichtet werden, wobei der Beton verdrängt wird, oder mit der Karborundumscheibe in erhärtetem Beton. Bei der Fugenherstellung in Frischbeton müssen die Kanten in Handarbeit abgerundet werden. Hierdurch entstehen Arbeiten in solchem Ausmaß, daß die Herstellungskosten der Scheinfugen im ganzen betrachtet, fast die der Raumfugen erreichen. Ihr Vorteil liegt daher mehr in der leichten Unterhaltung und in der Sicherheit, die sie gegen Überbeanspruchung durch den Verkehr im Vergleich zu den Raumfugen und gegen das Eindringen von Feuchtigkeit in den Untergrund bieten, und in der Ersparnis an Baustoffen, weil die hölzerne Fugeneinlage im Unterbeton durch eine Kunstfaserplatte ersetzt und mit Rundeisen von 18 mm statt 22 mm bei der Raumfuge verdübelt werden

[1] Einschneiden einer Fuge unter Benützung eines Straßenfertigers s. H. f. E. B., IV. Aufl., 12. Bd., S. 79.

kann. Bei 1000 km Autobahn werden eingespart 5900 m³ Schnittholz und 2000 t Stahl.

Preßfugen entstehen an dem Anschluß des Seitenstreifens an die eigentliche Betonfahrbahn. Wie schon auf S. 264 angegeben, wird durch einen Bitumenanstrich verhindert, daß der Beton des Seitenstreifens und der der Fahrbahn sich verbinden. Damit aber keine Feuchtigkeit durch diese Fuge eintreten kann, muß sie nach Beendigung der Deckenarbeiten vergossen werden. Durch diese Fugen kann leicht Wasser eindringen. Deshalb werden sie nur im Unterbeton angewendet. Bei den Längsfugen zwischen Fahrbahn, Unterbeton und Randstreifen der AB. wird die Preßfuge dadurch gedichtet, daß im Gußasphaltbelag eine Längsfuge von mindestens 1 cm Breite belassen wird, die mit Vergußmasse ausgefüllt wird. (Bit. Straßenbau RAB., A III.)

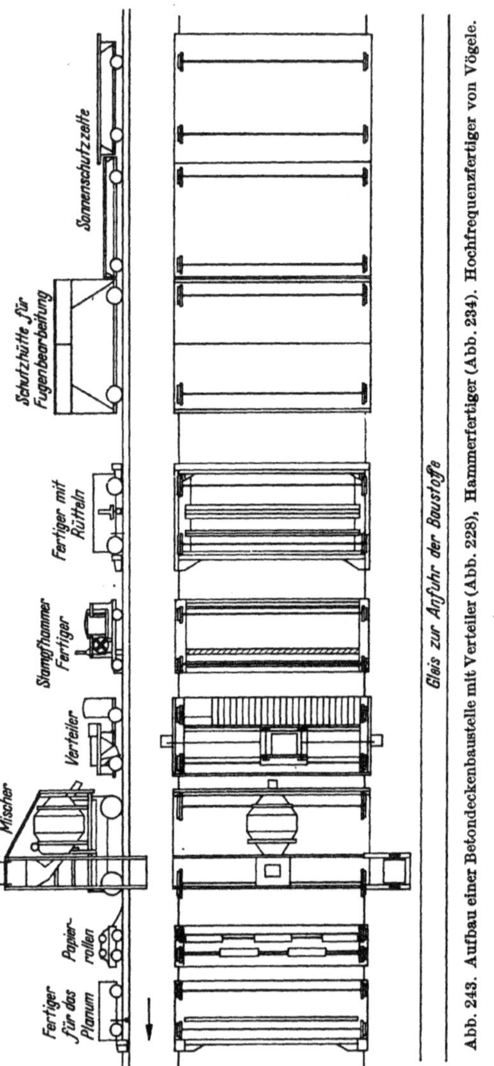

Abb. 243. Aufbau einer Betondeckenbaustelle mit Verteiler (Abb. 228), Hammerfertiger (Abb. 234). Hochfrequenzfertiger von Vögele.

Abb. 243 soll den Aufbau der Baustelle zur Ausführung einer einschichtigen Betondecke, die unter Einsatz von Maschinen betrieben wird, veranschaulichen. Verwendet ist ein Mischer, Verteiler und für die Deckenbearbeitung sind zwei Fertiger vorgesehen, erst ein Dingler-Stampfhammerfertiger (Abb. 234), dann ein Vögele-Hochfrequenzfertiger (Abb. 235), Schutzdächer für die Fugenbearbeitung und Nachbehandlung der Decke schließen sich an.

bb) Füllung der Fugen.

Der Fugenspalt muß mit einer nachgiebigen Masse so ausgefüllt werden, daß er dicht geschlossen ist, keine Feuchtigkeit durchläßt und mit der Oberfläche der Decke abschließt. Die Masse muß fest an den Innenwandungen der Fugen haften, damit bei Zunahme der Fugenöffnung bei niedriger Temperatur, die erheblich unter den Nullpunkt sinken kann, diese geschlossen bleiben. Bisher haben sich für diesen Zweck nur warmbildsame Vergußmassen unter Verwendung von Bitumen als brauchbar erwiesen, dem Füllstoffe zur Stabilisierung zugesetzt werden. Für solche Massen sind Prüfungsvorschriften erlassen worden, durch die die richtige Steife und ihr Verhalten bei Wärme und Kälte untersucht werden soll.

Die Grundstoffe der Fugenvergußmasse sollen sein: Bitumen und Zusatzstoffe bestehend in

a) Asbestfasern oder Mehle oder sonstige in der Masse hitzebeständige Faserstoffe mit Ausnahme von Schlacken- und Glaswolle.

b) Gesteinsmehle, deren Füllergehalt (Anteile unter 0,09 mm) mindestens 80 Gew.-% beträgt.

Die Faserstoffe und Mehle stabilisieren das Bitumen (vgl. Angaben Dritter Abschn. C. i. 6. ε. ee), aber der Gehalt an Bitumen soll mindestens 60 Gew.-% betragen. Die Prüfung erfolgt nach den für alle Massen, die unter Verwendung von Bitumen hergestellt sind, geltenden Verfahren (DIN 1996, Teil III. C.).

Der Erweichungspunkt der Masse, geprüft nach dem Verfahren Wilhelmi U 69, soll nicht unter 60° C betragen.

Verformung der Kugelfließprobe:

Nach 1 Stunde zwischen 1,2 und 4,
„ 24 Stunden „ 1,5 „ 9,0.

Prüfung auf Kältebeständigkeit:

Von drei Versuchen beim Kugelschlagversuch, müssen mindestens zwei bestanden haben.

Dehnung und Haftfestigkeit bei — 10° C mindestens 4 mm. Diese Eigenschaft wird an zwei Betonprobemustern mit den Abmessungen 220 · 110 (U 74) ermittelt. Nach vorschriftsgemäßer Herstellung und 28tägiger Lagerung erhält eine Fläche jeden Musters einen Voranstrich mit Bitumenlösung. Nach dem Abtrocknen, frühestens nach 3 Stunden, werden die Platten in eine Form gelegt, die angestrichenen Flächen einander gegenüber mit 15 mm Spalt. Dieser wird dann mit der auf Verarbeitungstemperatur (höchstens 180°) erwärmten Vergußmasse gefüllt. Nach dem Erkalten wird sie in einen Kühlschrank gelegt und 4 Stunden auf — 10° abgekühlt. In Zeitabständen von 6 Minuten wird durch eine möglichst gleichförmige Drehung an einem Handrad jeweils eine Dehnung von $^1/_{10}$ mm herbeigeführt. Diese Drehung wird so lange fortgesetzt, bis die Masse sich von der Wand ablöst oder in sich reißt, d. h. entweder die Haftung an den angestrichenen Flächen verliert oder die Kohäsion aufgehoben ist. Die Masse hat die Prüfung bestanden, wenn die Dehnung 4 mm erreicht hat.

Damit die Vergußmasse an den senkrechten Wandungen der Fugen haftet, müssen diese von allen vorhandenen Betonresten gesäubert, mit Preßluft gereinigt und mit Heißluft etwaige Feuchtigkeit ausgetrieben werden. Dann erhalten sie einen Anstrich mit Verschnittbitumen, dessen Lösungsmittel erst verdunsten muß, ehe die Vergußmasse eingefüllt wird. Bei der Fugenherstellung nach Verfahren Wieland genügt das an der Fugenwandung verbliebene Bitumen als Voranstrich, soweit es nicht verschmutzt ist.

Hat der Fugenspalt eine größere Tiefe als 4 cm, ist der untere Teil mit bituminiertem Gruben- oder Brechsand 0—3 mm auszufüllen, der auch ein Versacken der Vergußmasse verhüten soll. Die Vergußmasse selbst ist in Kesseln an der Verwendungsstelle aufzuschmelzen, so daß sie leichtflüssig wird. Damit die Füllstoffe sich nicht absetzen können, muß dauernd gerührt werden. Die Temperatur, die durch ein geschütztes Thermometer fortlaufend zu beobachten ist, darf 180° nicht überschreiten. Die heiße Masse ist aus der Mitte des Kessels zu entnehmen und in zwei Lagen mittels ungelöteter Ausgußgefäße oder mit besonderem Druckgerät einzubringen. In kalter Jahreszeit bleibt die Masse 1—1,5 cm unter der Deckenoberfläche, damit sie bei zunehmender Luftwärme Raum zur Ausdehnung hat, während sie in der warmen Jahreszeit den Spalt satt füllen soll. Überstehende Vergußmassen sind mit einem heizbaren Glätteisen fortzunehmen.

ϑ) Nachbehandlung.

Je länger der frische Beton seine Feuchtigkeit behält und während der Erhärtung feucht gehalten wird, um so höher wird seine Festigkeit. Demnach muß verhindert werden, daß er durch Einfluß der Außenluft sich erwärmt, oder stark abkühlt oder austrocknet. Dadurch wird auch das Schwinden des Betons verzögert, bis er genügend Zugfestigkeit besitzt, um die durch Schwindung verursachte innere Beanspruchung ohne Rißbildung aufzunehmen. Zu diesem Zwecke werden bereits schon die Fertiger mit Schutzdächern bei starker Sonnenbestrahlung versehen. Auf jeden Fall haben die Bühnen für die Fugennacharbeit Dächer und gleich hinter diesen wird der Beton mit flachen hellgefärbten Schutzdächern überdeckt, die auf Rädern auf den Schalungsschienen ruhen und dem Baufortschritt nachgeführt werden. Sie sollen bei warmer Witterung mindestens 5 Stunden, bei kalter mindestens 8 Stunden den Beton schützen, d. h. die Länge der Dächer muß einer halben bis ganzen Tagesleistung entsprechen, also etwa 100—200 m. Die Dächer müssen sich an den Stößen überdecken (Abb. 243) und um einen Luftzug im Innern zu verhindern, erhalten sie mindestens alle 30 m Trennwände an den Giebelflächen. In diese Schutzdächer soll noch 5—10 cm über der Betondecke eine Zwischendecke aus Jutegewebe, Stroh auf Draht und Lattenrost eingezogen sein. Sobald der Beton abgebunden hat, so daß er betreten werden kann, werden die Schutzdächer durch Gewebe, Stroh-, Schilfrohrmatten ersetzt, die auf die gut angenäßte Betondecke gelegt und dauernd feucht gehalten werden. Nach mindestens 7 Tagen können die Bahnen fortgenommen werden, weil alsdann eine mindestens zweiwöchige Annässung des Belages mit Schläuchen oder Sprengwagen sich anschließt. Um diese Nachbehandlung recht wirksam zu gestalten, wird die Betonoberfläche auch mit einer 3 cm dicken Sandschicht überschüttet, die dauernd feucht gehalten wird. Die Fugen werden hierbei mit Holzleisten überdeckt. Zur Feuchthaltung wird die Betonoberfläche mit hygroskopischen Salzen bestreut — dies Verfahren soll aber für den Beton schädlich sein (S. 261) — oder mit Bitumenemulsion angestrichen, durch die die Verdunstung unterbunden wird. Die Fläche nimmt dann aber eine dunkle Farbe an[1]. Dadurch wird die Wärmeaufnahme bei Sonnenwirkung und bei Nacht die Wärmeausstrahlung begünstigt, so daß durch vergrößerte Temperaturunterschiede der Beton sich besonders in der Zeit, in der er sich noch im Erhärtungsvorgang befindet, stärker ausdehnt und der Rißbildung Vorschub geleistet wird, wie Untersuchungen an amerikanischen Betonbelägen, die mit Bitumenemulsion behandelt sind, ergeben haben. Dem kann durch Anstrich der Oberfläche mit einer Kalktünche vorgebeugt werden. Bitumenemulsion als Nachbehandlung hat den Vorteil geringer Kosten *[161]*.

5. Unterhaltung der Betonstraßen.

Die Unterhaltung der Betonstraßen[2] erstreckt sich auf solche Maßnahmen, die aus der Natur der Sache heraus laufend zu treffen sind, und solche die auf Schäden im Beton oder Mängel im Untergrund zurückzuführen sind und dann meist einen größeren Arbeits- und Baustoffaufwand erfordern.

Zu den laufenden Unterhaltungsarbeiten rechnet in erster Linie die Pflege der Fugen, die hauptsächlich in einem Reinigen und Neuvergießen besteht. Dadurch wird die Lebensdauer einer Betondecke erheblich verlängert werden (S. 284). Im Sommer ist der hervortretende Fugenfüllstoff rechtzeitig fortzunehmen, damit sich keine Erhöhungen bilden, die Stöße erzeugen. Im Herbst wird man die Fugen wieder nachfüllen müssen, damit am Fugenspalt keine Lücke entsteht, wenn die Platten bei Kälte sich zusammenziehen. Diese Arbeit erfordert einen Kessel für

[1] H. f. E. B. IV. Aufl., 12. Bd., S. 83.

[2] Merkblatt für die Unterhaltung von Betonstraßen der F. G.

das Aufschmelzen der Vergußmasse und die Gefäße zum Eingießen in die Fugen und zum Abbügeln. Vorher muß die Fuge von allem Schmutz gereinigt werden, wozu Preßluft nicht genügt, weil der Schmutz an der Ausgußmasse fest haftet. Zu dieser Arbeit rechnet auch die Pflege etwaiger Risse, die schon bestehen oder seit der letzten Unterhaltung entstanden sind. Man unterscheidet vier Arten von Rissen. Schrumpfrisse, die bald nach dem Abbinden auftreten, nur kurz sind und in der Oberfläche bleiben, ferner die Netzrisse, die bei zu schneller Verdunstung des Betonwassers entstehen. Sie verlaufen unregelmäßig über die Platte und sind als Schönheitsfehler unbedenklich.

Schwind- und Spannungsrisse, die eigentlich nicht auftreten sollten, da die Querfugen als Raumfugen und die Scheinfugen ihre Entstehung verhindern sollen, bilden sich meist lotrecht zur Straßenachse, setzen am Außenrand oder an den Längsfugen an und laufen nicht immer durch die ganze Platte. Sie und die Bruchrisse, die zufolge Überschreitung der Spannungen durch Einflüsse der Temperatur oder Verkehrslast entstanden sind, verlangen besonderen sorgfältigen Verguß, weil sie durch die ganze Platte gehen. Zum Schutz der Rißkanten ist so schnell als möglich mit der zuvor beschriebenen Fugenausgußmasse nach Reinigung zu vergießen.

Schadhafte Stellen sollen grundsätzlich mit Beton ausgebessert werden. Ob das immer möglich ist, wird von der Jahreszeit und der Verkehrsstärke abhängen. Deshalb können nach ABB. kleine Löcher und Absprengungen mit bituminiertem Splitt oder Fugenvergußmasse verfüllt werden. Das dürfte zur Regel werden. Denn Ausbesserung mit Zement erfordert besondere Vorbereitungen und erheblichen Arbeitsaufwand, und dann die Nachbehandlung wie bei Neuherstellung, die eine Verkehrssperre bedingt. Die bituminösen Mittel, wie Bitumenemulsion, Verschnittbitumen, Kaltteer ermöglichen sofort und zu jeder Jahreszeit, Kaltteer sogar bei Frost, die schadhaften Stellen vor weiterer Zerstörung zu schützen. Größere Schäden können mit Gußasphalt (Dritter Abschn. C. i. 6. ι) auf die Dauer beseitigt werden, die ausgebesserten Stellen können sofort befahren werden. Ob zu Bruch gegangene Platten ganz durch bituminöse Überzüge gerettet werden können, hängt von dem Ausmaß des Schadens ab. Sollen die Schäden (Schlaglöcher) durch Beton ausgebessert werden, dann sind solche Flächen bis auf den gesunden Beton, mindestens jedoch 7 cm tief, mit scharfen senkrechten Rändern auszustemmen. Die Vertiefungen sind mit Beton von dem gleichen Mischungsverhältnis wie beim Bau der Straße + 10% Zement mehr zu füllen. Der Beton soll gut erdfeucht, nicht weich oder flüssig sein.

Vor dem Einbringen des Betons sind die ausgestemmten Vertiefungen und freigelegten Betonflächen sauber zu reinigen, gründlich zu nässen und mit Zementmörtel zu überziehen. Der Beton ist sorgfältig und kräftig zu stampfen. Nach einer Pause, deren Länge sich nach den Witterungsverhältnissen richtet, muß die Flickstelle nochmals gründlich nachgestampft werden. Sodann ist die Oberfläche mit einem hölzernen Reibebrett zu bearbeiten, bis eine dichte Oberfläche und ein profilgemäßer Anschluß an die übrige Decke in genau gleicher Höhenlage erreicht ist. Die ausgebesserten Stellen sind mit Sand zu bedecken, gehörig feucht zu halten und bis zur ausreichenden Erhärtung des Betons der Verkehr fernzuhalten.

An Stellen mit starker Rißbildung ist der nachträgliche Einbau einer Dehnungsfuge zu empfehlen.

Müssen Fugenkanten erneuert werden, so ist ein Streifen von mindestens 30 cm Breite längs der Fuge aufzunehmen, um einen guten Anschluß an die Platte zu erhalten.

Zu den größeren Schäden, die höheren Aufwand erfordern, gehören die Beseitigung von Absätzen in der Fahrbahnoberfläche und die Hebung abgesunkener Platten. Geringere Höhenunterschiede werden durch Aufbringen von Bitumen-

oder Teerbelägen ausgeglichen. Wenn mit weiterer Absackung zu rechnen ist, so daß es sich verlohnt, die Platten später anzuheben, wird zur Vermeidung der Verschmutzung der Oberfläche Dachpappe untergelegt. Je nach Dicke der Ausgleichschicht wird die Korngröße der bituminösen Masse zu wählen sein (Dritter Abschn. C. i. 6. ζ). Selbst geringe Absätze lassen sich mit bituminierten Feinschichten der Korngröße 0/5 mm ausgleichen.

Betonplatten auf hohen Dämmen sind vielfach wegen unzureichender Verdichtung des Bodens beim Schütten versackt, entweder in der Weise, daß sie nach der Dammschulter sich gesenkt und damit ein zu starkes Quergefälle angenommen haben, oder daß sie in voller Breite mit dem Damm heruntergegangen sind. Geeignete Verfahren sind erprobt, um diese Platten wieder zu richten.

Hohlräume können sich schon bilden, wenn der bindige Untergrund verschiedene Feuchtigkeitsgrade hat und an einzelnen Stellen stärker gequollen ist, als an anderen. In diesem Falle muß eine ähnliche Bodenart, die in eine Schlempe verwandelt wird, mit Pumpen eingepreßt werden. Das Verfahren (mud jack) und die besonderen Eigenschaften, die die Schlempe haben muß, sind im H. f. E. B., IV. Aufl., 12 Bd., S. 88 beschrieben. Die eingepreßte Masse soll möglichst wenig schrumpfen. Verwendet wird deshalb eine Mischung von 0,7 m³ lehmigem Sand, 1 Sack Zement und 260 l Bitumenemulsion mit dem zur Erzielung der Pumpfähigkeit erforderlichen Wasserzusatz *[162]*.

Die ersten Warnungen eines beginnenden Verfalles sind:

Abblättern und Schlaglochbildung, starke Abnutzung an den Fugenkanten, Erweiterung der Risse, so daß sich einzelne Bruchstücke bilden, die in keinem Verband mehr sind, Eintreten von scharfen Absätzen.

Wenn alle diese Mängel durch Flicken nicht mehr behoben werden können, ist der Augenblick gekommen zu überlegen, ob mit durchgreifenden Maßnahmen die Decke noch als Unterbau zu halten oder ob sie völlig beseitigt werden muß.

Entscheidet man sich für das erstere, so handelt es sich darum, eine neue Abnutzungsschicht aufzubringen. Hierfür kommen allein nur bituminöse Beläge in Frage, wie sie im Dritten Abschn. C. i. 6 beschrieben sind. Da diese aufgewalzt werden, so können sie ihren Zweck nur erfüllen, wenn die Betondecke noch so widerstandsfähig ist, daß sie eine Walze tragen kann und für die Festlegung der plastischen bituminösen Beläge den erforderlichen Bettungsdruck hergibt. Das wäre gewissermaßen der Beurteilungsmaßstab, ob eine beschädigte Betonplatte noch erhalten werden kann oder nicht.

Soll die Betonoberfläche, die noch eben liegt, nur eine Schutzschicht erhalten, so genügt ein Oberflächenüberzug aus Teer oder Bitumen (Dritter Abschn. C. i. 6. β u. γ) oder ein Teppichbelag. Damit wird die Betonplatte gegen Aufnahme von Nässe abgedichtet und verschleißfester. Ist die Betonplatte aber bereits abgenutzt und beschädigt, dann müssen die Fehlstellen selbst erst nach den zuvor gemachten Angaben entweder mit Beton oder mit bituminösen Mineralgemischen ausgebessert werden, ehe die Mischmakadamdecken aus Teer oder Bitumen heiß oder kalt aufgebracht werden. Voranstrich mit Teer ist nicht unbedingt erforderlich, nach den Verfahren, wie sie im Dritten Abschn. C. i. 6 aufgeführt sind. Sehr viele Betondecken mußten in den VStA. schon mit bituminösen Überzügen versehen werden, weil sie zu schwach waren oder die starken Temperaturunterschiede zwischen Sommer und Winter nicht ausgehalten haben, oder durch den frostgefährlichen Boden vorzeitig zerstört worden sind *[163]*.

6. Lebensdauer der Betonbeläge.

Von der Lebensdauer der Fahrbahnbeläge hängt ihre Wirtschaftlichkeit ab. Gegenüber den anderen Eigenschaften, wie Griffigkeit, Ebenflächigkeit, geringer Fahrwiderstand, denen eine besondere Bedeutung zukommt, kann sie nicht ganz vernachlässigt werden. Nach welchen Rechnungsgrundlagen und Maßstäben die

Wirtschaftlichkeit von Straßendecken zu beurteilen ist, kann in der II. Auflage Seite 383 nachgelesen werden. Neue Erfahrungen sind inzwischen nur über die Lebensdauer der Beläge gesammelt worden, bei denen der Beton günstig abschneidet.

Da die Lebensdauer von sehr vielen Einflüssen abhängt, wie Beschaffenheit und Vorbereitung des Untergrundes, das Arbeitsverfahren, die Güte der Ausführung, richtige Deckendicke und Querschnittsform, Abstand und Ausbildung der Fugen, Verkehrsart und Dichte, so ist selbst bei Bearbeitung eines umfangreichen Beobachtungsmaterials eine Verallgemeinerung nicht möglich.

Die ersten Betonstraßen als Landstraßen in Deutschland sind auf ehemaligen Steinschlagdecken verlegt worden, haben also einen tragfähigen Untergrund. Bei gut abgeglichener Decklage ist auch die Reibung gering. Da anfangs geringe Fugenabstände angewendet worden sind, blieb die Rißgefahr eingeschränkt, trotz mancher Mängel an den Fugen selbst. Daher haben solche Betonbeläge bei sorgfältiger und sachgemäßer Ausführung, z. B. mit Handarbeit und Preßluftstampfen selbst bei Deckenstärken zwischen 15—12 cm und starkem Verkehr, 20 Jahre ohne Schäden und Abnutzung überdauert *[164]*. Die geringe Dicke erweist sich gegenüber dem Temperatureinfluß günstig — Verminderung der Rißgefahr — (S. 238). Trotz der damals geringen Bauerfahrungen zeigen die meisten Betondecken noch keine Verfallserscheinungen.

Wo Betondecken bei Straßenneubauten, z. B. BAB., auf den gewachsenen Boden oder auf Dämmen verlegt sind, hängt die Lebensdauer, wie aus dem Dritten Abschn. C. h. 1 bis 4 hervorgeht, von der Beschaffenheit des Untergrundes und von der Fugenteilung und Anordnung ab. Sind hier keine Fehler begangen, kann mit großer Haltbarkeit gerechnet werden. Wo aber dies nicht geschehen ist, sind nach amerikanischen Erfahrungen die Decken bald zu Bruch gegangen und konnten höchstens noch als Unterlage für Bitumenüberzüge verwendet werden, wenn diese rechtzeitig vorgenommen wird. Bei Wirtschaftlichkeitsberechnungen wird man die Lebensdauer jetzt auf 30 Jahre ansetzen können.

7. Gefärbte Betonstraßen.

Wenn auch die helle Farbe der Betonfahrbahn zur Lenkung des Verkehrs vor allem bei Nacht und Nebel günstig ist, besonders wenn die Straße durch dunkle Randstreifen eingefaßt ist, so besteht andererseits doch das Bedürfnis, diese Helligkeit abzustumpfen, um Blendung bei voller Sonnenbeleuchtung zu vermeiden oder durch Farbunterschiede die Fahrbahn in Fahrspuren zu trennen, um bei Abzweigungen die verschiedenen Verkehrsrichtungen oder Parkflächen zu kennzeichnen. Dies kann geschehen durch Verwendung gefärbter Zemente oder durch Beigabe von Farbpigmenten zur Mischung.

Hierzu stehen einige Farbmittel zur Verfügung, z. B. Eisenoxydfarben, die gelbe, rote, braune und schwarze Töne liefern, natürliche und künstliche, ferner anorganische Pigmente und Ruß, die lichtecht und unschädlich sind. Sie müssen sehr fein gemahlen sein — Korngröße unter 0,2 mm. Wenn dadurch zusammen mit den mineralischen der Anteil der Feinstoffe im Korngemisch zu groß wird, so muß der Zuschlag einschließlich der Farbzusätze so verändert werden, daß die bekannten Sieblinien für Beton eingehalten werden. Nur der Oberbeton wird eingefärbt.

Nachprüfungen an deutschen Materialprüfungsanstalten haben ergeben, daß durch den Zusatz von Eisenoxydfarben, der bis zu 5 Gew.-%, bezogen auf das Zementgewicht, betragen hat, keinerlei schädigende Einflüsse auf die Eigenschaften des Betons ausgeübt hat, der auch genügte, um eine ausreichende dunkelgraue oder dunkelbraune Färbung zu erzielen. Rote, gelbe und grüne Farben sind in Deutschland noch nicht verwendet worden.

Am geeignetsten hat sich der Zusatz von Ruß ergeben, der schon mit 3% ausreichend den Beton einfärbt. In VStA wird Ruß als Suspension verwendet, die dem Anmachwasser zugesetzt wird. Da nur der Mörtel im Beton die Farbe annimmt, die Zuschläge aber nicht, so kann, wenn infolge Abnutzung die hellere Farbe der groben Zuschläge an die Oberfläche tritt, die Farbwirkung abgeschwächt werden. Es empfiehlt sich daher, für eingefärbten Oberbeton entsprechend gleichfarbige Zuschläge zu nehmen, z. B. bei schwarzer Farbe Basalt.

Nach der Anweisung für RAB dürfen zum Einfärben von Beton nur Zementfarben verwendet werden, die den Richtlinien für Zementdachsteinfarben entsprechen (Fachgruppe Betonsteinindustrie der Wirtschaftsgruppe Steine und Erde).

Zum Schwarzfärben sind nur künstliches Eisenoxydschwarz und besonders aufbereiteter Ruß (sog. Zementruß) zugelassen, für deren Lieferung und Prüfung zum Einfärben des Betons bei RAB eine besondere Anweisung erlassen ist *[165, 166, 167]*.

Anweisung für die Lieferung und Prüfung von schwarzen Farbstoffen zum Einfärben des Betons auf RAB *[166]*.

8. Holterbeton.

Als eine Zwischenstufe zwischen Zementschotter- und Betonbelag kann die Holterbetonbauweise angesehen werden, bei der die aus Mörtel und Schotter schichtweis aufgebaute Decke nach einem besonderen Verfahren verdichtet wird. Dabei wurde das Ziel verfolgt, den Beton mit möglichst wenig Wasserzusatz zu bearbeiten, damit er seine Form auch in Überhöhungen und Steigungen beibehält, und hohe Festigkeiten auch bei niedrigem Zementzusatz erreicht unter Anwendung besonderer Verdichtungsgeräte, so daß der Belag möglichst kurz nach der Herstellung dem Verkehr ausgesetzt werden kann. Das Verfahren wurde den besonderen Anforderungen, wie sie der Straßenbau in Norwegen stellt, angepaßt.

Auf dem abgeglichenen Planum werden erst die Seitenschalungen für eine halbe Fahrbahnbreite aufgesetzt und dann zwischen ihnen eine 2 cm dicke Sandschicht ausgebreitet. Die Seitenschalungen dienen zugleich als Laufschienen für die Bearbeitungsmaschinen. Dann wird der in einem Eirichmischer aufbereitete Mörtel im Mischungsverhältnis 1 : 2,5 (Wasserzementfaktor 0,55) mit einem Verteiler 5,5 cm hoch ausgebreitet. Darauf kommt eine Lage Schotter von 20—60 mm Korngröße gleichfalls mit einem Verteiler aufgebracht in solcher Menge, daß die fertige Decke mindestens 10 cm, meistens bis 13 cm Dicke erhält. Beide Lagen werden mit einer Stachelwalze mit 15 cm hohen Stacheln, die eine Vorrichtung besitzt, durch die die Walze während ihrer Umdrehungen erschüttert wird, solange durchgearbeitet, bis der Mörtel in die Oberfläche des Schotters aufgestiegen ist. Nach ungefähr halbstündiger Bearbeitung erhält man einen vollkommen gemischten Beton mit sehr geringem Wasserzusatz.

Dehnungsfugen werden in einem Abstand von 8—10 m vorgesehen, indem Fugenleisten eingelegt werden. Dann wird die Oberfläche mit einer Walze von 3,8 t Gewicht eingeebnet, vor der an die Oberfläche getretener Mörtel mit Besen verteilt wird. Dann wird die Betonlage mit einer Stampfmaschine bearbeitet, die sowohl eine Querbohle als auch eine 4 m lange Längsbohle besitzt. Dadurch wird die trockene Masse so bildsam, daß die Oberfläche schließlich mit einer Lehre und mit dem Besen abgezogen werden kann. Die Bauweise wird durch die sinnbildliche Darstellung Abb. 244 und die Aufnahme Abb. 245 erläutert.

Der Zementgehalt beträgt 275 kg auf den Kubikmeter. Es werden sehr hohe Druckfestigkeiten und Biegezugfestigkeiten zwischen 40—45 kg/cm² erzielt. Die Decke kann bereits nach 4 Tagen befahren werden. Bei einer täglichen Leistung von 300 m ist die Baustrecke, auf der der Verkehr nur halbseitig geführt werden muß, nur 1200 m lang *[107]*.

9. Concrelith (Pflaster in Beton).

Diese Bauweise liegt an der Grenze zwischen Beton- und Pflasterdecke. Sie ist standortmäßig dort angebracht, wo Groß- oder Kleinpflaster abgängig sind und

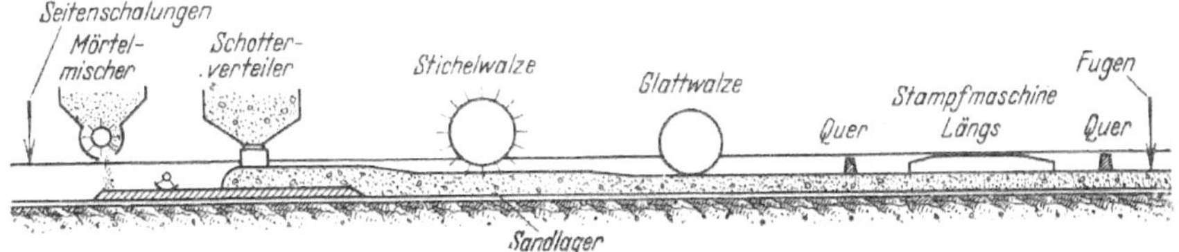

Abb. 244. Sinnbildliche Darstellung der Herstellung eines Betonbelages nach der Holterbauweise.

die anfallenden Pflastersteine höchstens noch geeignet waren, Schotter daraus zu schlagen. Wo wenig zugerichtete Rohsteine anfallen, können diese auch benutzt werden (Steinbruchabfall, Lesesteine). Die Steine werden in ein Betonbett mit der Kopffläche nach oben eingesetzt und bilden damit die Tragfläche. Die Lücken zwischen den einzelnen Steinen, die so versetzt werden, daß sie sich gegeneinander abstützen, werden mit sehr flüssigem Zementmörtel 1 : 3, dem 30 v. H. Splitt 3/8 und 8/15 zugesetzt wird, um seine Verschleißfestigkeit zu erhöhen, satt vergossen und eingearbeitet. Die Pflastersteine werden zweimal abgerammt. Nach jeder Abrammung wird Mörtel nachgefüllt, am Schluß die Decke so abgefegt, daß die Steinköpfe durchschauen. Der Beton entspricht den Anforderungen an Straßenbeton. Die Herstellung der Concrelithdecke verlangt seitliche Einfassung, die aus Holzschalung oder Bordsteinen bestehen kann. Dehnungsfugen als Raumfugen werden in 20 m Abstand angeordnet. Die Decke muß wie jeder Betonbelag feucht nachbehandelt werden. Den Bauvorgang erläutert Abb. 246. Da Betonmörtel keinen ausreichenden Kantenschutz an den Fugen bieten kann, werden sie mit Kleinpflastersteinen eingefaßt. Eine ebene Oberfläche kann von solcher Deckenart nicht erwartet werden, daher kommt sie nur für Straßen in Frage, auf denen das abgängige Pflaster bisher gelegen hat. (Bauweise von G. Streit entwickelt *[168, 169]*).

Abb. 245. Stichelwalze bei der Arbeit.

10. Bordschwellen und Gehbahnplatten aus Beton.

Für die Bordschwellen und -steine, ihre Abmessungen, Formen und Güte gilt DIN 483, Bedingungen für die Lieferung und Prüfung von Bordschwellen und Bordsteinen aus Beton.

Gehbahnen in Straßen, in denen mit Aufbrüchen nicht mehr zu rechnen ist, werden zweckmäßig mit Streifen von Gehbahnplatten aus Beton verlegt, die in den Abmessungen 30/30, 4,5 und 6 cm stark, 35/35 5 und 6,5 cm stark, 40/40 5 und 6 cm stark, 50/50 6 und 7 cm stark aus Beton, aus gebrochenem, wetterbeständigem Hartgestein als Zuschlagstoff und bestem Zementmörtel oder aus einer Deckschicht gleicher Zusammensetzung von einem Drittel der Dicke, mindestens 1,5 cm, und einer Unterlage aus Kiesbeton bestehen. Die quadratischen Platten werden in Diagonalreihen verlegt und am Rande mit fünfeckigen Friesplatten eingefaßt. Besondere Kreuzungsplatten und Eckstücke zur Erzielung eines regelmäßigen Verbandes sind vorgesehen. Die Abmessungen, Güteklassen, Güteeigenschaften und Prüfverfahren sind in der DIN 485 Bedingungen, für die Lieferung und Prüfung von Bürgersteigplatten aus Beton, festgelegt. Die Breite kann gestaffelt werden (vgl. Abb. 126, S. 134).

i) Fahrbahnbeläge unter Verwendung von Bitumen und Teer.

1. Vorbemerkung.

Die Fahrbahnbeläge, die in diesem Abschnitt behandelt werden, erfüllen in erster Linie die schon (S. 208) aufgestellte Forderung, daß sie anpassungsfähig sind. Einmal können die Bindemittel Teer und Bitumen, jedes für sich oder in Mischung, den klimatischen Verhältnissen, der Einbauzeit und Art angepaßt werden, indem sie weicher oder härter eingestellt werden, je nachdem, ob warm oder kalt gebaut wird, ferner kann man sie der verwendeten Gesteinsart anpassen, aber auch die Stärke und Zusammensetzung der Deckenbeläge selbst kann sich nach dem Zustande des Tragkörpers, der Verkehrsstärke und sonstigen Bedingungen, z. B. der Straßensteigung, ob schattig oder der Sonne ausgesetzt, richten. Die Anpassungsfähigkeit kommt vor allem darin zum Ausdruck, daß bei den Bitumen- und Teerbauweisen die vorhandene Decke, soweit der Tragkörper von vornherein einwandfrei gewesen ist, stets als Unterlage für eine Verstärkung des Belages ausgenützt werden kann. Es geht daher niemals Substanz verloren, und die Baustoffmenge und Arbeit, die einmal aufgewendet sind, bleiben, soweit der Belag nicht eine natürliche Abnützung erlitten hat, erhalten. Man ist auch nicht auf eine geringe Zahl bestimmter Bauweisen beschränkt, sondern eine reiche Auswahl stark abgestufter Formen stehen zur Verfügung, um sich den Verkehrsanforderungen, aber auch den Geldmitteln anzupassen. Der im Bauwesen ganz allgemein geltende Grundsatz, alle Schöpfungen mit dem Blick auf ihre Erweiterung anzulegen, bietet sich hier von selbst und zudem in vielfachen Lösungsmöglichkeiten, ohne daß man genötigt ist, bei der ersten Anlage schon gleich auf die nachfolgenden Rücksicht zu nehmen. Man kann die Entwicklung abwarten und dann seine Entscheidungen treffen.

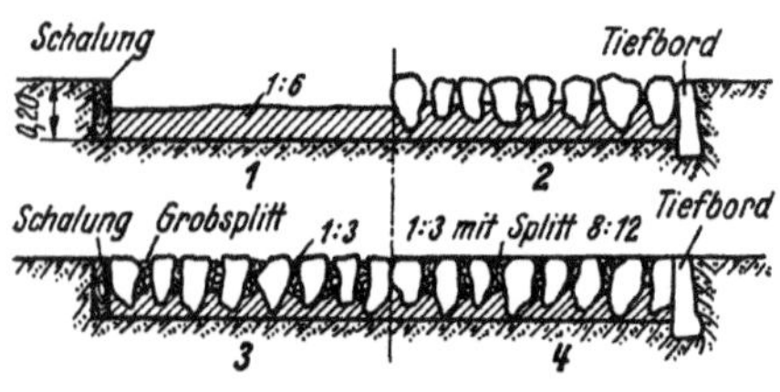

Abb. 246. Concrelithpflaster.

Aus der Anpassungsfähigkeit heraus hat sich auch eine besondere Wirtschaftlichkeit entwickelt, vor allem im städtischen Straßenbau. Hier konnte das sehr aufwendige Großpflaster, das allein den städtischen Verkehrsbeanspruchungen gewachsen war, durch die verschiedenen Bauweisen mit Teer und Bitumen ersetzt werden, die in der Anlage sehr wohlfeil und in der Unterhaltung verhältnismäßig niedrig sind. Die Erfolge, die sich aus der Umstellung auf die bituminösen Massen auf Grund der wissenschaftlichen Forschung auf diesem Gebiete in den letzten 40 Jahren ergeben haben, werden durch die folgenden Angaben bestätigt.

In der Stadt Stuttgart sind durch die neuen Bauweisen die Unterhaltungskosten der städtischen Straßen insgesamt vom Jahre 1914 mit 5,20 M. auf den Kopf des Einwohners auf 3,20 RM. 1930 trotz des um das Zwölffache gestiegenen Verkehres zurückgegangen.

In Hamburg wurden in den Jahren 1926 bis 1929 bei Verbesserung von rd. 300000 m² schlechten Pflasters durch 77000 m² 7 cm Bitumenbelag, 133000 m² Sandasphalt und 90000 m² 5,5 cm Asphaltbeton im Vergleich zu einwandfreien Steinpflasterarten Minderausgaben von rd. 4123000 RM. erzielt.

Im Landstraßenbau wäre eine Anpassung der Beläge an die Anforderungen des Kraftverkehres gar nicht in dem Ausmaße ermöglicht worden, wenn nicht die unter Verwendung von Bitumen und Teer eingeführten Belagarten in Formen, wie sie dem jeweiligen Verkehr entsprachen, zur Verfügung gestanden hätten.

2. Bindemittel.

Bezeichnung und Begriffsbestimmung.

Mit Bitumen werden nach Mallison *[170]* „alle natürlich vorkommenden oder aus Naturstoffen ohne Zersetzung gewonnenen flüssigen oder festen, schmelzbaren und löslichen Kohlenwasserstoffgemische" bezeichnet, die dann im einzelnen „nach dem Grade ihrer Verseifbarkeit und ihrer Löslichkeit in Schwefelkohlenstoff" unterteilt werden. Mineralische Stoffe haben sie nur in untergeordnetem Maße.

Das Eigenschaftswort „bituminös" wird für Straßenbaustoffe angewendet, bei denen Bitumen oder Teer oder Mischungen von beiden als Bindemittel benutzt werden.

Diese Begriffe gelten für Deutschland, die Schweiz, die Niederlande und Dänemark. Im Ausland — England, Nordamerika — werden auch die Teere unter Bitumen eingereiht.

Bitumen, Teer und Pech haben gemeinsam die Eigenschaft, daß sie beim Erwärmen stetig vom spröden über den weichen in den flüssigen Zustand übergehen. Sie werden daher auch als warmbildsam bezeichnet. Will man sie als Bindemittel verwenden, müssen sie erwärmt werden, um, wenn sie erkaltet sind, bei den örtlichen Klimatemperaturen Bindekraft auszuüben und beständig zu sein. Ob diese Bindemittel diese Anforderungen erfüllen, muß durch Prüfverfahren festgestellt werden. Denn wegen ihrer verwickelten chemischen Zusammensetzung haben sie keinen bestimmten Schmelzpunkt. Bei dem Übergang tritt keine Schmelzwärme auf. Dieser Vorgang ist keineswegs bei den hier zu behandelnden Bindemitteln der gleiche und vollzieht sich auch nicht gleichmäßig. Vielmehr bestehen unter ihnen sehr erhebliche Unterschiede. Will man bestimmte Grenzzustände erfassen, kann das nur in der Weise geschehen, daß die Beziehungen zwischen der Temperatur und der Konsistenz des Bindemittels, ob flüssig, halbfest, knetbar oder starr, festgelegt werden. Es müssen also Verfahren zur Verfügung stehen, diese Konsistenzgrenzen in Verbindung mit der Temperatur zu messen und eindeutig festzulegen, die dazu dienen können, die bituminösen Bindemittel zu kennzeichnen und einzuordnen.

Zu diesem Zweck hat man aus der Erfahrung heraus Verfahren entwickelt, bei denen die Ergebnisse in Zahlenwerten ausgedrückt werden, die aber nichts über den wirklichen Zähigkeitsgrad aussagen und auch untereinander nicht ohne weiteres vergleichbar sind. Vor allem werden die einzelnen Bindemittelarten jeweils nach eigenen, ihnen besonders angepaßten Verfahren geprüft, so daß schon aus diesem Grunde eine Vergleichbarkeit untereinander ausgeschlossen ist. Einige Verfahren sind international anerkannt, die meisten in jedem Lande anders und auch nicht die gleichen für das gleiche Bindemittel.

Als Einheitsmaß ist die absolute Viskosität gemessen in Poisen (dynamisch $g \cdot cm^{-1} \cdot sec^{-1}$) oder in Centistokes (kinematisch $cm^2 \cdot sec^{-1}$) eingeführt. Aber dieses Einheitsmaß kann aus den genannten Meßverfahren nicht abgelesen werden. Da die Beziehung Viskosität zu Temperatur keine einfache ist, sondern jene sich mit einer Potenz der Temperatur verändert, sind die Umrechnungswerte noch nicht eindeutig festgelegt und die Formeln noch nicht allgemein anerkannt. Bestrebungen sind im Gange, Tafeln unter Zugrundelegen der als richtig anerkannten Formeln für alle Verfahren aufzustellen[1]. Selbst wenn diese Arbeiten zu einem gewissen Abschluß kommen sollten, werden die bisher eingeführten Verfahren beizubehalten sein, da sie den praktischen Bedürfnissen genügen. Sie sollen daher zum Verständnis der folgenden Abschnitte vorwegbehandelt werden.

Prüfung auf Eindringungstiefe (Penetration) Din 1995 U 7. Die Eindringungstiefe (Penetration) ist ein Maß für den Härtegrad eines Bitumens. Das für die Prüfung verwendete Gerät heißt Penetrometer (Abb. 247). Bei der Normalausführung der Untersuchung läßt man die mit 100 g belastete Nadel des Penetrometers 5 Sekunden lang auf die in der Schale befindliche Bitumenprobe, deren Temperatur 25° C beträgt, einwirken. Die Eindringungstiefe der Nadel gibt den

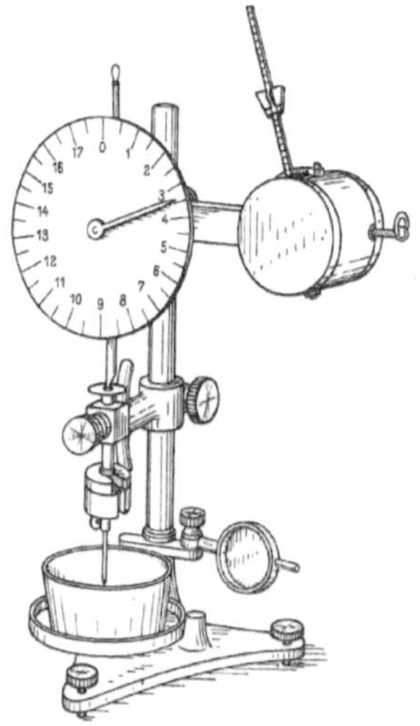

Abb. 247.
Gerät zur Messung der Penetration.

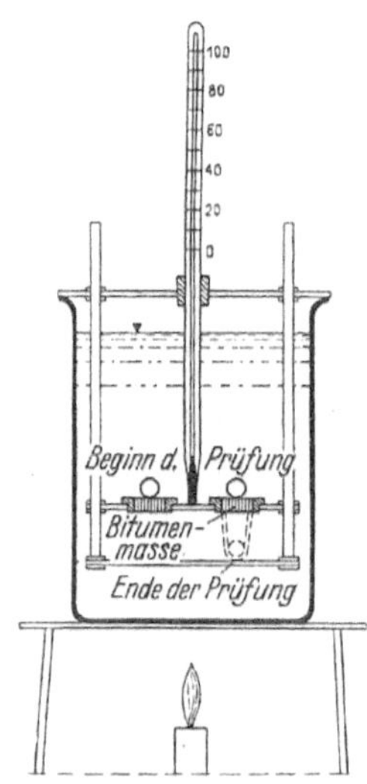

Abb. 248. Gerät zur Messung des Erweichungspunktes nach Ring und Kugel.

Penetrationsgrad des Bitumens in 0,1 mm an. Um das Verhalten der Probe über einen größeren Temperaturbereich zu erkennen, kann man die Untersuchung auch bei verschiedenen Temperaturen vornehmen.

Feststellung des Erweichungspunktes nach Ring und Kugel U 4 und Kraemer-Sarnow U 5. Man unterscheidet die Bestimmung des Erweichungspunktes nach dem Verfahren mit Ring und Kugel (Abb. 248) und von Kraemer-Sarnow (Abb. 249). Bei der Prüfung nach der Ring- und Kugelmethode wird eine 3,5 g schwere Stahlkugel auf eine in einen Messingring gebrachte Bitumenprobe aufgesetzt und die Temperatur bestimmt, bei der das Bitumen so stark erweicht ist, daß die Kugel das Bitumen in bestimmter Weise verformt. Die Bestimmung Kraemer-Sarnow stellt den Temperaturgrad fest, bei dem das Bindemittel so weich geworden ist, daß es unter den Bedingungen der Versuchsausführung dem Druck von 5 g Quecksilber in einer Röhre nicht mehr standhalten kann.

[1] Raudenbusch, H., Die Kennzeichnung und Ordnung der bituminösen Bindemittel auf Grund ihrer Viskosität. Bitumen, Teere, Asphalte, Peche und verwandte Stoffe 1950, H. 2.

Feststellung des Tropfpunktes U 3. Der Tropfpunkt nach Ubbelohde zeigt die Temperatur an, bei der die innere Zähigkeit des Bindemittels so gering geworden ist, daß es aus der kleinen Öffnung eines genormten Nippels ausdringt, einen Tropfen bildet und dieser infolge der eigenen Schwere niederfällt (Abb. 250).

Feststellung des Brechpunktes U 6. Das Verhalten in der Kälte wird nach dem Brechpunkt beurteilt. Ein Apparat für die Untersuchung ist von Fraaß entwickelt worden (Abb. 251). Man spricht deshalb von dem Brechpunkt nach Fraaß. Diese Untersuchung zeigt die Temperatur an, bei der ein Bitumen so weit erstarrt ist, daß eine auf einem Stahlblech aufgebrachte dünne Schicht beim Biegen des Blechs nicht mehr mitgehen kann, sondern bricht.

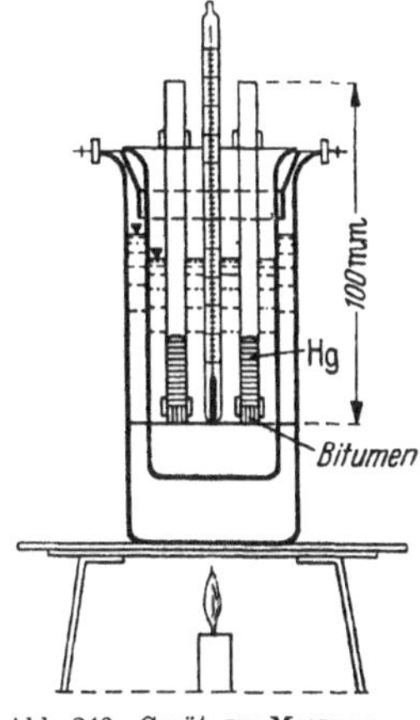

Abb. 249. Gerät zur Messung des Erweichungspunktes nach Kraemer-Sarnow.

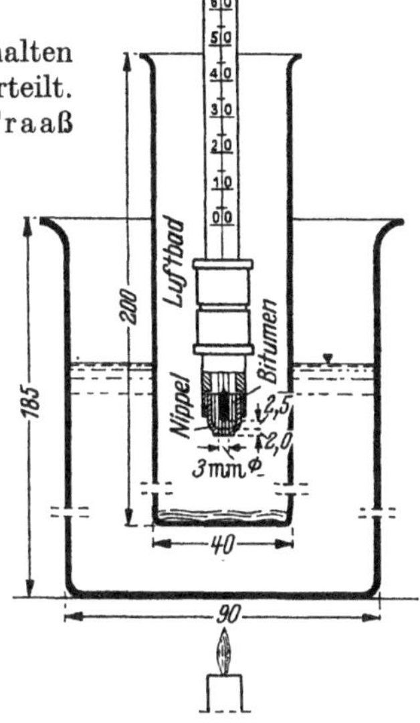

Abb. 250. Gerät zur Messung des Tropfpunktes nach Ubbelohde.

Bei leichtflüssigen Bindemitteln bedient man sich der Ausflußviskosimeter, z. B. des Straßenteerkonsistometers nach DIN 1995 U 14. Mit ihm werden Teere und die Verschnittbitumen geprüft. Das Straßenteerkonsistometer wird auf Seite 308 beschrieben. In Amerika wird für diese Zwecke das Saybolt-Furol-Viskosimeter benutzt. Gleichfalls, wie das Straßenteerkonsistometer ein Ausflußviskosimeter.

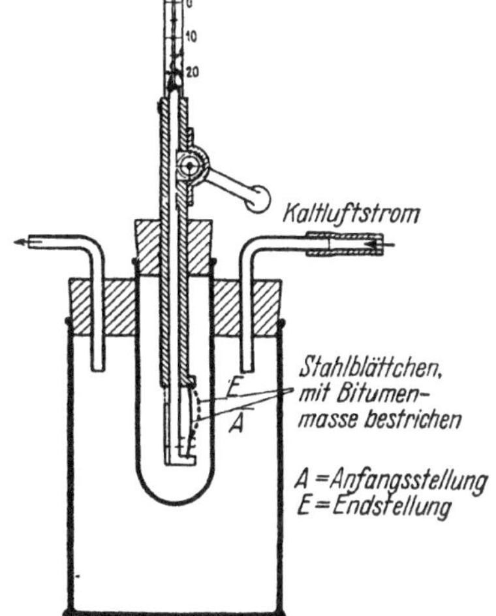

Abb. 251. Gerät zur Messung des Brechpunktes nach Fraaß.

3. Naturasphalte.

a) In selbständiger Form.

Naturasphalt ist ein Asphalt, der aus Erdöl durch den natürlichen Prozeß der Verdampfung oder Destillation in der unterirdischen Lagerstätte entstanden ist. Die Naturasphalte, die besonders im Straßenbau verwendet werden, sind als Trinidad- und Bermudazasphalt bekannt; beide werden in den als Asphaltseen bekannten Ablagerungen gewonnen.

Der **Trinidadasphalt** tritt in einem See, der als Krater eines erloschenen Vulkanes anzusehen ist, an die Oberfläche. Der Asphalt wird gebrochen und abbefördert. An den Entnahmestellen strömt stets neuer Stoff nach. Der Asphalt ist sehr verunreinigt, z. B. durch Wurzeln und Pflanzenreste, von denen er erst befreit und gereinigt werden muß, durch Erhitzen auf 160°, damit das Wasser und ein geringer Teil der leichten Öle abgetrieben werden. Der Trinidadasphalt setzt sich aus folgenden Bestandteilen zusammen:

Bitumen, löslich in CS_2	56,5 vH.
Mineralgehalt (Asche)	38,5 „
Organisch unauflöslich	5,0 „
	100,0 vH.

Infolge der großen Anteile an Mineralstoffen ist die Wichte = 1,40. Die Mineralstoffe sind im Asphalt sehr fein verteilt und werden als vulkanische Aschen bezeichnet. Man sieht sie auch als kolloidalen Lehm an und mißt diesen Mineralbestandteilen einen besonderen Wert bei. Der Trinidadasphalt ist dadurch gegen Wärmeschwankungen unempfindlicher.

Der gereinigte Trinidadasphalt wird mit Trinidad Epuré bezeichnet. Die Reinigung erfolgt zum geringeren Teil auf der Insel Trinidad selbst, das meiste wird ungereinigt abbefördert.

Beim Trinidadasphalt liegt der Tropfpunkt sehr hoch, weil der hohe Gehalt an Mineralstoffen die Zähflüssigkeit erhöht. Erweichungspunkt K.-S. = 82—85°, R. u. K. = + 94°, Brechpunkt + 25°.

Da Trinidad Epuré für den Straßenbau in dieser Form nicht verwendbar ist, muß er mit Fluxöl vermischt werden, durch das die hohe Lage des knetbaren Zustandes, aber nicht seine Wärmespanne heruntergesetzt wird. Das Fluxöl ist ein schwerer Petroleumrückstand aus kalifornischen oder mexikanischen Ölen. Hier entsteht eine gleichartige Masse mit folgender Zusammensetzung:

Bitumen, löslich in CS_2	67,0 vH.
Mineralgehalt (Asche)	28,5 „
Organisch unauflöslich	4,5 „
	100,0 vH.
Wichte bei 160° C	1,27
Eindringungstiefe bei 25° C.	60

Die so entstandene Mischung wird mit Gudron bezeichnet. In dieser Form wird der Trinidadasphalt zum Straßenbau verwendet. Die Lage des Erweichungspunktes des Gudron kann durch die Menge des Ölzusatzes beeinflußt werden. Der Mineralstoff ist im Trinidadasphalt so fein verteilt, daß er nicht abfiltriert werden kann. Um ihn auszuscheiden, muß man den Trinidadasphalt mit Chloroform verdünnen und dann ausschleudern. Die Eigenschaften des Trinidadasphaltes sind:

Tropfpunkt DIN 1995 U 3	74,5°
Erweichungspunkt R. u. K. U 4	65°
Eindringungstiefe bei 25° U 7	9
Brechpunkt nach Fraaß U 6	+ 14°

Mit der Verwendung des Trinidadasphaltes in Verbindung mit Sand abgestufter Körnung hat der Straßenbau mit künstlich aufgebauten Massen begonnen (S. 338).

Bermudazasphalt tritt auf einer sumpfigen Gegend auf der Westseite des Golfes von Paria in Venezuela an der Mündnng des Guacano gegenüber der Insel Trinidad hervor. Der Asphaltsee bedeckt eine Fläche von 360 ha und hat eine

Tiefe zwischen 0,6 bis 2,7 m. An den Quellen ist der Asphalt weich und gibt Gas ab. An der Oberfläche wird er bald hart. Er wird in Stücke gebrochen und in Schiffe verladen. Der rohe Asphalt hat die folgende Zusammensetzung:

Wichte DIN 1995 U 2	1,005 bis 1,075
Erweichungspunkt nach K. u. S. U 5	51,5
Brechpunkt U 6	+ 4
Löslich in Schwefelkohlenstoff . . .	90 bis 98 vH.
Nichtmineralisches Unlösliches . . .	0,62 bis 6,45 vH.
Freie Mineralstoffe	0,5 bis 3,65

Bermudazasphalt ist 1898 als Bindemittel für Sandasphalt in VSTA. eingeführt worden, aber dann später durch die aus der Erdöldestillation stammenden Bitumen verdrängt worden.

β) Asphaltgesteine (Stampfasphalt).

Grundmasse ist das Gestein, das mit Bitumen durchtränkt ist. Es besteht aus Kalk bei den Asphaltkalken und aus Sand bei den Asphaltsanden. Die Asphaltkalke, auch Stampfasphalte bezeichnet nach der Anwendungsweise im Straßenbau, werden an folgenden Stellen in Europa gefunden: In Sizilien (Ragusa), Mittelitalien (Abruzzen), in der Schweiz (Val de Travers) bei Neuchatel, in Deutschland (Limmer, Vorwohle, Eschershausen), Lobsann im Elsaß, in Frankreich (Mons Seyssel, St. Jean, Marnejols), außerdem in Spanien, Dalmatien, Schweden, in Syrien und Palästina.
Diese Asphaltkalke können nach Aufbereitung ohne weiteres als Straßenbaustoff verwendet werden, soweit sie den richtigen Gehalt an Bitumen haben. Die Zusammensetzung der meist im Straßenbau verwendeten Stampfasphalte ist aus Tabelle 28 zu ersehen.

Tabelle 28.

Gehalt an	Val de Travers	Seyssel	Abruzzen	Ragusa	Limmer	Vorwohle	
Bitumen	10,08	8,25	10,72	9,20	14,25	7,20	8,93
Kohlensaurer Kalk .	88,20	91,40	82,25	88,00	66,90	81,30	83,20
Kohlensaure Magnesia	0,40	0,10	5,50	0,80	—	0,60	4,18
Ton und Eisenoxyd .	0,32	0,10	0,74	0,70	5,80	4,00	2,38
Schwefel	—	—	—	—	—	—	0,38 Gips
Sand	—	—	—	0,70	—	—	0,21 Pyrit
Sonstige säureunlösliche Stoffe (Kieselsäure)	0,50	—	0,10	—	12,20	4,90	0,73
Lösliche Kieselsäure .	—	—	0,05	—	—	—	—
Verlust (Feuchtigkeit, Gase)	0,50	0,15	0,64	0,60	0,85	2,00	—

Diese Analysen geben nur Durchschnittswerte, die aber nicht erheblich schwanken. Die Mineralbestandteile sind bei diesen Asphalten ein sehr poröser und weicher Kalkstein. Der Stampfasphalt wird in den schon genannten Fundstätten im Tagebau oder bergmännisch gewonnen. Da der Asphalt an Mineralstoffe gebunden ist, so kann der Stampfasphalt, der im Mittel etwa 90 % Kalkstein enthält, als Straßenbelag ohne weitere Beimischung verwendet werden. Er muß aber noch aufbereitet werden. Der Tongehalt muß $< 5\%$ sein.

Ein sehr bitumenreicher Naturasphalt wird in Albanien bei Selenizza abgebaut. Er enthält:

Bitumen löslich in CS_2	78—82,5 vH.
Mineralgehalt (Asche)	22—17 vH.
Wichte bei 15°	1,2
Erweichungspunkt nach K. S. . .	90°

Das von den Mineralstoffen befreite Bitumen ist hart und muß daher für den technischen Gebrauch gefluxt werden. Es dient zur Mastixherstellung.

Eigenschaften. Das Bitumen der Stampfasphalte wird im Soxlethkolben mit einem Lösungsmittel aus dem Durchtränkungsgestein ausgezogen und durch Abdestillieren im Wasserbade von seinem Lösungsmittel befreit. Auf diese Weise gewonnenes Bitumen zeigt eine günstige Lage des knetbaren Zustandes, wie Tabelle 29 erkennen läßt.

Tabelle 29.

Stampfasphalte	Frische Sizilianer-Asphalte	Frische mittel-italienische Asphalte	Val de Travers-Asphalte	Deutscher Stampf-asphalt
Erweichungspunkt K. S.	26°	53—59°	39,5	40°
Tropfpunkt	47—50°	74—81°	61	62°
Brechpunkt	—20°	—6—8°	—19	—20
Fadenlänge	> 18 cm	> 18 cm	> 18 cm	> 18 cm
Eindringungstiefe (Penetration)	rd. 200°	11—20°	44°	65°

In den meisten Ländern Europas, vor allem in den deutschen Städten, ist der Stampfasphalt im Laufe der Jahre durch andere Bitumendecken, z. B. durch Gußasphalt, ersetzt, für den Stampfasphaltmasse reichlich verwendet wird (50—60 Gew.-%).

γ) Mastix.

Naturasphaltmehl ist Grundstoff zur Bereitung von Mastix, der im Bauwesen vor allem in der Technik der Abdichtung benutzt wird. Im Straßenbau kann er als Hauptbestandteil des Gußasphaltes angesehen werden. Er wird aus dem Stampfasphaltfelsen gewonnen, kann aber auch synthetisch hergestellt werden.

Mastix für Gußasphalt hat besondere Anforderungen zu erfüllen, besonders hinsichtlich der Mahlfeinheit. Mit Rücksicht auf eine möglichst feine Verteilung des Bitumens auf dem Mineralkorn soll die geringste Korngröße Rückstand auf dem Sieb 70 (0,09 mm) des Naturasphaltmehles 40 Gew.-% betragen. Auch das Bitumen, das sich zusammensetzt aus dem im Naturasphaltmehl vorhandenen und dem zugesetzten, die beide zusammen in der Regel 15 Gew.%, keinesfalls weniger als 12 Gew.-%, im Mastix ausmachen sollen, muß mit Rücksicht auf eine günstige Form im Gußasphalt einen Erweichungspunkt K. S. von 45—60° haben, da beim Kochen des Gußasphaltes die Masse verhärtet. (Erweichungspunkt R. u. K. 60—75°) — DIN 1996 —.

Dieselben Regeln gelten auch für den synthetischen Mastix, der aus Kalksteinmehl und Sand bis 2 mm aufbereitet wird. Quellfähiger Ton darf höchstens als Nebenbestandteil bis 15 % enthalten sein. Die Anreicherung und Vermischung des Naturasphaltmehles oder Kalksteinmehles einschließlich Sand erfolgt in Kochern mit Rührwerken bei 180—200° bis zu 6 Stunden. Die Masse wird dann in Formen abgefüllt, die 20—25 kg Gewicht haben.

Asphaltmastix nach einer Analyse der Z. f. A. u. T. *[171]*.

Gehalt an Bitumen	13,37 Gew.-%
Mineralstoffgehalt	86,63 „

Eigenschaften des extrahierten Bitumens:

Tropfpunkt	70°
Erweichungspunkt K. S.	43°
Brechpunkt	—20°

Siebanalyse der durch Extraktion gewonnenen Mineralmasse:

Korngröße 0—0,06	58,1 Gew.-%
0,06—0,09	23,8 „
0,09—0,2	17,9 „
0,2—0,6	0,2 „
0,6—2,3	0
	100,0 Gew.-%

Bei richtiger Aufbereitung und Auswahl eines Kalksteinmehles, das die vorgeschriebene Mahlfeinheit hat, ist bisher ein Unterschied in der Güte des Mastix bei Verwendung von Naturasphaltmehl oder Kalksteinmehl nicht gefunden worden *[172]*.

δ) Stampfasphaltplatten.

Feingemahlenes und gedarrtes Stampfasphaltmehl wird in hydraulischen Pressen, wie sie bei der Kalksandstein- oder Zementbetonplattenerzeugung benutzt werden, mit einem Druck von 400 kg/cm² gepreßt. Ihre Stärke beträgt zwischen 2,0 bis 5 cm, Kantenlänge 25 cm. Der Stampfasphalt muß 8—13 Gew.-% Bitumen (E. P. 40° K. S.) haben. Raumgewicht ist etwa 2,1. Die Platten werden auf Betonunterlage verlegt, sie erhalten einen Anstrich an der Unterfläche und an den Fugen von heißem Bitumen.

Plattenasphalt hat selbst bei Straßen mit geringem Verkehr nicht überall den Erwartungen entsprochen. So haben in vielen Straßen die Platten sich in der Richtung des Verkehrs verschoben, weil die auf der Unterseite glatten Platten nicht genügend Haftung auf dem Beton finden. Die Fugen verlaufen also von einer Bordkante zur anderen in Form einer S-Krümmung. Außerdem lassen sich die Fugen nicht so dicht herrichten, daß nicht ein kleiner Zwischenraum entsteht. Der dadurch gebildete Absatz bietet den Verkehrslasten, vornehmlich den Pferdehufen und eisernen Wagenrädern, Angriffspunkte, so daß an dieser Stelle die Zerstörung einsetzt, eine Erscheinung, die bei allen Pflasterarten mit Fugen zu beobachten ist. Zweckmäßig haben sich Platten zur Belegung von Bahnsteigen und Versammlungsplätzen, Fabrikfußböden erwiesen, da sie verschleißfest sind, Abnutzung nach DIN 5 2108 0,06—0,14 cm³/cm². Wasseraufnahme < 1 Gew.-% nach 28 Tagen.

ε) Kentuckyrock.

Neuerdings gewinnt an Bedeutung der in Kentucky (VStA.) in reichen Bänken anstehende Asphaltsandstein, der 7 % Bitumen von großer Weichheit (Eindringungstiefe 150—200, Erweichungspunkt nach R. u. K. 29°) hat. Er wird bis zur Sandkörnung gemahlen, sieht wie schwarzbrauner Zucker aus und solange er nicht verdichtet ist, kann er wie Zucker geschaufelt werden. Die leichte Handhabung des gemahlenen Felsens, solange er kalt ist, ist auf den geringen Gehalt an Bitumen von besonderer Weichheit zurückzuführen. Das Bitumen tritt erst in Wirkung, wenn die Körner zusammengepreßt werden, wodurch der Belag so viel Festigkeit erhält, um Gummireifenverkehr zu widerstehen. Zur

Zeit des Pferdeverkehres und der schmalen Eisenreifen wurde er stark eingedrückt und hatte ein häßliches Aussehen. Seine jetzige Anwendung in größerem Ausmaß ist nicht auf etwaige Verbesserungen zurückzuführen, sondern auf die Veränderungen im Verkehr. Die Stabilität ist ohne Zweifel auf die physikalischen Eigenschaften der Sandkörner zurückzuführen, die eine hohe Oberflächenadsorption mit Bitumen besitzen. Andere Sande mit demselben Bitumengemisch erzeugen nur Mischungen, die sehr wenig stabil und nicht zu gebrauchen sind. Bei kalter Witterung ist es schwer, eine befriedigende Verdichtung zu erzielen. Kalt verlegtes Asphaltgestein wird häufig zum Flicken von alten Asphaltdecken verwendet. Für diesen Zweck erweist es sich als recht vorteilhaft.

ζ) Boeton-Asphalt.

Auf einer kleinen Insel nördlich von Sumatra (Niederländisch-Indien) sind große Lager von Asphalt gefunden worden. Nach Untersuchungen in der Str. V. St. sind die Eigenschaften des Boeton-Asphalts die folgenden:

Gehalt an Asphaltbitumen	40,3 Gew.-vH.
Gehalt an organ. Unlöslichem	2,25 Gew.-vH.
Gehalt an Mineral	57,45 Gew.-vH.
Gehalt an Ton	0,34 Gew.-vH.
Gehalt an Gips	0,49 Gew.-vH.
Gehalt an Pyrit	0,60 Gew.-vH.
Gehalt an Sand SiO_2	0,53 Gew.-vH.
Erweichungspunkt des extrahierten Bitumens R. u. K.	64°
Tropfpunkt	74°

Die Masse wird wie Stampfasphalt gemahlen und Mineralstoffen zugesetzt, mit denen eine Art Walzasphalt hergestellt wird *[173]*.

4. Straßenbaubitumen.

a) Eigenschaften.

Die im Straßenbau verwendeten Bitumen werden aus mexikanischen, venezolanischen, kalifornischen, irakischen, iranischen oder deutschen Erdölen durch die fraktionierte Destillation gewonnen. Die Destillation geht in der Weise vor sich, daß das Rohöl in Destillationsröhrenöfen und -türmen fließt, in denen es mit überhitztem Wasserdampf unter Anwendung von Vakuum in seine einzelnen Bestandteile — Motorentreiböl, Spindelöl, Maschinenöl und Zylinderöl — zerlegt wird; der Restbestand ist reines Bitumen. Auf diese Weise werden die dampfdestillierten Bitumen gewonnen. Durch mehr oder weniger starken Entzug der hochsiedenden Mineralöle erhält man Bitumen von verschiedenen Härtegraden, wie sie in der DIN 1995 aufgeführt sind (Tabelle 30). Sie liegen zwischen E. P. (R. u. K.) 27—72°. Unter Anwendung von Hochvakuum kann man diesen Bitumen noch weitere Mengen Schweröl entziehen, ohne durch Überhitzen eine übermäßige Aufspaltung der hochmolekularen Kohlenwasserstoffe herbeizuführen. Derartige Erzeugnisse führen die Bezeichnung Hochvakuumbitumen. Bei einer dritten Gruppe, dem sogenannten geblasenen Bitumen, erfolgt bei der Herstellung durch Einblasen von Luft in das flüssige Bitumen ein chemischer Eingriff in seine Feinstruktur (Oxydation), gekennzeichnet durch Ansteigen der Härte, bei bleibendem Ölgehalt, wodurch dieses Erzeugnis gewisse hochbildsame Eigenschaften erhält, d. h. hohen Erweichungspunkt und zugleich hohe Penetration. Wenn bei dem Bitumen zwischen weichem und hartem unterschieden wird, so dient hierzu die Messung der Penetration oder Eindringungstiefe (S. 290).

Die Beziehungen zwischen Erweichungspunkt und Penetration der üblichen Bitumen werden durch die Kurve Abb. 252 gekennzeichnet *[174]*.

Tabelle 30.

	Bezeichnung							Untersuchungsverfahren
	B 300	B 200	B 80	B 65	B 45	B 25	B 15	
1. Eindringungstiefe (100 g, 5 s, 25° C) Zehntel mm	280—320	180—210	70—100	50—70	40—50	20—30	10—20	U 6
2. Erweichungspunkt: a) Ring und Kugel ° C	27—37	38—44	45—49	50—54	55—59	60—67	68—72	U 3
oder b) Kraemer-Sarnow ° C	16—24	25—30	31—35	36—40	41—45	46—53	54—58	U 4
3. Brechpunkt nach Fraaß, höchstens[1] ° C	—20	—15	—10	—8	—6	—2	+3	U 5
4. Tropfpunkt nach Ubbelohde, mindestens ° C	18 über dem Erweichungspunkt K.S.							U 2
5. Asche, höchstens[2] Gew.-%	0,5	0,5	0,5	0,5	0,5	0,5	0,5	U 8
6. Streckbarkeit bei 15° C mindestens cm	100	—	—	—	—	—	—	U 7
bei 25° C mindestens cm	—	100	100	100	50	25	6	
7. Unlösliches abzügl. Asche, höchstens Gew.-%	0,5	0,5	0,5	0,5	0,5	0,5	0,5	
8. Paraffin, höchstens Gew.-%	2,0	2,0	2,0	2,0	2,0	2,0	2,0	U 10
9. Spezifisches Gewicht bei 25°C mindestens	1,0	1,0	1,0	1,0	1,0	1,0	1,0	U 1
10. Gewichtsverlust bei 163° C in 5 Stunden höchstens %	2,5	2,0	1,5	1,0	1,0	1,0	1,0	U 11
11. Anstieg des Erweichungspunktes nach dem Erhitzen, höchstens ° C	10	10	10	10	10	8	6	U 3/4
12. Brechpunkt nach dem Erhitzen, höchstens[1] °C	—15	—10	—8	—6	—5	±0	+5	U 5
13. Verminderung der Eindringungstiefe nach dem Erhitzen, höchstens %	60	60	60	60	60	50	40	U 6
14. Streckbarkeit nach dem Erhitzen: bei 15° C mindestens cm	50	—	—	—	—	—	—	U 7
bei 25° C mindestens cm	—	50	50	50	30	8	3	

[1] Bei Bitumen aus deutschem Erdöl sind die folgenden Höchstgrenzen für den Brechpunkt zugelassen:

	B 300	B 200	B 80	B 65	B 45	B 25	B 15
vor dem Erhitzen	—17	—13	—10	—8	—5	+0	+5
nach dem Erhitzen	—15	—10	— 8	—5	+3	+3	+5

[2] Bitumen, dessen Aschegehalt höher ist, kann mit besonderem Hinweis angeboten werden.

In der Tabelle 30 sind die Vorschriften für die Beschaffenheit des Straßenbaubitumens mit Angabe der Untersuchungsverfahren zur Bestimmung der Eigenschaften aufgeführt (vgl. S. 290).

Straßenbaubitumen wird in erster Linie nach seinen physikalischen Eigenschaften bewertet (Ziff. 1—6 und 9—14), während die chemischen zurücktreten, deren Bedeutung z. B. hinsichtlich des Aschen- und Paraffingehaltes unterschiedlich beurteilt wird, je nach dem Ursprung des Bitumens.

In ihrem chemischen Aufbau sind die Bitumen Gemische aus vorwiegend aliphatischen Kohlenwasserstoffen. Das Molekulargewicht bewegt sich in weiten Grenzen zwischen verhältnismäßig niedrigmolekularen Ölanteilen des Bitumens über höhermolekulare harzartige Kohlenwasserstoffe, Erdölharze genannt, zu den hochmolekularen sogenannten Asphaltenen. Diese Moleküle befinden sich gegenseitig nicht in einem ungeordneten Zustand, sondern sind durch zwischenmolekulare Anziehungskräfte orientiert. Letztere sind abhängig von der chemischen Struktur der betreffenden Moleküle und von der Molekülgröße. Je größer das Molekül ist, desto stärker sind seine zwischenmolekularen Kräfte. Deshalb wirken die großen Moleküle als Orientierungskern, um den sich die anderen Moleküle nach Maßgabe ihrer zwischen molekularen Kräfte ordnen. Dadurch entsteht die sogenannte Mizelle, ein Verband von gegenseitig orientierten Molekülen. Bei der Erwärmung des Bitumens lokkert sich dieser Molekülverband infolge der zunehmenden Wärmebewegung der Moleküle, dadurch wird das Bitumen flüssig. Das unterschiedliche Verhalten der Bitumen hinsichtlich der Plastizität, Temperaturempfindlichkeit, Duktilität, Elastizität, Strukturviskosität usw. wird in erster Linie durch den molekularen Aufbau bedingt. Fehlen dem Bitumen die hochmolekularen Asphaltene mit ihren starken Orientierungskräften, wie z. B. bei dem Extraktbitumen es der Fall ist, dann setzt sich die regellose Wärmebewegung der Moleküle bei Temperaturzunahme leicht gegen die zwischenmolekularen Kräfte durch, d. h. die Masse erweicht rasch, ist also temperaturempfindlich und, wie nachgewiesen werden konnte, spröde, wenig elastisch, aber duktil.

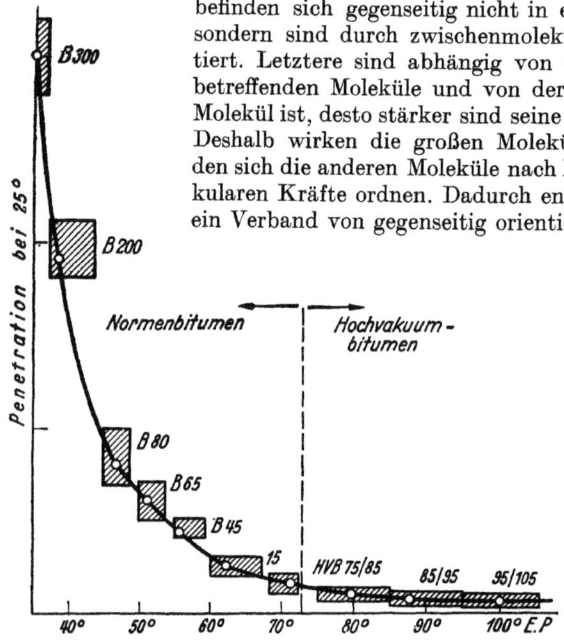

Abb. 252. Beziehungen zwischen Penetration und Erweichungspunkt.

Mit zunehmendem Gehalt an hochmolekularen Bestandteilen werden die Orientierungskräfte stärker. Die Wärmebewegung der Moleküle wird dadurch viel mehr gehemmt, was gleichbedeutend mit geringer Temperaturempfindlichkeit, Plastizität, Elastizität, Strukturviskosität und abnehmender Duktilität ist. Die Hauptvertreter der letzteren Bitumen sind vor allem die geblasenen Bitumen mit ihrem hohen Gehalt an hochmolekularen Kohlenwasserstoffen *[175, 176, 177]*.

Weitere physikalische Konstanten sind *[178]*:

1. Die Wichte, die mit zunehmender Härte (abnehmender Penetration) von 1,01 bis auf 1,07 steigt.
2. Raumausdehnungszahl: bei 23° = 0,00062
   bei 25° Eindringungstiefe 196 = 0,00060, lineare Ausdehnungszahl = 0,00024.

β) Temperaturspanne.

Alle reinen bituminösen Stoffe nehmen je nach den äußeren Bedingungen alle Zwischenstufen zwischen den Zuständen eines festen Körpers und einer Flüssigkeit an (S. 290). Derselbe bituminöse Stoff verhält sich verschieden je nach Stärke und Dauer der auf ihn einwirkenden Kräfte, bei kurz dauerndem Schlag oder Stoß ist er unter Umständen spröde wie Glas und splittert, bei langer Einwirkung unter sehr niedriger Beanspruchung, also bei Einwirkung schon der Schwerkraft allein fließt er langsam auseinander. Bei tiefen Temperaturen zeigt er federnde Eigenschaften.

Bei der Beurteilung hinsichtlich der Anwendung im Straßenbau wird man die Grenzzustände ausschalten müssen, bei denen das Bitumen entweder zu weich wird, oder zu hart und spröde. Die anzuwendenden Bitumen dürfen in der Wärme ihre Zähigkeit nicht so weit verlieren, daß sie ihre Klebkraft an den Gesteinen einbüßen, ablaufen oder unter dem Verkehrsdruck ausweichen, andererseits aber bei Kälte niemals so spröde werden, daß sie unter Druck oder Schlag splittern. Die Bitumen sollen innerhalb der üblichen Temperaturen, denen eine Straßendecke in einer Gegend gemäß den klimatischen Bedingungen ausgesetzt ist, in einem knetbaren Zustand bleiben. Für ihn hat man als die obere Grenze den Tropfpunkt nach Ubbelohde festgelegt, als untere den Brechpunkt nach Fraaß (DIN 1995 U 5). Wenn das Bindemittel innerhalb der üblichen Temperaturen, die durch die Lufttemperatur, die Wärmespeicherung und g. F. Ausstrahlung beeinflußt werden, und die sich über den Bereich von 70 Wärmegraden erstrecken, knetbar oder bildsam bleiben soll, dann muß der Tropfpunkt höher als 50° und der Brechpunkt unter — 20° liegen. Diesen Anforderungen entsprechen die Straßenbaubitumen. Über die in den Straßendecken gemessenen Temperaturen befinden sich Angaben im Dritten Abschnitt C. i. μ. Die Spannen zwischen Tropfpunkt und Brechpunkt sind in der Abb. 253 veranschaulicht *[179]*.

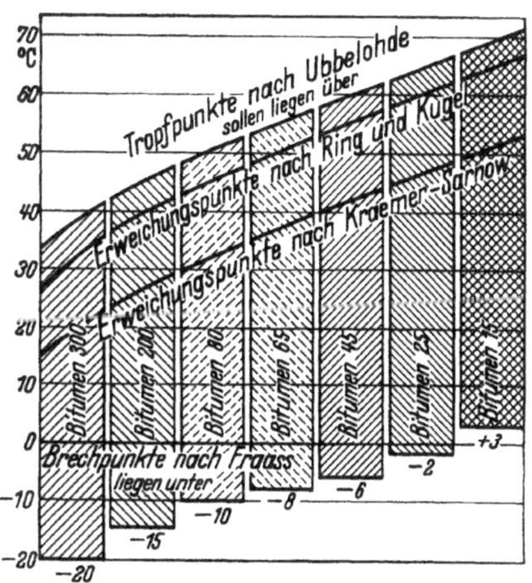

Abb. 253. Spanne der Bitumen zwischen Tropfpunkt und Brechpunkt mit Angabe der Lage der Erweichungspunkte nach R. u. K. und K. S.

Da diese Spanne auch als Temperaturempfindlichkeit bezeichnet wird, kann man diese verdeutlichen, wenn man die Penetration bei verschiedenen Temperaturen mißt und die Ergebnisse im halblogarithmischen Koordinatensystem aufträgt. Je flacher die Linie liegt, desto geringer ist die Temperaturempfindlichkeit des Bindemittels. Abb. 254 enthält für einige Bindemittel diese Linien, die recht kennzeichnend für die Eigenschaften sind. Hinsichtlich des geblasenen Bitumens sei auf S. 301 verwiesen.

Wenn in der Tabelle 30 nur B 300 sich mit seinen Zähflüssigkeitsgrenzen in der Spanne von — 20 bis 40° bewegt, die anderen als härter zu bezeichnen sind, indem ihre Tropfpunkte höher liegen, so werden sie deshalb als geeignet anzusehen sein, weil die Gefahr bei Wärme weicher zu werden, als der Scherwiderstand des Bitumenbelages zuläßt, größere Gefahren für den Belag bietet als die Versprödung bei Kälte. Aber auch Verfahrensvorgänge sprechen dabei mit, wie bei den einzelnen Deckenarten besprochen werden wird. Der Leitsatz, daß das Bindemittel einen großen Bereich des knetbaren Zustandes haben soll, hat etwas an Bedeutung verloren und wird durch die Ergebnisse langjähriger Erfahrung von anderen, mehr ausschlaggebenden Merkmalen überlagert, z. B. Oberflächenspannung, Viskosität und Verdunstungsfähigkeit. Da diese bei den härteren Sorten günstiger liegen, treten die Bitumen mit niedrigerer Penetration und die Teere mit höherer Viskosität (Dritter Abschn. C. i. 5. β. aa) mehr in den Vordergrund.

Bei den einzelnen Bauverfahren wird das Straßenbaubitumen bezeichnet werden, das dafür geeignet ist, unter den genormten nach Tabelle 30.

γ) Paraffingehalt.

Von den chemischen Eigenschaften des Bitumens werden nur Aschengehalt und Paraffin berücksichtigt. Die Vorschriften lassen nur einen verhältnismäßig geringen Anteil an Paraffin zu. Die Ansichten über den Einfluß des Paraffingehaltes im Bitumen sind aber noch keineswegs geklärt. Es wird befürchtet, daß Paraffin die Klebefähigkeit des Bitumens herabsetzt, weil infolge der wachsartigen Beschaffenheit die Streckbarkeit des paraffinischen Bitumens geringer ist als des asphaltischen. Außerdem haben sich gewisse paraffinhaltige Bitumen im Straßenbau nicht bewährt. Damit ist aber die Frage, wie die physikalischen Eigenschaften durch den Paraffingehalt das Bitumen bei seiner Verwendung als Bindemittel im Straßenbau beeinflussen, noch nicht entschieden. Besonders ist zu beachten, daß das chemische Verfahren zur Ausscheidung des Paraffins kein eindeutiges Ergebnis hat. Es werden bei diesem Verfahren die kristallinen Paraffine ausgeschieden. Es ist aber keineswegs sicher, ob nicht auch amorphes Paraffin im Bitumen vorhanden ist, das bei dem Verfahren in kristallines umgebildet wird. Das Paraffin befindet sich in kolloidaler Lösung.

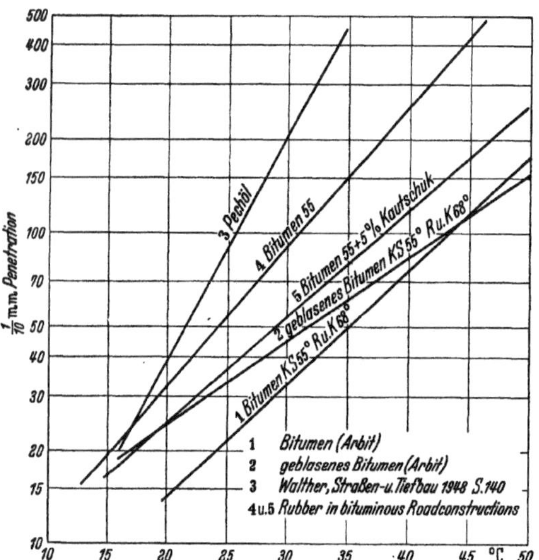

Abb. 254. Beziehung zwischen Penetration und Temperatur bei verschiedenen Bitumen, Pechöl und Bitumen-Kautschukmischung.

Neuere Untersuchungen von Suida und Kamptner *[180]* über Paraffin in Bitumen mit verschiedenem Paraffingehalt, wobei das Paraffin nicht nach der Methode von Marcusson-Eickmann-Holde isoliert wurde, sondern nach einer von den Autoren ausgearbeiteten Extraktionsmethode unter Vermeidung jeglicher thermischer Behandlung, haben ergeben, daß das ausgeschiedene Paraffin dieser Bitumen mehr oder weniger kristallisierte Anteile verschiedener Kristallgröße aufweist. Da diese kristallisierten Paraffine nicht bei allen untersuchten paraffinhaltigen Bitumen im polarisierten Licht zu erkennen waren, wird diese Erscheinung auf die Anwesenheit und das Vermögen kristallisationsverhindernder Stoffe (Schutzkolloide) zurückgeführt. Beachtenswert ist die Feststellung, daß Art und Menge des kristallisierbaren Paraffins in Bitumen nicht allein Wert und Unwert für ein Bitumen bestimmen, sondern daß auch Art und Menge der übrigen Bestandteile des Bitumens (Asphaltene, sauerstoff- und schwefelhaltige

Bestandteile, sowie Asphaltöle) die Eigenschaften eines Bitumens beeinflussen. Damit nähert sich das auf diesem Wege gewonnene Ergebnis dem der Str.V.St., die auch an Mischungen mit paraffinhaltigen Erdölbitumen die gleichen Erfahrungen gewonnen hat. Eine Vorschrift, die den Gehalt an Paraffin auf eine bestimmte Grenze, etwa 2 % einschränkt, entspricht ganz den Erfahrungen. Dagegen soll deutsches Erdöl mit 4,5 Gew.% Paraffin auf Grund seiner sonstigen Eigenschaften für den Straßenbau geeignet sein *[181]*.

δ) Gehalt an Asche.

Die Asche besteht im wesentlichen aus Silikaten und Eisenoxyden. Ein hoher Aschegehalt beeinträchtigt den Handelswert des Bitumens, weil ein Bitumen mit wenig Asche mehr wertvolle organische Substanz enthält als eines mit mehr Asche. Damit ist aber die Brauchbarkeit noch nicht in Frage gestellt, wenn es die anderen Vorschriften erfüllt. Denn es ist zu beachten, daß im Straßenbau das Bitumen mit Mineral später vermischt wird und die feinverteilten Füllstoffe dabei gerade eine besondere Rolle spielen.

ε) Geblasenes Bitumen für den Straßenbau.

Das geblasene Bitumen hat eine geringere Wichte als das Hochvakuum-Bitumen. Es unterscheidet sich von den übrigen dadurch, daß bei derselben Penetration Tropf- und Erweichungspunkt höher liegen. Deshalb müssen beide zur Kennzeichnung angegeben werden. Es nähert sich dem Naturasphalt. Auch die Temperaturspanne beträgt bis zu 100°, so daß geblasenes Bitumen weniger temperaturempfindlich ist (vgl. Abb. 254). Außerdem zeigt das geblasene Bitumen eine größere Klebkraft infolge der geringeren Oberflächenspannung der öligen Bestandteile. Mit geblasenem Bitumen hergestellte Straßenbeläge sollen wesentlich griffiger sein als die mit Straßenbaubitumen, weil der Gehalt an Asphaltmizellen höher ist. An sich wird aber geblasenes Bitumen im Straßenbau weniger verwendet.

ζ) Verschnittbitumen.

Straßenbaubitumen, das bei Lufttemperatur sich im bildsamen Zustand befindet, muß auf mindestens 180—200° erwärmt werden, wenn es verwendet werden soll. Bei Mischung mit Gestein muß auch dieses auf die gleiche Temperatur gebracht werden. Dieser Zwang erschwert die Verwendung noch dadurch, daß die Bauweisen mit Heißeinbau nur bei trockener Witterung vorgenommen werden können. Das gilt auch für die später noch zu behandelnden Bauweisen unter Verwendung von Teer. Die unbeständigen Witterungsverhältnisse in Westeuropa erschweren daher die Verwendung von bituminösen Bauweisen im Straßenbau. Die Heißverarbeitung bedarf großer und teurer Maschinenparke und ist außerdem, wenn nicht gefährlich, so doch mit Erschwerungen für die Arbeiterschaft verbunden. Einfluß der Dünste und die Beschmutzung der Kleider und Hände hemmt die Leistungsfähigkeit. Der Geruch und Rauch der Maschinen belästigt die anwohnende Bevölkerung. Um die Aufbereitung und die damit verbundenen Nachteile von der Straße in die Fabrik zu legen, wo sie zugleich wesentlich genauer, zuverlässiger und billiger erfolgen kann, ist Bitumen so umgewandelt worden, daß mit ihm auch „Kalteinbau" betrieben werden kann, d. h. daß die Bindemittel kalt oder nur mäßig erwärmt angewendet werden. Hierzu wird das Straßenbaubitumen mit leichten Ölen verschnitten. Verschnittbitumen besteht aus Bitumen, dessen Zähflüssigkeit durch Zusatz von Verschnittmitteln erniedrigt ist. Die Verschnittmittel sind Öle niedrigsiedender Erdöldestillate, wie z. B. Kerosenöle, die ein gutes Lösungsvermögen besitzen, auch Teeröle, da schon seit längerem bekannt ist, daß die Ölfraktion des Steinkohlenteeres, wie Leichtöle, Mittelöle

und Anthrazenöle Bitumen gut lösen. Der Anteil an Teeröl muß mindestens 10 Gew.% des Bitumens betragen (DIN 1995). Teeröle sollen ein besonders gutes Benetzungs- und Haftvermögen dem Verschnittbitumen erteilen.
Zur Untersuchung, wie sich das Verschnittbitumen bei Wasserlagerung verhält, dient die Prüfung DIN 1995 U 38, die im Dritten Abschn. C. i. 6. *a* S. 318 beschrieben ist.
Nach der DIN 1995 gelten folgende Grenzwerte für Verschnittbitumen zur Herstellung von Verschnittbitumensplitt:

Viskosität im Straßenteerkonsistometer bei 30° C 10 mm Düse[1]	100—170″
Siedeanalyse Destillat bis 250° Gew.%	0—2
bis 300° „	1—5
bis 360° „	5—14
Erweichungspunkt des Rückstandes R. u. K.	30—55°
K. S.	20—40°
Eindringungstiefe 100 g, 5′, 25° C	50

Verschnittbitumen der Shell A.G. ist Shellmac. Solche Verschnittbitumen lassen sich in vielen Graden abstufen. In den VStA. sind 13 Sorten genormt *[182]*. Die bekannten amerikanischen Spezifikationen für Verschnittbitumen wurden 1932 vom US-Büro Public Roads gemeinsam mit dem Asphalt Institut aufgestellt und enthalten die Sorten:

RC (Schnellbinder) Nr. 1—4
MC (Mittelbinder) Nr. 1—5
SC (Langsambinder Straßenöl) Nr. 1—4

Die Viskosität dieser Verschnittbitumen und Straßenöle wird entsprechend der Verarbeitbarkeit bei 60° als Grundlage gewählt. Außerdem enthält jede der 3 Gruppen jetzt 6 Einzeltypen mit der Numerierung 0—5, wobei die Viskosität bei 60° für die drei Produkte der gleichen Nummer jedesmal gleich ist.
Die Viskositäten für die Produkte bei 60°, gemessen im Seybold-Furol-Viskosimeter in sec., lauten jetzt:

für RC 0, MC 0, SC 0	15— 30
für RC 1, MC 1, SC 1	40— 80
für RC 2, MC 2, SC 2	100— 200
für RC 3, MC 3, SC 3	250— 500
für RC 4, MC 4, SC 4	600—1200
für RC 5, MC 5, SC 5	1500—3000

Für die Verarbeitung werden für die einzelnen Produkte folgende Temperaturen angegeben:

RC 0 u. MC 0	10— 49°
RC 1 u. MC 1	27— 52°
RC 2	38— 80°
RC 3 u. MC 2	65— 94°
RC 4, RC 5, MC 3, MC 4	80— 131°
MC 5	94— 135°

η) Emulsionen von Bitumen (Kaltasphalt).

Um ein leichtflüssiges Bindemittel aus Bitumen zu erhalten, das kalt verarbeitet werden kann und auch feuchtes Gestein gut benetzt, wird Bitumen in Wasser fein verteilt. Da aber zwischen den Grenzflächen Bitumen und Wasser Spannungen

[1] Das Straßenteerkonsistometer ist auf S. 308 beschrieben.

bestehen, müssen die feinverteilten Bitumentröpfchen, damit sie in der Schwebe bleiben und nicht zusammenfließen, mit einer Schutzhülle überzogen werden, die die an der Grenzfläche auftretenden Kräftewirkungen vermindert. Der Zustand, in dem sich die mit dieser feinen Schutzschicht umhüllten Bitumentröpfchen befinden, ist keine Suspension und keine Lösung, sondern eine Emulsion. Darunter versteht man eine Mischung zweier nicht ineinander löslichen Flüssigkeiten, von denen sich die eine in der anderen fein verteilt befindet. Dann ist die Verteilung eine kolloidale. Man bezeichnet das Wasser als Dispersionsmittel und das Bitumen als disperse Phase. Die Schutzhülle besteht aus Emulgatoren, die von Alkalien gebildet werden. Talöl und Kolophonium geben die besten Emulsionen.

Zur Überführung in den feinverteilten Zustand wird das Bitumen (meist B 200) erhitzt, in rührwerkartigen Vorrichtungen (Homogenisierungsmaschinen) fein verteilt, der Emulgator zugeführt und mit Wasser vermischt. Um Rückemulgieren zu verhüten, wird der Emulgator so gering als möglich bemessen. Die üblichen Emulsionen haben etwa 50 % Bitumen und 49 % Wasser (DIN 1995). Der Bitumenanteil soll aber jetzt bis 60 % betragen. Beim Brechen der Emulsion scheidet sich das Wasser ab und das Bindemittel schlägt sich auf dem Gestein nieder. Hierbei scheidet der Emulgator aus oder wird chemisch verändert. Die schokoladenfarbige Emulsion geht in schwarze Farbe über.

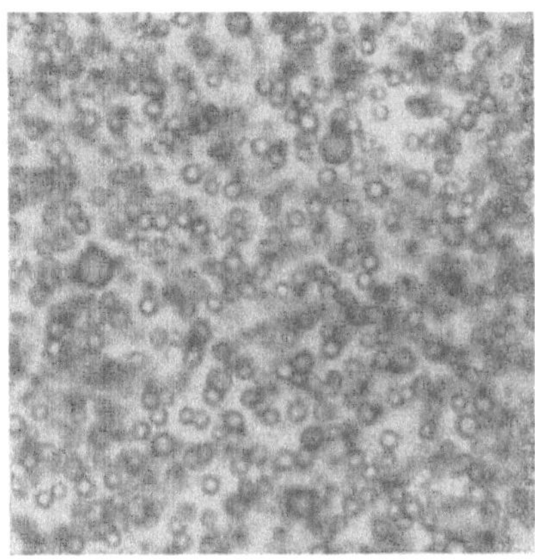

Abb. 255.
Bitumenemulsion in 500facher Vergrößerung.

Die Wasserabgabe beruht im wesentlichen auf Verdunstung, die von Luftfeuchtigkeit, Wind und Lage der Straße beeinflußt wird oder auch Versickerung. Erst nach stärkerem Wasserentzug fängt das Bitumen an zu koagulieren und eine zusammenhängende Haut zu bilden. Dieser Vorgang kann durch die Art des Gesteins beeinflußt werden, indem einzelne Gesteine eine hohe Reaktionsfähigkeit, andere eine geringere haben, bewirkt durch entsprechende Oberflächenkräfte, ohne daß eine Beziehung zu den Gesteinsgruppen bisher festzustellen war (Dritter Abschn. C. i. 6. *a*). Auch durch mechanische Einwirkung, z. B. Walzen, kann man die letzte Phase der Brechung einleiten und sie beschleunigen *[183]*.

1. Sorten und Kennzeichnungen[1].

a) Unstabile (schnellbrechende) Emulsion unter dem Kennbuchstaben „U“. (Unstabile Emulsion mit einer Auslaufzeit von über 30 Sek. im Straßenteerviskosimeter — 4 mm Düse — erhalten zusätzlich den Kennbuchstaben „V“.)
b) Halbstabile (langsambrechende) Emulsion unter dem Kennbuchstaben „H“.
c) Stabile Emulsion unter dem Kennbuchstaben „S“.
d) Frostbeständige Emulsion unter dem Kennbuchstaben „F“.

2. Beurteilung der Beschaffenheit von Emulsionen.

a) Man gießt sie über eine Glasplatte in dünner Schicht und beobachtet, ob sie glatt, griesig oder körnig ist. Die letzten beiden Eigenschaften sind Anzeichen ungünstiger Zusammensetzung *[184]*.

[1] Merkblatt über die Verwendung von Bitumenemulsionen bei der Unterhaltung und Herstellung von Straßendecken. F. G. Sept. 1949.

b) Teilchengröße: Bestimmung im Mikroskop bei 500facher Vergrößerung (Abb. 255)[1].
c) Siebprobe: Die Emulsion wird durch ein Sieb von 0,6 mm Maschenweite gegossen — DIN 1995 U 27 — und die Menge des Siebrückstandes beurteilt.
d) Lagerbeständigkeit nach DIN 1995 U 30.
e) Brechung und Wasserlagerung — DIN 1995 U 33.
f) Klebeprüfung an Splitt 2/8 mm nach fünf Stunden U 32.
g) Viskosität. Sie steht in Beziehung zum Bitumengehalt, je mehr Bitumen, desto zähflüssiger ist die Emulsion, aber auch zum Dispersionsgrad. Sie wird im Engler-Öl-Viskosimeter und Straßenteerkonsistometer gemessen U 14 b.
h) Stabilität von Emulsion DIN 1995 U 29.

Während die übliche Emulsion leichtflüssig ist, zufolge des Wasseranteiles und der kleinen Teilchengröße, werden für besondere Zwecke hochviskose Emulsionen geliefert.

Nach der DIN 1995 sollen die Bitumenemulsionen die folgenden Anforderungen erfüllen:

Viskosität im Engler-Viskosimeter	2
Asche höchstens Gew.-%	2,5
Trockensubstanz abzüglich Asche mindestens Gew.-%	50
Art des Bitumen	B 200

Auch Emulsionen aus Bitumen 300 und 80 können mit besonderem Hinweis angeboten werden.

Statt der flüssigen werden auch feste Emulgatoren verwendet, unlösliche feine Pulver, die sich als Schutzhülle um das Bitumentröpfchen legen (Tone, Bentonit, Braunkohle). Die Eigenschaften, Unterschiede und Merkmale beider Arten werden am besten durch die folgende Gegenüberstellung gekennzeichnet.

Einteilung der Bitumenemulsionen

lösliche Emulgatoren	unlösliche Emulgatoren
Wasser 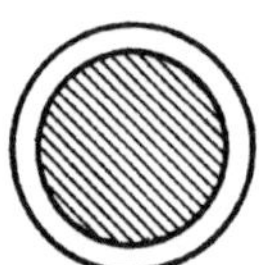 Emulgatorenmantel	Wasser 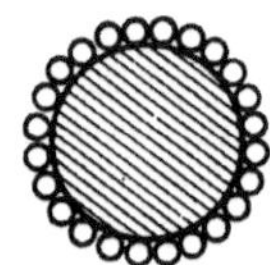 festes Pulver
Alkalien, Seifen, Harze, Salze von Sulfosäuren, Montanwachs, Kasein, Gelatine, Wasserglas, Talöl und Kolophonium	Tone, Bentonite, Braunkohle 5 bis 10%

Bei den Emulsionen mit festem Emulgator zwingt die gröbere Form mehr davon zu verwenden — etwa 5—10%. Der Vorgang des Brechens erfordert längere Zeit, denn er ist erst beendet, wenn das Emulsionswasser völlig verdunstet ist. Das Pulver adsorbiert auch mehr am Bitumen als am Stein. Die Gefahr der Rückemulgierung ist daher bei Regen sehr groß, solange noch nicht alles Emulsionswasser ausgeschieden ist.

Der Vorteil dieser Emulsion mit festem Emulgator besteht in der Möglichkeit, sie mit feingemahlenen Stoffen ohne Klumpenbildung und Ausfällen des Bindemittels zu mischen und sogar körnungsmäßig hochwertig aufgebaute Decken, wie

[1] Die Mikroaufnahme hat Dr. Becker von der Ebano-Asphalt-Gesellschaft Hamburg liebenswürdigerweise zur Verfügung gestellt.

z. B. Walzasphalt, kalt herzustellen. Bei Verlegung im Herbst und bei anhaltend feuchter Witterung kann die Mischung nicht austrocknen und nicht verdichten, so daß ihr Bestand gefährdet ist, daher nur in der warmen Jahreszeit zu verwenden. Auf jeden Fall sind diese Emulsionen sehr anpassungsfähig.

3. Anwendung.

a) Unstabile Emulsionen sind in der Hauptsache für Oberflächenbehandlungen, Flickarbeiten und Tränkungen bestimmt, für Fugenverschluß zur Behandlung von Steinpflaster, sowie zur Behandlung von Zement-Betondecken als Voranstrich vor dem Aufbringen von bituminösen Belägen oder zum Schutz gegen zu schnelle Austrocknung des Zementbetons (S. 282).

b) Halbstabile Emulsionen sind geeignet zum Mischen mit staubfreiem Splitt bis zu einer kleinsten Korngröße von 2 mm, zur Herstellung von Splittmischdecken und von Einstreusplitt für Einstreudecken.

c) Stabile Emulsionen sind mit Mineralstoffen aller Korngrößen, also auch mit Gesteinsmehl, mischbar. Sie dienen zur Herstellung von hohlraumarmen Feinmischbelägen und für Vermörtelungen.

d) Frostbeständige Emulsionen sind für Arbeiten in der Zeit vom 1. 10. bis 31. 3. bestimmt. Sie zerfallen nicht durch Frosteinwirkung, sind also nach etwaigem Einfrieren und Auftauen wieder verwendungsfähig.

Vor der Verarbeitung der Emulsion sind die Fässer zu rollen und durchzurühren. Bei längerer Lagerung sind die Fässer von Zeit zu Zeit zu rollen.

Neben dem schon betonten Vorteil, daß die Bitumenemulsion kalt und im Zustande der Anlieferung auf der Baustelle verwendet werden kann, ergeben sich daraus auch noch die weiteren: Unabhängigkeit vom Wetter, gutes Eindringen in die Deckenporen besonders bei Tränkungen, weil kein Temperaturunterschied besteht zwischen Bindemittel und Gestein, und schließlich Entwicklung des Bindevermögens gleich nach dem Auf- und Eindringen. Das Verfahren mit Bitumenemulsion ist im Groß- wie Kleinbetrieb wirtschaftlich.

ϑ) Maßnahmen zur Verbesserung der Haftfestigkeit des Bitumens.

Die Wirkung des Bitumens als Bindemittel setzt eine ausreichende Haftung an allen den Stoffen voraus, die miteinander verkittet werden sollen, und diese Haftung soll unter allen möglichen Einwirkungen erhalten bleiben. Für das Bauwesen, insbesondere den Straßenbau, kommt es auf die Haftung des Bitumens am Gestein an. Obwohl das Bitumen wegen seiner geringen Oberflächenspannung günstige Bedingungen für das Haften bietet, ist diese keineswegs gewährleistet. Es kommt hier auf die Wechselwirkung von Bindemittel und Gestein an, die von der Art des Bitumens und des Gesteins beeinflußt wird. An trockenem Gestein ist die Haftung besser oder überhaupt nur vorhanden, während sie bei nassem Gestein recht zweifelhaft ist. Notwendig ist vor allem, daß das Bitumen nicht durch den Zutritt von Feuchtigkeit von dem Gestein abgelöst wird. Die hier auftretenden Fragen beschäftigen schon seit langem die Ingenieure und die Chemiker. Es sei hier auf das einschlägige Schrifttum verwiesen *[185, 186]*. Die meßtechnische Erfassung der Haftfestigkeit ist bisher nicht gelungen, weil beim Versuch, die Haftfestigkeit einer Bindemittelschicht zwischen zwei Gesteinsflächen, z. B. durch Zug- und Scherversuche, festzustellen, auch die eigene Kohäsion des Bindemittels beansprucht wird. Im allgemeinen gilt, daß die Adhäsion immer größer als die Kohäsion ist. Auf mittelbarem Wege kann die Fähigkeit eines Bindemittels, ein Gestein zu benetzen, z. B. durch Ermittlung des Randwinkels festgestellt werden. Auch durch chemische Reaktionen kann die Festigkeit des Bindemittelüberzuges am Gestein ermittelt werden. Die hierfür entwickelten Verfahren und die angenommenen Maßstäbe sind noch nicht allgemein anerkannt. Eingeführt sind nur die Prüfung von Verschnittbitumen DIN 1995 U 37 und auf Wasserlagerung DIN 1996 U 59, die nach ausländischen Berichten auch als brauchbar beurteilt werden. Die ganze Frage wird im Dritten Abschn. C. i. 6 zusammenfassend behandelt. Wenn der Asphaltengehalt die Haftfestigkeit des Bitumen günstig beeinflußt, dann ist das auf den chemischen Aufbau des Bitumen zurückzuführen, wie er auf S. 298 beschrieben ist. Um nasses Gestein mit Bitumen in Verbindung zu bringen und seine Haftfestigkeit zu gewährleisten, sind Zusätze sehr verschiedener Art vorgeschlagen und schon angewendet worden, z. B. Montanwachs, Metallsalze und Seifen.

ι) Farbiges Bitumen.

Die schwarzdunklen Bitumendecken können aufgehellt werden, wenn helles Gestein, z. B. Kalksteine, als Zuschlag benutzt werden. Aber auch farbiges Bitumen kann hergestellt werden, z. B. als Emulsion für Bau- und Straßenbauzwecke, vor allem ist rot gefärbtes Bitumen herstellbar durch Zusätze. Albinobitumen ist in dünner Schicht durchsichtig, und ein Pigment scheint deshalb durch. Cados der Shell AG. ist noch durchsichtiger und preiswerter (Penetration 20/60). Gefluxt mit leicht gefärbtem Öl und Kerosene und Zusatz von kalziniertem weißen Kiesel (Durite) und Kalkfiller entsteht ein kalt verlegbarer Asphalt. Erfahrungen liegen noch nicht vor *[187]*.

5. Straßenteer.

Nach Mallison wird mit Teer das „flüssige bis halbflüssige Erzeugnis" bezeichnet, das bei der „thermischen Zersetzung (Verkokung) organischer Naturstoffe wie Torf, Holz, Braun- und Steinkohle als Nebenerzeugnis" anfällt, während Pech als „Rückstand der Destillation der Teere" benannt wird. Im Straßenbau hat bisher nur der Steinkohlenteer Anwendung gefunden. Die Versuche mit Braunkohlenteer sind erst vor kurzem aufgenommen und gestatten noch kein Urteil. Der Steinkohlenteer setzt sich zusammen aus einem Gemenge von Ölen und Pech, die Öle sind von recht verschiedener chemischer Zusammensetzung und wechselndem Flüssigkeitsgrad, der sich von leichtsiedenden und leichtflüssigen bis zu hochsiedenden und schwerflüssigen erstreckt. Bei der Destillation wird der Teer in die folgenden Fraktionen zerlegt (DIN 1995):

Leichtöl bis 170°
Mittelöl von 170° bis 270°
Schweröl von 270° bis 300°
Anthrazenöl über 300°

Der Vorgang der Destillation und seine Erzeugnisse sind in dem Kurvenband der Abb. 256 dargestellt. Die Destillation wird etwa bei 350° abgebrochen. Es ist beabsichtigt, in Zukunft die Destillation nur bis 300° zu treiben. Der Rückstand wird als Pech bezeichnet. Die Leichtöle haben eine Wichte < 1 und eine Viskosität bei 20°, die nach Engler etwa bei 1 liegt, die Mittelöle haben eine Wichte zwischen 0,98 bis 1,03, die darüber liegenden Schweröle eine Wichte > 1 und eine Viskosität zwischen 1,5 bis 2,2. Die Beschaffenheit des Peches wird auf S. 310 näher umgrenzt.

α) Zusammensetzung und Eigenschaften der Straßenteere.

Auch im Teer kann man drei Gruppen der Bestandteile unterscheiden:

Teeröle (Leicht-, Mittel-, Schwer-, und Anthrazenöl), Teerharze (Pech), das in Benzolunlösliche (früher als freier Kohlenstoff bezeichnet).

Nach Nellensteyn *[188]* soll Teer ein kolloidales System sein, in dem die Teeröle das Dispersionsmittel darstellen und das Benzolunlösliche durch die Teerharze geschützt als disperse Phase verteilt ist. Die Schutzkörper sind am Kohlenstoff adsorbiert und bilden mit ihm die Micellkerne. Neben Ultramikronen

(Größenordnung 10 $\mu\mu$ bis 100 $\mu\mu$) findet man hauptsächlich Mikronen (Größenordnung 500 μ bis 1 μ) und Teilchen von makroskopischer Größe. Micellen, die die feinsten mikroskopischen und ultramikroskopischen Kohlenstoffteilchen enthalten, sind in der Regel besser geschützt als die gröberen Teilchen. Die Netzfähigkeit oder Adhäsionskraft eines Teeres hängt weitgehend von den Eigenschaften des öligen Mediums ab, in dem die Micellen verteilt sind. Je geringer die Oberflächenspannung des öligen Mediums und die des gesamten kolloiden Systems im allgemeinen ist, um so besser ist die zu erwartende Netzfähigkeit. Teer hat eine bedeutend höhere Oberflächenspannung als Bitumen, demnach an sich ungünstigere Benetzungseigenschaften.

Der aus Horizontalretorten gewonnene Teer ist durch hohen Gehalt an Unlöslichem, hohe Wichte und hohe Zähigkeit gekennzeichnet. Er liefert wenig Leicht- und Mittelöl, aber viel Pech mit hohem Verkokungsrückstand. Die Teere aus Vertikalretortenofen sind meist von hellerer schwarzbrauner Farbe, sie haben nur einen geringen Gehalt Unlösliches bei niedriger Wichte, sie sind dünnflüssig, weil sie viel Leicht- und Mittelöl und wenig Naphthalin und Pech haben. Die Kokereien liefern Teere von schwarzer Farbe, die wegen ihres geringen Gehaltes an leichtflüssigen Bestandteilen dickflüssig sind. Das Unlösliche ist nicht höher als bei anderen Teeren.

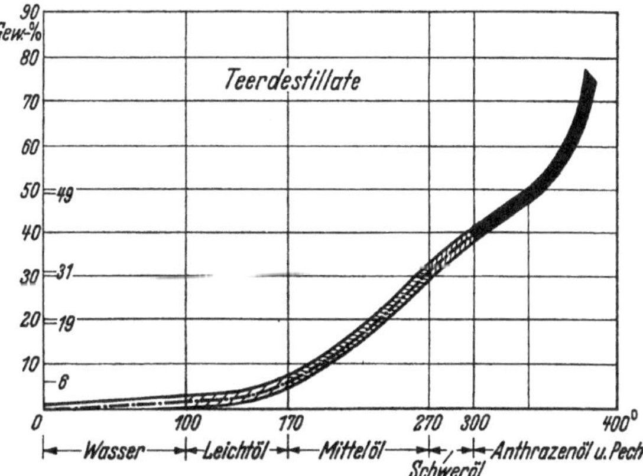

Abb. 256. Anteile der einzelnen Fraktionen im Straßenteer.

Da die Teere nur als Nebenerzeugnis anfallen, müssen sie so verwendet werden, wie sie jeweils entstehen. Da aber der Straßenbau Teere bestimmter Zusammensetzung und Eigenschaften verlangt, müssen die Teere noch besonders aufbereitet werden.

Die Rohteere haben sich für den Straßenbau als ungeeignet erwiesen, da sie noch Wasser und leichte Öle enthalten. Das Wasser muß dem Teer entzogen werden, weil er sonst beim Erwärmen schäumt und überkocht, Brände erzeugt und die Arbeiter gefährdet.

Die leichten Teeröle enthalten Phenole oder Rohteersäuren, die schädliche Eigenschaften haben, da sie wasserlöslich sind. Wenn sie aus dem Teer abgeschwemmt werden und in Gewässer geraten, können sie selbst in sehr schwacher Verdünnung die Fische vergiften oder zum mindesten den Geschmack beeinflussen (Bericht 31 zum VIII. I. Str. K. Haag). Der marktgängige Teer ist ungiftig und darf unbedenklich auf Straßen verwendet werden, die in fischreiche Gewässer entwässern. In den Vorschriften für den Teer wird daher der Phenolgehalt beschränkt. Er gehört zu den flüchtigen Bestandteilen im Teer, hat aber die Eigenschaft, die Zähflüssigkeit der Teere herabzusetzen, was für die leichte Verwendung der Teere im Straßenbau erwünscht ist. Der Gehalt an Naphthalin ist daher in den Teerlieferungsvorschriften ebenfalls eingeschränkt. Besondere Beachtung wird dem Stoffanteil geschenkt, der bei Behandlung mit Benzol sich nicht löst, als das im Benzol unlösliche bezeichnet (früher freier Kohlenstoff). Bei der Extraktion des Straßenteeres mit Lösungsmitteln aus Belägen scheidet er sich mit den Mineralstoffen, weil unlöslich, aus und kann daher nicht erfaßt werden. Er fehlt demnach bei der Berechnung des Anteiles des Bindemittels. Dennoch muß er bei der Bindemittelberechnung als Anteil durch Schätzung mit berücksichtigt werden. Er kann als Füllstoff allein nicht angesehen werden. Nach Mallison soll es sich dabei nicht um Kohlenstoff selbst, sondern um ein Gemisch von unlöslichem, rußartigem Kohlenstoff mit hochmolekularen Kohlenstoffverbindungen wechselnder Zusammensetzung handeln, die in Teeröl, Anilin und Pyridin löslich, in Benzol aber unlöslich sind. Das in Benzolunlösliche verleiht dem Teer seine schwarze Farbe; es übt wegen seiner feinen Verteilung die Rolle eines Füllstoffes aus und trägt somit wesentlich zur Stabilisierung des Teeres bei. Nellensteyn bezeichnet ihn als einen nützlichen, für die Bindekraft des Teeres notwendigen Bestandteil. Das hat dazu geführt, für die Teere einen bestimmten Gehalt an Mikronen (S. 298), und zwar 10 Millionen im Kubikmillimeter für Oberflächenteere und Teermischmakadam, der mit Hochofenschlacke hergestellt wird und 14 Millionen auf den Kubikmillimeter, wenn Naturgestein verwendet wird, vorzuschreiben (Holländische Reichsstraßenbaubehörde). Die Zählung erfolgt im Mikroskop und Ultramikroskop mit einer hierfür geeigneten Zählkammer in verdünntem Teer. Nach Angaben der Dänischen Straßenbauverwaltung (Ber. 28 zum VIII. I. Str. K. 1938 Haag) ist diese Vorschrift auch dort übernommen worden als Glied der Teeranalyse. Die Erfahrungen bei Oberflächenbehandlungen sollen die Zweckmäßigkeit bestätigt haben. Teere mit geringer Mikronenzahl sollen sich weniger geeignet zur Festhaltung des Abdecksplittes erwiesen haben. Die Erfahrungen mit den deutschen Teeren haben die Zweckmäßigkeit dieser Gütevorschrift noch nicht bestätigt. Auch für Straßenteer gilt das schon beim Bitumen Gesagte in noch höherem Maße, daß die Oberflächenspannung, Viskosität und Verdunstungsfähigkeit die Merkmale sind.

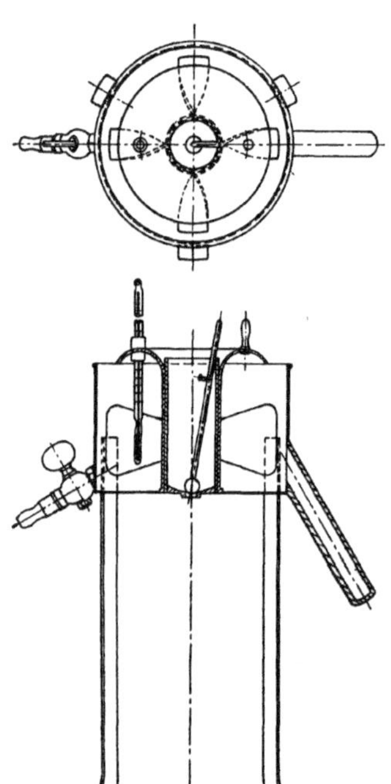

Abb. 257. Straßenteerkonsistometer.

β) Beurteilung der Eigenschaften der Straßenteere.

aa) Viskosität (Zähflüssigkeit).

Der Grad der Zähflüssigkeit der Teere hat eine besondere Bedeutung für ihre Verwendung. Ist der Teer zu dünnflüssig, dann fließt er von der Straßendecke ab, übt keine genügende Bindekraft im Steingerüst aus und gibt die leichten Öle ab; ist er zu zähflüssig, dann läßt er sich nur schwer verteilen, netzt das Gestein schlecht und dringt nicht genügend in die Decke ein, oder muß zu stark erwärmt werden. Der Zähflüssigkeitsgrad dient in erster Linie dazu, die Eigenschaften der Teere festzulegen. Ein allgemein eingeführtes Gerät ist der Zähflüssigkeitsprüfer (Viskosimeter) von Engler.

Zur Messung der Zähflüssigkeit der Teere werden Geräte benützt, die entweder nach dem Verfahren des Ausflusses oder der Senkspindeln ausgebildet sind. Das in Deutschland eingeführte Viskosimeter (Abb. 257), auch als Straßenteerkonsistometer bezeichnet, hat eine Ausflußöffnung von 10 mm Weite, die mit einer Phosphorbronzekugel von 12,7 mm verschlossen wird. Die Kugel ist an einem 4 mm dicken Stab befestigt, der einen Ansatz im Abstande von 92 mm von der Unterkante der Kugel hat. In das Wasserbadgefäß, das einen Durch-

Tabelle 31.

Als Straßenteer gilt Steinkohlenteer ohne oder mit Bitumenzusatz[1].
Straßenteer. (Bei Kurzprüfungen sind die Prüfungen 1, 2 und 4 durchzuführen.)

	Bezeichnung						Unter-suchungs-verfahren
	T 10/17	T 20/35	T 40/70	T 80/125	T 140/240	T 250/500	
1. Viskosität im Straßenteerkonsistometer (10 mm Düse)							
bei 30° C s	10—17	20—35	40—70	80—125	rd. 140—240[2])	rd. 250—500[2]	U 13
bei 40° C s					25—40	45—100	
Tropfpunkt nach Ubbelohde ° C					rd. 25—29[2])	rd. 30—35[2]	
2. Äußere Beschaffenheit	gleichmäßig						U 12
3. Bitumenmischprüfung	siehe Prüfvorschrift						
4. Siedeanalyse bis 350° C:							
a) Wasser, höchstens Gew.-%	0,5		0,5		0,5	0,5	U 14/15
b) Leichtöl (bis 170° C), höchstens Gew.-%	1,0		1,0		1,0	1,0	
c) Mittelöl (170 bis 270° C) Gew.-%	9—17		2—12		1—8	1—6	
d) Schweröl (270 bis 300° C) Gew.-%	4—12		4—12		3—10	2—8	
e) Anthracenöl (über 300° C), umgerechnet, Gew.-%	14—27		16—30		17—27	15—25	
f) Pechrückstand, umgerechnet auf 67° C Erweichungspunkt K.S., Gew.-%	55—65		58—68		61—69	66—74	
g) Erweichungspunkt K.S. des Pechrückstandes, höchstens ° C	70		70		70	70	
5. Phenole, höchstens Raum-%	3		3		2	2	U 16
6. Naphthalin, höchstens Gew.-%	4		3		3	2	U 17
7. Rohanthracen, höchstens Gew.-%	3		3,5		3,5	4	U 18
8. Benzolunlösliches Gew.-%	5—14		5—16		5—18	5—18	U 19
9. Spezifisches Gewicht bei 25° C, höchstens	1,22		1,23		1,24	1,25	U 1

[1] Straßenteer, der andere Stoffe auch nur in geringer Menge enthält, kann mit besonderem Hinweis angeboten werden.
[2] Maßgebend ist die Bestimmung der Viskosität im Straßenteerkonsistometer bei 40° C. Die Zahlen für die Viskosität bei 30° C und den Tropfpunkt sind nur zum Vergleich angegeben.

messer von 160 mm hat und 105 mm hoch ist, wird das Gefäß für die zu untersuchende Flüssigkeit eingesetzt. Der Teer wird auf 30° erwärmt und 100 cm³ eingefüllt und das Wasserbad auf 30° gehalten. Unter die Ausflußöffnung wird ein Meßgefäß gestellt, das 20 cm³ Mineralöl enthält, das über dem einfließenden Teer eine Oberfläche bildet. Die Zeit wird in Sekunden abgestoppt, wenn das Meßgefäß 25 cm³ zeigt, bis 75 cm³ eingelaufen sind. Es wird also die Ausflußzeit für 50 cm³ gemessen. Bei sehr zähflüssigen Teeren wird auf 40° erwärmt (DIN 1995 U 14a). Sechs Straßenteersorten stehen nach DIN 1995 dem Straßenbau zur Verfügung, die sich in ihrer Viskosität in erster Linie unterscheiden.

Die schweizerischen Richtlinien für Baustoffe zu bituminösen Straßendecken sind von der Vereinigung Schweizerischer Straßenfachmänner und dem Schweizerischen Verband für Materialprüfung der Technik herausgegeben, die von dort bezogen werden können[1].

Die amerikanischen Normen weisen, nach dem Bericht 29 zum VIII. I. Str. K. Haag, 14 verschiedene Straßenteere auf.

Die englischen Teervorschriften der British Engineering Standards Association Nr. 76 vom Jahre 1931/32 sind im Jahre 1943 durch neue ersetzt worden. Diese unterscheiden drei Gruppen mit einigen Unterteilungen:

Gruppe A — 6 Teere binden schnell ab, Gruppe C — Sonderteere binden langsam ab, Gruppe B — 4 Teere liegen dazwischen. Da die einzelnen Teersorten von sehr leicht- zu sehr zähflüssigen fortschreiten, ist die Messung der Viskosität für eine vorgeschriebene Teermenge bei gleichbleibender Temperatur (z. B. 30°) nicht anwendbar. Dagegen wird eine feststehende Ausflußzeit bestimmt und die Temperatur mitgeteilt, bei der der zu beurteilende Teer diese Ausflußzeit hat. Gewählt sind 50 sec und die Temperatur, bei der jeder Teer diese verabredete Viskosität aufweist, wird Equi-Viscous-Temperatur (EVT.) genannt. Praktisch wird die Messung so gehandhabt, daß die Temperaturen gestaffelt sind, 20°, 30°, 35°, 40°, 50°, 60° und jeweils die für diese Temperatur gefundene Ausflußzeit ermittelt wird. In einem Normenblatt kann aus diesem die jeweilige EVT. abgelesen werden *[189]*.

bb) Temperaturspanne.

Die Straßenteere weisen eine so hohe Spanne wie die Bitumen nicht auf. Die Spanne beträgt zwischen 45° bis höchstens 55°. Beim Pech liegt die Spanne nur bei 27—30°. Aber aus Steinkohlenpechen, die zu Klebemassen, zur Herstellung von Vergußmassen und zum Bautenschutz verwendet werden sollen, sind Sonderpeche erzeugt worden, bei denen die Teerharze durch besondere Verfahren zu hochmolekularen Stoffen gebracht sind. Ihre Spanne liegt zwischen 50—70° *[190]*.

Die Deckenbauweisen, die unter Verwendung von Straßenteer hergestellt werden, sind den besonderen Eigenschaften des Straßenteeres so angepaßt, daß Nachteile und Mängel daraus nicht hergeleitet werden können.

cc) Bestimmung des Pechgehaltes.

Die Zähflüssigkeit, die das Anwendungsgebiet für die verschiedenen Bauweisen umgrenzt, wird wesentlich durch das Verhältnis von Pech zu Ölgehalt beeinflußt. Der E. P. des Peches wird auf 60—75° festgesetzt, da es nicht möglich ist, bei der fraktionierten Destillation den Rückstand zu einem bestimmten E. P. zu erhalten, was an sich notwendig wäre, wenn die Eigenschaft des Peches gegen Ölgehalt fest abgegrenzt werden soll. Um aber alle Teere auf eine Vergleichsgrundlage zu bringen, wird der Pechanteil auf einen einheitlichen E. P. von 67° K. S.

---

[1] Die Richtlinien sind besprochen: Mitteilungen der Auskunfts- und Beratungsstelle für Teer-Straßenbau 1940, H. 4; Mitteilungen der F. G. 1940, H. 12, Bitumen 1941, S. 53. Neue Vorschläge sind besprochen in „Straßenbau und Autobahn" 1950/51, S. 19.

umgerechnet, indem für 1,5° C, um die der gefundene E. P. höher oder niedriger ist als 67° C, je 1% des gefundenen Pechanteils erhöht oder ermäßigt wird unter gleichzeitiger Ermäßigung oder Erhöhung des ermittelten Anteiles an Anthrazenöl, z. B.

Pechrückstand gefunden 60 Gew.-% zu 70° É. P.
und Anthrazenöl 22 Gew.-%.
Umgerechnet 70—67° = 3 : 1,5 = 2 Gew.-%.

Pechrückstand $= \frac{2 \cdot 60}{100} = 1{,}2$ 61,2 Gew.-%
Anthrazenöl = 20,8 „ „

dd) Gleichförmigkeit der Straßenteere.

Die Erzeugung von Straßenteeren stets gleichförmiger Beschaffenheit verlangt besondere Aufmerksamkeit. Denn sie ist der Kernpunkt der gegenwärtigen Lage in der Beurteilung der Güte der Straßenteere. Die Ausbeute oder die Natur des Straßenteeres oder beide werden beeinflußt durch die Natur, die Korngröße, den Feuchtigkeitsgehalt, den Aschengehalt der Kohle, die Retortenart, den freien Raum in den Retorten und den Druck, die Infiltration von Luft in die Retorten, die Bedingungen hinsichtlich der Inkrustationen der Retorten, ihre Abmessungen, die Temperatur des Dampfes und die Temperatur in den einzelnen Zonen. Wenn so viele Einflüsse die Eigenschaften des Straßenteeres bestimmen, ist es verständlich, wenn der Wunsch entsteht, keine zu starre Vorschriften für ihre Beschaffenheit zu erlassen *[191]*.

ee) Veranderungen der Straßenteere.

Straßenteer erleidet unter dem Einfluß der Luft und des Lichtes Veränderungen, die zum Teil günstig, zum Teil ungünstig sind. Teile der leichten Öle, die notwendig sind, um dem Teer seine Leichtflüssigkeit zu geben, verdunsten und ungesättigte Teerölanteile verharzen. Dieser Vorgang befördert die Klebfähigkeit des Teeres, man bezeichnet ihn mit Verharzung.

Neben der Verdunstung soll noch eine Oxydation und eine molekulare Umlagerung — Polymerisation — stattfinden. Auch dem Licht wird eine Einwirkung zugeschrieben.

Mit dem Verlust an leichten Ölen wird Pech angereichert, wodurch die Zähflüssigkeit des Teeres zunimmt, zugleich aber auch mit dem Verlust an Öl seine Klebefähigkeit und damit sein Wert als Bindemittel abnimmt. Man umschreibt das mit Versprödung des Teeres. Das ist wiederholt nachgewisen, aber praktisch von geringerer Bedeutung bei denjenigen Bauweisen, bei denen der Teer im Innern des Belages von der Luft abgeschlossen ist. An Aufbruchstücken von Teerdecken, die schon viele Jahre gelegen haben, ließ sich nachweisen, daß der Teer nur die Veränderung erlitten hat, die als Verharzung anzusprechen war.

Nur der Teer, der an der Straßenoberfläche liegt oder dorthin kommt, bleibt nicht unbeeinflußt. Man kann in dichten Belägen einen kapillaren Aufstieg des Teeres nach der Oberfläche annehmen, der bei Teerüberschuß sich als „Schwitzen" bei Sommerwärme bemerkbar macht, ein an sich unerwünschter Vorgang. Der nach oben gelangte Teer, der sich noch im unveränderten Zustand befindet, frischt den veränderten auf, der vor allem durch Hinzutritt von Straßenstaub so gemagert worden ist, daß eine Versprödung nicht zu bestreiten ist, da Teerüberreste im Straßenstaub nachgewiesen sind. Der aufsteigende Teer erneuert die Decke. Man führt auf diesen Vorgang die geringere Schlüpfrigkeit bei Nässe der Teerstraßen zurück, obwohl sie meßtechnisch noch nicht nachgewiesen werden konnte.

Allerdings ist diese selbsttätige Aufbesserung nur auf kurze Zeit beschränkt, denn der Verkehr reibt die Teerteilchen ab. Darum verlangen die Teerdecken in Abständen Oberflächenbehandlung, schon um das Innere rechtzeitig von der Luft abzuschließen, ein wertvolles Mittel, um die Lebensdauer der Decken zu verlängern.

Durch mechanische Einflüsse kann der Teer in dem Belag ungünstig verändert werden, wenn die Mineralbestandteile durch den Verkehr zertrümmert werden, weil dann durch die Vermehrung der Hohlräume und der Kornoberfläche die Teerschicht zu dünn wird, ihre Klebefähigkeit einbüßt und die Decke dann zerfällt. Im Dritten Abschn. C. i. 6. ζ. hh wird beim Teerbeton noch auszuführen sein, wie dieser Gefahr begegnet werden muß.

γ) Straßenteer mit Zusätzen.

Um auch bei feuchter Witterung teeren zu können, liefert die deutsche Teerindustrie einen V. f. T. Wetterteer, der die Eigenschaft besitzen soll, unempfindlich gegen Wasser zu sein und auch an nassen Steinen zu haften. Wetterteer hat keine Teersäuren, er ist vollkommen naphthalinfrei.

Spez. Gewicht bei 15°	nicht höher als.	1,24
Wasser	nicht höher als.	0,5 v. H.
Tropfpunkt über		30° C
Erstarrungspunkt unter		—25° C
Freier Kohlenstoff	nicht mehr als .	18 v. H.
Siedeverlauf bis 270°	nicht mehr als .	1 v. H.
bis 300°	nicht mehr als .	5 v. H.
Die Gradspanne beträgt etwa		55° C

Wegen seines hohen Tropfpunktes muß der Teer bei der Verarbeitung auf 100° erwärmt werden, dann ist er so flüssig wie anderer Teer. Da er beim Aufbringen auf nasses Gestein binden soll, würde er sich also für Oberflächenbehandlung von feuchten Straßen eignen, wenn er erwärmt aufgebracht wird.

Er kann in Blechtrommeln versandt werden. Auf Gebirgsstraßen ist er zu Tränkdecken verwendet worden.

Um die Verharzung des Teeres zu beschleunigen, sind dem Teer Zusätze verschiedener Art beigemischt worden, deren Beschaffenheit aber nicht bekanntgegeben sind. Zu diesen Erzeugnissen rechnet Gebalitteer und Irgateer, dem eine Kautschuklösung beigesetzt ist. Die Zähigkeit von Rohteer, der sonst im Straßenbau nicht verwendet werden kann, ist durch Zusatz von 3—6 % Altgummi, der zerkleinert wird, erhöht worden, sodaß er eine bitumenähnliche Beschaffenheit angenommen hat. Selbst Teere mit geringem Pechgehalt (45—48 %) haben haltbare Oberflächenanstriche und Tränkdecken ergeben. Zähflüssigkeit bei 30° 70—80 sec. Die Teere kleben gut, es dauert nur einige Tege, bis sie so weit verharzt sind, daß die Decke fest liegt. Die Masse wird warm mit den üblichen Sprengwagen aufgebracht.

Da Heißteerungen nur bei trockenen Witterungen ausgeführt werden können, besteht in Gegenden mit feuchtem Klima der Wunsch nach Teeren, die auch an nassem Gestein haften. Teere mit Zusätzen, die diese Bedingung erfüllen, sind in England eingeführt unter der Bezeichnung Nostrip und Wetfix, die sich auch nach Erfahrungen in der Schweiz bewährt haben sollen.

δ) Kaltteer.

Um die Erhitzung des Straßenteeres bei seiner Verarbeitung im Straßenbau zu umgehen und ihn kalt verwenden zu können, werden ihm leichtflüchtige Lösungsmittel zugesetzt, z. B. Benzol oder höher siedende schwer flüchtige Lösungsmittel (Petroldestillate, Mittelöle). Das Erzeugnis wird als Kaltteer bezeichnet. Im ersten Falle wird das Lösungsmittel, wenn der Kaltteer auf dem Gestein aufgebracht ist, sich schnell verflüchtigen und das Gestein sich mit einer geschlossenen gut haftenden Schicht Straßenteer überziehen. Bei Anwesenheit höher siedender Öle wird die Verdunstung langsamer vor sich gehen. Da Kaltteer vornehmlich für Flickarbeiten und auch zur Herstellung von Teersplitt in Frage kommt, ist nur der Kaltteer in den deutschen Normen aufgenommen, der dünnflüssig ist und schnell verdunstet und daher schnell bindet. Die Vorschriften nach der DIN 1995 lauten daher:

Tabelle 32. *Kaltteer.*
(Bei Kurzprüfungen sind die Prüfungen 1, 2 und 8 durchzuführen.)

		Unter-suchungs-verfahren
1. Äußere Beschaffenheit	gleichmäßig	U 12
2. Viskosität im Straßenteerkonsistometer (4 mm Düse) bei 25° C höchstens *s*	30	U 13
3. Siedeanalyse bis 350° C:		
a) Wasser höchstens Gew.-%	0,5	U 14/15
b) Leichtöl bis 170° C) Gew.-%	10—18	
c) Mittelöl (170 bis 270° C) höchstens Gew.-%	10	
d) Schweröl und Anthrazenöl (über 270° C), umgerechnet, Gew.-%	16—32	
e) Pechrückstand, umgerechnet auf 67° C Erweichungspunkt K.S., Gew.-%	52—62	
f) Erweichungspunkt K.S. des Pechrückstandes höchstens ° C	70	
4. Phenole höchstens Raum-%	3	
5. Naphthalin höchstens Gew.-%	3	U 16
6. Rohanthrazen höchstens Gew.-%	3	U 17
7. Benzolunlösliches Gew.-%	4—16	U 18
8. Klebeprüfung	siehe Prüfvorschrift	U 19

Der hohe Anteil an Leichtöl gibt dem Kaltteer eine günstige Benetzungsfähigkeit, so daß er auch mit feuchtem Gestein und auch bei Frost verarbeitet werden kann. Zwischen dem Siedeende des Lösungsmittels und dem Siedebeginn des Straßenteeres besteht nur ein kurzer Übergang. Lösungsmittel und Bindemittel in seiner endgültigen Beschaffenheit sind also scharf getrennt. Kaltteer ist leicht entzündlich.

Zu beachten ist, daß Kaltteer mit Staub klumpt.

Die Klebefähigkeit wird in der Weise festgestellt, daß 5 g Kaltteer mit 100 g Splitt 3/7 mm gemischt werden, eine Prüfung zur Ermittlung der Abbindegeschwindigkeit. Sie wird erfüllt, wenn die Lösungsmittel verharzende Bestandteile enthalten. Das Prüfverfahren, das vom wissenschaftlichen Standpunkte aus als nicht exakt angesehen werden kann, genügt den praktischen Bedürfnissen. DIN 1995 U 34.

ε) Mischungen von Straßenteer mit Bitumen.

Mit einer Mischung von Straßenteer und Bitumen sucht man die günstigen Eigenschaften beider Bindemittel zu vereinigen, die Leichtflüssigkeit des Teeres mit der Beständigkeit des Bitumens und seiner größeren Temperaturspanne. Da beide Bindemittel verschiedene Wichte haben und sich auch in ihrem chemischen und physikalischen Aufbau wesentlich unterscheiden, so können Entmischungserscheinungen auftreten. Der Mischung von Straßenteer mit Bitumen ist daher eine umfangreiche Forschungsarbeit gewidmet, die zu folgenden Ergebnissen geführt hat:

Die unvollkommene Mischung zeigt sich in einem Grieseligwerden der Oberfläche oder Schlierenbildung und in der Abscheidung von Öl. Homogene Mischungen haben eine glänzende Oberfläche, sie lassen sich zu einem Faden ausziehen. Sie können auch durch Mikroaufnahmen erkannt werden, in denen das Benzinunlösliche bei guter Mischung als schwarze Punkte gleichmäßig verteilt ist. Wenn die Mikroaufnahmen helle Flecken, Öltröpfchen oder Zusammenflockungen zeigen, die von den Teerharzen mit den Rußteilchen stammen, dann liegt Entmischung vor.

Es gilt die grobe Regel, daß einem Straßenteer um so mehr Bitumen zugemischt werden kann, je mehr Teeröle der Teer enthält und je geringer der Gehalt des Bitumens an öligen Bestandteilen ist, d. h. je höher sein Erweichungspunkt liegt. Nach den praktischen Erfahrungen besteht eine Mischlücke insofern, als Mischungen im Verhältnis von etwa 70 Teer und 30 Bitumen bis 50 Teer und 50 Bitumen in der Regel nicht beständig sind.

Dr. Krenkler gibt hierfür eine Erklärung, die sich aus seiner über die Struktur der bituminösen Stoffe entwickelten Theorie ableitet. Man kann davon ausgehen, daß sich zuerst die beiden nicht mizellorientierten Ölphasen des Teeres und des

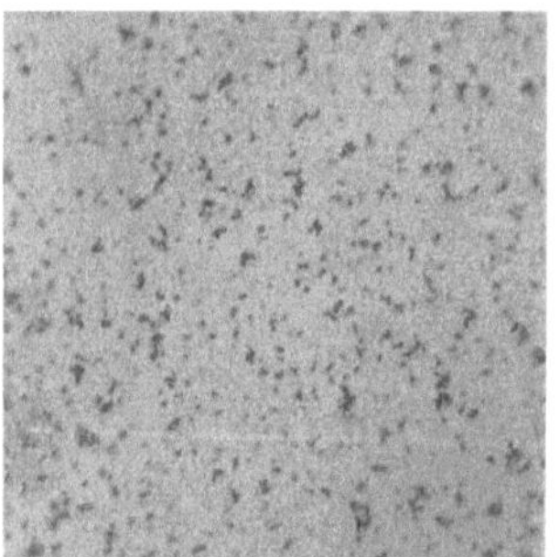

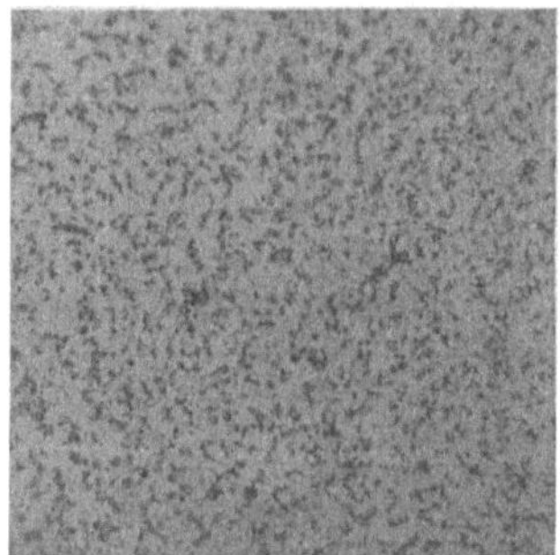

Abb. 258. Mischungen von Bitumen mit Straßenteer (70% Pech — 30% Teer), links 40 Anteile Teer zu 60 Anteilen Bitumen, rechts 60 Anteile Teer zu 40 Anteilen Bitumen.

Bitumen mischen, dann folgt die Beeinflussung der beiden Micellarten entsprechend den Assoziationskräften der beiden Öle. Der neue vorwiegend paraffinische Mischungspartner aus dem Bitumen ist infolge seiner verhältnismäßig geringen Assoziationsaffinität nicht in der Lage, in den Verband der Teermizelle einzudringen, sondern bildet eine äußere Mischphase, die durch eine Grenzfläche gegen die Pechmizell-Oberfläche abgetrennt ist. Entsprechend scheiden sich diese Restmizellen aus. Dagegen dringt das durch die Mischung hinzukommende aromatische Teeröl mit seiner hohen Assoziationsaffinität in die Tiefenbereiche der Bitumenmizelle ein und baut diese ab. Es liegt also im kritischen Falle eine Teerbitumenmischung vor, in der Ausfällungen höhermolekularer Teerkohlenwasserstoffe verteilt sind. Bei Verwendung eines mehr aromatischen Bitumen wird die kritische Grenze erst bei höheren Zusätzen erreicht, da die hier vorliegenden bitumeneigenen Öle eine größere Assoziationsaffinität besitzen und dadurch die Teermizelle tiefer abbauen. Damit gehen mehr aromatische Teerkohlenwasserstoffe in die molekulardisperse Mischphase, und die kritische Grenze der Ausfällung wird später erreicht.

Die Praxis hat bei der Herstellung von Mischbelägen sich an ein bestimmtes Verhältnis Teer zu Bitumen nicht gehalten. Wie im Dritten Abschnitt C. i. 6. ζ. cc zu entnehmen ist, werden Mischungen bis zu 50/50 angewendet. Neuerdings werden solche Mischungen nach besonderen Rezepten fabrikmäßig hergestellt, über deren genaue Zusammensetzung aber nichts bekannt ist.

An sich ist es durchaus möglich, Mischungen in jedem Verhältnis vorzunehmen, wenn die richtige Auswahl erfolgt, wie an folgenden Beispielen nachgewiesen ist: Teer, bestehend aus Pech 70 Gew.-%, Anthrazenöl 30 Gew.-%, Tropfpunkt 30°, Viskosität 80 sec. ist gemischt worden mit einem Hochvakuumbitumen D 95—105 im Verhältnis 40 Teer — 60 Bitumen, 60 Teer — 40 Bitumen. Beide Mischungen sind einwandfrei, wie die Mikroaufnahmen (aufgenommen nach 14tägiger Lagerung) erkennen lassen (Abb. 258). Das hellere Bild links ist die Mischung mit dem geringeren Pechgehalt.

ζ) Anweisung für die Auswahl der Teersorten.

Tabelle 33.

Bauweise	A März	B April bis 1. Hälfte Mai	C 2. Hälfte Mai bis 1. Hälfte September	D 2. Hälfte September bis Oktober
A. Oberflächenteerung	T 10/17 T 20/35	T 20/35 T 40/70 BT 40/70	T 40/70 T 80/125 BT 40/70 BT 80/125 BT 140/240 Wetterteer	T 40/70 BT 40/70
B. Makadambauweise 1. Teertränkmakadam	—	T 40/70 BT 40/70 T 80/125 BT 80/125	T 140/240 BT 140/240 Wetterteer	T 80/125 BT 80/125
2. Teerstreumakadam und 3. Teermischmakadam a) Herstellung von Teermakadammassen für den Kalteinbau	T 20/35	T 40/70	T 40/70 T 80/125	T 20/35 T 40/70
b) Herstellung von Teermakadammassen für den Heißeinbau	—	T 80/125 T 140/240	T 140/240 T 250/500 Wetterteer	T 80/125 T 140/240
C. Hohlraumarme Decken Teerbeton	—	T 250/500 BT 250/500 Wetterteer		—
D. Bodenvermörtelung	—	T 5 T 10/17		—

Bei den einzelnen Bauweisen werden noch weitere Anhaltspunkte für die Teerauswahl gegeben werden. Bevorzugt werden die Sorten 40/70 und 80/125.

6. Fahrbahnbeläge unter Verwendung von Bitumen und Teer.

α) Auswahl des Gesteins.

Je hochwertiger die Deckenbeläge sind, desto größere Aufmerksamkeit und Vorsicht ist der Auswahl des Gesteins zu schenken. Die Aufwendungen für das Bindemittel und für die Aufbereitung der Mischungen sind so hoch, daß große

Sorgfalt am Platze ist, weil Ungeeignetheit und Mängel am Gestein sich empfindlich bemerkbar machen und mit nachträglichen Mitteln nicht nach- und abgeholfen werden kann. Während bei untergeordneten Straßen und Deckenbefestigungen, die nur eine vorübergedende Bedeutung haben, ein Gestein mittlerer Güte ausreicht, ist für Decken, von denen man eine lange Lebensdauer verlangt, das beste Gestein gut genug. Bisweilen kann beim Unterbau ein Gestein geringerer Güte zugelassen werden, wenn sonst der Unterbau stark genug ist, weil durch die Decke bereits eine Verteilung der Lasten und Beanspruchungen erfolgt. Bei hochwertigen Decken sind daher an die Baustoffe die höchsten Anforderungen zu stellen. Die Eigenschaften der Gesteine können durch Prüfungsverfahren nach DIN 52100 und DIN 52102—10 festgestellt werden. Die Erfahrungen auf der Straße gewähren aber erst ein richtiges Bild für die Bedeutung der Ergebnisse der Prüfung in der Versuchsanstalt wie im Dritten Abschn. C. d. 1. nachgewiesen. Neben den physikalischen und chemischen Eigenschaften der Gesteine verlangen die einzelnen Deckenarten besondere Abstufung und Zusammensetzung der Körnungen und besondere Kornform, deren Abmessungen und Bezeichnungen durch DIN 1171 u. 1170 festgelegt ist. Im allgemeinen kommt nur gesundes, wetterbeständiges, zähes und hartes Gestein besonders für die Mischverfahren in Frage. Für den Straßenbau ist es notwendig zu wissen, wie sich das Gestein gegenüber Wasser in dreifacher Richtung verhält: 1. die Wasseraufnahme, 2. die Erweichbarkeit und 3. die Affinität seiner Oberfläche zum Wasser.

Die Eigenschaft zu 1. wird nach DIN 52103 bestimmt. Sie ist abhängig von der Form, Größe, gegenseitigen Verbindung und Zahl der Hohlräume, die meist kapillar sind, sie kann auch mit Porösitätsgrad des Gesteins bezeichnet werden. Bei den Sedimenten —Kalksteinen und Sandsteinen — steigt die Druckfestigkeit und Widerstand gegen Abnützung mit dem Rückgang der Wasseraufnahme.

Zu 2.: Erweichbarkeit ist bei Gesteinen vorhanden, wenn die Masse, die die Gesteinsteile bindet, durch Wasser aufgeweicht wird (Kornbindung), das sind tonige Beschaffenheit statt kalkiger oder silikatreicher (Absatzgesteine oder verwitterter Erstarrungsgesteine). Sie tritt in Erscheinung im Unterschied der Druckfestigkeit nach DIN 52105 am trockenen Gestein (F_t) und am Gestein, das der Wasserlagerung nach DIN 52103 ausgesetzt worden ist (F_m). Ist das Verhältnis der Festigkeit von der zweiten zur ersten Prüfung kleiner als 0,85 (Maß der Erweichbarkeit), dann gilt das Gestein im Bauwesen als technisch nicht verwertbar, weil gleichbedeutend auch mit verminderter Widerstandsfähigkeit gegen Verwitterung und Frosteinflüsse.

3. Die Affinität des Gesteins zum Wasser muß in Vergleich gesetzt werden zu der gegenüber den Bindemitteln Bitumen und Teer, die im Straßenbau verwendet werden, weil sich die Zuschlagsgesteine in dieser Beziehung sehr verschieden verhalten. Wenn die Affinität eines Gesteins zum Wasser größer ist als zum Bitumen oder Teer, mit denen es überzogen ist, kann Wasser diese Bindemittel verdrängen, wodurch der Bestand des Straßenbelages gefährdet ist, weil er von der Haftung des Bitumens oder Teeres am Gestein abhängt. Da Wasser stets mit den Straßenbelägen in Berührung kommt und es sogar in sie eindringen kann, sind die Voraussetzungen geschaffen, daß das Wasser die Bindemittel ablöst, z. B. wenn das Bindemittel beim Zutritt von Wasser schrumpft. Je inniger Bitumen oder Teer mit dem Gestein verbunden sind und auch seine Oberfläche voll umhüllen, um so geringer wird diese Gefahr sein. Die Haftfestigkeit des Bindemittels am Gestein tritt hier in Erscheinung, ein Zustand, der sich an der Grenzfläche Bindemittel — Gestein abspielt. Diese wird beeinflußt durch die Art des Bindemittels, der Natur des Gesteins und des Mischverfahrens, mit dem beide zusammengebracht werden. Um eine gute Benetzung zu erreichen, werden die Bindemittel erwärmt, weil sie dann am leichtflüssigsten sind und die größte Benetzungskraft haben. Nach dem Erkalten steigt ihre Zähflüssigkeit und damit ihr Widerstand gegen Ablösung

und mechanische Beanspruchung. Glatte Gesteine benetzen sich leichter als rauhe. Da Wasser eine höhere Oberflächenspannung als Bitumen und Teer hat, kann es schwer am Stein durch eines der beiden ersetzt werden. Daher muß jedes Gestein vor der Mischung mit Bitumen oder Teer so erwärmt werden, daß alles Wasser außen und innen beseitigt ist. Wenn Straßenbeläge mit Bitumen oder Teer überzogen werden sollen, setzt das völlige Trockenheit des Gesteins voraus. Aber abgesehen von diesem Zustand verhalten sich die Gesteinsarten gegenüber Wasser, Bitumen und Teer recht verschieden. Man unterscheidet hydrophile und hydrophobe Gesteine (dem Wasser zugänglich und Wasser abstoßend), weil ganz offensichtlich an manchen Gesteinen das Wasser leichter hinzutritt, das sind die hydrophilen, als an andere, die hydrophoben. Worauf diese Eigenschaft beruht, ist noch nicht genügend geklärt. An basischen Gesteinen soll die Haftung besser sein. Gegenüber Bitumen und Teer verhalten sich die Gesteine verschieden. An Kalksteinen haftet Bitumen meist sehr gut, Teer weniger. Er hat günstigere Beziehungen zur rauhen Hochofenschlacke. Quarz wird von beiden schlecht benetzt, so daß Granit wegen seines hohen Quarzgehaltes im Straßenbau mit Bitumen und Teer ungern verwendet wird. Quarz und die Gesteine vulkanischen Ursprungs sollen eine höhere Oberflächenspannung als die kalkigen haben. Nach Ergebnissen von neueren Forschungsarbeiten des schwedischen Wegebauinstitutes soll diese Auffassung, daß die Beschaffenheit des Gesteins für die Haftung vornehmlich ausschlaggebend ist, das Bindemittel dagegen weniger, nicht mehr zutreffen; ebensowenig die Unterteilung in hydrophile und hydrophobe Gesteine. Die Haftung hängt viel mehr vom Bindemittel und gewissen Beziehungen zu den Gesteinen ab. Zwar haben saure Gesteine eine Haftung, die geringer ist als basische. Das kann aber nicht am SiO_2-Gehalt liegen. Denn praktisch haben reine Quarzite nach den oben genannten schwedischen Untersuchungen eine verhältnismäßig gute Haftung gezeigt *[192, 193]*.

Bisher war die Meinung, daß Gesteine mit feinen Poren sich ungünstig verhalten, da es die leichten Öle dem Bindemittel entzieht. Die Teeröle werden absorbiert, und die hierdurch erzielte Anreicherung von Benzolunlöslichem im Film setzt die Bindekraft herab. Die gleiche Erscheinung, wenn auch nicht so kräftig, ist bei Bitumen festgestellt worden, so daß es sich empfiehlt, möglichst dichtes, nicht saugendes Gestein zu verwenden. Das bezieht sich auf die Bindekraft des Bindemittels. Indessen haben wieder die schwedischen Untersuchungen ergeben, daß dem Wasser der Zutritt erschwert wird, das Bindemittel zu verdrängen, wenn die Oberfläche des Gesteins rauh ist, wenn die Steinoberfläche voll von Haarrissen, Spalten und Poren ist, durch die sich gewissermaßen das Bindemittel am Gestein verankert. Über Maßnahmen zur Verbesserung der Haftfestigkeit bei Bitumen sind Angaben auf S. 305 gemacht, für Teer auf S. 312.

Das gebrochene Gestein soll möglichst würfelige Form haben (S. 211). Die Gesteinsstoffe müssen frei sein von allen Verunreinigungen, wie Ton, Lehm, Gips, organischen oder sonstigen Stoffen (Stroh, Gras, Holz, tierische Auswurfstoffe). Vielfach wird auch verlangt, daß das Gestein staubfrei ist. Die völlige Reinigung wird am besten durch Waschen erreicht (Maschine dazu Vierter Abschn. A. 5.).

Will man erreichen, daß die Bitumen- und Teerüberzüge auf dem Gestein fest haften und auch bei hydrophilen Gesteinen nicht durch Wasser verdrängt werden, sind die folgenden Regeln zu beachten:

1. Die Zuschläge müssen trocken sein, bevor sie mit Bitumen oder Teer gemischt werden. Heißmischungen haben sich daher immer widerstandsfähig gegen Verdrängung durch Wasser erwiesen.
2. Die Gesteinsstücke sollen so weit als möglich frei von Staub sein.
3. Die Überzüge aus Bitumen oder Teer an den Gesteinsstücken müssen so dicht als möglich geschlossen sein. Das kann begünstigt werden durch mechanische Einwirkungen, z. B. Mischen des Gesteins mit den Bindemitteln in Zwangsmischern.

4. Das umhüllt lagernde oder im Straßenbelag eingebaute Gestein soll so lange als möglich vor dem Wassereinfluß geschützt und der Belag so wasserundurchlässig als möglich aufgebaut sein.
5. Eine Ausnahme machen die Bitumenemulsionen, die bis zu 40—45% Wasser haben. Bei ihnen wird die Benetzung am Gestein durch Feuchtigkeit befördert.
6. Auf welche Weise versucht ist, durch Zusätze zum Bitumen und Teer die Mischung mit feuchtem Gestein und die Haftung zu verbessern, ist aus dem Dritten Abschnitt C. i. 4. ϑ und 5. γ zu entnehmen.

Da einwandfreie physikalische Erkenntnisse über dieses Oberflächenphänomen noch nicht bestehen, sucht man im Straßenbau durch ein einfaches Verfahren die Haftfestigkeit des Bitumen oder Teer an Gestein unter Wassereinwirkung festzustellen, ob die Bindemittelschicht auf dem Gestein als zusammenhängender und haftender Überzug erhalten bleibt oder ganz oder zum Teil durch Wasser verdrängt oder abgelöst wird nach folgendem Verfahren:

Das Gestein, das dem zur Verwendung kommenden entsprechen muß, soll die Körnung 8—12 bis 12—20 mm haben. Erst wird das Gestein gewaschen, getrocknet und dann in einer geschlossenen Flasche auf die Temperatur gebracht, auf die auch das Bindemittel erwärmt werden muß, wenn eine Mischung vorgenommen wird. DIN 1996 U 59 z. B. bei Bitumen 160—180°, bei Straßenteer und TBit. 40—80°. Bitumen wird auf 160° — Straßenteer, Straßenteer mit Bitumen auf 70—100° erwärmt. 4 Gew.-% des Bindemittels werden auf das Gestein in der Flasche gegossen, diese, die gegen Wärmeverluste geschützt ist, dann verschlossen, eine halbe Stunde gerollt und geschüttelt, um eine vollständige Umhüllung zu erreichen. Nach einem Tage wird das umhüllte Gestein in eine andere Flasche (500 cm³ Inhalt) umgefüllt und mit 300 cm³ ausgekochtem destilliertem Wasser ($p_H = 6{,}5$) übergossen und 24 Stunden stehengelassen. Dann wird durch den Augenschein festgestellt, wieweit das Gestein noch vom Bindemittel umhüllt ist. Wenn mehr als 75% umhüllt sind, ist die Haftfestigkeit als „mittel" zu bezeichnen[1].

Um die Haftfestigkeit zu verbessern, ist versucht worden, auch das Gestein vorzubehandeln. Als einfaches aber auch wirkungsvolles Mittel, die Haftung der Gesteine zu verbessern, empfiehlt Ewers, vor Zugabe des Füllers das Gestein im Mischer unter Zusatz von etwa 0,5% Bindemittel für sich zu mischen *[194, 195]*.

Lediglich beim Füllstoff, der bei den nach dem Betonverfahren hergestellten Belägen verwendet wird und ein wesentlicher Bestandteil ist, haben die Untersuchungen in der Straßenbauversuchsanstalt Stuttgart ergeben, daß die Adsorption von Bitumen und Teer an den Füllstoffen, die aus verschiedenen Gesteinen hergestellt sind, durchaus unterschiedlich ist und darauf besondere Regeln für die Zusammensetzung solcher Beläge aufgebaut (Dritter Abschn. C. i. 6. ε. ee und 6. ζ).

Um den Einfluß von Wasser auf die Bitumen- und Teerbeläge festzustellen, werden würfelförmige Probemuster (7 cm Kantenlänge) oder Zylinder (8 cm Durchmesser und Höhe) einer Wasserlagerung von vier Wochen ausgesetzt und ihre Druckfestigkeit mit der nur an der Luft gelagerten verglichen. Hierbei muß nach Suida der p_H-Wert des Wassers beachtet werden. Versuche des Verfassers an Kalkstein, Basalt und Granit haben ergeben, daß es möglich ist, durch richtige Zusammensetzung der Massen den unterschiedlichen Einfluß des Wassers auf die Haftfestigkeit zwischen Bindemittel und Gestein auszuschließen *[196]*.

Im Bitumenstraßenbau werden Kalksteine, vor allem aber Basalte bevorzugt. In der Schweiz und am Bodensee wird ein sehr fester Kieselkalk gewonnen, der sich als Zuschlag zu Bitumen- und Teerdecken bewährt hat. Im Teerstraßenbau

[1] Für Kaltteer, Verschnittbitumen und Bitumenemulsion sind Sondervorschriften in DIN 1996 U 59 gegeben.

hat die Hochofenschlacke ein bedeutendes Absatzgebiet gewonnen. Da nicht jede Schlacke geeignet ist, sind Richtlinien für die Verwendung von Hochofenschlacke im Straßenbau erlassen.

Gesteinsform.

Die Zuschläge sind bisweilen so gebrochen und zusammengesetzt, daß sie einen hohen Winkel der inneren Reibung haben, sich also stark verzahnen, während bei einem anderen Aufbau es daran fehlt.

Bei Sand besteht die Möglichkeit, Grubensand und Brechsand zu verwenden. Sie unterscheiden sich in der Kornform, indem der Grubensand mehr rundliche, der gebrochene Sand mehr scharfkantige Körner besitzen. Der Grubensand hat daher geringere Oberfläche als der Brechsand. Er wird sich auch leichter verdichten lassen als der Brechsand, weil dieser einen größeren Winkel der inneren Reibung aufweisen wird. Dem entspricht es auch, wenn die Versuche, die vorgenommen worden sind, um den Einfluß der Kornform des Sandes beim Asphaltbeton festzustellen, zu den folgenden Ergebnissen geführt haben:

1. Mit Grubensand und auch mit Brechsand sowie mit der Mischung beider lassen sich gute Asphaltbetondecken bauen.
2. Jede Sandart hat ihre Vor- und Nachteile:
   a) bei Grubensand spart man an Bindemitteln, erhält aber eine Mischung, die stärker empfindlich ist gegenüber vorkommenden Schwankungen in der Bindemittelbemesseung;
   b) bei Brechsand ist der erforderliche Bindemittelgehalt höher, die Empfindlichkeit gegenüber Schwankungen in der Bindemittelmenge dagegen geringer.
3. Es scheint, daß die Sandzusammensetzung am besten ist, bei der Brech- und Grubensand etwa zu gleichen Teilen verwendet werden.

Unter diesen Umständen ist es nicht möglich, Grubensand gegen Brechsand in einer einmal festgelegten Mischung gegeneinander zu vertauschen.

Der große Wert der bituminösen Bauweisen, gekennzeichnet durch die Anpassungsfähigkeit, zeigt sich auch darin, daß die am Ort anstehenden losen und festen Gesteine verwendet werden können, nachdem sie auf ihre Geeignetheit untersucht worden sind.

β) Oberflächenbehandlung.

aa) Allgemeines.

Unter Asphaltüberzug oder Teerüberzug versteht man den durch Behandlung der Oberfläche einer Straßendecke mit Bitumen oder Teer und aufgestreutem Splitt oder Sand geschaffenen Oberflächenschutz[1]. Das Bindemittel verklebt den Splitt und Sand in sich und verbindet ihn mit der Decke. Diese Bauweise ist nicht auf Steinschlagstraßen beschränkt. Diese Behandlungsweise ist im Landstraßenbau eine der Hauptaufgaben, während im Stadtstraßenbau auch die Behandlung von Steinpflasterstraßen und anderen Decken in Frage kommt, z. B. auf Asphalt-, Teer- und Holzpflasterdecken zur Verbesserung ihrer Griffigkeit. Bei dem großen Umfang der Steinschlagdecken auf Landstraßen und städtischen Wohnstraßen ist die Behandlung ihrer Oberfläche eine Bauweise geworden, die für sich allein bestehen kann und eine eigene Technik entwickelt hat. Die Oberflächenbehandlung ist ein organischer Bestandteil der Steinschlagdecke

[1] Die angewendeten Bezeichnungen und Begriffsbestimmungen entsprechen der Veröffentlichung (Mitt. F. G. 1937, H. 3). Einheitliche Bezeichnung und Begriffsbestimmung für die bituminösen Straßenbauweisen.

geworden, und bei jeder Steinschlagdecke soll entweder alsbald eine Oberflächenbehandlung vorgenommen werden oder zum mindesten alle Vorbedingungen geschaffen werden, daß sie jederzeit ausgeführt werden kann.

bb) Aufgabe der Oberflächenbehandlung.

Durch die Oberflächenbehandlung mit Teer oder Bitumen werden die Deckstoffe gegen die saugende Beanspruchung der Gummireifen verkittet und gegen Lockerung geschützt. Denn die Ebenheit der Oberfläche bietet den Schubkräften am Umfang der Triebräder keine Angriffspunkte mehr, und die Stöße auf die Fahrzeuge werden vermindert. Die geschlossen mit einer wasserabweisenden Schicht versehene Oberfläche verhindert den Eintritt von Feuchtigkeit und die Durchnässung des Untergrundes und schützt daher auch vor Frost.

cc) Vorbereitung der Decke.

Die Steinschlagstraße soll vor der Oberflächenbehandlung einige Zeit dem Verkehr ausgesetzt werden, damit sie sich gut gedichtet hat und vor allem vollständig ausgetrocknet ist. Gleich nach der Herstellung besitzt sie noch zuviel Hohlräume und würde dann zuviel Bindemittel schlucken. Während der Liegezeit muß die Steinschlagdecke sorgsam unterhalten werden, am besten durch eine Schutzschicht von reinem scharfkörnigem Sand, Splitt oder Flußsand, der von Zeit zu Zeit eingekehrt werden muß. Wenn die Notwendigkeit besteht, sofort nach der Herstellung der Steinschlagdecke mit Teer oder Bitumen zu behandeln, muß die Walzung und Einschlämmung besonders sorgfältig erfolgen. Auf jeden Fall müssen die Decken trocken sein.

Die Hauptarbeit vor dem Aufbringen der Oberflächenbehandlung besteht in: Herstellung eines guten Profiles bei alten Decken, Querneigung 3—3,5 %, vorherige Beseitigung aller Schlaglöcher, Unebenheiten und Mulden, Reinigen der Deckenoberfläche von Schmutz, vor allem Tierkot und aufgeschleppten Bodenstücken und von den feinen Deckstoffen. Ist ein gleichmäßiges Profil nicht mehr zu erreichen, so muß eine neue Aufwalzung erfolgen, über die schon alles im dritten Abschn. C. b. gesagt ist.

Die Beseitigung der Schlaglöcher und Mulden erfolgt am besten im Flickverfahren, indem sie unter Verwendung von Teer- oder Asphaltschotter, der mit Emulsionen aufbereitet (s. Dritter Abschn. C. i. 4. η) ist, ausgeglichen werden. Hierzu werden die Schlaglöcher möglichst rechtwinklig ausgespitzt und von Schmutz und Staub gereinigt. Die Ränder werden mit Bindemittel, z. B. Teer, Bitumen, Kaltteer, Verschnittbitumen und Emulsionen, die sich beim Flicken ganz besonders wegen der leichten Handhabung eingeführt haben, angestrichen, ebenso die Ränder der angrenzenden Decke in etwa 10 cm Breite. Steinschlag und Splitt sollen höchstens halb bis zweidrittel so groß sein, wie das Schlagloch und die Mulde tief sind, sonst ist eine bündige Lage nicht mehr zu erreichen. Diese Flickarbeit ist mindestens eine Woche vor der Oberflächenbehandlung vorzunehmen, damit die Flickstellen, die abzurammen oder abzuwalzen sind, verdichten können. Die Oberflächen der Flicken müssen dann mit der vorhandenen Decke bündig liegen, damit später keine Sackungen eintreten. Vor Aufbringen der Bindemittel wird die Decke steinkornrein mit Stahl- und Piassavabesen ausgekehrt und der Staub mit weichen Besen abgefegt. Hierzu werden Maschinen mit Kehrwalzen verwendet, wie sie in der Straßenreinigung üblich sind oder mit kreuzförmig angeordneten Besen, die durch Drehen auf der Decke reinigen und den Staub absaugen. Diese Arbeiten werden aber auch mit Druckluft oder mit Druckwasser durch kräftiges Ausspritzen vorgenommen. Dann muß aber die Austrocknung abgewartet werden, es sei denn, daß Emulsion verwendet wird. Je gründlicher die Straße vorbereitet wird, desto besser fällt die Oberflächenbehandlung aus.

dd) Ausführung im Heißverfahren.

Art und Beschaffenheit des Bindemittels. Für diese Zwecke werden Teere, TB und Bitumen verwendet. Die geeigneten Teerarten sind in der Tabelle Nr. 26 aufgeführt. Beim Heißverfahren muß die Decke ganz trocken sein. Eine künstliche Trocknung mit Ölbrennern ist sehr teuer und von geringer Leistung. Während der Ausführung eintretende Niederschläge zwingen zur Unterbrechung der Arbeit, bis die Decke wieder ausgetrocknet ist. In Gegenden mit viel Regen sind daher Oberflächenbehandlungen im Heißverfahren ein unsicheres Unternehmen.

Man braucht auf der Schotterdecke je nach ihrer Dichtigkeit und Rauhigkeit 1,5—2,5 kg/m². Der Teer ist so dünn und so gleichmäßig als nur möglich auf die Straßenfläche zu verteilen. Ansammlung und Pfützen von Teer dürfen sich nirgends bilden, da sie später leicht weich werden und schwitzen oder Schieben und Wellen in der Decke verursachen.

Straßenteer wird in eisernen Fässern und in Kesselwagen geliefert. Da zähflüssiger Teer nur schwer aus den Behältern ausfließt oder abzupumpen ist, müssen die Behälter hierfür angewärmt werden. Zur Erleichterung des Überpumpens haben die Kesselwagen Heizschlangen im Innern, die mit Dampf beschickt werden. Bei Benutzung von Fässern werden diese auf den Teerkesseln erwärmt (s. Vierter Abschn. B. 2).

Bitumen zur Oberflächenbehandlung soll die Eigenschaften der Zusammenstellung 30 aufweisen (vgl. S. 297). Es sollen in der Regel weiche Bitumen B 300 oder 200 wegen ihres niedrigen Erweichungspunktes und hoher Eindringungstiefe verwendet werden. Bei neuen Straßen, kalter Witterung und geringem Verkehr wird das Bitumen weicher eingestellt, bei eingefahrenen Decken, die bereits schon einen Überzug aus Bitumen oder Teer haben, und in warmer Jahreszeit muß das Bitumen härter sein. Bitumen muß auf 180° bis höchstens 200° erwärmt werden, damit es leichtflüssig genug ist. 1,5—2,5 kg/m² Bitumen werden verbraucht. Als geeignete Vorbehandlung vor dem ersten Aufbringen des Bitumens im Heißverfahren hat sich die Vorteerung erwiesen, weil der leichtflüssigere Teer eine innigere Verbindung mit den Gesteinsstoffen eingeht. Das dann aufgebrachte Bitumen bindet besser an der Decke an. Zweckmäßig wird die Bituminierung nicht gleich an die Teerung angeschlossen, weil der Teer erst verharzen soll. Die Heißbituminierung erfolgt erst, nachdem die Decke eingefahren ist. Wenn die Bituminierung unmittelbar hinter dem Teeranstrich aufgebracht wird, muß dieser dünnflüssig und sparsam angewandt werden. Der Verbrauch von Bitumen kann bei voraufgehender Teerung auf 0,75—1,25 kg/m² eingeschränkt werden. Zweckmäßig hat sich ein Wechsel in der Aufbringung von Teer und Bitumen erwiesen. Teer und Bitumen werden mit Spritzeinrichtungen oder Tankwagen aufgebracht (Vierter Abschn. B. 2).

ee) Ausführung im Kaltverfahren.

Mit den folgenden Bindemitteln kann man kalt arbeiten:

a) Verschnittbitumen nach S. 301. Es muß leicht angewärmt werden, etwa 60°, daß es genau so leichtflüssig wird, wie das auf 180° erwärmte Bitumen oder Heißteer ist. Der Bedarf ist bei den verschiedenen Bauweisen der gleiche.

b) Kaltteer nach S. 312, der ganz wie Heißteer verarbeitet wird; unter Umständen kommt eine geringe Anwärmung in Frage.

c) Ausführung mit Emulsionen[1].

Bei der Vorbereitung der Decken ist das Reinigen durch Ausspritzen mit Druckwasser besonders zweckmäßig, um allen Staub zu beseitigen, da die Emulsion

[1] Es wird auf die „Vorläufigen Richtlinien für die Ausführung von Oberflächenbehandlungen mit Bitumenemulsionen hingewiesen. F. G. April 1937, s. a. Straße (4), Nr. 11, S. 317, 1937.

gegen Staub sehr empfindlich ist und klumpt. Zudem bricht die Emulsion auf feuchten Decken schneller. Bei Kalksteindecken ist Abspritzen die einzige Möglichkeit, um den Staub zu beseitigen. Bei großer Trockenheit soll die Decke etwas abgebraust werden, aber nicht tropfnaß sein. Emulsionsbehandlung kommt vor allem für alte Decken in Frage, die schon bei den Flickstellen angewendet werden kann. Die Schlaglöcher werden mit senkrechten Rändern möglichst viereckig ausgespitzt und sauber ausgekehrt. Die Vertiefung wird dann mit Emulsion ausgepinselt und kantiger Hartsteinsplitt von 20—30 mm eingefüllt, abgestampft, mit Emulsion getränkt, nochmals gestampft und leicht mit Sand überstreut. Nach dem Tränkverfahren (S. 326) wird das ausgespitzte und ausgekehrte Loch mit lehmhaltigem Kies 2—3 cm hoch bedeckt, mit Schotter in abgestufter Korngröße ausgepackt und unter Annässen leicht abgerammt Nach mäßiger Tränkung mit Emulsion wird mit Splitt 5—15 mm abgedeckt und kräftig gerammt. Am folgenden Tage empfiehlt sich ein Nachrammen. Dann muß die Oberfläche der Flickstelle bündig mit der Nachbarfläche liegen. Es darf nur so viel Emulsion eingegossen werden, daß keine Pfütze entsteht, die Oberfläche muß rauh sein.

Flache Vertiefungen werden gleichfalls sauber ausgekehrt, mit Emulsion bis zu $^3/_4$ Tiefe ausgefüllt und mit Splitt 5—15 mm so bedeckt, daß die Emulsion nicht mehr zu sehen ist, und die Stelle so lange abgerammt, bis sie an die Oberfläche tritt.

Statt der Tränkung kann auch eine Mischung von Splitt, Steinschlag und Emulsion eine Viertelstunde vorher fertiggestellt und dann eingebaut werden. Durch diese Beseitigung der Fehlstellen muß das Profil der Straße genau wiederhergestellt werden. Zweckmäßig ist, die Flickstellen erst vom Verkehr etwas einfahren zu lassen, wozu eine Woche genügt.

Auf die so vorbereitete Decke wird die Emulsion über die ganze Straßenoberfläche mit Gießkannen aufgebracht, mit Besen oder Gummischiebern gleichmäßig verteilt, und zwar immer nach dem Arbeitenden hin, ohne daß die Emulsion zuviel hin und her bewegt wird. Sie wird auch mit Handspritzmaschinen oder Sprengwagen ausgebreitet. Diese Verfahren gewährleisten eine gleichmäßige sparsame Verteilung.

Für eine einfache Oberflächenbehandlung werden 2—3 kg/m² ausreichen, entsprechend etwa 1—1,5 kg Bitumen. Für doppelte Oberflächenbehandlung werden empfohlen: etwa 2 kg/m² für die erste Behandlung und etwa 1,5 kg für die zweite, für Nachbehandlung 1—1,5 kg/m². Dabei werden die Emulsionen dünner als bei dem Heißverfahren auf die Decke kommen. Die Straße behält daher ihre Griffigkeit.

Die tägliche Leistung beträgt bei Ausbreiten mit Gießkannen und Spritzeinrichtungen etwa 1500 m², bei Verwendung von Tankwagen kann sie erheblich gesteigert werden, wenn die Anfuhr der Emulsion gut geregelt ist. Durchschnittsleistungen von 3500 m² und Höchstleistungen bis zu 7000 m² sind erreicht worden.

Bei der dünnen Auflage der Emulsion muß bei Beanspruchung der Straße die Oberflächenbehandlung nach ein bis zwei Wochen wiederholt werden, das ist die obengenannte doppelte Behandlung, die manche Vorteile bietet.

ff) Die Abdeckung.

An die Oberflächenbehandlung im Heiß- wie im Kaltverfahren muß sich die Abdeckung mit Splitt, solange das Bindemittel noch leichtflüssig ist und die Emulsion noch nicht gebrochen ist, anschließen. Um der steinkornreingefegten, aber pockennarbigen Decke wieder eine ebene, geschlossene Oberfläche zu geben, wird reichlich Splitt aufgeworfen, der das Bindemittel bindet und die Fugen der Decke ausfüllen soll. Die erforderliche, längs der Straße aufgesetzte Splittmenge wird mit Schaufeln breitwürfig aufgebracht. Nur trockener, staub- und lehmfreier Splitt aus gesundem Gestein darf verwendet werden. Bei großen Vertiefungen in der Decke und in Steigungen wird ein grobkörniger Splitt bis 18 mm angebracht sein, ebenso bei den ersten Behandlungen. Bei Emulsionen wird bei der ersten Behandlung 3—8 mm und bei Nachbehandlung 3—5 mm empfohlen. 8—10 kg/m² Splitt werden benötigt. Bei Emulsionen rechnet man mit dem sechs- bis achtfachen der aufgespritzten Bindemittelmenge. Ein Abwalzen mit leichten Walzen ist nicht unbedingt erforderlich, aber trägt zur Haltbarkeit der Decke bei. Zwei bis drei Walzengänge genügen.

gg) Abdeckung mit bituminiertem Splitt.

Bei der Oberflächenbehandlung bleibt immer ein Teil des Splittes ungebunden, der vom Verkehr fortgeschleudert wird oder abgekehrt werden muß. Dem wird begegnet, indem der Splitt vorher bituminiert wird. Hierzu eignen sich alle weichen Bindemittel, am besten Verschnittbitumen, mit dem der Splitt bereits auf dem Bruch umhüllt wird. Diese Masse ist gegen Regen unempfindlich. Für den Überzug kann dann an Bindemittel gespart werden. Wenn Emulsionen benützt werden, sollen sie unstabil, aber hochviskos sein. Auch reichlich aufgebrachter Splitt bleibt gebunden, wenn die Oberfläche leicht abgesandet wird. Die bisher für alle Oberflächenbehandlungen empfohlene Wiederholung noch im gleichen, spätestens im folgenden Jahre kann unterbleiben.
Für die Umhüllung des Decksplittes genügen 2—3 Gew.-% Bindemittel. Bei besonders verstärkter Bauweise werden bis 5 Gew.-% Bindemittel angewendet. Dann wird das ganze noch mit einem Deckenschluß aus Teersand abgesiegelt. Bei der Wiederholung wird, soweit ein Bedürfnis besteht, eine Verstärkung des Belages vorgenommen mit Verfahren, wie sie von Dr. Oberbach empfohlen sind, die hier in einer sinnbildlichen Darstellung veranschaulicht sind (Tabelle 34) *[197]*. In der Bauweise 5, bei der bereits eine dünne Schicht aus bituminiertem Deutagbeton vorgeschlagen wird, werden schon 65 kg/m² Mineralmasse mit rund 6 Gew.-% Bitumen eingebaut und eine 4 cm hohe Schicht erzeugt. Wenn man bedenkt, daß die Arbeit zweimal an der Decke angesetzt werden muß, dann dürfte eine Nachrechnung ergeben, daß eine gleich eingebaute Dauerdecke preiswerter gewesen wäre. Solche Schichtüberzüge haben jetzt eine ausgedehnte Anwendung gefunden, vor allem bei Erneuerung bituminöser Fahrbahndecken.

Tabelle 34.

Sinnbildliche Darstellung, wie aus einer einfachen Oberflächenbehandlung mit Bitumen, Teer oder Emulsion durch Verwendung weiterer bituminöser Massen eine verstärkte Oberflächenbehandlung zustande kommt.

	1	2	3	4	5
					3 kg magerer Teersand
Zweite, z. T. verstärkte Oberflächenbehandlung				Teersand 3 kg 22 kg Splitt 3/8	32 kg Deutagbeton
			Teersand 4 kg 0/3	0,6 kg B 300	
Abdeckung	15 kg Rohsplitt	23 kg Splitt 3/15 2 % bituminiert	30 kg Bitumensplitt 3/8 oder 5/15 (5 % bit.)		
Bindemittel	Straßenteer T. B. Bitumen Emulsion	Straßenteer T. B. Bitumen	Bitumen 300		

Überzüge auf schweren Belägen. Überzüge eignen sich gut, um holperig gewordenes Pflaster oder glatt gewordene Bitumen-, Teer- oder Betonbeläge anzurauhen. Bitumen, Straßenteer und besonders Emulsionen haben sich als geeignet erwiesen. Die Pflasterfugen bei Kleinpflaster werden auf 2—4 cm tief ausgekratzt, ausgeblasen oder ausgespritzt, dann mit Feinsplitt bis in die Höhe der Pflasterköpfe verfüllt und Bitumenemulsion aufgespritzt (S. 226). Darauf kommt Feinsplitt, der mit einer Walze leicht angedrückt wird. Auch hier erweist sich Abdecken mit 18 kg Splitt 2/5 mm mit 6% Bitumen umhüllt nebst Abstreuen von 2 kg magerem 2—3%igem Teersand 0/3 mm für Kleinpflaster (nach Oberbach) zweckmäßig.

Bei Großpflaster werden die Fugen bis auf 5 cm freigelegt und entsprechend ihrer Weite mit gröberem Splitt g. F., auch bituminiertem ausgefüllt, mit Emulsion behandelt und dann die Schlußschicht aufgebracht. Es stehen sich zwei Ausführungsweisen gegenüber. Bei der einen wird ein Belag, der stark genug ist, um nicht auf die Pflasterköpfe zu schieben oder gedrückt zu werden, verlegt, im andern Falle sollen nur die Fugen und etwaige Mulden ausgefüllt werden, die Steinköpfe nur einen leichten Überzug erhalten. Beide Verfahren haben sich bewährt. Die Überzüge zur Anrauhung von Belägen werden im Dritten Abschn. C. i. 6. E. ee zusammengefaßt (S. 386).

γ) Teppichbeläge.

Die der Oberflächenbehandlung anhaftenden Unzulänglichkeiten, die zuvor beschrieben sind, können durch Teppichbeläge überwunden werden. Unter Teppichbelag wird bezeichnet:

Bituminöser Straßenbelag, dessen nach dem Makadamprinzip, d. h. ohne Rücksicht auf ein Hohlraumminimum zusammengesetztes Mineralgerüst vor dem Einbau auf warmem oder kaltem Wege im Mischverfahren mit dem Bindemittel gleichmäßig umhüllt ist, d. h. Verwendung von vorbituminiertem Splitt verschiedener Körnung. Das größte Korn soll $^2/_3$—$^3/_4$ der Dicke des fertigen Belages höchstens haben, die bis zu 4 cm ausführbar ist. Die Festigkeit des Teppichs besteht in der Verspannung der Gesteinsstücke, die unter dem Verkehr zertrümmern und den anfangs hohlraumreichen Belag dichten. Daß dies durch die Umkörnung möglich ist, wird im Dritten Abschn. C. i. 6. ε. cc nachgewiesen. Damit aber diese gewollte Zertrümmerung eintritt, darf kein Hartgestein verwendet werden, sondern Diabas, mittelharter und harter Kalkstein und gebrochener Kies. Das Bindemittel muß leichtflüssig sein, damit es das Dichtwerden begünstigt: Teer 40/70, Bitumen 300 oder 200, 4—6 Gew.-% Zusatz. Bei rauher Unterlage wird die Masse kalt ohne weitere Bindung auf die gereinigte Oberfläche zwischen Leisten aufgebracht, mit Lehren abgezogen und eingewalzt, bis die Masse steht. Sie erhält dann noch einen Oberflächenschluß aus leicht anbituminiertem Sand *[200]*.

Um den Widerstand gegen Rutschen zu erhöhen, wird Kautschukpulver zugesetzt, dessen Wirkung schon im Dritten Abschn. C. i. 5. behandelt ist. Folgende Mischung wird für Teppichbeläge von der Rubber Foundation vorgeschlagen:

86 Gew.-%		Flußsand, Stein- oder Klinkersand
14 ,,	,,	Füllstoff
100 ,,	,,	

Dazu 10 Gew.-% Bitumen, denen 5% Kautschukpulver zugesetzt werden.

Schlämmbeläge: Sie können schon beim Einschlämmen der Steinschlagdecken verwendet werden, indem statt des bindigen Sandes eine Schlämme benutzt wird, die aus Teer oder Bitumen mit feinkörnigem Mineralstoff mit Zusatz von Wasser besteht, ohne daß ein Emulgator verwendet wird, mit dem Ziel, eine leicht bewegliche, bindige Masse zu erzeugen, die kalt verarbeitet werden kann. Nach dem Einbau läuft das Wasser ab, verdunstet oder versickert.

Solche Schlämme eignet sich zur Dichtung von hohlraumreichen Belägen, als Oberflächenschutz auf abgemagerten bituminösen und auf schadhaften Betondecken. Der Vorteil dieser Bauweise liegt in der Ersparung an Bindemittel und

Abstreumasse, von denen bei der üblichen Oberflächenbehandlung viel verlorengeht. Die Schlämme, die in Mischmaschinen aufbereitet wird, gibt zudem eine stumpfe und griffige Oberfläche. Sie kann verschiedenartig eingefärbt werden, z. B. für Wege in Parkanlagen, für Markierungsstreifen u. a. m. Das Verfahren ist als DRP. von der Straßenbau AG. Köln-Deutz angemeldet.

Anwendungsbereich von Oberflächenbehandlung und Teppichbelägen. Wie schon in der Tabelle 20 angegeben, ist die Oberflächenbehandlung beschränkt auf Straßen mit einem geringen Verkehr. Die Haltbarkeit wird außerdem beeinflußt von der Lage der Straße, ob trocken oder feucht, ihrem Gefälle und der Art der Unterhaltung. Stahlreifenverkehr bewirkt eine stärkere Abnutzung, besonders in landwirtschaftlichen Gebieten, weil der auf die Straße gebrachte Boden aus dem Acker die bituminösen Bindemittel emulgiert. Der Schlamm aus den Zuckerrübenäckern wirkt besonders zerstörend, weil die Rübenabfälle Huminsäure entwickeln, die emulgiert.

Wie schon zuvor erwähnt, eignen sich Teppichbeläge für stärkeren Verkehr, sie haben als Überzüge von Pflaster und Beton sich auch in Stadtstraßen recht bewährt.

δ) Makadambeläge.

Nach den Richtlinien für bituminöse Deckenarbeiten auf Landstraßen genügen die bituminösen Decken nach der Makadambauweise je nach Ausführungsart mittleren bis hohen Verkehrsansprüchen.

Sie müssen noch grundsätzlich unterschieden werden nach Schicht- und Mischbelägen. Im ersteren Falle wird die übliche Steinschlagdecke in ihrem oberen Teil in recht verschiedener Weise gedichtet und mit Bindemittel und Gestein verstärkt. Diese Verfahren sind:

Streumakadam oder Einstreudecke,
Tränkmakadam.
Mischmakadam

Man unterscheidet Heiß- oder Kalteinbau.

Vorbemerkung. Für die folgenden beschriebenen Bauweisen gelten gemeinsam die folgenden Regeln. Die jeweils geeigneten Bindemittel sind bereits im Dritten Abschn. C. i. 4. u. 5., Tabellen 30, 31, 32 und 33 bezeichnet. Straßenteer und Bitumen müssen erwärmt werden, Teer je nach seiner Zähflüssigkeit 100 bis 130° C. Bitumen 170—190°, äußerst 200°. Einmal überhitztes Bitumen darf nicht verwendet werden.

Einstreusplitt wird auf 40—60° erwärmt, wenn er mit Teer umhüllt wird, der 80—100° Temperatur haben soll. Verschnittbitumen zur Herstellung von Einstreusplitt ist auf 70—90° zu erhitzen.

Der Abdecksplitt muß sauber und trocken sein. Er ist seitlich der Beläge zu lagern, auf eisernen Platten oder Bohlen und mittels Schaufeln in breitem Wurf oder durch Streuwagen zu verteilen und gleichmäßig mit Besen zu verfegen.

Tragkörper. Da es sich bei allen diesen Deckenarten nur um die Ausbildung der Fahrfläche handelt, muß ein Tragkörper vorhanden sein, der aus einer Packlage mit Steinschlagausgleichschicht, einer schon eingefahrenen nachprofilierten Steinschlagdecke oder aus Pflaster bestehen kann.

aa) Einstreudecke — auch Streumakadam genannt.

Die Oberflächenbehandlung hat sich, wie zuvor beschrieben, durch Bildung von Schichtauflagen an der Oberfläche entwickelt. Den gleichen Erfolg sucht man zu erreichen, indem man die Verstärkung in die Steinschlagdecke hineinverlegt — nach unten, und sie mit bituminiertem Gestein ausfüllt. Statt des üblichen Einschlämmens der Oberfläche wird bituminiertes Gestein eingestreut, daher Einstreudecke oder Streumakadam. Damit der nötige Hohlraum in der Decke zur

Aufnahme des Streumakadams vorhanden ist, wird die Anweisung gegeben, die Steinschlagdecke nur leicht anzuwalzen und die vollständige Verspannung des Steingeschläges nicht einzuleiten.

Da das Einschlämmen bei bindigem Untergrund bedenklich, auch Wasser zum Einschlämmen nicht immer erreichbar ist, so ist die Einstreudecke in solchen Fällen angebracht. Aus dem ganzen Aufbau ergibt sich weiterhin, daß sie nach gründlicher Abwalzung eine stärkere innere Verspannung und zusammen mit der Abschlußschicht eine höhere Widerstandskraft gegen die vertikalen und horizontalen Verkehrsangriffe besitzt, und somit gegenüber der reinen Oberflächenbehandlung widerstandsfähiger ist.

Der Steinschlag soll grob sein — Körnung 40/60. Um die Einstreumasse mit dem rohen Steinschlag zu binden, wird er leicht mit Straßenteer 10/17 etwa 0,8 bis 1,2 kg/m² angespritzt. Die Einstreumasse — Teer- oder auch Bitumensplitt — in Mengen von etwa 35—40 kg/m² wird dann eingewalzt. Korngröße des Splittes 5/15 mit 4—5,5 Gew.-% Bindemittel. — Teer nach Tabelle 33 oder Verschnittbitumen. Darauf kommt die übliche Oberflächenbehandlung. Auch diese Bauweise kann auf die mannigfachste Art an die Anforderung des Verkehrs oder der örtlichen Verhältnisse angepaßt werden, die nur kurz angedeutet werden sollen, z. B. Aufbringen und Einwalzen einer zweiten Splittschicht 5/15 35 bis 40 kg/cm² mit 4—5,5 Gew.-% Bindemittel auf die erste Einstreuschicht. Das ist jetzt die Regel. Abdecken dieser Lage mit Rohsplitt 2/5 mm oder leicht mit Bindemittel (etwa 2 Gew.-%) umhüllter Sand, der die Unebenheiten der Splittschicht ausgleichen soll. Dann folgt die Oberflächenbehandlung, die aber erst nach 4—6 Wochen aufgebracht, und für die 1 kg/m² Bitumen 300 oder 200 und 12 bis 18 kg Abdecksplitt 2/8 oder 5/15 mm verwendet wird (Bit. Straßenbau R bit. L).

Da es sich um einen Kalteinbau handelt, der auch bei feuchter Witterung erfolgen kann, so ist darin ein Vorteil der Bauweise zu sehen. Die Oberflächenbehandlung im Heißeinbau kann später aufgebracht werden, wenn trockenes Wetter vorherrscht. Die leichte Abwalzung des Steinschlages vor dem Einbringen der bituminösen Masse hat nur geteilten Beifall gefunden und hat ihre Bedenken. Beachtlich ist daher eine aus der Praxis kommende Feststellung, daß der Steinschlag — Größe 40/60 — auch mit Annässen fest eingewalzt und mit dem Untergrund verankert werden soll. Paßt man die Splittgröße der Hohlraumgröße dieser Lage an, dann läßt sie sich auch einstreuen *[197]*.

In der Abb. 259 Ziff. *a* ist der Aufbau einer solchen Decke als Sinnbild dargestellt. Ihr innerer Scherwiderstand gegen die Verkehrsbelastung wird auf S. 334 behandelt.

Einstreudecke ist ein Bastard der Mischmakadamdecke, aus der Not der Zeit geboren, als die Mittel fehlten, eine vollwertige Mischmakadamdecke zu bauen und man sich behelfen mußte. Dieser ganze blätterteigartige Schichtenaufbau darf nicht zu weit gesteigert werden. Denn er muß mit jeder neuen Schicht unwirtschaftlicher werden. Abgesehen von den technischen Grundbedingungen sind für die Auswahl eines Belages auch die Kosten entscheidend, die zahlreichen stark abweichenden Einflüssen unterliegen, die aber hier beim Vergleich der einzelnen Arten nicht berücksichtigt werden können. Das Ausmaß der eingebauten Massen Gestein und Bindemittel, ob mehrfach Arbeit eingesetzt, um die in kürzeren oder längeren Abständen einander folgenden Schichten aufzubringen, oder ob in einem Zuge geschafft werden kann, bieten den Vergleichsmaßstab.

bb) Decken im Tränkverfahren.

Nach den Bit. Straßenbau T. V. bit. besteht eine Tränkmakadamdecke aus einer mit Splitt verfüllten Steinschlagschicht, die durch Einspritzen von Bindemittel und Aufbringen und Einwalzen mit Splitt gebunden und mit einer Oberflächenbehandlung abgeschlossen wird.

Tragkörper.
Ein tragfester Tragkörper ist Voraussetzung. Eine bestehende Steinschlagdecke, die ausgebessert und in ein gutes Profil gebracht ist, gibt einen guten Tragkörper ab. Im andern Falle muß ein solcher Tragkörper hergerichtet werden: 25 cm Packlage mit 5 cm Steinschlag. Der Tragkörper soll etwas breiter angelegt werden als die Tränkdecke, damit an den Rändern eine gleichmäßige Lastverteilung gewährleistet ist. Eine Einfassung der oberen Tränkdecke wird für notwendig gehalten, um eine Beschädigung der Kanten zu verhindern, entweder in Form eines versenkten Randsteines oder durch Ansetzen eines Streifens

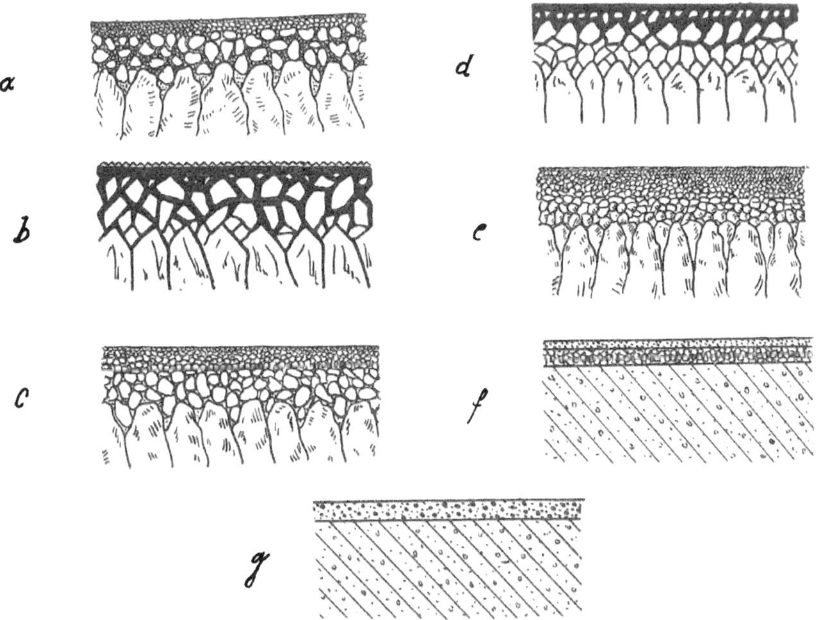

Abb. 259. Sinnbildliche Darstellung der Bitumenbeläge.
a Einstreudecke, *b* Tränkung, *c* Mischmakadam, *d* Eingußdecke, *e* Asphaltfeinbeton, *f* Sandasphalt, *g* Gußasphalt, *f* und *g* auf Betontragschicht, Beläge *a*, *b* und *c* auch mit Teer als Bindemittel.

von 30 cm Breite in Höhe der Tränkdecke, der abgewalzt wird und einen Oberflächenanstrich erhält.

Deckenaufbau.
Es handelt sich wiederum um einen in vier Arbeitsgängen schichtenförmig aufgebauten Belag von 7—8 cm Dicke, bei dem zuerst die Steinschlagdecke in üblicher Weise geschüttet, die Hohlräume mit Splitt gefüllt, um sie möglichst zu verringern, und abgewalzt wird. Dann werden 3—3,5 kg/m² Bindemittel im Heißverfahren eingegossenen und 20—25 kg Splitt 15/20 mm aufgebracht. Diese Schicht kann als Ersatz für die geschlämmte Schlußschicht der wassergebundenen Steinschlagdecke angesehen werden. Darauf kommt eine zweite Tränkung mit 2,0—2,5 kg/m² und Abdecken mit 15—20 kg Splitt 5/15 mm. Die Oberflächenbehandlung erfordert etwa 1,0—1,2 kg/m² Bindemittel und 12—18 kg/m² Splitt 2/8 oder 5/15. Abb. 259b Asphalttränkmakadam. Als Bitumen kann nur ein hartes in Frage kommen. Die geeigneten Straßenteere sind aus der Tabelle Nr. 33 zu entnehmen. Diese Tränkung kann wiederum in verschiedenen Abstufungen erfolgen, z. B. schlägt Dr. Oberbach vor, statt der zweiten

Tränkung eine Decklage von 45—60 kg Teer- oder Bitumensplitt 3/0 mm aufzubringen und dann die Oberfläche wie zuvor zu behandeln.

Den Vorteil sieht er in der Möglichkeit, daß auch weichere Gesteine — Findlingsgranit und Kalkstein — verwendet werden können und die aus gleichmäßig vorgemischtem Teer- oder Bitumensplitt bestehende Schleißschicht wertvoller ist und sich mehr profileben einbauen läßt, was wohl zutrifft.

Die Bindemittelmenge im Steinschlaggerüst hat aber nur Wert hinsichtlich des Fernhaltens von Nässe von oben und unten. Die innere Scherkraft des Steingeschläges wird nur bei sehr hartem Bindemittel erhöht, andernfalls bleibt eine solche Tränkdecke nachgiebig und ist daher besonders dort angebracht, wo mit Setzen des Untergrundes zu rechnen ist, dem die Tränkdecke ohne zu reißen folgen kann (S. 331). Zeitweilig ist das Tränkverfahren dort bevorzugt worden, wo es galt, mit ungelernten Kräften Land-, aber auch Stadtstraßen zu verbessern, ohne Maschinen — ausgenommen die Walze — zu benutzen.

Zur Einschränkung des hohen Bindemittelbedarfes ist die Halbtränkung eingeführt:

Steinschlagschicht 35/55 mm . . .	90	bis	120	kg/m²
Split 15/25 mm	10	„	15	„
Tränkung (einmalig):				
Bindemittel	3,5	„	4	„
Splitt 5/15 mm	20	„	25	„
Oberflächenbehandlung:				
Bindemittel	1	„	1,5	„
Splitt 2/8 oder 5/15 mm . .	12	„	20	„

Steinschlag, lose aufgesetzt, hat etwa 45—50 % Hohlräume, gut eingewalzt, etwa 20—25 %. Würden diese mit Bindemittel ausgefüllt, wie es in den Anfangsjahren des bituminösen Straßenbaues geschehen ist, würden erhebliche Mengen Bindemittel verwendet werden ohne sichtbaren Zweck. Darum wird zur Hohlraumausfüllung in den Steinschlag jetzt Splitt eingewalzt. Das heiße Bindemittel muß die wesentlich kleiner gewordenen Hohlräume durchfließen, schreckt dabei ab und bleibt in der oberen Schicht hängen.

Tränkungen können nur vorgenommen werden, wenn die Decke selbst völlig trocken ist und warme, trockene Witterung herrscht. Sie sind also wie alle Heißverfahren sehr der Witterung unterworfen und bereiten daher Schwierigkeiten.

Als zulässige Steigung wird 6 % angegeben. Tränkungen sind aber auf Gebirgsstraßen, z. B. Gaisbergstraße (12,7 %) und Glocknerstraße (10 %), mit Wetterteer vorgenommen. Wetterteer läßt sich auch bei feuchtem Gestein aufbringen. Die Oberfläche ist griffig. Der Einsatz ungelernter Kräfte beim Tränkmakadam bringt aber die Gefahr mit sich, daß zuviel oder zuwenig Bindemittel dem Belag einverleibt wird. Im ersten Falle schiebt die Decke und wird wellig, im zweiten hält sie nicht. In der Bemessung der richtigen Bindemittelmenge besteht die Schwierigkeit dieser Bauweise.

Die abschließende Oberflächenbehandlung ist bei Asphalttränkmakadam sofort nach Durchführung der Tränkung auszuführen. Bei Teertränkmakadam soll dieselbe erst dann aufgebracht werden, wenn die Decke einige Zeit dem Verkehr ausgesetzt gewesen ist. Vor dem Aufbringen der Oberflächenbehandlung ist die profilgemäße Lage genau nachzuprüfen, geringe Unebenheiten sind mit Bindemittel und Splitt entsprechender Körnung auszugleichen. (T. V. bit II. 2a.)

Ausführung der Tränkung.

Der Einguß kann mit Kannen erfolgen, dann ist die Leistung nur gering, oder mit Sprengwagen. Die Schwierigkeit liegt darin, das Bindemittel stets in gleichen Mengen aufzubringen. Bei Beginn, wenn der Sprengwagen sich in Bewegung setzt und die Sprengdüsen geöffnet werden, soll Papier über die zuletzt besprengte Fläche ausgebreitet werden, damit die richtige Sprengstärke vorhanden ist, wenn der Wagen die gleichmäßige Geschwindigkeit und die noch unbenetzte Fläche erreicht hat. Das Bindemittel wird mit 2—5,5 kg/cm² Druck ausgespritzt. Aus der Sprengleistung/minutlich und der geforderten Eingußmenge ist die Fahrgeschwindigkeit zu errechnen. Das Verspritzen ist einzustellen, wenn der Kessel nahezu entleert ist und die Sprengstärke nachläßt.

Tränkmakadam als Schichtbelag verlangt eine Erneuerung der Fahrfläche, da diese mit der Zeit abgenutzt wird. Vorsorglicherweise wird man diese Oberflächennachbehandlung schon vornehmen, ehe ein gefährlicher Zustand erreicht ist, zumal man hierbei auf die günstige Witterung im Sommer angewiesen ist. Der Wunsch, stets mit einer unbedingt geschlossenen Decke in den Winter hineinzugehen, wird bisweilen Maßnahmen veranlassen, die an sich noch nicht nötig sind. Das führt dazu, daß Teertränkmakadamdecken fast in der Regel jährlich nachbehandelt werden, auf jeden Fall alle zwei Jahre, d. h. auch bei ausschließlichem Gummiverkehr sind solche Nachbehandlungen bei Teer notwendig *[201]*.

Güteprüfung von Tränkdecken. Obwohl es sich beim Tränkmakadam um ein sehr behelfsmäßiges Verfahren handelt, für das genaue Ausführungsvorschriften nicht erlassen werden können, ist eine Güteprüfung vorgesehen, die im Merkblatt der F. G. v. 1. 9. 1937 näher beschrieben ist und sich auf laboratoriumsmäßige Untersuchungen und örtliche Prüfungen erstreckt (Auszug).

A. Laboratoriumsmäßige Untersuchung.

1. Untersuchung des extrahierten Bindemittels an Aufbruchstücken nach den dafür bestehenden Normen;
2. Untersuchung des Schotters und Splitts auf Gesteinsart und Güte und gegebenen falls Kornform (würfelähnlich oder scherbig) und
3. Untersuchung der Haftfähigkeit des Bindemittels am Gestein.

B. Örtliche Prüfungen an den fertigen Decken.

Zu diesem Zweck werden die Decken an verschiedenen Stellen aufgebrochen, und durch Augenschein wird festgestellt:

1. daß das Schottergerüst von unten her genügend gedichtet und mit dem Tragkörper gut verankert ist, und daß das Bindemittel nicht nach unten abgelaufen ist;
2. daß das Bindemittel gleichmäßig verteilt ist, und daß die oberen Hohlräume des Schotterbettes gut mit Propfen aus Splitt verschiedener Größe ausgefüllt sind.

Auch die Oberfläche von Tränkdecken kann zu Prüfungen mit herangezogen werden, indem die Schnelligkeit des Abtrocknens nach Regenfällen beobachtet wird, woraus Schlüsse auf die Wasserdichtigkeit gezogen werden können. Dabei ist zu beachten, daß das Abtrocknen um so schneller vor sich geht, je mehr die Splittabdeckung eingefahren ist.

Tränkverfahren mit Mischung an Ort und Stelle.

Diese in den VStA. entwickelte Bauweise ist durch Einsatz von Maschinen besonders gekennzeichnet. Ist die bestehende Decke stark abgenützt, so wird sie erst aufgerissen und mit Zusatz von neuem Steinschlag neu gewalzt. Besteht noch ein gutes Profil, wird die Oberfläche von Schmutz, Staub und losen Steinen befreit. Hierauf wird Steinschlag mit einem Korndurchmesser 32—50 mm 5 bis 7,6 cm hoch in gewünschter Lockerung ausgebreitet. Diese Schichte wird leicht angewalzt und dann mit etwa 1,8 l Verschnittbitumen auf den Quadratmeter übergossen. Die Oberfläche wird dann mit dem Straßenhobel (s. Abb. 184) geebnet, wobei die Abziehschaufel so gestellt ist, daß nur der obere Teil der behandelnden Schichte bewegt und somit nur der mit Bitumen überzogene Steinschlag vor dem Straßenhobel herumgeworfen wird. Nach Herstellung eines sauberen Profils wird die Straße mit einer 9-t-Walze abgewalzt, was einige Tage nach Freigabe für den Verkehr nochmals gründlich wiederholt wird. Das Oberflächengefüge ist auf dieser Stufe ziemlich schrundig, weshalb Splitt mit einem Korn zwischen 12—16 mm in genügender Menge zur Füllung der Hohlräume an der Oberfläche darüber geworfen wird. Alsdann werden nochmals 0,9 l/m² Verschnittbitumen gegeben. Der übergossene Splitt wird mit dem Abgleicher oder mit einem Zugschlitten (Abb. 189) gemischt und verteilt und sodann in die Oberfläche eingewalzt. Nach etwa zwei Wochen wird zum dritten Male Verschnittbitumen, etwa 0,67 l/m² aufgebracht, leicht mit Splitt von 12 mm Korn abgedeckt und die Straße endgültig mit der Walze sorgsam geglättet. Der Gesamtverbrauch an bituminösen Stoffen beträgt 3,3 l/m², das ist weniger als die Hälfte der für eine Asphaltmischmakadamdecke von derselben Stärke benötigten Menge. Trotzdem sind, sorgfältige Herstellung und Unterhaltung vorausgesetzt, mit diesem Verfahren sehr gute Ergebnisse erzielt worden. Die Unterhaltung hat unmittelbar nach der Fertigstellung der Decke zu beginnen. Mitunter hat es sich als empfehlenswert erwiesen, der Oberfläche nach einem oder zwei Jahren erneut einen Deckenanstrich zu geben, wobei für den Quadratmeter etwa 1,1—2,25 l Verschnittbitumen und 16,2—21,6 kg Splitt von 19 mm Korngröße benötigt werden. Die Verwendung von Verschnittbitumen ermöglicht den Kalteinbau.

Tränkung mit Emulsion.
Auch Bitumenemulsionen werden zur Tränkung benutzt. Da sie leichtflüssiger sind, dringen sie tiefer ein, und der Verbrauch würde sich größer stellen, wenn nicht 50% Wasser sind, die sich nach dem Zerfall abscheiden und das Bitumen dann nur die Steine umhüllt.
Es wird unterschieden zwischen Ganz- und Halbtränkung. Um den Bindemittelverbrauch einzuschränken, wird bei einer Neuwalzung erst eine 1—1,2 cm hohe saubere Schicht von Sand oder Steinbrechsand aufgeschüttet, in die der Steinschlag eingewalzt wird. Die Steinkörnung soll wie folgt abgestuft sein:

a) 5 cm starke Decke in gewalztem Zustand

60% Körnung 20—40 mm
30% „ 10—25 mm
10% „ 5—20 mm

b) für 6—7 cm starke Decken in gewalztem Zustand

60% Körnung 20—50 mm
30% „ 20—40 mm
10% „ 10—20 mm

Die kleinste Körnung ist erst beim Walzen zuzugeben, sonst würde die Schüttung wohl beweglich bleiben. Am Schluß ist noch Splitt von 12/18 mm einzuwalzen. Dann wird getränkt mit Mengen, wie sie die Tabelle 35 angibt.

Tabelle 35.

Stärke der Beläge	Art der Behandlung	Mengenverbrauch an Emulsion kg/m²
5 cm	Volltränkung	5,5—8
	Halbtränkung	3—5,5
6,25 cm	Volltränkung	6,5—9,5
	Halbtränkung	4—7
7,5 cm	Volltränkung	8—10
	Halbtränkung	5,5—8

Die Tränkung kann auch bei feuchtem Gestein vor sich gehen.
Bei der Halbtränkung wird die Walzung stark gewässert, so daß der Sand an der Sohle schlammig wird und sich möglichst hocharbeitet (2 cm unter Oberkante). Die Emulsion wird dann mit Hand (Gießkanne) oder mit Sprengwagen aufgespritzt. Dann wird Abdecksplitt 8/12 aufgebracht, solange die Emulsion noch nicht zerfallen ist, und eingewalzt (15—20 kg/m²).

cc) Walzschottergußasphalt.

Beim Walzschottergußasphalt, auch als Asphalteingußdecke bezeichnet, ein Verfahren mit Mischung auf der Straße, wird erst der Schotter oder Steinschlag (100—120 kg/m²) 35—55 mm wie üblich festgewalzt, an Stelle der Deckschicht dann Asphaltmastix heiß (130—150°) eingegossen, der folgendermaßen zusammengesetzt sein soll:

20—25 Gew.-% Bitumen (B 65 und B 80)
20 Gew.-% Füller und
Sand bis 3 mm.

Bei dem hohen Bitumengehalt und dem verhältnismäßig im Vergleich zur Bitumenmenge geringen Fülleranteil fließt die Masse in der Hitze leicht und läßt sich auf dem rauhen Schotter mit Gummischiebern ausbreiten. Wenn Naturasphaltmehl verwendet wird, werden 34 Gew.-Teile Asphaltmastix mit 50 Teilen Quarz- und Brechsand (0—2 mm) und 16 Teile Bitumen (B 65) gemischt. 26—32 kg/m² dieser Masse werden bei 180—200° ausgegossen und ausgebreitet. Um die Oberfläche griffig zu gestalten, werden 20 kg/m² Edelsplitt 15/20 oder 1/20 mm Körnung eingewalzt, der ganz in der Schicht verschwindet, so daß noch eine zweite Schicht aufgebracht wird zwischen 8—15 kg/m² Mastix und 15 kg/m² Edelsplitt 8/15 mm oder 12/18, der eingewalzt wird.

Gebrauchswert. Ein solcher Belag ist nachgiebig und wasserundurchlässig, daher geeignet auf unsicherem Untergrund, z. B. auf Hinterfüllungen von Widerlagern, die sich noch nicht gesetzt haben, in feuchten Lagen, bindigem Untergrund, im Wasserbau als Uferschutz. Nach dänischen Erfahrungen ist er besonders wegen seiner Rauhheit am besten auf steilen Straßenstrecken geeignet (Ber. 21, VIII. Str. K. Haag). Für lange Straßenstrecken kommt diese Bauart nicht in Frage. Die Ausführung ist nur bei günstiger Witterung möglich. An die Stelle des zweiten Aufgusses kann auch eine Oberflächenbehandlung treten, die mit bituminiertem Splitt abgedeckt wird. Mit anderen Oberflächenüberzügen ist das Verfahren schon erwähnt worden.

dd) Mischmakadam.

Zusammensetzung.

Beim Mischmakadam handelt es sich wieder um einen Schichtenaufbau, der sich von den bisher behandelten Deckenarten darin unterscheidet, daß auch die untere Steinschlagschicht mit Bitumen oder Teer gemischt wird. Alles zur Verwendung kommende Gestein wird in Maschinen mit dem Bindemittel überzogen, beim Heißeinbau in nächster Nähe der Baustelle, beim Kalteinbau in ortsfesten Mischern in der Regel im Steinbruch, bei Verwendung von Hochofenschlacke am Hochofenwerk. Je nachdem, ob Heiß- oder Kalteinbau erfolgt, ist die Art des Bindemittels zu wählen, für Heißeinbau zähflüssig, bei Kalteinbau leichtflüssig, damit die Masse nach längerer Lagerung und auch Beförderung in einem solchen Zustande an der Baustelle ankommt, daß sie nicht backt, aus dem Eisenbahnwagen geschaufelt, gleichmäßig verteilt und eingewalzt werden kann (vgl. Tabelle 33). Wenn Bitumen verwendet wird, kommt sinngemäß für Heißeinbau ein mittelhartes, für Kalteinbau ein Verschnittbitumen in Frage. Die untere Schicht besteht demnach aus Mischmakadam. Eine Erhöhung des Scherwiderstandes der Decke kann (Dritter Abschn. C. i. 6. δ. ee) angenommen werden. Bei Kalteinbau mit leichtflüssigem Teer besteht die Gefahr, daß die Decke zu bildsam wird, vornehmlich wenn Hartgesteine verwendet sind. Die guten Erfolge mit Hochofenschlacke sind vermutlich auf die sehr rauhen Flächen zurückzuführen. Dadurch wird ein großer Winkel der inneren Reibung, auch im geteerten Zustande, erzeugt. Da auf der rauhen Oberfläche die Bindemittelschicht sehr dünn ausfällt, ist mit weniger Kohäsion und mehr Adhäsion zu rechnen. Auf jeden Fall gilt Mischmakadam als nachgiebig.

Nach R bit L werden Decken von etwa 6 cm Dicke zweischichtig, Decken von 7 cm Dicke und darüber in drei Schichten eingebaut.

Im ersten Falle wird für die Unterschicht eine Körnung 15/45 mm, die sich zusammensetzt aus

$^1/_3$ der Körnung 15/25 mm
$^2/_3$,, ,, 25/45 ,, verwendet.

Im zweiten Falle besteht die Unterschicht aus Steinschlag 25/45 oder 35/55 mm, die Zwischenschicht aus Splitt der Körnung 15/25 mm.

Für die Oberschicht wird sowohl bei zwei- als auch bei dreischichtigen Decken Splitt der Körnung 5/15 mm oder eine Splittmischung 2/15 mm eingebaut, die sich aus 1/3 Splitt 2/5 mm und 2/3 5/15 mm zusammensetzt (Abb. 259c).

Der Oberflächenschluß kann nunmehr wieder sehr verschiedenartig ausgebildet werden, z. B. an Stelle des üblichen Überzuges als Deckschicht aus hohlraumarmem, kalt- oder warmeinbaufähigem Mischgut (Teerbeton) von 25—35 kg/m² bei einer Verminderung der Menge des bituminierten Splittes in der Oberschicht auf 20—25 kg/m². Diese hohlraumarme Schicht verlangt aber noch 2—3 kg/m² leicht mit Bindemittel (~ 2 Gew.-%) umhüllten Sand 0/2 mm.

Bauausführung.

Mischmakadam kann im Kalteinbau mit Teer oder Verschnittbitumen hergestellt werden. Aber die Verwendung von Teer in den unteren Schichten und Zwischenschichten und Bitumen in der Oberflächenbehandlung oder Schlußschichten bietet besondere Vorteile. Teer verharzt schneller und kommt dann in einen beständigen Zustand. Verschnittbitumen braucht einige Zeit zur Verdunstung. Die unteren Schichten müßten demnach längere Zeit offen liegen, bis das Verschnittbitumen sich versteift hat, bevor die oberen Schichten aufgebracht werden können. Das spricht für Teer in den unteren Lagen. Bitumen empfiehlt sich dagegen für die oberen Lagen, da es den Atmosphärilien und der Abnutzung mehr Widerstand entgegensetzt. Besonders durch Heißbituminierung mit B 300 werden Nachbehandlungen, die bei Makadambelägen nicht zu umgehen sind, erst in längeren Zeitabschnitten notwendig.

Der ganze Aufbau des Mischmakadams weist darauf hin, daß er durch die Walzung noch nicht völlig fest wird, sondern ein großer Teil der Verdichtung dem Verkehr überlassen werden muß. Mischmakadam wird daher unter die langsam verdichtenden Beläge eingereiht. Das ist durch Untersuchung am Aufbruch von Decken hohen Alters nachgewiesen, die nahezu porenarm geworden sind *[202]*. Um diesen Zustand schnell ohne zu weitgehende Formänderung (Wellenbildung) und Kornzertrümmerung zu erreichen, sollten auch die Makadambeläge einen gesetzmäßigen Körnungsaufbau erhalten, über den im Dritten Abschn. C. i. 6. ε. cc Vorschläge gemacht sind (vgl. Zusammenstellung).

Damit die Verkehrswirkung auch die unteren Zonen noch erreicht, sollen die Oberflächenbehandlung oder die Schlußschichten erst nach einiger Zeit aufgebracht werden, etwa nach vier bis sechs Wochen. In der Zwischenzeit schützt man die unteren Schichten durch eine magere Teersanddecke.

Das Schwergewicht der Baustoffaufbereitung ist auf den richtigen Bindemittelzusatz der einzelnen Korngrößen zu richten. Davon hängt die Festigkeit der Schichten ab, wie schon aus den noch folgenden Ausführungen über die Kräftewirkung in dem Steingemisch hervorgeht. Die richtige Menge steht in Beziehung zur Art und Korngröße des Gesteins und der Art des Bindemittels. Das Gestein muß getrocknet werden. Da aber erhitztes Gestein nur wenig Bindemittel annimmt, wird es nach Patent 577127 auf Handwärme zurückgekühlt.

Die Menge, bezogen auf Gew.-% der Mineralmasse, wird bei grobem Gestein, das einmal wegen seines größeren Hohlraumes ein geringeres Raumgewicht und auch eine geringere Oberfläche hat, geringer sein als bei den feinkörnigen Massen. Indessen kann als sicher gelten, daß das grobe Gestein höhere Oberflächenkräfte ausübt und daher eine stärkere Bindemittelschicht binden kann[1], so daß hier ein Ausgleich allerdings nur in beschränktem Maß anzunehmen ist. Die zähflüssigen Bindemittel werden sich außerdem in dickerer Schicht auflegen als die leichtflüssigeren, die deshalb nur bei Kalteinbau in kalter Jahreszeit angebracht sind. Dr. Oberbach gibt die folgenden Bindemittelzusätze an *[197]*:

Tabelle 36.

Kleinschlag	30/50	oder	40/60		2,5%
„	20/35	„	20/40		3%
Splitt	15/25	„	10/30		3,5%
„	3/25	„	8/25		4%
„	3/8	„	3/15		5%
„	1/3	„	1/5		6%
Steinsand	0/3	„	0/5	fett	7—8%
„	0/3			mager	2—3%

Wird die Bindemittelmenge genau nach dieser Anweisung zugegeben, wird das Gestein sie voll aufnehmen. Wird aus bestimmten Gründen weniger zugesetzt, wird alles am Gestein bleiben, wenn in Zwangsmischern gemischt wird. Gibt man aber mehr, so wird ein Teil ablaufen und verloren sein, besonders wenn das Gestein zu heiß ist.

Die Aufbereitung an ortsfesten Anlagen mit dauernder Kontrolle verbürgt neben einer Kostenersparnis eine zielsichere Ausführung.

Da Ebenflächigkeit ein Haupterfordernis ist, müssen die einzelnen Schichten auf dem genau profilierten Unterbau in gleicher Schichtdicke eingebaut werden, damit ihre Verdichtung auf der ganzen Fläche gleichmäßig fortschreitet. Das geschieht am besten mit seitlichen Einfassungslatten, auf denen die Masse mit Lehren abgezogen wird. Die Lattenhöhe entspricht der Schichtstärke unter Zurechnung des Verdichtungsmaßes. Jede Schicht wird für sich gewalzt. Die Walze soll 8—12 t Gewicht haben. Beim Abstürzen der Mischmakadammassen aus dem Wagen und Ausbreiten mit Rechen bilden sich leicht Klumpen, die schon vorverdichtet sind und auf denen dann die Walze reitet, während die umliegenden Flächen ungenügend verdichten. Geräte, die über die ganze oder halbe Straßenbreite die Masse gleichmäßig verteilen, bürgen für das Einhalten einer genauen Schichtdicke. Sie werden im Dritten Abschn. C. i. 6. η zusammenfassend beschrieben.

Gebrauchswert. Mischmakadam ist für schweren Verkehr am Platze. Er ist griffig und kann bis zu 4 % Steigung verlegt werden, bei reinem Kraftverkehr auch in stärkerer Steigung. Der Kalteinbau wird in Zukunft zu bevorzugen sein. Seine Vorteile liegen in der fabrikmäßigen Herstellung, geringem Bindemittelbedarf, Unabhängigkeit von Vorbereitungsfristen, Anpassung an Klima und Jahreszeit, Einfachheit des Einbaues.

Unterhaltung.

Da Mischmakadam zu den langsam verdichtenden Decken gehört, tritt durch den Verkehr noch eine weitere Verdichtung ein, die anfangs in Radspuren, hervorgerufen durch den Stahlreifenverkehr, in Erscheinung treten kann, die sich aber

[1] Gonell ist zu dem Ergebnis gekommen, daß die Dicke der Bitumenschicht, die ein Korn an seine Oberfläche zu binden vermag, mit sinkender Korngröße abnimmt. ZVDI Bd. 78 1934, Nr. 12, S. 558.

wieder einfahren. Deshalb soll nach dem Einbau noch eine Deckenpflege einsetzen, indem Teersand aufgestreut wird, der durch einen Wärter fortlaufend eingekehrt wird. Da die oberen Schichten geschlossen gehalten werden müssen, werden zur Beseitigung eingetretener Abnützung Oberflächenbehandlungen von Zeit zu Zeit notwendig, bei Teer in kürzeren Abständen als bei Bitumen. Die damit verbundenen Arbeiten und Verkehrsstörungen sind ein Nachteil des Mischmakadams bei sonst anerkannten Vorzügen.

ee) Beziehungen zwischen Verkehrsbeanspruchung und Deckenaufbau.

Die Größe der vertikalen Kräfte, als statischer Raddruck g. F. mit Stoßzuschlag, die der Straßenbelag aufnehmen soll, sind für Stahlreifen auf Seite 5 angegeben. Sie sind abhängig von der Deckenart insofern, als bei nachgiebigen Decken, die auch Federungseigenschaften haben, der Einheitsraddruck geringer sein wird, weil die Berührungsfläche eine größere ist als bei starren Decken. Bei Luftreifen entspricht der Raddruck dem Reifeninnendruck mit einem Zuschlag nach S. 13. Horizontale Kräfte entstehen beim angetriebenen Rad aus der Schubkraft an der Straßenoberfläche, die entgegengesetzt der Fahrtrichtung wirkt. Ihre Größe ist $Q = N\mu_r$. Der Kraftschlußbeiwert der rollenden Reibung wird in seiner vollen Größe nur bei Beschleunigung ausgenützt. Schubkraft tritt beim Bremsen auf und wirkt in der Fahrtrichtung. Die Bremsen sollen so eingerichtet sein, daß sie den Kraftschlußbeiwert der Fahrbahn voll ausnützen. Die Bremskraft ist $Q\mu_g$. In der Regel ist $\mu_r > \mu_g$. Die auftretenden Kräfte können sich bei sehr widerstandsfähigen Belägen in einer starken Abnutzung des Gummireifens äußern.
Bei Verwendung der bituminösen Bindemittel wird die Oberfläche des Gesteinsbelages geglättet und daher die Unebenheiten stark eingeschränkt. Zugleich aber auch werden die Gesteinsteile verkittet, so daß die Schubkraft aufgenommen und die Deckenstoffe weder gelockert noch herausgerissen werden können. Allerdings kann bei Nässe der Kraftschluß zwischen Rad und Fahrbahn abfallen.
Die größere Gefahr ist, daß die beim Bremsen — Blockieren des Rades — erzeugte Wärme das bituminöse Bindemittel unzulässig erweicht. Mit der hier außer Betracht zu bleibenden Ermäßigung des Gleitbeiwertes kann damit eine Zerstörung der Decke verbunden sein. Solche Beobachtungen hat Zipkes in seiner Arbeit *[15]* gemacht und danach Konstruktionsgrundlagen für die bituminösen Beläge empfohlen, die im wesentlichen auf der Stabilisierung des Bitumens durch Füllstoff beruhen. Aber diese Richtlinien, die für die Oberfläche gelten, stehen auch in Beziehung zum ganzen Belag und daher soll diese jetzt allein betrachtet werden.
Die Vertikallasten müssen durch die Scherwiderstände der Belagmasse aufgenommen werden, die bei einer wassergebundenen Decke nur auf der inneren Reibung beruht. (Winkel der inneren Reibung.) Da bei einer Belastung, besonders, wenn der Untergrund nachgiebig ist, womit in der Regel zu rechnen ist, der Belag sich auch noch verformt, so liegen keine elastisch erfaßbaren Zustände, sondern bildsame vor.
Hinsichtlich der Festigkeitsgrenzen des Schotterkörpers kann es vorkommen, daß der Einheitsdruck des Rades zu stark wird und die Schotterdecke ohne Überbeanspruchung des Planums unter der Last nachgibt und der Steinschlag an den Felgenrändern des Rades herausquillt. Es löst sich nach Versuchen ein geschlossener Körper aus dem Schotter ab, dessen Form bestimmt ist, in welcher Zone dem Abgleiten die geringsten Widerstände entgegengesetzt werden. Unter der Annahme, daß beim Überschreiten des Gleichgewichts der ganze Körper sich um Punkt A dreht und der Körper ADF nach oben verschoben wird, wird die Abgleitlinie eine logarithmische Spirale (Abb. 260), deren Festwerte sich aus dem Winkel der inneren Reibung und der Belastungsbreite bestimmen lassen. In dieser Kurve bildet die Verbindungslinie jeder ihrer Punkte mit dem Erzeugungspunkt A stets denselben Winkel mit der zugehörenden Tangente, dessen Kompli-

mentwinkel φ ist. In diesem Falle wird der Bewegungswiderstand am kleinsten. Die ungünstigsten Verhältnisse ergeben sich für nasse Steinschlagdecken, bei denen sich vertiefte Gleise bilden. Bei allen Belägen, die mit Bitumen oder Teer behandelt werden, werden die Decken trocken bleiben, womit dieser ungünstige Fall für die Gleisbildung von vornherein ausscheidet. Der Wert der bituminösen Behandlung liegt demnach dann in erster Linie in diesem Ergebnis.

Das Bindemittel Teer oder Bitumen wird bei den bituminösen Belägen zu der inneren Reibung auch noch Kohäsion hinzufügen. Der Verkehr wird die Verspannung bei leichtflüssigem Bindemittel weiter vergrößern. Allerdings kann der vertikale Druck, wenn er sich auf kleine Flächen zusammendrängt — Rad mit eisernen Reifen, Räder mit Stollen —, eine Kornzertrümmerung herbeiführen, die sich von den oberen Schichten bis in den Steinschlag, wenn er nicht genügend zäh und hart ist, fortpflanzt. Sie kann anfangs zu einer Dichtung, später auch zu einer Auflösung des Belages führen. Aber bei dem jetzt überwiegend herrschenden Gummireifenverkehr ist das letztere nur in geringem Maße anzunehmen. Hierbei ist aber folgendes zu beachten:

Bei Steinschlag besteht die Reibung nach Coulomb, und der Widerstand gegen die Verformung ist abhängig von dem Normaldruck. Wenn in den Steinschlag oder das Mineralgerüst ein Schmiermittel eingebracht wird, werden Fließeigenschaften den Widerstand herabsetzen. Die dadurch ermöglichte Verformung ist abhängig von der Geschwindigkeit der Kraftwirkung, der Reibungsbeiwert selbst ist vom Druck unabhängig, dagegen abhängig von der Zähflüssigkeit des Bindemittels. Die Dicke der Schmiermittelschicht kann diesen Vorgang beeinflussen, insofern als bei einer dicken Schicht die Kohäsion des Bindemittels mitwirken wird. Bei sehr dünnen Schichten sind stärkere Adhäsionskräfte mit am Werk. Dann kann in diesem Falle noch Reibung nach Coulomb angenommen werden. In der Regel wird aber bei der bituminösen Deckenaufbauweise beides der Fall sein. Die Nachprüfung an einem Asphaltmörtel nach dem Verfahren mit dem dreiachsigen Scherversuch, auf den später noch eingegangen wird (Dritter Abschnitt C. i. 6. ϑ), hat folgendes ergeben:

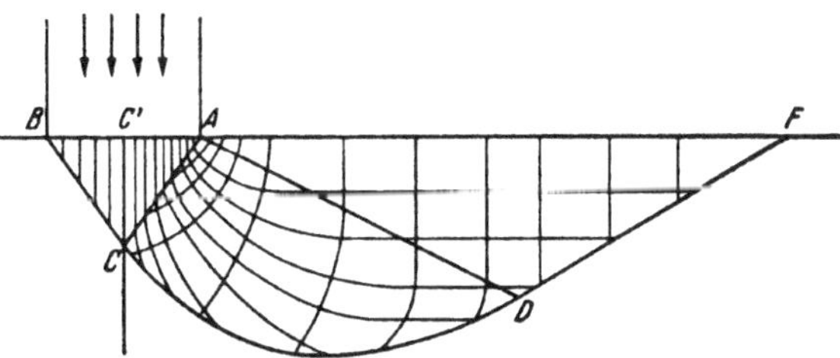

Abb. 260. Verschiebung unter Druck in einem nachgiebigen Belag.

Tabelle 37.

	∢ der inneren Reibung	Kohäsion
1. Trockener Mineralstoff	37° 15′	0,1
2. Mit Wasser geschmiert	38°	0,2
3. Mit Schmieröl	30° 15′	0,4
4. Mit Mexphalt 50/60	30°	2,1
	Prüfung bei 20°	

Durch das Hinzufügen des Bindemittels Zeile 4 ist eine erhöhte Bildsamkeit (Plastizität) der Masse entstanden. Es fehlt aber an Versuchen, ob nicht bei Dauerbelastung der Reibungsbeiwert infolge von weiterer Verdichtung und Verspannung der Masse wieder zunimmt. So viel ist sicher, daß bei Vorhandensein von Bindemitteln zwar der ∢ der inneren Reibung abnimmt, aber Kohäsion hinzutritt, je nach der Härte des Bindemittels, so daß die Festigkeitsverhältnisse sich ausgleichen können. Der Wert des Bindemittels liegt dann in der Herstellung einer mehr ebenen Oberfläche, in dem Schutz des Minerals gegen Zertrümmerung, wenn die einzelnen Steinstücke nicht mehr hart auf hart reiben, und in dem Schutz gegen die Einflüsse der Nässe.

Der Rückgang des Winkels der inneren Reibung weist darauf hin, daß auch weichere Gesteine, wenn sie bituminiert sind, für den Straßenbau brauchbar sind, wie die Erfahrung bestätigt hat. Es ist aber als ein verhängnisvoller Irrtum anzunehmen: „Je vollkommener das Bindemittel ist, desto eher kann der Aufbau des Traggerüstes vernachlässigt werden." Denn das Bindemittel ist niemals in der Lage, Mängel in der Decke, die den Scherwiderstand herabsetzen, auszugleichen. Es soll versucht werden, die bisher besprochenen bituminösen Deckenbauweisen daraufhin zu prüfen, wie bei ihnen durch die jeweiligen Maßnahmen die Scherkräfte erhöht oder die Kohäsion vermehrt wird und damit eine erhöhte Widerstandsfähigkeit der Decke gegen die Verkehrsbeanspruchung erreicht wird.

Einstreudecken (Abb. 259a): Hier wird die Oberflächenschicht durch Einstreuen von bituminiertem Splitt (mit Teer oder Bitumen) verankert und zugleich der Scherwiderstand erhöht. Die Einstreumasse verhindert, daß bei Abnutzung des Oberflächenanstriches und Bloßlegung der Schotterlage diese so schnell angegriffen wird wie bei der gewöhnlichen wassergebundenen Decke oder der Oberflächenbehandlung. Aber der Schutz ist nur begrenzt und nur bei entsprechend geringerem Verkehr von einiger Dauer.

Tränkmakadam (Abb. 259b): Die Einverleibung des Bindemittels (Teer, Bitumen oder Emulsion) soll den Scherwiderstand der Decke erhöhen. Da das eine gewagte Sache ist, empfiehlt die Auskunft- und Beratungsstelle für Teerstraßenbau in ihren Ratschlägen für Tränkmakadam folgendes:

„Während die sandgebundene Schotterdecke sofort fest gewalzt wird, also ein weitgehendes Maß von Zusammendrücken beabsichtigt ist, muß die Schotterlage der Tränkdecke zunächst nur gut ins Profil gebracht werden, wobei jeder Stein eine gewisse Ruhelage finden soll. Der Zweck des Walzens ist hierbei, die Decke zunächst zu formen, aber noch so weit offen zu lassen, daß das zähflüssige Bindemittel seinen Weg in die Decke findet. Die Walzdauer hängt von der Eigenschaft des Schotters sich zu verkeilen und der Festigkeit des Gesteins ab. Wie lange nach Beendigung des Tränkens gewalzt werden muß, um die größtmögliche Verdichtung zu erreichen, läßt sich theoretisch überhaupt nicht darlegen. Ganz allgemein kann gesagt werden, daß zu vieles Walzen, besonders mit schweren Walzen, der frischen Tränkdecke leicht schaden und den Abstreusplitt bzw. -grus zerdrücken kann. Gerade die Walzarbeit ist daher mit großer Vorsicht und Sorgfalt auszuführen."

Hierzu ist zu sagen: Der Scherwiderstand ist demjenigen einer wassergebundenen Decke nur dann gleichzusetzen, wenn die genügende Verspannung ($\sphericalangle$ der inneren Reibung) erreicht ist und zugleich das Bindemittel die genügende Kohäsion erzeugt. Es besteht die Gefahr, daß beim Walzen, wenn die Decke nur in das Profil gebracht wird, die notwendige Verspannung nicht erreicht wird, daß außerdem, wenn der Hohlraum zu groß bleibt, die Bindemittelschicht zu dick ist und nicht genügend Kohäsion vorhanden ist. Zur Verbesserung der Verspannung, zugleich aber, um ein Übermaß von Bindemittel zu verhüten, das keine Kohäsion mehr ausübt, sondern die Decke nachgiebig macht, wird empfohlen, in den Steinschlag noch Splitt einzuwalzen, um den Hohlraum zu verringern. Um Kohäsion zu erzielen, sollen nur harte Bindemittel, z. B. Wetterteer und Bitumen B 45, verwendet werden. Aber es ist oft genug betont worden, daß die Ausführung von Tränkdecken Glückssache ist. Sie werden dort bevorzugt, wo mit Setzungen zu rechnen ist, weil sie hier zufolge ihrer Nachgiebigkeit am Platze sind.

Nur unter bestimmten Voraussetzungen kann der Aufbau der Decke als den Anforderungen entsprechend angesehen werden, die vom Standpunkt der Erreichung des Höchstmaßes an innerem Scherwiderstand gefordert werden.

Mischmakadam (Abb. 259c): Hier liegen die Verhältnisse wieder günstiger, weil in mehreren Schichten aufgebaut wird und jede für sich durch Zusammensetzung der Zuschläge, die von dem Bindemittel nur soweit umhüllt sind, als die Oberfläche binden kann, festgewalzt wird. Die Untersuchungen in der Straßenbauversuchsanstalt Stuttgart haben ergeben, daß die Kornzertrümmerung einem Endzustand zustrebt, der einer Siebkurve entspricht, für die der Hohlraumgehalt den Mindestwert erreicht. Deshalb sollte von vornherein eine solche Kornstufung der Zuschläge angewendet werden, wie auch in der DIN 1996 vorgesehen. Der Aufbau des Belages in zwei oder drei Schichten, bei dem jeweils die obere Schicht aus kleinerem Korn besteht als die untere und dementsprechend auch die obere Schicht von geringerer Dicke als die untere ist, entspricht den statischen Gesetzen, da der Scherwiderstand richtig ausgenützt wird. Der bei Makadambelägen geringe Bindemittelgehalt schafft Verhältnisse, wie sie in der Tabelle 36 angegeben sind.

Bei allen diesen Belägen kann eine mechanische Prüfung der Massen in Probemustern auf Druck oder Zugfestigkeit, wie sie sich unter Belastung verhalten, und ob sie zweckmäßig zusammengesetzt sind, nicht vorgenommen werden.

Da es sich hier um nachgiebige Beläge handelt, die keine Biegungsspannungen aufnehmen können und alles darauf ankommt auf die Verspannung in der Mineralmasse, um den Raddruck auf den Tragkörper und Untergrund zu verteilen, wird es schwer sein, eine statische Berechnung vorzunehmen, besonders wenn über die Tragfähigkeit des Untergrundes keine sicheren Angaben bestehen (vgl. Dritter Abschn. A. V). Trotzdem ist der Versuch gemacht worden, Formeln für die Berechnung über die Belagstärke aufzustellen. Im Hand Book for Highway Engineers 1927 von Harger and Bonney wird die folgende Formel angegeben:

$$h = \sqrt{\frac{P}{3 \cdot p} + \frac{T^2}{9}} - \frac{T}{3}$$

h = Gesuchte Dicke des Belages in cm
P = Raddruck mit Stoßzuschlag in kg
T = Breite der Druckellipse des Luftreifen in cm
p = Tragfähigkeit des Bodens in kg/cm²

Die Druckfläche eines Luftreifens ist zwar eine Ellipse, aber sie wird in einen flächengleichen Kreis umgewandelt und für diesen der Durchmesser T ermittelt und in die Formel eingesetzt.

Für p können etwas größere Werte eingesetzt werden, da ein seitliches Ausweichen des Bodens nicht angenommen werden kann. Die Werte müssen aber unterhalb der Bettungsziffer bleiben, weil Deformationen des Bodens nicht eintreten sollen. p soll liegen zwischen 0,3 kg/cm² bei nachgiebigem Boden, bis 1,5 kg/cm² bei Kies und Sand.

Unter Annahme von $T = 25$ cm, p = 1,0 kg/cm und $P = 4000$ kg + 50% Stoßzuschlag wird $h = 37{,}2$ cm. Es kommt auch hierbei vor allem auf die richtigen Werte von p an, die etwa zu $^1/_{10}$ der Bettungsziffer angenommen werden können.

Andere Formeln 'für die Belagstärke, d. h. Verschleißschicht und Tragkörper, lauten:

a) von Wiley . . . . . . $h = \sqrt{\frac{P}{4p}}$

b) W. S. Downs . . . . . $h = 0{,}564 \sqrt{\frac{P}{p}}$

Die erstgenannte Formel von Harger und Bonney ist nach den Erfahrungen an der Versuchsstraße von Bates[1] aufgestellt, bei der sich eine Bodentragfähigkeit von 0,7 kg/cm² ergeben hat.

ε) Verfahren der Betonbauweise.

Die bisher behandelten Bauweisen mit bituminösen Bindemitteln sind Schichtbeläge, bei denen die obere Verschleißschicht nur eine geringe Stärke hat und infolgedessen in kurzer Zeit abgenützt wird und erneuert werden muß. Wo hohe Anforderungen gestellt werden, sollte der Belag so aufgebaut sein, daß auf einem Tragkörper eine Verschleißschicht von größerer Stärke liegt, die durch und durch gleichmäßig ist und daher auf größere Dicke abgenutzt werden kann, so daß eine Erneuerung nur in größeren Zeitabschnitten notwendig ist.

In dieser Hinsicht hat die Stampfasphaltbauweise, bei der auf einem 20 cm dicken Betontragkörper eine 5—6 cm dicke Stampfasphaltschicht lag (Dritter Abschn. C. i. 3. β), die unbedenklich bis auf 2 cm abgenutzt werden konnte, alle Anforderungen erfüllt.

Da Stampfasphalt als Straßenbelag wegen seiner Schlüpfrigkeit ausgeschieden ist, bot sich Ersatz in anderen bituminösen Belägen, die künstlich zusammengesetzt werden müssen. Als Mineralstoff wurde zuerst Sand genommen. Diese Bauweise hat E. J. d. Smedt zuerst im Jahre 1870 in Newark (New Jersey) angewendet (S. 292) mit Trinidadasphalt als Bindemittel (Dritter Abschn. C. i. 3. α) und der Chemiker der Barber Asphaltgesellschaft in New York, Clifford Richardson, hat der richtigen Zusammensetzung des Sandasphaltes ein tiefschürfendes Studium gewidmet und die Ergebnisse in seinem Werk „The modern asphalt Pavement" niedergelegt, das lange als grundlegend angesehen worden ist. Aber auch die europäischen Ingenieure sahen sich genötigt, noch ehe der Kraftwagen seine Anforderungen stellte, sich mit dieser Bauweise zu beschäftigen, weil der Stampfasphalt nicht in Steigungen verlegt werden konnte, ein Bedarf aber für eine geräuscharme und staubfreie Asphaltdecke in städtischen Straßen mit Steigungen bestand. Da die künstlich aufgebauten Bitumendecken auch auf ehemaligen Steinschlagstraßen aufgewalzt werden können, erwiesen sie sich als vorteilhaft alsdann für die Anpassung der Landstraßen an den Kraftverkehr und damit war ihre Anwendung auch für die europäischen Verhältnisse gegeben.

Die wissenschaftlichen Erkenntnisse und die Erfahrungen bei ihrer Anwendung haben dann ihren Niederschlag in der DIN 1996, soweit es sich um die Deckenbauweisen handelt, gefunden, die unter dem Sammelbegriff der nach dem Betonverfahren aufgebauten oder auch der hohlraumarmen Decken zusammengefaßt werden.

Die Aufgabe ist, daß eine durch und durch gleichmäßige Masse entsteht, die die nötige Scherkraft hat, um schwere Lasten zu tragen, sich bei Wärme nicht zu verformen und bei Kälte nicht zu reißen, und die bei allen Witterungseinflüssen griffig ist und sich nur gering abnutzt und wetterbeständig ist. Hierzu sind drei Grundbedingungen zu erfüllen. Eine Gesteinsmasse ist zweckmäßig zusammenzusetzen, das geeignete Bindemittel Bitumen oder Teer ist auszuwählen, und seine richtige Menge zu ermitteln. Diese letzte Aufgabe hat sich als die schwierigste erwiesen und kann unter verschiedenen Gesichtspunkten angefaßt werden. Vor allem besteht eine sehr enge Beziehung zu der Art und Zusammensetzung der Gesteinsmasse.

aa) Gesteinsstoffe.

Als Gesteinsstoffe werden benutzt: natürliche und gebrochene Sande, Splitt und Füllstoff als feingemahlenes Steinmehl. Ihm kommt eine besondere Bedeutung bei. Die Gesteine müssen den Anforderungen, die im Dritten Abschn. C. i. 6. α ge-

[1]) Neuzeitlicher Straßenbau. II. Aufl. S. 376.

geben sind, genügen. Neben den natürlichen Sanden werden gebrochene Zuschläge von Basalt, Diabas, Kalkstein, Quarzporphyr, Hochofenschlacke, aber auch Lavamassen u. ä. zugesetzt. Granit und viel Quarz enthaltende Gesteine eignen sich weniger.

bb) Körnungsaufbau.

Das Haufenwerk, das die Grundmasse aller Deckenbeläge ausmacht, muß einen bestimmten Körnungsaufbau haben, über den zuerst Richardson Untersuchungen angestellt und aus der Erfahrung entsprechende Anweisungen gegeben hatte. Die in Deutschland aufgenommene Forschung hat zwar auch zu dem Ergebnis geführt, daß es auf einen gesetzmäßigen Körnungsaufbau ankommt, aber daß mit ihm in erster Linie ein hohlraumarmes Gemisch erreicht werden muß. Dieser grundsätzliche Unterschied ist auch dadurch begründet, daß früher hartes Bitumen gewählt wurde, das zufolge seiner Kohäsion zur Erhöhung der Scherkraft beitrug, jetzt aber weiches Bitumen bevorzugt wird, das ein standfestes Stützgerüst der Gesteinsmasse verlangt, da das Bindemittel weniger durch seine Bindekraft wirken kann, deshalb auch in seiner Menge genau bemessen werden muß. Hierin liegt die größte Schwierigkeit für den richtigen Aufbau der Betonbeläge.

Hohlraumuntersuchung.

Der Hohlraumgehalt der Gesteinsmasse wird nach Gleichung 48 bestimmt

$$H = \left(1 - \frac{r_g}{\gamma}\right) \cdot 100.$$

Das Raumgewicht wird nach Einrütteln in einem Hohlgefäß, dessen Abmessungen Höhe zu Durchmesser so ermittelt ist, daß durch die Eigenlast und Wandreibung das höchste Raumgewicht anfällt[1] (1 *l* oder ½ *l*, Abb. 261), gefunden. Bei gleicher Wichte nimmt der Hohlraum mit zunehmendem Raumgewicht ab. Sande haben selten einen so günstigen Kornaufbau, daß sie von vornherein einen niedrigen Hohlraum aufweisen, entweder sind sie zu fein und haben zu gleichmäßiges Korn oder sie sind zu grob. Aber durch Mischung kann eine günstige Zusammensetzung erreicht werden. Die günstigste Zusammensetzung zweier Sande kann auf dem Wege des Ausprobierens gefunden werden.

Ein grober und ein feiner Sand werden im zunehmenden und abnehmenden Verhältnis gemischt und das Raumgewicht für jede Mischung ermittelt. Das Ergebnis wird in ein Achsenkreuz eingetragen (Abb. 262). Die Raumgewichte für die verschiedenen Mischungsverhältnisse werden eine Kurve darstellen, die ein Maximum hat. An diesem Punkte der Kurve weist die Mischung beider Sande den geringsten Hohlraum auf. Dasselbe Verfahren wird jetzt fortgesetzt, indem der erzielten Sandmischung Füller zugesetzt wird, bis wieder das höchste Raumgewicht erreicht wird. Diese Sandfüllermischung ist die günstigste für Sandasphalt. Fügt man ihr Splitt bei mit Höchstkorngrößen von 8 oder 12 mm für die Zusammensetzung eines Asphaltfeinbetons oder bis 18 oder 25 mm für Asphaltgrobbeton, steigt das Raumgewicht weiter bis zu einem Maximum, das den geringsten Hohlraumgehalt für Asphaltbetonmischungen angibt. Das gleiche Verfahren wird auch für die Zusammensetzung von Gußasphalt angewendet.

Das Ergebnis wird nicht eindeutig sein, aber es führt zum Ziel und entspricht den praktischen Bedürfnissen. Die Reihenfolge muß sein, Sand, Füller und Splitt. Wird erst Sand und Splitt gemischt, dann wird das Korngefüge zu sperrig und am Schluß zur Hohlraumausfüllung zu viel Füller notwendig. Man kann in

[1] Nach DIN 1996 U 65 werden Glasgefäße benutzt für Körnung bis 2 mm Inhalt 0,25 l, bis 12 mm Inhalt 0,5 l, bis 25 mm 1 l. Nach dem Einfüllen jedes Fünftels wird das Gefäß durch Aufstoßen des unteren Randes auf einem Holzklotz unter ständigem Drehen so lange gerüttelt, bis keine Raumverminderung mehr eintritt.

diesem Falle die Asphaltbetonmischung betrachten als ein grobes Haufenwerk von Splitt, dessen Hohlräume mit Sandasphalt ausgefüllt sind.

Die Siebsummenkurve des Sandasphaltes und Asphaltbeton der Abb. 262 haben die Form der Abb. 263.

Soll für die auf diesem Wege gefundene Mischung der Hohlraumgehalt errechnet werden, muß noch vorher die Wichte der Mischung aus den Wichten der Einzelteile berechnet werden. Wenn $p_1, p_2 \cdots p_n$ die Gewichtsanteile der einzelnen Zu-

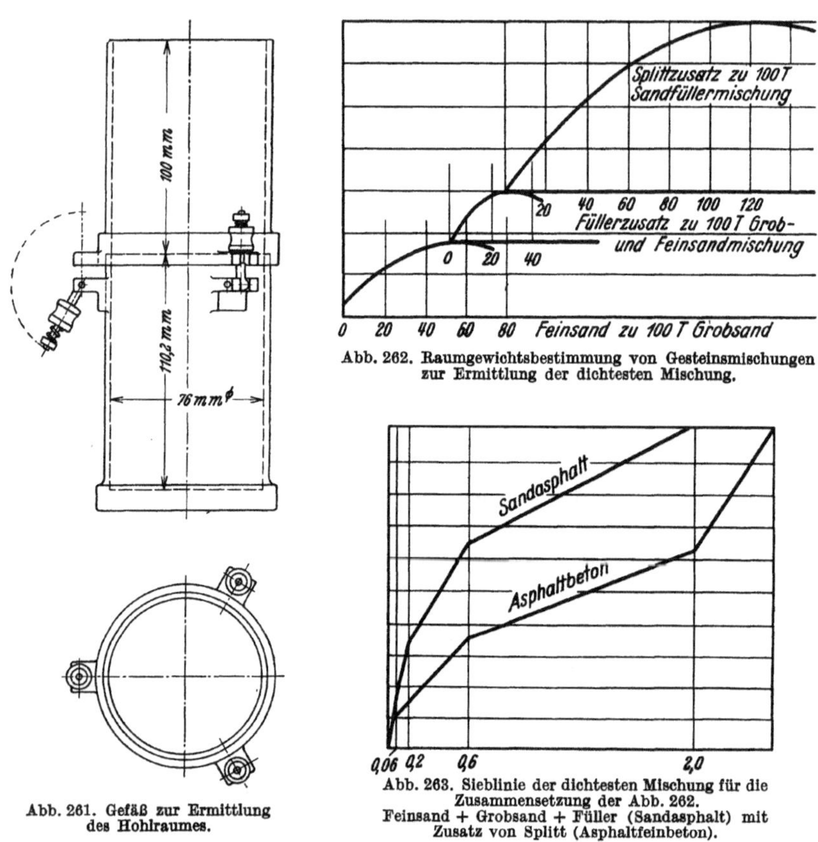

Abb. 261. Gefäß zur Ermittlung des Hohlraumes.

Abb. 262. Raumgewichtsbestimmung von Gesteinsmischungen zur Ermittlung der dichtesten Mischung.

Abb. 263. Sieblinie der dichtesten Mischung für die Zusammensetzung der Abb. 262. Feinsand + Grobsand + Füller (Sandasphalt) mit Zusatz von Splitt (Asphaltfeinbeton).

schläge an der Gesamtmasse mit der Wichte $\gamma_1, \gamma_2 \cdots \gamma_n$ sind, dann beträgt die mittlere Wichte

$$\gamma_m = \frac{(p_1 + p_2 \cdots + p_n) \cdot \gamma_1 \cdot \gamma_2 \cdots \gamma_n}{p_1 \cdot \gamma_2 \cdots \gamma_n + p_2 \cdot \gamma_1 \cdot \gamma_3 \cdots \gamma_n + \cdots p_n \cdot \gamma_1 \cdots \gamma_{n-1}} \qquad (55)$$

Das Bestreben, gesetzmäßige Beziehungen zwischen der Kornabstufung und dem Hohlraumgehalt zu finden, hat zu einer einfachen Formel geführt, die Andreasen aufgestellt hat. (In dem Dritten Abschn. B. I. c. 1. a ist bereits auf eine ähnliche Formel von Bolomay hingewiesen worden.) Andreasen bezeichnet jedes Produkt von losen Körnern, in dem die Kornform unabhängig von der Korngröße ist, als „Körnungsbild des betreffenden Produktes“. Dieses Körnungsbild wird durch eine Kennlinie dargestellt, bei der die größte im Produkt vorkommende Korngröße als Einheit gewählt ist. Die Beziehung zwischen Korngröße und Kornverteilung hat Andreasen mathematisch abgeleitet. Wenn y der jeweilige

Siebdurchgang und k die entsprechende Korngröße bedeutet, dann gilt die Gleichung

$$y = C k^q \tag{56}$$

C ist eine Integrationskonstante, die dadurch bestimmt ist, daß die ganze betrachtete Stoffmenge, z. B. 1 kg ausmachen soll, d. h. $\frac{1}{C} = k^q_{max}$, wo k_{max} die im Produkt vorkommende maximale Korngröße ist. Gleichung (56) kann dann in folgender Form geschrieben werden:

$$y = \frac{k^q}{k^q_{max}}$$

oder, wenn die Siebmengen in Prozenten ausgedrückt werden sollen,

$$y = 100 \frac{k^q}{k^q_{max}} \tag{57}$$

Andreasen hat nun verschiedene Korngemische zusammengesetzt, die in ihrer Kornabstufung der Gleichung (57) entsprechen und dabei festgestellt, daß die Mischungen mit den q-Werten zwischen $1/2$ und $1/3$ den kleinsten Hohlraumgehalt aufweisen und bei noch kleineren q-Werten der Hohlraumgehalt ansteigt, infolge des loseren Charakters der relativ großen Mengen an feinem Material. Der Unterschied im Hohlraumgehalt von Mischungen nach den beiden genannten Kennlinien ist übrigens nicht sehr groß, woraus Andreasen den Schluß zieht, daß kleine Änderungen im Kurvenverlauf innerhalb dieser Grenzen keinen wesentlichen Einfluß auf die Hohlräume haben *[203]*. In Abb. 264 sind die Korngemische mit den Gleichungen

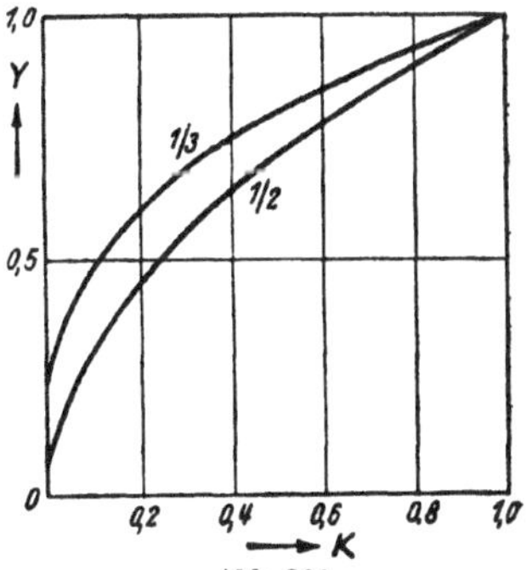

Abb. 264. Siebsummenkurven nach der Formel von Andreasen $q = 1/3$ und $q = 1/2$.

$$y = 100 \frac{k^{1/2}}{k^{1/2}_{max}} \text{ und } y = 100 \frac{k^{1/3}}{k^{1/3}_{max}}$$

graphisch dargestellt.

Auf den Ordinaten sind die Siebdurchgänge y und auf den Abszissen die Korngrößen in mm aufgetragen; $k_{max} = 10$ mm gesetzt, entsprechend der größten im Gemisch vorkommenden Korngröße. Setzt man diesen Wert in die Gleichungen ein, so erhält man

$$y = 100 \frac{k^{1/2}}{10^{1/2}} \text{ und } y = 100 \frac{k^{1/3}}{10^{1/3}},$$

aus denen man für jede Korngröße (k) die zugehörigen Siebdurchgänge (y) berechnen und die Kurven punktweise zeichnen kann. Die verhältnismäßig umständliche Ausrechnung der Quadrat- bzw. Kubikwurzeln läßt sich auf einfache Weise dadurch umgehen, daß man die Kurven im doppeltlogarithmischen Netz einträgt. Die durch Gleichung 57 ausgedrückten Parabeln werden somit im doppeltlogarithmischen Netz zu Geraden gestreckt und damit ihre Konstruktion auf einfache Weise ermöglicht. Man zeichnet in das doppeltlogarithmische Koordinatensystem eine beliebige Gerade, die die Abszissenachse unter dem Winkel $\alpha \gtreqless \operatorname{arctg} q$ schneidet, und verschiebt sie parallel bis zum Schnitt mit der Ordinate 100 für den jeweils größten Durchmesser. Die Angaben der Korngrößen beziehen sich alle auf gelochte Siebe. Da Angaben für Korngröße $\gtreqless$ 2 mm bisher in Maschenweiten gemacht werden, mußten zuerst die Maschenweiten der kleinen

Siebe auf Lochdurchmesser umgerechnet werden. Die Beziehung zwischen Maschenweite und Lochdurchmesser für die kleinen Siebe geht aus nachstehender Tabelle hervor *[204]*.

Maschenweite	mm	0,088	0,2	0,6	2	6
Lochdurchmesser	mm	0,13	0,3	0,9	2,6	7,8

Es ist also anzustreben, daß die Körnungskurven sich diesem Gesetz anpassen, um eine hohlraumarme Masse zu erhalten. Wie sich dieses Gesetz auf die Zusammensetzung der verschiedenen hohlraumarmen Beläge auswirkt, wird bei ihnen behandelt werden.

cc) Kornumbildung unter mechanischem Einfluß.

Bei der Entscheidung für eine bestimmte Kornzusammensetzung ist noch zu beachten, ob sie auch im Belag erhalten bleibt und der zugehörige Hohlraum keine Veränderung erleidet. Denn wenn es sich ergeben sollte, daß Kornabstufung und Hohlraum für die Bemessung des Bindemittelbedarfes ausschlaggebend sind, diese beiden sich aber im Lauf der Zeit verändern, dann kann sich das nachteilig auf den Bestand der Decke auswirken. Eine Kornzertrümmerung äußert sich in einer Änderung der Kornzusammensetzung, woraus sich andere Hohlraumverhältnisse ergeben. Aber auch die Größe der Oberfläche der Körner vermehrt sich. Mit einer solchen Kornzertrümmerung ist zu rechnen, wenn Stahlreifen und schwere Lasten auf den Belag einwirken. Kornumbildung, die zugleich eine Kornverfeinerung ist, tritt tatsächlich unter Kraftwirkung ein, solange die Gesteinsmasse in ihrem Körnungsaufbau noch wesentlich von der Kurve des geringsten Hohlraumes abweicht. Ist diese erreicht, tritt weitere Verfeinerung nicht mehr auf, wie Arbeiten erwiesen haben, die sich zum Ziele gesetzt haben, diese Frage zu klären. Versuche, die von der Z. f. A. T. und Rotfuchs vorgenommen sind, bei denen die Kraftwirkung durch Schlagen mit einem Fallhammer ausgeübt worden ist, haben dies bestätigt *[171]*. Versuche, bei denen mit einer nach einer Radfelge gewölbten Platte in einem Stahlzylinder von 11,3 cm Durchmesser knetende Arbeit auf eine grobe Körnung ausgeübt worden ist, um der wirklichen Beanspruchung der Fahrbahn am nächsten zu kommen, indem die Drücke langsam von hundert auf sechshundert Kilogramm gesteigert worden sind, haben das gleiche Ergebnis gehabt (Versuche der Str. V. A. Stuttgart) *[205]*.

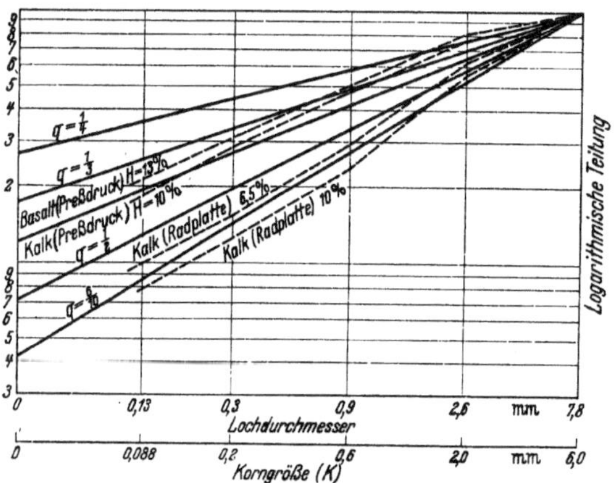

Abb. 265. Kornumbildung unter Druck mit Radplatte von Korn 6 mm von Basalt und Kalk. Die ausgezogenen Geraden sind die Parabeln für q.

Sie weisen darauf hin, daß eine Unterscheidung der bituminösen Deckenbeläge in schnell und langsam verdichtende Beläge zweckmäßiger ist und dem Charakter der Mineralgemische mehr entspricht als die Unterscheidung in Beläge nach der Beton- und Makadambauweise, die in dieser Form über die wesentliche Eigenschaft von Mineralgemischen, nämlich ihre Verdichtungsfähigkeit, nichts aussagt.

Wenn Mineralgemische für schnell verdichtende Decken (Sandasphalt, Asphaltfein- und Asphaltgrobbeton), die hohlraumarm sein müssen, zusammenzusetzen sind, so wird die Kornabstufung so zu treffen sein, daß ihre Sieblinien im Bereich der Kurven mit $q = 1/2$ bis $2/5$ liegen; und zwar wird man sich bei feinkörnigen Mischungen (z. B. Sandasphalt) mehr an die Grenze $q = 1/2$ halten und bei grobkörnigen Mischungen mehr an die Grenze $q = 2/5$. Die Mineralmassen für langsam verdichtende Beläge (Teppichbeläge, Einstreudecken, Makadambeläge) wird man zweckmäßig so zusammensetzen, daß ihre Sieblinien möglichst mit der Körnungskurve $q = 6/10$ übereinstimmen. In Abb. 265 sind die Sieblinien der Mineralgemische für die verschiedenen Belagarten im doppeltlogarithmischen Netz aufgetragen; auf der Ordinatenachse sind die Siebdurchgänge in Prozenten abzulesen. Die Sieblinien endigen jeweils in der Ordinate 100 für den größten Durchmesser. In Tabelle 38 sind für jede Kornfraktion die entsprechenden Mengenanteile in Gew.-% mit den zugehörigen Grenzen entsprechend den q-Werten $1/2$ und $2/3$ zusammengestellt.

Bei den einzelnen Belagarten wird auf die Anforderungen bezüglich Körnungsaufbau und Hohlraum noch besonders eingegangen.

Durch die Aufstellung dieser Siebgrenzen soll eine klare Richtlinie für den Aufbau und die Zusammensetzung von zweckmäßigen Mineralgemischen für Bitumendecken (das gleiche gilt für Teerdecken) geschaffen werden. Aus den Untersuchungen geht klar hervor, daß auch die Mineralmassen für langsam verdichtende Beläge eine bestimmte Kornabstufung aufweisen müssen, wenn ihre Kornzusammensetzung keine

Tabelle 38. *Mengenanteile (Gew.-%) für die Kornfraktionen der Deckenbeläge.*

gröbstes Korn	schnell verdichtende Beläge					langsam verdichtende Beläge nach Art der: Makadamdecken, Teppichbeläge, Einstreudecken		
	Sandasphalt	Asphaltfeinbeton		Asphaltgrobbeton				
Körnung	3 mm Gew.-%	10 mm Gew.-%	15 mm Gew.-%	20 mm Gew.-%	25 mm Gew.-%	15 mm Gew.-%	20 mm Gew.-%	25 mm Gew.-%
0 bis 0,09 mm	21 bis 29	11 bis 18	9 bis 15	8 bis 13	7	6	5	4
0,09 „ 0,2 „	11 „ 12	6 „ 7	5 „ 6	4 „ 6	4	4	3	3
0,2 „ 1 „	26 „ 24	15 „ 15	12 „ 13	10 „ 11	9	10	9	7
1 „ 3 „	42 „ 35	22 „ 22	18 „ 18	16 „ 17	14	18	15	14
3 „ 10 „	—	46 „ 38	36 „ 33	32 „ 28	28	40	34	29
10 „ 15 „	—	—	20 „ 15	16 „ 14	14	22	18	15
15 „ 20 „	—	—	—	14 „ 11	13	—	16	14
20 „ 25 „	—	—	—	—	11	—	—	14

weitere Veränderung erleiden soll. Auf diesen Umstand hat auch Dr. Hermann *[171]* hingewiesen und die Forderung für eine gute Kornabstufung sogar für die zur Oberflächenbehandlung bestimmten Mineralgemische erhoben, was nach den vorliegenden Untersuchungen als gerechtfertigt erscheint.

Ein Mittel demnach, die Kornzertrümmerung zu verhüten, ist das Gesteinshaufenwerk nach den gegebenen Siebkurven aufzubauen. Das muß sich günstig auch für die Schaffung einer ebenen Oberfläche (ohne Wellen) auswirken. Bei den Bitumendecken hat sich so lange kein Bedürfnis dafür ergeben, als sie mit hartem Bitumen hergestellt wurden. Nachdem aber jetzt weiches Bitumen oder sogar Bitumen mit reichlich Teer oder sogar Teer allein verwendet werden, ist mit Nachverdichtung zu rechnen. Ein sachgemäßer Aufbau des Teerbeton ist ohne Rücksicht auf die Kornumbildung nicht mehr denkbar. Wenn also der Körnungsaufbau von vornherein auf den geringsten Hohlraumgehalt zusammengesetzt ist, wird keine Kornumbildung mehr zu erwarten sein. Wenn bei Belagsmassen diese beste Kornabstufung nicht vorhanden ist, entwickelt sie sich unter der Verkehrseinwirkung, wie die Erfahrung gelehrt hat, man spricht dann von Kompressionsbelägen *[206]*. Ein Unterschied besteht noch in der Kornumbildung zwischen rundlichen und gebrochenen Gesteinsmassen. Die ersten lagern sich von vornherein dicht und erleiden keine Kornumwandlung, während die gebrochenen Gesteine sich sperrig verhalten und unter Verkehrsdruck dann sich verfeinern. Die Z. f. A. T. hat, um dies zu erkennen und nachzuweisen, die Pressung in einem Zylinder mit 800 kg/cm² eingeführt und beobachtet, daß bei gebrochenen Massen unter einem so starken Druck das gröbste Korn zerstört wird und die Anteile der kleineren entsprechend zunehmen, bis herunter zum Füller, und dann auch der Hohlraum gegenüber dem eingerüttelten Zustand abnimmt *[171]*. Für die Zusammensetzung der Gußasphalte und Asphaltgrobbeton werden daraus entsprechende Folgerungen gezogen, die bei den genannten noch bekannt gegeben werden.

dd) Füllmasse — Füller.

Die zur Herabsetzung des Hohlraumes der Gesteinsmasse zugefügten Füller übernehmen nicht nur die Rolle eines Füllstoffes, sondern werden gleichzeitig zum wirksamen Bestandteil des Bindemittels, indem sie ihm Eigenschaften erteilen, die die Bildsamkeit der Massen günstig beeinflussen. Damit die Füller dieser Aufgabe dienen können, müssen sie sehr fein gemahlen sein. Die amerikanischen und englischen Vorschriften schreiben vor, daß 75 Gew.-% des Füllers durch das 200-Maschensieb (0,074 mm) und der Rest vollständig durch das 80-Maschensieb (0,17 mm) hindurchgehen müssen. Ein Kubikmeter des eingerüttelten Füllers soll mindestens 1442 kg wiegen.

Nach den deutschen Vorschriften (DIN 1996) soll der Gehalt an den feinsten Korngrößen K00 (Durchgang durch das 0,09-mm-Maschensieb) 80% betragen. Der Füller soll keine in Wasser löslichen Bestandteile enthalten und mit Wasser nicht reagieren oder aufquellen. Ausgeschlossen sind hydraulischer Kalk, Sackkalk, Gipspulver und Traß, dieser wegen seines hohen Hydratwassergehaltes. Brauchbarer Füller wird aus dichten, festen, tonarmen Gesteinen durch Feinmahlung gewonnen. Eine ganze Anzahl von Gesteinsarten kommen als Füller zur Verwendung. Zum Teil sind es Nebenerzeugnisse anderer Fabrikationen oder sogar natürlich anfallende Mehle, z. B. Quarzmehle von Frechen, Schiefermehle von guten Eigenschaften. Am meisten werden die Kalkmehle verwendet.

Nur die feinstgemahlenen Teile bewirken eine gute Hohlraumausfüllung. Alle Körner über 0,09 mm sind dem Sand zuzuschlagen und führen nur zu einer Aufschwemmung und Vergrößerung des Hohlraumes des Sandes. Ein schnelles Mittel, die Mahlfeinheit festzustellen, bietet die Ermittlung der Wichte und des eingerüttelten Raumgewichtes. Je feiner eine Masse gemahlen ist, desto geringer ist das Raumgewicht. Die Mahlfeinheit kann daher am Raumgewicht abgelesen werden. Denn je größer das Schütt- und Rüttelvolumen eines Stoffes ist, um so feinkörniger ist es bei gleicher Wichte. Die dichtende Wirkung des Füllers ist aber noch davon abhängig, wieweit die kleinsten Körner unter 0,09 mm bzw. 0,06 mm noch unter sich abgestuft sind, was nicht mehr durch Siebung, sondern durch Schlämmen oder Windsichten und Betrachten im Mikroskop festgestellt wird. Damit wird der Hohlraum begrenzt, der nicht über 45 % liegen soll. Auch beim Füller kann noch eine Kornverfeinerung eintreten, die seine Verdichtungswirkung erhöht.

Füller, die aus sehr dichten, festen, nicht mürben, vor allem kristallinen Gesteinen gemahlen sind und die bis zu ihren kleinsten Teilen kristallinische, splittrige Struktur zeigen, geben bei der Einrüttelung hohe Lagerungsdichte und auffallend wenig Hohlraum. Die Verdichtungsmöglichkeit wird unter einem Preßdruck von 800 kg/cm² festgestellt. Sie ist bei kristallinen Füllern sehr niedrig, bei weichen, porösen, mehr amorphen Gesteinen über die Lagerungsdichte hinaus noch möglich.

ee) Beziehungen zwischen Bindemittel und Füller.

Der mineralische Füller kann in zweifacher Weise auf das Bindemittel wirken, er kann absorbieren und adsorbieren. Im ersten Falle schluckt der Füller Bindemittel, das seinem eigentlichen Zweck damit entzogen wird. Dieser Vorgang kann auch darin bestehen, daß nur die leichten Öle dem Bindemittel entzogen werden, das damit verhärtet, was auch unerwünscht ist.

Dagegen ist die Fähigkeit, die Bindemittel mit großer Kraft anzuziehen und festzuhalten, die mit „Adsorption" bezeichnet wird, bei den Mischverfahren von Bedeutung. Das Adsorptionsvermögen wächst mit der Größe der Oberfläche und hängt außer von der Natur der adsorbierenden auch von jener der adsorbierten Substanz ab, d. h. die Menge des adsorbierten Bindemittels schwankt bei den einzelnen Gesteinsarten und bei den verschiedenen Arten von Bindemitteln. Die Kenntnis dieser Verschiedenheit hat insofern praktische Bedeutung, als sie die Grundlage ist für die theoretische Berechnung der Bindemittelmengen, die notwendig sind, um eine genügende Wirkung hervorzurufen. Andererseits ist die Nachprüfung der Adsorption deswegen erwünscht, weil es Gesteine und Bindemittel gibt, die schlecht aufeinander einwirken (S. 315).

Die Adsorptionsvorgänge sind von der Str. V. Stuttgart für Bitumen und Straßenteer eingehend an Lösungen der Bindemittel mit den Füllermehlen verschiedener Gesteine auf kolorimetrischem Wege untersucht worden, indem die Unterschiede in der Farbtiefe der Lösungen vor und nach der Adsorption gemessen wurden *[207]*. Sowohl die von einer bestimmten Mineralmenge als auch einer bestimmten Mineraloberfläche adsorbierten Bindemittelmengen (Bitumen und Teer) wurden ermittelt und deren Abhängigkeit von der Konzentration der Lösungen durch Aufstellung sogenannter Adsorptionsisothermen festgestellt. Beim Vergleich der Adsorptionskurven wurde eine gewisse Reihenfolge in der Adsorptionskraft der Gesteinsarten gefunden, sie verläuft vom Trinidadfüller mit dem größten Adsorptionsvermögen über Schiefermehl, Basalt, Zement, Kalk und Quarz, welcher die geringste Adsorptionskraft aufweist. Wichtig waren die Feststellungen, daß die harten Bitumina stärker adsorbiert werden als die weichen und daß Teer hinsichtlich seines Adsorptionswertes hinter Bitumen zurückbleibt. Durch Zerlegung des Bitumens in seine Bestandteile (Asphaltene, Erdölharze und Öle) und Durchführung von Adsorptionsversuchen mit diesen Zerlegungsprodukten wurde der Unterschied im Adsorptionswert der Bitumina geklärt. Dabei hat sich ergeben, daß am stärksten die Asphaltene und Erdölharze adsorbiert werden, die Öle dagegen nur schwach, woraus sich der größere Adsorptionswert des harten Bitumens, das viel Asphaltene und Erdölharze enthält, gegenüber dem weichen Bitumen durchweg geringere Mengen an diesen Bestandteilen und mehr Öle aufweist, erklärt. Eingehende Untersuchungen auf Druck-, Verformungs- und Zerreißfestigkeit an Asphalt- und Teermineralmischungen haben gezeigt, daß diese Festigkeitseigenschaften von dem Adsorptionsvermögen der Gesteinsarten abhängt. Durch die starke Adsorptionskraft wird ein großes Haftvermögen an der Oberfläche des Minerals und infolgedessen eine gute Kittwirkung erzielt, die in einer Erhöhung der mechanischen Eigenschaften der Asphalt- und Teermineralmischungen zur Auswirkung kommt. Diese Stabilisierung kann auch als eine Erhöhung der Zähigkeit — also als ein physikalischer Vorgang erklärt werden.

Durch fortlaufende Versuche ist die Tatsache erhärtet, daß die Erhöhung der Temperaturkonstanten (Tropfpunkt, Erweichungspunkt nach R. u. K. und K.-S., d. h. der Zähflüssigkeit) mit der Zunahme des Fülleranteiles in einer Kurve ansteigt, wobei die Steigerung bei den Füllermehlen aus den verschiedenen Gesteinsarten ganz verschieden ausfallen. Solche Kurven nach Ergebnissen, die in der Str. V. A. Stuttgart gewonnen sind, zeigen Abb. 266, 267 *[208]*.

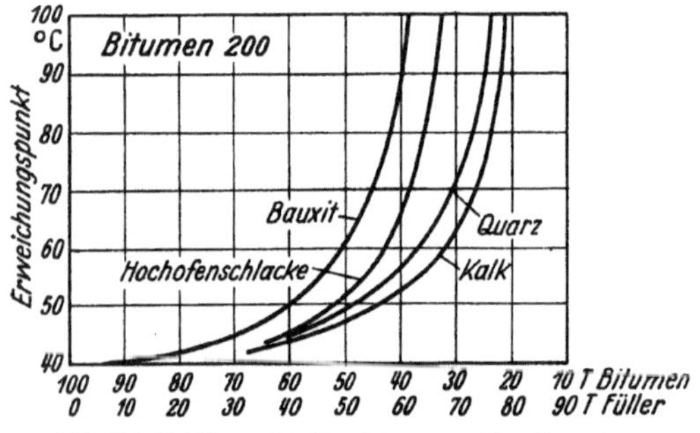

Abb. 266. Erhöhung des Erweichungspunktes (R. u. K.) von Bitumen 200 durch Mischung mit verschiedenen Füllern.

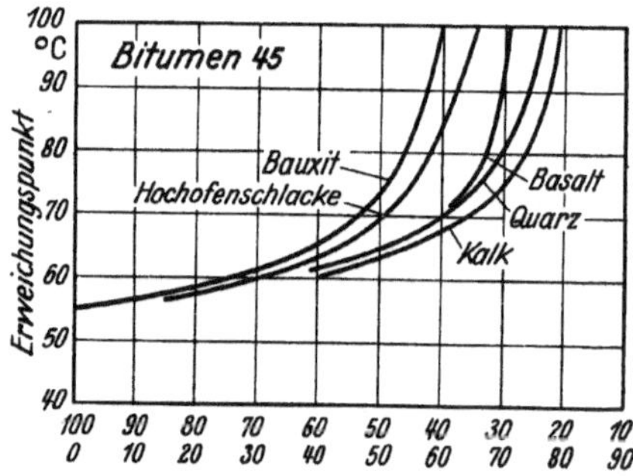

Abb. 267. Erhöhung des Erweichungspunktes (R. u. K.) von Bitumen 45 durch Mischung mit verschiedenen Füllern.

Für die Praxis kann man daraus entnehmen, daß die Stabilisierung bei den verschiedenen Füllerarten für Bitumen und Teer, je nach ihrer Härte, verschieden ausfällt, und daß man daher bei einem Bitumen gegebener Weichheit und einer gegebenen Menge Füller, wie sie z. B. zur Ausfüllung der Hohlräume erfordert wird, Mischungen von stark abweichender Stabilität erhält je nach der Art des Füllers. Die Wahl eines Füllers, wie z. B. stark adsorbierender Bauxit, könnte zur Folge haben, daß schon bei einer geringen Abkühlung die Mischung so steif wird, daß sie sich schlecht verarbeiten läßt, vor allem das Einwalzen erschwert. Es ist anzunehmen, daß die Mahlfeinheit der Füller, außerdem aber auch die Adsorption, die stabilisierenden Eigenschaften bewirken. Denn die stabilisierende Wirkung der einzelnen Gesteinsarten deckt sich mit ihrem Adsorptionsvermögen. Aus den gewonnenen Ergebnissen ist zu folgern, daß Füller von Kalkstein, Basalt, Quarz, Schiefer brauchbar sind. Die Mischung von Bitumen und Füllstoff findet sich im Trinidadasphalt in natürlicher Form. Dem Trinidadasphalt wird daher eine besondere Wirkung zugemessen. Aber Nellensteyn sagt, daß dies nicht zu einer unberechtigten Überschätzung der natürlichen Asphalte führen sollte. Vor allem werden die Naturasphalte wie Trinidad durch den großen Füllstoffgehalt so verhärtet, daß sie für den Gebrauch in Gesteingemischen vorher mit Ölen gefluxt werden müssen (Dritter Abschn. C. i. 3. *a*.). Dadurch wird aber der Gehalt an Füllstoff verhältnismäßig so herabgesetzt, daß er nicht genügt, um die Hohlräume in der Mischung auszufüllen. Es muß dann doch noch anderer Füllstoff (z. B. aus

Kalkstein) der Mischung zur Hohlraumausfüllung zugesetzt werden. Der Füller erfüllt demnach in der Mischung zwei Aufgaben. Er verringert den Hohlraumgehalt der Mischung und wirkt stabilisierend. Bei der Bemessung des Bindemittelgehaltes der hohlraumarmen Beläge und Mischungen wird diese Eigenschaft der Füller eine besondere Berücksichtigung finden.

Dieses Verhalten ist auch von anderer Seite bestätigt worden. So stellt die Straßenbauversuchsanstalt in Arlington VStA. folgendes fest:

„Es kann als bewiesen gelten, daß die Füller, die die größte Anziehung für die Stabilisierung der Mischung haben, die gesamte Mineralmischung mit Eigenschaften versehen, die eine stärkere Bindung mit dem Bindemittel bewirken. In dieser Hinsicht mögen die Füller ebensosehr eine elektrochemische wie mechanische Funktion ausüben".

Nach Nellensteyn *[188]* wird die Beschaffenheit des Füllstoffes noch zu sehr unterschätzt. Er soll nicht nur auf Korngröße, sondern auf seine Affinität zum Bitumen geprüft werden. Das findet in Holland statt durch Bestimmung:

a) des Adsorptionsvermögens hinsichtlich der Bitumenlösung,
b) der Zugfestigkeit von Bitumen-Füllstoffmischungen.

Diese Beziehungen zwischen Füller und Bindemittel wird für den Aufbau der Betonbeläge von Wert sein.

Auch die Untersuchungen von Gonell haben ergeben, daß der Mindestanspruch des Füllers für Bitumen von der Oberfläche und der Art des Füllers abhängig ist, was sich demnach mit den Ergebnissen unserer Arbeiten deckt *[209]*. Ferner wird auch die von uns gemachte Beobachtung bestätigt, daß die Dicke der Bitumenschicht, die ein Korn an seiner Oberfläche zu binden vermag, mit sinkender Korngröße abnimmt. Also grobe Stoffe, wie Sand und Splitt, nehmen an ihrer Oberfläche stärkere Schichten von Bindemitteln an als die feineren Füller.

Um den Weichheitsgrad eines Bitumens (Ring und Kugel) von 56° auf 83° zu erhöhen, benötigt man eine Mischung von 75 Gew.-Teilen Kalksteinfüller und 25 Bitumen und 55 Bauxitfüller und 45 Bitumen. Diese beiden Füllerarten zeigen also wesentlich unterschiedliches Verhalten. Gonell gibt als Bindungsvermögen verschiedener Füllstoffe

für Bitumen

Art des Füllstoffes	Gesamtoberfläche m²	Gebund. Bitumenmenge Gew.-%
Bauxit	900	6—12
Kalkstein	1600	>20

Diese gebundene Bitumenmenge war erforderlich, um den Höchstwert der Zugfestigkeit an nierenförmigen Formen zu erzielen.

In diesem Falle ist als Maßstab für die Stabilisierung die Zugfestigkeit gewählt. Der Höchstwert bei einer Füllerbitumenmischung entspricht der von der Z. f. A.T. gestellten Forderung, daß das Bitumen in unschädlicher Form im Füller verteilt ist. Denn gerade große Zugfestigkeit wollte die Z. f. A. T. mit ihren Maßnahmen erzielen.

Zu den mineralischen Füllern, denen eine besondere Bedeutung zukommt, rechnet der Asbest, der als kurzfaseriger in Österreich gewonnen wird. Er wird mit dem erwärmten Bitumen gemischt. Bei einem Verhältnis 100 Gew.-Teile Asbest zu 114 Gew.-Teile Bitumen ist diese Mischung gut formbar, hat einen Erweichungspunkt nach K. S. von 44°, gute Dehnung bei geringen Zugkräften und eine günstige Temperaturspanne. Asbest wird vornehmlich bei Vergußmassen von Fugen in Betonstraßen (S. 281), zwischen Schienenkopf nnd Pflaster und Großpflaster u. ä. verwendet.

Organische Füller.
Kautschuk ist in Pulverform dem Teer und Bitumen zugesetzt. Das Bitumen wird auf 75—100° erwärmt und mit etwa 5 Gew.-% Kautschukpulver vermischt. Die Gummikörner schwellen in der Mischung, da sie die leichteren Öle absorbieren, dagegen nicht die Asphaltene. Dadurch tritt eine Anreicherung hochmolekularer Bestandteile ein, der Erweichungspunkt wird erhöht und damit die Temperaturspanne des Bitumens vergrößert (vgl. Abb. 252).
Der Kautschukzusatz soll auch die Griffigkeit der Asphalt- und Teerbeläge verbessern (S. 324). Um dies zu erreichen, ist die Oberfläche von Bitumendecken mit einer Mischung Bitumen-Kautschuk (5 kg/m²) überzogen worden. Angaben über Zusätze von Kautschuk zum Teer und Rohteer befinden sich auf S. 312.

ff) Bindemittel.

Die schwierigste Frage, die der Aufbau der hohlraumarmen Decken stellt, ist die nach der Menge des Bindemittels und seiner Zähflüssigkeit.

a) Zähflüssigkeit. Um diese vorwegzunehmen, ist festzustellen, daß ursprünglich, z. B. beim Sandasphalt, ein sehr hartes Bitumen (gefluxter Trinidadasphalt) verwendet worden ist. Mit der Zeit ist man auf weicheres Bitumen und solche mit Teerbeimischung übergegangen und hat sogar den Teer selbst verwendet. Worin der Unterschied hinsichtlich der Scherfestigkeit der Decken, d. h. hinsichtlich des Widerstandes gegen die bildsame Verformung besteht, ist durch die Zylinderprüfung geklärt, indem der ∢ der inneren Reibung und die Kohäsion für Gesteinsgemische mit hartem und weichem Bitumen ermittelt worden sind (vgl. Dritten Abschn. C. i. 6. η).

	∢ der inneren Reibung φ_e	Kohäsion kg/cm²
Mexphalt 20/30	29°	3,9
Mexphalt 80/100	33° 15′	0,9

Bei hartem Bitumen ist die Verspannung der Gesteinsmasse nicht so groß, dafür die Kohäsion hoch. Bei weichem Bitumen wird das Mineralgerüst stärker verdichtet, die Körner verteilen sich mehr, so daß der ∢ der inneren Reibung zunimmt, der Kohäsion dafür ab. Damit wird auch erklärt, daß mit dem sehr leichtflüssigen Teer ebenso standfeste Decken erreicht werden können wie mit Bitumen. Aber der Nachteil besteht darin, daß das Risiko ein größeres ist, ob es in jedem Falle gelingt, die notwendige Verspannung zu erreichen. Das hängt von dem richtigen Körnungsaufbau und der Verhinderung von Kornumbildung ab, beides Einflüsse, die schon besprochen worden sind. Die Beläge aus weichem Bindemittel verdichten nach, und damit ist die Gefahr der Wellenbildung verbunden.
Bei hartem Bitumen werden etwaige Mängel der Verspannung des Mineralgemisches durch die Kohäsion des Bindemittels ausgeglichen. Im Abschnitt „Sandasphalt“ wird darauf noch weiter eingegangen werden.

b) Bindemittelmenge. Die eine Lösung zur Ermittlung der Bindemittelmenge geht davon aus, daß der noch im Mineralgemisch, das auf größte Dichte zusammengesetzt ist, vorhandene Hohlraum mit Bindemittel bis auf einen ganz geringen Rest ausgefüllt werden soll. Die Menge (p %) berechnet sich dann nach der Formel

$$p\,\% = \frac{H \cdot \gamma}{r_g} \cdot 100 \qquad (58)$$

H = Hohlraumgehalt;
γ = Wichte des Bitumens;
r_g = Raumgewicht der Mineralmasse.

Von diesem Wert müssen noch einige Raumprozente abgezogen werden auf Grund der folgenden Überlegungen.

Eine volle Hohlraumausfüllung bei normaler Lufttemperatur würde zur Folge haben, daß das Bitumen wegen seines großen Temperaturausdehnungsbeiwertes (Dritter Abschn. C. i. 4. α) bei ansteigender Temperatur nicht mehr Raum im Mineralgerüst findet und versucht, nach oben auszutreten. Das würde vor allem beim Heißeinbau geschehen, wenn die Masse auf 130—150° erhitzt ist. Eine Decke mit Bitumenüberschuß würde sich nicht festwalzen lassen, weil der hydrostatische Spannungszustand sich hier äußern würde. Angenommen, das Mineralgemisch hat ein Raumgewicht von 2,25 und einen Hohlraum von 18%, das Bitumen eine Wichte = 1,04, dann errechnet sich die Bindemittelmenge aus dem Hohlraum

$$p\,\% = \frac{18 \cdot 1{,}04}{2{,}25} = 8{,}3 \text{ Gew.-\%}.$$

Auf 100 g Mineralmasse 9,05 g Bitumen. Diese Menge ist aber überreichlich. Die fertige Mischung muß mindestens drei Raumprozent Porenraum haben, also von dieser Menge noch etwas abgezogen werden. 1 Raum-% sind $\frac{1}{2{,}25} = 0{,}45$ Gew.-%. Der errechnete Wert 8,3 wäre noch um 1,35 Gew.-% zu ermäßigen, d. h. die erwünschte Bindemittelmenge dürfte nur 7,0 Gew.-% betragen (auf 100 g Gestein 7,5 g Bitumen). Aber diese Berechnungsweise erfaßt noch nicht alle Beziehungen, die zwischen Mineral und Bindemittel bestehen. So muß z. B. bei Belägen, die durch den Verkehr noch weiter verdichtet werden, als es die Walze erreicht, besonders wenn sie reichlich Füller enthalten, dies berücksichtigt werden. Würde die Mischung nicht genügend Porenraum für diesen Vorgang besitzen, würde wieder, wenn nach anfänglicher Verdichtung keine Poren mehr vorhanden sind, der hydrostatische Spannungszustand eintreten und die Decke ihre Verspannung verlieren und schieben. Deshalb schlägt die Z. f. A. T. vor, für die Berücksichtigung der Nachverdichtung in füllerreichen Mischungen für je 10 Gew.-% Fülleranteil die Bitumenmenge um 1 Gew.-% zu ermäßigen. Eine Mineralmischung vom Raumgewicht 2,25 hat etwa 10—15 Gew.-% Fülleranteil, so daß danach die Bindemittelmenge um 1—1,5 Gew.-% zu verringern wäre, d. h. hat die zuvor durchgeführte Bindemittelberechnung 8,3 Gew.-% ergeben, so würde sie auch nach dieser Überlegung auf 7,3—6,8% zu ermäßigen sein.

Um andererseits den zuvor behandelten Beziehungen zwischen Füller und Bindemittel zu genügen, soll das Gemisch Bindemittel und Füller als Mörtel betrachtet werden, der das mineralische Haufenwerk füllt und bindet. Man kann auch hier wie im Zementbeton von einem Aufbau des Mörtels in der hohlraumarmen mineralischen Masse sprechen. Wenn die Füller ganz unterschiedliche Mengen von Bitumen binden können, bei gleichem Zähflüssigkeitszustand, ergibt sich, daß Mischungen von gleichem Hohlraumgehalt, die den gleichen Anteil Füller haben, nicht dieselbe Bitumenmenge in Anspruch nehmen können. Das könnte zu Bitumenmangel oder auch zu Bitumenüberschuß führen bzw. zu weichen oder zu spröden Mischungen. Hinsichtlich der Bindemittel ist man an eine bestimmte Zähflüssigkeit gebunden, ausgedrückt durch den Erweichungsgrad R. u. K., der bei demselben Bindemittelanteil und verschiedener Füllerart auf ganz unterschiedliche Höhe ansteigt, so daß die Mischungen auch in ihrer Härte ganz verschieden ausfallen, wie aus den Schaulinien Abb. 266, 267 hervorgeht. Das kann nur vermieden werden, wenn, wie zuvor im Abschnitt „Zähflüssigkeit", auf die Unterschiede von harten und weichen Bitumen bei der Herstellung und hinsichtlich des Verhaltens der Decken hingewiesen ist, eine bestimmte Zähigkeit durch die Wahl des Verhältnisses Füller zu Bitumen durch Festlegung auf einen bestimmten Erweichungspunkt eingehalten und die Unterschiede dadurch ausgeglichen werden.

Um die Mischungen leicht mischen und um auf die Temperaturverhältnisse (Klima und Sonnenbestrahlung) am Verlegungsorte Rücksicht zu nehmen, hat sich ein Erweichungspunkt von 83° des Mörtels als derjenige ergeben, der den üblichen Verhältnissen gerecht wird und der dem Belag die erforderliche bildsame Form verschafft. Diese Festsetzung des Erweichungspunktes ist ebensowenig willkürlich wie die Auswahl von Bitumen bestimmter Erweichungspunkte für die einzelnen Bauweisen. Beide stehen in Beziehungen zueinander und sind abhängig von dem Klima, das die Temperaturspanne nach unten und oben begrenzt. Veränderungen dieses Erweichungspunktes von 83° nach oben und nach unten würden die Mischungsverhältnisse Füller zu Bitumen in dem Ausmaß verändern, wie aus den Abb. 266, 267 abgelesen werden kann.

Man könnte die Bindemittelmenge bei diesem Verfahren nach dem Füllergehalt der Mischung bemessen, der zur Schaffung der erforderlichen Hohlraumarmut notwendig ist. Dies wird sich nicht empfehlen, weil für den Fall, daß nur durch übermäßigen Füllerzusatz die Hohlraumarmut erreicht ist, sehr viel Bitumen benötigt wird. Besser wird es sein, den Hohlraum der Gesteinsmasse ohne Füller zu bestimmen und danach unter Abzug von drei Raumprozenten, die nach früheren Erwägungen im fertigen Belag vorhanden sein müssen, die Mörtelmenge zu bemessen.

In diesem Falle muß noch die Bindemittelmenge bestimmt werden, die die Gesteinsoberflächen umhüllt. Sie wird getrennt ermittelt für Sand und Splitt. Für Sand wird die Oberfläche unter der Annahme, daß die Körner Kugelform haben, geschätzt. Das trifft zwar nicht zu, besonders dann nicht, wenn es sich um Brechsand handelt. Aber bei kleinen Korngrößen sind die Abweichungen nicht allzu erheblich. Die Größe der Oberfläche solcher Sandkörner ist aus der Tabelle 39 zu entnehmen, mit denen in den folgenden Beispielen gerechnet werden wird.

Die Dicke des Bindemittelfilmes auf der Oberfläche ist Gegenstand verschiedener Untersuchungen gewesen. Sie ist, wie schon im Dritten Abschn. C. i. 6. δ. dd erwähnt, auf feinem Korn geringer als auf grobem Korn. Wie Zugfestigkeitsversuche an Mischungen von Sand mit steigendem Bitumengehalt ergeben haben, wird bei einer Bitumenschichtdicke von 5—6 μ, wenn die Sandkörner als Kugel betrachtet werden, die höchste Festigkeit erreicht, während sie bei geringeren oder stärkeren Schichtdicken beträchtlich zurückgeht. Die unterschiedlichen Adsorptionseigenschaften der Gesteine werden die Schichtstärke etwas beeinflussen. Eine Annahme von 5 μ hat aber bei Nachrechnung an ausgeführten Mischungen bisher stets gute Übereinstimmung ergeben, und daher soll auch im vorliegenden Falle dieser Wert den Berechnungen zugrunde gelegt werden. Offenbar ist der Bindemittelfilm so dünn, daß seine Kohäsion noch nicht beansprucht wird und die übereinandergreifenden Molekularkräfte den äußeren Kräften, Druck und Zug, Widerstand entgegensetzen.

Für den Splitt genügt es, die Bindemittelmenge zur Umhüllung der Oberflächen zu 2,5 Gew.-% anzunehmen (Tabelle 36).

Wesentlich dünner fällt der Bindemittelfilm aus, wenn bituminierter Füller benutzt wird (Dritter Abschn. C. i. 6. ζ. aa, S. 356).

ζ) Die hohlraumarmen Beläge.

aa) Sandasphalt besteht aus einem Gemisch von Steinmehl, Sand oder Brechsand mit Bitumen als Bindemittel.

Gesteinsstoffe: Sande mit einer weitgehenden Kornabstufung von 0,09 bis etwa 2 mm werden verwendet. Gröbere Bestandteile sind in Mengen bis zu 10% zulässig. Durch richtige Kornabstufung und Zugabe von Füller sind die Sande mindestens so weit zu dichten, daß das Raumgewicht annähernd 2,0 beträgt und der Hohlraumanteil der Füllersandmischung eingerüttelt unter 27 Raum-% liegt. An Füller (unter 0,09 mm) müssen 15—25 % enthalten sein (Tabelle 38).

Der Unterschied im Kornaufbau zwischen der Bauweise nach Richardson und der hohlraumarmen (H = 19,5 R-%) wird durch die Schaulinien der Abb. 268 erkennbar, die obere (ausgezogene) hat mehr feines Korn und daher den höheren Hohlraumgehalt (21,5 %).

Die Sieblinie läßt außerordentlich viel Spielraum. Nach der Z. f. A. T. soll Körnung 3 (0,6—2), also das gröbste Korn, bis 30 % vorhanden sein. Ein solcher Kornaufbau würde etwa der gestrichelten Sieblinie (Abb. 268) entsprechen. Wie für alle hohlraumarmen Massen wird auch für den Sandasphalt empfohlen, „mit wachsendem Korndurchmesser wachsende Anteile".

Richardson legte Wert auf eine Sandmasse, die viel Gehalt an feinen Sanden hatte zwischen den Korngrößen 0,09 und 0,6 mm. Diese haben aber einen großen Hohlraumgehalt, den zu dichten große Füllermengen erfordert. Solche Sande

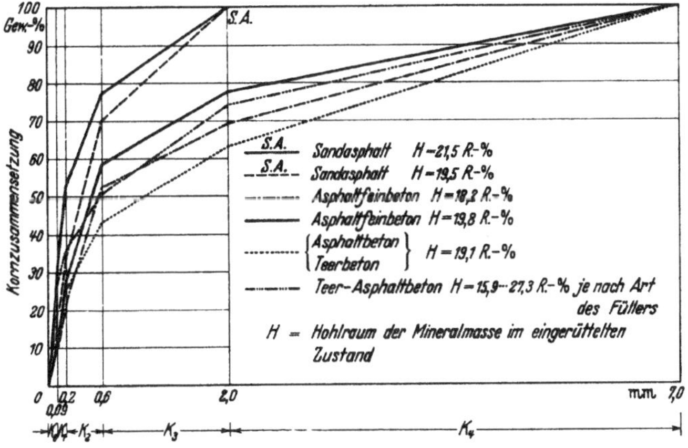

Abb. 268. Sieblinien von Sandasphalt und Asphaltfeinbeton (Teerbeton) nach bekannten Rezepten mit Angabe des Hohlraumes.

haben keine große innere Scherkraft, sie forderten daher, wie schon erwähnt, ein hartes Bitumen, wenn die Decke standfest sein sollte. Darum gibt Dr. Oberbach als Höchstgehalt an Füller 18 Gew.-% an *[197]*. Es wurde auch reichlich Bitumen zugesetzt, damit der Belag nicht porös blieb, dann wird er aber leicht wellig. Nur die Härte des Bitumens verhinderte in diesem Falle Schieben und Welligwerden der Decke. Ursprünglich war gefluxter Trinidadasphalt das Bindemittel. Die Feinheit des Sandes soll die Verarbeitbarkeit und die Verschleißfestigkeit begünstigt haben. Die Decke muß als eine schnell verdichtende bezeichnet werden, die nicht nachverdichtete.

Sobald ein weiches Bitumen bevorzugt wurde, das bei normaler Temperatur nur geringe Kohäsion ausübt, mußte der damit bedingte Mangel an Scherfestigkeit durch ein hohlraumärmeres Haufenwerk, das einen größeren Winkel der inneren Reibung hatte, ausgeglichen werden, dessen Sieblinie sich der des geringsten Hohlraumes nähert.

Der Bitumenbedarf für die Gemische nach Richardson und DIN 1996 ist der gleiche — 8,5—12 Gew.-%. Nach Dr. Oberbach soll ein guter Sandasphalt mindestens 9 Gew.-% Bitumen haben. Als Bitumen kommt B 65 und B 45 nach DIN 1996 in Anwendung. Oberbach wählt folgerichtig für seinen feineren Sandasphalt B 45 und für allerschwersten Verkehr eine Mischung 50 % B 45 und

50% B 25. Bei genügend weichem Bitumen kann mit einer Nachverdichtung des Belages gerechnet werden, wenn genügend Porenraum belassen ist.

Es soll ein Beispiel gegeben werden, wie der Bitumenbedarf nach der Mörteltheorie errechnet wird. Der Sand ist nach der Sieblinie aufgebaut:

$K_1 = 0{,}09 - 0{,}2$ mm 25 Gew.-%
$K_2 = 0{,}2 - 0{,}6$ mm 40 Gew.-%
$K_3 = 0{,}6 - 3$ mm 35 Gew.-%
Wichte der Gesteinsmasse . . . 2,61
Raumgewicht (ohne Füller) . . 1,82
Hohlraum 30 Raum-%.

Bedarf an Mörtelmenge zur Ausfüllung des Hohlraumes unter Belassung von 3% = 27 Raum-%.

Nach der Schaulinie Abb. 267 setzt sich für E. P. 83° der Mörtel wie folgt zusammen: 75 Gew.-% Kalkmehl, 25 Gew.-% Bitumen B 45 mit einer Wichte = 1,92.

Zu 100 ccm Sand = 182 g gehören 27 ccm Mörtel = 27 · 1,92 = 52 g (39 g Füller, 13 g Bitumen).

Für die Umhüllung des Sandes werden benötigt, wenn die Oberfläche von 100 g = 7073 cm^2 ist, die nach der Tabelle 39 berechnet werden kann,

$$7073 \cdot 0{,}0005 \cdot 1{,}04 = 3{,}68 \text{ g Bitumen auf } 100 \text{ g Sand.}$$

Die Zusammensetzung der Mischung ist dann

182 g Sand
6,7 g Bitumen
39 g Füller
13 g Bitumen oder in v.H. der Mischung

75,5 Gew.-% Sand
16,2 Gew.-% Füller
8,3 Gew.-% Bitumen
100,0 Sandasphalt

auf 100 g Sandfüllergemisch = 9,05 g Bitumen.

Wird statt Kalkmehl Zement als Füller verwendet, dann ist die Mörtelzusammensetzung im Verhältnis 70 Zement zu 30 Bitumen bei B 45 zu ändern (Abb. 267).

Denn 52 g Mörtel bestehen dann aus 36,5 g Füller, 15,6 g Bitumen

182 g Sand
6,7 g Bitumen
36,4 g Füller
15,6 g Bitumen

oder in v. H. der gesamten Mischung:

75,5% Sand
15,2% Füller
9,3% Bitumen

auf 100 g Sandfüller = 10,25 g Bitumen.

Damit ist erklärt, daß im Auslande die Sandasphaltmischungen höheren Bitumenbedarf haben, weil dort Zement als Füller benutzt wird. Wenn außerdem noch feinere Sande genommen werden, ergeben sich noch höhere Bitumenmengen, die durch die hier gegebenen Beispiele hinreichend erklärt sind.

Sandasphalte mit viel Feinsand benötigen mehr Bitumen, als die Berechnung nach dem Hohlraumgehalt verlangt. Das bestätigt auch die Berechnung nach der Mörteltheorie. Als Beispiel sollen zwei Sandasphaltmischungen herange-

Tabelle 39. *Oberflächen nach Pöpel.*

Sieböffnung l_1 und l_2 in mm	Mittlere Maschenweite $l_m = \frac{2 \cdot l_1 \cdot l_2}{l_1 + l_2}$ [1]	Multiplikator berechnet $\eta = \frac{1{,}025}{\sqrt[9]{l_m}}$	Mittlerer Durchmesser $d = \eta \cdot l_m$ in mm	Oberfläche für 100 g Sand $0 = \frac{1000 \cdot 6}{\gamma \cdot d_m}$ in cm²
0,177—0,074	0,105	1,31	0,137	$\frac{43800}{\gamma}$
0,2—0,09	0,124	1,29	0,160	$\frac{37500}{\gamma}$
0,42—0,177	0,248	1,19	0,295	$\frac{20300}{\gamma}$
0,6—0,2	0,3	1,17	0,350	$\frac{17150}{\gamma}$
0,60—0,42	0,494	1,11	0,5	$\frac{12000}{\gamma}$
2,0—0,6	0,925	1,63	0,955	$\frac{6300}{\gamma}$
2,0—0,42	0,7	1,06	0,74	$\frac{8100}{\gamma}$

zogen werden, die sich als Beläge bewährt haben, deren Zusammensetzung mit allen Einzelheiten in dem Handbuch ,,Bitumen in der Praxis" 2. Aufl. 1938 wiedergegeben ist. Die Werte, die für die Beurteilung nach unseren Merkmalen von Bedeutung sind und in Frage kommen, sind:

Raumgewicht der Mischung 2,2
Wasseraufnahme im Vakuum 2,2 Raum-%
Mineralmasse — Sand und Portlandzement — Raumgewicht — eingerüttelt — 2,1
Wichte 2,72
Hohlraum Raum-% 23
Siebkurve

	Gew.-%		Sand allein Gew.-%
> 2 mm	5,3		
2—0,42	9,0	} 78,6	11,3
0,42—0,177	37,1		47,3
0,177—0,074	32,5		41,4
< 0,074	16,1		
	100,0		100,0

Gehalt an Bitumen 10,5 Gew.-%.

[1] Auch folgende Formel wird angegeben:

$$l_m = \sqrt[3]{\frac{2}{\frac{1}{l_{max}^3} + \frac{1}{l_{min}^3}}}$$

Der Unterschied ist aber unbedeutend, wenn die kleinste und größte Korngröße nicht sehr weit auseinanderliegen, etwa in den bekannten Siebgrenzen.

Nachrechnung nach der Mörteltheorie:

Oberfläche von 100 g Sand nach Maßgabe der Tabelle 39 über Oberflächen $= 10\,500$ cm²
bei 5 μ Filmstärke $10\,500 \cdot 0{,}0005 \cdot 1{,}04 = 5{,}45$ g Bitumen
für 78,6 Gew.-% Sand $5{,}45 \cdot 78{,}6$ $= 4{,}28$
5,3 Gew.-% Splitt mit Raumgewicht $1{,}9 \cdot 0{,}025$ $= 0{,}24$
Im Mörtel 16,1 Gew.-% Portlandzement.
Bei einer Zusammenstellung des Mörtels 68 Gew.-% Zementfüller
und 32 Gew.-% Bitumen nach Ermittlung der Str.-V. Stuttgart $\frac{16{,}1 \cdot 32}{68} = 7{,}6$

Gesamte Bitumenmenge Gew.-% $= 12{,}12$

Die Berechnung nach der Mörteltheorie ergibt eine etwas höhere Bitumenmenge für Zementfüller. Wenn die Ausführung mit einer geringeren Menge ausgekommen ist (10,5 gegen 12,12 %), dann kann das an der geringen Mahlfeinheit des Zementes gelegen haben. Die Bindemittelmenge entspricht derjenigen, die dort, wo Zement als Füller und ebensolche feinen Sande benützt werden, üblich ist.

Die Berechnung des Bitumenbedarfes nur nach dem Hohlraumgehalt der eingerüttelten Mineralmasse mit dem Füller liefert

$$= \frac{(23-3) \cdot 1{,}04}{2{,}27} = 8{,}9 \text{ Gew.-\%}.$$

Ein Anteil von 8,9 Gew.-% wird auch in dem angezogenen Bericht als zu niedrig beurteilt.

In einem zweiten Beispiel ist der Sandasphalt folgendermaßen zusammengesetzt:

Raumgewicht der Mischung	2,24
Wasseraufnahme im Vakuum nach Verdichtung	0,4 Raum-%
Mineralmasse:	
Raumgewicht eingerüttelt	2,17
Wichte	2,78
Hohlraum Raum-%	25,5
Füller (Quarz)-Mehl	

Siebkurve

			Sand allein
> 2 mm	11 Gew.-%		
2—0,6	17,7 Gew.-%	73,5	24,1
0,6—0,177	31,4 Gew.-%		42,6
0,177—0,074	24,4 Gew.-%		33,3
Füller	15,5		
	100,0		100,0

Nachrechnung nach der Mörteltheorie:

Oberfläche von 100 g Sand 9450 cm²
bei 5 μ Filmstärke $9450 \cdot 5\,\mu \cdot 1{,}04 = 4{,}9$ g
für 73,5 Gew.-Anteile $= 3{,}6$ g
Splitt $0{,}11 \cdot 1{,}9 \cdot 0{,}025 = 0{,}52$ g

Im Mörtel 15,5 Gew.-% Quarzfüller.

Bei einer Zusammensetzung des Mörtels 70% Quarzfüller 30% Bitumen nach Abb. 267.

$$\frac{15{,}5 \cdot 30\%}{70\,\%} = 6{,}65 \text{ g}$$
$$10{,}77 \text{ g}$$

Der Bitumengehalt der ausgeführten Mischung wird zu 10,5% angegeben.

Bei der Bestimmung des Bitumenbedarfes aus dem Hohlraum kommt man zum folgenden Ergebnis:

$$\frac{(25{,}5-3) \cdot 1{,}04}{2{,}17} = 10{,}6.$$

auf 100 g $= 11{,}8$ g.

Mit diesen beiden Beispielen soll nachgewiesen werden, daß die Eigenschaften des Füllstoffes sowohl wie der Körnungsaufbau des Sandes den Bitumenbedarf grundlegend beeinflussen, und daß die Anwendung der Mörteltheorie die beste Anleitung gibt, den notwendigen Bitumenbedarf zu berechnen.

Gebrauchswert.

Sandasphalt wird in Stadtstraßen bevorzugt mit dichtem, schwerem Verkehr, besonders wenn Stahlreifen vorherrschen. Für mittleren Verkehr und für Landstraßen kommt er nicht in Frage, da er zu teuer und zu empfindlich ist. Er kann in Steigungen bis 5 % verlegt werden. Die reichliche Bitumenmenge, das zugleich hart ist, kann die Decke schlüpfrig machen. Um dies zu verhindern, werden in den VStA. nur ganz besonders scharfkantige Sande benutzt, in Amsterdam gebrochene Schlacke. Deshalb hat man in Deutschland den Asphaltbeton (Dritter Abschn. C. i. 6. ζ. bb) dem Sandasphalt vorgezogen, da jener leichter herzustellen und zu verlegen ist, z. B. mit Maschinen.

Tragkörper.

Als Tragkörper wird Beton von mindestens 20, besser 30 cm Dicke verwendet. Um das Gleiten der Asphaltmasse auf dem Beton, hervorgerufen durch Walzen oder durch die Schubkräfte des Verkehrs, zu verhindern, ist die Betonoberfläche behandelt und aufgerauht worden, aber mit geringem Erfolg. Schieben und Wellen treten nicht ein, wenn zwischen Tragkörper und Verschleißschicht eine Binderschicht eingelegt wird, die ein Asphalt- oder Teermischmakadam sein kann. Die Sandasphaltschicht soll 3—4 cm dick sein. Die Binderschicht kann je nach Verkehrsstärke zwischen 4 und 3 cm schwanken. Der Aufbau einer Sandasphaltdecke entspricht dann der Form der Abb. 259f.

Der Tragkörper aus Beton muß den Regeln entsprechen, die im Dritten Abschn. C. h gegeben worden sind. Der Zementgehalt soll zwischen 250—280 kg/m³ betragen. Die Betonlage erhält Dehnungsfugen im Abstande von 6—8 m. Über diesen Fugen pflegt die Bitumendecke infolge Bewegungen des Betons bisweilen bei Temperaturwechsel zu reißen. Solche wilden Risse sind schwer zu unterhalten. Die Bewegungen des Betontragkörpers werden zwar durch die Binderschicht etwas ausgeglichen. Sie lassen sich stark einschränken, wenn in die Fuge zwei Bitumenpappen eingelegt werden. Bei einer geringen Fugenbreite von etwa 4 mm werden bei hohen Sommertemperaturen Druckspannungen in Beton aufgenommen, also keine Dehnung auftreten. Bei Abkühlung werden diese Spannungen erst verschwinden, ehe eine Schrumpfung eintritt. Um dennoch den Belag vom Beton zu trennen, wird über die Fuge ein Bitumenpappstreifen gelegt, der auf der einen oder auf beiden Seiten mit Bitumen 200 angeklebt, im ersten Falle auf der anderen frei beweglich bleibt. Wenn der Beton darunter möglichst glatt und eben hergestellt wird, dann nimmt die Bitumenschicht an der Bewegung nicht teil, vorausgesetzt, daß sie weniger durch die Temperatur beeinflußt wird und infolge ihrer Befähigung, Zugkräfte zu übernehmen, nicht reißt. Bitumenbeläge mit hoher Zugfestigkeit bei gleichzeitig guter Dehnung bei Kälte, die demnach einen niedrigen Elastizitätsmodul haben, sind rißfest (vgl. S. 376). Wenn aber Risse auftreten, werden sie genau über der Fuge im Beton liegen und leicht beseitigt werden können.

Bei einem Tragkörper aus Beton, der biegungsfest ist, kann eine Verteilung auf eine größere Fläche des Untergrundes angenommen werden und infolgedessen höhere Einsenkung im Untergrund zugelassen werden. Für solche Verhältnisse, wie sie im Dritten Abschn. A. V angenommen sind, kann eine vereinfachte Formel auf Grund der von Westergaard entwickelten Berechnungsart angenommen werden. In ihr wird die Bettungsziffer $K = 3$ kg/cm³ geschätzt. Sie entspricht einer sehr geringen Tragfähigkeit des Bodens. Die Formel lautet:

$$h^2 = \frac{1{,}92\, P c}{\sigma_{b_z}} \qquad \sigma_{b_z} = \text{Biegezugfestigkeit des Beton in kg/cm}^2.$$

Der Wert c steht in Beziehung zur Bettungsziffer.

K	entspricht	c
3,5		1,096
7,0		1,000
14,0		0,9

Für $P = 6000$ kg. $\sigma_{b_z} = 20$ kg/cm² und $K = 3,5$ errechnet sich die Dicke des Betontragkörpers zu 25,1 cm.

Dieses Ergebnis ist durch die Erfahrung bestätigt. Denn Betontragkörper von 25 cm Dicke für Asphaltbeläge der verschiedensten Art, die den Beton vor den Einflüssen der Temperatur schützen, haben selbst bei Schüttbeton mit geringem Zementgehalt (200 kg/m³) sich als tragfest erwiesen.

Da magerer Beton geringe Bewegungen infolge Temperatur aufweist, ist der Vorschlag begründet, nur etwa 200 kg Zement/m³ anzuwenden, dafür die Decke auf 30 cm zu erhöhen. Denn es kommt beim Unterbau mehr auf die Trägheit der Masse gegen Stöße als auf Biegezugfestigkeit an.

Die Bauausführung wird für alle hohlraumarmen Decken gemeinsam im Dritten Abschn. C. i. 6. η zusammengefaßt.

Hohlraumarme Beläge mit bituminierten Füllern.

Wenn es bei der Herstellung bituminöser Mischungen gelingt, einerseits den Überschuß an Bindemittel herabzusetzen oder auszuschalten, andererseits das Höchstmaß der Bindemittelstabilität zu erreichen, so können Beläge von weit höherer Festigkeit und Widerstandskraft — auch gegen die Einwirkungen schweren Verkehrs — und vor allen Dingen von bleibender Rauhigkeit hergestellt werden. Diese Aufgabe ist in den letzten Jahren dadurch gelöst worden, daß man den Füller nicht wie bisher als Rohfüller zugibt, sondern denselben vorher mit Bindemittel vermischt. Die Herstellung solcher Schmelze durch bloßes mechanisches Vermischen ist schwierig und kostspielig, wenn der ursprüngliche Feinheitsgrad des Füllers beibehalten werden soll. Man muß anders verfahren.

Wenn man heißes Bitumen mit hohem Druck aus Düsen fein versprüht und diesen Nebel in Verbindung mit fein verteiltem Füller bringt, entsteht ein Gemisch, bei dem die sehr feinen Bitumentröpfchen auf der Oberfläche des Füller liegen, ohne daß seine Farbe dadurch wesentlich verändert wird. Es bleibt unwirksam. Wird er verdichtet, wird das Bitumen wirksam und verteilt sich auf der Oberfläche der Füllerkörner in sehr dünner Schicht und färbt ihn dunkel.

Das übliche Mischverfahren, wie es auf S. 368 beschrieben ist, wird hier so geändert, daß durch sehr schnelle Umdrehung im Zwangsmischer die feinen Füllerteilchen emporgeschleudert und mit dem Bitumen angesprüht werden. Durch die Gewichtsvermehrung fallen sie in den Mischer und werden mit den übrigen Zuschlägen gemischt. Gegenüber den bisherigen Verfahren weist das neue mit bituminiertem Füller folgende Abweichungen und Vorteile auf:

Es genügt, die Zuschläge nur bis 120° zu erwärmen. Die Mischung erfolgt bei etwa 75°. Es wird ein weiches Bitumen 200 verwendet. Ein Bindemittelgehalt von 7 % genügt für Sandasphalt des üblichen Kornaufbaues. Die Mischung erweist sich als sehr steif, hat geringe Abnutzung und wird nicht schlüpfrig. Der Bindemittelfilm ist außerordentlich dünn, deshalb wird die Masse im Sommer nicht weich und reißt nicht im Winter.

Wenn man den bituminierten Füller mit Wasser abschreckt, kann er lange gelagert werden *[210, 211]*.

bb) Asphaltbeton. Asphaltbeton besteht aus einem Gemisch von Splitt, Sand oder Brechsand und Füller mit Bitumen als Bindemittel. Man unterscheidet Asphaltfeinbeton und Asphaltgrobbeton.

Gesteinsmasse: Die Mischung aus Sand und Splitt ist durch Zugabe von Füller so weit zu dichten, daß ihre mit Bitumen ausfüllbaren Hohlräume unter 22 Raum-% liegen, wenn die Masse bis zur Raumbeständigkeit eingerüttelt wird. Der Splittgehalt (Körnung 2/8 oder 2/12 mm) soll zwischen 25 und 40 Gew.-% betragen. An Füller müssen 10—15 Gew.-% in der Gesteinsmasse enthalten sein. Das Raumgewicht liegt zwischen 2,20 bis 2,35, je nach der Wichte des groben Splittes (Basalt, Porphyr). Die Mischung, die mit dem Ziel, auf dem Versuchswege das höchste Raumgewicht zu erhalten, zusammengesetzt ist (Dritter Abschn. C. i. 6. ε. bb S. 340), weist die gleichen Merkmale auf.
Beim splittreichen Asphaltfeinbeton soll der Splittgehalt der Mischung sogar 40 bis 60 Gew.-% ausmachen. Gehalt an löslichem Bitumen 6—8 Gew.-%.
Für den Aufbau des Asphaltbetons gelten die gleichen Grundsätze wie beim Sandasphalt, Abstufung der Gesteinsmasse nach einer Körnungskurve, wie sie im Dritten Abschn. C. i. 6. ε. bb theoretisch begründet ist.
In der Praxis bewegen sich aber die Siebkurven in einem weiten Bereich, der nach der Abb. 268 abgegrenzt ist. Die Z. f. A. T. tritt für wachsenden Anteil mit wachsender Korngröße ein. Dann liegt der Splittanteil bei etwa 30%.
Bitumenbedarf. Nach dem Hohlraumgehalt, höchstens 22 Raum-%, würde nach Abzug von 3 Raum-% der Bitumenbedarf sich stellen auf

$$\frac{19 \cdot 1{,}04}{2{,}2} = 9 \text{ Gew.-\%}.$$

Da es bei Auswahl der richtigen Zuschläge stets gelingt, einen wesentlich geringeren Hohlraumgehalt zu erzielen, fallen die Bitumenmengen entsprechend niedriger aus.
Auch für den Asphaltbeton bietet die Mörteltheorie zur Berechnung des Bitumenbedarfes eine fehlerfreie Grundlage.

Der Mineralaufbau des Asphaltbetons hatte folgende Zusammensetzung:

Siebkurve	3—10 mm	14,3%	
	0,6—3 mm	19,5%	Sand 69,5%
	0,2—0,6 mm	38,0%	
	0,09—0,2 mm	12,0%	
	Füller nach Abb. 267	16,2%	
		100,0	

Dann entfallen auf

14,3% Splitt	0,3	Gew.-T. Bitumen
69,5% Sand (6800 · 5 μ · 1,04)	2,42	Gew.-T. Bitumen
Auf 16,2% Füller nach Abb. 267	5,4	Gew.-T. Bitumen
	8,12	Gew.-T. Bitumen

Nach dieser Vorschrift war der Belag auf der Versuchsbahn der Materialprüfungsanstalt Stuttgart eingebaut worden. Nachprüfungen an der eingebauten Masse hatten aber ergeben, daß auf der einen Hälfte der Bahn die Masse 8%, die andere 9,15% offenbar durch einen Baufehler hatte. Beide wurden einem Verkehr von 2470000 t ausgesetzt. Die erste Mischung ist ohne jede Formänderung geblieben, bei der anderen hatten sich tiefe Spuren und Vertiefungen ergeben, wie Abb. 269 deutlich zeigt. Die mangelnde Scherfestigkeit geht daraus hervor, daß das Verhältnis Füller zu Bitumen 72 : 28 ist, für das der E. P. nach Abb. 267 auf 77° statt 83° liegt.
Die Prüfung erfolgte in einem geschlossenen Raum. Die Fahrbelastung durch den Prüfwagen, der sich mit 22 km/h über die Kreisbahn bewegte, war aber so nachhaltig, daß der Belag sich mit der Zeit erwärmte und eine höhere Temperatur als die Luft annahm, der Zustand daher an den herankam, mit dem man bei Sonnenbestrahlung etwa zu rechnen hat. Dieser zufällige Fehler in der Zusammen-

setzung des Asphaltbetons hat unter sonst völlig gleichen Verhältnissen den offensichtlichen Beweis geliefert, daß man mit der Ermittlung der Bitumenmenge nach der Mörteltheorie sich auf dem richtigen Wege befindet und daß die Festsetzung des E. P. der Mörtelmischung mit 83° für die üblichen Verhältnisse das richtige trifft.

Bei Splittmengen bis etwa 30 Gew.-% bildet sich noch kein eigenes Stützgerüst. Damit ist erst zu rechnen, wenn die Menge auf 50—60 % steigt, das ist dann der splittreiche Asphaltbeton, dessen Hohlraumgehalt der eingerüttelten Mineralmasse zwischen 22—15 Raum-% liegt, Fülleranteil 6—15 Gew.-%. Man kann den Asphaltbeton als ein Splittgemisch betrachten, dessen Hohlräume mit Sandasphaltoder Asphaltmörtel gefüllt sind. Für diesen Fall hat Dr. Oberbach eine einfache Bitumenbedarfsberechnung angewendet, die mit der Mörteltheorie eine gewisse Verwandtschaft hat. Er nimmt an, daß der Sandasphalt in diesem Gemisch 10 Gew.-% Bitumen beansprucht und daß zur kräftigen Umhüllung von feinem Splitt in der Körnung 3/8—3/12 mm 3 % Bitumen notwendig sind *[197]*.

Die Mischung soll bestehen aus

Sandasphalt nach den gegebenen Aufbauvorschriften . . .	75	Gew.-%
Splitt.	25	Gew.-%
	100	Gew.-%

Bitumenbedarf

0,10 · 75	=	7,5	Gew.-%
25 · 0,03	=	0,75	Gew.-%
		8,25	Gew.-%

Abb. 269. Verschiebung eines Asphaltfeinbeton auf der Straßenprüfmaschine infolge Bindemittelüberschuß.

Je mehr Splitt die Mischung hat, desto geringer fällt der Bitumenbedarf aus. Bei einem splittreichen Asphaltbeton wird er um 6 Gew.-% herum liegen.

Für solche Decken wird ein Bitumen B 45 in der Regel angewendet. Man hat es dann mit einem schnell verdichtenden Belag zu tun, der nur noch sehr wenig nachverdichtet.

Andererseits hat man die sogenannten Kompressionsbeläge entwickelt, für die nur weichere Bindemittel in Frage kommen, in der Regel Mischungen aus Bitumen und Straßenteer. Die DIN 1996 gibt an:

Ursprünglich B 45, B 65, B 80 oder Gemische entsprechender Härte. Für den splittreichen Asphaltbeton kommen B 65, B 80, B 200 zur Anwendung. Der splittreiche wird demnach als Kompressionsbelag zu betrachten sein.

Bei dem üblichen Asphaltbeton, der schnell verdichtet, ist der $\sphericalangle$ der inneren Reibung günstig, und bei Verwendung von hartem Bitumen mit starker Kohäsion entsteht ein sehr formsteifer Belag.

Bei dem splittreichen Beton ist der $\sphericalangle$ der inneren Reibung wegen der sperrigen Lagerung anfangs gering, ebenso die Kohäsion des weichen Bindemittels. Unter dem Verkehr dichtet sich aber der Beton, der $\sphericalangle$ der inneren Reibung wächst immer mehr an. Man muß sich hüten, in diesem Falle den Hohlraum der Mineralmasse mit dem Bindemittel auszufüllen, muß sogar erheblichen Hohlraum unausgefüllt lassen, sonst füllt das Bitumen sehr schnell alle Hohlräume aus und versetzt die Masse unter den hydrostatischen Spannungszustand und bewirkt eine sehr geringe Viskosität der Masse, d. h. ist bildsam.

Alle Mischungen, die auf Verdichtung zusammengesetzt sind, haben anfangs einen hohen Hohlraumgehalt, der erst mit der Zeit zurückgeht. Werden solche Mischungen im Herbst verlegt, besteht die Gefahr, daß sie nicht mehr genügend verdichten und bei hohem Porenraum unter der Witterung durch Wasseraufnahme und Frost·Schaden nehmen. Dann muß man sie mit einer Oberflächenbehandlung oben absiegeln.

cc) Bei Mischungen von Straßenteer mit Bitumen wird die Masse als Teerasphaltfeinbeton bezeichnet. Der Teeranteil an der Mischung mit Bitumen liegt zwischen 20—50 Gew.-%, und zwar nach DIN 1996 50—80 Gew.-% B 45 oder B 65 und 50—20 Gew.-% T 80/125. Auch T 140/240 oder T 250/500 oder Wetterteer kommen in Frage[1].

Solche Mischungen von pechreichem Teer mit hartem Bitumen entsprechen nicht den Grundsätzen, die im Dritten Abschn. C. i. 5. ε gemacht sind, so daß eine homogene Mischung in Frage gestellt ist. Die Erfahrung hat aber gezeigt, daß die Einverleibung des heißen Bindemittelgemisches in die heiße Mineralmasse und die feine Verteilung auf die Mineraloberfläche eine Entmischung gar nicht aufkommen läßt. Man hat es demnach mit anderen Vorgängen zu tun, als bei der reinen Teerbitumenmischung auftreten.

Die Nachverdichtung konnte einwandfrei durch die Str. V. A. Stuttgart festgestellt werden.

dd) Untersuchungen an verdichtungsfähigen Belägen der Str. V. A. Stuttgart hatten folgendes Ergebnis:

Tabelle 40.

Probe Nr.	Stärke der Oberlage in cm	Raumgewicht		Wasseraufnahme		Bemerkungen
		der frischen Decke	1 Jahr unter Verkehr	der frischen Decke	1 Jahr unter Verkehr	
1	2,5	2,217	2,309	9,23	4,22	
2	3,0	2,062	2,227	13,94	4,09	
3	3,0	2,129	2,283	11,45	4,59	
4		2,24	2,32	5,1	3,5	aus der Straßenbauindustrie
5		2,28	2,33	6,0	2,2	

Zu gleichen Ergebnissen haben Versuche geführt, die in der Str. V. A. Stuttgart an hohlraumarmen Massen durchgeführt worden sind, denen zum Teil hartes, zum Teil weiches Bindemittel zugesetzt worden war. Zur Nachahmung des Verkehrseinflusses ist die gleiche Vorrichtung angewendet worden, die schon bei der Untersuchung auf Kornverfeinerung (Dritter Abschn. C. i. 6. ε. cc) beschrieben ist. Der Asphaltbeton mit hartem Bindemittel (Bit. 45) hat keinen Verdichtungsfort-

[1] Für RAB. Teerasphaltbeton: Teergehalt des Bindemittels Binderschicht 40 Gew.-%, für die Deckschicht 20 Gew.-%.

schritt gezeigt, erst als er auf 50° erwärmt wurde, d. h. sein Bindemittel leichtflüssiger geworden war, hat der Porenraum abgenommen (Abb. 270). Die anderen hohlraumarmen Massen haben einen fast gleichartigen Verdichtungsfortschritt gezeigt. Asphaltbeton mit Bitumen 45 muß als schnell verdichtende, die anderen als langsam verdichtende Massen betrachtet werden.

ee) Asphaltgrobbeton. Mit hohem Splittgehalt wird eine möglichst griffige Fahrfläche und hohe Scherkraft angestrebt. Für den Kraftwagenverkehr sucht man diese Eigenschaft durch Verwendung eines möglichst groben Kornes sicherzustellen und das durch Asphaltgrobbeton zu erreichen.

Er hat als Splitt nach DIN 1996 2/18 oder 2/25 mm, etwa 50—75 Gew.-%, davon soll das Grobkorn (Körnung 12/18 oder 15/25) 20 Gew.-% ausmachen. Die Hohl-

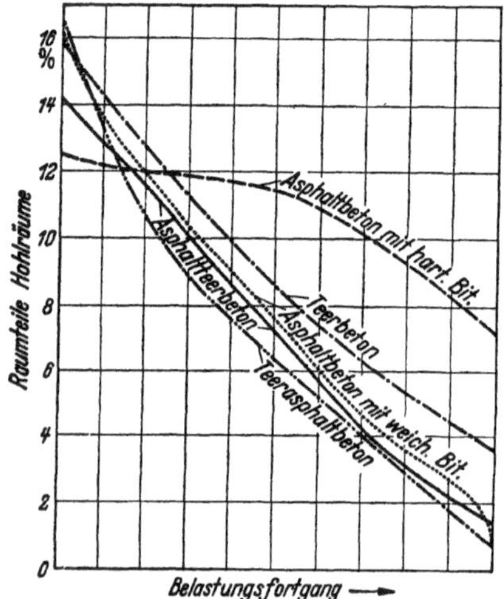

Zusammensetzung der Bindemittel:

Asphaltteerbeton: 80 Gew.-% Mexphalt E_1, 20 Gew.-% Teer 60/40, Bindemittelgehalt 7,84 Gew.-%.

Teerasphaltbeton: 20 Gew.-% Mexphalt E_7, 80 Gew.-% Teer 60/40, Bindemittelgehalt 7,84 Gew.-%.

Asphaltbeton (weich): Spramex 300 (Erweichungspunkt Ring und Kugel 34°), Bindemittelgehalt 7 Gew.-%.

Aspaltbeton (hart): Mexphalt E (Erweichungspunkt Ring und Kugel 50—55°), Bindemittelgehalt 7,5 Gew.-% nach Erwärmung auf 50°.

Teerbeton: Wetterteer (Erweichungspunkt Ring und Kugel 20°), Bindemittelgehalt 7,5 Gew.-%.

Abb. 270. Verdichtungsfortschritt in bituminösen Decken, die nach dem Betongrundsatz aufgebaut sind.

räume der eingerüttelten Mineralmasse sollen unter 18 Raum-%, aber über 13 Raum-% liegen.

Zu beachten ist, daß Quarzsand und Brechsand ganz verschieden im Asphaltgrobbeton zu beurteilen sind. Bei Quarzsand erhält man sofort eine hochdichte, kaum noch verdichtfähige Masse. Das ist anzustreben, weil sonst mit Wellenbildung des Belages zu rechnen ist, ehe durch Nachverdichtung die nötige Steife erreicht ist. Es gelingt in diesem Falle, einen Asphaltgrobbeton mit 12 bis 13 Raum-% herzustellen, der 5—6 Gew.-% Bitumen beansprucht, wobei die Berechnung des Bitumenbedarfes von der Ausfüllung der Hohlräume ausgeht. Das Raumgewicht einer solchen Asphaltgrobbetongesteinsmasse kann zu 2,3 bis 2,5 angenommen werden, z. B.

$$\text{Bitumenbedarf} = \frac{12 \cdot 1{,}04}{2{,}3} = 5{,}4 \text{ Gew.-\%}.$$

Eine satte Ausfüllung der Hohlräume tritt daher aus den schon mehrfach ausgeführten Gründen hier auch nicht ein.

Für Autobahnen geeignete Mischungen sind nach Dr. Herrmann *[212]* und nach einer Bauweise in Kalifornien:

Korngröße mm	Gew.-% nach Dr. Herrmann	Kalifornischer Mischung
Kalksteinfüller	10	10
Quarzsand 0,09 bis 0,2	5	9 } Sand
Quarzsand 0,2 bis 0,6	10	9 } Sand
Quarzsand 0,6 bis 2	15	13 } Sand
Quarzkies 3 bis 10	10	9 Feinsplitt (2—7 mm)
Splitt 10 bis 15	25	17 Splitt (7—12 mm)
Splitt 15 bis 20	25	18 Splitt (½—¾ Zoll)
		15 Splitt (¾—1½ Zoll)
Hohlräume einerüttelt %	12,9	10,7
Bitumenzusatz %	5,1	4
Druckfestigkeit bei 22,5° kg/cm²	58	60 (10 cm Würfel)
Abschleifverlust nach Böhme cm³/cm²	0,18	0,37

Der Kornaufbau beider Mischungen zeigt gute Übereinstimmung. Der Anschliff (Abb. 271) läßt den hohen Anteil an Splitt erkennen.

Der geringe Hohlraumgehalt und demgemäß geringe Bitumenbedarf ist nach unserer Anschauung bedenklich, weil eine solche Decke stark verschleißt, wes-

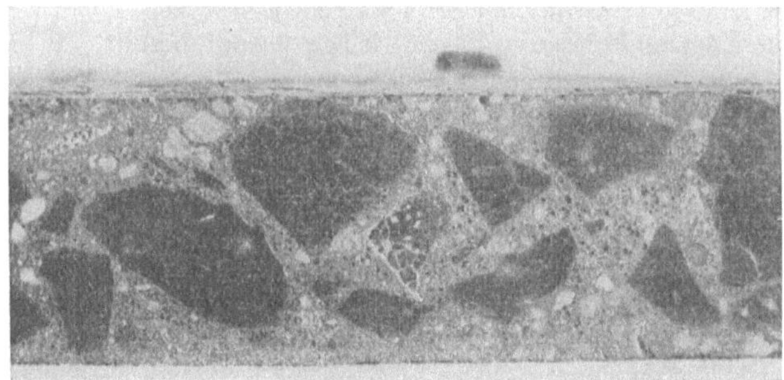

Abb. 271. Anschliff eines Asphaltgrobbetonbelages.

halb die DIN als geringsten Hohlraumgehalt nur 13 Raum-% zuläßt, damit eine genügende Menge Bitumen einverleibt werden kann.

Bei Verwendung von Quarzsand (Flußsand) erhält der Belag sofort eine große Dichte, da Quarzsand unter dem Druck von 800 kg/cm² nur gering zertrümmert wird. Anders liegen die Verhältnisse bei der Verwendung von Brechsand, der eine lockere, sperrige Lagerung nach Dr. Herrmann *[212]* beim Einrütteln hervorruft und damit einen großen Hohlraum, der aber bei der Verdichtung mit 800 kg/cm² unter zugleich eintretender Kornverfeinerung sich stark vermindert. Eine Berechnung der Bitumenmenge nach dem Hohlraumgehalt der eingerüttelten Masse würde einen viel zu großen Bindemittelanteil ergeben. Andererseits bleibt eine solche Mischung stark verdichtungsfähig, hat also anfangs großen Porengehalt, und nur ein allmählicher, vielfach wirksamer Knetvorgang durch den Verkehr kann die innere Versteifung überwinden und die erwünschte hochdichte Lagerung bewirken. Aber Gummireifenverkehr übt eine solche Wirkung nicht oder nur sehr langsam aus, bei gemischtem Verkehr ist eher damit zu rechnen. Zweckmäßig ist daher für die Autobahnen Quarzsand, für gemischten Verkehr Brechsand zu wählen. Wegen des hohen Porengehaltes gleich nach dem Einbau soll ein solcher Asphaltgrobbeton im Sommer verlegt werden.

Bei Wahl möglichst groben Zuschlages können solche Beläge bis zu 10% Steigung verlegt werden. Auf Bergstrecken sind die folgenden Zusammensetzungen angewendet worden:

Gebrochener Dolomitsand	0 bis 3 mm gut abgestuft		zu gleichen Teilen
Korn	3 bis 6 mm		zu gleichen Teilen
Korn	6 bis 12 mm		zu gleichen Teilen
Füller	8 Gew.-%		
Basaltkorn	20 bis 30 mm	40 bis 60%	

Bindemittel Bitumen mit Teerzusatz. Erweichungspunkt R. & K. 44°, 5,5 bis 6 Gew.-%.

Eingebaut wird in zwei Schichten, die untere, 3 cm dick, hat nur bis 12 mm Korn und wird dicht geschlossen. Die obere 3,5 cm dicke Schicht hat das grobe Korn bis 30 mm. Als Porenschluß kommt in die fertig gewalzte Decke heißer bituminierter Feinsand.
Bei einer anderen Ausführung wurde der Gehalt an Splitt bis 60 Gew.-% gesteigert und wieder in zwei Schichten eingebaut mit dem Unterschied, daß die obere Schicht erst als Feinmineralschicht ausgebreitet wurde, die aus Brechsand 0—3 und Füller mit 8,5 Gew.-% Bitumen bestand, in die der bituminierte Basaltsplitt 20—30 mm von einer Arbeitsbühne ausgestreut und dann mit einer 11-t-Walze festgewalzt wurde. Unmittelbar nach dem Walzen wurde feinkörniger bituminierter Sand heiß in noch verbliebene Hohlräume eingekehrt. Damit wurde eine gute Griffigkeit erreicht *[213]*.
Da die ganze Zusammensetzung dieser Beläge darauf beruht, die Scherfestigkeit in erster Linie durch einen hohen ∢ der inneren Reibung zu erreichen, können nur weiche Bindemittel angewendet werden. DIN 1996 läßt daher zu: B 60, B 80 B 200 oder Mischungen entsprechender Härte.

ff) Teerasphaltgrobbeton. Für Teerasphaltgrobbeton wird die gleiche Bindemittelzusammensetzung nach DIN 1996 empfohlen wie für Asphaltfeinbeton. Das Bindemittel besteht aus 50—80 Gew.-% B 45 oder B 65 und 50 bis 20 Gew.-% T. 80/125, T. 140/240, T. 250/500 oder Wetterteer. Die Bindemittelmenge ist gewichtsmäßig etwas höher wegen der höheren Wichte des Teeres, 6—8,5 Gew.-%. Der Bitumenbedarf nach der Mörteltheorie, nachgewiesen am Beispiel des Asphaltgrobbeton mit Quarzsand, nimmt den folgenden Wert an:
Mineralmasse ohne Füller:

33,3 Gew.-%	Quarzsand mit 5800 cm² Oberfläche auf 100 g Sand
11,1 Gew.-%	Quarzkies
55,6 Gew.-%	Splitt
100,0	

Dazu 10 Gew.-T. Kalksteinfüller.

Bitumenmenge:	Sand	$= 5800 \cdot 0{,}0005 \cdot 1{,}04 \cdot 33{,}3$	$= 1{,}00$
	Quarzkies	$= 11{,}1 \cdot 0{,}02 =$	$= 0{,}22$
	Splitt	$= 55{,}6 \cdot 0{,}025$	$= 1{,}42$

Auf 10 g Kalksteinmehl entfallen bei einem Mörtelverhältnis 75 Gew.-% Füller zu 25 Gew.-% Bitumen

$$\frac{10 \cdot 25}{75} = 3{,}3$$

5,94

Auf 110 g Masse 5,94 g Bitumen
Auf 100 g Masse 5,4 g Bitumen.

Auch diese Nachrechnung des Bitumenbedarfes läßt die Zuverlässigkeit der Mörteltheorie erkennen. Gerade in solchem Falle, wenn die Sperrigkeit der Masse einen großen Hohlraumgehalt bewirkt, der zu einer zu hohen Bitumenmenge verleiten kann, wenn sie aus dem Hohlraumgehalt der Gesteinsmasse bestimmt wird, bietet die Mörteltheorie eine sichere Anleitung.

Als Splitt wird Basalt bevorzugt, Kalkstein, Diabas und Granit werden dort angewendet, wo sie leichter zu beschaffen sind. In Amsterdam sind die Schlacken der Müllverbrennung mit Erfolg verwendet worden; sie geben eine sehr griffige sandpapierartige Oberfläche.

Soll, wie es dem Wesen der Mörteltheorie entspricht, die Mörtelmenge aus dem Hohlraumgehalt der Gesteinsmasse ohne Füller gefunden werden, dann darf nicht übersehen werden, daß die gebrochenen Massen eingerüttelt einen hohen Hohlraum haben, den mit Mörtel auszufüllen falsch wäre, weil dann bei der Nachverdichtung Mörtel im Überschuß vorhanden sein und die Masse bildsam würde.

Bei Versuchen des Verfassers mit Asphaltbetonmischungen aus gebrochenem Kalkstein, Granit und Basalt, bei denen auch die Sandkörnungen aus demselben Gestein bestanden, und bei denen es sich darum handelte, den Einfluß der Wasserlagerung zu ermitteln, kam es darauf an, daß die Massen für die Versuchskörper alle einen gleich großen aber möglichst geringen Porenraum hatten. Dies wurde dadurch erreicht, daß der Mörtelanteil aus dem arithmetischen Mittel des Hohlraumes der eingerüttelten und unter Druck verdichteten Gesteinsmischung (ohne Füller) bestimmt wurde *[196]*.

Gebrauchswert. Der Asphaltfeinbeton hat in Deutschland eine größere Anwendung gefunden als der Sandasphalt, ebenso in Holland. Man ist beim Asphaltbeton nicht so abhängig von dem genauen Körnungsaufbau des Gesteins und der Kohäsion des Bindemittels wie beim Sandasphalt. Zweitens läßt sich Asphaltbeton auf allen Tragkörpern gut einbauen, während Sandasphalt Zementbeton verlangt. Drittens ist Asphaltbeton griffiger; er kann in Steigungen bis zu 7% gut verwendet werden. Er eignet sich in gleicher Weise für Land- wie Stadtstraßen und Autobahnen. Viertens ist er preiswert und wirtschaftlich.

Tragkörper: Ehemalige Steinschlagdecken auf Grundbau, wenn sie richtig nachprofiliert sind, geben eine gute Unterlage. Auch beim Asphaltfeinbeton muß in diesem Falle eine Binderlage aus einem Bitumen- oder Teermischmakadam von 3—4 cm eingefügt werden. Der Aspahaltbeton hat 3—5 cm Dicke. Aber auch Asphalttränkmakadam und andere bituminöse Bauarten eignen sich. Auch Zementbeton wird angewendet, mit einem seitlichen Rand in Stärke der Asphaltdecke, um einen guten Seitenabschluß und durch die hellere Färbung eine gut sichtbare Seitenabgrenzung zu erreichen.

Auch Pflasterdecken können als Tragkörper dienen, wenn eine Binderschicht als Ausgleich vorgesehen wird.

Asphaltgrobbeton kann in größeren Dicken bis 7 cm ohne Binderschicht verlegt werden.

gg) Asphaltbeton im Kalteinbau kann mit Verschnittbitumen vorgenommen werden. Er gleicht in seinem Aufbau von Füller, korngestuftem Sande und Splitt dem heißeinzubauenden Asphaltfeinbeton. Er rechnet zufolge seines Gehaltes an leichtflüssigem Bindemittel, das nur langsam seine leichten Öle abgibt, zu den langsam verdichtenden Massen. Darin liegt sein Vorteil, und daraus ergibt sich sein Anwendungsgebiet, das Dr. Oberbach, der Schöpfer dieser Masse, die den Namen Deutagbeton erhalten hat, wie folgt bezeichnet: Als Abschluß auf kalte Kompressionsdecken, von hinreichender Stärke gegen Abnutzung, der aber zugleich die aus der allmählichen Verdichtung der Unterlage sich ergebenden Veränderungen mitmachen muß, ohne zu reißen, zu zerbröckeln oder zu schieben, d. h. bei an sich geringer Scherfestigkeit eine gute Viskosität der Masse besitzt, dann ist Deutagbeton am Platze. Eine Anwendungsmöglichkeit ist schon bei der Oberflächenbehandlung S. 323 erwähnt. Dickere Schichten als etwa 35 kg/m² können nicht angewendet werden, die zudem gleich stark gehalten werden müssen *[197]*.

Die Mineralmasse in der Körnung 0—8 mm hat denselben Kornaufbau wie beim Heißeinbau. Hohlraumgehalt und Bindemittelmenge sind daher die gleichen. Der Vorteil besteht darin, daß die Masse in ortsfesten Mischanlagen hergestellt und beliebig weit verschickt werden kann. Sie eignet sich auch für Radwege, Gehbahnen, Schulhöfe u. a. m.

Der Kalteinbau hat große Aussichten, wie schon beim Mischmakadam betont worden ist. Eine große Zahl von Sonderausführungen, die auch Patentschutz genießen, sind entwickelt worden, bei denen das Schwergewicht darin liegt, daß eine Aufbereitung fabrikmäßig erfolgt, wobei harte Bindemittel verwendet werden, so daß die Masse nicht backen kann. Bei der Verlegung werden dann leichte Öle zugesetzt. Das erste Verfahren der Kaltbauweise, das Amiesiteverfahren, das schon 1908 in VStA. patentiert worden ist, verwendet mit Petrolnaphtha vorbenetztes Gestein, dem auf 135° angewärmtes Bitumen zugesetzt wird. Der Mischung wird am Schluß noch Füller als CaO oder $Ca(OH)_2$ beigegeben. Die Masse wird kalt in zwei Schichten zwischen 3—5 cm und 2—3 cm Dicke verlegt. Auf einem fast gleichen Verfahren beruht das unter der Bezeichnung Carpave bekannte britische Patent vom Jahre 1928.

Bei dem Colproviaverfahren besteht das asphaltische Bindemittel in einem gepulverten Hartasphalt und einem Spaltöl, die gemischt einen Asphalt ergeben mit den Eigenschaften, wie er im Heißverfahren verwendet wird. Das Mineralgemisch entspricht dem eines Asphaltgrobbeton (40 Gew.-% Splitt bis 18 mm). Das Gestein wird zuerst mit dem Öl (Bitumen 50%, Petrolöl 50%) gemischt und dann Asphaltpulver und der Füllstoff zugesetzt. Die Masse kann gelagert und versandt und kalt eingebaut werden.

Ein kalteinbaufähiges, längere Zeit körnig bleibendes bitumiertes oder geteertes Gestein ist Durophalt (DRP 622604 und 626513). Die Masse wird heiß gemischt. Dem bituminierten Steinschlag und Splitt wird ein Trennstoff zugesetzt, z. B. Flugasche, Talk oder Speckstein, wenn die Abkühlung an die Höhe des Tropfpunktes des Bitumen angelangt ist. Der Trennstoff wird mit dem abkühlenden Luftstrom zugeführt. Beim Einbau wird der Masse 1% Lösungsmittel aus reinem Bitumenbenzolgemisch zugesetzt, um die Klebkraft zu beleben.

Bei dem schweizerischen Patent Durit werden Splittkörner zuerst mit einem füllisierten Klebemittel überzogen und die so gebildete Haut mit einem öligen Trockenfüller dicht umhüllt. Die Mineralmasse selbst ist nach der Betonbauweise zusammengesetzt. Die Mischung kann kalt, aber auch nach Erwärmung eingebaut werden. Beim Walzvorgang pressen und reiben sich die Splittkörner aneinander, wobei die innere Klebehaut wieder aktiv wird und zusammen mit dem Trockenfüller einen Mörtel bildet, der die Hohlräume im Splittgemisch ausfüllt. Der Belag soll besonders griffig sein und bei Erwärmung nicht weich werden, so daß er auch in größeren Höhen — über 1000 m — in der Schweiz verlegt worden ist *[214]*.

In Italien dient der dort reichlich anstehende Stampfasphalt als Grundstoff für ein Kaltverfahren in folgendem Aufbau:

1. Ölung der Fahrbahn mittels Mineralöl,
2. Ausstreuen einer dünnen Schicht von Asphaltmehl,
3. Ausstreuen einer Schicht aus geöltem Splitt,
4. Walzung mit einer Walze mittleren Gewichtes,
5. Aufstreuen einer dünnen Schicht von Asphaltmehl,
6. Freigabe für den Verkehr.

Das Mineralöl wird aus italienischem Asphaltgestein gewonnen, das nur geringe Mengen Leichtöl enthält und die Aufgabe hat, das im Asphaltmehl vorhandene Bitumen zur Wirkung zu bringen und seine Hafteigenschaften zu erhöhen. Benötigt werden etwa 0,1—0,15 l/qm Anstrichöl, 15 kg Splitt und 15 kg Asphaltmehl für den Quadratmeter. Zur Umhüllung des Splittes werden 30—40 l Öl für den Kubikmeter aufgewendet.

In ähnlicher Weise wird beim Sintex-Verfahren vorgegangen. Ausgangserzeugnis war ursprünglich auch Stampfasphaltmehl, jetzt wird ein Kalkstein von besonderen Eigenschaften nach besonderem Verfahren gebrannt, zerkleinert und mit ungefähr 10% Hartbitumen gemischt. 20% dieser Masse werden 80 Gew.-% bituminiertem Splitt zugegeben. Das Wesen dieses Verfahrens beruht darauf, daß die Klebefähigkeit des bituminierten Splittes durch die Zumischung der Sintexmasse zeitweilig aufgehoben wird und die Masse körnig bleibt. Erst beim Einbau durch die Walze wird sie wieder wirksam.

hh) Teerbeton. Teerbeton ist nach DIN 1996 ein walzbares oder stampfbares hohlraumarm zusammengesetztes Gemisch von Splitt, Sand und Füller mit Teer. Man unterscheidet Teerfeinbeton (mit Splittanteilen bis zu 8 mm) und Teergrobbeton (mit Splittanteilen über 8 mm). Die geringe Zähflüssigkeit des Bindemittels nach Tabelle 33 weist darauf hin, daß die Scherfestigkeit des Belages nur auf dem ∢ der inneren Reibung bestehen kann, die Masse also so aufgebaut werden muß, daß schon die Gesteinsmasse ein gutes Stützgerüst abgibt. Der Hohlraumgehalt darf nur gering sein. Eine gewisse Füllermenge muß vorhanden sein, um das Bindemittel gut zu verteilen. Da weder eine dicke Teerschicht, noch eine zu dünne zugelassen werden kann, soll die Mineralmasse so zusammengesetzt sein, daß eine Kornverfeinerung durch den Verkehr nicht mehr eintreten kann; sie muß also den Anforderungen entsprechen, die im Dritten Abschn. C. i. 6. ε. cc entwickelt sind. Die Vorschriften der DIN 1996 für den Kornaufbau sind daher verhältnismäßig eng. Der Gehalt an Splitt 2/5 mm oder 2/8 mm kann zwischen 20 und 40 Gew.-% liegen. Die eingerüttelte Masse soll höchstens 25% Hohlraum haben. Als Beispiele für die Mineralzusammensetzung gibt die DIN 1996 an:

a) mit niederem Splittgehalt:

Steinmehl (Füller) von 0 bis 0,09 mm etwa	15 Gew.-%
Sand von 0,09 bis 0,2 mm etwa	12 Gew.-%
Sand von 0,2 bis 0,6 mm etwa	23 Gew.-%
Sand von 0,6 bis 2 mm etwa	25 Gew.-%
Splitt 2/5 oder 2/8 mm etwa	25 Gew.-%

b) splittreich:

Steinmehl (Füller) 0/0,09 mm etwa	15 Gew.-%
Sand 0,09/0,2 mm etwa	10 Gew.-%
Sand 0,2/0,6 mm etwa	15 Gew.-%
Sand 0,6/2 mm etwa	25 Gew.-%
Splitt 2/5 oder 2/8 mm etwa	35 Gew.-%

Als Splitt kommt in Frage Hartgestein, harter Kalkstein, beständige Hochofenschlacke; als Sande: Brechsande aus kernigem, gesundem, wetterbeständigem, nicht quellfähigem Gestein oder beständiger Hochofenschlacke. Wenn der durch Brechen oder Mahlen erhaltene Sand nicht richtig abgestuft ist, kann durch Beimischen von lehmfreien Quarzsanden ein geeigneter Kornaufbau erzielt werden. Der Quarzsandgehalt darf bis 50% des Brechsandgehaltes betragen. Da Teer an Quarz schlecht haftet, kann Teerbeton mit Quarzsanden nicht hergestellt werden. Man ist daher auf Brechsande angewiesen, und die Anwesenheit von gebrochenem Sand weist darauf hin, daß Teerbeton eine langsam verdichtende Masse darstellt, die mit der Zeit ihren Porenraum verringert.

Die Bindemittelberechnung muß daher von dem Hohlraumgehalt der unter 800 kg/cm² hochverdichteten Masse ausgehen. Er liegt zwischen 6—9 Gew.-% und ist so zu bemessen, daß der durch den Verkehr dichtest komprimierte Belag noch ein gewisses Maß von Hohlräumen (1—2 Raum-%) enthält. Gewöhnlich werden etwa 7—7,5 Gew.-% Straßenteer benötigt. Schon Abweichung von

0,5 Gew.-% von der optimalen Bindemittelmenge nach oben und unten kann zu Fehlschlägen führen. Ist nicht genügend Porenraum in der Masse, in die der Teer, wenn er sich bei Sonnenbestrahlung ausdehnt, eintreten kann, dann tritt der hydromechanische Spannungszustand ein, die Decke wird weich, der Teer tritt aus, die Decke fängt an zu schwitzen.

Als Bindemittel dienen Straßenteer T 140/240 und T 250/500, Straßenteer mit Bitumen BT 140/210, BT 250/500 nach DIN 1995 und Wetterteer (Tabelle 33). Auch Mischungen von genormtem Straßenteer mit Normenbitumen B 45 mit bis zu 50 Gew.-% Bitumengehalt werden verwendet. Der Tropfpunkt des Teeres liegt zwischen 25 und 40°, nur für besondere Zwecke 45°.

Die Verwendung von Teer als Bindemittel verlangt eine sehr sorgfältige Zusammensetzung der Mineralmasse, nach Gesteinsart und Menge und eine genaue Einhaltung des Teerzusatzes.

Die Dicke des Belags wird daher auch auf 3 cm begrenzt. Bei Belagsstärken von 1—1,5 cm kann weniger Splitt als 20 Gew.-% vorhanden sein. Das gröbste Korn darf dann jedoch nur höchstens 5 mm betragen.

Nach der Einwalzung hat der Teerbetonbelag meist noch erheblichen Porenraum, der erst unter dem Verkehr verhältnismäßig schnell zurückgeht, nach Dr. Herrmann 20,6—7,8 Raum-%. Bei richtig zusammengesetzten Massen ist das unbedenklich. Durch Verdichtung kann Teerbeton porenfrei werden. Das zeigt sich durch Schwitzen bei Sonnenbestrahlung meist im Frühjahr *[215]* (s. o.). Damit ist von vornherein Teerbeton unter die langsam verdichtenden Massen einzureihen. In Anlehnung an den Vorgang beim Stampfasphalt, der aus gebrochenem Mineral besteht und nur durch die Verdichtung die nötige Steife erreicht, wird vorgeschlagen, alle Beläge mit kleinem Korn unter 2 mm unter diejenigen zu rechnen, die nach dem Stampfasphaltprinzip zusammengesetzt sind. Darunter fiel auch der Dammannasphalt, auch Essener Asphalt — EsAs — genannt, der auch gestampft werden konnte. Bei der Verwendung eines sehr leichtflüssigen Bindemittels bei dieser Masse konnte mit einer Kohäsion nicht gerechnet werden. Die erforderliche Scherfestigkeit wurde nur durch die langsame Verdichtung, d. h. Erhöhung des $\sphericalangle$ der inneren Reibung bewirkt, zumal nur gebrochenes Gestein, vor allem Hochofenschlacke, in Frage kam (auch gebrochener Kalkstein). Damit das leichtflüssige Bindemittel — ein sehr weicher Teer oder Bitumen — nicht durch Ausfüllung aller vorhandenen Hohlräume die Masse unter hydromechanischen Spannungszustand setzte, blieb der Bindemittelanteil begrenzt auf höchstens 5 Gew.-%.

Mit der Zeit hat sich hinsichtlich der Korngrößen und ihrer Abstufungen der Dammannasphalt dem Teerbeton angeglichen. Er unterscheidet sich vom Teerbeton, der mit zähflüssigen Teeren aufbereitet wird und deshalb heiß eingebaut werden muß, durch die Anwendung von leichtflüssigen Teeren und kann daher auch kalt eingebaut werden. Nach dem Merkblatt werden Teere von 16—24° Tropfpunkt und 4—5,5 Gew.-% Bindemittelgehalt empfohlen.

Mit einem Gerät ähnlich der im Dritten Abschnitt C. i. 6. ε. cc beschriebenen Radplatte ist an 3 cm dicken Probemustern von 113 mm Durchmesser der Verdichtungsvorgang in der Str. V. A. Stuttgart nachgeahmt worden, der bewiesen hat, daß das Kennzeichen dieser Belagsart der an sich geringe Bindemittelgehalt ist. Der Verdichtungsvorgang ist dabei genau verfolgt worden und durch die beiden Abb. 272, 273 zur Anschauung gebracht. Die beiden aus Hochofenschlacke zusammengesetzten Proben (I und II) haben 5 Gew.-Teile Teer 60/40 Viskosität 20—70, der mit Bitumen B 200 hergestellte (Abb. 273) 4,73 Gew.-Teile auf 100 g Gesteinsmasse. Die durch die Verdichtungsarbeit erreichte Festigkeit wurde in der Weise nachgeprüft, daß die verdichteten Probemuster einer 28tägigen Wasserlagerung ausgesetzt und dann auf Eindrucktiefe mit dem Stempel von 1 cm² Querschnitt und 52,5 kg Belastung für 5 Stunden untersucht worden sind. Sie haben nur geringe Eindrücke aufgenommen. Eine unerwünschte Kornverfeinerung ist nicht aufgetreten.

Für diesen kalteinbaufähigen Teerbeton liegt der richtige Bindemittelzusatz für Teer bei Verwendung von Hochofenschlacke bei 5,0 Gew.-Teilen auf 100 Gew.-Teile Gesteinsmasse und bei Bitumen mit Kalkstein bei 4,5—4,7 Gew.-Teile auf 100 Gew.-Teile *[216]*.

Der Vorteil der kalteinbaufähigen Masse liegt wiederum in der Möglichkeit, die

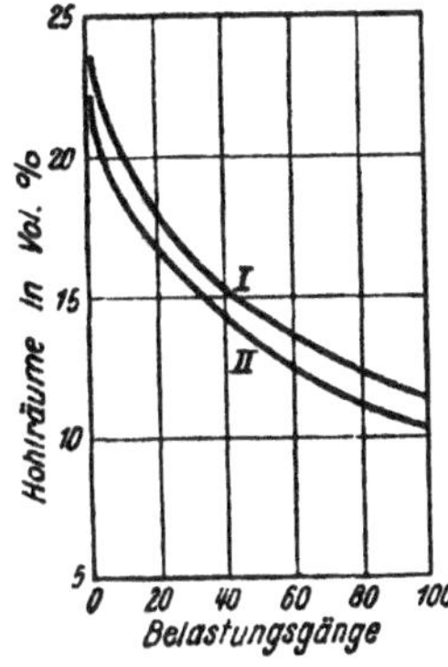

Abb. 272. Verdichtungsfortschritt für Mineralmasse I und II mit 5 Gew.-% Teer 60/40.

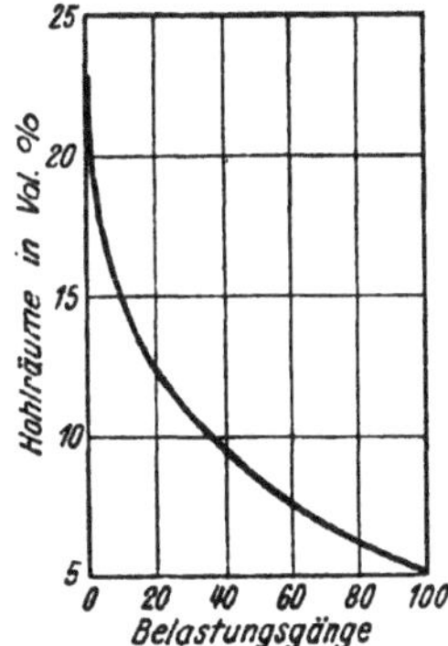

Abb. 273. Verdichtung einer Mineralmasse aus Kalkstein mit 4,75 Gew.-% Bitumen 200.

Masse in ortsfesten Anlagen herzustellen und mit der Bahn zu versenden. Damit sie nicht durch Abgabe leichter Öle und beim Versand in den Wagen zusammenbackt, muß sie einen ganz bestimmten Weichheitszustand haben, der am besten

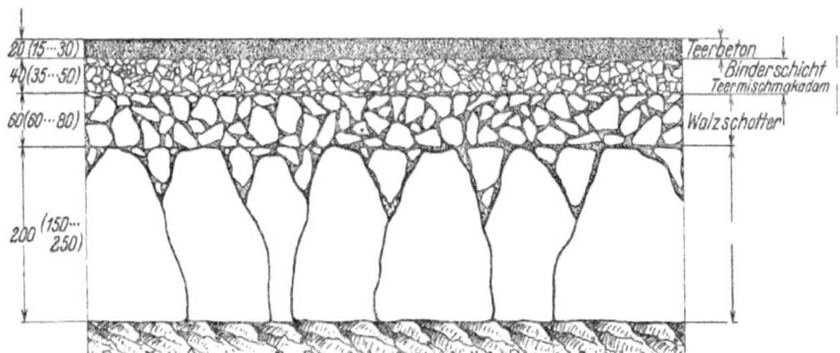

Abb. 274. Aufbau eines Teerbetonbelages.

damit gekenntzeichnet ist, daß sie rieseln muß, wenn man in einen Haufen Masse einen Stock hineinsteckt wie bei einem Ameisenhaufen.

Gebrauchswert: Teerbeton, heiß und kalt verlegt, ist auf Landstraßen und Autobahnen angewendet worden. Ihm wird besondere Griffigkeit zugemessen, die aber versuchstechnisch noch nicht festgestellt werden konnte. Er kann in Steigungen bis 5% verlegt werden.

Als Tragkörper ist jeder tragfeste geeignet, Steinschlagdecke, Steinpflaster, Beton. Notwendig ist eine Binderlage von 3—4 cm Dicke, die aus kalt- oder heißeingebautem Teermischmakadam besteht. Der Deckenaufbau hat dann die Form der Abb. 274. Die Korngröße des Mineralgerüstes im Teermischmakadam richtet sich nach der Schichtstärke, bis zu 4 cm 25 mm, über 4 cm 35 mm. Soll er geschlossen werden, kann bei einschichtiger Lage 20—30 Gew.-% Splittsand 0/5 mm beigegeben werden, der in der Körnung abgestuft sein muß.

ii) Beim Teergrobbeton steigt der Anteil an Splitt bis zu 70 Gew.-%. Als Beispiel für seine Zusammensetzung gibt das Merkblatt an:

Steinmehl (Füller) von 0 bis 0,09 mm	5 bis 10 Gew.-%
Sand 0,09 bis 2 mm	20 bis 55 Gew.-%
Splitt 8/18	40 bis 70 Gew.-%

Der Bindemittelgehalt liegt zwischen 5,5—7,5 Gew.-%. Teergrobbeton wird meist ohne Binderlage in 3 bis 5 cm Dicke verlegt.

η) Ausführung: Die Aufbereitung der Mischbeläge geht in Maschinen in der folgenden Reihe vor sich. Die Gesteinskörnungen, deren Anteile nach Gewicht berechnet sind, werden nach Raumteilen dem Becherwerk zugeführt, das sie in die Trommel zum Trocknen befördert. In ihr werden die Gesteinsmassen entstaubt, bis 200° erwärmt, aufgespeichert, unter Umständen nach verschiedenen Korngrößen ausgesondert, abgewogen und nach Zuführung des Füllers, der kalt

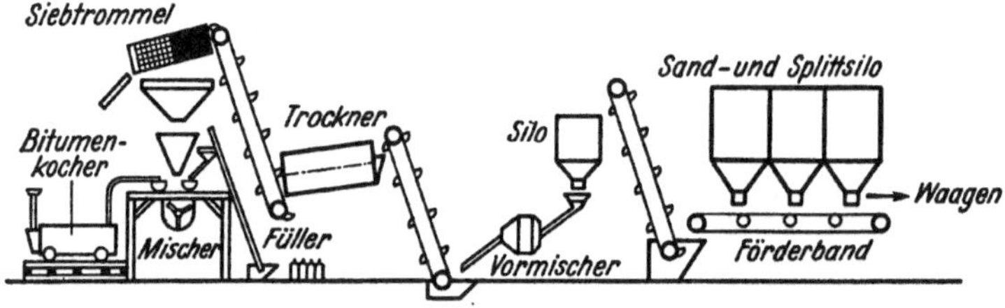

Abb. 275. Aufbau einer Anlage zum Trocknen und Mischen von bituminösen Mischbelägen.

oder vorerwärmt ist, mit dem Bindemittel gemischt, das in Kochern vorgewärmt und übergepumpt wird. Folgende Wärmegrade müssen eingehalten werden[1]:

Bindemittel	Bitumen	Teerbitumen	Teer
im Schmelzkessel	170—190°	150—170°	130—150°
Bitumen	300—220°		
im Mischtrog	140—190°		90—140°
Erwärmung der Zuschlagstoffe für:	Asphaltbeton 200°	Teerasphaltbeton 160°	Teerbeton 150°
Mindesttemperatur beim Einbau . . .	140—180°	120—160°	90—130°

Der Aufbau einer solchen Anlage ist auf der linken Seite der Abb. 275 dargestellt. Wenn die Kornzusammensetzung besonders genau eingehalten werden soll, wird das Feinkorn aus Vorratssilos auf einen Trockner gegeben, dort getrocknet, nach verschiedenen Kornstufen abgesiebt und auf Einzelsilos verteilt, aus denen die Masse im vorgeschriebenen Mischungsverhältnis gewichtsmäßig abgezogen, zusammengesetzt und mit dem Splitt vermengt, auf einem Förderband und Becherwerk einem Betonmischer zugeführt und dort vorgemischt wird, aus dem die Gesteinsmasse dann in den zweiten Trockner gelangt. Dieser Vorgang ist auf der rechten Seite der Abb. 275 angedeutet. Damit die Masse sich nicht entmischen kann und gleichmäßig aufgegeben wird, sind vor dem Mischer Schüttelsiebe vorgeschaltet. Der Aufbau einer solchen Mischanlage ist aus Abb. 276 zu entnehmen. Die richtige Aufbereitung erkennt man daran, daß die mit richtiger Temperatur aus dem Mischer kommende Masse kriecht. Sie darf nicht bröckeln,

[1] Nach TV bit. und Richtlinien für RAB.

auch nicht laufen. Im ersten Falle besteht Bitumenmangel, läuft sie, so liegt Bitumenüberschuß vor.

Die Trockentrommeln werden durch Koks-, Braunkohle- oder Ölfeuerung beheizt, die Gesteinsmasse im Gegenstrom durch die Trommel geschickt. Ein Gebläse saugt die Gase und den Staub ab.

Um die Mischungsverhältnisse genau einhalten zu können und Handarbeit auszuschalten, sind manche Verbesserungen eingeführt, von denen die der Mischanlage Type 400 der Maschinenfabrik Huther & Co. in Bechtheim bei Worms beschrieben werden soll (Abb. 277).

Das erhitzte Steinmaterial fällt aus der Trockentrommel in das Heißbecherwerk und wird zu der Verwiege-Haspel gebracht. Diese besteht aus einer Welle, auf der drei Taschen hintereinander angebracht sind. Jede faßt eine gewisse Steinmenge. Die Haspel hängt in einem Verwiegebalken und ist mit einem Gegengewicht so ausgewogen, daß diese Steinmenge genau zugemessen wird. Nach Erreichen des Gewichts neigt sich die Haspel mit dem Verwiegebalken. Durch

Abb. 276. Ansicht einer Trockner- und Mischeranlage für bituminöse Mischbeläge.

diese Neigung wird die Arretierung der Haspel durch das Gestänge ausgelöst und die verwogene Steinmenge kippt in den Mischtrog. Nach dem Umkippen schaltet sich die Haspel nach Umdrehung um 120° auf eine neue Tasche selbsttätig ein. Das Gegengewicht versetzt den Wiegebalken wieder in seine Ausgangsstellung. Dieser Arbeitsgang wiederholt sich vollautomatisch. Mit dieser Einrichtung werden die Gewichte genau eingehalten.

Durch eine besondere Schaltkonstruktion wird das Meßgefäß für das Bindemittel bei jeder Einkippung von Steinmaterial durch die Haspel von der Bindemittel-Kreisleitung abgeschlossen, und durch Zutritt von Preßluft auf das Meßgefäß wird die abgemessene Bindemittelmenge in das Steinmaterial durch Einspritzdüsen eingespritzt. Ist das Meßgefäß mittels der Preßluft durch die Düsenleitung entleert, dann wird der Preßluft-Zugang mit der Schaltung wieder abgeschlossen und der Bindemittel-Zu- und -Rücklauf geöffnet, so daß sich das Meßgefäß wieder mit Bindemittel füllt. Durch das ununterbrochene Zubringen des Steinmaterials mit Bindemittel füllt sich der Mischtrog bis zur Mischwellenhöhe und entleert sich ständig durch die Ausfallöffnung. Die Ausfallöffnung kann durch einen Schieber beliebig geöffnet werden, damit das Mischgut in dem Mischtrog auf einer konstanten Menge gehalten werden kann, ein ununterbrochener Mischvorgang ohne jede Bedienung. Ein weiterer Vorteil besteht darin, daß der Misch-

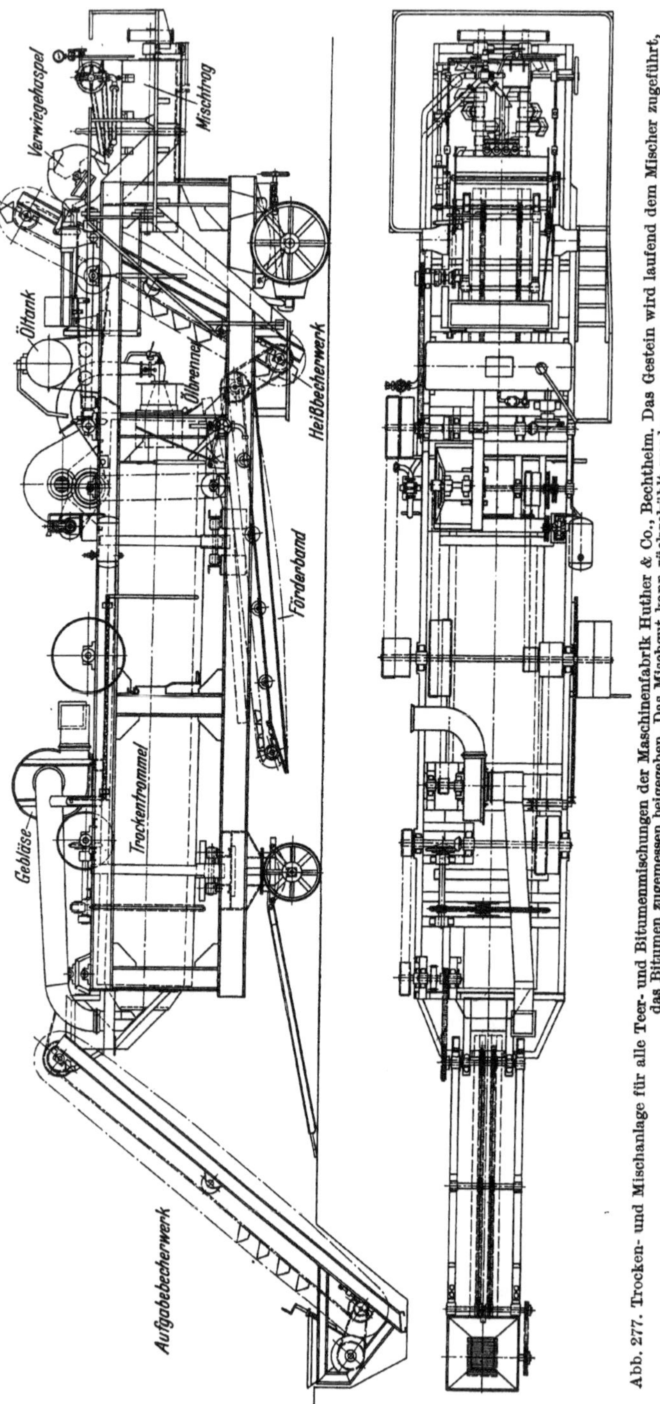

Abb. 277. Trocken- und Mischanlage für alle Teer- und Bitumenmischungen der Maschinenfabrik Huther & Co., Bechtheim. Das Gestein wird laufend dem Mischer zugeführt, das Bitumen zugemessen beigegeben. Das Mischgut kann rückgekühlt werden.

vorgang nicht von der ungleichen Beschickung des Kaltbecherwerks abhängig ist. Selbst bei Überlastung wird auch das stärker zulaufende Steinmaterial durch diese Einrichtung verarbeitet.

Außerdem ist diese Maschine noch mit einer Rückkühlungseinrichtung versehen. Steinmaterial mit hohem Feuchtigkeitsgehalt muß auf eine höhere Temperatur erhitzt werden, um die Trocknung zu beschleunigen, so daß es eine höhere Temperatur als das Bindemittel erhält. Um zu verhindern, daß das Bindemittel beim Mischen an dem Gesteinsmaterial nicht haften bleibt und abläuft und das Steinmaterial dadurch zu dünn mit dem Bindemittel überzogen wird, muß die Temperatur des Steinmaterials einige Grade unter der des Bindemittels abgekühlt werden. Die Rückkühlungseinrichtung besteht darin, daß das Steinmaterial aus der Trockentrommel auf eine schräg gelagerte Schüttelrutsche fällt, die durch eine Abreißvorrichtung betätigt wird. Das Steinmaterial rutscht stoßweise auf der Schüttelrutsche zu dem Förderband, von dem es in das Heißbecherwerk gelangt. Der schon beschriebene Arbeitsgang schließt sich an. Die Maschine leistet 16—20 t/stdl., hat ein Gewicht von 14 t, Länge ohne Becherwerk 11,0 m, Breite 2,5 m, Höhe 3,6 m. Durch den 7—8 m langen Zwischenweg ohne Zusatzgebläse wird eine Rückkühlung von 40—50% erzielt.

Die Masse muß auf der Fahrt gegen Abkühlung geschützt werden, damit die auf S. 368 angegebenen Temperaturen eingehalten werden. Da Abkühlung nur an den Randschichten eintritt, die Mitte aber ihre Wärme behält, sollen die Wagen so gebaut sein, daß diese Abkühlung möglichst gering bleibt und beim Ausleeren Randschichten und Kern gut durchmischt werden. Die Wagenkasten sollen deshalb möglichst kubische Form haben und auf jeden Fall abgedeckt werden. Holzkästen mit Blech ausgeschlagen, dazwischen eine 2 cm dicke Schicht Glaswolle dämmen genügend ab. Die Durchmischung beim Auskippen durch Hinterkipper läßt sich erreichen, wenn die Abschlußklappe in drei Klappen unterteilt ist, von denen zuerst die beiden äußeren und dann die in der Mitte geöffnet werden. Im Schüttkegel sind dann die kühleren Randschichten mit dem heißen Kern gut durchmischt, so daß die Temperaturen sich ausgleichen *[217]*.

Das genügt bei Fahrten bis zu 1 Std., je nach der Fahrgeschwindigkeit richtet sich dann die Transportweite, die bisher bis auf 40 km zugelassen war. Maßnahmen des Wärmeschutzes erhalten dann besondere Bedeutung, wenn ortsfeste Anlagen errichtet werden, von denen aus in einem größeren Bereich einer Stadt Bau und Unterhaltung der Straßen besorgt wird, die weitgehend mechanisiert werden können, z. B. in der Zumessung der Zuschläge und indem durch Pyrometer die Temperatur in den Trocknern geregelt wird *[217]*. Anlagen dieser Art in Verbindung mit Fertigbetonfabriken gibt es in den VStA.

An der Bauspitze wird die auf Bleche ausgekippte Masse mit Karren zur Einbaustelle gefahren oder besser gleich vor der Schüttung ausgebreitet, mit Harken verteilt und mit Profillehren auf die vorgeschriebene Stärke abgezogen. Die Arbeit muß sehr sorgfältig vorgenommen werden, denn sie ist ausschlaggebend für die gleichmäßige Mischung, Höhe der Schicht und Dichtigkeitsgrad. Die Walzarbeit schließt sich sofort mit einer etwa 10—15 t schweren Walze an, leichte Tandemwalzen, die auch diagonal und senkrecht zur Straßenachse fahren können, bügeln dann nach.

Wenn bei etwa 150° Einbautemperatur vereinzelt kleine Bitumenaugen an der Oberfläche erscheinen, hat man Gewähr, eine dichte Decke verlegt zu haben, bei der die Bitumenzugabe im Einklang mit den Hohlräumen der Mineralmasse steht. Ein gutes Durchwalzen ist hierbei natürlich vorausgesetzt.

Um die Masse in gleichmäßiger Stärke und Lagerung auszubreiten, werden Verteilkästen benützt, die hinten an die Wagen angehängt werden und in die die heiße Mischung entleert wird. Während dieser Arbeit bewegt sich der Kraftwagen langsam vorwärts und zieht die Tasche mit sich. Durch die Auslaufschlitze gleitet die Masse auf die Straßenfläche in einer solchen Schichthöhe, daß nach Abwalzung die vorgeschriebene Deckenstärke vorhanden ist. Die Schüttbreite beträgt etwa 2—2,5 m, so daß je nach der Straßenbreite mehrere Streifen nebeneinandergelegt werden müssen. An den Kanten bleiben Furchen, die mit überflüssigem Material mit Handarbeit aufgefüllt werden.

Die Auslaufschlitze können auf verschiedene Deckenstärken eingestellt werden. Um etwaige Unebenheiten des Tragkörpers auszugleichen, gleitet der Verteiler auf langen Schleifkufen, die unter dem Kasten angebracht sind und deren Spitzen vorn etwas eingebogen sind, damit alles auf der Decke lose liegende Steinmaterial zur Seite geschoben wird und die Kufen direkt auf der Unterlage aufliegen. Zwei Räder an der Vorderseite des Kastens verhindern ein Festklemmen der spitzen Kufen beim Vorwärtsgleiten über Straßenunebenheiten (Abb. 278). Um diese auszugleichen, erhalten die Kufen Längen bis zu 6 m. Diese Form der Verteiler wird als Schleppverteiler bezeichnet. Da die zuerst aus den Schlitzen laufende Masse durch die darüber lastende etwas vorverdichtet ist, die spätere lockerer, läßt man den Verteiler nie ganz entleeren, sondern noch etwas Masse zurück, auf die der nächste Wagen schüttet, oder aber vor dem Auslaufschlitz liegt eine horizontale Welle mit Rührarmen, die die Mischung, vor allem Klumpen, auflokkert und sie in gleichmäßiger Lagerung ausbreitet. Eine Schnecke statt Rührarmen würde das Gut gleichmäßig über die ganze Breite verteilen. Die in Deutschland ausgeführten Verteiler haben Heizvorrichtungen für Tasche und Schaufelwelle, ein bewährtes Gerät wird von einer Seilwinde gezogen (Linnhoff).

Abb. 278. Verteilkasten mit Schlitzen, der an den LKW angehängt wird.

Die weitere Entwicklung hat dann zu einem Gerät mit eigenem Antrieb geführt, in dem Verteilen, Einebnen und Vorverdichten vereinigt sind (selbstfahrende Verteiler). Es gleitet auf Kufen, die zu beiden Seiten liegen, auf denen das Gewicht der ganzen Maschine von 7 t ruht, das zugleich durch Federn auf vier Gürtelräder übertragen wird, die das Gerät mit gewünschter Geschwindigkeit bewegen. Ihre Berührungsfläche auf der Fahrbahn ist so groß, daß sie genügend Kraftschluß haben, um auch starke Steigungen zu nehmen. Das Mischgut wird von LKW. vorn an der Maschine in einen Behälter geschüttet, der eine Welle mit Schaufeln hat, die das Gut noch einmal auflockern, auf die volle Breite befördern und durch einen einstellbaren Schlitz auf den Tragkörper in der vorgeschriebenen Dicke ausbreiten. Die Menge des Mischgutes, bestimmt durch die Schichthöhe, die ausfließt, muß mit der Arbeitsgeschwindigkeit der Maschine im Einklang stehen (Abb. 279).

Die ausgebreitete Masse wird dann von einer Bohle eingeebnet und durch Erschütterung bis 140 Schläge minutlich verdichtet. Die Bohle kann auf jede Höhe eingestellt werden. Die Maschine hat eine Länge von 5,4 m und eine Breite von 2,75—3,65 m, die durch Paßstücke und teleskopartige Wellen von 15 cm Länge auf jede Zwischenbreite gerichtet werden kann. Der Raum, den die seitlichen 0,36 m breiten Kufen einnehmen, muß mit zur befestigten Straßenbreite herangezogen werden, weil sonst z. B. bei halbseitigem Bau ein Streifen von 36 cm in der Mitte freibleiben würde. Die Abgleichbohle hat daher an den Seiten verstellbare Schieber, die genügend Mengen Mischgut an den Kufen vorbeigleiten lassen, damit es hinter den Kufen beiderseits von Verteilerbohlen erfaßt und in den 36 cm breiten Streifen eingearbeitet und auf gleicher Höhe mit dem etwa schon verlegten Streifen durch diagonale Ausgleichbohlen verdichtet wird. Wenn die Kufen auf schon fertiger Decke oder auf einer Bordkante gleiten, kann die Verteilerbohle auf die Höhenlage der Fahrbahn eingestellt werden (Abb. 279). Die Schlitze der Verteilerbohle sind dann geschlossen. Der Verteilerkübel kann bei der geringsten Breite 1,85 m³ Mischgut aufnehmen (Schichtstärken zwischen 0,8—30 cm). Die Antriebsmaschine ist stark genug, den einschüttenden LKW. mit vorwärts zu drücken, so daß während der Beladung die Arbeit nicht braucht unterbrochen zu werden.

Ein Maschinenführer genügt für die Bedienung. Da jedes Rad ein eigenes Ausgleichgetriebe hat, kann die Maschine jede gewünschte Krümmung fahren und

Abb. 279. Selbstfahrender Verteiler und Verdichter von bituminösen Massen, Bauart Jäger.

auch auf der Stelle drehen. Die normale Geschwindigkeit ist 7,5 m/min, weniger oder mehr, je nach Belagsstärke, tägliche Leistung 100—200 t, im Leergang 45 m/min. Die neue Bauart des Jägerverteilers hat auch Raupenketten.

Da es auf einen kräftigen Kraftschluß zwischen Tragkörper und Maschine ankommt, läuft der Verteiler der Barber-Greene-Gesellschaft auf Raupen auf dem Tragkörper, während die Kufen auf dem fertigen Belag gleiten. Der Verteiler schiebt den Lastkraftwagen vor sich her, der die Masse auf ein breites Band schüttet, die durch eine Schnecke am Ende des Bandes gleichmäßig verteilt und durch einen in der Stärke verstellbaren Schlitz auf den Tragkörper ausgebreitet und dann gestampft wird. Eine Rütteleinrichtung, die auch geheizt werden kann, schließt die Oberfläche und hügelt sie ab (Abb. 280). Die Schnecke lockert die Massen auf und schleudert sie gegen das gebogene Ablenkungsblech. Ein Teil wird dabei unter den Stampfer geschoben und durch ihn verdichtet, der andere Teil der Masse über die Schnecke hinweggeworfen. Der Stampfer hat 3 mm Hub und macht 1200 Schläge minutlich. Die Unebenheiten können durch die Einstellung der Kufen ausgeglichen werden. Die Dicke der Decke auf Straßen- und Flugplätzen kann zwischen 0,8—15 cm liegen. Die Arbeitsbreite schwankt zwischen 2,4—3,6 m, bei Fahrgeschwindigkeiten von 2,4—13,2 m/min.

In der Schweiz wird als drittes amerikanisches Gerät die Adnun-Schwarzbelag-Einbaumaschine bevorzugt, die wiederum besondere Einrichtungen hat, über die genaue Unterlagen nicht zu erhalten waren.

In Deutschland hat die Maschinenfabrik Joseph Vögele-Mannheim sich bemüht, ein geeignetes Gerät zu bauen und wohl in der letzten Konstruktion Erfolg gehabt. Auch bei ihm wird die Masse durch einen Hinterkipper in einen Einfüll-

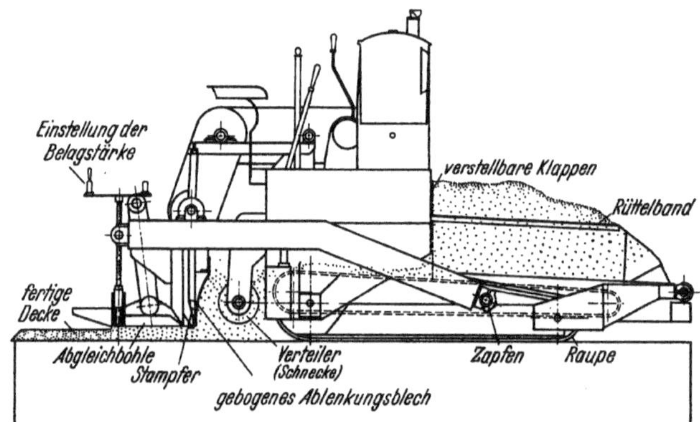

Abb. 280. Barber-Greene-Straßenfertiger. Stampf- und Nivellierfertiger auf Raupenfahrwerk.

kasten gestürzt und durch eine Mischer- und Verteilerschnecke ausgebreitet und durch einen Schlichtabstreicher eingeebnet, der nach dem vorgeschriebenen Straßenprofil eingestellt wird.

Für alle Verteiler gilt, daß die Unebenheiten des Tragkörpers möglichst unschädlich gemacht werden. Das geschieht in der Weise, daß der Abstand von der Stütz-

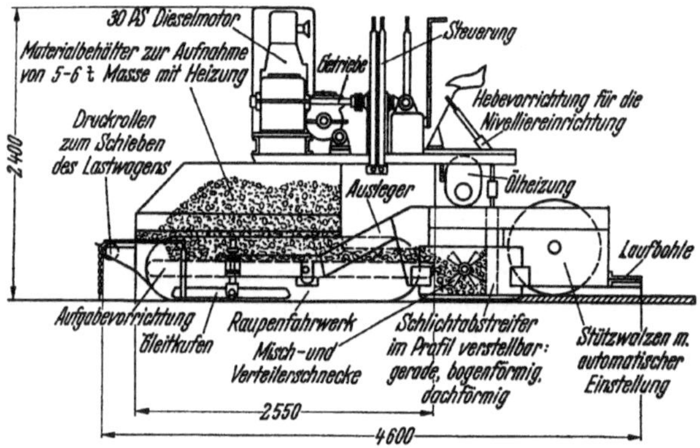

Abb. 281. Vögele-Raupenfertiger für bituminöse Beläge. 3-m-Maschine für Arbeitsbreiten von 2,5 bis 3,75 m.

vorrichtung auf dem fertigen Belag bis zur Abgleichbohle möglichst kurz und der Abstand von der Gleitvorrichtung auf dem Tragkörper bis zur Abgleichbohle möglichst lang ist. Bei dem Vögele-Verteiler ist das Verhältnis 1 : 6. Die Walzenräder haben nur einen geringen Abstand bis zur Abgleichbohle. Mit der Abstreifbohle ist eine Nivelliereinrichtung verbunden, die auf die genaue Deckenstärke und das geforderte Profil eingestellt werden kann. Die Walzenräder haben nur einen geringen Flächendruck, so daß sie keine Spuren im frischen Belag, der noch nachgewalzt werden muß, hinterlassen. Die Maschine hat eine Fahrgeschwindigkeit im Arbeitsgang von 2,5 m/minutlich, im Leergang von 14 km/stdl. Die Arbeitsbreite liegt zwischen 2,5 und 3,85 m.

Wenn weitergehende Anforderungen an die völlig ebene Oberfläche gestellt werden, muß von seitlichen Führungsschienen aus gearbeitet werden, die auf genauer Höhenlage verlegt und so starr sein müssen, daß sie durch Erschütterungen nicht verändert werden. Die für den Betonbau bewährten seitlichen Führungsschienen sind auch im bituminösen Straßenbau angebracht, auf denen Verteil- und Verdichtgerät und sogar auch die ganze Mischanlage sich bewegen. Solche schienengeführten Verteiler bestehen aus einem Aufnahmebehälter, in den die heiße Masse aus dem Kraftwagen oder dem Mischer geschüttet wird. Da die Einfüllhöhe für die Hinterkipper nur gering sein darf (0,8 m), sind auch flache Aufgabetische angewendet, von denen aber die Masse mit Handarbeit in die Verteilertasche geschoben werden muß. Den Auslaufschlitzen, die einstellbar sind, werden Schüttelrutschen oder Verteilerschnecken vorgeschaltet, und Abstreifer und Bohlen gleichen die Schüttung auf der gewünschten Dicke ab. Die Aufnahmebehälter und Schnecken sind geheizt. Die auf Grund eines Preisausschreibens in Deutschland vorgeführten Geräte hatten alle noch gewisse Mängel, so daß erst eine weitere Durchbildung aus den Erfahrungen der Bauausführung abgewartet werden muß, ehe sich bestimmte Gestaltungsformen, die allen Anforderungen entsprechen, entwickelt haben. Die meisten Geräte waren noch nicht genügend auf Einsparung von Handarbeit eingestellt *[218, 219, 220, 221]*. Der Vögele-Raupenfertiger dürfte wohl viele Wünsche erfüllen (Abb. 281).

Etwa die folgenden Anforderungen wird man an solche Verteiler und Fertiger stellen müssen:

1. Der Materialbehälter muß so tiefliegen, daß auch Kippwagen mit großem Überstand voll entleeren können. Das Mischgut muß aus den Transportwagen leicht und ohne Zwischenlagerung in den Verteiler geschüttet werden können.
2. Die Masse darf nirgends anbacken und die Verteilergeräte, Schnecken und andere Teile verstopfen. Beim Heißeinbau wird man Heizung vorsehen müssen.
3. Der Fertiger muß die Masse in einer gut durchmischten und gleichmäßig starken Lage auf dem Tragkörper ausbreiten und verdichten in Schichtstärken von 1 cm aufwärts.
4. Bei Geräten, die nicht auf seitlich verlegten Schienen geführt werden, müssen die Einrichtungen so getroffen werden, daß die Unebenheiten des Tragkörpers, auf dem er sich vorwärts bewegt, so ausgeglichen werden, daß die endgültige Fahrbahnoberfläche von ihnen nicht merklich beeinflußt wird, sondern es muß eine völlig ebene Oberfläche entstehen.

Wenn durch Einsatz sehr vollkommener Verteiler die bituminöse Schicht gleichmäßig in Dicke und Gefüge ausgebreitet und dadurch verhindert wird, daß irgendwelche Stellen vorverdichtet werden, auf denen die nachfolgenden Geräte reiten und Stellen geringerer Dichte überbrückt werden, die unter dem Verkehr später nachgeben und Unebenheiten bilden, ist der Fertiger mit schwingenden und stampfenden Bohlen nicht mehr so unbedingt notwendig. Bildsame Massen durch Schlag zu verdichten ist nicht materialgerecht. Die Walze, die durch ihre Knetarbeit in erster Linie verdichtet, kann gleich hinter dem Verteiler eingesetzt werden, damit sie ein noch heißes Gemisch bearbeitet. Nach der Walzarbeit noch einen Fertiger mit Schlagbohle einzusetzen, ist auch schon erfolgt, wird aber in seiner Wirkung verschieden beurteilt *[222]*.

Die Bewegung heißen Gutes auf große Entfernung wird vermieden, wenn es am Ort des Einbaues gemischt wird, indem die Mischmaschine auf den Randschienen mitläuft. Dann wird die Gesteinsmasse, die auf dem Lagerplatz schon einmal vorgetrocknet, nach den Körnungsstufen ausgesiebt und dann vorgemischt ist, zur Baustelle angefahren und dort nochmals getrocknet, gemischt und ohne Wärmeverluste verlegt. Mit einer hochwertigen Ausführung dürfte dies Verfahren einen geringen Aufwand an Handarbeit verbinden und damit wirtschaftlich gerechtfertigt sein.

Um eine zu schnelle Abkühlung zu vermeiden, ehe die Walze den Belag völlig verdichtet hat, ist die Herstellung von bituminösen Belägen bei Lufttemperatur unter 3° C nicht zugelassen.

ϑ) Prüfung und Bewertung der bituminösen Massen.

aa) Geräte und Verfahren.

Die Prüfung der bituminösen Massen erfolgt nach zwei Richtungen hin, als Stoffprüfung, die sich auf die einzelnen Stoffe — Bitumen, Teer, Emulsion — und die Zuschläge bezieht, und dann auch auf die zusammengesetzten Massen. Die Verfahren sind bei den einzelnen Stoffen gemäß DIN 1995 und den sonst dafür erlassenen Normen behandelt. Die Prüfung der zusammengesetzten Massen kann eine chemische sein, indem durch Analyse festgestellt wird, ob die Zusammensetzung den gestellten Bedingungen entspricht (DIN 1996). Eine solche Prüfung sagt aber noch nichts darüber aus, ob auch die einzelnen Stoffe in der Masse so richtig verteilt sind, daß die erforderlichen Kräfte untereinander wirken, die nötig sind, um der Masse die notwendige innere Scherfestigkeit zu geben. Das kann nur durch mechanische Prüfungen erfolgen, die aber insofern Schwierigkeiten bieten, als die bituminösen Massen warmbildsam sind, d. h. daß die für federnde Stoffe wie Stahl oder starren Stoffe wie Stein oder Beton eingeführten Verfahren nicht anwendbar sind. Denn einmal beeinflußt die Temperatur, bei der die Prüfung vorgenommen wird, wie auch die Dauer der Einwirkung oder die Steigerung der Last das Verhalten der Massen. Dennoch sind die sonst im Bauwesen eingeführten Prüfverfahren auch für bituminöse Massen angewendet worden, z. B. die Druckfestigkeit an Würfeln von 7,09 cm Kantenlänge und Zylindern von 8 cm Höhe und 8 cm Durchmesser. Die Prüfung soll mit einer Arbeitsgeschwindigkeit von 20 mm/min erfolgen. Außer der Feststellung der Bruchlast, kann auch die Arbeit, die bis zum Bruch aufgewendet worden ist, ermittelt werden, wenn ein Druckwegdiagramm aufgenommen wird *[196]*. Die Prüfung soll bei 22° und 40° erfolgen (DIN 1996 U. 58). Vorschriften, welche Druckfestigkeiten mindestens erreicht werden sollen, können nicht gegeben werden. Denn hohe Festigkeiten besagen nicht immer auch brauchbare Massen. Die Scherfestigkeit beruht auf dem ∢ der inneren Reibung und der Viskosität des Bindemittels. Wenn dieses bei der Aufbereitung zu stark erwärmt und damit unzulässig verhärtet ist, nimmt die Viskosität und damit die Scherfestigkeit (d. h. auch die Druckfestigkeit) zu, aber die Masse versprödet, sie würde sich stark abnützen, Risse bilden und empfindlich gegen Schlag sein. Eine hohe Druckfestigkeit würde also ein falsches Bild über die Eigenschaften der Masse geben. Die Prüfung auf Zugfestigkeit kann einen Maßstab für die gute Verteilung des Bindemittels auf den Gesteinskörnern abgeben, worauf schon im Dritten Abschn. C. i. 6. ε. ee hingewiesen ist, und bei Gußasphalt für sein Verhalten bei Kälte.

Biegungsversuche sind nur bei sehr tiefen Temperaturen unter —20° vorgenommen worden, weil die Massen dann federnde Eigenschaften zeigen, so daß der Elastizitätsmodul aus ihnen berechnet werden konnte. Zwischen beiden Belastungsstufen P_1 und P_2 wurde die Durchbiegung f beobachtet. Für das Trägheitsmoment des untersuchten Probestabes konnte dann der Elastizitätsmodul nach der Formel

$$E = \frac{(P_2 - P_1) \cdot l^3}{48\, I \cdot f}\ \mathrm{kg/cm^2}$$

Länge des Stabes innerhalb der Auflager $= l$.

Bei Prüftemperaturen unter —44° hat Rader den Elastizitätsmodul von Sandasphalt zu 15050 kg/cm² ermittelt. Nach ähnlichen Verfahren vorgenommene Versuche der Str. V. A. Stuttgart an Aspahltbeton haben folgende Werte ergeben:

Tabelle 41.

Ergebnisse der Prüfung von Sandasphalten und Asphaltbeton auf Bruchlast und Elastizitätsmodul bei etwa — 30°.

	Raumgewicht	Bruchlast kg/cm²	Elastizitätsmodul kg/cm²
Sandasphalt deutsche Zusammensetzung mit 6,3 Gew.-% Bitumen Erw.-Punkt R. & K. 40/45	2,25	158,7	11500
Dasselbe mit Bitumen Erw.-Punkt R. & K. 60/70	2,28	194,5	13833
Dasselbe mit Bitumen Erw.-Punkt R. & K. 45/49	2,29	144,1	13520
Asphaltbeton mit 5,15 Gew.-% Bitumen Erw.-Punkt R. & K. 55/59	2,48	144,7	12490
Sandasphalt amerikanischer Zusammensetzung nach Rader	2,19	107,8	15050

Alle Ergebnisse Mittel aus 5 Proben.

Tabelle 42.

Ergebnisse der Prüfung von Asphaltbeton, dessen Mineralgerüst vom Grobkorn bis zum Füller aus dem gleichen Gestein besteht, auf Bruchlast und Elastizitätsmodul bei etwa — 30°.

	Raumgewicht	Bruchlast kg/cm²	Elastizitätsmodul	
Basalt mit 8,6 Gew.-% Bitumen B 45	2,54	313	21266	
Kalkstein mit 7,4 Gew.-% Bitumen B 45	2,41	391	38140	
Sächsischer Granit mit 8,3 Gew.-% Bitumen B 45	2,39	264	20550	Reihe I
Sächsischer Granit mit 8,3 Gew.-% Bitumen B 45	2,39	305	23700	Reihe II
Basalt mit 8 Gew.-% Bitumen B 200	2,64	364	17825	
Kalkstein mit 7,0 Gew.-% Bitumen B 200	2,42	347	20300	
Granit mit 8 Gew.-% Bitumen B 200	2,36	231	13987	Reihe I
Granit mit 8 Gew.-% Bitumen B 200	2,36	258	8473	Reihe II
Asphaltbeton einer Bauausführung mit Basalt, Sand-, Kalkfüller und 7,5 Gew.-% Bitumen	2,59	260	33300	

Mittel aus 3 bis 5 Proben.

Rader hat den Einfluß der Bitumenweichheit bei —55° für den Elastizitätsmodul und die Zähigkeit bei —45° und die Stabilität nach Hubbard untersucht. Die Zähigkeit wurde dabei mit Gerät von Page (Fallhöhe des Gewichtes in cm, wenn Probemuster zu Bruch geht) ermittelt (Abb. 282). Aus Tabelle 41 und 42 muß man entnehmen, daß die Massen mit weichem Bitumen in der Kälte recht günstige Eigenschaften haben — hohe Bruchlast und hohe Dehnung; demnach besteht bei ihnen geringe Rißgefahr. Wenn man die Dehnungen bei sehr langsamer Steigerung der Last bewirkt, in einem Zeitverlauf, wie etwa die Temperatur absinkt, kann man annehmen, daß die immer noch etwas plastische Masse die Spannungen abbaut und dann die Rißgefahr noch geringer ist *[223]*. Untersuchungen von solchen bituminösen Mischungen auf Zug bei 0° haben ergeben, daß bei Entlastung nur eine geringe Federung aufgetreten ist, so daß die Verformungen, von denen hier gesprochen wird, wohl plastische gewesen sind, und in diesem Falle nicht von einem Elastizitätsmodul, sondern von einem Plastizitätsmodul (nach Föppl) die Rede sein kann.

Bildsamkeitsprüfung nach Hubbard-Field.

Bei bituminösen Massen, die langsam verdichten, kann die Prüfung auf Dauerstandfestigkeit wie bei anderen plastischen Massen nicht angewendet werden,

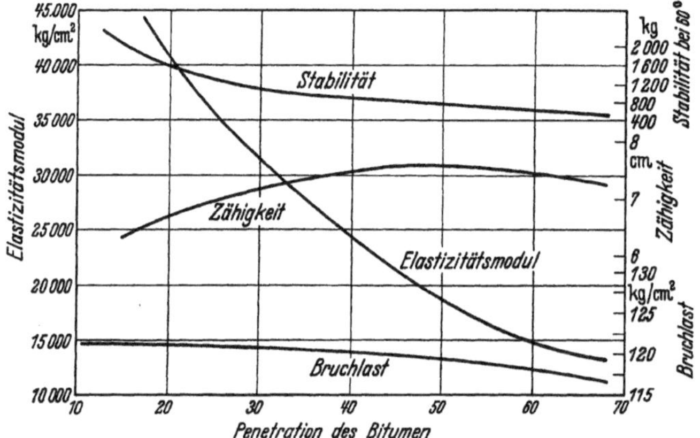

Abb. 282. Untersuchungen von Rader über Stabilität nach Hubbard, Elastizitätsmodul, Zähigkeit und Bruchlast von bituminösen Mischungen bei tiefer Kälte, mit Bezug auf die Weichheit des Bitumen.

weil in der bildsamen Formänderung noch die Verdichtung mit inbegriffen ist. Sie ist nur für Gußasphalt geeignet, der nicht nachverdichtet *[224]*.

Im Straßenbau ist außerdem zu beachten, daß die Massen im Belag stets in einen Rahmen eingespannt sind und daher ihre Seitenausdehnung behindert ist. Diesem Umstande sucht sich die Stabilitätsprüfung von Hubbard von der Aspahlt Association in New York anzupassen, die für Sandasphalt eingeführt ist. Zylinder von 5 cm Durchmesser und 2,5—7,5 cm Höhe werden in eine Form heiß eingebracht, mit einem genormten Stampfer in vorgeschriebener Weise eingestampft und dann mit 215 kg/cm² eingepreßt. Sie werden dann bei 60° in eine Zylinderform gebracht, deren Boden offen ist und eine geringe Einschnürung von nur 4,4 cm lichter Weite besitzt (Abb. 283). Auf den Probekörper wird nunmehr ein Stahlkern gesetzt und in einer hydraulischen Presse der Probezylinder durch die Einschnürung, die schmäler als der Versuchskörper ist, bei einer Temperatur von 60° im Wasserbade mit genormter Arbeitsgeschwindigkeit durchgedrückt. Unter dem Druck verformt sich der Körper, bis nach Erreichen einer Höchstbelastung ein Fließzustand eintritt, weil der ∢ der inneren Reibung und die Viskosität des Bindemittels überschritten sind. Es tritt die bildsame Verformung ein. Gemessen wird die höchste Druckbelastung, die der Versuchskörper beim Durchpressen der Sandasphaltmischungen durch die Öffnung aufnimmt. Mit einer besonders konstruierten Bohrmaschine können auch aus fertigen Decken Zylinder herausgebohrt werden, die der Verformungsfestigkeit unterworfen werden. Massen, die guten Widerstand gegen Wellenbildung hatten, erreichten eine Verformungsfestigkeit von 450 kg. Verlangt werden für Straßen schwersten Verkehrs nicht unter 900 kg. Nach Hubbard ist am meisten ausschlaggebend für den Widerstand gegen Verformung die Eigenschaft des Sandes und die Korngrößenabstufung, d. h. also eine Beschaffenheit des Zuschlages, die einen hohen ∢ der inneren Reibung verbürgt. Der Einfluß des Bitumens wird nicht erwähnt, weil allgemein in New York ein hartes benutzt wird. Im übrigen hat die im folgenden beschriebene Zylinderprüfung ergeben, daß über 40° Prüftemperatur die Weichheit des Bitumens für die Größe des Scherwiderstandes nicht mehr von Belang ist. Eine Abhängigkeit vom Hohlraumgehalt besteht nach Ansicht der Amerikaner nicht, sie ist aber durch die Arbeiten der Str. V. A. Stuttgart nachgewiesen worden. Sie ist schon gegeben durch etwaige hydrostatische Spannungszustände bei mangelndem Porengehalt.

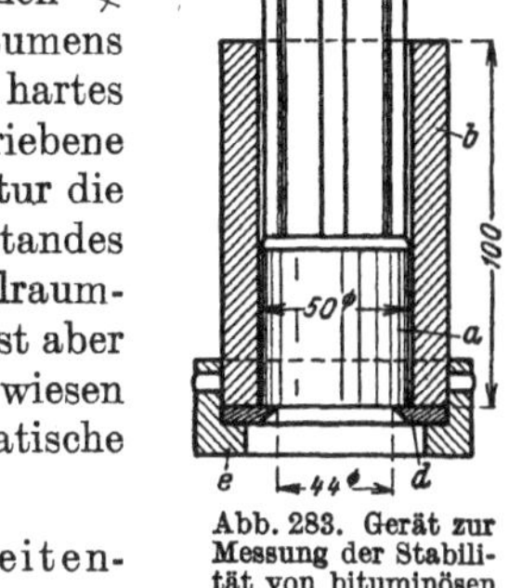

Abb. 283. Gerät zur Messung der Stabilität von bituminösen Mischungen bei 60° nach Hubbard.

Druckfestigkeitsprüfung mit behinderter Seitenausdehnung.

Da im Straßenbelag die seitliche Einspannung nicht starr ist, kann sie Kräfte nur bis zu einem gewissen Maße aufnehmen, alsdann macht sie die Formänderungen mit und kann nach Abb. 269 an den Seiten herausquellen. Um den Verformungswiderstand nicht nur in vertikaler, sondern gleichzeitig in horizontaler Richtung zu messen, bedient man sich der Prüfung auf Druckfestigkeit mit behinderter Seitenausdehnung mit einem Gerät nach Abb. 284, triaxialer Zellenapparat genannt.

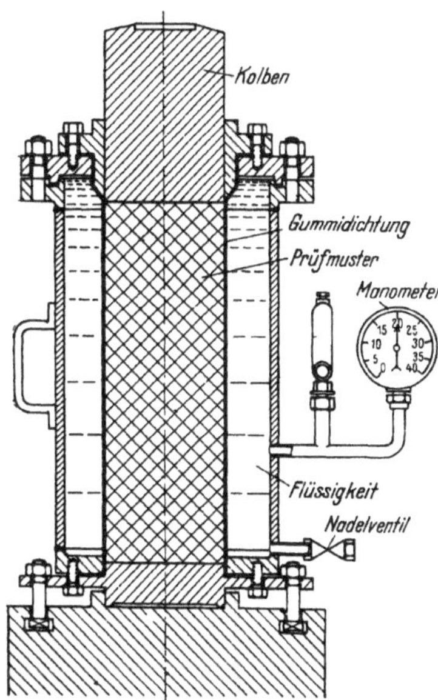

Abb. 284. Gerät zur Zylinderprüfung (Verformung mit behinderter Seitenausdehnung).

Mit diesem Gerät ist das Verhältnis von innerer Reibung und Kohäsion des Bindemittels auf S. 335, Tabelle 37 ermittelt.

Um den Verformungswiderstand zu erhalten, werden mit der gemessenen Vertikalbelastung σ_a und dem am Manometer abgelesenen Seitendruck σ_b der Mohrsche Spannungskreis gezeichnet. Wenn dies für mehrere Lastzustände geschieht, haben diese Kreise eine gemeinsame Tangente, die auf der Ordinatenachse die Scherspannung τ abgrenzt. Die Neigung der Tangente gegen die Horizontale gibt den Winkel der inneren Reibung an (Abb. 285). Dieser Verformungswiderstand setzt sich allerdings aus mehreren Anstrengungen zusammen, da es ein bildsamer Vorgang ist, die aus folgenden drei Größen bestehen: dem Anfangswiderstand, dem inneren Reibungswinkel und der Viskosität der Masse. Wie diese ermittelt werden, ist Gegenstand einer Forschungsarbeit gewesen (Technische Hochschule Delft), über die die Abhandlungen *[225]* berichten.

Auf diese Weise können alle Einflüsse auf die Zusammensetzung der bituminösen Massen, wie Bitumengehalt, Porenraum der Masse, Bitumenweichheit, Füller-

Bitumenbeziehungen (S. 345), und schließlich die günstigste Zusammensetzung der Massen gefunden werden.

Nach einem amerikanischen Verfahren wird der Pressendruck in einem Koordinatensystem auf der Ordinate (a), der Seitendruck kg/cm² auf der Abszisse (b)

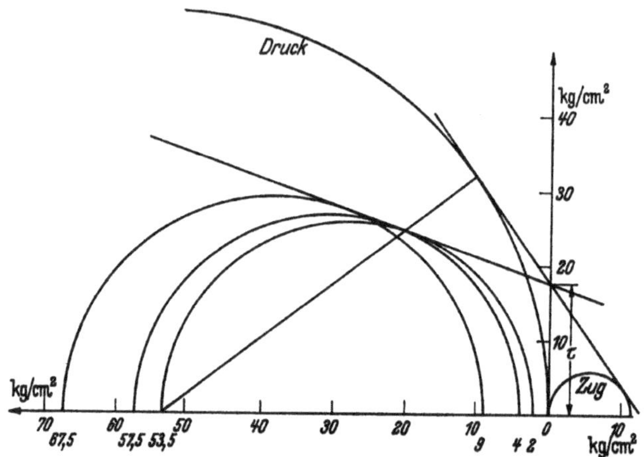

Abb. 285. Ermittlung der Scherspannung und des Winkels der inneren Reibung aus den Ergebnissen der Zylinderprüfung (Abb. 284) nach der Methode des Mohrschen Kreises.

aufgetragen und dann die Kurve gezeichnet, die in höherem Bereich eine Gerade wird. Ihre Verlängerung bis zur Ordinatenachse schneidet einen Wert ab (a_0), der die scheinbare innere Kohäsion angibt, weil die Reibung hier 0 ist (Abb. 286). Rechnungsbeispiel

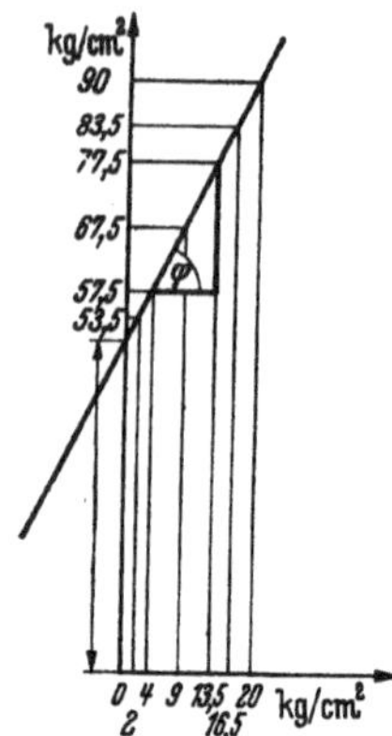

Abb. 286. Ermittlung der scheinbaren Kohäsion, des Winkels der inneren Reibung und der Scherspannung aus den Ergebnissen der Zylinderprüfung.

$$\operatorname{tg}\varphi = \frac{a - a_0}{b} = \operatorname{tg}^2 \cdot \left(45 + \frac{\varrho}{2}\right),\ \varrho = \text{Winkel der inneren Reibung.}$$

Koordinatennullpunkt bis Schnittpunkt der Tangente mit Ordinate ist a_0 = Einheit der Kohäsion $= 2\,C \cdot \operatorname{tg}\left(45 + \frac{\varrho}{2}\right)$.

$$C = \frac{a_0}{2\operatorname{tg}\left(45 + \frac{\varrho}{2}\right)} \qquad (59)$$

Bei der Stempeldruckprüfung (auf Eindringungstiefe) DIN 1996 U 62 wird auf das Probemuster — Würfel von 7,05 cm Kantenlänge — mit einem Stempel von 1 cm² Fläche ein Druck von 52,5 kg/cm² ausgeübt. Er darf nicht mehr als 1 mm eindringen, Prüftemperatur 22,5°. Legt man aber die Theorie von Prantl zugrunde, so ist ein ungestörter Spannungsverlauf nur gewährleistet, wenn die zu untersuchenden Probemuster so groß sind, daß sie den Spannungsbereich in Abb. 260 B über C, D, nach F aufnehmen können. Das Sechsfache des Stempeldurchmessers in der Länge und das

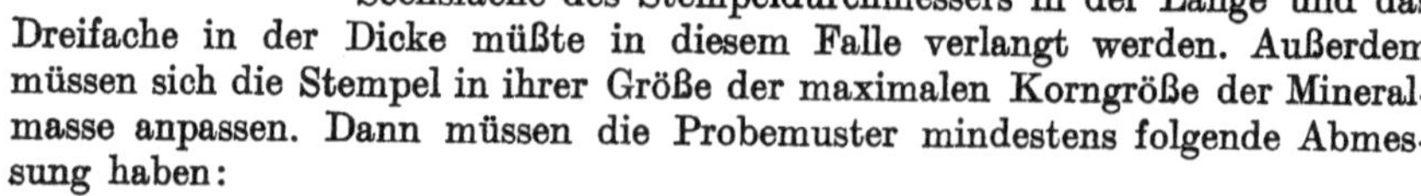

Dreifache in der Dicke müßte in diesem Falle verlangt werden. Außerdem müssen sich die Stempel in ihrer Größe der maximalen Korngröße der Mineralmasse anpassen. Dann müssen die Probemuster mindestens folgende Abmessung haben:

Belagart	Probemuster		Stempel-durchmesser
	Durchmesser	Dicke	
Asphaltgrobbeton	90 cm	45 cm	15 cm
Asphaltfeinbeton	45 cm	22 cm	7,5 cm
Sandasphalt und Asphaltmörtel . .	7,2 cm	3,6 cm	1,2 cm

Also würde die Stempelprüfung nach DIN 1996 höchstens für die letzte Belagart einwandfrei sein *[226]*.

bb) Mechanische Prüfung während der Ausführung.

Um eine Gewähr dafür zu besitzen, daß bei der Ausführung die Masse nach den Vorschriften zusammengesetzt und die richtige Verarbeitung erhalten hat, soll während der Bauausführung eine fortlaufende Prüfung erfolgen. Notwendig ist, daß die Proben richtig entnommen werden. Hierfür sind maßgebend die „Allgemeinen Gesichtspunkte für die Bauüberwachung von Straßendecken" (Mitt. F. G. 1938, H. 1), die nur das geschäftsmäßige Verfahren regeln. Das Merkblatt über die Durchführung der Bauüberwachung bei Herstellung bituminöser Straßendecken (Mitt. F. G. 1938, H. 1) regelt die technische Seite, und die Prüfung der Baustoffe und Massen selbst ist in der DIN 1996 genau festgelegt, die sich vor allem erstreckt auf:

1. Chemische Prüfung durch Gewinnung des Bindemittels und der Mineralmasse U 51.
2. Physikalische Prüfung.
   Raumgewicht U 54.
   Wasseraufnahme U 55.
   Quellung U 56.
3. Mechanische Prüfverfahren an Probekörnern aus der am Bau entnommenen Masse, die entweder Zylinder von 8 cm Höhe und Durchmesser oder Würfel von 50 cm^2 Fläche sind, auf Druckfestigkeit (U 58) bei 22° und 40°. Die Vorrückgeschwindigkeit der Druckplatte in mm/min ist gegeben, 20 mm/min hat sich als die geeignetste erwiesen.

ι) Gußasphalt. Aus dem Stampfasphalt ist der Gußasphalt als künstliches Gemisch von Stampfasphaltpulver, Naturasphalt, Sand und Kies oder anderem Gesteinsstoff entwickelt. Schon 1800 soll Gußasphalt aus Asphaltfelsen von Seyssel verlegt worden sein. Seit 1836 wird er in England verwendet.

Begriff nach DIN 1996. Gußasphalt besteht aus einem Gemisch von Naturasphaltmehl (oder Steinmehl), Natursand (und oder Brechsand) und Splitt (oder Kies) mit Bitumen als Bindemittel. Gußasphalt kann auch aus Asphaltmastix (Dritter Abschn. C. i. 3. γ) mit Zuschlag von Sand und Splitt (oder Kies) hergestellt werden.

Es ist zu unterscheiden zwischen Gußasphalt für Fahrbahnbeläge, Gußasphalt für Beläge ohne Fahrzeugverkehr (Terrassen- und Balkondichtungen, Gehbahn usw.), Gußasphalt für säurefeste Beläge und Gußasphalt als Unterlage für Linoleum-, Parkett- und Gummibeläge.

Gesteinsstoffe. Die Mineralstoffe bestehen aus einem Gemisch von Asphaltmehl (abzüglich Bitumen) — oder Steinmehl — Sand und Splitt, Sand und Splitt müssen von abgestufter Körnung sein, mindestens aus den Körnern 0/2 und 2/12 mm bestehen. Zusatz von gröberem Korn ist zulässig. An Splitt über 2 mm (Maschensieb) soll mindestens 25% vorhanden sein. Die Hohlräume müssen unter 22 Raum-% liegen, die Mineralmischung hat mindestens 20% Füller (Steinmehl, Körnung unter 0,09 mm) zu enthalten.

Auch beim Gußasphalt wird es zweckmäßig sein, sich an die Körnungskurven zu halten, die zur Erzielung einer möglichst großen Raumdichte entworfen sind (Dritter Abschn. C. i. 6. ε. bb). Auch für Gußasphalt gilt die Regel „mit wachsender

Korngröße wachsende Anteile". Um eine Masse zu erhalten, die einen möglichst großen ∢ der inneren Reibung hat, soll der Anteil des Splittes bis auf 40 Gew.-% hinaufgesetzt werden. Man erhält zugleich einen rauhen Belag, der als Hartgußasphalt bezeichnet wird. Bei gemischtem Verkehr soll die Korngröße des Splittes 10 mm (Rundlochsieb) nicht überschreiten, weil sonst mit Kornzertrümmerung zu rechnen ist.

Gußasphalt unterscheidet sich von allen bisher behandelten bituminösen Belägen darin, daß er keinen Porenraum aufweist, also auch nicht nachverdichten kann. Alle Hohlräume der Masse werden also mit Bindemittel ausgefüllt, es muß sogar ein geringer Bitumenüberschuß vorhanden sein, damit er in der Hitze „gegossen" und ausgestrichen werden kann.

Ein weiches Bindemittel, das alle Porenräume ausfüllt, würde die Scherfestigkeit durch seinen Flüssigkeitsdruck aufheben. Darum kann Gußasphalt nur mit hartem Bitumen hergestellt werden. Je geringer der Hohlraumgehalt der Gesteinsmasse ist, desto geringer der Bitumenanteil, desto geringer die Gefahr, daß das wärmeempfindliche Bitumen den Belag erweicht, weil es keinen Raum in der Masse hat, in den es ausweichen kann. Wenn zur Hohlraumdichtung mindestens 20 Gew.-% Kalksteinmehl vorgeschrieben werden, so soll durch diese ansehnliche Füllermenge möglichst viel Bitumen durch die große Oberfläche gebunden werden, damit dadurch eine hohe Viskosität der Masse erreicht wird. Dr. Herrmann schlägt den folgenden Kornaufbau vor *[212]*:

Füller 20 bis 24 Gew.-%			
Korngröße	0,09 bis 0,2 mm	=	6 Gew.-%
	0,2 bis 0,6 mm	=	12 Gew.-%
	0,6 bis 3 mm	=	18 Gew.-%
	3 bis 7 mm	=	40 Gew.-%

Wenn statt des Füllers Naturasphaltmehl verwendet wird, ist zu beachten, daß es nicht so fein gemahlen ist, dafür aber Bitumen enthält. Sein Anteil muß daher bis auf 40% erhöht werden, sein Bitumengehalt der Bitumenmenge zugeschlagen werden, die zugesetzt werden muß. Das Naturasphaltmehl wird in Form von Mastix zugesetzt (Dritter Abschn. C. i. 3. γ). Güteunterschiede zwischen beiden Gußasphaltarten sind bisher nicht beobachtet worden, wenn die Massen richtig zusammengesetzt und aufbereitet sind (vgl. S. 295). In Städten, die noch aus früherer Zeit große Stampfasphaltflächen hatten, die wegen ihrer Schlüpfrigkeit beseitigt werden mußten, ist der Aufbruch gereinigt, gemahlen und zu Gußasphaltherstellung benutzt worden. Bei reinem Gummiverkehr, z. B. Autobahnen, kann man mit der Größe des Kornes bis auf 20 mm hinaufgehen und seinen Anteil bis auf 55 Gew.-% vermehren, ohne daß Kornzertrümmerung oder starke Abnützung zu erwarten ist. Die Zusammensetzung der Mineralmasse weicht dann vom Asphaltgrobbeton nur insofern ab, als ein Teil des Sandes durch Füller ersetzt ist, aus dem schon zuvor erwähnten Grunde, wodurch dann auch der höhere Bitumenanteil begründet ist.

Bindemittelmenge. Da Gußasphalt eine in der Hitze streichfähige Masse sein soll, muß sie mehr Bindemittel erhalten, als zur Hohlraumausfüllung der Gesteinsmasse notwendig ist, sonst würde sie sich nicht ausbreiten und ausstreichen lassen. Im fertigen Zustand kann eine solche Masse nur dann die nötige Scherfestigkeit haben, wenn das Bindemittel Kohäsion besitzt. Die DIN 1996 schreibt vor: Ursprünglich B 45, B 25 und B 15 oder Gemische entsprechender Härte, deren E.P. (R. u. K.) zwischen 55—72° liegen. Da bei der Aufbereitung des Gußasphaltes die Mineralmasse mit Mastix und Bitumen in Kesseln mit Rührwerken mehrere Stunden gekocht wird, so verhärtet außerdem das Bitumen. Es soll daher durch Untersuchung an Aufbruchstücken, aus denen das Bitumen extrahiert wird, diese Verhärtung nachgeprüft werden. Nach DIN 1996 darf bei Straßen mit Durchgangsverkehr der E.P. (R. u. K.) über 54—80°, bei Straßen mit Standverkehr bis höchstens 85° ansteigen, d. h. das im Belag befindliche Bitumen hat eine hohe Zähflüssigkeit angenommen und kann daher auch Kohäsion ausüben, besonders wenn es fein im Mineralgerüst verteilt ist.

Die Menge des Bindemittels richtet sich nach dem Hohlraumgehalt der eingerüttelten Mineralmasse, den es ganz ausfüllen muß, den es aber auch bis zu 5 Raum-% überschreiten darf. Der Gehalt an löslichem Bitumen liegt zwischen 7—10 Gew.-%.

Da einem hohen E.P. des extrahierten Bitumens eine hohe Lage des Brechpunktes entspricht, der bei Durchgangsverkehr unter 0°, bei Standverkehr unter — 5° liegen soll, wird das Verhalten des Gußasphaltes in der Kälte ungünstig beeinflußt. Denn infolge des großen Wärmeausdehnungsbeiwertes zieht er sich bei Kälte stark zusammen. Einer solchen Schrumpfung wirkt die Reibung auf der Unterlage (Beton) entgegen. Wo die Reibungskraft die Zugfestigkeit überwindet, reißt der Gußasphalt. Darum soll er eine ausreichende Zugfestigkeit bei guter Dehnung haben. Das ist der Fall, wenn das Bitumen auf der Oberfläche der Körner sehr dünn verteilt ist, also viel Füller vorhanden.

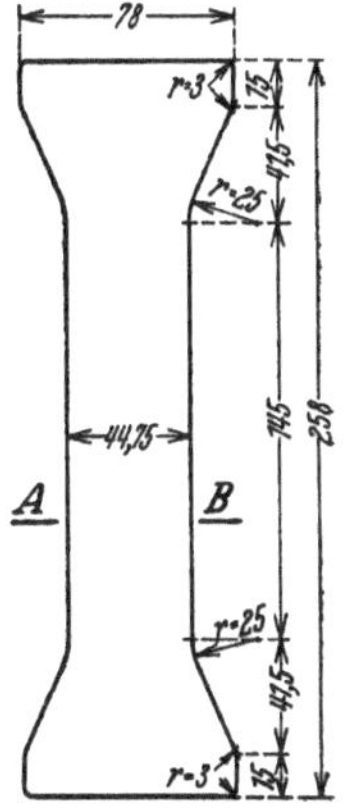

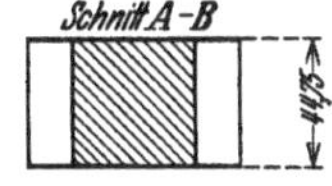

Abb. 287. Versuchskörperform zur Messung von Zugfestigkeit von Gußasphalt.

An sich wird man annehmen können, wie schon auf S. 378 angedeutet, daß bei langsamer Abnahme der Temperatur der Gußasphalt langsam die Spannungen abbaut. Darum reißt er meist dort, wo auch der Beton reißt, während der Gußasphalt auf Pflaster davon nicht betroffen wird. Um den Gußasphalt auf Dehnung, Zug und Biegung zu prüfen, werden Zugkörper nach Abb. 287 angefertigt und auf tiefe Temperatur abgekühlt und dann den genannten Beanspruchungen ausgesetzt.

Der Temperaturdehnungsbeiwert von im Durchschnitt 6 guten Gußasphalten ist zu 0,000034 ermittelt worden *[171]*, die Zugfestigkeit bei 22,5° zu 27 kg/cm² im Mittel aus 9 Proben und bei 0° zu 70 kg/cm², Elastizitätsmodul bei 10° 12000 kg/cm² *[227]*.

Bei starker Erwärmung, besonders Sonnenbestrahlung, wird Gußasphalt weich und nimmt unter Lasten Eindrücke an. Darum soll dort, wo Standverkehr ist, das Bitumen um 5° härter sein. Ein richtiger Gußasphalt sollte also so zusammengesetzt sein, daß er im Sommer nicht weich wird, im Winter nicht reißt. Es ist bisher nicht gelungen, Gußasphalte mit solchen Eigenschaften zusammenzusetzen. Von den beiden Schwächen hat man das Weichwerden im Sommer nicht so schädlich beurteilt wie die Rißbildung im Winter, da Risse schwieriger zu unterhalten sind, und einen weichen Gußasphalt vorgezogen. Durch Abgabe leichter Öle verhärtet der Gußasphalt außerdem im Laufe der Zeit.

Gebrauchswert. Der hohe Splittgehalt macht den Hartgußasphalt griffig, während andrerseits der reichliche Bitumengehalt gegen die Abnützung schützt. Um die Griffigkeit noch zu vermehren, wird in den noch warmen Gußasphalt bituminierter Splitt eingewalzt — Körnung 8/12 mm bis 8/15 mm —, besonders in Steigungen 8/12 kg/m². Dabei muß aber der richtige Wärmezustand abgepaßt werden, damit der Splitt nicht in den noch zu heißen und weichen Gußasphalt versinkt oder von dem schon zu weit abgekühlten nicht mehr aufgenommen wird. Ob dieser Splitt bei gemischtem Verkehr lange Bestand hat, ist zweifelhaft. Nach Beobachtung wird er herausgerissen. Dann bleiben Narben im Gußasphalt, die aber auch als Unterstützung der Griffigkeit wirken können. Die Gußasphaltoberfläche wird auch durch Bearbeitung mit einer Stachelwalze, solange er noch weich ist, aufgerauht. Die Abstreuung des Gußasphaltes mit weißem Kalksteinsplitt hellt ihn auf, so daß er zur Abgrenzung dunkler, also bituminöser Fahrbahnen, wie z. B. als Randstreifen bei RAB., benutzt werden kann. Hartgußasphalt kann in Steigungen bis 6% verlegt werden. Er findet hauptsächlich Anwendung bei Stadtstraßen, Markt- und Parkplätzen.

Ein gut zusammengesetzter, richtig aufbereiteter und verlegter Gußasphalt hat eine lange Lebensdauer und erfordert nur geringe Unterhaltung. Da er infolge des Überschusses an Asphaltbitumen völlig hohlraumlos ist, kann er kein Wasser aufnehmen. Deshalb ist es möglich, Gußasphalt zu jeder Jahreszeit und bei jeder Witterung zu verlegen. Er wird daher in den Wintermonaten November bis März zur Ausbesserung solcher Beläge verwendet, die gegen die Aufnahme von Wasser empfindlich sind, wie Walzasphalt.

Aufbereitung. Die Voraussetzung für eine gute Verteilung des Asphaltbitumens in der Masse ist eine kräftige längere Durchmischung bei hohen Wärmegraden bei der Aufbereitung. Es wird erst das Asphaltbitumen mit dem gemahlenen Stampfasphalt (Aufbruchmehl) oder Füller zusammengeschmolzen und später die gröbere Mineralmasse zugefügt. Der Kochprozeß dauert bis zu 6 Stunden. In Hochleistungskochern, bei denen die Stoffe vorher durch die Abgase angewärmt werden, kann die Kochzeit auf $1\frac{1}{2}$ Stunden ermäßigt werden.

Abb. 288. Gußasphalt-Hochleistungskocher.

Ein solcher Hochleistungskocher besteht aus: Feuerung mit Ventilator, Aufzug für Kaltgut, Trockentrommel, Mischtrommel mit Rührwerk, Aufzug für Heißgut, Zubringerschnecke, vier Sandtaschen, vier Bitumenschmelzbehälter mit Ablaßstutzen, Führungskanäle für die Heizgase (Abb. 288). Steine und Sand werden zuerst in der Trockentrommel getrocknet, auf 220° erhitzt und auf Vorratstaschen geleitet, von denen aus sie den Mischtrommeln zufließen. In diesen ist der zerkleinerte Mastix auf etwa 100° erhitzt und in besonderen Bitumenkesseln auf 180° gebrachtes Asphaltbitumen zugesetzt worden, so daß das Gemisch eine Temperatur von 140° annimmt. Durch das höher erhitzte Gestein erhält das Gemisch eine Temperatur von 180°, bei der es etwa $1\frac{1}{2}$ Stunden gekocht wird. Wenn an Stelle des Mastix Kalksteinmehl tritt, wird dieses in besonderen Anlagen auch vorher erwärmt. Die stündliche Leistung beträgt etwa 4 t Masse, die täglich zu verlegende Fläche bei 5 cm Deckenstärke rund 300, bei 4 cm Deckenstärke 350 m². Die aus den Kochern entnommene Masse wird dann in fahrbaren Kesseln mit Heizeinrichtungen und Rührwerken, die während der Fahrt betätigt werden, damit keine Entmischung eintreten kann, zur Baustelle gefahren. Bei großen Bauausführungen werden Hochleistungskocher von 5—10 t Inhalt auf der Baustelle oder nicht weit davon entfernt, auf Güterbahnhöfen aufgestellt und in ihnen die gesamte Menge gekocht und gemischt. Für die Bewegung der Becherwerke für die Beschickung und der Rührarme dient eine Lokomobile.

Tragkörper. Jeder feste Tragkörper ist für Gußasphalt geeignet, z. B. die verschiedenen bituminösen Makadambeläge, Steinschlagdecke, Zementbeton, Großpflaster. Bei den drei letztgenannten Tragschichten muß Gußasphalt eine Binderlage aus bituminösem Makadam erhalten, die zugleich Untergrundbewegung überbrückt. Gegenwärtig wird Gußasphalt bevorzugt, wenn es sich darum handelt, alte Pflasterungen und Steinschlagdecken mit einer widerstandsfähigen, fugenlosen Decke zu überziehen. Die Steinschlagdecken müssen vorher ein gutes Profil erhalten, Schlaglöcher beseitigt werden, am besten mit Beton ausgefüllt, weil Ausbesserungen mit Teer oder Asphalt, wenn sie nicht genügend verdichtet sind, später nachgeben und dann der Gußasphalt darüber durchbricht. Zur Erzielung einer guten Haftung zwischen Steinschlagdecke und Gußasphalt wird ein dünner Anstrich aus Asphaltbitumen aufgespritzt. Teer und Emulsionen sollen dazu nicht verwendet werden, weil sie Blasenbildung beim Gußasphalt erzeugen können. Beton als Unterbau ist 20—25 cm dick und erhält Preßfugen im Abstand von 10—25 m je nach Art des Untergrundes, wie schon auf S. 355 beschrieben.

Verlegung: Gußasphaltdecken werden zwischen 2 und 5 cm Dicke verlegt. Bei Stärken über 3 cm werden 2 Schichten aufgebracht, bei der die untere ein Bitumen mit niedrigem Tropfpunkt erhält, während für die obere Decke ein härteres Bitumen verwendet wird. Der weichere Gußasphalt gleicht die Unebenheiten des Tragkörpers aus und ist in der Lage, etwaige Bewegungen zwischen diesem und der härteren oberen Lage, z. B. bei der Rißbildung von Betonunterbettung, zu überbrücken. Bei Gußasphalt auf Großpflaster zeichnen sich vielfach die Pflasterköpfe an der Oberfläche ab. Weil die Haftung auf den Steinköpfen geringer ist als in den Fugen, wird der nachgiebige Gußasphalt von den Steinköpfen nach den Fugen hin geschoben, wo er sich netzartig verdichtet. Zur Vermeidung empfiehlt sich Ausgießen der Pflasterfugen mit Zementmörtel oder Bitumensplitt. Der aus dem Asphaltkessel in Eimer abgefüllte Gußasphalt wird möglichst in der Kochtemperatur auf der Unterbettung ausgebreitet und dann von Arbeitern mit Holzkellen ausgestrichen. Da sich das nur in dünnen Lagen ordentlich ausführen läßt, muß bei Schichten über 3 cm diese geteilt werden. Das Bitumen im Gußasphalt wird durch das Kochen in einen hochmolekularen Stoff verwandelt, der eine temperaturabhängige, elastische Phase hat, über der eine temperaturunabhängige federnde Phase lagert. Die Temperatur beim Verlegen muß über dieser Phase liegen, die Masse also in einem reinen Fließzustand sich befinden, sonst kann der Fall eintreten, daß nachträglich die Federung einsetzt und der Belag reißt. Daher muß Wert auf eine hohe Temperatur beim Verlegen gelegt werden; Winterarbeit ist daher mit Gefahren verbunden.

Bildung von Blasen bei Gußasphalt wird oft beobachtet, besonders an dünnen Belägen, z. B. auf Gehbahnen und Brücken. Bei den dicken Fahrbahnbelägen werden sie sehr selten angetroffen, weil das Gewicht der Decken ihrer Entstehung entgegenwirkt. Diese Blasen, die nicht nur das Aussehen des Belages beeinträchtigen, sondern verkehrsgefährlich sind und als Mängel betrachtet werden müssen, werden so erklärt, daß es sich dabei um Dampfdruck handelt, der an der Unterseite des Gußasphaltes auftritt immer dort, wo eine starke Erwärmung durch Sonnenbestrahlung erfolgt. Feuchtigkeit im Unterbeton unter solchen Blasen läßt darauf schließen, daß Luft und Wasser im Beton, die im feuchten Beton wegen Verschluß der Poren nach unten nicht entweichen können, bei Erwärmung ihre erhöhte Dampfspannung gegen den Gußasphalt richten, der dort aufgetrieben wird *[228]*.

Blasen können sich auch unabhängig vom Betonunterbau aus dem Gußasphalt selbst bilden, wenn bei dem Kochvorgang Wasserdampf durch Wasserabspaltung aus dem kohlensauren Kalksteinmehl und aus dem Bindemittel entsteht, der beim Verlegen durch ungenügendes Ausstreichen nicht entwichen ist. Aber auch die Beschaffenheit des Bitumens kann die Blasen begünstigen in der Weise, daß sich leichtflüssige Öle im Innern abscheiden, die dann durch Erwärmung sich ausdehnen und Blasen auftreiben *[229]*. Die ursprüngliche Auffassung, daß ungenügende Haftung des Gußasphaltes am Beton die Blasenbildung begünstigt, ist ein Irrtum.

Da im Gußasphalt Bitumen im Überschuß vorhanden ist, wäre auch denkbar, daß durch die Sonnenbestrahlung und die dadurch bewirkte Ausdehnung des Bitumens im Belag ein Flüssigkeitsdruck entsteht, der durch Aufwölben und Abheben des Gußasphalts von der Betonunterlage seinen Ausgleich sucht. Dann wäre die Blasenbildung auf die ungünstige Zusammensetzung des Gußasphaltes zurückzuführen und zur Verhinderung der Erscheinung der Bitumengehalt im Gußasphalt möglichst knapp zu halten und für eine gute Mischung und Verteilung des Bitumens in der Masse zu sorgen.

ϰ) Behandlung der Oberfläche. Anrauhen. Wenn auch bei der Zusammensetzung der hohlraumarmen Beläge durch reichlich Splittgehalt von vornherein eine griffige Oberfläche angestrebt wird, so sucht man durch weiteres Einverleiben von Splitt diese für den Gebrauchswert des Belages so unbedingt wichtige Eigenschaft sicherzustellen. Hierzu wird in die noch heiße Oberfläche vor dem Walzen oder gleich nach den ersten Walzengängen bituminierter Splitt der Körnung 5—12, 8—12 oder 8—15 in Mengen von etwa 4—6 kg/m² aufgebracht. Der Splitt, heiß mit Bitumen umhüllt, kann warm verarbeitet werden, oder kalteinbaufähiges Gut wird benutzt, das auf Vorrat gelegt werden kann. Der Bindemittelgehalt ist auf etwa 3—5 Gew.-% zu bemessen. Der Splitt haftet aber nur dann in der Oberfläche, wenn die Mischung genügend Bitumenmörtel hat, in den er sich einbetten kann, d. h. die Grundmasse an sich nicht zu splittreich gehalten ist. Da der ∢ der inneren Reibung in der oberen Schicht noch vergrößert wird, ist die Beobachtung von Oberbach, daß so angerauhte Decken neben der Griffigkeit auch ebenflächig bleiben, verständlich. Über die Reibungsbeiwerte solcher angerauhten Fahrbahnflächen unterrichtet die Abb. 21, S. 24. Da kein übermäßiger Unterschied gegenüber den nicht angerauhten Oberflächen beobachtet worden ist, wird die Zweckmäßigkeit dieser Maßnahme verschieden beurteilt.

Feinkörnige, polierfähige Steine, wie z. B. Klein- oder Großpflaster aus Basalt, werden durch den Reifenverkehr so glatt geschliffen, daß bei Nässe, vor allem bei Eintritt des Regens oder Nebels, die Fahrbahn keinen genügenden Kraftschluß mehr hat und der Verkehr großen Gefahren ausgesetzt ist. Diese Pflasterfahrbahnen, die auf eine sehr lange Lebensdauer zurückblicken, haben meist auch ein sehr starkes Quergefälle, durch das die Verkehrsgefahr noch vermehrt wird. Wenn aus wirtschaftlichen Gründen solche Pflasterbahnen nicht beseitigt werden können, muß versucht werden sie aufzurauhen.

Eine Maßnahme ist, die Fugen, aus denen der Pflastersand im oberen Teil durch den Sog der Luftreifen entfernt ist, nach den Angaben auf S. 221, 323 mit bituminösen Stoffen zu verfüllen und dann einen Oberflächenschutz aufzubringen. Je nach der Verkehrsbeanspruchung der Straße genügt eine leichte Oberflächenbehandlung, von der nach einiger Zeit der Belag auf den Steinköpfen abgeschliffen wird, so daß nur noch die Rauhigkeit an den Fugen den Kraftschluß sichert. Bei stärkerem Verkehr muß eine mehr widerstandsfähige Verschleißschicht aufgebracht werden, die bestehen kann:

1. aus einer Schlämmdecke (S. 324), 2. einem Teppichbelag (S. 324), 3. einer Lage Deutagbeton (S. 363), 4. aus Asphaltbeton. In Städten kann sogar eine Gußasphaltschicht von mindestens 2 cm die Pflasterdecke retten. In diesem Falle sollte die Oberfläche, nachdem die Fugen ausgefüllt sind, wie oben angegeben, einen dünnen Anstrich mit Heißbitumen erhalten. Der Gußasphalt muß feinkörnig sein (bis 8 mm).

Bei Anwendung solcher geschlossenen Überzüge können auch die übermäßigen Quergefälle abgeflacht werden, indem nach dem Rande die Beläge dicker aufgebracht werden oder besser durch keilförmige Binderschichten ein Ausgleich geschaffen wird. Ein solcher Aufbau kann trotz seiner Kosten wirtschaftlich begründet sein, wenn das sonst nicht mehr zu haltende Klein- oder Großpflaster damit erhalten wird. Bei den geringen Unterhaltungskosten, die für die Pflasterbeläge bei zugleich langer Lebensdauer aufgewendet worden sind, konnten im Vergleich mit anderen schweren Belägen solche Ersparnisse gemacht werden, daß trotz der einmaligen Ausgabe für die Überzüge das Pflaster noch wirtschaftlich bleibt. Allerdings wird ein solcher bituminöser Überzug laufend zu unterhalten sein.

Um nachträglich Splitt den Bitumen- und Teerdecken zur Anrauhung einzufügen und ihn fest in der Masse zu verankern oder Teppichbeläge aufzubringen oder die Decke neu zu überziehen, hat sich als erfolgreiches Verfahren erwiesen, sie vorher durch Erwärmung zu erweichen. Hierzu muß strahlende Wärme benutzt werden, die unter einer Glocke erzeugt wird, die möglichst dicht über den Belag geführt wird. Eine Vorrichtung dieser Art ist die Greco-Maschine,

Abb. 289. Grecomaschine zur Erwärmung bituminöser Beläge mit einer Glocke, die die Oberfläche erwärmt. Dient zur Anrauhung glattgewordener Beläge.

die auf der Abb. 289 dargestellt ist. Bei der Unterhaltung von Bitumendecken sind in amerikanischen Städten Glocken von $2{,}4 \times 2{,}4$ m² Fläche verwendet worden, von denen zwei nebeneinander arbeiten und damit täglich bis zu 2500 m² ausgebessert worden sind. Wenn an Bordkanten und an Straßenbahngleisen die Glocken nicht herangeführt werden können, müssen diese Streifen mit Preßlufthämmern aufgenommen und neu verfüllt werden

Diese Einrichtung dürfte zur Wiederherstellung der durch glühende Trümmer beschädigten Schwarzdecken in den städtischen Straßen Bedeutung gewinnen. Durch die Hitze der Brände, durch fallendes Gestein und Trümmer sind die Schwarzbeläge aufgefaltet und stark narbig geworden. Eine ausreichende Erwärmung dürfte genügen, um unter Zugabe von bituminiertem Sand und Splitt und durch Einwalzen die Unebenheiten zu beseitigen und eine neue ebenflächige und widerstandsfähige Fahrbahn zu schaffen. Wo tiefgreifende Schäden vorhanden sind, kommt das Aufbringen eines Teppichbelages auf den erwärmten Belag in Frage.

Wenn Steinpflaster oder abgängige Betondecken durch Auflegen von Bitumendecken erneuert werden sollen, wird auch hier die Greco-Maschine eingesetzt, damit sie die aus Tropföl, Fett, Gummiabrieb und Verkehrsstaub entstandene Schmutzkruste so erweicht, daß sie abgezogen werden kann und dadurch eine bessere Haftung der aufzubringenden Anstriche und Teppichbeläge erreicht wird. Das gleiche Verfahren kann angewendet werden, wenn glattgewordene Beläge angerauht werden sollen.

λ) Unterhaltung. Die Oberflächen müssen bei Anstrichen, Teppich- und Makadambelägen in kurzen Zeitabständen (Dritter Abschn. C. i. 6. δ. ee) angerauht werden, weil damit zugleich die Fahrfläche auf Grund der natürlichen Abnutzung erneuert wird. Anrauhen ist daher zugleich eine Maßnahme der laufenden Unterhaltung. Bei den Schichtbelägen der hohlraumarmen Massen kann eine Abnutzung zugelassen werden. Man rechnet bei starkem Verkehr mit einer Abnutzung von 1 mm jährlich (nach Ber. zum VIII. I. Str. K. 0,92—0,76 mm). Je mehr Gummiverkehr, desto geringer der Verschleiß. Eine Erneuerung kommt daher erst in Frage, wenn die Schicht bis auf einen Rest von etwa 1,5 cm abgenutzt ist, also erst nach Verlauf von mehreren Jahren. Je stärker der Schichtbelag, um so größer seine Lebensdauer. Um gleichzeitig genügende Griffigkeit zu behalten, soll der Körnungsaufbau durch Verwendung von möglichst viel Splitt und Vermeidung von überschüssigem Bitumen so abgestuft sein, daß der Belag stets griffig bleibt.

Die Unterhaltung bei diesen Belägen besteht dann nur in dem Ersatz etwaiger Fehlstellen oder in größeren Zeitabständen in der Neudeckung. Für die Ausbesserung der Fehlstellen dienen fahrbare Geräte, in denen die Belagmasse fertig gemischt warm gehalten wird, so daß ein Aufbereiten am Ort wegfällt. Um die nachträgliche Verdichtung zu ermöglichen, muß die Schicht einige Millimeter erhöht werden.

μ) Höchst- und Tieftemperaturen in Belägen aus Bitumen und Teer.

Die Prüfung der Beläge aus Bitumen und Teer wird mit Rücksicht darauf zu erfolgen haben, daß beide Bindemittel in den möglichen Grenztemperaturen besonders kritische Zustände annehmen, bei tiefer Kälte werden sie spröde und bei hoher Wärme leichtflüssig und verlieren ihre Bindekraft. Welche tiefsten und höchsten Wärmegrade solche Beläge in der Straße annehmen können, ist verschiedentlich festgestellt worden. Die Z. f. A. T. hat in Stampfasphaltbelägen Temperaturen über 50° gemessen *[171]*.

Beobachtungen über die größten Wärmeunterschiede in Straßenbelägen hat die Stadt Stuttgart *[230]* vorgenommen und die folgenden Werte erhalten:

Tabelle 43.

Höchste Lufttemperatur im Schatten	An der Oberfläche	2 cm tief	4 cm tief	6 cm tief
		Teermakadam		
29°	40°	42°	38,5°	38°
		Asphaltbeton		
33°	52	50,5	48,5	44,5
		Tränkmakadam		
33°	51	49,5	42,5	42

Temperaturen über 50° sind nichts Ungewöhnliches in Asphaltbelägen und kommen in unserem Klima häufig vor.

Tiefste Temperaturen.

Luft im Schatten	—23°
An der Oberfläche	—22,75°
2 cm tief	—16,5°
4 cm tief	—16,25°
6 cm tief	—15,5°

Die Abkühlung im Winter entsteht durch Wärmeableitung und Ausstrahlung in die Luft, während die Erhitzung im Sommer auf Wärmestrahlung zurückzuführen ist. Die tiefsten Temperaturen entsprechen daher den Lufttemperaturen, die höchsten Temperaturen liegen über den Lufttemperaturen, weil die Beläge durch die Sonnenstrahlen Wärme aufspeichern können. Die größten Schwankungen betragen daher etwa 75°.

Die auf der Versuchsstraße des D. Str.V. bei Braunschweig vorgenommenen Feststellungen an Asphalt- und Teerbelägen haben dieselben Ergebnisse gehabt (Denkschrift VIII). In Nordamerika ist die höchste Temperatur auf der Versuchsbahn des B.P.R. in Asphaltdecken auf thermoelektrischem Wege zu 60° gemessen und in Schweden bei Ausstrahlung in klaren Nächten im Winter bei — 35° bis — 50° im Straßenbelag *[137]*.

ν) Die Ebenflächigkeit der Beläge.

Wellen sind für die Erhaltung der Decke und für den Verkehr gleich nachteilig, wie schon im Dritten Abschn. C. i. 6. ζ angegeben ist. Sie entstehen in erster Linie beim Walzen, können aber auch andere Ursachen haben, die in folgendem beruhen:

1. Mängel im Unterbau.
   a) Nicht genügende Scherfestigkeit.
   b) Unregelmäßigkeiten im Profil, wodurch sich verschiedene Stärken der Decken ergeben, die ungleichmäßig verdichten. Die hohen Lagen werden sich stärker zusammendrücken als die dünnen. Darum müssen beim Verlegen auf schon bestehenden Straßendecken — Steinschlagdecken und Pflaster — vorher die Unebenheiten ausgeglichen werden.
   c) Glatte Oberfläche im Tragkörper, die der Decke ein Schieben gestattet. Eine Binderlage oder Anstrich mit Bitumen kann das verhindern.
2. Mängel in der Mischung.
   a) Verwendung eines Bindemittels, das zu weich ist, d. h. einen zu niedrigen Tropfpunkt hat.
   b) Überschuß an Bitumen gegenüber dem vorhandenen Hohlraumgehalt.
   c) Zu feines Korn und zuviel Sand mit runden Flächen.
3. Fehler in der Bauart.
   a) Ungleichmäßige Ausbreitung der Masse und Ungleichheit in der Zusammensetzung der Masse, z. T. zu trocken, z. T. zu ölig.
   b) Eine zu leichte Walze und zu starke Abkühlung der Masse. Bei kalter Witterung soll die Masse mit Decken gegen Abkühlung geschützt werden.
   c) Zu große Deckenstärke, die mit einem Walzgang sich nicht genügend zusammendrücken läßt.
   d) Schlechter Anschluß bei Fortsetzung der Deckenherstellung nach einer Unterbrechung. Es wird daher stets bei Wiederaufnahme der Arbeiten ein Streifen am Anschlusse fortgenommen, weil er einmal an der freien Kante verschmutzt ist und außerdem nicht genügend hat abgewalzt werden können.
4. Mängel der Walzung. Die Wellen entstehen meistens beim Walzen, mindestens werden durch schlechtes Walzen die Ursachen für die Wellenbildung geschaffen.

Die Messung der Unebenheiten mit Profilographen und Schwingungsmessern ist schon im Ersten Abschn. C. VIII behandelt worden. Der Einbau von bituminösen Belägen mit Verteilern und Fertigern soll auch dazu dienen, mehr ebenflächige Beläge zu erhalten. Wieweit das erreicht ist, war Gegenstand verschiedener Untersuchungen, die das Ergebnis hatten, daß die mit Maschinen verlegten Decken gegenüber denen mit Walzen wesentlich weniger Unebenheiten aufweisen und sich daher besser befahren lassen.

Wenn auch in erster Linie die Erzielung einer ebenen Oberfläche bei den bituminösen Decken Schwierigkeiten bereitet, weil sie gewalzt werden, so ist auch bei den Betondecken die Vermeidung von Wellen eine Aufgabe, die zu besonderen Maßnahmen zwingt, wie im dritten Abschn. C. h. 4. ε. 1 u. 2 ausführlich behandelt ist. Verlangt werden für Betondecken, daß innerhalb einer Meßstrecke von 4 m die Unebenheit nicht mehr als 4 mm betragen darf[1], für bituminöse Decken auf 4 m Lattenlänge der um 2 m überdeckten Richtscheite nicht mehr als 6 mm.

7. Ausbildung der Straßenbefestigung mit Rücksicht auf die Straßenbahngleise.

Die Schiene ist ein Fremdkörper in der Straße, sie durchbricht die Fahrbahnfläche, hat ein elastisches Verhalten, während die Fahrbahnbefestigungen nur geringe federnde Eigenschaften haben. Die Schiene nützt sich anders ab als die Fahrdammbefestigung, sie stört die Entwässerung und erschwert die Anlage der Quergefälle. An den Gleisbau und Straßenbau werden daher Ansprüche gestellt, die nicht immer miteinander in Einklang gebracht werden können. Der Gleisbau wird sich den Anforderungen des Straßenbaues anpassen müssen und der Straßenbau sich denen des Gleisbaues. Die Maßnahmen, die hier zu treffen sind, sollen nur für die verschiedenen Befestigungsarten der Straßen behandelt werden.

a) Straßenbahngleise im Steinpflaster.

Die Straßenbahnschienen müssen auf ihre ganze Länge von einem kräftigen Tragkörper unterstützt werden. Dieser Tragkörper wird zweckmäßig derselbe sein, den auch das Steinpflaster hat, und aus Beton oder Packlage bestehen. Beton wird besonders in Großstädten verwendet. Er hat den Nachteil, daß die Straßenbahngeräusche durch seine Starrheit verstärkt werden, besonders wenn die Schienen mit besonderen Schienenträgern im Beton verankert werden. Packlageunterbau hat sich auch bei schwerem Verkehr bewährt, da er nachgiebig ist und die Geräusche nicht in dem Maße überträgt wie Beton und eine gute Entwässerung ermöglicht. Da die Bettungsziffer bei Packlage geringer ist als bei Beton, erleiden die Schienen beim Befahren Durchbiegungen, die auch das anschließende Pflaster beeinflussen, so daß es nicht so fest liegt wie auf Beton und versackt oder aufkantet, wenn Kies und Splitt unter oder neben den Schienen durch die Erschütterungen des Bahnverkehrs in Bewegung geraten, besonders an Schienenstößen. Es ist deshalb als eine Verbesserung anzusehen, wenn die Schienen auf Querschwellen aus Holz verlegt werden, was mit Erfolg in Dresden, München und zum Teil auch in Berlin eingeführt ist. Die Abb. 290d gibt den Straßenbahnkörper mit und ohne Querschwellenoberbau in Steinpflaster wieder.

Die Pflastersteine sollen stets eine geringere Höhe haben als die Schiene, deren Höhe 160—180 mm beträgt. Nur dann ist ein sicherer Anschluß zwischen Pflasterstein und Schiene möglich. Sind die Pflastersteine höher als die Schiene, müssen sie am Schienenfuß, da er breiter als der Schienenkopf ist, verschmälert werden. Dann stehen sie aber nicht mehr fest. Die Steine sollen auch nicht viel niedriger als die Schiene selbst sein, weil sonst das Kiesbett zu stark wird. Darum

[1] Nach Richtlinien Bit. Straßenbau RAB. II d.

ist eine Auspflasterung des Straßenbahnkörpers mit Kleinpflaster unzweckmäßig. Der Raum zwischen Schienenkopf und Schienenfuß wird mit Zementmörtel oder Formsteinen ausgefüllt, damit nur eine schmale Fuge zwischen Schiene und Stein vorhanden ist. Die Breite der Pflastersteine muß so bemessen werden, daß die Gefache zwischen den Spurstangen der Schienen ausgepflastert werden können, ohne daß zu große Längs- und Querfugen entstehen. Schlackensteine eignen sich deshalb besonders gut für das Auspflastern von Gleiszonen (Dritter Abschn. C. e. 1). Damit der Gleiskörper trocken bleibt, ist Ausgießen der Fugen mit Pflasterausgußmasse zweckmäßig. Als Ausgußmasse der Fuge zwischen Schiene und Pflaster wird wegen der großen Dehnungsfähigkeit ein Bitumen mit Mikroasbest als Füllstoff empfohlen (Dritter Abschn. C. i. 6. ε. cc). Auch Teer-

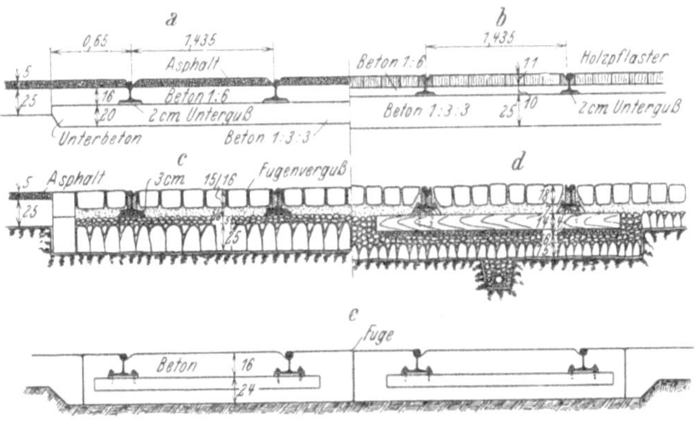

Abb. 290. Straßenbahngleise in Fahrbahnbefestigungen: *a* Aus Stampfasphalt, *b* Holzpflaster, *c* Steinpflaster als Pflasterzone in Asphaltbelägen ohne Schwellen, *d* mit Holzschwellen, *e* in Beton.

schotter und Teersplitt sind an dieser Stelle schon verwendet worden. Das Pflaster wird 3—5 mm höher gesetzt als der Schienenkopf, weil sonst die Gefahr besteht, daß der Schienenkopf aus dem Pflaster herausragt, wenn es sich etwa setzt oder seine Oberfläche abgenutzt wird. Zur Erzielung eines guten Anschlusses kommt für Fahrdämme mit Straßenbahnschienen nur Reihenpflaster in Frage.

b) Straßenbahngleise in Asphaltdecken.

Am deutlichsten kommt der Gegensatz zwischen Straßenbahnschiene und Pflaster beim Einbau von Gleisen in Asphaltdecken zum Ausdruck. Die Asphaltschicht bei Sandasphalt, Asphaltbeton und Gußasphalt hat nur 4—7 cm, die Schienen 16—18 cm Höhe. Da sie eine kräftige Unterbettung erfordern, erhält der Straßenkörper unter den Gleisen eine größere Stärke als die Unterbettung des Dammpflasters. Daraus ergibt sich eine getrennte Ausführung des Gleiskörpers und der benachbarten Dammflächen, die dadurch kenntlich ist, daß zwischen beiden eine lotrechte Preßfuge im Beton angeordnet wird, die sich auch aus Gründen des Unterschiedes in der Beanspruchung als zweckmäßig ergibt (Abb. 290a). Wegen der Abnützung wird die Asphaltdecke 10 mm höher als die Schiene angelegt. Es ist bisher nicht gelungen, einen haltbaren Anschluß zwischen Schienenkopf und Asphaltbelag herzustellen. Denn es bildet sich nach kurzer Zeit eine schmale Fuge am Schienenkopf, durch die Wasser eindringt und mit der Zeit eine Lockerung der Decke bewirkt, die zumeist an den Schienenstößen beginnt. Seitdem diese geschweißt werden, hält sich die Gleislage in Asphaltdecken wesentlich besser. Hinsichtlich der Verlegung der Schiene stehen sich zwei Ansichten gegenüber. Nach der einen soll die Schiene eine möglichst starre und feste Lage haben; sie wird deshalb einbetoniert und im Beton noch besonders verankert (Abb. 291, Hamburg, Stuttgart). Zur Beseitigung von Lockerungen muß dann der ganze Bahnkörper aufgebrochen und erneuert werden, obwohl die Schienen selbst noch nicht abgängig sind. Aufbruch und Wiederherstellung sind teuer und nötigen zu langen Straßensperrungen, weil der Beton längere Zeit zum Abbinden braucht, die nur durch Verwendung schnell erhärtenden Zementes abgekürzt werden kann.

Nach der andern Ansicht soll die Schiene nachgiebig gelagert sein. Der Fuß der Schiene wird auch einbetoniert, er erhält aber eine nachgiebige Unterlage in Form eines 2 cm dicken Untergusses aus Asphaltmastix, der einmal genügende Härte, aber auch ausreichende Nachgiebigkeit besitzen und leicht zu verarbeiten sein muß. Um diese Schwierigkeiten des Anschlusses des Asphaltes an die Schienen zu umgehen, ist versucht worden, den Gleiskörper in ein anderes Pflaster zu setzen. Entweder ist nur die obere Verschleißschicht eine andere, wie z. B. Ersatz des Asphaltes in der Gleiszone durch Gußasphalt oder Holzpflaster (siehe Abb. 290b) oder Einbau eines ganz anderen Straßenkörpers durch Auspflasterung der Gleiszone auf Packlage wie unter a. Der Anschluß an das Asphaltpflaster wird dann nach Abb. 290c hergestellt. Der Verguß der Fugen mit bituminösen Massen, wie schon bei a erwähnt, trägt viel zur Erhaltung der Pflasterung bei. Lockerungen der Schienen lassen sich im Pflaster schneller und mit geringeren Verkehrsstörungen beseitigen. Das gilt besonders für Weichen und Kreuzungen, die bei großstädtischem Verkehr schnell verschleißen und in kurzen Abständen ausgewechselt werden müssen. Dennoch hat das Vorhandensein völlig verschiedener Deckenarten in derselben Fahrbahnfläche viele Nachteile, wie z. B. Schleudergefahr, Geräuschbildung, ungleichmäßige Abnutzung, erschwerte Reinigung u. a. Die Fuge zwischen Asphalt und Steinpflaster an einer Stelle, wo sich lebhafter Wagenverkehr bewegt, erfordert dauernde Unterhaltung, so daß wirtschaftliche Vorteile nicht vorhanden sind. Eine solche Auspflasterung ist nur zulässig bei breiten Straßen, in denen der übrige Straßenverkehr den Gleiskörper nicht zu befahren braucht und in Städten mit geringerem Straßenbahnverkehr mit nicht zu schweren Wagen. Es sind viele Versuche gemacht worden, durch besondere Maßnahmen die Schienen mit dem Asphaltpflaster zu verbinden, damit die Haltbarkeit erhöht wird. Sie sind bisher alle erfolglos geblieben und sollen daher an dieser Stelle nicht erwähnt werden, weil nur die Maßnahmen hier behandelt werden, die der Straßenbau fordert.

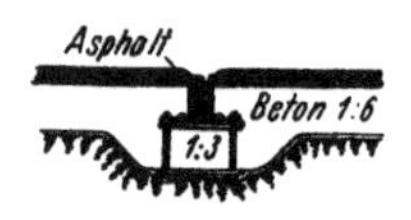

Abb. 291. Verankerung der Schiene in Beton.

c) Straßenbahngleise in Betondecken.

Das Einlegen von Schienen in Betondecken bereitet keine Schwierigkeiten. Da die Spurlücke in Beton leicht herzustellen ist, wird statt der Phönixschiene mit Leitkopf die Eisenbahn-Breitfußschiene verwendet (Abb. 290e). Wegen der verschiedenen Beanspruchung muß der Gleiskörper von dem übrigen Fahrdamm durch eine Fuge getrennt werden.

8. Ausgestaltung der Fahrbahnränder.

Die Abgrenzung der einzelnen Verkehrsstreifen — Fahrbahn, Gehweg, Radweg — untereinander versteht sich aus Gründen der Verkehrssicherung; sie wird je nach der Verkehrsdichte der Verkehrsarten abzustufen sein. Mit dieser Maßnahme ist zugleich zu verbinden eine Kennzeichnung der Fahrbahnränder bei Dunkelheit und Nebel und ferner eine Sicherung des Randes des Straßenbelages. Die Unterschiede in der Befestigung von Fahrbahn, Gehbahn und Radweg zwingen aus technischen Gründen zu einer Abgrenzung der Ränder, sowohl bei der Herstellung der Befestigung wie bei ihrer Bestandserhaltung. Zweckmäßig wird die bautechnische Anordnung so ausgebildet, daß sie zugleich die Anforderungen der Verkehrssicherheit mit erfüllt. Bei den bautechnischen Maßnahmen ist noch die Notwendigkeit der ausreichenden Entwässerung zu berücksichtigen (Dritter Abschn. A. IV), sie beeinflußt sie maßgeblich.

Wenn das Wasser durch das Quergefälle seitlich abgeführt werden soll, darf die Abgrenzung nicht aus der Ebene der Fahrbahn (Radweg) hervorragen. Das Wasser soll auch möglichst nicht durch Fugen in den Untergrund eindringen und, wo es nicht zu vermeiden ist, besonders bei bindigem Boden, unterirdisch sicher abgeführt werden. Wenn die Abgrenzung über den Belag herausragt, wird der Rand bautechnisch gut gesichert und günstige Sichtverhältnisse geschaffen. Die Entwässerung verlangt eine Rinne mit ausreichendem Gefälle und eine oberirdische oder meist wohl unterirdische Abführung der Wässer (Zweiter Abschn. D).

Abb. 292. Fahrbahnabschluß in Form eines Tiefbordsteines.

Die erhöhte Randausbildung, Hoch- oder Schrägbord, muß auch in einfacher Ausführung so gestaltet werden, daß sie den Belag seitlich sichert und auf sie ausgeübte Kräfte beim Anfahren aufnimmt, z. B. Bordsteine oder Bordschwellen nach DIN 482/83: Sie haben den Nachteil, daß der Fahrer einen größeren Abstand vom Rande hält, die Fahrbahn demnach nicht voll ausgenutzt wird und entsprechend verbreitert werden muß und das Auffahren Unfälle zur Folge hat. Bei einem Randstein, der statt einer senkrechten Kante eine schräg ausgerundete hat — Schrägbord —, ist diese Gefahr vermindert. Die sich gegen die Fahrbahn abhebende Farbe eines solchen Randsteines — Schattenbildung — verbessert

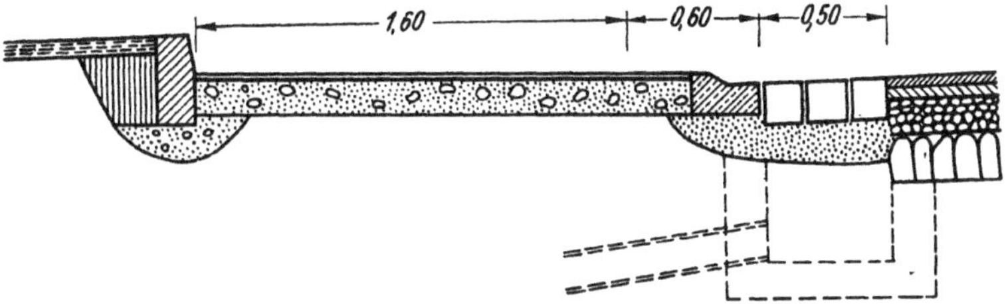

Abb. 293. Randabschluß mit Schrägbordstein und Bordschwelle am Radweg.

die Sichtbarkeit, allerdings bei Nacht nicht immer. Bei Schnellverkehr kommen erhöhte Randsteine nicht in Frage, sondern Sicherheitsstreifen, die andersfarbig sind, z. B. bei Schwarzdecken hellfarbige Oberflächenbehandlung (Dritter Abschnitt C. i. 6. β. ff), oder ein Betonstreifen 0,70 m, bei Betonstraßen bituminöser Belag oder gefärbter Beton. Die Verwendung von Dyckerhoff-Weiß (Portlandzement) hellt die Randsteine und alle anderen Leiteinrichtungen so auf, daß der Verkehr sicher geführt wird. Unterschiede in der Belagart sind insofern bedenklich, als der Kraftschluß bei Nässe und Frost — Glatteis — verschieden ist, z. B. bildet Beton schneller Glatteis als Teer- und Bitumendecken.

Einige Beispiele für die Gestaltung der Fahrbahnränder sollen die obigen Ausführungen ergänzen[1]. Die einfachste Form ist der Normalziegel als Tiefenbordstein, dessen Frostbeständigkeit allerdings nicht gesichert ist, es kann auch ein Beton- oder Naturstein sein (Abb. 292).

[1] Nach „Vorläufigem Merkblatt für die Ausgestaltung der Fahrbahnränder". F. G. Dezember 1941.

Ein Schrägbordstein zwischen Fahrbahn und Radweg soll dem Fahrzeug im Notfalle ermöglichen, auf den Radweg auszuweichen, ein Vorgang, der bei einem Hochbordstein nur mit Gefahren verbunden ist. Der Hochbordstein grenzt die Gehbahn ab (Abb. 293). Der gekuppte Pflasterstein am Rand soll den Wagen erschüttern und durch diese Bewegung dem Fahrer anzeigen, daß er den Rand überschritten hat (Abb. 294).

Die Oberfläche der bituminösen Decken soll mindestens 1 cm höher liegen als die Randpflasterung, um die Abnutzung zu berücksichtigen. Aber selbst diese

Abb. 294. Randabschluß mit gekupptem Pflasterstein.

Vorsicht genügt meist nicht, um zu verhindern, daß nach längerer Liegedauer die gepflasterte Rinne höher liegt und das Wasser am Rand stehen bleibt. In Stadtstraßen wird bei Bitumen- und Teerbelägen ein 20 cm Gußasphaltstreifen

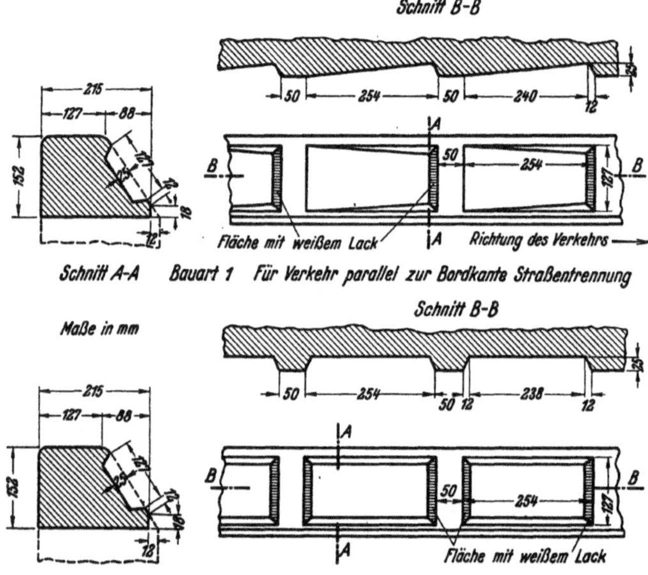

Abb. 295. Eingekerbte Randsteine mit Leuchtfarbenanstrich zur Verkehrsführung.

an der Bordkante vorgesehen, der 1 cm tiefer liegt als die Asphaltdecke. Da bei Walzasphalt die Walzung an der Bordschwelle nicht kräftig genug vorgenommen werden kann, werden andere bituminöse Deckenarten (Walzasphalte) dort nicht genügend verdichtet und faulen.

In Krümmungen und bei Straßenkreuzungen können die Hochborde mit zur Sichtbarmachung herangezogen werden, indem sie mit Katzenaugen versehen werden oder mit Einkerbungen, die das Licht der Scheinwerfer zurückwerfen. Abb. 295 Ausführung nach den Normalien des Staates Kalifornien, um auf freier Strecke und bei Abzweigungen die Bordkanten besonders auffallend zu gestalten *[233]*.

Vierter Abschnitt.

Geräte und Maschinen zur Herstellung der Straßenbefestigung.

Geräte zum Aufbereiten der Baustoffe.

1. Zerkleinerung.

Das aus dem Steinbruch kommende Rohgut muß zerkleinert werden, um ein Erzeugnis von verschiedenen Korngrößen, wie es gerade dem Verwendungszweck entspricht, zu erhalten. Die im Straßenbau gebrauchten Körnungen wie Fein-, Mittel- und Grobschlag (vgl. DIN 1171) soll der Brecher möglichst gleichartig, vor allen Dingen möglichst würfelförmig liefern. Natürlich hängt Menge und Form des Enderzeugnisses sehr von der Natur des zu brechenden Gesteines ab und ändert sich je nach seinem Gefüge, Härte und Zähigkeit.

Bei der Zerkleinerung der Bruchstücke fällt neben der gewünschten Korngröße noch feineres Gut wie Splitt, Grus und Mehl an, bisweilen auch Stücke, die über die verlangte Größe hinausgehen. Je nach dem Verhältnis der Menge dieses Abfalles zur Menge des Anfalles an der gebrauchten Korngröße wird man die Brauchbarkeit des Steinbrechers einschätzen. Die Trennung in die einzelnen Korngrößen erfolgt durch Siebanlagen.

Maßgebend für die Größe des Brechers ist die Größe des aus dem Steinbruch kommenden Gesteins. Ist dieses sehr groß, muß ein Brecher mit großer Maulweite genommen werden. Da es aber nur möglich ist, durch Einstellen der Spaltweite eine Zerkleinerung im Verhältnis von etwa 1 : 5 zu erreichen, muß unter Umständen ein zweiter Brecher mit kleinerer Maulweite angeschlossen werden. Die Reihenfolge ist: Vorbrecher, Nachbrecher und Feinbrecher.

Es werden hauptsächlich zwei Arten von Steinbrechern hergestellt:

a) Backenbrecher.

Im Backenbrecher findet ein Zerdrücken des Brechgutes zwischen zwei einen keilförmigen Raum bildenden Brechbacken aus Hartstahl statt, von denen die eine lose und schwingend aufgehängte Backe sich der zweiten festen Backe abwechselnd nähert und entfernt, so daß gewissermaßen eine Kaubewegung entsteht. Das Brechgut fällt unten aus dem sich erweiternden Spalt heraus, und Stücke, die noch nicht genügend zerkleinert sind, werden beim nächsten Brechgang noch einmal gefaßt und gebrochen. Die Arbeit ist eine absatzweise. Die größere Zerkleinerungsarbeit wird in dem unteren Raum geleistet.

Beim Einschwingenbrecher wird die bewegliche Backe, auch Schwinge genannt, durch den Exzenter unmittelbar bewegt. Die Backe ist am Fuß durch eine beweglich gelagerte Druckplatte gestützt und wird durch eine Zugstange mit Feder festgehalten. Alle Brecher verlangen ein Glied, das so schwach ausgebildet ist, daß es zerstört wird, wenn Körper von ungewöhnlicher Härte (Eisenstücke u. a.) in das Brechmaul geraten, damit die ganze Maschine vor Zerstörungen geschützt wird. Bei dem Einschwingenbrecher ist die Druckplatte der schwache Teil. Bei ihm durchlaufen alle Punkte der Schwinge eine Ellipse, die an der Einwurföffnung des Brechers sich der Kreisform nähert. Die Abb. 296 stellt einen Einschwingenbrecher dar. Die nach unten gerichtete Bewegung übt zugleich eine einziehende Bewegung aus, die die Leistung des Brechers erhöht, weil das Gestein nur kurze Zeit im Brechmaul ist. Bei dem Einschwingenbrecher des Hüttenamtes Sonthofen ist die bewegliche Backe nach unten unterstützt (Abb. 296). Dann ergeben sich verschiedene Bewegungsvorgänge der oberen, mittleren und unteren Schwingpunkte. Es wird für Grob- und Feinbruch je eine gesonderte Stütze verwendet. Die Brechrichtung ist gleichmäßig vor- und abwärts. Das Gut wird in das Brechmaul hineingezogen, die Brechwirkung ist schlagartig, das Gut fällt im Brechmaul abwärts, wodurch erreicht wird, daß die Leistung bei geringem Kraftbedarf größer wird. Das gebrochene Gut soll viel gleichmäßiger und würfelförmiger sein und weniger

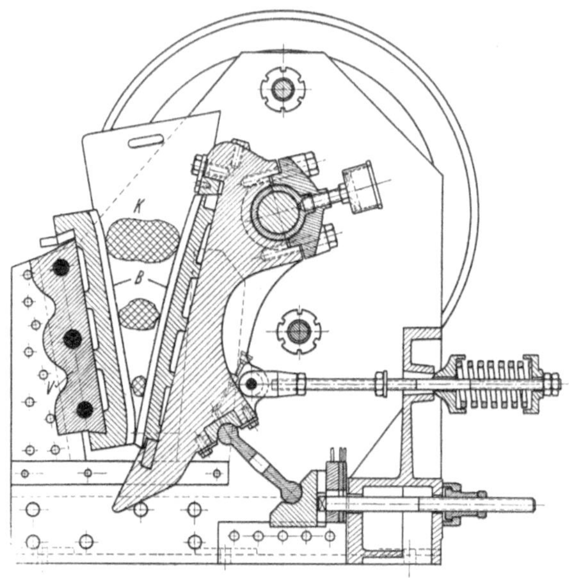

Abb. 296. Einschwingenbrecher des Hüttenamtes Sonthofen.

Feinmaterial liefern. Die Brecher werden in vier Größen hergestellt mit Brechmaulabmessungen 200/150—500/300 mm. Der Kraftbedarf liegt zwischen 4—18 PS und die Leistung zwischen 2—14 m³ stündlich (mittlere Werte bei mittelhartem Gestein und Grobbruch 80—40 mm und Spaltweite 60 mm). Durch Einbau einer anderen Kopfwand, die in kleinerem Winkel zur Schwingenaufhängung steht, kann dieser Brecher auch für Splittgewinnung benutzt werden (Abb. 297).

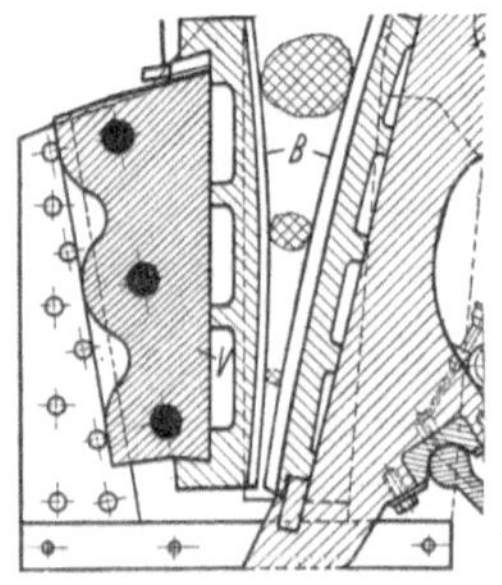

Abb. 297.
Einsatz für Splittbrechen.

Das Brechgut wird dem Backenbrecher durch die obere Öffnung des Brechmaules, deren Weite für die Größe der aufzugebenden Stücke maßgebend ist, mechanisch oder mit Hand zugeführt. Die Austragung erfolgt durch den unteren Austrittspalt, von dessen Weite wieder die Korngröße der Brecherzeugnisse abhängt. Die Feinheit des erzeugten Kornes kann auch während des Betriebes durch Erweiterung oder Verengung des Austrittspaltes geändert werden. Als Spaltweite soll bezeichnet werden die Entfernung im Austragspalt zwischen den Zahnspitzen der einen Brechbacke und den gegenüberliegenden Zahnlücken der andern *[234]*.

Beim Doppelschwingen- oder Kniehebelbrecher wird die bewegliche Backe 1, die an einer festen Welle aufgehängt ist, durch eine hin- und hergehende Hubstange 2 vermittels der Druckplatten 3 (Abb. 298), die ein Kniehebelsystem bilden, der festen Backe 4 genähert und entfernt. Wenn der Exzenter die Hubstange 2 nach oben bewegt, wird der Kniehebel gespreizt und Brecharbeit geleistet, bei der Abwärtsbewegung geschlossen und der Spalt öffnet sich, so daß das zerkleinerte Gut ausfällt, zugleich aber neues Gut oben eingezogen wird. Die Spaltgröße kann durch die Stellkeile eingestellt werden. Die Seitenkeile sind herausnehmbar und dienen zum Festhalten der festen Brechbacke im Gehäuse.

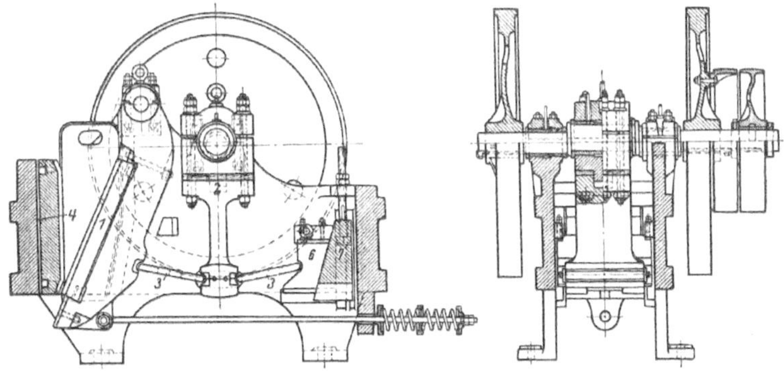

Abb. 298. Doppelschwingenbrecher der Maschinenbauanstalt Humboldt.

Die Punkte der beweglichen Backe legen eine nur schwach nach unten gekrümmte Bahn zurück, entsprechend der Pendelbewegung.

Bezeichnet man mit Zerkleinerungsgrad das Verhältnis der Abmessung des Gesteinsstückes zu der durchschnittlichen Größe des zerkleinerten Kornes, so ist dieser bei Backenbrechern nicht größer als 7 zu 1, bei vorsichtiger Zerkleinerung 5 zu 1.

β) Kreiselbrecher.

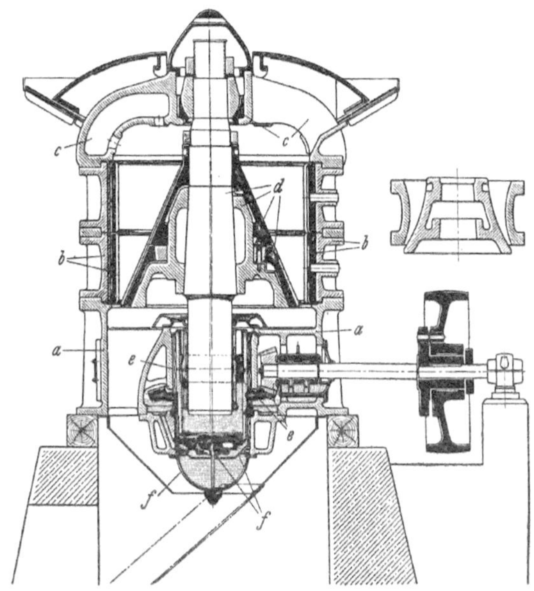

Abb. 299. Kreiselbrecher von Humboldt, Maschinenbauanstalt.

Die Kreiselbrecher bestehen aus einem auf einer senkrechten Welle befestigten, an seiner Oberfläche mit Rippen versehenem oder auch glattem Kegel, der innerhalb eines gleichfalls gerippten oder glatten Hohlkegelstumpfes oder Zylinders steht. Der innere Kegel sitzt auf einer senkrechten Welle, die bei der Drehung um die Achse sich auf der einen Seite von dem äußeren Kegel entfernt, damit das Brechgut nachstürzen kann, während er sich auf der anderen Seite dem Hohlkegel nähert und dadurch die Quetschwirkung ausübt. Die kleineren Stücke werden durch Druck und die größeren durch Druck und Biegung zerquetscht. Da bei dem Kreiselbrecher der Brechraum eine Ringform bildet und die Brechachse eine Bewegung ausführt, die dem Mantel eines Kegels entspricht, so findet eine ununterbrochene Zerkleinerungsarbeit im Gegensatz zum Backenbrecher mit Arbeits- und Leergang statt. Bei dem Kreiselbrecher der Maschinenbauanstalt Humboldt (Abb. 299) wird die in einer Kugelpfanne allseitig beweglich aufgehängte Brecherachse durch das Getriebe mit exzentrischem Zylinderring kreisend geschwenkt, so daß ihre Mittellinie einen Kegelmantel beschreibt. Infolgedessen bewegt sich der Brecherkegel so, daß jeder Punkt der Brechkegeloberfläche Kreislinien durchläuft und sich in steter Folge dem inneren Umfang des Brechmantels nähert oder sich von ihm entfernt, d. h. die Orte kleinsten Abstandes und größten Druckes durchlaufen stetig fortschreitend die Brechkegelfläche bzw. die Brechringinnenfläche. Da eine Drehbewegung des Brechkegels um seine Achse nicht stattfindet, wird das Mahlgut nicht zwischen Brechkegel und -mantel zermahlen oder zerrieben, sondern nur zerdrückt. In der Abb. 299 sind:

a) des Brecherunterteil,
b) der Brechermantel mit Innenpanzerung durch Brechringe,
c) das Einlaufstück mit Brecherachsen-Aufhängung,
d) die Brecherachse mit dem Brechkegel,
e) das Getriebe mit Vorgelegwelle, Antriebsriemenscheibe und exzentrisch gelagertem Zylinderring,
f) das Bodenstück mit Deckel und Ölfilter.

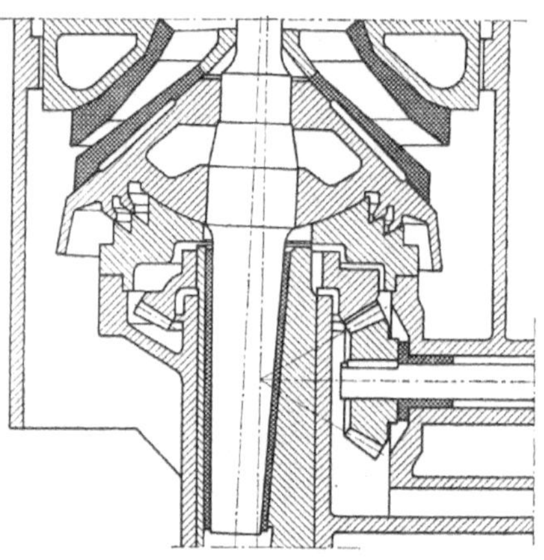

Abb. 300. Symonsbrecher. Vor- und Nachbrechen in einem Arbeitsgang.

Die Zerkleinerung des Aufgabegutes geschieht je nach der Brecherbauart von Blockgröße, entsprechend der Größe der Einwurföffnung, auf Faust- oder Nußgröße und von etwa Faustgröße auf Korn von 15—30 mm. Die Riffelung des Brechkegels und der Brechringe wird verschieden ausgeführt und ist bedingt durch die Natur des Brechgutes und die gewünschte Korngröße. Letztere ist für den Ausschlag der Exzenterbewegung maßgebend, die durch Einsetzen entsprechender Zylinderringe in den Laufzylinder verändert werden kann.

Da im Straßenbau ein großer Bedarf an Splitt besteht, sind solche Brecher besonders geeignet, die Vor- und Nachbrechen in einem Arbeitsgang besorgen. Dies leistet der Doppelbrecher, bei dem sich an den einen Brechraum ein anderer anschließt, der sich nach unten verjüngt. Der Zerkleinerungsgrad schwankt zwischen 2 und 20.

Bei diesem Brecher — Symonsbrecher des Stahlbau Rheinhausen — werden die Vorteile des Rundbrechers, durch sehr schnelle Bewegung des Brechkegels das Gestein gegen den äußeren Brechmantel zu schleudern und für schnellen Austritt des Brechgutes zu sorgen, noch vermehrt. Der Brechkegel wird bei Symonsbrecher in taumelnde Bewegung gesetzt, ohne sich um seine Achse zu drehen. Die Kegelfläche führt also gegen den äußeren Brechmantel eine kreisende Hubbewegung aus (Abb. 300).

Bei der Wahl zwischen Backenbrecher und Rundbrecher ist zu berücksichtigen, daß vom Backenbrecher wesentlich größere Gesteinsstücke zerkleinert werden als vom Rundbrecher, bei gleicher Leistung. Bei großen Leistungen wird man den Rundbrecher, bei kleineren den Backenbrecher wählen, vorausgesetzt, daß in beiden Fällen die Kornform eine kubische ist.

Umfangreiche Untersuchungen an Kniehebelbrechern, Einschwingenbrechern, Kreiselbrechern und Symonskegelgranulatoren, die als Vor-, Nach- und Feinbrecher verwendet worden sind, haben ergeben, daß der Einfluß der Gesteinsart auf den Gesamtanfall an würfelförmigen Körnern möglichst gleicher Größe gegenüber den anderen Einflüssen, wie Bauart des Brechers, Drehzahl, dem Zustand der Brechbacken usw., von ausschlaggebender Bedeutung sind. Basalt hat die besten Ergebnisse geliefert.

Wenn der Anfall ausgesiebt und eine Kornverteilungskurve aufgetragen wird, hat diese ein scharf ausgeprägtes Maximum, das die gewichtsmäßig bevorzugte Korngröße darstellt. Ihr Größenverhältnis zur Spaltweite (s. o.) wurde bei Kniehebel-, Einschwingenbrechern mit 1,02 für die Vorbrecher und mit 0,83 für die Feinbrecher ermittelt. Daß die größte im Anfall auftretende Korngröße etwa gleich der maximalen Spaltweite ist, ist naturgemäß.

Der Gesamtanfall an würfeligen Körnern war bei allen untersuchten Brechern und Gesteinsarten verhältnismäßig niedrig und wurde bei den Untersuchungen an den Vorbrechern zu 69%, an den Nachbrechern zu 70%, an den Feinbrechern zu 71% und an den Symonsbrechern zu 57% ermittelt *[234]*.

2. Siebanlagen.

Das aus den Brechern fallende Gut besteht aus sehr verschiedenen Korngrößen, so daß es erst ausgesiebt werden muß, damit das ungleichmäßig zusammengesetzte Haufenwerk nach einzelnen Korngrößen getrennt wird. Diese erfolgt in Siebtrommeln, deren Mantel aus gelochtem Blech oder Maschen besteht, die den Abmessungen der DIN 1171 entsprechen sollen. Die Trommel setzt sich aus mehreren Rohrschüssen zusammen, die verschiedene Lochgrößen haben. Auf der Seite, wo das Brechgut eintritt, befindet sich der Rohrschuß mit der feinsten Sieblochung, daran schließt sich der zweite mit größerer Sieblochung (Splitt), es folgt dann die Lochung für Feinschlag und dann für Grobschlag. Je nach der Größe und Länge der Trommeln läßt sich die Aussiebung bei den kleinsten nach zwei, bei den größten bis zu acht Korngrößen vornehmen. Gesteinsstücke, die auch durch die größte Sieblochung nicht hindurchgefallen sind, durchlaufen die Siebtrommel und wandern vermittels Becherwerk und Transportbändern noch einmal in den Brecher. Die Leistung in t f. d. m^2/h entspricht der Maschenweite in mm. Die Länge der Rohrschüsse kann daher mit der Maschenweite abnehmen. Bei Schotterwerken mit ortsfesten Anlagen sind unter jeder Sieblochung Taschen als Vorratsbehälter angeordnet, die die Steine gleicher Körnung aufnehmen, aus denen dann unten die Masse entnommen werden kann. Der Mantel der Trommel aus starkem Eisenblech ist an einem aus Winkeleisen zusammengesetzten Rahmen befestigt, damit die Trommel sich nicht durchbiegen kann. Der Mantel hat an den Enden Bordringe, die zugleich Laufringe sind und die auf breiten Rollen aufruhen, durch die die Trommel in Bewegung gesetzt wird. Sie ist nach der Ausfallseite schwach geneigt, so daß das vorgebrochene Gut langsam die Trommel durchwandert und dabei durch die Siebe fallen kann.

Neuzeitliche Schotteranlagen werden nur mit Maschinen unter möglichster Ausschaltung menschlicher Arbeitskraft betrieben. Es wird auf der einen Seite das Gestein, wie es aus dem Bruch kommt, aufgegeben, auf der anderen Seite die verschiedenen Kornarten abgegeben. Ein Beispiel einer solchen Anlage nach Ausführung der Maschinenbauanstalt Humboldt, Köln-Kalk, zeigt die Abb. 301.

Bei fahrbaren Anlagen fallen die einzelnen Korngrößen in Karren oder zu Boden.

Es wird darauf ankommen, zur Verbilligung des Straßenbaues Gestein nicht immer von großen Schotteranlagen zu beziehen, die vielfach sehr weit von den Straßenbaustellen abliegen, sondern das in der Nähe der Baustelle anstehende Gestein, groben Kies, Flußschotter und ähnliches zu verwenden. Für diesen Zweck sind fahrbare Brech- und Schotteranlagen mit Antrieb durch Verbrennungsmotoren, bevorzugt werden kompressorlose Dieselmotoren, gebaut worden. Eine solche Anlage der Maschinenfabrik Max Friedrich & Co., Leipzig-Plagwitz, gibt Abb. 302 in der Gesamtansicht wieder.

3. Walzwerke.

Die neuzeitlichen Bauweisen verlangen Sand besonderer Zusammensetzung, der nicht immer am Ort des Straßenbaues zu haben ist, aber aus dem

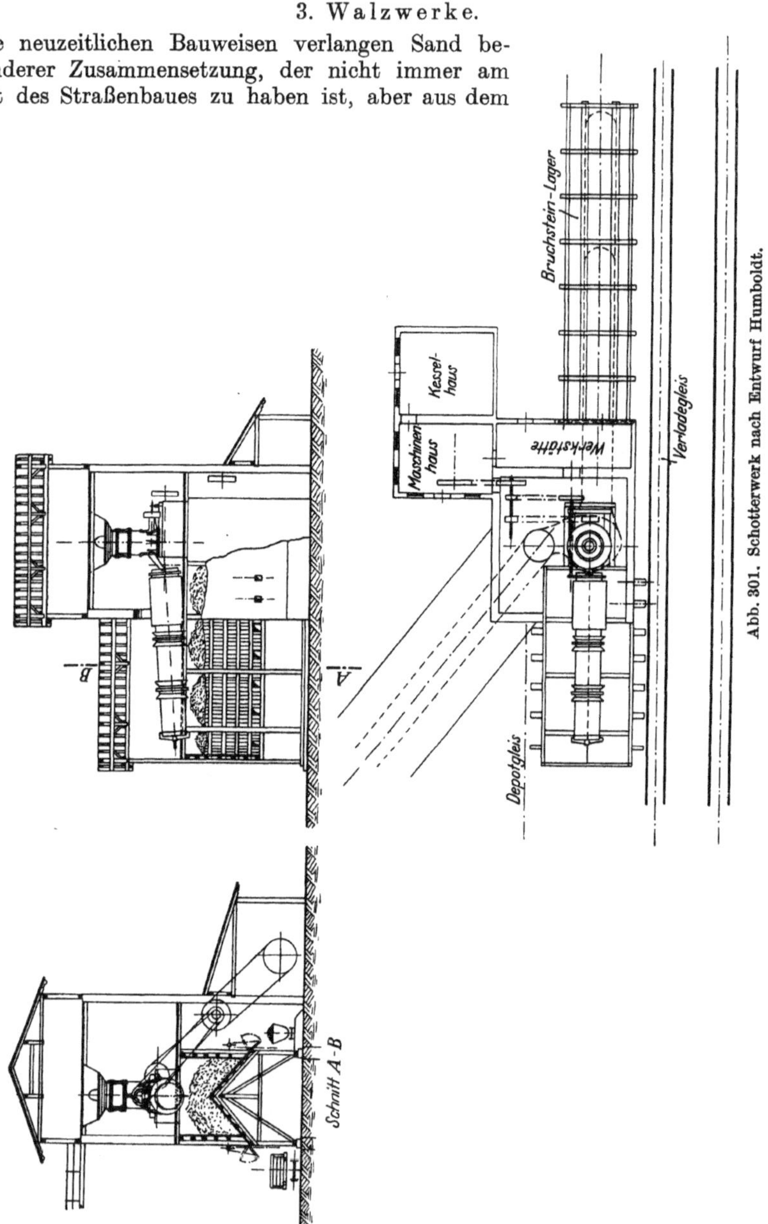

Abb. 301. Schotterwerk nach Entwurf Humboldt.

gebrochenen Gestein und dem Grus durch weitere Zerkleinerung in der gewünschten Korngröße gewonnen werden kann. Das Erzeugnis wird mit Quetschsand bezeichnet. Die dazu verwandten Maschinen bestehen vornehmlich in zwei sich gegeneinander drehenden Walzen, die den Grus einziehen und zerquetschen.

Die eine Walze ruht in schweren, festen Lagern, während die andere in Gleitlagern verschiebbar angeordnet ist. Diese bewegliche Walze wird durch starke Pufferfedern, die auf Zugstangen unter der Walzenachse sitzen, gegen die zwischen den Lagern befindlichen Widerlager gepreßt, so daß auch ein dauernd richtiger Parallellauf beider Walzenachsen gesichert ist (Abb. 303). Die Walzen bestehen aus je einem Ring, der durch Keilringe zweiseitig auf den Walzenkern so aufgespannt ist, daß er in seiner Mittellage festgehalten wird und leicht ausgewechselt werden kann. Zu beiden Seiten des Walzenspaltes sind auswechselbare Seitenstücke federnd angebracht, deren muldenförmig vertiefte Innenflächen den Walzenspalt schließen, ohne an den Walzen fest anzuliegen. Diese Seitenstücke verhindern das seitliche Herausfallen des ungemahlenen Gutes. Die Walzwerke erhalten meist eine mechanisch arbeitende Aufgabevorrichtung. Da das Einziehen des Mahlgutes zwischen die Walzen durch Reibung bewirkt wird, hängt die Sicherheit des Erfassens der Aufgabestücke von dem Verhältnis der Stückgröße zum Walzendurchmesser ab. Mit Sicherheit werden nur diejenigen Stücke erfaßt, deren Durchmesser höchstens ein Fünfzehntel des Walzendurchmessers beträgt. Je nach der Walzengröße können nur Stücke von etwa 10—70 mm unmittelbar aufgegeben werden, im Betrieb sind die Walzen in einem bestimmten Abstand voneinander gehalten, der sogenannten Spaltweite, die durch Einleg-

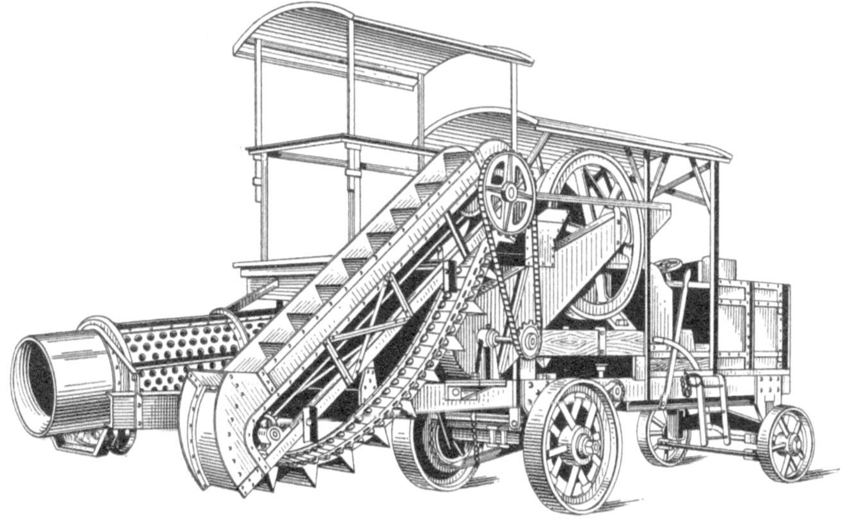

Abb. 302. Fahrbare Brecher- und Siebanlage.

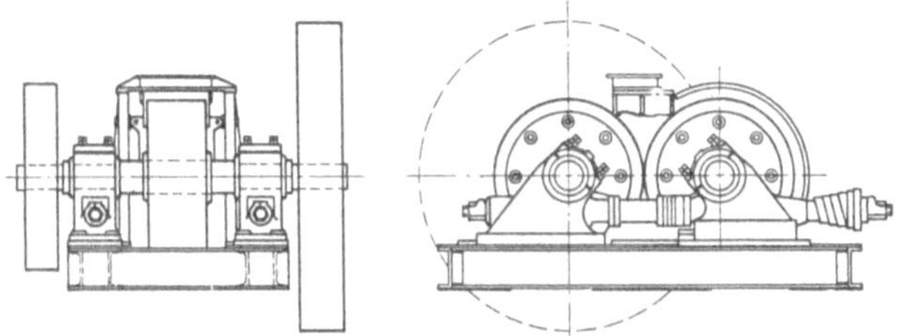

Abb. 303. Walzwerk.

platten oder durch Schraubenstellvorrichtung schnell und leicht verändert werden kann. Da bei Gleichlauf der Walzen der Kraftverbrauch und der Walzenringverschluß ungünstiger sind, läßt man die bewegliche Walze etwas langsamer laufen als die feste. Um vollständiges Aufschließen des Mahlgutes zu erreichen, wird in größeren Betrieben die Aufstellung von Grob-, Mittel- und Feinwalzwerken erforderlich.

4. Mahlmühlen.

Soll das Gestein zu Mehl verarbeitet werden, z. B. als Füllstoff für bituminöse Massen, so kann das nur in besonderen Einrichtungen erfolgen, in Schlag- oder Schleudermühlen. Zur Mahlung der Straßenbaustoffe wird die **Schleudermühle** (Desintegrator) verwendet (Abb. 304). Sie besteht aus zwei Körben, die sich aus zwei oder drei Trommeln zusammensetzen. Diese werden aus Stahlstäben gebildet, die zwischen schmiedeeisernen Scheiben und Ringen konzentrisch befestigt sind. Die Trommeln des einen Korbes greifen in die ringförmigen Zwischenräume der gegenüberliegenden Trommel ein. Die Körbe drehen sich in dem Mahlgehäuse mit großer Geschwindigkeit in entgegengesetztem Sinne.

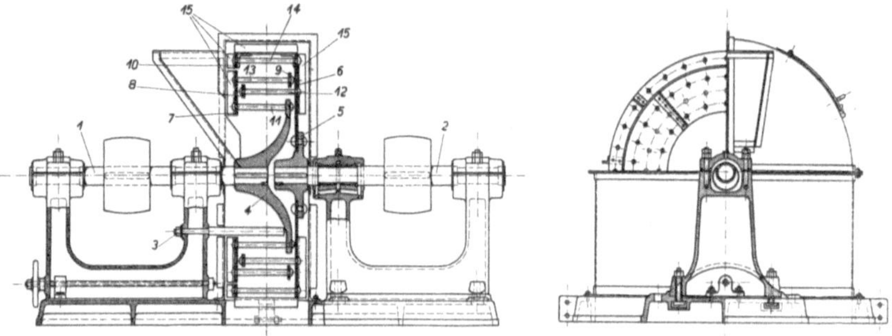

Abb. 304. Schleudermühle. *1* Welle für geschweifte Korbnabe (*4*), *2* Welle für gerade Korbnabe (*5*), *3* Vorbrecher, *6* große Scheibe, *8* Ring für zweite Korbreihe, *9* Ring für dritte Korbreihe, *10* Ring für vierte Korbreihe, *11* Stäbe für erste Korbreihe, *12* Stäbe für zweite Korbreihe, *13* Stäbe für dritte Korbreihe, *14* Stäbe für vierte Korbreihe, *15* Abstreicher.

Die nach derselben Richtung sich drehenden Trommeln sitzen auf einer Welle und werden durch Riemen angetrieben. Jeder Desintegrator hat demnach zwei Riemenantriebe. Seitlich befindet sich eine trichterförmige Einschüttöffnung. Das Gut tritt durch diese in die Trommel und wird von dort infolge der Fliehkraft nach außen geschleudert, wobei es bei der großen Geschwindigkeit, mit der sich die Trommeln gegeneinander bewegen, einer großen Anzahl von Schlägen durch die Stäbe ausgesetzt ist und dabei sehr fein vermahlen wird. Das Enderzeugnis ist, je nach der Sprödigkeit des Mahlgutes, ein mehr oder weniger grießiges Mehl. Die Feinheit des Mehles und die Leistung richten sich ganz nach der Mahlfähigkeit und Größe der aufgegebenen Stücke sowie nach der Umlaufgeschwindigkeit der Körbe.

Nach Art der Schleudermühlen wirken auch die Hammermühlen, bei denen im Innern auf horizontal schnell umlaufender Welle bewegliche Schläger angeordnet sind. Das Aufgabegut wird oben zugeführt und fällt teils durch oder auf den Vorrost. Die Schläger streichen durch den Vorrost hindurch, so daß das Grobgut vorzerkleinert wird und das gesamte Gut dann im Innern der Maschine zwischen den Schlägern, den Rosten und Schlagleisten zerkleinert wird. Diese Roste bestimmen gemäß ihrer Stabweite die Größe des Enderzeugnisses. Diese Hammermühlen eignen sich für die Zerkleinerung von Stampfasphalt und Bauträmmern, sie bewältigen auch Eisenstücke, die bei anderen Brechern zu Störungen führen.

Sehr feine Mahlung, wie sie z. B. zur Herstellung von Füllermehlen erforderlich ist, wird in Mahlgängen und Kugelmühlen erzeugt, wie sie in der Zementfabrik gebraucht werden.

5. Waschmaschinen für Kies und Sand.

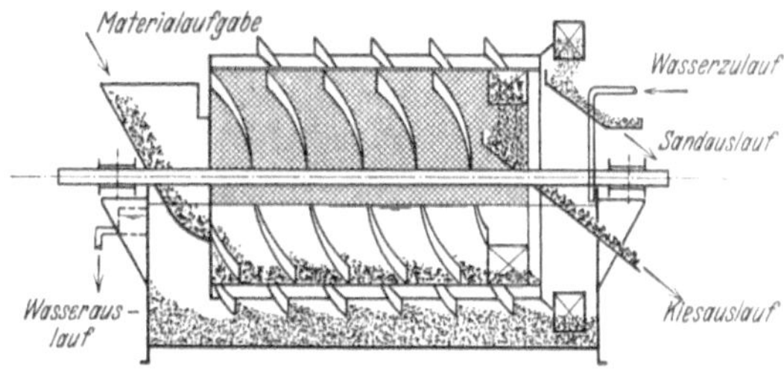

Abb. 305.
Waschmaschine der Excelsior-Maschinenbau-Ges. Stuttgart.

Das im Teer- und Asphaltstraßenbau wie auch im Betonbau verwendete Gestein muß frei von Staub, Lehm und Schmutz sein und darf vor allen Dingen nicht durch Ton und Lehm verunreinigt sein. Da aber das Rohmaterial aus der Kiesgrube oder dem Brecher diesen Anforderungen nicht immer entspricht, muß es vor seiner Verwendung gewaschen werden. Man unterscheidet zwei verschiedene

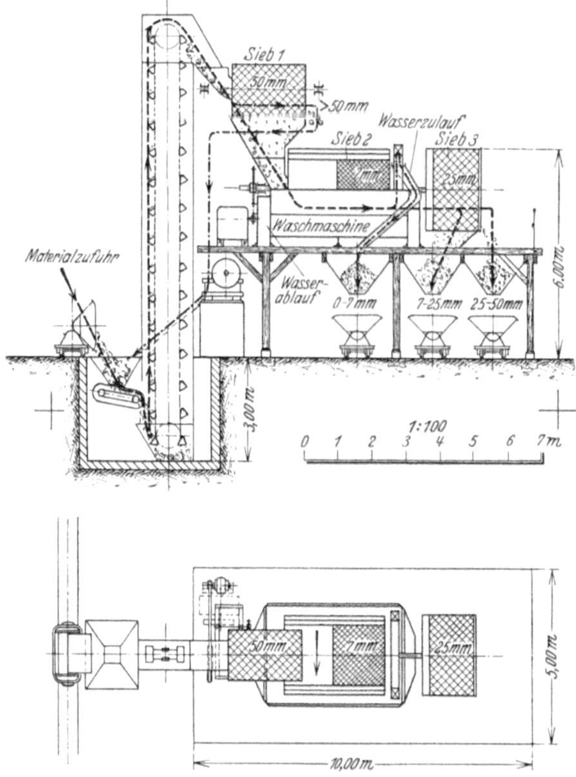

Abb. 306.
Wasch- und Siebanlage der Excelsior-Maschinenbau-Ges. Stuttgart.

Gruppen von Waschmaschinen, nämlich die Trommelwaschmaschinen und die Trogwaschmaschinen.

Bei der ersteren Gruppe durchläuft das zu waschende Material eine auf starken Laufringen und -rollen gelagerte, sich langsam drehende Waschtrommel, wobei es entweder durch Abspritzen aus einem im Innern der Trommel liegenden Wasserrohr oder aber in einem Wasserbad gereinigt wird. Am Auslaufende der Waschtrommel befindet sich meistens eine Siebvorrichtung, die eine Ausscheidung des gewaschenen Materials nach verschiedenen Korngrößen ermöglicht. Zum gründlichen Waschen von feinem Material — Splitt usw. — werden hauptsächlich die Trogwaschmaschinen verwendet, bei denen das Waschgut unter ständiger Bewegung durch ein Wasserbad geführt wird. Für eine durchgreifende Waschung ist zu beachten, ob es sich bei den Verunreinigungen um Stoffe handelt, die sich leicht ablösen und auswaschen lassen, oder um tonige und lehmige Stoffe, die der Abschwemmung Widerstand entgegensetzen. Für den ersten Fall ist eine Siebtrommel zweckmäßig, die in einem Wasserbade liegt, mit inneren und äußeren Schneckengängen, die das Gut unter Wasser axial fortschieben und am Ende austragen. Die Waschung erfolgt durch die Bewegung des Gesteinskornes unter Wasser. Das grobe Gut — Kies — bleibt in der Trommel, der Sand geht durch die Trommel hindurch, setzt sich im Wasserbade ab und wird am Ende gesondert ausgetragen. Eine schematische Darstellung des Arbeitsvorganges gibt Abb. 305 der Excelsior Maschinenbau-Gesellschaft Stuttgart. Mit dem Waschvorgang kann zugleich eine Aussiebung nach verschiedenen Korngrößen vereinigt werden. In der Abb. 306, die eine leistungsfähige Sieb- und Waschanlage darstellt, wird die Korn-

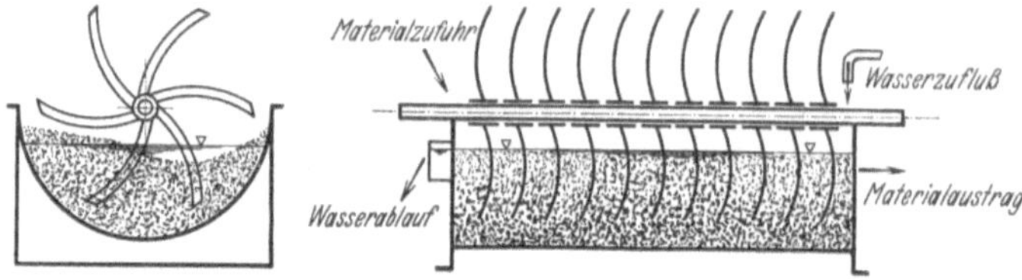

Abb. 307. Waschmaschine der Excelsior-Maschinenbau-Ges. Stuttgart.

größe > 50 mm als Überlauf aus dem Sieb 1 dem Brecher wieder zugeführt. Die Korngröße 0—7 wird im Wasserbade als Durchgang durch Sieb 2, 7—25 als Durchgang durch Sieb 3 und 25—50 als Überlauf aus Sieb 3 ausgesondert. Das Schmutzwasser läuft aus der Trommel sandfrei ab. Der Verbrauch an Spülwasser ist etwa doppelt so groß als die Menge in — cbm/stdl. des gewaschenen Bodens.

Bei tonigen und lehmigen Beimengungen genügt die Bewegung der Körner untereinander nicht, um den Ton oder Lehm, der am Kies haftet oder auch in Knollen sich zwischen dem Waschgut befindet, zu zerreißen, daß er abgeschwemmt werden kann. Das Waschgut wird durch Schwertauflöser nach Abb. 307 der Excelsior Maschinenbau-Gesellschaft Stuttgart in Bewegung gebracht; der Sand soll die Lehm- und Tonschicht auf den Körnern und die Lehm- und Tonknollen zerreiben und dadurch die Aufschlämmung und Abführung ermöglichen.

B. Maschinen für die Verlegung und Befestigung der Decken.

1. Straßenwalzen.

Die Walzen als Hilfsmittel zur Befestigung der Decken sind entweder Vierradwalzen mit zwei großen Triebrädern und zwei kleineren Lenkwalzen oder Tandemwalzen mit einer ungeteilten Antriebswalze und einer gleichgroßen geteilten Lenkwalze oder auch Einradwalzen. Sie werden durch Dampfmaschine oder Verbrennungsmotor angetrieben.

Bei den Steinschlagstraßen verwendet man die ganz schweren Walzen bis zu 20 t Dienstgewicht als Vierradwalzen bei Hartgestein, bei Weichgestein müssen leichtere Walzen angesetzt werden. Die Lauffläche der großen Triebräder ist bisweilen konisch, damit die Walzen das meist mit starker Querneigung angelegte Profil der Steinschlagstraßen herstellen können.

Hinsichtlich des Antriebes, Gewichtes, Gewichtsverteilung und der Bauart der Walzen ist zu beachten, daß sie im neuzeitlichen Straßenbau besonders für Teer- und Asphaltstraßen benutzt werden und somit plastisches Material verdichten müssen. Bei diesen Massen besteht aber die Gefahr der Wellenbildung, wenn die Walze schiebt oder Eindrücke hervorruft, die zu einem Wandern der Decke führen können. Die neuen Anforderungen, die der Straßenbauingenieur an die Walzen für Teer- und Asphaltstraßenbau stellt, sind die folgenden:

1. Je größer der Walzendurchmesser ist, desto geringer ist die Gefahr, daß die Walzen schieben. Die Durchmesser betragen daher zwischen 0,8—1,8 m bei schweren Dreiradwalzen.
2. Die Geschwindigkeitsänderung muß weich vor sich gehen. Die Umsteuerung aus einer Fahrtrichtung in die entgegengesetzte muß ohne Rucken und Stillstand erfolgen, damit die Decke nicht Eindrücke erhält, von denen aus die Wellenbildung sich fortsetzen kann.
3. Die Antriebsachse muß ein Ausgleichsgetriebe haben, damit die Walze scharfe Wendungen machen kann, ohne daß das Rad, um das die Drehung erfolgt, Schlupf hat, der das Deckenmaterial verschiebt, das aber auch gesperrt werden kann.
4. Die Radfelgen müssen sich dem Straßenprofil anpassen. Die neuzeitlichen Straßendecken haben kein parabelförmiges Querprofil mehr wie die früheren. Deshalb müssen die Räder zylindrische Mäntel haben. Damit aber diese beim Walzen in der Deckenmitte nicht auf einer Kante fahren, liegen die Hinterachsen jetzt in einstellbaren Lagern, so daß sie sich dem Straßenprofil von selbst anpassen können. Das gilt auch für die geteilte Vorderwalze, die zweckmäßig mit einer Schneckenradlenkung auf den Drehzapfen gesteuert wird, damit die Lenkung völlig totgangfrei ist.
Zylindrische Mäntel sind auch nötig, um die Kurven, die einseitig angelegt werden, walzen zu können.
Die Lenkwalzen haben Breiten bis zu 1,7 m, bei Zweiradwalzen beide Räder bis zu 1,0 m. Der Walzendruck schwankt je nach Betriebsgewicht der Walze zwischen 10—100 kg/cm Walzenbreite. Durch Sand oder Wasserfüllung oder Anhängen von Ballast besteht die Möglichkeit, den Flächendruck zwischen 40—100 % zu verändern.
5. Der Führerstand muß so gelegt sein, daß der Walzenführer nicht nur die Betriebseinrichtung leicht übersehen und handhaben, sondern auch beim Rückwärtsgang die Arbeit der Hinterwalze und die Walzenkanten überwachen kann.
6. Damit Asphaltbitumen und Teer nicht an den Walzen ankleben kann, sind über den Walzenrädern Düsen angebracht, aus denen die Walzen mit Wasser leicht benetzt werden.
7. Die Walzen werden im neuzeitlichen Straßenbau auch viel in den Städten verwendet. Darum müssen sie so betrieben werden, daß sie möglichst wenig Lärm und Rauch erzeugen.
8. Die von den Vorder- und Hinterradwalzen geleisteten Arbeitsstreifen müssen eine große Überdeckung haben, bis zu 0,3 m, damit beim Arbeiten in Kurven keine unbearbeiteten Streifen stehenbleiben.

Im folgenden sollen einige Straßenwalzen für die verschiedenen Verwendungsmöglichkeiten beschrieben werden.

a) Dampfstraßenwalzen.

Eine Straßenwalze, die die genannten Anforderungen erfüllt, von der Maschinenfabrik Ruthemeyer, Soest, ist eine Dampfwalze mit Zwillingsmaschine und entlasteter Kolbenschiebersteuerung (Abb. 308). Infolgedessen kann das Schwungrad fortfallen, wodurch zugleich erreicht wird, daß die Maschine ohne Stillstand in die entgegengesetzte Fahrtrichtung umgesteuert werden kann. Der Antrieb geht über eine Zwischenwelle, die geteilt ist und ein Ausgleichsgetriebe hat, so daß beim Wenden die Antriebsräder verschieden große Wege zurücklegen können.

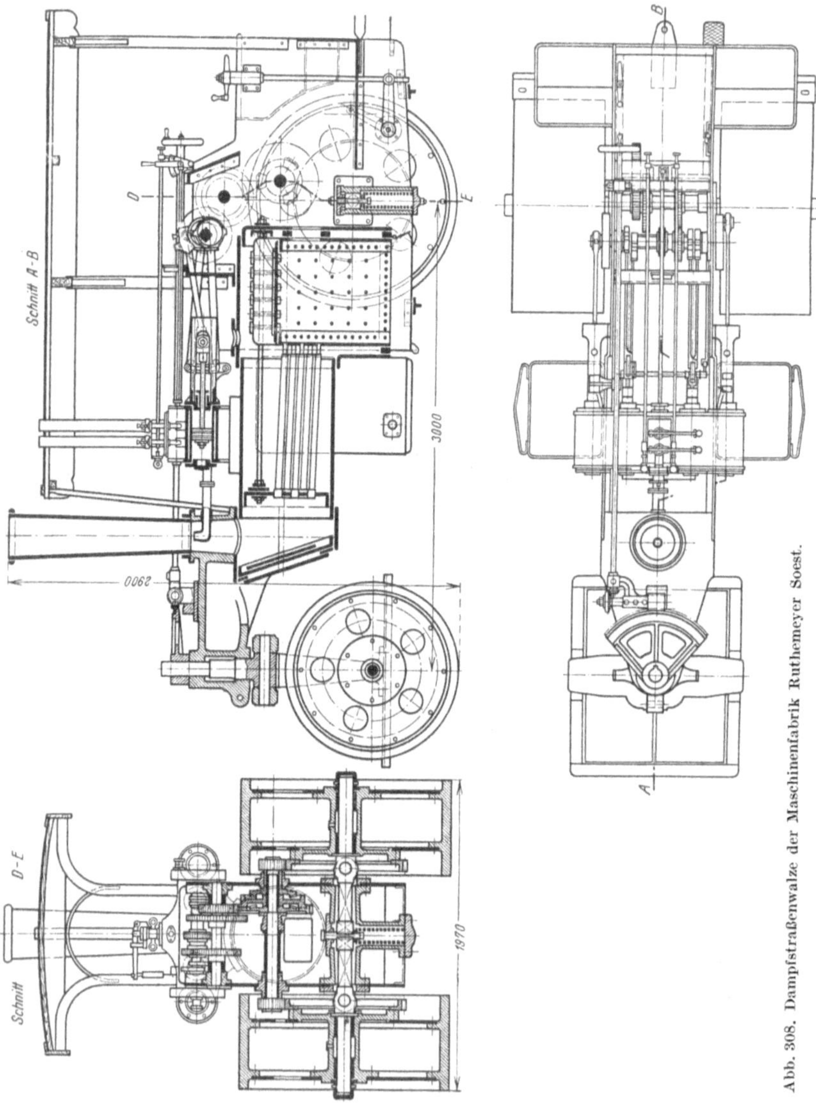

Abb. 308. Dampfstraßenwalze der Maschinenfabrik Ruthemeyer Soest.

Der Schwerpunkt der Walze, deren Lenkräder 1135 mm und Antriebsräder 1360 mm Durchmesser haben, also nahezu gleichgroß sind, liegt tief, um ein Schwanken der Maschine und damit ein seitliches Schieben der Deckenstoffe zu vermeiden. Das Dienstgewicht von 11 t ist auf die vordere und Hinterachse derart verteilt, daß der Einheitsdruck für 1 cm Walzenbreite gleichgroß ist. Die Hinterachse ist geteilt und gelenkig gelagert, so daß die zylindrischen Hinterräder sich dem Straßenprofil anpassen können (Advance-Prinzip). Auch die

Vorderwalze ist geteilt und beweglich gelagert. Beide Walzen können aber auch durch eine im Vorderwalzenbügel angebrachte Verriegelung festgestellt werden. Die Lenkung erfolgt durch ein auf dem Bügelzapfen der Lenkwalze angebrachtes Schneckenrad, das mit einem Schneckengetriebe vom Führerstand betätigt wird. Die Räder haben, um ein Anhaften der Teer- oder Asphaltmassen zu verhindern, eine Berieselungseinrichtung. Die Fahrgeschwindigkeit im Arbeitsgang beträgt 3,6 km/h.

b) Motorwalzen.

Im Gegensatz zu den Dampfwalzen, die stets eine längere Anheizzeit vor dem Arbeitsbeginn benötigen, ist die Motorwalze sofort betriebsbereit. Außerdem fällt hier der ständige umständliche Transport der Betriebsstoffe — Kohle und Wasser — der Dampfwalze ganz weg, da die meisten Maschinen einen Brennstoffbehälter von einem Fassungsvermögen haben, das für mindestens einen Tag ausreicht. Jetzt werden fast ausschließlich kompressorlose Dieselmotoren eingebaut.
Auch die Dreiradwalzen mit Dieselmotoren müssen ein Ausgleichsgetriebe haben, und die Umsteuerung muß schnell und stoßfrei erfolgen, was durch Verwendung entsprechender Kupplungen oder Umlaufgetriebe zu erreichen ist. Auch die Lenkung kann hier durch Mortorkraft geschehen. Dieselmotorwalzen nach dem Advance-Prinzip zwischen 4 und 15 t stellt Ruthemeyer-Soest dem Straßenbau zur Verfügung, die 1,5, 2,8, 4 und 5,5 km/h fahren können. Die Dieselmotorwalzen von Kaelble-Backnang als Kippachswalzen werden mit Dienstgewichten von 3 bis 16 t geliefert mit Fahrgeschwindigkeiten von 1,5, 3 und 4,5 km/h.
Über die bei Motorwalzen benötigten Motorleistungen gehen die Ansichten der verschiedenen Firmen ziemlich stark auseinander. Auf jeden Fall ist aber streng darauf zu achten, daß eine Walze so viel Kraftreserve besitzt, daß sie auch auf Steigungen einwandfrei arbeitet und daß sie — wenigstens die Walzen über 6 t Dienstgewicht — zum Aufreißen von alten Straßendecken verwendet werden kann.
Die Arbeits- und Marschgeschwindigkeit einer Motorwalze läßt sich in kleinen Grenzen durch die Veränderung der Motordrehzahl und in Stufen durch Wechseln der Übersetzungen im Getriebskasten verändern. Im allgemeinen rechnet man mit drei Geschwindigkeiten, von denen die beiden ersten von etwa 0,5 m/sec und 0,75 m/sec als Arbeits- und die dritte von 1,4 m/sec etwa als Transportgeschwindigkeit zu betrachten sind. Zum Walzen von Asphalt- und Teerdecken sind allerdings größere Geschwindigkeiten erwünscht und zulässig. Für Walzen über 6 t sind beide Walzenarten — Dampf- oder Motorwalze — gleichwertig, bei Walzen geringeren Gewichtes sind die Motorwalzen vorteilhafter.
Motorwalzen von 6—8 t und 10 t mit kompressorlosem Dieselmotorantrieb bauen die Krauß-Maffei-Werke, München. Die Walze hat als Umkehrgetriebe ein im Ölbad laufendes Umlaufgetriebe, das in Verbindung mit einer großbemessenen Reibungskupplung ein sanftes und schnelles Umkehren der Fahrtrichtung gestattet. Vorder- und Hinterwalze überdecken sich ausreichend (Abb. 309).
Vergleichsrechnungen über die Wirtschaftlichkeit von Dampfwalzen und Motorwalzen sollten nicht nur von den Betriebskosten für 1 h Arbeitszeit und für 1 m^2 gewalzte Fläche ausgehen, sondern die Kosten für 1 m^3 eingewalzten Steinschlag oder 1 m^3 Teer- oder Asphaltbetonmischung zugrunde legen. Darum werden Walzarbeiten am besten nur nach m^3-Leistung vergeben für Schüttungshöhen innerhalb bestimmter Grenzen, z. B. bis 12 cm in einer Lage.
Der unter 1. genannten Anforderung nach großem Walzendurchmesser entspricht die Einradwalze, bei der nur das angetriebene Rad walzt und die sonst bei Mehrradwalzen vorhandenen angetriebenen Räder, die schiebend wirken, fortfallen. Infolgedessen drückt die Einradwalze auch nur an. Bei der geringen Krümmung des Walzenmantels ist die Einheitsbelastung sehr gering (vgl. S. 405),

infolgedessen die Einsenktiefe gleichfalls gering; eine Verschiebung auch leicht beweglicher Massen tritt nicht ein. Mit steigender Festigkeit der Masse vermindert sich die Berührungsfläche, und der Einheitsdruck steigt an. Die Einradwalze erweist sich für solche Beläge als besonders brauchbar, die anfangs keinen starken Druck erhalten dürfen, z. B. für Dammann-Asphaltbeläge, Oberflächenbehandlungen im Heiß- und Kaltverfahren, Gehbahnen, Radfahrwege, Sportplätze und zum Andrücken von Flickarbeiten.

Die Einradwalze der Berliner Maschinenbau A.-G. Schwartzkopff von 1,4 t Gewicht (Abb. 310) hat einen Durchmesser von 1,5 m, die Leistung des Einzylinder-Viertaktmotors Deutz 4 PS. Die Lenkung erfolgt durch Deichsel, von der aus

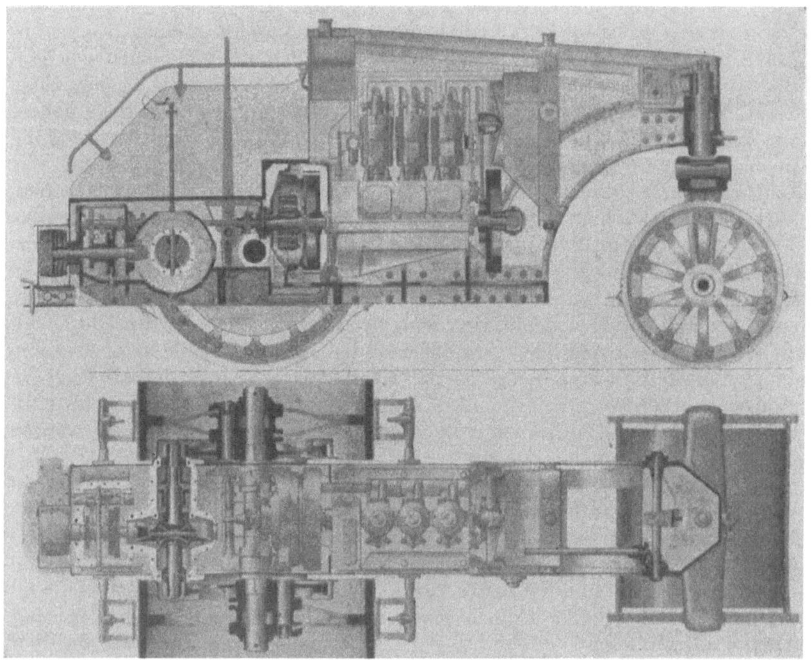

Abb. 309. Motorzweiradwalze von Krauß-Maffei.

auch der Walzenführer das Ein- und Ausschalten und den sofortigen Wechsel der Fahrtrichtung durch eine an der Deichsel befindliche Handkurbel, die in dem einen oder anderen Sinne gedreht wird, betätigt. Der Motor ist auf der Achse aufgehängt. Infolgedessen liegt der Schwerpunkt tief, die Standsicherheit ist daher günstig. Beiderseits des Walzenrades ist in entsprechendem Abstand vom Boden je eine kleine Bremswalze angeordnet. Diese Walzen hängen freibeweglich an einem Gestänge am Walzenrahmen, ohne die Decke zu berühren. In starkem Gefälle dienen sie als Bremse, wenn der Führer die Lenkdeichsel nach oben oder unten drückt, so daß die in der Fahrtrichtung vorausgehende Bremswalze die Fahrbahn berührt, auf ihr abrollt und sich mit ihrer Fläche reibend gegen den Mantel des Walzenrades preßt. Bei der Walzarbeit findet keine Berührung der Sicherheitswalzen mit der einzuwalzenden Masse statt. Eine Einradwalze von 1,4 m Durchmesser, 0,7 m Breite und 2,2 t Gewicht, das auf 3 t erhöht werden kann, stellt Theodor Ohl-Limburg (Lahn) her. Die Belastung auf den cm Radbreite beträgt im ersten Fall 32 kg, im zweiten 43 kg. Für noch geringere Drücke sind entsprechend kleinere Einradwalzen gebaut worden, z. B. von der Maschinenfabrik Ammann in Langenthal (Schweiz), die einen Walzendurchmesser von 63 cm, eine Walzenbreite von 80 cm und etwa 600 kg Gewicht hat.

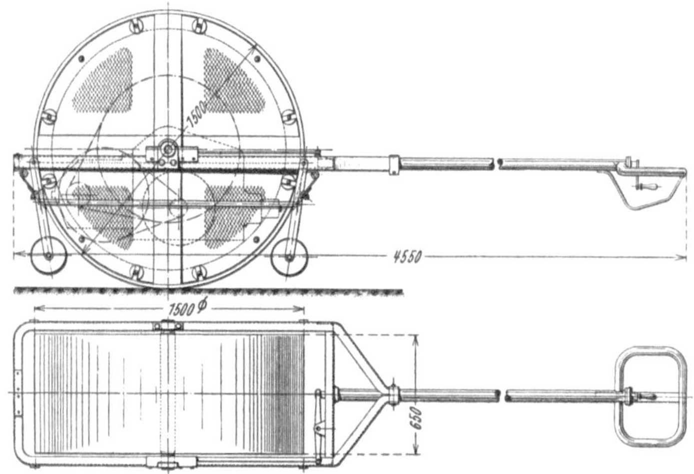

Abb. 310. Einradwalze der Maschinenfabrik Schwarzkopff.

Die angeführten Walzen sollen nur Beispiele geben, durch welche Formen und Bauweisen den Anforderungen des heutigen Straßenbaues entsprochen wird, und welche Gesichtspunkte für die Beurteilung der Walzen vom Standpunkte des Straßenbaues maßgebend sein können.

2. Tank- und Sprengwagen.

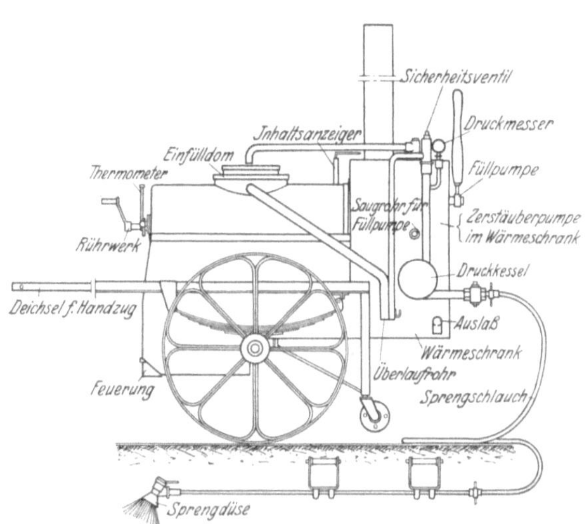

Abb. 311. Handsprengwagen von Linnhoff.

Zum Aufbringen im Heißverfahren gehört in erster Linie eine Anlage zur Erhitzung der Massen, was in besonderen Kochkesseln geschieht. Einige Maschinen vereinigen das Erhitzen und Aussprengen in einer Anlage (Abb. 311). Die Vorkochkessel sind ortsfest, meist aber fahrbar und haben zwischen 250—1500 l Inhalt mit Feuerungsanlage und Abfüllhahn. Zum Umfüllen sind sie mit einer Pumpe versehen, der zur Zurückhaltung von Schmutzstoffen ein Sieb vorgeschaltet ist. Die Pumpe, Windkessel, Dreiwegehähne sind in einem Heizschrank untergebracht, wo sie von den Heizgasen umspielt werden, so daß verstopfen und verkleben ausgeschlossen ist. Die Pumpe kann auch zum Aussprengen benützt werden. Die Pumpen werden mit der Hand bedient, sie haben 4—6 at

Druck. Zum Auffüllen der Kessel werden Faßaufzüge oder Schrotleitern angewendet, auf denen die Teerfässer über den Kessel gerollt werden, um sich unter dem Wärmeeinfluß des Kessels zu entleeren. Leichtflüssige Teere und Emulsionen können mit einer Saugpumpe aus den Fässern umgefüllt werden. In den neuen Maschinen wird das Bindemittel mit Druck von 3—6 kg/cm² auf die Straßenoberfläche aufgespritzt. Beim Tränkverfahren wird dadurch ein tieferes Eindringen in die Decke bewirkt und bei der Oberflächenbehandlung ein festeres Anhaften der Masse an der Decke, da durch den Aufpralldruck auch noch die Staubteilchen aus der Decke fortgeblasen werden. Voraussetzung ist allerdings, daß die Masse genügend erwärmt ist, denn beim Durchstreichen durch die Luft kühlt sie sich sehr stark ab und trifft dann nicht mehr genügend warm und flüssig auf der Decke auf.

Viel benutzt werden jetzt besonders handliche Sprengwagen, die aus einem fahrbaren Vorkocher aufgefüllt werden und häufig mit Preßluft arbeiten, weil dann

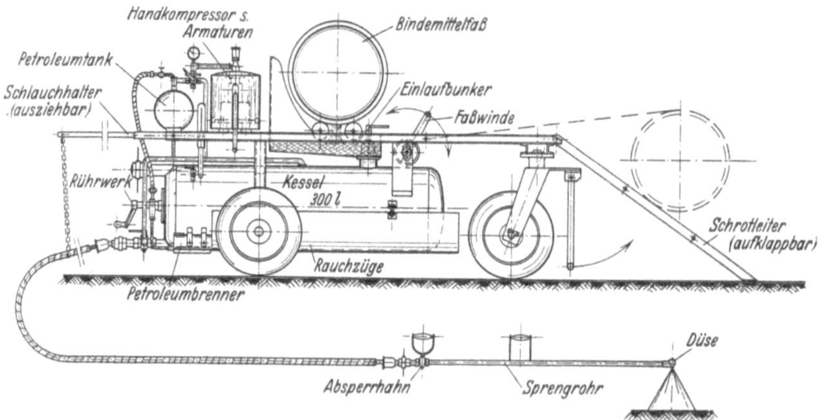

Abb. 312. Sprengwagen für bituminöse Bindemittel von Linnhoff, Berlin-Tempelhof-„Neckar".

das Bindemittel mit der Pumpe gar nicht in Berührung kommt und das gefürchtete Verkleben der Ventile und dergleichen vermieden wird. Mit der Preßluft kann man auch die Sprengleitung und Düse nach Bedarf durchblasen und reinigen.

Ein Beispiel hierfür ist der Linnhoffsprenger „Neckar" (Abb. 312). Der tiefliegende Kessel von 300 l Inhalt wird bei Kaltmaterial aus dem darüberliegenden Bunker gefüllt, auf den das Faß über die umklappbare Schrotleiter aufgewunden wird. Heißmaterial rinnt aus dem Vorwärmer durch einen Füllschlauch mit natürlichem Gefälle über. Ein Bedienungsmann erzeugt im Handkompressor den Sprengdruck von 2—3 at. Bei Bedarf kann der Kesselinhalt durch eine Petroleumfeuerung erwärmt werden, was nur in besonderen Fällen notwendig ist, da die Masse bei der Geschwindigkeit, mit der sie verarbeitet wird, nicht abkühlt. Notwendige Armaturen wie Sicherheitsventil, Rührwerk, Thermometer usw. vervollständigen die Maschine, die zur Schonung gefedert und gummibereift ist. Das Gewicht beträgt ca. 450 kg. Der Kesselinhalt ist in 15—20 Minuten ausgespritzt. Es werden Stundenleistungen von 600—800 kg erzielt. Für größere Leistungen werden Typen entwickelt, bei denen der Kompressor durch einen eigenen Benzinmotor von 2—3 PS angetrieben wird. Der Linnhoff-Motorsprenger „Pleiße" hat z. B. zwei voneinander unabhängige Kessel von je 300 l Inhalt, von denen aus dem einen gesprengt werden kann, während der andere gefüllt wird.

Die Leistung eines solchen Gerätes ist rund doppelt so hoch als die eines Handsprengers.

Für höhere Leistungen müssen Wagen mit größerer Fassung verwendet werden, die entweder selbst mit Kraftantrieb versehen sind oder von Kraftwagen oder Motorschleppern gezogen werden. Der Druck wird von einem Motorenkompressor erzeugt. Amerikanische Maschinen haben keine Heizung, sondern die Kessel sind mit Wärmeschutz umgeben, und die Masse wird heiß übergepumpt.

Ein außerordentlich leistungsfähiges Gerät ist der Linnhoff-Automobil-Sprengwagen, Kennwort „Elbe", der hauptsächlich für die Verarbeitung von Bindemitteln aus Eisenbahntankwagen, gleichgültig ob Heiß- oder Kaltmaterial, bestimmt ist (Abb. 313). Die Wirkungsweise ist folgende:

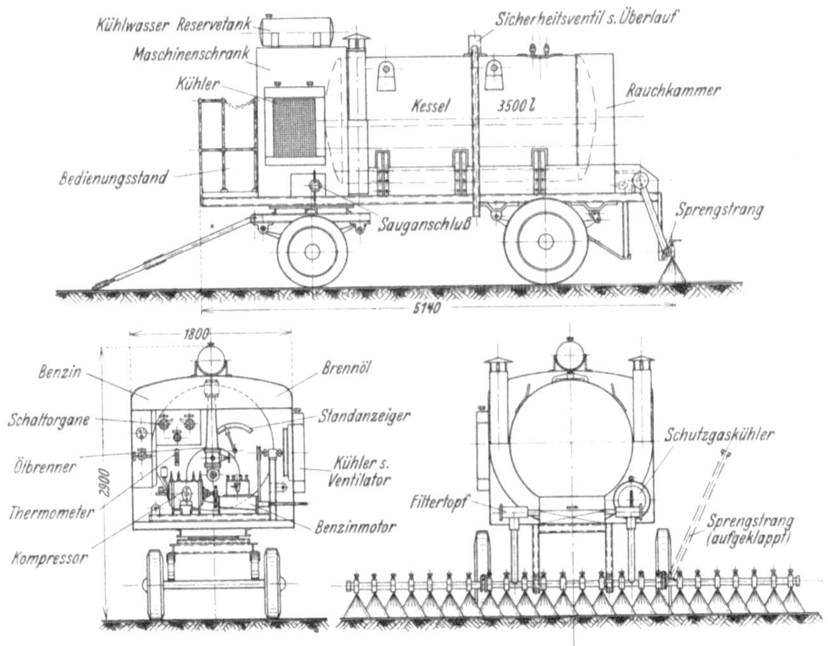

Abb. 313. Sprengwagen Elbe für bituminöse Bindemittel von Linnhoff, Berlin-Tempelhof.

Die „Elbe" fährt an den Tankwagen, erzeugt in dem Bindemittelkessel ein Vakuum und saugt diesen in 6—8 Minuten voll. Wenn es sich um Heißmaterial handelt, wird während der Fahrt zur Baustelle durch eine außerordentlich wirksame, in einem Flammrohr liegende Ölfeuerung der Inhalt angewärmt. In 30—45 Minuten ist auch dieser Arbeitsvorgang beendet. Auf der Baustelle kann das Ausspritzen des Kesselinhaltes von ca. 3500 kg mit Handsprengschläuchen, besser aber mit dem Breitsprengstrang erfolgen, der 5—6 m breite Straßen in einem Zuge gleichmäßig bespritzt. Die Zerstäuberdüsen des Sprengstranges sind einzeln abstellbar, wodurch die Sprengweite geändert werden kann. Die Maschine kann für Oberflächenanstriche und für Tränkung benutzt werden. Der Kessel ist in 10—15 Minuten ausgespritzt und holt dann neues Material von der Bahn. Die Auftragsstärke ist regelbar. Mit nur zwei Bedienungsleuten werden Tagesleistungen bis 30000 kg erreicht, wenn für die Auffüllung nicht zu weite Fahrten gemacht werden müssen. Der Sprengaufbau von ca. 3500 kg Eigengewicht kann auf Lastwagen und auf Anhänger montiert werden. Er besitzt zur größeren Unabhängigkeit ein eigenes Maschinenaggregat, 14 PS Benzinmotor, Rotationskompressor und die nötigen Hilfseinrichtungen. Alle Schaltungen können von dem sehr übersichtlichen Bedienungsstand aus erfolgen. Zum Ausspritzen dient Preßluft von 2—3 at, mit dieser können auch die Sprengorgane jederzeit gründlich gereinigt werden. Wesentlich ist auch die patentierte Schutzgasanlage. Beim Hochheizen von Bitumen spalten sich leichtentzündliche Kohlenwasserstoffe ab, die mit Preßluft ein explosives Gemisch geben. Zur Vermeidung dieser Gefahr erfolgt das Ausdrücken mittels der sauerstoffreien Abgase des Motors. Auf Grund vorliegender Erfahrungen werden die Teer- und Asphaltbitumensprengwagen folgenden Anforderungen entsprechen müssen:

1. Ausreichende Heizvorrichtungen, damit auch bei niedriger Luftwärme die Masse noch leicht aus den Düsen ausläuft und sie nicht verstopft. Das Aussprengen mit Preßluft auf die Fahrbahn scheint am wirkungsvollsten und wirtschaftlichsten zu sein.

2. Die Wagen dürfen nicht so schwer gebaut sein oder müssen auf breiten Felgen laufen, damit sie nicht die Decken, die mit Oberflächenanstrich versehen werden sollen, beschädigen.

Sprengwagen werden sich besonders zweckmäßig erweisen beim Aufbringen der Emulsionen. Hier fällt die Erwärmung der Masse fort. Das Fehlen der Heizanlagen verringert das Wagengewicht, und diese Ersparnis kann für die Vergrößerung des Fassungsraumes ausgenutzt werden.

3. Splittstreumaschinen.

Die Absplittung der Decke wird gleich nach der Auftragung vorgenommen, solange die Masse noch warm ist. Im dritten Abschnitt C. i. 6. β ff. (Oberflächenbehandlung) wird die Abdeckung mit Splitt als Handarbeit beschrieben. Dieses Verfahren hat aber viele Nachteile, da es nicht möglich ist, den Splitt gleichmäßig zu verteilen. Beim Walzen reitet dann die Walze auf den stärker ein-

Abb. 314. Splittstreuvorrichtung, an einem LKW angebracht (Straßenbau A.G. Köln-Deutz).

Abb. 315. Splittstreukarren.

gedeckten Stellen, und die tiefer liegenden Flächen werden nur ungenügend angedrückt. Nur das Abstreuen mit Maschinen kann die unbedingt nötige, gleichmäßige Verteilung bewirken zugleich mit Kostensenkung. Jedoch liegt die Schwierigkeit in dem Beladen, da die Behälter schnell entleert sind und zur Auffüllung viele Leerfahrten gemacht werden müssen, so daß stets mehrere Streuer vorhanden sein müssen. Splittstreuvorrichtungen, die an einem LKW angebracht sind, hat die Strabag (Straßenbau A.G. Köln-Deutz) eingeführt mit und ohne Streuwalze (Abb. 314). Für Handbedienung hat dieselbe Unternehmung einen Splittstreukarren von einfacher und handlicher Bauart hergestellt (Abb. 315).

Mit beiden Geräten kann der Splitt dem Bedarf entsprechend mit größter Genauigkeit und Gleichmäßigkeit aufgestreut werden *[235]*.

4. Aufreißer.

Die Unterhaltung der Steinschlagstraßen besteht beim Decksystem (Dritter Abschnitt C. b) darin, daß auf größere Länge die beschädigte Decke aufgenommen wird und eine neue Schotterlage erhält. Da die Handarbeit nur langsam vonstatten geht und teuer ist, werden dazu Aufreißer benutzt, die entweder nach einer Ausführung der Krauß-Maffei A.-G., München, unmittelbar an die Dampfwalze angehängt (Abb. 316) oder am Tender der Walze angeschraubt werden. Der zum Aufbrechen der Straßendecke erforderliche Zug wird durch eine Verstärkungsplatte am Tender und durch seitliche Verbindungsstreben unmittelbar auf die Hinterachse übertragen. Die feste Verbindung mit der Dampfwalze verhindert das Herausspringen aus der Steinschlagdecke. Durch ein Handrad mit Zahnantrieb kann die Tiefe der Aufreißstähle auch während des Betriebes eingestellt werden. Damit die Dampfwalze beim Hinundherfahren nicht zu wenden braucht,

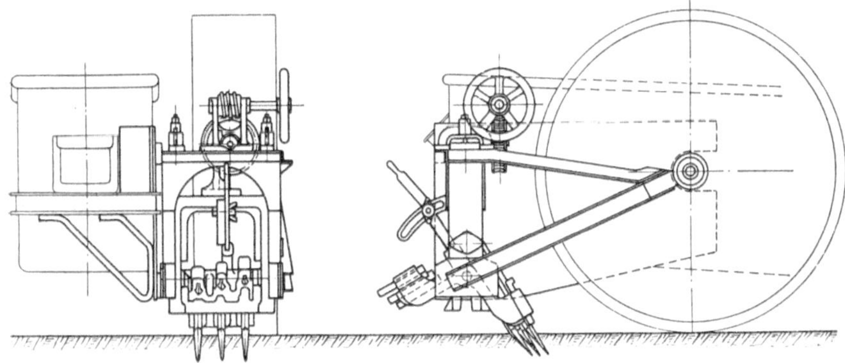

Abb. 316. Aufreißer am Tender der Walze angebracht.

sind zwei Stahlbündel vorgesehen, von denen stets nur das eine im stumpfen Winkel zur Fahrtrichtung eingestellte Bündel in Tätigkeit gesetzt wird. Fahrbare Aufreißer, bei denen die Walze nur als Zugkraft benutzt wird, sind im Betriebe günstiger. Der zweirädrige Aufreißer des Werkes Krauß-Maffei A.-G., München (Abb. 317a und b), wird von der Walze mit einer besonderen Zugvorrichtung, die unmittelbar an der Hinterachse angreift, gezogen. Beim Anfahren dreht sich der Stahlträger selbsttätig in die Arbeitsstellung, während durch Zurückstoßen der Walze die Stähle aus der Decke herausgehoben und in dieser Stellung für das Überfahren von Hindernissen (z. B. Einbauten der Versorgungsleitungen) oder für die An- und Abfuhr festgestellt werden können. Die Aufreißtiefe und die Neigung der Stähle ist verstellbar. Die A.-G. Zettelmeyer und andere Firmen bauen zweiachsige Aufreißer, bei denen die Vorderachse als Lenkachse ausgebildet ist und durch ein hinten angebrachtes Handrad gelenkt wird, so daß der Lauf des Aufreißers unabhängig von der Dampfwalze wird. Da beim einachsigen Aufreißer das ganze Gewicht für die Reißarbeit nutzbar ist, muß der zweiachsige Aufreißer schwerer gebaut werden.

Die Aufreißer sollen etwa die folgenden Anforderungen erfüllen:

1. In gleicher Weise für schwere und tiefe wie für leichte Aufreißarbeit geeignet sein.

2. Für jede Walzenart passen.

3. Durch Zugvorrichtung zwangsläufig mit der Walze verbunden sein, so daß kein Ausweichen möglich und die Lenkung bei Vor- und Rückwärtsfahrt sicher und leicht ist.

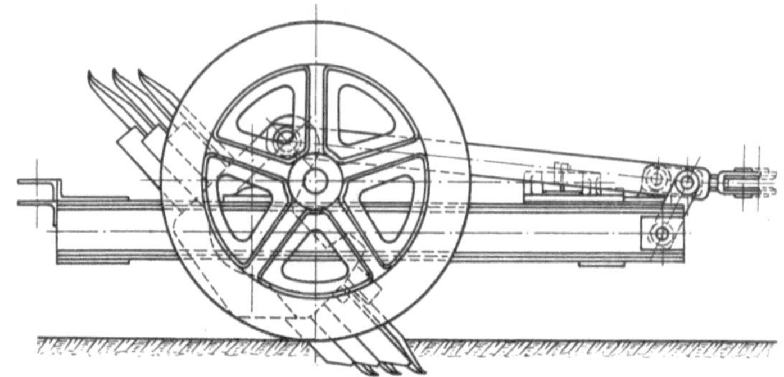

Abb. 317a. Aufreißer als Wagen.

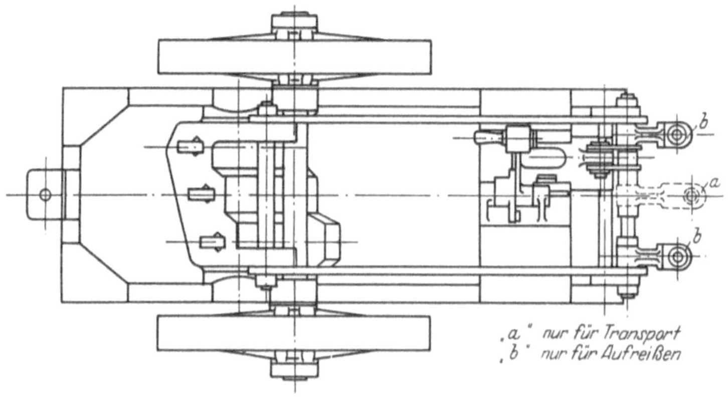

Abb. 317b.

4. Selbstwirkende Einrichtung, daß Stähle in der Arbeits- und Ruhestellung ein- und ausgerückt werden, so daß keine Bedienung erforderlich ist; Stahlträger muß in jeder Endstellung festgelegt werden können.

5. Stähle müssen möglichst weit in Stützschienen lagern, damit sie sich nicht verbiegen können.

Fünfter Abschnitt.

Straßentunnel und ihre Ausrüstung.

A. Aufgabe.

Tunnel werden wegen ihrer hohen Bau- und Betriebskosten nur dann angebracht sein, wenn die Straße einen bedeutenden Verkehr hat, der gleichmäßig auf das Jahr verteilt ist oder mindestens zu bestimmten Zeiten auftritt, weil nur dann die Ersparnisse an Fahrzeit und Betriebsstoff die einmaligen Aufwendungen und auch die hohen Betriebskosten wieder einbringen. Ein Tunnel im Hochgebirge kann dann gegeben sein, wenn der Verkehr über einen Gebirgspaß auch im Winter, wenn dieser wegen Schnee und Lawinengefahr nicht benutzt werden kann, aufrechterhalten werden soll. Den Bedürfnissen des Straßenverkehrs entsprechend werden die Querschnitte der Tunnel und ihre Ausrüstung anders zu behandeln sein als die Eisenbahntunnel. Da die Fahrt durch einen Tunnel für den Kraftfahrer ermüdend wirkt, soll man ihn wenn irgendmöglich vermeiden. Erst bei Einschnittiefen von mehr als 25 m läßt sich die Anlage eines Tunnels vertreten. Bei Anlage und Ausrüstung des Tunnels ist darauf zu sehen, daß alle nur denkbaren Anordnungen in der Fahrbahn, Auskleidung, der Beleuchtung und Belüftung getroffen worden, um die Benutzung zu erleichtern.

B. Fahrbahn und Tunnelbreiten.

Hinsichtlich der Breite der Fahr- und Gehbahnen wird man zu unterscheiden haben, welcher Art die Straße ist und wo der Tunnel liegt. Erwünscht ist in jedem Falle, daß die Fahrbahn ungeschmälert durch den Tunnel durchgeführt wird.

Für zweispurige Tunnel, für jede Richtung eine Spur, wird das Lichtraumprofil für Brücken — DIN 1071 — vorgeschlagen, soweit es sich um Straßen außerhalb der Städte handelt, mit 7,5 m Fahrbahnbreite und 4,5 m lichter Höhe. Ob dieses genügt, hängt von der zu erwartenden Verkehrsstärke, ob gemischter Verkehr oder nur motorisierter zugelassen ist, und von der Länge des Tunnels ab. Für Kraftwagentunnel glaubt man schon mit Fahrbahnbreiten von 6,0 m auszukommen als Mindestmaß, Tunnelnormalie der Vereinigung Schweizerischer Straßenfachmänner (Abb. 318). Für den Bau des Kistentunnels in der Schweiz ist indessen eine Breite von 6,5 m in Aussicht genommen, weil dies die Fahrbahnbreite der anschließenden Gebirgsstraßen ist. Der Scheiteltunnel der Gr.-Glockner-Hochalpenstraße hat zwei Fahrspuren von je 2,45 m und einen 0,5 m breiten Mittelstreifen zur Verkehrsführung (Abb. 319). Gebirgsstraßen mit stärkerem Verkehr haben größere Breiten erhalten, z. B. der Tunnel der Deutschen Olympia-Straße hat 8,4 m (Abb. 320) und der Tunnel der Autostraße Genua—Saravalla—Lithoria von 909 m Länge hat eine nutzbare Breite von 9,245 m (Abb. 321), beide werden in zwei Richtungen befahren.

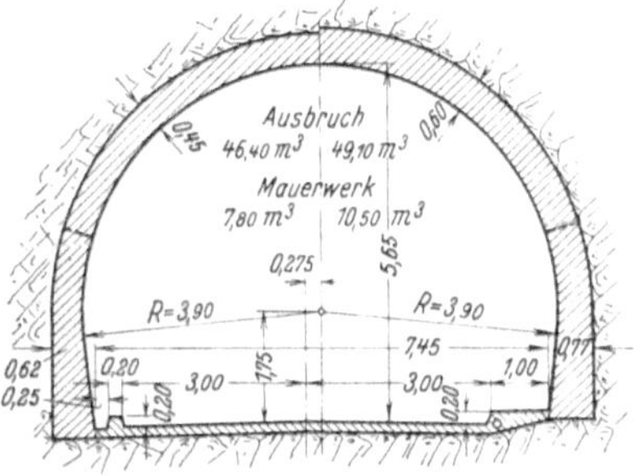

Abb. 318. Tunnelnormalie der Vereinigung Schweizerischer Straßenfachmänner.

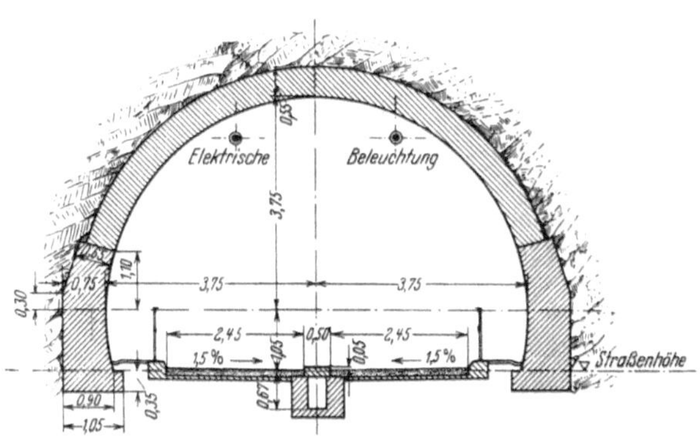

Abb. 319. Scheiteltunnel der Großglockner-Hochalpenstraße.

Bei Tunneln von Autobahnen soll auf die Überholungsspur nicht verzichtet werden, in erster Linie damit bei einem Brande der Tunnel schnell genug geräumt werden kann. Weil aber vierspurige Tunnel Breiten bis zu 20 m und daher einen zu großen Ausbruch (bis zu 500 m²) erfordern und die Ausmauerung hohen Beanspruchungen ausgesetzt ist, erhält jede Richtung ihren eigenen Tunnel, Engelberg-Tunnel der Autobahn Stuttgart—Heilbronn—Karlsruhe (Abb. 322). In diesem Falle muß zwischen den beiden Röhren ein größerer Abstand eingehalten werden, damit die Sprengungen in der einen Röhre nicht die andere beeinflussen.

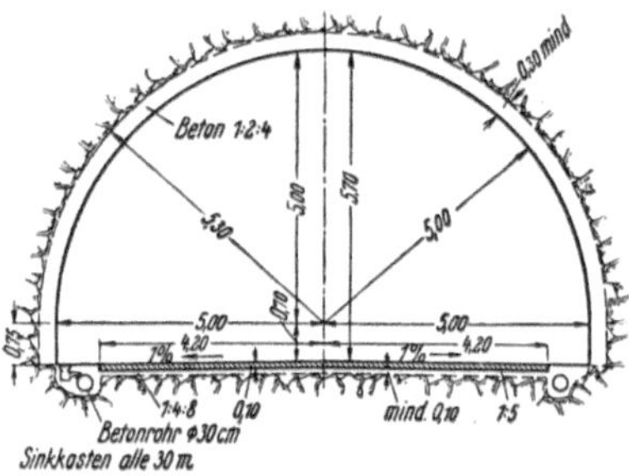

Abb. 320. Form des deutschen Alpentunnels.

Der Abstand am Engelberg-Tunnel (Abb. 322) beträgt zwischen 30 und 54 m *[236, 237, 238, 239]*.

Abweichend haben die sieben Tunnel der Autobahn Harrisburg—Pittsburgh (Pennsylvania VStA.) für jede Richtung nur eine Fahrspur bei einer Gesamtbreite von 7,54 m (Abb. 323), obwohl einer dieser Tunnel 2068 m lang ist. Es ist aber beabsichtigt, später für jede Richtung einen besonderen Tunnel zu ergänzen *[237, 240]*.

In solchen Gebirgstunneln sind neben den Fahrbahnen nur Gehbahnen für die Bedienung und Unterhaltung und zur Aufnahme der Versorgungsleitungen Wasser, Fernsprech- und Telegrafenkabel, Hoch- und Niederspannungsleitungen notwendig, mit Abmessungen von etwa 1,10 m Breite.

In Städten im hügeligen Gelände verbinden Basistunnel die durch Bergrücken getrennten Stadtteile miteinander. Sie haben meist Straßenbahnen aufzu-

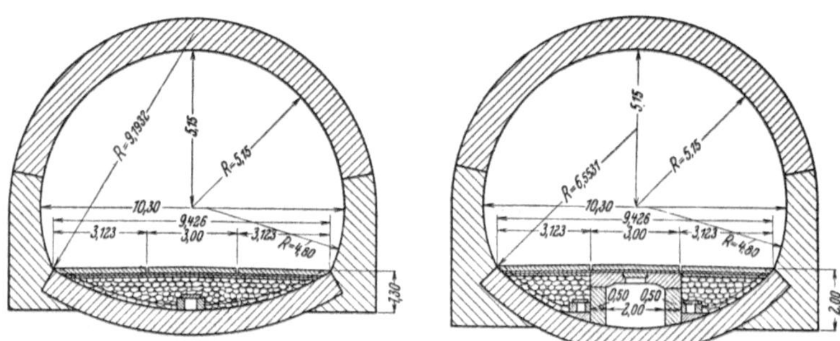
Abb. 321. Tunnelprofil der Autostraße Genua-Saravalla, 909 m Länge.

nehmen. Die Fahrbahnbreite hat sich dann nach Abb. 324, 325 und 326 zu richten. Da auch Gehbahnen verlangt werden, haben ausgeführte städtische Tunnel Gesamtbreiten bis zu 16,0 m (Rom). Aber auch in diesem Falle ist man bereits zu zwei Tunnelröhren übergegangen, wie z. B. bei der Unterfahrung der Uhlandshöhe in Stuttgart. Der Ostteil und die Stadtmitte werden durch zwei Tunnelröhren (829 und 802 m lang) verbunden.

Eine Sonderbehandlung verlangen die städtischen Unterwassertunnel, die an Stelle hochliegender weitgespannter Brücken Stadtteile miteinander verbinden, die durch breite Ströme oder Meeresbuchten getrennt sind. Auch hier ist für jede Richtung eine besondere Röhre vorgesehen, aus den schon genannten Rücksichten auf die Sicherheit des Verkehrs, aber auch weil Röhren geringeren Durchmessers leichter herzustellen sind. Ein Beispiel für einen solchen Unterwassertunnel gibt Abb. 327 mit den Belüftungseinrichtungen, die in Abschn. E. II beschrieben werden.

Zur Überwindung von Höhenunterschieden sind auch Kehrtunnel angewendet worden, z. B. auf der Straße über die Albanerberge am Nemisee.

C. Gefälle.

Die Tunnel sollten nur flache Gefälle zur Wasserabführung erhalten, besonders wenn die Zufahrtrampen kein oder nur geringes Gefälle haben, weil ihre Leistungsfähigkeit bei Erhöhung der Steigung sinkt und der Motor höher beansprucht wird, wodurch mehr CO erzeugt wird. Das gilt besonders für schweren Lastkraftverkehr. Die Verlangsamung des gesamten Verkehres und damit eine merkliche Abnahme der Leistungsfähigkeit wird von dem Grad der Steigung und der Länge der Steigungsstrecke abhängen. Da vornehmlich auf Stadtstraßen der Anteil der Lastkraftwagen sehr groß ist, sollten bei städtischen Tunneln nur geringe Steigungen zugelassen werden. Nach einer Erfahrungsformel sinkt die Leistungsfähigkeit, wenn die Steigung von Null auf 6% zunimmt und der Anteil der Lastkraftwagen etwa 20% beträgt, etwa auf die Hälfte *[240]*.

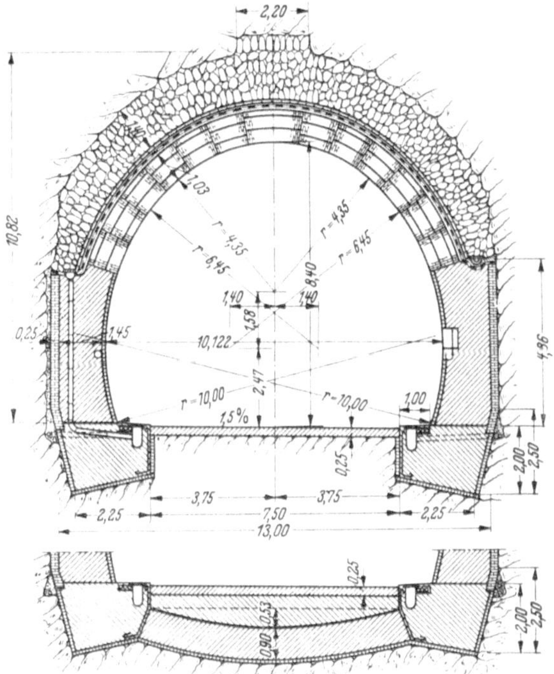

Abb. 322. Tunnelprofil der Autobahn Karlsruhe—Stuttgart—Heilbronn, Engelberg-Tunnel. Länge östliche Röhre 287 m, Neigung 3,1%, westliche Röhre Länge 318 m, Neigung 1,5%. Oben Tunnelprofil bei gewöhnlichem Bergdruck ohne Sohlgewölbe, unten bei starkem Bergdruck mit Sohlgewölbe. Gewölbe aus Klinkern, Widerlager aus Stampfbeton mit Klinkerverkleidung, Widerlager zum Schutz gegen aggressive Wässer mit Klinker in Erzzement verblendet, Gewölberücken mit zwei Lagen Aluminiumblech in Bitumenklebemasse eingewalzt, 0,1 mm stark, abgedichtet. Entwässerungsrinnen in Höhe der Gewölbekämpfer, die durch senkrechte Steinzeugröhren in Abständen von 8 m entwässert werden, Wasserabführung in Rinnen hinter den Schrammborden. Kiesfüllung zwischen Gebirge und Hintermauerung.

Bei städtischen Straßentunneln mit ihrem hohen Anteil an LKW. im Straßenverkehr wird sich ein Gefälle von 5,42% und 5,6% wie bei dem Wagenburg-Tunnel der Stadt Stuttgart nachteilig auf die Leistungsfähigkeit der Anlage auswirken.

Nach Ansicht der Tunnelingenieure in der Schweiz soll die Steigung 3 bis höchstens 4% nicht übersteigen, weil sich sonst Schwierigkeiten in der Lüftung der Tunnel ergeben. Allerdings kann die Gefällage die Lüftung begünstigen, ein Vorgang, der von den örtlichen Verhältnissen abhängt und nur zeitweise auftritt, mit dem daher nicht gerechnet werden kann.

D. Tunnelform.

Sie wird bedingt einmal durch die Abmessungen der Fahrzeuge (DIN 1071), Zahl der Fahrspuren und außerdem durch die Art des durchfahrenen Gebirges. Bei größeren Tiefen ist eine kreisrunde Form angebracht, ebenso in standfestem

Gebirge, die bei großer Breite der Fahrbahn auch ein flaches Deckengewölbe sein kann, wie es auch bei Kanaltunneln üblich ist. In schwimmendem Gebirge bei meist lotrechten Drücken wird das Scheitelgewölbe überhöht. Der Quer-

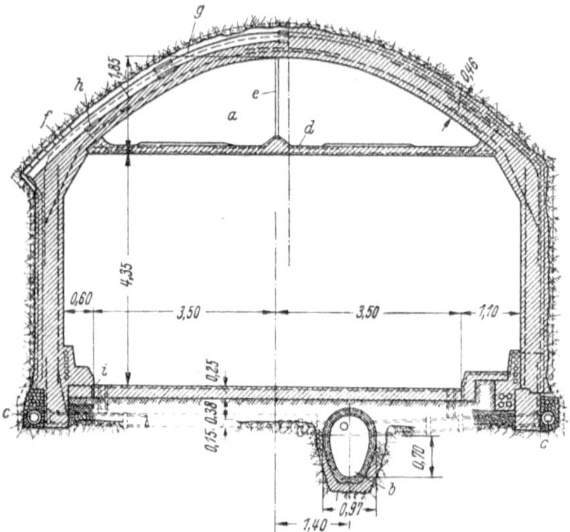

a Lüftungskanal für zugeführte Luft
b Hauptentwässerungskanal
c Entwässerungsleitung
d wasserdichte Tunneldecke
e Hängestangen zum Halten der Decke
f Holzauskleidung
g Stahlplatten (4,75 mm dick)
h kupferne Fugenbleche
i Kork- und Gummifugen zwischen Fahrbahn und Seitenwänden

Abb. 323. Tunnelprofil der Autobahn Harrisburg—Pittsburgh, mit Halbquerlüftung.

schnitt wird aus statischen Gründen eiförmig. Beachtenswert ist bei dem Wagenburg-Tunnel, daß er aus einem äußeren Gewölbe besteht, das sich etwa bis auf halbe Höhe nach der Unterfangungsbauweise auf gewachsenem Boden auf-

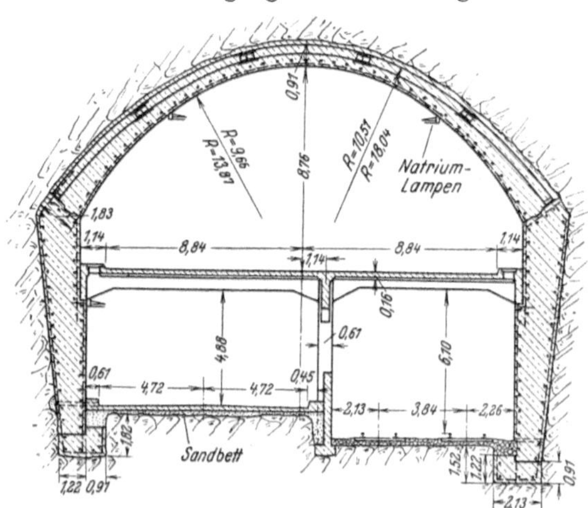

Abb. 324. Yerba-Buena-Tunnel San Franzisko—Oakland.

stützt. An seiner Innenfläche wird die Abdichtung angebracht und in seinem Schutz das eigentliche Tunnelgewölbe eingezogen (Abb. 326) *[241]*.

Aber auch Auskleidungen aus Stahlbeton werden angewendet, die sich genauer an die vom Verkehr verlangten Abmessungen und an die Raumbedürfnisse der Lüftung anpassen (Abb. 323 u. 324). Stahlbeton gestattet die Gewölbedicke und die Profilform einzuschränken, woraus sich Ersparnis am Ausbruch und weitere Vorteile, wie z. B. schnellerer Vortrieb, ergeben.

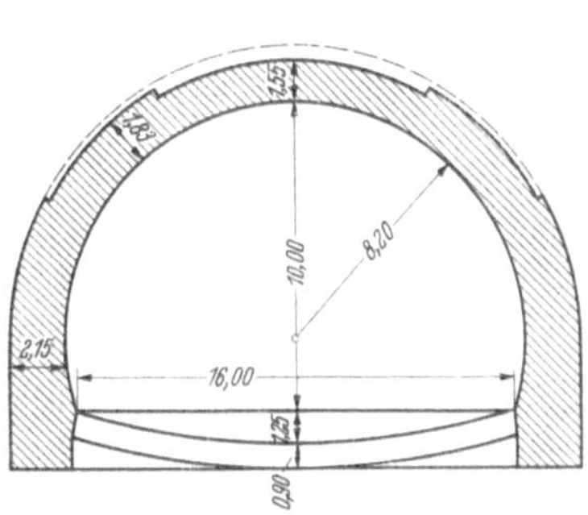

Abb. 325. Straßentunnel unter dem Monte Gianicolo (Rom).

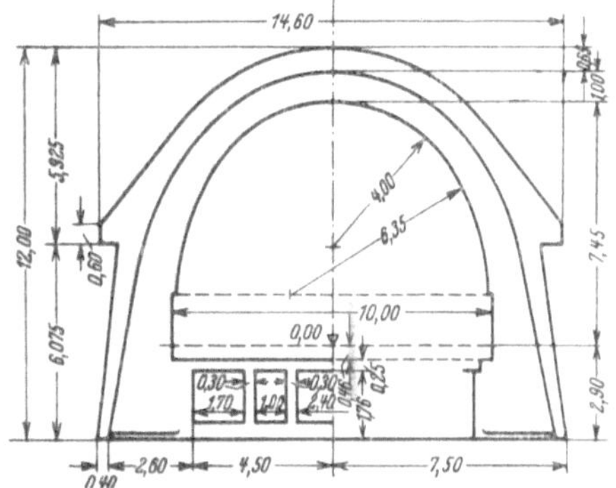

Abb. 326. Wagenburg-Tunnel der Stadt Stuttgart.

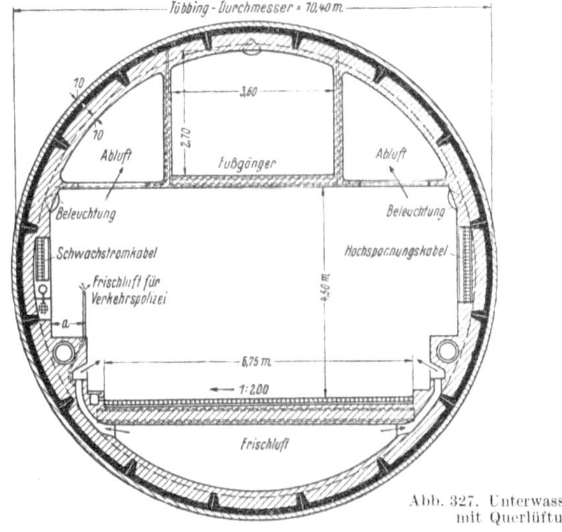

Abb. 327. Unterwassertunnel mit Querlüftung.

Die Querschnittsform bestimmt den Tunnelausbruch und in hohem Maße auch die Baukosten. Beim Oaklandtunnel San Franzisko (Abb. 328) — je ein Tunnel für eine Fahrrichtung — ist die Überhöhung des Gewölbes notwendig geworden, da mürber Schiefer durchfahren wird, so daß der Raum für die Zu- und Abführung der Luft im Scheitelgewölbe (Querlüftung) ohne weiteres zur Verfügung stand *[238]*. Die Tabelle 44 gibt einen Überblick über die Fahrbahnbreiten und daraus sich ergebenden Tunnelausmaße hinsichtlich freier Fläche und Ausbruch.

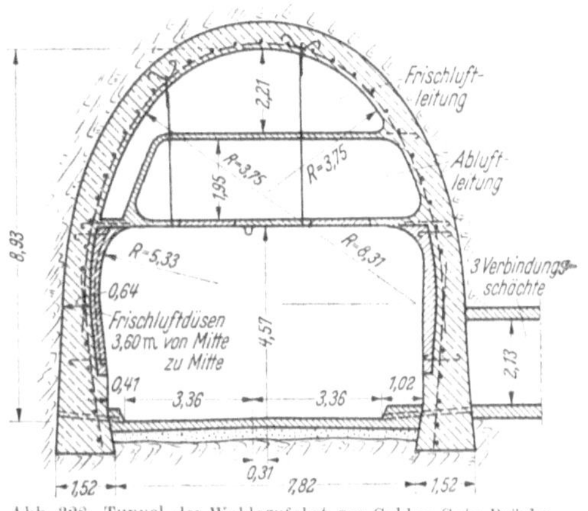

Abb. 328. Tunnel der Waldozufahrt zur Golden-Gate-Brücke San Franzisko.

Tabelle 44. *Abmessungen ausgeführter Straßentunnel.*

Tunnel	Fahrbahnbreite m	Tunnel l. Breite m	Freie Fläche m²	Vollausbruch m²	Bemerkungen
Deutscher Alpentunnel .	8,4	10,0	46,8	52,6	Abb. 320
Großglocknerstraße . .	5,4	7,5	29,75	37,8	Abb. 319
Lithoria	9,2	10,3	62,0	114,6	Abb. 321
San Franzisko—Oakland	6,72	8,15	—	—	für eine Fahrrichtung Abb. 328
Engelberg-BAB	zweimal 7,5	10,125	—	zweimal 145,0	für jede Richtung ein Tunnel Abb. 322
Normalien d. Vereinigung Schweizerischer Straßenfachmänner . . .	6,0	7,45	37,5	46,4 49,1	Abb. 318
Autobahn Harrisburg—Pittsburgh	6,9	8,7	41,2	—	Abb. 323
Yerba-Buena-Tunnel San Franzisko—Oakland Brückenzufahrt . . .	17,68	19,96	245	305	Abb. 324
Tunnel unter dem Monte Gianicolo Rom . . .	12	16,4	136	166	Abb. 325
Wagenburg-Tunnel der Stadt Stuttgart . . .	—	10	—	145	für jede Richtung eine Tunnelröhre Abb. 326
Unterwassertunnel . . .	6,75	—	—	—	für jede Richtung eine Tunnelröhre Abb. 327

E. Tunnelausrüstung.

I. Fahrbahnausbildung.

Straßenbautechnisch stellen solche Tunnel starken und gemischten Verkehrs ganz besondere Anforderungen. Die Pflasterung muß mit besonderer Sorgfalt ausgeführt werden, da im Tunnel sich Schwitzwasser bildet, das die Schlüpfrigkeit begünstigt. Bei Trockenheit entsteht Staub, der von der stets im Tunnel vorhandenen Luftbewegung aufgenommen und aufgewirbelt wird. Deckenarten, die durch die Luftreifen poliert werden, spiegeln das Licht der Leuchtquellen wider, wodurch die Sicht im Tunnel behindert wird. Unbedingt muß auch auf Geräuscharmut der Pflasterung gesehen werden. Holz hat sich nicht bewährt, da es in der Feuchtigkeit fault, sich schnell abnutzt, uneben wird, Erschütterung und lästige Geräusche verursacht. Ein geeignetes Pflaster scheint Gummi zu sein, ist aber teuer. Allerdings hat eine Probestrecke aus Gummipflaster im Mersey-Tunnel in Liverpool wegen Schlüpfrigkeit der Oberfläche nicht befriedigt. In Italien haben sich gepreßte Stampfasphaltplatten, die in Bitumenmörtel verlegt sind, gut gehalten. Auch Zementbeton ist angewendet worden, der aber einen Überzug aus asphaltgebundenem Porphyrsplitt erhalten hat, der kräftig abgewalzt ist. Die Oberfläche ist griffig, widerstandsfähig, stumpf und staubarm. Auch die Tunnelwände dürfen nicht spiegeln.

Noch nicht genügend berücksichtigt ist bisher die Minderung der Geräusche. Die Gewölbeform bricht die Schallwellen und steigert damit die Geräusche. Deshalb sind möglichst geräuschlose Fahrbahndecken anzuwenden und die Tunnelwände mit schalldämpfenden Stoffen auszukleiden. Rauher Wandputz würde schalldämpfend wirken, ist aber ein starker Staubfänger. Zur Staubbekämpfung sind die Wände mit Glasbausteinen ausgekleidet, die in kurzen Zeitabständen abgewaschen werden.

II. Tunnellüftung.

Vor allem verlangt der Kraftwagen eine Tunnellüftung, weil die Auspuffgase, die gesundheitsschädlich sind, so schnell wie möglich abgeführt werden müssen. Die für diesen Zweck notwendigen bau- und betriebstechnischen Maßnahmen gehen weit über diejenigen hinaus, die bei Eisenbahntunneln bisher für notwendig erachtet und ausgeführt sind. Besonders die Unterwassertunnel, die Dükerform haben, bei denen die Auspuffgase der Motoren in dem Luftsack sich festsetzen, weil eine natürliche Lüftung ausgeschlossen ist, müssen künstlich belüftet werden. Aber auch bei Straßentunneln größerer Länge wird ohne künstliche Belüftung dauernd oder zeitweise nicht auszukommen sein. Diese Maßnahme hat eine Anzahl Fragen von großer Tragweite aufgeworfen, die sich auf die Menge und Zusammensetzung der motorischen Abgase und die Empfindlichkeit des menschlichen Organismus beziehen, mit denen der Ingenieur sich vertraut machen muß. Auszugehen ist hierbei von der Zusammensetzung der Auspuffgase der Kraftwagenmotoren, deren Gehalt an schädlichen Bestandteilen je nach ihrer Leistung, Einstellung der Vergaser und nach der Verkehrsdichte schwanken. Zuerst müssen also Annahmen über den Verkehrsumfang im Tunnel gemacht werden und über den Betriebsstoffverbrauch, der von der Beanspruchung der Motoren abhängt, die sich aus der Motorengröße (PS), der Fahrgeschwindigkeit, Luftwiderstand und Steigung ergibt. Die Größe der Motoren steht in Beziehung zur Wagenart, ob Personenwagen oder Lastkraftwagen. Annahmen werden über die mittlere Größe der Personenwagen und der Lastkraftwagen und über den Anteil, den beide Wagenarten am Verkehr haben, und über den Verkehrsumfang, vor allem den Spitzenverkehr, zu treffen sein, der besonders für Tunnel Bedeutung hat, da für ihn die Lüftungseinrichtungen bemessen werden müssen.
Aus dem Betriebsstoffverbrauch wird dann der Gehalt an schädlichen Gasen berechnet. Da der Verkehr starken Schwankungen unterliegt, wechselt entsprechend die Konzentration der Tunnelluft an schädlichen Gasen, so daß die künstliche Lüftung sich diesen Schwankungen anpassen muß.

1. Zusammensetzung und Menge der Abgase.

Das Ausmaß der Lüftungseinrichtungen wird vorgeschrieben von den Luftmengen, die notwendig sind, die dem Menschen schädlichen Bestandteile der Auspuffgase, im wesentlichen CO_2, CH_4 und CO, so zu verdünnen, daß sie unschädlich werden. Am gefährlichsten ist CO. Wenn der Gehalt an CO durch entsprechende Frischluftzufuhr so weit herabgesetzt ist, daß er nicht mehr nachteilig ist, sind auch die anderen Gase entsprechend verdünnt *[242, 243, 244, 245, 246]*.
CO-Gehalt hängt davon ab, ob die Verbrennung im Motor mit Luftüberschuß oder Luftmangel vor sich geht, also von der Einstellung des Vergasers; im ersten Falle treten nur geringe, im zweiten höhere CO-Mengen im Abgas auf. Anzustreben wäre, die Kraftfahrzeughalter für eine richtige Vergasereinstellung zu gewinnen, weil sich dann zu Buch schlagende Erleichterungen in der Tunnellüftung ergeben in Verbindung mit einer günstigen Kraftstoffausnutzung.
Aber eine Kontrolle der Vergaser vor der Einfahrt in den Tunnel würde Belästigungen und Zeitaufenthalte mit sich bringen, so daß die Kraftfahrer ihn meiden würden. Ein solches Verfahren ist daher praktisch nicht durchführbar.

2. Zulässige Konzentration der Gase.

Bei einstündigem ruhigem Aufenthalt in Luft mit 0,4‰ CO-Gehalt machen sich beim Menschen noch keine Schädigungen bemerkbar. Daher ist diese Menge für die Unterwassertunnel anfangs für die Bemessung der Lufterneuerung zugrunde gelegt, aber neuerdings auf 0,25‰ ermäßigt worden. Wenn Fußgänger, Radfahrer und Zugtiere den Tunnel benutzen, die Arbeit leisten, darf der CO-Gehalt 0,12‰ nicht überschreiten.

Der Bedarf an Frischluft nach den amerikanischen Annahmen für einen zweispurigen Tunnel von L km Länge, der von C Wagen mit V km/h befahren wird und von denen im Durchschnitt jeder Wagen 60 l/min CO erzeugt (s. o.), errechnet sich nach der Formel

$$Q = \frac{1}{6} \cdot 0{,}25 \cdot 60 \cdot 2\, C\, L/V \text{ m}^3/\text{sec}.$$

Der stündliche Luftwechsel $= \dfrac{3600\,Q}{1000\,LF}$.

F = Querschnitt des freien Tunnels.

Die Schweizerischen Tunnelingenieure gehen von einer mittleren CO-Erzeugung von 150 cm³ für das Auto und 1 m Strecke aus. Das ist an sich sehr hoch, wird aber begründet mit militärischen Anforderungen, wenn Heereskolonnen den Tunnel befahren. Bei geringem Längsgefälle, und wenn PKW-Verkehr vorherrscht, wird man sich mit 120 cm³ begnügen können. Die Luftmenge errechnet sich dann für die oben bezeichneten Größen

$$Q = \frac{1000 \cdot C \cdot 120}{0{,}25} \text{ m}^3/\text{m/h}$$

$$Q = \frac{C \cdot 120}{3{,}6 \cdot 0{,}25} \text{ m}^3/\text{m/sec}.$$

Die im Tunnel angeschnittenen Geoisothermen höherer Temperatur werden die Tunnelluft dauernd stark erwärmen, so daß schon beim Bau besondere Kühlungsmaßnahmen notwendig sind, aber auch beim Tunnelbetrieb dauernd belüftet werden muß. Auch der motorisierte Verkehr gibt Wärme ab, die durch Frischluft abzuführen ist. Der Bedarf an Frischluft kann dadurch um das Mehrfache gegenüber demjenigen steigen, der nur für die Abstumpfung des CO-Gehaltes benötigt wird. In gewissem Maße kann die Fahrzeugbewegung zur Lüftung beitragen, wenn der Tunnel nur in einer Richtung befahren wird. Wenn diese der natürlichen Lüftung entgegengesetzt ist, hemmt sie diese. Wenn beide Richtungen eine Röhre benützen, werden sich die Wirkungen gegenseitig aufheben.

Winddruck kann vorteilhaft, aber auch nachteilig sein und muß dann abgefangen werden, wie beim Liberty-Straßentunnel in Pittsburgh, dem ersten künstlich belüfteten Straßentunnel, bei dem durch besondere Windfallen Schutz dagegen geschaffen werden mußte. Während also eine Anzahl günstiger Einflüsse auf die natürliche Lüftung bestehen, stellen sich auch zeitweilig ungünstige ein, so daß eine große Zahl von Möglichkeiten unter Einsetzen schwankender Verkehrsziffern durchgerechnet werden müssen. Es ist also unmöglich, eine bestimmte Tunnellänge zu begrenzen, von der an künstlich belüftet werden muß. In physiologischer Hinsicht ist noch zu berücksichtigen, daß die Tieflandbewohner in einem hochgelegenen Tunnel infolge Abnahme der Zahl der Blutkörper gegen die schädlichen Abgase empfindlicher sind als die Höhenbewohner; dadurch ergibt sich bei Tunneln in größerer Höhe zusammen mit der Notwendigkeit, die stärker mit CO angereicherten Abgase abzuführen, ein um 60% höherer Frischluftbedarf. Aber auch das Tunnelraumklima kann von einiger Bedeutung werden, wenn Menschen im Tunnel arbeiten. Temperatur und Feuchtigkeit können unter Einwirkung der Abgase und der Abwärme der Kraftwagen außerordentlich hohe Beträge erreichen, was den Wärmehaushalt der Organismen beeinträchtigt.

Ohne künstliche Belüftung sind bisher im Betrieb: der längste Alpentunnel am Col di Tenda auf der Grenze zwischen den Seealpen und den Ligurischen Alpen auf 1321 m Höhe und 3182 m Länge, aber anscheinend mit geringem Verkehr, außerdem liegt er in einer vom Mittelmeer aufsteigenden Luftbewegung; der längste Tunnel der italienischen Autostraße Genua—Turin, 909 m lang, Neigung 2%, NS-Lage; Verkehr 570 LKW., davon 307 Anhänger, 582 PKW. täglich. Die Möglichkeit des Einbaues einer Lüftung ist vorgesehen (Abb. 321).

Nach schweizerischen Untersuchungen kann in bestimmten Lagen des Alpengebietes mit natürlicher Belüftung bei Tunnellänge bis 2 km ohne Schacht gerechnet werden.

3. Arten der künstlichen Lüftung.

Die Lufterneuerung kann auf natürlichem Wege erfolgen, durch Einfluß des Windes auf die Druckverteilung an einem Gebirgskörper und durch thermische, die auf der örtlichen Erwärmung und Abkühlung in den Lufträumen vor den beiden Tunnelmündungen beruhen. Ob mit solchen Wirkungen dauernd oder gelegentlich zu rechnen ist, muß durch jahrelange meteorologische Beobachtungen in den Gebieten, in denen die späteren Tunnelmündungen liegen werden, erforscht werden. Bei Tunneln in SN-Lage ist zeitweilig eine solche thermische Lüftung anzunehmen.

a) Längslüftung ohne und mit Schächten.

Die Luft wird an einem Tunnelmund eingeführt und verläßt ihn an dem entgegengesetzten.

Bei der Lüftung nach Saccardo drückt eine um den Tunnelmund gelegte Ringdüse Luft hinein oder saugt sie ab. Das Verfahren hat einen ungünstigen Wirkungsgrad.

Am Simplom-Tunnel war es nur erfolgreich, nachdem ein Vorhang an den Tunnelmund, an dem die Luft eingeführt wird, angebracht worden ist, der jedesmal vor der Zugeinfahrt geöffnet werden muß. Es ist einleuchtend, daß in einem Tunnel, der in beiden Richtungen befahren wird, die Längslüftung einen zweifelhaften Wert hat. Auch sind die Gefahren bei einem Brande besonders ernst zu nehmen, und es ist schwer, die Luftzufuhr der jeweiligen Verkehrsdichte anzupassen. Die Längslüftung hat eine Grenze, sobald die erforderliche Frischluftmenge ein solches Ausmaß annimmt, daß bei dem gegebenen Tunnelquerschnitt die Geschwindigkeit des Luftstromes zu groß wird. In diesem Falle werden Schächte angeordnet.

Lotrechte Schächte, z. B. einer in Tunnelmitte, werden angelegt, die als Kamin wirken, indem sie durch Windeinfluß oder thermodynamisch die Luft am Tunnelscheitel absaugen, während an den Mündungen Frischluft zufließt. DieLage dieser Schächte wird auch durch meteorologische Beobachtung bestimmt werden müssen, ob ihre Ausmündung auch vom Wind bestrichen wird, ob sie schnee- und lawinenfrei ist (Abb. 329).

In diesen Schacht werden, wenn die natürliche Lüftung nicht ausreicht, Gebläse eingebaut, die Abluft aus dem Tunnel saugen oder Frischluft eindrücken. Bei einer Unterteilung in einen Druck- und einen Saugkanal in demselben Schacht wird die schlechte Luft abgesaugt und frische hineingedrückt; beide Luftströme ziehen in derselben Richtung. In diesem Falle wird (Abb. 329 oben) unter Umständen in der einen Hälfte gegen eine etwaige natürliche Lüftung geblasen werden, Winddruck von rechts kommend.

Auch mehrere Schächte, z. B. drei, von denen die beiden äußeren saugen, der mittlere drückt (Abb. 329 unten), kommen in Frage. Solche Schächte sind notwendig, wenn die durch die Lüftung im Tunnel entstehende Geschwindigkeit des Luftstromes 4 m übersteigt. Die Lüftung des Tunnels muß dann in einzelne Abschnitte unterteilt werden.

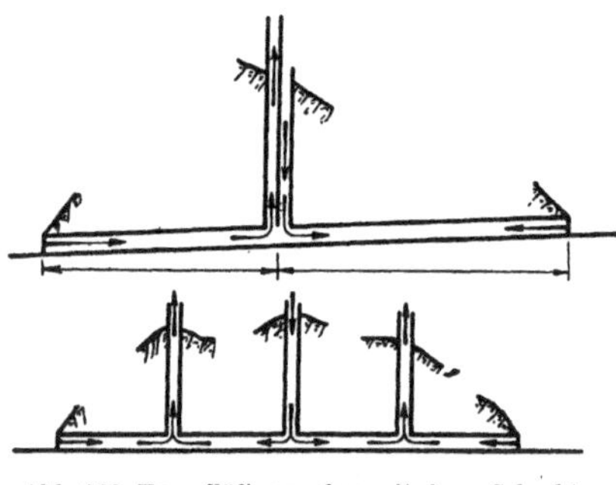

Abb. 329. Tunnellüftung, oben mit einem Schacht, unten mit drei Schächten.

Legt man den von den Schweizerischen Tunnelingenieuren angenommenen höchsten Luftbedarf von 0,04 m^3/sec für einen Meter Tunnellänge und einen Tunnelquerschnitt von 40 m^2 Fläche zugrunde, dann wird die Geschwindigkeit von 3 m/sec, die nicht überschritten werden soll, erreicht, wenn der Tunnel 3 km Länge hat. Die Zahl der Schächte und ihr gegenseitiger Abstand ist also bedingt durch den höchsten Luftbedarf, die Größe des Tunnelquerschnittes und die höchst zulässige Geschwindigkeit im Tunnel. Bei der Längslüftung treten aber im Falle eines Brandes sehr ungünstige Zustände ein, weil die Frischluft an der Brandstelle vorbeiströmen muß und sich dort erhitzt und mit schädlichen Gasen anreichert. Eine Schwierigkeit besteht hier insofern, daß bei geringem Verkehr und dementsprechend geringer Luftzufuhr, diese die äußersten Teile des Abschnittes nicht mehr belüftet. Bei Gebirgstunneln richtet sich die Lage der Schächte auch nach der Höhe des darüberliegenden Deckgebirges und den am Kaminaustritt vorherrschenden klimatischen Verhältnissen.

b) Halbquerlüftung.

Bei Halbquerlüftung wird Frischluft in einem unter der Fahrbahn liegenden Kanal durch gleichmäßig über seine Länge verteilte Düsen dem Tunnel zugeführt, die Abluft durch den Tunnel selbst abgeführt. Wenn hier die Geschwindigkeit 4 m/sec überschreitet, müssen Schächte (wie oben) eingeschaltet werden —Tunnel unter dem Mersey (Liverpool) —. Im Zuführungskanal kann eine Geschwindigkeit bis zu 12 m/sec zugelassen werden. Diese Anordnung gestattet, die natürliche Lüftung weitgehend auszunützen.

Am längsten Tunnel der Autobahn Harrisburg—Pittsburgh ist Längslüftung angewendet worden. Bei 2068 m Länge (Abb. 323). Die Frischluftzuführung befindet sich im Gewölbe.

Aber auch bei der Halbquerlüftung ist wie bei der Längslüftung die Strecke beschränkt, deren Länge sich aus der Errechnung ergibt, für die zuvor schon ein Beispiel gegeben ist. Am Mersey-Tunnel ist der Abstand zwischen den Schächten 1360 m, bei einer freien Tunnelfläche von 70 m^2. Da die Fahrbahn vier Spuren hat, ist mit einem Höchstverkehr von 4000 Wagen stündlich zu rechnen. An sich gilt die Form der Halbquerlüftung als unvollkommen. Ihre Anwendung bei Gebirgstunneln wird vom Einzelfall abhängen — Möglichkeit der Anlage von Schächten ohne übermäßigen Kostenaufwand und bei günstiger Lage. Im Brandfalle wird die Frischluft über die ganze Länge des Tunnels verteilt, die Schwaden ziehen am Tunnelgewölbe ab.

c) Querlüftung.

Bei der Querlüftung ist der Tunnel dreigeteilt in Verkehrsraum, Frischluftkanal in der Sohle und Abluftkanal im Scheitel. Bei großen Luftmengen müssen, wenn bei dem verfügbaren Querschnitt die Geschwindigkeit 12 m/sec übersteigt, Schächte angeordnet werden.

Durch Düsen wird die Frischluft unten zu- und oben abgeführt. Hier sind erhebliche technische Schwierigkeiten zu überwinden, weil die Luftmengen dem stark schwankenden Verkehr angepaßt werden müssen. Bei der Querlüftung muß an allen Düsen die gleiche Luftmenge ausströmen. Da mit Zunahme der Entfernung von den Lüftern der Druck abnimmt, wird auch die Luftmenge, die durch die Düsen geht, abnehmen, wenn alle den gleichen Querschnitt haben. Daher muß die Düsenstellung je nach dem Abstand vom Lüfter geregelt werden. Aber geeignete Regler, die bei allen Luftverhältnissen gleiche Luftmengen abgeben, müssen noch entwickelt werden. Durch Unterteilung des Zufuhrkanales in mehrere parallel geführte, von denen jeder einen beschränkten Lüftungsabschnitt bedient, hat man sich geholfen.

Die Luftbewegung ist also von unten nach oben. Diese Form ist unbedingt besser als die umgekehrte Richtung von oben nach unten, weil die Sichtverhältnisse im Tunnel besser sind. Das gleiche gilt für den Brandfall. Die Schwierigkeit liegt bei allen Lüftungsformen in dem großen Unterschied zwischen dem geringsten und höchsten Frischluftbedarf. Die Schweizerischen Tunnelingenieure rechnen

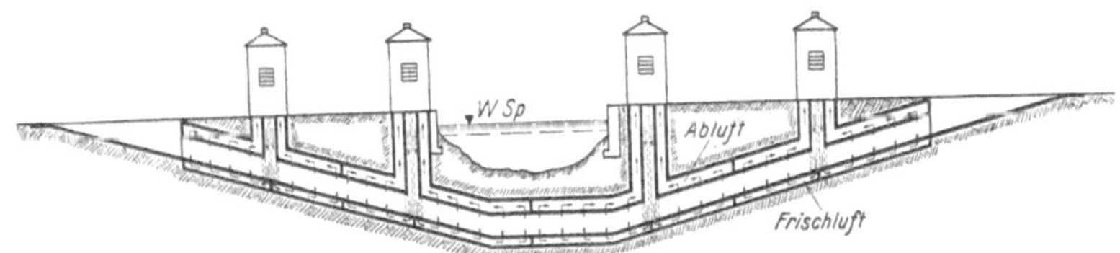

Abb. 330. Entlüftungsschächte von Unterwassertunnel zu dem Querschnitt (Abb. 327) mit Querlüftung.

mit einem Mindestbedarf von 0,008 m^3/m/sec entsprechend einem Verkehr von 60 Fahrzeugen stündlich (120 cm^3 CO für den Meter), wie er auch beim Scheldetunnel in Antwerpen angenommen worden ist. Den Höchstbedarf schätzen sie auf 0,04 m^3/m/sec und im ungünstigsten Falle auf 0,073 m^3/m/sec, woraus sich dann Unterabschnitte von 1000 m ergeben. Beim Scheldetunnel beträgt die Höchstmenge sogar 0,289 m^3/m/sec.

Auf einen solchen schwankenden Bedarf müssen die Leistungen der Maschinen eingestellt werden. Die Gebläse werden selbständig gesteuert, indem der jeweilige CO-Gehalt im Tunnel durch chemische Analyse festgestellt wird, nach dem dann die Maschinen sich ein- oder ausschalten.

Querlüftung haben die amerikanischen Unterwassertunnel (Querschnitt Abb. 327 und Längsschnitt Abb. 330) und der in Antwerpen unter der Schelde sowie der Tunnel Abb. 328, bei dem beide Kanäle im Scheitel liegen.

III. Tunnelbeleuchtung.

Das schon erwähnte Unbehagen und Gefühl der Unsicherheit, das den Kraftfahrer im Tunnel befällt, kann nur zum Teil durch eine Beleuchtung gemildert werden. An sich hat die Beleuchtung dieselbe Aufgabe, die ihr auch auf den Straßen gestellt ist, deren Erfüllung aber insofern erschwert ist, als durch die Tunnelwände Lichtspiegelungen eintreten können. Helle Wände, die dem Raum ein gleichmäßiges Licht geben, sind bisher bevorzugt. Die Beleuchtung soll vor allem so angeordnet werden, daß bei starkem Sonnenlicht die Unterschiede der Helligkeit bei der Einfahrt in den Tunnel und bei der Ausfahrt aus dem Tunnel oder aus dem gedämpften Licht der nächtlichen Beleuchtung in den hellen Tunnel und wiederum bei der Ausfahrt gemildert werden, weil sie bei schneller Fahrt den Fahrer beeinflussen und unsicher machen. Einige Maßnahmen, um diese Lichtverhältnisse an den Tunnelmündungen den jeweiligen Helligkeitsunterschieden anzupassen, sind im Handb. f. Eisenbetonbau, 4. Aufl., Bd. XII, S. 368 angegeben. Ein ganz neues Verfahren wird zur Abstufung der Helligkeit an den Tunnelenden in Eng. News-Rec. Bd. 120, S. 259 beschrieben. Die jeweilige Stärke des Tageslichtes wird mit Photozellen gemessen und danach die Leuchtstärke am Eingang selbsttätig geregelt, daß ein für das Auge und ein ungeschwächtes Sehvermögen geeigneter Übergang geschaffen wird. Bei Tunneln, die nur in einer Richtung befahren werden, soll die Lichtquelle so angeordnet werden, daß die rechte Bordschwelle einen kräftigen Schatten wirft, der dem Fahrer die rechte Begrenzung scharf kennzeichnet und ihm dadurch ermöglicht, sich so weit rechts als möglich zu halten und infolgedessen die Überholungsspur genügend freizugeben. Bei zerstreuten Lichtverhältnissen auf der Fahrbahn zieht der Fahrer vor, aus Sicherheitsgründen in Fahrbahnmitte zu bleiben, wodurch die Verkehrsleistung gestört wird. Sonst gelten die üblichen beleuchtungstechnischen Regeln.

Die Lampen werden kreuzförmig an den Seiten angeordnet, in 6—8 m Entfernung. Die Lichtstärke soll nur so hoch sein, daß der Verkehr günstige Sichtverhältnisse vorfindet. Im Scheldetunnel sind 50 Lux gemessen worden. Am Mersey-Tunnel haben die kreuzweise in 6 m Abstand angeordneten Lampen 150 Watt. Bevorzugt werden Natriumdampflampen. Man glaubt aber, mit 6 Lux auszukommen. Die Entfernung der Lampen untereinander soll der viermaligen Höhe der Lampe über der Fahrbahn entsprechen. An den Einfahrten soll nach Vorschlägen der Stadt Zürich die Lichtmenge von 90 Lux bis auf 6 Lux auf eine Entfernung von 450 m gleichmäßig abgestaffelt werden.

Da die Fahrer durch den hellen Lichteinfall am Tunnelmund in ihrer Sicht geblendet werden, hat man schon vorgeschlagen, die Tunnelzufahrten etwas aus der geraden Linie abzuschwenken.

Diese Anforderungen an die bau- und betriebstechnische Ausrüstung von Straßentunneln, die selbstverständlich noch ein vielköpfiges Warte- und Bedienungspersonal erfordern, wachsen mit der Länge der Tunnel zum Teil in gesteigertem Verhältnis und ebenso die Anlage- und Unterhaltungskosten. Nur dort, wo ein starkes Verkehrsbedürfnis vorliegt, wie z. B. bei städtischen Tunneln, ist daher eine solche Anlage vertretbar. Im Überlandverkehr und auch im Hochgebirge besteht nur unter besonderen Umständen das Bedürfnis für die Anlage von Tunneln größerer Länge, wie sie sich beim Eisenbahnbetrieb bewährt haben und nicht mehr fortzudenken sind.

Zusammenstellung der für den Bau und die Unterhaltung der Land-, Stadtstraßen und Autobahnen wichtigen Merkblätter, Richtlinien, Technische Vorschriften und Musterleistungsverzeichnisse[1].

Richtlinien der Forschungsgesellschaft für das Straßenwesen e. V. sind mit (FG) bezeichnet.

Planung.

Merkblatt für Neubepflanzung an Autobahnen und Straßen (FG). 1949.
Vorläufige Richtlinien für den Ausbau von Stadtstraßen (RAST). 1944 mit Anhang 1947 (FG).
Bauanweisung der RAB: Transierungsgrundsätze (Baurab TG). 1943.
Vorläufige Richtlinien für einheitliche Entwurfsgestaltung im Landstraßenbau (REE). 1943.
Vorläufige Richtlinien für den Ausbau der Landstraßen (RAL). 1937. 4. vervollständigte Auflage 1942.
Vorläufiges Merkblatt über die Ausgestaltung der Fahrbahnränder (FG). 1941.
Gesetz über Kreuzungen von Eisenbahnen und Straßen v. 4. 7. 1939.
Vorläufige Anweisungen für die Durchführung der Bauarbeiten an den RAB:
- Nr. 5: Regelquerschnitte und Entwässerung. 1936.
- Nr. 7: Staffelung der Fahrbahnen. 1937.
- Nr. 8: Übergangsbögen bei Anschluß- und Abzweigstellen. 1937.
- Nr. 9: Rast- und Parkplätze. 1937.
- Nr. 12: Umgrenzung des lichten Raumes. 1939.

Entwurf zu Richtlinien für die Durchführung von Bauarbeiten auf Überlandstraßen. (FG). 1937.
Vorläufige Richtlinien für Durchgangsstraßen in Ortschaften. (FG). 1937.
Technische Richtlinien für den Radwegebau. 1936.
Erlaß über Anbau an Verkehrsstraßen vom 8. 9. 1936.

Bau.

Untergrund, Tragkörper, Erdstraßen.

Technische Vorschriften für die Ausführung von Erdarbeiten im Straßenbau (TVE). 1949.
Musterleistungsverzeichnis für die Ausführung von Erdarbeiten im Landstraßenbau (LVE). 1949.
Technische Vorschriften für die Ausführung des Deckenunterbaues auf Landstraßen (TVU). 1949.
Richtlinien für die Ausführung des Deckenunterbaues auf Landstraßen (RUL). 1949.
Musterleistungsverzeichnis für die Ausführung des Deckenunterbaues auf Landstraßen (LVU).
Richtlinien für den Bau und die Unterhaltung von Erdstraßen (FG). 1943.
Maßnahmen zur Fahrbarmachung von Erdstraßen (FG). 1942.
Vorläufiges Merkblatt für den Bau von zementverfestigten Erdstraßen (FG). 1940.

[1] Die angeführten Vorschriften sind in der z. Z. gültigen Fassung in der Vorschriftensammlung „Straßenbau von A—Z", Erich-Schmidt-Verlag, Bielefeld, abgedruckt.

Vorläufiges Merkblatt für bodenphysikalische Prüfverfahren (FG). 1939.
Vorläufige Richtlinien für die Verhütung von Frostschäden (FG). 1936.

Betonstraßen.

Technische Vorschriften für die Ausführung von Betondecken auf Landstraßen (TVBeton).
Musterleistungsverzeichnis für die Ausführung von Betondecken auf Landstraßen (LVBeton). 1949 mit Anhang: Leistungsbeschreibung für die Ausführung von Zementschotterdecken auf Landstraßen.
Merkblatt für Betonstraßen (FG). 1940.
Anweisung für den Bau von Betonfahrbahndecken RAB (ABB). 1939.
Anweisung für die Abnahme von Betonfahrbahndecken der RAB (ABB). 1939.
Merkblatt für den Bau von Zementschotterstraßen.
Richtlinien für den Bau und die Instandhaltung von Zementschotterdecken (RZementschotterdecken).
Technische Vorschriften für die Ausführung von Zementschotterdecken auf Landstraßen (Zusatz zu den TVBeton).
Leistungsbeschreibung für die Ausführung von Zementschotterdecken (Zusatz zu den LVBeton).

Asphalt- und Teerstraßen.

Einheitliche Bezeichnungen und Begriffsbestimmungen für die bituminösen Straßenbauweisen.
Merkbuch für die Ausführung und Unterhaltung bituminöser Decken auf Stadtstraßen nebst Musterleistungsverzeichnis (FG). 1950.
Richtlinien für bituminöse Deckenarbeiten auf Landstraßen (RbitL). 1949.
Technische Vorschriften für bituminöse Deckenarbeiten auf Landstraßen (TVbit). 1949.
Musterleistungsverzeichnis für die Ausführung von bituminösen Fahrbahndecken auf Landstraßen (LVbit). 1949.
Merkblatt über die Verwendung von Bituminemulsionen bei der Unterhaltung und Herstellung von Straßendecken (FG). 1949.
Merkblatt für die Güteprüfung von Tränkdecken.
Leitsätze für die Bauüberwachung (FG). 1940.
Merkblatt für die Herstellung von Teerbetonmassen und den Bau von Teerbetondecken. 1940.
Anweisung für den Bau von bituminösen Fahrbahndecken, RAB. 1938.

Pflasterstraßen.

Merkblatt für den Bau von Fahrbahndecken aus Steinpflaster (FG). 1940.
Merkblatt für die Ausführung von Zementmörtelfugenverguß bei Steinpflasterdecken (FG). 1940.
Anweisung für den Bau von Pflasterdecken, RAB. 1939.
Merkblatt über Pflastersteine aus Kupferhochofenschlacke.

Straßenunterhaltung — Vertragsbedingungen.

Besondere Vertragsbedingungen für die Ausführung von Bauarbeiten auf Landstraßen (BVL). 1949.
Merkblatt für Schneeschutz an Straßen (FG). 1949.
Dienstanweisung für die Verwendung von Streusalzen im Winterdienst (DStrsWi). 1940.

Zusammenstellung der für den Straßenbau maßgebenden Deutschen Normen.

1. Baugrund:

DIN 4021	Grundsätze für die Entnahme von Bodenproben zur Untersuchung des Untergrundes für Bau- und Wassererschließungszwecke.
DIN 4022	Einheitliches Benennen der Bodenarten und Aufstellen der Schichtenverzeichnisse zur Untersuchung des Untergrundes für Bau- und Wassererschließungszwecke.

2. Natursteine:

DIN 1179	Körnungen für Sand, Kies und zerkleinerte Stoffe.
DIN 51991	Kennzeichnung der Kornform und Oberflächenbeschaffenheit der Einzelteile grober Schüttgüter.
DIN 52100	Prüfung von Natursteinen, Richtlinien zur Prüfung und Auswahl.
DIN 52101	Prüfung von Naturstein: Richtlinien für die Probenahme.
DIN 52102	,, ,, ,, : Rohwichte, Reinwichte, Dichtigkeitsgrad.
DIN 52103	,, ,, ,, : Wasseraufnahme, Wasserabgabe.
DIN 52104	,, ,, ,, : Frostbeständigkeit.
DIN 52105	,, ,, ,, : Druckfestigkeit.
DIN 52106	,, ,, ,, : Wetterbeständigkeit.
DIN 52107	,, ,, ,, : Schlagfestigkeit an Würfeln ermittelt.
DIN 52108	,, ,, ,, : Abnutzbarkeit durch Schleifen.
DIN 52109	,, ,, ,, : Widerstandsfähigkeit von Schotter gegen Schlag und Druck.
DIN 52110	,, ,, ,, : Raummetergewicht von Steingekörn, Gehalt von Steingekörn an Hohlräumen im Haufwerk.
DIN 52111	,, ,, ,, : Kristallisationsversuch.
DIN 52112	,, ,, ,, : Biegefestigkeit.

3. Künstliche Baustoffe:

DIN 1044	Einheitliche Bezeichnungen im Stahlbetonbau.
DIN 1045	Bestimmungen für Ausführungen von Bauwerken aus Stahlbeton.
DIN 1047	Bestimmungen für Ausführung von Bauwerken aus Beton.
DIN 1048	Bestimmung für Betonprüfungen bei Ausführung von Bauwerken aus Beton und Stahlbeton.
DIN 4226	Betonzuschlagstoffe aus natürlichen Vorkommen. Vorläufige Richtlinien für die Lieferung und Abnahme.
DIN 1164	Portlandzement, Eisenportlandzement, Hochofenzement.
DIN 1167	Traßzement.
DIN 52170	Mischungsverhältnis und Bindemittelgehalt von erhärtetem Mörtel und Beton.
DIN 52171	Stoffmengen und Mischungsverhältnis im Frischmörtel und Frischbeton.
DIN 51043	Traß, Begriff, Eigenschaften, Prüfverfahren.
DIN 51044	Traß, chemische Untersuchung.
DIN 1995	Bituminöse Bindemittel für den Straßenbau: I. Vorschriften für die Probenahme und Beschaffenheit. II. Vorschriften für die Untersuchung (Prüfverfahren).

DIN 1996 Bitumen und Teer enthaltende Massen für Straßenbau und ähnliche Zwecke.
DIN 105 Mauerziegel.
DIN 4301 Vorschriften über die Beschaffenheit von Hochofenschlacke als Straßenbaustoff.

4. Prüfgerät:

DIN 1170 Rundlochsiebe für Prüfsiebe.
DIN 1771 Drahtgewebe für Prüfsiebe, Abmessungen.

5. Straßen- und Wegebau:

DIN 481 Kleinpflastersteine, Mosaikpflastersteine aus Naturstein.
DIN 4300 Großpflastersteine für Reihenpflaster.
DIN 284 Grenzstein für Reichsstraßen.
DIN 487 Grenzsteine, Nummernsteine, Beton.
DIN 286 Entwurf Bordschwellen, Einfassungs- und Bordsteine, Basaltlava.
DIN 482 Bordschwellen, Bordsteine, Naturstein.
DIN 483 Bedingungen für die Lieferung und Prüfung von Bordschwellen und Bordsteinen aus Beton.
DIN 484 Bürgersteigplatten, Naturstein.
DIN 485 Bedingungen für die Lieferung und Prüfung von Bürgersteigplatten aus Beton.
DIN 1998 Richtlinien für die Einordnung und Behandlung der Gas-, Wasser-, Kabel- und sonstigen Leitungen und Einbauten bei der Planung öffentlicher anbaufähiger Straßen.
DIN 4064 Hinweisschilder: Heizungen.
DIN 4065 „ : Fern-Gasleitungen.
DIN 4066 „ : Feuerlöschwesen.
DIN 4067 „ : Wasser.
DIN 4068 „ : Abwasser.
DIN 4069 „ : Gasleitungen.

6. Baumaschinen:

DIN 459 Betonmischmaschinen, Größen und Baugrundsätze.
DIN 8680 Motor- und Dampfstraßenwalzen, Bauart, Hauptabmessungen.

7. Straßenablauf:

DIN 1207 Aufsatz für Straßenabläufe mit Schmalrost.
DIN 593 Aufsatz für Straßenabläufe mit Breitrost.
DIN 1235 Aufsätze für Straßenabläufe mit seitlichem Einlaß.
DIN 4052 Straßenabläufe aus Beton, Bauart und Herstellung.
DIN 4053 Straßenabläufe aus Steinzeug, Zusammenstellung von Beispielen.

8. Vergebungsvorschriften:

DIN 1960 Allgemeine Bestimmungen für die Vergebung von Bauleistungen.
DIN 1961 Allgemeine Vertragsbedingungen für die Ausführung von Bauleistungen.
DIN 1962 Technische Vorschriften für Bauleistungen: I. Erdarbeiten.
DIN 1966 „ „ „ „ : III. Asphalt- und Dichtungsarbeiten.
DIN 1967 „ „ „ „ : IV. Beton- und Eisenbetonarbeiten.
DIN 1984 „ „ „ „ : XXI. Steinsetzer- (Pflasterer-) Arbeiten.

Die gebräuchlichsten Siebsysteme mit ihren wichtigsten Daten.

Amerikanischer ASTM-Maschen-Siebsatz		Britischer Standard-Maschen-Siebsatz		Deutsche Siebsätze: Maschensiebe DIN 1171 Ausgabe 1934		Deutsche Siebsätze: Rundlochsiebe DIN 1170 Ausgabe 1933	
Maschen je Zoll	lichte Maschenweite mm	Maschen je Zoll	lichte Maschenweite mm	Gewebe Nr.	lichte Maschenweite mm	Lochdurchmesser mm	Umrechnung in l. Maschenweite mm[1]
—	—	—	—	100	0,060		
200	0,074	200	0,076	80	0,075		
—	—	—	—	70	0,090		
					0,100		
					0,120		
100	0,149	100	0,152	40	0,150		
80	0,177	85	0,178				
70	0,210	72	0,211	30	0,200		
60	0,250	60	0,251	24	0,250		
50	0,297	—	—	20	0,300		
40	0,420	44	0,353	14	0,400		
					0,500		
30	0,590	30	0,500	10	0,600		
20	0,840	22	0,699	8	0,750		
—	—	—	—	—	1,000	1	0,7
					1,200	2	—
					1,500		
10	2,000	10	1,676	—	2,000	3	2,3
4	4,76					4	—
¼″	6,35					5	3,8
½″	12,7					6	—
¾″	19,05					7	5,4
1″	25,4					8	6,2
1¼″	31,75					9	—
						10	7,8
						12	9,5
						15	12,0
						18	—
						20	16,4
						25	20,8
						30	25,2
						40	34,2
						50	
						60	
						70	

[1] Nach Rothfuchs.

Schrifttumsverzeichnis.

1. Bloß, El., Kraftbetriebe und Bahnen. 1921.
2. Revue general des Routes. 1939.
3. Automobil Facts and Figures. 1936.
4. Machemer-Reismann, Kampf um Treibstoffe. Verlag Fritz Knapp, Frankfurt a. M. The World Almanach, 1946.
5. Weil, Über Reibungsbeiwerte zwischen Rad und Fahrbahn, Mitteilungen der Versuchsanstalt für Straßenbau, Technische Hochschule Stuttgart, Heft 9.
6. Martin, Druckverteilung in der Berührungsfläche zwischen Reifen und Fahrbahn, Kraftfahrtechn. Forsch.-Arb., Heft 2. Berlin, VDI.-Verlag, 1936.
7. Schmidt, C., Automobiltechnische Zeitschrift 1938, S. 392.
8. Kamm, ZVDI. 1940, S. 488.
9. Kluge und Haas, Rollwiderstand von Luftreifen, Deutsche Kraftfahrforschung Heft 26, Berlin, VDI.-Verlag, 1939.
10. Zanke, Automobiltechnische Zeitschrift 1939, S. 619.
11. Schindler, Die statische und dynamische Fahrbahnreibung und die Mittel zu ihrer Bestimmung. Diss. Zürich.
12. The non skid properties of road carpets. Veröffentlichungen der Shell-Gesellschaft.
13. Gölz, Straßendecke und Kraftwagen. Mitteilungen aus dem Straßenbau-Institut der Technischen Hochschule Darmstadt. Zementverlag G. m. b. H., Berlin-Charlottenburg 1937.
14. Studies in Road Friction 1. Road Surface Resistance to Skidding. Road Research No. 1, 1936, Technical Papers. Measurement of the Non-skid Properties of Road Surfaces Bulletin No. 1, 1936.
15. Zipkes, Die Reibungskennziffer als Kriterium zur Beurteilung von Straßenbelägen. Mitteilungen aus dem Institut für Straßenbau E. T. H. Zürich 1944.
16. Müller, Fahrdynamik. Berlin: Springer 1939.
17. Hahn, Fahrwiderstände eines Kraftwagens auf der RAB. Diss. Stuttgart 1943/44.
18. Schmidt, Fahrwiderstände.
19. Kamm, Kraftwagen und Straße in ihrer Wechselwirkung. Kraftfahrtechnische Tagung. Berlin: VDI.-Verlag 1934.
20. Mitteilungen der F. G. 1939, H. 7 (Petersen).
21. Schönleben-Ostwald, Straße 1939, H. 8, S. 263; Straße 1941, H. 23/24.
22. Langer-Thomä, Automobilrundschau 1927, H. 21/23.
23. Langer-Thomä, Straßenbau 1928, H. 21/22.
24. Thomä, Straßenbau 1930, H. 11.
25. Langer-Thomä, ZVDI. Bd. 71 (1928), H. 44.
26. Ostwald, W., Straße 1941, H. 23/24.
27. Straße und Verkehr, Zürich 22 (1936), S. 4, s. a. E. Neumann, Verkehrstechnik 20 (1939) S. 381.
28. Kraftverkehr im Deutschen Reich, Volk und Reich Verlag.
29. Schlums, Landstraßenverkehr. Diss. Dresden 1929.
30. Schlums, Verkehrstechnik 11 (1930), S. 63.
31. Schlums, Raumerschließung durch Kraftwagen, Bd. 23 d. Schriftenreihe „Die Straße". Berlin 1942.
32. Schlums, Raumforschung und Raumordnung 6 (1942), H. 8/9.
33. Wallack, ZVDI. Jg. 77 (1933), S. 497.
34. Gostynski, Straßenbau 1942, H. 17/18.
35. Kamm, Straßenbau. Jahrbuch F. G. 1939/40, S. 173.

36. Warning, Verkehrstechnik 19 (1938), S. 273 u. 298.
37. Auberlen, Schriftenreihe „Die Straße". Richtlinien für den Ausbau der Landstraßen. Bd. 15. Berlin 1939.
38. Schlums, Verkehrstechnik 21 (1940), S. 166.
39. Heller, Die Straße 1938, S. 15.
40. F. G., Technische Richtlinien für den Radwegbau.
41. Public Road. Bd. 18 (1937), S. 121—137.
42. Wehner, Die Leistungsfähigkeit von Straßen. F. G. Bd. 20.
43. Erlaß des Reichsarbeitsministers, Reichsarbeitsblatt 1936, I, S. 261.
44. Neumann, E., Die Bautechnik. 16 (1938), S. 596.
45. Neumann, E., Verkehrstechnik 22 (1941), S. 54, ZVDI. 1941, S. 410.
46. RAST, F. G., Vorläufige Richtlinien für den Ausbau von Stadtstraßen.
47. Schaar, Automobiltechnische Zeitschrift. 41 (1938), S. 599.
48. Meinecke, Automobiltechnische Zeitschrift. 40 (1938), S. 365.
49. Wehner, Betriebsanlagen für den Schwerkraftverkehr, Schriftenreihe der Straße. Bd. 1.
50. Hauska, Der Straßenbau, Abschn. I. Wien 1938.
51. Neumann, E., Bautechnik. 15 (1937), S. 613. Haller Verkehrstechnik 13 (1932) S. 667.
52. Betonstraße 11 (1936), S. 244.
53. Findeis, Zeitschrift d. Österreichischen Ingenieur- und Architektenvereins 1938, H. 13/14.
54. Kraatz, Beitrag zur Bestimmung der Querneigung und Übergangsbogen in Stadtstraßen. Diss. Stuttgart 1942.
55. Örley, Übergangsbogen bei Straßenkrümmungen. Berlin 1937. Forschungsarbeiten aus dem Straßenwesen, Neue Folge H. 5, Übergangsbögen im Straßenbau.
56. Schürba, Klotoiden-Absteckțafeln. Berlin 1942.
57. Walther, Untersuchung der Stetigkeit von Verkehrswegen mit Hilfe des Winkelbildes und graphischen Differenzierung. Schriftenreihe der „Straße" 28.
58. Brauer, P., Zur räumlichen Theorie der Straße. Ingenieur-Archiv 1942, H. 1, S. 9.
59. Schunck, E., Straße 1941, S. 134.
60. Neumann, E., Verkehrstechnik. 20 (1939) S. 253, 22 (1941), S. 53.
61. Lorenz, Fahrspurenkunde, Straße 1941, H. 9/10, S. 177.
62. Trauer, Straßenbau. 22 (1931), S. 495.
63. Schlums, Bautechnik. 21 (1943), S. 73.
64. Bauanweisung für Reichsautobahnen. Trassierungsgrundsätze, Baurab TG G. I. Ausgabe 1942.
65. Klett, Straße 1935, Heft 13.
66. Trassierungsgrundlagen der RAB. Schriftenreihe „Die Straße" 28.
67. Lorenz, Gradientenmodelle. Schriftenreihe der „Straße" 28.
68. Ranke, von, Raumperspektive. Schriftenreihe der „Straße" 28. Bautechnik 1948, H. 10.
69. Freising, Folgerungen aus den Untersuchungen des perspektiven Bildes von Linienelementen der Straße (Diss. Stuttgart) 1949.
70. VIII. I. Str. K. 1938: Haag, Ber. 54.
71. Feuchtinger M.-E., Bautechnik. 17 (1939) S. 433.
72. Neumann, E., und Feuchtinger M.-E., Bautechnik 15 (1937), S. 141.
73. Neumann, E., Kritische Betrachtungen über den gegenwärtigen Stand des Straßenwesens in den VStA., Berlin 1926.
74. Lange, ZVDI. 83 (1939), S. 932.
75. VIII. I. Str. K. Haag, Ber. 55.
76. Synspunkter for Beplantning af Veje med Traeer, Haekke eller Buske. Bericht Nr. 14 des Dänischen Wegekomitees. Kopenhagen 1936.
77. Roadside Improvement USA. Department of Agriculture.
78. Lorenz, Gestaltungsaufgaben im Straßenbau. F. G. Bd. 14.
79. Neumann, E., Grundzüge der Bodenkunde für Ingenieure, Stuttgart 1948.
80. Tiedemann, Über Bodenuntersuchung bei Entwürfen und Ausführung von Ingenieurbauwerken. 4. Aufl. Berlin 1948.
81. Public Roads Vol. 20, No. 7, 1938; Vol. 12, No. 8, 1931; Vol. 16, No. 12, 1936.
82. Redlich, Terzaghi, Kampe, Ingenieurgeologie. Berlin: Springer-Verlag 1929.

83. Straße 1935, Heft 12.
84. Keil, Dammbau neuzeitlicher Verkehrsstraßen. Berlin: Springer-Verlag 1938.
85. Straße. 7. Jg. (1940), S. 70, S. 109.
86. VIII. I. Str. K. Haag, Ber. 78.
87. Eng. News Record (111) 1933, S. 248ff.
88. Taber, Public Roads. Vol. 11 (1930), S. 115. Dücker, A., Der Bodenfrost im Straßenbau. Erich Schmidt Verlag, Bielefeld 1948. Ruckli, R., Frost im Baugrund. Springer, Wien 1949. Casagrande, Die Straße, 6. Jg. (1940) H. 9/10.
89. Beeskow, Mitteilungen Statens Väginstitut No. 48.
90. VIII. I. Str. K. Haag, Ber. 86.
91. U. S. Civil Aeronauties Administration Soil Manual 1945.
92. Fröhlich, C. K., Druckverteilung im Baugrund. Wien 1934.
93. Teller u. Sutherland, The Structural Design of Concrete Pavements. Public Roads, Vol. 4 (1943).
94. Hertz, H., Wied. Ann. Phys. Chem. Bd. 22, 1884.
95. Schleicher, F., Kreisplatten auf elastischer Unterlage. Berlin 1926.
96. Westergaard, H. M., Stresses in Concrete Pavements. Public Roads, Vol. 7 (1926) u. Vol. 14, 1933.
97. Woinowsky-Krieger, Berechnung einer auf elastischem Halbraum aufliegenden, unendlich erstreckten Platte. Ing. Archiv XVII. Bd. 1949.
98. Love-Timpe, Lehrbuch der Elastizität, Leipzig 1907.
99. Melan, E., Verteilung des Druckes durch eine elastische Schicht. Österr. Wochenschr. f. d. öffentl. Baudienst 1918, u. Beton u. Eisen 1919.
100. Passer, W., Druckverteilung durch eine elastische Schicht. Sitzungsberichte d. Wiener Ak. d. W. 1935.
101. Marguerre, K., Spannungsverteilung in der kontinuierlich gestützten Platte. Ing. Arch. 1933, S. 332—353.
102. Hogg, A. H. A., Equilibrium of a thin Plate, symmetrically loaded, resting on an Elastic Foundation of Infinite Depth. Philosophical Magazine, Ser. I, Vol. XXV, March 1938.
103. Burmister, M., The Theory of Stresses and Displacements in Layered systems and Applications to the Design of Airport Runways. Proceedings Highway Research. Board 1943.
104. Fox, L., Computation of Traffic stresses in a simple road structure. Proc. of the International Conference Rotterdam, 1948, Vol. II, S. 236.
105. Hank u. Scrivner, Two- and three-Layered Systems. Proceedings of 28th Ann. Meeting of the Highway Research Board 1949.
106. Terzaghi, K., Theoretical Soil Mechanics. New York 1934.
107. Neumann, E., Bautechnik. 19. (1941), H. 29 und 18. (1940), H. 29.
108. VIII. I. Str. K. Haag, Ber. 93 Schweiz.
109. Highway Research No. 8.
110. Public Roads, Vol. 17 (1936).
111. Soil Cement Mixtures for Roads. Highway Research Proceedings 17, Part II, 1937.
112. Hummelsberger und Held, Bodenverfestigung mit Zement im Straßenbau. Betonstraße 1941 (16), H. 1 und 2.
113. Neumann, E., Bitumen 1936, S. 121.
114. Roediger und Klinger, Proceedings of the Highway Research Board, Bd. II, Dez. 1938.
115. Bilfinger, Über die Anlage von Rollfeldern. Berlin 1937.
116. Temme, Bitumen 1941, H. 2/3, S. 22.
117. Kohler, Mitteilungen der F. G. 1941, H. 2.
118. I. Str. K. Haag 1938, Ber. 3.
119. Neumann, E., Verkehrstechnik. 8 (1927), H. 28.
120. Huber, Straßenjahrbuch 1937/38, S. 62.
121. Straßenbau 1935, S. 43.
122. Cement bound Macadam, Portland Cement Association, New York.
123. Jung, Bautechnik 6 (1928), H. 38.
124. Großjohann, Verkehrstechnik 16 (1935) S. 73.
125. Biel, Verkehrstechnik 17 (1936) S. 343.
126. Speck, Bautechnik 3 (1925) S. 514.

127. Noll, Zur Vervollkommnung des Kleinpflasters.
128. Schulze, Betonstraßen 1932, H. 7, S. 81—82.
129. Busch, Straßenjahrbuch 1937/38, S. 95.
130. Neumann, E., Bautechnik 13 (1935) S. 751.
131. Zelter, Petrographische Untersuchung über die Eignung von Graniten als Straßenbaumaterial. Halle 1927.
132. Svenska Väginstitut, Stockholm, Mitteilungen Nr. 73.
133. Marx, Straßenbau 1926, S. 208.
134. Gerlach, ZVDI. 78 (1934), S. 1027.
135. Freytag, W., Der Bau neuzeitlicher Straßenklinkerdecken. Berlin 1943.
136. Neumann, E., Bautechnik 2 (1923), H. 30, S. 301.
137. Concrete Pavement Design. Am. Concrete Institut 30. T. 1926.
138. Forschungsarbeiten aus dem Straßenwesen, F. G. Bd. 13, Berlin 1938; desgl. Bd. 5, Berlin 1938.
139. Statens Vaginstitut Stockholm, Mitteilungen 59 (1939).
140. The structural Design of concrete Pavements Public Roads Vol. 14.
141. Walz, Jahrbuch 1938, F. G., S. 179.
142. Mitteilungen der F. G. für das Straßenwesen, H. 10.
143. Betonstraße 1940, S. 19.
144. Neumann, E., Beton und Eisen 1939, H. 15, S. 245.
145. Schleicher, Bautechnik 1939, S. 4.
146. Proceedings Highway Research Board Washington 1948, S. 28—52.
147. Neumann, E., Betonstraßen 1927, H. 7, S. 195.
148. Neumann, E., Beton und Eisen 1934, H. 4, S. 53.
149. Neumann, E., Beton und Eisen 1935, H. 17, S. 265.
150. Goerner und Laussing, B. T. 1936, H. 1.
151. Proceedings of the twelfth Annual Meeting of the Higway Research Board Dez. 1932.
152. Forschungsarbeiten aus dem Straßenwesen F. G. Betonstraße H. 9, 1939.
153. Forschungsarbeiten aus dem Straßenwesen, Bd. 21. Berlin 1939.
154. Neumann, E., Beton und Eisen 36 (1937) S. 34.
155. Held, Straße 1941, H. 11/12, S. 210.
156. Jahrbuch der F. G. 1936, Forschungsarbeiten aus dem Straßenwesen, Bd. 23.
157. Schade, Die maschinelle Fertigung des Betons im Straßenbau, Zementverlag 1940, Berlin.
158. Walz, Rüttelbeton, II. Aufl., Berlin 1944.
159. Betonstraße 1936, H. 1, S. 4.
160. Einrichtung von Großbaustellen, Berlin 1938, H. 1.
161. Platzmann, Asphalt und Teer 1939, S. 325.
162. Roads and Streets, Bd. 91 (1942) S. 105.
163. Roth, Betonstraße 1938, H. 1.
164. Wehner, Bitumen, 5. Jg. (1935) S. 113—149.
165. Hummelsberger, Betonstraße 1938, H. 9, S. 187.
166. Betonstraße 1940, H. 5, S. 61.
167. Haegermann, Betonstraße 1941, H. 6, S. 75.
168. Streit, Betonstraße 1937, S. 152, Lepe Betonstraße 1937, S. 183.
169. Prahl, Betonstraße 1937, H. 7, S. 146.
170. Mallison, Teer, Pech, Bitumen und Asphalt, Halle 1944.
171. Veröffentlichungen des Hauptausschusses der Zentrale für Asphalt- und Teerforschung (Z. f. A. T.). Berlin 1937.
172. Otten und Kemptner, Bitumen 10 (1941) S. 105.
173. Asphalt und Teer, Straßenbautechnik 1931, S. 831.
174. Nüssel und Piechowski, Hochschmelzende Bitumen, Bitumen 9 (1940).
175. Wilhelmi, Über den kolloidalen Aufbau der Asphalte, Mitteilungen der Str. V. Stuttgart, Heft 7, 1933.
176. Oberbach und Pauer, Über die Zusammensetzung von Erdölasphalten, Berlin 1936.
177. K. Krenkler und Rudolf Wagner, Über die Struktur der bituminösen Stoffe. Erdöl und Kohle 1948, S. 280.

178. Blokker, Über einige physikalische Konstanten von Bitumen. Angewandte Chemie 52 (1939) S. 643.
179. Bitumen, Gewinnung und Eigenschaften in Verwendung im Bauwesen, bearbeitet und veröffentlicht in der Verlagsabteilung der Arbeitsgemeinschaft der Bitumen Industrie Berlin.
180. Suida und Kamptner, Asphalt und Teer. Straßenbautechnik 1931, S. 669.
181. Wilhelmi, Beitrag zur Kenntnis der Bitumina aus deutschem Erdöl. Bitumen 11 (1941) S. 34.
182. Nüssel, Verkehr und Technik. 1948, S. 13.
183. Becker, Hinweise zur Herstellung von Bitumen-Emulsionen. Bitumen 11 (1941) H. 4/5.
184. Temme, Bitumenemulsion im Straßenbau. Berlin 1936.
185. Becker, Mitteilungen der F. G. 1941, Nr. 4. Bitumen 10 (1941) S. 9.
186. Saal, Bitumen 3 (1933), S. 101.
187. Highway Research Abstracts. Oktober 1949, Bitumen 7 (1937) S. 146.
188. Nellensteyn, IV. I. Str. K. Washington 1930, Ber. 30. Asphalt und Teer Straßenbautechnik 1929, S. 506.
189. Viscosity Road Tar Research Committee Road Tar Bulletin Nr. 2, 1946.
190. Mallison, Straßen- und Tiefbau. Berlin 1948, S. 238.
191. Eastern Countier Gas Menager Commithe. Some Problems and Suggestions Relating to Coal Tar von Chadder and Spiers.
192. Statens Väginstitut Stockholm, Mitteilungen 60 (1939).
193. Statens Väginstitut Stockholm, Mitteilungen 78 (1950).
194. Mitteilungen der F. G. 1940, Nr. 10.
195. Ewers, Verbesserung der Haftung. Bitumen 11 (1941), H. 4/5.
196. Neumann, Bitumen 11 (1941), H. 9/10.
197. Oberbach, Teer- und Asphaltstraßenbau. Berlin 1939.
198. Kirchhoff, Straße und Autobahn, 1. Jg. (1950) H. 1.
199. Crantz und Ziechner, Straße und Autobahn, 1. Jg. (1950) H. 3.
200. Klinkmann, Asphalt und Teer. Straßenbautechnik 1938, H. 11.
201. Oberbach, Bitumen 2 (1932), S. 24.
202. Ohse, Mitteilungen der A. u. B-Stelle für Teerstraßenbau 1937, H. 3.
203. Andreason, Kolloid-Zeitschrift Bd. 50 (1930).
204. Wilhelmi, Mitteilungen der StrVA. Stuttgart, H. 14.
205. Bartholomäi, Mitteilungen der StrVA. Stuttgart, H. 12.
206. Johannsen, Bitumen in der Praxis. II. Aufl. 1938.
207. Wilhelmi, Mitteilungen der StrVA. Stuttgart, H. 4.
208. Wilhelmi, Neue Wege für den Aufbau von Asphalt- und Teerdecken. Allg. Industrieverlag, Berlin 1934.
209. Gonnel, Bitumen im Straßenbau.
210. Schläpfer, Untersuchungen über bituminierte Filler. Eidgenössische Materialprüfungs- und Versuchsanstalt Zürich 1938.
211. The Effekt of Mixing on the Asphalt Content of Pavong Mixtures American Road Builders Ass. 1948.
212. Herrmann, Untersuchung über bituminöse Straßenbaustoffe, F. G., H. 5.
213. Jödicke, Fr., Bitumen 9 (1939) S. 41.
214. Neumann, E., Bitumen 8 (1938) S. 200.
215. Großjohann, Teerstraßenbau in Einzeldarstellung. A. und B. H. 5, S. 201.
216. Schott, Mitteilungen der Versuchsanstalt für Straßenbau, Stuttgart, Heft 11.
217. Schlums, Teer und Bitumen 1944. H. 3/4 u. 5/6.
218. Mitteilungen der F. G. 1937, H. 4.
219. Kirchhoff, Straßenbautagung 1938.
220. Kunde, Straßenbautagung 1938.
221. Neumann, ZVDI. 74 (1930), S. 533.
222. Macht, Asphalt und Teer. 1939, H. 3, S. 35.
223. Rader, The Association of Asphalt Technologist Proceedings January 1935 New York.
224. Neumann, Bitumen. 11. (1941), S. 19.

225. Nijboer, L. W., Onderzock naar den wederstand von Bitumenmineralaggregaat mengels tegen plastische Deformatie Amsterdam 1942 (Diss. Delft) s. a. Neumann Asphalt und Teer, 1944, S. 107; Straßen- und Tiefbau 1948, S. 292.
226. Nüssel, Verkehr und Technik. 1949, H. 4, S. 15.
227. Fischer, Zeitschrift d. Österr. Ingenieur- und Architektenvereins 1931, H. 11/12 und 17/18.
228. Forschungsgesellschaft f. d. Straßenwesen, Bd. 7.
229. Neukom, Asphalt und Teer 1939, H. 5.
230. Sohler Straßenbau 1929, S. 429; 1930, S. 558.
231. Meier, A., Straße und Verkehr, Zürich 36 (1950) H. 2.
232. Neumann, E., Straße und Verkehr, Zürich 36 (1950) H. 5.
233. Neumann, E., Bautechnik 18 (1940) H. 1.
234. Forschungsgesellschaft f. d. Straßenwesen, Bd. 32 (1941).
235. Crantz und Ziechner, Straße und Autobahn 1 (1950) H. 4.
236. Neumann, E., Bautechnik 16 (1938) S. 225.
237. Engineering News Record, Bd. 125 (1940) S. 778 s. a. Nr. 45.
238. Public Roads, Vol. 19, Nr. 7.
239. Klett, E., Die Straße 5 (1938) H. 10.
240. Wiedemann, K., Neuere Anwendung der Unterfangungsbauweise im Tunnel- und Stollenbau, 3. Aufl. Berlin 1948.
241. Public Roads, Vol. 25, Nr. 10, 11.
242. Hartmann, Handbuch für Eisenbeton, 4. Aufl. Bd. XII, Berlin 1936.
243. Andreä, C., Zum Problem der Autostraßentunnel. Schweizerische Bauzeitung, Bd. 114, H. 1, 2 (1939).
244. Wirz, Die Lüftung der Alpenstraßentunnel. Mitteilungen aus dem Institut für Straßenbau E. T. H. Zürich, Nr. 2. Verlag Leemann, Zürich, s. a. Neumann ZVDI. (1944) Nr. 47/48, S. 649.
245. Neumann, Z. VDI. Bd. 81 (1937) S. 415/416, Bd. 84 (1940) S. 239, Bd. 85 (1941) S. 410.
246. Andreae C. Problèmes du projet et l'établissement de grands souterrains routiers alpins Leemann Zürich 1950.

Sachverzeichnis.

Abdeckung — Oberflächenbehandlung 322
Ablösungskapital 40
Abmessungen der Kraftwagen 3, 9
Abnutzung 388
—, Asphaltbeläge 388
—, Steinpflaster 219, 224
Abrams 244, 258
Abschleifmaschine nach Böhme DIN 52108 224
Absplittung 322, 386
—, für Steigungen 323, 386
Abziehlehren 270
Achsstand 10
Adhäsion 305, 307
Adsorptionsvermögen 345
Advance-Prinzip-Walze 406
Albinobitumen 306
Amiesiteverfahren 364
Amsterdam 355, 363
Anbaufreie Straßen 78
Andreae 421
Andreasen 196, 340
Anliegerleistung 80
Anpassungsfähigkeit, Straßenbeläge 208
Anrampung 106
Anrauhen, Oberfläche 24, 362, 386
Anschlußstellen (Autobahnen) 149
Anthrazenöl 307
Arbeitsvermögen (Reifen) 11
Asbest 226, 281, 347, 391
Aschegehalt von Bitumen 301
Asphalt:
—, Begriffsbestimmung 289
—, Bermudaz- 292
—, -Beton 209, 338
—, Gleitreibung des — 25
—, Haftreibung der — 21
—, Im Kalteinbau 364
—, Boeton — 296
Asphalt: Feinbeton 356
—, Grobbeton 360
—, Guß, Hartguß- 209, 381
—, Kalkstein- 293
—, Kentuckyrock 295
—, Makadam 209, 331
—, Sand- 209, 350
—, Stampf- 209
—, Trinidad- 292
—, Tränkmakadam- 328
Asphaltene 298
Atterberg 168
Aufmarschplätze 134
Aufreißer 200, 413
Aufstellwinkel bei Parkplätzen 90
Aufsuchen der Linie im Lageplan 51
Ausbaugeschwindigkeit 15, 49, 52, 73, 96, 121
Ausfallstraßen 113
Ausrollgrenze 168
Ausrundung der Gefällwechsel 65
Australien 207, 231
Autobahnen:
—, Abzweigstellen 148, 150
—, Amerikanische 72, 80, 163
—, Anschlußstellen 149
—, Breiten 80
—, Fahrdynamische Linienführung 60, 135
—, Harrisburg–Pittsburgh 72, 80, 418
—, Holländische 80
—, Kreuzungen 152
—, Linienführung 72, 135
—, Neigungswechsel 139
—, Querneigung 136
—, Schrägneigung 140
—, Sichtfreilegung 138
—, Staffelung 139
—, Steigung 50
—, Tunnel 417
—, Vergleichsfahrten auf 16
Backen-Brecher 395
Bahndrücke 5
Barber-Greeneverteiler 374
Basalt 211, 218, 220, 228, 357, 363, 399
Basaltkleinpflaster 22, 31, 220, 386
Baumpflanzungen 160
Bauordnung 80
Baustelleneinrichtung:
—, Asphaltstraßen 368
—, Betonstraßen 262
Becker, Dr. 304
Beiwerte:
—, Gleitwiderstand 19, 25
—, Haftreibung 19, 24
—, Kraftschluß- 19
—, Kreis des — 26
—, Rollreibungs- 19
—, Seitenkraftreibung 26
Belgien 5
Beleuchtung, Tunnel 425
Belüftung, Tunnel
Benzol unlösliches 307
Bendel, Dr. 5
Bereifung 10
Bergfaulheit 49
Bergigkeit, spezifische 50
Berlin 86, 157
Bermen 78
Bermudazasphalt 292
Berührungsbogen 4
Berührungsfläche 12
Beschleunigung 32
Beschleunigungsmesser 39
Besonnung 81
Bestandsmasse 42
Bestgeschwindigkeit 20
Betonstraßen 209, 236
—, Baustoffe 253
—, Bearbeitung der Oberfläche 270
—, Biegungsfestigkeit 240
—, Deckeneinbau 264
—, Elastizitätsmodul 189, 241
—, Einfassung der Fahrbahntafeln 262

Betonstraßen, Einflüsse der Temperatur 238
—, Fertigbeton 262
—, Festigkeitswerte 240
—, Fugen, Herstellung 245
—, Längsfugen 250
—, Preßfugen in — Tragkörper 355
—, Querfugen 245
—, Scheinfugen 247
—, Gefärbte — Straßen 284
—, Gestaltung der — 238
— —, Beiwert der Gleitreibung 25
— —, Beiwert der Haftreibung 22, 24
—, Längsgefälle 238
—, Lebensdauer der — 284
—, Luftporen — 261
—, Mischer und Mischungen 266
—, Nachbehandlung 282
—, Oberfläche 277
—, Plattenquerschnitt 238
—, Quergefälle 238
—, Rollwiderstand 30, 31
—, Sieblinien 255
—, Stahleinlagen 242
—, Unterhaltung 282
—, Verschleißfestigkeit 244
—, Wasserzementfaktor 258
—, Wasserzusatz 257
—, Weichbeton 258, 270
—, Zement 253
—, Zuschläge 254
Betriebsdiagramm 46
Betriebskosten 42
Betriebsstoffverbrauch 7, 60
Bettungsziffer 4, 188, 190, 337, 355, 390
Bewegungsmasse 42
Bewertung bituminöser Massen 376
Bezugslinie 107
Biegungsfestigkeit von Beton 240
Biegungsprüfung bituminöser Massen 376
Bildsamkeitsprüfung nach Hubbard-Field 378
Bildwirkung 143
Binasco 244
Bitumen 289
—, Albino- 306
—, Anstrich von Betondecken mit — 282
Bitumen, Asche, Gehalt an 301
—, Begriffsbestimmung 289
—, Betonbauweise 209, 338
—, Brechpunkt nach Fraaß 291
—, Brechen von Emulsionen 303
—, Eindringungstiefe (Penetration) 290
—, Emulsion 302
—, Erweichungspunkt Krämer-Sarnow 291
—, Ring- u. Kugelprobe 290
—, nach Wilhelmi 281
—, farbiges — 306
—, geblasenes — 296, 301
—, Haftfestigkeit von — 305
—, Hochvakuum- 296
—, Mischung mit Teer 313
—, Normen- 297
—, Paraffingehalt- 300
—, Raumausdehnungszahl- 298
—, Streckbarkeit, Duktilität 298
—, Verschnitt- 301
Beläge unter Verwendung von Bitumen 209
—, Asphaltbeton 356
—, Asphaltmischmakadam 331
—, Einstreudecke 325
—, Gußasphalt 381
—, Oberflächenbehandlung 319
—, Sandasphalt 350
—, Tränkung mit Emulsion 330
—, Blasenbildung bei Gußasphalt 385
Boden:
—, Analyse 167
—, Ausrollgrenze 168
—, Bildsamkeitswert 169
—, Fließgrenze 168
—, Freiheit, Kraftwagen 8
—, Haftfestigkeit 170
—, Hohlraum 166
—, Hydrodynamische Eigenschaften 169
—, Kapillarität 169
—, Kornzusammensetzung 167
—, Porenvolumen 166
—, Porenziffer 166
—, Pressung 4
Boden: Raumgewicht 166
—, Schlämmanalyse 168
—, Schwind- u. Schrumpfgrenze 169
—, Untersuchung 163
—, Verdichtung 171
—, Wassergehalt 166
—, Wichte 166
—, Vermörtelung mit Bitumen 205
—, — mit Zement 201
Bodenklassifizierung 186, 193
Bodensinterung 207
Böschungen 159
Boetonasphalt 296
Bolomay 196
Bordschwellen aus Beton 228
— aus Naturstein 287
Bordsteine aus Beton 228
— aus Naturstein 287
Brauer-Ostwald 103, 109
Brecher, Stein- 395
Brechpunkt nach Fraaß 291
Breite der Kraftwagen 3, 7
Breite, Straßen 74
—, Autobahnen 80
—, von Tunneln 420
Bremsstrecke 33
Bremsversuche 19
Bremsverzögerung 33
Brennstoffverbrauch 7, 60
Buenos Aires 157

Cados 306
Californian Bearing Ratio 186
Caparve 364
Casagrande 168, 178
Centistokes 289
Chicago 83
Col di Tenda-Tunnel 423
Colprovia 364

Dachformübergang 105
Dammannasphalt 209
Dänemark 5, 160, 289, 308, 331
Dampfwalze 211, 405
Darmstadt, Straßenbauversuchsanstalt 25, 26
Deckverfahren 213
Dehnungszahl von Bitumen 298
— von Beton 239
Delmagfrosch 174
Demagrammplatte 174
Destillation, Bitumen 296
—, Straßenteer 307

Deutagbeton 323, 363
Diabas 211, 217, 219
Dichte, Lagerungs- 167
Diorit 211, 217
Doppelreifen 14
Downs 337
Drehwinkel 2, 85
Dreiachser 10
Dreifeldsystem 197
Druckdiagramm 4
Druckfestigkeit:
—, Asphaltbeton 377
—, Beton 240
—, Granit 224
—, Kleinpflaster 219
—, Klinker 229
—, Zementvermörtelung 203
Dücker, Dr. 178
Durchlässigkeitsziffer 170, 178
Durit 364
Durophalt 364
Dyckerhoff-Weiß 393

Ebenflächigkeit:
—, Betonbeläge 277
—, Bitumen- und Teerbeläge 389
—, Messung der — 37
Eckausrundung 123
Ehrenberg 166
Eindringungstiefe (Penetration) 290
Einfahrten, Gehbahngestaltung 134, 222
Einfallschacht 185
Einfassung s. Bermen 78, 392
Einradwalze 400
Einschlämmen von Boden 172
Einschichtige Betondecken 242
Einstreudecke 309, 325, 336
Einteilung der Straßen 78
Ekkykloide 91
Elastizitätsmodul
—, von Beton 189, 241
—, von bituminösen Massen 355, 377
—, von Boden 188
Emulgatoren, lösliche und feste 304
Emulsion von Bitumen (Kaltasphalt) 204, 217, 302
—, Beschaffenheit 303
—, Einteilung 304
—, Ausführung mit — 321
Emulsion, Oberflächenbehandlung mit 321
—, Tränkung mit 330
—, Vermörtelung mit 206
England 5, 6, 26, 214, 231, 289, 310
Entwässerung der Oberfläche 184
—, der Straßen 126—129
—, des Untergrundes 180
—, des Straßenkörpers 182
Equi-Viscous-Temperatur (ETV) 310
Erdölharze 298
Erdölbitumen 297
Ermüdungserscheinungen bei Beton 241
Erschließung von Bauland 80
Erschüttern zur Bodenverdichtung 174
Erdstoffmechanische Untersuchungen 170
Erdstoffphysikalische Untersuchungen 165
Erdstraßen 192
Erweichungspunkt nach Krämer-Sarnow 290
—, nach Ring und Kugelprobe 290

Fahrbahnen, Breite 75
—, von Tunneln 420
Fahrbahnränder, Ausgestaltung der 392
Fahrgeschwindigkeit 15 siehe auch Ausbaugeschwindigkeit
Fahreigenschaften 207
Fahrkraftlinie 55
Fahrrad 5
Fahrspurkunde 125
Fahrwiderstand 29, 44
Fahrzeitberechnung 55
Farbe:
—, Betonbeläge 284
—, Bitumenbeläge 306, 393
Farbumschlag (Schwind- und Schrumpfgrenze) 169
Federzahnegge 200
Felgenbreite 3
Fertigbeton 262, 371
Fertiger für Betonbelag 272
—, für bituminöse Beläge 373
Fischsterben 307
Flickverfahren (Steinschlagdecke) 212
Fliehkraft in Krümmungen 93
Fliehbeschleunigung 99
Fließgrenze 168
Fluchtbogen 145
Fluchtliniengesetz 80, 81
Flugplätze 37
Frankreich 5, 6, 38, 214, 293
Freihandgeschwindigkeit 73
Frostschäden 177
Frostwirkung (Gestein) 218
Fugen in Betonstraßen 245
—, Abstand 246
—, Ausbildung 278
—, Füllmasse 280
—, Längsfugen 250
—, Scheinfugen 247
Fugen in Betontragkörper 355
Füller:
—, mineralische 344
—, organisch 348
—, bituminiert 350

Gabbro 217, 219
Gaisbergstraße 50, 328
Gebalitteer 312
Geblasenes Bitumen 301
Gebirgsstraßen, Breite 76
Gebrauchswert 207, 333 355, 363, 367, 383
Gefällbrechpunkt, Gefällwechsel 65
Gefälle, zulässig:
—, Autobahnen 135
—, Straßen 49
—, in Beziehung zum Quergefälle 128
Gefällwechselausrundung 65
Gegenkrümmungen 111
Gegenstromverfahren bei Trocknern 369
Gehbahnen 74, 133, 223
Gehbahnplatten:
—, Beton 134, 287
—, Naturstein 228
Gemischter Verkehr 1
Geologische Untersuchung 165
Geräte zur Prüfung von Bitumen und Teer 290, 308
Geräte zur Prüfung bituminöser Massen 376
Geräte zur Bodenverdichtung von Dämmen:
—, Delmagramme 173

Geräte, Demagrammplatte 174
—, Schwinger 174
—, Walzen 172
Geräte zur Herstellung von Straßenbefestigungen:
—, Federzahnegge 200
—, Fertiger für Betondecken 272
—, Fertiger für Bitumen und Teerdecken 372
—, Grabmaschine 198
—, Planierschleppe 201
—, Straßenhobel 199
—, Tankwagen und Sprengwagen 409
—, Tiefenausreißer 200
Geräte zur Vermörtelung mit
—, Bitumen 205
—, Zement 202
—, Walzen 201
Geschwindigkeit 15, 49, 52, 73, 96, 113 (s. a. Ausbaugeschwindigkeit)
Gestein, Auswahl des
—, für bituminöse Decken 315, 338
—, für Pflaster 219, 224
—, für Steinschlagdecke 211
Gewichte der Kraftwagen 8
Gleichgewichtsgeschwindigkeit 55
Gleisbefestigung 390
Gleiskettenfahrzeuge 9
Gleiten 17, 28
Gleitwiderstand 25
Gneis 217
Gonell 333, 347
Grabmaschine 199
Gradspanne bei
—, Bitumen 299
—, Teer 310
Gradientenbeiwert 53
Gradientenmodelle 143
Granit 211, 217, 219, 224, 225, 228, 363
Grauwacke 217
Gravenhorst 218
Grecomaschine 387
Griffigkeit 27, 37
Großglocknerstraße 50, 93, 185, 328
Großpflaster 22, 209, 223
—, bei Straßenbahngleisen 390
Grundstückspreise 80
Gummipflaster 234
Gußasphalt 209, 294, 339, 381
Gußasphalt, Aufbereitung 384
—, Bindemittelgehalt 382
—, Blasenbildung 385
—, Gebrauchswert 383
—, Körnungsaufbau, Mineralstoff 339, 382
—, Kraftschlußbeiwert, Haftreibung 22
—, Tragkörper 384
—, Verlegung 385
Güteprüfung von Tränkdecken 329
Güterbeförderung, Kosten 42

Haftfestigkeit:
—, Bitumen an Gestein 305
—, Boden 170
—, Prüfung auf — bei Kaltteer 313
Haftreibung 17, 29
Halbmesser in Krümmungen 85, 94
Halbtränkverfahren 328
—, mit Emulsion 330
Hamburg 224, 289, 392
Hammerstampfmaschine 273
Handsprengwagen 409
Harger und Bonney 337
Härteprüfung von Gestein (s. Gestein)
Hartgußasphalt (s. Gußasphalt)
Hausabstand 81
Hauseinfahrten 134
Heißeinbau 321
Herrmann, Dr., 344, 360, 366, 382
Hertz 189
Hochbord 393
Hochdruckreifen 13
Hochleistungskocher 384
Hochofenschlacke 317, 331, 365, 366
Höchsttemperaturen in Betondecken 239
—, bituminösen Decken 388
Hochvakuumbitumen 296
Höhe der Fahrzeuge 7
Hohlraumbestimmung 166, 339
Holland 5, 24, 80, 229, 308, 347, 363, 379
Holterbeton 286
Holzabfuhrwege 89
Holzpflaster 22, 209, 231
Holzpflaster, in Straßenbahngleisen 391
Homogenisierungsmaschine 303
Hubbard 378
Hydrodynamische Eigenschaften des Bodens 169
Hygiene 208

Innenteerung 326
Internationale Straßenkongresse 4, 17, 36, 229, 235, 237, 247, 251, 307, 308, 331, 388
Irgateer 312
Italien 1, 5, 6, 293, 364

Jaegerverteiler 373
Jahresaufwand für Straßenbefestigung 40
Jarraholz 231

Kälble 407
Kalifornien 246, 361, 394
Kalkmehl als Füller 344
Kalkstein 211, 218, 316, 363, 365
Kalksteinasphalt 293
Kaltasphalt (s. Bitumenemulsion)
Kalteinbau 321
Kaltteer 312, 321
Kamm, Dr. Professor 55
Kapillarität 169
Katzenaugen 394
Kautschuk 300, 324, 348
Kehren (s. Wendeplatten)
Kentuckyrock 295
Kieselkalk 318
Kissenreifen 13
Klebeprobe bei Emulsionen 304
Kleeblatt, Kreuzung von Autobahnen 153
Kleinpflaster 209, 218
—, Haftreibung aus Basalt 22
—, aus Granit 22
—, Fugenverguß 221
—, Rollwiderstand 31
Kleinstabstände im Verkehr 152
Klinkerpflaster 24, 209, 228
Klotoide 100
Kniffrinne 133
Knotenpunkte 148
Kohäsion 170, 194, 305, 335, 339, 348, 350, 358, 366
Konsistenzgrenzen 168

Korngrößen 168
Kornumbildung, Kornzertrümmerung 335, 342, 365
Kornzusammensetzung, Körnungsaufbau:
—, Betondecken 254
—, Bitumendecken 328, 333, 339, 343, 351, 357, 361
—, Erdstraßen 197
—, Teerdecken 365
Kosten der Beförderung 42
Kraftrad, Motorrad 6
Kraftschluß, Kraftschlußbeiwert 1, 19, 35, 36, 98, 334
Kraftverkehrsordnung KVO. 10
Kraftwagen:
—, Abmessungen 3, 7
—, Bereifung 10
—, Gewichte 9
—, Langholz 8
—, Statistik 6
Krämer-Sarnow, Erweichungspunkt 291
Kratz, Dr. Ing. 99
Krauß-Maffeiwerke:
—, Aufreißer 413
—, Motorwalzen 408
Kreiselbrecher 397
Kreisverkehr 110, 153
Krenkler, Dr. 314
Kreuzungen:
—, schleifende 152
—, von Stadtstraßen 119
Krümmungen:
—, Anrampung 106
—, Fliehbeschleunigung 99
—, Fliehkraft 94
—, Halbmesser 94
—, Klotoide 100
—, Langholzwagen 89
—, Querruck 99
—, Sichtweite 113
—, Tangentenabrückung 100
—, Überhöhung 94
—, Übersichtlichkeit 113
—, Verbreiterung 86
—, Zentriwinkel 105
Krümmungsgrad 73
Kugelmühle 403
Kuppen 67

Landschaftliche Ausgestaltung 47, 158
Landstraßen
—, anbaufreie 80
Landstraßen, Breite 74
—, Einteilung 78
Länge, Fahrzeuge 9
Langer-Thomä 38
Langholzwagen 8, 89
Längsgefälle
—, Autobahnen 135
—, in Beziehung zum Quergefälle 128
—, zulässig 49
Lastkraftwagen 3, 7
Laufunruhewiderstand 31
Lavamassen 339
Lebensdauer von Belägen 40
—, von Betonstraßen 284
Leichte Decken 209
Leistungsfähigkeit von Fahrspuren 75, 152
Lemniskate 105
Lenkradkurve 103
Linienelemente 145
Linienführung
—, Bezugslinie 107
—, fahrdynamische 43, 60
—, technische 47
—, wirtschaftliche 40
— —, im Aufriß 48
— —, im Grundriß 72
—, Gebote für Autobahnen 135, 141
Linienlösung (Kreuzungen von Autobahnen) 155
Linnhoff 372, 410
Lübke 153
Luftbereifung 10
Luftwiderstand 30, 32
Lüftung von Tunnel 421

MacAdam 211
Mahlmühlen 402
Makadambeläge 325
—, Einstreudecken 325
—, Halbtränkung 328
—, Mischmakadam 331
—, Tränkmakadam 326
Mallison, Dr. Professor 289, 306, 308
Mansfelder Schlackensteine 228
Marcusson 300
Maschinen des Straßenbaues 395
Massenfaktor 99
Mastix 294
Melaphyr 217
Mikroasbest 226, 281, 347, 391
Mindesthalbmesser 89
Mischmakadam 325, 331, 337
Mischmaschinen
—, für Asphalt- und Teerbeläge 368
—, für Beton 266
Mischungsverhältnisse
—, für Asphaltbeton 357
—, für Beton 254
—, für Gußasphalt 382
—, für Mischmakadam 331
—, für Sandasphalt 351
—, für Teerbeton 365
Mittelschwere Decken 209
Mohrscher Spannungskreis 380
Mörtelschotterbelag 214
Mörteltheorie 349, 352, 357, 362
Motordiagramm 44
Motorkennlinie 46
Motorleistung 44
Motorrad 6
Motorwalzen 211, 407
Müller, W. Dr. Ing. Professor 30, 45, 55
mud-jack-Verfahren 284
Mutterboden 163

Nachbehandlung, Betondecken 282
Naphthalin im Straßenteer 309
Naturasphalt 291
—, Bermudaz- 292
—, Boeten- 296
—, Kentuckyrock 295
—, Stampfasphalt 293
—, Trinidad- 292
Naturasphaltplatten 295
Nellensteyn, Dr. 306, 308, 346
New York 152, 155
Niederlande 5, 289
Nullinie 52
Nürburgring 50
Nutzlast 3, 9, 46

Oberbach, Dr. 323, 327, 333, 351, 358, 386
Oberbau 207
Oberfläche, Anrauhen von 386
— von Körnungen 338, 353
Oberflächenbehandlung 319
—, im Heißverfahren 321
—, im Kaltverfahren 321
—, Abdeckung der 322
—, Beiwert der Haftreibung 24
—, Rollwiderstand 31

Oberflächenbehandlung, Vorbereitung der Decke 320
Oberflächenspannung 170, 300
Ortsbauplan 80
Österreich 214, 247, 347

Packlage 210
Paraffingehalt 300
Parkplätze 90
Pech 289
Penetration 290
Penetrometer 290
Personenkraftwagen PKW
—, Abmessungen 3
—, Statistik 6
Perspektive 143
Perspektograph 145
Petrographische Beschaffenheit 218, 225
Pflasterausgußmasse 226, 391
Phenole 307
Planierschleppe 201
Plastizitätsindex 169
Plastizitätsmodul 378
Plattendicke, Beton 241
Plätze 134
Poisen, 289
Pöpel, Dr. Ing. Professor 353
Porphyr 211, 217, 357
Prantl 380
Prellsteine 184
Preßfugen, Beton 249, 251, 355, 391
Proctor 176, 196, 203
Profilographen 38
Prüfsiebe 255
Prüfung der Straßenbaustoffe:
—, Asphaltmassen 376
— —, Biegung 376
— —, Stempeldruck 380
— —, Verformungsfestigkeit 379
—, Beton 259
—, Bitumen 290, 297
—, Emulsionen 303
—, Kaltteere 313
—, Natürliche Gesteine 224
—, Straßenteere 308
—, Verschnittbitumen 302

Quarzmehl als Füller 344
Quarzporphyr 217, 219
Quarzsand 360, 365
Quergefälle:
—, Krümmungen 97
Quergefälle, Beziehung zum Längsgefälle 128
Querrinnen 125
Querruck 99
Querschnitte 78
—, von Autobahnen 80
—, von Landstraßen 78
—, von Stadtstraßen 82
—, von Asphaltbelag 361
—, von Betondecken 242
—, von Teerbeton 367
Quetschmühlen 402
Quetschsand 400

Rader 377
Radwege 74, 84
RAL, Richtlinien für den Ausbau der Landstraßen, vorläufige 49, 88, 97, 99, 107, 119, 121, 184
Rammplatte 170, 174
Ranke, von 145
RAST, Richtlinien für den Ausbau der Stadtstraßen, vorläufige 123
Rauhigkeit 36
Raumgewicht:
—, Asphaltbeton 357
—, Beton 259
—, Boden 166
—, Holzpflaster 231
—, Sandasphalt 352
—, Teerbeton 365
REE, Vorläufige Richtlinien für einheitliche Entwurfsgestaltung im Landstraßenbau 107
Reibung, Winkel der inneren:
—, Boden 170
—, Deckenbau, bituminöser 335, 348, 380
Reibungsbeiwert 19
Reibungskennziffer 28
Reifen 10
Reifeninnendruck 13
Reisermaschine für Bodenvermörtelung 205
Reitwege 76
Richardson 338, 351
Ring- und Kugelprüfung 290
Rinnenausbildung 126, 128
Rißbildung in Betonstraßen 246
— in Gußasphaltbelägen 383
Rohteer 307
Rollen 17
Rollkreishalbmesser 13
Rollreibung 19
Rollwiderstand 14, 29, 89
Rom — Platz vor Petersdom 135
Rom-Tunnel 419
Rotfuchs 342
Rückkühlung 371
Ruhrsiedlungsverband 79
Ruß 286
Ruthemeyer-Dampfwalze 406

Sammelstraßen 81
Sand 166, 168, 193, 198
Sandasphalt 209, 350
—, Beiwert der Haftreibung 22, 24
San Francisco 156, 420
Saybolt-Furol-Viskosimeter 291, 302
Seifert, Alwin 161
Seitenführungskraft 92
Seitenkraftbeiwerte 26
Seitensteifigkeit 35, 109
Selenizza 294
Shellmac 24, 302
Sichtfreilegung 118
Sichtweite in Krümmungen 68, 113
—, auf Kuppen 65
Sickerung 179
Sickerungsschlitze 180
Siebanlagen 399
Siebsummenlinien (siehe Kornzusammensetzung)
Siedlungsstraßen 81, 122
Sinterung des Bodens 207
Sintex 22, 365
Sommerweg 74
Spannbeton 248
Spannfahrzeuge 2
Spitzgraben 184
Splitt, bituminierter 323
Splittasphalt 358
Splittbrecher 398
Splittstreumaschine 412
Sprengmaschinen 409
Spurabweichung 86
Spurenkunde (Fahr-) 125
Spurweite 3
Sustenpaß 98

Schaffußwalze 172, 201, 206
Scheinfuge (Beton) 247
Schiefermehl als Füller 344
Schindler 23, 27
Schlackensteine, Mansfelder 209, 228

Schlagfestigkeit 219, 225
Schlämmbeläge 324
Schlämmverfahren-Boden 168
Schleppachse 9, 19, 23
Schleppkurven 86, 88
Schleudermühle 402
Schlums, Dr. Ing. Professor 42, 70, 369
Schlüpfen 17, 28
Schlüpfrigkeit 24, 37
Schmelzwärme 289
Schotterwerke 403
Schrägneigung 127, 140
Schrägbord 393
Schrumpfgrenze 169, 196
Schürba, Dr. 100
Schutzinseln 77
Schutzsteine 184
Schwarzkopfwalze 409
Schweden 178, 225, 241, 242, 247, 293, 317, 389
Schweiz 5, 49, 50, 76, 88, 98, 101, 106, 118, 121, 128, 194, 247, 289, 293, 310, 318, 364, 374
Schwere Decken 209
Schwerpunkt bei Kraftwagen 94
Schwertauflöser 404
Schwiggen 2, 89
Schwimmwinkel 35
Schwindgrenze 169, 196
Schwingungsmesser 38

Stabilisierung durch Filler 345
Stabilitätsprüfung nach Hubbard 378
Stadtstraßen 80
Staffelung der Fahrbahnen 139
Stahleinlagen im Beton 342
Stampfasphalt 22, 209, 294, 338, 364
Stampfasphaltplatten 295
Statens Väginstitut 225, 242
Statistik, Kraftfahrzeuge 6
Steigungen 48
—, zulässige 49
—, maßgebende 48
—, schädliche 48
—, verlorene 48
—, Autobahnen 135
Steigungsdiagramm 45, 49, 60
Steinbrecher, Backen- 395
—, Kreisel- 397
—, Symons- 398
Steinschlagdecken 210
Steinspaltmaschine für Kleinpflaster 219
Stempeldruck, Prüfung auf 380
Stockholm 157
Stoßgrad 39
Straßenbahn 76
Straßenbahngleisbefestigung 390
Straßenbauversuchsanstalt Stuttgart (Str.V. St.) 301, 318, 337, 342, 345, 346, 354, 357, 359, 366
Straßenbreiten, Autobahnen 80
—, Landstraßen 78
—, Stadtstraßen 80
Straßeneinteilung 78
Straßenentwässerung 126, 128, 129, 182
Straßenfertiger für Asphalt- und Teerbeläge 372
—, Betonbeläge 272
Straßenkreuzungen, Autobahnen 152
—, Stadtstraßen 132
Straßenteer 217, 289, 306
—, Auswahl der Teersorten 315
—, Mischungen mit Bitumen 313
—, Pechgehalt des — 310
—, Temperaturspanne des — 310
—, Veränderungen des — 311
—, Viskosität 308
—, mit Zusätzen 312
Straßentunnel 415
Suida, Dr. 300
Syenit 217
Straßenverkehrsordnung STRVO 7, 15, 86, 114, 139
Straßenverkehrs-zulassungsordnung STVZO 3, 8, 10, 31, 33, 75, 86, 114, 116, 139
Straßenzustandslinie 39
Streckbarkeit von Bitumen 297
Streumakadam 325
Streumaschine 412
Stromlinienwagen 32
Stuttgart 288, 337, 357, 388, 392
Tallowwood 231
Tandemwalze 407
Tangentenabrückung 100
Tankwagen 409
Tauschäden 178
Teer (s. Straßenteer)
Teerasphaltfeinbeton 359
Teerbeton 22, 344, 365
—, Rollwiderstand 31
Teermakadam:
—, Beiwert der Haftreibung 22
—, Beiwert der Gleitreibung 25
—, Rollwiderstand 30, 31
Temperaturen in Asphalt- und Teerdecken 388
—, in Betondecken 238
Temperaturspanne 299
Teppichbeläge 209, 324
—, Kornaufbau 342
Terzaghi 171, 192
Tiefenaufreißer 200
Tiefenbordstein 393
Tragfähigkeit des Bodens 185
Tragkörper 185
Tränkmakadam 325, 329, 336
—, Güteprüfung 329
—, Mischung an Ort und Stelle 329
—, Rollwiderstand 30
Traßkalkbeton 217
Traßmörteldecke 209, 216
Treibstoffverbrauch 7, 43, 57
Trennstreifen 80, 83
Triboroughbridge 152
Trinidadasphalt 292, 346
Trockner 368
Tropfpunkt nach Ubbelohde 291
Tropfpunkt von Bitumen 291
Tunnel, Beleuchtung 425
—, Fahrbahnausbildung 420
—, Form 417
—, Gefälle 417
—, Lüftung 421
—, Querschnitt 420

Übergangsbogen 94, 102, 122
Übergangsfahrlinien, Spuren 150
Überhöhung 91
Überholung 75

Überschneidungspunkte 152
Übersichtlichkeit in Krümmungen 113, 119
—, bei Kuppen 65
Umriß 8
Unebenheiten 37
Unterhaltung von
—, Asphaltstraßen 388
—, Betonstraßen 282
—, Holzpflaster 234
—, Steinstraßen 226
Untersuchung von Bitumen
—, Emulsionen 303
—, Straßenteer 306
—, Verschnittbitumen 302
—, Pflasterausgußmasse 226
—, Kaltteer 313
Unterwassertunnel 419

Verbandstraßen 79
Verbreiterung in Krümmungen 86
Verdichtung von
—, bituminösen Belägen 359
—, Beton 272
—, Boden 171
Verdunstung von Straßenteeren 311
Vereinigte Staaten von Nordamerika (VStA) 7, 16, 107, 114, 155, 180, 192, 196, 204, 214, 229, 231, 237, 241, 248, 284, 286, 289, 293, 302, 329, 347, 355, 364, 371, 387, 389
Verformungsfestigkeit, Prüfung auf 379
Verguß von Fugen 221, 226
Verharzung 311
Verkehrsbeanspruchung 76
Verkehrserschütterungen 39
Verkehrsschätzungen 42
Verkehrssicherheit 15
Verkehrsstraßen 82
Verkehrszählungen 41
Verkittungsvermögen 211
Vermörtelung
—, mit Bitumen, Teer 205
—, mit Zement 202
Verordnung über Kraftfahrwesen 6, 10
Verschleißfestigkeit von Beton 244
Verschnittbitumen 204, 301, 326, 331
Verschnittbitumen, Vermörtelung mit — 206
—, Kalteinbau mit — 321
Versorgungsleitungen 83
Versteppung 47, 162
Versuchsstraße des deutschen Straßenbauverbandes i. Braunschweig 10, 30, 31, 211, 213, 389
Versuchsstraße, amerikanische, Bates und Arlington 241, 347
Verteiler 373
Verteilerkreis 120, 153
Verteilkasten 372
Verwindung 108
Verzögerung 32, 64
Viograph 37
Viskosimeter 308
Viskosität 289, 300, 308
Voegele Raupenfertiger 374
Vollgummireifen 13
Volltränkung 327
Volumenänderung 169
Vorgarten 81

Wagengewichte 3
Wald, Straßen im 162
Walze aus Luftreifen 201
Walzen 404
Walzen, Boden 172
Walzschottergußasphalt 331
Walzung 211
Walzwerke 400
Wannen 71
Warning, Dr. 55
Waschmaschinen 403
Wasseraufnahme 178, 218, 316
Wasserdurchlässigkeit 170
Wassergebundene Steinschlagbeläge 209
Wassergehalt von Boden 166
—, Emulsionen 303
Wasserlagerung, Prüfung auf Verschnittbitumen 302, 318
Wassersättigung von Probekörpern 318
Wasserzementfaktor 203, 215, 257
Wasserzusatz 257
Wegehobel 199
Weichbeton 248, 275
Wellenbildung 37
Wellenmesser 37
Wendekreis 3, 85
Wendeplatten 93, 119
Wendeplatz 81
Westergaard 190, 355, 367
Wetterteer 328
Wichte bituminöser Mischungen 340
Wiley 337
Windschlüpfrige Wagenform 15, 32
Winkelbildverfahren 103, 142
Winkel der inneren Reibung 170, 210, 334, 366, 376, 379
Wirtschaftliche Linienführung 40
Wirtschaftlichkeit der Straßenbeläge 207
Wohnstraßen 81

Zähflüssigkeit (s. auch Viskosität) 289
Zähigkeit (s. Schlagfestigkeit)
Zähigkeitsprüfung Gestein DIN 52107 219, 225
Zeitsetzungsschaulinie 170
Zelter, Dr. 225
Zement 202, 214
—, als Füller 352
Zementmakadam 21, 22, 209
Zementschotterbelag 22, 25, 214
Zementvermörtelung, Boden 202
Zentrale für Asphalt und Teerforschung (Z.f.A.-T.) 342, 344, 347, 349, 351, 357, 388
Zentrifugalkraft 93
Zentripetalkraft 93
Zentriwinkel 103
Zettelmeyer 413
Zipkes, Dr. Ing. 27, 334
Zubringer 79
Zugfestigkeit, Gußasphalt 383
Zugkraft in Steigungen 55
Zürich 42
Zusammendrückbarkeit (Boden) 170
Zuschläge für Beton 254
Zwangslauf 35, 91
Zwangspunkte 48, 53
Zweischichtige Betondecken 242
Zwillingsreifen (Doppel-) 14
Zwischengrade 111, 122